内容简介

甲虫是世界上物种多样性最为丰富的生物类群，科学家估计，世界上四分之一的动物物种属于甲虫。甲虫的形态、尺寸和色彩令人目不暇接，使全世界的科学家和采集家趋之若鹜。极端多样的外表的背后是惊人的物种数量，仅仅是已经被我们认识的甲虫就有近40万种，且科学家们推测还有大概100万种尚未被描述。

本书是一部科学性与艺术性、学术性与普及性、工具性与收藏性完美结合的甲虫高级科普读物，在阐述甲虫的起源与演化、系统分类与鉴定、形态多样性、取食行为、与人类关系的基础上，详细介绍了全世界最具代表性的600种令人惊叹的甲虫及其近缘物种。比如从小巧精致的缨甲到15cm长的泰坦天牛，从河狸身上微小的寄居甲虫到体形巨大的大角金龟，本书都做了精彩的介绍。

几乎所有甲虫都配有两幅高清原色彩图，一幅图片与原物种真实尺寸相同，另一幅为特写图片，能清晰辨识出该物种的主要特征。此外，每种甲虫还配有另一角度的黑白线条图片，并详细标注了尺寸。全书共1800余幅插图，不但真实再现了各种甲虫的大小和形态多样性，也展现了它们美丽的艺术相貌。

作者还为每种甲虫绘制了地理分布图，详细介绍了采集和鉴定的基本方法，以及它们的栖息环境、习性食性、发育过程和生物学特性等基本信息，并对这些物种的经济与生态价值做了准确的阐述。特别是本书详述了各甲虫物种的鉴定特征，其所属的分类地位，与近缘物种的形态区分，为物种的准确鉴定提供了重要依据。

本书既可作为甲虫研究人员的重要参考书，也可作为收藏爱好者的必备工具书，还可作为广大青少年读者的高级科普读物。

每每听说有人采到了稀罕的甲虫，我都有如老骥之闻吹角，几欲先睹。

——查尔斯·达尔文

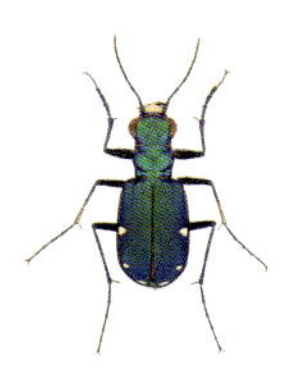

世界顶尖甲虫专家联手巨献

600幅地理分布图，再现全世界最具代表性的600种甲虫及其近缘物种

详解栖息环境、形态特征、习性食性、发育过程，以及采集、收藏和鉴定方法

1800余幅高清插图，真实再现各种甲虫美丽的艺术形态

科学性与艺术性、学术性与普及性、工具性与收藏性完美结合

本书主编

帕特里斯·布沙尔（Patrice Bouchard）：加拿大昆虫、蛛螨、线虫国家标本馆（渥太华）研究员和馆员。

本书编委

伊夫·布斯凯（Yves Bousquet）：加拿大昆虫、蛛螨、线虫国家标本馆（渥太华）研究员。

克里斯托夫·卡尔顿（Christopher Carlton）：美国路易斯安那州立大学农业中心节肢动物博物馆（巴吞鲁日）馆员、研究员。

玛丽亚·卢尔德·夏莫洛（Maria Lourdes Chamorro）：美国华盛顿特区国立自然博物馆农业部系统昆虫学实验室昆虫学家。

赫米斯·E.埃斯卡洛纳（Hermes E. Escalona）：英联邦科学与工业研究组织澳大利亚国立昆虫收藏中心（堪培拉）客座研究员。

亚瑟·V.埃文斯（Arthur V. Evans）：美国史密森尼学会研究所研究人员。

亚历山大·康斯坦丁诺夫（Alexander Konstantinov）：美国农业部系统昆虫学实验室（华盛顿）昆虫学家、叶甲科馆员。

理查德·A. B.莱申（Richard A. B. Leschen）：新西兰土地管理研究基金会研究人员、新西兰节肢动物保藏中心（奥克兰）鞘翅目馆员。

斯特凡·勒蒂朗（Stéphane Le Tirant）：世界上最大的专业昆虫博物馆之一——加拿大蒙特利尔昆虫馆馆员。

斯蒂芬·W.林格费尔特（Steven W. Lingafelter）：美国农业部系统昆虫学实验室和史密森尼学会研究所国立自然博物馆（美国华盛顿特区）研究员。

The Book of Beetles

甲虫博物馆

总策划：周雁翎

博物学经典丛书	策划：陈　静
博物人生丛书	策划：郭　莉
博物之旅丛书	策划：郭　莉
自然博物馆丛书	策划：唐知涵
生态与文明丛书	策划：周志刚
自然教育丛书	策划：周志刚
博物画临摹与创作丛书	策划：焦　育

北京市科学技术委员会
科普专项资助

博物文库·自然博物馆丛书

The Book of Beetles
甲虫博物馆

〔加拿大〕帕特里斯·布沙尔（Patrice Bouchard） 主编
杨干燕 史宏亮 吕亮 刘晔 译
陈付强 审校

北京大学出版社
PEKING UNIVERSITY PRESS

著作权合同登记号 图字：01-2015-4753
图书在版编目(CIP)数据

甲虫博物馆/(加拿大) 帕特里斯·布沙尔 (Patrice Bouchard) 主编；杨干燕等译. — 北京：北京大学出版社，2018.9
（博物文库·自然博物馆丛书）
ISBN 978-7-301-27974-8

Ⅰ.①甲… Ⅱ.①帕… ②杨… Ⅲ.①鞘翅目—介绍 Ⅳ.①Q95

中国版本图书馆CIP数据核字(2017)第007906号

The Book of Beetles by Patrice Bouchard
First published in the UK in 2014 by Ivy Press
An imprint of The Quarto Group
The Old Brewery, 6 Blundell Street, London N7 9BH, United Kingdom

Lech Borowiec: *Cetonia aurata, Sphaerius acaroides;* Anthony Davies © Her Majesty the Queen in Right of Canada, as represented by the Minister of Agriculture and Agri-Food: *Actinus imperialis, Ancistrosoma klugii, Chrysina macropus, Euphoria fascifera trapezium, Heterosternus buprestoides, Strategus aloeus, Trypoxylus dichotomus; Eupatorus gracilicornis, Dialithus magnificus, Pilolabus viridans, Polyphylla decemlineata* (Collection: Canadian Museum of Nature); *Eupoecila australasiae* (CSIRO Australian National Insect Collection); *Necrophila Formosa; Rhipsideigma raffrayi* (Collection: Field Museum of Natural History); Vitya Kuban and Svata Bily: *Evides pubiventris;* René Limoges: *Chalcosoma atlas, Chrysophora chrysochloa, Phalacrognathus muelleri;* Kirill Makarov: *Melolontha melolontha;* Maxim Smirnov: *Chrysina resplendens, Dicronocephalus wallichi, Sulcophaneus imperator, Xylotrupes gideon;* Christopher C. Wirth: *Chrysochroa buqueti, Gyascutus caelatus* (Collection: National Museum of Natural History, Washington).
本书简体中文版专有翻译出版权由The Ivy Press授予北京大学出版社

书　　名　甲虫博物馆
JIACHONG BOWUGUAN
著作责任者　〔加拿大〕帕特里斯·布沙尔 (Patrice Bouchard) 主编
杨干燕　史宏亮　吕　亮　刘　晔　译
陈付强　审校
丛书主持　唐知涵
责任编辑　李淑方
标准书号　ISBN 978-7-301-27974-8
出版发行　北京大学出版社
地　　址　北京市海淀区成府路205 号　100871
网　　址　http://www.pup.cn　　新浪微博：@ 北京大学出版社
微信公众号　科学与艺术之声（微信号：sartspku）
电子信箱　zyl@pup.pku.edu.cn
电　　话　邮购部 62752015　发行部 62750672　编辑部 62767857
印 刷 者　北京华联印刷有限公司
经 销 者　新华书店
889毫米×1092毫米　16开本　42印张　450千字
2018年9月第1版　2018年9月第1次印刷
定　　价　680.00元

目 录

Contents

概　述 6

什么是甲虫? 10

甲虫分类 16

进化和多样性 18

通信、生殖和发育 20

防御 22

食性 24

甲虫保护 26

甲虫与人类社会 28

甲　虫 31

原鞘亚目 33

藻食亚目 43

肉食亚目 49

多食亚目 113

附　录 641

术语 642

鞘翅目分类系统 646

扩展阅读 649

著者介绍和贡献 651

学名索引（科级和种级） 653

中文名索引（科级和种级） 658

致谢 663

译校者介绍和贡献 665

译后记 666

概　述

由于昆虫体型微小，我们很少留意它们奇特的外表。设想一下，倘若我们把南洋犀金龟的雄虫放大到一匹马或者哪怕只是一条狗的大小，它都将是世界上最威风凛凛的动物之一。它寒甲对月，长刃刺天！

——查尔斯·达尔文《人类的由来及性选择》（1871）①

上图：甲虫是多样性极为丰富的生物类群，对人类的农业、林业、文化和科学都有影响。甲虫各式各样的形态变化（如擎天南洋犀金龟 *Chalcosoma atlas* 的雄虫）和对生境的强大适应能力，几个世纪以来一直吸引着人类关注。

鞘翅目大概已知有近40万种，是地球上物种多样性最高且最重要的动物类群之一。鞘翅目学家是专门研究甲虫的生物学家，他们对自然界有着独特的理解方式，是研究其他生物对象者所体会不到的。

每5种动植物中，就有1种是甲虫。尽管甲虫的体型、体色、图案和行为各异，但它们有着一些共同的形态特征，其中最明显的就是它们都有革质的坚硬前翅，即鞘翅。

鞘翅在不同甲虫中的功能不完全一样，其功能包括：帮助甲虫在

① 另可参考中文译本：（英）达尔文. 人类的由来及性选择[M]. 叶笃庄，杨习之，译. 北京：北京大学出版社，2009.

飞行中保持平衡，保护脆弱的后翅和内部器官，保存珍贵的体液，在水下捕捉气泡，或在虫体与极端环境间形成一个隔离保护层。甲虫由于进化出鞘翅，且体型微小、体节紧密，在形态和行为上有各式各样的适应性特征，它们在陆地和淡水生境中开拓了很多未被其他动物占据或充分利用的生态位。

上图：一些甲虫取食单一植物，而另一些甲虫取食多种植物。日本弧丽金龟*Popillia japonica*成虫取食300种以上的植物，在北美洲是著名的害虫。

由于甲虫种类繁多，除了最常见的或有重要经济价值的物种外，绝大多数物种都没有广泛接受的且有意义的俗名。但是，每个已知的物种都有一个通用的科学名称，它由属名和种本名组成。为了有效地管理物种信息，鞘翅目学家把每个物种都归置到一个有等级的系统中，即把物种置于不同级别的阶元上（分类系统通常包括七个主要级别：界、门、纲、目、科、属、种）。这种归类方法是基于共有的进化特征。“种”是最具有排他性的阶元，即一个“种”中只包含一个物种。“目”包括其下的所有科、属、种，例如，鞘翅目包括了所有的甲虫。

甲虫通过物理的、化学的或视觉的方式相互通信。通信通常是为了寻找配偶。尽管大多数物种的生殖方式为两性生殖，但少数一些物种能进行类似自我克隆的无性生殖，即孤雌生殖。在甲虫中，亲代抚育幼体的现象很少见，抚育程度也有限。幼虫和成虫取食各类活的或死的有机体，特别是植物。那些偏爱取食树叶、花、果实、针叶、球果和根的甲虫，会对储藏物、花园、农作物和木材造成严重的危害。某些捕食性甲虫可作为天敌应用于针对农业或森林害虫的生物防治。腐食性甲虫能清洁研究用的骨骼，在全球的自然历史博物馆中发挥了重要作用。近年甲虫形态和功能学的研究，促进了仿生学的快速发展，越来越多的科学家和工程学家投到此领域的研究中。这些研究致力于发明、设计新材料和新产品，例如，能变色的汽车涂料、能重复使用的粘条以及金融安保系统。

下图：大多数甲虫具有后翅，但也有少数甲虫后翅退化而不能飞行。图中所示为后翅退化的生活于非洲的百合象属*Brachycerus* spp.。

上图：本书面临的一个很大挑战是从众多的甲虫中精选出600种。这其中一些种是外形引人注目且生物学特性为人熟知的，如左上图中的疆星步甲*Calosoma sycophanta*；而另一些种虽具有特别值得关注的适应性结构特征，但人类对其生物学特性知之甚少，如右上图中的蛙腿茎甲*Sagra buqueti*。

本书按照系统发育顺序，介绍了600种甲虫。通过这些介绍，读者能对甲虫难以置信的物种多样性有一个基本认识。这些精选出的物种归为四部分，对应于鞘翅目的四个亚目。各亚目下，物种依据科和亚科的分类顺序排列；各亚科下，物种依据属名的字母顺序排列；各属下，物种依据种本名的字母顺序排列。

物种选取标准

本书旨在展示鞘翅目的形态多样性和物种多样性，选取了鞘翅目中绝大多数科。物种选取基于以下几个标准。

- 有科学价值的：这些物种是科学研究的热点，它们具有重要的医用价值，或能为仿生学和技术革新提供灵感来源。
- 生物学特征与众不同的：这些物种对极端环境的适应能力非常卓越，或与其他物种的关系不同寻常，或有其他令人关注的行为。
- 有文化价值的：这些物种在神话和宗教里有某些象征意义，或在民间被用作药材，或被用作人类食物。
- 有经济价值的：这些物种是害虫，或被用于控制害虫和杂草，或能为人类提供有用的产品和服务，或能提供重要的医学和法律证据。

- 珍稀和濒危的：这些物种需要法律的保护。
- 外形引人注目的：这些物种或体型庞大，或颜色鲜艳，或具雄伟的角突，或有夸张的或不寻常的足或口器。这些特殊的形态结构适应于特定的行为模式，在数百万年的自然选择中进化发展而来。

各物种均配一幅与实物等尺寸的照片，及一个基本信息表。表中概要性地介绍其已知的分布记录、生境信息和取食行为。文中地图标注了物种的全球分布，物种黑白手绘图给读者提供了另一个观察的视角。各物种具拉丁学名、命名人和命名年代；具备通用英文俗名的还提供英文俗名。各物种下，概述其自然历史和近缘物种，并提供简要的物种识别特征。

甲虫博物馆

多年来，热忱的昆虫学家和爱好者们收集了很多甲虫标本，并成立甲虫博物馆。甲虫博物馆为鉴定物种以及绘制易受环境影响的物种的历史分布图提供重要依据。这些博物馆在甲虫科学研究上具有非常重要的价值，同时也为其他科学研究或教育活动提供丰富的资源，譬如为本书提供了众多的标本照片。

左图：全世界的昆虫博物馆保存了成千上万的昆虫标本，这其中包括很多甲虫标本。这些标本通常为干制针插标本，并附有一个记录标本采集地、采集日期和采集人的标签。左图是艾尔弗雷德·拉塞尔·华莱士（1823–1913）收藏的一盒标本，它保存于伦敦自然历史博物馆。这些标本储存于密排标本柜的标本盒中，以避免标本受到博物馆里的害虫危害，使得标本得以被未来一代又一代的科学家研究。

右图：甲虫的前翅特化成鞘翅，鞘翅完全硬化或为柔软的革质。这种特化在昆虫纲中是非常独特的。它们停息的时候，左右鞘翅相接于身体中部，形成一条纵向的直线。鞘翅完全或部分地盖住腹部。鞘翅能张开，露出膜质的后翅，如图中的欧洲深山锹 *Lucanus cervus*。

什么是甲虫?

甲虫的英文俗名为“beetle”，它来源于中古英语“*bityl*”或“*betyll*”，和古英语“*bitula*”，它们的意思都是“小的、咬人的动物”。其他常用俗名，如“weevil”（象甲）和“chafer”（金龟子）分别来源于古英语和古高地德语，亦与“咬人的”相关。甲虫的学名是Coleoptera（鞘翅目），这个词是亚里士多德在公元前4世纪创造的，卡尔·林奈在1758年把它用作昆虫纲中该目的目名。“Coleoptera”来源于希腊语“*koleos*”（鞘、外壳）和“*pteron*”（翅），指其前翅鞘质、坚硬。

甲虫的辨识特征

甲虫与其他昆虫最显著的区别在于，其口器为咀嚼式，前翅特化为坚硬的鞘翅，后翅纵向折叠，并藏于鞘翅之下，且为全变态发育。全变态类昆虫一生经过卵、幼虫、蛹和成虫四个不同的虫态。幼虫与成虫往往在形态和生境上差别很大，看上去好像两个不同的物种。

甲虫隶属于节肢动物门。它跟其他昆虫、甲壳类（虾、螃蟹等）、蜘蛛类、倍足类（马陆）、唇足类（蜈蚣）一样，具分节的外骨骼，并具附肢（触角、口器和足）。甲虫的外骨骼轻而牢固，通常格外坚硬，少数种类的外骨骼较柔软。这些外骨骼在外部形成触觉和化学感器，在内部为肌肉和器官提供支撑点，从而起到保护和支撑作用。外骨骼表面

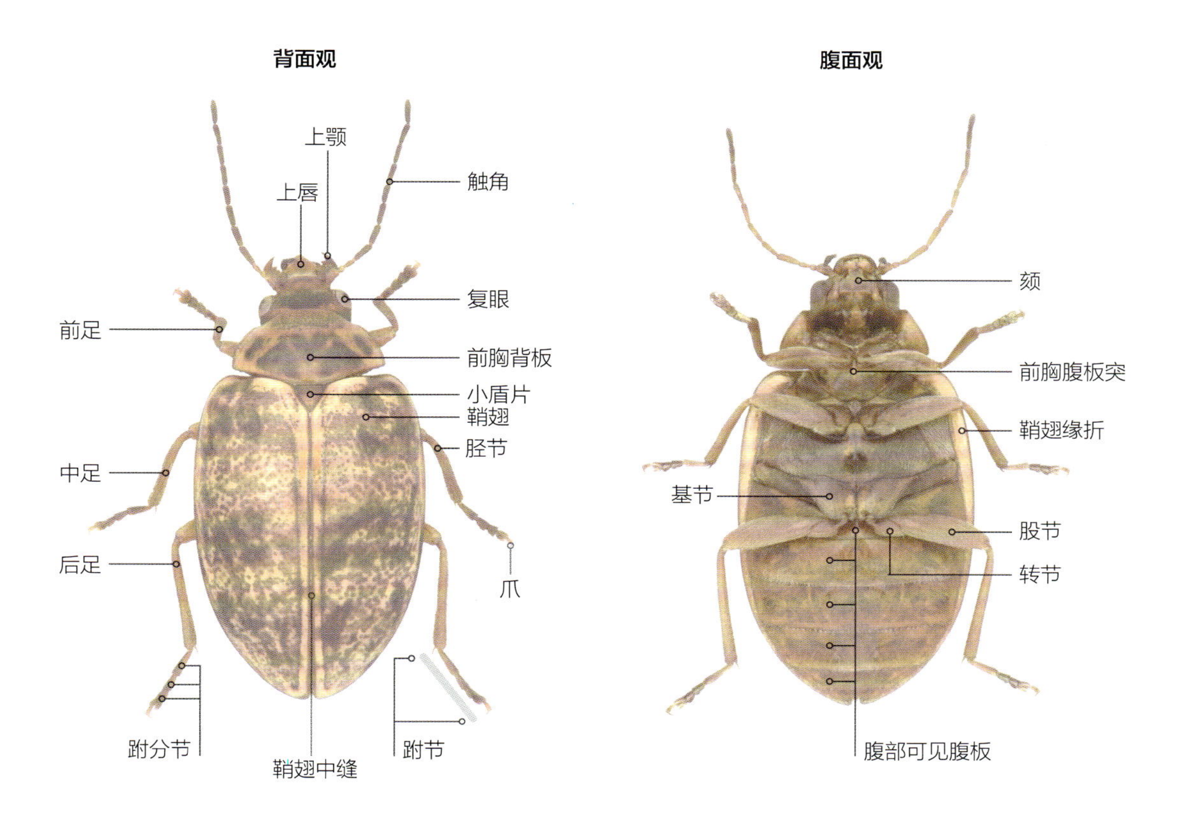

上图：对于甲虫这样种类如此丰富的生物类群，需要对其解剖结构进行广泛而深入的观察，以识别和区分不同物种，并把它们正确地归置到大类中。对这些解剖结构的命名，称为术语。在昆虫学研究者及爱好者间就甲虫中某一形态构造的异同而讨论时，为了保证交流的畅通，一致地使用准确的术语就显得非常重要。

平滑有光泽，或由于有蜡质分泌物产生微纹而显黯淡，有点像人类的皮肤。体表有时有刺、刚毛或鳞片，或有瘤突、刻点、脊、沟、刻点行等。

甲虫的色彩

甲虫的色彩来自其食物中的化学色素，或外骨骼外层的某些化合物。大多数甲虫为黑色，这是鞣化过程中黑色素沉积的结果。鞣化是甲虫羽化后外骨骼变坚硬的化学过程。另外，体表微纹、刚毛、鳞片或蜡质分泌物的分布和排列，也能影响昆虫的色彩。一种生活在沙漠里的黑色拟步甲科昆虫，其体表有时局部或全部覆盖着一种白色、黄色或蓝灰色的蜡质，这种蜡质能反射阳光从而给虫体降温。

甲虫光亮的金属色或虹彩色由外骨骼和鳞片中的几个结构层或一个高度复杂的晶体层形成，这些细微结构能反射不同波段的光，从而形成某一特定的金属色或虹彩光泽。这些结构是由遗传基因决定的，但从个体角度而言，它的最终结构是由昆虫个体的生长发育过程决定的。

右图：甲虫的头部是一个结实的结构，具复眼和触角。头壳里也分布有肌肉，它对于控制口器的运动是必不可少的。口器可能特化有巨大的上颚，如右图中的欧洲深山锹*Lucanus cervus*雄虫。

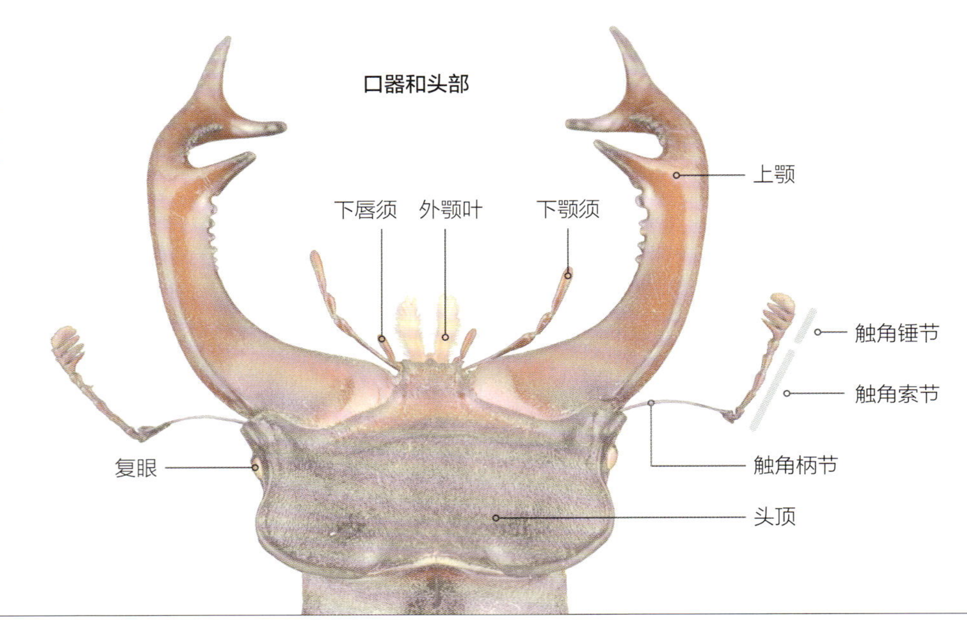

下图左：大多数甲虫的触角包括11节，但股羽角甲*Rhipicera femorata*及该属其他种类的触角能达40节，且呈独特的扇状。

下图右：甲虫的口器为前口式或下口式，这取决于它们的取食习惯。图中的彼得斯宽蜗步甲*Scaphinotus petersi*取食蜗牛，其口器伸长，能把蜗牛柔软的身体从它的壳里拖拽出来。

甲虫的形态

与其他昆虫一样，甲虫的体躯可分为头部、胸部、腹部3个明显的体段。

头部

头部于背面可见，或部分缩入前胸。头壳坚硬，经颈部与胸部连接。颈部膜质，可伸缩。口器为咀嚼式，由一个上唇、两对颚（上颚和下颚）和一个下唇组成。上颚通常可见，适于切、磨或拽各种食物。下颚和下唇分别具一对下颚须和下唇须，均为精致的指状构造，

能帮助处理食物。口器为前口式（如豉甲、步甲），或下口式（如叶甲、象甲）。一些甲虫，特别是象甲总科，其口器着生于长鼻状的喙的端部，适于取食花或种子。

上图：复眼的大小、形状和位置在不同甲虫中变化很大，这些特征可用于鉴定和归类物种。穴居种类的复眼往往完全退化消失，而另一些种类的复眼却十分发达，例如上图中的彩虹长臂天牛*Acrocinus longimanus*。

触角通常短于体长，但在天牛科和长角象科中，很多物种的触角长于体长。触角具非常灵敏的感器，能帮助甲虫探测食物、寻找产卵场所、发觉环境响动和感受温湿度。雄虫的触角有时非常精细，具有能接收雌虫分泌的性信息素的化学感器。甲虫的触角一般分为11节，但很多种类触角节数减少（7–10节很常见），少数种类触角节数增加至12节或更多。触角形态多样，可分为线状、念珠状、锯齿状、梳状、羽状、棒状、锤状、鳃状和膝状。

复眼形状不一，或完整（圆形或椭圆形），或具缺刻（肾形），或完全一分为二（例如在豉甲科中）。无翅种类的复眼往往退化。生活在完全黑暗的洞穴或腐殖质中的种类，其复眼完全消失。极少数甲虫具有单眼，单眼仅能感受光线强弱，包括伪郭公虫科、少数隐翅虫科、某些球蕈甲科和大多数皮蠹科的甲虫。

雄虫头部有时具鹿角状或长牙状的角突。角突大小取决于甲虫体型、幼期营养以及其他一些环境因素和遗传因素。在雄性争斗中强大的角突可以用来把对手撞倒、堵住、撬开或掀翻，从而增加自己的繁殖机会。

胸部

胸部由3节组成，各节具1对足。体躯中段明显可见的结构为前胸，其背面被完整的骨片覆盖，称为前胸背板。前胸背板有时具角突，其功能或与头部角突一样，或用于在土壤或朽木中挖洞。中、后胸分别具有1对鞘翅和1对膜质的飞行翅。两个胸节紧密连接，藏于鞘翅之下，它们腹面的骨片分别叫中胸腹板和后胸腹板。从背面看，左右鞘翅于中部相接，形成1道纵向的直线，称鞘翅中缝。两鞘翅基部之间常夹1块小三角形骨片，称为中胸小盾片。

足形态各异，用于挖掘、游泳、爬行、奔跑或跳跃。足通常具明显的6节。基节常短粗，将足牢固地固定于胸部的基节窝中，但可在水平方向前后移动。转节通常小，与基节之间的连接能自由活动，但与股节则连接紧密不可动。股节最大且最有力量，一些能跳跃的种类（如沼甲科）股节强烈膨大。胫节通常细长，但善挖掘的甲虫的前足胫节常特化成耙状结构。水生甲虫的胫节边缘具很长的刚毛，形若桨，能帮助划水。跗节通常分为多个亚节（至多5个亚节），其末节端着生前跗节，前跗节上着生爪。跗节的数目是重要的分类学特征。跗式，是指用3个数字以连接符相连表示前、中、后足跗节数（如5-5-5或3-3-3）。第4节跗节有时很小，藏于第3节的双叶状构造内，需借助高倍率体视显微镜才能看到，因此足看起来像4节，但实际是5节，这种跗式称为伪4节。

右图：甲虫的一些种类具有夸张的构造，这个现象在某些科中很常见，如金龟科、锹甲科和天牛科。在这些科中，雄虫常具有特化而发达的上颚和足，或头、胸部具有角突。竖角犀金龟属*Golofa*的几个种，其雄性头部和前胸背板都有角突（如右图）。

左图：甲虫的腹部内包藏着消化和生殖器官，其腹面由强烈骨化的外骨骼保护，背面由鞘翅保护。但甲虫也有一些类群的腹节超过鞘翅端部，即鞘翅不完全覆盖腹部，如左图中的帝辉隐翅虫*Actinus imperialis*。

腹部

典型的甲虫腹部具5个可见腹节，有时能达8个。每个腹节具4个骨片：1个背板、1个腹板和1对侧板。背板通常薄软、可相互套叠，一般被鞘翅完全覆盖，但在隐翅虫科、阎甲科和其他一些短鞘翅甲虫中，末几节背板坚硬厚实。倒数第2节和末节背板分别称为前臀板和臀板。侧板通常很小，至少部分藏于鞘翅之下。每个侧板上具一个用于呼吸的气门。腹板从腹面可见。腹部最基部的腹板为第一可见腹板，依此后推。各腹板间由或深或浅的横沟分隔，或由窄膜分隔。雄性外生殖器的形态在物种区分和鉴定中具有重要价值。

下图：由于功能和生境的不同，甲虫的足会发生各式各样的特化。一些种类的雄虫，如长臂象*Mahakamia kampmeinerti*雄虫的前足非常长，而雌虫的前足短；雄虫加长的前足在同性间争斗时常用作攻击对手的武器。

甲虫分类

对各式各样的甲虫和其他生物有机体进行归类，并推断它们的进化规律的学科，称为系统学（Systematics）。系统学研究包括分类学（Taxonomy）和系统发生学（Phylogenetics）两个领域。这里的分类学和系统发生学都取其狭义的概念。这两个领域相互依存。分类学是认识和描述物种，为物种命名的学科和实践；而系统发生学是基于共同的进化历史研究物种之间关系的学科，从而建立起自然的而非人为的分类系统。总的来说，目前甲虫分为4个亚目、211个科、541个亚科和1663个族。（详见第646–647页）[①]

上图：卡尔·林奈（1707–1778），瑞典人，内科医师。他描述了将近1.5万种动植物，其中包括654种甲虫。他发明了以两个词为生物有机体命名的方法，即双名法，两个词分别表示属名和种本名。他发表于1758年的《自然系统》（第十版），是动物双名法系统的开端。

物种是种群的最小集合。一个物种拥有唯一的特征组合，从而与其他物种区分开来。这些特征是繁殖的结果，因此，物种间在遗传上是隔离的。有些物种基于生殖器结构很容易与其他物种区分，而有些物种却需要检视不同种群中的很多个体才能做出判断：若这些个体间存在稳定的形态区别，则为不同物种，否则为同一物种。

甲虫命名

林奈发明了以两个词给生物有机体命名的方法，即双名法（以这种方式起的名字通常称为学名），这两个词分别表示属名和种本名。双名法通常字母是拉丁化的，属名总是大写。在科学文献中，甲虫的

① 正文中写的211个科包括现生类群和灭绝类群，而第646–647页的分类系统仅收录了现生类群，即4个亚目178个科。——译者注

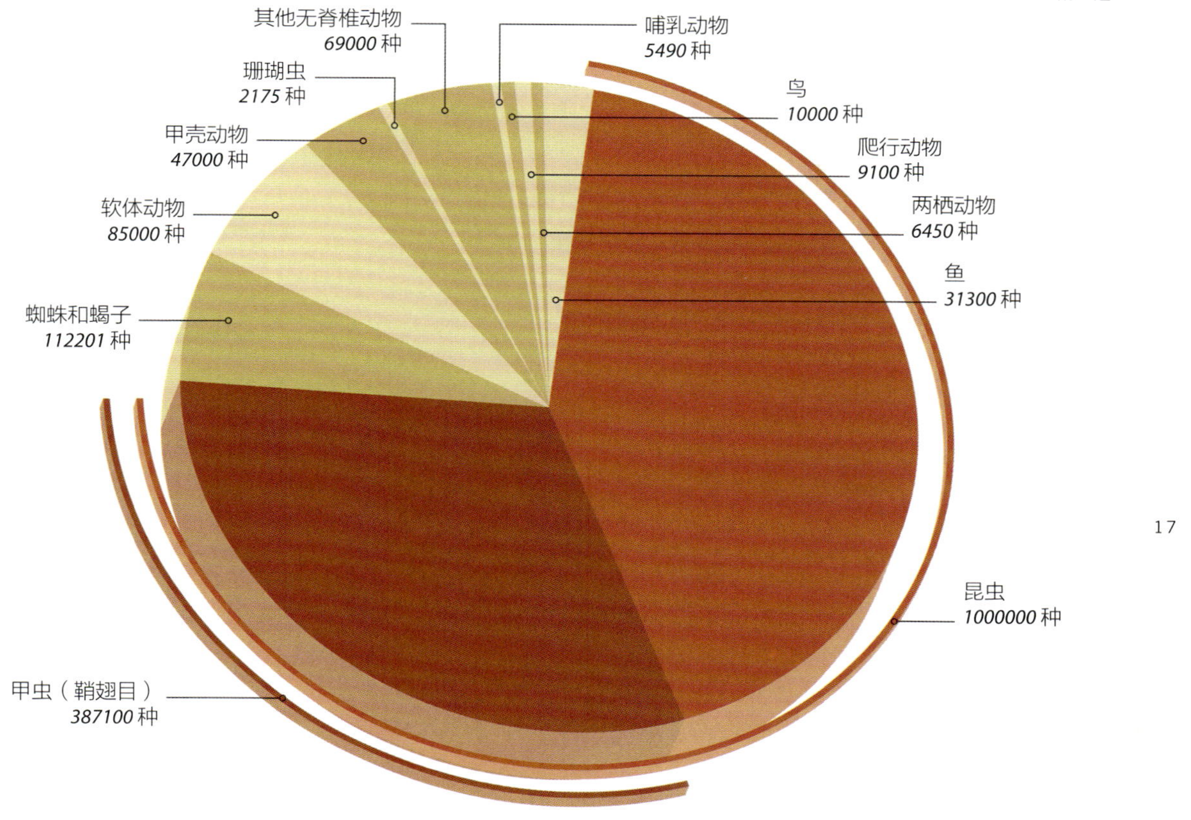

学名之后通常接着首次描述该物种的人的姓氏及描述的年代。若一个种原始地发表在一个属中，后来被转移到另一个属中，则需要用一对括号把命名人和命名年代括起来。如果同一个物种错误地以不同的名称发表了多次，则最早发表的物种名称在命名法上具有优先权，这些不同的名称互称为同物异名。如果多个不同的物种由于人为疏忽使用了相同的名称，则最早使用这个名称的物种在命名法上具有优先权，这个现象称为异物同名。

《国际动物命名法规》规定了学名的构成和使用方法。当鞘翅目学家描述一个甲虫新物种的时候，他需要把用于描述的标本指定出一个来作为正模。正模保管于博物馆或其他公共研究机构中，其他研究者将有机会检视。正模永远是该物种的载名标本和国际标准。种通常被归类成属、亚族、族、亚科、科、总科和亚目，但在一些多样性低的类群中，不是所有的分类阶元名称都会使用到。科级阶元有通用的后缀，如亚族以-ina结尾，族以-ini结尾，亚科以-inae结尾，科以-idae结尾，总科以-oidea结尾。

上图：地球上大概每4种动物中就有1种是甲虫，例如，甲虫的多样性高于鸟类40倍。

下图：从目至种，构成基于等级阶元的分类系统，用于归类所有已知的甲虫。

界	动物界 Animalia
门	节肢动物门 Arthropoda
纲	昆虫纲 Insecta
目	鞘翅目 Coleoptera
亚目	多食亚目 Polyphaga
总科	拟步甲总科 Tenebrionoidea
科	拟步甲科 Tenebrionidae
亚科	拟步甲亚科 Tenebrioninae
族	拟步甲族 Tenebrionini
属	拟步甲属 *Tenebrio*
种及命名人和命名年代	黄粉甲 *Tenebrio molitor* Linnaeus, 1758

进化和多样性

下图左：变成化石的构造能再现甲虫在历史长河中漫长的进化过程。图中的黑尔马象甲 *Hipporrhinus heeri* 化石来自超过2000万年前的沉积岩中。

下图右：生活在沙漠中的拟步甲科种类特化出各种适应性结构（如具有保护功能的鞘翅下室），使得它们能够在极端的沙漠环境中生存。图中是生活在纳米布沙海中的光滑长足甲 *Onymacris laevigatus*，它的足非常长，体形似子弹。

原鞘翅目 Protocoleoptera 是古生类群，外表接近甲虫。在化石记录中，原鞘翅目和真正的鞘翅目的遗迹非常丰富。它们大多是沉积岩中的化石印痕，或包埋于树脂化石中（即琥珀）。原鞘翅目化石发现于欧洲东部下二叠统的岩石中，大约可追溯至2.8亿年前。这些昆虫体形扁平，可能生活于疏松的树皮下的狭窄空间中，类似于现代的广翅目昆虫（如泥蛉、齿蛉和鱼蛉）。或许全变态类昆虫中其他一些现生目的祖先也是这样。原鞘翅目的鞘翅有明显的纵脊和刻纹，类似于现生的长扁甲科。但原鞘翅目的鞘翅微纹相比之下不够规则，且其鞘翅长度超过腹部末端。现代鞘翅目在三叠纪晚期（2.4亿年前）取代了原鞘翅目，并且鞘翅目现生的四个亚目在当时已经形成。欧洲和亚洲中部的化石记录显示，现代鞘翅目的所有进化干系群在侏罗纪时期（2.1亿–1.45亿年前）

上图左：许多甲虫身体坚硬、体形紧凑，能开拓独特的小生境，包括其他动物的巢穴。图中的阔褐露尾甲*Aethina tumida*是腐食性的，它们生活于蜜蜂巢中，取食蜂蜜和花粉，对蜂房造成危害。

上图右：甲虫一些科的种类生活于淡水环境中，从小的临时性水池和大的永久性水体，到地下水体都有分布。图中的旭日龙虱*Thermonectus marmoratus*生活在能局部照射到阳光的水池中。

已经形成。

侏罗纪时期针叶树脂形成的琥珀显示，这些古老的树在当时已经遭受蛀干害虫的侵害，那些蛀干害虫类似于现代的象甲科昆虫。在琥珀中至少已经发现了甲虫的60个科，大多数种类所归置到的族和属在今天依然存在。从已有的化石记录看，在热带森林或其他古环境中形成的虫珀非常稀少。

大多数来源于第四纪（160万–50万年前）的化石甲虫与现代甲虫的种类相同。它们的残骸并未完全石化，而是保存于永久性冰冻的碎石、水搬运形成的沉积物、史前的粪堆或沥青中。

大多数甲虫体型小而结实，这使得甲虫能够开拓陆地和淡水环境中的很多生态位。甲虫如此成功，还得益于鞘翅的存在：鞘翅有效保护了中后胸和腹部的膜质体壁，使甲虫的这些部位不像其他昆虫一样暴露于外。不管甲虫是生活于地表还是水中，它们的鞘翅都能使虫体减少磨损，避免脱水，并保护它们不受寄生物和捕食者的侵害。鞘翅和腹部之间有一个鞘翅下室，这是陆生和水生甲虫均具有的一个重要的适应性结构。举例来说，生活在沙漠中的种类利用这个鞘翅下室，能隔绝身体和外界，这样外界温度突然变化时不至于直接影响到虫体温度，并且还能防止虫体脱水。生活在水中的一些甲虫利用鞘翅下室捕获和储存空气，使它们在水下能够呼吸。许多甲虫具有飞行能力，这也增加了它们逃避捕食者、搜寻食物、寻找配偶和定殖新生境的机会。

右图：酒仙圆蜣螂*Circellium bacchus*是非洲最大的会滚粪球的蜣螂。雌虫滚动并掩埋粪球（偏爱水牛的粪便）。粪球被用于建设育幼室，幼虫于其内完成发育。

通信、生殖和发育

下图：雄性和雌性甲虫间的通信具有种的专一性，以避免无益的相遇。图中的东方条背萤*Photinus pyralis*竖直身体，向下俯冲，其腹部发出的光及其形成的光路是给同种雌性发出的信号。

甲虫使用光、气味和声音进行通信。许多萤火虫（萤科）能发光，它们靠自己发出的光吸引异性，雄虫和雌虫互相交流的发光模式具有种的专一性。许多种类的雌虫能散发化学气味，即性信息素，以吸引同种的雄虫。甲虫还靠搜集有气味的食物源，尤其是腐肉、粪便、花和树液，来增加寻找到配偶的机会。一些蜣螂（金龟科）、天牛和象甲能通过发音器发声，换句话说它们可利用身体的某些部位相互摩擦发出声音。蛛甲科的雄虫用头部敲击木质蛀道的内壁，以吸引雌虫的注意。生活在南非的一种*Psammodes*属拟步甲被称为“toktokkies”，指它们能用腹部击打岩石和土壤，以吸引配偶。

甲虫在交配前很少有复杂的求爱行为，一些种类的雄虫会在交配前用它们的口器、触角、足和生殖器简单地触碰对方，大多数种类的雄虫仅简单地爬上雌虫。交配之后，雄虫可能不立即与雌虫分离，这是为了阻止其他雄虫也来交配，从而保证了它自己的后代得以繁衍。雌虫把雄虫的精子保存在一个特殊的袋状构造，即受精囊中，直到卵产出并与精子结合得以受精。

生长发育和亲代抚育

甲虫的卵产于土壤、幼虫适合的食物源中或食物源附近。卵为单粒，或成堆。卵孵化后，幼虫的任务很简单——取食和生长。取食腐肉或粪便的或潜于植物组织内的幼虫，一般为蛴螬形或蠕虫形，而捕食性的幼虫一般体扁平、胸足发达。捕食性的幼虫通常取食其他节肢动物，但也有少数取食小型脊椎动物。在幼虫期拟寄生（指最终杀死寄主的寄生方式）其他昆虫的物种为复变态发育（如羽角甲科 Rhipiceridae 和大花蚤科 Ripiphoridae），它们的一龄幼虫具有发达的胸足、活动能力强，而其后龄期的幼虫为蛴螬形，胸足退化，行动缓慢。

顶图：雄性甲虫通常在交配时位于雌性背上，如图中的百合负泥虫 *Lilioceris lilii*。雄性常常在足和身体其他部位具有特化的结构，用以在交配时抓紧雌性。

上图：蛹期是从不具繁殖能力的幼虫向具有繁殖能力的成虫转化的重要阶段。如图中的战神犀金龟 *Megasoma mars*，其头部和前胸背板上的角突在蛹期就形成了。

幼虫的口器有特化结构，适于压碎、磨碎或撕扯食物。大多数幼虫具有3对胸足，少数无胸足。腹部末端可能具有一对固定的或以关节相连的附肢，即尾突。幼虫在化蛹前需经历几周至几年不等的时间。

在温带地区，蛹往往是最适合度过寒冬的虫态。有时蛹的腹部有肌肉，能使腹部前后运动。一些甲虫的腹节前后缘有坚硬的齿列，能使前后腹节很好地咬合，从而避免小型捕食者或寄生物从薄弱的膜质连接部位侵入。

甲虫里至少有10个科具有不同程度的亲代抚育行为，但这其中多数行为对后代的照顾都相对有限，包括照看卵和为幼虫预备存有食物的隧道或巢穴。高级的亲代抚育行为在覆葬甲属 *Nicrophorus* 中被发现。覆葬甲雌雄成虫配合，把动物尸体精心地掩埋到地下洞穴中，作为幼虫的食物，并且成虫往往等到它们的后代化蛹时才离开。

甲虫常规的生命周期通常与温湿度的变化吻合。在温带地区，春天到来时持续的温暖天气会促使甲虫从蛹室中羽化，而在始终炎热的热带地区，季节性的降雨会促使甲虫羽化。甲虫通常一年发生一或多个世代，但少数种类需要两年或更多的时间完成一个生命周期。

右图：豹点豆芫菁*Epicauta pardalis*受惊时，其足关节处会释放出一种烈性毒素，即斑蝥素，这种物质能使人和其他动物产生疼痛的水泡。尽管斑蝥素有毒，但它也被用作催情（见：疱绿芫菁*Lytta vesicatoria*）。

防　御

甲虫中的大型种类的上颚或角突非常发达，足强壮，并且足端部具有锋利的爪，这些气派的构造能帮助它们吓退很多捕食者（除非捕食者非常饥饿）。体形扁平的种类能钻到狭窄的空间里避开攻击。身体敏捷的种类能靠飞奔逃走。天牛科、长角象科、象甲科和其他科中的一些甲虫能靠"保护色"使其不被捕食者发现。这些甲虫的体壁或体壁上的鳞毛呈黯淡的褐色、黑色或灰色，并形成斑驳的图案，有时体表还具有瘤突或坑等凹凸结构。这些构造和体色使得它们在被真菌侵害或覆盖地衣的树干上很难被发现。此外，一些甲虫还能把腿隐藏起来，看起来像小土块，或者鳞翅目幼虫或鸟类的粪便。甚至，一些甲虫会利用体表醒目的斑驳图案或金属光泽，使其在自然环境背景的衬托下，乍看上去并不像甲虫。

右图：一种小型天牛*Macronemus mimus*看起来像一小坨粪便，可能以此避免被捕食者发现。图中的种发表于2013年，仅分布于巴西和阿根廷。

化学防御和警戒色防御

一些甲虫运用化学物质来防御捕食者。这些化学物质可能来源于它们的食物，或由其体内各种复杂的腺体合成，并通过肛门、足的关节处，或裂开的鞘翅脊排出。屁步甲防御腺中的对苯二酚、过氧化氢、过氧化物酶和过氧化氢酶都是单独储存的。当它们受惊时，这些化学物质被注入同一个体腔中，伴随着"噗"的一声发生激烈的协同化学反应，随后从肛门喷射出一股酸性的、沸腾的液体。花萤、瓢虫和芫菁均把防御性化学物质储存于血淋巴中，当受到攻击时从足的关节分泌出，这个过程称为"反射放血"。隐翅虫科的一些类群（如毒隐翅虫亚科），其体内具有共生细菌，这类细菌能产生烈性的防御性化学物质，即隐翅虫素，它比黑寡妇蜘蛛（寇蛛属 *Latrodectus*）的毒液还要厉害得多，很少量就能引起人体皮炎。

具有化学防御能力的甲虫往往具有清晰醒目的图案，这些图案由对比度高的颜色形成，如红色+黑色或黄色+黑色，可能以此警告捕食者它们并不好吃。这种色斑型称为警戒色，是保护色的相反情况。在缪氏拟态中，生活在同一个生境中的不好吃的且不相关的几个种都具有相似的警戒色图案，它们均能依此避免被捕食者取食。在花萤科、萤科、红萤科、芫菁科、拟步甲科和天牛科间有几个很著名的缪氏拟态环。而在贝氏拟态中，无害种长得像那些凶猛的、善撕咬或有螫针的种，或具有化学防御的种。这些种的体型和颜色，往往还伴随特定的行为模式，会很快被有经验的捕食者联想起它们所模拟的不可口的模型昆虫的颜色和行为模式，如蚂蚁、蜜蜂和胡蜂。

下图：草原伪斑芫菁 *Croscherichia sanguinolenta*醒目的、高对比度的图案，是警戒色的绝佳例子。这种颜色能警告潜在的捕食者它们能分泌毒素，从而避免被捕食。

底图：当拟步甲受惊时，它会抬起自己的腹部，从腹部末端喷射出油状防御液。例如图中的暗亮甲*Eleodes obscurus*。

右图：绿暑花金龟*Cotinis nitida*正在取食从树的创伤处流出的泡沫状树液，其中富含细菌和其他微生物。

食　性

甲虫取食多种植物和真菌的组织，包括鲜活的或凋亡的。一些访花甲虫具有管状的口器，适于吸吮花蜜；而那些取食花粉的甲虫则具有类似于刷子的口器，适于处理精细的花粉颗粒。尽管甲虫与蜜蜂不属于同一个目，但一些甲虫在传粉中也起到重要作用，特别是对于那些传统传粉者很少访问的植物而言。潜叶幼虫在身后留下一条蜿蜒的取食痕迹，这条痕迹不断加宽，并充满粪便，能追踪虫体的生长发育。

蛀木性甲虫

蛀木性甲虫的幼虫在树枝、树干或树根上挖掘隧道，并依赖生活在它们肠道里的共生细菌和真菌去消化纤维素。蛀木性幼虫的卵壳上带有这类肠道共生物，因为少量的这类共生物会附在产卵器的内

右图：同个物种的成虫和幼虫的食性往往不一样，但异色瓢虫*Harmonia axyridis*的成虫、幼虫均取食蚜虫。图中幼虫正取食夹竹桃蚜*Aphis nerii*。

壁。幼虫孵化出来后会立即吃掉卵壳，从而接种了肠道共生物。

粪食性甲虫

粪食性甲虫（如粪金龟科、金龟科）取食粪便，尤其是大型植食性脊椎动物排泄的粪便，并且把大量富有营养的粪便掩埋起来作为幼虫的食物。它们用其特化的上颚把粪便中未消化的食物残渣、细菌、酵母和霉菌分离出来。

捕食性甲虫

步甲和虎甲（步甲科）捕食很多昆虫和无脊椎动物，并把它们撕扯成块。隐翅虫科和阎甲科的一些种类在食物残渣和腐烂的有机物中搜寻猎物，而其他一些种类生活在蚂蚁或白蚁的巢穴中，或生活在小型哺乳动物的毛发中。专一性的捕食者多使用化学物质作为追踪猎物的线索。例如，萤科幼虫可通过追踪蜗牛爬行留下的黏液痕迹来捕捉蜗牛，郭公虫科和谷盗科通过探测象甲释放在空气中的信息素来追踪象甲。喜食蚂蚁的 *Cremastocheilus* 属花金龟同样是靠追踪蚂蚁的信息素来找到它们的巢穴。豉甲靠落水昆虫挣扎时引起的水波变化来识别猎物。

顶图：图中的驴蜣螂 *Canthon imitator* 正趴在新鲜的牛粪上，它们会滚粪球，并把粪球埋起来作为幼虫唯一的食物源。但也有一些金龟科昆虫偏爱取食腐肉、真菌、果实、倍足动物和蜗牛的黏液痕迹。

上图：甲虫一些科的成、幼虫是专性菌食者。它们取食真菌的各种部位。四泡小蕈甲 *Mycetophagus quadripustulatus* 通常发现于长在树皮下的真菌的菌丝体中、层孔菌上、蘑菇和肉质多孔菌腐烂的子实体，以及发霉的植物有机体上。

其他食性

葬甲科、皮蠹科和其他一些科的成虫和幼虫为腐食性，取食死亡的动物组织，包括其他昆虫的残体。皮金龟科取食富含角蛋白的羽毛、皮毛，及牛羊等动物的角和蹄。种类稀少的长酪甲科的成虫和幼虫均生活在沿海岸线的沙丘中，取食鱼类和鸟类的尸体。球蕈甲科 Leiodidae 的寄兽甲亚科 Platypsyllinae 是最高度特化的甲虫之一，其中的一些种类外寄生于活的哺乳动物中，仅在化蛹时才离开寄主。

甲虫保护

国际自然保护联盟（IUCN）《濒危物种红色名录》（简称为IUCN红色名录）提供了动植物保护现状的广泛数据，是全球性的为了保护自然资源所作出的努力。2014年的IUCN红色名录包括527种甲虫，主要为龙虱科、步甲科、锹甲科、金龟科和象甲科的种类。它们按照濒危程度，被归为无危物种（209种）、近危物种（38种）、易危物种（45种）、濒危物种（44种）、极危物种（12种）和绝灭物种（16种）；还有163种由于缺少足够的分布和丰富度信息被列为数据缺乏物种。

下图：图中的大型观赏甲虫撒旦犀金龟 *Dynastes satanas* 在宠物市场上很受欢迎，用于活体展示和甲虫争斗娱乐。它仅分布于玻利维亚一个1000 km²的区域，而它的生境正由于森林砍伐、楼房建造和农业发展而遭受威胁。

珍稀物种和濒危物种

《濒危野生动植物物种国际贸易公约》（简称为CITES）是一个国际性的贸易协定，目的是为了确保野生动植物不被国际贸易过度开发利用，避免威胁到相关物种的生存。该公约管制的物种，可归成3项附录。附录1为最濒危的、正遭受灭绝威胁的物种。例如，生活在南非不同山顶上的17种后翅退化的考锹属 *Colophon* 锹甲，在IUCN红色名录中被列为濒危级，同时也被列入CITES附录1，主要是因为它们在市场上的卖价很高。附录2为尚未遭受灭绝威胁，但若贸易未得到严格控制可能导致其灭绝的物种。附录2收录了撒旦犀金龟 *Dynastes satanas*。除了以上提到的锹甲和犀金龟，CITES未收录其他甲虫。

上图：生境衰退和丧失是甲虫面临的最大威胁。其他一些会对甲虫种群造成不利影响的因素包括：有意或无意引进的外来物种、会诱集甲虫的电灯，及持续的不好天气。这些不利因素由于专业鞘翅目研究者数量的减少而进一步加剧，因为专业鞘翅目研究者能提供保护甲虫和它们的生境所需要的专业技术。

CITES的很多缔约国同时也设立自己的法律来认识和保护濒危野生生物，这其中当然也包括甲虫。例如，美国的《濒危物种法案》（1973年）收录了18种甲虫，其中15种是濒危物种，3种是受胁物种。澳大利亚的《环境保护与生物多样性保护法案》（1999年）把一种锹甲*Lissotes latidens*列为濒危物种。这些国家的各个州和省也列出了地方性的濒危甲虫名录，其中包括了一些未列入全国性名录的种类。

非CITES缔约国往往制定自己的红色名录，并禁止采集、贸易和出口被其他国际公约保护的物种。由于甲虫在生态环境中的重要作用，欧洲的水生甲虫专家团和朽木无脊椎动物项目在积极推动甲虫的保护。水生甲虫专家团属于国际自然保护联盟下属的物种生存委员会，他们强调水生甲虫在欧洲和东南亚的湿地管理中作为环境指示生物的重要性。朽木无脊椎动物项目关注生活在立木或倒木上或木生真菌中，包括甲虫在内的无脊椎动物。

右图：在全世界都可见手工艺者把甲虫身体的某些部位用于制作珠宝。在热带的美洲地区，木棉帝吉丁 *Euchroma gigantea* 的鞘翅被用于制作项链和其他装饰品。

甲虫与人类社会

一直以来甲虫在我们的神话、艺术和工艺品中占据了重要的地位。圣蜣螂 *Scarabaeus sacer* 是最著名的甲虫被神化的例子，它的图像在古埃及的葬礼艺术和象形文字中很常见。在古埃及墓室中常常有石板刻着从《死亡之书》上摘抄下来的宗教铭文，这些石板上也常常刻着圣蜣螂，以期望死者灵魂得到永生。

甲虫在艺术和装饰中的应用

艺术家们以各种方式绘制甲虫。萤火虫很早就出现在中国和日本的艺术中。最有名的甲虫艺术品之一是德国文艺复兴时期的艺术家阿尔布雷特·丢勒（Albrecht Dürer）在1505年根据欧洲深山锹 *Lucanus cervus* 创作的水彩画。法国艺术家欧仁·塞吉（Eugène Séguy）在1920年创作了一系列装饰派艺术风格的昆虫集，其中包括很多引人注目的甲虫。

手工艺者使用甲虫结实的身体制作珠宝，或装饰华丽的家具和墙面。南美洲本地的手艺人使用巨型木棉帝吉丁的鞘翅做项链或其他装饰品。今天在墨西哥和中美洲一些地区，有一种叫“玛克曲”的饰品很流行。“玛克曲”来自玛雅语“Maquech”，由智利幽甲 *Zopherus chilensis* 制成。人们在活的智利幽甲背面装饰上各色明亮的玻璃珠，并固定上一根短链子，链子另一端用别针别在衣服上，以此作为纪念玛雅文化的一种方式。

上图：古埃及人认为圣蜣螂是太阳神的象征。图中的雕刻出现在卢克索的一座寺庙中。

甲虫作为食物

甲虫和它们的幼虫在全世界都是人类食物的重要组成部分。在东南亚，锈色棕榈象 *Rhynchophorus ferrugineus* 和椰蛀犀金龟 *Oryctes rhinoceros* 的幼虫烤熟后被视做美味佳肴。中国人捕捉大水龟虫，去除头部和足之后下油锅或用盐水腌渍。澳大利亚土著居民从朽木里挖出坚果味道的大型天牛幼虫烤着吃。在美国，有一种塞满昆虫的棒棒糖，其中有黄粉甲幼虫。

甲虫在科学技术中的作用

在研发新产品和新材料时，科学家们与其花重金研发复杂的技术工艺，还不如仿造在甲虫中已被千百万年的进化检验过的特性。例如"露水储藏瓶"有一个不锈钢圆顶，该圆顶的表面微结构类似于生活在纳米布沙海的爪长足甲 *Onymacris unguicularis* 体背面的微纹，因此它能像爪长足甲一样从空气中收集水分，相似的技术还被用于为沙漠灌溉系统收集水分，去除机场跑道上的雾，以及制作不起雾的窗户和镜子。甲虫一些类群的足上具有垫状结构，它是由极其浓密的刚毛组成的。工程师们通过研究这一结构，发明了可重复使用的不带黏合剂的胶带，它的黏性是普通胶带的两倍。

一些甲虫体表具闪光的金属色或虹彩色，如吉丁科、金龟科和象甲科的种类，这激发了物理学家的兴趣。甲虫鳞片和体壁有多个反射层或蜂巢状的光学晶体，这些构造能同时反射不同波长的光波，从而形成绚丽的光泽。这些结构的反射特性不仅能运用于生产闪光的油漆、颜料和化妆品，还可能在增强货币安全和设计超高速计算机的光学芯片上发挥作用。

下图：一些甲虫的幼虫在全世界范围内都被用作人类的食物，如图中棕榈象属*Rhynchophorus*的种类。由于含有丰富的营养价值，甲虫是将来新型食品发展的一个方向。

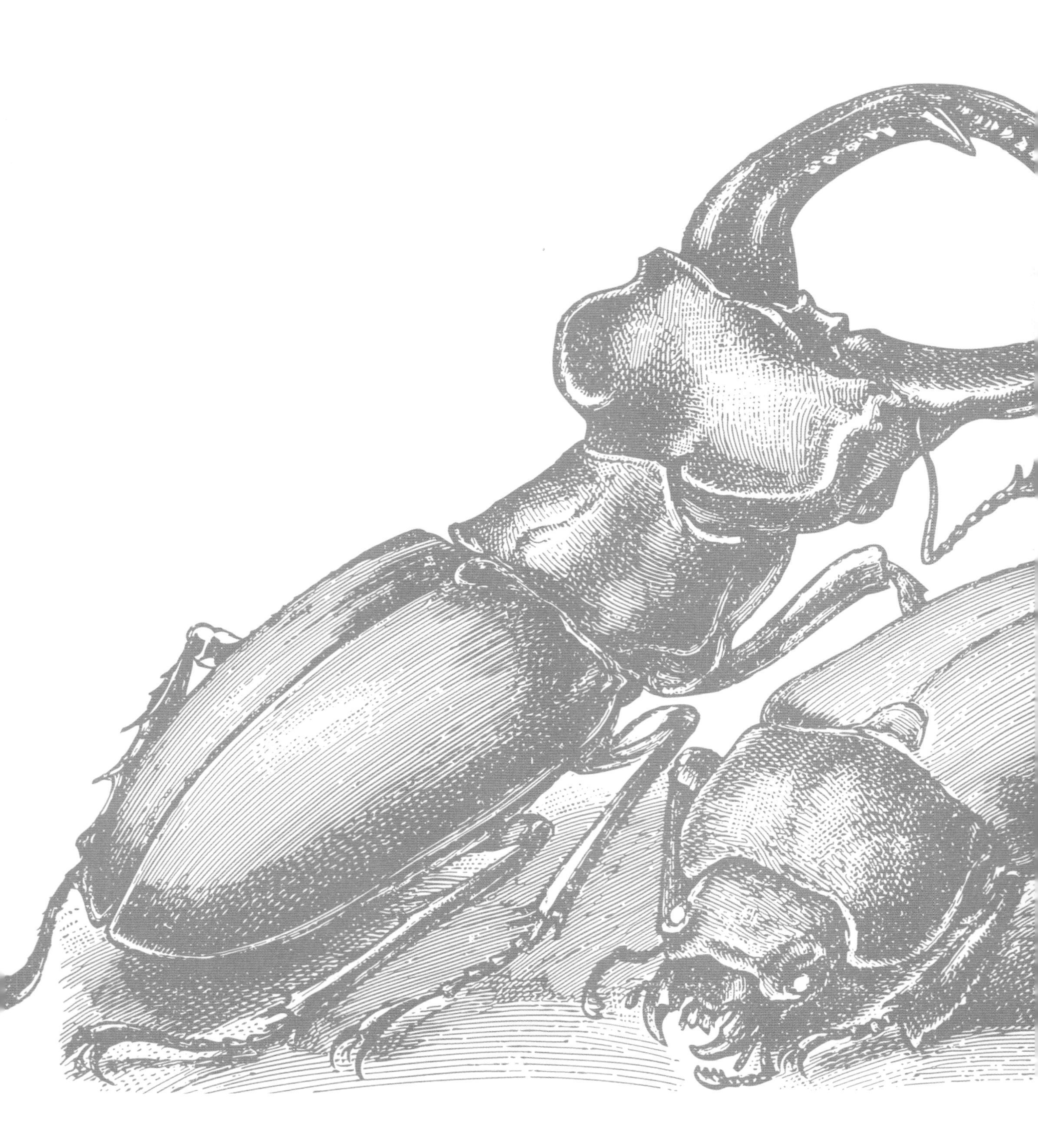

甲　虫

The Beetles

原鞘亚目　/ 33

藻食亚目　/ 43

肉食亚目　/ 49

多食亚目　/ 113

原鞘亚目
ARCHOSTEMATA

原鞘亚目种类体型中等大小，体长5-25mm。但复变甲 *Micromalthus debilis* 和遗微鞘甲 *Crowsoniella relicta* 除外，这两个种的体长仅1.5mm。原鞘亚目大多数种类与其他甲虫的区别在于：后足基前转片（靠近后足基节）非常发达，偶有例外。典型的原鞘亚目甲虫体表被鳞片（以上提到的2个微型种除外），且鞘翅一般骨化程度弱。

原鞘亚目已知近40个现生种，分布于北美洲、南美洲、欧洲、亚洲、澳洲和非洲。包括微鞘甲科 Crowsoniellidae（1种），长扁甲科 Cupedidae（约30种）、复变甲科 Micromalthidae（1种）、眼甲科 Ommatidae（6种）和侏罗甲科 Jurodidae（1种）。虽然分类学家进行了广泛的考察，但一些种类在自然界中仍然很难采到。例如，遗微鞘甲仅知3头标本，三眼侏罗甲 *Sikhotealinia zhiltzovae* 仅知1头标本。我们希望这本书的出版能促进更多标本的发现。

原鞘亚目的生活史鲜为人知，很多种类的幼虫尚未发现。已知的幼虫通常体长形、两侧平行，其生境均与被真菌侵染的木材相关。

科	微鞘甲科 Crowsoniellidae
亚科	
分布	古北界：意大利
生境	不确定，可能与欧洲栗 *Castanea sativa* 有关
微生境	可能在地表或土壤中生活
食性	未知
附注	体微小，是微鞘甲科的唯一种类

成虫体长
1/32–2/32 in
(1.4–1.6 mm)

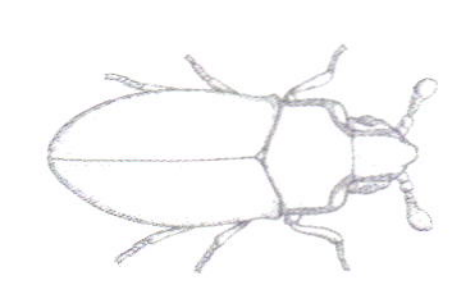

遗微鞘甲

Crowsoniella relicta

Crowsoniella Relicta

Pace, 1975

实际大小

根据化石记录，在中生代的前半叶，古老的原鞘亚目比甲虫中的其他类群更加繁盛，虽然后来它们的多样性显著下降，并在欧洲灭绝（遗微鞘甲除外）。遗微鞘甲仅知3头雄性标本，是用水冲洗一棵老欧洲栗根部周围的石灰质土壤后发现的。标本采自意大利中部拉齐奥区的乐平山脉（Lepini Mountains）。虽然后来一些鞘翅目学家反复尝试多次，但在其原产地及附近，都未能采到更多标本。该种的口器退化，这意味着其成虫只取食液体食物或根本不取食。

近缘物种

虽然一些分类学家主张把遗微鞘甲归于多食亚目，但最近大多数研究成果表明，它可能还是与原鞘亚目的种类更为近缘。这个亚目的现生类群还包括长扁甲科（31种）、复变甲科（1种）、眼甲科（6种）及侏罗甲科（1种）。本种鞘翅表面光滑，这点与典型的原鞘亚目甲虫不同，后者鞘翅具网格状刻纹。

遗微鞘甲　体微小，长形，体表光滑，有光泽，红棕色至棕褐色，无后翅。触角7节，端节膨大。复眼由少数小眼面组成。上颚退化。前胸背板的前侧角各有1个与触角端节大小相符的圆坑，可收纳触角端节。中、后胸与腹部第一节愈合。幼虫未知。

科	长扁甲科 Cupedidae
亚科	始长扁甲亚科 Priacminae
分布	新北界：北美洲西部
生境	山地混交林
微生境	成虫发现于死枝上或朽木中
食性	幼虫可能在朽木中生活
附注	成虫被洗衣用的漂白剂吸引，也被灯光吸引

成虫体长
$^3/_8$–$^7/_8$ in
(10–22 mm)

锯始长扁甲
Priacma serrata
Priacma Serrata
(LeConte, 1861)

锯始长扁甲并不常见，但春末和夏季在某些地方可能数量相对丰富。成虫有时发现于死的白冷杉枝条上，或旧原木和老树桩上，或下午在被真菌侵染过的原木周围上。雄虫会被洗衣皂强烈吸引，有时会大规模聚集于户外晾晒的衣物上，这是因为洗衣皂含有漂白剂，它的气味与雌虫的性信息素相似。雌虫一次产卵能超过1000粒。

近缘物种

锯始长扁甲是始长扁甲属 *Priacma* 的唯一种类，仅分布于北美洲西部。始长扁甲属与该地区分布的长扁甲科其他3个现生属（长扁甲属 *Cupes*、*Prolixocupes* 和 *Tenomerga*属）的区别在于，它的触角只有身体一半长，前胸腹面不具收纳跗节的沟。

实际大小

锯始长扁甲　体长形，背面略拱凸，两侧平行；体红棕色，表被灰色或黑色鳞片，并形成杂斑。复眼小而突出；头顶具4个明显的瘤突；触角长度只有体长的一半。前胸背板前缘具一对指向前方的尖角，前胸腹面不具收纳跗节的沟。

科	长扁甲科 Cupedidae
亚科	长扁甲亚科 Cupedinae
分布	新北界：北美洲东部
生境	北美洲东部落叶林
微生境	成虫发现于光秃无叶的栎树树干上、树皮下，或被灯光诱集
食性	未知
附注	该种幼虫的生境未知

成虫体长
1/4–7/16 in
(7–11 mm)

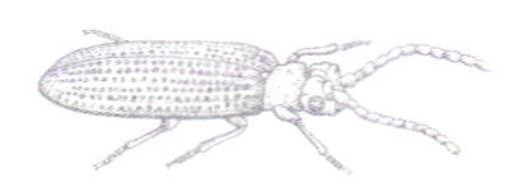

黄头长扁甲
Cupes capitatus
Cupes Capitatus
Fabricius, 1801

黄头长扁甲成虫在春末和夏季很活跃，常见于树皮下、立枯无叶的栎树树干上，或被森林中的灯光诱集。目前尚未报道过其幼虫，但它可能钻蛀被真菌侵染的坚硬木材，并在其中发育。长扁甲科现生种仅有9属31种，但这个科在以前曾非常繁盛，最早的化石记录可追溯到三叠纪。现生种几乎在各生物地理区都有发现，但在欧洲已灭绝。

近缘物种

黄头长扁甲是长扁甲属 *Cupes* 的唯一种类，仅分布于北美洲东部。长扁甲属与该地区分布的长扁甲科其他3个现生属（始长扁甲属 *Priacma*、*Prolixocupes* 和 *Tenomerga*属）的区别在于，其触角超过体长的一半，前胸腹面收纳跗节的沟在前端被一对低脊分割。

实际大小

黄头长扁甲　体狭长，扁平，两侧平行，表被鳞片；体灰黑色，头部红色或金色。复眼突出；头顶具4个明显的瘤突；触角细长，其长度超过体长的一半。前胸腹面具有明显的沟，用于收纳跗节。

科	长扁甲科 Cupedidae
亚科	长扁甲亚科 Cupedinae
分布	澳洲界：澳大利亚东南部至昆士兰、塔斯马尼亚
生境	森林，或偶尔在建筑物中
微生境	成虫可灯光诱集，幼虫生活在被真菌侵染的木材中
食性	幼虫在真菌侵染的木材中取食和生活
附注	该种幼虫已知（长扁甲科幼虫很罕见）

成虫体长
3/8–9/16 in
(10–15 mm)

杂色端长扁甲
Distocupes varians
Distocupes Varians
(Lea, 1902)

长扁甲科全世界已知31种，其中仅5个种的幼虫已知，杂色端长扁甲便是这五种之一。它的幼虫细长、柔软。据报道，幼虫是在被真菌侵染过的建筑物木质结构中取食并化蛹。成虫可灯光诱集。阿瑟·莱亚（Arthur Lea）发表此种时依据4头标本，但仅其中的1头为现在的杂色端长扁甲；其他3头属于两个未描述的种，现都归于*Adinolepis*属。

近缘物种

长扁甲科在澳大利亚有6种，其中端长扁甲属*Distocupes* 1种，*Adinolepis* 属5种。两属最大的区别为，端长扁甲属在触角基部、复眼上方具有两对朝前指的长圆锥形瘤突。

实际大小

杂色端长扁甲 头部宽大于长，复眼上方具有两对圆锥形瘤突。前胸宽大于长，每个前角有2个齿；前胸腹面具有收纳前足跗节的深沟。鞘翅具窗格状刻点；刻点大而深，近方形，刻点至鞘翅末端；体壁半透明。

科	长扁甲科 Cupedidae
亚科	长扁甲亚科 Cupedinae
分布	非洲热带界：马达加斯加岛北部
生境	干旱森林，热带稀树草原
微生境	成虫和幼虫均发现于朽木中
食性	成虫和幼虫可能均取食被真菌侵染的木材
附注	对此种的生活史知之甚少

成虫体长
11/16–7/8 in
(18–23 mm)

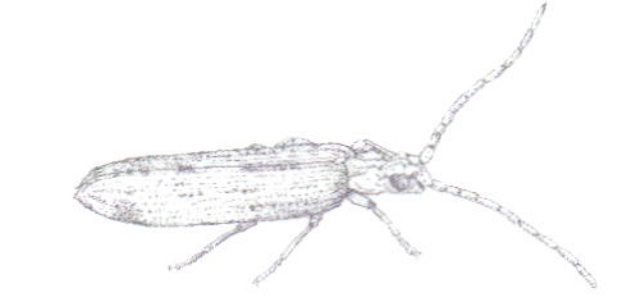

拉氏刺长扁甲

Rhipsideigma raffrayi

Rhipsideigma Raffrayi

(Fairmaire, 1884)

目前对长扁甲科的生物学特性了解很少。拉氏刺长扁甲的成虫和幼虫一起发现于深色朽木中。幼虫是整个科仅知的5种幼虫之一。幼虫体色浅，无眼，圆筒形；头部楔形，上颚发达；足短，不发达，适于在柔软的朽木里钻蛀。幼虫的具体食性未知，可能像长扁甲科其他幼虫一样取食被真菌和其他微生物侵染的朽木。

近缘物种

长扁甲科在非洲热带界有6种，其中刺长扁甲属 *Rhipsideigma* 5种，*Tenomerga* 属1种。刺长扁甲属的鞘翅密被鳞片，鞘翅末端突伸一尖角。在刺长扁甲属的5个种中，1种分布于坦桑尼亚，其余4种分布于马达加斯加。拉氏刺长扁甲与其他种的区别在于，其前胸背板和鞘翅两侧具有大量的乳白色鳞片。

拉氏刺长扁甲　体狭长，两侧平行，扁平。头部具前后两对瘤突，后面那对瘤突上覆盖褐色鳞片。前胸背板侧缘具宽阔的苍白色区域；前胸腹面有收纳前足跗节的沟，沟前端被一道脊分割。鞘翅覆盖密集的鳞片，使其表面形成模糊不清、深浅不均的图案。

实际大小

科	复变甲科 Micromalthidae
亚科	复变甲亚科 Micromalthinae
分布	新北界：美国东部，可能伯利兹也有分布（人为引入）
生境	东部硬木林
微生境	成虫和幼虫发现于潮湿的朽木和残桩中
食性	幼虫取食略潮湿的朽木
附注	该种成虫和幼虫均能进行繁殖

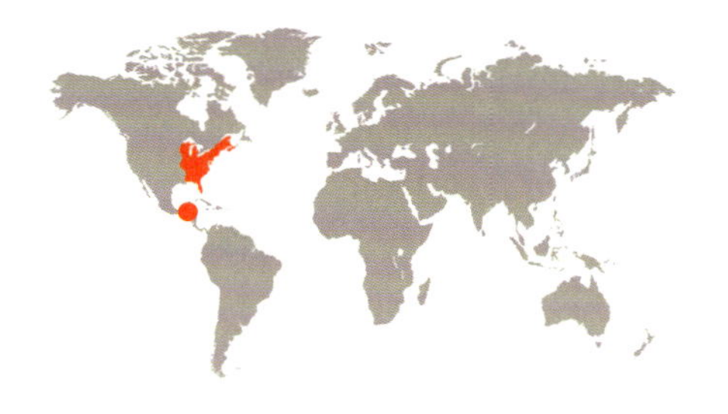

成虫体长
1/32–1/8 in
(1–3 mm)

复变甲
Micromalthus debilis
Telephone-Pole Beetle
LeConte, 1878

实际大小

复变甲羽化后不久即交配并寻找新的繁殖地点。幼虫在腐烂很久已变成红色腐殖质的朽木和残桩中生长发育，它们也在腐烂的电线杆和建筑物木梁上被发现，但不造成危害。复变甲的生活史非常复杂①，其幼虫有3种形态类型：步甲型、天牛型和象甲型。步甲型幼虫活动力很强，蜕皮后变成天牛型幼虫。天牛型幼虫经过若干次蜕皮之后可能经历3种不同的发育方式：（1）化蛹变成雌性成虫；（2）直接产下一些步甲型幼虫；（3）产下单粒卵，孵化出象甲型幼虫，后者发育成雄性成虫。由于幼虫具备无性生殖能力，且成虫还能两性生殖，它们能快速增殖，并能在环境条件不稳定的生态位中存活。

近缘物种

复变甲科仅包括复变甲一种。它与原鞘亚目其他科的区别在于：触角念珠状，短鞘，体表光滑无鳞片。中国可能还存在第二个未描述的种类，目前仅知幼虫。

复变甲 体小型，扁平，光亮；体褐色至黑色，触角和足黄色。头部宽于前胸背板；触角11节，念珠状。前胸前缘最宽，侧缘不隆起，腹面无沟。腹部可见5节。鞘翅短，部分腹节外露。

---

① 原著对复变甲生活史的阐述有错误。原著表述为步甲型幼虫能直接产卵孵化出象甲型幼虫。这里对复变甲生活史的翻译和阐述主要参考Lawrence JF. 1991. Micromalthidae. In: Stehr, F.W.(ed.), Immature Insects, Vol. 2: 300-302; Pollock DA, Normark BB, 2002. J. Zool. Syst. Evol. Research 40: 105–112. ——译者注

科	眼甲科 Ommatidae
亚科	眼甲亚科 Ommatinae
分布	澳洲界：昆士兰中部至维多利亚和南澳大利亚
生境	干旱的桉树林
微生境	死桉树的树皮下
食性	未知
附注	眼甲属的大多数种类为化石种

成虫体长
½–1 in
(13–25 mm)

斯坦利眼甲

Omma stanleyi

Omma Stanleyi

Newman, 1839

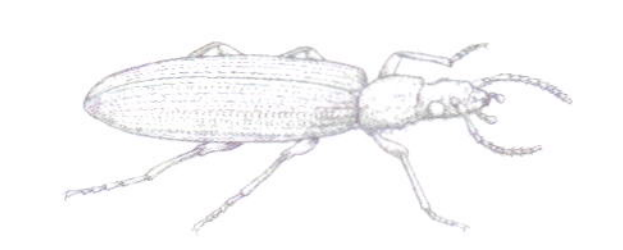

实际大小

斯坦利眼甲是眼甲属 *Omma* 里体型最大的，也可能是最原始的种。幼虫未知。成虫发现于刚死不久的桉树树皮下。该属在澳大利亚还有另外3个种，但数量非常稀少。眼甲属至少有10个化石种，记录于英国的下侏罗纪、中亚的上侏罗纪以及西伯利亚和蒙古的上侏罗纪和白垩纪地层。对眼甲科及原鞘亚目其他科的研究，能帮助我们更好地理解甲虫进化及甲虫与其他昆虫的关系。

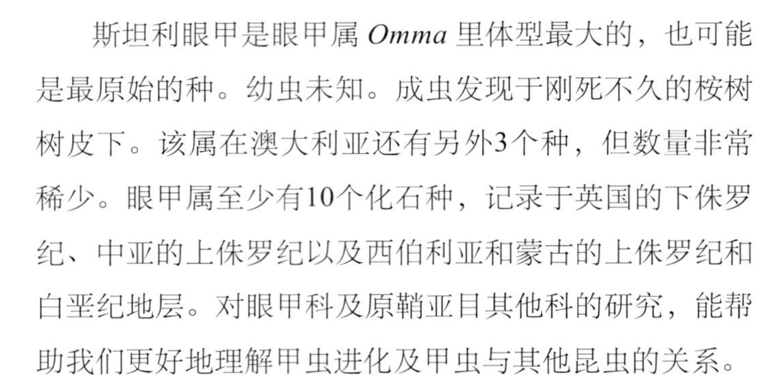

近缘物种

眼甲科包括6个现生种，它们分成2个属。其中 *Tetraphalerus* 属分布于南美洲南部，眼甲属分布于澳大利亚。斯坦利眼甲的主要特征是：头部于复眼之后突然变窄，形成一个颈状结构；体表被稀疏的黄褐色细刚毛。*Omma mastersi* 和 *Omma. sagitta* 可能与蚁蜂和郭公虫一起形成拟态环。

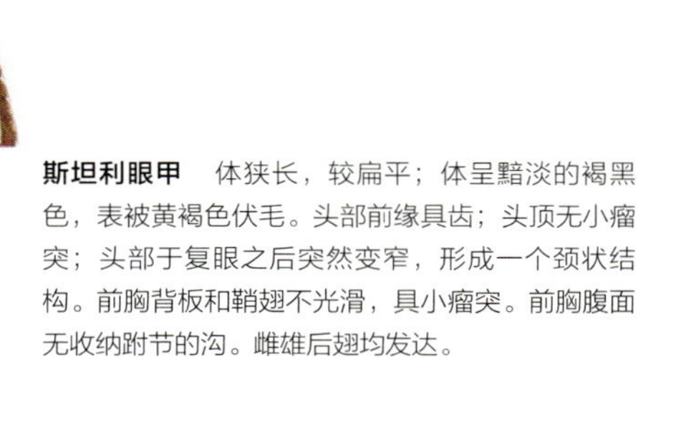

斯坦利眼甲　体狭长，较扁平；体呈黯淡的褐黑色，表被黄褐色伏毛。头部前缘具齿；头顶无小瘤突；头部于复眼之后突然变窄，形成一个颈状结构。前胸背板和鞘翅不光滑，具小瘤突。前胸腹面无收纳跗节的沟。雌雄后翅均发达。

科	侏罗甲科 Jurodidae
亚科	
分布	古北界：俄罗斯远东地区（滨海边疆区）
生境	未知
微生境	未知
食性	未知
附注	该种为本科唯一现生种，仅知1头标本

成虫体长
¼ in
(6 mm)

三眼侏罗甲
Sikhotealinia zhiltzovae
Sikhotealinia Zhiltzovae
Lafer, 1996

实际大小

三眼侏罗甲仅知1头标本，发现于一间森林小屋的窗户上，发现时已死亡。它的生活史一无所知。原来归于独立的科 Sikhotealiniidae，后来发现它与俄罗斯下中侏罗纪的化石种 *Jurodes ignoramus* 很相似。三眼侏罗甲没有现生的近缘类群，它与鞘翅目中的“原始”支系和“高级”支系都有些相似。目前此种暂时归于原鞘亚目下，尽管理由不够充分。

近缘物种

把侏罗甲科 Jurodidae 归于原鞘亚目之下，是基于其相似的胸部构造，但亦有一些特征不支持这个结论。这些特征是：后翅的脉序及其折叠方式；口器形态，尤其是唇基和上唇的形状。

三眼侏罗甲　体略扁平，表被稀疏的长细毛。头部圆形；复眼略微突出，复眼无刚毛；额区中央有一个单眼。鞘翅刻点成列，刻点小而密。腹部可见6个腹节。后翅发达。

藻食亚目
MYXOPHAGA

小型或微型，体长 1.0–2.5 mm。成虫很特别，有很多独有的形态特征。例如，下颚无外颚叶，左上颚有一个可动的齿，触角节数少（通常少于 9 节），中、后胸广泛连接，后翅在收纳时端部卷起。

这个亚目已知 100 余种，分布于除南极洲外的所有大陆。包括 4 个科：单跗甲科 Lepiceridae（3 种）、淘甲科 Torridincolidae（约 65 种）、球甲科 Sphaeriusidae（约 20 种）和水缨甲科 Hydroscaphidae（约 20 种）。还有 6 个科仅记录于化石，如三列甲科 Tricoleidae 和菱形甲科 Rhombocoleidae。

成虫和幼虫似乎主要取食藻类。大多数种类水生，生活于江河、温泉、瀑布、溪流和地面渗水中，亦可发现于水边的潮湿生境。

科	单跗甲科 Lepiceridae
亚科	单跗甲亚科 Lepicerinae
分布	新热带界：墨西哥西部至中美洲和委内瑞拉
生境	河岸
微生境	成虫生活于潮湿的、但不渗水的沙地中
食性	未知
附注	幼虫未知；但2013年描述的1种幼虫，可能为此种

成虫体长
1/32–1/16 in
(1–2 mm)

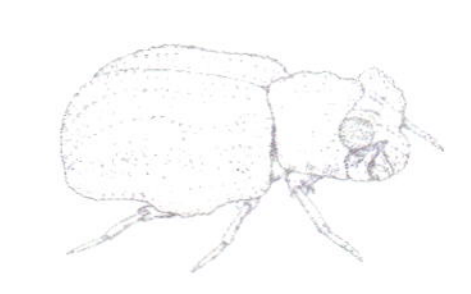

皱单跗甲
Lepicerus inaequalis
Lepicerus Inaequalis
Motschulsky, 1855

实际大小

皱单跗甲　体短宽，两侧近于平行，背面拱凸。外骨骼很坚硬，具明显的脊；体表通常覆盖一层沙。头部大，复眼鼓。触角非常短，分为4节。前胸背板宽是长的2倍；前胸窄于鞘翅。每个鞘翅具3条轻微隆起的脊。跗节全愈合在一起，即跗节仅1节。

皱单跗甲成虫由于体型微小，很难被发现，其幼虫也未知。成虫发现于溪流或江河边的干沙沉积地带或略潮湿的砂砾层，或生活在海滨隐翅虫的洞穴里。它们也会被灯光吸引。在人工环境下，它们会用宽大的头部和身体像推土机一样推拱沙粒。单跗甲科的其他两种为蟾单跗甲 *Lepicerus bufo*（墨西哥）和皮钦单跗甲 *Lepicerus pichinlingue*（厄瓜多尔），它们均发现于相对干燥和沙质的生境中。

近缘物种

单跗甲属 *Lepicerus* 在墨西哥至委内瑞拉和厄瓜多尔有3个种。蟾单跗甲鞘翅脊强烈隆起，而皱单跗甲和皮钦单跗甲仅轻微隆起。皱单跗甲和皮钦单跗甲非常相似，仅能依据产地和雄性生殖器特征区分。

科	淘甲科 Torridincolidae
亚科	卵淘甲亚科 Deleveinae
分布	古北界：中国云南省
生境	森林中瀑布旁的飞溅区和渗水区
微生境	在水体旁覆有藻类和一层薄水膜（2 mm）的岩石上
食性	未知
附注	本种的生活史和习性不明

成虫体长
$^1/_{16}$–$^1/_8$ in
(2–3 mm)

什氏华淘甲
Satonius stysi
Satonius Stysi
Hájek & Fikáček, 2008

实际大小

什氏华淘甲体微小，在野外很容易被忽略掉。它生活在瀑布旁被水喷溅或渗水的潮湿岩石上，岩石上覆盖藻类。这种潮湿的环境，称为岩壁湿生环境；岩石上持续地覆盖一层薄薄的水膜（水膜厚约2 mm）。仅分布于中国云南的2个不同地点。生活史和习性不明。其种本名是为了纪念捷克查理大学的帕维尔·什季斯（Pavel Štys）教授，他是研究蝽类的专家。

近缘物种

华淘甲属 *Satonius* 有6个种，其中5种分布于中国，1种分布于日本。什氏华淘甲与其他种的区别是，头部更大，身体更长，前胸边框窄，鞘翅仅基部侧缘向下弯折，弯折处从背面可见，后翅发达。

什氏华淘甲 体卵形，黑色，腹面颜色比背面略浅。前胸于基部最宽。鞘翅于近基部最宽；鞘翅表面无沟，无刻点列。足短，扁平。腹部具5个可见腹板。可见腹板第1节侧缘有纵凹，用于收纳后足股节。

科	水缨甲科 Hydroscaphidae
亚科	
分布	古北界：欧洲南部和亚洲（法国至伊朗）
生境	地面渗水处，泉水、溪流和江河中
微生境	在长有藻类的岩石上，沙地或碎石滩上，湿泥土里
食性	成虫和幼虫均取食藻类
附注	水缨甲属像小型隐翅虫

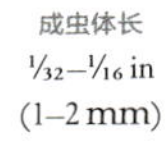

成虫体长
$\frac{1}{32}$–$\frac{1}{16}$ in
(1–2 mm)

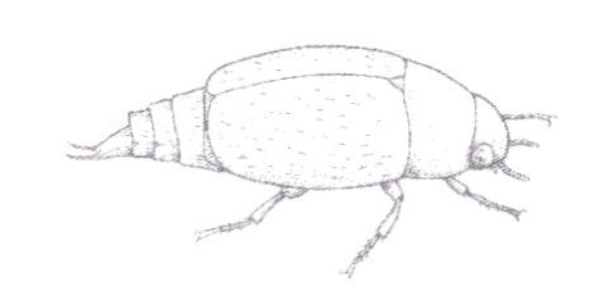

粒水缨甲
Hydroscapha granulum
Hydroscapha Granulum
(Motschulsky, 1855)

实际大小

粒水缨甲生活于潮湿的沙地、碎石、泥土里，或小型至大型流动水体边缘长有藻类的岩石上。雌虫每次只产出1粒卵，其卵深色、表面光滑、呈椭圆形。相对于雌虫腹部，其卵很大。幼虫长形，黑灰色，严格水生。成虫和幼虫均大量发现于溪流中较浅的地带，它们在那里取食藻类。成虫鞘翅下方能捕获和储存气泡，从而能在水中呼吸。

近缘物种

水缨甲属 *Hydroscapha* 已知15种，分布于北美洲西部、墨西哥、南美洲、欧亚大陆、北非、东南亚和马达加斯加。该属鞘翅短且腹部外露，因此外形与小型隐翅虫相似；它与隐翅虫的区别在于，其前胸具有明显的背侧缝，且为水生性。粒水缨甲与古北界西部同属的其他2个种的最大区别在于，雄性生殖器形态不同。

粒水缨甲 体狭长，鞘翅前缘最宽，体色均一，深棕色。鞘翅短，腹部外露。头部窄于前胸。前胸背板于后角处最宽。鞘翅短，末端平截。腹部末4节背板外露；腹部向后端收窄。后足股节被后足基节板部分遮盖，跗式3-3-3。

科	球甲科 Sphaeriusidae
亚科	
分布	古北界：欧洲
生境	水体（如溪流、江河和池塘）附近
微生境	地表
食性	可能取食藻类
附注	最小的甲虫之一

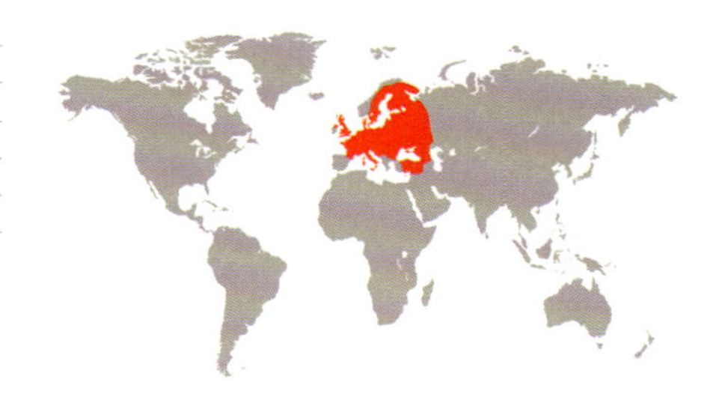

成虫体长
$^1/_{32}$ in
(0.6–0.7 mm)

螨形球甲
Sphaerius acaroides
Sphaerius Acaroides
Waltl, 1838

实际大小

由于球甲属 *Sphaerius* 体型微小，我们对其食性知之甚少，据推测一些种类取食藻类。螨形球甲仅分布于欧洲。发现于河边潮湿的沙地或碎石滩，且这些地方需有阳光直射；它们会在沙地或碎石滩上挖洞。成虫在沙地或碎石滩被水浸没前会迅速从洞穴里钻出。球甲属幼虫水生，腹部具有与气门相关的气球状囊，其内充满空气。螨形球甲经常与平唇水龟科、水龟科和泽甲科同时发现。

近缘物种

球甲属为球甲科的唯一属。已知20种，在除南极洲之外的所有大陆均有分布。欧洲还有此属的其他2个种：*Sphaerius hispanicus*和*Sphaerius spississimus*。前者分布于法国和西班牙，后者分布于法国和意大利。前胸和鞘翅的微纹是这3个种最主要的区别。

螨形球甲　极微小，半球形，体表光滑，有光泽，黑色。触角11节，相对长，端锤3节。鞘翅明显隆拱，完全盖住腹部。腹部仅有3节可见腹板。跗节3节。后翅发达，翅缘具长刚毛。

肉食亚目
ADEPHAGA

肉食亚目是一类高度特化且多样性很高的甲虫。其成虫的基本形态特征是：下颚外颚叶分两节，似口须状；触角通常11节；后足基节宽大，完全分割第一可见腹板；前三节可见腹板不能自由活动；腹部具防御腺。其体型变化大，小至1 mm以下，大可达85 mm。

肉食亚目包括超过4万个现生物种，分属10科：豉甲科 Gyrinidae（约875种）、沼梭甲科 Haliplidae（约220种）、小粒龙虱科 Noteridae（约250种）、两栖甲科 Amphizoidae（共5种）、水甲科 Hygrobiidae（共6种）、龙虱科 Dytiscidae（约3750种）、壁甲科 Aspidytidae（共2种）、瀑甲科 Meruidae（共1种）、粗水甲科 Trachypachidae（共6种）、步甲科 Carabidae（约40000种）。一般来讲，肉食亚目分为两大类：主要生活于水中的各科被称为水生肉食类 Hydradephaga，包括上述的前8个科；主要生活于陆地上的被称为陆生肉食类 Geadephaga，包括上述的后2个科。

肉食亚目的成员几乎遍布于所有可想到的陆生及水生环境，但咸水环境除外。多数物种的成虫及幼虫均为捕食性。

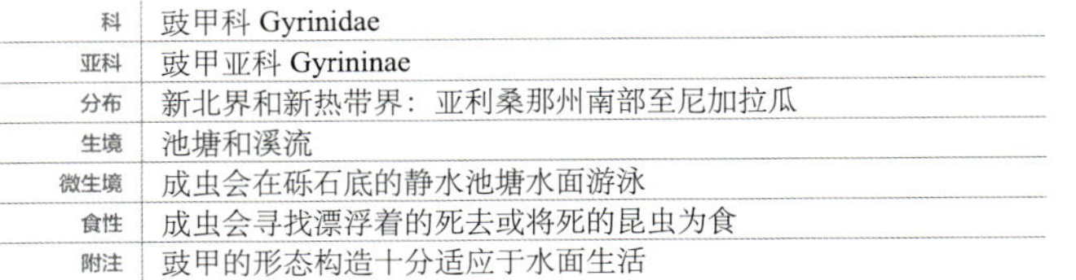

科	豉甲科 Gyrinidae
亚科	豉甲亚科 Gyrininae
分布	新北界和新热带界：亚利桑那州南部至尼加拉瓜
生境	池塘和溪流
微生境	成虫会在砾石底的静水池塘水面游泳
食性	成虫会寻找漂浮着的死去或将死的昆虫为食
附注	豉甲的形态构造十分适应于水面生活

成虫体长
9/16 in
(14–15 mm)

中美圆豉甲

Dineutus sublineatus

Dineutus Sublineatus

(Chevrolat, 1833)

实际大小

有时可以见到中美圆豉甲单独或小股集群行动，它们能在水面以惊人的速度徘徊，当受到威胁时也能短暂地潜入水中。豉甲科的英文俗名为“Whirligig Beetle”，意为“旋转的甲虫”，就是来自于它们这样的行为。豉甲的头部具两对完全分割的复眼，每一对复眼分别负责观察水面之上以及水面之下的世界。近年神经生物学的研究成果表明，豉甲背面一对复眼所收到的视觉信息能有助于它们保持自己与周围环境及其他豉甲之间的方位。圆豉甲属 *Dineutus* 可以从肛门释放出令人恶心的乳状防御液，一方面可用来驱退捕食者，另一方面也可能有助于它们在水面前进。

近缘物种

圆豉甲属共包括84个物种，分布遍及世界各地，其中15个种分布于美洲。该属可依据其体型较大、体背缺少斑纹、前胸腹面具凹陷以收纳前足等特征与美洲的豉甲科其他属相区分。中美圆豉甲可以依据其体色、体长及分布范围与同属其他种类相区分。

中美圆豉甲 体呈流线型、宽卵圆形，略隆起，背面为深橄榄色，腹面黑色。触角6节，中胸小盾片于背面不可见。前胸侧面及鞘翅缺绒毛。雌雄两性的鞘翅端部均为钝圆，外侧角处弯曲。前足延长，为捕捉足，适于抓取猎物；中、后足则很短，桨状，用于划水。

科	粗水甲科 Trachypachidae
亚科	粗水甲亚科 Trachypachinae
分布	新北界：北美洲西部至加拿大萨斯喀彻温省，向南到达科罗拉多州南部和犹他州及加利福尼亚海岸地区
生境	平原及山地的落叶林或针叶林
微生境	成虫地表生活，多见于林下落叶层，偶尔也见于城市花园
食性	成虫捕食其他昆虫
附注	粗水甲科昆虫和步甲科外观非常相似

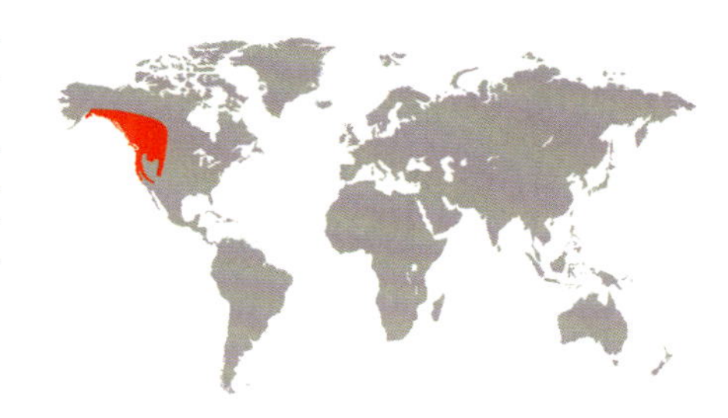

成虫体长
⅛–¼ in
(3–6 mm)

无刺粗水甲
Trachypachus inermis
Unarmed Temporal False Ground Beetle
Motschulsky, 1850

无刺粗水甲的成虫在阳光充沛的白天比较活跃，春季至秋季都可见到它们。它们多见于干燥而开阔的环境，或者覆盖有稀疏苔藓及维管束植物的半荫蔽环境，尤其喜爱落叶覆盖的地面，但有时也可在城市花园里见到。当受到威胁时，它们会快速遁入落叶层或逃跑。粗水甲的成虫和步甲非常相似，但是可以依据如下特征区分：触角各节无刚毛，后足基节十分宽大，向外伸达体侧。

近缘物种

粗水甲科共包括2个属：分布于南美洲的*Systolosoma*属有2个种，分布于新北界及古北界的粗水甲属*Trachypachus*有4个种。粗水甲属的1个种分布于古北界，其余3个种分布于北美洲西部。无刺粗水甲可依据以下特征与分布于北美洲的该属其他2个种相区分：前胸背板相对较窄，鞘翅刻点细，分布范围较广。

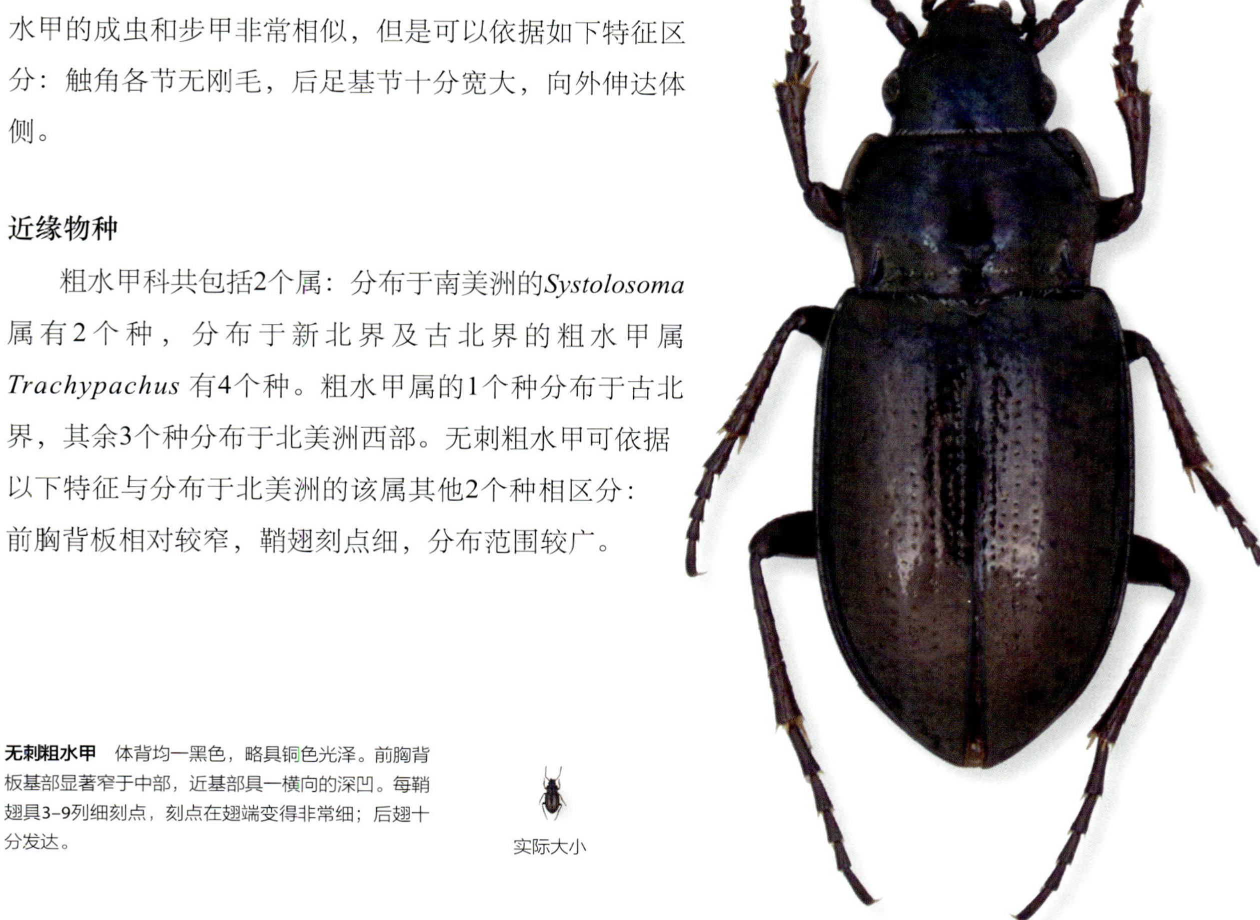

无刺粗水甲 体背均一黑色，略具铜色光泽。前胸背板基部显著窄于中部，近基部具一横向的深凹。每鞘翅具3–9列细刻点，刻点在翅端变得非常细；后翅十分发达。

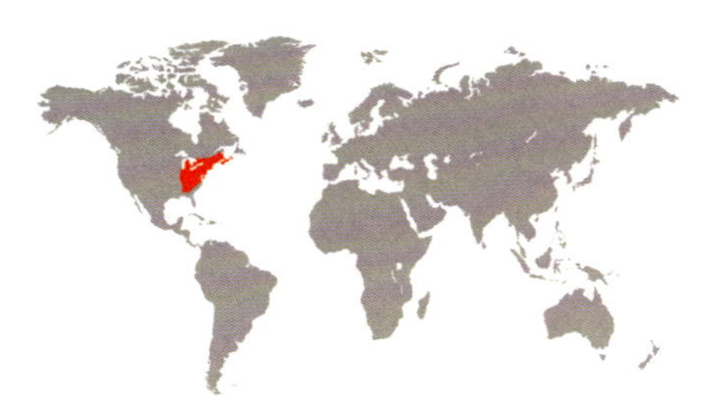

科	步甲科 Carabidae
亚科	心步甲亚科 Nebrinae
分布	新北界：北美洲东部
生境	平原及山区
微生境	成虫生活于溪流边的碎石滩，或阴凉的河岸边
食性	成虫捕食其他昆虫
附注	后翅正常或退化

成虫体长
3/8–1/2 in
(10–12 mm)

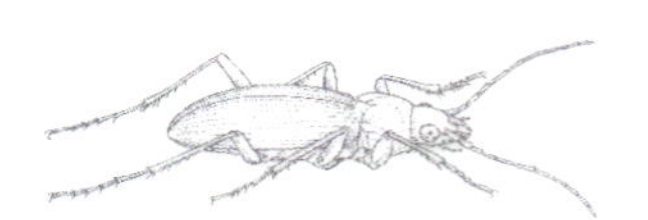

淡足心步甲

Nebria pallipes

Pale-Legged Gazelle Beetle

Say, 1823

淡足心步甲体深色，具光泽，夜行性，生活于潮湿且具砂石质的河滩，尤其多见于河滩被树丛遮盖的阴凉处。白天一般发现于湍急而清澈的溪流边的石头、落叶及其他冲积物之下，有时也可见于湖岸或洞穴水体附近。春夏季节该虫最为活跃。后翅退化的个体显然不能飞行，而后翅完整的个体似乎也不能飞行。该虫可能既能以成虫也能以幼虫越冬。

近缘物种

心步甲属 *Nebria* 广泛分布于北半球，共包括约380个种。新北界共发现52种，其中包括淡足心步甲。该种可通过以下特征与新北界其他心步甲属物种相区分：触角和足浅色，头顶具一对红斑，前胸缘边宽阔，后足基节具1根刚毛，第3–5节腹板每侧仅具1根刚毛。

淡足心步甲　体黑色，具光泽，触角及足浅棕黄色。头顶于复眼间具1对红斑；触角细长，1–4节完全光洁。鞘翅卵圆形，宽于前胸背板，前胸背板近心形。每侧鞘翅具5个毛穴，排成1列。中足基节具2根刚毛。末2节腹板各具1对刚毛。

实际大小

科	步甲科 Carabidae
亚科	步甲亚科 Carabinae
分布	新北界：北美洲东部和亚利桑那州
生境	落叶林及混交林
微生境	生活于林下地表
食性	捕食性
附注	相对常见的物种

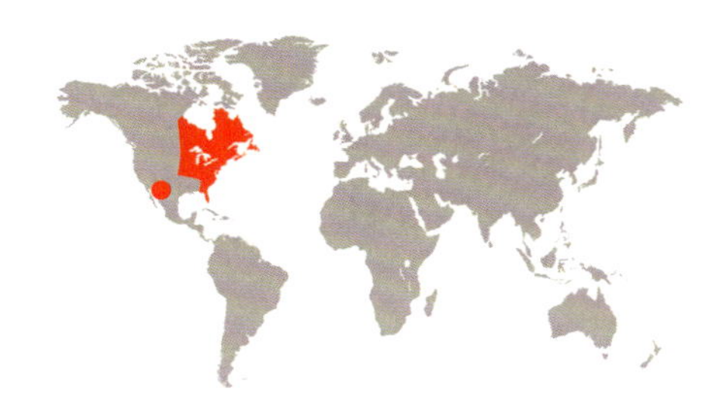

成虫体长
$^3/_{16}$–$^1/_4$ in
(5–6 mm)

金湿步甲
Notiophilus aeneus
Brassy Big-eyed Beetle
(Herbst, 1806)

金湿步甲属于小型步甲，于春季或夏初繁殖，以成虫越冬。成虫生活于苔藓或落叶下，见于落叶林或混交林下潮湿的地方，偶尔也见于林间空地或路边。徒手采集它们并不容易，因为其个体较小且行动敏捷。金湿步甲和该属其他物种类似，其成虫及幼虫可能均捕食弹尾目等小型节肢动物。成虫具发达的后翅，有时夜间可被灯光引诱。

近缘物种

湿步甲属 *Notiophilus* 全世界已知55种，其中15种发现于墨西哥以北的北美洲。金湿步甲分布于北美洲东部，它与这一区域分布的属同其他物种可通过以下特征相区分：触角及腿均为浅褐色。

实际大小

金湿步甲　个体相对较小，具光泽；体背黑色略具铜色金属光泽。头明显较前胸背板更宽，额具多条纵脊，复眼大而突出。雄虫前足第1–3节及中足第1节跗节略加宽，腹面具海绵状黏毛；而雌虫这些跗节正常。

科	步甲科 Carabidae
亚科	虾步甲亚科 Cicindinae
分布	新热带界：阿根廷中北部
生境	低地盐滩
微生境	盐池边干燥、龟裂的盐碱土壤
食性	成虫捕食丰年虾
附注	成虫可在17%浓度的盐池表面游泳，并潜水捕食

成虫体长
⅜–7/16 in
(10–11 mm)

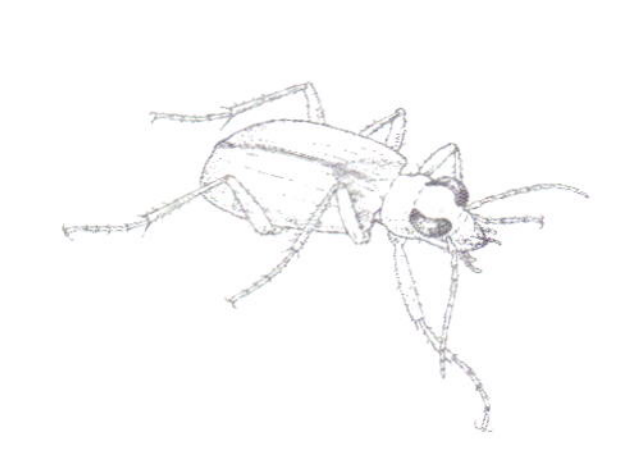

霍氏虾步甲
Cicindis horni
Horn's Fairy Shrimp Hunting Beetle
Bruch, 1908

霍氏虾步甲生活于广阔的盐滩中的卤水池边。该种夜行性，晚上可飞到灯光处；白天于相对远离水边的龟裂盐碱土裂片下掘洞躲藏；黄昏时它们从洞穴中出来，开始觅食及交配。霍氏虾步甲能在盐池表面游泳，使用中足划水，并能潜水以捕食其猎物丰年虾，该习性在步甲科中是不寻常的。交配地点常选在泥泞的岸边或盐池水表面。其幼虫形态未知。

近缘物种

虾步甲亚科仅包括2个物种，分别归入2个不同的属。另一个物种贝氏虾步甲*Archaeocindis johnbeckeri*仅分布于波斯湾北端，而霍氏虾步甲仅见于阿根廷北部的科尔多瓦省。前者前胸背板及鞘翅端部边缘呈锯齿状，而霍氏虾步甲两处均平滑无齿。此外，贝氏虾步甲在复眼上方具1个毛穴，而霍氏虾步甲缺少该特征。

霍氏虾步甲 体表具光泽，大部为浅黄色或枯黄色，仅复眼和上颚端部及内缘为深色。复眼上方无毛穴。前胸背板及鞘翅端部边缘光滑。鞘翅侧边具浅色的图案。中足胫节具长缘毛。

实际大小

科	步甲科 Carabidae
亚科	虎甲亚科 Cicindelinae
分布	新北界：美国中部
生境	草原
微生境	排水良好、植被稀疏的环境，成虫生活于地表
食性	成虫捕食其他甲虫、蝗虫和蛾类幼虫
附注	该种为新大陆个体第二大的虎甲

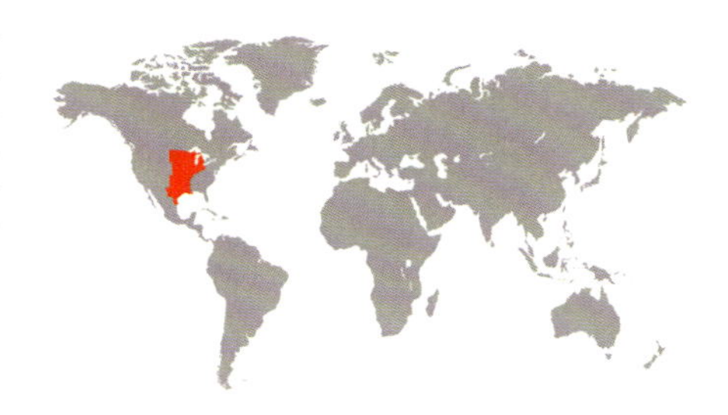

成虫体长
1⅛–1⅜ in
(29–35 mm)

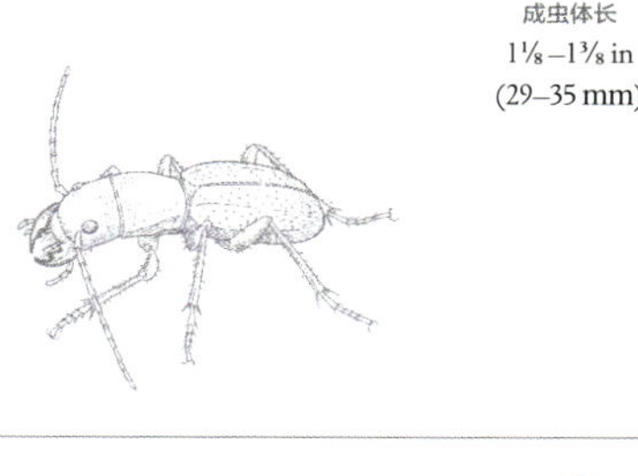

狭巨虎甲
Amblycheila cylindriformis
Giant Great Plains Tiger Beetle
(Say, 1823)

实际大小

狭巨虎甲是夜行的捕食性甲虫，活动于春季至夏末。温暖而多云的白天，有时可见到它们沿小路或在草原中植被稀少的区域快速爬行。它们并不自己掘土建造隐蔽所，而是占用一些哺乳动物的巢穴，例如土拨鼠、獾、地鼠。幼虫体长可达62 mm，在地下挖洞生活。经常多个洞穴呈小群发现于溪谷岸边相对贫瘠的土地，或悬崖边垂直的土岸。洞穴入口呈“D”形，直径约6–8 mm。

近缘物种

巨虎甲属 *Amblycheila* 共包括7个物种，分布于美国西部及墨西哥北部。该属与同分布于北美洲的 *Omus* 属相比，具有较大的体型（体长大于20 mm）；而和南美洲分布的 *Picnochile fallaciosa* 相比，头部更宽。狭巨虎甲分布于落基山脉东部，它的鞘翅具有多列粗刻点；而同属的 *Amblycheila hoversoni* 分布于得克萨斯州南部，体型略大（32–36 mm），鞘翅刻点列较少。

狭巨虎甲　个体大，黑色，具光泽，鞘翅通常略呈褐色。上颚发达，两侧缘具毛穴。前胸背板前角明显，且向前突出。鞘翅于翅缝处愈合，每鞘翅具3条隆脊，其间具多列粗刻点。

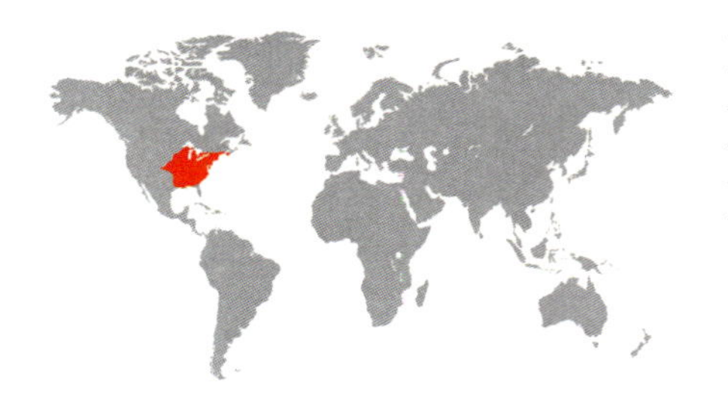

科	步甲科 Carabidae
亚科	虎甲亚科 Cicindelinae
分布	新北界：北美洲东部
生境	落叶阔叶林和混交林地
微生境	林间开阔地或小路边
食性	捕食其他地栖昆虫
附注	该种生命周期为两年

成虫体长
$\frac{3}{8}$–$\frac{9}{16}$ in
(10–14 mm)

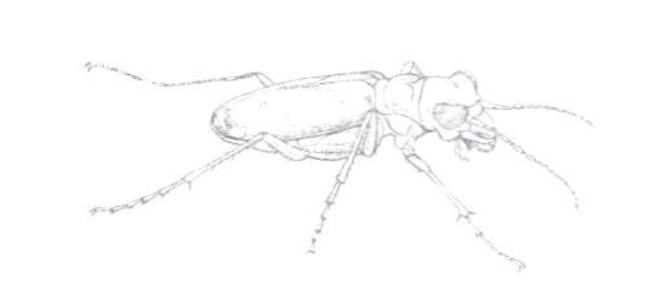

六斑虎甲
Cicindela sexguttata
Six-Spotted Tiger Beetle
Fabricius, 1775

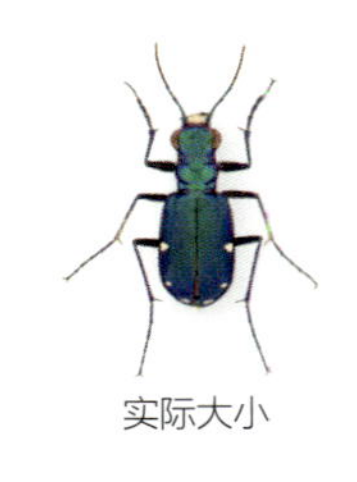

实际大小

六斑虎甲为独居性或以小居群活动的虎甲，通常于春季及初夏比较活跃，秋季只能偶尔见到少量个体。早春季节，六斑虎甲生活于林间地表；但当树叶充分生长后，它们移居到路旁、林缘、林间空地等阳光充足的地方，那里是它们主要的捕食及交配场所。成虫会以松动的树皮作为隐蔽所度过冬季及恶劣的天气。如果被捉住，它们能于腹部末端分泌易挥发且令人产生灼烧感的液体。其幼虫在路旁或干河床的沙壤、黏土或泥土上挖掘竖直的洞穴居住。

近缘物种

在分布区内，六斑虎甲和北荒地虎甲 *Cicindela patruela* 的绿色型个体较为相似，但其体背颜色较后者更为鲜艳，并且鞘翅中部缺乏完整的横向白斑。节庆虎甲 *Cicindela scutellaris* 的一些亚种体色也为绿色，但颜色更暗淡，且雌虫上唇颜色较深。

六斑虎甲　体亮绿色，具金属光泽，体背及腹面具或不具蓝色的光泽，鞘翅端半部具6个白斑；有些个体或种群可能仅有4个或2个甚至完全无白斑。体背面雕刻由小而平的瘤突组成。上唇几乎白色。体腹面和腿具稀疏的直立白色长毛。

科	步甲科 Carabidae
亚科	虎甲亚科 Cicindelinae
分布	新热带界：墨西哥、伯利兹、危地马拉、尼加拉瓜、哥斯达黎加、巴拿马、哥伦比亚
生境	海拔低于1000米的低地雨林
微生境	树冠层，通常距地面超过30米
食性	成虫及幼虫均捕食其他昆虫
附注	该属成虫似乎更喜欢捕食蚂蚁

成虫体长
⅜–¾ in
(9.5–19 mm)

斑角毛口虎甲
Ctenostoma maculicorne
Spotted-Horn Comb-Mouthed Beetle
(Chaudoir, 1860)

斑角毛口虎甲分布相对广泛，其分布范围北到墨西哥的瓦哈卡和韦拉克鲁斯，南抵哥伦比亚。成虫树栖性，生活于雨林及云雾林中，见于树冠层和林下植被的枝条或叶片上。成虫可于4–7月以及10–11月间发现。它们有发达的后翅并善于飞行；夜间可被灯光吸引。其幼虫可利用腐朽枝条上的小洞，躲藏在其中等待猎物经过。

实际大小

近缘物种

毛口虎甲属 *Ctenostoma* 包括约110个种，均分布于新热带界，分布范围为墨西哥至玻利维亚和巴拉圭之间。这些种被分别归入8个亚属。斑角毛口虎甲与*Neoprocephalus* 亚属以下几个种最近缘：*Ctenostoma davidsoni*（分布于哥斯达黎加）、*Ctenostoma guatemalensis*（分布于危地马拉）、*Ctenostoma laeticolor*（分布于尼加拉瓜、哥斯达黎加、巴拿马）。

斑角毛口虎甲　体狭长，两侧平行，足细长，体背光洁，红棕色；每侧鞘翅中部具一条细长的S形黄色横带，前1/3处靠近翅缝具一个长形小斑。复眼较小，额光洁，上唇具7个齿突。下颚须第二节加宽并具缺口。前胸背板近球形；鞘翅具小凹坑，凹坑的尺寸自鞘翅基部向端部逐渐变小。

科	步甲科 Carabidae
亚科	虎甲亚科 Cicindelinae
分布	新北界：美国东部海岸
生境	海岸沙滩
微生境	略高于潮间带的开阔沙滩
食性	成虫捕食昆虫及两栖动物
附注	幼虫期经历整整两年；美国将其列为濒危物种

成虫体长
$\frac{1}{2}$–$\frac{9}{16}$ in
(13–15 mm)

海岸虎甲（指名亚种）

Habroscelimorpha dorsalis dorsalis[1]

Northeastern Beach Tiger Beetle

(Say, 1817)

海岸虎甲（指名亚种）在6–8月间最为活跃，它们捕食两栖动物及各种昆虫。幼虫生活于自己挖掘的竖直洞穴中，这些洞穴多见于略高于潮间带的海岸沙地上。该种曾广泛分布于自美国弗吉尼亚至马萨诸塞州之间广阔的大西洋海岸区，但现在它们仅零星分布于马萨诸塞州和位于弗吉尼亚州与马里兰州的切萨皮克湾的东、西海岸的几个地点。海岸虎甲近年间分布范围的骤然缩小很大程度上是由于人类活动造成了其适宜栖息地的破坏。1990年，该种被宣布列入濒危物种。在其历史分布区域内，人们正在尝试重建栖息地并恢复其种群。

近缘物种

海岸虎甲有5个可明显区分的亚种，这些亚种可从个体大小、鞘翅图案以及DNA序列等方面区分。其他的亚种，个体更小且颜色更深，分布于更靠南的大西洋沿岸、墨西哥湾沿岸以及古巴。

实际大小

海岸虎甲（指名亚种） 体背大部为白色，具有可变的铜色图案。雄虫鞘翅端部为均匀的圆形，雌虫鞘翅端部凹缺。体腹面深铜色至墨绿色，胸部具密的白色倒伏毛。各足爪长，后股节细长，向后明显长于腹部末端。

① 原文此处为 *Habroscelimorpha dorsalis*，但据文中描述及所提供的分布范围来看，本页介绍的应该是它的指名亚种。——译者注

科	步甲科 Carabidae
亚科	虎甲亚科 Cicindelinae
分布	非洲以下国家：莫桑比克、南非、坦桑尼亚、马拉维、津巴布韦、赞比亚和博茨瓦纳
生境	热带稀树草原（萨王纳）
微生境	灌丛或矮灌丛间斑块状分布的沙地
食性	成虫及幼虫捕食各种昆虫
附注	学名中的“*Manticora*”本意为“吃人的怪兽”

成虫体长
1⅝–2³⁄₁₆ in
(42–57 mm)

平翅王虎甲
Manticora latipennis
Manticora Latipennis
Waterhouse, 1837

平翅王虎甲这种不能飞行的大型虎甲生活于低矮灌木覆盖的热带稀树草原间的沙地上；当捕食时，它们会以奇怪的姿势奔跑，头和上颚高高举起。其猎物包括：各种鳞翅目幼虫、蟋蟀、白蚁、甲虫及其他各种节肢动物。雄虫在交配时会用长而弯曲的上颚紧紧抓住雌虫的前胸。幼虫头部扁平，生活在垂直于地面的洞穴中，任何敢于靠近其洞口的昆虫都会遭到其快速的攻击并成为猎物。幼虫期可能长达数年，历期长短取决于可获得的猎物。该属名“*Manticora*”来自一个古老的波斯传说，意指能将人吞吃的怪兽。

实际大小

近缘物种

王虎甲属 *Manticora* 包括13个分布于非洲的物种，它们全部具有宽阔的鞘翅及明显的“肩部”，头及上颚十分发达，上唇具6个齿突。平翅王虎甲具有非常宽阔的、近似心形的鞘翅，其边缘弯曲，具纵贯全长的脊，表面具粗颗粒。非洲分布的另一个属帝虎甲属 *Mantica* 和王虎甲属相似，但鞘翅较窄，头和上颚也较小，上唇仅具4个齿突。

平翅王虎甲 体十分粗壮，具光泽，均一黑色或略呈深褐色。雄虫的左上颚略短，强烈弯曲覆盖于较长的右上颚上方；而雌虫的上颚较短，且左右上颚形状相似。鞘翅非常宽阔，近心形，左右鞘翅愈合，表面具明显纵脊，密被粗糙颗粒。

科	步甲科 Carabidae
亚科	虎甲亚科 Cicindelinae
分布	新热带界：阿根廷（里约内格罗省和萨尔塔省）、玻利维亚（查帕尔省）、巴西（戈亚斯州）、哥伦比亚、厄瓜多尔、法属圭亚那、圭亚那（德默拉拉）、秘鲁和委内瑞拉
生境	中低海拔河流附近，靠近植被
微生境	地栖生活
食性	捕食性
附注	成虫夜行性，幼虫昼行性

成虫体长
⁹⁄₁₆–¹¹⁄₁₆ in
(15–18 mm)

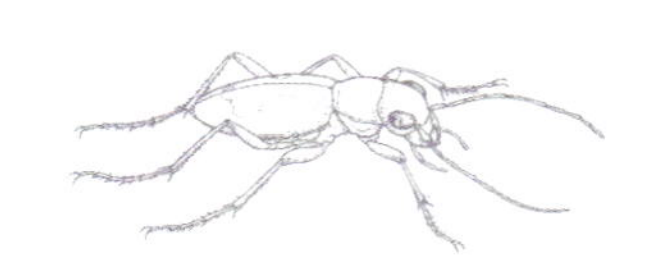

环纹黄虎甲
Phaeoxantha aequinoctialis
Lesser And Girdled Xanthine Tiger Beetle

Dejean, 1825

环纹黄虎甲分布于南美洲，成虫夜行性，常见于靠近林地的开阔沙质河岸快速奔跑，也见于沙洲、小溪边等环境。白天它们在河滩上游的干燥沙地上掘洞躲藏，洞可深达50–150 mm。成虫善快速奔跑，具发达的后翅，但似乎并不善于飞行。幼虫昼行性，可在裸露沙地上见到它们的洞穴；幼虫期约7–10个月，其中包括3龄幼虫的蛰伏期。该种为典型的一化性昆虫，这与当地河流每年规则的泛滥期相关。

近缘物种

黄虎甲属 *Phaeoxantha* 包括12个种，均分布于南美洲。该属和如下两个属比较接近：*Tetracha* 属（约55种）与 *Aniara* 属（仅1种）。环纹黄虎甲和十字黄虎甲 *Phaeoxantha cruciata* 这个种最为相似，但后者体型较小，鞘翅具短而细的刚毛。有些分类专家将本种分为2个亚种：指名亚种 *Phaeoxantha aequinoctialis aequinoctialis* 与双条亚种 *Phaeoxantha aequinoctialis bifasciata*。

环纹黄虎甲 体大部为浅黄色，类似其生活的沙地的颜色，但鞘翅中央具特殊的深色斑纹。上唇横长，中央不向前延伸，亚前缘具4根刚毛；唇基具2根刚毛。鞘翅缺短而细的刚毛。

实际大小

科	步甲科 Carabidae
亚科	虎甲亚科 Cicindelinae
分布	新热带界：阿根廷及智利南部
生境	南温带森林及草原，海拔500–800米
微生境	倒木下或落叶层下
食性	成虫及幼虫主要捕食昆虫及其他节肢动物
附注	成虫奔跑极快

成虫体长
1/8–11/16 in
(16–17 mm)

缺翅榉虎甲
Picnochile fallaciosa
Nothofagus Tiger Beetle
(Chevrolat, 1854)

缺翅榉虎甲成虫不能飞行，但能快速奔跑于裸地、苔藓或草原上。在夏季的白天，它们快速奔跑并不时地停下捕食。在其生活的南半球高纬度地区，夏季在11月至来年的2月份间。在夜间或风暴天，它们会躲藏于倒木或林下其他植物的碎屑下。幼虫通常集群掘洞于裸露荒地上，尤其喜爱黏土基质并生有南青冈 *Nothofagus* spp.的环境。幼虫生活于垂直洞穴中，捕食那些掉入洞穴的小昆虫。成虫见于开阔草地或森林环境。

近缘物种

榉虎甲属 *Picnochile* 属于 Megacephalini 族，该族共有10个属分布于新大陆。榉虎甲属前胸背板远宽于头部，可依据该特征将其与新大陆其他后翅退化的属相区分。榉虎甲属仅包括缺翅榉虎甲一个物种。

实际大小

缺翅榉虎甲 体背均为黑色，无光泽，足和触角通常呈红棕色。前胸背板在前角之后强烈加宽，而在中部之后突然变窄，直到其基部最窄处与鞘翅基部相连。鞘翅大致呈椭圆形，每鞘翅具一条宽的纵脊贯穿全长。雄虫前足跗节一般加宽。

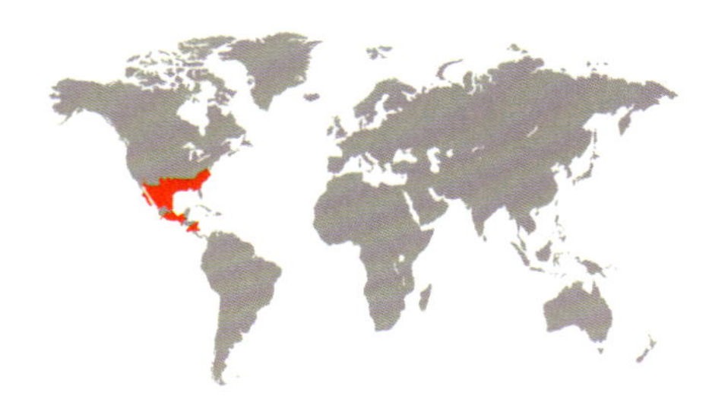

科	步甲科 Carabidae
亚科	虎甲亚科 Cicindelinae
分布	新北界，新热带界：美国南部至尼加拉瓜
生境	湿地，高地草原，农场或沙漠
微生境	成虫地栖性，生活于河湖岸线附近，靠近潮湿草地
食性	成虫及幼虫主要捕食各种昆虫
附注	该种可作为天敌昆虫控制一些害虫的种群数量

成虫体长
½–¾ in
(12–20 mm)

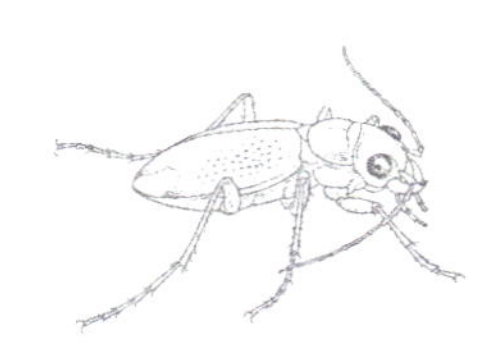

泛美大头虎甲
Tetracha carolina
Pan American Big-Headed Tiger Beetle
(Linnaeus, 1767)

泛美大头虎甲的成虫通常在温暖的夏夜成群见到，有时也可被靠近水体的灯光所吸引。白天它们躲藏在石头下或者泥地的裂缝中。虽然具有发达的后翅，但是在不必要的时候它们并不愿意飞行，除非遇到危险。该种可能是棉田中作物害虫很重要的天敌，也有可能是农业生态系统健康程度的一个指示物种。幼虫能够在不同的基质中挖掘竖直的洞穴，可能靠近或远离水体。该种曾被划分为多个亚种，但现在这些分布于加勒比和南美洲的亚种被认为是独立的物种。

近缘物种

大头虎甲属 *Tetracha* 共有58个种，分布遍及西半球。它们与这一区域其他属虎甲的区别在于：足和触角浅黄色，体背具鲜艳的金属色彩，通常大部具铜色、蓝色或绿色光泽。泛美大头虎甲和该属其他物种可以通过不同的体色以及鞘翅末端黄斑的形状和尺寸相区分。

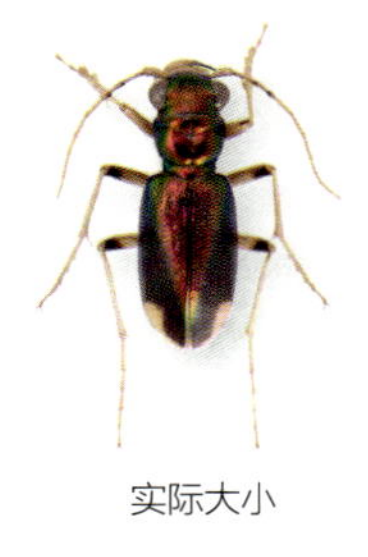

实际大小

泛美大头虎甲 体金属紫色至金属绿色，足和触角浅黄色。头部较宽，复眼突出，上颚发达。前胸背板前角向前突出。鞘翅色泽鲜艳，金属紫红色，两侧呈现绿色光泽，端部具较大的浅黄色弯曲斑纹。雄虫前足跗节加宽，腹面具黏毛。

科	步甲科 Carabidae
亚科	虎甲亚科 Cicindelinae
分布	东洋界和澳洲界：马来半岛至澳大利亚北部
生境	热带雨林
微生境	通常在植物枝条上、叶片上或树干上
食性	可能主要捕食蚂蚁
附注	为该属最广泛分布的物种之一

成虫体长
⅝–1 in
(16–25 mm)

广缺翅虎甲
Tricondyla aptera
Tricondyla Aptera
(Olivier, 1790)

广缺翅虎甲的生活史及生物学特征所知甚少，该属的其他物种也是如此。成虫独自活动，可见于树干、叶片、树枝间、木头堆的表面或其下，有时能在地面发现。它们行动迅速，不容易被捕捉。从体形来看，它们非常像大型蚂蚁。虽未经严格确认，该种似乎主要以蚂蚁为食。

近缘物种

缺翅虎甲属 *Tricondyla* 共包括45个物种，依据最近的分类学著作，这些种被分别归入5个亚属当中。目前认为广缺翅虎甲可分为4个不同的亚种，亚种间形态差别较小，包括个体大小、颜色、鞘翅表面的纹理。这些亚种的成虫标本经常难以区分，因为所发现的一些标本的形态特征介于不同亚种之间。

实际大小

广缺翅虎甲 体形粗壮，黑色或深褐色，鞘翅无斑纹，体背光泽相对较强，有时具弱的蓝色反光。和该属其他物种相比，该种相对狭长，鞘翅基部较窄，端半部加宽，从侧面看强烈向背面隆起。如该种学名所示，它无后翅。

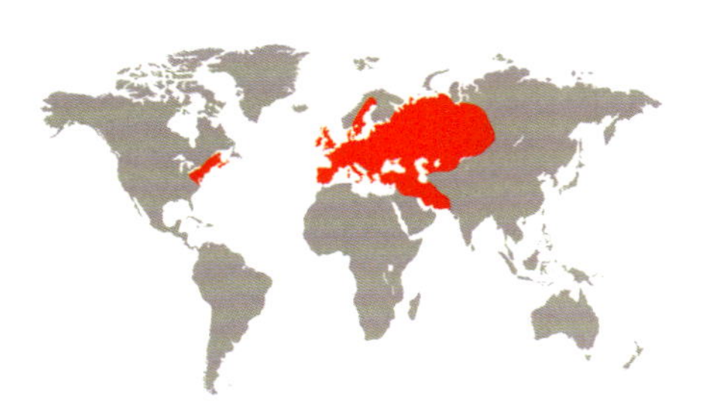

科	步甲科 Carabidae
亚科	步甲亚科 Carabinae
分布	古北界和新北界：广泛分布于古北界西部，在美国东部引入并已定殖
生境	落叶林
微生境	地面或树干上
食性	捕食鳞翅目幼虫及蛹
附注	该种被人为引入北美洲，用于两种鳞翅目入侵害虫的生物防控

成虫体长
⅞–1⅜ in
(21–35 mm)

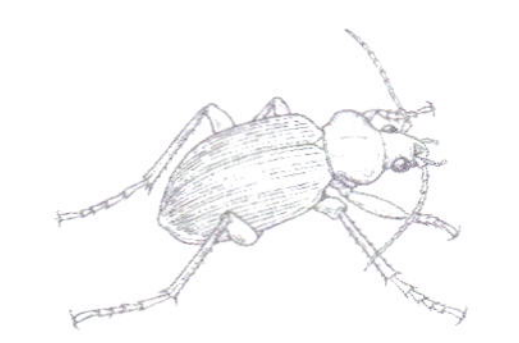

疆星步甲
Calosoma sycophanta
Agreeable Caterpillar Hunter
(Linnaeus, 1758)

疆星步甲原产并广泛分布于古北界西部。在1906年左右被人为引入北美洲，主要目的是用作生物防治以控制两种鳞翅目入侵害虫：舞毒蛾 *Lymantria dispar* 与黄毒蛾 *Euproctis chrysorrhoea*。目前疆星步甲已在北美洲东部有稳定的种群。成虫和幼虫可在地面或多种落叶树种的树干上发现，它们在那里捕食鳞翅目幼虫。成虫后翅发达，善于飞行，寿命可达4年之久。

近缘物种

疆星步甲属于星步甲属 *Calosoma* 中的一个种团，这个种团包括6个物种。其中5个种分布于古北界（包括喜马拉雅山区），另1个种（*Calosoma frigidum*）广泛分布于北美洲温带地区。从体形和颜色上，疆星步甲看上去和 *Calosoma scrutator* 有些相似，但疆星步甲头和前胸几乎黑色，而后者头和前胸具明显金属色。

疆星步甲　一种美丽的大型甲虫，它们鞘翅具鲜艳的绿色，通常具金色或铜色的光泽。雄虫前足基部3个跗节加宽，腹面具海绵状黏毛，据此可与雌虫快速区分。此外，雄虫中足胫节端半部还有短刚毛丛，而雌虫缺乏此特征。

实际大小

科	步甲科 Carabidae
亚科	步甲亚科 Carabinae
分布	新热带界：阿根廷和智利
生境	林地
微生境	地栖生活
食性	捕食蚯蚓、蜗牛和各种小型昆虫
附注	根据细微的色彩变化，文献中记述了该种的许多亚种

成虫体长
$\frac{7}{8}$–$1\frac{3}{16}$ in
(22–30 mm)

智利伟步甲
Ceroglossus chilensis
Chilean Magnificent Beetle
(Eschscholtz, 1829)

智利伟步甲体色艳丽且变化极大，分布于智利和阿根廷西部的一些省份（内乌肯、里约内格罗、丘布特）。该种生活于森林、林缘地、灌丛、矮林等环境，有时也偶见于林间空地。分布海拔范围自海平面至大约2000米左右。成虫白天躲藏于倒木下、落叶层中或石头下。它们主要捕食蚯蚓和蜗牛，可能也捕食一些小型昆虫，甚至也有记录会被水果吸引。和许多林地步甲类似，它们的后翅退化非常厉害，因此不能飞行。

实际大小

近缘物种

伟步甲属 *Ceroglossus* 目前已知8种，均分布于智利和阿根廷西部。该属昆虫受到昆虫学爱好者的喜爱。其一些种的许多色型和亚种曾被描述。在最近的该属分类综述中，智利伟步甲一个种下就包含了19个亚种。这些亚种形态差别非常小，仅在体色上略有区别。

智利伟步甲　一种狭长而美丽的步甲，具艳丽的体色。在多数个体中，头及前胸背板的颜色和鞘翅通常有所差别，鞘翅色彩多变，呈蓝色、绿色或紫红色，通常侧缘具明显不同的颜色。触角和足黑色。该种的主要形态特征是雄性触角的第6–8节腹面具脊。

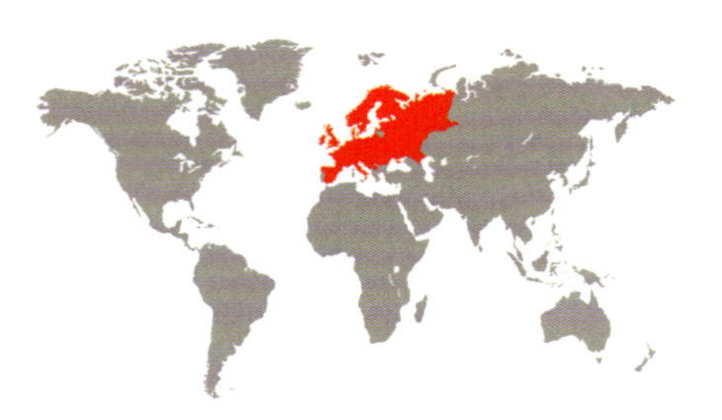

科	步甲科 Carabidae
亚科	步甲亚科 Carabinae
分布	古北界：欧洲
生境	通常在落叶林或混交林中
微生境	见于朽木下等隐蔽处
食性	成虫和幼虫均捕食蜗牛
附注	成虫可以发声，可能用以警告鸟兽等捕食者

成虫体长
½–¾ in
(12–19 mm)

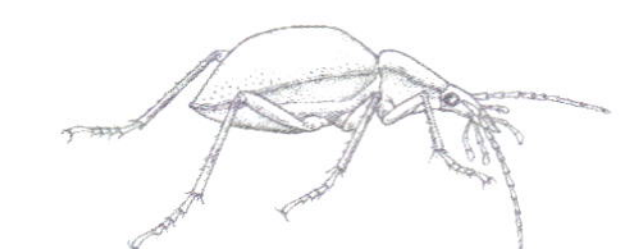

欧洲蜗步甲
Cychrus caraboides
Cychrus Caraboides

Linnaeus, 1758

欧洲蜗步甲见于欧洲温带及亚寒带地区土壤潮湿的落叶林或混交林中，通常发现于苔藓或朽木下面或伐桩的树皮下。在欧洲的一些地区，欧洲蜗步甲也可能发现于杜鹃亚灌丛。该种可能以成虫或幼虫越冬。两性成虫均能通过鞘翅与腹部的摩擦发出明显的声响，这可能是对于潜在的捕食者的警告声。

近缘物种

蜗步甲属 *Cychrus* 包括120种以上，分布于古北界与新北界。该属和 *Cychropsis* 属接近，*Cychropsis* 属有时也被作为蜗步甲属的一个亚属。和欧洲蜗步甲相比，分布于意大利和瑞士的 *Cychrus cordicollis* 的前胸背板侧缘后方更加弯曲；而同样仅分布于欧洲的 *Cychrus attenuatus* 具有棕红色的胫节而非黑色。

欧洲蜗步甲 体背均一黑色。头狭长而窄，上颚细长，用以伸入蜗牛壳口而取食蜗牛肉。上唇中央深凹，下颚须倒数第二节端部具长刚毛。前胸背板短，侧缘后部不弯曲，后角圆。鞘翅相对较短，卵圆形，强烈隆起，表面颗粒状。

实际大小

科	步甲科 Carabidae
亚科	步甲亚科 Carabinae
分布	古北界：日本（本州、九州、四国、佐渡岛、川岛），俄罗斯（千岛群岛）
生境	落叶林及混交林
微生境	白天躲藏在朽木下或其中
食性	成虫和幼虫均捕食蜗牛
附注	该种狭长的头和前胸适于捕食蜗牛

成虫体长
1³⁄₁₆–2½ in
(30–65 mm)

日本食蜗步甲
Damaster blaptoides
Damaster Blaptoides
Kollar, 1836

食蜗步甲属 *Damaster* 包括了一些后翅退化的步甲，仅分布于日本及其周围的岛屿上。日本食蜗步甲在春季和夏初繁殖，新一代的成虫出现在当年晚些的季节，而越冬虫态均为成虫。本种曾被人为地引入夏威夷，用作针对一类有害的陆生蜗牛的生物防治手段，但是它们并未能成功地在夏威夷定殖，因为那里的环境并不适合其定殖。日本食蜗步甲夜间活动，能将头部伸入蜗牛壳口以捕食那些壳体坚硬、壳口宽阔的蜗牛；而对于壳体较薄、壳口狭小的蜗牛，它们能用上颚破坏蜗牛壳从而取食。

实际大小

近缘物种

关于该属的物种数目，不同分类学家有不同的观点。有些人将其分为4个不同的物种，而另外一些人认为该属仅1个种，其下应当分为7个或8个亚种。该属的物种被认为与同样分布于亚洲的 *Acoptolabrus* 和 *Coptolabrus* 两属接近，它们有时被归入同个属内。

日本食蜗步甲　大而美丽的步甲，体形狭长，不能飞行，具很长的触角和足。有些标本体色为单一的红棕色至黑色，但在多数个体中，头和前胸背板具有金属绿色、蓝色、紫色或铜色光泽，有时鞘翅也有这样的色彩。种内变异体现在头的尺寸上，可能相对狭长或短粗。每侧鞘翅的端部具一个刺状突，且这一结构的长度在不同个体间变化较大。

科	步甲科 Carabidae
亚科	钳步甲亚科 Hiletinae
分布	新热带界：巴西和秘鲁
生境	热带雨林
微生境	地表生活
食性	捕食者
附注	该种虽在野外很少见到，但在适合的环境下也会有较大的种群数量

成虫体长
⅜–½ in
(9–12 mm)

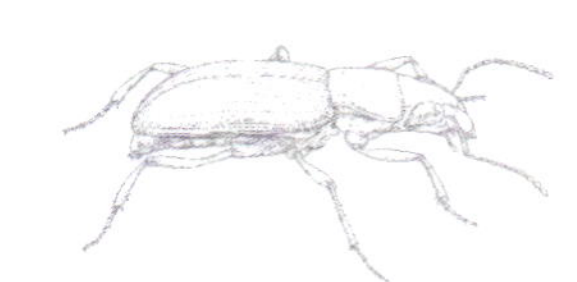

贝氏小钳步甲
Eucamaragnathus batesi
Eucamaragnathus Batesi
(Chaudoir, 1861)

实际大小

贝氏小钳步甲成虫生活于林间的小溪或沼泽附近，见于开阔的细泥质滩涂上。它们夜间会在水边活动，白天则躲藏在林下的落叶层中或倒木下，有时还可见到它们在水面下行走。成虫在鞘翅下面残存有非常小的后翅，因此它们并不能飞行。该种一度被认为在野外很难见到，但雨季时，曾在秘鲁东南部的一个地点大量发现。一般来说，昆虫学家很少会在雨季进入热带雨林采集标本，有可能相对特殊的生活规律是该种标本比较少见的一个原因。

近缘物种

小钳步甲属 *Eucamaragnathus* 呈泛热带地区分布，共包括14个物种，分布于东南亚、非洲和南美洲。该属和钳步甲属 *Hiletus* 最为接近，但钳步甲属仅限于非洲分布。贝氏小钳步甲分布于秘鲁东南部和巴西西部，它与同样分布于南美洲的该属其他3个种最为接近：*Eucamaragnathus amapa*、*Eucamaragnathus brasiliensis*、*Eucamaragnathus jaws*。

贝氏小钳步甲　体型中等大小，体背黑色，具显著虹彩光泽。上颚内缘强烈锯齿状。前胸背板近心形，基部窄于两前角连线，前胸前横凹光滑无刻点，鞘翅第1–5刻点列在鞘翅端部之前逐渐消失。雄性在前足股节腹面具一个齿突。

科	步甲科Carabidae
亚科	蝼步甲亚科Scaritinae
分布	新北界：美国西北部、太平洋沿岸地区北部
生境	开阔海滩
微生境	成虫生活于裸露而潮湿的沙滩地
食性	成虫捕食小型甲壳动物
附注	该种苗条而类似鼹鼠的体形适应于掘土

成虫体长
¼ in
(6–7 mm)

短圆棘蛛步甲
Akephorus obesus
Obese Point-Bearing Beetle
LeConte, 1866

实际大小

短圆棘蛛步甲成虫不能飞行，活跃于春夏两季的夜间，会在潮湿的海滩上捕食小型甲壳动物。它们虽然行动缓慢，但是十分善于挖掘；在白天，它们会躲藏在沙子里或朽木等被潮水冲到海滩上的杂物之下。该属的英文俗名为“Point-Bearing Beetle”，译为具刺的甲虫，直接意译自其属名的学名。属名“*Akephorus*”源自希腊词根“*ake*”（刺）与“*phoro*”（着生有），该名称可能指该属成虫前足胫节端部具一个大距。

近缘物种

棘蛛步甲属 *Akephorus* 曾经被作为蛛步甲属 *Dyschirius*的一个亚属。在自华盛顿州至下加利福尼亚之间的太平洋沿岸地区共分布有该属的2个种：短圆棘蛛步甲体色呈明显的黄褐两色，分布于旧金山以北；而海岸棘蛛步甲 *Akephorus marinus* 体色大部为棕黄色，前胸背板中线深色，鞘翅具较宽的深色斑纹，分布于更靠南的地区。

短圆棘蛛步甲 体明显双色，体形细长，前胸背板和鞘翅之间强烈隘缩。上颚、附肢和前胸背板红棕色，而头部、缢缩的中胸和鞘翅颜色明显较深，鞘翅略具虹彩光泽。鞘翅短而呈卵圆形，肩部圆而收狭，这是后翅退化的步甲常具有的特征。

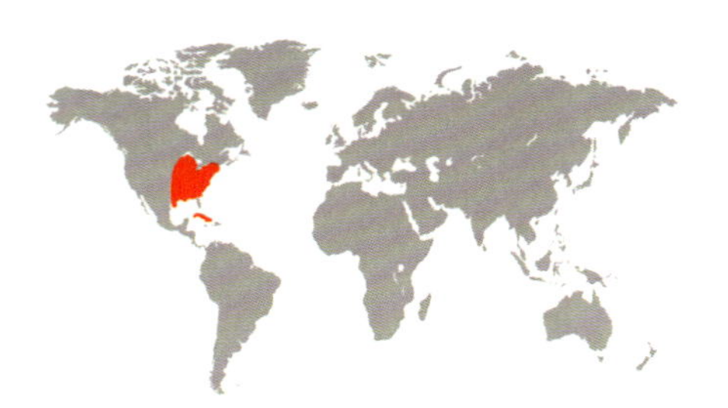

科	步甲科 Carabidae
亚科	蝼步甲亚科 Scaritinae
分布	新北界：北美洲东部和古巴
生境	混交落叶林
微生境	成虫和幼虫生活于死树及朽木中
食性	成虫取食变形虫阶段的黏菌
附注	条脊甲曾经被归入单独的科——条脊甲科Rhysodidae

成虫体长
$^1/_4$–$^5/_{16}$ in
(6–8 mm)

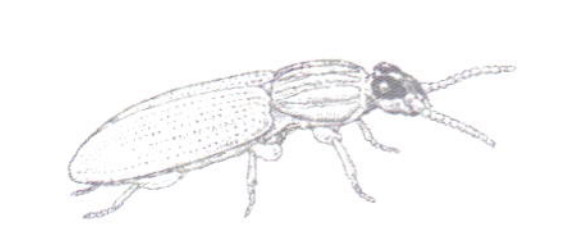

美粗沟条脊甲

Omoglymmius americanus

American Crudely Carved Wrinkle Beetle

(Laporte, 1836)

美粗沟条脊甲的成虫及幼虫均生活于被真菌感染的阔叶树当中，尤其喜爱榆树、槭树和橡树。成虫有时也会被发现在树洞或柴堆里。成虫并不会在树干中蛀蚀隧道，而是使用它们楔形的头在木头的各层之间钻出一条道路来，并同时寻找食物。条脊甲是唯一的上颚特化而不具有咀嚼功能的甲虫，它们的上颚主要用于在取食时保护其内高度特化的口器，条脊甲用其特化的口器刺入变形虫阶段的黏菌并取食。

近缘物种

粗沟条脊甲属 *Omoglymmius* 共有150种，其中多数物种分布于东洋界，仅2个种见于新北界，即美粗沟条脊甲与连粗沟条脊甲 *Omoglymmius hamatus*。后者头部背面的两个叶片在中央几乎接触，在头顶形成一个短的纵向接合线，叶片内缘在结合线之后不弯曲。该种仅分布在北美洲西部。

实际大小

美粗沟条脊甲 体形狭长，体壁坚硬，体色红棕色至深棕色，具光泽。头部背面具有一个明显的纵凹槽，两旁具隆起的叶片，叶片在中央几乎接触，其内侧缘在此后强烈弯曲。前胸背板具3条深沟，鞘翅具显著刻点列。雄性各足胫节端部具长刺。

科	步甲科 Carabidae
亚科	蝼步甲亚科 Scaritinae
分布	新热带界：墨西哥西部及中东部
生境	海拔150–1800米之间
微生境	成虫地表生活
食性	成虫捕食其他昆虫，幼虫习性未知
附注	该种是本属内色彩最为艳丽的种

成虫体长
¾–1⅛ in
(20–28 mm)

三角丽蝼步甲
Pasimachus subangulatus
Subangulate Warrior Beetle
(Chaudoir, 1862)

三角丽蝼步甲成虫不能飞行，是典型的地表生活的夜行性捕食者，行动速度也并不算很快。它们在5–8月间以及10月份活动最为频繁。白天躲藏在洞穴中，或者在石头或其他遮蔽物之下。成虫会在土壤深处建造隧道，以度过漫长的旱季。幼虫迄今未知。丽蝼步甲属 *Pasimachus* 具有十分发达的上颚，形态有点类似锹甲科 Lucanidae，但是可以通过其丝状而非鳃片状的触角快速地与锹甲相区分。

近缘物种

丽蝼步甲属已知32个物种，分布于美国南部至中美洲之间广泛的区域。该属个体通常较大，体形宽阔，多为黑色，少数物种具有金属蓝色、紫色或绿色的边缘或整个背面均为金属色。和该属其他物种相比，三角丽蝼步甲可以依据其体背几乎全为金属绿色而快速区分。

实际大小

三角丽蝼步甲　体侧缘、前胸背板基部和鞘翅呈明显的金属绿色，偶尔为蓝绿色；口器、触角、足为黑色。头和胸部一般有明显的绿色光泽。前胸背板侧缘并不弯曲，后角几乎为圆形。鞘翅隆起，侧缘在肩部之后呈明显圆弧形。

科	步甲科 Carabidae
亚科	蝼步甲亚科 Scaritinae
分布	新热带界：巴西
生境	低地热带雨林
微生境	成虫见于积累有大量洪水淤积物的地表
食性	未知
附注	有认为该种可能与蚂蚁共生

成虫体长
¼–⅜ in
(7–9 mm)

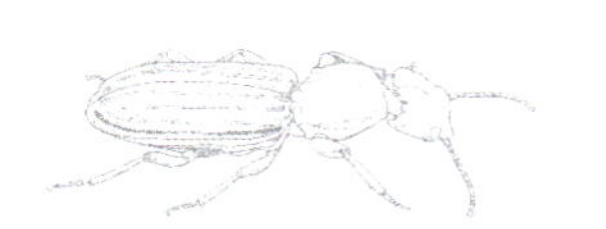

芬氏角沟步甲
Solenogenys funkei
Funke's Channel-Jaw Beetle
Adis, 1981

实际大小

芬氏角沟步甲　体狭长，具粗糙刻点，附肢光洁。头宽阔，似蚂蚁的头部；前胸背板和鞘翅具有白色细鳞片，其上覆盖泥沙。前胸背板轮廓呈八边形，略宽于头部。鞘翅两侧平行，向端部逐渐并均匀地变窄。

芬氏角沟步甲有关的生物学与生态学习性目前几乎一无所知。虽然成虫标本在洪水过后遗留下来的淤积物间的地表发现，但这可能并非其自然的生活环境。成虫体表覆盖有厚厚的一层棕灰色的沙和泥土混合物，但是目前并不清楚这样的装饰物是因为该种经常在土壤中生活，还是为了在蚁巢中更好地伪装自己，亦或二者兼而有之。据推测本种可能与蚂蚁共生，其推测依据包括如下形态特征：体壁坚硬，头腹面具收纳触角的凹槽，口器可自由收缩。所有这些特化的构造都在其他已知与蚂蚁共生的甲虫当中有所发现。

近缘物种

角沟步甲属 *Solenogenys* 共包括3个物种，全部分布于亚马孙平原。蝼步甲族的步甲看起来头、前胸背板和鞘翅这三部分连接通常并不紧密，和这一区域分布的其他小型蝼步甲族昆虫相比，该属具有如下特征：复眼于体背可见，头下方具收纳触角的凹槽，鞘翅具8条纵脊，体背粗糙并覆盖有泥沙。芬氏角沟步甲和该属其他两个种相比，具有如下特征：个体较大，头背面具有一对大瘤，上颚背面显著隆起。

科	步甲科 Carabidae
亚科	毛角步甲亚科 Loricerinae
分布	古北界和新北界：欧洲、亚洲、北美洲
生境	潮湿泥泞的环境
微生境	地表生活
食性	捕食性
附注	触角上和头腹面的长刚毛可协助捕捉猎物

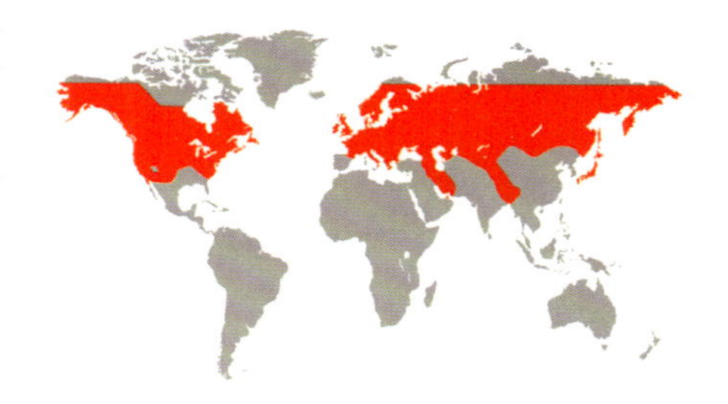

成虫体长
¼–⅜ in
(7–9 mm)

广毛角步甲
Loricera pilicornis
Hairy-Horned Springtail-Hunter
(Fabricius, 1775)

广毛角步甲的学名种本名“*pilicornis*”来自拉丁文的两个词根“*pili*”（有毛的）与“*cornus*”（角），所指该种触角基部数节具有粗硬刚毛。在捕食它们最喜爱的食物——跳虫（弹尾纲 Collembola）时，广毛角步甲能将触角上这些朝不同方向生长的粗刚毛当作特殊的陷阱，困住猎物以便捕食。该种步甲生活于潮湿、通常泥泞的环境中，例如沼泽、池塘、湖泊或灌溉渠附近。它们在春季或夏初繁殖，以成虫态越冬。该种十分善于飞行，夜间可被灯光吸引。

实际大小

广毛角步甲　体色黑亮，通常具金属绿色或蓝色光泽，胫节颜色浅于股节。前胸背板侧缘在基半部几乎不弯曲，鞘翅具12个规则的纵条沟，肩部无脊，第7行距通常缺毛穴。和多数步甲类似，雄性前足1至3跗节加宽。

近缘物种

广毛角步甲属于毛角步甲属 *Loricera*，该属已知13个物种，广泛分布于北半球寒带、亚寒带及温带区域。中北美洲共分布有5个种，其中2个种来自墨西哥和危地马拉的高山上。另外9个种可见于欧洲及亚洲，这其中广毛角步甲是唯一广布于全北界的物种。分类学家将广毛角步甲分为2个亚种：其中一个亚种仅分布于俄罗斯的千岛群岛至阿留申群岛以及阿拉斯加的基耐半岛，另一个亚种广泛分布于欧洲大部、亚洲和北美洲。

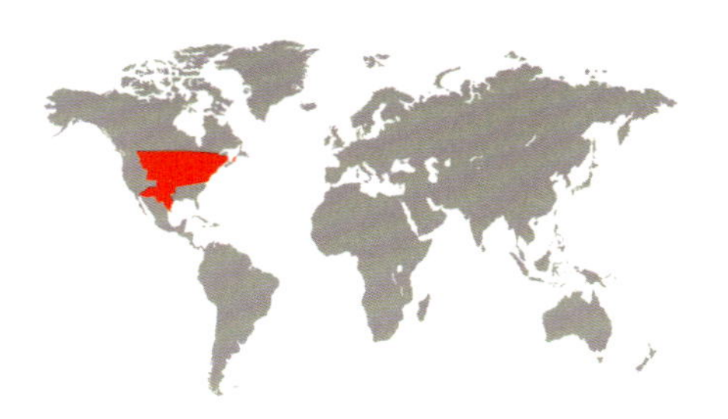

科	步甲科 Carabidae
亚科	圆步甲亚科 Omophroninae
分布	新北界：北美洲东北部至美国西南部
生境	湿地的沙质岸边
微生境	成虫可见于潮湿沙地上奔跑并隐藏于沙下
食性	成虫捕食其他昆虫
附注	圆步甲属体形特殊，曾被当作独立的科

成虫体长
³⁄₁₆–¼ in
(5–7 mm)

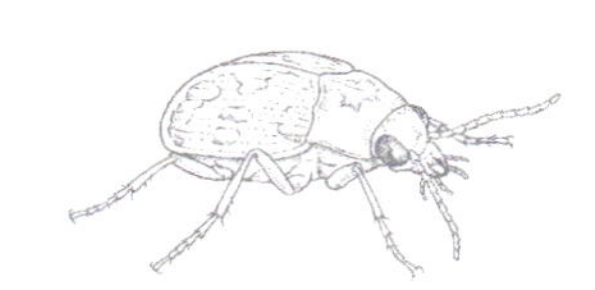

斑翅圆步甲
Omophron tessellatum
Mosaic Round Sand Beetle

Say, 1823

实际大小

斑翅圆步甲　体宽阔，近圆形，强烈隆起，体背底色浅褐色，具绿色斑纹。头部深色，中央具大的“M”形黄斑。前胸背板中央具深色大斑，侧缘附近全黄色，不具与鞘翅深色斑纹相连的弧形斑。鞘翅具15个纵条沟，浅色与深色斑纹所占比例几乎相当。

斑翅圆步甲成虫通常夜间活动，集群生活，全年常见于潮湿的沙地或泥地上，例如湖岸边、河边、溪流边，甚至海滩边，偶尔还会被灯光吸引。白天它们通常掘洞躲藏在泥沙下面，但有时也会在阳光充足的白天跑出来。结束越冬的成虫会在春天出来取食并交配，整个夏天它们都很活跃。该种的分布范围东可达加拿大滨海诸省至美国弗吉尼亚州，向西可达加拿大阿尔伯塔省至美国亚利桑那州一线。

近缘物种

圆步甲属 *Omophron* 包括大约70个物种，分布于全世界除澳大利亚和太平洋各岛之外的主要动物地理区。这类非常有特色的步甲体形接近圆形，强烈隆起，缺中胸小盾片。斑翅圆步甲可以通过其头顶的“M”形斑纹与该属北美洲的其他物种相区分，此外，还可根据鞘翅具15个纵条沟及生殖器形态与近缘物种相区分。

科	步甲科 Carabidae
亚科	敏步甲亚科 Elaphrinae
分布	新北界：加利福尼亚北部
生境	季节性池塘边
微生境	成虫地表生活，见于周围生长有灯心草的泥地上
食性	成虫捕食其他昆虫
附注	该种被美国联邦政府列为“受威胁”级别的保护物种

成虫体长
3/16–1/4 in
(5–6 mm)

绿敏步甲
Elaphrus viridis
Delta Green Ground Beetle
Horn, 1878

绿敏步甲在春季最为活跃，见于雨后洼地积水滩附近或冬雨形成的季节性池塘边。主要猎物是跳虫，会利用温暖、阳光充足且无风的白天，在狭小的开阔地或灯心草科植物根部附近捕食。该种仅见于加利福尼亚州索拉诺县南部的赫普松草原区。其历史分布范围未知，但估计应该远大于目前的分布区。该种已知的种群十分有限，仅占据不到7000英亩（约2800公顷）的面积，并且还在不断地受到农业开垦的威胁。

近缘物种

敏步甲属 *Elaphrus* 共包括39个物种，广泛分布于北半球，其中19个种见于新北界。这类复眼发达的步甲有点像小型虎甲。其鞘翅缺少纵贯全长的条沟，但仍有几列具刚毛的刻点。绿敏步甲可依据以下特征与北美洲分布的敏步甲属其他物种相区分：体色亮金属绿色；鞘翅缺少环形印纹。

实际大小

绿敏步甲 体亮金属绿色，复眼发达，头和前胸背板具由铜色光洁区形成的斑纹。腹部最后一节可见腹板褐色。各足胫节大部褐色，端部金属色。鞘翅光洁，通常具有隆起的光洁区形成的斑块，偶尔这些斑块会消失。

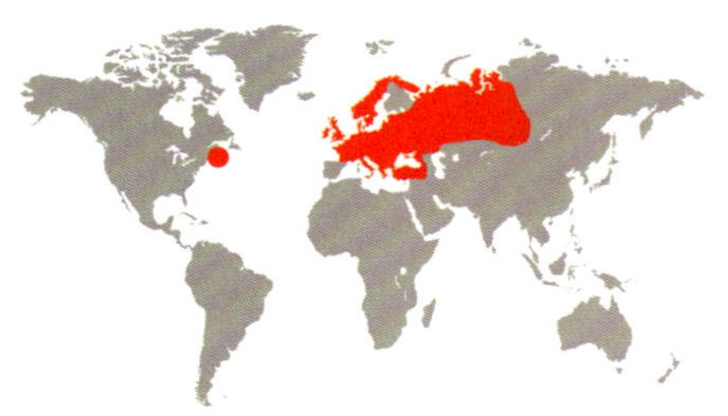

科	步甲科 Carabidae
亚科	肉步甲亚科 Broscinae
分布	古北界和新北界：原产自欧洲温带大部分地区及西伯利亚西部，后人为引入加拿大的爱德华王子岛和布雷顿角岛，并成功定殖
生境	具有稀疏植被的沙质地
微生境	地表生活
食性	捕食者
附注	加拿大全国有超过50种非本土的步甲科昆虫成功定殖，其中多数物种来自古北界

成虫体长
$\frac{5}{8}$–$\frac{7}{8}$ in
(16–23 mm)

大头肉步甲
Broscus cephalotes
Broscus Cephalotes

(Linnaeus, 1758)

大头肉步甲分布于欧洲温带的大部分地区及西西伯利亚，但它也在无意间被人为引入加拿大东部地区。成虫在夜间活跃，白天则躲藏在沙地上的石头、倒木甚至动物尸体之下。该种在夏季至早秋间繁殖，以幼虫态越冬，新羽化的成虫会在春末至夏季出现。虽然其后翅十分发达，但是并不确定成虫是否能够飞行。

近缘物种

分布于保加利亚、希腊和中东地区的 *Broscus nobilis* 体背金属色，触角和足浅黄色。另外两个种 *Broscus insularis*（仅分布于西班牙的巴利阿里群岛）和 *Broscus politus*（分布于西西里岛和北非）触角第一节浅黄色，其余各节红棕色。肉步甲属 *Broscus* 全世界已知23种，除入侵到加拿大的大头肉步甲以外，全部分布于古北界。

大头肉步甲　体型相对较大，前胸和鞘翅连接处明显变窄，体背光滑，体色全黑色，缺乏金属光泽。头部几乎与前胸背板等宽，上颚十分发达。复眼小，颊于复眼之后肿胀。前胸背板隆起，基部强烈变窄，侧缘具2根刚毛。鞘翅有细刻点列。雄性前足跗节前三节膨大，腹面具黏毛。

实际大小

科	步甲科 Carabidae
亚科	蛛绒步甲亚科 Apotominae
分布	新热带界：巴西
生境	欣古河上游支流，亚马孙平原
微生境	地表生活
食性	捕食者
附注	该种是蛛绒步甲属在新热带界唯一的物种。该属其他物种分布于古北界、东洋界、非洲热带界和澳洲界

成虫体长
³⁄₁₆ in
(4–5 mm)

里氏蛛绒步甲
Apotomus reichardti
Apotomus Reichardti
Erwin, 1980

里氏蛛绒步甲目前仅知4头标本，全部在11月间以灯光诱集而得，唯一的采集地点是巴西内陆的马托格罗索高原的北部边缘。除善于飞行外，该种的生物学习性几乎一无所知。但是可以推测，该种的习性可能和同属其他大陆分布的物种相类似，见于河流边的泥滩上。里氏蛛绒步甲的地理分布十分孤立，同属的其他物种均分布于旧大陆和澳大利亚。

实际大小

近缘物种

蛛绒步甲属 *Apotomus* 共包括22个物种，分布于古北界南部、东洋界、非洲热带界和澳洲界，当然也包括分布于巴西的里氏蛛绒步甲。近年来并没有关于该属相对完整的分类学修订工作发表，因此种间的系统关系尚不明确。里氏蛛绒步甲和该属其他物种的不同之处在于：前胸背板相对较大，前胸侧缘刚毛消失。

里氏蛛绒步甲 体型相对较小，前胸和鞘翅连接处明显变窄，前胸接近球形，大约是头部的两倍宽，下颚须很长。体深褐色，各足颜色略浅，前胸背板和鞘翅被细绒毛。该种前足胫节内缘具可清洁触角的凹槽，其上有一个短粗的距。

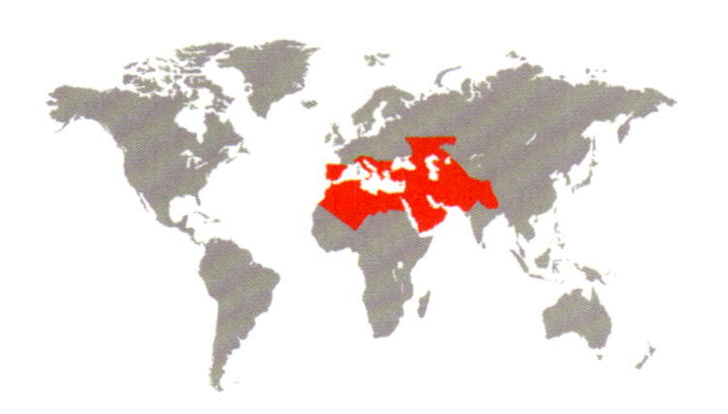

科	步甲科 Carabidae
亚科	颚步甲亚科 Siagoninae
分布	古北界：欧洲南部、北非和西亚
生境	开阔地
微生境	地表生活
食性	捕食多种蚂蚁
附注	该种的幼虫近年刚刚发现，生活于土缝中，曾被称作“奔跑的盲眼蚂蚁猎手”

成虫体长
⅜–½ in
(9–13 mm)

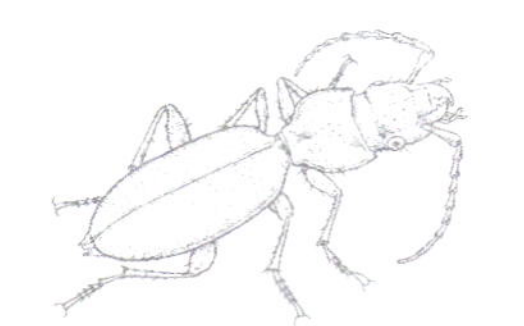

欧洲颚步甲
Siagona europaea
Siagona Europaea

Dejean, 1826

欧洲颚步甲具有广阔的分布范围，通常可在春末至夏季间遇到，可见于牧场、具稀树的弃耕地或干裂的泥沙质土地等开阔环境中。成虫几乎仅以蚂蚁为食，捕食蚁科多个物种的成虫及未成熟虫态。该种仅在夜间活动，其后翅十分发达，夜间可被灯光吸引。

近缘物种

欧洲还有颚步甲属 *Siagona* 的另外2个物种分布：*Siagona jenissoni* 分布于西班牙和摩洛哥，其后翅不发达，不能飞行，前胸背板具发音器；*Siagona dejeani* 同样分布于西班牙和摩洛哥，后翅不发达，且体型明显大于欧洲颚步甲，体长可达21–25 mm。颚步甲属全世界已知约80个物种，分布于欧洲、亚洲和非洲。

实际大小

欧洲颚步甲　体形扁平，体背具相对浓密的绒毛，前胸和中胸之间形成似柄状的隘缩。复眼大，上颚强壮，具大型齿。前胸背板向后变窄，前胸侧片不具发音器。幼虫无眼，触角、足和尾须细长。

科	步甲科 Carabidae
亚科	黑步甲亚科 Melaeninae
分布	新热带界：南美洲北部
生境	热带雨林
微生境	未知
食性	未知
附注	该种全部已知标本均采自哥伦比亚北部的同一个地点

成虫体长
3/16 in
(4–5 mm)

费氏舟胸步甲
Cymbionotum fernandezi
Cymbionotum Fernandezi
Ball & Shpeley, 2005

费氏舟胸步甲目前已知的全部38头标本均在5月间采自哥伦比亚北部的玻利瓦尔省马格达莱纳河谷的同一个地点。这些标本全部利用紫外灯光诱捕器采集，但是采集环境并非当地原生环境，而是种满来自东洋界及中国南部的外来树种（云南石梓 *Gmelina arborea*）的种植园，因此该种的本地微生境目前尚不清楚。该种的一个近缘物种 *Cymbionotum negrei*，已知有一头采自委内瑞拉阿普雷河平原的标本是在树皮下被发现的。但是，在热带雨林中，这两个种的成虫是否同样喜爱树皮下的环境，还需要进一步证实。

实际大小

近缘物种

该种属于舟胸步甲属 *Cymbionotum* 下的原舟胸步甲亚属 *Procoscinia*。这个亚属还包括另外一个种 *Cymbionotum negrei*，这一非常罕见的种仅分布于委内瑞拉。舟胸步甲属在西半球仅有这2个种，而该属的其他18个种均分布在东半球，见于欧洲、非洲（南回归线以北）和西南亚地区。

费氏舟胸步甲 体小，宽而扁平，前胸和鞘翅连接处明显变窄。体背均匀褐色，被细密刚毛。前胸背板后侧角齿状，强烈突出，明显位于后缘之前，前胸侧板在背面不可见。此外，前胸背板后缘不具缘边。

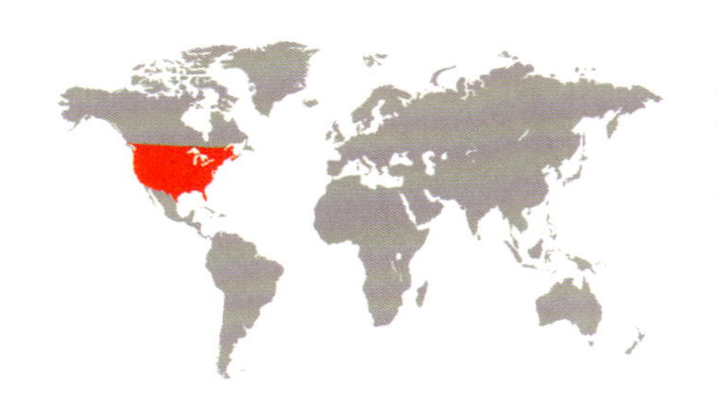

科	步甲科 Carabidae
亚科	行步甲亚科 Trechinae
分布	新北界：北美洲
生境	低地落叶林
微生境	成虫发现于死树或衰弱树的树皮下
食性	成虫捕食跳虫及螨类
附注	个体很小，但易于识别

成虫体长
1/32–1/16 in
(1–2 mm)

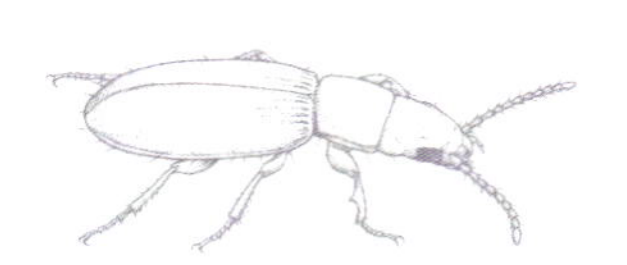

黄尾小行步甲
Mioptachys flavicauda
Mioptachys Flavicauda

(Say 1823)

实际大小

黄尾小行步甲成虫全年可见，可发现于死树、衰弱树或倒木的疏松树皮下。在北美洲东部，该种在硬木树中十分常见，例如橡树、槭树、胡桃树和杨树。而在加利福尼亚州，它们则在美国黄松 *Pinus ponderosa* 上发生。该种可以飞行，偶尔可在春夏季的夜间被灯光吸引。成虫捕食小型节肢动物，可能还取食它们的卵。该种学名的种本名“*flavicauda*”来自两个拉丁文词，“*flavus*”（黄色）和“*caudus*”（尾巴），指该种鞘翅端部浅黄色。

近缘物种

小行步甲属 *Mioptachys* 已知13个物种，全部分布于西半球。其中12个种分布于新热带界，仅有黄尾小行步甲生活于新北界。该种可通过以下形态特征与北美洲其他步甲相区分：个体小，鞘翅端部三分之一暗黄色，足和触角浅黄色。

黄尾小行步甲　体略隆起，体背大部深褐色至近黑色，鞘翅端部三分之一暗黄色；触角和足棕黄色。复眼下方具2根刚毛。鞘翅侧缘边宽，浅黄色，半透明。末节可见腹板具2根刚毛。雄性前足跗节前两节加宽，腹面具垫状黏毛。

科	步甲科 Carabidae
亚科	虚步甲亚科 Psydrinae
分布	新北界和古北界：北美洲、欧洲南部、中东地区
生境	多见于针叶林中
微生境	成虫见于树皮或倒木下
食性	未知
附注	成虫可放出恶臭的气味来保护自己

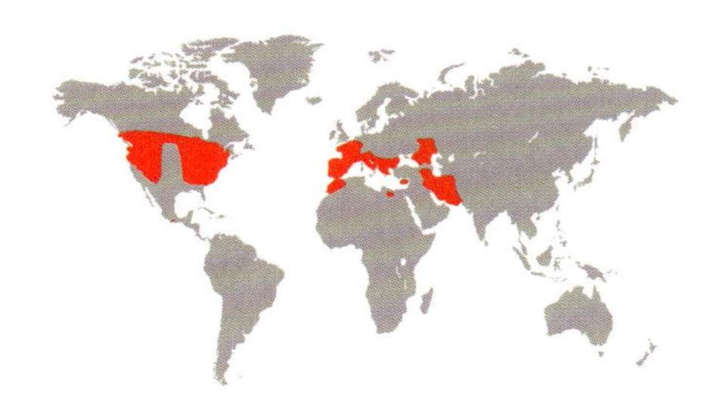

成虫体长
¼–5⁄16 in
(6–8 mm)

臭阳步甲
Nomius pygmaeus
Stinking Beetle
(Dejean, 1831)

实际大小

臭阳步甲成虫通常见于疏松的树皮、倒木、石块或落叶层下。一旦遇到生命危险，例如被蜘蛛网粘住，臭阳步甲的成虫会发出一种奇怪的臭味以示警告。它们发出的防御气味有点像过度发酵的奶酪或者死老鼠的味道，气味的释放能持续几秒钟至30分钟之久。曾有报道，一个村子遭到该步甲气味的侵袭而导致全村居民疏散。成虫后翅发达，夜间可被灯光或林火吸引，有时也会在家里发现它们。该种广泛分布于加拿大、美国、墨西哥、塞浦路斯、摩洛哥、伊朗和欧洲南部。

近缘物种

阳步甲属 *Nomius* 共包括3个物种，分布于北半球和非洲热带界。臭阳步甲与其的近缘物种最简便的区分方式是依据其相对靠北的分布区。同域分布的常见种中，和阳步甲属最为接近的种要算是分布于北美洲的 *Psydrus piceus*，这个种生活于松树树皮之下，但是只有阳步甲属会释放特殊的臭味。

臭阳步甲　体红褐色至近黑色，无金属光泽。触角近念珠状，基部两节密生短刚毛。前胸背板宽约为长的两倍，每侧缘具3根或4根刚毛。鞘翅表面具纵条沟，无刚毛着生。雄性前足跗节并不膨大，但腹面具垫状黏毛。

科	步甲科 Carabidae
亚科	棒角甲亚科 Paussinae
分布	澳洲界：澳大利亚（新南威尔士和澳大利亚南部）
生境	干旱地区
微生境	成虫生活于朽木、树皮等之下；幼虫与蚂蚁共同生活
食性	成虫推测为捕食性；幼虫推测捕食蚂蚁
附注	该属成虫强大的化学防御腺可致人受伤

成虫体长
⁹⁄₁₆–⅝ in
(15–16 mm)

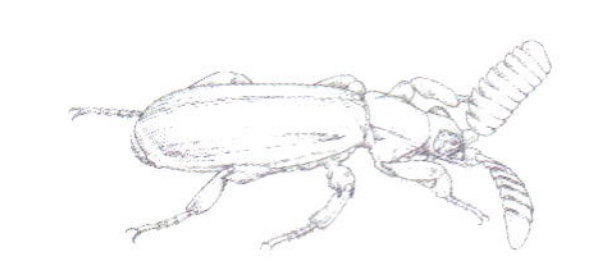

威尔逊棒角甲

Arthropterus wilsoni

Arthropterus Wilsoni

(Westwood, 1850)

实际大小

威尔逊棒角甲　成虫红棕色，腹背相当扁平，体背覆盖细小刻点。触角扁平，整体为近椭圆形结构，第3–11触角节强烈侧向扩展，各节宽约为长的3倍。复眼十分大，强烈突出。前胸背板宽略大于长，侧缘后部弯曲。各足胫节宽扁。

威尔逊棒角甲属于棒角甲族 Paussini 节棒角甲属 *Arthropterus*，该族昆虫均有相对奇特的外形。基于野外观察和形态学研究推测，棒角甲族的昆虫至少在生活史的一个阶段，为蚁巢中的专性访客（即蚁客）。节棒角甲属成虫在自然界中很少见到与蚂蚁在一起生活，而且它们也具有类似于营自由生活的捕食者的口器形态，而非像棒角甲族其他成员的成虫那样具有高度特化以适应蚁客生活的口器。基于上述证据，一些专家推测威尔逊棒角甲的幼虫应该是专性的蚁客。近年来的研究表明，节棒角甲属内1个未鉴定种的一龄幼虫确实具有一些特化的形态构造，例如腹部末端具宽大的圆盘，其上具十分特化的刚毛，这些形态特征均与与蚂蚁共生的习性相关联。

近缘物种

节棒角甲属与 *Megalopaussus*、*Mesathrpterus* 与 *Cerapterus* 三属最为接近；*Megalopaussus* 和 *Mesathrpterus* 属各自仅包括1个物种，*Cerapterus* 属包含约30个物种。节棒角甲属分布于澳大利亚、新几内亚和新喀里多尼亚，共包括约65个物种。威尔逊棒角甲归于 *Arthropterus macleayi* 种团，该种团还包括以下4个物种：*Arthropterus wasmanni*、*Arthropterus macleayi*、*Arthropterus westwoodi*、*Arthropterus angulatus*。目前人们对该属的研究非常有限，其中的很多物种迄今仅知原始发表时所依据的那些模式标本。

科	步甲科 Carabidae
亚科	气步甲亚科 Brachininae
分布	新热带界：自墨西哥（尤卡坦）至秘鲁、玻利维亚、乌拉圭、阿根廷（卡塔马卡省、胡胡伊省）
生境	热带生态系统
微生境	砂质的小径或河滩地
食性	成虫为捕食性或食腐性，幼虫取食蝼蛄的卵
附注	本种是屁步甲属最为广布的物种，成虫在从腹部防御腺释放醌类物质时可发出爆裂声

成虫体长
⁹⁄₁₆–¾ in
(15–20 mm)

美洲黄斑屁步甲
Pheropsophus aequinoctialis
Pheropsophus Aequinoctialis
(Linnaeus, 1763)

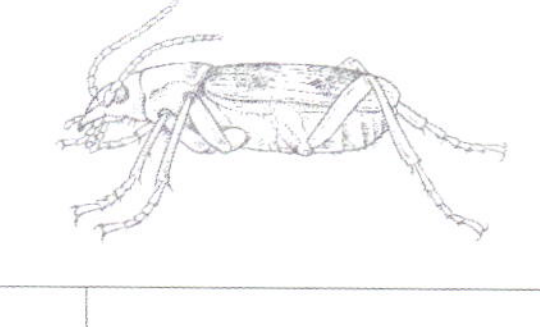

美洲黄斑屁步甲成虫为夜行性，通常可在夜间见到沿着砂质的小径或河滩奔跑。白天它们通常成群躲藏在隐蔽所内，例如岩石下、倒木下或草丛根部。成虫适应能力强，捕食性或食腐性，可利用各种动物或植物来源的食物。幼虫取食蝼蛄的卵，其主要的捕食对象是双爪蝼蛄属 *Scapteriscus* 的物种，这类蝼蛄是草坪、牧场及蔬菜苗圃里的常见害虫。因此美洲黄斑屁步甲曾被作为一种潜在的生物防治资源研究，可用于在美国东南部防治蝼蛄。

实际大小

近缘物种

屁步甲属 *Pheropsophus* 隶属于气步甲族 Brachinini 屁步甲亚族 Pheropsophina。屁步甲属在全世界范围内包括约125个物种，可分为3个亚属：屁步甲亚属 *Pheropsophus* 包括仅分布于新热带界的7个物种；*Aptinomorphus* 亚属包括分布于马达加斯加的2个物种；*Stenaptinus* 亚属包括分布于东半球的约115个物种。屁步甲属的分类研究尚不充分，众多的物种之间的亲缘关系并未研究过。

美洲黄斑屁步甲　体形粗壮，头部、触角、前胸背板和足黄色至橙黄色，鞘翅黄色至橙黄色，每侧具两个大黑斑，黑斑在鞘翅缝处相连。上颚外沟具一根长刚毛。鞘翅具清晰的纵脊，脊较平缓。前足基节窝后方关闭，前胸侧片缝消失。

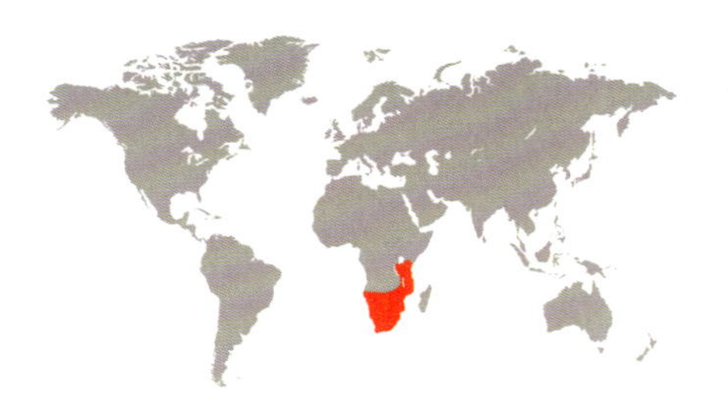

科	步甲科 Carabidae
亚科	婪步甲亚科 Harpalinae
分布	非洲热带界：博茨瓦纳、莫桑比克、纳米比亚、坦桑尼亚、南非和津巴布韦
生境	开阔环境，常见于具稀疏树木的环境，例如银叶榄仁树 *Terminalia sericea*
微生境	地表生活
食性	捕食性
附注	异胸绮步甲和与其同域分布的另一种步甲 *Thermophilum homoplatum* 具有十分相似的外观，其体背均具2个卵圆形的眼斑，而且这两个种均具有强大的化学防御腺

成虫体长
1⅞–2⅛ in
(47–53 mm)

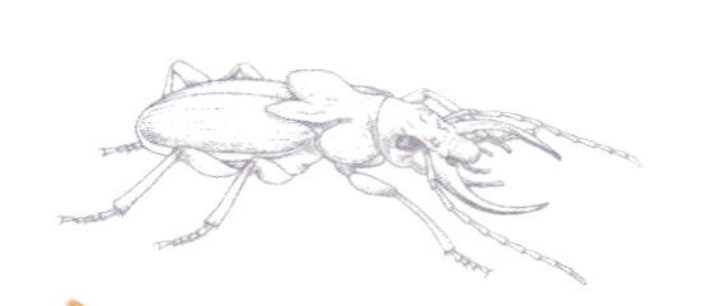

异胸绮步甲
Anthia thoracica
Anthia Thoracica
(Thunberg, 1784)

异胸绮步甲成虫在10月至来年3月间最为活跃，其活动的高峰期大约是在11月至12月。通常能见到单只的异胸绮步甲在一些开阔环境的地面快速奔跑，例如砂石质的小路，或具稀疏灌丛或乔木的草原。虽然该种以白天活动为主，但有时也能在多日未见降水的黄昏或夜间偶遇它们。在受到威胁时，成虫会从其腹部的防御腺喷射出刺激性液体，最远可喷射至1 m远的距离，通常能够直接命中潜在的攻击者的头部及眼睛。

近缘物种

绮步甲属 *Anthia* 包括大约20个物种，和 *Thermophilum* 属最为接近，一些分类学家认为后者仅是绮步甲属的一个亚属。异胸绮步甲与同域分布的长颚绮步甲 *Anthia maxillosa* 有些相似，但后者前胸两侧并不具由黄色绒毛形成的圆斑，鞘翅侧缘也没有黄色绒毛。

实际大小

异胸绮步甲 体型硕大，大部为黑色，因其前胸背板两侧具由黄色或棕黄色绒毛形成的圆斑而引人瞩目。雌雄之间差别明显：雄性上颚强烈延长，呈镰刀状弯曲；雌性的上颚则短而钝。雄性在前胸背板基部边缘有两个大型的后向突出物，覆盖鞘翅基部；而雌性的前胸背板仅有两个瘤突。

科	步甲科 Carabidae
亚科	婪步甲亚科 Harpalinae
分布	新热带界：巴拉圭（康赛普西翁省和上巴拉圭省）、巴西（马托格罗索地区）
生境	森林环境
微生境	成虫可见于倒木下
食性	成虫及幼虫的食性未知，可能为捕食性
附注	本种色彩艳丽但相对少见

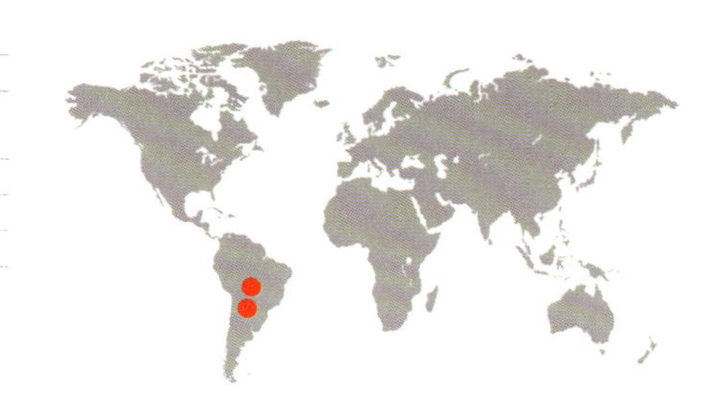

成虫体长
1–1³⁄₁₆ in
(25–30 mm)

狭胸短颚步甲

Brachygnathus angusticollis

Brachygnathus Angusticollis

Burmeister, 1885

狭胸短颚步甲体型相对较大，具非常吸引人的艳丽颜色，但除此之外，我们对该种的生活习性几乎一无所知。短颚步甲属 *Brachygnathus* 的其他物种也是如此。它们行动相对缓慢，估计是夜行性，可在白天森林中的倒木下发现。虽然短颚步甲属的食性尚未知晓，但据推测，它们可能捕食蜗牛或马陆，这些动物在该种步甲的生境中十分常见。

近缘物种

短颚步甲属共包括7个仅分布于新热带界的物种，其体背均具有各种金属光泽。该属与其他属的系统关系尚不明确，而截至目前关于该属的系统地位已有多个不同观点被提出。*Brachygnathus oxygonus* 和狭胸短颚步甲极为相似，但其前胸背板比例略短，鞘翅也更加隆起，且第4–6节可见腹板的膜质凹陷并非半圆形，而是呈横向延伸。

狭胸短颚步甲　一种具有美丽色彩的步甲：头、前胸背板和鞘翅侧边为绿色，鞘翅中央大部为金属红色。正如其学名的种本名所指，该种前胸背板狭长，后角向后强烈突出，形成尖刺，前角多少呈叶片状，前缘不具缘边。鞘翅各条沟在基半部具粗刻点，第4–6节可见腹板的每节基部具一对半圆形的膜质凹陷。

实际大小

科	步甲科 Carabidae
亚科	婪步甲亚科 Harpalinae
分布	新热带界：危地马拉、尼加拉瓜、哥斯达黎加、巴拿马、哥伦比亚、厄瓜多尔
生境	热带森林
微生境	植物上或卷起的叶子里
食性	可能为植食性
附注	具有树栖性步甲的典型形态特征

成虫体长
7⁄16–½ in
(11–13 mm)

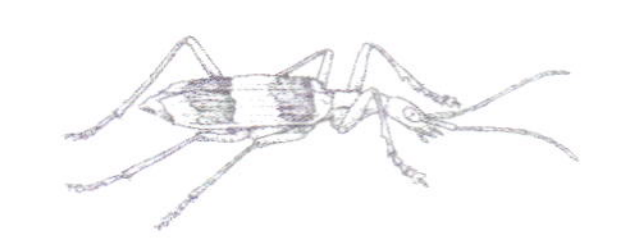

双带大长颈步甲（宽带亚种）

Calophaena bicincta ligata

Calophaena Bicincta Ligata

Bates, 1883

实际大小

双带大长颈步甲（宽带亚种） 体狭长而扁平，前胸背板长而窄，各足及触角均较长。体背浅黄褐色，复眼黑色，半球形而强烈突出，鞘翅具两个宽的黑色横带。各足第4跗节深裂呈双叶状。

双带大长颈步甲成虫在白天常见于竹芋科植物卷曲的叶子里，最多见到的是在雪茄竹芋 *Calathea lutea* 上，它们通常和 *Cephaloleia* 属的一种铁甲（叶甲科）在一起。但是在同一个卷叶中，似乎并未见到步甲和铁甲两种昆虫之间明显的互相攻击行为。该种步甲具有适应于植物上生活的一些典型形态特征，例如：跗节腹面具特殊黏毛，跗节双叶状，爪具梳齿，前胸背板延长。有人推测双带大长颈步甲可通过其寄主植物获得有毒的次生代谢物（用于防御植食性昆虫的类黄酮）以用于自己的化学防御腺。

近缘物种

大长颈步甲属 *Calophaena* 属于大长颈步甲族 Calophaenini，共包括近50个已描述的物种，均分布于新热带界。*Calophaenoidea* 属仅包含1个分布于新热带界的物种（*Calophaena arrowi*）；这个属与大长颈步甲属的差别在于，其前胸背板侧边明显加宽，前胸前角形成清晰的叶状突（尤其在雄性中更为发达）。大长颈步甲属内的不同物种多数可通过其体背不同的图案而快速区分。

科	步甲科 Carabidae
亚科	婪步甲亚科 Harpalinae
分布	古北界：欧洲南部向东至伊朗，以及北非和加纳利群岛
生境	湿地
微生境	靠近水体，例如池塘、水潭和溪流
食性	捕食性
附注	幼虫取食活的两栖动物

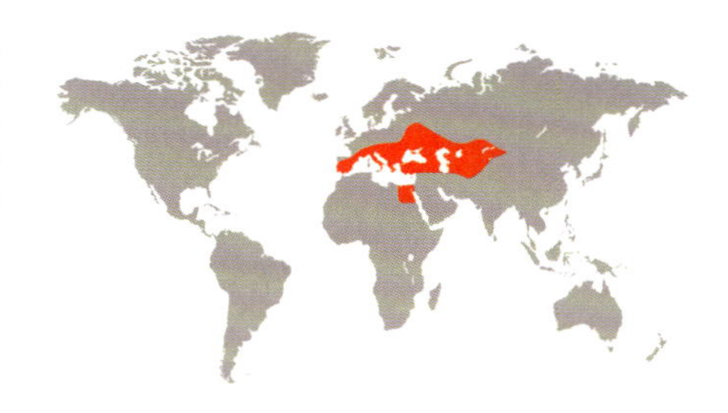

成虫体长
11/16–15/16 in
(18–24 mm)

欧黄边青步甲

Chlaenius circumscriptus

Chlaenius Circumscriptus

(Duftschmid, 1812)

欧黄边青步甲成虫取食多种食物，也包括蛙类和蝾螈，但其幼虫仅取食活的两栖动物。幼虫在等待并寻找两栖动物时，会用其触角和上颚做出特异的运动，以此吸引两栖动物的注意，使其将步甲幼虫当作猎物。但当两栖动物靠近并开始捕食时，步甲幼虫几乎总能成功地躲开其舌头，并寻找到合适的机会，利用其特化的钩状上颚附着到两栖动物的体表。小型的无脊椎动物捕食大型的脊椎动物，类似这样的例子在动物界中十分罕见。在其分布范围内，多个局地种群的灭绝已见报道。

近缘物种

欧黄边青步甲属于青步甲属 *Epomis* 亚属，有些分类学家会将这个亚属当作独立的属。这个亚属包括分布于欧亚大陆及非洲的大约30个物种。分布于地中海东岸地区的 *Chlaenius dejeanii* 和欧黄边青步甲类似，但个体略小（16–19 mm），前胸背板形状略有区别，鞘翅外侧的行距具更多的刻点。

欧黄边青步甲　体大致黑色，具绿色或蓝色的金属光泽，鞘翅侧缘呈浅黄色。触角和各足棕黄色或浅褐色。前胸背板具粗糙刻点，宽略大于长，最宽处在中部略靠前，后角圆。鞘翅侧边接近平行，条沟显著。

实际大小

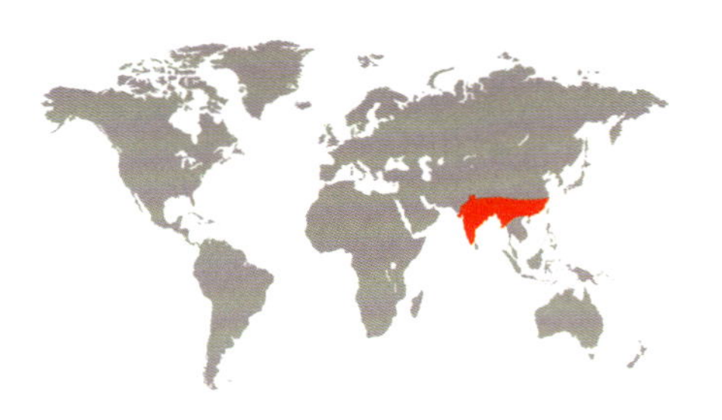

科	步甲科 Carabidae
亚科	婪步甲亚科 Harpalinae
分布	东洋界和古北界：印度、孟加拉国、缅甸和中国南部
生境	开阔林地
微生境	石头或倒木下
食性	捕食性
附注	本种腹部末端具强效的化学防御腺，其鞘翅显著的黄色斑纹对其天敌是有效的警戒色

成虫体长
11/16–1 in
(18–25 mm)

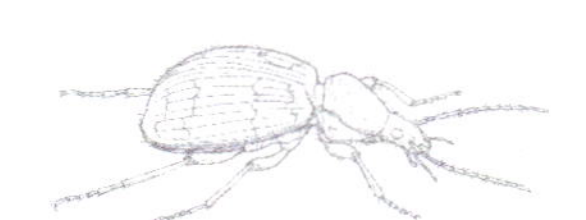

球宽带步甲
Craspedophorus angulatus
Craspedophorus Angulatus
(Fabricius, 1781)

实际大小

宽带步甲属 *Craspedophorus* 分布于亚洲、撒哈拉以南的非洲、马达加斯加和澳大利亚，全世界共有约150种。该属成虫通常见于倒木或石头之下，可通过其腹部末端特化的防御腺释放强效的防御液，其主要成分是酚类。和其他步甲相比，宽带步甲属储存防御液的器官相当大。一种蜚蠊与光宽带步甲 *Craspedophorus sublaevis* 在越南同域分布，其黑色的末龄若虫也具有4个黄斑，以此拟态光宽带步甲的成虫。这是一个贝氏拟态的例子。球宽带步甲和 *Craspedophorus sublaevis* 在外形和斑纹上十分相似，但是并不确定其是否也是拟态群的一部分。

近缘物种

宽带步甲属的多个物种均和球宽带步甲十分相似：体黑色，鞘翅具两条黄色横带，一条位于基半部，另一条位于端半部。该属并未开展过完整的分类学修订工作，而种间的形态鉴别指标也没有很好地建立。该属在印度和斯里兰卡共记录有大约10个物种，还包括 *Craspedophorus*

球宽带步甲　体型较大，头、前胸背板和鞘翅具密而显著的近直立刚毛。体背大部黑色，鞘翅每侧具2个黄色横带，靠后的1个横带近半月形。口须末节强烈斧状（三角形且侧扁），前胸背板具密刻点。后胸前侧片强烈短宽。

科	步甲科 Carabidae
亚科	婪步甲亚科 Harpalinae
分布	东洋界：越南、老挝、印度南部、斯里兰卡
生境	靠近水体
微生境	在沙地上或沙下
食性	捕食性
附注	本种特化的体型和前足适应于在沙地上高效地挖掘

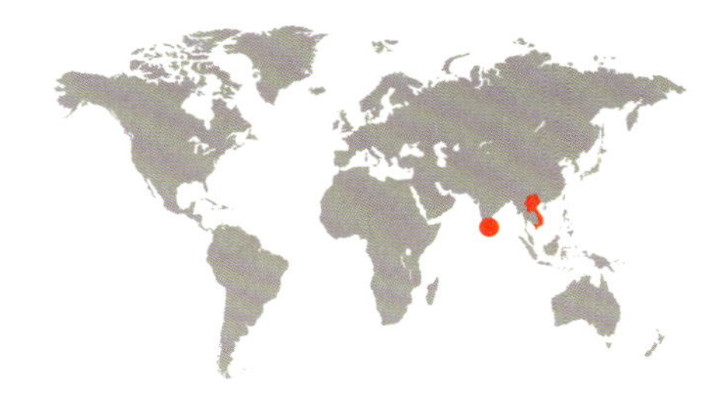

成虫体长
5/16–3/8 in
(8–9.5 mm)

曲纹瓢步甲
Cyclosomus flexuosus
Cyclosomus Flexuosus
(Fabricius, 1775)

瓢步甲属 *Cyclosomus* 成虫在外观上和步甲科的另一个属——圆步甲属 *Omophron* 十分相似，然而这两个属的系统关系非常远，分属于不同的亚科。这两个属在形态上的相似性包括：体卵圆形，前胸腹板突加宽且延长，具有类似的斑纹。瓢步甲属生活于沙质的微生境，能利用它们特化的前足在沙地上挖掘。瓢步甲属目前已知13个物种，和曲纹瓢步甲一样，其他种都能够快速地奔跑和挖掘。

近缘物种

Cyclosomus suturalis 与曲纹瓢步甲分布范围相同，但 *Cyclosomus suturalis* 尺寸更小，体形也更近卵圆形，前胸背板侧缘明显比盘区颜色浅，鞘翅中央的横带不向侧面扩展。*Cyclosomus inustus* 依据采自中国香港的标本描述，和曲纹瓢步甲相比，鞘翅略短，鞘翅条沟更浅，鞘翅中央的横带更窄。

实际大小

曲纹瓢步甲　体卵圆形。头红褐色；前胸背板红褐色，侧缘颜色略浅；鞘翅橙黄色，具特殊的黑色斑纹。前胸背板侧缘在基半部近平行，前角突出；侧缘每侧中部具1根刚毛。雄性前、中足的前3节跗节腹面具黏毛。

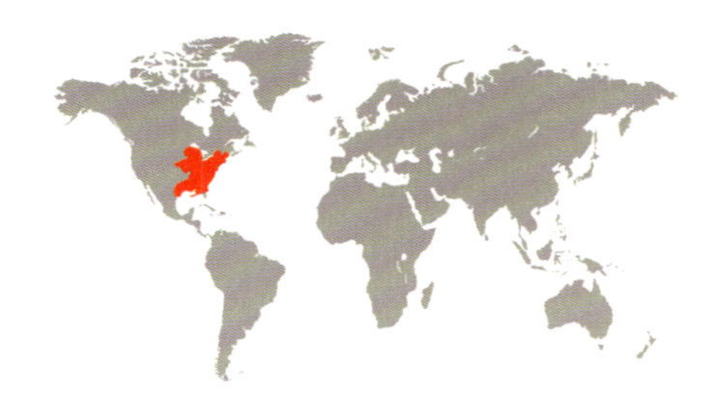

科	步甲科 Carabidae
亚科	婪步甲亚科 Harpalinae
分布	新北界：美国东部
生境	东部低地或山区，落叶林
微生境	成虫地表生活，见于开阔环境
食性	成虫捕食蜗牛、蛴螬、蚯蚓及其他无脊椎动物
附注	本种是切唇步甲属中色彩最艳丽的种

成虫体长
¾–1 in
(20–25 mm)

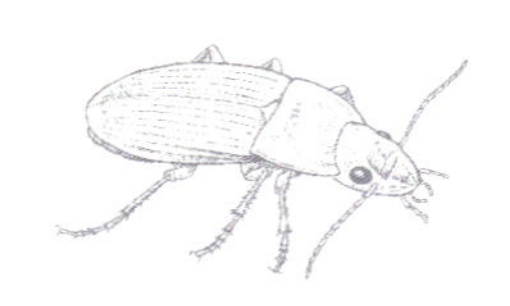

紫切唇步甲

Dicaelus purpuratus

Dicaelus Purpuratus

Bonelli, 1813

实际大小

紫切唇步甲成虫不能飞行，可通过腹部末端放出的烟雾状或深色的防御液体来抵御天敌，其防御液的主要成分是蚁酸。它们生活于山地或洪泛平原的落叶林、农田或牧场中，在春季到秋季间都十分活跃，主要在夜间活动。白天则躲藏在各种各样的隐蔽所内，如倒木疏松的树皮或朽木及石头下。捕食蜗牛时，紫切唇步甲可利用它们强有力的上颚切碎蜗牛壳。幼虫相对活跃，生活于朽木中或石头下。和成虫一样，幼虫也能从肛门喷射出深色的防御液来保护自己。

近缘物种

切唇步甲属 *Dicaelus* 共有16个物种，分布于加拿大、美国和墨西哥的温带及热带地区。紫切唇步甲可通过如下特征与该属其他物种区分：体色呈紫色，鞘翅表面的刻纹及腹部末端存在具刚毛的区域。紫切唇步甲绿色亚种 *Dicaelus purpuratus splendidus* 具红铜色或绿色的体色，分布于明尼苏达州、路易斯安那州至北达科他州和亚利桑那州。

紫切唇步甲　体紫色或紫红色，头部宽阔，复眼上方具2个毛穴。前胸背板宽于头部。两鞘翅于翅缝处愈合，行间距均匀隆起。末节可见腹板近端部具一小区域，其上具刻点和短刚毛。

科	步甲科 Carabidae
亚科	婪步甲亚科 Harpalinae
分布	新北界：北美洲东部至爱达荷州、内华达州和亚利桑那州
生境	植被稀疏、水分充足的环境，尤其靠近水体的环境
微生境	夜间成虫可见在地表缓慢行走
食性	成虫取食幼苗，也可捕食鳞翅目幼虫
附注	有时本种被视为次要的经济害虫

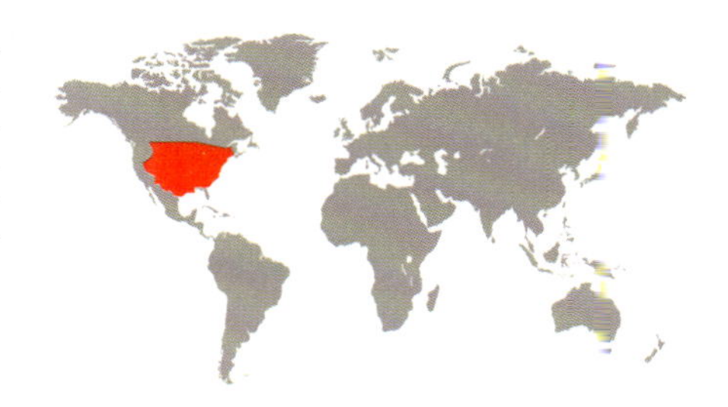

成虫体长
½—¹¹⁄₁₆ in
(13—17 mm)

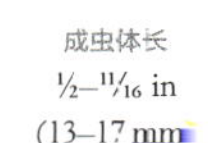

壮松步甲
Geopinus incrassatus
Geopinus Incrassatus
(Dejean, 1829)

壮松步甲体型相对较大，外观略显笨重。它们浅黄褐色的体色可有助于其在浅色的沙质地面上隐藏。耙状的前足适应于挖掘，以便掘洞钻入潮湿沙地的深处。有时壮松步甲也能发现于深埋在地表的倒木、木头碎块或石头下。成虫具发达后翅，善于飞行，有时能在夏天夜晚的灯光下见到。该种会取食苗床里的种苗，尤其喜食小麦、卷心菜、亚麻、玉米和燕麦等作物，对农业生产有一定危害。

近缘物种

壮松步甲是松步甲属 *Geopinus* 唯一的物种。该种易于识别，体形粗壮，各足短粗，能很好地适应挖掘。成虫及幼虫的一些形态特征显示，本种可能当属于斑步甲属 *Anisodactylus* 中的一个特异类群，但目前斑步甲属的分类研究尚不充分，该属最终可能会被拆分为若干不同的属。

实际大小

壮松步甲　体形粗壮、拱隆，体色浅黄褐色，前胸背板和鞘翅中央颜色略深。头部短宽，复眼前方具短沟以收纳触角第1节，上颚强烈弯曲。鞘翅背面无毛穴。雄性前足第2–4跗节中等程度膨大，腹面具稀疏的海绵状毛垫。

科	步甲科 Carabidae
亚科	婪步甲亚科 Harpalinae
分布	古北界和非洲热带界：非洲北部（毛里塔尼亚西部至西奈半岛）、以色列、约旦
生境	热带稀树草原和半荒漠地区
微生境	地表生活
食性	捕食性
附注	本种是图步甲属唯一会发声的物种，能够用股节和鞘翅摩擦而发出吱吱的声音

成虫体长
³⁄₈–¾ in
(10–19 mm)

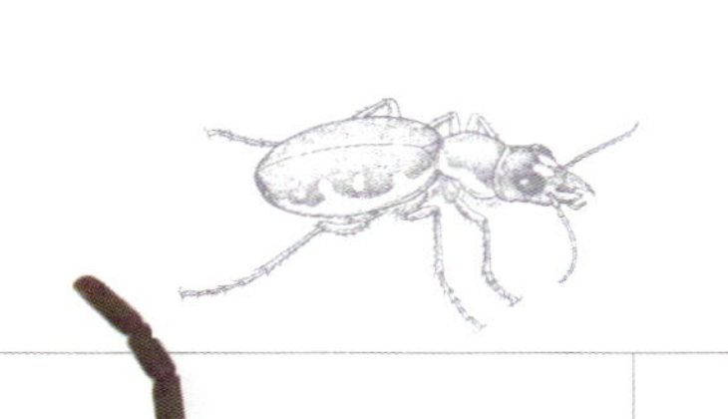

锯齿图步甲
Graphipterus serrator
Graphipterus Serrator
(Forsskål, 1775)

锯齿图步甲是非洲北部、以色列和约旦一带的热带稀树草原和半荒漠环境下的典型物种。成虫奔跑速度快，白天活动。在一天中温度最高的时间，它们会躲藏于植物之下或钻入土中。幼虫分为3个龄期，生活在几个不同种蚂蚁的巢中。它们通常生活在蚁巢育卵室（蚂蚁保存其卵及幼虫的场所）附近的坑道中。锯齿图步甲的一龄和二龄幼虫有特殊的具沟的上颚，以适应于捕食蚂蚁的幼虫及卵。

近缘物种

图步甲属 *Graphipterus* 包括约140个物种，其中大多数生活在非洲大陆。根据成虫形态特征，与锯齿图步甲最为接近的物种是 *Graphipterus minutus*，分布在沙特阿拉伯北部、约旦、叙利亚、伊拉克和伊朗，但并不具发声器。锯齿图步甲已知的6个亚种主要可依据鞘翅不同的斑纹相区分。

锯齿图步甲　体型中等大小，体背覆盖有黑白两色的鳞片，鳞片形成其非常有特点的斑纹图案。该种是本属内唯一具有发声器官的物种，其鞘翅缘折和腹板侧缘具细锯齿，后足股节内侧具光滑的纵脊。锯齿图步甲会用后足股节摩擦鞘翅和腹板侧面的锯齿，从而发出特别的吱吱声。

实际大小

科	步甲科 Carabidae
亚科	婪步甲亚科 Harpalinae
分布	新北界：北美洲东部（新罕布什尔州至怀俄明州东南部和科罗拉多州北部；南至奥克拉荷马州、阿肯色州、佐治亚州东北部）
生境	林地
微生境	石头或倒木下
食性	捕食性
附注	本种一龄幼虫形态特殊，腹部末端背面生有短粗的尾突，其上着生许多长刚毛

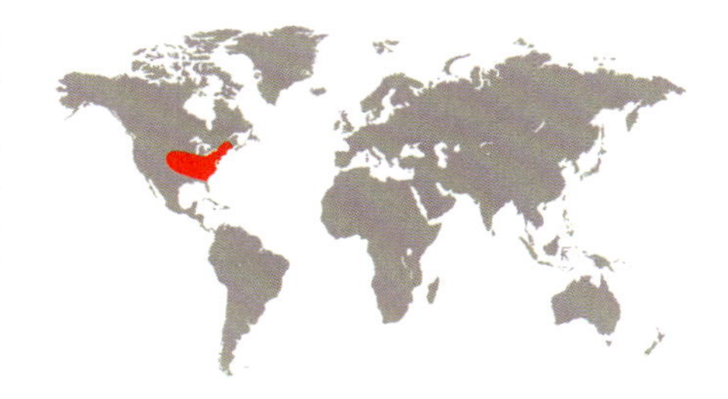

成虫体长
1/2–11/16 in
(12–17 mm)

褐粗角步甲（双色亚种）
Helluomorphoides praeustus bicolor
Helluomorphoides Praeustus Bicolor
(Harris, 1828)

有观察记录表明，粗角步甲属 *Helluomorphoides* 一些种类（例如 *Helluomorphoides latitarsis* 和 *Helluomorphoides ferrugineus*）的成虫会抢劫 *Neivamyrmex* 属行军蚁的觅食部队和迁移部队，并在抢劫到行军蚁的猎物和幼虫之后能够迅速逃跑。类似的行为很可能在褐粗角步甲当中也存在，但目前尚未有正式文献记载。成虫可使用化学武器来击退行军蚁，它们腹部具有防御腺，能分泌特殊的化学物质。褐粗角步甲成虫具有发达的后翅，但尚不确定它们是否真的能够飞行。

实际大小

近缘物种

与褐粗角步甲最为接近的物种可能是 *Helluomorphoides ferrugineus*，后者分布范围自新泽西州至南卡罗来纳州，向西可达亚利桑那州和犹他州。两者成虫主要依据雄性外生殖器形态相区分。*Helluomorphoides praeustus* 共有3个亚种，它们彼此可依据体背不同的颜色和触角5–10节各节的长度比例来区分。

褐粗角步甲（双色亚种） 体型中等大小，体扁平。头和前胸背板红棕色，鞘翅大部黑色，但基部通常红棕色。触角第5–10节明显加宽。前胸背板向后略变窄，具粗糙且稀疏的刻点，但中央具两个狭窄的纵向无刻点区域。鞘翅条沟具密而混乱的刻点。

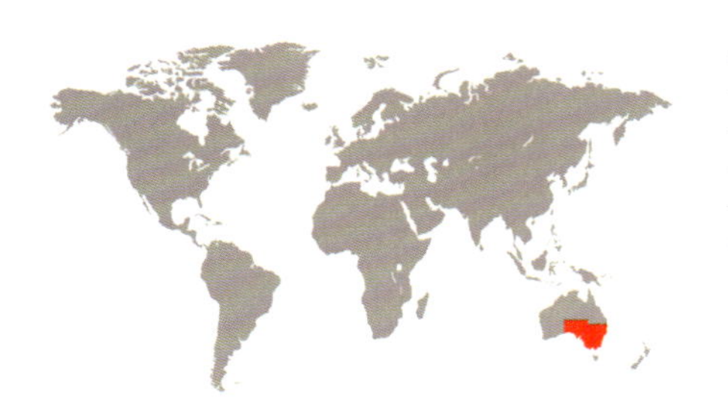

科	步甲科 Carabidae
亚科	婪步甲亚科 Harpalinae
分布	澳大利亚：新南威尔士州，维多利亚州和南澳大利亚州
生境	干旱森林
微生境	与朽木相关
食性	捕食性
附注	步甲科中体长最大的物种之一

成虫体长
1⁹⁄₁₆–2¹⁵⁄₁₆ in
(40–75 mm)

澳巨扁步甲

Hyperion schroetteri
Hyperion Schroetteri
(Schreibers, 1802)

澳巨扁步甲是全世界步甲科中具有最大体长的物种之一，体长记录可接近80 mm。其分布仅局限于澳大利亚南部，通常见于干旱地区。本种比较罕见，曾在朽木下面、朽木内，或树洞里腐烂的碎屑中采集到一些标本。也偶有少量个体在夜间被灯光所吸引。本种可能捕食朽木中金龟类甲虫的幼虫及其他无脊椎动物。

近缘物种

巨扁步甲属 *Hyperion* 仅包括这一个物种。该属属于扁步甲族 Morionini，并且被认为与以下三属亲缘关系接近：扁步甲属 *Morion*，全世界分布，共约40种；大扁步甲属 *Megamorio*，非洲分布，共6种；非扁步甲属 *Platynodes*，非洲分布，仅1种。扁步甲族目前全世界已知约85种。

实际大小

澳巨扁步甲 体型巨大，狭长而两侧平行，单一黑色。它具有强大的上颚，能够有力地夹咬。触角节近似念珠状，头部具发达的复眼、突出的后颊，以及深凹的额沟。前胸背板前部宽，侧缘无刚毛，基凹深，呈线状。

科	步甲科 Carabidae
亚科	婪步甲亚科 Harpalinae
分布	东洋界：马来群岛（加里曼丹、爪哇、苏门答腊、马来半岛）
生境	热带雨林
微生境	地表生活
食性	成虫食性尚不明确，幼虫取食真菌
附注	琴步甲属 *Mormolyce* 的步甲广泛受到标本收藏者的喜爱

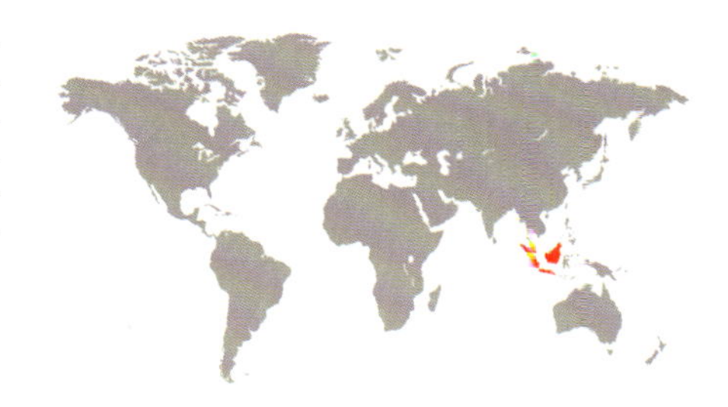

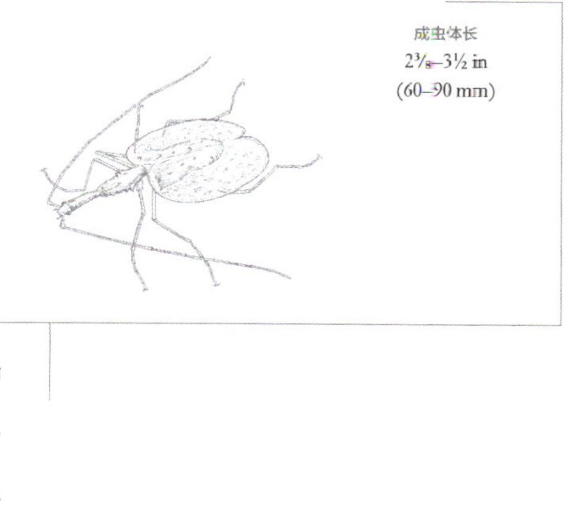

成虫体长
2⅜–3½ in
(60–90 mm)

爪哇琴步甲
Mormolyce phyllodes
Javan Fiddle Beetle
Hagenbach, 1825

爪哇琴步甲是琴步甲属第一个被描述的物种，其种本名“*phyllodes*”意为“叶状的”，指其看上去像一片枯叶。本种生活于东南亚热带雨林，成虫通常发现于地面的大型倒木之下。幼虫会在多孔菌属*Polyporus*感染的朽木中挖洞穴居住，幼虫期可长达八九个月。雌性成虫会寻找适合的真菌环境产下单粒卵。爪哇琴步甲曾在1990年作为受威胁物种被列入国际自然保护联盟（IUCN）《濒危物种红色名录》，但在1996年又被移出该名录。

近缘物种

琴步甲属共包括5个物种，均分布于马来群岛。由于其十分特化的外形，该属曾经被归入一个十分孤立的族中，但现在分类学家均认同将该属归于缘丽步甲亚族 Pericalina 中。该亚族分布广泛，多样性极高，隶属于壶步甲族 Lebiini。琴步甲属内的不同种，主要依据前胸背板以及鞘翅基部边缘形状相互区别。

实际大小

爪哇琴步甲　十分易于识别，体大而扁平，近似枯叶状，鞘翅侧边加宽形成半透明的缘边。触角细长，到达鞘翅中部之后。各足细长。前胸背板略呈长形，在基部2/3处最宽，侧缘呈锯齿状。

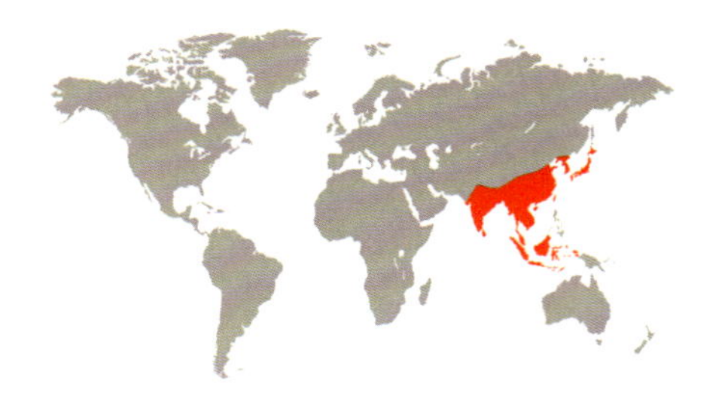

科	步甲科 Carabidae
亚科	婪步甲亚科 Harpalinae
分布	东洋界：南亚及东南亚（从印度至中国和日本，及斯里兰卡和马鲁古群岛）
生境	开阔地
微生境	植物上
食性	捕食性
附注	本种是多种害虫的重要捕食性天敌

成虫体长
¼–5⁄16 in
(6.5–8 mm)

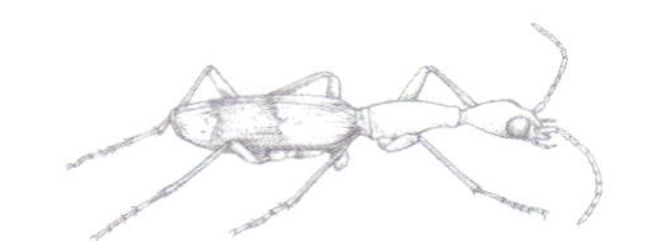

印度长颈步甲
Ophionea indica
Ophionea Indica
(Thunberg, 1784)

印度长颈步甲体色易于识别，是东南亚地区具有代表性的一种步甲。本种在稻田里十分常见，成虫可在水稻的叶片上见到。本种是亚洲稻田重要的天敌昆虫，可捕食多种水稻害虫的成虫及幼期，包括褐飞虱 *Nilaparvata lugens*、稻瘿蚊 *Orseolia oryzae*、二化螟 *Chilo suppressalis* 及大螟 *Sesamia inferens* 等。印度长颈步甲同时也能在其他作物田中发现。

近缘物种

长颈步甲属 *Ophionea* 包括大约20个物种，分布于东洋界和澳洲界。分布于东南亚的黑带长颈步甲 *Ophionea nigrofasciata* 与印度长颈步甲外形相似，但前者鞘翅基部为红棕色而非黑色。同样分布于东南亚的纤长颈步甲 *Ophionea interstitialis* 则在前胸背板侧缘具1对刚毛，且鞘翅上仅具2个白斑。

实际大小

印度长颈步甲　为小型步甲，体狭长。头部黑色具金属光泽；前胸背板红棕色；鞘翅红棕色，基部黑色，中部靠后有宽的黑色横带，横带处具弱金属光泽，鞘翅另具4个小白斑。各足棕黄色，股节端部深色。前胸背板狭长，隆起，近圆柱形，侧缘无刚毛。

科	步甲科 Carabidae
亚科	婪步甲亚科 Harpalinae
分布	新北界：美国东部
生境	低地平原
微生境	地表生活，通常见于潮湿的沙质地面
食性	捕食性
附注	成虫十分善于挖掘

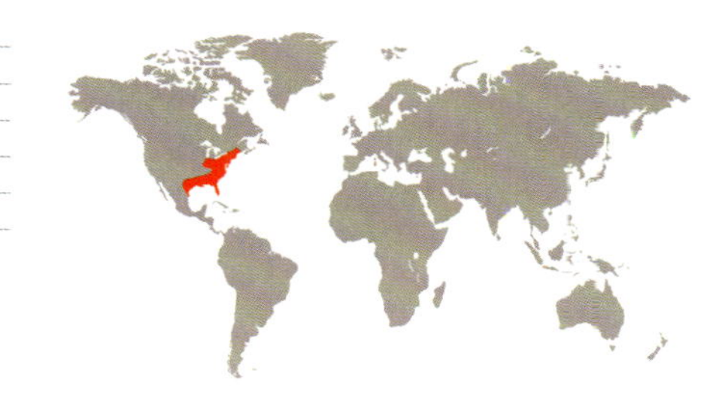

成虫体长
7/16–1/2 in
(11–12 mm)

美偏须步甲
Panagaeus cruciger
Panagaeus Cruciger
Say, 1823

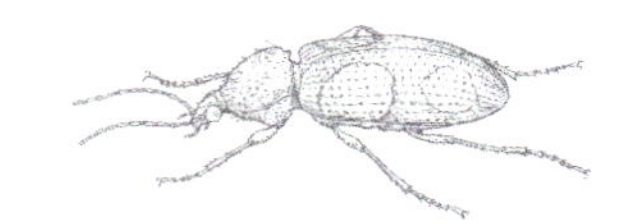

美偏须步甲为夜行性甲虫，在博物馆中收藏的许多标本于夜间采自灯光附近，但也有一些标本来自海滩堆积的漂流杂物里的死成虫。海滩上死去的成虫可能是在夜间飞行时被风浪打入海中后冲到岸边的。成虫有时也可在靠近海岸的草地或盐沼边缘见到，它们会躲藏在植物根部，或在小片的木头或石块之下。有文献指出，该种会在蚁巢中越冬。

近缘物种

偏须步甲属 *Panagaeus* 包括14个物种，分布于北美洲和欧亚大陆。美国还分布有其他两个物种，横带偏须步甲 *Panagaeus fasciatus* 和萨利偏须步甲 *Panagaeus sallei*。横带偏须步甲个体较小，头和前胸背板为红色或红棕色，鞘翅中部具黑色横带，横带并不沿翅缝向前或向后延伸形成十字斑纹。萨利偏须步甲前胸背板侧缘在基部有更长的弯曲，鞘翅中部的黑色横带通常并不到达翅缝处。

美偏须步甲　体宽阔，体背覆盖相对密且长的直立刚毛。体黑色，每侧鞘翅具两个红斑。鞘翅中部的黑色横带到达翅缝处，并向前后延伸到达鞘翅基部及端部，形成黑色的十字纹。复眼大而突出，下颚须和下唇须末节扁平且呈三角形加宽。

实际大小

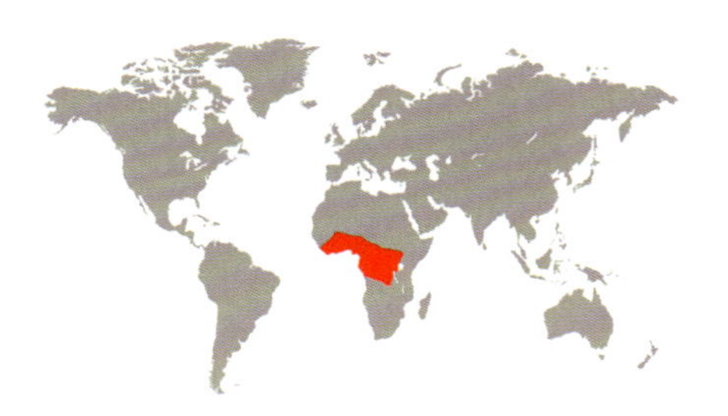

科	步甲科 Carabidae
亚科	婪步甲亚科 Harpalinae
分布	非洲热带界：西至利比里亚，东到乌干达，向南至少到达刚果（金）的东南部
生境	森林
微生境	可能生活于树皮下
食性	捕食性
附注	具有不常见的扁平体形

成虫体长
1¹⁄₁₆–1³⁄₁₆ in
(27–30 mm)

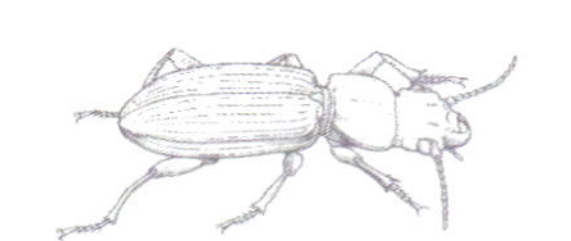

威氏非扁步甲

Platynodes westermanni

Platynodes Westermanni

Westwood, 1847

非扁步甲属 *Platynodes* 仅包括这一个分布于非洲的物种。虽然威氏非扁步甲的生物学习性所知甚少，但从它显著扁平的体形来推测，它很可能生活于死树或倒木的树皮之下。据已知的扁步甲族 Morionini 昆虫的生物学习性来推测，威氏非扁步甲可能为夜行的捕食性昆虫，捕食小至中型的节肢动物。雄性前足跗节加宽，其腹面生有长刚毛，明显长于雌性跗节上的刚毛。这些长刚毛的具体功能目前尚不明确。

近缘物种

非扁步甲属和大扁步甲属 *Megamorio* 最为接近；后者也分布于非洲，包括6个物种。和非扁步甲属相比，大扁步甲属后颊不甚发达，体背也更加隆起。威氏非扁步甲目前被分为两个亚种：指名亚种和 *Platynodes westermanni peregrinus*。后者和指名亚种相比，触角后几节略短，鞘翅第7行距的脊略不明显。

威氏非扁步甲　是体型中等大小、体背强烈扁平的黑色步甲。复眼相对小，但突出；后颊发达，强烈突出；额沟宽而深，十分明显。前胸背板向后强烈变窄，侧缘具刚毛。前胸腹板突端部加宽。鞘翅第7行距自基部到端部隆起。

实际大小

科	步甲科 Carabidae
亚科	婪步甲亚科 Harpalinae
分布	澳洲界：澳大利亚首都直辖区、新南威尔士州、昆士兰州、南澳大利亚州、维多利亚州
生境	桉树林
微生境	成虫生活于树上；幼虫于地面掘洞生活
食性	捕食蚂蚁，尤其喜食澳洲肉食蚁*Iridomyrmex purpureus*
附注	本种所在属成虫足和触角短且可收纳，这被认为是适应与蚂蚁共同生活的特化特征

成虫体长
3/8–7/16 in
(8.5–11 mm)

露尾圆蚁步甲
Sphallomorpha nitiduloides
Sphallomorpha Nitiduloides
Guérin-Méneville, 1844

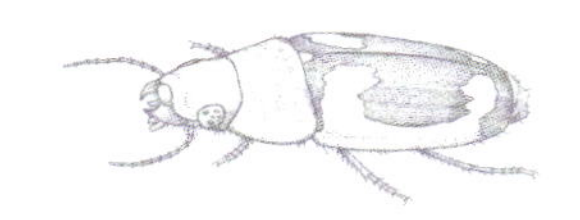

露尾圆蚁步甲较为常见，属于蚁步甲族Pseudomorphini。该种在夜间活动，但是成虫也曾在白天被采于桉树的树皮下。露尾圆蚁步甲与该属中幼虫已知的其他物种一样，幼虫在蚁巢附近的地面建造小洞，在洞中捕食路过的蚂蚁。这种行为和很多虎甲幼虫的习性非常相似。蚁步甲族的一些物种营卵胎生（卵在雌性体内孵化，直接产出幼虫），但在圆蚁步甲属中这并未得到证实。

实际大小

近缘物种

圆蚁步甲属 *Sphallomorpha* 是一个大属，共包括超过135个物种，多数分布于澳大利亚，少数见于新几内亚。露尾圆蚁步甲属于一个包括9个物种的种团；这些物种彼此非常相似，分布遍及澳大利亚大陆，但其中多数物种见于北部的热带地区。露尾圆蚁步甲和*Sphallomorpha picta*非常相似，这两个种唯一可靠的区别是雄性生殖器内囊的构造。

露尾圆蚁步甲　体形宽扁，具蚁步甲族成员的典型外观。前胸背板红褐色，侧缘宽，呈黄色。鞘翅黑色至黑褐色，具整齐的锚形黄斑。上唇具4根刚毛，鞘翅缺长缘毛。

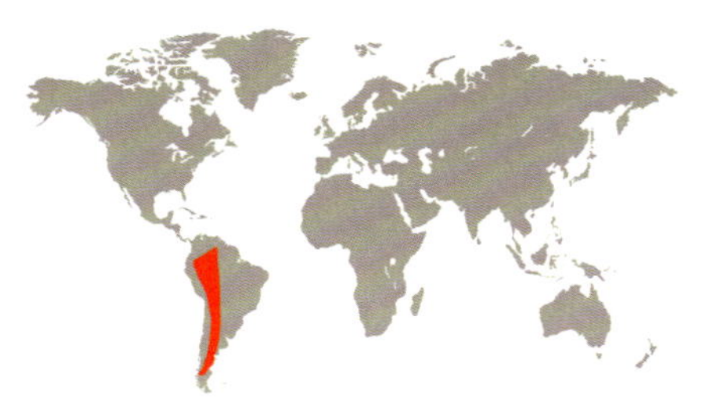

科	步甲科 Carabidae
亚科	婪步甲亚科 Harpalinae
分布	新热带界：安第斯山脉以东（委内瑞拉、巴西、哥伦比亚、秘鲁、玻利维亚、巴拉圭和阿根廷）
生境	沿河流或小溪的低地平原区
微生境	砂质河岸
食性	捕食性，可能捕食其他小型节肢动物
附注	日落后有时可见到成虫和幼虫共同大量聚集

成虫体长
⅝–¾ in
(16–19 mm)

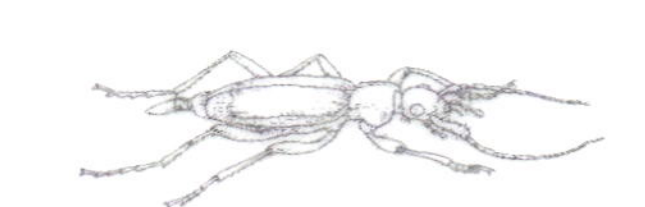

黄缘刺颚步甲

Trichognathus marginipennis

Trichognathus Marginipennis

Latreille, 1829

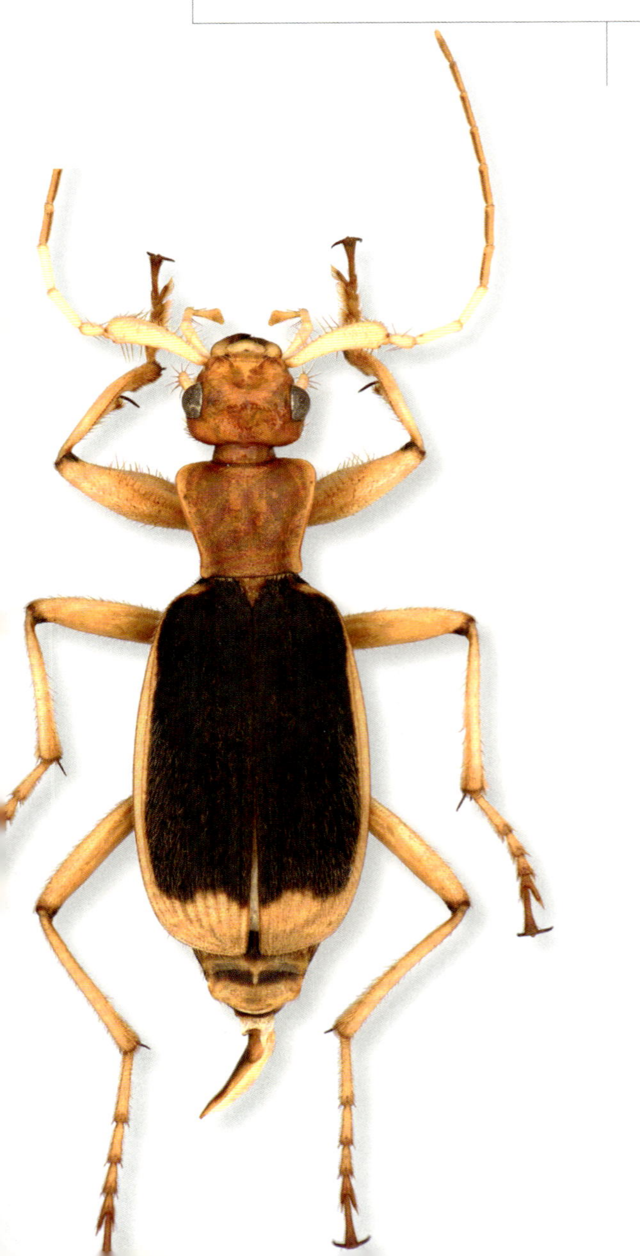

黄缘刺颚步甲的幼虫具长腿，和成虫一样都能快速奔跑，是夜行性的捕食者，有时可见到成虫及幼虫一起沿砂质的河岸寻找猎物。成虫白天会躲藏在覆盖有植被的河岸地上，可见于石头下或碎屑中。成虫后翅发达，因此推测其可以飞行。近年发现了该种的蛹，蛹腹部具有5对侧向延伸的长柄状突出物，这一构造的功能尚不明确。

近缘物种

刺颚步甲属 *Trichognathus* 仅包括单个种，隶属于盔步甲族 Galeritini。黄缘刺颚步甲体色有一定的变异。可能和非洲分布的 *Eunostus* 属接近，后者共包括14个物种。黄缘刺颚步甲可根据以下特征与南美洲分布的盔步甲族的其他步甲相区分：触角第一节腹面具两列粗刚毛；下颚基部具一大型瘤突，其上着生刺状刚毛。

实际大小

黄缘刺颚步甲 体型中等大小，头和前胸背板浅红褐色，鞘翅深蓝绿色，通常侧缘和端部黄色，触角和足黄色，但股节经常部分呈深色。体表覆盖有稀疏细绒毛。头和前胸背板几乎等宽，复眼相对较小但突出。前胸背板向基部变窄，鞘翅多少隆起，最宽处位于中部之后。

科	沼梭甲科 Haliplidae
亚科	
分布	新北界：北美洲东海岸至美国威斯康星州和路易斯安那州
生境	湖泊、沼泽、林间水塘或水渠等水体的边缘区
微生境	高等植物或藻类形成的垫状物之间的水草上
食性	成虫杂食性，幼虫取食藻类
附注	成虫可以长期潜在水下，因为其鞘翅之下可储存空气泡

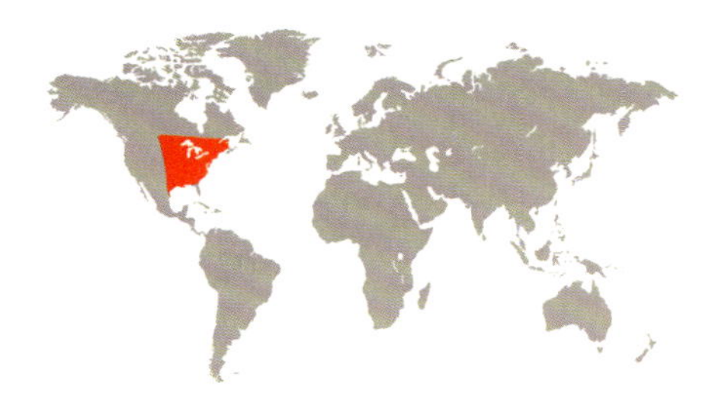

成虫体长
³⁄₁₆ in
(4–5 mm)

豹纹沼梭甲
Haliplus leopardus
Haliplus Leopardus
Roberts, 1913

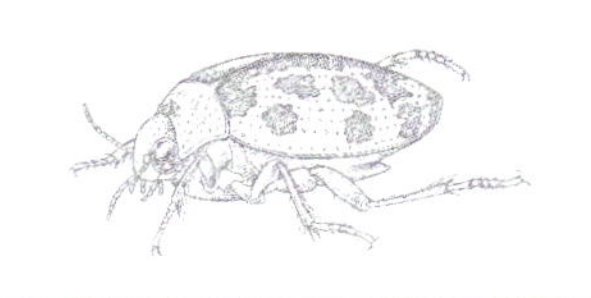

实际大小

和沼梭甲科其他甲虫类似，豹纹沼梭甲在水中活动时并不像是在游泳，而是交错移动各足，更像在水下行走。因此沼梭甲科的英文俗名为“Crawling Water Beetles”，意为爬行的水生甲虫。成虫通常见于水体边缘地带生长的水草间，尤其喜欢水生高等植物及其周围生长的藻类所形成的厚“植物垫”。它们能在鞘翅和强烈膨大的后足基节之间储存空气泡以供潜水，但仍需每隔一段时间浮到水面换气。沼梭甲属 *Haliplus* 的幼虫同样也是水生，能通过具短刺的鳃呼吸。虽然该种最初依据采自马萨诸塞州的标本描述，但其实际上广泛分布于北美洲东部。

近缘物种

沼梭甲属在全世界范围内分布，但似乎并未构成单系群。该属在南北美洲共有56个种，其中43种记录于北美洲。豹纹沼梭甲被置于 *Paraliaphlus* 亚属。本种可依据如下特征与同域分布的其他沼梭甲属物种区分开：体型相对较大，前胸侧缘前部缺缘线，中足转节表面具粗刻点。

豹纹沼梭甲　前胸中前部具一大黑斑，鞘翅宽椭圆形，最宽处位于基部之后，每个鞘翅具7枚黑色不平坦的大斑，鞘翅基部及翅缝也为黑色。鞘翅端部钝，不弯曲，略斜切。中足转节延长，具许多粗大刻点。雄虫的前足及中足跗节加厚。

科	瀑甲科 Meruidae
亚科	
分布	新热带界：委内瑞拉
生境	热带雨林
微生境	流过宽阔而裸露的岩床的急流瀑布边
食性	未知
附注	本种是瀑甲科已知的唯一物种，幼虫于2011年首次被描述

成虫体长
1/32 in
(0.8–0.9 mm)

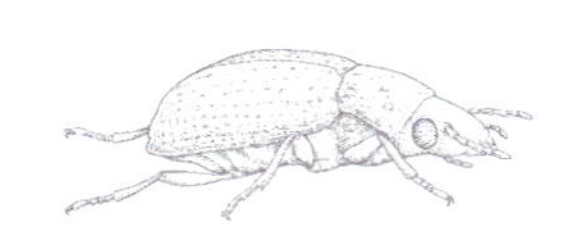

梳爪瀑甲
Meru phyllisae
Comb-Clawed Cascade Beetle

Spangler & Steiner, 2005

实际大小

梳爪瀑甲已知仅分布于委内瑞拉亚马孙地区的某个地点，在那里一个急流瀑布流过一片裸露的花岗岩，该种已知的多数个体被发现在瀑布边缘宽阔而平缓的表面爬行。在实验室中，梳爪瀑甲多数时间会在水底的落叶上爬行，但有时也会浮到水面，它们会在水面下倒立行走，其行为方式有点像平唇水龟科或小型的水龟虫科甲虫。当在水下活动时，梳爪瀑甲看起来应该是依靠鞘翅下面所储存的空气泡来呼吸。这些个体在实验室中一共被饲养了6个月。

近缘物种

梳爪瀑甲是瀑甲科唯一已知的物种，该科和水生肉食亚目各科接近，尤其与小粒龙虱科最为接近，此外还与两栖甲科、壁甲科、沼梭甲科、水甲科、龙虱科接近。该科可依据其后足基节与腹部大范围愈合以及其他一些内部的显微特征与上述各科相区分。

梳爪瀑甲　体呈近卵形，浅褐色至深褐色，体背具一些浅刻点，刻点上着生扁平软鳞毛，鳞毛表面具皱纹。复眼面粗糙。前胸背板隆起，窄于鞘翅基部。中胸小盾片不可见。鞘翅隆起，基部之后最宽，具深的粗刻点列。跗节式为5-5-5，爪节大且内缘具梳齿。可见腹板5节，基部3节彼此愈合。

科	小粒龙虱科 Noteridae
亚科	小粒龙虱亚科 Noterinae
分布	东洋界和古北界：安达曼群岛、斯里兰卡、印度、孟加拉国、缅甸、越南、马来西亚、印度尼西亚、日本、中国、尼泊尔、巴基斯坦、伊拉克
生境	浅水环境
微生境	水中掉落物、潜水植物或基质上
食性	捕食者，偶尔为食腐者
附注	小粒龙虱科成虫生活于小型淡水水体中，喜欢将自己埋在水底泥沙中，因此其英文俗名为"Burrowing Water Beetles"，意为挖掘中的水生甲虫

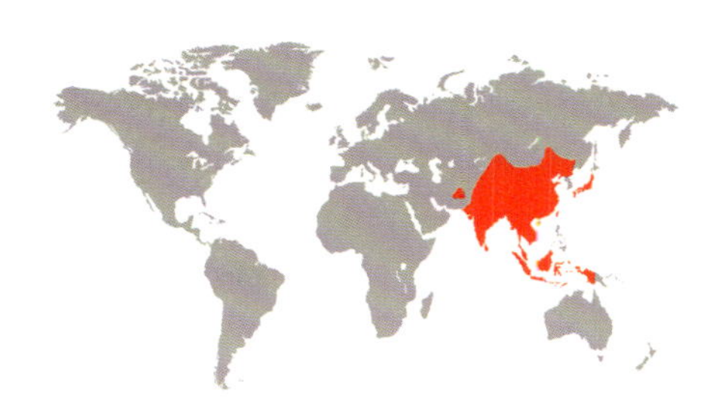

成虫体长
1/16 in
(1.8–2.2 mm)

纵纹小粒龙虱
Neohydrocoptus subvittulus
Neohydrocoptus Subvittulus
(Motschulsky, 1859)

实际大小

纵纹小粒龙虱这种微小的水生甲虫在亚洲广泛分布。它们主要生活在浅而泥泞且生有丰富的水生维管束植物的水体中，例如池塘、沼泽、灌溉渠等。化蛹在水下，老熟幼虫会制造不透水的蛹室，蛹室附着在水生植物的根部。幼虫和成虫主要是食肉动物，捕食多种小型水生无脊椎动物，例如，双翅目幼虫（主要是摇蚊科）和一些昆虫的卵，但它们有时也会取食死去的昆虫。成虫后翅十分发达，夜间会被灯光吸引。

近缘物种

纹小粒龙虱属 *Neohydrocoptus* 被置于仅包含此一属的族（Neohydrocoptini）中，共包括28个分布于亚洲和非洲的物种。该种下包含2个有效的亚种：广泛分布于亚洲的纵纹小粒龙虱指名亚种 *Neohydrocoptus subvittulus subvittulus* 和仅分布于塞舌尔群岛的纵纹小粒龙虱塞舌尔亚种 *Neohydrocoptus subvittulus seychellensis*。后者成虫具有相对狭窄的体形、更浅的刻点，以及略不同的鞘翅纵纹颜色，以此和指名亚种相区别。

纵纹小粒龙虱　体小型，长椭圆形，体背隆起。头和前胸背板浅红褐色，鞘翅深棕色，每鞘翅中部具一狭长的浅色纵纹。前足胫节端部具2距，距直且长度近等。前胸背板后角附近不具凹陷，但该区域具少量刻点。后胸腹板在后足基节之间片状的后突其后缘中部具明显缺口。

科	两栖甲科 Amphizoidae
亚科	两栖甲亚科 Amphizoinae
分布	新北界：北美洲西部
生境	低温山溪
微生境	成虫及幼虫均为半水生，见于岩石、草根或水面漂浮物之间
食性	成虫及幼虫均为食腐者，取食死去的陆生或水生昆虫
附注	当受到威胁时，成虫会释放出黄色液体，类似朽木的味道

成虫体长
7/16–9/16 in
(11–15 mm)

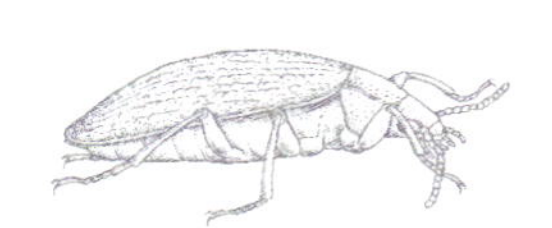

傲寒两栖甲
Amphizoa insolens
Amphizoa Insolens

LeConte, 1853

傲寒两栖甲的成虫及幼虫游泳能力一般，但却生活于山间寒冷的溪流中，可在以下环境见到它们：小瀑布底部，大石块下，溪岸边的粗砾间，被溪流侵蚀的堤岸上暴露的草根，或回水湾处积累的漂浮杂物中。它们在流速较缓、水流均匀的溪流中最为常见。老熟幼虫会离开水化蛹。该种分布范围自阿拉斯加东南部和育空地区南部，至加利福尼亚南部的圣加布里埃尔、圣伯纳底诺和圣吉辛托山脉，以及落基山脉以东，南至内华达州东北和怀俄明州西北。

近缘物种

两栖甲属 *Amphizoa* 是两栖甲科中唯一的属，共包括5个物种，其中2种分布于中国中部和东北部以及朝鲜，其余3种分布于北美洲西部。傲寒两栖甲与该属其他物种可依据鞘翅卵圆形且隆起、前胸背板侧缘具细缺刻等特征相区分。

实际大小

傲寒两栖甲 体呈长卵圆形，略宽，体背暗褐色至黑色，无光泽。前胸背板侧边具细缺刻，中部与基部近等宽。鞘翅近卵形，向基部略变窄，在端部之前略加宽，表面略隆起，侧缘无脊。各足细长，不特化为游泳足。

科	壁甲科 Aspidytidae
亚科	
分布	非洲热带界：南非西开普省
生境	高山硬叶灌木丛
微生境	岩间持续渗水的潮湿石面
食性	成虫及幼虫食性未知
附注	本种学名中的种本名源自希腊神话中的底比斯女王尼俄伯，她因全部儿子被杀而悲伤不已，化为石头后仍不断流泪

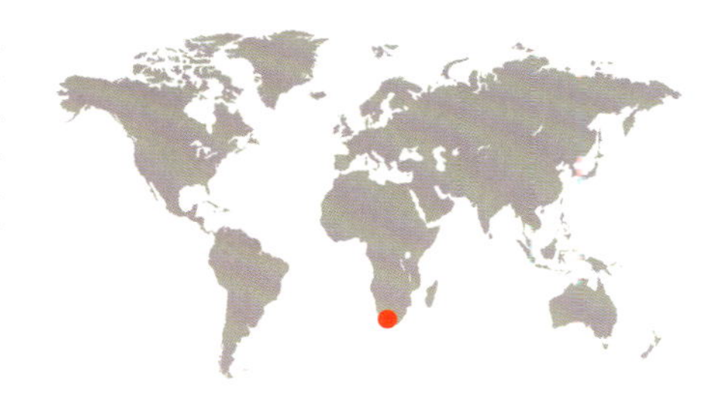

成虫体长
3/16–1/4 in
(5–7 mm)

南非壁甲
Aspidytes niobe
Cliff Water Beetle
Ribera, Beutel, Balke & Vogler, 2002

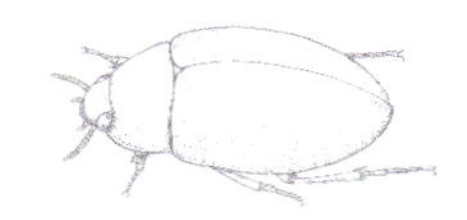

南非壁甲仅在南非西开普省的两个地点发现。成虫和幼虫一同被发现于持续渗水的潮湿岩石面上，渗出的水大约1–2 mm深。成虫生活于岩石上的裂缝或小凹坑里，那里部分被藻类所覆盖。当受惊扰时，它们能在岩面上快速移动，并钻到丝状藻下方躲藏。幼虫生活于与成虫类似的微环境，也会在裸露但有些阴凉的岩石表面缓慢爬行。在化蛹前，幼虫貌似需要经过3个龄期。

近缘物种

壁甲属 *Aspidytes* 是壁甲科唯一的属，仅包含2个分布彼此远离的物种，南非壁甲分布于南非，而 *Aspidytes wrasei* 分布于中国。壁甲属的两个物种在间隔如此之远的两个国家被发现，这提示我们在一些罕见而极端的环境下，可能尚有大量的生物多样性被人类所忽视。

实际大小

南非壁甲 体小型，卵圆形，并不适于游泳，但会在岩石表面渗出的水流里爬行。触角第二节部分嵌入第一节。雄性跗节腹面具许多黏毛。后翅十分发达。

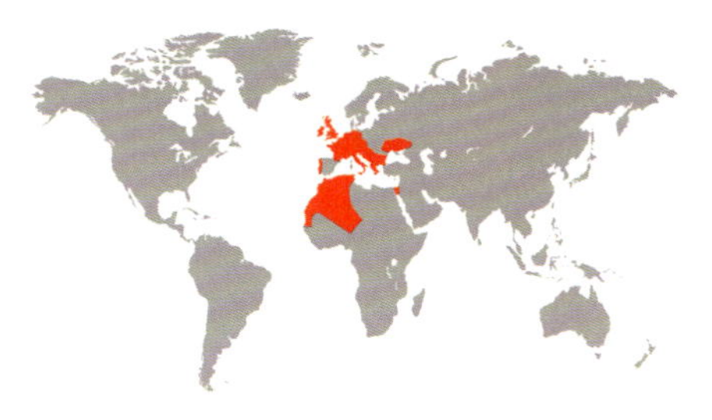

科	水甲科 Hygrobiidae
亚科	
分布	古北界和非洲热带界：欧洲、北非、土耳其和以色列
生境	低地地区小的水体中（通常具静水区）
微生境	水底
食性	成虫及幼虫均为捕食性
附注	成虫能够通过腹部末端与鞘翅反面的片状构造相摩擦而发声，因此水甲科的英文俗名为“Squeak Beetle”，意思是吱吱叫的甲虫

成虫体长
³⁄₈–⁷⁄₁₆ in
(8.5–10.5 mm)

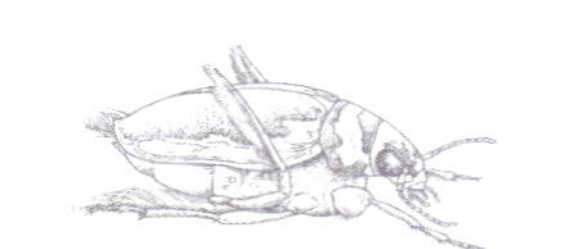

欧洲水甲
Hygrobia hermanni
Squeak Beetle
(Fabricius, 1775)

实际大小

水甲科仅有的几个已知物种均生活于如下各种水体底部的砂石、淤泥及碎屑中：池塘、积水洼地、小湖泊、水沟、灌溉渠等。成虫可以持续待在水下约30分钟，直到它们鞘翅下储存的空气气泡用尽，不得不返回水面换气为止。成虫和幼虫均是出色的游泳家，已知的食物包括小型的线虫（寡毛纲 Oligochaeta，颤蚓科 Tubificidae）和水生的摇蚊幼虫（双翅目 Diptera，摇蚊科 Chironomidae）。成虫通过足的交互运动来游水。欧洲水甲的卵产于潜水植物的表面，一般于2–3周之后孵化。

近缘物种

水甲科已知物种很少，水甲属 *Hygrobia* 是该科唯一的属。该属全世界共6个已知物种，除了古北界分布的欧洲水甲之外，还有分布于中国东南的 *Hygrobia davidi* 以及以下4个分布于澳大利亚的种：*Hygrobia australasiae*（主要分布于澳大利亚东南部），*Hygrobia nigra*（主要分布于澳大利亚东南部），*Hygrobia maculata*（分布于昆士兰州和北部地区），*Hygrobia wattsi*（分布于西澳大利亚省）。除欧洲水甲之外，其余的5个种都非常罕见。

欧洲水甲 体卵圆形，褐色至红褐色，具大而突出的复眼。前胸背板宽阔，近前缘及后缘处分别具横向黑斑。头部明显较前胸背板窄。各足具长缘毛，用于游泳。体腹面同样强烈隆起。

科	龙虱科 Dytiscidae
亚科	龙虱亚科 Dytiscinae
分布	古北界：欧亚大陆
生境	北寒带及温带生态系统
微生境	淡水环境
食性	捕食性
附注	这种水生甲虫在亚洲一些国家的市场被作为壮阳药售卖

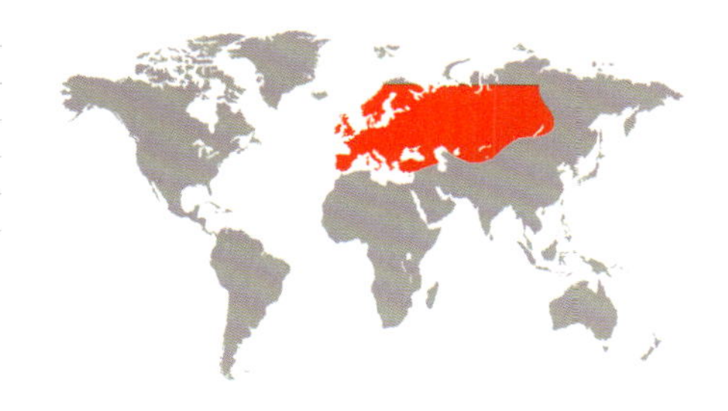

成虫体长
1⅛–1⅜ in
(28–35 mm)

黄缘大龙虱
Dytiscus marginalis
Great Diving Beetle
Linnaeus, 1758

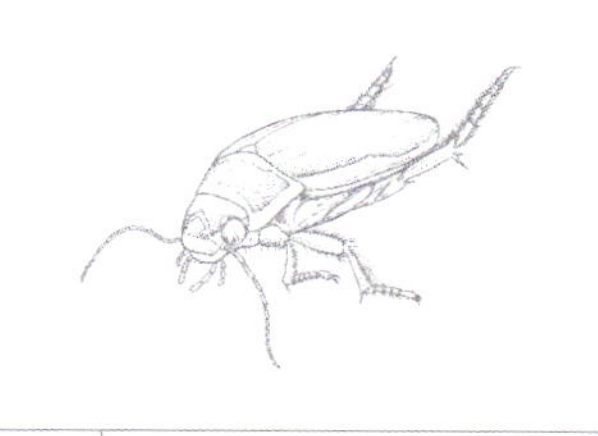

黄缘大龙虱是一种常见而广泛分布的水生甲虫，其分布范围遍及欧亚大陆的北寒带及北温带区域，自爱尔兰一直分布到日本①。该种主要生活在池塘中，也偶尔会迁到流水环境中。其幼虫及成虫都是小型鱼类的重要捕食者，有时还会捕食小型水生无脊椎动物，例如蚊子的幼虫。成虫具发达的后翅，会定期地从一个池塘飞到另一个池塘。它们一次可以持续飞行超过3个小时，速度可达2.5 m/s。

实际大小

近缘物种

大龙虱属 *Dytiscus* 共包括26个物种，分布于欧洲、亚洲和北美洲，最南可达危地马拉。黄缘大龙虱和这两个种最为接近，即 *Dytiscus persicus*（分布于阿富汗、伊朗及黑海沿岸地区）和 *Dytiscus delictus*（分布于俄罗斯远东）。目前认为该种之下包括两个亚种，其中一个亚种广泛分布于古北界的西部和中部，另一个亚种则分布于古北界东部。

黄缘大龙虱　体大型，卵圆形，体背大部深绿色，前胸和鞘翅边缘具黄色缘边。两性较容易区分；雌性前足股节基部具1丛长刚毛，而雄性具2丛长刚毛；雌性前足和中足跗节的基部3节窄，雄性则明显加宽；雌性鞘翅基半部具显著的纵沟，雄性则较光洁。

① 原著中该种地理分布图标注有误，分布区域以文字描述为准。——译者注

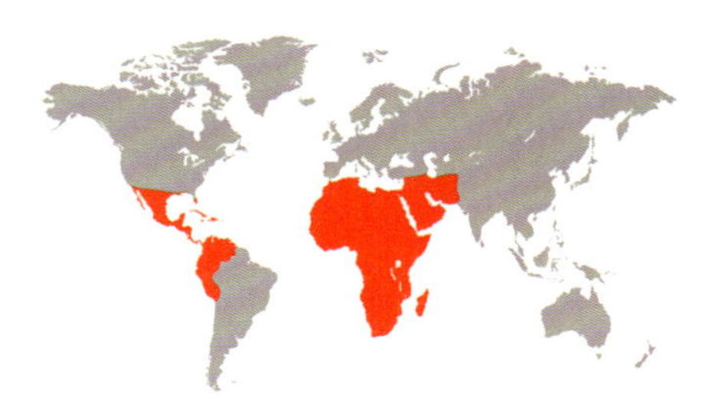

科	龙虱科 Dytiscidae
亚科	龙虱亚科 Dytiscinae
分布	新北界、新热带界、非洲热带界和古北界
生境	沙漠及其他干旱环境
微生境	季节性的水塘
食性	成虫及幼虫捕食小型水生动物
附注	本种具龙虱科中最快的发育速度

成虫体长
½–11⁄16 in
(12–17 mm)

齿缘龙虱
Eretes sticticus
Eretes Sticticus
(Linnaeus, 1767)

齿缘龙虱生活在近干旱的地区的积水滩、季节性池塘和家畜饮水池中。成虫能够快速在新形成的水塘中定居繁殖，并能够在水塘完全干涸之前快速迁走。它们捕食蚊科、摇蚊科等的幼虫，也会取食死去的鱼类。该种从卵至化蛹非常迅速，仅需约两周时间。在实验室中观测到，其幼虫能够捕食蚌虫和丰年虫。该种广泛的分布模式在龙虱科中并不常见。北美洲所分布的齿缘龙虱此前被错误鉴定为 *Eretes occidentalis*。

近缘物种

齿缘龙虱属 *Eretes* 共4个物种，分布于除南极洲之外的各大陆。齿缘龙虱和该属其他物种最可靠的区分方式是依据雄性生殖器特征。同时该种也较同属其他物种体型略大（*Eretes explicitus* 除外），且鞘翅上具有不清晰且中断的黑色横带。在北美洲中南部，该种和 *Eretes explicitus* 同域分布，几乎仅可依据雄性外生殖器相区分。

实际大小

齿缘龙虱体　浅黄色或棕黄色，具多变的斑点。头部具一个分为两叶的黑斑。前胸背板中部具或不具一黑色横带，或具一系列黑色斑点。鞘翅具稀疏的黑色小斑，有时这些黑斑与鞘翅端部之前的一条不清晰的横带相连，横带每侧具三枚黑斑。

科	龙虱科 Dytiscidae
亚科	龙虱亚科 Dytiscinae
分布	新北界和新热带界：加利福尼亚州西南和犹他州南部，至得克萨斯州西部、墨西哥和中美洲北部
生境	山地松林或松树/栎树混交林，以及海拔750–1800 m较低海拔的过渡带
微生境	浅而净、流速缓的小溪，或山脚下的溪间池塘，水下底质为砂或砾石
食性	成虫及幼虫于夜间捕食昆虫
附注	其鞘翅上亮黄色的杂乱花斑有助于它们在阳光斑驳的背景下隐藏自己

成虫体长
7/16–9/16 in
(11–15 mm)

旭日龙虱
Thermonectus marmoratus
Sunburst Diving Beetle
Hope, 1832

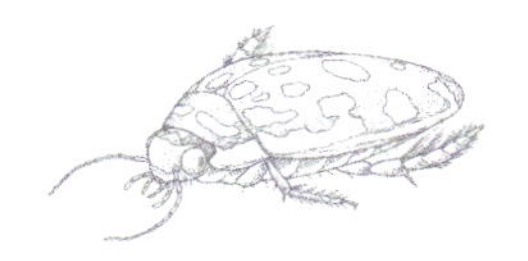

旭日龙虱是典型的山地种，仅分布于美国西南部、墨西哥和中美洲北部海拔750 m以上的区域。在北美洲西南部，它们常见于沙漠、灌丛或高地的季节性溪流中的水池里。分布于美国加利福尼亚州南部和墨西哥下加利福尼亚州山区的种群一般来说较其他种群的个体略大且更狭长一些，并且外观颜色更深，体背具有更多但更小的黄斑。

近缘物种

旭日龙虱属 *Thermonectus* 已描述19个物种，其中仅有2个物种具有如此引人注目的亮黄色斑纹。另一个种是 *Thermonectus zimmermani*，但和旭日龙虱相比，该种体型略小（体长9–11 mm），头部亮黄色，具一个不完整的“M”形黑斑，前胸背板大部亮黄色，鞘翅具不规则条纹和斑点。

实际大小

旭日龙虱 头部黄色，中央具“M”形黑斑，该黑斑时有变化；前胸背板大部黑色。鞘翅于中部之后最宽，底色黑色，中部有2个最大的黄斑，此外还有多个（14–22个）小一些的黄斑。腹面橙黄色至橙红色。雄性前足跗节膨大，具三个大的和多个（15–19个）小一些的吸盘，用于在交配时紧紧抓住雌性。

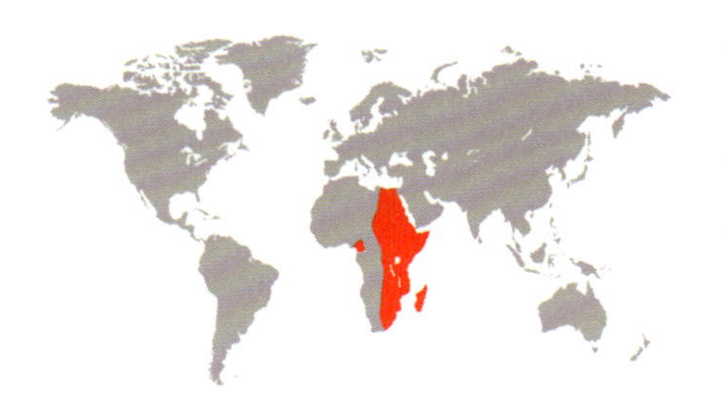

科	龙虱科 Dytiscidae
亚科	水龙虱亚科 Hydroporinae
分布	古北界和非洲热带界：自埃及向南，沿非洲大陆东部直达南非；此外还分布于马达加斯加；近年新发现于喀麦隆
生境	淡水和碱水
微生境	泉水，沼泽，湿地，溪流；成虫夜间可被灯光吸引
食性	捕食者
附注	龙虱科中个体最小的种之一

成虫体长
$^1/_{32}$–$^1/_{16}$ in
(1.4–2 mm)

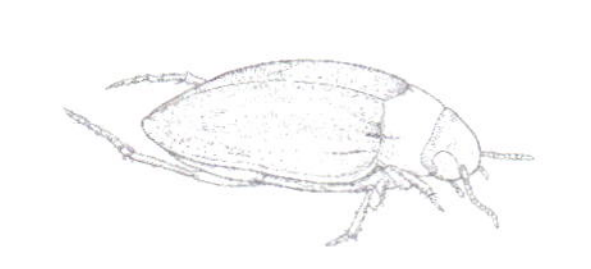

卵形微龙虱
Bidessus ovoideus
Bidessus Ovoideus
Régimbart, 1895

实际大小

卵形微龙虱虽然成虫及幼虫的食性尚未知，但基于对其近缘物种的了解，推测该种也取食小型水生无脊椎动物（可能死的，也可能活的）。和其他龙虱类似，成虫利用鞘翅下方的空间储存空气泡，这能让它们持续较长的时间待在水下。它们需要隔一段时间返回水面更换气泡中的气体。这种分布于非洲的水生甲虫生活于沼泽、湿地和泉水等生有密集植被的环境，偶尔也可能发现于永久池塘边缘的泥地里。

近缘物种

微龙虱属 *Bidessus* 包括大约50个物种，分布于非洲、欧洲和西亚，其中仅1个物种（*Bidessus unistriatus*）分布范围可达东亚。卵形微龙虱属于一个拥有33个物种的种团（*Bidessus sharpi* 种团），该种团仅分布于非洲大陆，其成员可依据以下特征辨识：腹面无刻点，鞘翅具稀疏且不明显的刻点。和卵形微龙虱非常相似的物种（例如*Bidessus seydeli*）可以通过雄性生殖器的形态特征相区分。

卵形微龙虱　体小型，卵圆形，背面通常浅褐色至深褐色。鞘翅和头具细刻点。前胸背板、各足和触角浅褐色。每鞘翅具3条黄色纵纹，纵纹界限不清晰且通常中断。后足各跗节向端部逐渐变细。

科	龙虱科 Dytiscidae
亚科	池龙虱亚科 Laccophilinae
分布	新北界：美国西南部（亚利桑那州、新墨西哥州、得克萨斯州）、墨西哥北部（下加利福尼亚州、奇瓦瓦州、杜兰戈州、哈利斯科州、纳亚里特州、锡那罗亚州、索诺拉州）
生境	主要分布于海拔300–1200 m之间
微生境	池塘或水池中
食性	捕食者或食腐者
附注	一种颜色丰富的捕食性龙虱

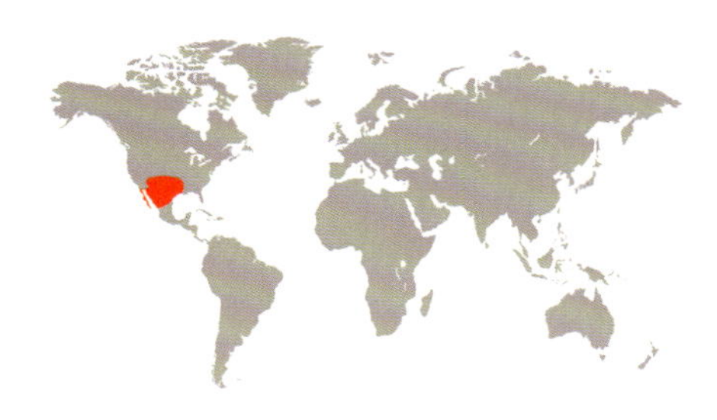

成虫体长
3/16–1/4 in
(4.2–5.5 mm)

斑翅池龙虱（似瓢亚种）
Laccophilus pictus coccinelloides
Laccophilus Pictus Coccinelloides
Régimbart, 1889

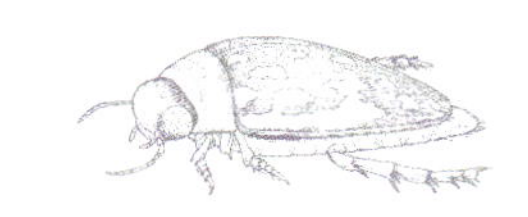

池龙虱属 *Laccophilus* 主要见于森林或草原环境里的自然或人工水池中，它们具有龙虱科中颜色最为显著的斑纹之一。一些学者曾提出观点认为，在美国西南部及墨西哥北部干旱地区，一些水生甲虫进化出具有鲜艳斑纹的体色，这有助于它们在砂、砾石或泥质的水底隐藏自己。斑翅池龙虱（似瓢亚种）常见于山涧溪流上的水池里，水底通常是砾石底，周围环境通常是松树/栎树林地。虽然该种难于发现，但可通过使用金属筛子或滤网在水下12–25 cm的深度扫动而较容易地采集到标本。

近缘物种

池龙虱属属于池龙虱亚科，该亚科的一个主要的识别特征是中胸小盾片于背面不可见。池龙虱属是一个包含150个种的大属，分布于除南极洲之外的各个大陆。除了似瓢亚种之外，斑翅池龙虱还包含2个亚种：*Laccophilus pictus insignis*，分布于堪萨斯州南部至韦拉克鲁斯州中部；*Laccophilus pictus pictus*，分布于韦拉克鲁斯州中部至哈利斯科州和洪都拉斯南部。

实际大小

斑翅池龙虱（似瓢亚种）　体色鲜艳，具对比强烈的黑黄两色图案。鞘翅沿鞘翅缝具4枚独立的黄斑，其他侧面的斑颜色也相同。前、中足细，后足加宽，胫节端部具端距。两性之间没有显著差异，但雌性一般来说略大于雄性。

多食亚目
POLYPHAGA

多食亚目成虫的特点是：头和前胸之间的节间膜上具有颈片（虽然这个结构在若干类群中退化甚至消失）；腹部第1节可见完整腹板（即不被后足基节分割）；后翅翅脉独特。幼虫的特点是：足分为5节（胫节和跗节愈合）；爪单个。

多食亚目是鞘翅目中最大的亚目，大概已知32.5万个现生种，约占所有鞘翅目已知种的90%。该亚目分为16个总科、159个科。拥有1万个物种以上的科包括：隐翅虫科 Staphylinidae、金龟科 Scarabaeidae、吉丁科 Buprestidae、叩甲科 Elateridae、拟步甲科 Tenebrionidae、天牛科 Cerambycidae、叶甲科 Chrysomelidae 和象甲科 Curculionidae。

多食亚目的食性非常多样，多数种类植食性或腐食性，部分种类捕食性。在很多水生或陆地环境中都有发现。

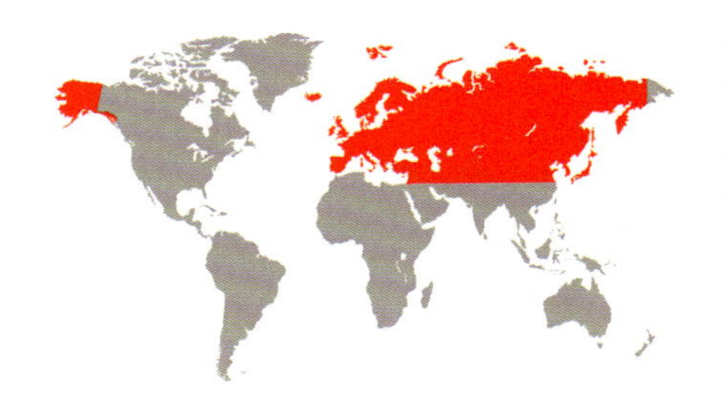

科	水龟虫科 Hydrophilidae
亚科	脊胸水龟虫亚科 Helophorinae
分布	古北界和新北界：欧亚大陆北部和阿拉斯加
生境	北方针叶林（泰加林）和苔原湿地
微生境	河边沙地和融雪形成的池塘
食性	成虫腐屑食性；幼虫似捕食性
附注	本种为北方水体广布的甲虫，亦见于新近纪和第四纪化石

成虫体长
3/16–1/4 in
(5–7 mm)

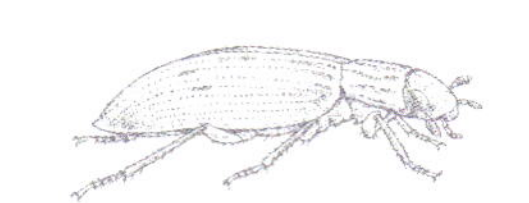

西伯利亚脊胸水龟虫
Helophorus sibiricus
Helophorus Sibiricus
(Motschulsky, 1860)

实际大小

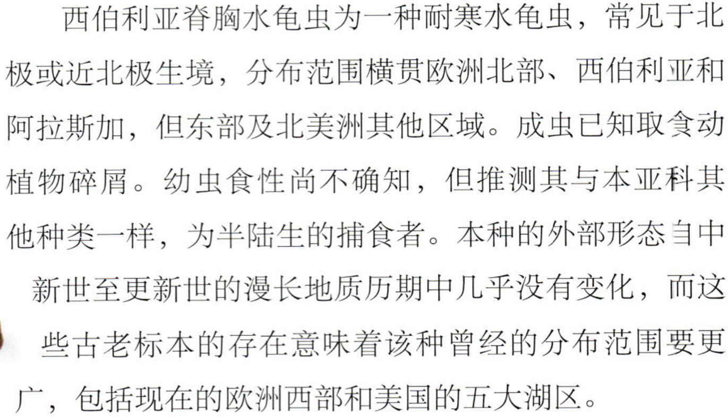

西伯利亚脊胸水龟虫为一种耐寒水龟虫，常见于北极或近北极生境，分布范围横贯欧洲北部、西伯利亚和阿拉斯加，但东部及北美洲其他区域。成虫已知取食动植物碎屑。幼虫食性尚不确知，但推测其与本亚科其他种类一样，为半陆生的捕食者。本种的外部形态自中新世至更新世的漫长地质历期中几乎没有变化，而这些古老标本的存在意味着该种曾经的分布范围要更广，包括现在的欧洲西部和美国的五大湖区。

近缘物种

脊胸水龟虫亚科种类超过180种，但是仅包括一个属，即脊胸水龟虫属 *Helophorus*。脊胸水龟虫属分为很多亚属，西伯利亚脊胸水龟虫属于土脊胸水龟虫亚属 *Gephelophorus*。这个亚属中只有耳形脊胸水龟虫 *Helophorus auriculatus* 的分布范围与西伯利亚脊胸水龟虫有重叠。这两个种相比脊胸水龟虫属的其他种具有更大的体型，它们之间的区别体现在前胸背板边缘的形状和其他一些外部特征上。

西伯利亚脊胸水龟虫 具明显纵脊和刻点，虹彩色，是脊胸水龟虫亚科的典型代表。很多保存完好的中新世化石可通过如下典型特征归为本种：体较大，前胸背板表面粗粒状，以及周身不同区域沟缝的形状。

科	水龟虫科 Hydrophilidae
亚科	堑甲亚科 Epimetopinae
分布	新热带界：巴西马托格罗索州
生境	潘塔纳尔（Pantanal）河漫滩
微生境	不详
食性	取食沙石间隙的微小有机质
附注	前胸背板前檐（pronotal hood）下面具有光滑而平行的纵脊，可能起到协助头部推铲颗粒物的作用

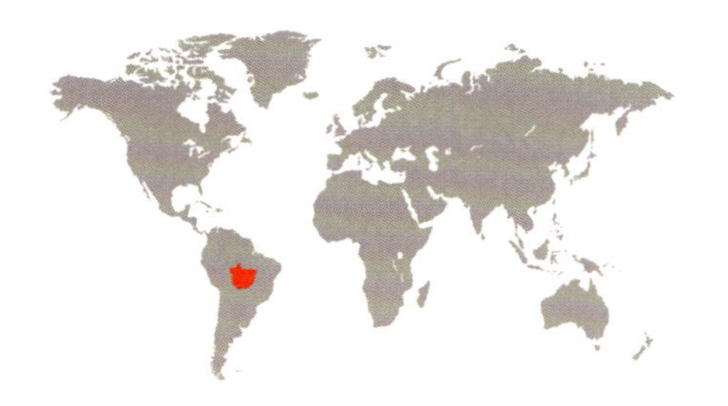

成虫体长
3/16 in
(3.6 mm)

尖背堑甲
Epimetopus lanceolatus
Epimetopus Lanceolatus
Perkins, 2012

实际大小

尖背堑甲的生物学特性（包括食性）仍然非常神秘，但是其外部形态特征却非常明显。它们主要出没于半水体的沙地环境，其标志性的结构——前胸背板前檐被认为具有通过向下施加压力于头部从而协助头部推铲颗粒物的作用。根据生境和体型推测尖背堑甲很可能取食存在于其生境间隙的微小生物体或者植物组织，但是这种推测还未有直接的证据。本种已知仅有两头标本，采自南美洲著名的湿地——潘塔纳尔。

近缘物种

堑甲亚科 Epimetopinae 仅包括为数不多的几个属，但是堑甲属 *Epimetopus* 的物种多样性却非常丰富，已被描述56种，其中大部分种都是最近（2012年）基于采自北美洲、中美洲和南美洲的大量标本描述的。这个类群的分类由此发生了变化，既有人认为它是水龟虫科的一个亚科，也有人认为它应该成为一个独立的科，即堑甲科 Epimetopidae。

尖背堑甲　整个背面都分布着刻槽和刻点，前胸背板前檐极明显，几乎盖住头部。堑甲属各种团之间头部形态变化明显。尽管其表面刻槽明显且高度变异，但种级的鉴定仍然主要依据雄性生殖器的形态特征。

科	水龟虫科 Hydrophilidae
亚科	圆泥甲亚科 Georissinae
分布	新北界：北美洲西部
生境	靠近溪流处
微生境	水边的泥沙地带
食性	成虫植食性或腐食性；幼虫捕食性
附注	大部分圆泥甲属物种出没于永久水体附近，但是最近有很多新种发现于高海拔云雾森林的潮湿落叶层中

成虫体长
1/16 in
(1.9–2.1 mm)

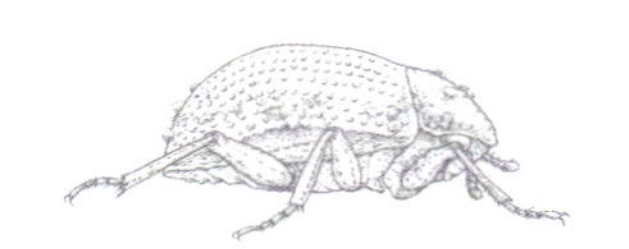

加州圆泥甲

Georissus californicus

Georissus californicus

LeConte, 1874

实际大小

加州圆泥甲体表多瘤状突，沿溪流生活在既不干燥又非水分饱和的环境中。体表被硬壳，具备推铲结构，常背负泥壳。成虫取食由水流携带或冲到岸边的植物或有机质碎片，近期的研究表明其幼虫捕食其他小型无脊椎动物。幼虫发育历经两个龄期。由于偏好河滩环境和数量稀少，本种对人类活动导致的生境变化非常敏感。

近缘物种

圆泥甲属 *Georissus* 大约有75个种，外部形态相似，仅在表面刻纹和前胸背板的形状方面略有不同。圆泥甲属曾经被当作一个独立的科，即圆泥甲科（Georissidae或Georyssidae）。在一些较老的文献中该属可能会被列在圆泥甲科内，而非水龟虫科内。

加州圆泥甲 圆泥甲属的典型代表，其背部表面极坚硬，密布瘤状突，且多背负泥壳。前胸腹面极退化，可使头部深藏于其中而形成坦克状外形。

科	水龟虫科 Hydrophilidae
亚科	凹唇水龟虫亚科 Spercheinae
分布	古北界：欧洲西部至亚洲中北部
生境	水生
微生境	具有水生植物的静水环境
食性	成虫滤食水中有机质；幼虫捕食或腐食性
附注	凹唇水龟虫属是已知唯一的滤食性（filter-feeding）甲虫

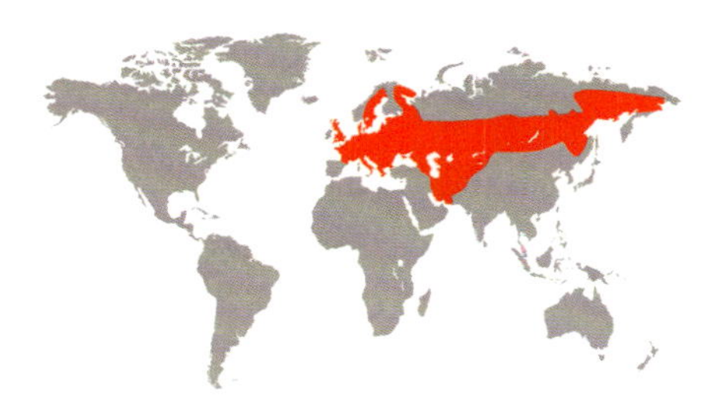

成虫体长
¼ in
(5.5–7 mm)

欧亚凹唇水龟虫
Spercheus emarginatus
Spercheus Emarginatus
Schaller, 1783

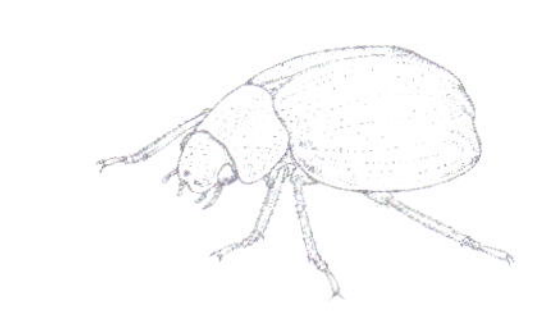

实际大小

欧亚凹唇水龟虫分布较广，代表了唯一已知的成虫滤食性甲虫。它们生活在安静且营养丰富的水体，倒悬于水面以下但非常接近水面。凹唇水龟虫的口器具有适应滤食的结构，它们利用口器过滤接近水面的微小生物为食。幼虫则伺机捕食或取食水面上下的微小生物或有机质。凹唇水龟虫亚科的系统地位仍有争议，既有观点支持它们是水龟虫科的一个分支类群，也有人认为其应该是水龟虫总科 Hydrophiloidea 的姊妹群，是一个独立的科。

近缘物种

凹唇水龟虫属 *Spercheus* 包括20个种，分布在全球不同的地方，包括非洲的热带地区。欧亚凹唇水龟虫是其中唯一横贯古北界分布的种。

欧亚凹唇水龟虫　体背部隆凸，卵圆形，但缺少明显的游水特征。头部和口器具有适于水面层下滤食的形态和结构。头部宽，于眼后缢缩，唇基及口器腹面结构较宽，使其可以最大限度地接触水面层。雄性唇基强烈内凹，雌性唇基仅略内凹。

科	水龟虫科 Hydrophilidae
亚科	棘肢水龟虫亚科 Chaetarthriinae
分布	澳洲界：新西兰（南岛）
生境	南温带森林
微生境	溪流边苔藓覆盖的岩石
食性	成虫可能腐屑食性；幼虫食性不详
附注	本种对系统发育研究非常重要，近年来新西兰多地常见

成虫体长
1/16–1/8 in
(2.1–3.1 mm)

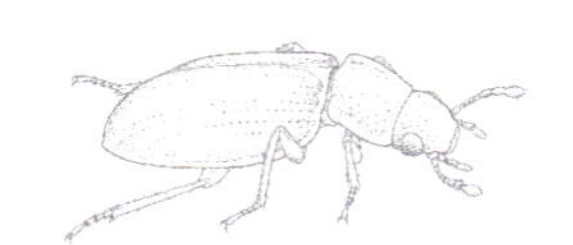

瓦氏肖脊胸水龟虫
Horelophus walkeri
Horelophus Walkeri

Orchymont, 1913

实际大小

瓦氏肖脊胸水龟虫为新西兰特有的水龟虫，自发现以来百余年间仅采到少量标本。然而，2010年其种群在新西兰南岛被大量发现，从而使人们可以对其进行详细的研究。成虫生活在南青冈林中，沿小溪流分布且见于小瀑布周围水花滴溅的苔藓石块上。幼虫目前仍未被发现，故人们对其生活史的了解尚不完整。通常认为其成虫取食腐屑。2013年发表的一篇有关系统发育研究论文认为瓦氏肖脊胸水龟虫应属棘肢水龟虫亚科的毛腿水龟虫族Anacaenini，而并不承认此前仅包括一属的肖脊胸水龟虫亚科 Herelophinae。

近缘物种

瓦氏肖脊胸水龟虫为肖脊胸水龟虫属 *Horelophus* 的唯一物种，无论在分类地位上还是外部形态上都迥异于新西兰的其他水龟虫科昆虫。

瓦氏肖脊胸水龟虫 体扁而长，棕色，具虹彩色偏绿的色泽。本种与脊胸水龟虫属和平唇水龟虫科外形相似，但亲缘关系甚远。

科	水龟虫科 Hydrophilidae
亚科	水龟虫亚科 Hydrophilinae
分布	古北界：欧洲与东北亚
生境	水生
微生境	池塘、小型湖泊、河流滞水区
食性	成虫杂食性；幼虫捕食性
附注	这类大型甲虫可在小型水族箱中饲养，有一定的植物覆盖即可

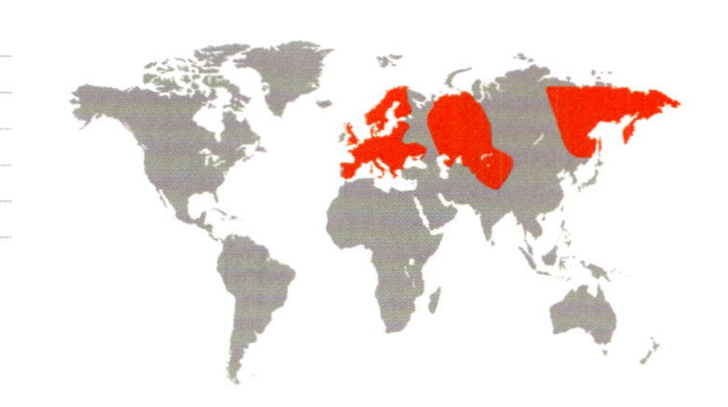

成虫体长
1½–1⅝ in
(38–42 mm)

银纹大水龟虫
Hydrophilus piceus
Giant Silver Water Beetle
Linnaeus, 1758

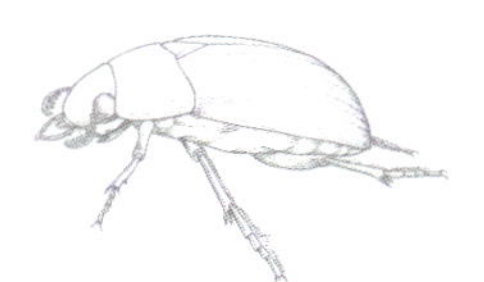

银纹大水龟虫栖息于池塘、湖泊以及其他有植物覆盖的水体。成虫取食水生植物和其他各类有机质，有时也伺机进行捕食。人工豢养时可以用鱼食饲喂。在温暖的天气下，成虫会飞翔且夜间趋灯光，但是在其他的情况下它们几乎从不离开水中。卵产于丝质的“茧”中。幼虫捕食其他小型动物，具有尖锐的上颚，咬人甚疼。幼虫利用这种长镰刀状的上颚在体外咀嚼和消化猎物，然后吸食。

实际大小

近缘物种

大水龟虫属 *Hydrophilus* 已被描述25种，主要分布在东半球的温带和热带地区。其中，银纹大水龟虫具有一条明显的中纵脊纵贯腹部多块腹板，这一特征可将其与黝大水龟虫 *Hydrophilus aterrimus* 区分，后者与其有相似的分布范围。

银纹大水龟虫　一种具有流线型身躯的黑色甲虫，触角偏红色，棒状。游泳时以足为桨划水前进。触角特化出拒水性的刚毛，并形成一个通道在潜水的时候将新鲜空气输送至身体其他部位的表面，以供气孔呼吸。

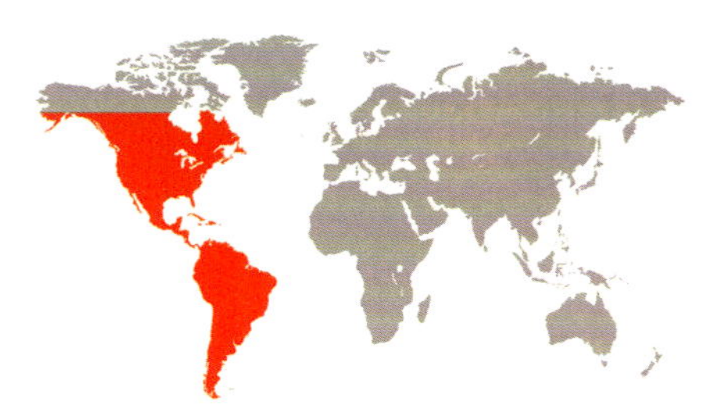

科	水龟虫科 Hydrophilidae
亚科	水龟虫亚科 Hydrophilinae
分布	新北界和新热带界：北美洲、南美洲、加勒比群岛
生境	水生
微生境	流速较缓的小溪、池塘
食性	成虫腐屑食性；幼虫捕食性
附注	成虫在水下通过摩擦发声相互通信

成虫体长
5/16–1/2 in
(8–12 mm)

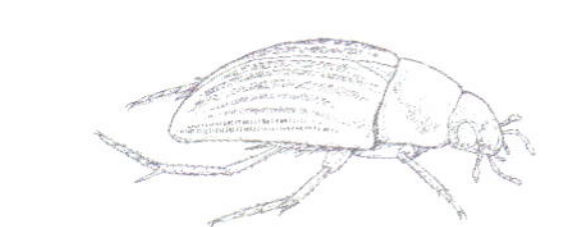

泛美脊水龟虫
Tropisternus collaris
Tropisternus Collaris
(Fabricius, 1775)

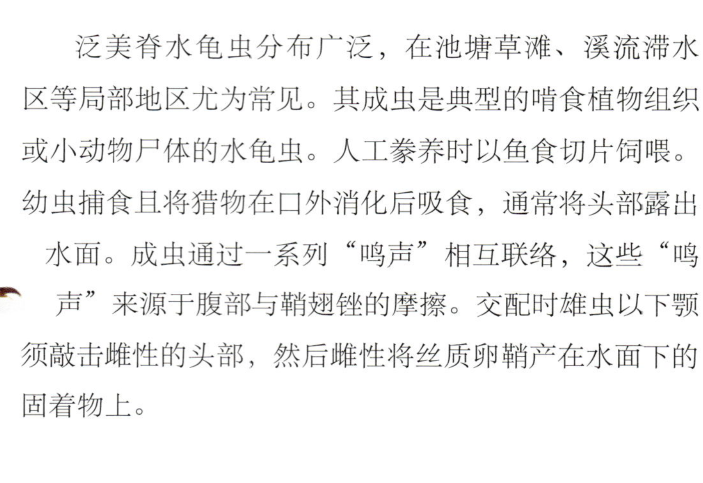

泛美脊水龟虫分布广泛，在池塘草滩、溪流滞水区等局部地区尤为常见。其成虫是典型的啃食植物组织或小动物尸体的水龟虫。人工豢养时以鱼食切片饲喂。幼虫捕食且将猎物在口外消化后吸食，通常将头部露出水面。成虫通过一系列“鸣声”相互联络，这些“鸣声”来源于腹部与鞘翅锉的摩擦。交配时雄虫以下颚须敲击雌性的头部，然后雌性将丝质卵鞘产在水面下的固着物上。

近缘物种

脊水龟虫属 *Tropisternus* 是一个较大的属，在新北界和新热带界分布有58个种，但是这些物种的分类仍比较混乱。这种混乱的状况因包括泛美脊水龟虫在内的很多种具有大量的斑纹变异而变得更加复杂。至少当前的一些亚属在最近的系统发育研究中，其单系性都没有得到支持。

实际大小

泛美脊水龟虫　分布广泛，其明暗相间的色斑在种内极富变化，特别是鞘翅背面的条纹。就其个体而言，有的主体为黑褐色带黄褐色的窄边，有的主体为黄褐色鞘翅带暗色条纹、前胸背板带中央黑斑。其腹面的尖锐龙骨状脊亦为水生水龟虫种类的常见特征。

科	水龟虫科 Hydrophilidae
亚科	腐水龟虫亚科 Sphaeridiinae
分布	全北界：北美洲、欧洲、亚洲北部
生境	多样
微生境	湿润的有蹄类动物粪便
食性	腐食
附注	于18世纪末或19世纪初由欧洲引入北美洲

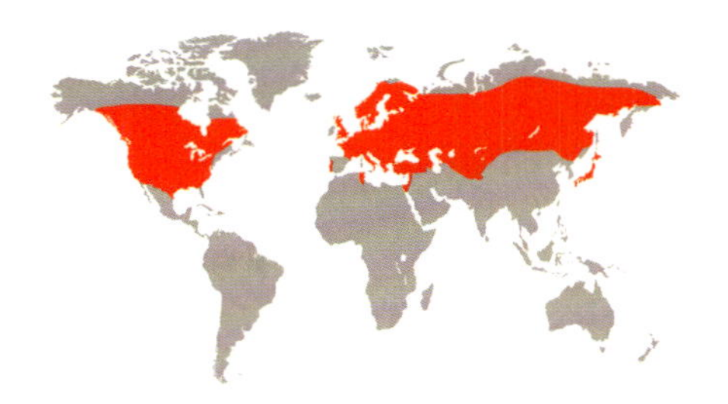

成虫体长
3/16–1/4 in
(4–7 mm)

金龟腐水龟虫
Sphaeridium scarabaeoides
Sphaeridium Scarabaeoides
(Linnaeus, 1758)

金龟腐水龟虫代表了一个陆生或半陆生的亚科，它们的习性与其他大部分水生水龟虫类群不同。这些类群的陆生习性可能是由水生的共同祖先次生进化而来。本种在北美洲的首次记录可追溯到19世纪早期，博物馆标本记录显示随后该种迅速扩散至整个北美洲，甚至南抵墨西哥城。成虫和幼虫都有在家畜和野生食草动物的粪便中打洞的习性，以取食富有营养的腐败物汁液。

实际大小

近缘物种

腐水龟虫属 *Sphaeridium* 大约有40个种，它们都原生于欧亚大陆，在欧亚大陆的热带地区腐水龟虫属物种尤为丰富。北美洲分布的所有3个种都由欧洲引进。有4个欧洲本地种和1个亚洲引入种与金龟腐水龟虫的分布区重叠。它们可通过体型、体色、前胸背板外形和雄性外生殖器的形态相互区分。

金龟腐水龟虫　一种有光泽的卵圆形甲虫，触角较短、棒状，下颚须相对较长。其背面强烈隆起，而腹面较平，甚至在边缘和足基部略内陷。鞘翅具有标志性的橙色斑，尽管这种橙色斑在其他一些种类中也有发现，但是覆盖范围和形状都不相同。

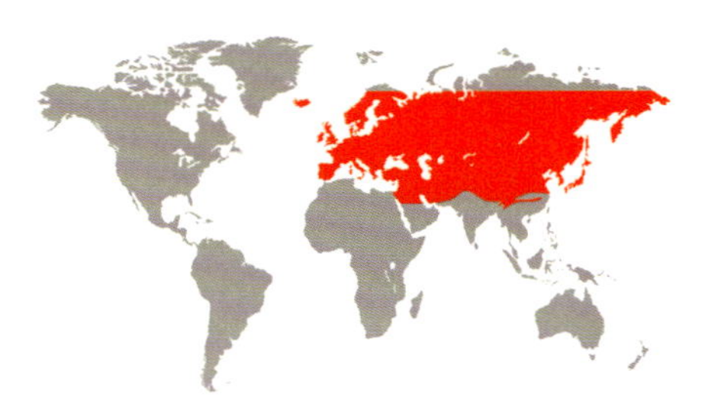

科	扁圆甲科 Sphaeritidae
亚科	
分布	古北界：欧洲、亚洲北部
生境	森林
微生境	潮湿、发酵的基质
食性	腐食
附注	见于树木伤口，吸食发酵的植物汁液

成虫体长
³⁄₁₆–¼ in
(5–7 mm)

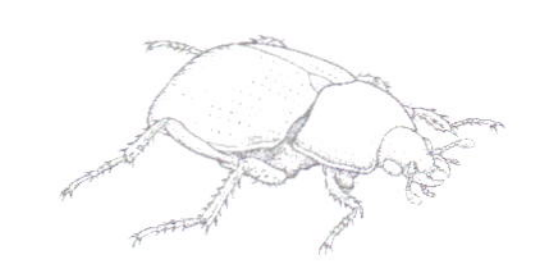

黑扁圆甲
Sphaerites glabratus
False Clown Beetle
(Fabricius, 1792)

黑扁圆甲是扁圆甲科这一小科中分布最广也最常见的种类。成虫和幼虫都是腐食性，似乎取食倒木、树桩上富含细菌和酵母的渗出物，以及其他腐败和发酵过程中产生的有机质。据报道，成虫在针叶林中腐烂的桦木桩上觅食交配，而幼虫的食性还未有直接报道。由于成虫仅在1个月的时间里出现，幼虫的发育期应当极短。快速的幼虫发育以及其他很多成虫和幼虫的特征都支持这个类群在系统关系上应该接近阎甲科 Histeridae，故该科又称为“伪阎甲”（False Clown Beetle）。

近缘物种

扁圆甲科仅报道了5个种，其中4个种都产自欧洲和亚洲。黑扁圆甲的分布区不与其他同属种类完全重叠，但是在中国有一些近似种与之共存。另外，北美洲的光扁圆甲 *Sphaerites politus* 与黑扁圆甲极为相似，以至于一直有观点认为它们应为同一个种。而一些记录表明光扁圆甲可能在亚洲的东北边缘与黑扁圆甲重叠分布。

实际大小

黑扁圆甲 外形粗壮，表面亮黑，整体上与许多阎甲相似。鞘翅具有刻点列，但是没有阎甲的沟线，而且腹部臀板仅末端一小部分外露，而阎甲将臀板的大部分都暴露在外。

科	长阎甲科 Synteliidae
亚科	
分布	新热带界：墨西哥中部山区
生境	半干旱的灌木区
微生境	腐烂的仙人掌
食性	捕食性
附注	栖息于死亡腐烂的仙人掌中，捕食其中的蝇蛆

成虫体长
$\frac{7}{8}$–$1\frac{3}{8}$ in
(22–35 mm)

威氏长阎甲
Syntelia westwoodi
Syntelia Westwoodi
Sallé, 1873

长阎甲科种类非常少，我们对它的研究也很薄弱。威氏长阎甲是该科已知种中个体最大的种。该种生活在墨西哥中部山区的高海拔（1700–3000 m）沙漠和半干旱灌木生境中。据报道，幼虫与成虫都取食肥厚多汁的柱形大仙人掌残体中的蝇蛆。通常这些大仙人掌的腐烂组织会迅速招来大量的蝇蛆，而伴随这些蝇蛆的是一个快速演替的以蝇蛆为食的甲虫群落，威氏长阎甲即是其中重要的一员。根据形态和分子系统学的研究结果，长阎甲科在系统关系上接近阎甲科。

近缘物种

长阎甲科全世界已描述9种，都归为长阎甲属*Syntelia*，但奇怪的是现有种类间断分布在南亚至东南亚和中美洲两个地区。威氏长阎甲是长阎甲科中最大的种。除了这9个种，还有一些发现于美洲中部但尚未发表的种，考虑到该类群的斑块分布且非常罕见，我们分析应该还会发现更多的种类。

威氏长阎甲　外形修长，较壮实；前体略微窄而扁，足粗短，上颚大而长。其身体外形非常适于在多汁植物腐烂的纤维或半液体内部组织中开掘穿行，以捕捉蠕动的蝇蛆，这些蝇蛆是威氏长阎甲的主要猎物。

实际大小

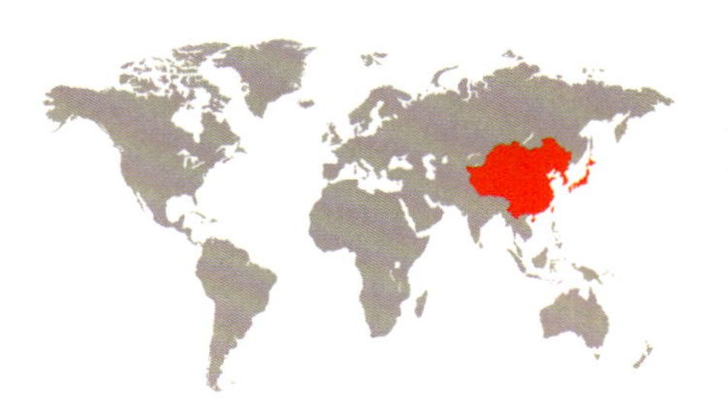

科	阎甲科 Histeridae
亚科	倭阎甲亚科 Niponiinae
分布	古北界：东亚
生境	森林
微生境	树皮下以及松柏类树木的蛀洞中
食性	捕食小蠹
附注	是林业害虫小蠹的主要捕食者

成虫体长
3/16 in
(3.5–4.5 mm)

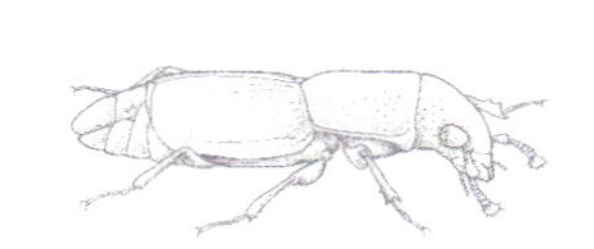

角突倭阎甲
Niponius osorioceps
Niponius Osorioceps
Lewis, 1885

实际大小

角突倭阎甲专门捕食小蠹幼虫。它是罗汉肤小蠹 *Phloeosinus perlatus* 的重要天敌生物，后者广泛危害东亚和东南亚的经济木材——杉木 *Cunninghamia* spp.。角突倭阎甲幼虫和成虫都在树皮下的小蠹蛀道系统中生活，它们取食其中的小蠹幼虫。尽管像角突倭阎甲这样的单个物种对小蠹种群的影响难以评价，但它是庞大的小蠹捕食者群落的一小部分，而这些捕食者对森林中小蠹数量的控制作用是毋庸置疑的。

近缘物种

除了角突倭阎甲，在古北、东洋界区系中至少还有23种倭阎甲。倭阎甲属 *Niponius* 是倭阎甲亚科 Niponiinae 唯一的属，因此鉴定到属级并不难。阎甲科中还有一些亚科的种类和角突倭阎甲的成虫一样具有较长的外形，而且也生活在树皮下小蠹的蛀道系统中。

角突倭阎甲　较其他小蠹捕食者而言，具有典型的长圆筒形外形以及前突的上颚，这些特征特别适合在小蠹蛀道系统狭窄的空间中获取猎物。本种的主要特征是头前部的突起和最后一个可见腹节背板上的刻点。

科	阎甲科 Histeridae
亚科	球阎甲亚科 Abraeinae
分布	古北界和非洲热带界：北非和小亚细亚
生境	树木较多的热带稀树草原
微生境	钻蛀性甲虫的蛀道中
食性	捕食性
附注	捕食钻蛀金合欢树的竹蠹

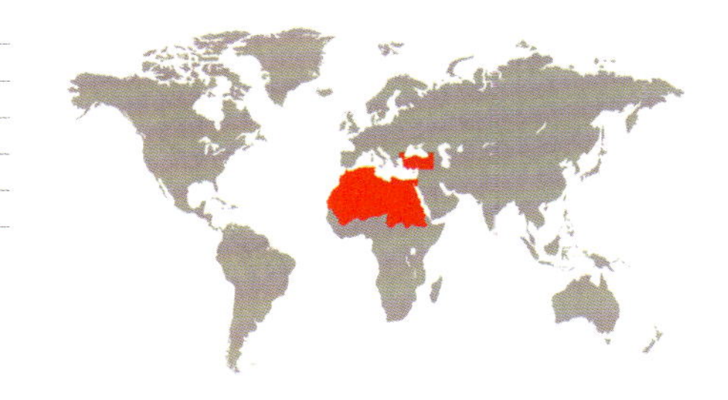

成虫体长
1/16 in
(1.8–2.2 mm)

蚤钻阎甲
Teretrius pulex
Teretrius Pulex
(Fairmaire, 1877)

实际大小

蚤钻阎甲栖息于长蠹科竹蠹亚科甲虫的蛀道中，其捕食对象包括竹蠹 *Lyctus hipposideros*、棘竹蠹 *Acantholyctus corinifrons*、*Enneadesmus forficula*、*Enneadesmus trispinosus*、云杉碎木长蠹 *Xyloperthella picea*①和塞内加尔双棘长蠹 *Sinoxylon senegalense*，这些甲虫钻蛀稀树草原和半沙漠地区的金合欢树。不过，本种还是更偏好竹蠹亚科Lyctinae的蛀道。同为本属的黑钻阎甲 *Teretrius nigrescens* 据报道为谷蠹 *Rhyzopertha dominica* 的天敌昆虫，后者在非洲赤道地区以及其他侵入地区是一种毁灭性的仓储害虫。

近缘物种

钻阎甲属 *Teretrius* 与古北界的侧阎甲属 *Pleuroleptus*、新北界和新热带界的拟钻阎甲属 *Teretriosoma*，以及南非与马达加斯加的刮阎甲属 *Xyphonotus* 共同构成钻阎甲族Teretriini。钻阎甲属至少有72个已命名的种，分布在各主要动物地理区。其种间相似度较高，物种水平的分类仍然存在较多问题。

蚤钻阎甲　一种外形略方的小型阎甲。大部分钻阎甲属物种的小体型弥补了块状外形的不便，使之可以在钻蛀甲虫的蛀道中穿行，以捕食其幼虫，特别是长蠹科竹蠹亚科甲虫。

① 原文为“*Xylopertha picea*”，但是*picea*这个种目前归于*Xyloperthella*属中，而且是其模式种（参见Fisher WS. 1950. Misc. Publ. U.S. Dep. Agric. no. 698: 116.）。*Xyloperthella*属是由*Xylopertha*属中的一些种类分立出来的。——译者注

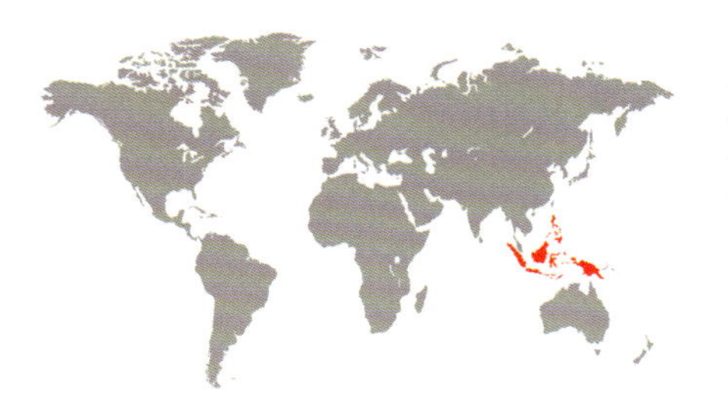

科	阎甲科 Histeridae
亚科	柱阎甲亚科 Trypeticinae
分布	东洋界和澳洲界：东南亚诸岛屿
生境	热带森林
微生境	钻蛀性象甲的蛀道中
食性	捕食性
附注	深入原木的蛀道中猎杀钻蛀性甲虫

成虫体长
⅛ in
(2.5–3.2 mm)

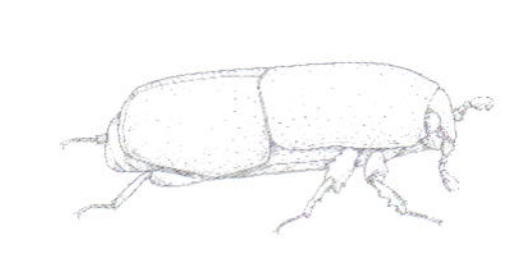

束臀柱阎甲
Trypeticus cinctipygus
Trypeticus Cinctipygus
(Marseul, 1864)

实际大小

与同属的其他研究较多的种一样，束臀柱阎甲也是长小蠹亚科 Platypodinae 和小蠹亚科 Scolytinae 及其他钻蛀性甲虫的专性捕食者。它们能够钻入极深的蛀道中搜寻猎物并且在其中自由进退，尽管看起来在这样局促的空间里转向对它们来说过于困难。虽然主要生活在树皮下的蛀洞中，但是这类阎甲的标本也可通过飞行阻断器和振树这样的方法采集到。采集者们可以盯着一些蛀道的入口，然后在柱阎甲属阎甲从一个蛀道迁往另一个蛀道的途中捕捉它们。

近缘物种

柱阎甲属 *Trypeticus* 包括100个种。得益于2003年发表的一篇全面的分类学论文，该属的种级分类相对比较明确。但物种鉴定仍然棘手，因为一些形态特征存在普遍的性二型现象。这需要将雌雄性分别编制检索表来解决。雄性外生殖器的骨化程度较弱，而且不易剖取，因此它在物种鉴定中的作用不如在阎甲科其他大部分属中那般重要。

束臀柱阎甲　一类长筒状的阎甲，前胸背板为长方形且长大于宽，鞘翅和臀板长而端部渐收窄。雌雄性在头部的头顶和额区的形状方面存在差异，而且身体其他一些部位的长宽比也存在细微的差别。

科	阎甲科 Histeridae
亚科	掘阎甲亚科 Trypanaeinae
分布	新热带界：南美洲
生境	热带森林
微生境	树皮下，与钻蛀性甲虫伴生
食性	捕食性
附注	这类长杆形的阎甲能够进入它们的主要猎物——长小蠹的蛀道中

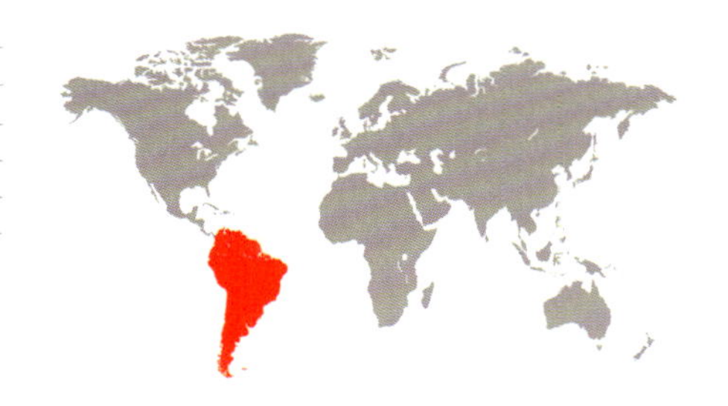

成虫体长
⅛–³⁄₁₆ in
(3.2–3.6 mm)

二斑掘阎甲
Trypanaeus bipustulatus
Trypanaeus Bipustulatus
(Fabricius, 1801)

实际大小

二斑掘阎甲及本属的其他种都是长小蠹亚科Platypodinae的专性捕食者。成虫在尚新鲜的倒木的主干上搜寻与其同样为圆筒形的长小蠹的蛀道并钻入其中。得益于其特殊的足部形态，它们能在这些蛀道中进退自如。雄性外生殖器长而易弯曲，这可能是对需要在猎物蛀道的狭小空间里交配的一种适应。由阎甲科的普遍习性推测，二斑掘阎甲幼虫很可能捕食长小蠹的幼虫，且仅需经历两个龄期便可化蛹。

近缘物种

掘阎甲属*Trypanaeus*有46个种已被描述，但是种级分类仍然没有得到很好的整理，故而确切的有效种数量尚不清楚。所有的种都具有圆筒状的体形，并且都专性捕食长小蠹。

二斑掘阎甲　主要食物是蛀木性甲虫，而它们的长筒形身体正是生活在这类蛀洞中的甲虫的典型特征。前伸的上颚、较短的足、富有弹性的体壁连接都是这种生活方式的典型适应性特征。

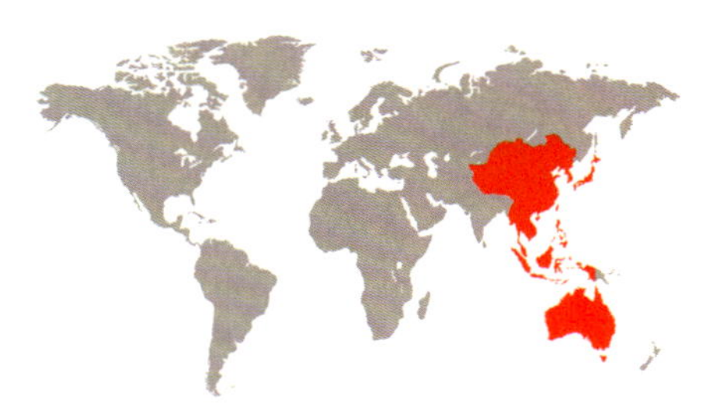

科	阎甲科 Histeridae
亚科	腐阎甲亚科 Saprininae
分布	古北界、东洋界、澳洲界：东亚、东南亚、澳大利亚
生境	多样
微生境	腐肉
食性	捕食蝇蛆
附注	广泛存在于亚洲和澳洲的腐肉动物群落中

成虫体长
3/16–1/4 in
(4–6.2 mm)

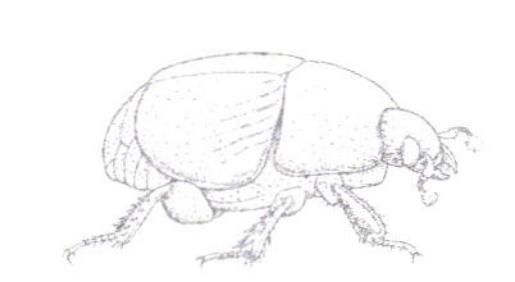

蓝腐阎甲
Saprinus cyaneus
Saprinus Cyaneus
(Fabricius, 1775)

实际大小

蓝腐阎甲这种色彩特别、分布广泛的阎甲常见于腐烂的动物尸体中。其成、幼虫均以腐生蝇蛆为主要食物，但也有报道说某些亚洲分布的腐阎甲属物种也能够捕捉成蝇。本种成虫飞行能力较强，能够循着气味的扩散路径找到并定殖在腐肉和有相似气味的基质上。成虫在动物尸体上或其附近取食、交配、产卵。幼虫在这些存留期短暂的资源上迅速完成发育，历经仅仅两个龄期便可化蛹。

近缘物种

腐阎甲属 *Saprinus* 有多达159个种，在世界的很多地区都有分布。它们几乎全部捕食蝇蛆，但是在对粪便或腐肉基质的偏好上各有不同。很多种类都具有鲜艳的偏蓝或偏绿的虹彩色光泽。物种鉴别主要根据雄性外生殖器的形态，以及一些明显的外部特征差异，如颜色、体型、表面图案和足的结构等。

蓝腐阎甲　典型的腐阎甲属甲虫，该属的很多种都具有鲜艳的蓝色金属光泽，但也不尽然。腐阎甲亚科的其他很多种类也具有相似的基本身形，并以腐败有机质中的蝇蛆为食。

科	阎甲科 Histeridae
亚科	木阎甲亚科 Dendrophilinae
分布	新北界：北美洲东部
生境	森林
微生境	分层的树皮
食性	捕食性
附注	常见于棉白杨以及其他杨树的层状树皮中

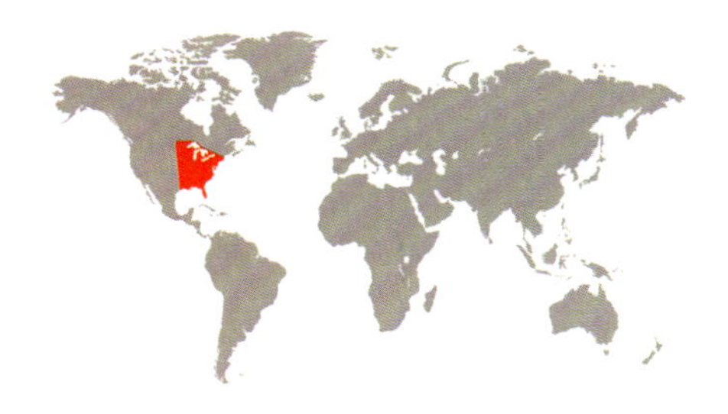

成虫体长
$^1/_8$–$^1/_6$ in
(2.5–3.6 mm)

衡平阎甲
Platylomalus aequalis
Platylomalus Aequalis
(Say, 1825)

实际大小

衡平阎甲是北美洲东部树皮下最常见的阎甲之一，在棉白杨的多层树皮下尤为常见，而且本种的分布范围甚至延伸到北美洲大平原地区的河岸森林。成虫和幼虫都主要以双翅目幼虫为食，特别是在树皮下同样常见的食木虻科Xylophagidae幼虫。雄虫前足胫节相对雌性更为膨大，这可能在交配中有控制雌性的作用。

近缘物种

平阎甲属 *Platylomalus* 外形宽扁，鞘翅没有完整刻纹，通过这些特征可与北美衡阎甲族 Paromalini 中的光臀阎甲属 *Xestipyge*、均点阎甲属 *Carcinops*和衡阎甲属 *Paromalus* 相区分。衡平阎甲是平阎甲属唯一在北美洲分布的种，而该属在世界的其他地区至少还分布着58个种。

衡平阎甲　成虫身体极扁，是适应树皮下狭小生境的生动实例。在这种生境中生活的其他甲虫或昆虫也表现出不同程度的扁平化。与此形成鲜明对比的是诸如角突倭阎甲 *Niponius osorioceps*，一种生活在其附近蛀道中的长筒形阎甲。

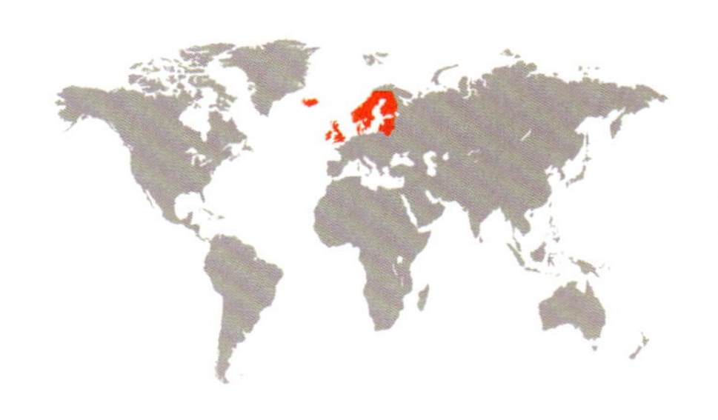

科	阎甲科 Histeridae
亚科	脊阎甲亚科 Onthophilinae
分布	古北界：欧洲北部
生境	地下生境，枯落物有机质
微生境	鼹鼠巢洞、枯落物生境、腐尸
食性	捕食性，也可能为腐食性
附注	已知其整个生活史都在鼹鼠巢穴中完成

成虫体长
⅛–³⁄₁₆ in
(2.5–3.5 mm)

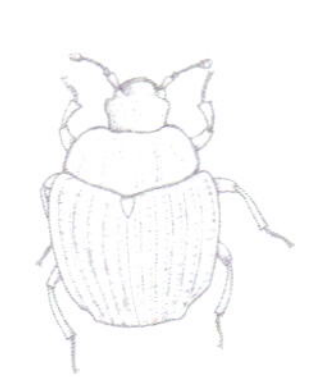

点脊阎甲
Onthophilus punctatus
Onthophilus Punctatus
(Müller, 1776)

实际大小

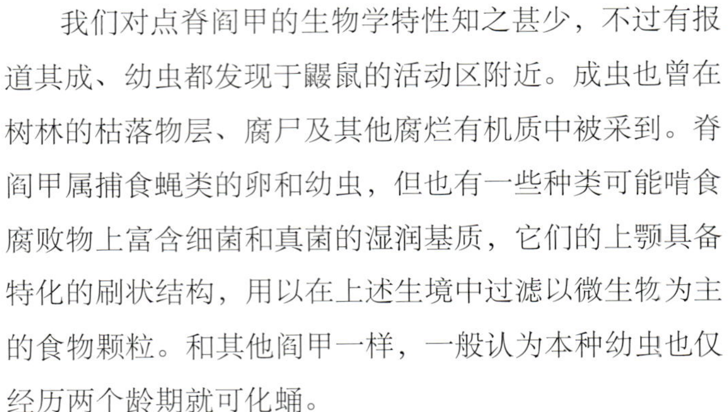

我们对点脊阎甲的生物学特性知之甚少，不过有报道其成、幼虫都发现于鼹鼠的活动区附近。成虫也曾在树林的枯落物层、腐尸及其他腐烂有机质中被采到。脊阎甲属捕食蝇类的卵和幼虫，但也有一些种类可能啃食腐败物上富含细菌和真菌的湿润基质，它们的上颚具备特化的刷状结构，用以在上述生境中过滤以微生物为主的食物颗粒。和其他阎甲一样，一般认为本种幼虫也仅经历两个龄期就可化蛹。

近缘物种

脊阎甲属 *Onthophilus* 至少有38种，主要分布在北美洲、欧洲和亚洲。其生物学特性不详，但似乎比较复杂多样。该属特征明显，易于识别，且该属的物种数量占到全北界脊阎甲亚科物种的大多数。属内的物种鉴别主要依赖身体外表面的脊、刻点及其他细节，以及雄性外生殖器的形态。

点脊阎甲　此种及其他同属的种类都具有极为夸张的脊和刻点。不过，其表面的凹凸起伏常常被覆盖其上的干燥有机质壳所掩盖，这些有机质壳是虫体在潮湿、发酵的有机质或土壤中打洞的时候覆盖上随后干燥形成的。

科	阎甲科 Histeridae
亚科	阎甲亚科 Histerinae
分布	古北界：欧洲和亚洲西北部
生境	多样
微生境	脊椎动物尸体、粪便和其他腐烂的有机质
食性	捕食蝇蛆
附注	幼虫发育迅速，成虫寿命很长

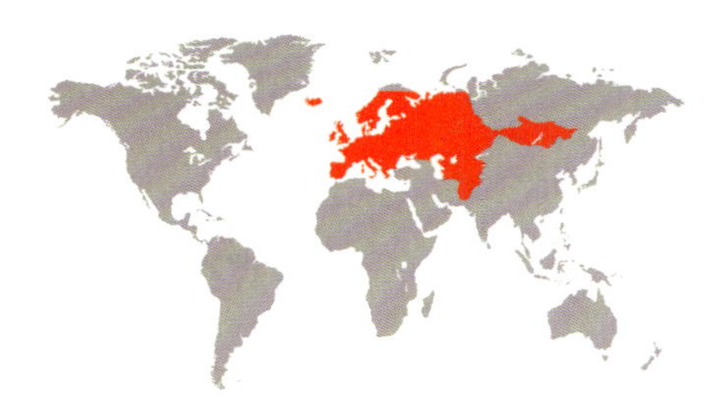

成虫体长
¼ in
(6–6.5 mm)

四点阎甲（指名亚种）

Hister quadrinotatus quadrinotatus

Hister Quadrinotatus quadrinotatus

Scriba, 1790

四点阎甲色彩丰富，常见于腐败的动物源有机质，如腐尸或粪便中。成、幼虫捕食蝇蛆和蝇卵。在腐肉分解的不同阶段都可能有阎甲定殖，其幼虫在腐肉上迅速完成发育过程，仅需大约30天就可以完成从卵到成虫的一个世代周期。快速的幼虫发育和较长的成虫寿命是很多阎甲的典型生活史特征。阎甲能在从海滩到森林的很多生境中遇到，这一生活史特性可能就是阎甲分布如此宽广且数量如此众多的原因。

近缘物种

阎甲属 *Hister* 在全世界范围内分布，该属至少有15个种与四点阎甲具有相同的分布范围和生境偏好，且其中至少有一种——四斑阎甲 *Hister quadrimaculatus*——的鞘翅也具有明显的橙色斑。另外，至少4种阎甲属物种只在一个地点被采集到。

实际大小

四点阎甲（指名亚种） 阎甲科中色彩较为惹眼的物种之一，尽管其鞘翅上的橙色斑也出现在阎甲属的其他种类上，甚至阎甲亚科的其他属中。阎甲属的体壁普遍非常坚硬，且大部分都能将其附肢收缩到身体腹面的沟槽之中以保护附肢不受损伤。

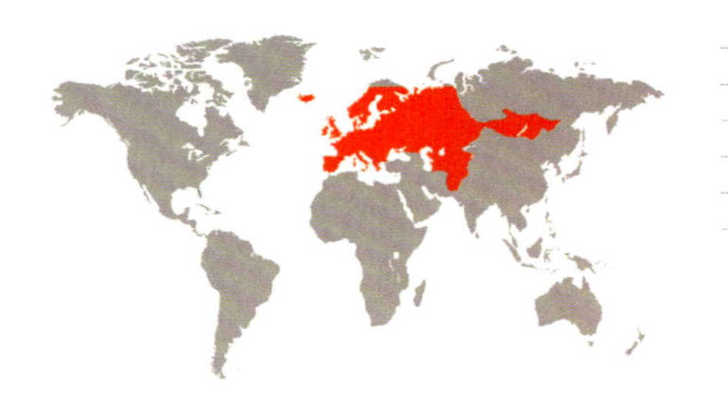

科	阎甲科 Histeridae
亚科	阎甲亚科 Histerinae
分布	古北界：欧洲、亚洲西北部
生境	森林
微生境	倒木树皮下
食性	捕食性
附注	外形极扁，适于树皮下的狭小空间

成虫体长
5/16–3/8 in
(8–10 mm)

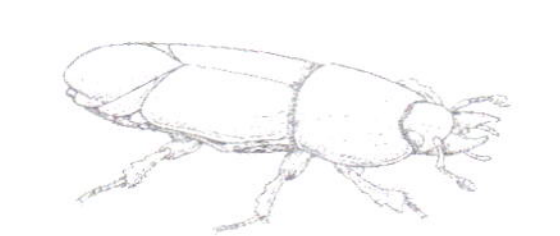

平扁阎甲
Hololepta plana
Flat Clown Beetle
(Sulzer, 1776)

平扁阎甲生活在倒木的树皮下，尤其是杨属倒木的树皮下。其发达的上颚用于捕捉蝇蛆和其他节肢动物，并且在整个取食前的处理过程中夹住这些猎物。其幼虫也是捕食性，出没于相同的生境，但是不如成虫扁平。幼虫更加柔软的身躯同样适合在狭小的空间中挤来挤去。平扁阎甲喜欢湿润的生境，如果周遭逐渐变得干燥，它们会往附近仍残留些许湿气的地方迁移。本种是一种共生螨类 *Lobogynioides andreinii* 的宿主。这类螨虫的若螨取食线虫，而成螨则在宿主取食的时候分一杯羹。

近缘物种

扁阎甲属 *Hololepta* 全世界共有77种，它们外形都很相似。平扁阎甲是其中唯一分布在欧洲的种，而且也是唯一在欧亚大陆北部广泛分布的种。还有一些扁阎甲属物种零散分布在亚洲北部。

实际大小

平扁阎甲 扁得令人咋舌——其身体的厚度仅为长度的1/10。它们的足可以紧贴身体以利于在树皮下钻行，上颚前伸以便于在狭促的空间中捕获猎物。平扁阎甲体壁厚实，这也是几乎所有阎甲的共同特征。

科	阎甲科Histeridae
亚科	阎甲亚科Histerinae
分布	新热带界：中美、南美、加勒比地区
生境	森林、棕榈林
微生境	棕榈树
食性	捕食蛀木性甲虫
附注	一类毁灭性的棕榈害虫——棕榈象甲的重要捕食者

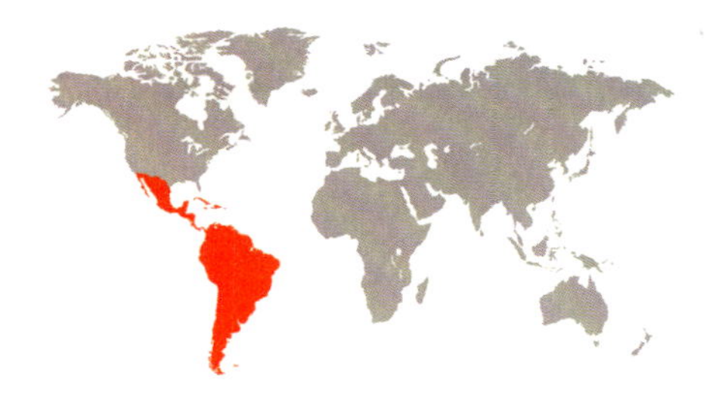

雄性成虫体长
¾–1¼ in
(20–32 mm)

雌性成虫体长
$^{11}/_{16}$–1 in
(17–25 mm)

大尖腹阎甲
Oxysternus maximus
Oxysternus Maximus
(Linnaeus, 1767)

大尖腹阎甲为一种大型阎甲，捕食棕榈象甲（一类生活在热带地区，危害棕榈树的棕榈象属 *Rhynchophorus* 甲虫）。南美棕榈象 *Rhynchophorus palmarum* 是一种遍布整个美洲热带地区的棕榈害虫，也是本种的主要猎物。大尖腹阎甲在棕榈象幼虫的蛀道或棕榈的被害组织中钻行，捕食其中50–75 mm长的肥嫩幼虫。大尖腹阎甲的成、幼虫都取食象甲，因而被视作治理棕榈上象甲类害虫的重要天敌昆虫。本种有一个明显的性二型特征，雄性的上颚相对雌性的更长。

近缘物种

大尖腹阎甲是尖腹阎甲属 *Oxysternus* 唯一的种。它与扁阎甲族 Hololeptini 的其他类群都生活在腐木环境，而且外形也较相似，均捕食蛀木性或树皮下生活的昆虫，但是大尖腹阎甲不像该族其他物种那么扁。

实际大小

大尖腹阎甲　一种体壁厚实、体型较大、上颚长而前伸的黑色热带阎甲。其成虫的粗短外形正适合在高密度纤维化的棕榈组织中一边钻行一边搜捕象甲幼虫。倒霉的猎物会被大尖腹阎甲那对巨大而不对称的上颚夹住，入口前即被消化。

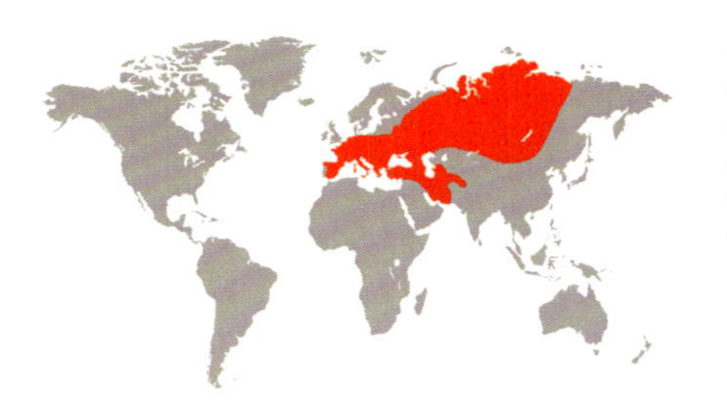

科	阎甲科 Histeridae
亚科	阎甲亚科 Histerinae
分布	古北界：欧洲、亚洲西北部
生境	腐烂有机质、粪便
微生境	脊椎动物的粪便
食性	捕食蝇蛆
附注	捕食蝇蛆，能够极大降低苍蝇的种群数量

成虫体长
⅜–⅝ in
(9–16 mm)

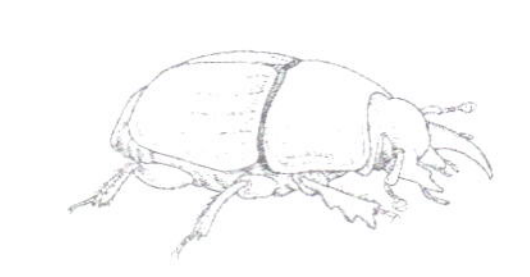

歧突唇阎甲

Pachylister inaequalis

Pachylister Inaequalis

(Olivier, 1789)

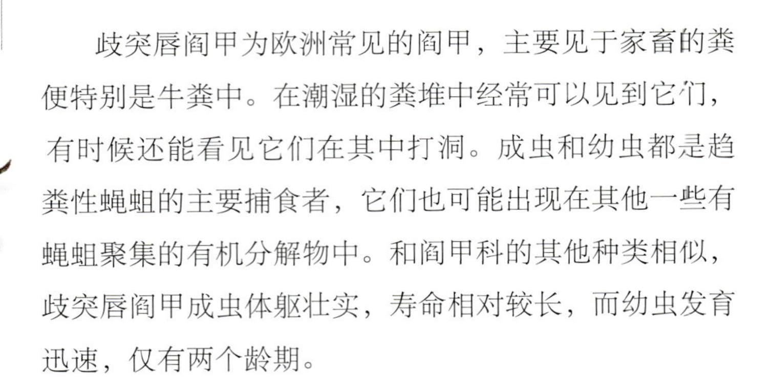

歧突唇阎甲为欧洲常见的阎甲，主要见于家畜的粪便特别是牛粪中。在潮湿的粪堆中经常可以见到它们，有时候还能看见它们在其中打洞。成虫和幼虫都是趋粪性蝇蛆的主要捕食者，它们也可能出现在其他一些有蝇蛆聚集的有机分解物中。和阎甲科的其他种类相似，歧突唇阎甲成虫体躯壮实，寿命相对较长，而幼虫发育迅速，仅有两个龄期。

近缘物种

歧突唇阎甲是突唇阎甲属 *Pachylister* 在欧洲和亚洲西北部唯一的常见种类。这个属还有20个种分布在亚洲和非洲，其中一些被广泛引入其他地区以用于蝇类的生物防治。本属物种可利用身体和足的外部特征以及雄性外生殖器的形态进行区分。本属阎甲的整体外形在阎甲亚科中比较寻常。

歧突唇阎甲　成虫外形粗壮、卵形，甲壳坚硬，足短而宽扁，上颚发达、前伸、左右不对称。这样的身体外形和较短的足非常适于在黏稠湿润的腐败有机质和粪便中搜捕蝇蛆。

实际大小

科	阎甲科Histeridae
亚科	蚁阎甲亚科Haeteriinae
分布	新北界：美国西部和北部、加拿大南部
生境	森林
微生境	蚁亚科 Formicinae 蚂蚁的巢穴
食性	可能为捕食性，或取食宿主的反哺物
附注	仅生活在蚁巢中或其附近

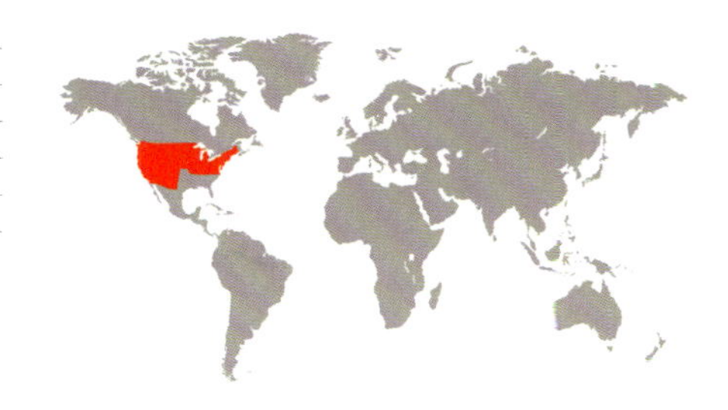

成虫体长
⅛ in
(3.1–3.4 mm)

三槽蚁阎甲
Haeterius tristriatus
Haeterius Tristriatus
Horn, 1874

大部分阎甲都积极地捕食其他昆虫，特别是蝇蛆和蛀木性甲虫。但是三槽蚁阎甲以及蚁阎甲亚科的其他种类都专性寄生在社会性昆虫——特别是蚂蚁——的巢穴中（巢寄生生物）。三槽蚁阎甲常出现在蚁亚科的蚁属 *Formica* 和毛蚁属 *Lasius* 蚂蚁周围。该种阎甲具有特化的慰抚腺，能够分泌物质引诱蚂蚁，从而通过化学纽带在自己和宿主之间建立起共生机制。该种的食性还比较神秘，它们可能捕食蚂蚁的卵或幼虫，蚁阎甲属的其他一些种类据报道与宿主之间有交哺行为（trophallaxis），它们会让宿主将反哺物喂给自己而不是嗷嗷待哺的幼蚁。

实际大小

近缘物种

蚁阎甲属 *Haeterius* 有至少30种已被描述，其中大约25种也出现在三槽蚁阎甲分布的地区。美国的加利福尼亚州拥有最丰富的蚁阎甲属种类，但是确切的物种数量仍然未知，因为尚有大量种类未被描述，特别是在加利福尼亚州西南沙漠地区。更加遗憾的是，即便是已知物种的分布格局也鲜有报道。

三槽蚁阎甲 具有特化的刚毛、外分泌腺体结构和粗短的足，这些都是与社会性昆虫伴生的甲虫所具有的典型形态适应。刚毛和体表刻纹的分布样式在蚁阎甲属以及蚁阎甲亚科的其他类群中都具有物种特异性。

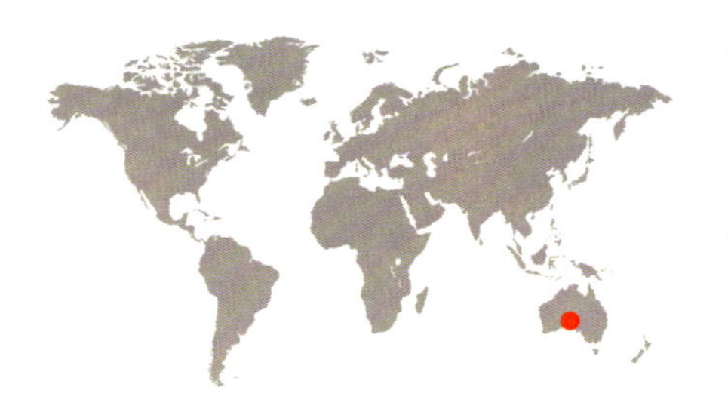

科	阎甲科Histeridae
亚科	帔阎甲亚科Chlamydopsinae
分布	澳洲界：南澳大利亚
生境	桉树林
微生境	白蚁巢
食性	不详，可能为捕食性
附注	可通过鞘翅上特别的香毛簇向其白蚁宿主提供慰抚剂

成虫体长
3/16 in
(3.9–4.1 mm)

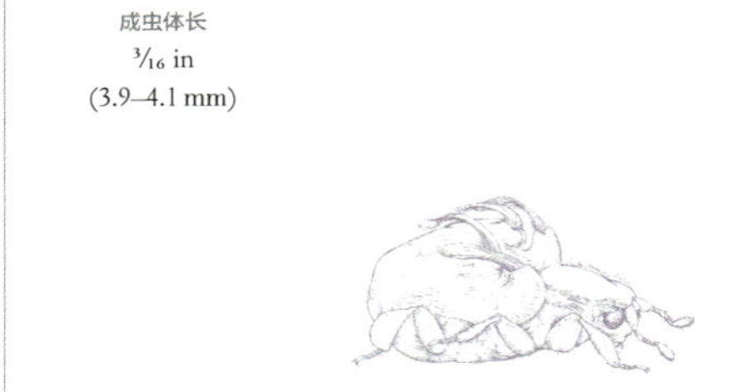

香毛蠹阎甲
Eucurtia comata
Eucurtia Comata
(Blackburn, 1901)

实际大小

香毛蠹阎甲是帔阎甲亚科的代表，该亚科都具有一些特化的修饰性结构，这些结构有助于其潜入社会性昆虫巢穴。通常认为帔阎甲亚科的大部分种类都出现在蚂蚁巢穴附近，但是本种却曾被发现与白蚁在一起，尽管那只是单个的活虫。象白蚁属 *Eutermes* 白蚁曾被报道围在一只香毛蠹阎甲周围，舔舐由其鞘翅基部凸起延伸而成的香毛簇，以获取其上分泌的某种物质。这样的现象非常有趣，但是对帔阎甲亚科的大部分种类来说，生物学习性的观察记录仍然十分缺乏，因为它们中的很多物种被发现的时候并没有和宿主在一起。

近缘物种

蠹阎甲属 *Eucurtia* 仅有香毛蠹阎甲这一个种。但是帔阎甲亚科拥有大约180种，它们广泛分布在亚洲的热带地区、太平洋诸岛和澳大利亚大陆。其中很多种类都进化出了与巢寄生的生活方式相适应的各种特化的形态结构。

香毛蠹阎甲　典型的帔阎甲亚科阎甲，它具有从鞘翅上的特殊腺体结构扩展而来的香毛簇。这些成簇的长刚毛沾染着由腺体分泌的慰抚剂，这些慰抚剂对香毛蠹阎甲的白蚁宿主们充满诱惑，并使后者完全接纳这些不速之客长期地寄居在自己的巢穴中。

科	阎甲科 Histeridae
亚科	帔阎甲亚科 Chlamydopsinae
分布	澳洲界：澳大利亚昆士兰北部
生境	亚热带森林
微生境	大头蚁属蚂蚁的巢穴
食性	捕食性
附注	目前的证据表明本属完全融入了大头蚁属蚂蚁的巢穴

成虫体长
1/16–1/8 in
(2.2–2.7 mm)

魁易阎甲
Pheidoliphila magna
Pheidoliphila Magna
Dégallier & Caterino, 2005

实际大小

易阎甲属 *Pheidoliphila* 物种的采集记录都显示它们与大头蚁属 *Pheidole* 蚂蚁共生。然而，也有很多物种仅有的标本都是通过飞行阻断器采集到的，因此缺少宿主信息，它们与大头蚁属的关系则仅仅是臆测的。魁易阎甲在为数众多的帔阎甲亚科种类中堪称典型，它们鞘翅的基部具有香毛簇，能够分泌引诱宿主的慰抚剂。成虫和幼虫很可能都是巢内寄生物，以蚂蚁的幼虫或者死尸为食，但是其生活史的详细情况还不得而知。

近缘物种

易阎甲属在澳大利亚有25种，新几内亚有1种。其外部形态的属内变化极为多样，这些物种可以通过刻点和刚毛的分布样式，角突、瘤突、前胸背板上深凹的有无，以及其他明显的差别进行鉴别。尽管这些外表差别显而易见，但是这26个种中有21个直到2005年被首次描述时才为人所知。

魁易阎甲　在易阎甲属中体型算比较大的，是为数不多的体长超过2 mm的种类。成虫的前胸背板前部具有一对圆形、内弯的突起，其间是一个较深的凹陷。这一对突起就像一对“把手”，借助这对“把手”，蚂蚁可以抬着魁易阎甲四处溜达。

科	平唇水龟科 Hydraenidae
亚科	平唇水龟亚科 Hydraeninae
分布	新热带界：哥伦比亚
生境	水生
微生境	池塘边缘
食性	在有机质和水藻覆盖的表面取食
附注	身体表面覆盖空气围层，失去附着物的情况下能在水中漂浮起来

成虫体长
1/16 in
(1.9–2 mm)

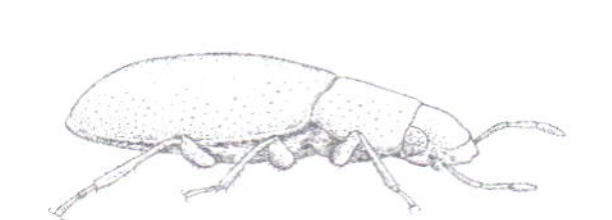

异爪平唇水龟
Hydraena anisonycha
Hydraena Anisonycha
Perkins, 1980

实际大小

平唇水龟科主要是一类水生或半水生甲虫，多数长约1.8 mm，异爪平唇水龟的体型在平唇水龟科中相对较大。平唇水龟属 *Hydraena* 的大部分其他种都主要见于溪流边的湿润地带，唯有本种出没于池塘周围。平唇水龟科的种类已知主要通过刮取湿润表面的藻类和其他有机质为食。特化的腺体产生的外分泌物有助于其潜水时锁住周身的空气围层。空气围层的存在使平唇水龟能在其生境被扰动的情况下漂浮在水面上，平唇水龟的采集者能够使用这一特性捉住它们。

近缘物种

平唇水龟科已记录大约1200种，仍有很多种类尚待描述，特别是在南美洲地区。在已描述的南美洲分布的平唇水龟中，异爪平唇水龟的独特之处在于其较大的体型，以及后胸腹板上的一对长脊。除此之外，平唇水龟属的大部分种类都需要通过解剖和观察雄性生殖器官才能够获得正确的鉴定。

异爪平唇水龟　和平唇水龟属的其他大部分物种一样都具有卵圆形的外形，但是该种的体型较大，而且鞘翅刻点的排布略显凌乱。与雌性不同，雄性中足的两枚爪（前跗节）长度并不相等，而且后足也存在非对称性的膨大。

科	平唇水龟科 Hydraenidae
亚科	丘水龟亚科 Ochthebiinae
分布	新北界和新热带界：北美洲西部，南抵墨西哥中部
生境	小型水体
微生境	池塘边缘和地表径流区，包括碱性温泉
食性	取食微小颗粒
附注	表现出了对碱性温泉的偏好，但并不限于这类生境

成虫体长
1/16 in
(1.8–2.4 mm)

阿兹台克丘水龟
Ochthebius aztecus
Ochthebius Aztecus
Sharp, 1887

实际大小

阿兹台克丘水龟模式产地在墨西哥城附近地区，但是其踪迹最北到美国的北达科他州都有发现。本种大多在温泉，特别是碱性温泉周围被发现，也有部分采自寒冷的淡水生境。平唇水龟科种类大抵取食溪流或池塘沿岸沙地及土壤间隙的微小动植物。丘水龟属 *Ochthebius* 成虫头部的腺体能够分泌某些物质并用足涂抹全身，这种物质可以在其周身形成空气层以供潜水时呼吸之用。

近缘物种

丘水龟属有43种产自北美洲，更多的种类分布在中美洲和南美洲。物种之间差别不大，区分这些物种需要更详细的研究，包括解剖和研究雄性生殖器官。平唇水龟属、丘水龟属和沼水龟属 *Limnebius* 是平唇水龟科最大的3个属，它们中的很多物种分布在相同的地区，只因对微生境的偏好而相互隔离。

阿兹台克丘水龟 丘水龟本属的典型物种，具有细微但复杂的背部刻纹，特别是前胸背板盘区的刻纹。本种前胸背板有一条两头尖锐的中纵沟，在其两侧各有一条较短的沟。阿兹台克丘水龟腹部第6可见腹板上还有明显的疏水性绒毛。

科	缨甲科Ptiliidae
亚科	缨甲亚科Ptiliinae
分布	非洲热带界：喀麦隆
生境	热带森林
微生境	推测可能在真菌上
食性	可能为菌食性
附注	本属的某些种类为已知最小的非寄生性昆虫

成虫体长
1/32 in
(0.61–0.67 mm)

布鲁斯双孔缨甲

Discheramocephalus brucei

Discheramocephalus Brucei

Grebennikov, 2008

实际大小

布鲁斯双孔缨甲 在双孔缨甲属中属于中等体型，同属的一些种类堪称最小的自由生活的昆虫。它们的特征是头顶靠近复眼处和前胸背板上的明显的沟槽。此外，本属种类普遍具有缨甲科的一般身形。

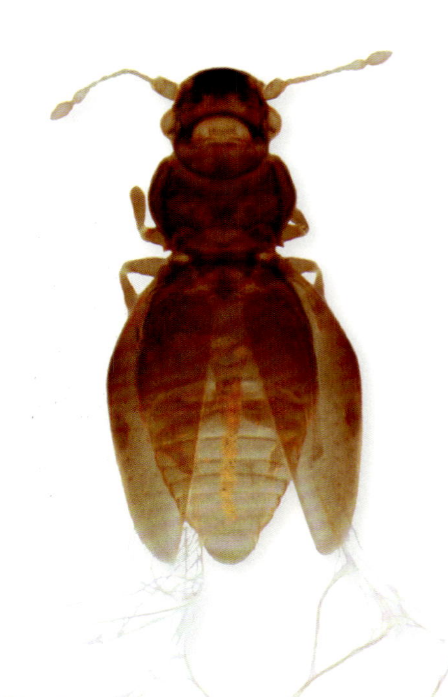

布鲁斯双孔缨甲是双孔缨甲属 *Discheramocephalus* 7个种中的一个。双孔缨甲属包含了已知最小的甲虫：藐双孔缨甲 *Discheramocephalus minutissimus* 身长0.4 mm，几乎就是最小的非寄生性昆虫，比它更小的就只有卵寄生的膜翅目昆虫了。据推测，卵和脑的大小是限制昆虫小型化的重要因素。缨甲大都是食真菌的甲虫，但是双孔缨甲属的食性和其他生物学属性还不得而知。其他一些小型缨甲都是专性取食真菌孢子的，因此真菌孢子很可能也是体型微小的双孔缨甲属的食材。

近缘物种

缨甲科目前有超过550种已被描述，其中相当一部分都短于1 mm。双孔缨甲属中的另外6个种都与布鲁斯双孔缨甲很像。想要区分它们必须用复式显微镜进行观察，比较其体表的刻纹和其他特征的细微差异，以及体内生殖器官的不同。在类似的生境中应该还有更多的种类有待发现。

科	缨甲科 Ptiliidae
亚科	缨甲亚科 Ptiliinae
分布	新北界和新热带界：北美洲太平洋沿岸和下加利福尼亚半岛
生境	海滩
微生境	海草和其他生物残骸下
食性	推测可能为菌食性
附注	少数生活在海岸潮间带的甲虫之一

成虫体长
1/32 in
(0.8 mm)

波颈莫缨甲
Motschulskium sinuaticolle
Motschulskium Sinuaticolle
Matthews, 1872

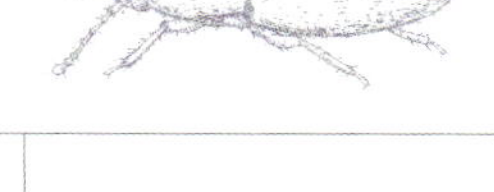

实际大小

事实上，没有多少甲虫适于生活在海岸潮间带。但是，波颈莫缨甲却出没于从加拿大的不列颠哥伦比亚到墨西哥的下加利福尼亚半岛之间太平洋沿岸的海草和各种生物残骸下。其生活习性的详细情况仍然未知，但据推测应以取食其生境中生长的真菌为生。本种可能取食真菌孢子，因为缨甲科的其他小型种类都具有这种专化性。波颈莫缨甲在其整个分布区内的地理分布数据还不全面，因此通过采集更多的小型潮间带甲虫，我们将会发现本种可能比现在所知的更为常见。

近缘物种

缨甲科目前大约有550个种，还有很多尚未被描述。但是波颈莫缨甲是已知唯一生活在潮间带的缨甲，也是莫缨甲属 *Motschulskium* 目前仅有的种。

波颈莫缨甲　具有小型缨甲的典型外形。其独特的属性包括极小的体型、金色的柔毛、灰色或黑色的体色、以潮间带生物残体为生境，这些都可用于鉴定其标本。

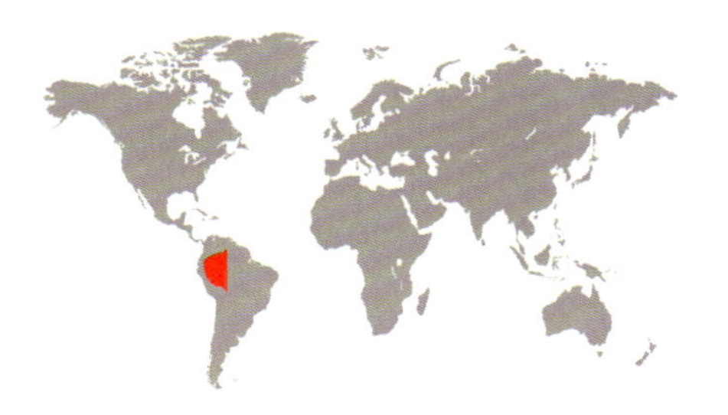

科	缨甲科 Ptiliidae
亚科	鲎缨甲亚科 Cephaloplectinae
分布	新热带界：亚马孙平原西部
生境	热带雨林
微生境	行军蚁的蚁巢和迁徙队伍中
食性	成虫取食宿主蚂蚁的分泌物，幼虫食性未知
附注	本种依赖其宿主行军蚁生活

成虫体长
1/16 in
(2.2–2.5 mm)

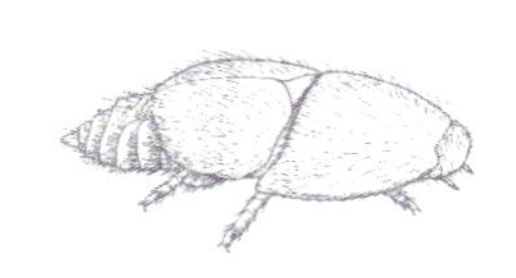

鼠型鲎缨甲
Cephaloplectus mus
Cephaloplectus Mus
(Mann, 1926)

实际大小

鼠型鲎缨甲 最明显的特点是身形似“鲎”，无后翅，无复眼，具有特别发达的前胸腹板突，以及严格的蚁巢共生习性。因为死后身体会明显干缩，所以其干制标本的体长通常都短于活虫。

鲎缨甲亚科的所有种类亦俗称“鲎甲”，它们都依赖蚂蚁巢生活（Inguilines，客居生物，或称“蚁客”）。据报道鼠型鲎缨甲与荡游蚁 *Eciton vagans* 这种行军蚁伴生，并且通常在行军蚁周期性的迁徙过程中可通过阻截装置采集到。鲎缨甲亚科的其他种类也被记录到与蚁属 *Formica*、毛蚁属 *Lasius*、征蚁属 *Neivamyrmex*、大头蚁属 *Pheidole* 伴生。鲎缨甲亚科的很多生物学习性仍然未知，但确知的是其宿主蚂蚁能够容忍这种甲虫出现在它们的队伍中，并且允许其舔舐自己的身体。鲎缨甲亚科的幼虫及其在“蚁客—宿主”关系中所扮演的生物学角色均尚不清楚。

近缘物种

鼠型鲎缨甲是鲎缨甲属 *Cephaloplectus* 已描述的7个种之一。鲎缨甲属与同是鲎缨甲亚科的另一个广布属——拟鲎缨甲属 *Limulodes* 重叠分布，它们都生活在美洲的热带地区，且都出没于行军蚁的巢和行营中。鲎缨甲亚科在全世界共有37种。鲎缨甲属的种级分类仍有很多问题未解决。

科	觅葬甲科 Agyrtidae
亚科	觅葬甲亚科 Agyrtinae
分布	全北界：俄罗斯（千岛群岛、堪察加半岛、科曼多尔群岛）、美国（阿留申群岛、普里比洛夫群岛、科迪亚克岛、阿福格纳克岛、奇里科夫岛）
生境	岛屿海滩
微生境	海岸的生物残骸
食性	腐食性
附注	其种群在2008年的一次火山喷发中幸存了下来，那次喷发毁灭了美国阿拉斯加州卡萨托奇岛上所有其他种类的甲虫

成虫体长
¼–⅓ in
(6–8 mm)

海岸琴葬甲
Lyrosoma opacum
Lyrosoma Opacum
Mannerheim, 1853

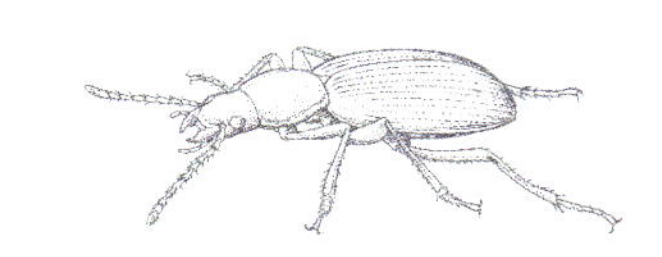

实际大小

海岸琴葬甲生活在北太平洋阿留申群岛和千岛群岛的海滩边。成虫出没于生物残迹，如海草、废弃的鸟巢中，取食其中的残屑，不过也曾观察到其取食死鱼或其他腐尸。幼虫食性据推测与成虫相似，但有关其具体的幼态生物学特性知之甚少。海岸琴葬甲是2008年发生的一起几乎灭绝了整个卡萨托奇岛陆地动物群落的火山喷发中唯一幸存的甲虫物种。觅葬甲科的系统地位非常重要，它可能是种类极为繁多的隐翅虫总科中其他所有类群的姊妹群。

近缘物种

海岸琴葬甲是琴葬甲属 *Lyrosoma* 仅有的两个种之一。另一个种是皓琴葬甲 *Lyrosoma pallidum*，其分布区要更靠西一些，沿北太平洋西岸一直向南分布到韩国。两个种仅在堪察加半岛略有重叠。海岸琴葬甲比皓琴葬甲体型更大一些，并且鞘翅表面具有网状微纹，而皓琴葬甲的鞘翅表面比较平滑。

海岸琴葬甲 体型中等，通体棕色，前胸背板侧缘较圆滑，鞘翅卵形。成虫与步甲科出奇地相似，尽管它们关系疏远。本种独特的海岸生境是鉴定其身份的重要依据。

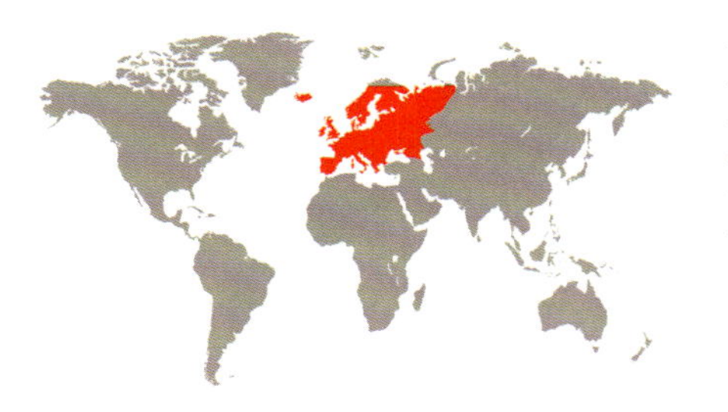

科	觅葬甲科 Agyrtidae
亚科	冬葬甲亚科 Necrophilinae
分布	古北界：欧洲
生境	森林
微生境	腐烂有机质，枯落物
食性	腐食性
附注	适寒性物种，秋冬早春时节较活跃

成虫体长
¼–⅜ in
(7–9 mm)

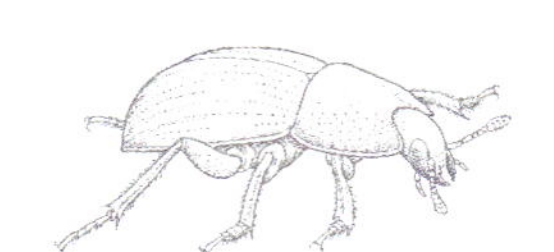

埋冬葬甲

Necrophilus subterraneus

Necrophilus Subterraneus

(Dahl, 1807)

埋冬葬甲不同寻常的一个特征是其在寒冷季节比在温暖季节更加活跃。它们常见于潮湿的森林中、高海拔地区，以及洞穴的入口或过渡区域。成、幼虫都取食腐烂的有机质，包括死尸和烂蘑菇，因此可以利用这类物质作为诱饵以陷阱进行采集。其幼虫被认为具有隐翅虫总科幼虫最普遍的特征，而且觅葬甲科代表类群亦见于早侏罗纪化石，这些都意味着该科的起源可能相当古老。

近缘物种

埋冬葬甲是冬葬甲属 *Necrophilus* 唯一分布在欧洲的种，觅葬甲科还有别的属与之相似且分布重叠，另外还有一些冬葬甲属物种生活在亚洲和北美洲。冬葬甲属与其他觅葬甲科的属相比，具有更宽且接近卵形的外形、多但不甚明显的鞘翅纵脊，以及不同的上颚特征。

实际大小

埋冬葬甲　体型中等，卵形，棕色，前胸背板和鞘翅的边缘宽且具刻点。本种比其他种类的觅葬甲更接近卵形。埋冬葬甲看上去颇像是一种小型葬甲，事实上直到不久之前它还被归入葬甲科。

科	球蕈甲科 Leiodidae
亚科	绒蕈甲亚科 Camiarinae
分布	澳洲界：新西兰（北岛）
生境	南温带森林
微生境	潮湿的森林枯落物
食性	可能取食真菌
附注	本种及绒蕈甲族 Camiarini 的其他种类与苔甲亚科 Scydmaeninae 在形态上颇为相似

成虫体长
⅛–³⁄₁₆ in
(3.4–3.6 mm)

胸绒蕈甲

Camiarus thoracicus

Camiarus Thoracicus

(Sharp, 1876)

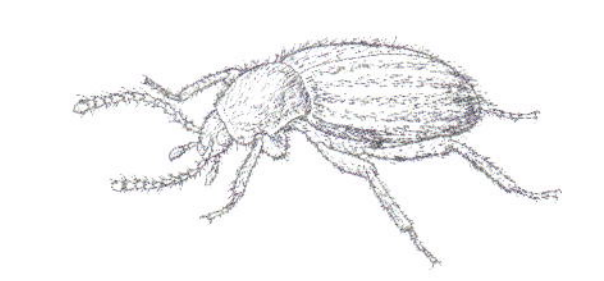

胸绒蕈甲最初由大卫·夏普（David Sharp）[①]描述，他推测这个种是苔甲亚科与葬甲科Silphida之间的过渡类群，因此他把这个种归于葬甲科。然而这个归置在现在看来是错误的。这给南温带球蕈甲科的分类学研究增加了困难，是分类学不甚明确的一个例子。胸绒蕈甲生活在新西兰北岛的潮湿森林枯落物中。曾在一项关于奥克兰市郊的甲虫生境调查中被报道。然而，我们对该种以及绒蕈甲亚科其他种类的生物学特性仍然所知不多。

实际大小

胸绒蕈甲 外形与苔甲亚科的很多种类非常相似。较圆的头部、近圆形的前胸背板、长卵圆形的鞘翅使其最初的描述者对它与其他类群的系统关系迷惑不解。

近缘物种

绒蕈甲属仅有两个种，都在新西兰分布。它们属于仅在南温带分布的绒蕈甲亚科。绒蕈甲亚科包括27个属，大约90种，其中6属16种属于绒蕈甲族Camiarini。就其相对较小的体型而言，绒蕈甲亚科的形态极为多样，而且一些系统发育研究的结果认为这个亚科可能不是一个自然的单系群。

① 原著此处误为托马斯·布龙（Thomas Broun），布龙在1880年的文献中仅是重新引用了夏谱(1876)对该种的描述，并沿用了夏谱对于绒蕈甲属系统地位的观点。——译者注

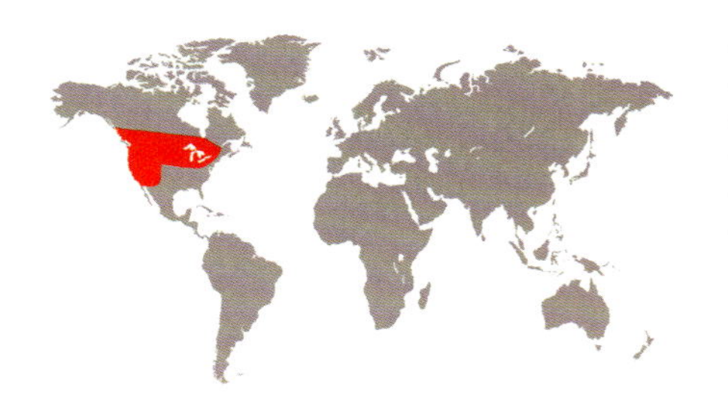

科	球蕈甲科 Leiodidae
亚科	球蕈甲亚科 Leiodinae
分布	新北界：散布在横贯美国西部、美国北部和加拿大南部的广大地区
生境	森林
微生境	稀松的树木残骸，树皮下或湿润的表面
食性	啃食黏菌
附注	受到惊扰时会卷成球状

成虫体长
1/16–1/8 in
(2.3–2.7 mm)

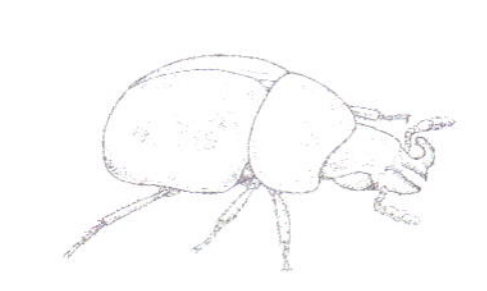

丽圆球蕈甲
Agathidium pulchrum
Agathidium Pulchrum

LeConte, 1853

实际大小

圆球蕈甲属 *Agathidium* 种类众多，丽圆球蕈甲是其中最为广布和常见的种类之一。本种和圆球蕈甲属其他种类的成虫和幼虫都取食黏菌和真菌。它们经常出现在森林中倒木的树皮下，或者其他潮湿的有机质上，这些地方都是黏菌和担子菌滋生之处。当受到惊扰的时候，圆球蕈甲会迅速隐蔽或者掉落到地上，而且高度隆凸的身形使之很容易蜷成一团。2005年的时候，这个属在大众媒体面前露了把脸，因为其中的3个种被以美国前总统乔治·W. 布什及其主要同僚的名字命名：*Agathidium bushi*（小布什）、*Agathidium cheneyi*（切尼）、*Agathidium rumsfeldi*（拉姆斯菲尔德）。

近缘物种

目前，圆球蕈甲属有98个种描述自北美洲和中美洲地区，不过随着深入研究一些不常被采集家光顾的地区的标本，这一数字还有望增加。该属还有大量的物种出现在古北界和东洋界。凝蕈甲属 *Gelae* 与圆球蕈甲属在外部特征上有诸多相似。解剖并观察雄性生殖器对很多物种的准确鉴定来说是不可省略的。

丽圆球蕈甲　背面强烈隆凸，而腹面内凹。本种背面具有橙黄相间的色彩，这在圆球蕈甲属的大部分北美洲种类中是不常见的，大部分北美洲种类通常都是全黑的。本种的不同个体之间在左上颚不对称的齿的发达程度上存在变异。

科	球蕈甲科 Leiodidae
亚科	棒蕈甲亚科 Coloninae
分布	古北界：波黑、塞尔维亚、黑山
生境	喀斯特地区
微生境	洞穴
食性	刮削岩石，取食微粒
附注	取食时常逆着水流横行或退行

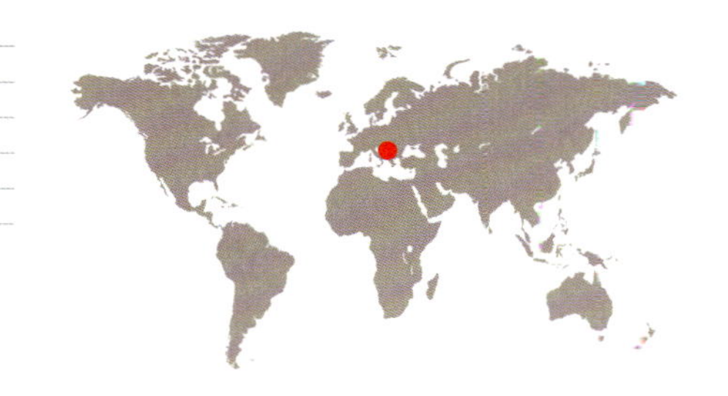

成虫体长
¼–5/16 in
(7–7.6 mm)

瓦希切克冥蕈甲
Hadesia vasiceki
Hadesia Vasiceki
Müller, 1911

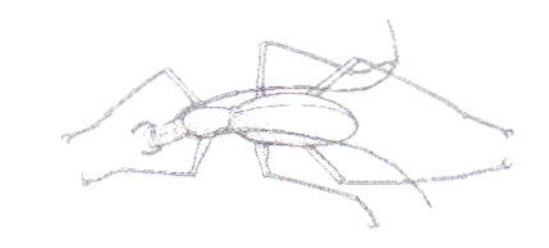

瓦希切克冥蕈甲这种穴居甲虫仅散见于波斯尼亚的单个洞穴之中。它们表现出了穴居甲虫典型的形态适应，但是其依靠洞壁水流的取食策略却并不很常见。取食时，瓦希切克冥蕈甲的身体逆着水流的方向，末端向上翘起，然后横向移动或者倒行逆流攀爬岩壁。据推测，这样的方式可以使食物颗粒积聚在其长满了密集刚毛列的口器腹面。而当其不在水流中时，瓦希切克冥蕈甲按照正常的方式爬行，履正步稳。

近缘物种

此前，冥蕈甲属 *Hadesia* 仅有1个种，其下有2个亚种。但是最近刚有2个种被描述，有1个亚种提升为种，因此目前冥蕈甲属总共有4个种。这4个种的鉴定需要通过观察外生殖器和鞘翅缘折特征。此外，还有很多同属洞蕈甲亚族 Anthroherponina 的近缘属也分布在巴尔干地区的洞穴之中。

实际大小

瓦希切克冥蕈甲 表现出了一系列真穴居类甲虫的形态特征。身躯颀然、附肢修细、复眼全无这类特征也为东欧的其他穴居球蕈甲所共有。在北美洲的熔岩管中生活着一种魑冰穴蕈甲 *Glacicavicola bathyscioides*，该种与瓦希切克冥蕈甲外表很相似，这可能是趋同演化的结果。

科	球蕈甲科 Leiodidae
亚科	小葬甲亚科 Cholevinae
分布	古北界：斯洛文尼亚
生境	喀斯特地区
微生境	洞穴
食性	腐食性
附注	这是世界上首个被描述的真穴居性甲虫

成虫体长
5/16–7/16 in
(8–11 mm)

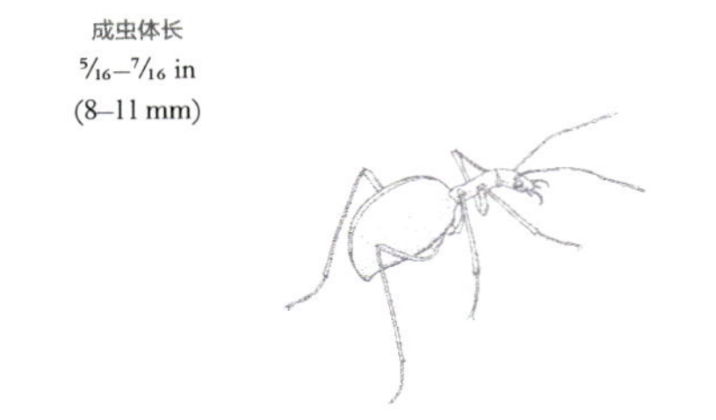

霍氏嶙小葬甲（指名亚种）

Leptodirus hochenwartii hochenwartii

Leptodirus Hochenwartii Hochenwartii

Schmidt, 1832

霍氏嶙小葬甲（指名亚种）有幸成为世界上第一种被描述的真穴居性甲虫，当时依据的标本由一位早期的洞穴探险家采自欧洲的喀斯特地区。本种种群大量生活在洞穴的深处，取食腐尸和其他有机质。霍氏嶙小葬甲的变态过程有别于其他大部分全变态类昆虫。幼虫由巨大的卵孵化而来，不取食，但迅速化蛹并羽化为成虫，从而有效地跨越了幼虫阶段。霍氏嶙小葬甲是一个保护物种，其生存正在受到威胁。

近缘物种

霍氏嶙小葬甲是嶙小葬甲属 *Leptodirus* 唯一的物种，分成6个亚种，分别分布于欧洲的很多洞穴系统中，向西最远可达意大利东部。本种可能会与很多其他种类的洞穴球蕈甲相混淆，因为它们都因隐居深穴而具有相近的特化形态。

霍氏嶙小葬甲（指名亚种） 一种典型的穴居甲虫，它们的复眼和后翅消失，鞘翅较宽大，前体窄长，足和触角纤修。这种身形也见于其他的东欧穴居球蕈甲种类和北美洲的魃冰穴蕈甲 *Glacicavicola bathyscioides* 中。

实际大小

科	球蕈甲科 Leiodidae
亚科	小葬甲亚科 Cholevinae
分布	新北界：美国肯塔基州
生境	洞穴
微生境	明暗过渡区
食性	腐食性
附注	捕获的活虫在人工模拟的洞穴条件下能够存活2.5年

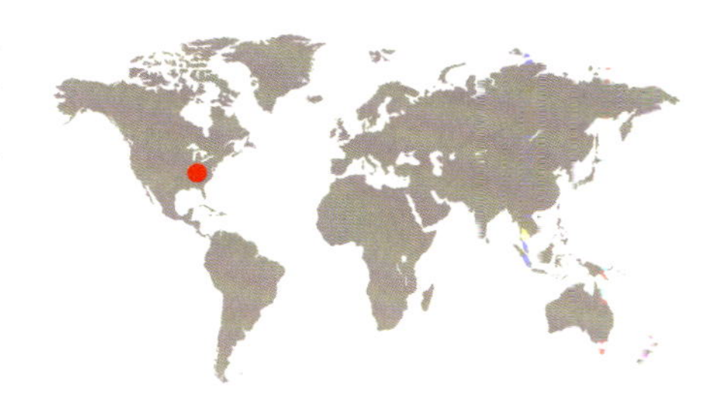

成虫体长
1/16–1/8 in
(2–2.8 mm)

绒尸小葬甲
Ptomaphagus hirtus
Kentucky Cave Beetle
(Tellkampf, 1844)

绒尸小葬甲，其英文俗名“Kentucky Cave Beetle”直译为“肯塔基穴甲”，仅生活在美国肯塔基州的猛犸洞国家公园（Mammoth Cave National Park）的洞穴系统中。捕获的绒尸小葬甲活虫可在类似其原生洞穴的阴冷、高湿的人工环境下依靠干酵母为食良好地生长，但是需要采自天然洞穴的泥土以完成发育和繁殖过程。成虫在此条件下可以存活2.5年之久，超过了大多数昆虫的成虫寿命。从表面上看这类甲虫没有眼且似乎没有视觉，但是转录组研究表明它们拥有光处理蛋白和节律基因。事实上，在行为学试验中，本种确实表现出了对明暗选择检测中的光的敏感性。

实际大小

绒尸小葬甲 一种没有复眼、具水滴状外形的甲虫。本种在整体形状、体型、色彩等方面都有本属及其相近属的典型外形。尽管表面上看不到复眼的存在，但是该种对光线的刺激有反应，它是通过位于本应着生复眼的位置的一枚小“晶体块”来感知光线的。

近缘物种

尸小葬甲属 *Ptomaphagus* 在美国和加拿大有超过50种。尽管分布信息有时也有点用，但区分这些物种需要对其雄性生殖器的详细研究和解剖。还有很多其他的种和相似的属分布在世界的其他地方，但是到目前为止没有在非洲和太平洋地区发现过。

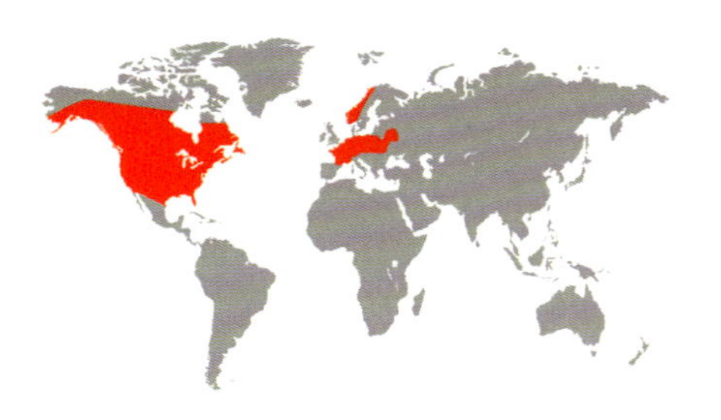

科	球蕈甲科 Leiodidae
亚科	寄兽甲亚科 Platypsyllinae
分布	新北界和古北界：北美洲、欧洲
生境	湿地
微生境	河狸及其巢穴
食性	寄生于河狸皮毛中，取食皮屑和分泌物
附注	本种扁得稀奇，曾被当作跳蚤

成虫体长
1/16–1/8 in
(2–3 mm)

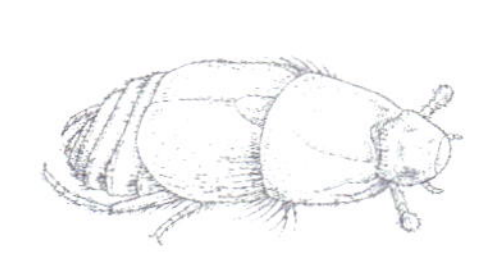

河狸寄兽甲
Platypsyllus castoris
Beaver Beetle

Ritsema, 1869

实际大小

河狸寄兽甲 身体背腹扁平（跳蚤是侧扁）、足短而多刺，这些特征可帮助河狸寄兽甲在寄主身上浓密的毛发间穿行。鞘翅短，无后翅，触角粗短棒状，口器宽扁呈片状。

河狸寄兽甲外寄生于美洲河狸 *Castor canadensis* 和亚欧河狸 *Castor fiber*。其成、幼虫均出现在寄主动物的体表，取食皮屑皮肤和伤口的分泌物。化蛹过程在河狸巢穴和地洞的草垫中完成。在一次调查中，有超过60%的河狸身上有这种寄兽甲，而这样的密度并不会对河狸种群造成干扰。零星的记录显示本种也出现在其他寄主上，但这可能仅是偶然事件。河狸寄兽甲可以从刚死去的河狸身上通过篦毛的方法采集或待河狸身体逐渐变冷的时候捕捉正在离弃寄主的甲虫。

近缘物种

寄兽甲亚科 Platypsyllinae 的种类在与哺乳动物共生的形态学适应方面表现出了梯度变异化，兽巢甲属 *Leptinus*、狸巢甲属 *Leptinillus*（寄生山河狸属 *Aplodontia* 和河狸属 *Castor*）身体扁平，但仍保持甲虫外形，而河狸寄兽甲形态已高度特化，外形不太像甲虫。壮狸巢甲 *Leptinillus validus* 有时与河狸寄兽甲同时出现在河浬身上，但是前者长得更像甲虫，具较长的鞘翅和相对简单的口器。

科	葬甲科 Silphidae
亚科	葬甲亚科 Silphinae
分布	东洋界和澳洲界：东南亚和新几内亚
生境	热带森林
微生境	腐烂的有机质，特别是腐尸
食性	腐食性，也可能捕食蝇蛆
附注	本种可为大魔芋 *Amorphophallus gigas* 的巨大的花序授粉

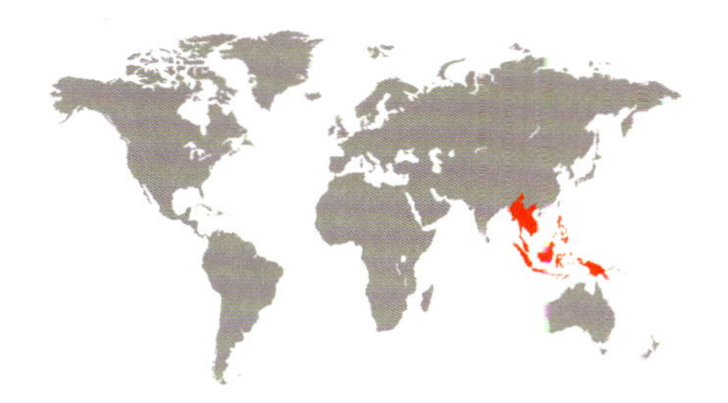

成虫体长
½–¹¹⁄₁₆ in
(13–17 mm)

姝丧葬甲

Necrophila formosa

Necrophila Formosa

(Laporte, 1832)

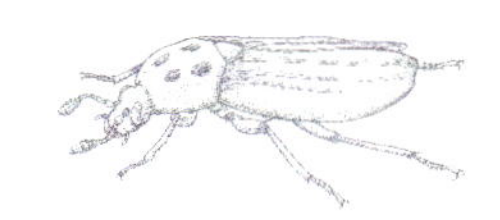

包括姝丧葬甲在内，丧葬甲属 *Necrophila* 煌葬甲亚属 *Chrysosilpha* 的所有物种，都可利用腐烂鱼肉或植物制作诱饵陷阱进行采集。丧葬甲属在其他地方的种类也常见于腐尸周围，但是主要捕食蝇蛆。姝丧葬甲的食性并没有确实的记录，亦可能以捕食蝇蛆为主。此种葬甲已被报道出现在一种天南星科植物大魔芋巨大的花序之中，这种植物的花通过分泌三甲胺类物质而散发出腐鱼般的恶臭。姝丧葬甲可能在这类奇葩的受精过程中扮演了很重要的角色。

近缘物种

姝丧葬甲是煌葬甲亚属仅有的3个种之一。该亚属种类全部分布在亚洲的热带地区，但只有本种的前胸背板为橙色。

实际大小

姝丧葬甲 和同亚属的另2个种在葬甲科中与众不同的地方是，它们拥有鲜艳的、紫绿虹彩色的鞘翅。这3个种的成虫可在腐鱼肉或其他腐尸上采集到。

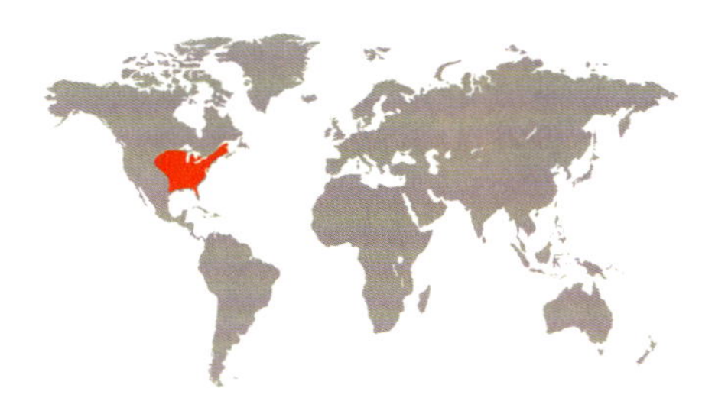

科	葬甲科 Silphidae
亚科	覆葬甲亚科 Nicrophorinae
分布	新北界：北美洲东部
生境	森林和开阔草原
微生境	动物尸体
食性	腐食性
附注	双亲共同承担育幼工作，为幼虫填埋动物死尸

成虫体长
1³⁄₁₆–1¾ in
(30–45 mm)

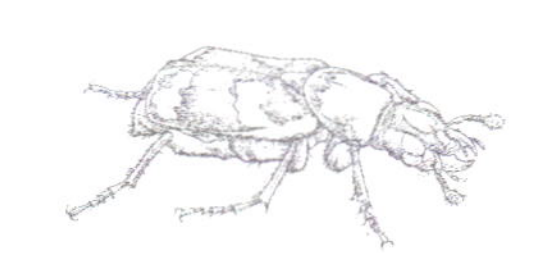

美洲覆葬甲

Nicrophorus americanus

American Burying Beetle

Olivier, 1790

根据博物馆的标本记录，保护物种美洲覆葬甲在美国的实际分布范围曾经一度覆盖了美国东部所有的州以及加拿大的东南部省份。但是目前仅出没于美国东北海岸的一些离岛及美国大平原东部的零星地区。繁殖的时候，交配过的亲代美洲覆葬甲会寻找一具新鲜的鸟类或哺乳类尸体，将其埋入地下，并且涂抹一种特殊的抗体类唾液，然后雌性在准备好的动物尸体上产卵。幼虫在孵化之后的一段时间内会受到来自双亲的照料，如反刍式的喂食，直到这些幼虫能够独立觅食并完成发育。

近缘物种

覆葬甲属 *Nicrophorus* 至少还有10个种可能出现在美洲覆葬甲目前或曾经的分布区，但是这些种都没有美洲覆葬甲这么巨大的体型及其前胸背板上显眼的橙色斑。这些近缘物种通常盘踞在较小的动物尸体上，而且也没有遭受到美洲覆葬甲这样明显的种群衰落。

美洲覆葬甲 隐翅虫总科在北美洲最大的种类。其雌雄两性在头顶具有形状不同的橙色斑。美洲覆葬甲及其他覆葬甲属种类具有的双亲合作掩埋食物资源和高等的亲代抚育习性在甲虫中是独一无二的。

实际大小

科	隐翅虫科 Staphylinidae
亚科	切边隐翅虫亚科 Glypholomatinae
分布	澳洲界：澳大利亚东南部
生境	温带森林
微生境	腐尸、真菌、落叶层、草丛
食性	可能为菌食性
附注	耐寒种类，多采于南半球的秋冬季

成虫体长
$^1/_{10}$–$^1/_8$ in
(2.3–2.7 mm)

圆切边隐翅虫
Glypholoma rotundulum
Glypholoma Rotundulum
Thayer & Newton, 1979

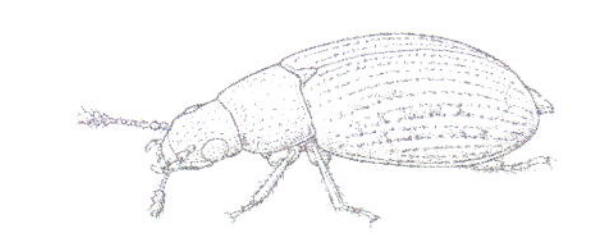

实际大小

圆切边隐翅虫属于隐翅虫科中一个复杂难解的亚科——切边隐翅虫亚科。这个亚科是南温带四眼隐翅虫亚科群中具有重要系统发育意义的几个亚科之一。本种的分布仅限于澳大利亚东南部的温带森林，具有罕见的耐寒性，曾在诱捕雪地活动昆虫的陷阱中被采集到。圆切边隐翅虫分布区北部的种群多为后翅正常的个体，而南部种群的大多数个体则后翅退化，丧失了飞行能力。根据对其肠容物的分析，本种应以真菌为食。

近缘物种

圆切边隐翅虫是切边隐翅虫亚科分布在澳大利亚的唯一种类，同属还有一些种类分布在阿根廷和智利的温带森林中。当然，澳大利亚应该还有一些种类有待发现。本种与四眼隐翅虫亚科 Omaliinae 的外形较为相似，因此曾经长期被列为后者的一个族。

圆切边隐翅虫 外形隆凸，卵圆形，深棕色，鞘翅具有明显的纵槽。腹部大部隐藏，仅最末一节暴露于鞘翅之后。本种头顶有一对背单眼，这表明了它与四眼隐翅虫亚科的关系非常接近。系统发育研究也支持切边隐翅虫亚科与四眼隐翅虫亚科相邻，但并不认为它是其中的一部分。

科	隐翅虫科 Staphylinidae
亚科	腐隐翅虫亚科 Microsilphinae
分布	新热带界：智利南部
生境	南温带森林
微生境	森林落叶层
食性	不详，或为菌食性或腐食性
附注	隐翅虫中最不为人所知和最神秘的类群之一

成虫体长
⅛ in
(3–3.2 mm)

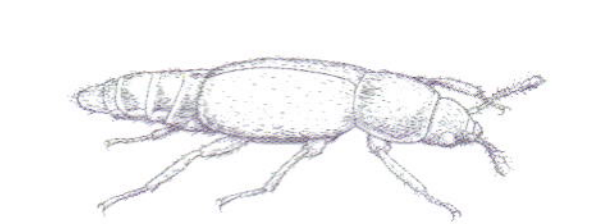

慧腐隐翅虫
Microsilpha ocelligera
Microsilpha Ocelligera
(Champion, 1918)

实际大小

腐隐翅虫亚科属于种类繁多的隐翅虫科中最不为人知的类群之一。除了有限的成虫标本和出没于南温带森林的落叶层之外，我们对它们一无所知。它们可能为菌食性或腐食性，生活在真菌或细菌丰富的有机质上，不过这是从与其近缘的四眼隐翅虫亚科的习性推测而来，尚未确证。幼虫和其他生活史阶段的情况亦不甚了解。

腐隐翅虫亚科的种类之前分散归于葬甲和球蕈甲等其他的科中。

近缘物种

另有2个腐隐翅虫属物种分布在南美洲阿根廷南部，1种分布在新西兰。此外，隐翅虫研究专家们还提到过一些未被正式描述的腐隐翅虫种类，这些未发表种类的存在使得正确的物种鉴定变得不那么简单。

慧腐隐翅虫　一种暗褐色的隐翅虫，具有一些不太常见的特征组合，包括棒状触角、一对背单眼和较长的鞘翅。这些特征曾经致使本属的很多种类被归入其他不同的科中，直到有详细的研究支持它们与四眼隐翅虫亚科有紧密的关系，方才确定建立隐翅虫科中独立的一个亚科。

科	隐翅虫科 Staphylinidae
亚科	四眼隐翅虫亚科 Omaliinae
分布	东洋界：东南亚
生境	热带森林
微生境	潮湿的森林落叶层
食性	可能为菌食性
附注	像很多其他具有完整鞘翅的隐翅虫一样，本种也曾经被错误地划属葬甲科

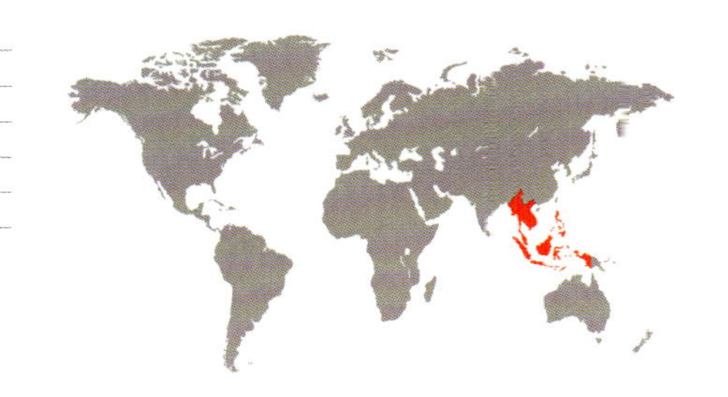

成虫体长
3/16 in
(4.6–4.8 mm)

懿长鞘隐翅虫
Deinopteroloma spectabile
Deinopteroloma Spectabile
Smetana, 1985

实际大小

懿长鞘隐翅虫是长鞘隐翅虫属的一个亚洲种，这个属具有广泛却间断的分布区。大部分种类生活在亚洲东部（中国及喜马拉雅山脉周围）的山地森林和东南亚的热带森林，另有2个种出现在北美洲的西部。这样的分布格局被认为是东北亚和北美洲西部在新生代时曾相互连接的遗迹。懿长鞘隐翅虫的生物学习性尚不清楚，据推测，其成、幼虫都以腐烂有机质附近的真菌为食。其身体背部表面深陷的毛窝可能是防卫腺的开口，这类防卫腺能分泌保护性的疏水复合物覆盖在其身体表面。

近缘物种

除了懿长鞘隐翅虫，本属还有7个种分布在东南亚，2个种分布在北美洲西北地区。长鞘隐翅虫属 *Deinopteroloma* 外表特征明显，但是同属物种间的外形较相似，需要通过观察体表和雄性生殖器形态上的细微差异加以区分。

懿长鞘隐翅虫 属于一种“非典型”的隐翅虫，这类隐翅虫的鞘翅强烈隆凸、非平截并且覆盖腹部。而本种前胸背板凹陷的侧缘和背部表面较深的凹窝状腺体可能是对浸于腐烂有机质中的生活方式的适应。

科	隐翅虫科 Staphylinidae
亚科	四眼隐翅虫亚科 Omaliinae
分布	新北界：北美洲西北部，从加利福尼亚到阿拉斯加
生境	温带雨林
微生境	真菌、地衣、苔藓、森林落叶层
食性	菌食性
附注	这种稀有的、具有前突的“喙”的隐翅虫仅分布在北美洲太平洋西北地区阴冷潮湿的森林中

成虫体长
³⁄₁₆ in
(4.2–5.4 mm)

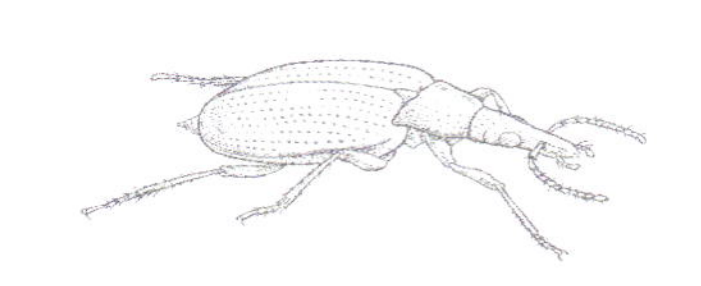

苌象隐翅虫

Tanyrhinus singularis
Tanyrhinus Singularis

Mannerheim, 1852

实际大小

苌象隐翅虫这种稀有的、具有长喙的隐翅虫生活在遍布北美洲西北地区、沿太平洋沿岸广泛分布的温带雨林中。采集记录显示，这些标本通常采自木生真菌中或少数采自树皮下，这些真菌生长于林间地面或悬挂在林冠层的朽木及其他腐烂有机质上。一般认为苌象隐翅虫的数量较为稀少，而且可能由于很多老林砍伐后变成了补栽的木材林而更加受到威胁。本种的生物学特性几乎不为人知，我们只知道它可能是取食真菌的，幼虫也未被描述过。

近缘物种

在苌象隐翅虫的分布区没有别的隐翅虫具有像其一样长的“喙”，但是有一个近缘属——尖头隐翅虫属 *Trigonodemus* 也具有略微前伸的额区和相似的外形。本种也可能与象甲或者其他具有长喙的甲虫相混淆，但是其头部的一对背单眼表明它非四眼隐翅虫亚科莫属。

苌象隐翅虫 成虫的口器长在貌似象甲的细而前伸的长喙上，这点在隐翅虫甚至其他非象甲类甲虫中都不多见。除此之外，本种的外形具有典型的四眼隐翅虫亚科特征，鞘翅发达，几乎完全覆盖腹部。

科	隐翅虫科 Staphylinidae
亚科	北美隐翅虫亚科 Empelinae
分布	新北界：南阿拉斯加至加利福尼亚
生境	太平洋沿岸雨林
微生境	潮湿的森林落叶层
食性	不详
附注	本种身形奇怪，最初发表时归于姬花甲科 Phalacridae

成虫体长
1/16 in
(1.5–1.7 mm)

褐鞘北美隐翅虫
Empelus brunnipennis
Empelus Brunnipennis
(Mannerheim, 1852)

实际大小

褐鞘北美隐翅虫这种不起眼的甲虫最初描述的时候被归在姬花甲科 Phalacridae 的 *Litochrus* 属中。随后又被移入拳甲科Clambidae，直到很多年之后才被归入四眼隐翅虫亚科或者自成一科（北美隐翅虫科）。最终，人们认识到它是四眼隐翅虫亚科群中一个独特的成员，于是自成为一个亚科。除了现藏的标本所提供的信息外，我们对褐鞘北美隐翅虫的生活史一无所知。已有报道在花旗松 *Pseudotsuga menziesii* 林里采到了褐鞘北美隐翅虫，包括老林和砍光了的林地。

近缘物种

褐鞘北美隐翅虫是北美隐翅虫亚科目前唯一被描述的种。正确鉴定到科，是正确鉴定这种奇怪的隐翅虫的主要难点。它的特点是后足基节向后延伸成为片状结构并部分地遮挡股节（从腹面观）。

褐鞘北美隐翅虫 外观上与很多小型卵形隆凸的褐色甲虫相似，其中与姬花甲科、拳甲科和某些球蕈甲科——但不仅限于这些科——最为相似。长鞘翅和触角端部三个分节急剧膨大形成棒状，这些是本种最明显的特征之一。

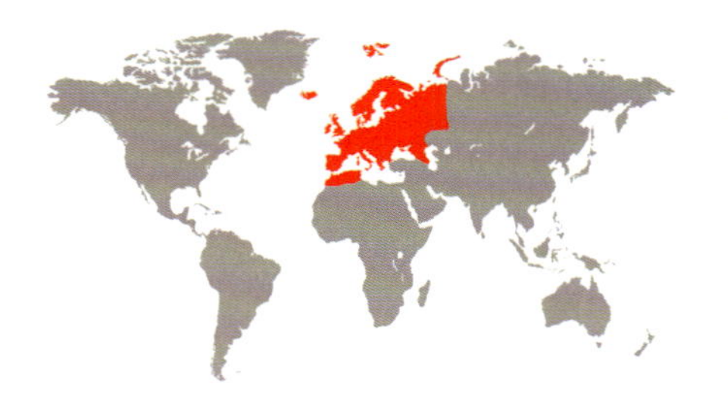

科	隐翅虫科 Staphylinidae
亚科	原隐翅虫亚科 Proteininae
分布	古北界和非洲热带界：欧洲、非洲西北部
生境	森林
微生境	森林落叶层、苔藓层
食性	据推测可能为腐食性
附注	本种标本曾从位于英国、约2000年前古罗马时代的沉积物中发现并鉴定出

成虫体长
⅛ in
(2.5–3 mm)

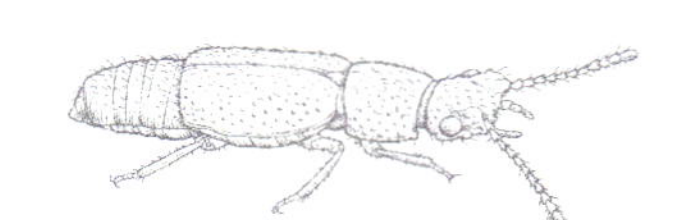

琵唇宽额隐翅虫
Metopsia clypeata
Metopsia Clypeata
P. Müller, 1821

实际大小

琵唇宽额隐翅虫 身体较宽，近卵形，褐色或略浅，头部宽，前胸背板宽、矩形，鞘翅四边形。其整个背面均匀地着生着短而弯的金黄色刚毛。

我们对琵唇宽额隐翅虫这种分布广泛的小型隐翅虫所知甚少。它属于一个相对较小的亚科——原隐翅虫亚科，该亚科种类最丰富的属是沟胸隐翅虫属*Megarthrus*。琵唇宽额隐翅虫适应于多种生境，以潮湿落叶层中的腐烂有机质为食。原隐翅虫亚科的部分种类具有一种被称为“负水”①（Water Loading）的行为，即水通过毛细作用被“泵”至背部表面，并且蓄积成一个小液滴直至崩散。尚不清楚琵唇宽额隐翅虫是否也具有这种行为。

近缘物种

除了琵唇宽额隐翅虫，宽额隐翅虫属 *Metopsia* 还有11个种。该属多数种的分布范围都比本种更加狭窄，但拟琵唇宽额隐翅虫 *Metopsia similis* 例外。这两个分布较广的种外表近似，需要通过解剖和比较雄性外生殖器才能将它们确切地区分开。原隐翅虫亚科的其他种类和四眼隐翅虫亚科的一些种类也在外表上与宽额隐翅虫属的物种有一定的相似。

① 这种“负水”行为已知存在于原隐翅虫亚科的原隐翅虫属（*Proteinus*）、沟胸隐翅虫属 *Megarthrus*，以及四眼隐翅虫亚科的仙隐翅虫属 *Acrolocha* 的1个种中。这种行为使这类甲虫不必活动身体就可以不断收集水分。当口器闭合收于上唇之下的时候，下唇不断翻动将水汲至内颚叶基部和上颚外表面之间的空隙中。上颚外表面凹陷且边缘锐利，可将水流上引至颊沟。颊沟从上颚的关节延伸至复眼和触角窝之间的缺口处，类似一条管道将水从上颚关节输送到头顶。源源不断的水流在头顶额区的中后部汇聚成一个小水滴，并不断向后蔓延，可以覆盖前胸背板、鞘翅、乃至腹部的一部分。其大小受甲虫身体边缘的限制，可在5分钟之内汇聚成一个球形液滴，体积超过虫体的2倍。液滴大约5–10分钟就会自行崩散或由于后足胫节或其他物体的触碰而崩散。然而可这一“汇聚——崩散”的过程会反复进行，1小时可超过5次。而且背负在背面的液滴并不影响甲虫的运动和触角的功能。（参见Cuccodoro. 1995. *J. Zool. Lond.* 236: 253–264）——译者注

科	隐翅虫科 Staphylinidae
亚科	铠甲亚科 Micropeplinae
分布	新热带界：墨西哥南部
生境	森林
微生境	森林落叶层
食性	不详，或为腐食性
附注	仅见于墨西哥恰帕斯州的一个地点

成虫体长
1/16 in
(1.3–1.9 mm)

墨西哥小铠甲
Peplomicrus mexicanus
Peplomicrus Mexicanus
Campbell, 1978

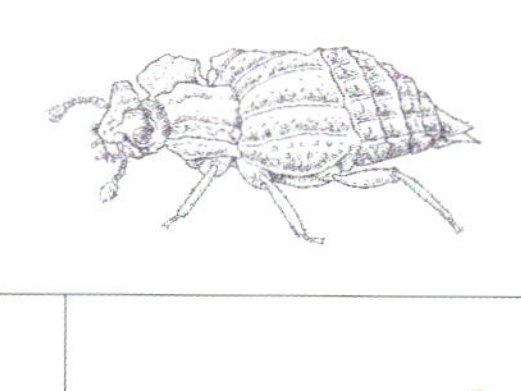

由于独特的外形，包括墨西哥小铠甲在内的铠甲亚科曾经长期被认为是一个独立的科，即铠甲科Micropeplidae。现在它被归入隐翅虫三大世系之一的四眼隐翅虫亚科群 Omaliine Group，这个亚科群还包括四眼隐翅虫亚科Omaliinae 和蚁甲亚科 Pselaphinae。本种描述自5头标本，这些标本都采自墨西哥恰帕斯州的同一个地点。而且它们都是通过筛查森林枯落物被发现的，至于其他的生活史细节就不得而知了。铠甲亚科的物种通常被认为是腐食性的，取食腐烂的有机质或腐烂真菌。

近缘物种

小铠甲属 *Peplomicrus* 有7个种分布在美洲热带地区，还有2个种在中国。小铠甲属种类的区分主要依靠其背脊和刻点在排布上的细微差异以及其他外部特征的差别，但是这些差别有时难以分辨。铠甲属 *Micropeplus* 与本属相似，可通过头部的特征和较少的腹部纵脊来区分。

实际大小

墨西哥小铠甲 外形粗短，表面刻纹又深又多。其背面明显的脊和鞘翅上的深刻点是铠甲亚科的典型特征，使之可以很容易地从其他大多数隐翅虫的亚科中区分出来。数量较多的腹脊是小铠甲属的一大特征。

科	隐翅虫科 Staphylinidae
亚科	血红隐翅虫亚科 Neophoninae
分布	新热带界：南美洲南部
生境	南温带森林
微生境	森林下层植物的叶片表面
食性	菌食性；取食叶片上的真菌
附注	白天在暴露的叶片表面活动，这一习性在隐翅虫中不常见

成虫体长
⅛–³⁄₁₆ in
(3.3–3.7 mm)

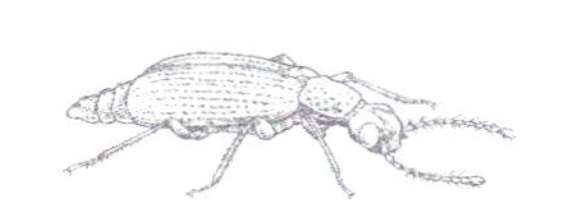

布鲁赫血红隐翅虫
Neophonus bruchi
Neophonus Bruchi

Fauvel, 1905

实际大小

布鲁赫血红隐翅虫是血红隐翅虫亚科唯一的种，在系统发育上具有非常重要的意义，有助于揭示四眼隐翅虫亚科群内部各亚科之间的关系。它们生活在南温带森林下层植物的叶片表面，对其肠容物的分析表明，本种取食多种真菌。成虫跗节表面具有刚毛，有助于附着叶片的表面，口器中特化的刷状结构可用于刮取叶面上生长的真菌。本种白天暴露在叶片表面活动，这一习性在隐翅虫中很少见，因此可用敲击振树的方式采集。

近缘物种

血红隐翅虫亚科目前仅知这一个种。由于具有背单眼和相似的外形，布鲁赫血红隐翅虫可能与四眼隐翅虫亚科的标本相混淆。但是本种具有独特的背面整体特征、外凸的复眼以及其他独一无二的解剖特征，使之有别于其他隐翅虫。

布鲁赫血红隐翅虫　一种中等体型的隐翅虫，复眼大而外凸，前体宽，亮红棕色至黑色，鞘翅背面具成列的大刻点。腹末从鞘翅宽阔的后缘开始逐渐变尖。雌虫较雄虫颜色略红。

科	隐翅虫科 Staphylinidae
亚科	毛薪甲亚科 Dasycerinae
分布	新北界：阿巴拉契亚山脉、美国东南部
生境	山地森林
微生境	真菌覆盖的原木、立枯木
食性	菌食性：取食多孔菌类和革菌类真菌
附注	新北界的毛薪甲都是不善飞行的种类

成虫体长
1/16 in
(1.8–2 mm)

卡罗来纳毛薪甲
Dasycerus carolinensis
Dasycerus Carolinensis
Horn, 1882

实际大小

在南阿巴拉契亚山脉中高纬度的潮湿森林里，卡罗来纳毛薪甲成虫经常被发现于巨大的原木或者立枯木上的多孔菌的菌伞以及革菌的皮壳表面。幼虫也出没于这类生境，但是很难遇到。此外，成虫偶尔也能在森林枯落物中被筛查到。毛薪甲属 *Dasycerus* 种类可能就取食那些它们被发现时驻足的真菌，但是这一推测并没有被证实。这类不常见的隐翅虫在系统发育研究中非常重要，是解决许多其他近缘亚科，如四眼隐翅虫亚科、铠甲亚科、蚁甲亚科等之间亲缘关系的关键。

近缘物种

卡罗来纳毛薪甲常与双色毛薪甲 *Dasycerus bicolor* 一同出现。后者的鞘翅上左右各具一个黑色斑点。在同一个地区也可能还有其他未被描述的物种。更多的毛薪甲属种类分布于美国的加利福尼亚州以及欧洲和亚洲，它们都具有相同的基本外形，但是在表面刻槽、刻点和雄性外生殖器的形态上各不相同。

卡罗来纳毛薪甲　成虫具有隐翅虫中少见的完整的鞘翅，头部和体躯表面具有大量强烈而明显的刻槽和刻点，触角纤细、念珠状。这些都是毛薪甲亚科的典型特征，在全世界隐翅虫区系中无有雷同者。

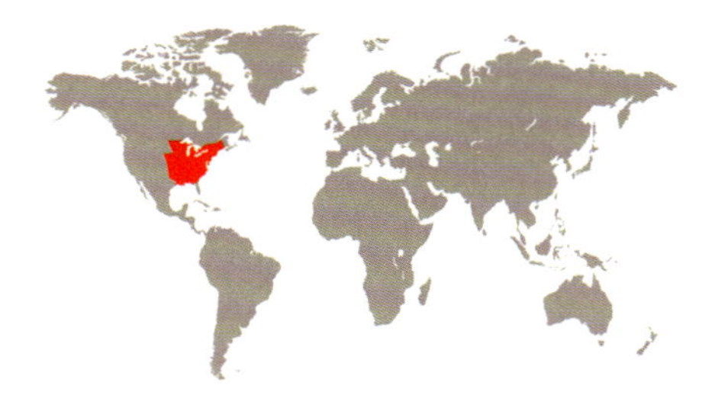

科	隐翅虫科 Staphylinidae
亚科	蚁甲亚科 Pselaphinae
分布	新北界：北美洲东部
生境	北美洲东部的落叶林
微生境	毛蚁属 *Lasius* 蚂蚁的巢穴
食性	由宿主蚂蚁交哺饲喂，也可能捕食蚂蚁或取食其尸体
附注	仅伴生于蚁巢内

成虫体长
1/16 in
(1.8–2 mm)

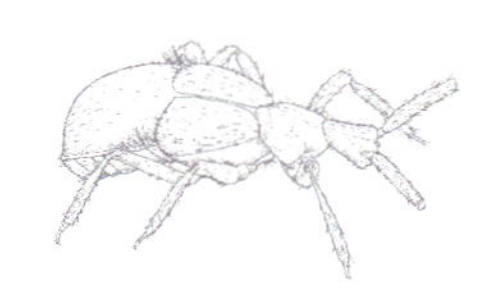

勒孔特羸蚁甲
Adranes lecontei
Adranes Lecontei
Brendel, 1865

实际大小

勒孔特羸蚁甲属于寡节蚁甲超族 Clavigeritae，这个类群的种类都具有独特的行为和形态特征以适于寄居在社会性昆虫的巢穴中（巢寄生）。勒孔特羸蚁甲的主要宿主为毛蚁属的蚂蚁。其具体的生物学习性仍然知之甚少，但是成虫腹部基部具有特别的香毛簇能够分泌物质吸引蚂蚁。而根据在相近种类中的记载，蚂蚁可能通过反刍交哺的方式饲喂寄宿在其巢中的蚁甲。虽然本种的成虫很少被采到，但是对其特定宿主巢穴进行有针对性的采集也能不时地采到一些标本。本种幼虫的习性未知，有可能是以捕食宿主幼虫为生。

近缘物种

羸蚁甲属 *Adranes* 至少有1个种——盲羸蚁甲 *Adranes coecus* 的分布区域与勒孔特羸蚁甲重叠。这两个种可以通过足和雄性外生殖器的特征予以区分。该属还有3个种也分布在北美洲。寡节蚁甲超族中的另一个属——微蚁甲属 *Fustiger*，也与羸蚁甲属相似，但是该属复眼较小，羸蚁甲属则没有复眼。

勒孔特羸蚁甲 触角只有3个分节，而且仅有粗而长的末节明显易见。触角、腹部和身体其他的部分都表现出了退化和愈合的情况，这是蚁客形态特化的典型。其腹部基部的香毛簇也体现了蚁客对蚁巢寄生生活的高度适应。

科	隐翅虫科 Staphylinidae
亚科	蚁甲亚科 Pselaphinae
分布	古北界：欧洲
生境	温带森林
微生境	森林枯落物有机质
食性	捕食性
附注	桶形的腹部是种类多样的桶腹蚁甲族的典型特征

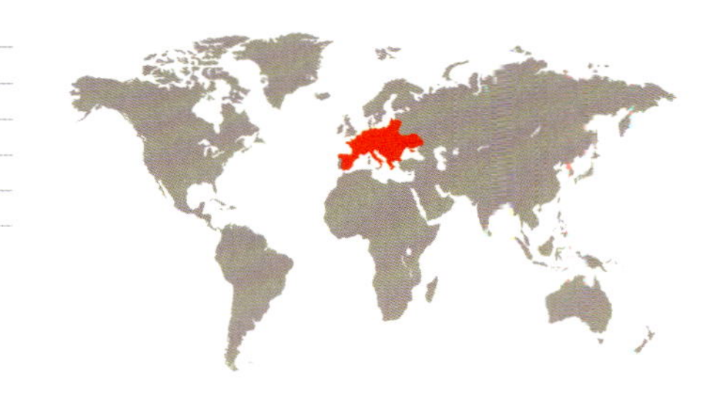

成虫体长
⅛ in
(2.[illegible]—3.2 mm)

嗜蚁桶腹蚁甲

Batrisus formicarius

Batrisus Formicarius

Aubé, 1833

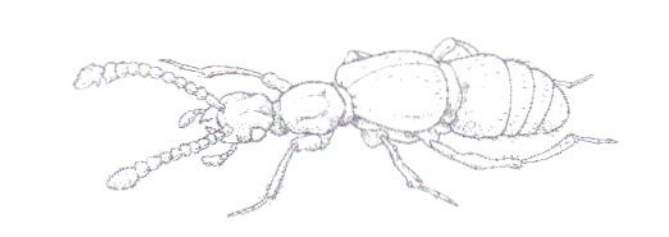

嗜蚁桶腹蚁甲是一种欧洲广布种，生活在森林枯落物中，有时伴随蚂蚁生活，有时在落叶层和大型倒木中营自由生活。本种和大部分其他蚁甲一样都是专门的捕食者。螨和弹尾虫是它们所喜欢的猎物。这些蚁甲利用触角和下颚须或下唇须上高度协调的感觉器官定位和跟踪猎物，然后在接近猎物的时候将其一举擒住。猎物会在其体外被大卸八块消化掉，蚁甲只摄取消化后的液体。幼虫具有特别的可外翻的黏突，可捕捉并固定猎物。

实际大小

近缘物种

嗜蚁桶腹蚁甲属于桶腹蚁甲族 Batrisini，这是一个多样性高且种间彼此相似的类群。桶腹蚁甲族与其他蚁甲的主要区别是腹部呈桶形，横截面几乎为圆形。族内各种可以通过雄性头部和触角的结构以及雄性外生殖器的形态相区分，这些特征也可以用来鉴别桶腹蚁甲属分布于欧洲和亚洲温带地区的另外3个种。

嗜蚁桶腹蚁甲　一种身形较为粗短的褐色蚁甲，是桶腹蚁甲族的典型种类。蚁甲成虫具有如下典型的解剖特征：刚性的外部结构和明显的圆形凹窝，这类凹窝在体内延伸并为身体结构提供额外的刚性和强度。

科	隐翅虫科 Staphylinidae
亚科	皮隐翅虫亚科 Phloeocharinae
分布	新北界：北美洲西北部
生境	温带雨林
微生境	森林枯落物层
食性	不详，或为捕食性
附注	稀有的隐翅虫，生活在太平洋沿岸森林，但其习性未知

成虫体长
3/16 in
(4–4.5 mm)

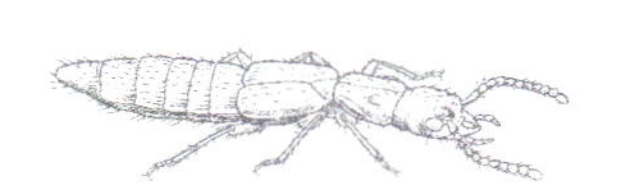

范氏脊皮隐翅虫
Vicelva vandykei
Vicelva Vandykei
(Hatch, 1957)

范氏脊皮隐翅虫这种稀有隐翅虫的生活范围局限在从美国俄勒冈州到阿拉斯加南部的海岸雨林。除了采集地点和生境，我们对该种其他的生活史特性一无所知。事实上，我们对皮隐翅虫亚科大部分种类的知识都很匮乏，即便是成虫和幼虫的捕食习性也仅是从其口器的形态推测而来。已有的标本采自落叶层与河滩。研究本种的生物学属性和获取可供分子分析的新鲜标本对深入理解皮隐翅虫亚科内的系统发育关系大有裨益。

近缘物种

脊皮隐翅虫属 *Vicelva* 能够很容易地与皮隐翅虫亚科的其他类群相区分，该属的唇基中央有一个具三齿的短喙状前突。这个与众不同的属目前仅知2种，另1个种报道自俄罗斯的西北部。

实际大小

范氏脊皮隐翅虫 体型中等，瘦长，两侧平行。背面深棕色，光亮，有明显的纵沟，这些纵沟由着生短竖毛的脊所分隔。前胸背板在靠近头部的位置达到最宽，且具有内弯的侧缘。

科	隐翅虫科 Staphylinidae
亚科	尖腹隐翅虫亚科 Tachyporinae
分布	古北界：欧洲和亚洲北部
生境	森林
微生境	各类伞菌和多孔菌
食性	捕食性
附注	一种常见的真菌生隐翅虫，捕食蝇蛆

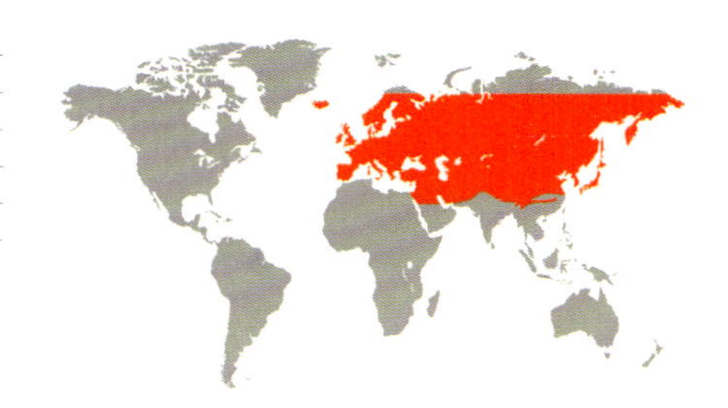

成虫体长
3/16–1/4 in
(5–6 mm)

梭形蕈隐翅虫
Lordithon lunulatus
Lordithon Lunulatus
(Linnaeus, 1760)

梭形蕈隐翅虫的成虫和幼虫常见于亚欧大陆北部森林的伞菌和多孔菌中。成虫在实验室条件下曾被观察到取食菌蚊幼虫和小型的家蝇 *Musca domestica* 蛆虫，幼虫据推测应该也是捕食性。此外，本种以及同属其他种类的生命周期和习性都不甚清楚。成虫善飞行，似乎能够循着真菌散发出的挥发物的气味找到真菌。

近缘物种

蕈隐翅虫属 *Lordithon* 至少还有10个种也出现在梭形蕈隐翅虫的分布区内，而全世界约有140个已被描述的种类，主要分布在北温带。梭形蕈隐翅虫在较早的文献中曾被归于锥须隐翅虫属 *Bolitobius*，这个属的名称变化在历史上非常复杂。本种目前被恰当地归在蕈隐翅虫属下的长头蕈隐翅虫亚属 *Bolitobus*（注意这个属名与锥须隐翅虫属的拼写略有差异）中。

实际大小

梭形蕈隐翅虫　一种色彩鲜艳的隐翅虫，背面有漂亮的黑橙相间的色斑。鞘翅基部有艳丽的黄色斑点，腹部具有一圈黄色环带。头部较窄，前部变尖，这是这个属有别于尖腹隐翅虫亚科其他属的特征。

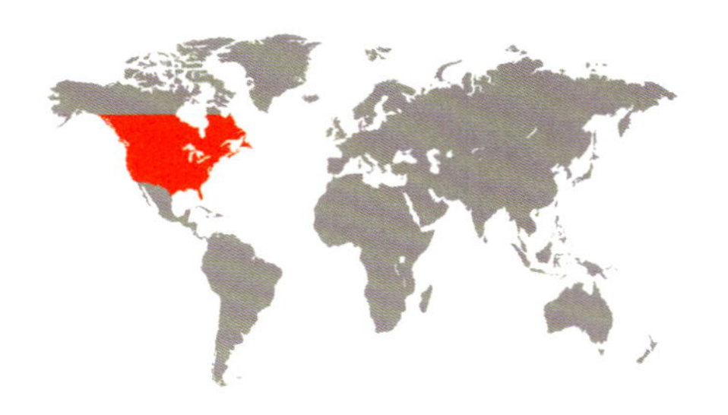

科	隐翅虫科 Staphylinidae
亚科	前角隐翅虫亚科 Aleocharinae
分布	新北界：北美洲、墨西哥北部
生境	森林
微生境	蚁科的巢穴
食性	成虫和幼虫由宿主通过交哺过程饲喂
附注	蚂蚁的一种特化的巢寄生物

成虫体长
³⁄₁₆–¼ in
(5.3–6.4 mm)

折诡隐翅虫
Xenodusa reflexa
Xenodusa Reflexa

(Walker, 1866)

实际大小

折诡隐翅虫的成虫和幼虫都适应与蚁科的专性伴生，并且其生命的大多数时间均生活在蚁巢中。成虫通过腹部特化的腺毛产生慰抚剂吸引宿主蚂蚁。成、幼虫都由宿主以反刍的方式饲喂（交哺现象）。它们被认为是巢寄生物，是因为这类甲虫的幼虫与蚂蚁的幼虫竞争蚂蚁成虫的哺育。据统计，弓背蚁属 *Camponotus* 是本种最常见的宿主，但是其他一些种类也会在蚁属 *Formica* 蚂蚁的巢内繁殖，而在弓背蚁巢内越冬。

近缘物种

诡隐翅虫属 *Xenodusa* 有4个种分布在美国和加拿大南部，还有1个种出现在墨西哥。折诡隐翅虫是其中分布最广的种。与这些同分布的近缘物种相比，它体型较大（5.3–6.4 mm），且腹面着生大量的长刚毛。穴诡隐翅虫 *Xenodusa cava* 是一个美洲东部的广布种，与本种相似，但是身体腹面缺少长刚毛。

折诡隐翅虫 缘隐翅虫族 Lomechusini 中体型较大、红棕色至棕色的种类。前胸背板宽而下折（学名由此而来），腹部具有一系列毛簇是这个属的特征。相似的腺毛也出现在其他蚁客甲虫身体的不同部位，这种结构可能有助于产生和涂敷腺体所分泌的慰抚剂。

科	隐翅虫科 Staphylinidae
亚科	出尾蕈甲亚科 Scaphidiinae
分布	东洋界：印度尼西亚的苏门答腊、苏拉威西；马来西亚的沙捞越（位于婆罗洲）
生境	热带森林
微生境	原木和未倒的死树上的真菌
食性	菌食性
附注	颈部极长，超过身体其他部分的两倍

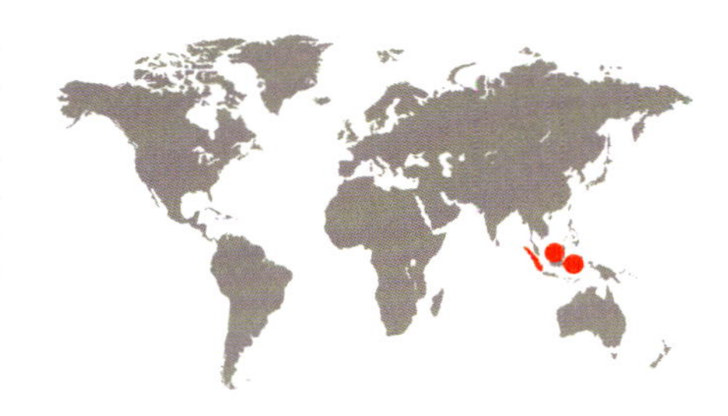

成虫体长
½–¾ in
(13–20 mm)

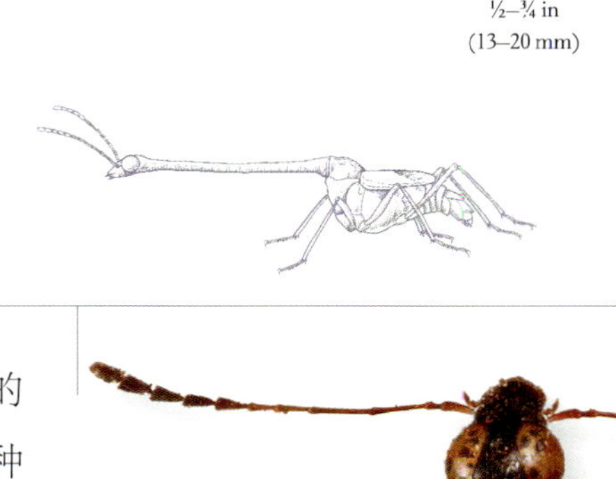

长颈出尾蕈甲
Diatelium wallacei
Long-Necked Shining Fungus Beetle
Pascoe, 1863

从头部以后的部分来看，长颈出尾蕈甲这种怪异的虫子是典型的出尾蕈甲亚科出尾蕈甲族 Scaphidiini 种类，但是其无论雌性还是雄性都具有极度伸长的颈部，这在所有隐翅虫中绝无仅有。长颈出尾蕈甲的生物学特性不为人知，但是出尾蕈甲亚科其他种类的成、幼虫大都取食倒木或其他森林有机质上生长的肉质或革质的真菌。白天或晚间都有可能在暴露的真菌表面遇到其成虫。它们非常警觉，很容易飞走或掉落到地上，因此需小心翼翼地接近，才能成功地观察或拍照。

近缘物种

根据最近的系统发育研究和外部特征，长颈出尾蕈甲与种类繁多的出尾蕈甲属 *Scaphidium* 同属一个族，尽管它具有超长的颈。本种不太可能与别的出尾蕈甲种类混淆，但是一些非洲的三锥象科 Brentidae 也具有伸长的前体，包括了前胸和颈的一部分，与本种倒有几分相似。

实际大小

长颈出尾蕈甲 具有特别长的颈部，在某些雄性标本中可超过两倍身长，这种奇观在隐翅虫中甚至在所有甲虫中都是独一无二的。雄性的颈相对雌性通常会更长一些，但是颈长在两性中都是多变的。

科	隐翅虫科 Staphylinidae
亚科	扁隐翅虫亚科 Piestinae
分布	新热带界：南美洲
生境	热带雨林
微生境	粗大的木制碎块
食性	菌食性或腐食性
附注	本种见于南美洲亚马孙雨林中粗大倒木的树皮下

成虫体长
5/16–7/16 in
(8–10.5 mm)

双角扁隐翅虫

Piestus spinosus

Piestus Spinosus

(Fabricius, 1801)

扁隐翅虫属 *Piestus* 是扁隐翅虫亚科物种数量最多的属，在世界范围内有约110个已被描述的种。双角扁隐翅虫在南美洲的亚马孙地区广泛分布。通常可在原木以及其他大型倒木的树皮下或其附近的枯落物中发现它们的踪迹。本种可能为腐食性，生活在真菌上或者树皮下，这里潮湿的间隙具有富含微生物的腐烂有机质，但是对其食性并没有直接的观察记录。

近缘物种

扁隐翅虫亚科目前包括7个现生属，如分布于古北界东部和东洋界的真扁隐翅虫属 *Eupiestus*、分布于新北界和新热带界的扁尾隐翅虫属 *Hypotelus* 等，还有1个产自哈萨克斯坦仅包括1个种的化石属——殒隐翅虫属 *Abolescus*。扁隐翅虫属有近50个种分布在新热带界的森林中，包括了大量的已发表种类。这些种类在体型、外形、体色、头部的角状突的有无和发达程度，以及雄性外生殖器的形态上各不相同。

双角扁隐翅虫 扁隐翅虫属这个南美洲分布的大属中最诱人的种。其头部额区着生的一对长而相互远离的角、对比鲜明的橙—褐色前体，以及黑色的腹部使其很容易与同属的其他种类相区分。

实际大小

科	隐翅虫科 Staphylinidae
亚科	筒隐翅虫亚科 Osoriinae
分布	东洋界：印度尼西亚、菲律宾
生境	热带森林
微生境	倒木
食性	不详，可能为菌食性或腐食性
附注	生活史未知

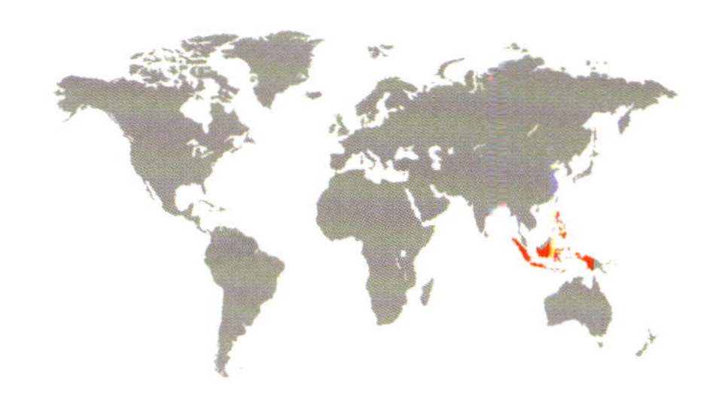

成虫体长
9/16–5/8 in
(14—16 mm)

爪哇剑隐翅虫
Borolinus javanicus
Borolinus Javanicus
(Laporte, 1835)

爪哇剑隐翅虫属于一个不常见的隐翅虫类群——方胸隐翅虫族 Leptochirini。剑隐翅虫属 *Borolinus* 的标本采自倒木生境，但是其他的生物学属性都不甚清楚。方胸隐翅虫族其他一些种类的成虫和幼虫被报道与白蚁“共同出现”，但是这种共同出现的性质还不得而知。筒隐翅虫亚科的其他种类曾被报道取食真菌或腐烂的植物。取食腐烂植物的种类，其主要营养来源可能是基质中的细菌。

近缘物种

剑隐翅虫属与其他筒隐翅虫亚科种类都有一个共同的特征，就是长筒形且较其他大部分隐翅虫更为刚性的腹部。剑隐翅虫属的种类具有强烈前伸的上颚和一对前突的长额角。爪哇剑隐翅虫能够通过头部的角和上颚的齿式与同属另外13个种相区分。

实际大小

爪哇剑隐翅虫 此种以及其他方胸隐翅虫族的种类都具有相对较大的前体和小而筒形的腹部，不同之处在于其巨大，上颚和额角的形状。

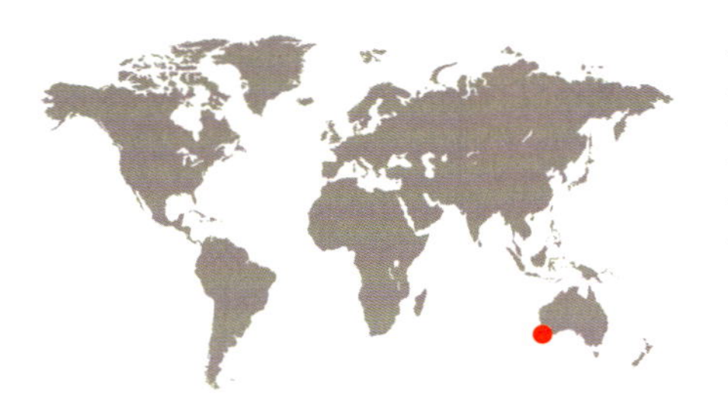

科	隐翅虫科 Staphylinidae
亚科	颈隐翅虫亚科 Oxytelinae
分布	澳洲界：澳大利亚西南部
生境	湿润的硬叶森林
微生境	森林枯落物
食性	腐食性
附注	似乎仅限于澳大利亚西南端的一小片桉树林中

成虫体长
³⁄₁₆–¼ in
(4.5–6 mm)

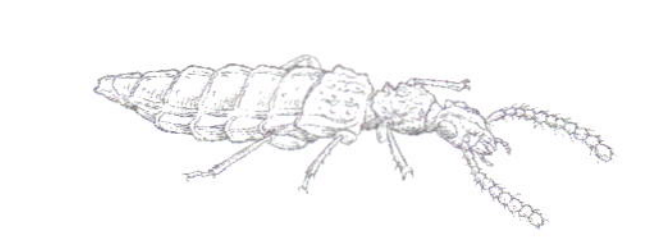

派克扁颈隐翅虫
Oxypius peckorum
Oxypius Peckorum

Newton, 1982

派克扁颈隐翅虫描述所根据的标本产自澳大利亚西南部一片100 km长的区域，这些标本（约50头）是从位于该区域的湿润硬叶树林中的落叶层和大型倒木附近采到的。尽管派克扁颈隐翅虫的食性尚未直接证实，但是肠容物的分析表明，其成、幼虫杂食腐烂植物组织、真菌孢子和菌丝，以及一些螨类。先于成虫采集的幼虫曾被认为属于扁隐翅虫亚科。之后成虫标本的发现使之被正确地归于颈隐翅虫亚科，并且有助于重新确定颈隐翅虫亚科的特征。

近缘物种

派克扁颈隐翅虫是扁颈隐翅虫属 *Oxypius* 唯一的代表。这个比较罕见的物种不太可能与其他甲虫相混淆。根据形态学的分析，扁颈隐翅虫属似乎最接近神秘的欧芬隐翅虫属*Euphanias*。后者包括5个稀有的物种，这些物种分布在世界的不同地方，但是在澳大利亚没有记录。

派克扁颈隐翅虫 一种身形扁长的隐翅虫，前胸背板为独特的盾形，且有不规则的刻纹。其腹部宽度超过了鞘翅部分的宽度，这是将其与可能的姊妹类群欧芬隐翅虫属联系起来的一个很重要的特征。

科	隐翅虫科 Staphylinidae
亚科	斧须隐翅虫亚科 Oxyporinae
分布	古北界：欧洲
生境	森林
微生境	新鲜的真菌和附近的有机质
食性	菌食性
附注	成虫和幼虫都取食真菌，尤其是新鲜的蘑菇

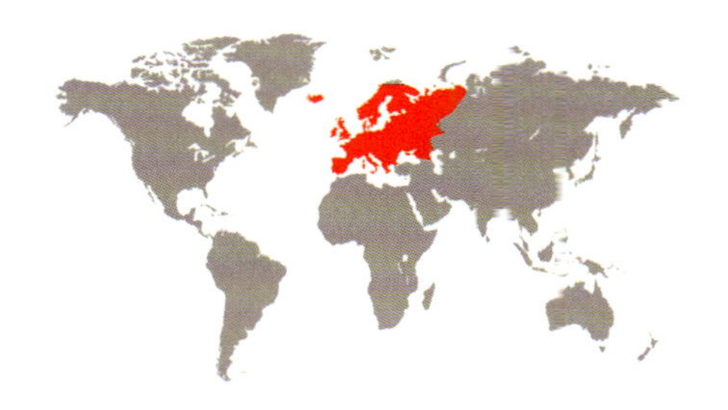

成虫体长
[illegible]–3/8 in
([illegible]–10 mm)

朱红斧须隐翅虫
Oxyporus rufus
Red Rove Beetle
(Linnaeus, 1758)

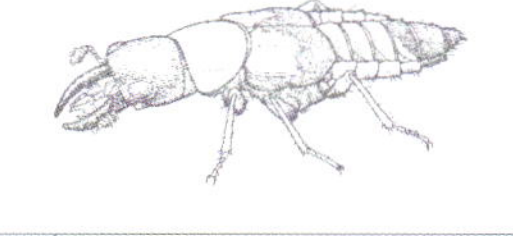

朱红斧须隐翅虫巨大的镰刀状上颚似乎是捕食性甲虫的特征，但实际上本种以及斧须隐翅虫亚科的其他种类的成虫和幼虫都以新鲜的真菌为食——因此它的另一个英文俗名为“Red Mushroom Hunter”，含义是“红采菇甲虫”。它们常见于林中倒木的蘑菇上。成虫警惕性非常高，感到有异物接近时会迅速飞走或掉落到枯落物中，因此很难被跟踪。据推测，其特化适应的口器，尤其是极为宽大的下唇须，可能是为了寻找真菌宿主而特化的感觉器官。朱红斧须隐翅虫的发育非常快速，在最好的条件下不到3周时间即可完成一个世代。

实际大小

朱红斧须隐翅虫 一种橙黑相间、色彩明艳、光滑无毛的昆虫。其上颚的尺寸和头部的宽度在个体间会有差异。

近缘物种

斧须隐翅虫属 *Oxyporus* 中大约10个种与朱红斧须隐翅虫有重叠的分布区，其中最常见的是大颚斧须隐翅虫 *Oxyporus maxillosus*，这个种除了黑色的头部和前胸背板外身体余部呈鲜明的黄色。除了颜色，其他种类与本种还在宿主偏好和雄性生殖器的形态等方面存在差异。斧须隐翅虫亚科有大约100个种，分为斧须隐翅虫属和伪斧须隐翅虫属 *Pseudoxyporus* 两个属[1]。

---

① 有的文献将 *Pseudoxyporus* 处理为 *Oxyporus* 的亚属。——译者注

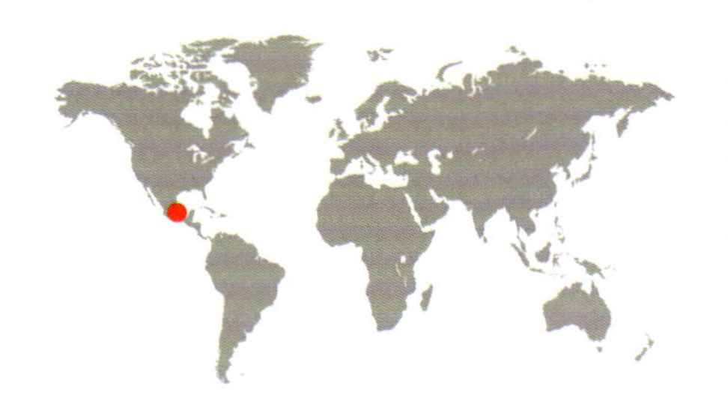

科	隐翅虫科 Staphylinidae
亚科	唇突隐翅虫亚科 Megalopsidiinae
分布	新北界：墨西哥韦拉克鲁斯州
生境	森林
微生境	腐烂树木、森林枯落物
食性	捕食性
附注	通过由口器形成的“绞肉机”结构将小型无脊椎动物剁碎

成虫体长
³⁄₁₆ in
(3.5–3.8 mm)

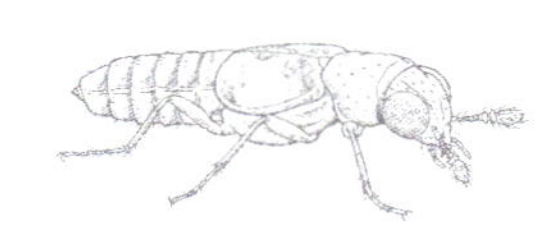

十字唇突隐翅虫

Megalopinus cruciger

Megalopinus Cruciger

(Sharp, 1886)

实际大小

十字唇突隐翅虫以及唇突隐翅虫亚科的其他种类都生活在树皮下以及腐烂原木或者枯落物中。作为一种隐翅虫，十字唇突隐翅虫的爬行速度可算是出奇地慢。科学家通过对一个捕食小型蝇蛆的北美洲近缘物种的实验室研究证实了其捕食习性。唇突隐翅虫会用口器将蝇蛆钳住，搓成一团，然后高举起来，一边旋转一边用上颚将其剁成小段。这种进食过程好似旋转绞肉机一般。剁碎的肉酱经过口前特化的刚毛和小刺的过滤随后被吸入口中。

近缘物种

十字唇突隐翅虫是唇突隐翅虫属分布在墨西哥南部和相邻的中美洲地区的若干种类之一，这些种类外表都非常相似。唇突隐翅虫属是唇突隐翅虫亚科唯一的属，其物种多样性没有得到很好的研究，应该还有很多尚未描述的种类有待发现。唇突隐翅虫属有大约100个种产自热带或亚热带地区，另有一些产自温带地区。

十字唇突隐翅虫 特点鲜明，具有泡突状的大复眼、短触角和独特的二叉状突起的上唇。唇突隐翅虫属的大部分种类背部表面光亮，种类鉴定主要依靠整体外观的细微差别和雄性外生殖器的结构特征。

科	隐翅虫科 Staphylinidae
亚科	苔甲亚科 Scydmaeninae
分布	古北界：欧洲
生境	森林
微生境	森林枯落物
食性	捕食性
附注	利用微小的吸盘抓住螨类并吃掉它们

成虫体长
1/32 in
(0.8–1 mm)

强胸健苔甲
Cephennium thoracicum
Cephennium Thoracicum
(Müller & Kunze, 1822)

实际大小

强胸健苔甲这种欧洲分布的苔甲是甲螨的专性捕食者，可以说整个苔甲亚科几乎都具有这一食性。本种以及一些近缘种类的口器下部具有一系列特化的盘状结构，用来吸住体壁坚硬的猎物。这些盘状结构能像吸盘一样吸附在甲螨光滑的身体表面。然后苔甲把猎物固定住，并在其身体上钻一个洞，将消化液注入猎物体内。最后苔甲吸食消化完的螨虫体液。强胸健苔甲的幼虫也具有相似的结构。

近缘物种

健苔甲属 *Cephennium* 有超过100个种和相当多的亚种分布在欧洲和亚洲北部。它们都比较相似，需要通过对其外部特征和内部生殖结构的细致研究才能将它们区分开。美国的加利福尼亚州也有1个种分布。健苔甲族 Cephenniini 中最大的两个属是健苔甲属和龟苔甲属 *Chelonoidum*。

强胸健苔甲 一种外形较粗短的隐翅虫，但是具有完整的鞘翅，这点不同于大多数其他的隐翅虫。其鞘翅的基部有一对（每片鞘翅有一个）明显的开口（凹窝）。健苔甲族种类的外形都很相似，在苔甲亚科中特点鲜明，大部分苔甲都比较长而且长得更像蚂蚁。

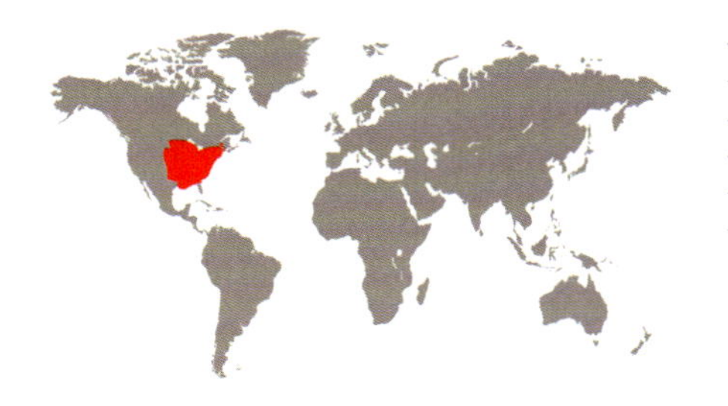

科	隐翅虫科 Staphylinidae
亚科	苔甲亚科 Scydmaeninae
分布	新北界：北美洲东部
生境	森林
微生境	森林枯落物
食性	捕食性
附注	甲螨的专性捕食者

成虫体长
1/16 in
(1.7–2 mm)

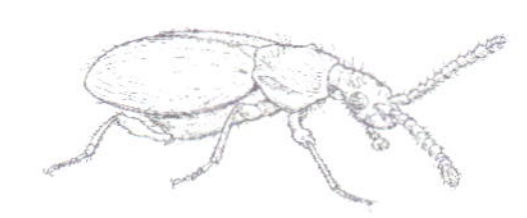

媚瘦苔甲

Chevrolatia amoena
Chevrolatia Amoena
LeConte, 1866

实际大小

媚瘦苔甲是苔甲亚科中很容易识别的种类。尽管在其整个分布区内都不常被采到，但是它分布广泛，善飞且趋光，亦可用筛枯落物法采集。像其他苔甲一样，本种可能是甲螨的一种专性捕食者，但是其食性并未得到直接的证实。近缘属须苔甲属 *Euconnus* 的种类在捕食时会在甲螨坚硬的体壁上涂敷一种有麻醉作用的有毒唾液，待将其麻痹之后取食猎物的软组织。

近缘物种

瘦苔甲属是瘦苔甲族 Chevrolatiini 唯一的属。在全球11个种中，仅有美洲瘦苔甲 *Chevrolatia occidentalis* 的分布区在北美洲东部与媚瘦苔甲重叠。这两个种可以通过前胸背板基部纵脊的长度和雄性外生殖器的形态差异来区分。

媚瘦苔甲 具有大部分苔甲亚科种类的一般外形，但是与大部分隐翅虫不太一样的是它的鞘翅几乎完全覆盖了腹部。本种比大多数苔甲更加瘦长，颈部覆盖着浓密的金黄色刚毛，前胸背板基部中央具有一道尖锐的纵脊。

科	隐翅虫科 Staphylinidae
亚科	虎隐翅虫亚科 Steninae
分布	澳洲界：新几内亚
生境	热带森林
微生境	潮湿的森林枯落物
食性	捕食性
附注	成虫使用一种特殊的捕猎方法，它们的下唇能够伸得很长

成虫体长
¼–5⁄16 in
(7–8 mm)

网背虎隐翅虫
Stenus cribricollis
Stenus Cribricollis
Lea, 1931

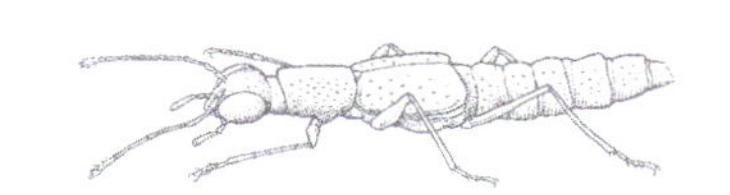

网背虎隐翅虫所在的虎隐翅虫属 *Stenus* 是一个全球分布的大属。其成虫利用一种特殊的技术捕猎，它们的下唇极长且可以伸缩，在下唇的顶端有成对的叶状结构，其上着生特化的具有黏性蛋白或其他复合物的长刚毛。虎隐翅虫利用这一工具捕捉弹尾虫等猎物，就如同蛙类和变色龙用它们具有黏性的长舌捕猎一般。虎隐翅虫的腹部末端也具有腺体可以分泌表面活性剂，使其可以在水面快速地推进，直到抵达质地坚硬的表面。

近缘物种

网背虎隐翅虫属于一个超大的属虎隐翅虫属，全世界共有超过2000个种，还有很多种类未被描述。虎隐翅虫属的种类被分为若干亚属或种组，网背虎隐翅虫属于简虎隐翅虫亚属 *Hypostenus*，这个亚属还有大约60个种仅在新几内亚分布。这些种类都比较相似，需要通过对表面刻点的样式和雄性外生殖器的详细比对才能够进行鉴定。

网背虎隐翅虫　一种外表呈紫色或蓝虹彩色的隐翅虫，分布于新几内亚。它的整体外形和其他虎隐翅虫亚科的种类差不多，尤其是其长筒形的腹部和骨化程度较高的修长的身体，口器中特化的腹面结构，以及鼓突的复眼。而体内的性器官、体表的色彩和刻点或刻纹样式都表现出了种间的变异。

实际大小

科	隐翅虫科 Staphylinidae
亚科	丽隐翅虫亚科 Euaesthetinae
分布	新热带界：智利
生境	海岸雨林
微生境	森林枯落物深处
食性	捕食性
附注	除了生境，关于本种的其他信息很少

成虫体长
⅛ in
(3 mm)

叉高隐翅虫
Alzadaesthetus furcillatus
Alzadaesthetus Furcillatus
Sáiz, 1972

实际大小

叉高隐翅虫这种小型的隐翅虫已知仅存在于智利瓦尔迪维亚（Valdivia）和奥索尔诺（Osorno）两省的雨林的局部地区。本种和丽隐翅虫亚科的其他种类可以通过对潮湿的森林枯落物进行筛查和烤土的方法采集。由于很少能见到活体标本，我们对其生物学属性所知不多。根据口器的形态推测，叉高隐翅虫可能捕食生长在枯落物深处的微型节肢动物。此外，丽隐翅虫亚科的化石与现生种类相似，在早白垩纪黎巴嫩琥珀中有被发现。

近缘物种

高隐翅虫属 *Alzadaesthetus* 还有1个种，这个种以及丽隐翅虫亚科的其他近似属的种类都和叉高隐翅虫一样生活在海岸雨林地带。区分它们需要研究各种的原始描述、解剖并观察雄性生殖器。

叉高隐翅虫　一种身体窄长，两侧平行，中度骨化的隐翅虫。上颚长，内弯，极尖锐。本种基本外形与丽隐翅虫亚科的大多数种类相似，只是体色不像其他丽隐翅虫种类那般偏向暗棕色或略带黄色。

科	隐翅虫科 Staphylinidae
亚科	索隐翅虫亚科 Solieriinae
分布	新热带界：南美洲南部
生境	温带森林
微生境	森林枯落物
食性	不详
附注	这一神秘种类的近亲最近在白垩纪的缅甸琥珀中被发现

成虫体长
3/16 in
(4.5 mm)

秘索隐翅虫
Solierius obscurus
Solierius Obscurus
(Solier, 1849)

实际大小

秘索隐翅虫这种外形无甚特点的隐翅虫仅有少量产自智利和阿根廷。索隐翅虫亚科仅有1个现生种，被认为是局限在南温带的类群。然而，2012年在缅甸琥珀中发现的一些化石表明这个亚科在白垩纪中晚期（约1亿年前）时的分布远比现在广泛。这些化石被归在1个新建立的属——原索隐翅虫属 *Prosolierius*，它们无论一般外形还是具体的形态学特征都与南温带的现生种类非常相似。秘索隐翅虫被归在隐翅虫亚科群 Staphylinine Group 中，但是幼虫特征的缺乏使其在这个亚科群内的位置仍未确定。这个种类的生物学特性目前一无所知。

近缘物种

索隐翅虫亚科目前仅有1个现生种。近缘的化石种类在白垩纪琥珀中发现，它们是细角原索隐翅虫 *Prosolierius tenuicornis*、粗角原索隐翅虫 *Prosolierius crassicornis* 和异角原索隐翅虫 *Prosolierius mixticornis*，它们的出现使得人们重新看到了在陌生生境和化石区系中发现更多新种的可能性。

秘索隐翅虫 一种相对普通的隐翅虫，外表上没有什么特点。一系列特征组合使其从四眼隐翅虫亚科群中分离出来，被归入隐翅虫亚科群。

科	隐翅虫科 Staphylinidae
亚科	瘦隐翅虫亚科 Leptotyphlinae
分布	新北界：美国阿拉斯加
生境	针叶林地
微生境	土壤
食性	不详
附注	这个种的发现挑战了北美洲北部昆虫分布格局的已有观点

成虫体长
1/32 in
(1–1.4 mm)

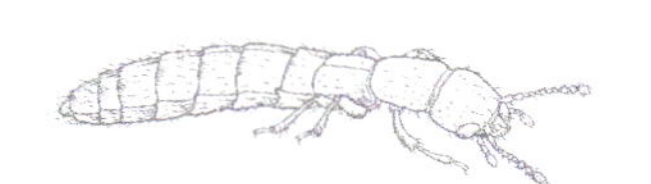

阿拉斯加雪盲隐翅虫
Chionotyphlus alaskensis
Chionotyphlus Alaskensis
Smetana, 1986

实际大小

瘦隐翅虫亚科的种类都很小，是一类生活在土壤中的隐翅虫，它们很少被采到，那些稀有的标本都是用标准的枯落物网筛法采集的。近年来，利用“淘土法”（Soil Flotation）采集的效果较好，从而发现这个类群可能具有更大的物种多样性和分布范围。这一孑遗物种在阿拉斯加费尔班克斯一片未曾被冰川覆盖的地区被发现，这挑战了先前的观点。以前认为像这样的小型无翅甲虫不可能在极端寒冷的亚北极环境存活，特别是在历经了过去的冰盛期之后。尽管瘦隐翅虫亚科的食性仍然未知，但是根据口器的形态推测，它们可能捕食其他同样生活在土壤深处的小型无脊椎动物。

近缘物种

瘦隐翅虫亚科中没有相似的种类出现在阿拉斯加雪盲隐翅虫的分布范围内，不过若采样技术适当的话可能还会发现新的物种。瘦隐翅虫亚科的种类在外观上都与蚁甲亚科的蠕蚁甲属 *Mayetia* 近似。这两个类群都生活在土壤深处，因而可能在北半球的其他地区共存。

阿拉斯加雪盲隐翅虫 身体极为细长，无后翅，无复眼，浅棕色。细长的、几乎蠕虫形的身体很适应在土壤颗粒缝隙中穿行的生活。

科	隐翅虫科 Staphylinidae
亚科	伪隐翅虫亚科 Pseudopsinae
分布	新北界：加拿大不列颠哥伦比亚省；美国华盛顿州和加利福尼亚州
生境	温带雨林
微生境	潮湿的森林枯落物
食性	不详
附注	本种已知数量最多的一批标本采自一条河流中淤塞的原木堆

成虫体长
3/16 in
(4.5–5.2 mm)

隆背幻隐翅虫
Asemobius caelatus
Asemobius Caelatus
Horn, 1895

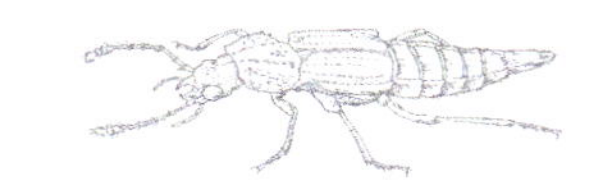

实际大小

隆背幻隐翅虫这个谜一般的种类仅在加拿大的不列颠哥伦比亚省和美国的华盛顿州采到过少量的标本，这种状况一直持续，直到有一次在不列颠哥伦比亚省的一条河流中淤塞的原木漂流堆里采到了大量的标本。本种的生物学性质仍然未知，但是伪隐翅虫亚科的其他种类都出现在湿润的森林环境，而且常在真菌上和哺乳动物巢穴附近被采到。其食性和生活史的其他方面都还是谜。模式标本除了标明产地为“加利福尼亚”以外再无其他信息。

近缘物种

在隆背幻隐翅虫出没的地区，仅有侏隐翅虫属 *Nanobius* 和涛隐翅虫属 *Zalobius* 可能与之混淆。它们的区别主要在于身体背面刻痕的式样和头部腹面的特征。

隆背幻隐翅虫　一种棕色的隐翅虫，体壁厚实，刻痕式样罕见，背面的刻点与众不同。伪隐翅虫亚科的大部分种类都具有发达的背面刻痕。生物学属性缺乏记载。

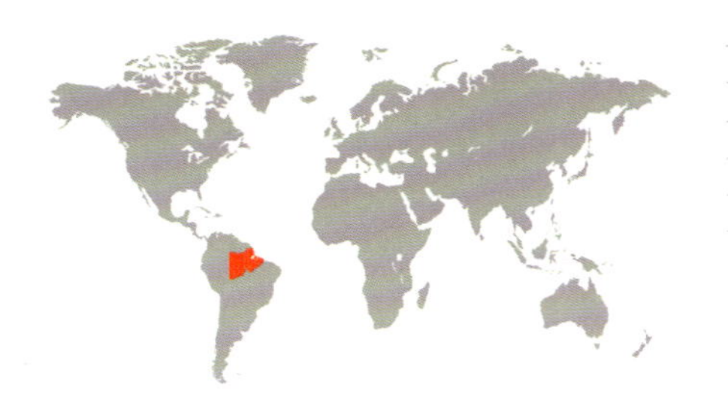

科	隐翅虫科 Staphylinidae
亚科	毒隐翅虫亚科 Paederinae
分布	新热带界：南美洲
生境	亚马孙森林
微生境	森林枯落物
食性	捕食性
附注	细长的上颚和近缘种类的食性提示本种为捕食性

成虫体长
$^3/_{16}$–$^1/_4$ in
(5–6 mm)

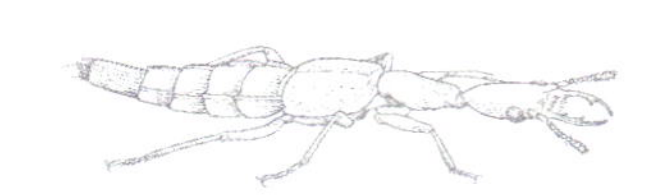

促虺隐翅虫

Echiaster signatus
Echiaster Signatus
Sharp, 1876

实际大小

促虺隐翅虫这种中等大小的隐翅虫是19世纪伟大的博物学家和甲虫分类学家大卫·夏普根据采自巴西亚马孙东、中部地区的11头标本描述而发表的。虺隐翅虫属 *Echiaster* 种类几乎都是捕食性，这点与毒隐翅虫亚科的其他种类是一致的，但是关于促虺隐翅虫习性并没有直接的证据。不过其极为细长的上颚也肯定了这是一种生活在热带森林枯落物中的捕食者。在对枯落物进行筛查的时候，虺隐翅虫属的种类非常常见。

近缘物种

夏普在同一篇文章中描述了10个虺隐翅虫属的种类，都产自亚马孙中部地区。至少还有23个种产自巴西，这些种类外表都很相似。另外，更多的虺隐翅虫属种类分布在全世界的温带和热带森林中。1个近缘且相似的属——蚁蜥隐翅虫属 *Myrmecosaurus* 包括了很多与美洲火蚁 *Solenopsis* 伴生的嗜蚁种类。

促虺隐翅虫 与该属其他种类具有相同的外形，特别是暗色的、磨砂质地的体表，大且卵形的头部，细颈，窄瘦且末端变尖的身体。上颚的长度在同属的不同种类间有所不同，但促虺隐翅虫的上颚几乎是最长的。上唇的利齿也是很多种类的重要鉴别特征。

科	隐翅虫科 Staphylinidae
亚科	毒隐翅虫亚科 Paederinae
分布	古北界：欧洲北部和亚洲西北部；也有来自北美洲的报道，但有待证实
生境	多样
微生境	湿润的草地，灌溉农场，溪边河滩，湖泊岸边
食性	捕食性
附注	本种和同属的近缘物种是很罕见的对人类健康存在切实危害的甲虫

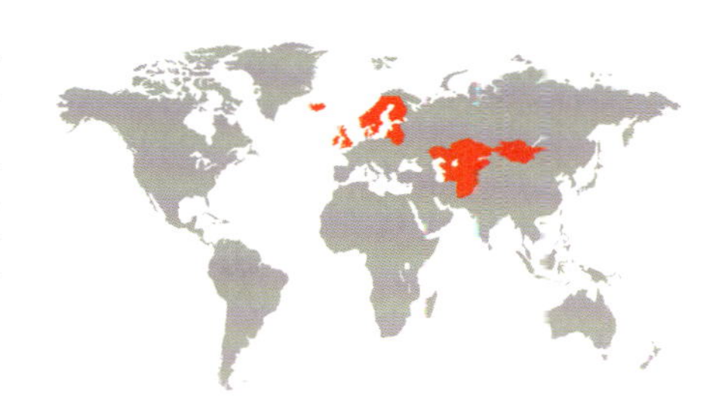

成虫体长
¼–5/16 in
(6–8 mm)

滨毒隐翅虫
Paederus riparius
Paederus Riparius
(Linnaeus, 1758)

滨毒隐翅虫的生物学属性在毒隐翅虫亚科中堪为典型，毒隐翅虫通常以捕食小型节肢动物为生。然而，本种会对公共卫生安全造成严重的威胁，因为它们的体液中含有一种被称为"隐翅虫毒素"（paederin）的物质。隐翅虫毒素是一种能导致皮炎的毒素，由毒隐翅虫的内共生细菌合成，接触皮肤后会引起长达数周的化脓起疱。在农场周围可能出现该种的种群聚集，它们的趋光习性可能会给周围的居民带来严重的危害。

实际大小

近缘物种

毒隐翅虫属*Paederus*是一个种类繁多的属，约有150个种，全世界分布。各种体内的毒素含量有所不同，据记载，包括滨毒隐翅虫在内的20个种体内含有的毒素量较多，足以导致皮炎。

滨毒隐翅虫 具有漂亮的体色，橙黑相间，鞘翅表面具有偏紫的虹彩色光泽。这种色彩模式在很多不同的毒隐翅虫属种类中都存在，但不尽然。将这种虫子在人类皮肤上掐碎会导致长时间的起疱，并且可能通过额外的接触而扩散。

科	隐翅虫科 Staphylinidae
亚科	隐翅虫亚科 Staphylininae
分布	澳洲界：新几内亚和澳大利亚北端
生境	热带森林
微生境	枯落物、粪便、死尸
食性	捕食蝇类
附注	捕食动物尸体上的蝇类

成虫体长
$^5/_8$–$^7/_8$ in
(16–22 mm)

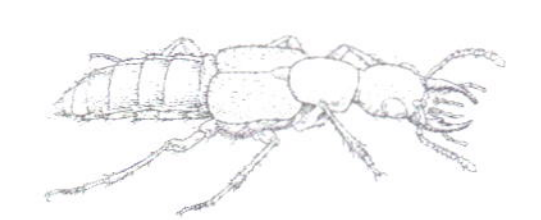

帝辉隐翅虫

Actinus imperialis

Actinus Imperialis

Fauvel, 1878

这种体型巨大、色彩艳丽的隐翅虫的成虫经常出现在腐尸、粪便等招惹蝇类的臭烘烘的基质上。成虫会积极地搜寻并吃掉蝇蛆，有时也会捕捉成蝇。据推测，幼虫也是捕食性的，但是其生物学属性缺乏详细的记载。有一篇文献曾提及幼虫与小豆蔻（一种姜科多年生草本植物）有关，但是并没有更多的信息。成虫在上颚和头部表现出了明显的雌雄差异，雄性拥有更大的头部和更长的上颚。

近缘物种

辉隐翅虫属 *Actinus* 仅有2个种，而且外表相似。麦克利辉隐翅虫 *Actinus macleayi* 产自澳大利亚北部，其与帝辉隐翅虫的主要区别在它的头部和前胸背板的刻点没有后者那么明显。另一方面，帝辉隐翅虫的外表与菲隐翅虫亚族 Philonthina 的其他大型种类比较相似，但是那些种类大多没有如此明艳的体色。

实际大小

帝辉隐翅虫 体型非常大，头部和前胸背板具有绿色金属光泽，鞘翅具有紫色金属光泽。腹部末端具有一个三角形的橙色斑。头部的刻点是这个种的鉴定特征。

科	隐翅虫科 Staphylinidae
亚科	隐翅虫亚科 Staphylininae
分布	新热带界：南美洲中部
生境	溪流江河边的森林
微生境	南美泳鼠 *Nectomys squamipes* 的体表和巢穴
食性	捕食跳蚤
附注	附着在小型哺乳动物表面或生活于巢穴中，捕食跳蚤

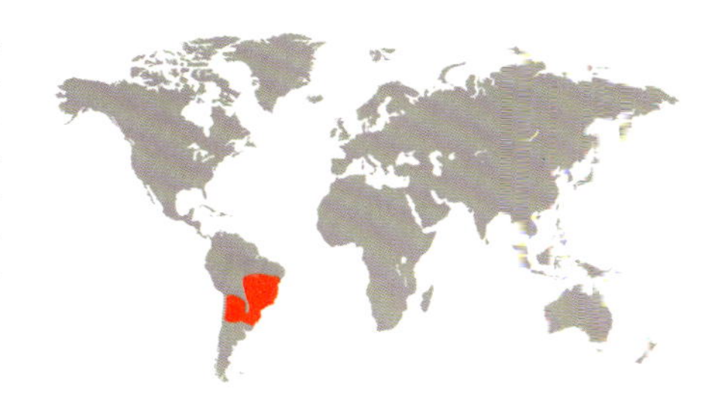

成虫体长
¼–5/16 in
(6.5–7.5 mm)

焦盘隐翅虫
Amblyopinodes piceus
Amblyopinodes Piceus
(Brèthes, 1926)

实际大小

焦盘隐翅虫和隐翅虫族盘隐翅虫亚族 Amblyopinina 的其他一些种类是隐翅虫科中唯一适应在小型哺乳动物（主要为啮齿类）体表及巢穴内生活的类群。焦盘隐翅虫的成虫攀附在南美泳鼠 *Nectomys squamipes* 耳间的皮毛上，随着泳鼠迁徙，而幼虫则寄居在泳鼠的巢穴中。早期的昆虫学家曾认为这些甲虫是哺乳动物的寄生虫，但是后来的研究者发现它们不过是取食泳鼠身上的跳蚤，而且能帮助泳鼠清除巢穴中的跳蚤，对泳鼠是有好处的。其扁平的头部与其他依赖哺乳动物生活的远缘种类相似。

近缘物种

盘隐翅虫属 *Amblyopinodes* 中至少有5个物种出现在相同的地区。这些种类的鉴定主要依靠对雄性生殖结构的观察比较，有时也参考体表一些特化刚毛的排列方式。隐翅虫族其他的属也可能与之相似，可以通过查阅已有的检索表以及和哺乳动物宿主的关系来区分。

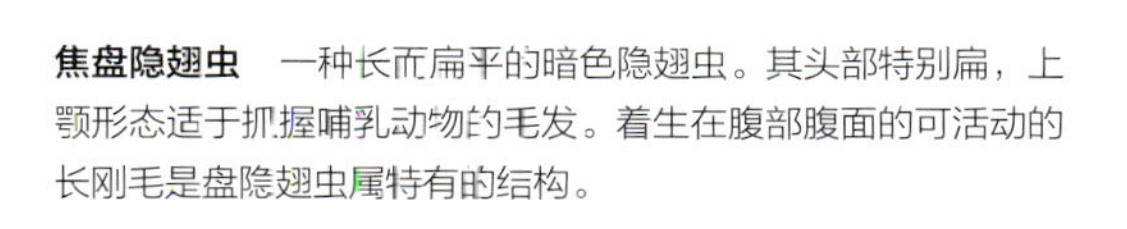

焦盘隐翅虫 一种长而扁平的暗色隐翅虫。其头部特别扁，上颚形态适于抓握哺乳动物的毛发。着生在腹部腹面的可活动的长刚毛是盘隐翅虫属特有的结构。

科	隐翅虫科 Staphylinidae
亚科	隐翅虫亚科 Staphylininae
分布	非洲热带界：南非
生境	山地森林
微生境	森林枯落物
食性	捕食性
附注	本种是隐翅虫亚科中罕见的由于后翅退化而丧失飞行能力的种类

成虫体长
11/16–1 3/8 in
(17–33 mm)

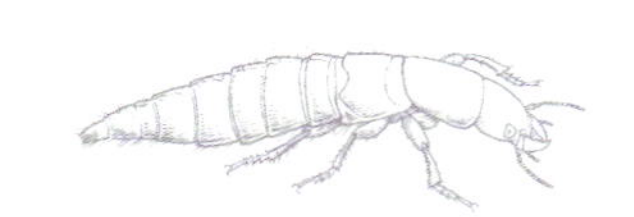

太阴箭隐翅虫

Arrowinus phaenomenalis

Arrowinus Phaenomenalis

(Bernhauer, 1935)

箭隐翅虫属 *Arrowinus* 独自组成了箭隐翅虫族Arrowinini。这是隐翅虫研究专家们尤其感兴趣的类群，因为这个类群在揭示隐翅虫亚科的不同分支间的相互关系上具有很重要的意义。太阴箭隐翅虫的标本是在山地森林中用杯诱陷阱和枯落物筛查的方法采集的。箭隐翅虫所属的类群其成、幼虫都是积极的捕食者。它的后翅退化，仅存残迹，从而丧失了飞行能力。对成虫和幼虫的口器形态以及肠容物的分析表明，它们都以捕食为生。

近缘物种

在南美洲的不同地区生活着4种箭隐翅虫。它们都呈黑色或深棕色，但是可以通过头部长刚毛的分布和腹部脊的形状加以区分。这些种类的外部形态和隐翅虫亚科的其他大型种类相似，不过退化的后翅残迹却是很有用的鉴定依据。

实际大小

太阴箭隐翅虫 体大型，黑色，捕食性，仅分布在南非。体型在种内变化很大，最小的标本仅有最大标本的一半大小。箭隐翅虫属所有种类的后翅都退化，且不能飞行，这可能限制了它们的分布范围。

科	隐翅虫科 Staphylinidae
亚科	隐翅虫亚科 Staphylininae
分布	澳洲界：澳大利亚
生境	多样：任何有腐肉的地方
微生境	不同分解阶段的腐肉
食性	捕食性
附注	动物尸体上敏捷的蝇蛆捕食者

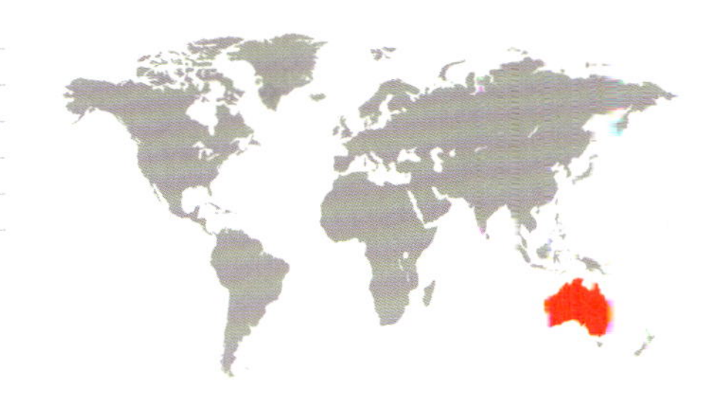

成虫体长
$^{11}/_{16}$–$^{7}/_{8}$ in
(18–22 mm)

红头大隐翅虫
Creophilus erythrocephalus
Devil's Coach Horse
(Fabricius, 1775)

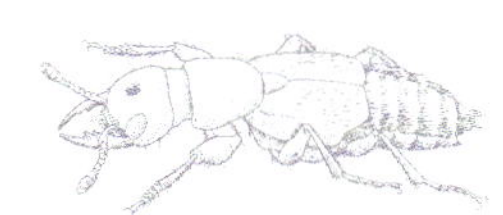

红头大隐翅虫英文俗名为“Devil's Coach Horse”，可译作“鬼骖”，是澳大利亚最大的隐翅虫之一。这个种经常在脊椎动物的尸体上遇见，它们捕食腐尸上滋生的蝇类。成虫会寻觅腐尸然后在其上产卵。幼虫孵化后以苍蝇的卵、幼虫和蛹为食，发育迅速，仅3个龄期。成虫善飞行，当发现有腐尸正处在快速分解的阶段时（意味着仍然很新鲜），它们便在其周围盘旋，否则便会飞走寻找别的合适的腐尸。研究人员在红头大隐翅虫复眼的色素细胞中发现了一种小孢子虫科Nosematidae的微孢子虫寄生物。

近缘物种

红头大隐翅虫特点鲜明，不易与其分布范围内的其他隐翅虫相混淆。红头大隐翅虫的英文俗名与腐迅隐翅虫 *Ocypus olens* 相同。后者也是一种大型捕食性隐翅虫，体色较暗，原产于欧洲，但是已被引入澳大利亚。

实际大小

红头大隐翅虫 是一种具有鲜明特点的隐翅虫，橙红色的头部、发达的上颚、黑亮的前胸背板和暗黑色的腹部是其最明显的标志。该种的后翅非常发达，静息时以一种特别的方式折叠在截短的鞘翅之下。雄性相比雌性具有更加巨大的头部。

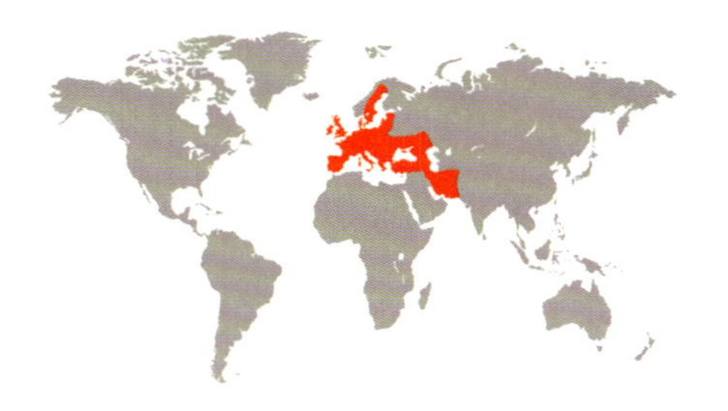

科	隐翅虫科 Staphylinidae
亚科	隐翅虫亚科 Staphylininae
分布	古北界：欧洲和亚洲
生境	草地
微生境	食草动物粪便
食性	捕食性
附注	本种被认为在其大部分分布区域内处于濒危状态，这是由于当代牧场管理方式的改变造成的

成虫体长
11/16–1 1/16 in
(18–27 mm)

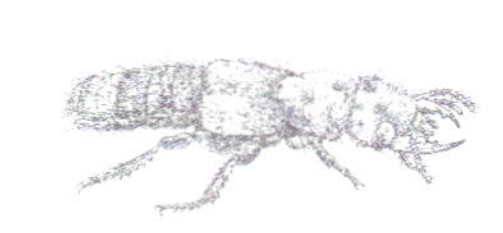

金毛熊隐翅虫

Emus hirtus

Maid Of Kent Beetle

(Linnaeus, 1758)

金毛熊隐翅虫在欧洲牧场常见的昆虫中非常有名，但是随着草场治理的强化和对牲畜使用预防寄生虫的药剂，这种甲虫在其昔日经常出没的地方变得越来越稀少。金毛熊隐翅虫在1997年重回大众视野，那年它们在肯特郡（Kent）再次出现，而之前人们一度认为它们已在那里灭绝了。这个种的成、幼虫都生活在牛和其他家畜的粪便中，它们主要捕食粪便中的蝇蛆。19世纪以来的很多文献还提到它们可能也捕食其他甲虫的幼虫。

近缘物种

金毛熊隐翅虫是熊隐翅虫属 *Emus* 唯一在西欧分布的种，所以不太可能与同分布的其他隐翅虫种类混淆。这个属的另一个种是灰毛熊隐翅虫 *Emus griseosericans*，这个种仅在中国西藏分布[1]。还有若干体型较大的隐翅虫亚科种类（> 25 mm）也生活在金毛熊隐翅虫的分布区，并且与之竞争猎物，但是这些种类都没有金毛熊隐翅虫这般黄黑相间毛茸茸的外表。

实际大小

金毛熊隐翅虫　一种大型、被毛、黄黑相间的隐翅虫，具有发达的上颚，非常适于捕食蝇蛆。也有人认为这种艳丽的双色图案是对熊蜂的拟态。

① 实际上 *Emus griseosericans* Fairmaire 已移至*Rhyncocheilus*属（参见 Coiffait, H. 1974. Nouvelle Revue d'Entomologie (Supplément) 4: 383; Schillhammer, H. 2012. Koleopterologische Rundschau 82: 199）。而今的熊隐翅虫 属，还包括1个存疑种，即分布于法国的 *Emus aeneicollis* (见 Schülke, M., Smetana, A. 2015. Staphylinidae. In: Löbl, I., Löbl, D. (Eds.), Catalogue of Palaearctic Coleoptera. Vol. 2. Hydrophiloidea-Staphylinoidea. Revised and updated edition. Brill, Leiden: 1084)。——译者注

科	隐翅虫科 Staphylinidae
亚科	隐翅虫亚科 Staphylininae
分布	新热带界：从墨西哥到阿根廷的广大区域
生境	热带、亚热带森林
微生境	腐尸和粪便
食性	捕食性
附注	小型的雄性会假扮雌性，从而绕开与好斗的大型雄性的竞争而成功地与雌性交配

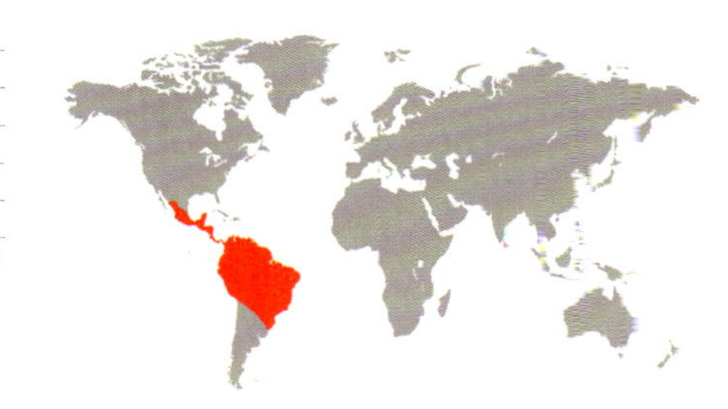

雄性成虫体长
$^{11}/_{16}$–1$^{1}/_{16}$ in
(17–27 mm)

雌性成虫体长
$^{9}/_{16}$–$^{3}/_{4}$ in
(15–20 mm)

易容饕隐翅虫

Leistotrophus versicolor

Transvestite Rove Beetle

(Gravenhorst, 1806)

与隐翅虫亚科的其他种类不同，易容饕隐翅虫不以蝇蛆为食，而是捕食蝇类或其他昆虫的成虫。这种甲虫行动敏捷，它们常常埋伏在猎物取食的腐尸或粪便周围，待猎物前来进食时一举擒获。这种甲虫的腹部会分泌一些物质吸引苍蝇前来。雄性通过争斗来抢夺交配权，但是小型的雄性会假扮成雌性从而兵不血刃地达到目的。更有甚者，在与雌性成功交配的时候，旁边的大型雄性不知被耍，居然还对之大献殷勤。

近缘物种

易容饕隐翅虫是饕隐翅虫属 *Leistotrophus* 唯一的现生种，此外还有一个化石种发现于美国西部的渐新世沉积物中。其他一些大型隐翅虫亚科种类也可能出现在与之相似的生境中，但是差别较明显，不太可能被混淆。

实际大小

易容饕隐翅虫　一种大型，被毛，具色斑的棕色隐翅虫。成虫是敏捷的昼行性蝇类捕食者。雄性的体型、头宽、上颚长度在个体间变化非常大，但是平均来说，雄性在这些特征上都大于雌性。雄性巨大的上颚主要用于同性间争夺交配权的斗争。

科	隐翅虫科 Staphylinidae
亚科	隐翅虫亚科 Staphylininae
分布	新北界：北美洲西部
生境	太平洋沿岸
微生境	沙滩的潮间带
食性	捕食性
附注	仅生活在海滩，捕食甲壳动物

成虫体长
⅝–¾ in
(16–20 mm)

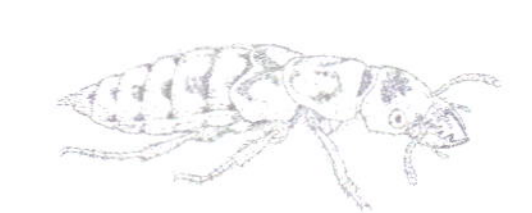

锦沙隐翅虫

Thinopinus pictus

Pictured Rove Beetle

LeConte, 1852

锦沙隐翅虫是为数不多的适于生活在海滩沙地环境的甲虫之一。它们昼间在高潮线之上的松软沙地里打洞，夜间在潮上带搜捕或伏击猎物。成虫和幼虫的主要猎物都是钩虾一类的端足类动物以及其他生活在海滩上的小型无脊椎动物。和大多数捕食性甲虫一样，它们也是用上颚和下颚将猎物嚼碎并与唾液混合，然后将半液态的糊浆吸食进口中。

近缘物种

沙隐翅虫属 *Thinopinus* 已知仅有锦沙隐翅虫1个种，不易与其他大型捕食性隐翅虫混淆，因为其表面特征非常明显而且生境特殊。另有1个与之完全不相干的甲虫类群也占据着同样的生态位，长酪甲科Phycosecidae种类出没于南半球的太平洋岛屿和澳大利亚的海滩。

锦沙隐翅虫　体表色斑对比强烈，浅褐色的底色搭配前胸背板上的环形黑色斑和腹部的水平黑色带。这种黑褐相间的体色在其大部分分布区内都非常显眼，但是在俄勒冈州深色沙滩上生活的种群其体色也较深，这或许是对来自夜行性捕食者的选择压力的一种响应。

实际大小

科	毛金龟科 Pleocomidae
亚科	毛金龟亚科 Pleocominae
分布	新北界：加利福尼亚州南部的横岭山脉和半岛山脉
生境	松林
微生境	雄性可被灯光吸引；雌性和幼虫住在洞里
食性	成虫不取食；幼虫吃根
备注	雄性在雨天飞行以寻找不会飞的雌性

雄性成虫体长
13/16–1 1/8 in
(21–28 mm)

雌性成虫体长
至多 1¾ in
(44 mm)

南方毛金龟
Pleocoma australis
Southern Rain Beetle

Fall, 1911

雄性南方毛金龟通常在第一场秋雨后的黄昏或黎明前从洞穴中羽化出来，经常被灯光和水池所吸引。它们在地面低飞，依靠雌虫释放出来的信息素寻找躲藏在地洞里的雌性。雄虫在交配后很快死亡，而雌虫则能在洞穴中生活几个月，直到在地表深处产下卵。幼虫以黄鳞栎 *Quercus chrysolepis* 的根部为食，经历七次以上的蜕皮，十年或更多的时间后才能发育成熟。

近缘物种

毛金龟属 *Pleocoma* 共包含约33种，因为雌虫不能飞行，扩散能力差，所以各种仅分布在特定的地区。该属物种目前的分布区域在过去的两三百万年之间均没有经历过冰川或者海水的侵蚀。目前也有一些种群分布于曾被海水淹没的沿岸地区，这表明这些甲虫是从别的地方迁移过来的。雄性南方毛金龟主要依靠其体色及分布地与近缘物种相区分。

实际大小

南方毛金龟　雄虫体前半部暗红棕色，头部有一个“V”形的突起。鞘翅黑色，后翅发达，体被红棕色的长刚毛。雌虫不会飞，体型更大，体笨重，全身红棕色，头部无突起，后翅功能退化。两性触角均为11节，前足胫节耙状，口器退化，不具咀嚼功能。

科	粪金龟科 Geotrupidae
亚科	牛角粪金龟亚科 Taurocerastinae
分布	新热带界：智利南部和阿根廷
生境	巴塔戈尼亚草原
微生境	开阔的灌木丛和草地
食性	成虫取食粪便
备注	牛角粪金龟属仅此1种

成虫体长
15/16–1 1/32 in
(24–26 mm)

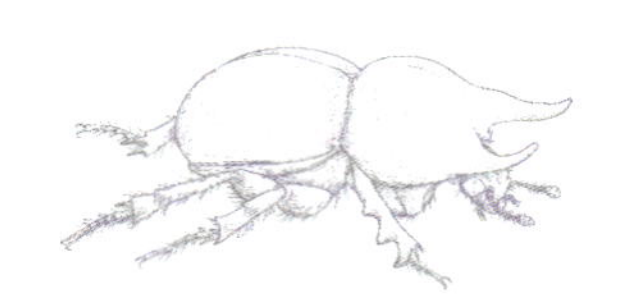

巴塔牛角粪金龟

Taurocerastes patagonicus

Taurocerastes Patagonicus

Philippi, 1866

巴塔牛角粪金龟不会飞，日行性。它们会挖洞穴，然后用前足把羊、兔子和羊驼的粪球推进洞穴中。它们的洞穴大约呈70°倾斜，形状不规则，内部无分支结构，洞底填满50–70 mm长、约20–30 mm宽的粪便。现在还不太清楚这些粪便是储存给成虫的还是幼虫的。洞穴入口处用石头、粪球或者泥土做成的塞子堵住。在成虫活动的区域内，可见到幼虫在沙地或砾土下生活，但其生活地点与地洞或粪便无关。

近缘物种

牛角粪金龟属 *Taurocerastes* 仅包含此1种。与之最近缘的是角粪金龟属 *Frickius*，该属包含2种，也同样分布在智利和阿根廷。牛角粪金龟属与角粪金龟属的两个物种的区别是：前者雌雄后翅均退化不能飞，体壁相对光滑，雄性前胸背板铠甲状突起的形状与后者不同。

巴塔牛角粪金龟 体卵圆形，隆拱，黑色且略具光泽。雄虫前胸背板具一对弯曲的角状突起，角突长而伸向前方；而雌虫则仅于靠近头部处具两个较小的突起。鞘翅圆拱，条沟浅，两鞘翅于翅缝处愈合，后翅不发达。

实际大小

科	粪金龟科 Geotrupidae
亚科	锤角粪金龟亚科 Bolboceratinae
分布	澳洲界：澳大利亚东部和南部，塔斯马尼亚岛北部
生境	海岸平原和邻近的高原
微生境	成虫在地下打洞，幼虫可能也是如此
食性	成虫取食腐殖土和真菌，幼虫可能也是如此
备注	本种雄性唇基上生有前伸的细长突起，这在粪金龟科中非常独特

雄性成虫体长
$\frac{3}{4}$–$\frac{7}{8}$ in
(19–21 mm)

雌性成虫体长
$\frac{9}{16}$–$\frac{3}{4}$ in
(15–19 mm)

象锤角粪金龟

Elephastomus proboscideus

Elephastomus Proboscideus

(Schreibers, 1802)

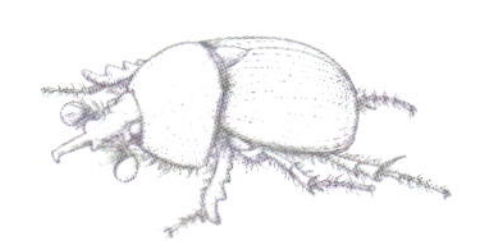

象锤角粪金龟的生物学习性不是很清楚。成虫夜行性，夜间可被灯光吸引。它们是洞穴挖掘者，在洞穴底部以真菌为食。洞穴通常垂直地面，入口处有一个土块做成的可抬起的顶盖，这样即便是刚刚筑成的洞穴表面看起来也比较陈旧。幼虫迄今未知，但是它们可能和锤角粪金龟亚科其他物种相似，在洞穴深处完成发育，以成虫提供的真菌或植物原料为食。

实际大小

近缘物种

象锤角粪金龟属 *Elephastomus* 的9个种局限分布于澳大利亚东部和塔斯马尼亚岛。该属不同于其他粪金龟，其雄性唇基具前伸的角突。象锤角粪金龟的特征在于唇基前缘有两个小钝齿。该种沿海分布的指名亚种其复眼前方有由两个小突起形成的脊；而内陆分布的克氏亚种 *Elephastomus proboscideus kirbyi* 复眼前则是一条较钝的脊。

象锤角粪金龟 体浅红棕色至暗红棕色。雄虫唇基有长突，前端分为2齿；雌虫的唇基则短而圆。两性前胸背板均无特殊结构，但雄虫前胸背板比雌性具更多的皱纹。中足基节相距较近。

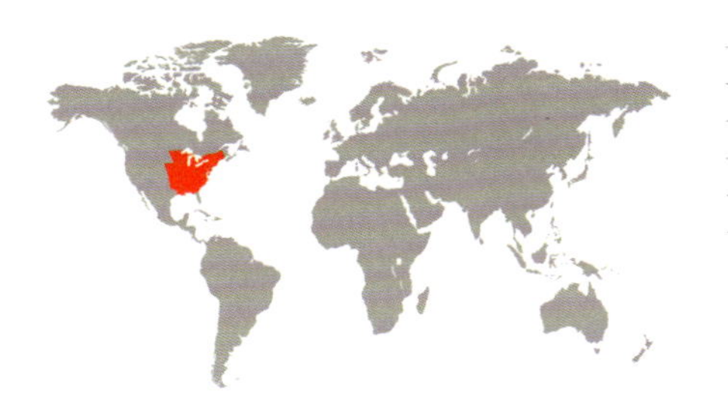

科	粪金龟科 Geotrupidae
亚科	粪金龟亚科 Geotrupinae
分布	新北界：北美洲东部
生境	温带硬木林和混交林
微生境	成虫见于森林中真菌或动物粪便周围
食性	成虫取食真菌，动物粪便和其他食物
备注	成虫可被灯光吸引，幼虫取食成虫提供的落叶

成虫体长
½–⅞ in
(13–21 mm)

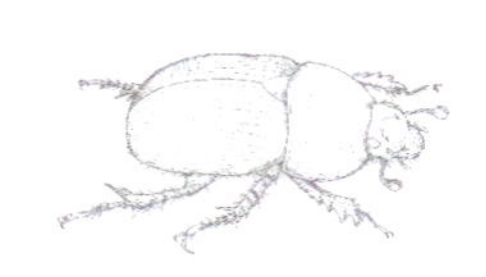

金绿粪金龟
Geotrupes splendidus
Splendid Earth-Boring Beetle
(Fabricius, 1775)

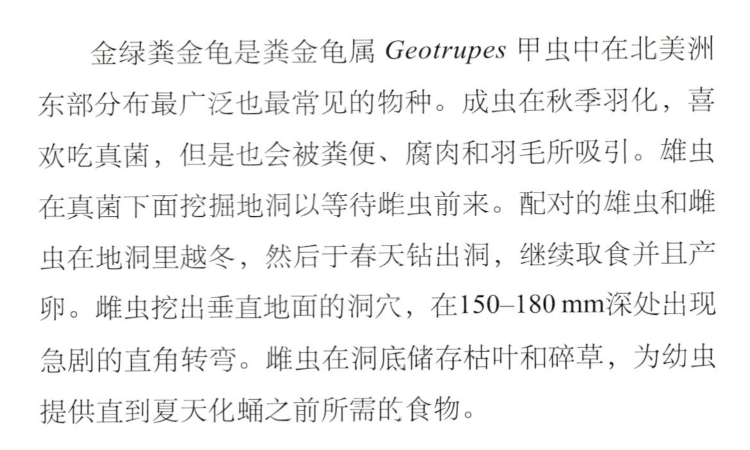

金绿粪金龟是粪金龟属 *Geotrupes* 甲虫中在北美洲东部分布最广泛也最常见的物种。成虫在秋季羽化，喜欢吃真菌，但是也会被粪便、腐肉和羽毛所吸引。雄虫在真菌下面挖掘地洞以等待雌虫前来。配对的雄虫和雌虫在地洞里越冬，然后于春天钻出洞，继续取食并且产卵。雌虫挖出垂直地面的洞穴，在150–180 mm深处出现急剧的直角转弯。雌虫在洞底储存枯叶和碎草，为幼虫提供直到夏天化蛹之前所需的食物。

近缘物种

在北美洲，粪金龟属共有11个种，金绿粪金龟主要鉴定特征是：体壁金属绿色或铜绿色；鞘翅具深条沟，沟底具刻点，条沟内与周围区域颜色相同；雄虫前足胫节膨大，端部有向内侧延伸的齿突。粪金龟属在古北界共有18个种，其中的棘粪金龟 *Geotrupes spiniger* 被人为引入澳大利亚的东南部地区。

金绿粪金龟 体背金属绿色或铜绿色，偶尔呈现金属蓝色，更少见的还有金属紫黑色。触角暗红棕色，鳃片部颜色较浅。鞘翅条沟深且具刻点，条沟处与周围区域颜色相同。小盾片两侧的短条沟不达到鞘翅基部。

实际大小

科	粪金龟科 Geotrupidae
亚科	粪金龟亚科 Geotrupinae
分布	古北界：欧洲东部
生境	大草原、开阔地、牧场、平原、路边
微生境	成虫生活于地面、隧道内或沙地上；幼虫在隧道中成长发育
食性	成虫和幼虫取食叶片
备注	本种在波兰为保护物种。不像粪金龟科的其他成员，本种只吃叶子而不吃粪便

成虫体长
9/16–15/16 in
(15–24 mm)

缺翅大头粪金龟
Lethrus apterus
Lethrus Apterus
(Laxmann, 1770)

雄性缺翅大头粪金龟外形非常奇特，因为每侧上颚具两枚大齿，像狼的獠牙。在春天，越冬的两性成虫开始出现，它们在地面打洞。雄性会寻找被雌性占据的洞穴，一旦有其他雄性竞争者靠近便会主动出击以保护配偶。配对的雌雄成虫一同扩展隧道，制造多个育幼室，在其内储存树叶以供幼虫发育所需。这些隧道最多能达1m深。该种金龟由于取食并切割叶片，所以会对葡萄及其他作物造成严重的危害，在保加利亚曾被视为向日葵的一种主要害虫。

近缘物种

大头粪金龟属*Lethrus*包含约120个种，均不会飞行，彼此形态相似，均仅分布于小范围地区。在达尔文1871年的《人类的由来及性选择》一书中写道：“大头粪金龟，一种鳃角类甲虫，其雄虫好斗，但无角突，尽管它们的上颚远远大于雌虫上颚。”

实际大小

缺翅大头粪金龟 黑色不会飞的甲虫，身体短粗，头部大，前胸背板宽阔。鞘翅短，于中缝处愈合。雄虫头部明显大于雌虫，雄虫发达的上颚每侧具两枚大齿，左右上颚腹面的齿对称。

科	黑蜣科 Passalidae
亚科	黑蜣亚科 Passalinae
分布	新热带界：墨西哥、危地马拉
生境	高海拔湿润热带雨林
微生境	倒木、朽木和多树木的环境
食性	成虫和幼虫以朽木为食，幼虫也取食成虫的粪便
备注	本种罕见且小范围分布，具亚社会性行为

成虫体长
2⅝–2$^{15}/_{16}$ in
(68–75 mm)

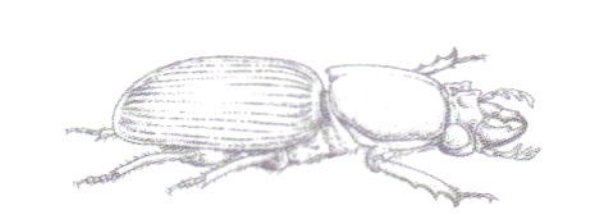

戈氏巨黑蜣

Proculus goryi

Proculus Goryi

(Mel:y, 1833)

实际大小

戈氏巨黑蜣 非常大的甲虫。其额部中央有一个小角，前胸背板长。鞘翅黑色且有光泽，卵圆形，鞘翅边缘有一些金黄色直立毛。鞘翅条沟内有强烈刻点。触角弯曲，具多个平扁的节构成的鳃片部。各足黑色。

戈氏巨黑蜣不能飞行，是黑蜣科全世界个体最大的物种之一，分布于墨西哥和危地马拉海拔800–1250 m的地方。成虫和幼虫一同生活于腐朽的倒木中，均以朽木为食。它们通过摩擦发出的声音彼此相互交流。卵产于咬碎的木屑和排泄物混合筑成的巢中。幼虫需要取食成虫排出的粪便，因为粪便里具有能帮助它们消化木材的微生物。成虫会咬碎木材以供幼虫取食。

近缘物种

巨黑蜣属 *Proculus* 包含世界上最大的黑蜣科物种，该属与黑蜣科其他属的区别特征是鞘翅卵圆形，复眼退化。巨黑蜣属的另外五个种是 *Proculus burmeisteri*、*Proculus jicaquei*、*Proculus mniszechi*、*Proculus opacipennis* 和 *Proculus opacus*。这些种主要生活在墨西哥到哥伦比亚之间的高海拔山区。

科	皮金龟科 Trogidae
亚科	皮金龟亚科 Troginae
分布	新北界和新热带界：整个西半球；也被人为引入其他一些地区
生境	温带和亚热带干燥的环境
微生境	成虫和幼虫见于处于腐败最终阶段的干燥动物尸体上
食性	成虫和幼虫以角蛋白为食
备注	当受到惊吓时成虫会假死，看起来像小土块

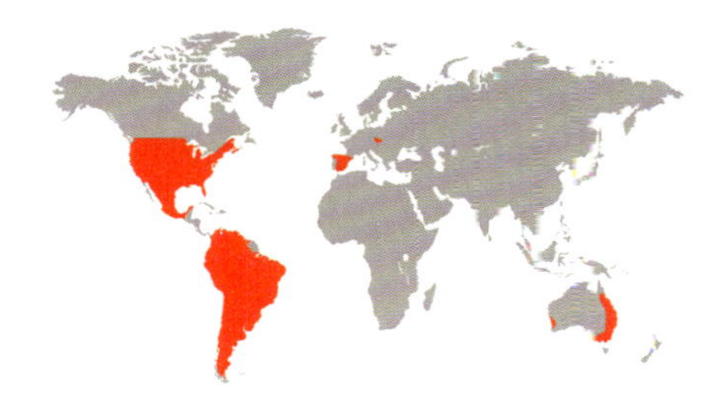

成虫体长
3/8–9/16 in
(9–15 mm)

泛尖皮金龟
Omorgus suberosus
Omorgus Suberosus
(Fabricius, 1775)

实际大小

泛尖皮金龟的成虫和幼虫均以角蛋白为食，常常是脊椎动物尸骸最后的食客。它们取食动物的皮肤、角、蹄子、毛发和羽毛。幼虫在尸骸下方建造浅的垂直洞穴，在那里取食和成长。成虫有时会在陈年干燥的牛粪下被发现，是灯光下尖皮金龟属 *Omorgus* 最常见的物种之一。这个原来分布于南美洲的物种，现在出现在整个西半球，还有澳大利亚以及一些太平洋岛屿上。此外，它们可能通过来自阿根廷的羊毛货物被带到欧洲中部。

近缘物种

尖皮金龟属共包含114个物种，主要广泛分布于南半球的干旱地区。泛尖皮金龟区别于该属其他物种的特征是：头部具瘤状突；前胸背板和鞘翅相对光滑；鞘翅上小而光亮的区域形成格子状花纹；后翅发达；以及雄性生殖器特征。

泛尖皮金龟 体长卵圆形，略扁平，前胸背板和鞘翅相对光滑，体表覆盖有一层短短的密绒毛。头部具2个明显瘤状突。小盾片基部变窄，呈箭头形。鞘翅肩部明显，具有明显的纵脊，表面不规则的光洁区域与小瘤突相间排列。胫节和跗节具短而稀疏的刚毛。

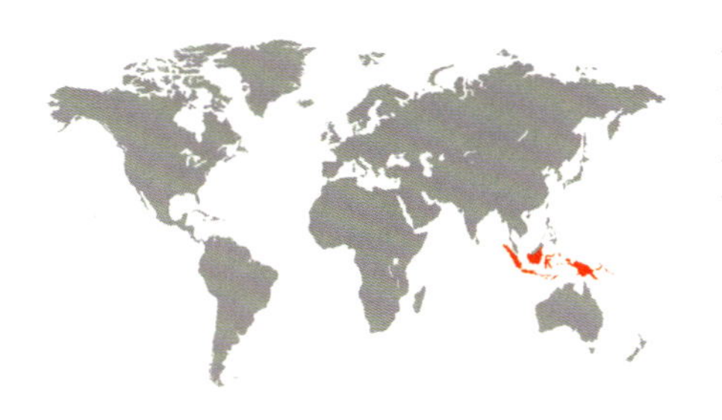

科	锹甲科 Lucanidae
亚科	金锹亚科 Lampriminae
分布	澳洲界和东洋界：巴布亚新几内亚、印度尼西亚
生境	灌丛和森林
微生境	成虫见于灌丛中；幼虫在朽木中打洞
食性	成虫以树汁和腐败的水果为食；幼虫取食朽木
备注	这是该属中最吸引人的物种，体色多变，从金属绿色或红铜色至蓝色、红色或紫色

雄性成虫体长
¹⁵⁄₁₆–2 in
(23.7–50.7 mm)

雌性成虫体长
¾–1¹⁄₃₂ in
(18.9–26 mm)

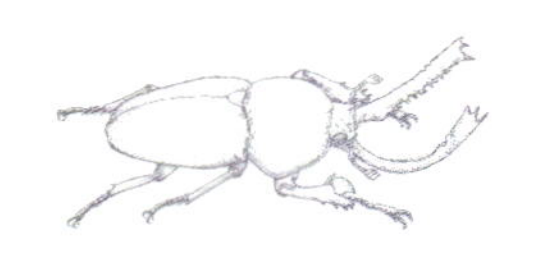

印尼金锹
Lamprima adolphinae
Lamprima Adolphinae
(Gestro, 1875)

印尼金锹明显雌雄二型，雄虫上颚比雌虫的更大而且强烈弯曲。雌虫在桉树和木麻黄树的朽木里产卵。幼虫“C”形，蛴螬状。在新几内亚西部高地，当地人会把该种幼虫从朽木中挖出来，当作食物。

近缘物种

印尼金锹是金锹属 *Lamprim* 中最常见的物种，但其仅分布于巴布亚新几内亚和印度尼西亚。该属其他已知种分布于其他地区：*Lamprima aenea*分布于诺福克岛，*Lamprima insularis*分布于豪勋爵岛，*Lamprima aurata*分于塔斯马尼亚岛和澳大利亚大陆，*Lamprima latreillii*、*Lamprima micardi*和*Lamprima varians*则都分布于澳大利亚大陆。

实际大小

印尼金锹　具明显的雌雄二型现象。雄虫有发达的上颚，长而弯曲，两侧平行且向上翘起。头部小。身体表面呈金属绿色或浅绿色，但是铜色、蓝色、红色和褐色等色型变化也有出现。上颚内缘具齿，生有浓密的黄毛。

科	锹甲科 Lucanidae
亚科	金锹亚科 Lampriminae
分布	澳洲界：昆士兰州东北部
生境	雨林及潮湿的硬叶林
微生境	成虫见于倒木，树桩和流淌汁液的树干上
食性	成虫取食朽木，树汁和水果
备注	雄虫用上颚与其他雄虫打斗

雄性成虫体长
$\frac{15}{16}$–$2\frac{7}{8}$ in
(24–72 mm)

雌性成虫体长
$\frac{7}{8}$–$1\frac{13}{16}$ in
(23–46 mm)

彩虹锹
Phalacrognathus muelleri
Mueller's Stag Beetle
(MacLeay, 1885)

彩虹锹，又名穆勒锹甲、艳锹或者王锹甲，是澳大利亚体型最大的锹甲。以著名植物学家费迪南德·范·穆勒（Baron Ferdinand von Mueller）命名。该种幼虫生活于干燥或十分潮湿的倒朽木中，也见于被白色木腐真菌感染的活立木或立枯木中。幼虫经历3年生长才会成熟，老熟幼虫会利用自己的排泄物制作蛹室并在其中化蛹。成虫在4–9月间的傍晚时分飞行，能被灯光吸引。成虫取食朽木、植物汁液和水果。

近缘物种

金锹亚科包含分布于智利和阿根廷的*Streptocerus*属，分布于新西兰的 *Dendroblax* 属，分布于澳大利亚东部的 *Hololamprina* 属，以及分布于澳大利亚和新几内亚的金锹属（见前页）和彩虹锹属。

实际大小

彩虹锹 体色铜绿色并带有红铜色虹彩光泽。雄虫上颚发达，长且直，伸向前方，近端部向上弯曲，端部宽扁且分叉。前胸背板隆起，宽大于长。黄铜色具亚光质地。雄虫鞘翅光滑具光泽，雌虫具刻点。

科	锹甲科 Lucanidae
亚科	锹甲亚科 Lucaninae
分布	新热带界：南美洲南部
生境	阔叶常绿林
微生境	花朵，树干上流出汁液的伤口，夜间灯下
食性	成虫取食树汁
备注	该种为长牙锹甲属中唯一能发声的物种

成虫体长
15/16–3½ in
(24–88 mm)

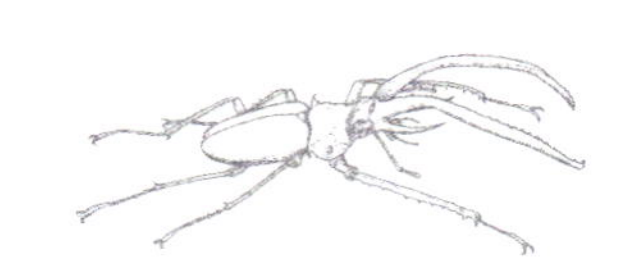

智利长牙锹

Chiasognathus grantii

Chilean Stag Beetle

Stephens, 1831

雄性智利长牙锹会趴在雌虫的上方保护配偶，时刻准备着用它们长而弯曲的上颚和足击退其他雄性竞争者。雄性能用它们的长牙夹住其他雄性竞争者的胸部然后举起。虽然雄性也能用锋利的上颚咬人以至流血，但是雌性的短牙咬起人来更加疼痛。成虫见于树上或在南美小叶绣球 *Hydrangea serratifolia* 的花间活动。它们会在白天或黄昏飞行，能用后足股节摩擦鞘翅侧边的脊突发声。幼虫在土里生活。

近缘物种

长牙锹甲属 *Chiasognathus* 包括7个物种，均为南美洲南部特有。它们与新大陆其他属的锹甲区别在于其触角鳃片部具6节。智利长牙锹的雌雄两性均具以下鉴别特征：体型巨大，鞘翅端部具刺，上颚下方具大的齿突、脊突或瘤突，鞘翅显著光亮，能通过摩擦发声。

实际大小

智利长牙锹 体浅红棕色至深棕色，带有绿色、金色或紫色光泽。雄虫发达的上颚呈锯齿状，其腹面具大齿突，上颚长度可达头部的2至6倍。雌虫上颚短，腹面具脊或大的瘤突。鞘翅光亮，有密刻点，具毛，翅端生有小刺。

科	锹甲科 Lucanidae
亚科	锹甲亚科 Lucaninae
分布	非洲热带界：南非西开普省
生境	山区及高海拔环境
微生境	石头下
食性	成虫吃土壤中各种碎屑
备注	本种是世界上最珍稀的锹甲之一

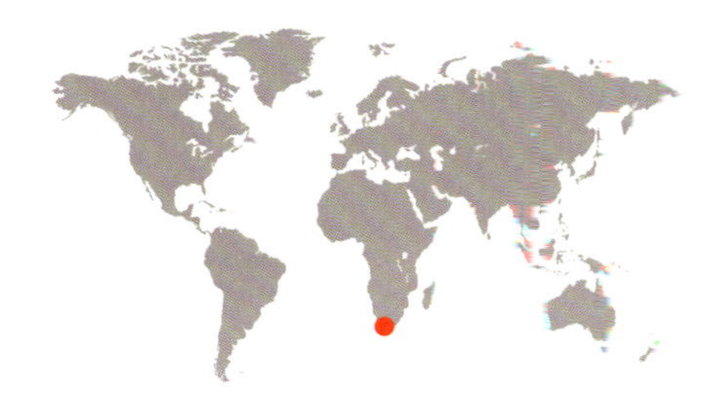

雄性成虫体长
¾–1 1/16 in
(20–26.5 mm)

雌性成虫体长
11/16–15/16 in
(17.1–24 mm)

开普考锹
Colophon haughtoni
Cape Stag Beetle
Barnard, 1929

考锹属 *Colophon* 的物种仅分布于偏远的山顶环境，是南非西开普省和南开普省唯一生活在高海拔区域的锹甲。幼虫可能取食树根和植物碎屑。成虫在清晨明显比较活跃。考锹属的物种适应低温环境，对于气候的改变非常敏感。目前在南非偏远地区大量建立移动通信信号塔及相关配套设施，这可能会有助于非法采集者接近这些地区的该种种群。因此，考锹属的所有物种均被列入《野生动植物濒危物种国际贸易公约》附录2中。

近缘物种

考锹属共有17个物种。其中 *Colophon primosi* 具有细长而橙色的上颚，*Colophon izardi* 的部分个体前胸背板具橙色斑点。

实际大小

开普考锹 体中等大小，身体强烈骨化。一般黑色或暗棕色，胫节端部有齿突，适于挖掘。不会飞，但在鞘翅下仍存在短小的后翅。雄性上颚更大，用于彼此争斗，以此获取雌性的青睐。

科	锹甲科 Lucanidae
亚科	锹甲亚科 Lucaninae
分布	东洋界：印度尼西亚西部（苏门答腊）
生境	热带森林
微生境	在树干上或其内
食性	成虫取食过度成熟的水果和树汁；幼虫取食朽木
备注	这种锹甲有很多不同色型

雄性成虫体长
1 15/16–4 1/4 in
(49–109 mm)

雌性成虫体长
1 3/16–1 7/16 in
(30–36 mm)

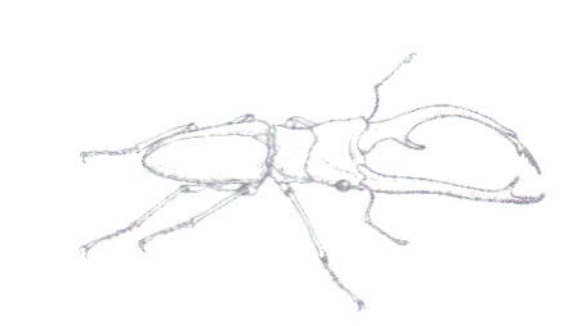

印尼长牙环锹
Cyclommatus elaphus
Deer Stag Beetle
Gestro, 1881

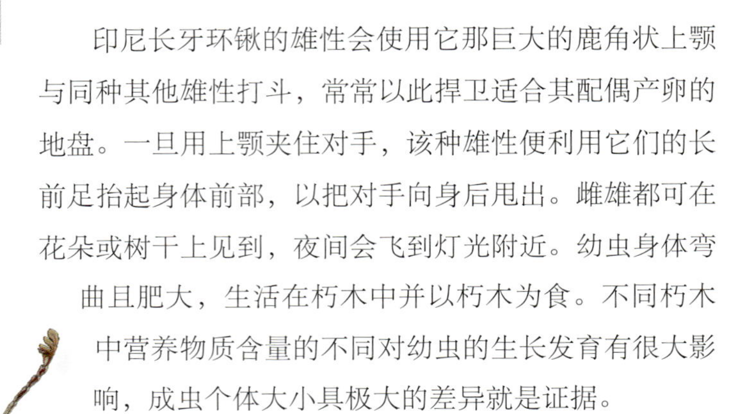

印尼长牙环锹的雄性会使用它那巨大的鹿角状上颚与同种其他雄性打斗，常常以此捍卫适合其配偶产卵的地盘。一旦用上颚夹住对手，该种雄性便利用它们的长前足抬起身体前部，以把对手向身后甩出。雌雄都可在花朵或树干上见到，夜间会飞到灯光附近。幼虫身体弯曲且肥大，生活在朽木中并以朽木为食。不同朽木中营养物质含量的不同对幼虫的生长发育有很大影响，成虫个体大小具极大的差异就是证据。

近缘物种

环锹属 *Cyclommatus* 共包含85个已知种，大多数分布在东洋界。其中分布最靠北的1个种 *Cyclommatus albersii* 分布范围可达中国北方。*Cyclommatus metallifer* 是在印度尼西亚亦有分布的另1个上颚发达的种，它体表具金属光泽，在上颚中间大齿突之后有一系列小齿。

实际大小

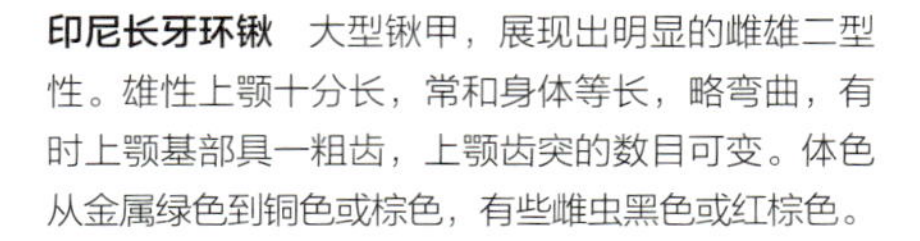

印尼长牙环锹 大型锹甲，展现出明显的雌雄二型性。雄性上颚十分长，常和身体等长，略弯曲，有时上颚基部具一粗齿，上颚齿突的数目可变。体色从金属绿色到铜色或棕色，有些雌虫黑色或红棕色。

科	锹甲科 Lucanidae
亚科	锹甲亚科 Lucaninae
分布	非洲热带界：非洲西部和中部
生境	热带森林
微生境	成虫见于树干上和花上；幼虫生活在朽木中
食性	成虫以成熟的水果和树汁为食；幼虫取食朽木
备注	雌虫个体更小，头部黑色，鞘翅几乎全为黑色

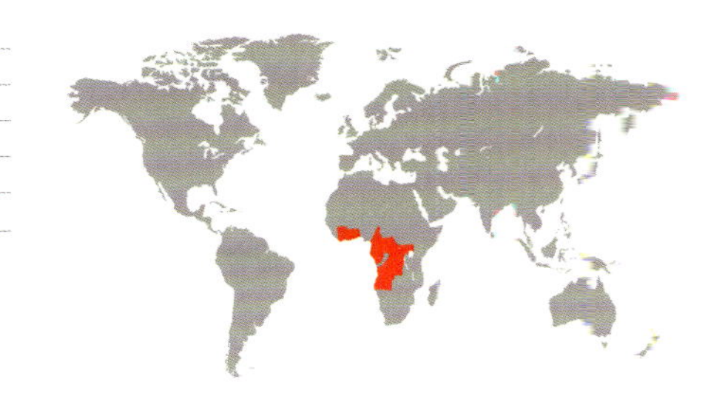

雄性成虫体长
1$\frac{1}{32}$–2$\frac{3}{16}$ in
(26–55 mm)

雌性成虫体长
¾–1¼ in
(20.2–31.8 mm)

非洲蟹锹
Homoderus mellyi
Homoderus Mellyi
Parry, 1862

非洲蟹锹是非洲的一种大型锹甲。该种在上颚内缘具很多小齿，而在该属其他种中这些小齿几乎或者完全缺失。成虫取食成熟的水果和树汁，能通过灯光引诱来采集，有时也可采用香蕉为诱饵来诱集。昆虫学家们现在已经可成功地人工饲养该种锹甲。幼虫弯曲且肥大，蛴螬型，推测以朽木为食。

近缘物种

非洲蟹锹是蟹锹属 *Homoderus* 中最常见的物种，分布于非洲中部和西部。该属其他已知物种是：*Homoderus gladiator*、*Homoderus johnstoni* 和 *Homoderus taverniersi*。*Homoderus gladiator* 体长可达40–60 mm，该种在其分布范围内局地稀有，其所受到的威胁来自生境丧失以及因昆虫标本贸易造成人工捕捉其成虫。*Homoderinus* 属和蟹锹属非常近缘。

实际大小

非洲蟹锹 大型锹甲，具明显雌雄二型性。雄虫头部大，额的前缘具非常发达的横脊，上颚很大。体色棕色至红棕色，多数个体前胸背板具黑色斑点。上颚齿突数目在个体之间有变化。

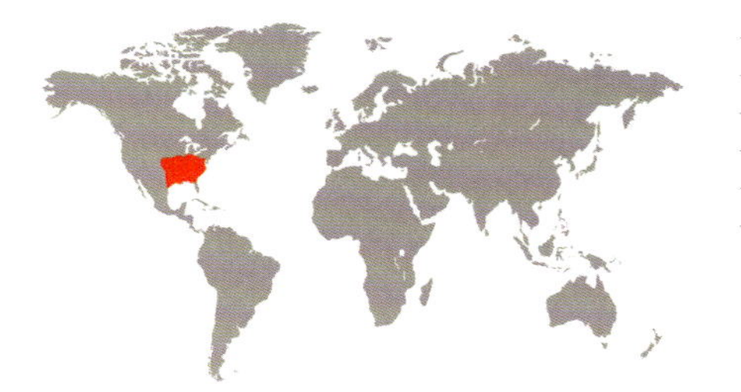

科	锹甲科 Lucanidae
亚科	锹甲亚科 Lucaninae
分布	新北界：美国东部
生境	东部地区落叶硬木林
微生境	成虫生活于树桩上，木头下，夜间可被灯光吸引
食性	成虫取食树汁；幼虫取食朽木
备注	本种是北美洲体型最大的锹甲

成虫体长
15/16–1 9/16 in
(24–39 mm)

美洲深山锹
Lucanus elaphus
Giant Stag Beetle
Fabricius, 1775

美洲深山锹是北美洲的“巨型”锹甲，但是和热带分布的大型锹甲相比其体长则仅属中等。其学名中的种本名来源于希腊语*elaphos*，是鹿的意思。成虫取食树木伤口处流出的汁液，夏天会被灯光吸引，尤其是在六七月份。雌虫在树桩或倒木的裂缝处产卵。幼虫在潮湿朽木中的蛀洞中生长，多年后才能成熟。该种分布最北可到达美国明尼苏达州、密歇根州和加拿大的魁北克省。

近缘物种

深山锹属 *Lucanus* 在北美洲分布有4种，该属可依据以下特征与该地区其他属的锹甲相区分：体形较狭长，触角肘状，复眼分裂，前胸背板侧缘圆弧，鞘翅几乎光滑。美洲深山锹的大型雄虫可依据其长而分叉的上颚被识别。

实际大小

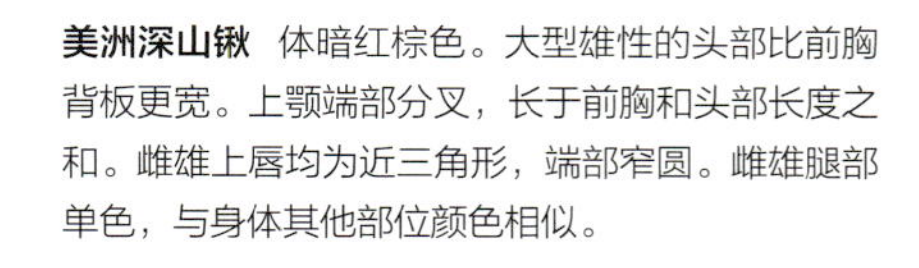

美洲深山锹　体暗红棕色。大型雄性的头部比前胸背板更宽。上颚端部分叉，长于前胸和头部长度之和。雌雄上唇均为近三角形，端部窄圆。雌雄腿部单色，与身体其他部位颜色相似。

科	锹甲科 Lucanidae
亚科	锹甲亚科 Lucaninae
分布	东洋界：南亚、东亚和东南亚
生境	热带潮湿森林
微生境	成虫见于树干上；幼虫在朽木里生活
食性	成虫偶尔吃烂水果和树汁；幼虫取食朽木
备注	本种不同的色型变异曾被视为不同亚种

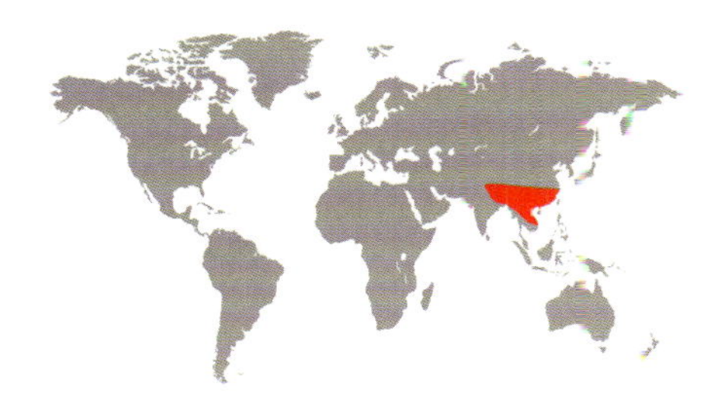

雄性成虫体长
1⁵⁄₁₆–3⅛ in
(33–80 mm)

雌性成虫体长
1⁵⁄₁₆–1⅝ in
(34–42 mm)

库光胫锹
Odontolabis cuvera
Odontolabis Cuvera
Hope, 1842

库光胫锹是一种常见且十分引人注目的大型锹甲；分布于尼泊尔和印度东北部，直至缅甸西北部、泰国北部、老挝中部、越南北部以及中国南部。其幼虫肥胖而弯曲，蛴螬型，在朽木中取食并发育。成虫偶尔会取食烂水果和树汁，尤其喜爱香蕉，夜间可被灯光吸引。雄性根据上颚发育程度的不同有3个明显的型，从长而弯曲的大牙型到短而直的小牙型。雌虫体较小，头部短小，上颚很短。

库光胫锹 体略狭长且隆，体背大部为栗棕色或黑色，具明显光泽。雄虫头部长方形，较扁平。眼后方有明显的锐角状突；而雌虫眼后方的突起则较短且呈钝角状。鞘翅明显双色，两侧有较宽的黄褐色条纹，中部具宽窄不一的三角形暗色区域。

近缘物种

分布于亚洲的胫锹属 *Odontolabis* 包含36个物种，还有几乎同等数量的亚种。它们通常为栗棕色或黑色，具光泽。鞘翅大部为黄色或棕色，经常具双色斑纹。该属不同物种间主要依据雄性的上颚和生殖器特征区分。*Odontolabis mouhoti* 与库光胫锹非常相似，但是它的鞘翅光泽较弱，雄虫鞘翅主要为黄色，仅翅缝处具狭窄的暗色斑纹。

实际大小

科	金龟科 Scarabaeidae
亚科	金龟亚科 Scarabaeinae
分布	新热带界：阿根廷
生境	荒漠荆棘灌丛
微生境	砂质或黏土地面
食性	取食干燥粪便
附注	本种不会飞行，一些地区的小种群被认为濒临局地灭绝

成虫体长
½–1³⁄₁₆ in
(13–30 mm)

蛛形盔蜣螂
Eucranium arachnoides
Eucranium Arachnoides

Brullé, 1834

实际大小

蛛形盔蜣螂是该属内最常见且分布最广的物种。该种蜣螂不能飞行，种群呈小斑块状分布，由于区域生境的改变或丧失，一些局地种群被怀疑可能已经灭绝。成虫生活于干旱荒漠环境，在11月至来年1月间最为活跃。和绝大多数蜣螂不同，盔蜣螂属 *Eucranium* 的成虫会先于地面挖好洞穴，然后于日间四处寻找不同动物的干燥粪便，包括野山羊 *Capra aegagrus*、原驼 *Lama guanicoe*、马 *Equus ferus caballus* 和牛 *Bos primigenius*。蛛形盔蜣螂能用前足搬运粪球，而在向前行走时则使用中足及后足。在夜间，该种蜣螂会在地面随机行走，似乎是在寻找配偶。

近缘物种

盔蜣螂族 Eucraniini 是分布于南美洲的小类群，共包括4个属：*Anomiopsoides*、*Ennearabdus*、*Glyphoderus* 以及盔蜣螂属。盔蜣螂属仅分布于阿根廷山区及冲积平原区的一些省，除蛛形盔蜣螂外还包括以下5个物种：*Eucranium belenae*、*Eucranium cyclosoma*、*Eucranium dentifrons*、*Eucranium planicolle*、*Eucranium simplicifrons*。这些种均无后翅且不能飞行，彼此可通过鞘翅上的细微构造相区别。

蛛形盔蜣螂 一种体型相对较大的蜣螂，体黑色，不能飞行。前胸背板宽大，不具角突，明显宽于鞘翅。成虫唇基具一对向前的指状角突。中足跗节长于中足胫节端部的距。同种内有显著的个体变异，例如体型、鞘翅刻点等。

科	金龟科 Scarabaeidae
亚科	金龟亚科 Scarabaeinae
分布	非洲热带界和古北界：阿拉伯半岛、非洲东北部
生境	生活有大型兽类的干旱地区
微生境	成虫会在粪堆下挖掘隧道，夜间可被灯光吸引
食性	成虫及幼虫均以粪便为食
附注	该种在阿拉伯半岛比在非洲大陆更为常见

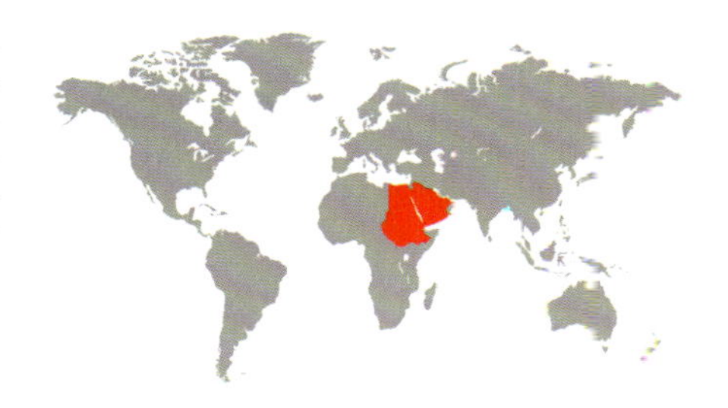

成虫体长
1 7/16–2 3/8 in
(37–60 mm)

巨蜣螂
Heliocopris gigas
Heliocopris Gigas
(Linnaeus, 1758)

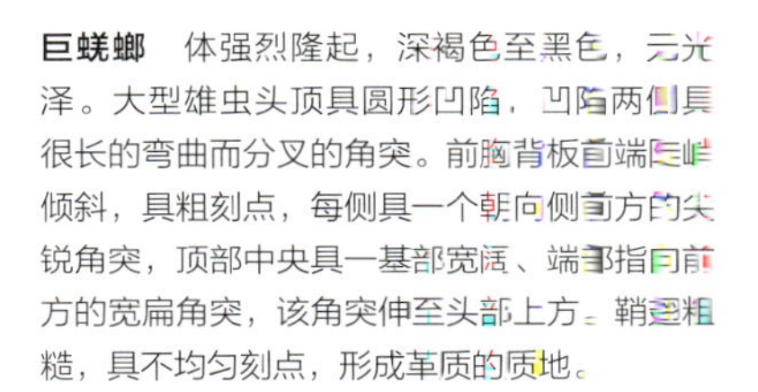

巨蜣螂曾被认为仅取食大象的粪便，但实际上本种也能很好地适应于取食多种野生及家养反刍动物的粪便。本种蜣螂为夜行性动物，夜间可被灯光吸引。雌虫会在粪堆下方挖掘隧道，迅速地将粪拖入隧道底端宽阔的储粪室内，然后开始制作第一批粪球。每一颗粪球直径约50 mm，其内包含一粒卵。雄性在与竞争者争夺交配权时，可能会使用它们头顶夸张的构造以及前胸背板的角突。

巨蜣螂 体强烈隆起，深褐色至黑色，无光泽。大型雄虫头顶具圆形凹陷，凹陷两侧具很长的弯曲而分叉的角突。前胸背板前端陡峭倾斜，具粗刻点，每侧具一个朝向侧前方的尖锐角突，顶部中央具一基部宽阔、端部指向前方的宽扁角突，该角突伸至头部上方。鞘翅粗糙，具不均匀刻点，形成革质的质地。

近缘物种

巨蜣螂属 *Heliocopris* 均雌雄二型，共包括49个物种；多数分布于非洲，4种见于东洋界。洁蜣螂属 *Catharsius* 也同样十分粗壮，但巨蜣螂属除了具有更加巨大的体型之外，还可依据其鞘翅背面具明显的纵脊与之相区分。巨蜣螂的大型雄虫和 *Heliocopris andersoni* 与 *Heliocopris midas* 有些相似，但可通过角突形状的不同加以区分。

实际大小

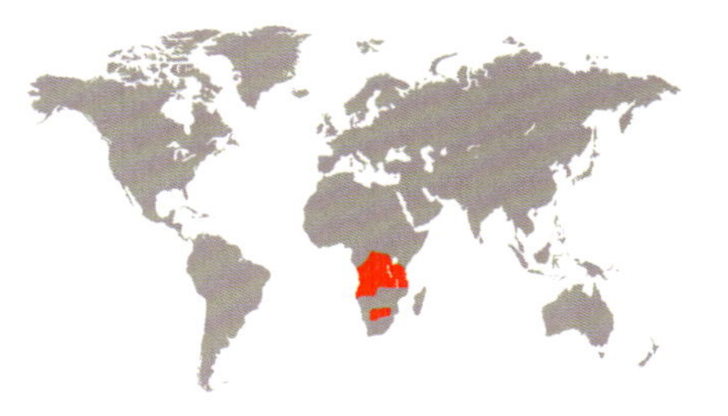

科	金龟科 Scarabaeidae
亚科	金龟亚科 Scarabaeinae
分布	非洲热带界：刚果民主共和国、安哥拉、坦桑尼亚、南非北部
生境	相对潮湿的萨王纳环境，夏季具降水
微生境	沙质生境
食性	成虫和幼虫取食粪便，尤其喜食牛和象的粪便
附注	该种发达的前足可用于保卫自身以及粪便来源

成虫体长
⅞–1¾ in
(23–45 mm)

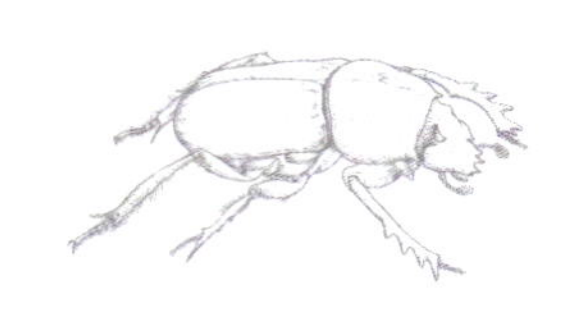

粗腿厚蜣螂

Pachylomera femoralis
Pachylomera Femoralis
(Kirby, 1828)

实际大小

粗腿厚蜣螂一般会在白天飞行并搬运粪便。该种通常在牛群或大象的粪便上大量聚集，但有时也会被杂食动物的粪便、脊椎动物或昆虫的尸体，以及非洲马钱 *Strychnos spinosa* 的果实所吸引。该种蜣螂步履笨重，这是因为它们具有十分特别的宽大前足。雌性独居，在距离粪便来源非常近的地方挖掘倾斜的洞穴，能使用后足拖拉或用头顶推动将大块的粪便存入洞穴中。而后粪便被制成梨形的粪球，每个粪球内包含单粒卵。

近缘物种

厚蜣螂属 *Pachylomera* 仅包含2个种，另1个种是 *Pachylomera opaca*，分布于南非的喀拉哈里（Kalahari）沙漠西南部以及林波波省（Limpopo）和豪登省（Gauteng）偏僻的沙地环境中。*Pachylomera opaca*可依据其前足股节无刺突，以及前足胫节内缘无齿与粗腿厚蜣螂相区分。

粗腿厚蜣螂 体大型而粗壮，略扁平，黑色无光泽。头部宽阔，唇基前缘具4枚短齿，其侧面具大型片状的颊。前足基节和股节不成比例地加大，在雄虫当中尤甚，前足股节前缘具刺突列。前足胫节内缘具一小的齿状突起。

科	金龟科 Scarabaeidae
亚科	金龟亚科 Scarabaeinae
分布	非洲热带界：博茨瓦纳、肯尼亚、莫桑比克、纳米比亚、南非、坦桑尼亚、津巴布韦
生境	热带稀树草原
微生境	成虫见于各类土地上
食性	成虫见于多种动物的粪便上，幼虫取食粪便中的液体成分
附注	本种蜣螂具奇特的鹿角状角突

成虫体长
⅜–½ in
(10–13 mm)

鹿角葡嗡蜣螂
Proagoderus rangifer
Proagoderus Rangifer
Klug, 1855

鹿角葡嗡蜣螂雄性所具的角状构造在所有蜣螂中是最为奇特的之一。它们可能会利用角突与该种其他雄性争斗，以保卫雌性以及所建造的洞穴。在白天两性成虫均会飞行，通常见于新鲜的大象或犀牛粪便中。葡嗡蜣螂属 *Proagoderus* 中多数物种的生活史不明确，它们可能会制造一或多个卵形的粪球，并将其埋入建造于粪堆下方的隧道中。该种的季节活动节律主要取决于温暖的气温及充足的降水。

近缘物种

葡嗡蜣螂属中已描述107个物种，其中多数来自非洲。*Proagoderus ramosicornis* 和鹿角葡嗡蜣螂在体型、颜色和分布等方面都非常相似，但似乎可通过具更粗糙的刻点相区分。葡嗡蜣螂属中的10个物种被列入国际自然保护联盟（IUCN）《濒危物种红色名录》中的无危物种中，因为目前尚没有数据显示它们的种群正面临威胁。

鹿角葡嗡蜣螂 一种小型蜣螂，雄性具夸张的角突。其头角的发育状况个体间可能不同，但具大型头角的雄虫十分常见。雌虫缺少装饰结构。该种体背面及各足通常呈红铜色，腹面红铜色具绿色光泽。有时一些个体也可能呈现金属绿色，该种体色变化十分丰富。

实际大小

科	金龟科 Scarabaeidae
亚科	金龟亚科 Scarabaeinae
分布	古北界：欧洲中南部、北非、中东地区
生境	干旱草原，森林——干旱草原，半荒漠
微生境	新鲜粪堆附近
食性	成虫以粪便获取营养，幼虫取食固体排泄物
附注	被古埃及人视为一个神圣的象征

成虫体长
1⅓₂–1⁹⁄₁₆ in
(26–40 mm)

圣蜣螂
Scarabaeus sacer
Sacred Scarab Beetle
Linnaeus, 1758

实际大小

圣蜣螂使用其耙状的前足把新鲜粪便制作成粪球，而后将其埋到土里并于其中产下一粒卵。幼虫取食粪球并于其内完成全部的发育过程。圣蜣螂被古埃及人所崇拜，他们将圣蜣螂的形象称为凯布利（Khepri），他被认为是太阳神的化身。因为圣蜣螂的行动被视为是太阳在天空中运动的动力来源，而太阳则是蜣螂滚动的一个粪球。圣蜣螂也同时被认为与重生相关，古埃及人有时会将圣蜣螂以及刻有圣蜣螂形象的石头跟死者一同下葬。

近缘物种

蜣螂属 *Scarabaeus* 共包括139个物种，被划分为4个亚属，分布于非洲热带界、古北界和东洋界。该属蜣螂体小型至相对大型，唇基具4枚显著齿突，前足基节和股节不膨大，前足跗节完全消失。圣蜣螂与古北界同属其他物种的区别包括：体大型，前足胫节外缘具4枚大齿，内缘具2枚明显的小齿突，以及前胸背板表面构造不同。①

圣蜣螂　前胸背板近后缘处具横向而宽阔的无刻点区域及一狭沟。中足胫节具两列斜向排列的短刚毛。后足胫节端部延长，形成位于跗节下方的一狭板。雄虫后足胫节内缘具红褐色缘毛。

① 原著此段末尾缺文字，可能为排版错误。圣蜣螂与古北界同属其他物种的区别为译者补充。——译者注

科	金龟科Scarabaeidae
亚科	金龟亚科Scarabaeinae
分布	新热带界：阿根廷北部、玻利维亚南部、巴拉圭西部
生境	干旱林地，干旱荆棘丛，草地
微生境	常见于放牧牛群的草场
食性	成虫常见于牛粪中
附注	本种是虹蜣螂属 *Sulcophaneus* 中色彩最丰富也最多变的物种

成虫体长
$^{11}/_{16}$–1⅛ in
(18–28 mm)

帝虹蜣螂
Sulcophaneus imperator
Sulcophaneus Imperator
(Chevrolat, 1844)

帝虹蜣螂成虫在1月至3月间达到活动高峰期。它们会在白天四处飞行以寻找人类或各种家养动物的粪便，在放牧牛的草场有时非常常见。它们通常成对活动，一起在动物粪便下方或旁边挖掘巢穴。雄性将大块的粪便推入隧道，位于隧道底部的雌性将其制作成粪球，储存于孵化室中。蜣螂将粪便埋入地下能有利于草本植物的生长，加快粪便中的营养返回土壤，干扰那些于粪便中完成部分生活史的草地害虫的生长，从而显著有利于放牧草场的恢复。

近缘物种

虹蜣螂属共包括14个物种，其中10种分布于南美洲，3种生活于中美洲，另外1个种仅分布于牙买加。帝虹蜣螂绝对是该属内色彩最丰富也是最多变的物种，因为其个体具各样不同的色型，包括绿色型、金色型、红色型等。

帝虹蜣螂 体型较大且粗壮，体表无光泽或略具光泽，体壁黑色，混有各色明亮金属光泽，包括绿色、金色、蓝色、红铜色等。雄虫头部具显著角突，向后弯曲；雌虫无角突。雌雄前足均具跗节。

实际大小

科	金龟科 Scarabaeidae
亚科	鳃金龟亚科 Melolonthinae
分布	新热带界：秘鲁
生境	热带森林
微生境	见于活的或腐朽的植物上
食性	成虫取食植物的叶和花；幼虫取食腐朽的植物组织
附注	本种甲虫常见但其生活史不是很清楚

成虫体长
1¹⁄₃₂–1³⁄₁₆ in
(26–30 mm)

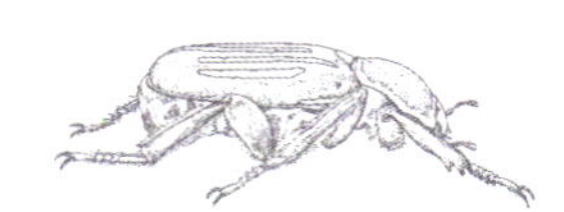

克氏钩鳃金龟
Ancistrosoma klugii
Ancistrosoma Klugii

Curtis, 1835

虽然克氏钩鳃金龟十分常见，但其生活史不是很清楚。成虫似乎于白天和夜间都很活跃，在秘鲁曾被发现于含羞草属植物的叶片和花上。肥胖而弯曲的幼虫生活于地下，取食植物的根系，可能还取食植物碎屑。钩鳃金龟属 *Ancistrosoma* 的学名源自希腊词*ankistron*，意思是钩状的，指其雄虫腹部具钩状刺突。该属分布于南美洲北部，包括哥伦比亚、厄瓜多尔、秘鲁、委内瑞拉、特立尼达和多巴哥，以及阿根廷。

近缘物种

钩鳃金龟属包括15个物种。雄虫第一可见腹板具1个钝的钩状刺突，易于与雌虫区分。克氏钩鳃金龟各足呈红褐色，前胸背板沿中线具清晰纵沟，前胸背板后缘中央具向后的短刺突。该种可依据这些特征与近缘物种相区分。①

克氏钩鳃金龟　体中等大小，体形狭长，体壁红褐色至黑色，部分覆盖有黄色至橙色的鳞毛，鳞毛几乎紧贴体表生长。鞘翅上的鳞毛形成纵向条纹。各足长，红褐色或橙黄色，爪发达。雄虫腹部基部具1强大而略弯曲的刺突。

实际大小

① 原著此段末尾缺文字（排版错误），由译者补充。——译者注

科	金龟科 Scarabaeidae
亚科	鳃金龟亚科 Melolonthinae
分布	古北界：不丹、印度、尼泊尔、中国西藏
生境	森林
微生境	见于树干上，曾观测到雌性于腐殖质中产卵
食性	成虫取食树干汁液，幼虫取食腐朽的植物
附注	本种并不常见，具罕见的性二型性

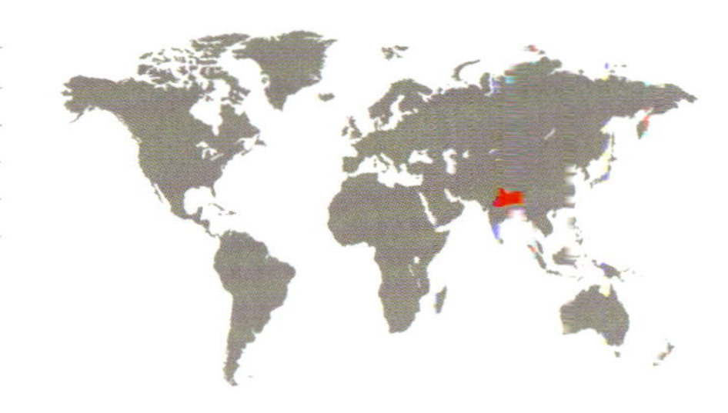

雄虫成虫体长
$1\frac{5}{8}$–$2\frac{3}{8}$ in
(42–61 mm)

雌虫成虫体长
$1\frac{3}{4}$–2 in
(44–52 mm)

麦彩臂金龟
Cheirotonus macleayi
Macleay's Long-Armed Chafer
Hope, 1840

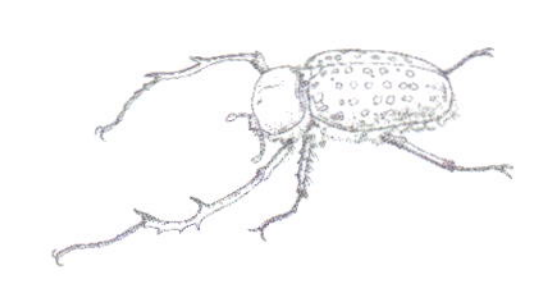

麦彩臂金龟雄虫具有令人不可思议的延长的前足，它可算是全世界最大且最引人注目的甲虫之一；但雌虫的前足则要短很多。幼虫在通麦栎 *Quercus incana* 腐朽的树干中生长发育，老熟幼虫建造蛹室化蛹，蛹室内壁光滑，外壁具木质粗纤维。成虫有时和一些锹甲一起在树干上取食流出的汁液。彩臂金龟属 *Cheirotonus* 的全部物种均发生于高海拔原始林中，这样的环境可为幼虫提供合适的朽木，同时也可为成虫提供流汁液的树干。彩臂金龟的生境正受到森林砍伐的威胁。

近缘物种

长臂金龟族 Euchirini 共包括3个属，彩臂金龟属可依据其前胸背板具金属绿色光泽且刻点粗大与其他2个属 *Euchirus* 和 *Propomacrus* 相区分。彩臂金龟属共包括8个物种：*Cheirotonus arnaudi*、*Cheirotonus battareli*、*Cheirotonus formosanus*、*Cheirotonus gestroi*、*Cheirotonus jambar*、*Cheirotonus jansoni*、*Cheirotonus macleayi*、*Cheirotonus parryi*。麦彩臂金龟可通过其鞘翅花斑分布、雄性前足胫节形状及分布范围与该属其他物种相区分。

实际大小

麦彩臂金龟　易于识别，其雄虫前足延长，通常长于其体长。大型雄虫的前胸背板光泽十分强。雄虫头部及前胸背板具黄色及橙色密毛。鞘翅黑褐色，具橙色或黄色的斑点。

科	金龟科 Scarabaeidae
亚科	鳃金龟亚科 Melolonthinae
分布	古北界：法国、西班牙、瑞士
生境	原野间潮湿区域
微生境	多种灌丛
食性	取食植物叶片及花
附注	一种常见的小型金龟

成虫体长
5/16–7/16 in
(8–10.5 mm)

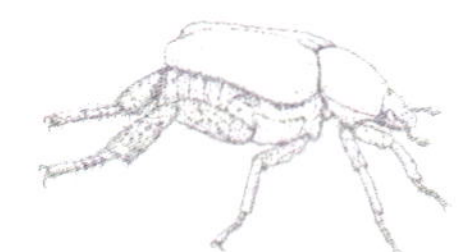

天蓝单爪鳃金龟
Hoplia coerulea
Cerulean Chafer Beetle

(Drury, 1773)

天蓝单爪鳃金龟的雄虫为蓝至紫罗兰色，具强烈金属光泽，而雌虫则为褐色。雄虫闪耀的体色是结构色（或称物理色），由其体表极薄的鳞片使光波发生散射或衍射而形成。这些鳞片由多层几丁质薄片形成，该构造靠多根平行杆支撑。天蓝单爪鳃金龟经常栖息于低矮灌丛中显眼的高枝上，休息时会将其一或两条后足伸向前方。雌雄两性成虫会在有温暖阳光的夏天成群飞行，它们会沿溪岸或靠近沼泽地等生境飞行，在那里能找到适于取食的叶片和花朵。

近缘物种

单爪鳃金龟属 *Hoplia* 已经被描述了约300个物种，分布于除澳洲界之外的世界各地，在古北界和新热带界物种多样性尤其高。该属目前需要综述性的分类研究开展，充分研究后新种甚至新属都有可能被发现。在古北界，单爪鳃金龟属共有约170个种；天蓝单爪鳃金龟的雄虫可通过其明亮艳丽的光泽而被识别。

天蓝单爪鳃金龟　雄虫十分美丽，体背蓝色，具强烈金属光泽，通常多少具紫色光泽。雌虫体型略大，褐色、黄褐色或深灰色。体形短宽。头、前胸背板和鞘翅覆盖有细鳞片，雌雄体腹面均具银色鳞片。

实际大小

科	金龟科 Scarabaeidae
亚科	鳃金龟亚科 Melolonthinae
分布	古北界：欧洲
生境	森林或开阔地
微生境	各种树木、草场、树篱、草料、谷物、蔬菜
食性	成虫取食多种植物的叶片；幼虫食根
附注	自古以来欧洲鳃金龟一直被孩子们当作活的玩具

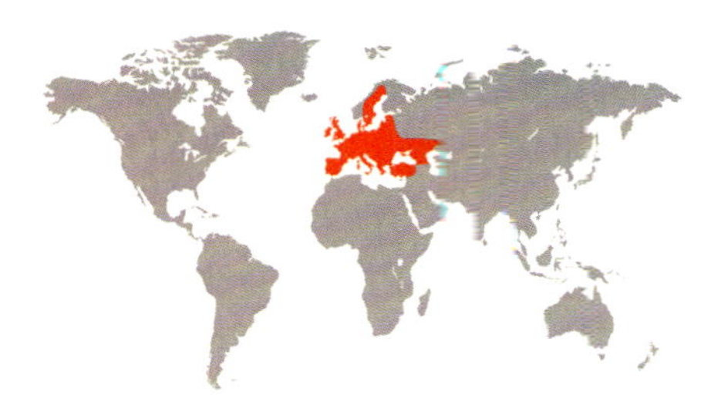

成虫体长
$\frac{3}{4}$–$1\frac{3}{16}$ in
20–30 mm

欧洲鳃金龟
Melolontha melolontha
European Cockchafer
(Linnaeus, 1758)

欧洲鳃金龟是欧洲最广为人知的甲虫之一。自古以来，孩子们就用绳子拴住这种鳃金龟的腿，让它们在头顶飞行，就好像活的风筝一样。曾经有一段时间，欧洲鳃金龟的幼虫会被当作食物，称为“白蛴螬”。成虫于春季羽化，尤其在4月和5月间数量最多。雌性可在土中产下50–80枚卵。幼虫蛴螬型，以植物根系为食。根据气候的差异，该种幼虫的发育期可持续3–4年。鳃金龟属 *Melolontha* 的许多种曾被认为十分常见，但由于其幼虫通常被视为农业害虫，杀虫剂的使用已显著降低了它们的种群数量。

近缘物种

鳃金龟属隶属于鳃金龟族 Melolonthini，该族具有鳃金龟亚科中最高的物种多样性，广泛分布于全世界范围，包括许多经济害虫。欧洲分布的鳃金龟属还包括两个种：*Melolontha hippocastani* 和 *Melolontha pectoralis*。鳃金龟族在北美洲地区的代表例如 *Phyllophaga* 属，它们常被称为“五月甲虫”或“六月甲虫”。

实际大小

欧洲鳃金龟 一种大型而粗壮的甲虫。头和前胸背板黑色，多少带有灰色。鞘翅褐色，足一般为红褐色。该种具明显的鳃片状触角。雄虫触角鳃片部非常长，臀板端部成窄截形；雌虫臀板略长也略宽。

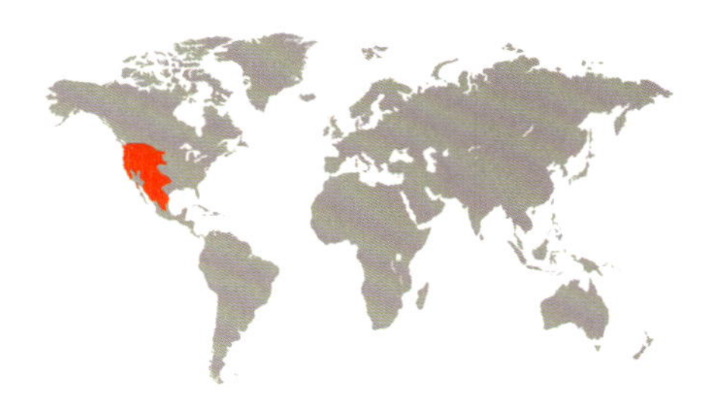

科	金龟科 Scarabaeidae
亚科	鳃金龟亚科 Melolonthinae
分布	新北界：北美洲西部
生境	草原，栎树林，松林
微生境	成虫可见于松树上，夜间可被灯光吸引；幼虫生活于沙质土壤里
食性	成虫取食松针；幼虫取食草根或其他植物根系
附注	是北美洲最常见且分布广泛的云鳃金龟属物种

成虫体长
11/16–1¼ in
(18–31 mm)

条纹云鳃金龟
Polyphylla decemlineata
Ten-Lined June Beetle

(Say, 1824)

条纹云鳃金龟广泛分布于北美洲西部，发生于海平面至2740 m之间。成虫通常于温暖的夏夜飞行，以西黄松 *Pinus ponderosa* 的松针为食。雄虫触角宽阔的鳃片部可充分展开，触角具十分灵敏的嗅觉功能，飞行中的雄虫可依此感知雌虫释放的信息素。交配在树上或地面进行。两性均可被灯光吸引，但雄虫在灯下更为常见。幼虫取食生长于沙质土壤上植物的根，包括草、针叶树苗、果树，以及多种蔬菜作物。

近缘物种

云鳃金龟属 *Polyphylla* 广泛分布于北半球，在北美洲共分布32个已知物种。该属金龟的特征是：体形粗壮，具鳞片，触角鳃片部5节（雌性）或7节（雄性）。条纹云鳃金龟可通过以下特征与同属其他物种相区分：鞘翅具边缘平滑的白色纵纹，纵纹间具有黄色鳞片；前胸背板无直立刚毛；雄性外生殖器特征不同。

实际大小

条纹云鳃金龟 体长形且粗壮，鞘翅具显著白色纵纹。头黑色，复眼发达，唇基方形，背面强烈凹陷。触角共10节，雄虫鳃片部十分长且弯曲，雌虫的腮片则是直的。前胸背板宽阔且隆起，除沿侧缘之外，其他区域无直立刚毛。

科	金龟科 Scarabaeidae
亚科	鳃金龟亚科 Melolonthinae
分布	非洲热带界：非洲南部
生境	荒漠，沙地草原
微生境	成虫可被灯光吸引；幼虫会在粪便下方的沙质土壤中掘洞生活
食性	成虫可能取食植物叶片；幼虫以羚羊或绵羊的粪便为食
附注	本种幼虫的食性在鳃金龟亚科中并不常见

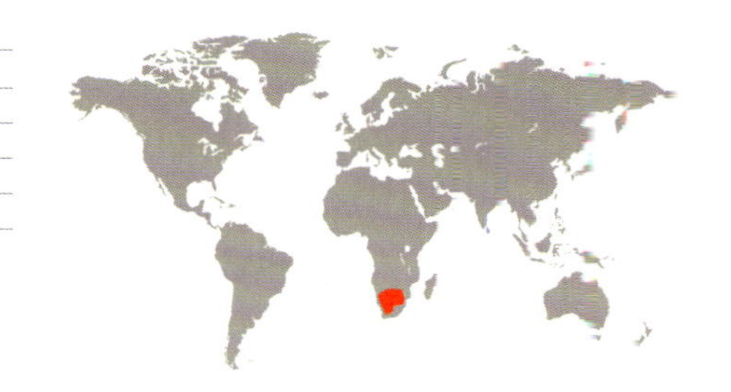

成虫体长
$^{11}/_{16}$–$^{7}/_{8}$ in
(17–23 mm)

黄毛胸鳃金龟
Sparrmannia flava
Sparrmannia Flava
Arrow, 1917

黄毛胸鳃金龟的成虫在11月间羽化，这时正是南部非洲大陆夏天的第一场雨，而后开始取食、交配并产卵。成虫取食植物叶片，但它们取食哪些植物并没有详细记载。幼虫会挖掘出垂直地表的洞穴，因为洞口周围有建造洞穴时推出的泥沙，洞口很容易被识别。这些洞从1月份开始出现，常见于羚羊的粪堆中或周围。幼虫会在夜间离开洞穴，寻找合适的羊粪蛋，将其拖回洞穴后开始取食。老熟幼虫会在4月间筑造土室，进入长时间的滞育期，直到雨季来临前三周开始化蛹。

实际大小

黄毛胸鳃金龟 体形粗壮，头和前胸背板密被长绒毛。唇基裸露，前端中央凹缺，触角共10节，鳃片部7节。前胸背板宽大于长，均匀覆盖有长且密集的黄白色绒毛。鞘翅棕黄色，狭长，腹部仅臀板端部露出鞘翅之外。

近缘物种

毛胸鳃金龟属 *Sparrmannia* 分布于撒哈拉以南的非洲大陆，共包括28个种，该属可依据其触角特征以及具长绒毛的前胸背板和这一地区的其他金龟子相区分。黄毛胸鳃金龟和同属其他3个物种 *Sparrmannia alopex*、*Sparrmannia similis*、*Sparrmannia vicinus* 相似，但可通过雄性生殖器形状与它们相区别。毛胸鳃金龟属除2个物种外，其余物种均为黄褐色且在黄昏或夜间活动。

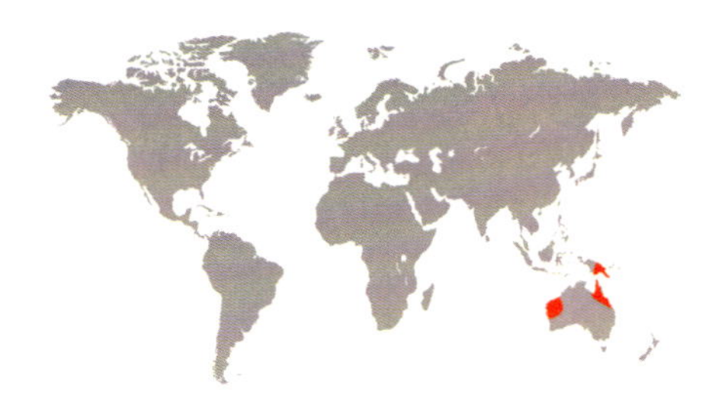

科	金龟科 Scarabaeidae
亚科	丽金龟亚科 Rutelinae
分布	澳洲界：澳大利亚北部（昆士兰州北部海岸，西澳大利亚省西部），巴布亚新几内亚
生境	森林，林地
微生境	通常见于叶片上
食性	成虫取食多种植物的叶片，例如桉属植物；幼虫食根
附注	本种是该属4个物种中最不常见的

成虫体长
⅞–1 in
(22–25 mm)

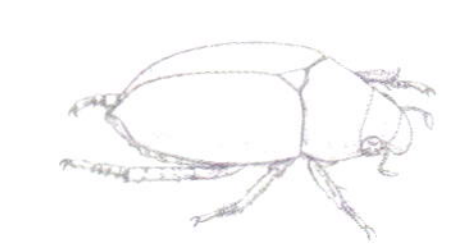

阿氏尖腹丽金龟
Calloodes atkinsoni
Atkinson's Christmas Beetle

Waterhouse, 1868

尖腹丽金龟属 *Calloodes* 和其他一些相似的金龟子在澳大利亚被称为“圣诞甲虫”，因为它们通常在圣诞假期大量出现，这时正是澳大利亚的夏天。阿氏尖腹丽金龟夜行性，取食多种植物的叶片，包括桉属的澳洲血檀*Eucalyptus gummifera*、金合欢属以及其他寄主植物。当这种金龟大量发生时，有时会将整棵树的叶子吃光。幼虫呈蛴螬状，肥胖且弯曲，取食草本或其他植物的根系。虽然阿氏尖腹丽金龟并不罕见，但该种及尖腹丽金龟属其他物种的种群数量似乎正在减少。

近缘物种

尖腹丽金龟属还包括其他3个物种：*Calloodes nitidissimus*、*Calloodes grayianus*、*Calloodes rayneri*，其中只有阿氏尖腹丽金龟在澳大利亚之外的地区有记录。该属和*Anoplognathus*属近缘，后者包括约40个物种。阿氏尖腹丽金龟的鉴别特征包括：各鞘翅端部尖，足深金属绿色，前胸背板和鞘翅侧边具黄褐色宽边。

阿氏尖腹丽金龟 一种体型较大的丽金龟。该种呈亮金属绿色，具虹彩光泽，鞘翅侧缘具黄色宽边。头和各足也为金属绿色。成虫触角鳃片状，鳃片部短小。与丽金龟亚科多数物种相似，阿氏尖腹丽金龟爪发达、不对称。该种雌雄二型现象不明显。

实际大小

科	金龟科 Scarabaeidae
亚科	丽金龟亚科 Rutelinae
分布	新热带界：墨西哥（圣路易斯波托西州、伊达尔戈州、普埃布拉州、韦拉克鲁斯州、瓦哈卡州、格雷罗州）
生境	山区湿润森林，海拔750–2000米之间
微生境	多种植物的叶片上
食性	成虫取食叶片；幼虫取食腐朽的倒木
附注	本种非常常见，雄性具发达而奇特的后足

成虫体长
$\frac{7}{8}$–1$\frac{9}{16}$ in
(23–40 mm)

粗腿耀丽金龟
Chrysina macropus
Chrysina Macropus
(Francillon, 1795)

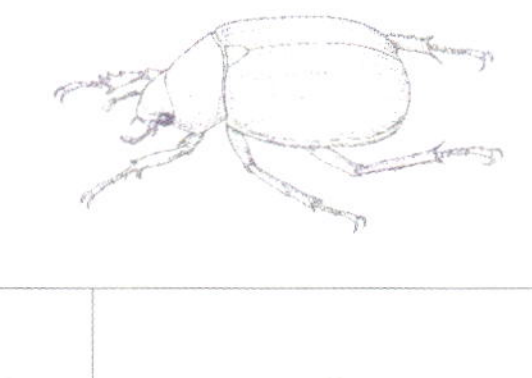

粗腿耀丽金龟的种本名“*macropus*”来自两个希腊词根*makros*（意思是长的或大的）和*pous*（意思是足），所指该种雄性具奇特的巨大后足。成虫于5–10月间活跃，有时会在夜间大量聚集于灯光下；但偶尔它们也会在白天明亮的阳光下飞行。幼虫在腐朽的倒木中取食并发育，寄主包括桤木 *Alnus* spp.、枫香树 *Liquidambar* spp.，以及悬铃木 *Platanus* spp.。幼虫需经历两年才能变为成虫。该种雄虫特点鲜明，曾出现在1988年尼加拉瓜发行的一枚邮票上。

实际大小

近缘物种

耀丽金龟属 *Chrysina* 主要分布于新热带界，因其色彩丰富且具金属光泽而广为人知。除粗腿耀丽金龟外，该属还有其他6个物种（*Chrysina amoena*、*Chrysina beckeri*、*Chrysina erubescens*、*Chrysina modesta*、*Chrysina triumphalis*、*Chrysina karschi*）的雄性也具发达的后足，除分布于洪都拉斯的 *Chrysina karschi* 外，其余物种均分布于墨西哥。*Chrysina erubescens* 生活于海拔1600–2900 m之间，取食栎树的叶片。

粗腿耀丽金龟 体型很大，色彩艳丽。头、前胸背板及腹部黄绿色，有时略带铜色，各足通常绿色具红色光泽。本种雄虫后足十分发达，胫节粗且弯曲。该种整体大小及体色在个体间差异明显。

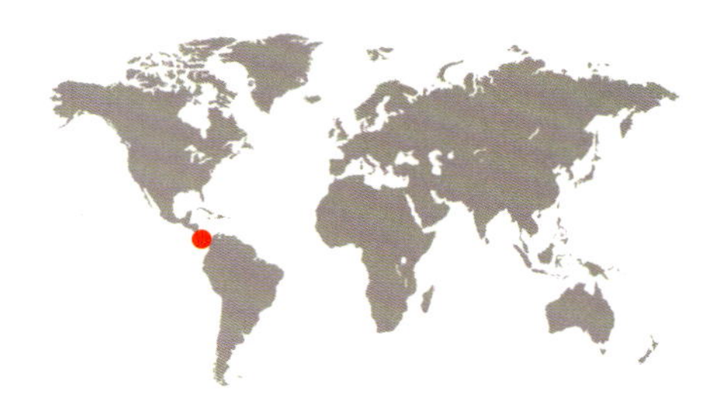

科	金龟科 Scarabaeidae
亚科	丽金龟亚科 Rutelinae
分布	新热带界：哥斯达黎加（蓬塔雷纳斯省、卡塔戈省）、巴拿马（奇里基省）
生境	热带雨林，咖啡种植园
微生境	成虫生活于植物叶片上，夜间可被灯光吸引
食性	成虫取食植物叶片；幼虫取食朽木
附注	因本种具十分特殊的体色，学者开展工作以研究其外骨骼的光学特性。近年来的研究中人工仿制本种甲虫的体壁已获得成功

成虫体长
¾–15/16 in
(20–24 mm)

金色耀丽金龟
Chrysina resplendens
Golden Scarab Beetle

(Boucard, 1875)

金色耀丽金龟在海拔400–2800 m间的热带雨林和咖啡种植园中十分常见。成虫夜行性，在1月至6月间都很活跃，多数时间生活于森林的树冠层中，在那里它们取食树木的叶片。耀丽金龟属 *Chrysina* 一般被称为“宝石金龟”，该属主要分布于新热带界，但也有4个种分布于美国西南部。该属甲虫体表明亮的金属色泽使其在标本收藏者中十分受欢迎，一些稀有物种价格昂贵。

近缘物种

耀丽金龟属有超过100个物种的原生生境是海拔50–3800 m之间的松树、刺柏或松树—栎树混交林。其中多数种的体色呈金属绿色、粉红色、紫色、蓝色、红色、银色或金色。耀丽金龟属其他体色呈金色的物种有：*Chrysina aurigans*、*Chrysina batesi*、*Chrysina cupreomarginata*、*Chrysina guaymi*、*Chrysina pastori*、*Chrysina tuerckheimi*。

金色耀丽金龟 体型中等，卵圆形，体背颜色为亮丽的金属金色。前足胫节外缘近端部具3个三角形齿突。体腹面为金色并具铜色光泽。后足胫节端部具一些小刺。

实际大小

科	金龟科 Scarabaeidae
亚科	丽金龟亚科 Rutelinae
分布	新热带界：哥伦比亚、厄瓜多尔、秘鲁
生境	热带森林
微生境	灌丛的嫩枝或叶片上
食性	取食多种植物的叶片
附注	原产地的人们会利用本种的鞘翅及身体其他部分制作首饰

雄性成虫体长
$1\frac{1}{8}$–$1\frac{9}{16}$ in
(23–40 mm)

雌性成虫体长
$1\frac{1}{16}$–$1\frac{1}{8}$ in
(27–29 mm)

金绿长腿丽金龟
Chrysophora chrysochlora
Shining Leaf Chafer
(Latreille, 1811)

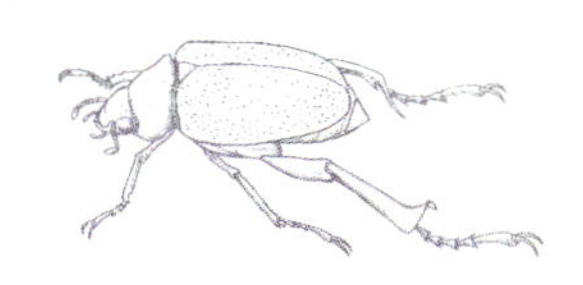

金绿长腿丽金龟体型较大，白天活动，成虫在9–11月间的雨季出现。成虫取食多种灌木的叶片，寄主植物包括醉鱼草属 *Buddleja* spp.、美洲决明 *Senna reticulata*、箭茅 *Gynerium sagittatum*、银合欢 *Leucaena leucocephala*。这种丽金龟分布区域内的土著居民会利用其鞘翅或干燥的躯体制作一些手工艺品，例如耳环、项链等。幼虫可利用朽木和锯末进行人工饲养，人工环境下幼虫期经历约一年。

近缘物种

长腿丽金龟属 *Chrysophora* 属于丽金龟族 Rutelini。该族广泛分布于世界各地，在新热带界具有最高的物种多样性。美洲分布有该族70余属（例如 *Chrysina*、*Pelidnota*、*Rutela*属），这些属可根据触角共10节，前足胫节外缘端部具3齿突与其他族的金龟相区分。金绿长腿丽金龟是长腿丽金龟属唯一的物种。

实际大小

金绿长腿丽金龟 体大型，深金属绿色，具金色光泽。雄虫后足发达，胫节粗大，具长而向内弯曲的端距。足颜色和鞘翅相似，但跗节呈金属蓝色，通常略带绿色及红色。鞘翅具粗糙颗粒质地。

科	金龟科 Scarabaeidae
亚科	丽金龟亚科 Rutelinae
分布	新热带界：墨西哥
生境	湿润森林
微生境	成虫夜间可被灯光吸引；幼虫生活于朽木中
食性	成虫习性未知；幼虫取食朽木
附注	本种体现出强烈的性二型性

雄性成虫体长
1¾–2½ in
(44–63 mm)

雌性成虫体长
1⅝–1¾ in
(42–44 mm)

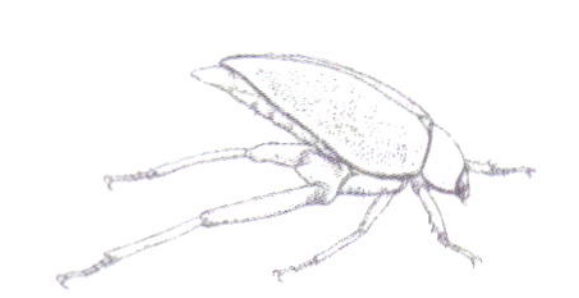

吉丁异腹丽金龟
Heterosternus buprestoides
Heterosternus Buprestoides

Dupont, 1832

实际大小

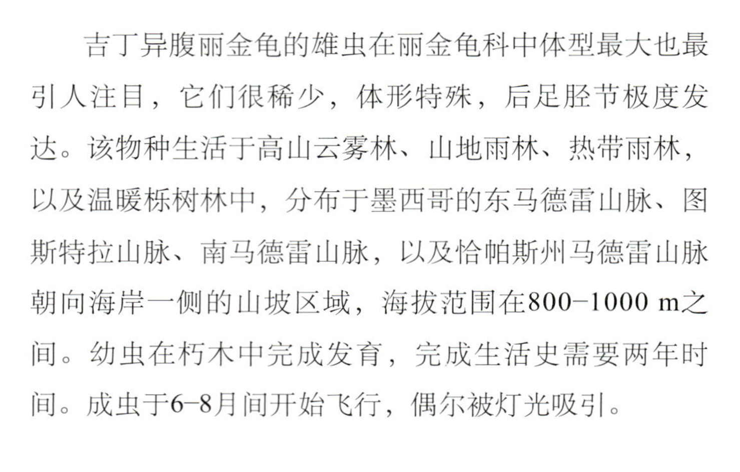

吉丁异腹丽金龟的雄虫在丽金龟科中体型最大也最引人注目，它们很稀少，体形特殊，后足胫节极度发达。该物种生活于高山云雾林、山地雨林、热带雨林，以及温暖栎树林中，分布于墨西哥的东马德雷山脉、图斯特拉山脉、南马德雷山脉，以及恰帕斯州马德雷山脉朝向海岸一侧的山坡区域，海拔范围在800–1000 m之间。幼虫在朽木中完成发育，完成生活史需要两年时间。成虫于6–8月间开始飞行，偶尔被灯光吸引。

近缘物种

异腹丽金龟属 *Heterosternus* 仅包括3个物种，分布范围自墨西哥南部至巴拿马西部。和近缘属相比较，该属的主要鉴别特征是：雄虫后足异常发达，臀板近于横向。吉丁异腹丽金龟在该属中的鉴别特征是：雄虫鞘翅端部延伸，雌虫鞘翅端部具齿；雄虫后足股节无刺突。

吉丁异腹丽金龟　雄虫体大型，卵圆形至椭圆形，体背约为均匀的浅黄色；雌虫体形更接近卵圆形，前胸背板红棕色，鞘翅黄色。雄虫鞘翅端部逐渐变窄并延伸，雌虫鞘翅端部具齿突或刺。雄虫后足股节无刺突，胫节十分长且弯曲，仅内缘近端部具毛丛。

科	金龟科 Scarabaeidae
亚科	丽金龟亚科 Rutelinae
分布	东洋界和古北界：越南、中国
生境	森林
微生境	成虫生活于树上；幼虫见于朽木中
食性	成虫和幼虫均取食朽木碎屑
附注	雄虫似“钳子”的上颚用于争夺食物及配偶

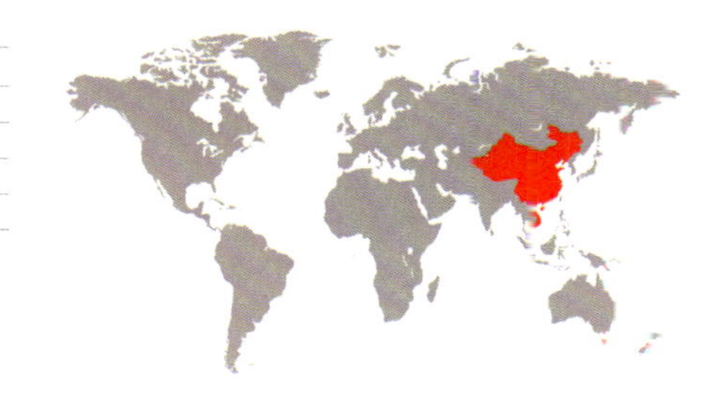

雄性成虫体长
$^{11}/_{16}$–1$^{5}/_{16}$ in
(17–33 mm)

雌性成虫体长
$^{9}/_{1}$ –$^{3}/_{4}$ in
(15–19 mm)

绿牙金龟
Kibakoganea sexmaculata
Kibakoganea Sexmaculata
(Kraatz, 1900)

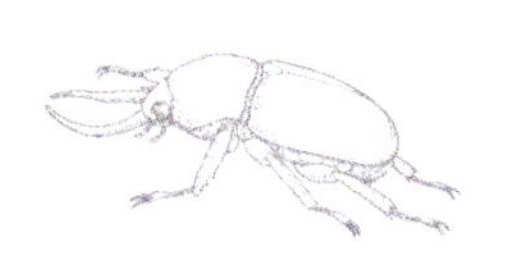

绿牙金龟较为稀有，其生物学及生态学特性不是很清楚。与牙金龟属*Kibakoganea*的其他物种类似，该种雄虫具细长而弯曲的上颚，有点像钳子。成虫寿命较短，于4月羽化，在花上取食及交配，夜间有时能被灯光吸引。牙金龟属其他种的幼虫可采用朽木碎屑人工饲养，需经历10–12个月发育为成虫。

实际大小

近缘物种

目前已发现超过15个牙金龟属的物种分布于亚洲，包括中国大陆的南部和中国台湾。绿牙金龟的雄虫与*Kibakoganea dohertyi*（分布于老挝）和*Kibakoganea sinica*（分布于中国）比较相似。*Fruhstorferia*、*Masumotokoganea*、*Pukupuku*、*Ceroplophana*、*Dicaulocephalus*、*Didrepanephorus*属与牙金龟属外形相似，雄虫也具发达的上颚。

绿牙金龟 体型中等大小，具明显的雌雄二型现象。雄虫头部小，上颚红棕色，细长而弯曲，端部尖锐，有点像卡钳。前胸背板绿色，有时黑色，具细刻点。雄虫体大部橄榄绿色至深绿色，无斑点；雌虫黄绿色至红褐色，鞘翅具深褐色斑点。各足绿色且具红色反光。也曾发现体完全呈黄色的标本。

科	金龟科 Scarabaeidae
亚科	犀金龟亚科 Dynastinae
分布	东洋界：从印度至印度尼西亚的苏拉维西岛
生境	成虫发现于热带森林
微生境	树干上
食性	成虫取食树液和过熟的水果；幼虫取食腐殖土和朽木
附注	世界上最大的、最强壮的甲虫之一；在实验条件下，能举起重达自身体重850倍的重物

雄性成虫体长
2³⁄₈–5¹⁄₈ in
(60–130 mm)

雄性成虫体长
1–2³⁄₈ in
(25–60 mm)

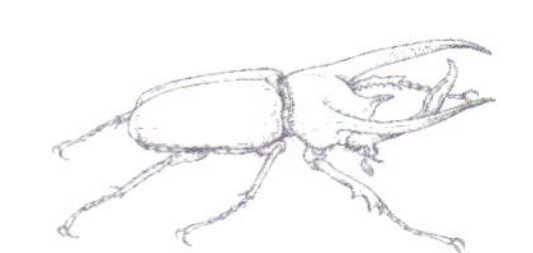

擎天南洋犀金龟
Chalcosoma atlas
Atlas Beetle
(Linnaeus, 1758)

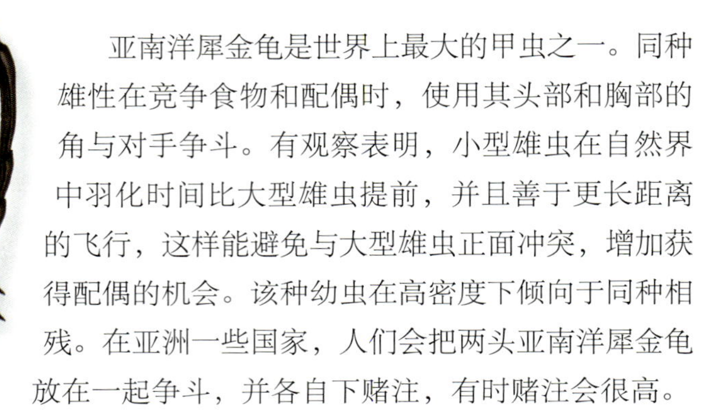

亚南洋犀金龟是世界上最大的甲虫之一。同种雄性在竞争食物和配偶时，使用其头部和胸部的角与对手争斗。有观察表明，小型雄虫在自然界中羽化时间比大型雄虫提前，并且善于更长距离的飞行，这样能避免与大型雄虫正面冲突，增加获得配偶的机会。该种幼虫在高密度下倾向于同种相残。在亚洲一些国家，人们会把两头亚南洋犀金龟放在一起争斗，并各自下赌注，有时赌注会很高。

近缘物种

擎天南洋犀金龟之下发表了很多亚种：*Chalcosoma atlas*、*Chalcosoma butonensis*、*Chalcosoma keyboh*、*Chalcosoma mantetsu*、*Chalcosoma simeuluensis*、以及*Chalcosoma sintae*；但部分亚种的有效性存在争议。本种与高南洋犀金龟 *Chalcosoma caucasus*[①]较为近似，但本种额角无齿；本种与莫南洋犀金龟 *Chalcosoma moellenkampi* 亦近似，但后者前胸背板更窄。南洋犀金龟属 *Chalcosoma* 除以上种外还有恩岛南洋犀金龟 *Chalcosoma engganensis*。

实际大小

擎天南洋犀金龟　体黑色，有时前胸背板和鞘翅具有金属光泽。足黑色，前足胫节亚端部外缘具有强壮的刺。雄虫体长变化范围大；前胸背板具有1对角突，头部具有1个往上弯的大角突。

① 原文此处为 *C. chiron*，但该名称应为 *C. caucasus* 的次同物异名。——译者注

科	金龟科 Scarabaeidae
亚科	犀金龟亚科 Dynastinae
分布	新热带界：墨西哥南部至玻利维亚、特立尼达、瓜德罗普岛、马提尼克、西印度群岛的多米尼加岛（在伊斯帕尼奥拉岛灭绝）
生境	热带潮湿森林、山地雨林及亚山地雨林
微生境	成虫在树木流树液处，或夜间被灯光吸引；幼虫发现于朽木中
食性	成虫取食果实和树液；幼虫取食朽木
附注	世界上最大的甲虫之一

雄性成虫体长
$1\frac{15}{16}$–$6\frac{3}{4}$ in
(50–170 mm)

雌性成虫体长
$1\frac{9}{16}$–$3\frac{1}{8}$ in
(40–80 mm)

长戟犀金龟
Dynastes hercules
Hercules Beetle
(Linnaeus, 1758)

长戟犀金龟是世界上最容易被识别的甲虫。成虫多在夜间飞行，尤其是在日落后的两个小时内。这个种常被昆虫爱好者当作宠物饲养。在人工条件下成虫能存活3–6个月；在野外能存活将近两年。雄虫用其头部能举起重量为2 kg的物品。成虫死亡后，由于虫体湿度变化，鞘翅颜色迅速从黄橄榄色变成褐色。

实际大小

近缘物种

犀金龟属 *Dynastes* 已知7种，大型至超大型，雄性前胸背板具1很长的前突。该属的种间区别包括跗节数目、体色、雄性前胸和唇基的角突形态。海神犀金龟 *Dynastes neptunus* 和撒旦犀金龟 *Dynastes satanas* 仅分布于南美洲，魔龙犀金龟 *Dynastes moroni* 分布于墨西哥，玛雅犀金龟 *Dynastes maya*和墨西哥白犀金龟 *Dynastes hyllus* 分布于墨西哥、危地马拉和洪都拉斯，美东白犀金龟 *Dynastes tityus* 分布于美国东南部，美西白犀金龟 *Dynastes granti* 分布于美国西南部。

长戟犀金龟 雌雄二型，雄虫体长远远超过雌性。雄虫头部和前胸背板具明显的角突；雌虫无角突，头部具1个小瘤突，前胸背板和鞘翅粗糙。雄虫前胸背板光滑；鞘翅多为灰橄榄色至褐橄榄色，少数黄橄榄色带黑斑，或近于全黑。雌虫鞘翅全黑，有时末端颜色与雄性相同。本种之下基于体色和角突形状描述了很多亚种。

科	金龟科 Scarabaeidae
亚科	犀金龟亚科 Dynastinae
分布	新北界：北美洲东部
生境	落叶硬木林和混交林
微生境	树洞、朽木和流液的白蜡树枝
食性	成虫吸食混有微生物的树液，也取食水果
附注	北美洲最大的具有角突的甲虫之一

成虫体长
1½–2½ in
(40–60 mm)

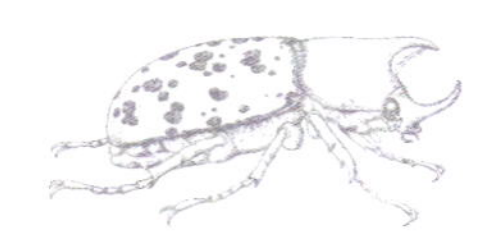

美东白犀金龟
Dynastes tityus
Eastern Hercules Beetle
(Linnaeus, 1763)

实际大小

美东白犀金龟 大型，橄榄色、黄绿色，或灰色，有不规则的黑色或红褐色斑。充分浸水的标本可能完全黑色。雄虫头部具1个弯角；前胸背板具1个长弯角和2个短弯角。雌虫头部有1个瘤突；前胸背板无突起。

美东白犀金龟幼虫在腐朽的硬木中发育，包括栎树、李、刺槐和柳树；亦偶尔发生于松树中。整个生命周期历时两年。夏末化蛹，蛹室为幼虫粪便筑造。化蛹数周后羽化。成虫羽化后继续留在蛹室里，直到来年夏季才爬出来。雌雄成虫均可发现于幼虫繁殖地，在夜间均能被灯光吸引。雄虫会守在白蜡树流树液处等待雌虫；雄虫之间会因此发生格斗，它们的重要武器即是钳状角突。

近缘物种

犀金龟属 *Dynastes* 仅分布于新北界和新热带界，已知7种。除本种外，美国还分布有这个属的另1种美西白犀金龟 *Dynastes granti*，它仅分布于美国西南部。墨西哥白犀金龟 *Dynastes hyllus* 和玛雅犀金龟 *Dynastes maya* 分布于墨西哥和中美洲，海神犀金龟 *Dynastes neptunus* 和撒旦犀金龟 *Dynastes satanas* 分布于南美洲，长戟犀金龟 *Dynastes hercules* 分布于墨西哥南部至南美洲。

科	金龟科 Scarabaeidae
亚科	犀金龟亚科 Dynastinae
分布	东洋界和古北界：泰国、缅甸和中国
生境	热带森林
微生境	与竹子相关
食性	成虫取食嫩竹笋和水果；幼虫取食软的朽木
附注	老熟幼虫在人工饲养条件下体重能达60 g，体长能达100 mm

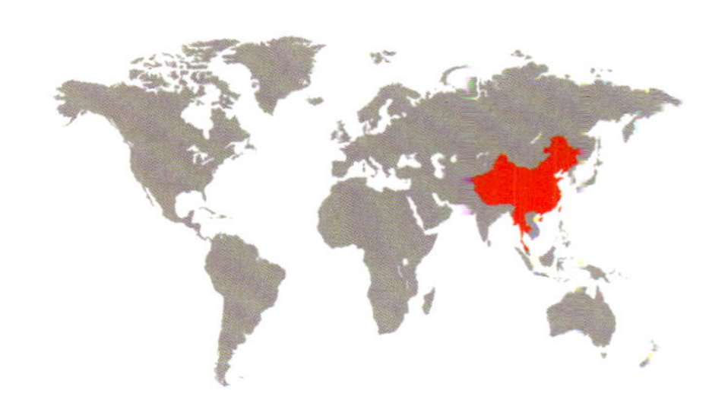

雄性成虫体长
1⅞–3⅞ in
(48–100 mm)

雌性成虫体长
1¾–1^15/16 in
(45–50 mm)

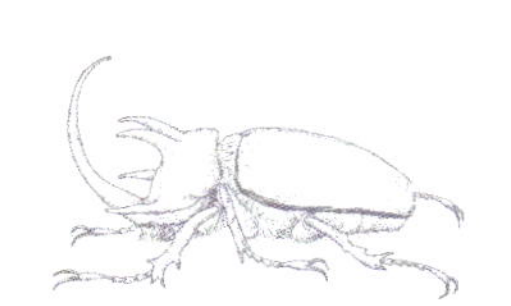

细尤犀金龟
Eupatorus gracilicornis
Five-Horned Rhinoceros Beetle
Arrow, 1908

细尤犀金龟亦称五角犀金龟，它是世界上最大的甲虫之一。雄性前胸背板具2对向前弯的角突；头部具1个向上弯的细角突，头角非常长，端部尖锐。成虫主要在9–10月活动，雄性通常交配后立即死亡。幼虫在潮湿的朽木中发育。幼虫期大概1–2年，取决于环境条件。在泰国北部，人们把这个种饲养为用于斗虫的宠物。在一些地区，幼虫和怀有后代的雌虫被认为是美食。

近缘物种

尤犀金龟属 *Eupatorus* 归于犀金龟族下。分子数据和形态分析表明，这个属与三角犀金龟属 *Beckius*、南洋犀金龟属 *Chalcosoma*、以及 *Haploscapanes*和 *Pachyoryctes* 属近缘。细尤犀金龟有3个亚种：*Eupatorus gracilicornis gracilicornis*（分布于泰国和中国），*Eupatorus gracilicornis edai*（分布于泰国和缅甸），*Eupatorus gracilicornis kimioi*（分布于泰国）。

实际大小

细尤犀金龟 体大型，黑色，有光泽。鞘翅颜色有变化，黄色至黑色，鞘翅中缝黑色。雄虫前胸背板具2对向前弯的角突；头部具1个向上弯的长角突。飞行翅发育完全，但不常飞。

科	金龟科 Scarabaeidae
亚科	犀金龟亚科 Dynastinae
分布	新热带界：哥伦比亚和委内瑞拉
生境	山地热带森林
微生境	成虫发现于无叶的竹杆上
食性	雌雄成虫取食竹子的茎
附注	雄性以角突作为武器，保卫其取食地点不被其他雄性占据

成虫体长
$1\frac{9}{16}$–$2\frac{3}{8}$ in
(40–60 mm)

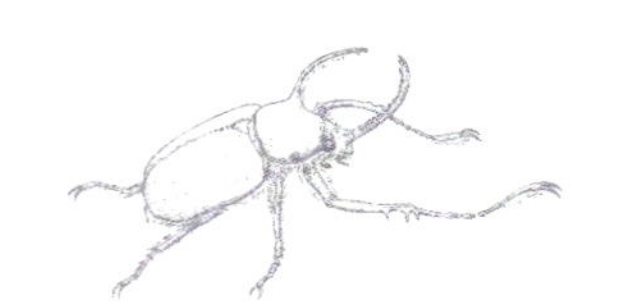

波氏竖角犀金龟
Golofa porteri
Golofa Porteri

Hope, 1837

波氏竖角犀金龟成虫发生期为4–5月，喜白天活动，多在清晨飞行。常见于丘竹属 *Chusquea* 竹子上取食和交配。这种竹子通常生于海拔2000–2600 m，丛生。雄虫停息于单株竹竿上取食，并保卫其取食地点不被其他雄虫分享或占据。当别的雄虫来犯时，它们把自己的前足插到对手的足下，然后用它们的头角抵在对手身体下方，把对手掀翻。

近缘物种

竖角犀金龟属 *Golofa* 已知28种，分布范围从墨西哥至阿根廷和智利北部。雄虫通常呈褐黄色至深红褐色，头部具1个细长的角突，前胸背板具1个或短或长的直形角突。雌虫无角突，通常呈黑色至黄褐色。本种雄虫的识别特征是：头角和背角（前胸背板的角突）均很长，两角能相抵，侧面看像卡钳一样。

实际大小

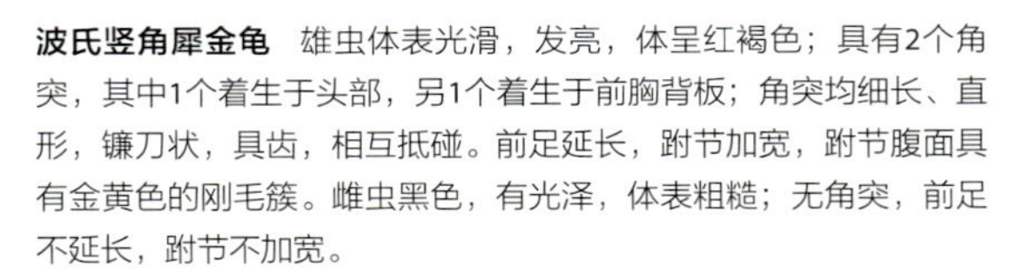

波氏竖角犀金龟　雄虫体表光滑，发亮，体呈红褐色；具有2个角突，其中1个着生于头部，另1个着生于前胸背板；角突均细长、直形，镰刀状，具齿，相互抵碰。前足延长，跗节加宽，跗节腹面具有金黄色的刚毛簇。雌虫黑色，有光泽，体表粗糙；无角突，前足不延长，跗节不加宽。

科	金龟科 Scarabaeidae
亚科	犀金龟亚科 Dynastinae
分布	非洲热带界：马达加斯加
生境	几个亚种生活在海边，1个亚种生活在森林里
微生境	土壤或沙地表面
食性	成虫取食藻类和苔藓；幼虫取食死的动物或腐烂的有机质
附注	本属的所有种均不能飞行，为马达加斯加特有

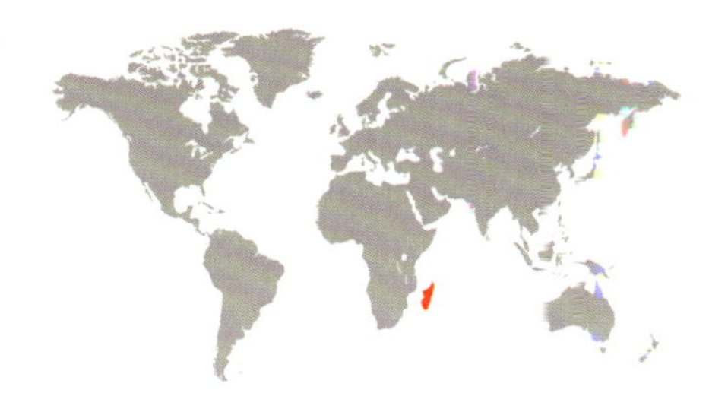

雄性成虫体长
11/16–[illegible]/16 in
(18–2[illegible] mm)

雌性成虫体长
¾–[illegible] in
(20–2[illegible] mm)

鳖六齿犀金龟
Hexodon unicolor
Hexodon Unicolor
Olivier, 1789

犀金龟亚科的雄虫通常在头部和前胸背板长有壮观的角突，但六齿犀金龟属 *Hexodon* 的种类无角突，外表近似其他科甲虫（如拟步甲科和葬甲科的一些种类）。鳖六齿犀金龟成虫在白天活动，容易碰到它们在土壤和沙地上挖掘。幼虫“C”形（蛴螬型），腐食性，但有时亦取食水稻的根。性二态不明显，尽管雌虫一般个体较大，且比雄虫体圆。

近缘物种

六齿犀金龟属是六齿犀金龟族 Hexodontini 的独有属。该属包括10种，均为马达加斯加特有种。种间区别包括前胸背板、鞘翅和雄性外生殖器的差别。

实际大小

鳖六齿犀金龟 体形近圆形（这个特征在犀金龟亚科中不常见），深褐色至黑色，部分个体的鞘翅略带灰色。唇基短圆；上颚小，简单。鞘翅愈合，不能飞行（这个特征在犀金龟亚科中罕见）。

科	金龟科 Scarabaeidae
亚科	犀金龟亚科 Dynastinae
分布	新热带界：墨西哥东南部至哥伦比亚和委内瑞拉
生境	海拔1000 m以下的热带常绿阔叶林
微生境	成虫发现于树上，亦被灯光吸引；幼虫发现于朽木中
食性	成虫取食嫩枝，吸食树液和果汁；幼虫取食木头
附注	体重能达35 g

成虫体长
$2\frac{1}{8}$–$3\frac{1}{2}$ in
(54–90 mm)

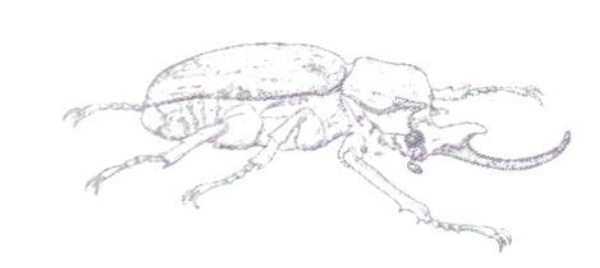

毛象硕犀金龟
Megasoma elephas
Elephant Beetle
(Fabricius, 1775)

毛象硕犀金龟在温暖潮湿的夜晚飞行，会被灯光吸引。当环境温度降低时，它们能通过新陈代谢提高自身体温。成虫白天取食嫩枝、花和树液。它们在夜里用剪刀状的前足胫节切断嫩枝，嫩枝断面即渗出树液。成虫在局部地区数量可能很多，但在朽木或树桩中发现的幼虫数量却很少。雌虫可能把卵产在高层树枝、立枯木或活树桩中充满碎屑的树洞里，幼虫在其中发育和取食。

近缘物种

硕犀金龟属 *Megasoma* 已知15种，分布范围从美国西南部至阿根廷。本属与犀金龟属 *Dynastes* 和竖角犀金龟属 *Golofa* 的区别是，本属上颚具3枚长齿，雄性前胸背板具2个角突。毛象硕犀金龟雄虫近似 *Megasoma nogueirai* 和 *Megasoma occidentalis*，但其前胸背板的角突不弯曲，角突指向前方而不是侧面。

实际大小

毛象硕犀金龟　体超大型，金棕色，体表有天鹅绒般的质感。雄虫头部具1个上弯的、端部双分叉的角突，前胸背板具1对较短的、略外扩的角突。雌虫无角突；头部、前胸背板和鞘翅基部粗糙。

科	金龟科 Scarabaeidae
亚科	犀金龟亚科 Dynastinae
分布	古北界：从瑞典至阿尔及利亚，从摩洛哥至中国西北部
生境	森林，农牧场，人类活动环境附近
微生境	朽木和植物
食性	成虫不取食；幼虫取食朽木
附注	本种的一个近缘物种椰蛀犀金龟 *Oryctes rhinoceros* 是椰子和油棕的重要害虫

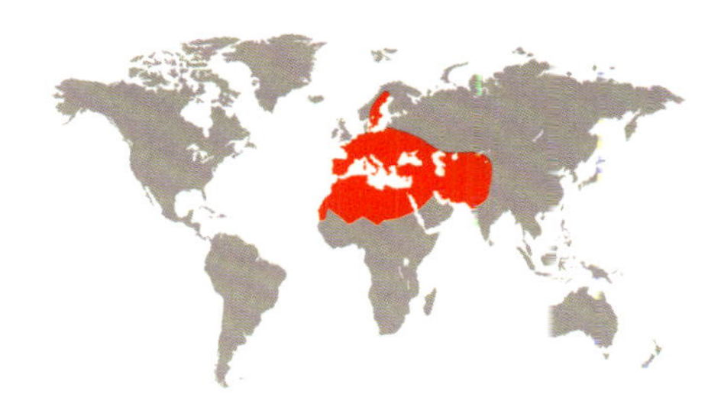

成虫体长
$\frac{7}{8}$–1 [illegible]/8 in
(22–4[illegible] mm)

角蛀犀金龟
Oryctes nasicornis
European Rhinoceros Beetle
(Linnaeus, 1758)

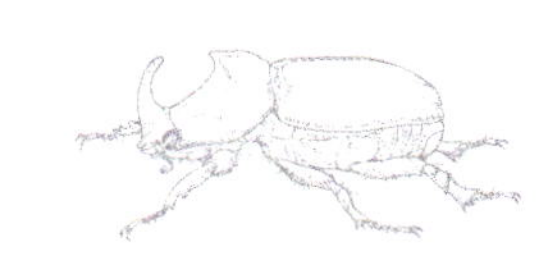

角蛀犀金龟的雄虫头部具细长且弯曲的角突，而雌性的相应位置仅具很小的角突或呈一瘤突状。成虫在春季从土壤中羽化。它们虽然并不取食，但仍能存活数月之久，并在六七月间达到活动高峰。它们通常在黄昏开始飞行，夜间可被灯光吸引。雌虫在腐朽的树桩或倒木中产卵，幼虫在其中取食并完成发育。该种的生命周期较长，需经历2–4年才能从卵变为成虫。

近缘物种

蛀犀金龟属 *Oryctes* 属于蛀犀金龟族 Oryctini。该属共包括42个物种，均为大型或超大型的甲虫，不同物种间体型和颜色十分相近。该属主要分布于欧洲、非洲、亚洲，以及印度—澳大利亚区。角蛀犀金龟中目前已记述了20个亚种，这其中多数亚种的分类地位值得怀疑。

实际大小

角蛀犀金龟 体型巨大，是欧洲最大的甲虫之一。鞘翅红棕色，偶尔为黑色，具一些金属光泽，头和足颜色通常更深。雄虫头部具长而弯曲的角突，而雌虫的角突缺或非常退化。体腹面覆有红褐色长毛。

科	金龟科 Scarabaeidae
亚科	犀金龟亚科 Dynastinae
分布	新热带界：墨西哥南部，伯利兹至哥斯达黎加之间
生境	低地及山地阔叶林或针叶—栎树林，或热带干旱森林
微生境	成虫可被灯光吸引
食性	未知
附注	本种的大型雄虫很像长戟犀金龟的小型雄虫

成虫体长
1–1⅜ in
(24.8–34.5 mm)

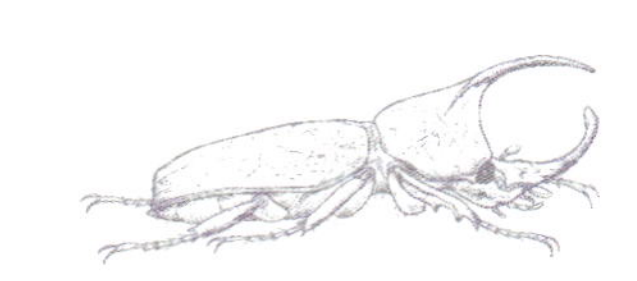

姆绒犀金龟
Spodistes mniszechi
Spodistes Mniszechi
(Thomson, 1860)

实际大小

姆绒犀金龟以及绒犀金龟属 *Spodistes* 其他物种的生物学特性基本不太清楚。它们生活于海拔600–1000 m间的低地和山地森林环境中。成虫通常可在夜间被灯光吸引，这其中多数为雄虫。它们有时会在飞行中被蝙蝠袭击，证据是成虫曾被观察到突然从空中坠落到地面上，而在其鞘翅上出现了一列细孔，即是被蝙蝠咬过的痕迹。虽然该种全年多数时间可见，但它们的活跃高峰期主要在四五月间，这正是中美洲雨季刚开始的时间。其幼虫至今未知。

近缘物种

绒犀金龟属共包括8个物种，分布于墨西哥南部至哥伦比亚及厄瓜多尔之间。该属的这些种均可与其他具长角突的犀金龟依据其体表具天鹅绒质地而区分。该属还有另外两个种（*Spodistes batesi* 和 *Spodistes monzoni*）的雄性也有端部分叉的头角，但姆绒犀金龟前胸背板全部均匀呈天鹅绒质地，且其复眼眼角至头角基部之间缺一脊状突。绒犀金龟属不同种的雌虫彼此间很难区分。

姆绒犀金龟　体表呈天鹅绒质地，灰褐色。唇基、雄虫角突端部，以及雌虫前胸背板大部为深褐色。大型及小型雄虫的头角均为端部分叉，伸向前方且向上弯曲；头角在雌虫中消失。雄虫前胸背角向前突出，接近到达（小型雄虫）或远超过（大型雄虫）头角基部，并向下弯曲；前胸背角在雌虫中消失。

科	金龟科 Scarabaeidae
亚科	犀金龟亚科 Dynastinae
分布	新北界和新热带界：美国南部至巴西和玻利维亚
生境	落叶林地，热带森林及雨林
微生境	成虫见于棕榈科植物基部或灯光下；幼虫生活于腐烂的树桩或倒木中
食性	成虫取食树根；幼虫于朽木中取食
附注	本种是龙犀金龟属中最为广布且形态最多变的一个物种

成虫体长
1¼–2⅜ in
(31–61 mm)

三角龙犀金龟
Strategus aloeus
Ox Beetle
(Linnaeus, 1758)

三角龙犀金龟是龙犀金龟属 *Strategus* 中数量最多同时分布最广泛的种。南方的个体要显著比北方的标本更大且体色也更深。卵产于死的或腐朽的木头中。幼虫生活于腐朽的树桩中、陈年的硬木倒木下、棕榈树干中或木板里。老熟幼虫利用其食物制造卵圆形的蛹室。成虫也会在切叶蚁的废物堆中发现，它们会取食棕榈的根、龙舌兰的叶，以及甘蔗。虽然三角龙犀金龟偏好取食棕榈科植物，但它们一般并不被认为是棕榈种植园中的经济害虫。

近缘物种

龙犀金龟属共包括31个物种，该属的识别特征是：上颚外露，端部具两齿，基叶突出；前足胫节外侧具4齿；后足胫节端部具3齿。前胸背板前部通常深深凹陷，前端至少具两个突起。三角龙犀金龟的大型雄虫最准确的识别特征，是其雄性外生殖器形态。

实际大小

三角龙犀金龟　体红褐色至黑色，具光泽。雄虫唇基前端具宽阔缺口，雌虫则呈圆弧或略直。大型雄虫的前胸背板具一枚发达而粗壮的前中角突，角突很长且端部尖锐；而两个后侧角突则中等程度长，扁平，端部尖锐、圆形或截形。鞘翅沿翅缝处具一条清晰且完整的沟，沟底具刻点。

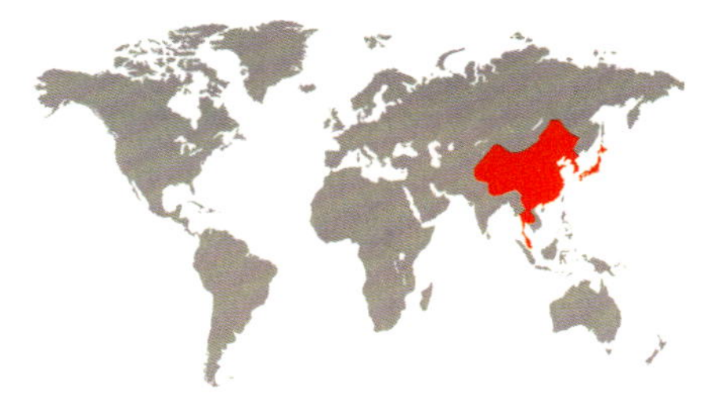

科	金龟科 Scarabaeidae
亚科	犀金龟亚科 Dynastinae
分布	古北界和东洋界：日本、中国、韩国和泰国
生境	热带森林
微生境	朽木、地下
食性	成虫取食树液和水果；幼虫在土壤中取食腐殖质
附注	本种的日文名称为“Kabutomushi”，它在日本文化中是非常重要的昆虫，是日本武士头盔的设计原型

雄性成虫体长
1 9/16–3 1/8 in
(40–80 mm)

雌性成虫体长
1 9/16–2 3/8 in
(40–60 mm)

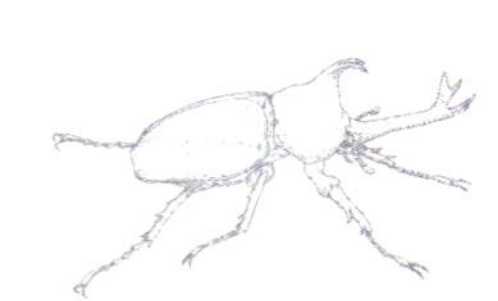

双叉犀金龟
Trypoxylus dichotomus
Japanese Rhinoceros Beetle
(Linnaeus, 1771)

双叉犀金龟是日本最大的甲虫，也可能是在日本最知名的甲虫，长期以来被孩子和昆虫爱好者们饲养和培殖。它非常流行，在很多商店和自动贩卖机被作为宠物出售。雄虫会争夺树干上流树液的地方，因为那些地方能吸引雌虫前来。在雄虫争斗中，它们带分叉的长角突尤为有用。最激烈的争斗发生在体型相近的雄虫中。雄虫在整个夏季都很活跃，雌虫交配和产卵后迅速死亡。幼虫在朽木中发育和取食。本种在一些地区很流行像斗蛐蛐一样用于娱乐，往往还押上赌注。

近缘物种

叉犀金龟属 *Trypoxylus* 归于犀金龟族。该属与 *Xyloscaptes* 和 *Allomyrina* 最为近缘；前者分布于越南，后者分布于马来西亚、印度尼西亚和菲律宾。本种包括若干亚种，例如分布于中国和韩国的指名亚种*Trypoxylus dichotomus dichotomus*，分布于日本的 *Trypoxylus dichotomus septentrionalis*，和分布于中国台湾的*Trypoxylus dichotomus tsunobosonis*。但一些亚种的分类地位有待商榷。

实际大小

双叉犀金龟 雄虫额和前胸背板各具1个角突；额角很雄壮，端部二次分叉，末端呈4支；背角明显，但相对额角要短，端部单次分叉，末端呈2支。足深褐色至黑色，鞘翅通常红褐色。鞘翅没有显著的刻点。雄虫头角表面有细微的感觉器官，据推测，这些感觉器官在同性争斗时有估测其对手力量的作用。

科	金龟科 Scarabaeidae
亚科	犀金龟亚科 Dynastinae
分布	东洋界：印度尼西亚
生境	热带森林
微生境	朽木、堆肥、肥料
食性	成虫取食水果和树液；幼虫取食朽木
附注	本种极为常见，在亚洲像斗蛐蛐一样用于娱乐

雄性成虫体长
1⅜–2$\frac{15}{16}$ in
(35–75 mm)

雌性成虫体长
(约 ⅝ in)
(约41 mm)

橡胶木犀金龟
Xylotrupes gideon
Siamese Rhinoceros Beetle
(Linnaeus, 1767)

橡胶木犀金龟夜行性，在其分布区很常见，能被灯光吸引。雄虫有一对角突，作为与其他雄虫竞争食物或配偶的武器。在人工饲养条件下，雌虫能产14–132粒卵，成虫最长能活4个月。这个属的种类在亚洲被人们抓来互相打斗，例如在泰国、缅甸和老挝。木犀金龟属 *Xylotrupes* 的一些种类危害椰子树和其他树。

近缘物种

目前为止，橡胶木犀金龟下已描述22个亚种，其中很多亚种的建立主要基于地理分布。本属需要彻底修订，包括采用分子生物学手段去确定种及亚种的有效性。橡胶木犀金龟下的若干个亚种的有效性均值得怀疑。

实际大小

橡胶木犀金龟　体大型，粗壮，黑色至红色，有光泽。雄虫头部和前胸背板各有1个端部分叉的角突。角突的大小在不同的个体中有变化。雌虫无角突，部分个体有小瘤突。上颚发达。

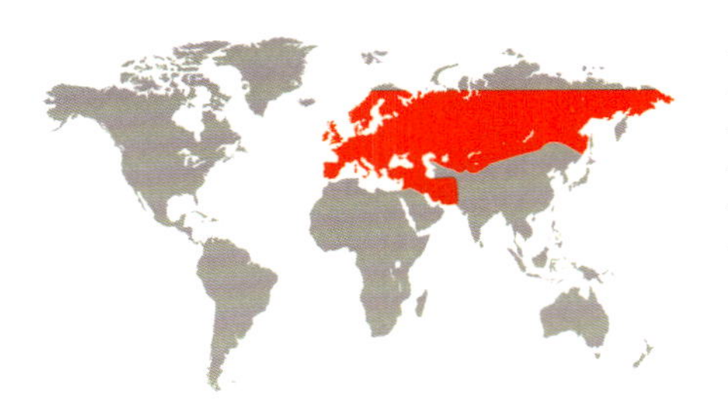

科	金龟科 Scarabaeidae
亚科	花金龟亚科 Cetoniinae
分布	古北界广布
生境	开阔地
微生境	成虫常见于很多种类的花上，包括蔷薇
食性	成虫取食花蜜和花粉；幼虫取食腐败物
附注	这个常见的花金龟种类的成虫有时会损害一些观赏植物和果树的花器

成虫体长
⅝–⅞ in
(16–23 mm)

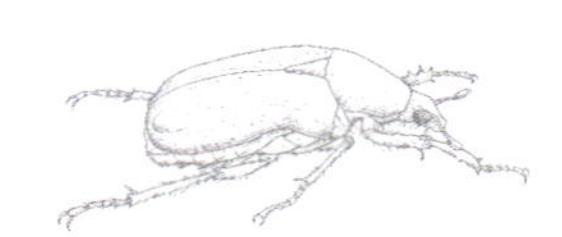

金绿花金龟
Cetonia aurata
Rose Chafer
(Linnaeus, 1761)

金绿花金龟的成虫取食花蜜、花粉和花瓣，尤其偏好在春夏季温暖的晴天开放的蔷薇。它们飞得跌跌撞撞，在花丛中寻觅食物；它们活得战战兢兢，一感到威胁就振翅开溜。交配后，雌虫在腐败的植物残体中产卵，之后死去。幼虫蜷成“C”形，取食碎屑、腐烂树木、粪肥中的植物残体，一般历经两年羽化为成虫。

近缘物种

花金龟属*Cetonia*在古北和东洋界分布有很多种类，分成若干亚属，如花金龟亚属 *Cetonia s. str*、嫡花金龟亚属*Eucetonia*、印花金龟亚属*Indocetonia*。金绿花金龟、铜绿花金龟 *Cetonia aeratula*、塞浦路斯花金龟 *Cetonia cypriaca*、德拉格兰志花金龟 *Cetonia delagrangei*、红花金龟 *Cetonia carthami*都属于花金龟亚属。金绿花金龟目前有6个亚种，其中指名亚种 *Cetonia aurata aurata* 分布最广。

实际大小

金绿花金龟 体型健硕，表面金属绿色。头、胸、腹都具有绿色的金属光泽。鞘翅表面具有小白点或非常细的白线。也有少数个体具有全红的金属色泽。腹面通常呈现金属绿色，但也有的呈紫色、蓝色或黑灰色。

科	金龟科 Scarabaeidae
亚科	花金龟亚科 Cetoniinae
分布	新热带界：哥斯达黎加、危地马拉、洪都拉斯、墨西哥、尼加拉瓜
生境	热带森林
微生境	成虫见于花器和树干；幼虫或居倒木
食性	成虫取食茎、叶、花器；幼虫或许在倒木中取食
附注	一种不常见的具有鲜艳虹彩色的甲虫，幼虫仍然未知

成虫体长
¾–⅞ in
(18.5–22 mm)

宏岩斑金龟
Dialithus magnificus
Dialithus Magnificus
Parry, 1849

宏岩斑金龟的习性很可能和斑金龟族Trichiini的其他种类没有什么区别，尽管我们对这个种知之甚少。成虫取食多种植物茎、叶、花的含糖分泌物，而幼虫则可能在腐败的硬木中取食并完成发育。虫如其名，本种具有鲜明而特别的体色，还有蓝或绿的虹彩色条带。在墨西哥，整个五月份都可以在潮湿的森林中采到该种甲虫。

近缘物种

在新热带界，与岩斑金龟属 *Dialithus* 最近的类群是 *Giesbertiolus*，这个属包括4个种。岩斑金龟属具有较深的唇基缺刻和大而对称的虹彩色色斑，包括宏岩斑金龟和熠岩斑金龟 *Dialithus scintillans* 2个种，后者目前仅分布于巴拿马。这2个种可以通过雄性外生殖器的特征加以区分。

实际大小

宏岩斑金龟　一种红棕色的花金龟，具有较长的足跗节（特别是后足跗节），全身都分布着绿色或蓝色的虹彩色色斑。这些鲜艳的色斑在头部表现为2条纵向的色带；在前胸背板变成3条，中央1条，两边缘附近各1条；在鞘翅上是左右对称的斑点图案；在臀板上仅为2个巨大的斑点。宏岩斑金龟的身体腹面也呈虹彩色。

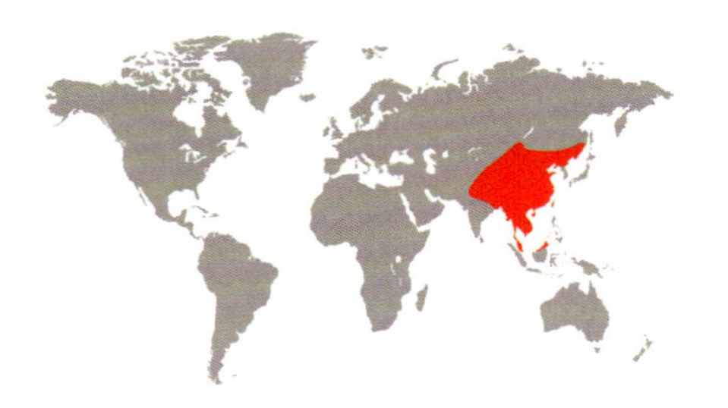

科	金龟科 Scarabaeidae
亚科	花金龟亚科 Cetoniinae
分布	东洋界和古北界：喜马拉雅山麓丘陵，缅甸，马来西亚，越南，以及中国大陆、海南岛、台湾岛
生境	森林
微生境	成虫在树干上生活；幼虫在土室中生活
食性	成虫取食树木汁液和果实；幼虫取食死亡植物组织
附注	在花金龟中，本种具有独特的筑巢行为

雄性成虫体长
1–1⁹⁄₁₆ in
(24.8–39.5 mm)

雌性成虫体长
⅞–1 in
(22.3–25.3 mm)

弯角鹿花金龟
Dicronocephalus wallichi
Antler Horn Beetle
(Hope, 1831)

雄性弯角鹿花金龟的头部着生一对长而特别的鹿角状突起；雌虫却不具备任何类似的特殊结构。雄虫用它们的角和伸长的前足将情敌举起并掀翻，从而赢得角斗的胜利。无论雌雄都会在大雨之后湿润的常绿树林中聚集出现，有时甚至不计其数。人工条件下，在木屑和土壤的混合基质中饲养的幼虫（蛴螬）经过两个月左右即可化蛹。

近缘物种

鹿花金龟属 *Dicronocephalus* 是大角花金龟族 Goliathini 鹿花金龟亚族 Dicronocephalina 唯一的属，除弯角鹿花金龟外还包括6个种：产自中国大陆及周边的彼特鹿花金龟 *Dicronocephalus bieti*、光斑鹿花金龟 *Dicronocephalus dabryi*、宽带鹿花金龟 *Dicronocephalus adamsi*；产自中国台湾的下村鹿花金龟 *Dicronocephalus shimomurai*、于氏鹿花金龟 *Dicronocephalus yui*、上野鹿花金龟 *Dicronocephalus uenoi*。弯角鹿花金龟包括3个亚种：指名亚种 *Dicronocephalus wallichi wallichi* 产自印度、越南、泰国；黄粉鹿花金龟 *Dicronocephalus wallichi bowringi* 产自中国大陆；以及台湾鹿花金龟 *Dicronocephalus wallichi bourgoini* 产自中国台湾。

弯角鹿花金龟 体型中等偏大，外形较扁。雄性较雌性更大、更长，而且在头部前外侧着生有1对上弯、前突的长角。头部、前胸背板和鞘翅的色彩从黄棕色到深棕色略有变化。前胸背板前部近中央处有1对深棕色略内弯的纵脊。3对足都具有极长的跗节和前跗节。

实际大小

科	金龟科 Scarabaeidae
亚科	花金龟亚科 Cetoniinae
分布	非洲热带界：马达加斯加岛特有
生境	森林，常见于海拔700–1600 m
微生境	取食棕榈树的花序
食性	成虫取食花蜜和花粉
附注	世界上最漂亮的花金龟之一，为标本收藏家津津乐道

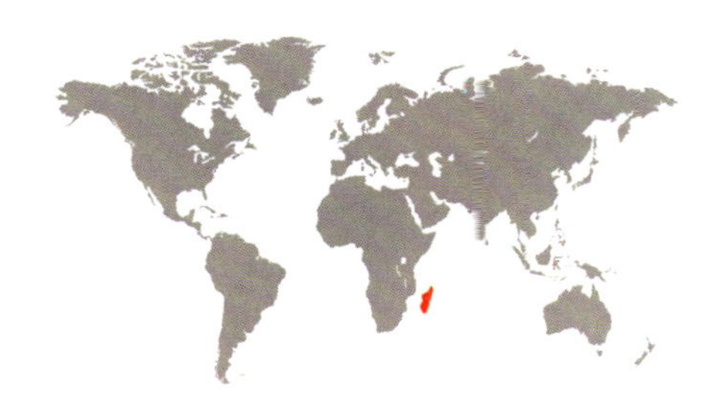

成虫体长
¾–1¼ in
(20–32 mm)

蓝纹嫡花金龟
Euchroea coelestis
Euchroea Coelestis
Burmeister, 1842

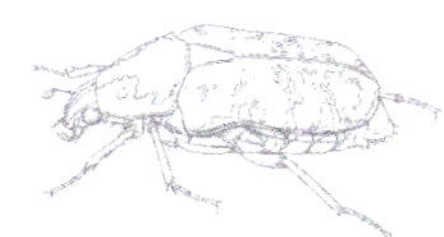

蓝纹嫡花金龟成虫白天出没，尤喜在温暖的晴天活动。“C”形蜷曲的幼虫在腐烂的植物组织中生活。有观察报道，嫡花金龟属 *Euchorea* 其他种类的成虫曾出现在王棕榈 *Ravenea* spp. 和山菠萝 *Pandanus* spp. 的花序上；另有记录显示，某些种类也出现在非洲芙蓉 *Dombeya* spp. 的花上。嫡花金龟属的物种都不常见，马达加斯加森林的大面积破坏也可能对某些种类的种群造成了负面影响。嫡花金龟属的一些色彩特别丰富的种类已经成功地实现了人工饲养。

实际大小

近缘物种

嫡花金龟属有20个种，全都囿于马达加斯加岛。它们中的大部分可以通过差别明显和鲜艳的体表色彩图案加以鉴别。有一些种类还曾多次出现在马达加斯加的邮票上。蓝纹嫡花金龟有2个亚种，指名亚种 *Euchroea coelestis coelestis* 和佩里尔拉斯亚种 *Euchroea coelestis peyrierasi*，它们可以通过鞘翅上蓝色和绿色的相对多寡来鉴别。

蓝纹嫡花金龟　外形别致，宽卵圆形，被公认为是世界上最漂亮的花金龟之一。本种黑色的鞘翅上点缀着不规则的鲜绿色和宝蓝色斑点，这些斑点构成了按一定规则排列的横纹。本种足黑色，身体腹面黑色、绿色或蓝色。

科	金龟科 Scarabaeidae
亚科	花金龟亚科 Cetoniinae
分布	新北界和新热带界：美国加利福尼亚州至新墨西哥州以及毗邻的墨西哥部分地区
生境	沙漠、多刺高灌丛
微生境	成虫夜伏昼出，见于植物上；幼虫寄居于林鼠的巢穴
食性	成虫访花，取食蝶形花科植物豆荚
附注	本种具有3种不同的色型

成虫体长
7/16–9/16 in
(11–15 mm)

条斑沟腿花金龟

Euphoria fascifera

Euphoria Fascifera

(LeConte, 1861)

实际大小

条斑沟腿花金龟 身体黄色至浅橙色，光亮或暗淡。鞘翅具有3条横穿鞘翅中缝的黑色带。身体腹面和足为亮深棕色至亮黑色；雄性腹部从侧面看去强烈内凹。偶尔也可在同一个地方出现2种色型的个体。

条斑沟腿花金龟有3种不同的色型：有一种光亮的色型分布于美国的加利福尼亚州到新墨西哥州和墨西哥的奇瓦瓦市（Chihuahua），其前胸背板上有4个斑点，而那些分布在墨西哥的下加利福尼亚半岛（Baja California peninsula）的类型虽然也很光亮，但前胸只有1个巨大的斑；分布在墨西哥的索诺拉州（Sonora）和锡那罗亚州（Sinaloa）的类型前胸也仅有1个大黑斑，表面比较暗淡。成虫活跃于夏末，特别是雷雨之后，而且飞起来很有蜜蜂的派头。它们造访多种沙漠灌木的花朵，或为吸食其中的花蜜和树汁，嚼食花粉，也为果实和糖浆所吸引。幼虫常见于林鼠 *Neotoma* spp. 的巢穴。

近缘物种

沟腿花金龟属 *Euphoria* 在北美洲、中美洲、南美洲有59个种。这些种类的共同特征是头部没有角突，每个鞘翅具有2条轻微隆起的脊，中胸小盾片侧边笔直，中足股节近端部具有1条长沟，臀板上有近于同心的沟。条斑沟腿花金龟可以通过色斑、臀板同心沟、雄性外生殖器的形态从近缘种类中区分出来。

科	金龟科 Scarabaeidae
亚科	花金龟亚科 Cetoniinae
分布	澳洲界：澳大利亚东部和南部的海岸（包括新南威尔士、昆士兰、南澳大利亚、维多利亚）
生境	森林灌丛
微生境	花
食性	成虫取食花蜜和花粉；幼虫在腐木中取食
附注	本种又有俗名为“Horseshoe Beetle”，意为具马蹄形图案的甲虫

成虫体长
½–⅞ in
(12–22 mm)

琴彩花金龟
Eupoecila australasiae
Fiddler Beetle
(Donovan, 1805)

琴彩花金龟成虫之所以又被称为“Fiddler Beetles”（译为琴甲），是由于其鞘翅背面的柠檬绿到黄色的色斑看起来像小提琴一样。它们是澳大利亚最漂亮的花金龟之一。成虫在11月至翌年3月间羽化，这时树木和灌木的花朵集中盛开，为琴彩花金龟提供了丰富的花蜜和花粉。琴彩花金龟喜欢取食的植物有：刺茶 *Leptospermum juniperinum*、南草树 *Xanthorrhoea australis*、狭叶白千层 *Melaleuca linariifolia*，以及多种桉属 *Eucalyptus* 和杯果木属 *Angophora* 的植物。琴彩花金龟的幼虫在朽木中完成发育。

实际大小

琴彩花金龟 体表光亮，色彩鲜明，背面较平。鞘翅和前胸背板具有明显的黄色至绿色的色斑和色带。这种色彩花纹使人联想到小提琴的形状，因此本种的俗名又叫“琴甲”。本种鞘翅从背面看近端部略微凹陷，足部为红棕色。

近缘物种

琴彩花金龟在外形和色彩上与额黄花金龟 *Chlorobapta frontalis* 比较相似，后者也是一种澳洲产 Schizorhinini 族花金龟，专门生活在黄胶桉 *Eucalyptus leucoxylon* 的腐烂树洞中。此外，彩花金龟属 *Eupoecila* 还有4个种，分别是：逝彩花金龟 *Eupoecila evanescens*、铭彩花金龟 *Eupoecila inscripta*、弥斯金彩花金龟 *Eupoecila miskini*、繁彩花金龟 *Eupoecila intricata*。

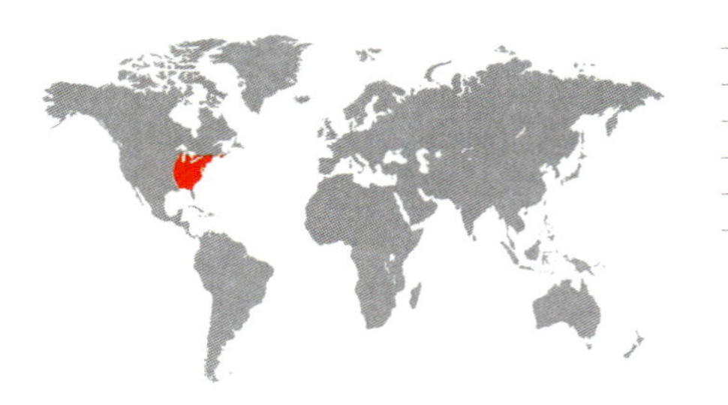

科	金龟科 Scarabaeidae
亚科	花金龟亚科 Cetoniinae
分布	新北界：北美洲东部
生境	落叶硬木林、混交林
微生境	成虫见于开花的树木和灌木上
食性	成虫取食花粉
附注	广布但不常见，生物学特性所知较少

成虫体长
7/16 in–5/8 in
(11–16 mm)

名斑金龟

Gnorimella maculosa

Gnorimella Maculosa

(Knoch, 1801)

实际大小

名斑金龟这个物种与众不同，并且也很少见，我们对它所知非常少。成虫常在五六月间的高温天气少量见于树木茂盛的生境。它们飞行能力很强，在花丛间嗡嗡飞舞的样子和蜜蜂极像。名斑金龟喜食山茱萸 *Cornus* spp. 和荚蒾 *Viburnum* spp. 的花，当然它们也会造访其他为它们提供食物的硬木植物，包括黑莓、山楂、鹅掌楸、苹果、槭树。关于幼虫目前仅有一篇发表的文献，记录了幼虫生活在加拿大紫荆 *Cercis canadensis* 的腐烂树干中，尽管它们也可能是利用了腐木中的其他资源。

近缘物种

名斑金龟属 *Gnorimella* 仅限于新北界分布，而且仅有这1个种。它最近的“亲戚”是古北界的格斑金龟属 *Gnorimus*，这个属的种类分布在欧洲和亚洲。另外还有2个近缘属，即同样分布在北美洲的拟毛斑金龟属 *Trichiotinus* 和角盾斑金龟属 *Trigonopeltastes*，在这一地区分别拥有8个种和2个种。这几个属的物种都在春末夏初的时候访花觅食。

名斑金龟 体黑色，鞘翅棕黑色带斑点，其余部分具有多种色斑，从奶黄色到黄橙色不一。鞘翅光滑无毛，而身体的其他部分包括腹面都被有白色或米黄色长毛。雄性的中足胫节强烈内弯，而雌性的中足胫节是直的。北部种群的体色较深暗，斑点少而小。

科	金龟科 Scarabaeidae
亚科	花金龟亚科 Cetoniinae
分布	非洲热带界：塞拉利昂、几内亚、加纳、科特迪瓦、尼日利亚、布基纳法索
生境	热带森林
微生境	花和多种树木
食性	取食树木汁液和果实
附注	本属可入世界最大甲虫之列，俗称“大角花金龟（或歌利亚甲虫）”

雄性成虫体长
1¹⁵⁄₁₆–4¼ in
(50–110 mm)

雌性成虫体长
1¹⁵⁄₁₆–3⅛ in
(50–80 mm)

帝大角花金龟
Goliathus regius
Royal Goliath Beetle
Klug, 1835

帝大角花金龟雄虫的头部具有角，用来保卫寄主树木流出的汁液，以此吸引雌性。它们在整个分布区内相对比较常见，而且已经成功实现了人工养殖。大角花金龟属 *Goliathus* 物种也常被称为歌利亚甲虫，其是世界上个体最大的昆虫之一，有些个体能达到150 mm长。成虫常在清晨出现在斑鸠菊属 *Vernonia* 植物上，也会在其他灌木的花枝上驻足。它们生活在朽木中的幼虫被中非的人们视为一种美味佳肴。

近缘物种

帝大角花金龟根据鞘翅色斑的差异曾经分为若干亚种，但是这些亚种现在都被认为是不成立的。非洲还有4种同样吸引眼球的大角花金龟：虎斑大角花金龟 *Goliathus albosignatus*、银背大角花金龟 *Goliathus cacicus*、大角花金龟 *Goliathus goliatus*、白纹大角花金龟 *Goliathus orientalis*。对它们的区分主要依靠整体尺寸、前胸背板和鞘翅的色斑，以及地理分布。

实际大小

帝大角花金龟　体型硕大强健。成虫前胸背板具有纵向的黑色条带。鞘翅边缘黑色，近中央处具有特别的白色图案。身体的暗色部分可能在黑色至黑褐色之间。成虫后翅发达，善飞行。雄虫头部具有一柄“Y”形前突。

科	金龟科 Scarabaeidae
亚科	花金龟亚科 Cetoniinae
分布	新热带界：墨西哥南部至南美洲中部
生境	热带树林
微生境	成虫访花；幼虫居于腐烂树干
食性	成虫取食花粉、果实、树汁；幼虫取食腐木
附注	本种鞘翅上具有奇妙且与众不同的斑纹

成虫体长
¾–⅞ in
(19–23 mm)

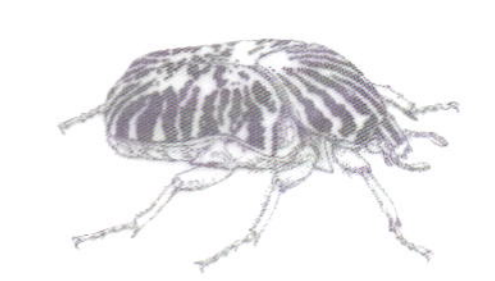

星云裸花金龟
Gymnetis stellata
Gymnetis Stellata

(Latreille, 1813)

星云裸花金龟是一种非常漂亮的花金龟，具有耀眼的黄色或橙色花纹。成虫生活在海拔1600 m左右的落叶或半落叶森林中，主要在炎热晴朗的天气活动，飞行时的样子和声音都类似蜂类。成虫取食多种植物的花粉、花蜜、果实、树汁，人工豢养条件下也可以用成熟的果实饲喂。1998年，本种被印到危地马拉的邮票上面。

近缘物种

裸花金龟属 *Gymnetis* 物种鞘翅上具有明显的斑纹，这点和近缘的肖裸花金龟属 *Gymetosoma* 相似。与星云裸花金龟相似的还有庸裸花金龟 *Gymnetis mediana* 和辐项裸花金龟 *Gymnetis radiicollis*，它们都有各自标志性的花纹。裸花金龟族Gymnetini 主要分布在新热带界，不过也有些种类出现在美国南部。裸花金龟属的种类最近刚被整理过，现有超过29个种。

星云裸花金龟　由于鞘翅上惹眼的花纹而极具吸引力。其头部、前胸背板、鞘翅都具有辐射状的黑一黄或黑一橙相间的不规则条纹。这些条纹的深浅在不同的标本个体间略有差别。本种的足呈黑色。

实际大小

科	金龟科 Scarabaeidae
亚科	花金龟亚科 Cetoniinae
分布	新热带界：洪都拉斯、危地马拉、墨西哥、伯利兹、尼加拉瓜、巴拿马、哥伦比亚、厄瓜多尔
生境	热带地区
微生境	多种树木
食性	成虫取食树木汁液
附注	常见的甲虫，具有明显的性二型现象

雄性成虫体长
$1\frac{9}{16}$–$2\frac{3}{16}$ in
(40–55 mm)

雌性成虫体长
$1\frac{3}{8}$–$1\frac{3}{4}$ in
(35–44 mm)

孔印加花金龟（索氏亚种）

Inca clathrata sommeri

Inca Clathrata Sommeri

(Westwood, 1845)

孔印加花金龟雄虫比雌虫大，并且雄虫头部着生一对斜叉的宽角。印加花金龟属在柑橘 *Citrus* spp.、南洋樱 *Gliricidia sepium*、鳄梨 *Persea americana*、冬青 *Ilex arimensis* 等植物的渗液伤口处取食，通常清晨活动。它们也会被芭蕉 *Musa sapentium* 或芒果的烂果所吸引。幼虫在腐木中觅食营生。

实际大小

近缘物种

印加花金龟属的大多数种类都在巴西发现。其中与本种最为接近的种类有：贝氏印加花金龟 *Inca beschkii*、庞氏印加花金龟 *Inca bonplandi* 、布氏印加花金龟 *Inca burmeisteri*、定印加花金龟 *Inca irrorata*、尘印加花金龟 *Inca pulverulenta*。孔印加花金龟通过雄虫角突的形状可分为3个亚种，另外2个亚种中，指名亚种 *Inca clathrata clathrata* 分布在安第斯山以东的南美洲地区，奎氏亚种 *Inca clathrata quesneli* 分布在特立尼达岛和西印度群岛。

孔印加花金龟（索氏亚种） 头部和前胸背板呈墨绿色至黑色，鞘翅棕色或红棕色带小白点。前胸背板具有纵向和斜向的白线。雄虫的唇基二裂并延伸为一对长矩形的“角”，其内缘密布黄毛。上颚较不发达。前足胫节外缘着生宽而尖锐的齿突。

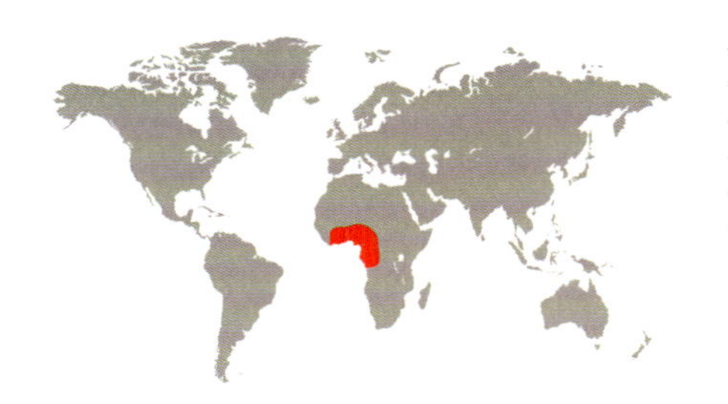

科	金龟科 Scarabaeidae
亚科	花金龟亚科 Cetoniinae
分布	非洲热带界：从科特迪瓦至刚果民主共和国东部
生境	热带森林
微生境	成虫见于多种树木；幼虫生活在土壤中
食性	成虫被发现取食树汁和果实；幼虫食性广泛
附注	幼虫仰面，以背部肌肉垫爬行

雄性成虫体长
1⅜–2¹⁵⁄₁₆ in
(35–75 mm)

雌性成虫体长
1⁹⁄₁₆–1⅞ in
(40–47 mm)

萨维奇长角花金龟
Mecynorhina savagei
Mecynorhina Savagei

(Harris, 1844)

萨维奇长角花金龟分布于科特迪瓦至刚果民主共和国东部地区，外表亮丽但并不常见。其行为与生活史仍然神秘，但是它和多数大型花金龟一样取食树木汁液和果实。甲虫爱好者常常将其当作宠物饲养。幼虫大型，“C”形蜷曲，同其他多数花金龟幼虫一样仰着爬行。在自然和人工条件下取食多种食物，如落叶、腐木、堆肥、干狗粮、猫粮、压缩鱼粮，甚至也自相残杀，同类相食。约一年一代。

实际大小

萨维奇长角花金龟 体大型，墨绿色到黑色。活体标本上的明黄色花纹在黑色鞘翅的衬托下愈发惹眼；但是制成干制标本后这些色彩会变得暗淡。前胸背板的边缘也是黄色的。雄虫唇基角突平直，端部二分叉；雌虫唇基无角突。

近缘物种

根据2010年发表的一篇分类学文章得知，长角花金龟属除萨维奇长角花金龟外还有9个种：哈里斯长角花金龟 *Mecynorhina harrisi*、克拉茨长角花金龟 *Mecynorhina kraatzi*、姆肯基亚角花金龟 *Mecynorhina mukengiana*、欧贝特长角花金龟 *Mecynorhina oberthuri*、帕瑟里尼长角花金龟 *Mecynorhina passerinii*、多音长角花金龟 *Mecynorhina polyphemus*、塔佛尼尔斯长角花金龟 *Mecynorhina taverniersi*、土瓜达长角花金龟 *Mecynorhina torquata*、乌干达长角花金龟 *Mecynorhina ugandaensis*。这些种归于5个亚属。萨维奇长角花金龟的色斑和雄虫角突的形状与这些种类有所区分。

科	金龟科 Scarabaeidae
亚科	花金龟亚科 Cetoniinae
分布	非洲热带界：喀麦隆、中非、刚果民主共和国、加蓬、加纳、科特迪瓦
生境	森林
微生境	花器、多种树木
食性	成虫取食树汁、熟烂果实和花器；幼虫取食腐殖质
附注	这种巨大且常见的甲虫最近被用于一项旨在发展无线遥控的“生控体甲虫”实验

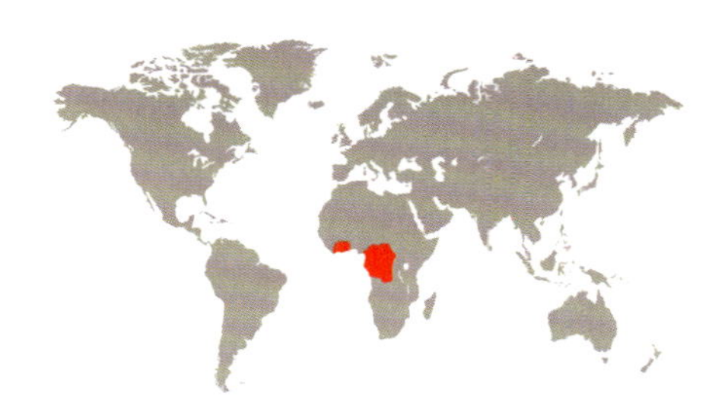

雄性成虫体长
1 15/16–3 5/16 in
(50–85 mm)

雌性成虫体长
1 3/4–2 3/8 in
(45–60 mm)

土瓜达长角花金龟
Mecynorhina torquata
Mecynorhina Torquata

(Drury, 1782)

土瓜达长角花金龟体型仅次于大角花金龟属 *Goliathus* 的种类。雄虫头部具有三角形角突，雌虫无角突。幼虫已成功实现人工养殖，它们能够长到80 mm长，约40 g重。最近的研究表明，人们可通过一种装在前胸背板上的植入式小型无线电神经刺激系统远程控制土瓜达长角花金龟的飞行，这种系统由连接大脑的神经刺激器、连接飞行肌的肌肉刺激器、一套配备无线电收发装置的微控制器和一个微电池组成。

近缘物种

除土瓜达长角花金龟外，长角花金龟属还有9个种：哈里斯长角花金龟 *Mecynorhina harrisi*、克拉茨长角花金龟 *Mecynorhina kraatzi*、姆肯基亚角花金龟 *Mecynorhina mukengiana*、欧贝特长角花金龟 *Mecynorhina oberthuri*、帕瑟里尼长角花金龟 *Mecynorhina passerinii*、多音长角花金龟 *Mecynorhina polyphemus*、萨维奇长角花金龟 *Mecynorhina savagei*、塔佛尼尔斯长角花金龟 *Mecynorhina taverniersi*、乌干达长角花金龟 *Mecynorhina ugandaensis*。而土瓜达长角花金龟本身分为3个亚种：指名亚种 *Mecynorhina torquata torquata*、无斑背亚种 *Mecynorhina torquata immaculicollis*、博格亚种 *Mecynorhina torquata poggei*，这3个亚种主要依靠色斑差异进行区分。

土瓜达长角花金龟 身体绿色，鞘翅和前胸背板饰以白色带，有时还有白点。头部大抵白色，稍许黑色和绿色斑点。标志性的前足亦为绿色，着生7枚尖刺，雄虫的胫刺尤为明显。此外，雄虫头部具有粗壮的前突，这一结构有时也被称为“唇基剑”（clypeal sword）。

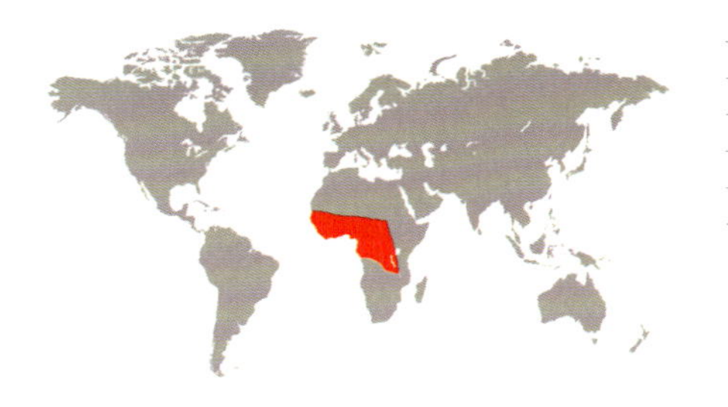

科	金龟科 Scarabaeidae
亚科	花金龟亚科 Cetoniinae
分布	非洲热带界：从塞内加尔到刚果民主共和国
生境	森林，稀树草原
微生境	成虫见于花器；幼虫居于土壤
食性	成虫取食花蜜、花粉、树汁；幼虫取食腐烂植物组织
附注	由于色彩诱人，甲虫爱好者们经常饲养白斑斯花金龟

成虫体长
⅞–1¹⁄₁₆ in
(22–27 mm)

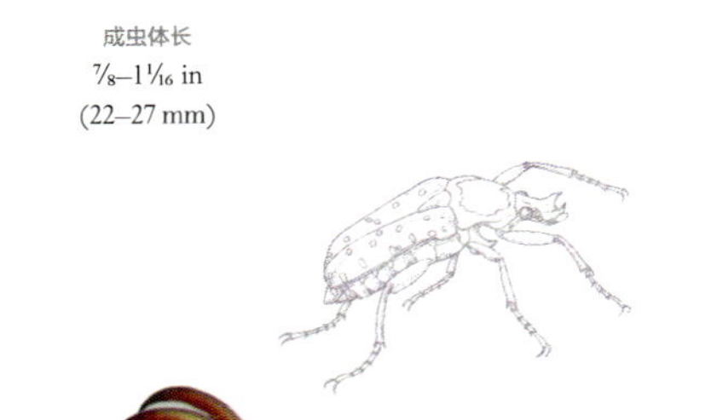

白斑斯花金龟
Stephanorrhina guttata
Stephanorrhina Guttata
(Olivier, 1789)

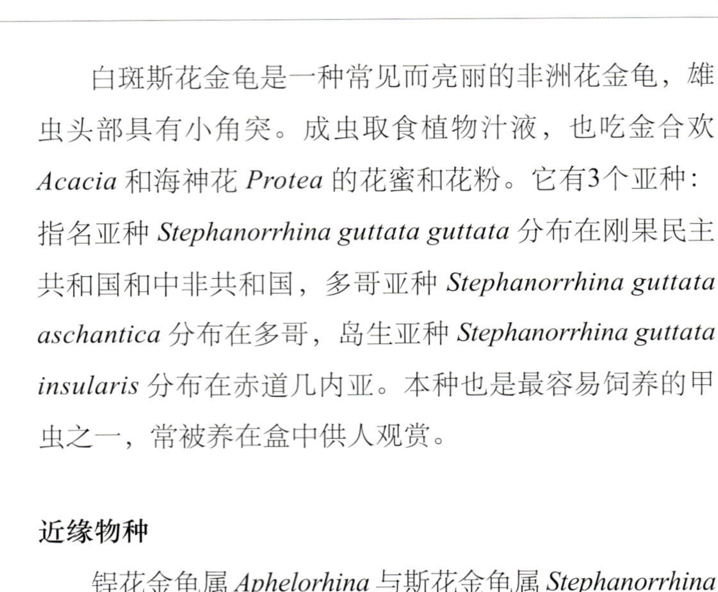

白斑斯花金龟是一种常见而亮丽的非洲花金龟，雄虫头部具有小角突。成虫取食植物汁液，也吃金合欢 *Acacia* 和海神花 *Protea* 的花蜜和花粉。它有3个亚种：指名亚种 *Stephanorrhina guttata guttata* 分布在刚果民主共和国和中非共和国，多哥亚种 *Stephanorrhina guttata aschantica* 分布在多哥，岛生亚种 *Stephanorrhina guttata insularis* 分布在赤道几内亚。本种也是最容易饲养的甲虫之一，常被养在盒中供人观赏。

近缘物种

锃花金龟属 *Aphelorhina* 与斯花金龟属 *Stephanorrhina* 近缘，有些学者认为它们应为同物异名。斯花金龟属还有4个种，分别是：生活在刚果民主共和国、乌干达、肯尼亚、苏丹和南苏丹的弟兄斯花金龟 *Stephanorrhina adelpha*，喀麦隆的尤利娅斯花金龟 *Stephanorrhina julia*，坦桑尼亚的元斯花金龟 *Stephanorrhina princeps* 和津巴布韦、莫桑比克的简斯花金龟 *S. simplex*。

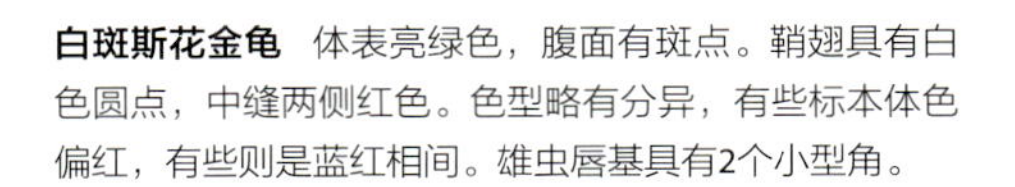

白斑斯花金龟　体表亮绿色，腹面有斑点。鞘翅具有白色圆点，中缝两侧红色。色型略有分异，有些标本体色偏红，有些则是蓝红相间。雄虫唇基具有2个小型角。

实际大小

科	金龟科 Scarabaeidae
亚科	花金龟亚科 Cetoniinae
分布	东洋界：婆罗洲
生境	热带森林
微生境	花器
食性	成虫取食汁液、果实，可能还取食花粉；幼虫取食腐殖质
附注	本种以及其他金龟雄虫的角突质地坚硬、中空，是体壁的延伸物

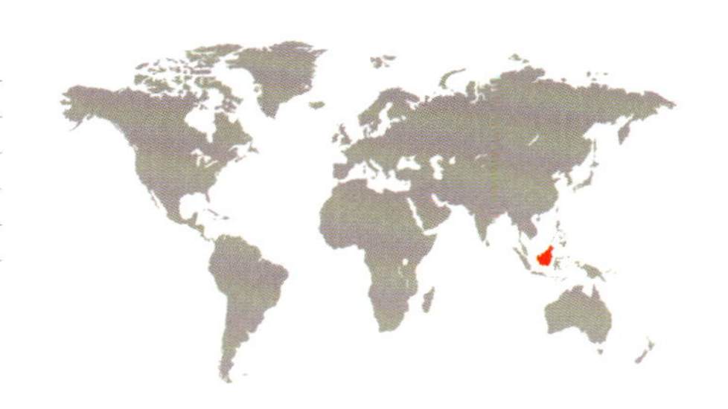

雄性成虫体长
1–2³⁄₁₆ in
(25.4–55.5 mm)

雌性成虫体长
1–1¹⁄₃₂ in
(24.6–25.9 mm)

金绿犀花金龟
Theodosia viridiaurata
Theodosia viridiaurata
(Bates, 1889)

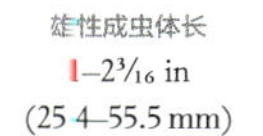

金绿犀花金龟雄虫的头部和前胸背板具有惊人的长角，是最具人气的花金龟之一。这个种仅分布在婆罗洲，数量也非常稀少。如今，一些实验室开始人工饲养这些甲虫用以进一步研究。金龟总科中具有角突的种类大都集中在粪金龟科 Geotrupidae 和金龟科的花金龟亚科、金龟亚科、犀金龟亚科。

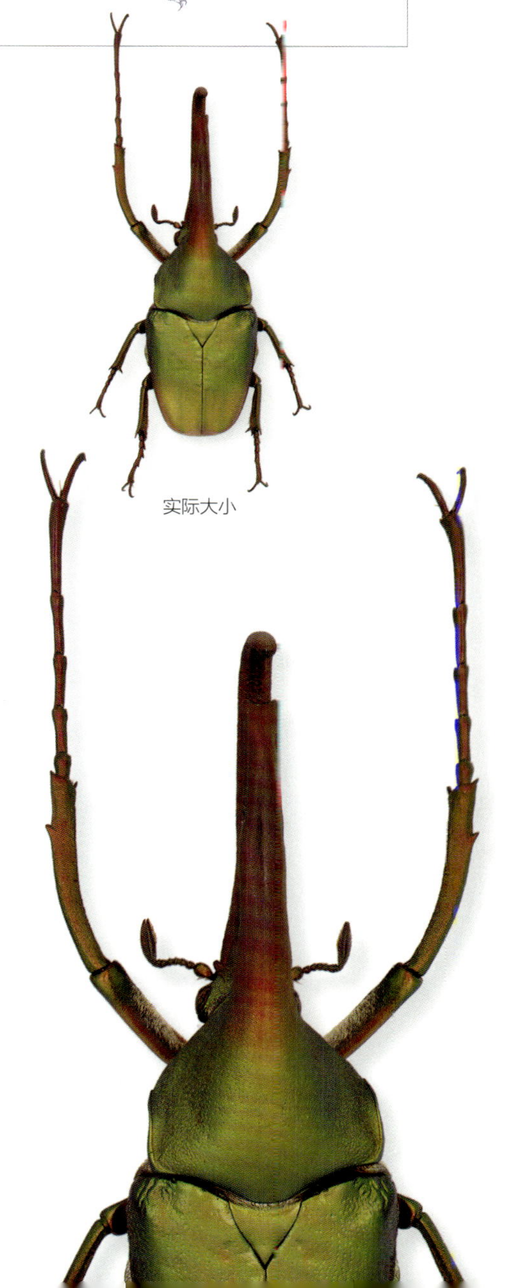

实际大小

近缘物种

犀花金龟属 *Theodosia* 的近缘属是明花金龟属 *Phaedimus*，二者都属明花金龟族 Phaedimini，它们的很多种类都产自婆罗洲，所有种类都分布在东南亚。犀花金龟属的种类还有：安托尼犀花金龟 *Theodosia antoinei*、周氏犀花金龟 *Theodosia chewi*、豪伊特犀花金龟 *Theodosia howitti*、桂氏犀花金龟 *Theodosia katsurai*、扩犀花金龟 *Theodosia magnifica*、曼德龙犀花金龟 *Theodosia maindroni*、宫下犀花金龟 *Theodosia miyashitai*、辻井犀花金龟 *Theodosia nobuyukii*、霹雳犀花金龟 *Theodosia perakensis*、毛腚犀花金龟 *Theodosia pilosipygidialis*、罗德里格兹犀花金龟 *Theodosia rodorigezi* 和尾犀花金龟 *Theodosia telifer*。

金绿犀花金龟　体色为艳丽的金属绿。鞘翅金属绿或金属红，具铜金属光泽。雄虫腹面为亮金属绿色。雄虫的头部和前胸背板各具有一个长而弯曲的角，角的颜色为金属绿或深品红。角的大小因个体而变，某些个体具有极长的角。雌虫无角，周身偏棕色，也有些雌虫个体具有绿色的前胸背板，以及和雄虫一样的金属绿色的足。

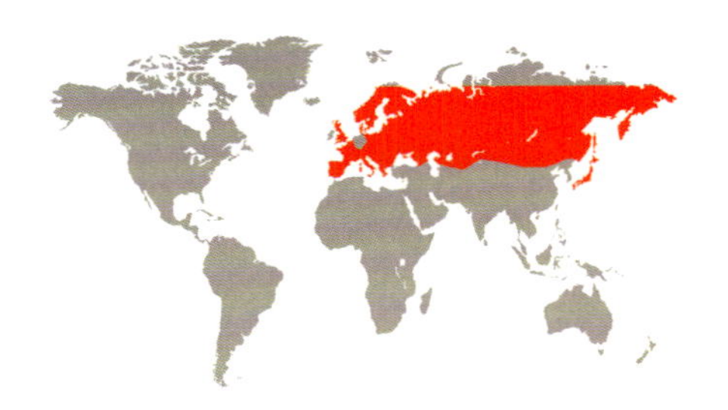

科	金龟科 Scarabaeidae
亚科	花金龟亚科 Cetoniinae
分布	古北界
生境	田野、开阔地区
微生境	成虫见于花器；幼虫仅见于树桩
食性	成虫取食花瓣；幼虫取食烂树桩
附注	一种常见的甲虫，其色彩和被毛使之与蜜蜂非常相似，因而得名“蜂甲”

成虫体长
3/8–1/2 in
(9–12 mm)

虎皮斑金龟
Trichius fasciatus
Bee Beetle

(Linnaeus, 1758)

虎皮斑金龟多在6–8月间温暖的晴天活动。成虫善飞，取食多种植物的花瓣，尤喜百里香属 *Thymus* 和蔷薇属 *Rosa* 。雄虫和雌虫在花朵上进食的同时完成交配。幼虫生活在腐烂的树桩中，特别是水青冈 *Fagus* spp. 的树桩。其因如蜜蜂般的行为和外表得俗名“Bee Beetle”，即“蜂甲”。

近缘物种

斑金龟属 *Trichius* 归于斑金龟族 Trichiini 下，其种类在美洲大陆没有分布。虎皮斑金龟与欧洲的腹斑金龟 *Trichius abdominalis*、东方斑金龟 *Trichius orientalis*、异斑金龟 *Trichius sexualis* 亲缘关系较近。可以通过比较色斑和足部结构的差异区分这些种类。

实际大小

虎皮斑金龟　体型较小，粗短，活跃。其头部和前胸背板黑色；鞘翅黄色至橙色，六道宽度不等的黑带横于其上。此虫被毛浓密，尤以头部、前胸背板、腹面为甚。复眼大而外凸。

科	伪花甲科 Decliniidae
亚科	
分布	古北界：俄罗斯远东地区
生境	混交林和湿地森林
微生境	未知
食性	成虫取食花粉；幼虫食性未知
附注	本种在系统发生学上有重大价值，但仅知雌性标本

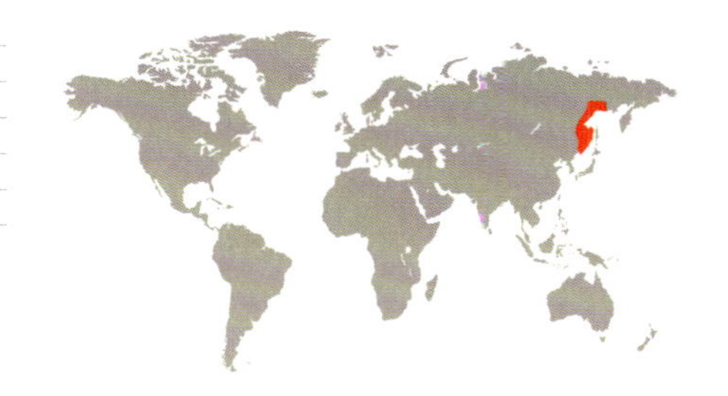

雌性成虫体长
3/16–¼ in
(3.5–5.5 mm)

遗伪花甲
Declinia relicta
Declinia Relicta
Nikitsky, Lawrence, Kirejtshuk & Grachev, 1994

遗伪花甲在鞘翅目分类系统中的地位扑朔迷离。仅知雌性标本，主要靠飞行阻断器在潮湿的北半球森林中采集。其生物学信息基本未知，但解剖显示在一头标本的中肠内有花粉颗粒，因此推测成虫可能取食花粉。幼虫未知。该种在系统发生学上的意义非常重要，因为它似乎处于多食亚目比较基部的位置。基于成虫形态的系统发育分析支持把该种归于沼甲总科 Scirtoidea；该总科被一些专家认为是多食亚目所有其他类群的姊妹群。

近缘物种

表面上看，伪花甲科与沼甲科 Scirtidae 相似，二者似乎近缘。伪花甲科仅知2种：遗伪花甲及分布于日本的 *Declinia versicolor*。后者体形更圆，鞘翅条沟和触角节亦不相同。

遗伪花甲 体小型，褐色，体型宽阔，略扁平，无显著特点。头部大；触角短，端节略膨大；前胸短。头部略倾斜，但与可能相似的种类不同的是，头后部靠在前胸腹板上，而不是前足基节上。前足基节间距宽。

科	扁腹花甲科 Eucinetidae
亚科	
分布	澳洲界：新西兰
生境	森林
微生境	潮湿的有机质
食性	菌食性
附注	此属的种类在整个科中最鲜艳

成虫体长
1/16 in
(1.5–1.9 mm)

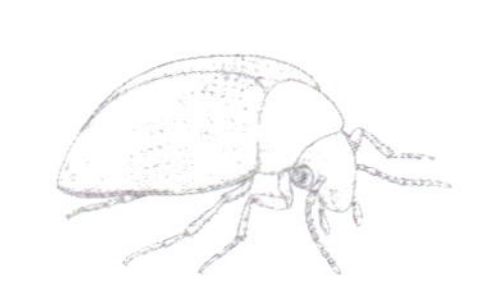

纳恩南扁腹花甲
Noteucinetus nunni
Noteucinetus Nunni
Bullians & Leschen, 2004

实际大小

纳恩南扁腹花甲体型微小，发生于新西兰的南青冈林 *Nothofagus* 和其他阔叶林。标本采集方式多为飞行阻断法、微喷雾法或筛落叶法。亦可直接采于长在原木上的真菌和黏菌中；这意味着其食性与扁腹花甲科的其他种类相似。扁腹花甲科的种类均与真菌和黏菌相关。当扁腹花甲受到惊扰时，后腿会用力一蹬，使劲跳开。这种行为，加上其流线型的身体，使其很容易逃脱。

近缘物种

南扁腹花甲属 *Noteucinetus* 是近年才发表的。其中2种分布于新西兰，它们的斑纹细节、足和雄虫外生殖器的特征不同。第3个种分布于智利南部的温带森林。南美洲南部的温带地区和新西兰有很多共同的属，这些属显示了冈瓦纳分布模式——古老的冈瓦纳大陆包括现在的非洲、南美洲、澳大利亚、南极洲和印度次大陆。

纳恩南扁腹花甲 成虫在发生于森林落叶层的微型甲虫中算是比较特别的，因为落叶层中的甲虫大多均一褐色，而该种由黄色和褐色组成。种内图案有变异，特别是鞘翅深色区域的大小有变化。此种头部下弯，体形为泪珠状，符合扁腹花甲科的典型特征；尽管它体形比该科大多数种更圆一些。图示的标本为刚羽化不久的成虫，因此体色比正常的偏浅。

科	拳甲科 Clambidae
亚科	覆拳甲亚科 Calyptomerinae
分布	古北界：欧洲中部和东部
生境	森林
微生境	潮湿的有机质
食性	菌食性
附注	拳甲科的种类能蜷成一个长圆形的球

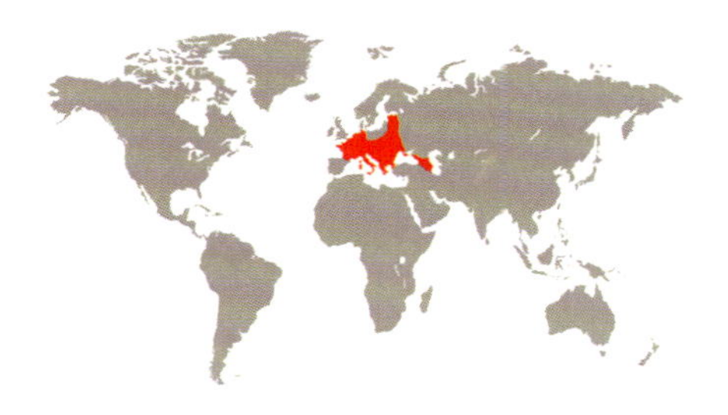

成虫体长
1/16 in
(1.6–2 mm)

山覆拳甲
Calyptomerus alpestris
Calyptomerus Alpestris
Redtenbacher, 1849

山覆拳甲体型微小，分布范围横跨欧洲中部和欧亚大陆的高加索地区；分布于多种森林，特别是针叶林。幼虫和成虫被认为取食真菌，特别是真菌的孢子。拳甲科的种类能蜷成一个长圆形的球来保护自己，这种行为被描述为“蜷球”（conglobulation 或 enrollment）。它们胸部腹面的骨片缩小并强烈倾斜，这使得它们收缩肌肉时，身体侧缘能彼此紧紧地贴在一起。

实际大小

近缘类群

覆拳甲属 *Calyptomerus* 有3种分布于欧亚大陆，另1种分布于北美洲西北部。有1种被人为引入澳大利亚和南非。种间区别包括体形，特别是头部侧缘的细微结构，及雄虫生殖器的形态。整个科种类不多，世界上有大约150种，多归于拳甲属 *Clambus* 。

山覆拳甲　拳甲科中个体较大的种，体长接近2 mm。鞘翅比该科许多种要狭长。红褐色，被黄色短刚毛，与该科大多数种一样。复眼完整，不沿着头部边缘分成两部分（拳甲属复眼分为上下两部分）。

科	拳甲科 Clambidae
亚科	拳甲亚科 Clambinae
分布	澳洲界：新西兰
生境	森林
微生境	潮湿的有机质
食性	菌食性
附注	此种原始描述基于的标本采于作者家中窗下

成虫体长
1/32 in
(0.9–1 mm)

家拳甲
Clambus domesticus
Clambus Domesticus
(Broun, 1886)

实际大小

家拳甲与拳甲科其他种类一样，成虫受惊时能蜷成近圆球形。该种散布于新西兰的北岛和南岛。发生于原生南青冈林，但也有发生于奥克兰郊区堆肥中的记录。拳甲科为菌食性，可能把真菌孢子作为主要的营养来源，但大多数种类详细的生物学尚无记录。

近缘物种

拳甲属 *Clambus* 除家拳甲外，在新西兰还有另外5种。它们体形不同，复眼和后翅的发育程度也不同。与本种最近缘的种应该是 *Clambus simsoni*（分布于澳大利亚和南非），二者仅能从雄虫外生殖器的形态区分。拳甲科包括5个现生属，大约150种，拳甲属是其中种类最为丰富的属。

家拳甲 体微小，头部、前胸和鞘翅偏圆。鞘翅近端部具刻点。蜷缩时，头部、前胸和鞘翅交叠，形成一个球形。体红褐色，与大多数其他拳甲的体色一致。体表被短刚毛。

科	沼甲科 Scirtidae
亚科	沼甲亚科 Scirtinae
分布	澳洲界：澳大利亚大陆南部、塔斯马尼亚岛
生境	森林
微生境	潮湿的森林落叶层，木质碎片
食性	腐食性
附注	成虫体色变化大，因此产生多个亚种和异名

成虫体长
5/16–3/8 in
(8–10 mm)

壮硕沼甲
Macrohelodes crassus
Macrohelodes Crassus
Blackburn, 1892

壮硕沼甲分布于澳大利亚南部的几个州，及塔斯马尼亚岛；发生于丘陵和山地的森林，例如南青冈林。成虫在树叶间活动，曾采集于花上或由树冠喷雾法采到。幼虫发生于潮湿生境，例如沼泽区，充满水的树洞，吸满水的粗木质残体如腐朽倒木。它们可能腐食性，取食被细菌和真菌侵入的腐烂的植物有机质，但幼虫的具体取食行为不完全清楚。

实际大小

近缘物种

硕沼甲属 *Macrohelodes* 包括15种，分布于澳大利亚。各种间很难区分。壮硕沼甲的分类学历史相当复杂，大量的变异类型被发表成新种。2010年发表的一篇文章修订了该属的分类学问题，所有的变异类型都被确定为壮硕沼甲的同物异名。

壮硕沼甲 中等大小，体色由褐色和黄色组成，体色变化范围大：一些个体几乎完全褐色，仅鞘翅横纹黄色；而另一些个体鞘翅大部分区域黄色，仅鞘翅肩斑褐色。

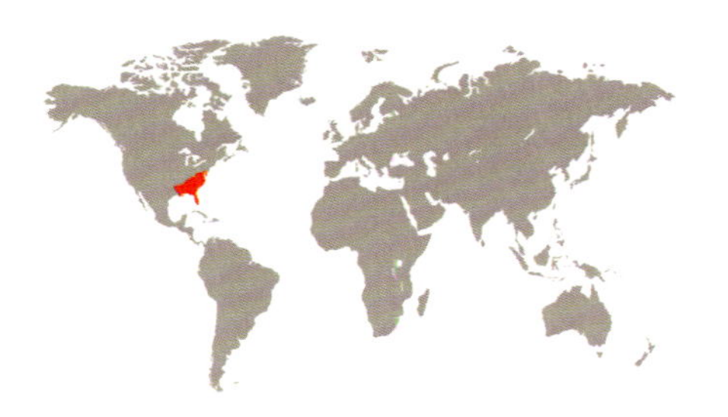

科	沼甲科 Scirtidae
亚科	沼甲亚科 Scirtinae
分布	新北界：美国东南部
生境	湿地
微生境	沼泽、树木丛生的湿地
食性	腐食性
附注	本种膨大的后足及整体外形近似叶甲科的一些种类，但二者亲缘关系很远

成虫体长
3/16–1/4 in
(4–6 mm)

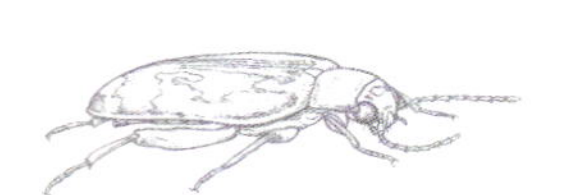

特氏跳沼甲
Ora troberti
Marsh Flea Beetle
(Guérin-Méneville, 1861)

实际大小

特氏跳沼甲后足股节强烈膨大，内生强大的肌肉组织，因此善跳跃。该种在美国佛罗里达州至得克萨斯州的潮湿环境较为常见，但在一些远离水域的环境也可能发生（幼虫需要水域环境）。成虫常常采于灯光下，也能靠振击植物采到。幼虫在池塘的浅水区、淡水沼泽，以及湖和溪流的边缘取食腐烂的植物有机质。成虫可能取食有机碎屑或真菌，但该种以及该科其他种类的详细生活史尚不清楚。

近缘物种

跳沼甲属 *Ora* 包括4种，分布于美国东南部。由于种内变异大，而且还存在一些未解决的分类学问题，该属的种间区分很困难。跳沼甲属和沼甲属 *Scirtes* 成虫的后足股节均强烈膨大，其后足特征及整体外形与叶甲科的 *Capraita* 也惊人地相似。

特氏跳沼甲 特征鲜明，后足股节强烈膨大。该种在北美洲同属的4种中，是种内变异最大的。其鞘翅从深褐色带高对比度的黄斑，至浅棕褐色带略深色的纵纹。前胸背板褐色或部分区域黄色。

科	沼甲科 Scirtidae
亚科	沼甲亚科 Scirtinae
分布	澳洲界：澳大利亚东部
生境	森林
微生境	充满水的树洞
食性	腐食性
附注	本种是昆士兰东南部黄杨林树洞中的优势种

成虫体长
1/8–3/16 in
(3–3.5 mm)

黑锯沼甲
Prionocyphon niger
Prionocyphon Niger
Kitching & Allsopp, 1987

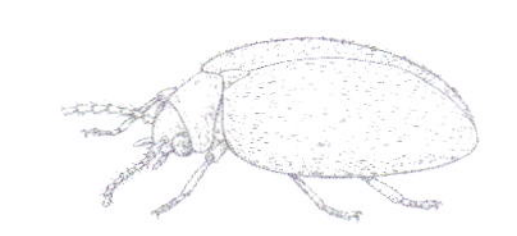

实际大小

黑锯沼甲的原始发表者详细描述了该种生活史。它常见于澳大利亚昆士兰东南部灌满水的树洞里。发表者还成功地把幼虫饲养至成虫。幼虫口器内表面有复杂的毛刷状和刺状构造，用于搜寻和过滤树洞中的有机质小颗粒。成虫陆生，发生于靠近幼虫生境的植物上。锯沼甲属 *Prionocyphon* 在世界上的其他种也发生于灌满水的树洞中。

近缘物种

锯沼甲属包括38种以上，分布于世界各地。2010年以前，该属在澳大利亚仅有1种，即黑锯沼甲；但2010年澳大利亚新发表了16个种。大多数种需要依据雄虫外生殖器的特征鉴定。分类学家推测该属在世界范围内还有很多新种亟待发现和描述。

黑锯沼甲　体小型，卵圆形，体表密被刚毛。背面深褐色或黑色，头部淡褐色；刚毛黄色；腹面和触角黄褐色；足黄褐色，侧缘深色。头部强烈向下弯折，前胸背板宽大于长。

科	沼甲科 Scirtidae
亚科	沼甲亚科 Scirtinae
分布	澳洲界：新西兰
生境	温带森林
微生境	潮湿的有机质
食性	腐食性
附注	本种是新西兰鞘翅目先驱者托马斯·布龙（Thomas Broun）上尉在克罗曼多半岛发现的众多物种之一

成虫体长
¼–⅜ in
(7–10 mm)

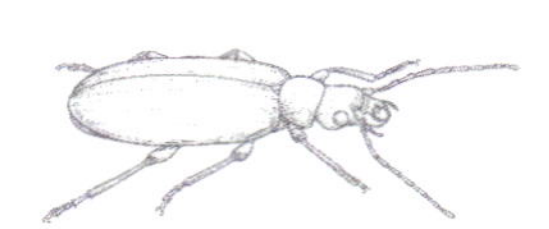

长角瘦沼甲

Veronatus longicornis

Veronatus Longicornis

Sharp, 1878

实际大小

人类对长角瘦沼甲及瘦沼甲属 *Veronatus* 其他种类的生物学了解不多。仅知的信息显示其发生于新西兰各种潮湿的南温带森林。长角瘦沼甲原始记录于克罗曼多半岛的泰鲁瓦；该地区是托马斯·布龙（Thomas Broun）上尉的著名采集点。托马斯·布龙上尉是狂热的昆虫采集家，也是新西兰甲虫区系的早期研究者。该属仅有的对幼虫及食性的研究是关于近缘物种三脊瘦沼甲 *Veronatus tricostellus* 的。长角瘦沼甲的幼虫和成虫均发现于朽木下光滑的坑道内，幼虫肠道内容物为深色的有机质。

近缘物种

瘦沼甲属分布于新西兰，包括19种，其中2种由夏普（Sharp）描述，另17种由布龙描述。布龙描述的物种数往往多于他收藏的实际物种数，因此仔细研究他的模式标本时会发现很多同物异名。幸运的是，他的大多数模式标本完好地保存在位于伦敦的英国自然历史博物馆中。

长角瘦沼甲 体中等大小，体表被稀疏的绒毛。头部和前胸深褐色，鞘翅、触角和足淡褐色或棕褐色。上颚大，前伸，看似捕食性甲虫，但一般认为它取食腐烂的有机质。幼虫与该科其他种类一样，触角多节。

科	花甲科 Dascillidae
亚科	花甲亚科 Dascillinae
分布	新北界：美国西部（加利福尼亚州）
生境	丛林和林地
微生境	成虫发生于树叶上；幼虫生活于树林和灌丛的地表下
食性	植食性，取食根部
附注	本种是北美洲体型最大的花甲

雄性成虫体长
$\frac{5}{16}$–$\frac{9}{16}$ in
(8–14 mm)

雌性成虫体长
$\frac{3}{8}$–$\frac{3}{4}$ in
(10–20 mm)

戴维森花甲
Dascillus davidsoni
Davidson's Beetle
LeConte, 1859

戴维森花甲成虫春季在各种树和其他植被的叶上活动，能通过振击植物并用白布在下方接住掉下来的虫的方法而采集到。幼虫生境类似于一些在地下生活的金龟子。幼虫蛴螬型，会钻洞，取食植物根部，据记载采集于特定植物周围的沙质土壤中。这些植物包括金合欢 *Acacia*，一些果树，以及其他一些美国本土的乔木或灌木。对某欧洲近缘物种的口器和头部肌肉进行的形态学研究，曾支持花甲科与花萤科的亲缘关系。

实际大小

近缘物种

花甲属 *Dascillus* 在加利福尼亚州有2种，另一种为 *Dascillus plumbeus*。二者的主要区别为，*Dascillus plumbeus* 体色更均一地呈黑灰色。世界范围该属至少还有23种。欧洲的一个近缘种 *Dascillus cervinus* 比较有名，被称为“兰花甲虫”。美国西部除分布有花甲属外，还分布有狭花甲属 *Anorus*。

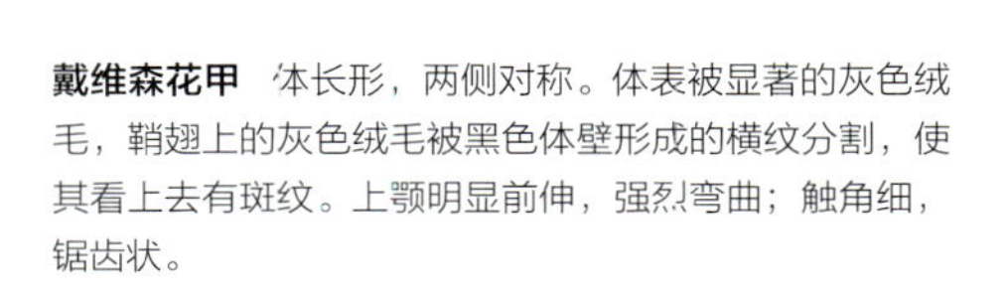

戴维森花甲 体长形，两侧对称。体表被显著的灰色绒毛，鞘翅上的灰色绒毛被黑色体壁形成的横纹分割，使其看上去有斑纹。上颚明显前伸，强烈弯曲；触角细，锯齿状。

科	花甲科 Dascillidae
亚科	蜸花甲亚科 Karumiinae
分布	新北界：加利福尼亚
生境	开阔区域和矮树丛
微生境	雄虫发现于树叶上；雌性发现于地表，可能在洞穴中生活
食性	成虫可能不取食；幼虫食性未知
附注	雌性成虫幼虫型，在地面等待；雄虫在飞行中搜寻交配机会

成虫体长
¼–7⁄16 in
(7–11 mm)

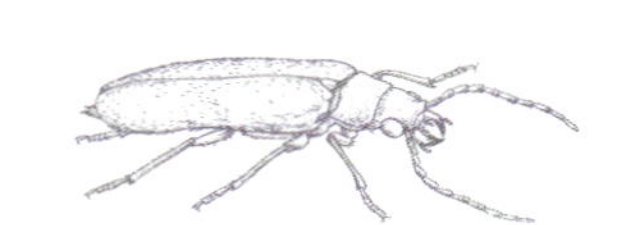

沥狭花甲
Anorus piceus
Anorus Piceus
LeConte, 1859

实际大小

沥狭花甲仅知的生物学信息是具翅雄虫，会在草地或其他植被上爬行，或在春季和夏初的夜间飞向灯光。雌虫无翅，仅知的1头标本采于1884年，发现于沿大道的一个洞穴里。雌虫已发表的描述和图片都是依据这头唯一的标本。该亚科的其他种被认为与白蚁巢有关。幼虫可能取食地下的植物有机质。

近缘物种

狭花甲属 *Anorus* 在北美洲有3种，是蜸花甲亚科在北美洲的唯一代表。该亚科的典型种类分布于干旱和半干旱地区，包括南美洲、非洲和中亚。雄虫可依据前胸背板背面的整体形状区分；仅本种雌虫已知。

沥狭花甲　体表有绒毛，体形狭长，两侧对称，褐色，触角细长。体壁非常柔软。复眼大而鼓凸。上颚狭长，具大齿。雌性相似，但鞘翅短得多，无飞行翅。

科	花甲科 Dascillidae
亚科	蠹花甲亚科 Karumiinae
分布	古北界：伊朗
生境	未知
微生境	可能与白蚁相关
食性	未知
附注	从近缘物种的采集信息推断，此种可能生活在白蚁巢中

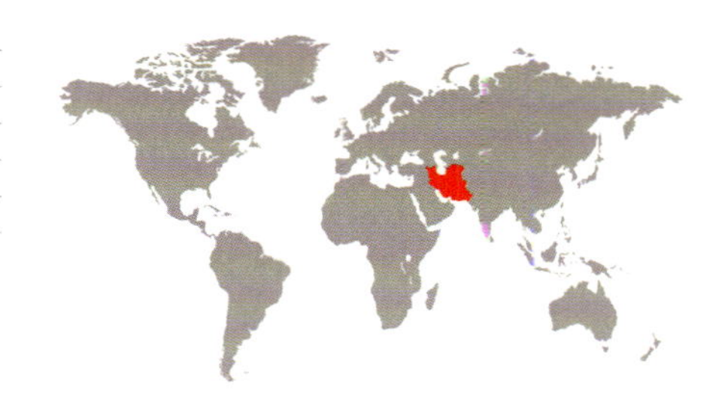

成虫体长
¼–⅜ in
(7–10 mm)

隐翅蠹花甲
Karumia staphylinus
Karumia Staphylinus
(Semenov & Martynov, 1925)

蠹花甲亚科的分类学历史极其混乱，且采集力度不够。由于可供研究的标本稀少，缺乏详细的文献，该亚科并未被准确地界定。分类专家仅根据形态上的相似性，将花甲科中一些体壁柔软且雌虫保持幼态特征的种类归成蠹花甲亚科。隐翅蠹花甲的生物学信息是依据另一个相似种的采集信息推测的。该相似种为*Karumia estafilinoides*，发表于1964年的文献中记述了从阿富汗运来的白蚁群里共生的8种甲虫成虫。据此，分类学家推测本种和同属其他种也与白蚁相关。

实际大小

近缘物种

蠹花甲属 *Karumia* 包括11个种，分布范围横跨中东（尤其是伊朗）至阿富汗。种间区别包括鞘翅的长度、头部和外生殖器形态。由于文献混乱，蠹花甲属的种级分类以及整个蠹花甲亚科的构成均未解决；这种情况下，也不可能对分类特征做出在系统发生学上有意义的解释。

隐翅蠹花甲　体段比例奇特，头部超大，体形偏长；上颚发达，前伸；腹部浅色，由于鞘翅非常短，因而腹部大部分外露。最后一个特征与隐翅虫科典型种类相似，这个相似性也反映在种本名中。

科	羽角甲科 Rhipiceridae
亚科	
分布	澳洲界：澳大利亚大陆东南部，塔斯马尼亚岛
生境	森林
微生境	成虫发生于树叶上；幼虫生活在地下
食性	成虫不取食；幼虫外寄生于蝉科若虫
附注	本种雌雄成虫触角极端不同（性二型）

雄性成虫体长
½–¾ in
(13–19 mm)

雌性成虫体长
½–11/16 in
(12–17 mm)

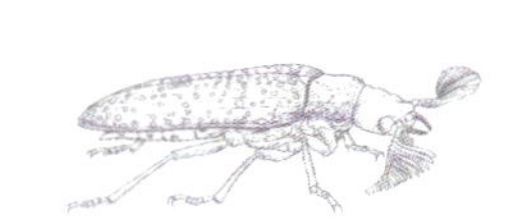

股羽角甲
Rhipicera femorata
Rhipicera Femorata
Kirby, 1818

羽角甲科幼虫已知的生活习性是外寄生于蝉科若虫，因而股羽角甲幼虫的食性大抵也如此；澳大利亚的蝉科昆虫种类丰富，其中多种可能作为其寄主。股羽角甲成虫发现于桉树林下的草地，及白千层属植物 *Melaleuca* 湿地。并有报道说该种在新南威尔士州于8–9月羽化。成虫似乎不取食，羽化后不久即交配和产卵。在少数几次可观测到的大量群体中，雌雄比高1:8。

近缘物种

羽角甲属 *Rhipicera* 分为3个亚属，分布于澳大利亚、新喀里多尼亚和南美洲。此属亟须现代的分类学修订，以确定实际物种数量和它们之间的亲缘关系。股羽角甲特征鲜明，不易与澳大利亚的其他任何甲虫混淆。

股羽角甲 体大型，黑色，前胸背板具白色的散斑，鞘翅遍布明显的圆点图案。雄虫触角的大多数触角节强烈向一侧延伸，呈羽状（推测用于探测雌虫释放的性信息素）；雌虫触角仅轻微延伸。

实际大小

科	羽角甲科 Rhipiceridae
亚科	
分布	新北界：加拿大安大略省至美国佛罗里达州，向西至科罗拉多州和得克萨斯州
生境	北美洲东部落叶林
微生境	成虫生活在树干上或灌丛下；幼虫生活于地下
食性	成虫不取食；幼虫外寄生蝉科若虫
附注	新大陆的船羽角甲属需进行物种修订

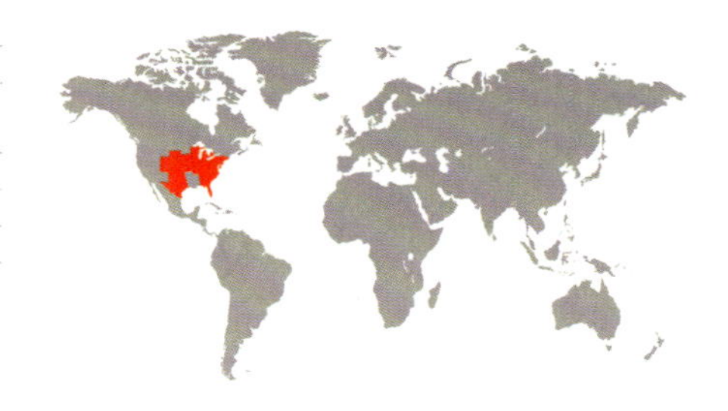

成虫体长
11/16–1 in
(17–25 mm)

黑船羽角甲
Sandalus niger
Cedar Beetle
Knoch, 1801

黑船羽角甲成虫在夏末清晨从地下洞穴中钻出羽化，之后爬到硬木林的树干上交配，有时会发生明显的群集性交配。雌性在树洞和树皮裂缝上产下大量的卵。孵化后的幼虫非常活跃，称为三爪蚴。它们会爬到泥土中搜寻蝉科若虫，然后寄生这些若虫。黑船羽角甲幼期除卵和三爪蚴外，其他虫态仅知一头蛹。该蛹发现于一个被吃空的蝉若虫壳内，蛹上还粘着一个蛴螬形的幼虫蜕。

近缘物种

船羽角甲属 *Sandalus* 包括41种，分布于非洲热带界、新北界、新热带界、古北界和东洋界。新北界有5种，其中3种分布于北美洲东部（黑船羽角甲、*Sandalus petrophya* 和 *Sandalus porosus*）。黑船羽角甲与其他2种的区别是，前胸背板侧缘略隆起，前胸背板自基部向端部逐渐变窄，鞘翅基部明显宽于前胸背板。

实际大小

黑船羽角甲　体表具粗糙刻点，体色全黑，或鞘翅红褐色。头型下口式，上颚大，复眼鼓凸；触角亮红褐色，雄性羽状，雌性锯齿状。前胸圆锥形，从前往后逐渐加宽，侧缘略呈隆脊状，尤其是基部1/3。鞘翅基部宽于前胸背板；鞘翅具微弱的纵脊，有时纵脊消失。

科	伪吉丁科 Schizopodidae
亚科	伪吉丁亚科 Schizopodinae
分布	新北界：美国的亚利桑那州、加利福尼亚州、内华达州，及墨西哥下加利福尼亚州北部
生境	莫哈韦沙漠，科罗拉多沙漠，索诺伦沙漠
微生境	成虫发现于花上，或在沙漠中的其他植物上停歇
食性	成虫取食花粉
附注	幼虫未知

成虫体长
3/8–11/16 in
(10–18 mm)

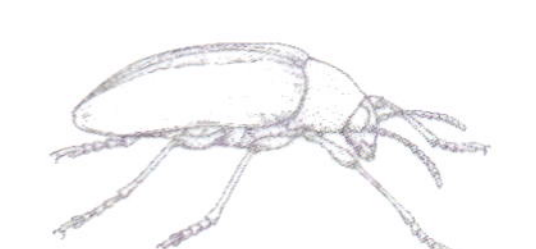

悦伪吉丁
Schizopus laetus
Schizopus Laetus
LeConte, 1858

悦伪吉丁分布于北美洲的沙漠地区，春季数量最为丰富。成虫在白天取食花粉和各种沙漠植物，尤其是3月末至6月初取食沙漠向日葵 *Geraea canescens*。卵为圆形，白色，带些许浅黄色。幼虫未知。该属仅知的另一种为萨拉伪吉丁 *Schizopus sallaei*，仅限分布于加利福尼亚大中央峡谷的沟谷草地，在5–6月最为活跃。萨拉伪吉丁分为两个亚种，指名亚种 *Schizopus sallaei sallaei* 分布于峡谷东坡，而黑色亚种 *Schizopus sallaei nigricans* 分布于西坡。

近缘物种

伪吉丁科种类少，体形粗壮，拱凸，类似于吉丁科 Buprestidae，但第4跗节深双叶状。伪吉丁属 *Schizopus* 包括2种，该属与该科其他种的区别是触角11节。悦伪吉丁全身或部分区域绿色或蓝色，有虹彩色光泽，而萨拉伪吉丁黄褐色至黑色。

实际大小

悦伪吉丁　体粗壮，拱凸，体表刻纹粗糙，鞘翅具皱纹，背面和腹面均具细毛。触角5–11节强烈锯齿状。雌性全身绿色或蓝色，具虹彩色光泽；雄性体色相似，但鞘翅、胫节和跗节呈橙色至橙红色。

科	吉丁科 Buprestidae
亚科	花吉丁亚科 Julodinae
分布	古北界：伊朗和巴基斯坦
生境	俾路支沙漠
微生境	同该亚科其他种类似，本种成虫发生于树叶和花上，幼虫可能在地下取食
食性	成虫和幼虫的食性未知
附注	本种是世界上最大的吉丁之一

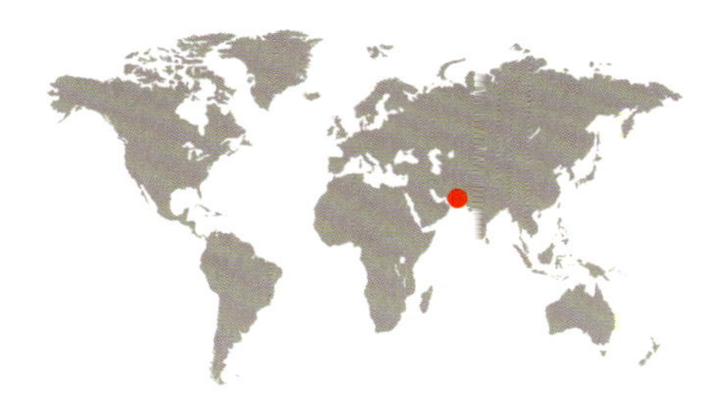

成虫体长
2³⁄₁₆–2¾ in
(55–70 mm)

芬奇阿吉丁
Aaata finchi
Aaata Finchi
(Waterhouse, 1884)

芬奇阿吉丁是花吉丁亚科中最原始的种，其后翅脉序及鞘翅端刺发育完整。沃特豪斯（Waterhouse）发表该物种时，依据的标本采自俾路支省马克兰海岸的一个叫比尔的小村庄。该标本由巴基斯坦卡拉奇市波斯湾电报服务所的芬奇（B. F. Finch）先生赠送给伦敦动物学会。

实际大小

近缘物种

花吉丁亚科包括6个属：阿吉丁属*Aaata*（古北界）、钝吉丁属*Amblysterna*（非洲热带界）、类花吉丁属*Julodella*和花吉丁属*Julodis*（非洲热带界和古北界）、新花吉丁属*Neojulodis*（非洲热带界）、椭吉丁属*Sternocera*（非洲热带界和东洋界）。阿吉丁属仅包括芬奇阿吉丁一种，它与该亚科其他属的区别是：体型大，前胸背板和鞘翅有隆起的皱褶。

芬奇阿吉丁　体超大型，粗壮；除隆起区域外体壁褐色；被砂质白或黄色绒毛，绒毛不形成特定斑纹。前胸背板拱凸，表面具不规则隆起的斑纹。鞘翅具平直的纵脊，后者被不规则隆起的皱褶分割。

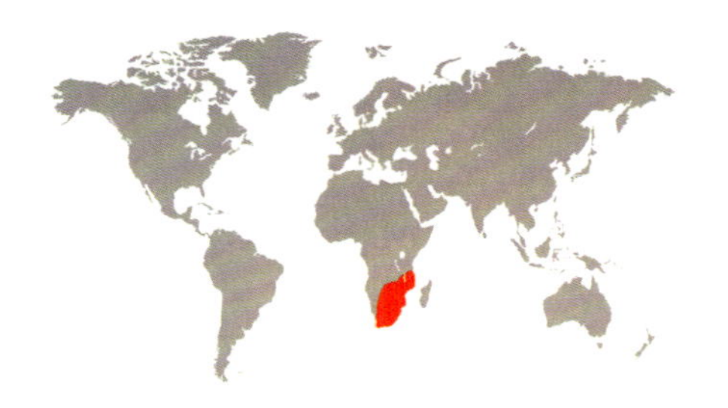

科	吉丁科 Buprestidae
亚科	花吉丁亚科 Julodinae
分布	非洲热带界：博茨瓦纳、莫桑比克、南非、坦桑尼亚、赞比亚
生境	潮湿的热带稀树草原
微生境	成虫发现于树上；幼虫生活于土壤中
食性	成虫取食花粉；幼虫可能取食根部
附注	本种有很多色型

成虫体长
7/16–9/16 in
(11.2–14.5 mm)

南非钝吉丁
Amblysterna natalensis
Amblysterna Natalensis
(Fåhraeus, 1851)

吉丁科大多数幼虫都是蛀木的，另外一些类群的幼虫在土壤中自由生活，取食植物根部（如花吉丁亚科）。花吉丁亚科成虫体表常具凹陷，凹陷区密生刚毛，南非钝吉丁也是如此。南非钝吉丁外表艳丽，分布于非洲东南部。该种成虫通常于1–4月出现，取食代儿茶 *Dichrostachys cinerea* 和金合欢属 *Acacia* 植物。

近缘物种

钝吉丁属 *Amblysterna* 隶属于花吉丁亚科。该亚科还包括椭吉丁属 *Sternocera*、花吉丁属 *Julodis*、阿吉丁属 *Aaata*、新花吉丁属 *Neojulodis* 和类花吉丁属 *Julodella*。钝吉丁属仅知2种：南非钝吉丁和 *Amblysterna johnstoni*；后者分布于埃塞俄比亚、肯尼亚、塞舌尔、索马里和坦桑尼亚。二者区别为：南非钝吉丁体型较小，鞘翅有连续不中断的纵纹，从鞘翅基部至端部；而 *Amblysterna johnstoni* 体型较大（21–28 mm），鞘翅散布均匀的斑点。

南非钝吉丁 体形鱼雷形，通常呈光亮的金属绿色。头大。前胸背板一些区域具短绒毛；中央具1道纵沟。鞘翅颜色多变，绿色至蓝色、紫色或黑色，鞘翅从基部到端部具有绒毛形成的纵纹。

实际大小

科	吉丁科 Buprestidae
亚科	花吉丁亚科 Julodinae
分布	非洲热带界：博茨瓦纳、莫桑比克、南非、坦桑尼亚、赞比亚
生境	潮湿的热带稀树草原
微生境	成虫发现于树上；幼虫生活于土壤中
食性	成虫取食花粉；幼虫可能取食根部
附注	本种有很多色型

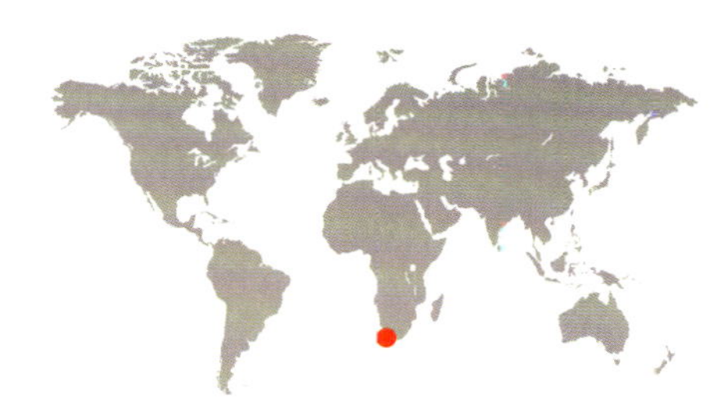

成虫体长
⅞–1$^{7}/_{16}$ in
(22.9–37.4 mm)

丛毛花吉丁（毛腹亚种）
Julodis cirrosa hirtiventris
Brush Jewel Beetle
(Laporte, 1835)

丛毛花吉丁分布于南非的西开普省。白天活动，在炎热的阳光充足的条件下最为活跃。成虫取食多种灌木和树木的花粉枝叶，包括金松豆属 *Lebeckia*、金合欢属 *Acacia* 和代儿茶属 *Dichrostachys*。幼虫自由生活，取食植物根部。成虫生活期可能为几个月，雄性先于雌性死亡。在繁殖季节，雌性用性信息素吸引雄性。在实验条件下，雌性一次可产46枚卵。卵圆形，直径为4.5–5 mm，淡绿色。当丛毛花吉丁受惊时，会迅速飞离或掉落到地面。

近缘物种

花吉丁属 *Julodis* 的物种数超过77种，分布范围从非洲至中亚，一些种也分布至欧洲。很多种的种内变异范围很大，有多型现象。该属的 *Julodis fascicularis*、*Julodis hirsuta*、*Julodis sulcicollis*、*Julodis viridipes* 与丛毛花吉丁相似，体表均有黄色至橙色的蜡质刚毛簇。丛毛花吉丁包括3个亚种：毛腹亚种、指名亚种和梅利亚种 *Julodis cirrosa mellyi*，均分布于南非。

实际大小

丛毛花吉丁（毛腹亚种） 体大型，身体坚硬，黑色，有金属蓝色光泽。头部、前胸背板和腹部背面有许多被蜡质的黄色刚毛。一些标本的刚毛深黄色、黄橙色或白色。

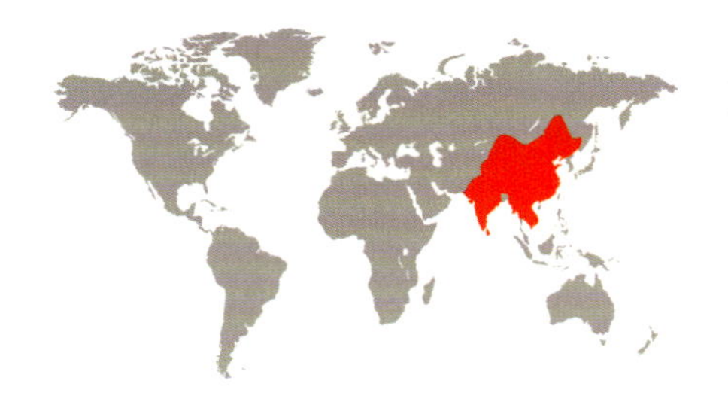

科	吉丁科 Buprestidae
亚科	花吉丁亚科 Julodinae
分布	东洋界：中国、印度、缅甸、斯里兰卡、越南、泰国
生境	热带森林
微生境	树干和树叶
食性	成虫取食树叶，幼虫推测在土壤中取食植物根部
附注	本种历史上被描述过16次

成虫体长
1¼–2⅜ in
(31–60 mm)

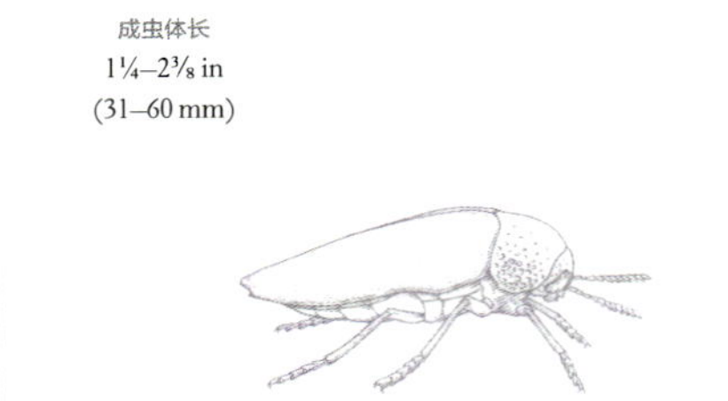

绿胸椭吉丁

Sternocera chrysis

Sternocera Chrysis

(Fabricius, 1775)

绿胸椭吉丁非常具观赏性，雌雄相似。成虫取食多种树木，发现于树干上，最喜食合欢属 *Albizia* 和牛蹄豆属 *Pithecellobium*。椭吉丁属 *Sternocera* 很多成虫的生命期仅2–3周。绿胸椭吉丁包括2个亚种：指名亚种 *Sternocera chrysis chrysis*（分布较广泛）和耀胸亚种 *Sternocera chrysis nitidicollis*（分布于印度）。在亚洲，特别是泰国，椭吉丁属的鞘翅通常用于制作胸针和项链及装饰衣服。

近缘物种

花吉丁亚科有150种以上。椭吉丁属大约25种，大多分布于非洲（如 *Sternocera castanea* 和 *Sternocera discedens*）。依据前胸背板、鞘翅和足的颜色，能鉴定该属很多物种。

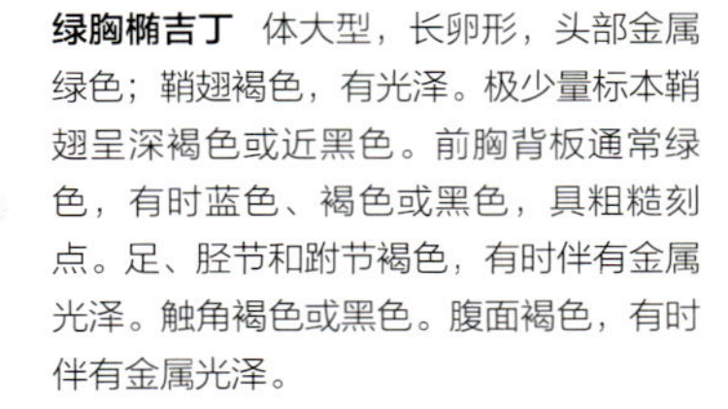

绿胸椭吉丁 体大型，长卵形，头部金属绿色；鞘翅褐色，有光泽。极少量标本鞘翅呈深褐色或近黑色。前胸背板通常绿色，有时蓝色、褐色或黑色，具粗糙刻点。足、胫节和跗节褐色，有时伴有金属光泽。触角褐色或黑色。腹面褐色，有时伴有金属光泽。

实际大小

科	吉丁科 Buprestidae
亚科	筒吉丁亚科 Polycestinae
分布	新北界和新热带界：美国（加利福尼亚州南部、得克萨斯州、内华达州、亚利桑那州、新墨西哥州、犹他州）、墨西哥（下加利福尼亚州）
生境	沙漠
微生境	成虫访花；幼虫在沙漠多种荆棘丛中发育
食性	成虫取食花粉和树叶，幼虫蛀木
附注	本种鞘翅斑点很特别

成虫体长
³⁄₈–½ in
(10–12 mm)

圆斑方肩吉丁
Acmaeodera gibbula
Acmaeodera Gibbula
LeConte, 1858

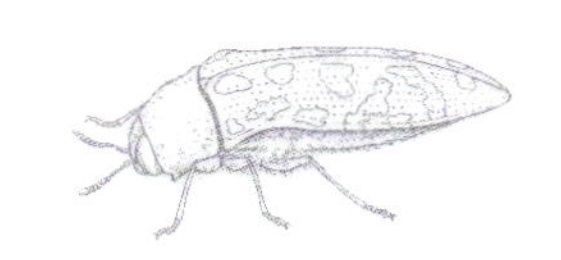

圆斑方肩吉丁体型较小，外形漂亮；分布于美国和墨西哥部分地区的沙漠。幼虫蛀木。成虫取食各种植物的花粉和树叶，如双虫菊 *Dicoria canescens*。幼虫钻蛀死的或受伤的树枝、茎和根。幼虫在各种沙生荆棘灌丛中发育，包括牧豆树属 *Prosopis*、猫爪相思树 *Acacia greggii* 和柳树。

近缘物种

方肩吉丁属 *Acmaeodera* 的种类非常多，超过500种，分布于非洲、古北界、东洋界，以及南北美洲。该属通常分成9个亚属。成虫飞行时，鞘翅合在一起，并不像其他大多数吉丁一样打开。一些种类的斑纹近似膜翅目昆虫，推测是拟态现象。

实际大小

圆斑方肩吉丁　体型相对较小，头部拱凸，唇基上方平坦；复眼大，长圆形。体黑色，鞘翅具亮黄白色的和亮红色的斑点。足、头部、前胸和身体腹面被白色的细刚毛。

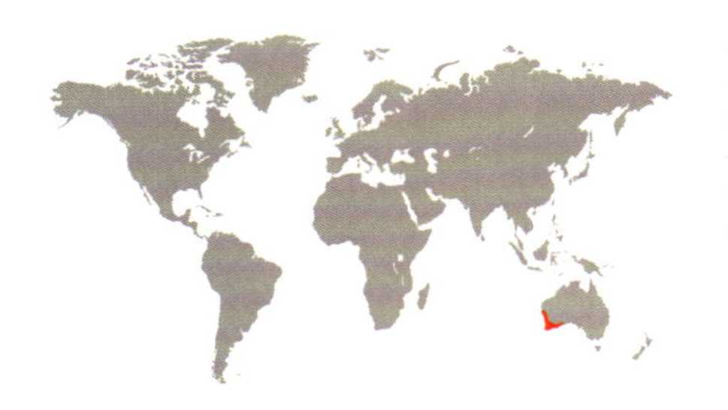

科	吉丁科 Buprestidae
亚科	筒吉丁亚科 Polycestinae
分布	澳洲界：澳大利亚西部
生境	温带森林
微生境	各种植物的花，主要是苦豆属和荣桦属
食性	成虫取食花粉和花瓣，幼虫取食木材
附注	本种能叩头，很不寻常

成虫体长
$^5/_{16}$–$^3/_8$ in
(8–9 mm)

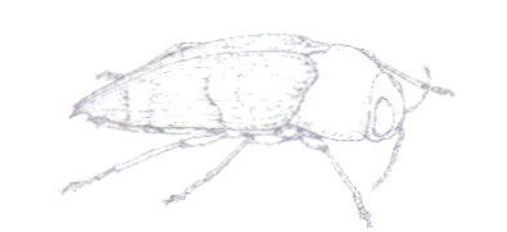

四斑叩吉丁
Astraeus fraterculus
Astraeus Fraterculus

van de Poll, 1889

实际大小

四斑叩吉丁沿澳大利亚西部南面的海岸分布，从珀斯至奥尔巴尼。有记录其在白天取食苦豆属 *Daviesia divaricata* 和荣桦属 *Hakea trifurcata* 的树叶。幼虫蛀木。此种似乎比较不容易发现，其标本在博物馆并不常见。与该属其他种一样，四斑叩吉丁飞行能力很强。它最显著的特征之一是，当受惊时会往下掉落从而逃避捕食者；而逃跑的第二个策略是，它会像叩甲科 Elateridae 一样“叩头”，跳跃到50 cm之外。

近缘物种

叩吉丁属 *Astraeus* 仅限分布于澳大利亚和新喀里多尼亚，是叩吉丁族 Astraeini 的唯一代表。目前该属已描述50种以上，包括 *Astraeus aberrans*、*Astraeus carnabyi* 和 *Astraeus dedariensis*（澳大利亚西部）；*Astraeus adamsi*（昆士兰）；*Astraeus caledonicus*（新喀里多尼亚）等。该属的一些幼虫图片已发表。

四斑叩吉丁 体型较小，非常漂亮。头部、触角和前胸背板铜蓝色或黑色。体背面通常呈亮金属蓝色或亮黑色。鞘翅各具2条黄橙色的斑纹；鞘翅末端各有2个尖刺。腹面也有金属反射光。

科	吉丁科 Buprestidae
亚科	筒吉丁亚科 Polycestinae
分布	新热带界：智利中部
生境	沿海岸和安第斯山脉山麓的硬叶森林
微生境	成虫发现于针叶林和硬木林的树枝上；幼虫在各种针叶林和硬木林的死枝内发育
食性	成虫取食树叶和花粉，幼虫取食死木
附注	本种很漂亮，仅分布于智利中部

成虫体长
⁹⁄₁₆–1 in
(15–25 mm)

海岸筒吉丁（指名亚种）
Polycesta costata costata
Polycesta Costata Costata
(Solier, 1849)

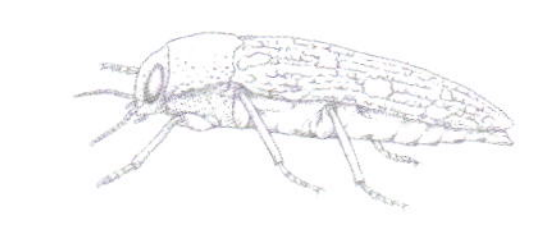

海岸筒吉丁（指名亚种）仅限分布于智利中部的瓦尔帕莱索、圣地亚哥和奥伊金斯地区，海拔800–1800 m；外形很漂亮。幼虫体扁平，白色，在厚壳桂 *Cryptocarya alba*、石栎 *Lithraea caustic* 和酒神菊 *Baccharis linearis* 等多种针叶树和硬木树的枯枝内取食和生活。成虫常发现在皂皮树 *Quillaja saponaria* 的树枝上停息。

实际大小

近缘物种

筒吉丁属 *Polycesta* 包括55种，分布于非洲热带界、澳洲界、新北界和新热带界。在新热带界的39种中，仅海岸筒吉丁和 *Polycesta tamarugalis* 分布于智利。*Polycesta tamarugalis* 黑色，而海岸筒吉丁蓝色或绿色，带小斑。海岸筒吉丁帕氏亚种 *Polycesta costata paulseni* 个体较大，深蓝色或绿色，有橙色或黄色的斑点；而指名亚种 *Polycesta costata costata* 浅蓝绿色，常具红色斑点。

海岸筒吉丁（指名亚种） 体蓝绿色，有金属光泽，体表有粗糙刻点。鞘翅有明显的纵脊；鞘翅偶尔无斑，但通常具红色小斑（左右鞘翅斑点的大小和位置并不对称）。雄性末腹板端部窄尖；而雌性末腹板端部宽圆，中部具一小缺刻。

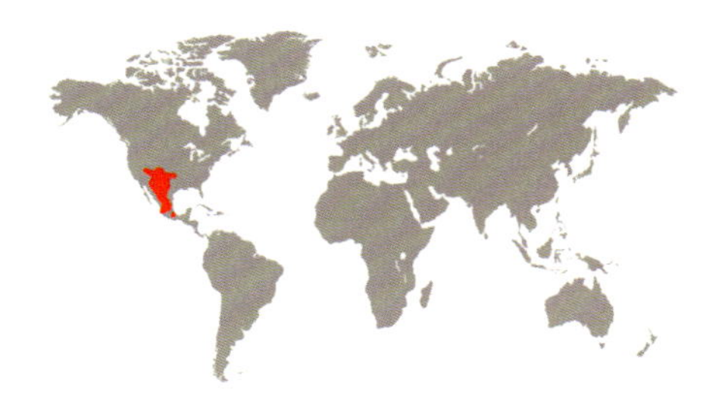

科	吉丁科 Buprestidae
亚科	筒吉丁亚科 Polycestinae
分布	新北界和新热带界：美国西南部和墨西哥北部
生境	沙漠、半干旱的高地
微生境	成虫和幼虫均取食一些龙舌兰科植物
食性	成虫取食叶缘，幼虫取食花序轴和叶片基部
附注	可能与 *Thrincopyge ambiens* 杂交

成虫体长
⅝–⅞ in
(16–23 mm)

花斑墙吉丁
Thrincopyge alacris
Thrincopyge Alacris
LeConte, 1858

花斑墙吉丁成虫通常在夏季的几个月活动，取食猬丝兰属 *Dasylirion* 和熊丝兰属 *Nolina* 植物的叶子，沿叶缘啃食出缺刻。幼虫潜入猬丝兰属植物枯萎的花序轴和叶基内发育。花斑墙吉丁和 *Thrincopyge ambiens* 的分布区有大范围的重叠，采自重叠分布区北部的一些标本似乎显示这两种存在杂交现象；这两种的区分依据包括前胸背板和鞘翅表面的刻纹和斑纹，及雄虫外生殖器形态。

近缘物种

墙吉丁属 *Thrincopyge* 包括3种，分布于美国西南部和墨西哥北部。该属的识别特征为：体狭长，两侧平行，背面扁平，腹面拱凸；后足基部具片状突，明显扩展至中线；可见末腹板端半部具1道深沟。花斑墙吉丁前胸背板及鞘翅密布黄色斑纹，而其他2种仅在前胸背板近侧缘和鞘翅近侧缘具黄斑。

实际大小

花斑墙吉丁 体色多变，从全体蓝色，仅前胸背板边缘黄色，至鞘翅大部分区域黄色。典型个体呈蓝色或绿色，前胸背板侧缘和前部黄色，前胸背板基部中央有一个斑；鞘翅在中部之前有2对黄色横纹，端部有一个长形斑。

科	吉丁科 Buprestidae
亚科	凹缘吉丁亚科 Galbellinae
分布	古北界：塞浦路斯、以色列、约旦、黎巴嫩、叙利亚、土耳其
生境	热带稀树草原
微生境	成虫发现于灌木或树木；幼虫发现于嫩枝
食性	成虫可能取食花粉；幼虫取食寄主植物组织
附注	目前沟吉丁属仅知2种幼虫，其中之一即为蓝沟吉丁幼虫。该属幼虫口器非常特殊，在其他吉丁中未发现

成虫体长
3/16 in
(3.9–5.4 mm)

蓝沟吉丁
Galbella felix
Galbella Felix
(Marseul, 1866)

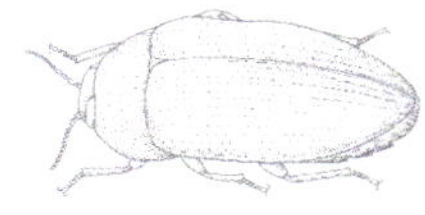

实际大小

凹缘吉丁亚科成虫的前胸腹面具有收纳触角的深沟；股节宽扁，当足收起时，胫节和跗节能折叠到股节下方，整个足隐藏在身体之下。蓝沟吉丁成虫通常在4–7月活动。幼虫描述于2001年，描述的3头标本采自木樨科总序桂 *Phillyrea latifolia* 嫩枝内。该属仅知的另1种幼虫为 *Galbella acacia*，发现于金合欢属植物 *Acacia raddiana* 嫩枝内。

近缘物种

沟吉丁属 *Galbella* 包括80种以上，分布于非洲热带界、东洋界和古北界。其中很多种仅知1头标本，在博物馆中通常很少见到。该属分为3个亚属 *Galbella*、*Progalbella* 和 *Xenogalbella* 。种间区别包括体色（从全黑至有蓝色、绿色、紫色或铜色反光）和雄虫外生殖器特征。

蓝沟吉丁 体小型，卵形，亮蓝色。头部刻点大而疏，粗糙。前胸背板宽大于长，刻点粗糙。复眼大而突出。腹部第2可见腹板近中部有一丛卷毛。

科	吉丁科 Buprestidae
亚科	金吉丁亚科 Chrysochroinae
分布	非洲热带界：南非、纳米比亚、博茨瓦纳、莫桑比克、津巴布韦、坦桑尼亚、肯尼亚、埃塞俄比亚
生境	热带稀树草原
微生境	成虫访花
食性	成虫取食代儿茶 *Dichrostachys cinerea*、可乐豆木*Colophospermum mopane*、海岸芦荟*Aloe littoralis*，及扁担杆属 *Grewia* 的花粉；幼虫可能蛀木
附注	本种拟态芫菁科

成虫体长
$\frac{11}{16}$–$1\frac{1}{8}$ in
(17.5–28 mm)

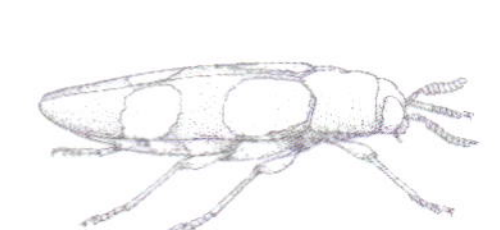

拟芫菁吉丁
Agelia petelii
Meloid-Mimicking Jewel Beetle
(Gory, 1840)

拟芫菁吉丁通常与芫菁科 Meloidae 的斑芫菁属 *Mylabris* 相似。芫菁以其毒性闻名，因此拟芫菁吉丁被认为从这种关系中受益，避开捕食者。成虫在白天活动，发现于各种干旱植物上。已知的寄主包括代儿茶、可乐豆木、海岸芦荟及扁担杆属的多种。

近缘物种

拟芫菁吉丁属 *Agelia* 包括9种：*Agelia burmensis*、*Agelia chalybea*、*Agelia fasciata*、*Agelia limbata*、*Agelia pectinicornis* 和 *Agelia theryi*、*Agelia lordi*、*Agelia obtusicollis* 及拟芫菁吉丁。前6种分布于东洋界，后3种分布于非洲。分布于非洲的种似乎在雨季更为活跃，且鞘翅均有类似于芫菁科斑芫菁属的警戒色。

拟芫菁吉丁 体长形，背面平坦。头部黑色，前胸背板侧缘有时具1对金属绿色至红色的色斑。鞘翅黑色，有4个黄斑，基部的1对延伸至或部分延伸至鞘翅基部。前胸背板宽大于长，无刚毛，有很多刻点。鞘翅斑纹变异大。

实际大小

科	吉丁科 Buprestidae
亚科	金吉丁亚科 Chrysochroinae
分布	古北界：欧洲和亚洲
生境	森林和农业区，特别是果园
微生境	成虫发现于树叶上
食性	成虫取食树叶；幼虫取食寄主的根
附注	成虫鞘翅强烈骨化，非常坚硬

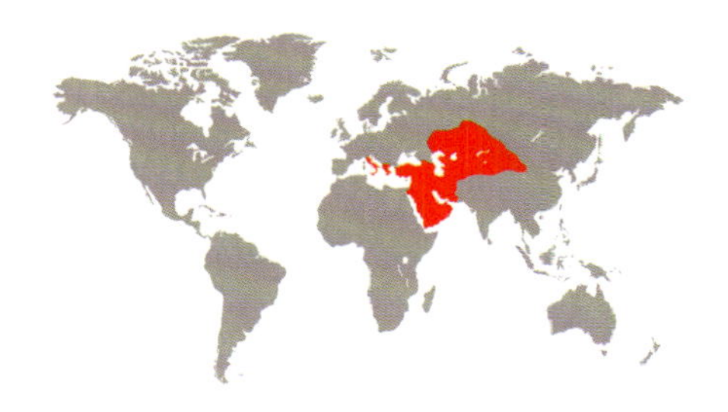

成虫体长
1¹⁄₃₂–1⅝ in
(26–4[illegible] mm)

烟吉丁（指名亚种）

Capnodis miliaris miliaris
Capnodis Miliaris Miliaris
(Klug, 1829)

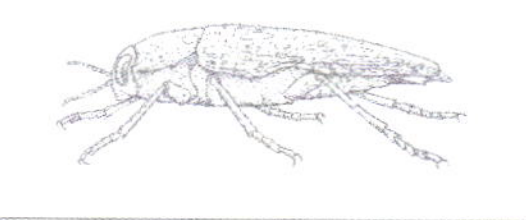

烟吉丁成虫主要在早上10点至下午6点在杨树等树的树梢活动，在那里取食树叶。取食前后，它们常见于树干上。幼虫白色，在树根部发育，发育成熟的个体能长达65 mm。烟吉丁属 *Capnodis* 的很多种是果树害虫。例如，*Capnodis tenebrionis* 和 *Capnodis carbonaria* 在地中海地区危害核果类果树，*Capnodis cariosa* 在东亚危害开心果种植园。

近缘物种

烟吉丁的另1个亚种是*Capnodis metallica metallica*，分布于阿富汗、塔吉克斯坦和乌兹别克斯坦。烟吉丁属的分布范围贯穿古北界和东洋界，已记录18种（包括1个化石种）。2010年的一项研究表明，该属在自然界中，雌性比雄性多，雌雄比为9 : 1。

实际大小

烟吉丁（指名亚种） 体大型，坚硬，粗壮，黑色至铜色。头部大。前胸背板膨阔。该属种类的体壁比其他吉丁更坚硬。前胸背板和鞘翅具白斑。雄性一般比雌性小。

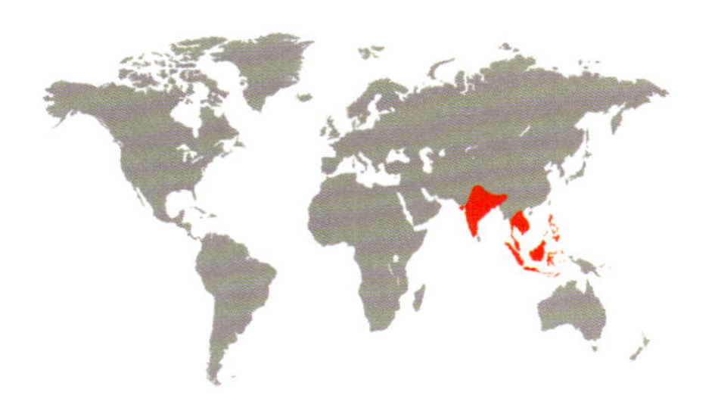

科	吉丁科 Buprestidae
亚科	金吉丁亚科 Chrysochroinae
分布	东洋界：马来西亚、泰国、印度、印度尼西亚、菲律宾
生境	热带森林
微生境	发现于树干上
食性	成虫取食树叶；幼虫取食木头
附注	此种是常见的大型种

成虫体长
$1\frac{7}{16}$–$2\frac{3}{8}$ in
(37–60 mm)

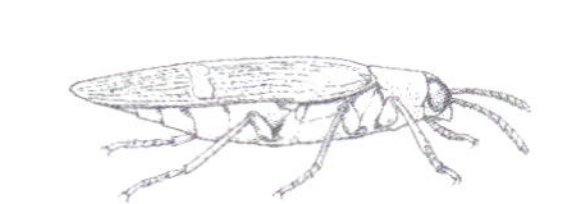

宽翅绿吉丁
Catoxantha opulenta
Catoxantha Opulenta
(Gory, 1832)

实际大小

宽翅绿吉丁成虫常见于大花紫薇 *Lagerstroemia speciosa* 和麻楝 *Chukrasia tabularis* 叶子上。卵产于立枯木或倒木的树皮表面。初孵幼虫取食树皮，然后钻进树皮内继续生长。蛀道通常宽5–10 mm。成虫飞行时，身体呈竖直方向，类似于一些锹甲的典型飞行模式。著名的英国博物学家和探险家华莱士在19世纪50年代游历马来群岛时，在婆罗洲曾采到此种标本。

近缘物种

绿吉丁属 *Catoxantha* 的其他已知种为：*Catoxantha bonvouloirii*（印度锡金邦和阿萨姆邦、不丹、缅甸、泰国、老挝和越南）、*Catoxantha eburnea*（安达曼群岛）、*Catoxantha pierrei*（泰国）、*Catoxantha purpurea*（菲律宾）和 *Catoxantha nagaii*（马来西亚）。宽翅绿吉丁（指名亚种）*Catoxantha opulenta opulenta* 分布于泰国和印度尼西亚苏门答腊，而婆罗洲亚种 *Catoxantha opulenta borneensis* 分布于婆罗洲北部和菲律宾巴拉望。

宽翅绿吉丁 体大型，绿色，有明亮的金属光泽。复眼大而鼓凸。前胸背板显著窄于鞘翅，通常带一些铜绿色。触角扁平，至前胸背板基部。鞘翅时有蓝色反光，各有1条明显的黄色横纹。体腹面黄色。

科	吉丁科 Buprestidae
亚科	金吉丁亚科 Chrysochroinae
分布	东洋界和古北界：印度（焦达讷格布尔高原、锡金邦）、印度尼西亚（爪哇）、老挝、泰国、越南、中国（福建、广东、广西、云南）、尼泊尔
生境	森林
微生境	成虫发现于家麻树 *Sterculia pexa* 的树叶和树干上
食性	取食树叶
附注	本种很常见

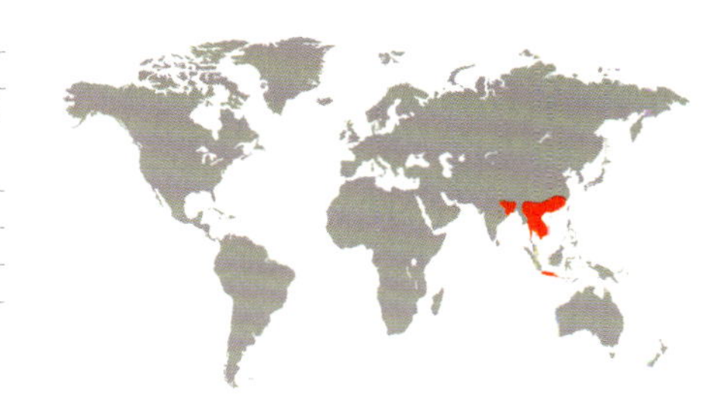

成虫体长
1½–2 in
(38–52 mm)

红斑金吉丁
Chrysochroa buqueti
Red Speckled Jewel Beetle
(Gory, 1833)

金吉丁属 *Chrysochroa* 种类丰富，达50种以上。红斑金吉丁观赏性很强，也很常见。该种没有明显的性二态现象，但同种内的不同个体存在体色和斑纹的显著变异。发现于家麻树的树干上，在6月份数量最多。成虫取食寄主的叶子。幼虫可能钻蛀同种的树干，但需要进一步确定。

近缘物种

金吉丁属的大多数种分布于东洋界、古北界和澳洲界，其中1种分布于非洲。黄带金吉丁 *Chrysochroa castelnaudi* 与红斑金吉丁很近似，但其鞘翅蓝色，鞘翅中部具1条黄色的宽横纹。除指名亚种外，本种包括4个亚种：*Chrysochroa buqueti rugicollis*、*Chrysochroa buqueti suturalis*、*Chrysochroa buqueti trimaculata* 和 *Chrysochroa buqueti kerremansi*。

实际大小

红斑金吉丁　体大型，扁平，有明亮的金属色斑纹。头部蓝色。前胸背板通常蓝色，边缘红色。一些亚种的头部和前胸背板亮红色，有金属光泽。鞘翅黄色，在近中部及端部各有1对蓝色斑；近中部的斑，其大小变化范围很大。体腹面有各种漂亮的金属色。

科	吉丁科 Buprestidae
亚科	金吉丁亚科 Chrysochroinae
分布	新热带界：从墨西哥至阿根廷，及安的列斯群岛
生境	森林
微生境	成虫发现于木棉及其近缘树种的树干上
食性	幼虫在树干和树根部钻蛀
附注	成虫和幼虫有时作为人类佳肴；鞘翅坚硬，被制作成项链

成虫体长
1¹⁵⁄₁₆–2⅜ in
(50–70 mm)

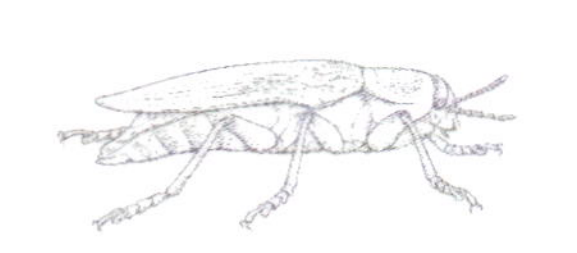

木棉帝吉丁
Euchroma gigantea
Giant Metallic Ceiba Borer

(Linnaeus, 1758)

木棉帝吉丁是世界上最大的吉丁之一。在阳光充足的白天，它们会在活的爪哇木棉 *Ceiba pentandra* 及近缘的南洋杉属和榕属树干周围飞行，或在树干上爬行 。雄性似乎通过击打鞘翅吸引雌性。雌性在树皮的裂缝中产多粒卵。幼虫孵化后潜入寄主植物的根部，完成它们的发育。有时危害较大，成为害虫。老熟幼虫个体非常大，可长达120–150 mm。

实际大小

近缘物种

木棉帝吉丁是帝吉丁属 *Euchroma* 的独有种，该种可依据其体型、体色和表面刻纹与其他吉丁区分。

木棉帝吉丁 体大型，长形，体表有金属光泽。前胸背板金属绿色，各侧有1个黑色斑。鞘翅亮金绿色，有红色或紫色的反射光泽，表面具皱纹。成虫羽化不久后体表会分泌出1层腊质的黄色粉末，这种粉末仅分泌这一次，且很容易被摩擦掉。

科	吉丁科 Buprestidae
亚科	金吉丁亚科 Chrysochroinae
分布	非洲热带界：刚果民主共和国、莫桑比克、塞内加尔、南非、多哥
生境	热带稀树草原
微生境	成虫发现于漆树科树木上；幼虫未知
食性	成虫取食花粉；幼虫可能与成虫取食同样的寄主植物
附注	本种体色为漂亮的祖母绿色，有虹彩光泽，令人叹为观止

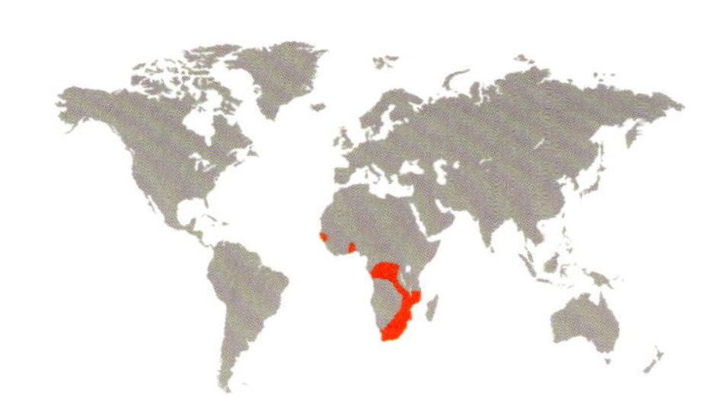

成虫体长
¾–1 in
(20–25 mm)

祖母绿娉吉丁
Evides pubiventris
Emerald Jewel Beetle
(Laporte & Gory, 1835)

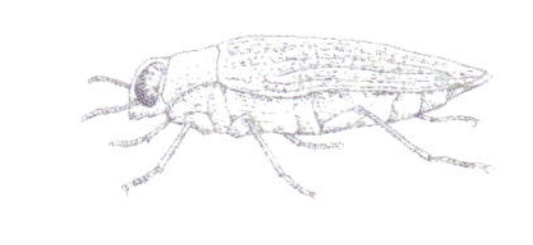

祖母绿娉吉丁是非洲最引人注目的吉丁之一。它在南非分布于有漆树科植物的热带稀树草原。成虫白天在寄主植物的上部树枝活动。已知的寄主植物为伯尔硬胡桃 *Sclerocarya birrea* 和长命树 *Lannaea discolor*。当受惊时，一些个体从树叶上掉落，而另一些迅速飞走。成虫通常在11月至来年3月碰到。

近缘物种

娉吉丁属 *Evides* 包括11种左右（其中2种分布于东洋界），所有种均发现于伯尔硬胡桃和长命树上。该属在南非有3种，其大小、体色和分布都相似。但2007年的一项研究表明，祖母绿娉吉丁是这3种中个体最大的，*Evides interstitialis* 中等，而 *Evides gambiensis* 最小。

实际大小

祖母绿娉吉丁　体大型，鱼雷形，具漂亮的金属绿色，有虹彩光泽。头部铜色和绿色，有金属光泽。腹部具七彩色泽，足金属绿色。腹面被白色短毛。

科	吉丁科 Buprestidae
亚科	金吉丁亚科 Chrysochroinae
分布	新北界和新热带界：美国西南部和墨西哥北部
生境	索诺拉和奇瓦瓦沙漠
微生境	成虫通常发现于金合欢树的小枝椏
食性	成虫发现于各种金合欢属植物上
附注	羽化不久的成虫，其体表被一层黄色的蜡质

成虫体长
$^{11}/_{16}$–$1^{3}/_{16}$ in
(18–30 mm)

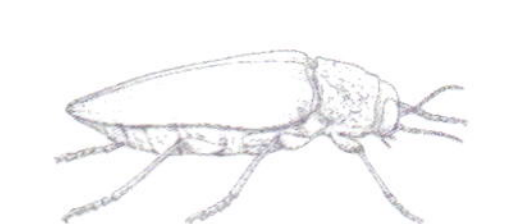

雕纹雅吉丁
Gyascutus caelatus
Gyascutus Caelatus
(LeConte, 1858)

实际大小

雕纹雅吉丁　体粗壮，拱凸，钢蓝色，体表有不规则的隆起区和黄铜色刻点形成的斑块，被1层亮黄色的蜡质。

雕纹雅吉丁成虫在炎热夏季的白天活动。它们会停息在几种金合欢属 *Acacia* 植物的枝椏上，特别是 *Acacia constricta* 和 *Acacia neovernicosa*。当它们受惊时，会立即飞离寄主植物，同时伴随巨大的嗡嗡声。有时在猫爪相思树 *Acacia greggii* 和牧豆树 *Prosopis juliflora* 上也能被发现。幼虫及其寄主植物未知。分布范围包括美国的亚利桑那州、新墨西哥州和得克萨斯州；以及墨西哥的奇瓦瓦、科阿韦拉州，杜兰戈和索诺拉。

近缘物种

雅吉丁属 *Gyascutus* 包括12种，主要分布于美国西南部。雕纹雅吉丁是*Stictocera*亚属的唯一种类。在灯光下，能看到雕纹雅吉丁前胸背板沿后缘有1条不连续的隆线，其雄性触角呈2种颜色；这两个特征使得它不容易与同属其他种混淆。

科	吉丁科 Buprestidae
亚科	金吉丁亚科 Chrysochroinae
分布	非洲热带界：马达加斯加
生境	推测为森林
微生境	未知
食性	未知
附注	本种前胸背板有一对眼斑

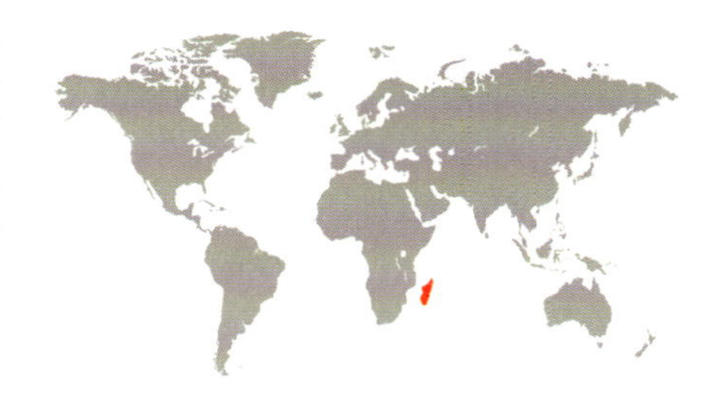

成虫体长
1¼–1^13^/16 in
(32–46 mm)

罗氏马岛吉丁
Madecassia rothschildi
Rothschild's Jewel Beetle
(Gahan, 1893)

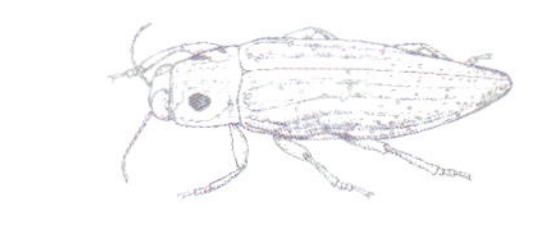

罗氏马岛吉丁为大型种，非常漂亮。尽管马达加斯加岛原始森林在不断地减少，但是它在该岛似乎很常见。该种很多标本是由标本商人卖给收藏者的，因此它的生物学和生态学特性不清楚，没有关于成虫或幼虫的寄主植物记录。马岛吉丁属 *Madecassia* 前胸背板有1对眼斑，使其整体外形类似于同样在前胸具有眼斑的云叩甲属 *Alaus*。虽然没有实验验证，但这两个眼斑应该是用于吓退捕食者。

实际大小

近缘物种

马岛吉丁属隶属于金吉丁族 Chrysochroini 的 Chalcophorina 亚族。该属仅包括3种，均为马达加斯加岛特有种。其他2种为：*Madecassia ophthalmica* 和 *Madecassia fairmairei*；前者分布于马达加斯加岛南部，后者具体分布范围不详。*Madecassia ophthalmica* 通常个头比罗氏马岛吉丁小（体长27–38 mm），且鞘翅有明确的斑纹和刻点。

罗氏马岛吉丁 体大型，体长小于最大的吉丁（如硕黄吉丁属 *Megaloxantha* 和帝吉丁属 *Euchroma*）。头部背面和前胸背板背面主要为金属绿色，鞘翅红铜色。头部较大；复眼大，红褐色。足金属绿色，有绿松石色反光。前胸背板宽阔，有1对分离的黑色圆斑，其周围各环绕1圈黄橙色区域，像1对眼睛。

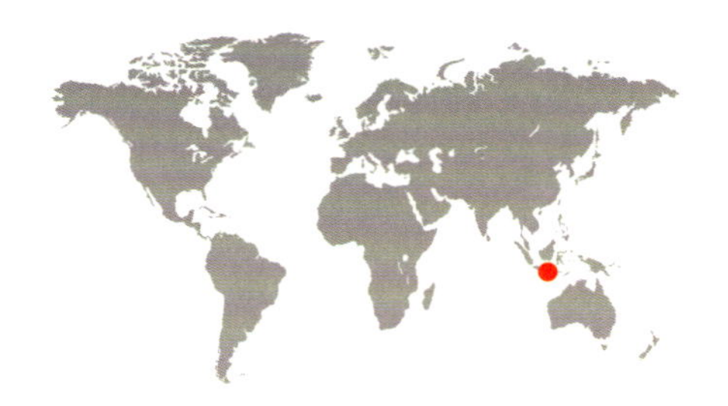

科	吉丁科 Buprestidae
亚科	金吉丁亚科 Chrysochroinae
分布	东洋界：印度尼西亚（爪哇岛、巴厘岛）
生境	热带森林
微生境	树干
食性	取食树叶
附注	本种是最大的吉丁之一

成虫体长
2³⁄₈–2⅞ in
(60–71.5 mm)

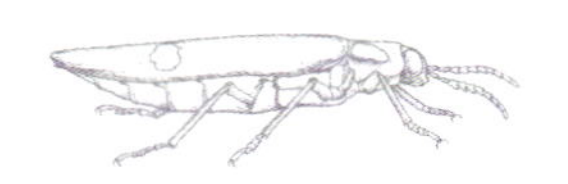

双色硕黄吉丁
Megaloxantha bicolor
Megaloxantha Bicolor

(Fabricius, 1775)

实际大小

双色硕黄吉丁 体超大型，长形，两侧对称，金属绿色，鞘翅有1对白色至黄色的椭圆斑，前胸背板后角黄橙色。复眼大，红褐色。前胸背板端部明显窄于基部。体腹面主要为黄白色或褐白色。

硕黄吉丁属 *Megaloxantha* 包括一些世界上最大的吉丁，产自印度、缅甸、不丹和尼泊尔的巨硕黄吉丁 *Megaloxantha gigantea* 能长达75 mm。双色硕黄吉丁及其近物种的分类地位有多次变动，且至今未得到解决。一些鞘翅目学者曾认为双色硕黄吉丁包括6个亚种，但其中的一些亚种目前已认为是明确的有效种（如 *Megaloxantha gigantea*）。按照后面这种归类方法，此种包括3个亚种：分布于爪哇岛的 *Megaloxantha bicolor bicolor* 和 *Megaloxantha bicolor ohtanii*，以及分布于巴厘岛的 *Megaloxantha bicolor ryoi*。

近缘物种

硕黄吉丁属包括近20种，分布于东洋界，在马来西亚、印度尼西亚和菲律宾的多样性最高。该属和金吉丁属 *Chrysochroa*、绿吉丁属 *Catoxantha*、*Demochroa* 及其他一些属一起组成金吉丁族 Chrysochroini。该属的种间区分依据通常包括前胸背板的斑纹和形态。易与双色硕黄吉丁混淆的有分布于马来西亚的单色硕黄吉丁 *Megaloxantha concolor* 和分布于印度尼西亚的耐氏硕黄吉丁 *Megaloxantha netscheri*，可依据前胸背板特征区分这些相似物种。

科	吉丁科 Buprestidae
亚科	金吉丁亚科 Chrysochroinae
分布	非洲热带界：马达加斯加
生境	森林
微生境	成虫常见于树皮上
食性	此种食性基本未知
附注	此种体宽圆，非常特殊

成虫体长
7/8–1 1/8 in
(22–28 mm)

金腹盘吉丁
Polybothris auriventris
Polybothris Auriventris
(Laporte & Gory, 1837)

金腹盘吉丁为马达加斯加东部特有，发生于Antsianaka的 Sandrangato 地区的森林。该种及其近缘物种的生物学尚未完全清楚。近缘物种 *Polybothris angulosa* 的幼虫描述于2001年，采自枣属 *Ziziphus* 植物；该幼虫前胸背板强烈扩大，腹部10节。与很多吉丁一样，盘吉丁属 *Polybothris* 的种类有保护色，在树干上很难发现。

实际大小

近缘物种

盘吉丁属种类超过200种，分成几个亚属，为马达加斯加和科摩罗特有。各种体表有强烈的金属色和虹彩色，很多种的形状和体色相似。大多数吉丁背面颜色比腹面颜色鲜艳，但盘吉丁属则相反。盘吉丁属的种类通常背面为保护色（与生境背景颜色相衬），腹面为明亮的金属色，且腹面颜色对区分物种有用。

金腹盘吉丁 体大型，扁平，宽圆。头部、前胸背板和鞘翅通常褐色，有金属褐色至绿色光泽。鞘翅有少量圆形凹陷，这些凹陷有时呈奶白色或奶黄色。前胸背板由前往后逐渐加宽；鞘翅在近中部最宽。腹面为明亮的金属色，通常有绿色或铜色反光。

科	吉丁科 Buprestidae
亚科	金吉丁亚科 Chrysochroinae
分布	新热带界：阿根廷（米西奥内斯）、巴拉圭、巴西（米纳斯吉拉斯）
生境	一些成虫发现于种植园
微生境	成虫发现于树叶上
食性	成虫已知取食桉树叶子；幼虫可能蛀木
附注	本种是林木苗圃的害虫

成虫体长
1–1$\frac{7}{16}$ in
(25–37 mm)

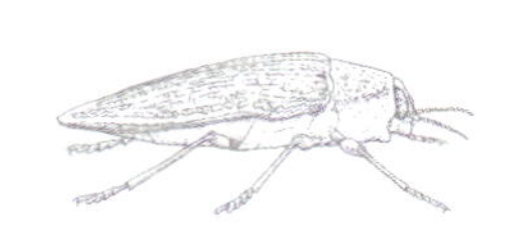

尖尾裸吉丁
Psiloptera attenuata
Psiloptera Attenuata
(Fabricius, 1793)

实际大小

尖尾裸吉丁 体形细长，鞘翅端部逐渐收窄。头部、前胸背板和鞘翅大多金属绿色。触角短。足金属绿色，有金色至红色的反光。一些标本沿鞘翅边缘有一道黄线；典型标本沿鞘翅中缝有显著的铜红色反光。

尖尾裸吉丁分布于阿根廷、巴拉圭和巴西。成虫在种植园中取食人工引种栽培的桉树叶子；除此之外，其生物学或生态学特性基本不清楚。幼虫可能蛀木。成虫似乎在阳光充足的白天更活跃。目前归于此属的一些种（如 *Psiloptera acroptera* 和 *Psiloptera transversovittata*）描述于德国始新世地层的化石，这点很有意思。

近缘物种

裸吉丁属 *Psiloptera* 的现生种包括30种以上，均分布于新热带界。体形相对细长。大多数种分布于巴西。通常金属绿色，有褐色、红色和金色的反光。前胸背板和鞘翅的特征通常作为种间区分依据。

科	吉丁科 Buprestidae
亚科	吉丁亚科 Buprestinae
分布	古北界：北非、欧洲中部和南部
生境	森林，特别是栎树林
微生境	成虫发现于栎树的枝丫和树干上
食性	成虫取食花粉
附注	本种有很多色型

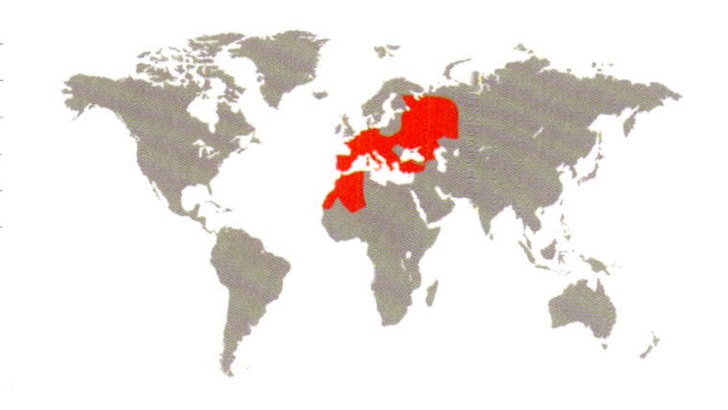

成虫体长
5/16–9/16 in
(7.5–15 mm)

匈牙利细纹吉丁
Anthaxia hungarica
Anthaxia Hungarica
(Scopoli, 1772)

匈牙利细纹吉丁比较为人所熟知，也很常见；分布于北非、欧洲中部和南部。是该属体型最大的种。成虫多在春季和夏季阳光充足的日子活动，取食菊科和禾本科植物的花粉。幼虫钻蛀栎树的枝丫和树干，例如冬青栎、柔毛栎和胭脂虫栎。常见于山地的栎树林。完成一个生活史需要2–3年。

实际大小

近缘物种

匈牙利细纹吉丁包括2个亚种，指名亚种 *Anthaxia hungarica hungarica* 和高加索亚种 *Anthaxia hungarica sitta*。高加索亚种分布范围比指名亚种窄，仅分布于高加索地区，鞘翅绿色。而指名亚种鞘翅蓝绿色至紫色，分布于欧洲中部和南部。细纹吉丁属 *Anthaxia* 已记录种超过717种，分布于非洲热带界、新北界、新热带界、东洋界和古北界。爪的构造和体色是很多种重要的识别特征。该属的寄主包括乔木、草本植物和灌木。

匈牙利细纹吉丁 体表为明亮的金属绿色，有时金色、蓝色或紫色。体长形，鞘翅细长。头型下口式，复眼大。雄性触角更长，股节加宽，腹面金属绿色。雌性头前部、前胸背板侧面及身体腹面紫色。一些标本被白色绒毛。

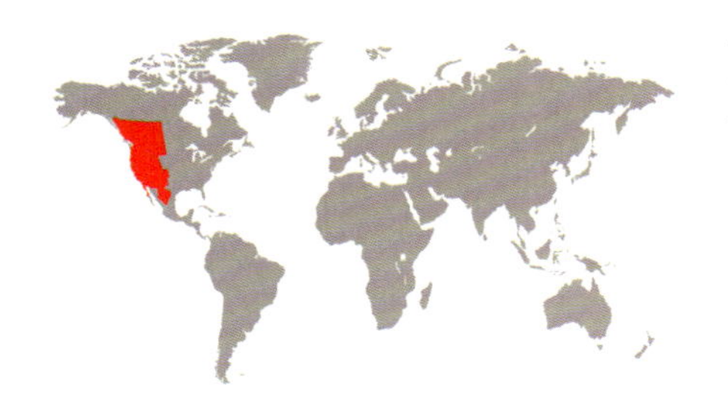

科	吉丁科 Buprestidae
亚科	吉丁亚科 Buprestinae
分布	新北界：北美洲西部
生境	山地针叶林
微生境	针叶林树干和针叶上；也在木料中
食性	成虫取食针叶；幼虫取食木材
附注	曾记录一头幼虫从有51年历史的木制楼梯中羽化出来

成虫体长
½–⅞ in
(12–22 mm)

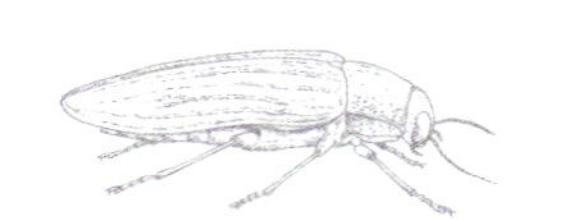

金虹吉丁
Buprestis aurulenta
Golden Buprestid Beetle

Linnaeus, 1767

金虹吉丁是北美洲最引人注目的甲虫之一。成虫会取食针叶树的针叶。雌性在交配后不久即产卵。卵产在死亡或濒死的针叶树的裸露树干上，尤其是林火或雷电在西黄松 *Pinus ponderosa* 和花旗松 *Pseudotsuga menziesii* 树干上留下的烧疤周围，或尚未干透的木料堆内。卵单粒或形成扁平的卵块。在自然条件下，幼虫需要2–4年发育，但在极端条件下，幼虫能存活50年以上。羽化的成虫有时会对建筑物的木质结构造成损害，但这些木料是在建筑物筑造之前就被侵害了的，木制储藏箱也可能发生这种情况。

近缘物种

金虹吉丁在形态上与 *Buprestis sulcicollis*（北美洲）、*Buprestis striata*（欧洲）、*Buprestis splendens*（欧洲）、*Buprestis niponica*（日本）接近，它区别于以上种的特征是：鞘翅脊光滑，无刻点；体呈明亮的金属绿色或金属蓝绿色，鞘翅边缘铜色。

金虹吉丁 体表通常呈亮绿色，有时蓝绿色，鞘翅边缘铜色，有虹彩光泽。前胸背板宽度在种内不同个体间有变化，略窄于鞘翅基部。鞘翅有明显的隆起的脊，脊光滑，脊间宽，脊间密布不规则的刻点。

实际大小

科	吉丁科 Buprestidae
亚科	吉丁亚科 Buprestinae
分布	澳洲界：澳大利亚（昆士兰、新南威尔士）
生境	雨林
微生境	各种花
食性	成虫取食花蜜和花粉
附注	可以说是澳大利亚最美丽的吉丁，在甲虫收藏者中的价格非常高

成虫体长
$1\frac{1}{2}$–$1\frac{13}{16}$ in
(38–46 mm)

贵华丽吉丁
Calodema regalis
Regal Jewel Beetle
(Gory & Laporte, 1838)

贵华丽吉丁个体非常大，成虫会在高达20 m以上的森林树冠层飞行。它们生活于从昆士兰北部至新南威尔士南部的雨林，取食伞房花桉 *Eucalyptus gummifera*、半皮桉 *Eucalyptus hemiphloia*、羊蹄甲 *Bauhinia monandra*、蜜茱萸 *Melicope micrococca* 和澳接骨 *Cuttsia viburnea* 的花。其生境由于伐木在不断衰退，因此该种似乎现在比以前更不常见。卵、幼虫和蛹还未被描述。幼虫可能钻蛀树木。

近缘物种

华丽吉丁属 *Calodema* 与近缘的 *Metaxymorpha* 属有很多共同特征，包括口器延长，适于取食花蜜。华丽吉丁属共包括15种：*Calodema bifasciata*、*Calodema blairi*、*Calodema hanloni*、*Calodema hudsoni*、*Calodema longitarsis*、*Calodema mariettae*、*Calodema plebeia*、*Calodema regalis*、*Calodema ribbei*、*Calodema rubrimarginata*、*Calodema ryoi*、*Calodema sainvali*、*Calodema suhandae*、*Calodema vicksoni* 和 *Calodema wallacei*。

实际大小

贵华丽吉丁 体大型，长形。前胸背板长，呈金属绿色，两侧各有1红斑。鞘翅黄褐色，沿中缝有黑色窄纵纹。触角金属绿色。腹面金属绿色，有黄色斑。口器伸长，适于取食花蜜。

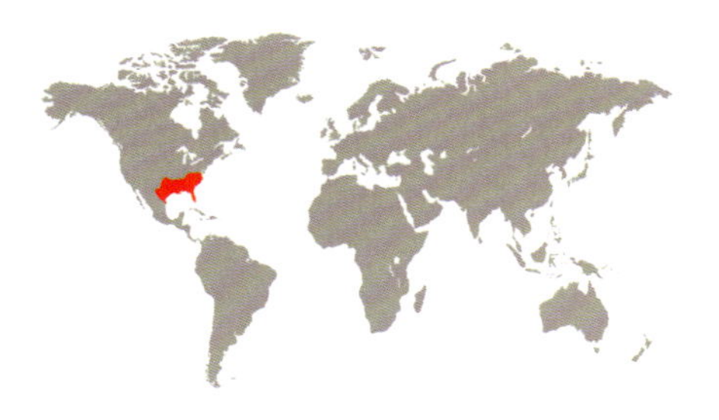

科	吉丁科 Buprestidae
亚科	吉丁亚科 Buprestinae
分布	新北界：美国（弗吉尼亚州南部至佛罗里达州，向西至得克萨斯州）
生境	发现于针叶林和阔叶林附近
微生境	死树或濒死树的树干
食性	成虫发现于寄主上，幼虫在硬木和针叶木中均能发育
附注	星吉丁属中唯一各鞘翅有5个金绿色斑的种

成虫体长
¼–⅜ in
(7–9.5 mm)

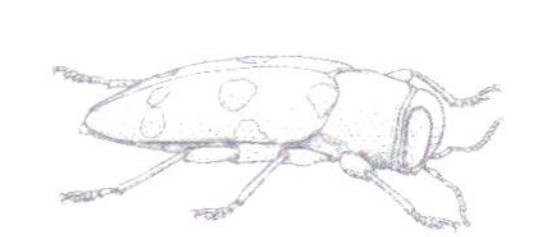

金斑星吉丁
Chrysobothris chrysoela
Chrysobothris Chrysoela

(Illiger, 1800)

实际大小

金斑星吉丁具很强的观赏性，带显著虹彩色的斑，分布于美国南部。寄主植物广泛，包括桤果木 *Conocarpus erectus*、落羽杉 *Taxodium distichum*、北美柿 *Diospyros virginiana*、栎属 *Quercus* spp.、梣属 *Fraxinus* spp.、悬铃木属 *Platanus* spp.、榕属 *Ficus* spp.、松属 *Pinus* spp. 和海檀木 *Ximenia americana*。幼虫在硬木和针叶树中均能发育，成虫多在阳光充足的白天活动。北美洲近缘物种 *Chrysobothris azurea* 也同样很漂亮，背面呈亮紫蓝色至紫色。

近缘物种

星吉丁属 *Chrysobothris* 为世界性分布，已知种超过650种，北美洲有分布的超过130种。许多种外表近似，但金斑星吉丁能依据鞘翅图案识别。该属幼虫在针叶树和落叶树中都能发现，一些种类取食灌木和草本植物。

金斑星吉丁 体长形，较拱凸。头部平，头部青铜色。复眼大，长形。背面具粗糙刻点。前胸背板宽大于长，鞘翅呈紫黑色至红紫色。每个鞘翅有5个斑，从金绿色至绿色和铜红色。足粗壮。

科	吉丁科 Buprestidae
亚科	吉丁亚科 Buprestinae
分布	澳洲界：澳大利亚西南部
生境	木质灌木
微生境	长在沙地上的各种灌木
食性	成虫可能不取食；幼虫的寄主植物尚未查明
附注	本种常被误鉴定为贝氏褐吉丁

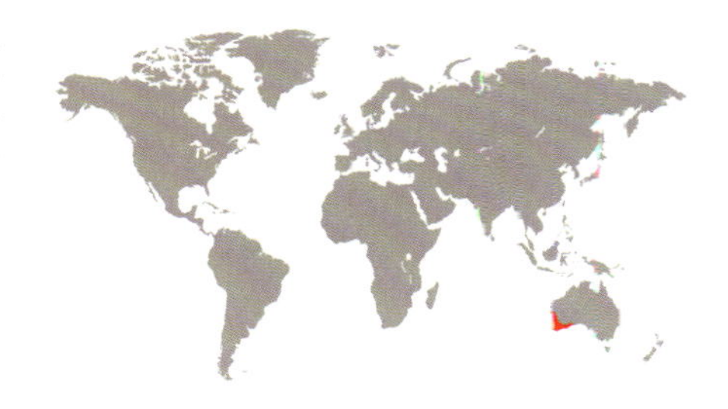

成虫体长
1⅜–2⅝ in.
(35–65 mm)

桑氏褐吉丁
Julodimorpha saundersii
Julodimorpha Saundersii
Thomson, 1878

桑氏褐吉丁是澳大利亚最大的吉丁之一，同时也是最有分类争议的种之一。成虫在8–9月活动。飞行的成虫有时群集于丢弃的破啤酒瓶或橘子皮上，并试图与它交配。这些物品的颜色和形状，及表面具有的规则的小浅凹，与雌虫的鞘翅刻纹非常相似，因此激起了雄虫的反应。雌虫个体更大，不能飞行。雌虫把卵产于潮湿的沙子中，幼虫在沙子中钻蛀并生长发育。幼虫取食各种树和木质灌木的根部，但并不钻蛀入植物中。

近缘物种

桑氏褐吉丁常与褐吉丁属 *Julodimorpha* 仅知的另1种贝氏褐吉丁 *Julodimorpha bakewellii* 混淆。贝氏褐吉丁更细长，头前部和腹面被稀疏的刚毛，上颚短而弯，前胸背板具粗糙刻点，前胸背板有明显的边框，鞘翅有规则的刻点列，整个腹板都具虹彩色。

实际大小

桑氏褐吉丁 体大型而粗壮，圆筒形，均一橙褐色。上颚长，粗壮；头前部和腹面密被长毛。前胸背板刻点浅，边框微弱，鞘翅刻点不规则，各腹板仅边缘具虹彩色。

科	吉丁科 Buprestidae
亚科	吉丁亚科 Buprestinae
分布	新北界：加利福尼亚
生境	刺柏林地
微生境	成虫停息在刺柏树叶上；幼虫取食刺柏树桩
食性	成虫未知；幼虫在木头中取食并发育
附注	本种非常稀少，对它的了解不深

成虫体长
¾–⅞ in
(19–21 mm)

奇异红纹吉丁
Juniperella mirabilis
Juniperella Mirabilis

Knull, 1947

奇异红纹吉丁具很强的观赏性，非常少见。生活于加利福尼亚州横岭山脉和半岛山脉面向内陆的斜坡，斜坡上长有大片的加州刺柏 *Juniperus californica*。卵可能产于加州刺柏粗大的树桩基部。幼虫潜入树根和树桩内，在树皮和边材下钻蛀并化蛹。成虫在夏季羽化，羽化孔很大，椭圆形。羽化孔离地面很近，因此大多被脱落的灰色树皮遮盖。成虫停息于茂密的树叶中，受惊时会伴随一声巨大的嗡嗡声飞向空中。

近缘物种

红纹吉丁属 *Juniperella* 仅包括1种。奇异红纹吉丁个体大，粗壮，拱凸，体表相对光滑，鞘翅有显眼的斑纹，极易与北美洲所有其他吉丁区分。该种原归于吉丁族 Buprestini，但最近的研究表明它应该移至于 Melanophilini 族。

奇异红纹吉丁　非常粗壮，拱凸，头部和腹面被短刚毛。头部和前胸背板宽阔；头部刻点粗糙；前胸背板金属绿色，基部最宽。鞘翅深沥青色，宽于前胸背板；鞘翅于中部之后最宽；每个鞘翅有4条黄色的宽纹，宽纹不达翅中缝。

实际大小

科	吉丁科 Buprestidae
亚科	吉丁亚科 Buprestinae
分布	全北界、新热带界、东洋界
生境	针叶林
微生境	成虫发现于针叶树的树干；幼虫在火烧木中发育
食性	成虫主要取食寄主植物的树叶；幼虫取食烧过不久的针叶树
附注	雌性把卵产于被烧焦的且还在闷燃的木头上

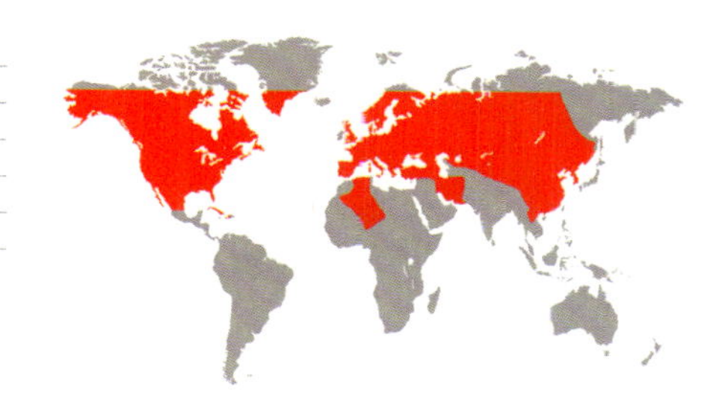

成虫体长
5/16–1/2 in
(8–12 mm)

松黑木吉丁
Melanophila acuminata
Black Fire Beetle
(DeGeer, 1774)

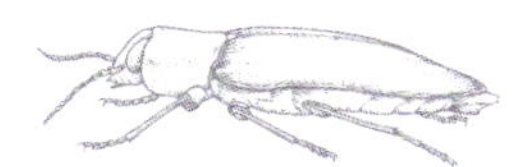

实际大小

松黑木吉丁是全北界的种，广泛分布于北美洲和中美洲各处都有的针叶林（包括古巴），在欧洲和亚洲也有分布。成虫发现于柏木属 *Cupressus*、云杉属 *Picea* 和松属 *Pinus* 的树干上。幼虫取食多种针叶树，但仅在刚燃烧过的木头中发育。这是因为火烧木不能通过产生树胶来抵御昆虫，且刚烧过不久的木头里鲜有甲虫捕食者。成虫用胸部的红外线感受器探测烟和火焰，从而锁定产卵位置，探测范围可达130 km。

近缘物种

黑木吉丁属 *Melanophila* 包括14种，大多取食针叶树。北美洲的几个种有时被称为“火虫”，因为它们被烟和火焰吸引，会成群聚集到森林中燃烧火的地方。松黑木吉丁与同属其他种的区别是，鞘翅末端形状不同，触角长。

松黑木吉丁 体长卵形，体色均一，背腹面均黑色，黯淡。触角相对长，往后披时超过前胸后角。前胸背板窄于鞘翅。前胸背板和鞘翅表面多少有点粗糙，呈细微颗粒状。鞘翅末端尖。

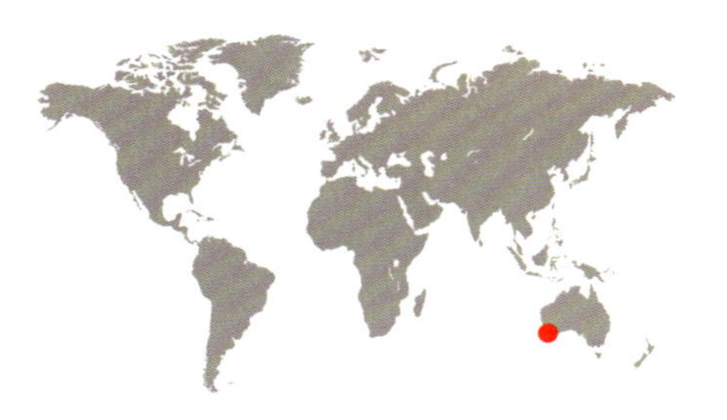

科	吉丁科 Buprestidae
亚科	吉丁亚科 Buprestinae
分布	澳洲界：澳大利亚西部
生境	西南澳大利亚植物地区
微生境	海岸荒地及低矮灌丛
食性	成虫取食叶子，幼虫可能取食木质组织
附注	2012年发表了该属一篇综述文献，在那篇文章中描述了很多新种

成虫体长
3/8–9/16 in
(9–14 mm)

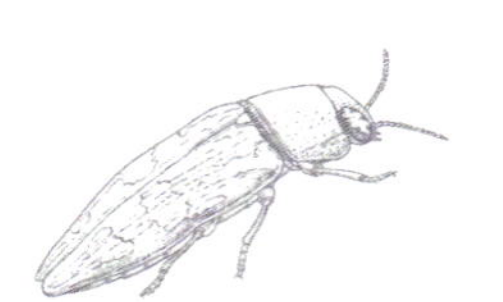

丽纵纹吉丁（指名亚种）
Melobasis regalis regalis
Melobasis Regalis Regalis

Carter, 1923

丽纵纹吉丁较为常见，9–12月发生于澳大利亚西南部海岸的低矮灌丛。该吉丁通常取食分叶怪丽豆 *Mirbelia seorsifolia* 的叶子。幼虫未知，但可能与纵纹吉丁属 *Melobasis* 其他已知幼虫一样，在木质植物组织中取食和发育。该属包括156种，分布于东洋界、澳洲界和巴布亚新几内亚，在西南澳大利亚植物地区多样性最为丰富。在该地区，纵纹吉丁属共有82种，其中60种为该地区特有种。

近缘物种

丽纵纹吉丁有2个亚种。煌纵纹吉丁（指名亚种）*Melobasis gloriosa gloriosa* 的某些色型与丽纵纹吉丁相似，但前者头部和腹面有半透明的银色绒毛。本种下另一亚种 *Melobasis regalis carnabyorum* 鞘翅红紫色，每个鞘翅有一道绿色宽波纹，该波纹几乎从鞘翅基部延伸至端部。

实际大小

丽纵纹吉丁（指名亚种） 体表褐铜色或绿铜色；头部、腹面和足的大部分有铜色反光；跗节蓝色或绿色。前胸背板中央大部分区域蓝绿色、金绿色或铜色；前胸背板沿侧缘也具各种颜色。鞘翅蓝色、绿色或紫色，有绿色、金色或铜色的斑。雌雄胫节均无特化的锯齿状构造，亦无生有刚毛的凹坑。

科	吉丁科 Buprestidae
亚科	吉丁亚科 Buprestinae
分布	澳洲界：澳大利亚西部
生境	森林
微生境	成虫访花；幼虫生活在木头里
食性	成虫取食蜜露和花粉；幼虫取食木头
附注	刻吉丁族的种类在澳大利亚是桃金娘和苦槛蓝科乔木和灌木的重要传粉者

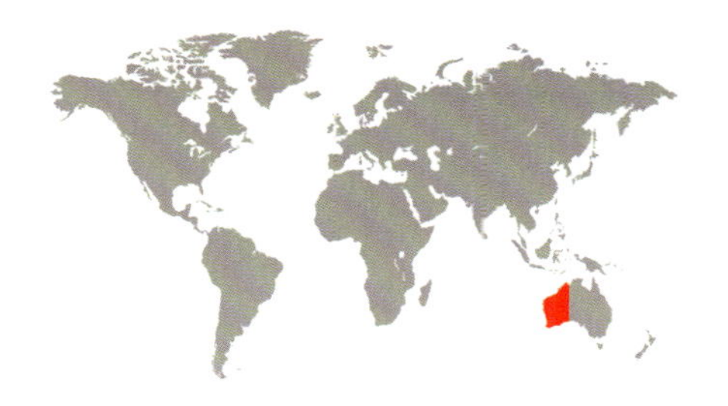

成虫体长
⅞–1$\frac{1}{32}$ in
(23–26 mm)

红斑刻吉丁
Stigmodera roei
Stigmodera Roei
Saunders, 1868

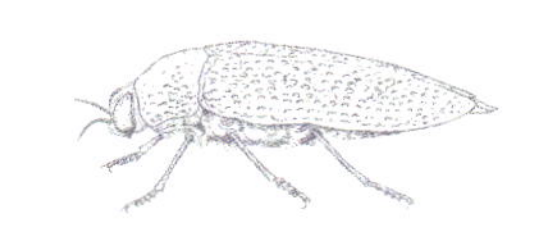

刻吉丁属 *Stigmodera* 隶属于刻吉丁族 Stigmoderini。该族在澳大利亚还有另外4个属：*Calodema*属、*Castiarina* 属、*Metaxymorpha* 属和 *Temognatha* 属。该族的特点是，雌性产卵器很特别。红斑刻吉丁在西澳大利亚州很常见。该种成虫会大规模地在玉梅花 *Chamelaucium uncinatum*、鱼柳梅属 *Leptospermum*、白千层属 *Melaleuca*和海岸荣桦 *Hakea costata* 上取食。据报道，幼虫沿西澳大利亚州的海岸取食柳香桃 *Agonis flexuosa*。成虫白天活动，在9–10月活跃。

近缘物种

刻吉丁族 Stigmoderini 的种类在澳大利亚有几百种，仅 *Castiarina*属就有将近500种。还有5个属发生于新热带界。刻吉丁属包括7种，均分布于澳大利亚，从西澳大利亚州向东至昆士兰州。依据体色能鉴定该属的大多数种类。

实际大小

红斑刻吉丁 体粗短，长卵形，体壁坚硬，具粗糙刻点。头部和胸部呈明亮的金属绿色，鞘翅蓝色或绿色，各有3个红色或橙色的斑。鞘翅边缘和末端亦为红色或橙色。触角很小。足金属绿色或红色，存在个体变异。

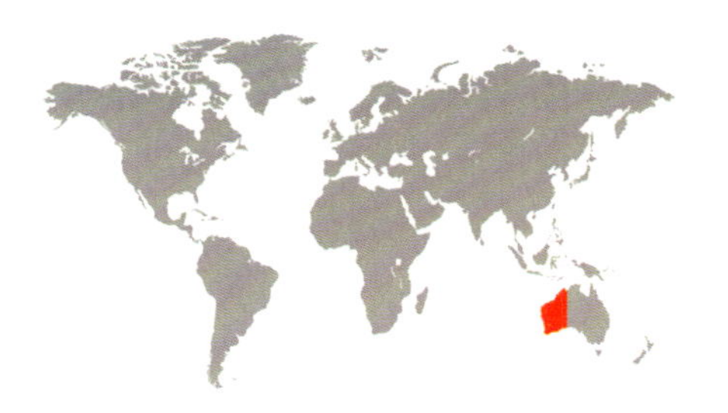

科	吉丁科 Buprestidae
亚科	吉丁亚科 Buprestinae
分布	澳洲界：澳大利亚西部
生境	森林
微生境	成虫访花；幼虫生活在木头里
食性	成虫取食花和花粉；幼虫蛀木
附注	幼虫发育期可长达17年

成虫体长
1⁷⁄₁₆–1¾ in
(37–45 mm)

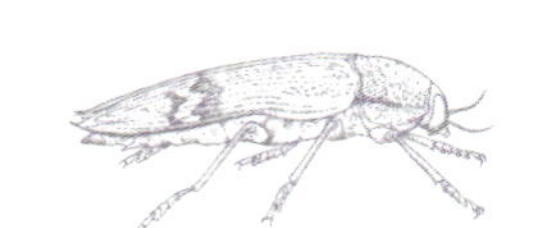

横线黄吉丁
Temognatha chevrolatii
Temognatha Chevrolatii

Géhin, 1855

黄吉丁属 *Temognatha* 的成虫在白天活动，取食花器和花粉。已报道成虫的寄主植物包括桉属 *Eucalyptus* 的3个种（筒花桉 *Eucalyptus cylindriflora*、果桉 *Eucalyptus foecunda* 和勾桉 *Eucalyptus uncinata*），及白千层属 *Melaleuca* 的1个种。该属的幼虫蛀木，已知取食白千层属、木麻黄属 *Casuarina* 和桉属 *Eucalyptus* 植物。据报道，幼虫发育期可长达17年。成虫生命很短，通常交配后不久便死亡。横线黄吉丁是澳大利亚最具观赏性的吉丁之一，是许多昆虫收藏者的收藏目标。

近缘物种

黄吉丁属隶属于刻吉丁族 Stigmoderini。该属种类丰富，包括85个种和亚种；均分布于澳大利亚大陆，仅1种（*Temognatha mitchelii*）除了澳大利亚大陆外也分布至塔斯马尼亚岛。该属各种首先依据体色和斑纹区分，包括鞘翅横线和斑的有无和形状。

实际大小

横线黄吉丁　体型相对大，非常引人注目。头部、足和前胸亮绿色，有金属光泽。前胸有小的橙色斑，这些斑有时彼此联结形成不规则的线。鞘翅橙色或深黄色，有1或2对波浪形的横线。每个鞘翅末端呈尖刺形。

科	吉丁科 Buprestidae
亚科	吉丁亚科 Buprestinae
分布	新北界：加拿大不列颠哥伦比亚省至美国加利福尼亚州、亚利桑那州和新墨西哥州
生境	海拔2300 m以上的柏树林
微生境	成虫可能在很高的树冠层生活；幼虫蛀入树干的边材
食性	成虫取食树叶；幼虫吃木头
附注	柏吉丁属成虫少见，但在局部地区数量丰富

成虫体长
7/16–3/4 in
(11–20 mm)

西部柏吉丁（指名亚种）

Trachykele blondeli blondeli

Western Cedar Borer

Marseul, 1865

西部柏吉丁取食北美乔柏 *Thuja plicata*、北美香柏 *Thuja occidentalis*、美国扁柏 *Chamaecyparis lawsoniana*、西方刺柏 *Juniperus occidentalis*，及西柏属 *Hesperocyparis* 树枝的表层树皮，包括活的、受伤的、快死亡的、已死亡的树枝。雌虫在树皮下产卵。幼虫蛀入树干，在外边材中发育。幼虫发育期达2年或更久。幼虫在秋天化蛹，化蛹之后1个月羽化。羽化的成虫继续待在蛹室里，直到下一年春季才出来活动。成虫在整个夏季均很活跃，它们很多时候停留在很高的树冠层。

实际大小

西部柏吉丁（指名亚种） 体呈明亮的翡翠绿色，有光泽，有金色的反光。体表具粗糙的刻点，前胸背板深凹，侧缘中部之后微外突，形成1个钝角。每个鞘翅有6个模糊小暗斑，中部之后有1个斜向的光滑区。铜缘亚种 *Trachykele blondeli cuperomarginata* 鞘翅边缘铜色，尤氏亚种 *Trachykele blondeli juniperi* 个体偏小，体色更亮更绿。

近缘物种

柏吉丁属 *Trachykele* 包括6种，均分布于北美洲：2种分布于美国东南部（*Trachykele fattigi* 和 *Trachykele lecontei*），4种分布于美国西部（*Trachykele blondeli*、*Trachykele hartmani*、*Trachykele nimbosa* 和 *Trachykele opulenta*）。西部柏吉丁体色为亮绿色，前胸背板和鞘翅表面刻纹与同属其他种不同。该种还包括其他2个亚种：铜缘亚种 *Trachykele blondeli cuperomarginata* 和尤氏亚种 *Trachykele blondeli juniperi*；前者主要沿加利福尼亚中部海岸分布，后者主要在加利福尼亚东部分布。

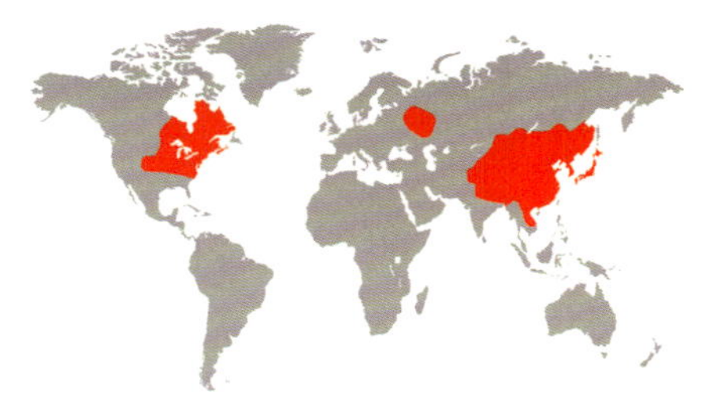

科	吉丁科 Buprestidae
亚科	窄吉丁亚科 Agrilinae
分布	古北界、东洋界和新北界：原产于俄罗斯远东地区、中国、日本、韩国、老挝、蒙古；意外引入北美洲和俄罗斯莫斯科
生境	开阔地，或长有梣属 *Fraxinus* 树木的郁闭森林
微生境	成虫发现于梣属的树干和树叶上；幼虫蛀木
食性	成虫取食寄主植物的树叶；幼虫在寄主植物的树皮下钻蛀
附注	本种原产于亚洲，现已入侵到北美洲和俄罗斯（欧洲部分）。入侵途径可能是通过原产地运往入侵地的木制包装材料

成虫体长
5/16–9/16 in
(8–14 mm)

白蜡窄吉丁
Agrilus planipennis
Emerald Ash Borer

Fairmaire, 1888

白蜡窄吉丁在其原产地相对少见，危害长势弱的树（主要是梣属，也称白蜡树属），且危害不大。但它现在是北美洲东部最严重的入侵害虫之一，造成数千万株梣属树木死亡。自2002年就发现该种入侵北美洲。它在北美洲不仅危害长势弱的树，也危害健康的树；危害的树种如美国红梣 *Fraxinus pennsylvanica*、黑梣 *Fraxinus nigra* 和美国白梣 *Fraxinus americana*。白蜡窄吉丁的飞行能力非常强。对该种的大尺度监控仅限在北美洲地区。一些微小的寄生蜂会寄生白蜡窄吉丁的幼虫和卵，这些寄生蜂有希望被开发用于生物防治，部分种类已投放到受害区。

近缘物种

窄吉丁属 *Agrilus* 可以称为动物界中多样性最高的属，它大概包括3000个已知种。白蜡窄吉丁的近缘物种分布于亚洲东部和东南部，包括 *Agrilus tomentipennis* 和 *Agrilus crepuscularis*，以及 *Agrilus cyaneoniger* 种团的种类。白蜡窄吉丁与以上种的区别在于，其臀板有1个刺，鞘翅表面无绒毛。

白蜡窄吉丁 体长形，亮蓝绿色，有金属光泽，体表不被毛。头前部平坦。复眼呈肾形，铜色至黑色。体背面通常亮绿色，有金属光泽，但有时带些许蓝色或紫色。飞行翅发达，极善飞。

实际大小

科	吉丁科 Buprestidae
亚科	窄吉丁亚科 Agrilinae
分布	东洋界：马来西亚刁曼岛
生境	热带森林
微生境	成虫推测生活在单子叶植物的叶片上；幼虫未知
食性	未知；幼虫可能潜叶
附注	本属的种在阳光充足的白天很活跃。一些种会被鲜艳的颜色，如橙色或黄色所吸引

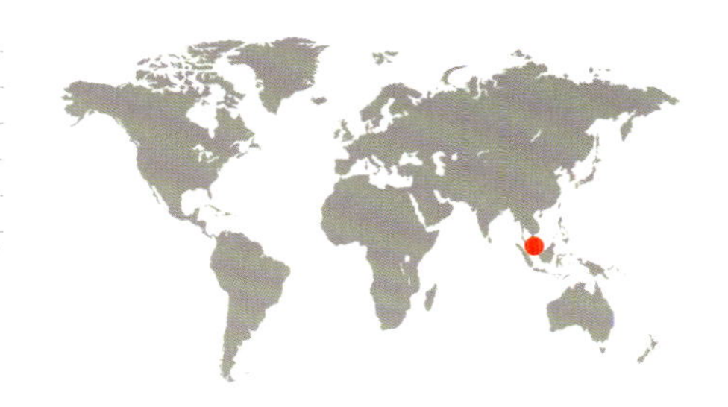

成虫体长
1/8–3/16 in
(2.9–4.1 mm)

卢氏凹头吉丁
Aphanisticus lubopetri
Aphanisticus Lubopetri
Kalashian, 2004

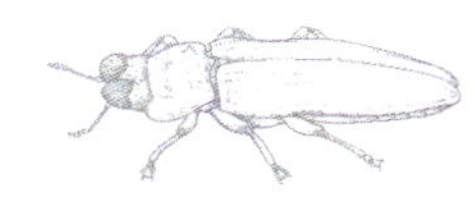

凹头吉丁属 *Aphanisticus* 的种类众多，均原产于旧大陆。然而取食甘蔗叶片的 *Aphanisticus cochinchinae seminulum* 已被意外传播至新大陆。它首先入侵美国南部，现已扩散至拉丁美洲的多个区域。卢氏凹头吉丁描述于2004年，仅基于少量标本。它分布于马来西亚的刁曼岛，其生物学和生态学特性鲜为人知。凹头吉丁属的种类常取食树叶。在欧洲，该属一些种的幼虫潜叶，寄主植物为莎草科和灯芯草科。

实际大小

近缘物种

凹头吉丁属的种类较多，超过350种。大多数种体形细长，背面灰色或黑色，有金属光泽。分布于东洋界和古北界东部的种，通常可依据触角、鞘翅、复眼和前胸背板的特征相互区分。

卢氏凹头吉丁 体小型，体形细长，背面平坦，体表黑色，具金属灰色或黑色的反光。头部前缘有1个明显的凹缺。鞘翅在中部略向前的位置明显缢缩。鞘翅纵脊间的区域无刻点，有精细的微纹。

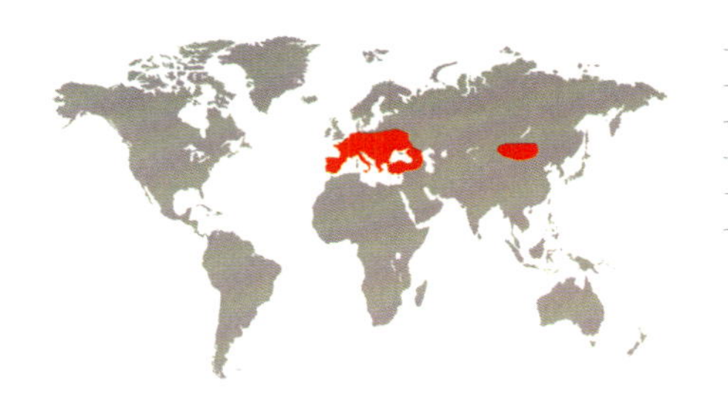

科	吉丁科 Buprestidae
亚科	窄吉丁亚科 Agrilinae
分布	古北界：欧洲和亚洲
生境	西班牙栓皮栎 *Quercus suber* 森林
微生境	西班牙栓皮栎的树叶和树干上
食性	成虫取食寄主植物的叶子；幼虫钻蛀西班牙栓皮栎
附注	西班牙栓皮栎的全球性主要害虫

成虫体长
³⁄₈–⁵⁄₈ in
(10–16 mm)

波浪纹吉丁
Coraebus undatus
Cork Oak Jewel Beetle
(Fabricius, 1787)

波浪纹吉丁在西班牙的安达卢西亚地区数量很多，是西班牙栓皮栎产业的重大害虫。幼虫钻蛀到西班牙栓皮栎的木栓组织中，降低了软木的质量，但并不侵害树木的其他部位。如此造成的经济损失，仅西班牙埃斯特雷马杜拉地区1年就达500万美元。该种的幼虫已被描述，亦发现于栗属 *Castanea*、柿属 *Diospyros* 和水青冈属 *Fagus* 植物。

近缘物种

纹吉丁属 *Coraebus* 包括230种左右。波浪纹吉丁主要在5–7月活动，跟同属其他种一样。该种雌虫把卵产于栓皮栎的孔隙中。幼虫挖出的蛀道能长达1.8米。生命周期大概1–3年，取决于环境条件而不同。据报道，该种在西班牙、葡萄牙和法国造成重大的经济损失。

实际大小

波浪纹吉丁 体小型，在欧洲为人熟知。体形细长，近圆筒形。唇基呈倒“Y”形。鞘翅黑色，有绿色反光；绒毛形成带蜡质的白色条纹和斑。雌雄触角长度不同，雌性触角比雄性触角短粗。

科	吉丁科 Buprestidae
亚科	窄吉丁亚科 Agrilinae
分布	新热带界：巴西、法属圭亚那、圭亚那、危地马拉、巴拿马和墨西哥
生境	热带森林
微生境	各种植物的叶子
食性	幼虫潜叶，取食草本植物
附注	本属已知的幼虫无足，非常扁平

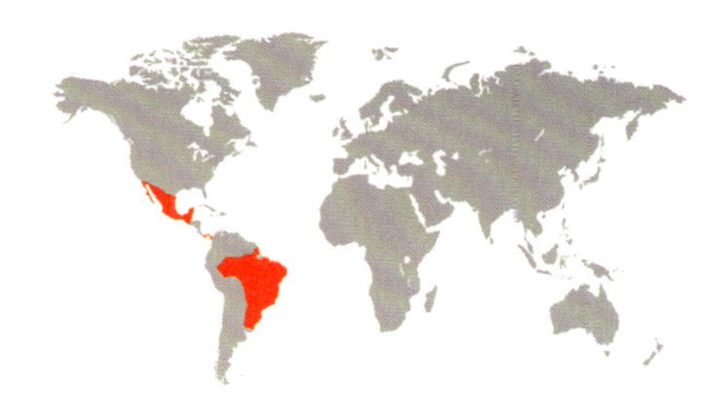

成虫体长
1/16–3/16 in
(2–4 mm)

端斑圆扁吉丁
Pachyschelus terminans
Pachyschelus Terminans
(Fabricius, 1801)

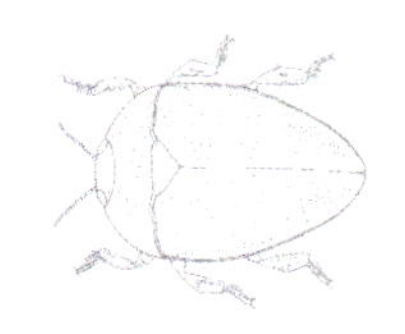

实际大小

端斑圆扁吉丁分布于巴西、法属圭亚那、圭亚那、危地马拉、巴拿马和墨西哥。体型非常微小，其生物学特性未知。成虫一般发生于幼虫寄主的树叶背面。幼虫已知取食无患子科、大戟科、十字花科、使君子科和蝶形花科的一些植物。卵一般呈椭圆形。2013年有一项关于其近缘物种 *Pachyschelus laevigatus* 的研究，研究称 *Pachyschelus laevigatus*幼虫潜叶，且其蜕皮时旧表皮是从侧面裂开，而不是像大多数昆虫一样从背面裂开。仅知的另一种蜕皮时旧表皮从侧面裂开的昆虫，是鳞翅目*Cameraria*属的其中1种，该种幼虫亦潜叶。

近缘物种

圆扁吉丁属 *Pachyschelus* 种类丰富，主要分布于新热带界和东洋界，体小型至微型。种级鉴定需依据体色、寄主植物和雄性外生殖器特征。目前该属已记录269种左右，均为草本植物的潜叶者。该属与*Hylaeogena*属近缘，2属有很多共同特征。

端斑圆扁吉丁 体型非常小，体表有金属光泽，十分美丽。体形泪珠形，体表具刻点。胫节明显扁平。头部和前胸背板金属蓝色，有绿色反光。鞘翅基部2/3金属蓝色，端部1/3黄色，末端有绿色反光。此种有多个色型。

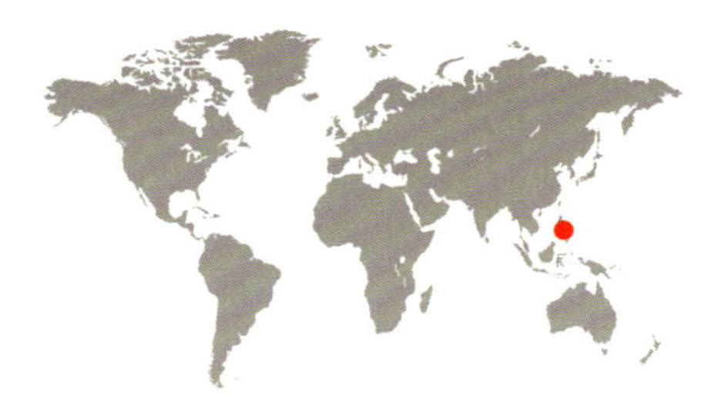

科	吉丁科 Buprestidae
亚科	窄吉丁亚科 Agrilinae
分布	东洋界：菲律宾（朗布隆和锡布延岛）
生境	热带森林
微生境	成虫访花
食性	成虫可能取食花粉和叶子；幼虫可能在寄主植物内部钻蛀并取食
附注	本种是世界上最漂亮的吉丁之一

成虫体长
7/16–9/16 in
(11–14 mm)

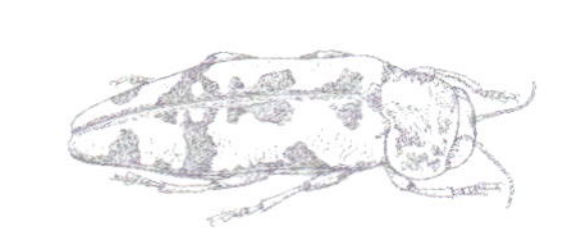

菲律宾丽纹吉丁
Sibuyanella bakeri
Sibuyanella Bakeri
(Fisher, 1924)

菲律宾丽纹吉丁外形艳丽，分布于菲律宾的朗布隆和锡布延岛。本种的生物学特性几乎不清楚，但专家推测成虫访花，并在寄主植物上取食叶子。该种隶属于纹吉丁族 Coraebini，该族的种类与木质灌木、荆棘灌丛及一些单子叶植物有关。幼虫钻蛀寄主。本种及其近缘物种可能拟态盾蝽科的丽盾蝽属 *Chrysocoris* 和宽盾蝽属 *Poecilocoris*。

近缘物种

丽纹吉丁属 *Sibuyanella* 仅包括3种。其他2种为*Sibuyanella boudanti*（分布于菲律宾薄荷岛）和 *Sibuyanella mimica*（分布于菲律宾马林杜克岛和民都洛岛），这2种均描述于2005年。菲律宾丽纹吉丁与以上2种的区别是：体背面有光泽，鞘翅末端无黑色刚毛。

实际大小

菲律宾丽纹吉丁 体背面绿色，有虹彩色光泽，有时有黄色或红色反光。体细长，结实。鞘翅有5对蓝色斑，但斑的位置和形状有变化。前胸背板宽大于长。足金属绿色，雄性内爪两裂。

科	吉丁科 Buprestidae
亚科	窄吉丁亚科 Agrilinae
分布	古北界：亚美尼亚、阿塞拜疆、保加利亚、希腊、伊朗、罗马尼亚、俄罗斯（欧洲部分）、土耳其、土库曼斯坦、乌克兰
生境	主要在干旱的草地、大草原、低海拔的森林附近
微生境	成虫发生于叶片上；幼虫潜叶
食性	成虫推测取食寄主叶子；仅知的幼虫寄主是刺糙苏 *Phlomis pungens*
附注	矮吉丁属的种类丰富，分布于旧大陆；一些种类已意外传入北美洲

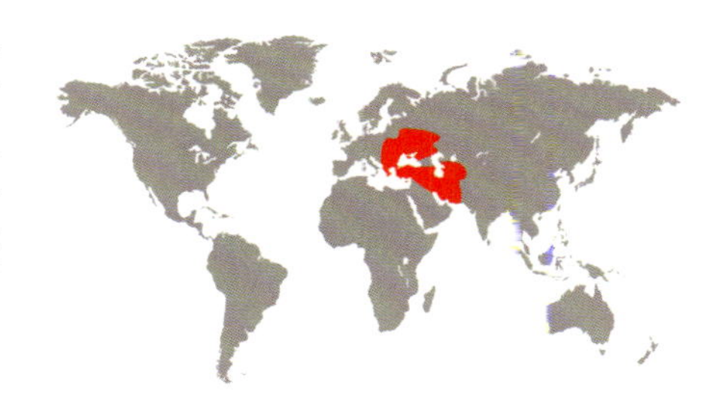

成虫体长
1/8 in
(2.8–3.2 mm)

泡形矮吉丁
Trachys phlyctaenoides
Trachys Phlyctaenoides
Kolenati, 1846

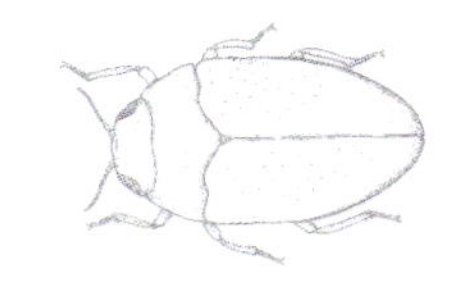

实际大小

泡形矮吉丁幼虫潜叶。幼虫描述于1996年，采于寄主植物刺糙苏的叶子内。幼虫极扁平，无功能性胸足，靠后胸和腹部背腹面的小瘤突在蛀道内运动。其近缘物种 *Trachys troglodytiformis*（古北种）已在新泽西的蜀葵 *Alcea rosea* 上成功定殖；*Trachys minutus* 也于2002年开始在美国马萨诸塞州入侵。

近缘物种

矮吉丁属 *Trachys* 分布于非洲热带界、澳洲界、东洋界和古北界，隶属于矮吉丁族 Tracheini。该族还包括 *Habroloma*、*Pachyschelus*和*Brachys*等属。矮吉丁属种类众多，超过600种，且其经济意义比较重要，亟须彻底的物种修订。

泡形矮吉丁 体小型，卵形，亮黑色，背面有铜色反光，体背被白色伏毛。触角短，足黑色，通常有金属反光。前胸背板宽，后缘不平直，明显波纹状。

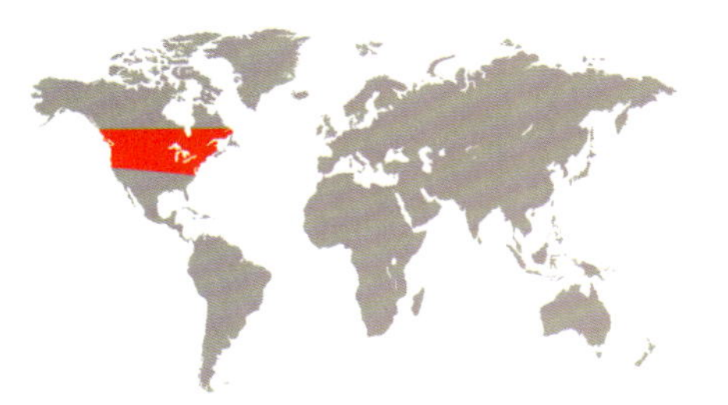

科	丸甲科 Byrrhidae
亚科	丸甲亚科 Byrrhinae
分布	新热带界：横贯加拿大和美国北部
生境	潮湿环境
微生境	与苔藓有关
食性	主要取食苔藓
附注	成虫和幼虫在苔藓表面取食

成虫体长
3/16–1/4 in
(4.5–5.5 mm)

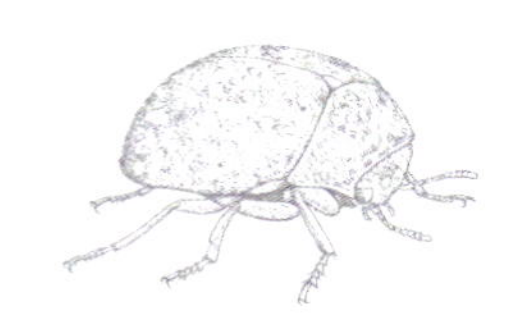

北美姬丸甲
Cytilus alternatus
Cytilus Alternatus
(Say, 1825)

实际大小

北美姬丸甲的成虫和幼虫均偏爱有苔藓覆盖的潮湿环境，生活在苔藓下方的土壤上或土壤中。成虫足短，常缩在身体下，受到惊扰时保持不动。成虫可能取食苔藓植物（藓、角苔、苔）。幼虫的肠内容物分析显示，幼虫为腐屑食性，取食腐烂的叶子、木头、藓、苔和其他植物性有机质。在加拿大安大略省，幼虫被报道侵害针叶苗圃的幼苗，造成一定的经济损失。

近缘物种

北美姬丸甲与分布于加拿大西部和美国西部的*Cytilus mimicus*非常近缘。二者可依据外形区分，*Cytilus mimicus*体形更细长，两侧近于平行。姬丸甲属*Cytilus*包括5种，其中3种分布于古北界，2种分布于新北界。

北美姬丸甲　体形紧凑，强烈拱凸，卵形，黑色。鞘翅表面被深色和浅色两种短伏毛，形成深浅相间的格子状花纹。头部隐藏于前胸背板之下，于背面不可见。触角相对短，末5节形成松散的棒部。可见腹板第1节无用于收纳后股节的凹槽。

科	丸甲科 Byrrhidae
亚科	丸甲亚科 Byrrhinae
分布	澳洲界：澳大利亚南部
生境	森林
微生境	苔藓和潮湿的落叶层
食性	植食性，取食藓类和苔类
附注	澳大利亚南部的温带地区丸甲种类丰富，本种是其中最鲜艳的种之一

成虫体长
3/16–1/4 in
(4.5–5.5 mm)

宝石丸甲
Notolioon gemmatus
Notolioon Gemmatus
(Lea, 1920)

实际大小

丸甲科的种类在凉爽、潮湿的高海拔森林和山区种类最为丰富。宝石丸甲属 *Notolioon* 分布于澳大利亚南部的温带森林（包括塔斯马尼亚岛）；发生于潮湿的、长有苔藓的生境。据目前所知，丸甲亚科幼虫和成虫生活于林下富含有机质的基质上，取食其上生长的藓类和苔类。博物馆中一些丸甲标本的采集信息为以上生境和食性提供了证据。宝石丸甲属的成虫均无后翅。

近缘物种

宝石丸甲属分布于澳大利亚大陆南部和塔斯马尼亚的温带森林。已记录13种，还有一些种类尚未被描述。种间区分依据包括体色、背面刚毛的排列和地理分布。宝石丸甲属是近年来才被描述的。宝石丸甲及其他现在归于该属的种，原来归于*Pedilophorus*属。

宝石丸甲 体小型，体色鲜艳，具观赏性。背面绿色，具明亮的金属光泽；鞘翅有几列规则的红铜色瘤突，亦有金属光泽。足和腹面颜色深。头部从背面可见，这点不同于丸甲科很多其他种。

科	溪泥甲科 Elmidae
亚科	拉溪泥甲亚科 Larainae
分布	非洲热带界：赞比亚
生境	水生
微生境	未知，推测为浅溪流
食性	推测为腐屑食性
附注	体表的疏水毛捕获并储藏一层空气，使其能在水下呼吸

成虫体长
5/16–3/8 in
(8–8.5 mm)

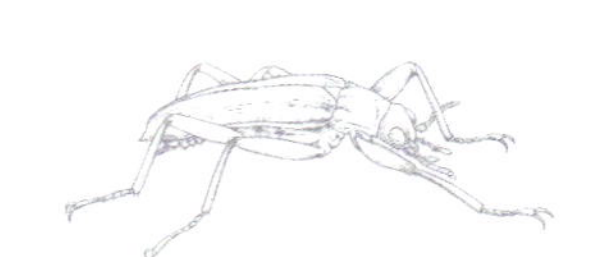

斯氏河溪泥甲
Potamodytes schoutedeni
Potamodytes Schoutedeni
Delève, 1937

斯氏河溪泥甲发表时依据的标本来源于一次非洲考察。其生物学特性基本不清楚。拉溪泥甲亚科 Larainae 的种类一般发生于浅的流水中，特别是飞溅水的岩石（岩壁潮湿生境）和靠近溪流的有机质上。虫体表面有特化的疏水毛，疏水毛下方能捕获并储藏一层空气，从而使得这些甲虫能在水下呼吸。这类溪泥甲还具有特化的腺体，腺体中持续不断地分泌出一些物质，输送到刚毛上，从而保持刚毛的疏水性和储藏空气功能。成虫和幼虫均完全水生，但成虫善飞，能迁飞到合适的生境中。

近缘物种

河溪泥甲属 *Potamodytes* 至少已记录35种，均分布于非洲，在赤道附近和非洲南部多样性最为丰富。各种外形近似，种间区别主要为鞘翅端刺的有无、端刺的形状及其排列方式，以及雄性外生殖器形态。

实际大小

斯氏河溪泥甲 体型中等，是拉溪泥甲亚科的典型种类。体形细长，鞘翅后部逐渐变细，体表被特化的疏水毛。鞘翅端刺的形态是种级识别特征，且在许多种中雌雄不同，因为该科各种的端跗节通常很长。溪泥甲科的英文俗名是“Long-toed Water Beetle”（长脚趾的水生甲虫）。

科	溪泥甲科 Elmidae
亚科	溪泥甲亚科 Elminae
分布	新北界：加拿大南部（阿尔伯塔省、曼尼托巴省、安大略省、魁北克省）、美国（威斯康星州、印第安纳州、伊利诺斯州）
生境	淡水生态系统
微生境	岩石和植被表面
食性	腐屑食性或藻食性
附注	溪泥甲亚科的种类不需要到水表面呼吸；它们身体表面被疏水结构，该疏水结构能储藏一层非常薄的空气，从而使它们能在水下呼吸

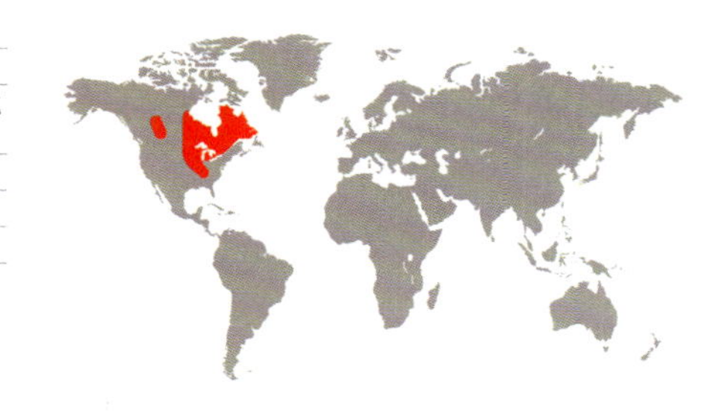

成虫体长
⅛ in
(3–3.4 mm)

双带北美溪泥甲
Dubiraphia bivittata
Dubiraphia Bivittata
(LeConte, 1852)

实际大小

溪泥甲亚科全世界大概共有1200种。成虫和幼虫均水生，通常生活于激流中，特别是浅的急流、飞奔的溪流和江河。成虫通常发现于岩石、巨砾、朽木或植被上。它们靠延长的足和强壮的爪牢牢抓紧基质。北美溪泥甲属 *Dubiraphia* 中有5种分布于北美洲东北部（包括双带北美溪泥甲），它们的适生性很强，从冷泉到湖边都可生存。

近缘物种

北美溪泥甲属包括11种，仅分布于墨西哥以北的美洲地区。成虫很难区分，可靠的鉴定依据是雄性外生殖器特征。双带北美溪泥甲是该属个体最大的种，分布于落基山脉以东。该属的种间关系尚未清楚。

双带北美溪泥甲　体狭长，头部背面黑色，前胸背板和鞘翅黄色，鞘翅中缝和侧缘黑色。触角11节，下颚须4节。前胸背板光滑，无亚侧脊或亚侧瘤。前足胫节有缘毛。跗节长。

科	泥甲科 Dryopidae
亚科	
分布	新热带界：智利
生境	水生
微生境	未知
食性	未知
附注	智利甲科是依据本种的一个异名建立的，但该科已被作为泥甲科的同物异名

成虫体长
3/16 in
(3.5–4 mm)

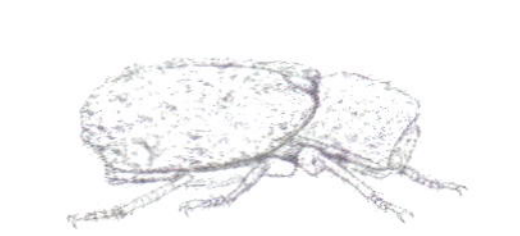

瘤泥甲
Sosteamorphus verrucatus
Sosteamorphus Verrucatus
Hinton, 1936

实际大小

在瘤泥甲的原始描述中，仅记录模式标本产地为“智利”。1973年该种被再次描述，命名为 *Chiloea chilensis*，命名人为罗格·达若（Roger Dajoz），模式产地为智利南部的奇洛埃大岛。同时罗格·达若还依据该种建立了一个独立的新科——智利甲科 Chiloeidae，该科仅包括1种。后来 *Chiloea chilensis* 被认定为瘤泥甲的同物异名，同时智利甲科也被作为泥甲科的同物异名。本种的生活史完全不清楚，但本科大多数种水生，取食菌膜。

近缘物种

瘤泥甲是瘤泥甲属 *Sosteamorphus* 的独有种。它可能代表了泥甲科分布于南半球温带地区的冈瓦纳支系，因为它与该科分布于新西兰的 *Protoparnus* 属有一些共同的形态特征。泥甲科和泽甲科有很多共同的形态特征，有时两科不易区分。

瘤泥甲 成虫粗短，体表刻纹显著，有众多小瘤突，瘤突上被金色粗绒毛。与许多水生泥甲相同，该绒毛具疏水性，能储藏一层空气。头部弯于前胸背板之下，从背面不可见。

科	水獭泥甲科 Lutrochidae
亚科	
分布	新热带界：巴西（圣保罗、巴拉那）
生境	淡水生态系统
微生境	在被水浸泡的木质残体中
食性	藻食性和腐屑食性
附注	钻蛀被水浸泡的木材残体，这种习性在水生甲虫中少有

成虫体长
3/16–1/4 in
(4.5–6 mm)

格水獭泥甲
Lutrochus germari
Lutrochus Germari
Grouvelle, 1889

实际大小

格水獭泥甲的成虫和幼虫均发现于浅溪中被水浸泡的各种尺寸的朽木中，水质为弱碱性或弱酸性。成虫在水下生活，依靠体表大多数区域着生的疏水毛储藏气膜而呼吸。幼虫蛀入朽木内部。我们对蛹的了解不多，蛹室建于朽木水面以上部分。成虫和幼虫似乎取食藻类和水侵朽木。

近缘物种

水獭泥甲属*Lutrochus*是水獭泥甲科Lutrochidae仅有的属。该属包括17个已知种，分布于西半球，从加拿大东南部至巴西和玻利维亚。该属的分类学文献很少，一些新种尚未被正式描述。种间区分特征包括虫体大小、足形态和小盾片形状。

格水獭泥甲 体卵形，强烈拱凸，深褐色，体表密被金色的斜卧毛。触角11节，非常短；触角第1和第2节宽，有明显的刚毛；触角第3–11节短（长度之和与前2节长度之和相等），略呈棒状。前胸背板宽于头部。跗节5-5-5。

科	泽甲科 Limnichidae
亚科	海泽甲亚科 Hyphalinae
分布	澳洲界：澳大利亚（苍鹭岛和昆士兰）
生境	热带海滩
微生境	暂时性被水浸没的岩石
食性	成虫和幼虫取食藻类
附注	海泽甲属是该科中唯一无后翅的属

成虫体长
$\frac{1}{32}$ in
(1.1–1.4 mm)

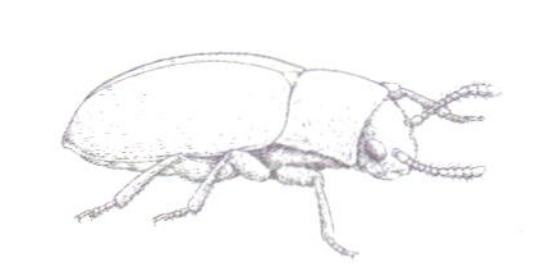

岛海泽甲
Hyphalus insularis
Hyphalus Insularis
Britton, 1971

实际大小

海泽甲属 *Hyphalus* 的生境很特别，它们生活于热带海滩潮间带的珊瑚礁缝隙中。岛海泽甲发现于粗糙而平坦的海岸礁石碎片下面。当海水处于高潮位时，这些岩石浸没在30–90 cm深的水中，历期3–6小时。岩石表面通常生有一层薄薄的藻类，岛海泽甲的成虫和幼虫就取食这些藻类。该种幼虫腹部末端伸出3簇鳃状构造，在高潮位时用于水下呼吸。

近缘物种

海泽甲属包括8种，分布于澳大利亚、新西兰、中国台湾、日本和印度洋的一些岛屿（如塞舌尔群岛）。该属是海泽甲亚科仅有的属。但该属在分类系统中的位置存在问题，1995年一项基于成虫和幼虫特征的系统发育分析并不能明确证明其隶属于泽甲科。

岛海泽甲　体微小，结实，黑色。触角端部3节形成棒部。下颚须4节，末节膨大、卵形。下唇须2节。无飞行翅。鞘翅有微小的圆瘤。跗节4-4-4；跗节均不呈双叶状；端跗节长于其他所有跗分节之和。胫节无端刺。

科	泽甲科 Limnichidae
亚科	蚤泽甲亚科 Thaumastodinae
分布	新热带界：巴哈马
生境	几乎没有维管植物的小岛
微生境	潮间带的岩石
食性	可能取食藻类
附注	该属英文俗名为“Jumping Shore Beetles”，译为“跳跃的海滨甲虫”

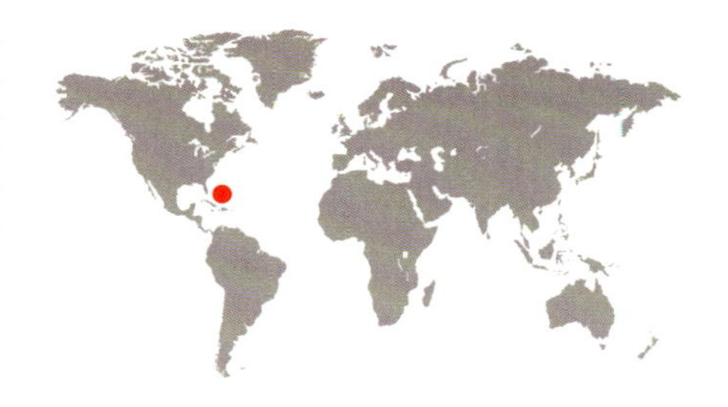

成虫体长

1/16 in

(1.6–2 mm)

莫里森墨泽甲

Mexico morrisoni

Mexico Morrisoni

Skelley, 2005

实际大小

蚤泽甲亚科的大多数种类具有高度特化的后足基节（包括莫里森墨泽甲），因此能够跳跃，很难被抓到。莫里森墨泽甲的生态学特性基本不清楚。该种成虫采于巴哈马群岛中海相灰岩形成的一些小岛屿，使用盘诱法采集。这些小岛上几乎没有沙子，大多也没有原生的维管植物，因此藻类很可能是莫里森墨泽甲的食物来源。泽甲科至少有1种以上明确记录取食藻类。

近缘物种

墨泽甲属 *Mexico* 仅知2种；另一种为滨墨泽甲 *Mexico litoralis*，分布于墨西哥哈利斯科州。滨墨泽甲与莫里森墨泽甲的区别为，体型更宽，足深褐色而非黑色。墨泽甲属与*Babalimnichus* 属非常近似；后者包括3种，分布于古北界、东洋界和澳洲界。

莫里森墨泽甲 体小型，卵形，体表混杂粗糙的和细微的刻点，刻点内着生刚毛。鞘翅上的刚毛形成明确的横纹。触角11节，末4节形成棒部。鞘翅端缘呈细锯齿状。跗节4-4-4。后足胫节有尖刺。

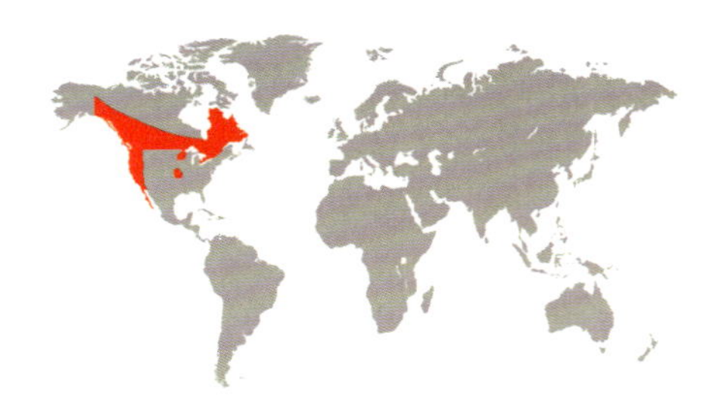

科	长泥甲科 Heteroceridae
亚科	长泥甲亚科 Heterocerinae
分布	新北界和新热带界：加拿大（育空地区，向东至魁北克省）、美国、墨西哥（下加利福尼亚州）
生境	水边
微生境	水边沙滩或泥滩的隧道中
食性	成虫和幼虫取食藻类、浮游生物和有机质
附注	成虫和幼虫前足均强壮，适于在基质中挖掘

成虫体长
³⁄₁₆–¼ in
(3.5–7 mm)

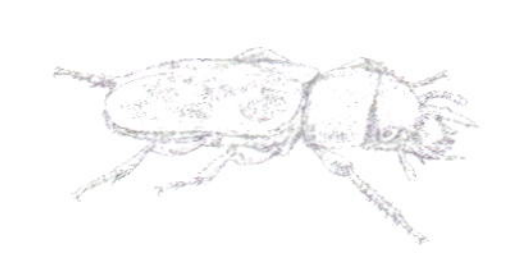

颚长泥甲
Heterocerus gnatho
Heterocerus Gnatho
LeConte, 1863

实际大小

长泥甲科世界上大概包括300种。各种的外部形态比较一致。英文俗名为“Variegated Mud-loving Beetle”（斑驳的、喜好泥土的甲虫）。成虫上颚较大，胫节有1排大刺。成虫在水边生活，取食有机质残渣，用足在水边挖掘隧道。幼虫会使用成虫挖掘的隧道，但最终它们也自己挖隧道。颚长泥甲及其近缘物种的后翅发达，在夏季能大批飞向灯光。

近缘物种

颚长泥甲所属的种团在北美洲（包括墨西哥）有13种，这些种原来归于新长泥甲属 *Neoheterocerus* 下。种间区分最可靠的特征是雄性外生殖器形态。2011年的一项分子系统发育分析显示，颚长泥甲与 *Heterocerus angustatus* 很近缘，后者分布于美国东南部和西印度群岛。

颚长泥甲 体小型，鞘翅褐色，有1道深色的“之”字形横纹。具大型上颚的雄性其上颚发达而细长，上唇向前延伸并突起。触角11节。雄性前胸背板宽度等于或略宽于鞘翅，雌性前胸背板则窄于鞘翅。后胸腹板及腹部第1可见腹板均无后基线。跗节4-4-4。

科	扁泥甲科 Psephenidae
亚科	真扁泥甲亚科 Eubrianacinae
分布	新北界：美国（加利福尼亚州、俄勒冈州、内华达州）
生境	淡水生境
微生境	水中或水边
食性	可能藻食性或腐屑食性
附注	此科幼虫水生，其形状非常特别，称为"Water Pennies"（水中硬币）

成虫体长
³⁄₁₆ in
(3.5–5 mm)

爱氏真扁泥甲
Eubrianax edwardsi
Eubrianax Edwardsi
(LeConte, 1874)

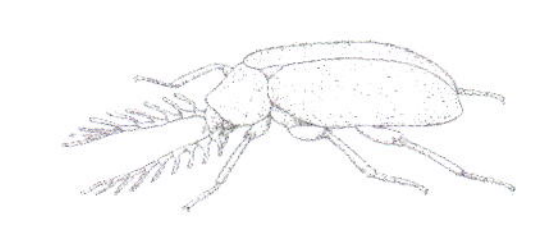

爱氏真扁泥甲的成虫生活于溪边，有时也生活于湖边。雌虫把卵产在水下的岩石上。幼虫在被水浸没的岩石上或岩石下发育。它们有可能在夜间和有乌云的白天出来取食，取食急流中岩石上覆生的硅藻和其他藻类；而在阳光充足的白天则回到岩石下。老熟幼虫离开水，在岩石或倒木下方的潮湿处化蛹。化蛹于在水位线之上，离开水体边缘几米。

实际大小

近缘物种

真扁泥甲属 *Eubrianax* 包括18种，除爱氏真扁泥甲分布于美国西部外，其余种均分布于亚洲（日本、中国和菲律宾）。本种与亚洲种类的亲缘关系尚未明确。基于成虫、幼虫和蛹特征的系统发育分析显示，本属最近缘的类群是分布于非洲的 *Afrobrianax* 属。

爱氏真扁泥甲　体柔软，卵形，体色浅，仅触角、前胸背板和股节颜色深。头部隐藏于前胸背板之下，从背面不可见。雄性触角栉齿状，雌性锯齿状。前胸背板后缘光滑。幼虫与该科其他幼虫相似，阔卵形，显著扁平，体色近似于其附着的岩石。

科	萤泥甲科 Cneoglossidae
亚科	
分布	新热带界：墨西哥、尼加拉瓜
生境	热带溪流
微生境	成虫生活在浅而水流较急的溪流附近；幼虫未知，但推测生活在被水浸泡的朽木中
食性	成虫食性不确定；幼虫推测取食浸泡于水中的朽木
附注	萤泥甲属 *Cneoglossa* 蛹的前胸背板具有1对突起；突起细长而柔软，指向前方。其功能未知，可能是一种防御机制，使其看上去不适于食用

成虫体长
3/16 in
(3.5–4 mm)

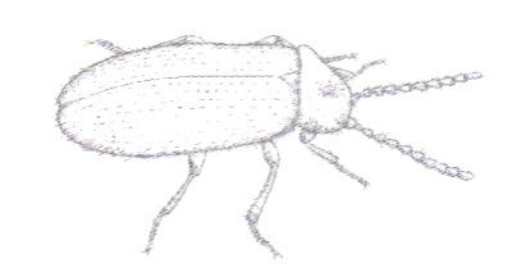

拟萤泥甲
Cneoglossa lampyroides
Cneoglossa Lampyroides
Champion, 1897

实际大小

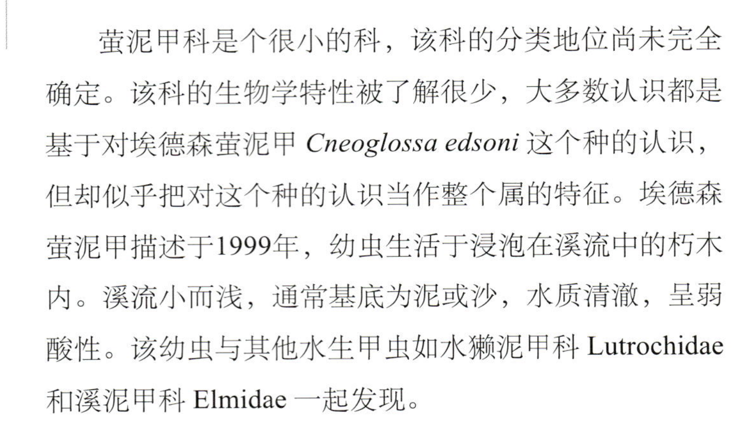

萤泥甲科是个很小的科，该科的分类地位尚未完全确定。该科的生物学特性被了解很少，大多数认识都是基于对埃德森萤泥甲 *Cneoglossa edsoni* 这个种的认识，但却似乎把对这个种的认识当作整个属的特征。埃德森萤泥甲描述于1999年，幼虫生活于浸泡在溪流中的朽木内。溪流小而浅，通常基底为泥或沙，水质清澈，呈弱酸性。该幼虫与其他水生甲虫如水獭泥甲科 Lutrochidae 和溪泥甲科 Elmidae 一起发现。

近缘物种

萤泥甲科仅包括1属8种，自墨西哥向南分布至巴西。1999年的系统发育分析显示，该科与扁泥甲科 Psephenidae 最为近缘，其共同特征为成虫腹部背板均具成对的开口，这个特征在鞘翅目内仅存在于这两个科中。种间区分依据包括整体体形，及触角、鞘翅和前胸的特征。

拟萤泥甲　体小型，长卵形，体壁骨化程度弱，表面看似萤科 Lampyridae 甲虫。雄性触角长于雌性；雄性触角自第3节开始呈锯齿状。头部深插入前胸，从背面很难看到。鞘翅深褐色。前胸背板半圆形；盘区具1道深褐色纵纹；周缘呈浅色，半透明。

科	毛泥甲科 Ptilodactylidae
亚科	毛泥甲亚科 Ptilodactylinae
分布	新热带界：中美洲、南美洲、加勒比地区
生境	热带森林
微生境	成虫发现于树叶上；幼虫发现于潮湿的森林落叶层
食性	菌食性
附注	本种是一个贝氏拟态群的一部分；在这个拟态群中，不相关的昆虫倾向于长得像不适口的被拟态种

成虫体长
¼ in
(6–6.5 mm)

红萤毛泥甲

Stirophora lyciformis

Stirophora Lyciformis

(Champion, 1897)

实际大小

昆虫中有几种为人熟知的拟态类型，其中一种为贝氏拟态。红萤毛泥甲和其他一些昆虫组成一个贝氏拟态群。在这个拟态群中，所有种的外形倾向于与红萤近似。红萤对捕食者来说并不适口，因此在这个拟态关系中模仿者受益。模仿者包括鞘翅目的其他科，甚至其他目的昆虫（如鳞翅目）。红萤毛泥甲的详细生活史未知，但幼虫估计为菌食性，生活于潮湿的有机质中；成虫在裸露的叶子表面取食。

近缘物种

萤毛泥甲属 *Stirophora* 仅包括2种，红萤毛泥甲的分布范围更广。由于在拟态群中模拟红萤外表的昆虫很多，在标本馆经常有人把这些昆虫混淆。熟悉拟态群中的种类构成，这对于在野外正确识别各种很重要，对于在标本馆重新归类标本也很重要。

红萤毛泥甲 在毛泥甲中比较特殊，鞘翅和前胸背板由高对比度的橙色和褐色组成（毛泥甲背面通常均一黄褐色）。这个颜色模式是贝氏红萤拟态群的典型模式。触角强烈栉状，与毛泥甲科大多数种类一样。

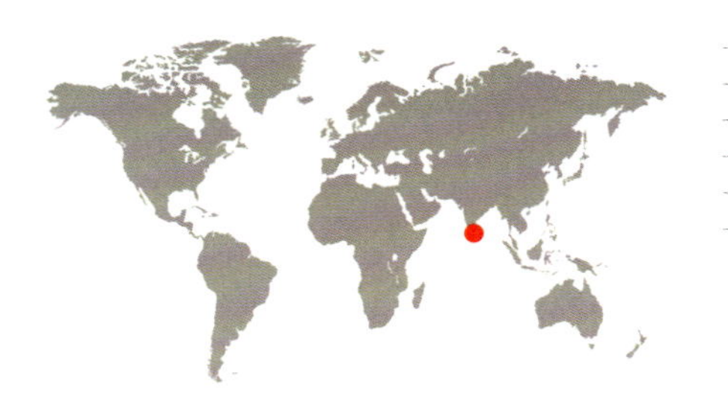

科	纤颚甲科 Podabrocephalidae
亚科	
分布	东洋界：印度南部
生境	森林
微生境	掉落到地面的树枝
食性	未知
附注	此种仅知少量雄性标本

成虫体长
3/16 in
(3.8–5.2 mm)

曲缘纤颚甲
Podabrocephalus sinuaticollis
Podabrocephalus Sinuaticollis
Pic, 1913

实际大小

曲缘纤颚甲外形奇特，这样的甲虫能不断地激起人们的好奇心，不管是对于昆虫专家还是非专家。本种仅知雄性标本，采自印度南部，其生态学特性及食性均未知。本种上颚特化，细长，具单齿，强烈弯曲，其功能未知。我们希望此书的出版，能使更多人关注到这个种（当然也包括其他那些鲜为人知的种），从而在野外考察中能留意这些种的生物学和生态学特性，以增进对它们的了解。

近缘物种

纤颚甲科仅包括曲缘纤颚甲1种。该科在分类系统中的地位目前仍在争议中。它似乎与毛泥甲科 Ptilodactylidae 近缘，因为二者享有相似的形态特征（如后翅具翅室，腹部前3节可见腹板不可活动）；但这个关系需要进一步确定。分类学家们对该科甲虫的了解十分有限，阻碍了对其系统地位的研究。

曲缘纤颚甲 外形特别，体狭长，两侧对称，扁平。头部、前胸和鞘翅红褐色至深褐色，足和触角黄色。头部延长；复眼圆形，鼓凸。触角细长，使其看起来像天牛科的一些种类。前胸背板后侧角各具1个指向侧后方的细突。

科	缩头甲科 Chelonariidae
亚科	
分布	新热带界：哥伦比亚（波哥大）、巴西（米纳斯吉拉斯州、圣保罗）、阿根廷
生境	基本未知，可能为森林
微生境	土壤表面
食性	幼虫推测为腐屑食性；成虫食性未知
附注	本种头部紧贴前胸腹板，从腹面看仅复眼和触角外露

成虫体长
$^{3}/_{16}$–¼ in
(5–6.5 mm)

花斑缩头甲
Chelonarium ornatum
Chelonarium Ornatum
Klug, 1825

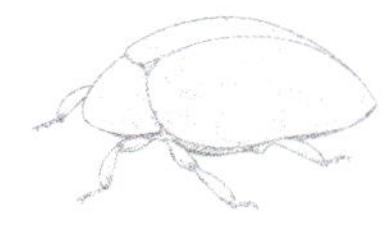

实际大小

缩头甲属 *Chelonarium* 主要分布于新热带界（共215个种和亚种，但也分布于亚洲和新北界（1种），以及澳大利亚（1种）。该属成虫会被灯光吸引，亦可用扫网在植被上扫动采集，也可采于蚁巢的废弃物中。以前认为其幼虫水生，因其没有可伸缩的肛鳃，现已被证实为陆生。一些热带种的幼虫发现于森林落叶层上和树皮下，或在植物根部周边（主要是兰科植物）。采集记录显示，一些种可能与蚂蚁或白蚁有关，可能为蚂蚁或白蚁的巢寄居者。

近缘物种

缩头甲属似乎与伪缩头甲属 *Pseudochelonarium* 最为接近，后者分布于印度、亚洲东南部和新几内亚。该属的种间关系未被研究清楚。花斑缩头甲所在的种团还包括另外1个种，*Chelonarium signatum*；二者可依据体形、体色和斑纹区分。

花斑缩头甲 小型，体形紧凑，长形，褐色，背面光洁。每个鞘翅有1道弯曲的浅色纵带。头部强烈弯折，从背面不可见。触角第3和第4节加宽，正好嵌入中胸腹板的一个凹坑。前胸背板前缘和侧缘强烈隆起成脊。

科	犁爪泥甲科 Eulichadidae
亚科	
分布	东洋界：马来半岛（吉兰丹州、彭亨州、霹雳州）
生境	森林
微生境	溪流中，或靠近溪流
食性	成虫可能不取食；幼虫推测为腐屑食性
附注	成虫外形像叩甲

雄性成虫体长
¾–15⁄16 in
(20–24 mm)

雌性成虫体长
1 1⁄32–1 3⁄16 in
(26–30 mm)

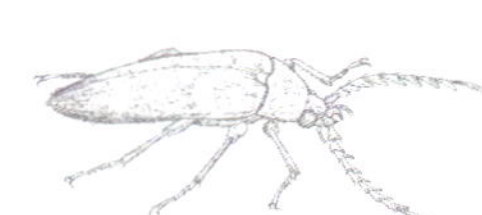

栉角犁爪泥甲
Eulichas serricornis
Eulichas Serricornis

Hájek, 2009

犁爪泥甲属 *Eulichas* 幼虫水生，主要发现于森林中清澈的小溪中，生活于沙质的溪底。该属某种的幼虫肠道内容物显示，它们取食木质颗粒。成虫生命很短，特别容易被灯光吸引。被灯光吸引的雄性远比雌性多。栉角犁爪泥甲成虫通常发现于山地热带雨林中，河边或溪流边的植被上。

近缘物种

犁爪泥甲科包括2属：犁爪泥甲属和狭犁爪泥甲属 *Stenocolus*。前者包括30种左右，主要分布于东洋界，但也有少数种分布于尼泊尔、不丹、印度北部和中国的古北界边缘地区。狭犁爪泥甲属仅包括1种，分布于美国加利福尼亚州。*Eulichas sausai*（分布于苏门答腊）与栉角犁爪泥甲最接近，但触角锯齿状较弱，触角末节矩形而非线形。

栉角犁爪泥甲 体长形，近纺锤形，红棕色至褐色，体表覆盖倒伏短毛，短毛形成鞘翅上明显的灰白色斑纹。复眼发达；触角第3–10节明显呈锯齿状，触角最后1节简单，长约为宽的4–5倍。前胸背板梯形，侧缘接近均匀圆弧。鞘翅具清晰纵向刻点列。后翅十分发达。

实际大小

科	扇角甲科 Callirhipidae
亚科	
分布	新热带界：哥伦比亚、哥斯达黎加、危地马拉、墨西哥、尼加拉瓜、巴拿马
生境	森林，有时在较高的海拔
微生境	成虫在灌木上或疏松的树皮下；幼虫在死木头里
食性	成虫食性不确定，可能不取食；幼虫取食朽木
附注	此科的幼虫期需经历两年以上，成虫生命非常短

成虫体长
3/8–9/16 in
(9–15 mm)

拉氏瘤扇角甲
Celadonia laportei
Celadonia Laportei
(Hope, 1846)

扇角甲科在鞘翅目分类系统中的正确位置很难确定，部分原因是各个种的外部和内部形态变化幅度很大，且雌雄差异大。大多数种为夜行性，有时被灯光吸引；但瘤扇角甲属 *Celadonia* 中体色为双色的那些种以及 *Horatocera* 属（分布于亚洲）为日行性。拉氏瘤扇角甲的幼虫细长，圆筒形，深红褐色，体长能达22 mm，发生于立枯的朽木中。

实际大小

近缘物种

扇角甲科目前包括10属约200种，分布于全球的温暖地区。仅 *Zenoa picea* 1种分布于美国。瘤扇角甲属分布于新热带界，包括8种2亚种。拉氏瘤扇角甲分为2个亚种：指名亚种 *Celadonia laportei laportei* 与黑凹亚种 *Celadonia laportei nigroimpressa*，前者分布广泛，后者仅限分布于巴拿马。

拉氏瘤扇角甲 成虫体色和大小变化范围大，前胸背板从完全黄橙色至盘区有一道明显的黑色纵带。鞘翅具有4道纵肋，颜色从完全黄橙色至完全黑色变化，也有由黄橙色和黑色组合起来的各样中间过渡类型。触角11节，第3–11节向侧面有延伸部，雄性的延伸部要长得多，呈扇状。

科	驴甲科 Rhinorhipidae
亚科	
分布	澳洲界：澳大利亚（昆士兰州东南部）
生境	山地雨林边缘
微生境	溪边低矮植物
食性	未知
附注	当受惊扰时，成虫假死并掉落地面

雄性成虫体长
3/16–5/16 in
(5.1–7.5 mm)

雌性成虫体长
1/4–3/8 in
(6.4–8.5 mm)

坦博里驴甲

Rhinorhipus tamborinensis
Rhinorhipus Tamborinensis
Lawrence, 1988

实际大小

坦博里驴甲是澳大利亚最稀少的甲虫之一。这个种被归于一个独立的科，即驴甲科。这个科与鞘翅目其他科之间的关系尚不清楚，但目前认为它可能与叩甲科关系接近。该种具有许多独有的形态特征；雌虫和雄虫略有不同，雌虫触角更短，足更短更直。幼虫迄今未知。目前科学界已知的该种绝大多数标本均是雄虫，均为澳大利亚国家昆虫标本馆的约翰·劳伦斯（John Lawrence）和汤姆·韦尔（Tom Weir）在1978年10月的4天之内采于低矮植被上。此后，包括本书作者在内的多名科学家多次尝试想再次采到该种标本，都未获得成功。

近缘物种

驴甲科在世界范围内仅包括1种，即澳大利亚特有种坦博里驴甲。在近年的文献中，该科被归入叩甲总科下；但是也有一些研究显示，该科也可能与花甲总科的一些科接近（例如羽角甲科和花甲科）。如果将来能发现这个种的幼虫，则毫无疑问地能为这个种的归属提供重要依据。

坦博里驴甲 体小型，黑褐色，体背覆盖浅色短刚毛。复眼大而突出。触角细长，丝状，雄性远较雌性更长。体长形，体背略平坦，鞘翅两侧近平行。前胸背板基部窄于鞘翅。各足细长，适于在植被上攀爬。

科	伪泥甲科 Artematopodidae
亚科	伪泥甲亚科 Artematopodinae
分布	新北界：加拿大安大略省，南达美国的堪萨斯州和佛吉尼亚州
生境	花岗岩石
微生境	地衣下面，主要是石耳属 *Umbilicaria* spp.
食性	可能取食地衣
附注	该科鞘翅腹面近端部具特殊的舌状构造

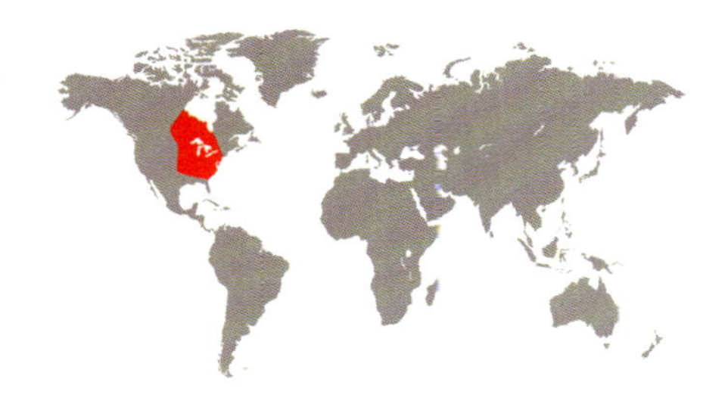

成虫体长
3/16 in
(3.5–4.5 mm)

黑宽须伪泥甲
Eurypogon niger
Eurypogon Niger
(Melsheimer, 1846)

实际大小

伪泥甲科是一个世界范围内分布的小科，仅包括8个现生属，如 *Carcinognathus* 属（分布于秘鲁）和 *Macropogon* 属（分布于北美洲北部和东亚）。此外还有2个仅知来自波罗的海琥珀中的已灭绝属：*Proartematopus* 和 *Electrapate* 属。2013年发表的一篇基于DNA数据的系统学研究表明，该科可能与属于叩甲总科的伪萤科 Omethidae 和邻萤科 Telegeusidae 两科最为接近。关于黑宽须伪泥甲生物学信息的唯一记载，来自该种的一头初羽化成虫和一头老熟幼虫，它们被发现于美国田纳西州大雾山花岗岩石上生长的地衣（石耳属）之下。

近缘物种

除黑宽须伪泥甲之外，宽须伪泥甲属 *Eurypogon* 还包括另外10种；其中2种分布于北美洲（*Eurypogon californicus* 和 *Eurypogon harrisii*），其他种分布于欧洲、日本和中国（例如 *Eurypogon brevipennis* 和 *Eurypogon japonicus*）。黑宽须伪泥甲与同属其他种的区别在于，其鞘翅刻点粗大而密集，刻点成列。

黑宽须伪泥甲 体小型，深褐色，前胸和鞘翅具细刻点。体背面覆盖细密的黄色刚毛，触角很长。头通常从背面不可见，前胸背板窄于鞘翅。鞘翅具明显的纵向刻点列。

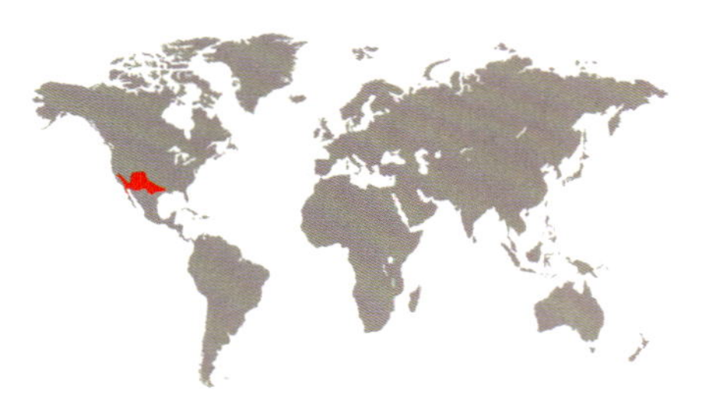

科	颈萤科 Brachypsectridae
亚科	
分布	新北界和新热带界：加利福尼亚州至科罗拉多州，得克萨斯州和墨西哥北部
生境	广泛分布于各种干旱林地和沙漠环境
微生境	成虫和幼虫栖息于树皮下，木头碎片或其他碎屑之下
食性	幼虫捕食小型昆虫和蛛形纲动物
附注	科学家花了25年的时间才将本种幼虫与成虫匹配上

成虫体长
³⁄₁₆–¼ in
(4–7 mm)

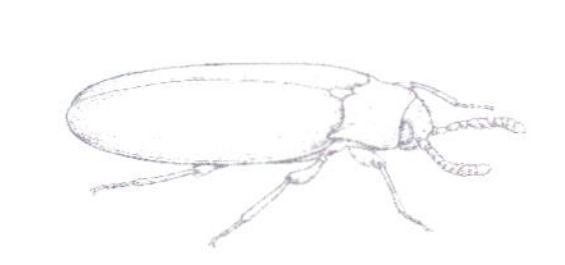

得州黄颈萤
Brachypsectra fulva
Texas Beetle
LeConte, 1874

实际大小

得州黄颈萤在野外较少能遇到，其成虫寿命较短，在春末和夏季活跃。夜间仅雄虫可被灯光吸引。幼虫行动缓慢，宽而扁平，身被高度特化的硬鳞片；胸部和腹部各节均有具细分支的突起，腹部末端具1个柔软的刺突。幼虫生活于片状的松树皮或木头碎片下面，或在岩石裂缝中，捕食小型节肢动物。幼虫会将身体弯曲，其腹部末端的刺突与上颚之间便形成陷阱，尔后潜伏以等待猎物进入。其上颚具有刺吸功能。老熟幼虫会制作疏松而纤弱的丝质茧，并在其中化蛹。

近缘物种

除得州黄颈萤外，颈萤科还包括另外3个现生物种，但都非常罕见，均归于颈萤属*Brachypsectra*：*Brachypsectra vivafosile* 分布于多米尼加；*Brachypsectra lampyroides* 分布于印度南部；*Brachypsectra fuscula* 分布于新加坡。在澳大利亚北部还有1个未描述的新种，但仅知幼虫。此外，在产自多米尼加的中新世琥珀中还记载了化石种*Brachypsectra moronei* 的成虫及幼虫。

得州黄颈萤 体长形，略宽而扁平，体壁较柔软。体黄褐色，被稀疏细绒毛。触角共11节，触角第4、5或6至11节略呈梳状或栉齿状。前胸背板宽大于长。鞘翅具弱纵沟，完全覆盖腹部末端。爪简单，内缘缺齿。雌性体形更加粗壮，触角栉状不如雄性发达。

科	树叩甲科 Cerophytidae
亚科	
分布	古北界：日本
生境	森林环境
微生境	低矮植被和树皮
食性	未知
附注	该种是树叩甲科唯一分布于亚洲的物种

成虫体长
¼–5/16 in
(7–7.5 mm)

日本树叩甲
Cerophytum japonicum
Cerophytum Japonicum
Sasaji, 1999

树叩甲科的种类很少，仅包括3属21种，主要分布于欧洲和美洲；但化石记录表明，该科曾具更广阔的分布范围及更高的物种多样性。日本树叩甲是该科在亚洲的唯一代表。该科成虫和幼虫的生活环境与朽木、树皮、落叶和地下腐殖物等相关。日本树叩甲成虫的爪基部具1个小的梳状结构，这个特征看上去很不寻常。

实际大小

日本树叩甲 体棕褐色，体表覆盖有细刚毛，鞘翅具清晰纵条沟，前胸背板具密刻点，前胸窄于鞘翅。触角长，栉状。复眼大，略突出。足褐色，适于行走。

近缘物种

日本树叩甲的触角形状与分布于北美洲的*Cerophytum convexicolle*相似，尤其是雄虫触角第3节。在这2个种中，雄虫触角第3节的分支明显从触角节中部伸出，不像其他种那样从基部伸出。为了准确界定该种及明确该种的系统发育关系，有必要详细地研究其雄性生殖器形态。

科	隐唇叩甲科 Eucnemidae
亚科	雅隐唇叩甲亚科 Palaeoxeninae
分布	新北界：加利福尼亚州南部的横岭山脉和半岛山脉
生境	山地针叶林
微生境	成虫见于翠柏 *Calocedrus decurrens* 朽木或树桩的树皮下
食性	成虫食性未知，幼虫蛀食树干及木材
附注	世界上最引人注目的隐唇叩甲之一

成虫体长
½–¾ in
(13–19 mm)

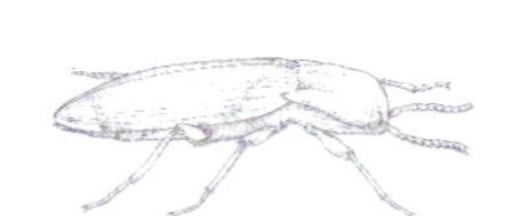

多恩雅隐唇叩甲
Palaeoxenus dorhni
Dorhn's Elegant Eucnemid Beetle
(Horn, 1878)

隐唇叩甲科昆虫通常呈单一褐色或黑色，因此体色为红黑两色的多恩雅隐唇叩甲在该科中引人瞩目。该种的成虫和幼虫可发现于北美翠柏树桩离地面较近的位置，或大果黄杉 *Pseudotsuga macrocarpa* 老树干的树皮下。成虫据记载也曾发现于糖松 *Pinus lambertiana* 死树上，也有报道说会在黄昏飞行，但这个记录可能有误。本种被加利福尼亚州渔猎部列入须长期监测的特殊动物名单，一方面是因为该种数量稀少，另一方面是因为它的分布范围狭窄且无确定的近缘类群。

近缘物种

隐唇叩甲科的英文俗名是“False Click Beetles”（伪叩甲），这个名称可能会带来一些误解，因为该科的很多物种确实像真正的叩甲科昆虫一样能够叩头。隐唇叩甲科和叩甲科的主要形态区别是，隐唇叩甲科上唇不可见，且5个可见腹板完全愈合。多恩雅隐唇叩甲是雅隐唇叩甲属 *Palaeoxenus* 唯一的物种，可依据其黑红两色的体色与北美洲其他的隐唇叩甲科种类相区别。

实际大小

多恩雅隐唇叩甲 体呈黑红两色。头、触角第1节、前胸背板、鞘翅肩部和端部、体腹面血红色，身体的其他部位黑色。触角末3节略膨大，触角端部不呈栉状。前足胫节端部具2距。爪腹面简单，无齿突或梳齿。

科	隐唇叩甲科 Eucnemidae
亚科	隐唇叩甲亚科 Eucneminae
分布	东洋界和澳洲界：印度、印度尼西亚、菲律宾、巴布亚新几内亚、所罗门群岛
生境	热带森林
微生境	成虫及幼虫均生活于木材中
食性	幼虫取食朽木
附注	本种雌性个体一般略大于雄性

成虫体长
¼–⁹⁄₁₆ in
(6.5–14 mm)

金毛隐唇叩甲
Galbites auricolor
Galbites Auricolor
(Bonvouloir, 1875)

隐唇叩甲科成虫的体形和叩甲科中与其最近缘的类群一样，也为长圆筒形，而且能够通过前胸腹板突与中胸腹板凹形成的关节行使叩头功能。毛隐唇叩甲属 *Galbites* 是毛隐唇叩甲族 Galbitini 的模式属，共包含31个已知物种，分布于印度—马来西亚区。该属多数物种的部分触角节呈栉状，前胸背板具瘤突。金毛隐唇叩甲的生物学特性所知甚少，仅知其近缘物种的幼虫在朽木中生活。成虫夜间可被灯光吸引，也可通过飞行阻断陷阱采集。

近缘物种

金毛隐唇叩甲归于金毛隐唇叩甲种团 *auricolor* species group，该种团除该种外还包括以下7个种：*Galbites albiventris*、*Galbites australiae*、*Galbites bicolor*、*Galbites chrysocoma*、*Galbites modiglianii*、*Galbites sericata*、*Galbites tigrina*；它们具有如下共同特征：头具中纵脊，体背具浓密鳞毛。该种团的不同物种之间可依据鳞毛在前胸背板、小盾片和鞘翅上形成的不同图案相区分，同时也可依据雄性外生殖器的不同而区分。

实际大小

金毛隐唇叩甲 体壁黑色至黑褐色，跗节褐色。体背密被金黄色鳞毛。头部从背面看部分可见。触角短粗，栉状。前胸背板大而宽阔；前胸与鞘翅基部等宽。鞘翅条沟不显。

科	叩甲科 Elateridae
亚科	地叩甲亚科 Cebrioninae
分布	新北界：路易斯安那州、得克萨斯州
生境	美国东南部平原和半干旱草原
微生境	雄性发现于植被上，可被灯光吸引
食性	未知
附注	雄性通常会在大雨过后飞行。雌性据推测不能飞行，但迄今未知

成虫体长
⅝–¾ in
(16–20 mm)

勒氏雨叩甲
Scaptolenus lecontei
Leconte's Rain Click Beetle
Chevrolat, 1874

实际大小

勒氏雨叩甲 体深褐色至黑色，略具光泽，鞘翅浅栗色。头具粗刻点。前胸背板向前变窄，基部弯曲，表面具密集刻点，被褐色长毛。体腹面密被略长的黄色毛。充分成熟的成虫，各足具双色，股节浅黄色，胫节黑褐色。

美国昆虫学家约翰·勒孔特（John LeConte）在1853年发表 *Scaptolenus femoralis*，并依此建立雨叩甲属 *Scaptolenus*。但是，法国甲虫学家路易斯·谢弗罗拉（Louis Chevrolat）在此前已描述了来自墨西哥的物种 *Cebrio femoralis*，并在此后决定将该种移入雨叩甲属。根据命名法规的优先律原则，谢弗罗拉将勒孔特描述的物种重新命名，并为了表示对他的尊重而把该种命名为 *lecontei*。据报道，雨叩甲属部分种类的雌虫不能飞行；这些种类的雄虫会在下午或傍晚的暴雨时或暴雨刚过后飞出，以寻找雌虫交配。勒氏雨叩甲的雄虫会在秋季至冬季间发现于植被上或夜间灯光下，它们会释放出特殊的怪味。

近缘物种

雨叩甲属共包括32个物种，分布于亚利桑那州、得克萨斯州、路易斯安那州，向南一直到达巴拿马。该属在墨西哥和危地马拉表现出最高的物种多样性。该属物种鉴定困难，缺乏系统的分类学研究成果。该属在美国分布有3种。勒氏雨叩甲可依据体型较大，鞘翅具清晰纵沟，与另外2种（*Scaptolenus estriatus* 和 *Scaptolenus ocreatus*）区分。

科	叩甲科 Elateridae
亚科	槽缝叩甲亚科 Agrypninae
分布	新北界：亚利桑那州东南山区
生境	谷底沿溪流处
微生境	被蛀干甲虫危害的树枝
食性	成虫和幼虫可能捕食蛀干甲虫的成虫及幼虫
附注	仅知分布于亚利桑那州

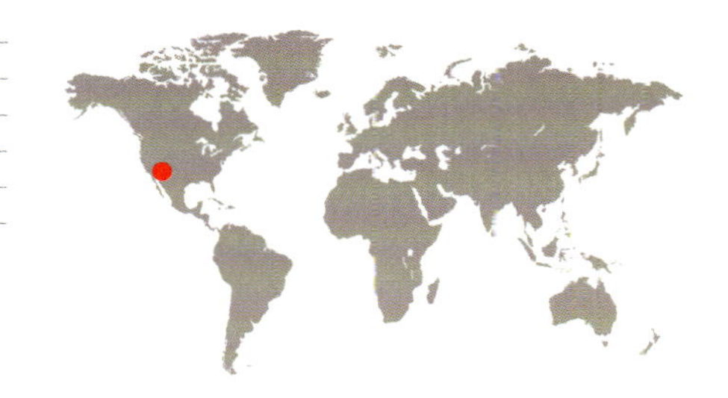

成虫体长
1⁹⁄₁₆–1¹⁵⁄₁₆ in
(39–49 mm)

祖尼云叩甲
Alaus zunianus
Alaus Zunianus
Casey, 1893

祖尼云叩甲仅发现于亚利桑那州东南部的天空岛峡谷。成虫在春季至夏末最为活跃，发生高峰期在7–8月间的雨季。成虫常见于被蛀干甲虫侵害的硬木主枝或树桩上，尤其是在亚利桑那悬铃木 *Platanus wrightii* 上；夜间偶尔被灯光吸引。该种的成虫、幼虫及蛹也曾发现于美国悬铃木上天牛科昆虫的蛀道中。不过，其幼虫形态从未被正式地描述过。

近缘物种

云叩甲属 *Alaus* 共包括11个物种，多数分布于北美洲、中美洲，以及西印度群岛。在分布于新大陆的叩甲科昆虫中，仅云叩甲属的前胸背板具眼斑（但该属分布于墨西哥的1个种无眼斑）。分布于美国中南部的*Alaus lusciosus*和祖尼云叩甲外形近似，但其眼斑位置更靠近前胸侧缘。

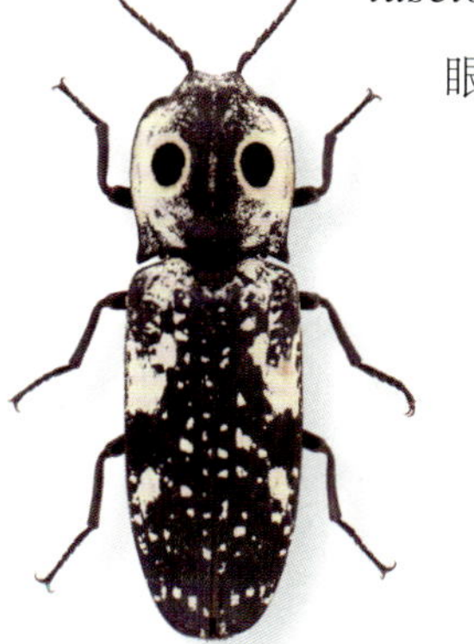

实际大小

祖尼云叩甲 体黑色，覆盖有白色至米黄色和黑色的鳞片。前胸背板具1对醒目的圆形眼斑，眼斑被白色绒毛围绕；这些白色绒毛与前胸背板侧缘的白色纵带融合；眼斑与前胸中线的距离略小于或近等于它与前胸侧缘的距离。鞘翅每侧具3个不平坦的大毛斑，此外还具一些小毛斑。

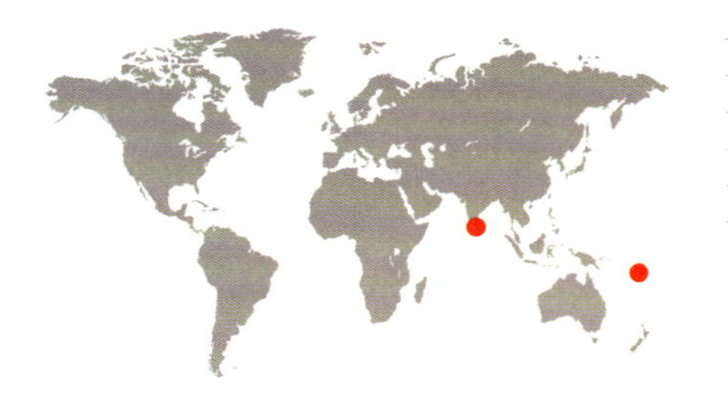

科	叩甲科 Elateridae
亚科	槽缝叩甲亚科 Agrypninae
分布	东洋界和澳洲界：印度南部、斯里兰卡、萨摩亚、斐济维提岛
生境	椰子树林和橡胶种植园
微生境	成虫生活于树干上，幼虫钻蛀被昆虫侵害的木材
食性	成虫和幼虫捕食蛀干昆虫的幼虫
附注	本种可作为天敌应用于椰蛀犀金龟的生物防治

成虫体长
1–1½ in
(25–38 mm)

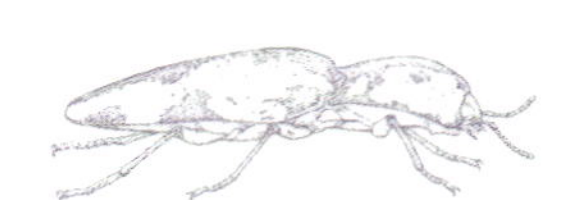

耀加来叩甲
Calais speciosus
Calais Speciosus
(Linnaeus, 1767)

实际大小

耀加来叩甲的成虫生活于棕榈树和橡胶树的树干以及砍伐下来的木材中。它们身体背面具有黑白色的花纹，有助于在被真菌感染的木材上隐藏自己。幼虫捕食性，捕食钻蛀棕榈树干的蛀犀金龟属 *Oryctes* 幼虫。该种自1955年起，曾在萨摩亚被用作防治椰蛀犀金龟 *Oryctes rhinoceros* 的天敌；后者是椰子树 *Cocos nucifera* 和其他棕榈科植物的重要害虫。耀加来叩甲的幼虫也会生活于其他被感染的倒木中，尤其是爪哇木棉 *Ceiba pentandra*；它们在该树上捕食天牛科害虫，例如*Olethrius*属。

近缘物种

加来叩甲属 *Calais* 归于扇角叩甲族 Hemirhipini。该族世界性分布，共包括30个属，其中许多属个体大且具明显斑纹。加来叩甲属共包括183个物种，分布于非洲热带界、澳洲界、东洋界和古北界。耀加来叩甲可依据其相对圆而拱隆的前胸，密集的绒毛，黑白两色的斑纹，以及鞘翅末端平截等特征与其他物种相区分。

耀加来叩甲 体壁黑色，具光泽，其上具浓密的黑色及白色绒毛，形成粗犷的两色斑纹。触角黑色。前胸背板拱隆，侧边弯曲，中线黑色，不到达前缘，中线两侧各具1对黑色圆斑，后角处黑色。鞘翅在中部最宽，端部平截。各足白色，股节和胫节端部黑色。

科	叩甲科 Elateridae
亚科	槽缝叩甲亚科 Agrypninae
分布	新热带界：维尔京群岛、南美洲北部和中部
生境	热带森林
微生境	成虫一般见于树上；幼虫可能生活于受害虫侵染的木材中
食性	成虫和幼虫可能捕食蛀干甲虫的成虫及幼虫
附注	绒叩甲属包括许多色彩艳丽或具明显粗斑纹的叩甲

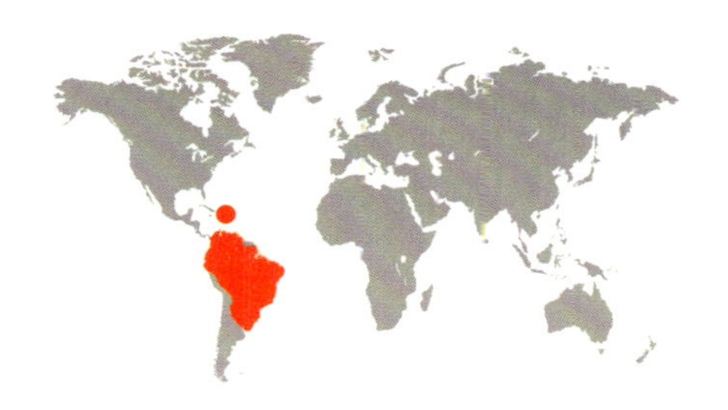

成虫体长
⅞–1⅝ in
(22–42 mm)

条纹绒叩甲
Chalcolepidius limbatus
Chalcolepidius Limbatus
Eschscholtz, 1829

绒叩甲属 *Chalcolepidius* 在1829年由著名的医生兼博物学家埃施朔尔茨（Johann Friedrich Eschscholtz, 1793–1831）建立。条纹绒叩甲是该属最初建立时所包含的7个物种之一。该种的生物学习性所知甚少，仅有的记录是在喂食蜂蜜水的情况下，成虫曾被人工饲养长达6个月之久。绒叩甲属通常采集于流淌汁液的树干或树枝上、树皮下或花上。幼虫捕食性，通常在落叶树中生活，捕食蛀干甲虫的幼虫以及白蚁。

近缘物种

绒叩甲属包含63个物种，广泛分布于新大陆，范围自美国南部至南美洲大部分地区。条纹绒叩甲可与分布于南美洲的其他21个物种依据以下特征相区分：前胸背板和鞘翅两侧具白色或黄色的纵条带，鞘翅条沟及缘折也为白色或黄色。

实际大小

条纹绒叩甲　体形宽阔，体壁黑色；密被金属橄榄绿色、灰色、褐色、蓝色或紫色的绒毛，具由黄白色或黄色绒毛形成的纵纹。前胸背板中部夹于白色纵条带之间的黑色区域为椭圆形。鞘翅两侧具宽而完整的白色纵纹，纵纹内包含3列刻点列。雄性胫节具缘毛。

科	叩甲科 Elateridae
亚科	槽缝叩甲亚科 Agrypninae
分布	非洲热带界：马达加斯加
生境	林区
微生境	在树干上或树枝上
食性	植食性
附注	这个有魅力的物种因其较大的体形及前胸背板中央的眼斑而著名

成虫体长
⅞–1⅜ in
(23–35 mm)

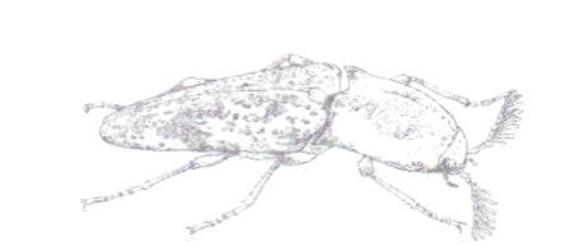

眼斑马岛叩甲
Lycoreus corpulentus
One-Eyed Madagascar Click Beetle
Candèze, 1889

马岛叩甲属 *Lycoreus* 在马达加斯加岛特有。眼斑马岛叩甲可能是这个属中最受标本收藏家欢迎的种类，一方面是因其体型相对较大，另一方面其体背具特殊而罕见的大型眼斑。我们对该种的生物学习性了解甚少。发表于20世纪70年代的一项研究表明，眼斑马岛叩甲体背覆盖的部分交叠的白色鳞片能够有助于反射紫外光，这一现象广泛地在鞘翅目多个科中有所发现，例如步甲科、金龟科、叩甲科和拟步甲科。

近缘物种

马岛叩甲属仅分布于马达加斯加，共包括12个物种。这些物种的多数信息仅局限于它们最初发表时的简短描述，而已发表的检索表或图片非常之少。这些物种之间的系统发育关系并未被研究清楚，目前这一问题应当受到关注。但眼斑马岛叩甲易于依据其特殊的斑纹与其他物种相区分。

眼斑马岛叩甲 体大型，体粗壮，体壁黑色，具灰白色鳞片。前胸背板中央具1个大而圆的光洁区域，该区域被鳞片形成的环带及其另1个光洁区所包围，从而形成1个眼状斑。鞘翅基半部具由灰白色鳞片形成的斑块状斑纹，向端部渐变为条纹状。

实际大小

科	叩甲科 Elateridae
亚科	槽缝叩甲亚科 Agrypninae
分布	新热带界：墨西哥至南美洲及加勒比地区
生境	热带森林
微生境	成虫夜间活跃于植被之上；幼虫生活于土中
食性	成虫及幼虫取食植物和小型昆虫
附注	萤叩甲属与萤火虫具有完全相同的发光系统

成虫体长
¾–1⁹⁄₁₆ in
(20–40 mm)

夜光萤叩甲
Pyrophorus noctilucus
Pyrophorus Noctilucus
(Linnaeus, 1758)

萤叩甲属 *Pyrophorus* 有时被称为“头部发光的甲虫”，因为它们前胸背板两侧的一对圆斑状发光器能发出强烈而稳定的绿色萤光。此外，它们的第1可见腹板还具一横宽的橙黄色发光区。幼虫和蛹也同样能发光。19世纪末在研究夜光萤叩甲的提取物时，人们首次发现其生物发光机制是基于荧光素—荧光素酶反应。这个重要的发现是一系列关于各类群生物发光器官研究的起点，包括细菌、真菌、沟鞭藻类、软体动物、甲壳动物、其他昆虫，以及其他类群生物。

近缘物种

萤叩甲属共包括32个物种，分布于墨西哥至南美洲的热带森林中。该属可依据以下特征与其他能发光的叩甲属相区分：体型较大；触角短，不到达前胸背板后角；前胸背板发光器凸起，与侧缘的距离小于它与后缘的距离；无明显的雌雄两型现象。

实际大小

夜光萤叩甲 体粗壮，均一深褐色，被短而密的黄色绒毛。触角短，第3节之后呈锯齿状。前胸背板隆起，具凸起的发光器；前胸背板后角刺状，锐而突出，端部多少分叉。第1可见腹板和与后胸腹板之间的膜质区具一横向近椭圆形的发光器。这个发光器在叩甲停息时通常隐藏。

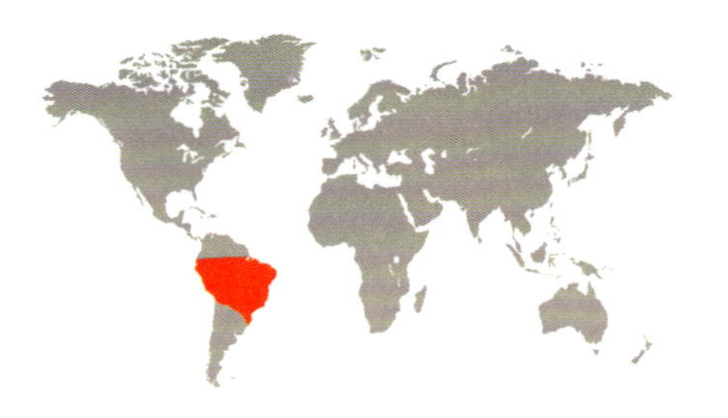

科	叩甲科 Elateridae
亚科	枝角叩甲亚科 Thylacosterninae
分布	新热带界：秘鲁、法属圭亚那；也记录于巴西，但缺少详细采集信息
生境	森林地区
微生境	在树枝或树干上
食性	可能取食植物
附注	这个稀少物种的成虫前胸背板具1对绿色的圆瘤突状发光器

成虫体长
¾–1³⁄₁₆ in
(20–30 mm)

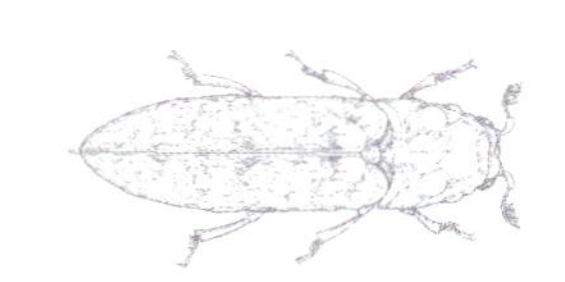

施氏疣叩甲
Balgus schnusei
Balgus Schnusei
(Heller, 1914)

新热带界分布的疣叩甲属 *Balgus* 具有十分奇特的外形，曾被归入粗角叩甲科 Throscidae，其依据是该属上唇非常小；也曾被归入隐唇叩甲科 Eucnemidae，其依据是该属触角端部梳状。因此，施氏疣叩甲曾被认为是粗角叩甲科中唯一会发光的物种。然而，近年来基于形态和DNA数据的支序系统学研究证实，疣叩甲属应当归于叩甲科。在叩甲科中前胸具发光器的物种分属于3个亚科，包括槽缝叩甲亚科萤叩甲族的近200种，光叩甲亚科中的明胸光叩甲 *Campyloxenus pyrothorax* 以及本种。

近缘物种

枝角叩甲亚科 Thylacosterninae 共包括约45个物种，归于以下5个属：分布于非洲热带地区的 *Lumumbaia* 属，分布于亚洲和澳大利亚的 *Cussolenis* 属，以及分布于新热带界的疣叩甲属 *Balgus*、*Thylacosternus* 和 *Pterotarsus* 属。除施氏疣叩甲外，疣叩甲属还包括如下8个物种：*Balgus albofasciatus*、*Balgus eganensis*、*Balgus eschscholtzi*、*Balgus humilis*、*Balgus obconicus*、*Balgus rugosus*、*Balgus subfasciatus*、*Balgus tuberculosus*；该属仅施氏疣叩甲的前胸背板具1对发光器。

实际大小

施氏疣叩甲 体小型，褐色。头于背面几乎不可见。前胸背板与鞘翅基部等宽。前胸背板表面具若干个大瘤突，其中位于侧面的2个为发光器。触角梳状，短粗，第1节长而加粗。鞘翅具有长形小瘤突，小瘤突上覆盖有鳞片。

科	叩甲科 Elateridae
亚科	柔叩甲亚科 Lissominae
分布	古北界：欧洲和亚洲
生境	温带森林
微生境	倒木或树干上
食性	死去的木头
附注	本种是本属内在古北界分布最广的物种

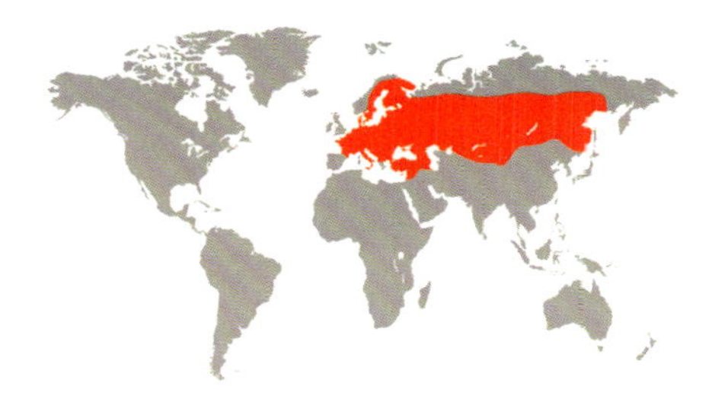

成虫体长
⅛–¼ in
(3–5.5 mm)

双斑蚤叩甲

Drapetes mordelloides

Drapetes Mordelloides

(Host, 1789)

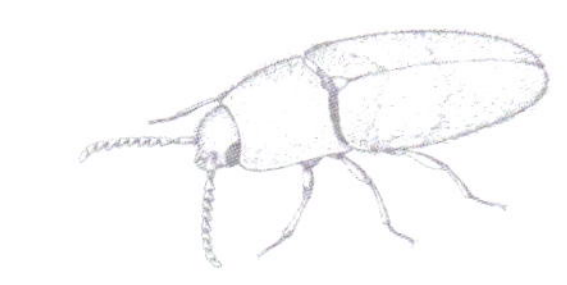

双斑蚤叩甲的生命周期大约持续两年，主要取食死木头，是一种腐木食性的甲虫。该种分布于欧洲南部和中部，向北到达丹麦、北欧四国、列宁格勒南部，向东可到达西伯利亚。双斑蚤叩甲似乎更喜欢暴露于阳光下的被真菌感染的树。蚤叩甲属 *Drapetes* 曾被长期归类于粗角叩甲科 Throscidae 中，现在虽被勉强归入叩甲科柔叩甲亚科，但其系统地位并未得到幼虫形态特征的支持。

近缘物种

蚤叩甲属在全世界范围分布，种类丰富。双斑蚤叩甲与近缘物种难于区分，因为目前为止并没有包括该属所有物种的一个完整的分类学综述成果发表。蚤叩甲属在古北界已知8个种及亚种，包括分布于日本的安倍蚤叩甲 *Drapetes abei* 和分布于塞浦路斯的黄腿蚤叩甲 *Drapetes flavipes flavipes* 等。

实际大小

双斑蚤叩甲 一种小型叩甲，体色大部为黑色，但每侧鞘翅各具1红斑。体背全部被稀疏细刚毛，体壁光亮。头部分缩入前胸背板内。触角中等长，锯齿状。前胸背板和鞘翅基部等宽。

科	叩甲科 Elateridae
亚科	纵纹叩甲亚科 Semiotinae
分布	新热带界：阿根廷和智利南部
生境	南半球温带海洋性森林
微生境	针叶林
食性	成虫和幼虫可能捕食南洋杉上的有害昆虫
附注	本种是本属内分布最靠南的物种

成虫体长
⅞–1⅜ in
(21–35 mm)

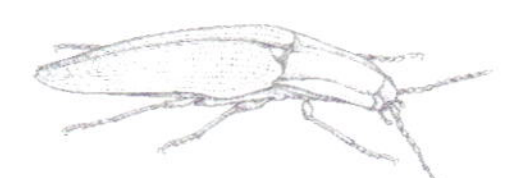

黄翅纵纹叩甲

Semiotus luteipennis

Semiotus Luteipennis

(Guérin-Méneville, 1839)

黄翅纵纹叩甲成虫及幼虫曾在智利南洋杉 *Araucaria araucana* 上采集到。幼虫在智利南洋杉或其他树种的朽木上完成发育，它们可能在朽木上捕食双翅目幼虫或一些蛀木甲虫。蛹浅灰黄色，整个触角均与体躯分离，前胸背板前缘具2个刺突，鞘翅及后翅折叠于体下，腹部背腹两面具许多刺突。成虫在11月羽化，持续活跃至来年3月。

近缘物种

纵纹叩甲属 *Semiotus* 仅分布于新热带界，共包括82个物种，多数具鲜艳颜色及明显图案。该属在哥伦比亚、厄瓜多尔和巴西具有最高的物种多样性。黄翅纵纹叩甲是该属分布最靠南的1个物种，可依据以下特征与该属其他物种相区分：体腹面几乎黑色，前胸背板和鞘翅侧缘橙色，各鞘翅端部具2个小刺。

黄翅纵纹叩甲 头黑色，前缘分叶，不具刺突。触角黑色，锯齿状。前胸背板黑色，侧缘具橙黄色或橙褐色纵条纹，不均匀隆起，沿侧边具狭沟。鞘翅橙褐色，各鞘翅端部具2个小刺。体腹面几乎全为黑色。各足跗节爪垫膜质。

实际大小

科	叩甲科 Elateridae
亚科	光叩甲亚科 Campyloxeninae
分布	新热带界：智利与阿根廷南部
生境	南温带森林
微生境	在树枝上或树干上
食性	可能取食植物
附注	本种在叩甲科中分类地位十分孤立

成虫体长
½–⁹⁄₁₆ in
(13–14 mm)

明胸光叩甲
Campyloxenus pyrothorax
Campyloxenus Pyrothorax
Fairmaire & Germain, 1860

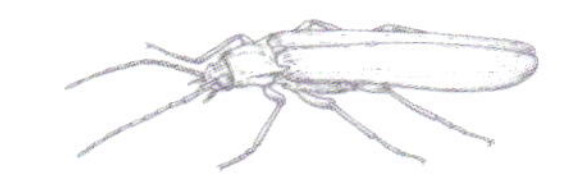

明胸光叩甲是一种十分特殊的叩甲，曾被归入叩甲科槽缝叩甲亚科 Agrypninae，主要理由是其前胸背板的发光器多少和萤叩甲族 Pyrophorini 的一些物种有些相似。但是明胸光叩甲成虫缺乏槽缝叩甲亚科所具有的一些十分重要的形态特征，因此叩甲专家克莱德·科斯塔（Cleide Costa）在1975年依据此种建立了一个新亚科，即光叩甲亚科。明胸光叩甲的生物学习性不明，其幼虫至今未知。其成虫腹部缺少发光器。

近缘物种

光叩甲亚科分布于新热带界，仅包括明胸光叩甲这一个种。该亚科和叩甲科其他所有亚科的区别是：爪近基部无刚毛，后翅和雌性生殖器独特。

实际大小

明胸光叩甲 与典型的狭长形叩甲有些相似，体深褐色，覆盖细密褐色刚毛。前胸背板略隆起，红褐色，中线两侧具突起的发光器。鞘翅条沟清晰。复眼小，触角细长，自第4节起略呈锯齿状。

科	叩甲科 Elateridae
亚科	尖鞘叩甲亚科 Oxynopterinae
分布	东洋界：马来西亚、新加坡
生境	热带森林
微生境	在树枝上或树干上
食性	成虫可能取食植物；幼虫可能捕食性
附注	此叩甲色彩艳丽且具光泽，在标本收藏者中广受欢迎

成虫体长
1[15]/16–2 in
(49–52 mm)

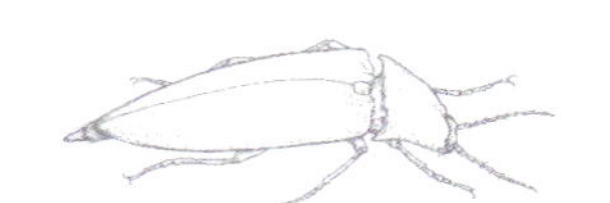

珠光丽叩甲

Campsosternus hebes

Jewel Click Beetle

Candèze, 1887

丽叩甲属 *Campsosternus* 隶属于泛热带区分布的尖鞘叩甲亚科。该属广泛分布于东洋界，但在东南亚地区具有最高的物种多样性。尖鞘叩甲亚科中已知的幼虫均为捕食性，且尖鞘叩甲属 *Oxynopterus* 中至少有1个种的幼虫在白蚁巢中捕食。丽叩甲属包括很多吸引人的种类，它们因个体大且具鲜艳金属光泽而知名。成虫从形态上很好识别，它们的中胸腹板与后胸腹板相愈合。珠光丽叩甲分布于东南亚沿海地区。

近缘物种

丽叩甲属包括大约60个已知种及亚种，而且每隔一段时间就有新种或新亚种被发现并描述。但不幸的是，该属目前的分类状况十分混乱，这导致无法进一步讨论物种间的系统关系。渡边丽叩甲 *Campsosternus watanabei* 分布在中国台湾，且是受法律保护的物种。

珠光丽叩甲 一种外观引人注目的叩甲，体背面金属绿色，具虹彩光泽。前胸背板侧缘和鞘翅中部通常略具黄色光泽。前胸背板后缘明显更宽，后角突出形成锐三角形刺突。触角丝状，各足适应于步行。鞘翅端部尖锐。

实际大小

科	叩甲科 Elateridae
亚科	尖鞘叩甲亚科 Oxynopterinae
分布	东洋界：马来西亚
生境	热带森林
微生境	在树枝上或树干上
食性	成虫可能取食植物；幼虫可能捕食白蚁
附注	尖鞘叩甲属已知的幼虫捕食白蚁，这是在叩甲科当中很罕见的习性

成虫体长
$1^{9}/_{16}$–$2^{11}/_{16}$ in
(40–69 mm)

奥氏尖鞘叩甲
Oxynopterus audouini
Oxynopterus Audouini
Hope, 1842

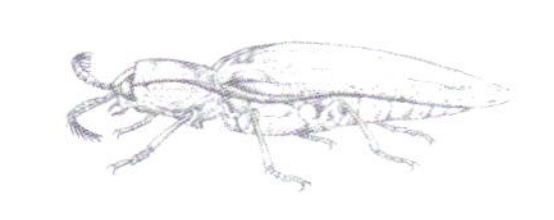

尖鞘叩甲属 *Oxynopterus* 生活于东南亚沿海地区的森林中，该属种类的某些个体可能是世界上最大的叩甲。尖鞘叩甲亚科特殊的形态特征是：中后胸腹板愈合。奥氏尖鞘叩甲体型很大，在标本收藏家的交易中很常见，但是它目前的保护现状并不很清楚。该种的近缘种 *Oxynopterus mucronatus* 分布于爪哇岛，其幼虫专性捕食新白蚁属 *Neotermes* 的种类。

实际大小

近缘物种

尖鞘叩甲属的其他物种广泛分布于马来群岛，包括加里曼丹岛、菲律宾群岛、苏门答腊岛，以及其他附近岛屿。该属的分类学研究目前相对落后，各种缺乏现代的鉴别特征和图示，物种间的系统发育关系也并不清楚。

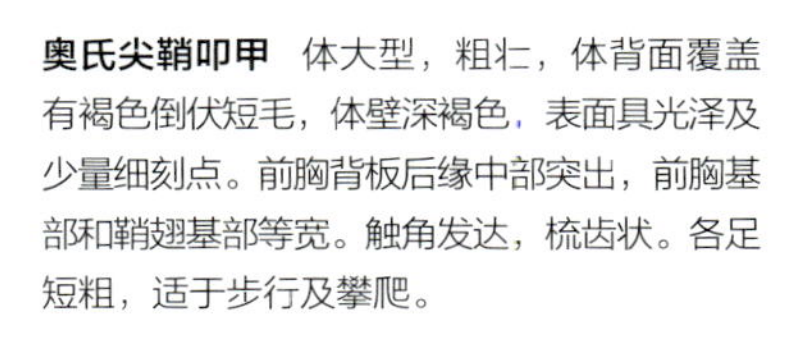

奥氏尖鞘叩甲 体大型，粗壮，体背面覆盖有褐色倒伏短毛，体壁深褐色，表面具光泽及少量细刻点。前胸背板后缘中部突出，前胸基部和鞘翅基部等宽。触角发达，梳齿状。各足短粗，适于步行及攀爬。

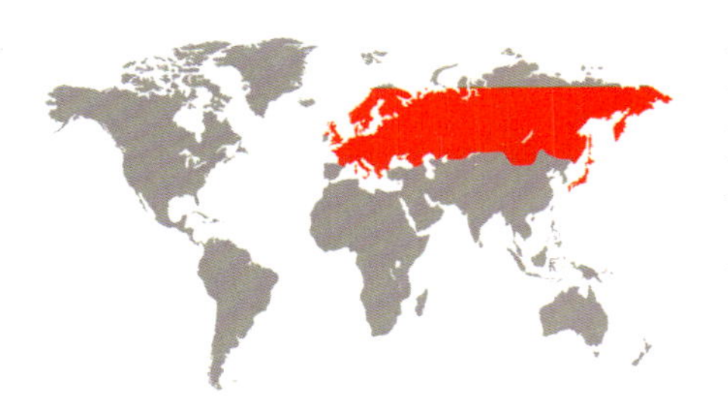

科	叩甲科 Elateridae
亚科	木叩甲亚科 Dendrometrinae
分布	古北界：欧洲和亚洲
生境	疏松的沙壤、悬崖、矿场、林间开阔地
微生境	成虫通常见于花上，幼虫在土壤中完成发育
食性	成虫植食性，取食植物汁液；幼虫被认为取食多种植物的根，例如帚石楠属 *Calluna*、欧石楠属 *Erica*、桦木属 *Betula*、柳属 *Salix*
附注	在一些国家，本种的种群数量显著减少中

成虫体长
$\frac{1}{4}$–$\frac{9}{16}$ in
(7–14 mm)

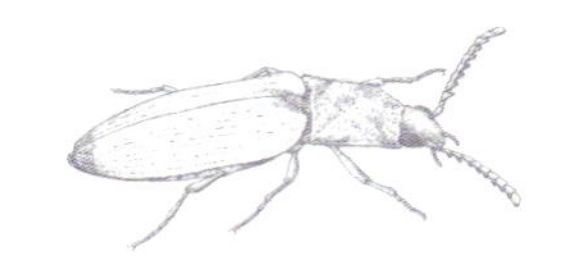

黑尾栗叩甲
Anostirus castaneus
Chestnut Click Beetle
(Linnaeus, 1758)

黑尾栗叩甲广泛分布于欧洲，具有栗叩甲属*Anostirus*的典型图案。雌雄两性可依据触角长度的差别相区分：雄性触角到达前胸背板基部，雌性触角明显较短。幼虫生活于土壤中，取食低矮植物的根。在欧洲的一些国家，该种的种群数量显著减少。例如，该种75年前在英国的许多地点被发现，但现在仅零星分布于很少的几个地点，包括怀特岛。

近缘物种

栗叩甲属包括多个具近似图案的物种，但它们之间的亲缘关系并未研究清楚。古北界已知近50个种及亚种，北美洲仅知3个种。黑尾栗叩甲包括2个有效亚种：日本亚种*Anostirus castaneus japonicus* 分布于俄罗斯远东和日本；指名亚种 *Anostirus castaneus castaneus*分布于欧洲，向东到达俄罗斯远东地区但不分布于日本。

实际大小

黑尾栗叩甲　体形狭长，前胸背板深褐色至黑色，覆盖有金黄色短刚毛。鞘翅浅褐色至黄色，端部具一小黑斑。头、各足和触角黑色。雌性（如图所示）触角各节呈典型的三角形，而雄性触角梳状。

科	叩甲科 Elateridae
亚科	小叩甲亚科 Negastriinae
分布	澳洲界：澳大利亚
生境	岸边环境
微生境	靠近水体的沙质或其他质地的地面上
食性	据推测取食植物汁液
附注	小叩甲亚科在澳大利亚仅已知2个种，本种是其中之一

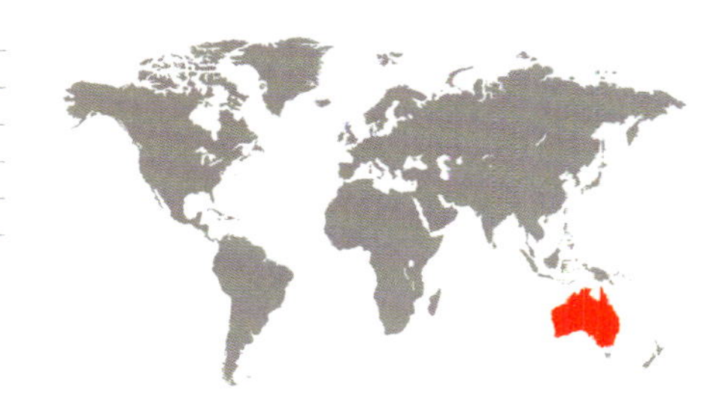

成虫体长
³⁄₁₆ in
(3.5–4 mm)

异色沟叩甲
Rivulicola variegatus
Rivulicola Variegatus
(MacLeay, 1872)

实际大小

异色沟叩甲为小型叩甲，分布于澳大利亚。该种及其近缘物种 *Rivulicola dimidiatus*，是小叩甲亚科在澳大利亚仅有的代表。该亚科的形态特征包括：前胸背板基部具2条亚侧脊。幼虫目前未知。该种生活于岸边，成虫见于河岸沙质 环境。成虫可在全年任何月份在靠近流动水体的地方见于灯光下。

近缘物种

小叩甲亚科分布广泛，但在北半球的物种丰富度和多样性最高。据目前所知，沟叩甲属 *Rivulicola* 包括2个已知物种以及2个未描述的新种，均仅分布于澳大利亚。*Rivulicola dimidiatus* 的成虫和异色沟叩甲体长差不多，但分布于西澳大利亚；异色沟叩甲最初发现于昆士兰州，现沿澳大利亚东海岸广泛分布。

异色沟叩甲 体背覆盖黑色、金色和银色的鳞毛，于鞘翅和前胸背板形成斑驳的图案。各足部分覆有白色鳞毛。头于背面部分可见，复眼大，略突出。触角非常长，丝状。鞘翅具多条显著的纵沟。

科	叩甲科 Elateridae
亚科	叩甲亚科 Elaterinae
分布	澳洲界：新南威尔士州和昆士兰州的沿岸地区
生境	海岸雨林及荒原
微生境	成虫见于盛开的花中，幼虫习性未知
食性	成虫取食花蜜
附注	该种并不常见，可能在其分布范围内已局地绝灭

成虫体长
9/16–7/8 in
(15–22 mm)

东岸蛇纹叩甲
Ophidius histrio
Ophidius Histrio
(Boisduval, 1835)

东岸蛇纹叩甲具显著斑纹，是澳大利亚最吸引人的叩甲之一。本种活跃于11月至翌年2月间，观察到会取食岗松 *Baeckea frutescens* 的小白花产出的花蜜。它们通常在枝叶间交配，有时也会在花朵上。本种并不常见，仅沿澳大利亚东海岸零星分布。由于商业发展毁掉了很多原生植被，本种在局部地区可能已灭绝。

近缘物种

蛇纹叩甲属 *Ophidius* 包括4个已知种：*Ophidius dracunculus*、*Ophidius elegans*、*Ophidius histrio*、*Ophidius vericulatus*，均仅分布于新南威尔士和昆士兰州。该属的特征包括：中胸小盾片突然抬升；各足跗节前4节均具爪垫；头部前缘附近缺脊。东岸蛇纹叩甲前胸背板和鞘翅具黑色和乳黄色的条纹图案。

东岸蛇纹叩甲 头部隆起，黑色，触角锯齿状。前胸背板宽阔，侧缘均匀圆弧状，表面具细绒毛；前胸背板乳黄色，具3条深色的纵条纹。鞘翅乳黄色，具黑色和橙褐色的波纹。足短，跗节1–4节向端部逐渐变短，各具1个明显圆形爪垫。

实际大小

科	叩甲科 Elateridae
亚科	心盾叩甲亚科 Cardiophorinae
分布	东洋界：印度、斯里兰卡、孟加拉国
生境	热带森林
微生境	树干和低矮植被
食性	成虫取食花朵及嫩叶；幼虫食性未知
附注	心盾叩甲属是叩甲科中多样性最高的属

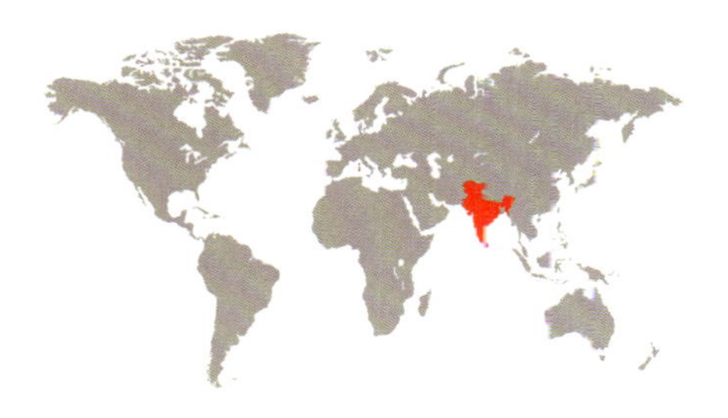

成虫体长
¼–⁵⁄₁₆ in
(7–8 mm)

三色心盾叩甲
Cardiophorus notatus
Cardiophorus Notatus
(Fabricius, 1781)

目前认为，心盾叩甲亚科与小叩甲亚科 Negastriinae 关系最为近缘。心盾叩甲属 *Cardiophorus* 是叩甲科中物种数最多的属，共包括约600个物种。该属分为若干亚属，广泛分布于世界各地（但南美洲和澳大利亚除外）。该属幼虫通常是土壤或朽木中的捕食者。三色心盾叩甲最初被著名的丹麦动物学家法布里修斯（Christian Fabricius，1745–1808）在他的昆虫学专著 *Species Insectorum* 中当作叩甲属 *Elater* 的物种所描述。

近缘物种

心盾叩甲属的许多物种分布于东南亚，其中一些还未被描述。该属成虫可依据其心形的中胸小盾片而识别。该属的大多数物种在外形上十分相似，因此急需基于现代分类学手段的研究去解决它们之间的系统关系。然而三色心盾叩甲的成虫因具有特殊的图案斑纹，可容易地和其他物种相区分。

三色心盾叩甲 一种十分引人注目的叩甲，其体背覆盖有绒毛和刚毛，形成各类的图案。前胸背板前部具1对黑色圆点，鞘翅近中部具1对白色圆斑，鞘翅还在近端部具1白色横带。触角丝状，相对较长。前胸背板端部更宽，其基部和鞘翅基部宽度相等。

实际大小

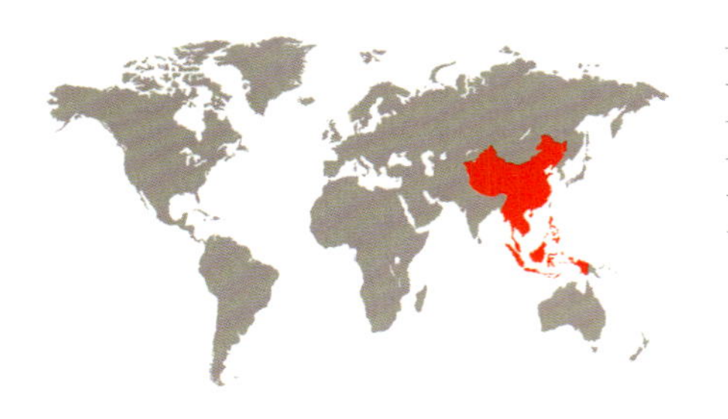

科	叩甲科 Elateridae
亚科	球胸叩甲亚科 Hemiopinae
分布	古北界和东洋界：中国及东南亚
生境	热带森林
微生境	低矮植被和树干
食性	成虫据推测为植食性，取食植物汁液；幼虫食性未知
附注	该种所属的类群在叩甲科中的系统地位并不清楚

成虫体长
½—¹¹⁄₁₆ in
(12.4–17 mm)

黄足球胸叩甲

Hemiops flava

Hemiops flava

Laporte de Castelnau, 1836

球胸叩甲属 *Hemiops* 主要分布于亚洲大陆，但 *Hemiops ireii* 在2007年描述于日本冲绳岛。球胸叩甲亚科包括球胸叩甲属、*Parhemiops* 以及其他一些邻近的属。该亚科仅限东半球分布，它与叩甲科其他类群间的系统关系并不清楚。黄足球胸叩甲广泛分布于亚洲，在中国是较为重要的经济昆虫。该种及该亚科其他种类的幼虫均未知。

近缘物种

球胸叩甲亚科包括球胸叩甲属、*Parhemiops*、*Plectrosternum* 及其他几个近缘属。该亚科的识别特征包括：前胸背板形状，前胸基部具1对短纵脊。球胸叩甲属共包括8个物种，其中与黄足球胸叩甲最接近的已知种是*Hemiops substriata*和 *Hemiops ireii*。这些种可依据以下特征彼此区分：体色、触角各节长度和雄性外生殖器形态。

实际大小

黄足球胸叩甲 体大部黄色，鞘翅具黄褐色的清晰刻点列。体背被短刚毛。胫节端部、跗节及触角深棕色。触角丝状至略锯齿状。各足长。

科	叩甲科 Elateridae
亚科	指形叩甲亚科 Physodactylinae
分布	新热带界：巴西
生境	森林
微生境	植物叶片或树干上
食性	成虫植食性，可能取食植物汁液；幼虫食性未知
附注	本种代表了叩甲科中一个十分特别的类群，相关研究甚少，其分类地位至今并不清楚

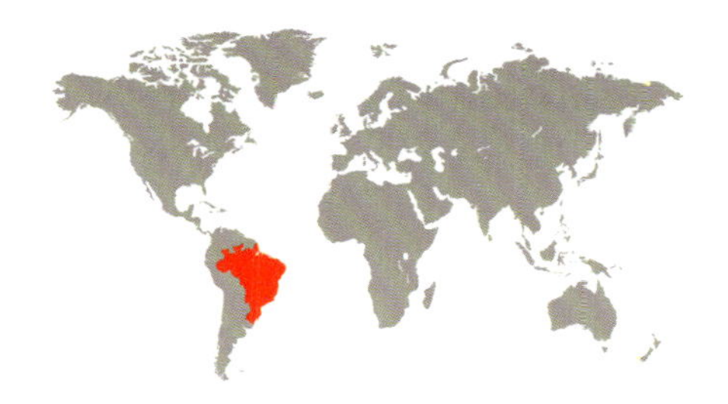

成虫体长
9/16–5/8 in
(13.5–15.5 mm)

欧氏指形叩甲
Physodactylus oberthuri
Physodactylus Oberthuri
Fleutiaux, 1892

指形叩甲属 *Physodactylus* 隶属于指形叩甲亚科 。该亚科包含以下7个属：*Dactylophysus*、*Physodactylus*、*Teslasena*、*Margogastrius*、*Oligosthetius*、*Idiotropia* 和 *Toxognathus* 属；其分布范围遍及南美洲、非洲、印度和东南亚。该亚科的特征是上颚镰刀状，但它们是否构成一个单系群还有待商榷。指形叩甲属包括大约6个物种，其中欧式指形叩甲依据1头采自巴西的雄性标本所描述。

近缘物种

欧式指形叩甲与 *Physodactylus testaceus* 和 *Physodactylus fleutiauxi* 两种相对近缘。从外部形态上看，欧式指形叩甲与 *Physodactylus testaceus* 可通过褐色至黑色的体色、额的形状、触角较短而识别；而与 *Physodactylus fleutiauxi* 则可通过下颚缺少刺状刚毛、前胸背板向前强烈盖住头部、腹部侧面观呈凹形而识别。

实际大小

欧式指形叩甲 体背面褐色，覆盖短而稀疏的刚毛。前胸背板颜色较浅，具明显的密集刻点。鞘翅具条沟。触角丝状，长度达前胸背板前缘。各足多毛，短粗，可能适应于步行，跗节尤其细长。

科	叩萤科 Plastoceridae
亚科	
分布	古北界：土耳其（安纳托利亚半岛）
生境	未知
微生境	未知
食性	未知
附注	生物学特性不明，雌性及幼期至今未知

成虫体长
3/8–7/16 in
(9.5–10.5 mm)

突角叩萤
Plastocerus angulosus
Plastocerus Angulosus
(Germar, 1845)

叩萤科种类稀少，仅包含1属2种：突角叩萤和胸叩萤 *Plastocerus thoracicus*；前者分布于土耳其安纳托利亚半岛，后者分布于东南亚。这个科在鞘翅目分类系统中的地位并不明确，对其形态学和生物学的进一步研究必将有助于这个问题的解决。该科的形态特征包括：下颚退化，具7节可见腹板，其中前3节间不可自由活动。幼虫和雌性成虫未知。

近缘物种

胸叩萤是叩萤属 *Plastocerus* 仅有的另1种。它最初描记于1头雄性标本。胸叩萤可依据外部形态特征与突角叩萤相区分，例如体表和体色的特征。而且它们的分布范围也不同，胸叩萤仅分布于东南亚地区。

实际大小

突角叩萤 雄性个体密被细刚毛。触角长，栉状。前胸背板深褐色，鞘翅棕黄色，足黄色。体形有点像叩甲科的一些物种。跗节长，足适应于攀爬和步行。

科	稚萤科 Drilidae
亚科	稚萤亚科 Drilinae
分布	古北界：欧洲
生境	低山林地
微生境	低矮植被
食性	幼虫和雌性成虫取食陆生软体动物；雄性成虫食性未知
附注	黄毛稚萤属于一类研究匮乏的甲虫，这类甲虫雄性后翅发育完全，雌性无翅、幼虫型

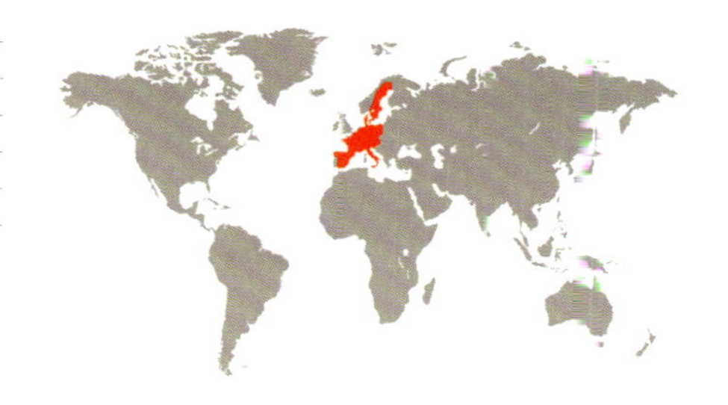

雄性成虫体长
¼–⅜ in
(7–10 mm)

雌性成虫体长
⅜ in
(9.5 mm)

黄毛稚萤
Drilus flavescens
Drilus Flavescens
Olivier, 1790

稚萤科种类不多，已知6属约100种；主要分布于地中海地区和非洲热带界。该科在叩甲总科中的系统关系仍然不清楚。黄毛稚萤的成虫极端雌雄二型：雌性成虫无翅、幼虫形，与幼虫一起生活于地面，取食蜗牛。雄性的食性仍然未知，但在花上能碰到。

近缘物种

稚萤属 *Drilus* 已知25种以上，主要见于地中海地区和高加索地区。这些物种之间的亲缘关系仍不清楚。历史上，这些种类的已发表信息很有限，仅限于不带插图的简单描述。当代的分类学研究已经逐渐澄清这些种的地位。黄毛稚萤的分布范围与 *Drilus concolor* 重叠，但是后者鞘翅颜色显著更深。

实际大小

黄毛稚萤 雄性触角长，梳状，向后到达鞘翅基部1/4的位置。头和前胸背板黑褐色，鞘翅棕黄色。前胸背板和鞘翅覆盖有长刚毛。从背面看时，腹部末端露出鞘翅端部。

科	红萤科 Lycidae
亚科	幼红萤亚科 Lyropaeinae
分布	东洋界：马来西亚
生境	热带森林
微生境	朽木
食性	捕食者
附注	本种雌性体型巨大，幼虫形，有点像三叶虫，在其性成熟之前并不经历蛹期

雄性成虫体长
¼ in
(6.6 mm)

雌性成虫体长
1⁷⁄₁₆–2⅜ in
(37–60 mm)

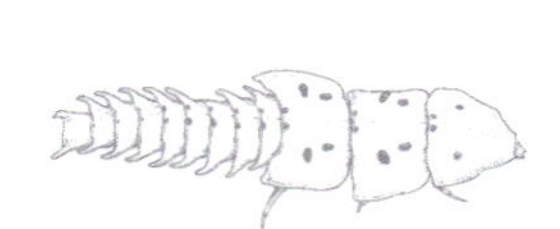

科氏三叶红萤
Platerodrilus korinchianus
Platerodrilus Korinchianus

Blair, 1928

实际大小

三叶红萤属 *Platerodrilus* 是红萤科内一类体壁柔软的甲虫，该属的种类有幼态持续现象。雌性成虫为幼虫形，外形似已灭绝的海生节肢动物三叶虫纲 Trilobita，因此它们的英文俗名被叫作“三叶甲虫”或“三叶幼虫”。本种巨大的幼虫形雌性成虫困扰了昆虫学家多年，直到1925年瑞典动物学家米约贝里（Eric Mjöberg）的研究成果发表：他在婆罗洲的考察中证实了这是一种幼态持续现象，即性成熟的成虫仍然保持幼期形态。雄性成虫具发达的后翅，体型通常远小于幼虫形的雌性。肯尼思·布莱尔（Kenneth Blair）描述科氏三叶红萤时是基于幼虫形的雌性标本。

近缘物种

根据2009年发表的分类学研究成果，三叶红萤属共包括25个物种及亚种。该属雌性成虫体长可达雄性的15倍之多。该属雄性可依据其不同的色彩斑纹及生殖器结构相区分。已知在 *Macrolibnetis* 和 *Lyropaeus* 属中，雌性也为幼虫形；此外在其他一些属例如 *Scarelus* 和 *Leptolycus* 属中，雌性也可能为幼虫形，但至今仍未被发现。

科氏三叶红萤 雌性幼虫形，具发达的胸部，长度大约和腹部长度相等，无翅。头部几乎完全被前胸背板覆盖，并可收缩回体内。前胸三角形，胸部第2节和第3节横长，近似矩形。腹部沿侧缘具发达的突起。雌性成虫和幼虫可依据具发达的复眼及生殖器官而区分。

科	红萤科 Lycidae
亚科	红萤亚科 Lycinae
分布	非洲热带界：热带非洲、南非
生境	森林，热带稀树草原，草原
微生境	低矮植被
食性	幼虫据推测为捕食者，成虫食性不确定
附注	红萤属包括一些具有醒目斑纹和特殊体型的物种

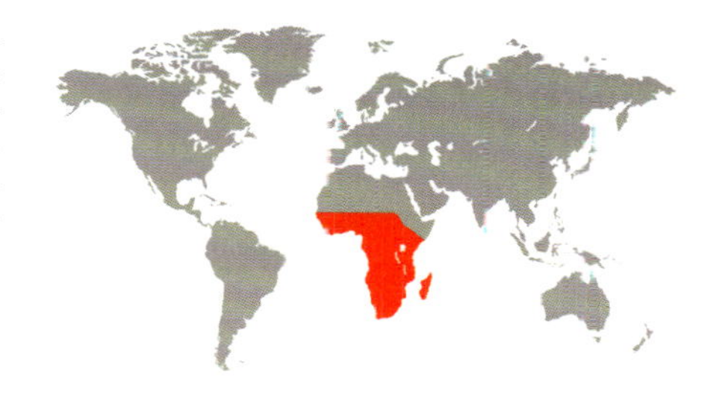

成虫体长
7/16–1 in
(11–25 mm)

黑尾宽红萤
Lycus melanurus
Lycus Melanurus
Dalman, 1817

红萤属 *Lycus* 物种丰富，多样性高，分为若干个亚属。该属主要分布于热带非洲，成虫常在开花的树上大量聚集。它们体色醒目，为警戒色，用于警告潜在的捕食者它们能分泌特殊的化学物质且因此不可口。这种化学物质包括一种被称为萤酸的乙炔酸。这类红萤经常会和其他具有类似色彩的昆虫形成拟态群，拟态群的组成有时包括其他科的甲虫、蝴蝶和蛑。红萤属的成虫易于识别，并且它与红萤科很多其他种类一样，头部具延长的喙，鞘翅具醒目的色彩。

近缘物种

红萤属种类较多，但是它们之间的亲缘关系并不清楚。不同物种通常可依据前胸背板、鞘翅以及色彩斑纹等方面的特征不同相区分。有报道称黑尾宽红萤可能和 *Lycus latissimus* 最为接近，但是要想得到关于亲缘关系更确定的结论，还需详细研究该属的所有物种，并仔细比较各个种的外部和内部形态结构。

实际大小

黑尾宽红萤 体壁柔软。体背大部橙黄色，但前胸中部具纵向黑带，鞘翅端部也为黑色。触角长，黑色，呈锯齿状。鞘翅扁平，中部十分宽大，表面具网状的叶脉状纹理及纵向的脊。每侧鞘翅在靠近肩部处具一尖锐的突出。

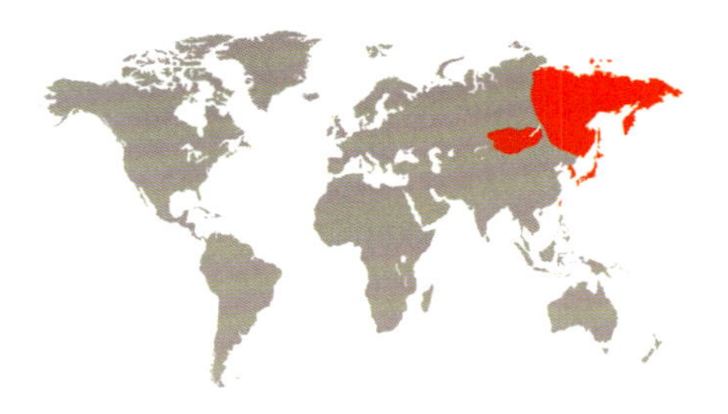

科	红萤科 Lycidae
亚科	红萤亚科 Lycinae
分布	古北界：俄罗斯远东、日本、蒙古国、韩国、中国（黑龙江、台湾）
生境	森林
微生境	成虫喜爱潮湿、阴凉的低矮植被；幼虫生活于朽木中
食性	成虫食性不明；该属幼虫在朽木中或其上取食
附注	本种鞘翅具典型的网状纹理，广泛分布于亚洲北部

成虫体长
9/16 in
(13.5–14.5 mm)

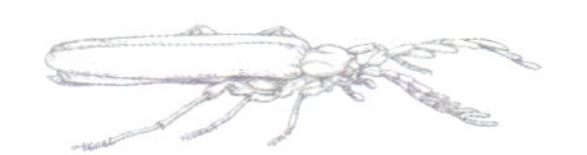

丽大红萤
Macrolycus flabellatus
Macrolycus Flabellatus
(Motschulsky, 1860)

大红萤属 *Macrolycus* 是红萤科大红萤族 Macrolycini 中唯一的属，见于古北界和东洋界的低海拔至山地区域。该属成虫通常喜爱潮湿阴凉的生境，并且生境中有与土壤紧密接触的朽木。成虫在早晨最为活跃。丽大红萤与红萤科中其他种类一样，飞行缓慢而笨重，且不会像很多其他甲虫一样被灯光所吸引。虽然该种在亚洲广泛分布，但其生物学特性不甚清楚。

近缘物种

大红萤属和 *Dilophotes* 属的爪端部分叉，这与红萤科其他属都不同（但这两个属的亲缘关系很远）。大红萤属的成虫具有以下独有的形态特征：前胸背板后角强烈突出，前胸背板中央具1条纵脊。大红萤属包括约50个物种，它们的亲缘关系并未被很好地研究过。属内不同的物种一般通过颜色斑纹和雄性生殖器结构等特征相区分。

丽大红萤 体壁柔软，体背覆盖有短刚毛。触角黑色，强烈梳状，非常长，向后约到达鞘翅中部。鞘翅红色，被不规则刻点。前胸背板黑色，表面不平坦。足黑色，扁平，适于步行。

实际大小

科	邻萤科 Telegeusidae
亚科	
分布	新北界和新热带界：美国南部、墨西哥北部、巴拿马
生境	热带森林
微生境	未知
食性	未知
附注	这个小科的英文俗名“Long-lipped Beetles”非常恰当，其意思是唇长的甲虫

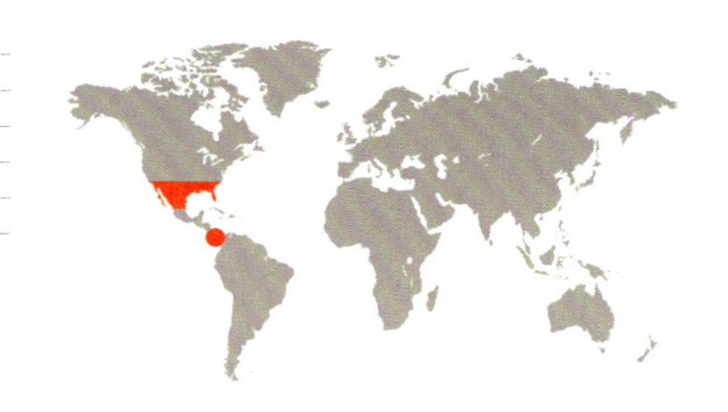

成虫体长
3/16–1/4 in
(5–6.2 mm)

东方邻萤
Telegeusis orientalis
Telegeusis Orientalis
Zaragoza Caballero, 1990

实际大小

邻萤科分布范围北至美国西南部，向南到达特立尼达和厄瓜多尔。它们通常十分罕见，且很少被研究；实际上该科的幼虫和雌性至今完全未知。雄性一般在夜间见于灯光下，或利用飞行阻断陷阱采集到，但是从未在其自然生活的微生境中见到它们。东方邻萤及该属中的其他物种具有如下特征：下颚须和下唇须非常长、扁平且被有复杂的毛。基于对其他近缘科的认识，人们推测该种以及邻萤科其他物种的雌性成虫不会飞行，甚至可能为幼虫形。

近缘物种

邻萤属 *Telegeusis* 共包括12个物种，其中5个种于2011年刚刚发表。该属分布于中美洲，向北到达美国西南部。东方邻萤和 *Telegeusis granulatus* 具有很多共同的形态特征，例如：体色相近（黑色至红褐色或黄色），鞘翅长度和形状相似。但是这两个种可依据其头部构造的不同相区分。

东方邻萤 成虫的外观有点像一些花萤科或隐翅虫科的物种，因为它们体壁柔软，颜色较浅，鞘翅短，腹部大部外露。体背覆盖有细刚毛，触角很长，丝状。复眼大而突出。各足覆盖有刚毛，适于步行。

科	光萤科 Phengodidae
亚科	光萤亚科 Phengodinae
分布	新北界和新热带界：美国西海岸各州至内华达州、亚利桑那州西南部及墨西哥下加利福尼亚北部
生境	沙漠，荆棘灌丛，橡木林，松柏林
微生境	幼虫和雌性成虫躲藏于地面的垃圾或碎屑之下
食性	成虫不取食，幼虫捕食马陆
附注	雌性成虫无后翅，幼虫形，但是具复眼

雄性成虫体长
½–⅞ in
(12–23 mm)

雌性成虫体长
1³⁄₁₆–2⅝ in
(30–65 mm)

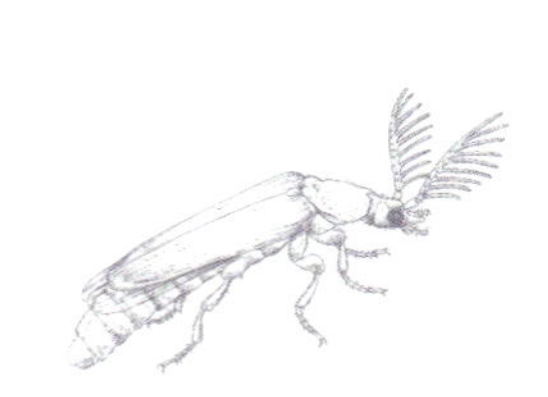

西部条光萤
Zarhipis integripennis
Western Banded Glowworm
(LeConte, 1874)

西部条光萤的卵、幼虫和蛹均会发光。体壁柔软的雄性成虫从蛹中羽化后失去发光的能力，而终生保持幼虫形的雌性成虫可继续发光。幼虫捕食马陆，它们先跟马陆并排爬行，尔后将身体蜷曲以环绕马陆的头部，从马陆的颈部开始撕咬。幼虫镰刀状的上颚能分泌一种液体以麻醉马陆。最后幼虫强行进入猎物的体腔开始取食。雌虫能通过释放性信息素来吸引雄虫。在靠近雌虫一定距离时，雄虫通过雌虫发出的光来搜寻雌虫。

近缘物种

条光萤属 *Zarhipis* 共包括3个物种，仅分布于北美洲西部。该属雄虫可通过如下特征与北美洲光萤科其他属相区分：体型较大，触角双栉状，鞘翅接近覆盖腹部全部。西部条光萤雄虫头部表面凹陷，第3和第4跗节具明显分叶，鞘翅两侧近于平行。

西部条光萤 雄性体狭长，体壁柔软，体扁平。头部橙红色或大部黑色但唇基浅色。前胸橙色，有时略带黑色。鞘翅革质，柔软，黑色，通常覆盖后翅和腹部的大部。足和腹部橙色，末2节可见腹板有时黑色。

实际大小

科	雌光萤科 Rhagophthalmidae
亚科	
分布	东洋界：斯里兰卡
生境	热带森林
微生境	低矮植被
食性	成虫食性未知；幼虫为捕食性
附注	该科甲虫很稀少，生物学习性不详，它与鞘翅目其他科之间的系统发育关系亦不明确

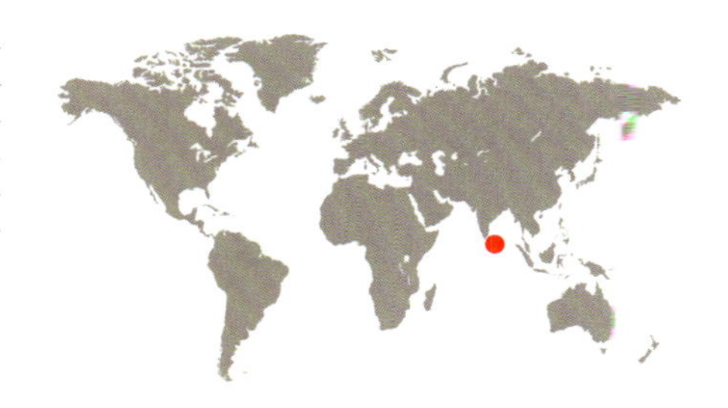

成虫体长
7/16 in
(11 mm)

惑雌光萤
Rhagophthalmus confusus
Rhagophthalmus Confusus
Olivier, 1911

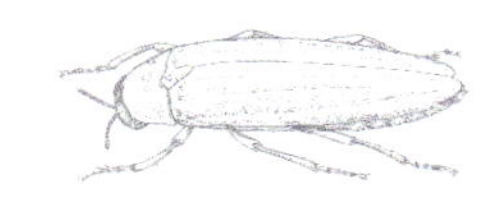

雌光萤属 *Rhagophthalmus* 包括35个物种，均分布于亚洲。各种的数量稀少，且生物学习性知之甚少。幼虫捕食性。雌性成虫无翅，具发达的复眼；这种现象很罕见，被称为不完全的幼虫形成虫。幼虫和雌性成虫均有生物发光现象。这类昆虫中一个值得注意的特征是，它们复眼发达，极其适应夜间活动。惑雌光萤很稀有，最初发表时仅依据一头标本描述。

近缘物种

雌光萤属内种间的物种区分很困难，一方面是由于该属内物种较多，另一方面是由于该属目前缺少涵盖全球物种的分类学研究。惑雌光萤的鞘翅黑色，*Rhagophthalmus gibbosulus*、*Rhagophthalmus tonkineus* 和 *Rhagophthalmus scutellatus* 亦如此；但惑雌光萤的前胸背板不像后3种一样完全黑色。

实际大小

惑雌光萤　体壁柔软，头黑色，体棕褐色，覆盖有细而短的刚毛。复眼很大，这是雌光萤科的典型特征。触角短，向后伸达前胸背板中部。各足长，适应于在叶片间行走。

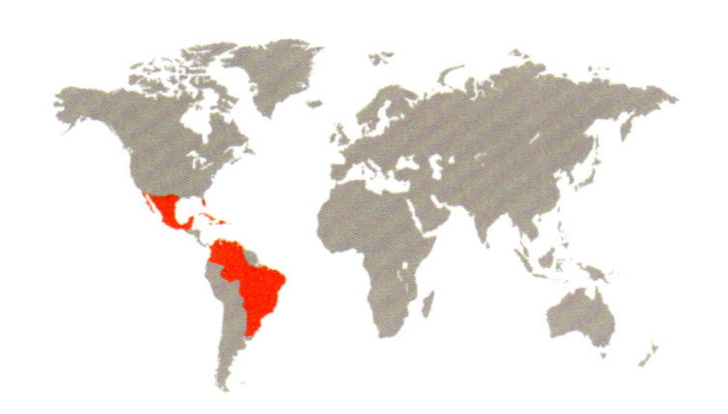

科	萤科 Lampyridae
亚科	萤亚科 Lampyrinae
分布	新北界和新热带界：美国（佛罗里达州和得克萨斯州最南部）、墨西哥、古巴、海地、波多黎各、小安的列斯群岛的多个岛屿、委内瑞拉、哥伦比亚、巴西
生境	开阔环境和林地
微生境	低矮植被
食性	成虫似乎并不取食；幼虫捕食性
附注	盾萤属能发光。雄虫具翅；雌虫无翅，为幼虫形，复眼发达

成虫体长
½–⁹⁄₁₆ in
(11.5–15 mm)

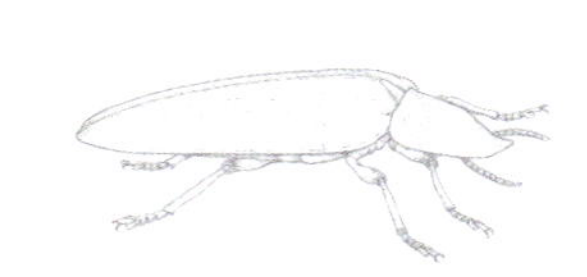

火盾萤
Aspisoma ignitum
Aspisoma Ignitum
(Linnaeus, 1767)

萤科成虫中的生物发光行为主要用于两性间的信号交流，有助于物种的种内识别及交配活动。一般在日落至少半小时后火盾萤的萤光才开始闪亮，并能持续3个小时。它们会在距离地面3 m左右的空中缓慢飞行。雄性来回飞行，以寻找静止的雌性。在白天，火盾萤可能在灌丛的上层躲藏或交配。

近缘物种

盾萤属 *Aspisoma* 隶属于 Cratomorphini 族，该族的特点是上颚小，端部窄且光洁。盾萤属的多样性相对较高，已知近80种，但仍有一些物种亟待描述。该属分布于新热带界。该属中的绿盾萤 *Aspisoma physonotum* 是萤科已知物种中仅有的体背均为鲜艳绿色的种。

实际大小

火盾萤 成虫宽卵圆形，黄褐色，体背覆盖有黄色细刚毛，头部覆盖于前胸背板前缘之下。前胸背板前缘颜色较浅，鞘翅每侧缘靠近中前部具一浅色斑，另具一些颜色较浅的纵线。雄性腹部末几节浅黄色，而雌性这几节为黄色至褐色。

科	萤科 Lampyridae
亚科	萤亚科 Lampyrinae
分布	古北界和东洋界：欧洲、俄罗斯、蒙古
生境	开阔林地和人类活动区域附近
微生境	草或低矮植被上
食性	幼虫捕食性；成虫很少取食
附注	夜光萤是一种广布且相对常见的萤火虫；雌性幼虫形，雄性具翅

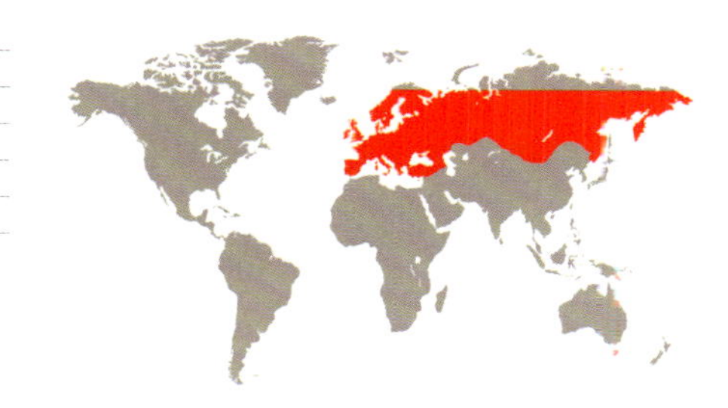

雄性成虫体长
⅜–½ in
(10–12 mm)

雌性成虫体长
⁹⁄₁₆–¾ in
(15–20 mm)

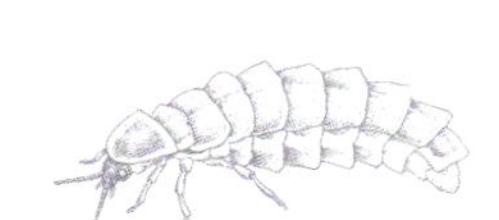

夜光萤
Lampyris noctiluca
Common Glowworm
(Linnaeus, 1767)

夜光萤是分布于欧洲和亚洲地区的常见甲虫，有显著的雌雄二型现象。雄性成虫具翅，鞘翅褐色，前胸背板颜色略浅，中央具大型褐色斑；雌性成虫为幼虫形，体长通常是雄性成虫的两倍，在它们生活史的各个阶段都够发光。该种甲虫使用它们的生物发光能力去吸引配偶，它们的末三节可见腹板能发出黄绿色的萤光。

近缘物种

萤属 *Lampyris* 是一个大属，但其分类学研究匮乏。例如，分布于葡萄牙的唯一萤属物种，之前被鉴定为夜光萤。但2008年的一项研究表明，这一地区的标本应当属于一个新种伊比利亚萤 *Lampyris iberica*。这个新种和夜光萤在体色、前胸的透明斑、体长、触角长度和雄性生殖器等方面均有差异。

实际大小

夜光萤　雄性体壁柔软，体褐色。体背面密被短小刚毛。触角丝状，中等长度。前胸背板前缘盖住头部。鞘翅表面具网状纹理。足适应于在植物上行走。雌性幼虫形，无发达的鞘翅（见右上方图）。

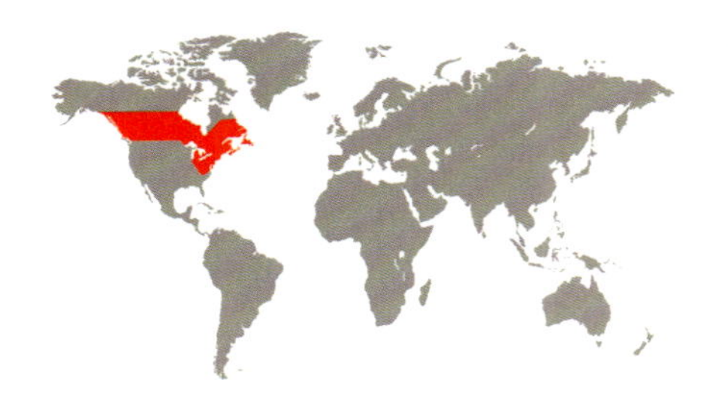

科	萤科 Lampyridae
亚科	巫萤亚科 Photurinae
分布	新北界：加拿大南部和美国东南部
生境	开阔林地
微生境	草或低矮植被上
食性	捕食性
附注	本种是宾夕法尼亚州的“州虫”；本属雌虫被称为蛇蝎美人

成虫体长
$\frac{3}{4}$–$1\frac{15}{16}$ in
(20–50 mm)

宾州巫萤

Photuris pensylvanica

Pennsylvania Firefly

(DeGeer, 1774)

宾州巫萤于1974年被指定为宾夕法尼亚州的“州虫”。巫萤属 *Photuris* 雌虫被称为蛇蝎美人（femmes fatales，法语）。因为这个种的雌虫可模拟其他属萤火虫（例如 *Photinus*，*Pyractomena* 等属）雌虫的光信号，从而引诱这些种的雄虫前来，然后捕食它们。有研究证明，巫萤雌虫捕食 *Photinus* 属萤火虫后，除了获得营养外，还获得蛮蟾毒素（lucibufagins）。萤蟾毒素是一种有毒的防御性化学物质，能保护它们免遭跳蛛等天敌捕食。还有研究表明，巫萤属的雄虫除了可发出本种的光信号外，还可模拟其他属雄性萤火虫的发光模式，以此误导捕猎的雌性巫萤前来，从而接近并获得交配机会。

近缘物种

巫萤属共包括5个种：*Photuris pensylvanica*、*Photuris cinctipennis*、*Photuris lucicrescens*、*Photuris versicolor*、*Photuris tremulans*，它们彼此的种间关系并未充分研究。宾州巫萤可依据前胸背板、足和鞘翅的颜色与近缘种相区分。

宾州巫萤 体狭长，体背黄色，具褐色图案，覆盖有细密鳞片。头部被前胸背板前缘覆盖。触角细长，丝状。足适于在叶片间行走。各足胫节基部和股节端部黄色，足其他部分褐色。

实际大小

科	伪萤科 Omethidae
亚科	伪萤亚科 Omethinae
分布	新北界：北美洲东部
生境	温带落叶阔叶林
微生境	成虫见于草本灌丛上
食性	成虫及幼虫食性未知
附注	本种野外罕见

成虫体长
3/16 in
(4–5 mm)

黄缘伪萤
Omethes marginatus
Omethes Marginatus
LeConte, 1861

伪萤科 Omethidae 共包括8属33种，分布于东亚和北美洲地区。幼虫未发现，成虫的食性也完全不清楚。根据它们在北美洲的零散记录，该科昆虫在春季及初夏羽化，主要白天活动，成虫寿命很短。虽然伪萤科在北美洲的物种分类很清楚，但该科在世界范围内仍缺少完整的名录，且物种的鉴定十分困难。

近缘物种

伪萤科在密西西比河以东地区仅知2个属，即伪萤属 *Omethes* 和 *Blathleya* 属，后者仅包括1个种。*Blathleya* 属的触角第4、5节膨大且凹陷，而伪萤属的触角为丝状或线状，无上述特化构造。伪萤属全世界仅包括2个种，*Omethes rugiceps*分布于日本，而黄缘伪萤分布于北美洲东部：自康涅狄格州至佐治亚州，印第安纳州西部和阿肯色州。

实际大小

黄缘伪萤　体狭长，两侧平行，被长而倒卧的黄色刚毛。头、触角及鞘翅大部深褐色；触角基部、前胸背板和鞘翅侧缘红褐色。头顶粗糙，不深凹，部分被前胸背板盖住。鞘翅具粗刻点及细而不明显的纵脊。

科	伪萤科 Omethidae
亚科	红伪萤亚科 Matheteinae
分布	新北界：美国（俄勒冈州、加利福尼亚州）
生境	温带森林
微生境	见于低矮植被上
食性	未知
附注	红伪萤亚科仅分布于美国俄勒冈州和加利福尼亚州，仅包括3个种，它们的生物学习性均未知

成虫体长
⅜–½ in
(10–11.5 mm)

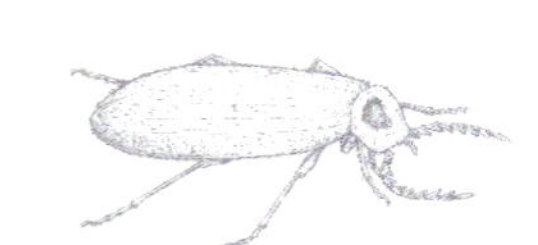

泰氏红伪萤
Matheteus theveneti
Matheteus Theveneti
LeConte, 1874

泰氏红伪萤隶属于伪萤科红伪萤亚科。该科研究基础薄弱，共包括8属大约30种。红伪萤亚科包括2属，均仅分布于美国的俄勒冈州和加利福尼亚州。泰氏红伪萤的标本在标本馆中并不常见，虽然在邻近地点偶尔能发现多个个体。该种在体形上有些类似于萤科的甲虫，而它们在自然生活状态下很像鲑莓 *Rubus spectabilis* 的玫瑰色花瓣。该种的生物学习性及幼虫均未知。

近缘物种

红伪萤亚科仅有的另外2个物种是分布于加利福尼亚北部海岸的 *Ginglymocladus discoidea* 和仅知分布于加利福尼亚红杉国家公园里的 *Ginglymocladus luteicollis*。*Ginglymocladus*属的鞘翅黑色或黑色具浅色边缘，而红伪萤属的鞘翅全为红色。到目前为止，泰氏红伪萤是该属内已描述的唯一物种。

实际大小

泰氏红伪萤 和萤科的物种十分相似，但体背为红色，前胸背板盘区黑色。触角很长，栉状。体背覆盖有细短刚毛。鞘翅长且宽，具清晰的纵向条脊。各足黑色，适于在植被上攀爬或行走。

科	花萤科 Cantharidae
亚科	大花萤亚科 Chauliognathinae
分布	新北界：亚利桑那州、新墨西哥州
生境	河岸环境及其周围区域
微生境	在乔木或灌木的花上
食性	成虫取食花粉；幼虫可能捕食小型昆虫
附注	最近的墨西哥以北地区的大花萤属的种级修订发表于1964年

成虫体长
9/16–11/16 in
(14–17 mm)

黑尾大花萤
Chauliognathus profundus
Chauliognathus Profundus
LeConte, 1858

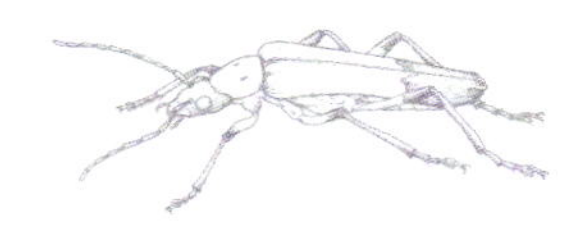

大花萤属 *Chauliognathus* 的成虫常见于花上，是北美洲最容易遇到的花萤之一。黑尾大花萤的成虫有时会大量聚集在草本植物、乔木或灌木的各种花上取食，尤其常见于峡谷底沿小溪边生长的植物上。它们有时会与勒氏大花萤 *Chauliognathus lecontei* 发现在同株植物上；但勒氏大花萤的体色由红色和黑色组成。

近缘物种

大花萤属在新热带界有近350种，在澳大利亚和巴布亚新几内亚还有另外一些种。该属是大花萤族 Chauliognathini 在北美洲的唯一代表。该属在墨西哥以北的北美洲共分布有20种。黑尾大花萤与其他19种的区别在于，它体背大部分为橙色或橙红色，头部和鞘翅端部1/3黑色，足大部黑色。

实际大小

黑尾大花萤 体柔软，扁平，两侧平行，体背大部橙色或橙红色。头、触角基部数节、足的大部分及鞘翅端部黑色。雌性与雄性相似，但腹部两侧具1或2对黑点，腹部端部黑色。

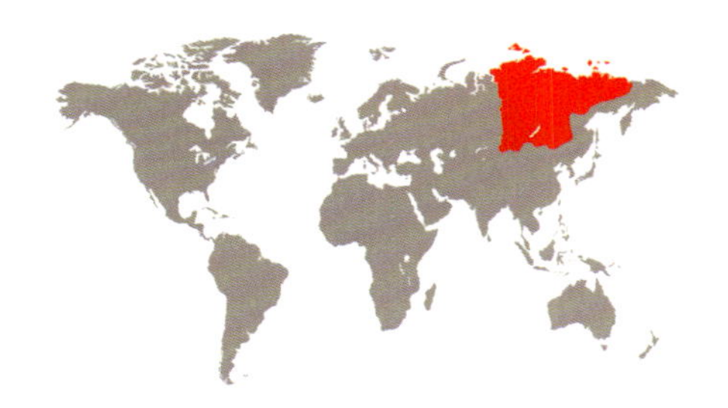

科	花萤科 Cantharidae
亚科	大花萤亚科 Chauliognathinae
分布	古北界：西伯利亚东部
生境	温带森林
微生境	低矮植被上
食性	捕食性；也会以花粉和花蜜作为补充食物
附注	俄短翅花萤在遇到危险时会渗出防御性液体以驱赶攻击者

成虫体长
3/16–3/8 in
(5.2–9.5 mm)

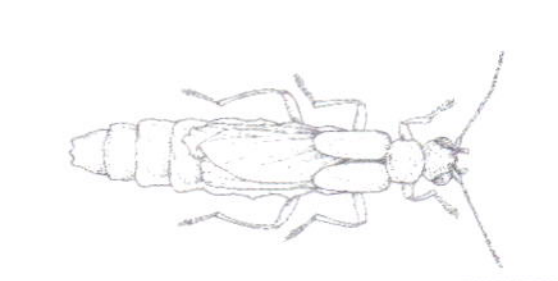

俄短翅花萤

Trypherus rossicus

Trypherus Rossicus

(Barovsky, 1922)

实际大小

俄短翅花萤是一种典型的花萤，体壁相对柔软，体两侧平行。这种甲虫能有效控制多种害虫的数量，它们通常取食蝗虫的卵、蚜虫、鳞翅目幼虫以及其他体柔软的昆虫。它们是成虫尤其是蚜虫的重要捕食者。它们也会取食花粉和花蜜作为食物的补充，因此也是一种次要的传粉昆虫。该种及其近缘物种于1985年被米歇尔·布兰库奇（Michel Brancucci）详细地重新描述。

近缘物种

短翅花萤属 *Trypherus* 包括大约30个物种，分布于古北界、东洋界和新北界。俄短翅花萤和分布于日本的*Trypherus babai*最为相似；这两个种雄性中足胫节近端部均有所膨大，这点与该属其他所有种都不同。俄短翅花萤和 *Trypherus babai* 则可根据雄性生殖器形状的不同彼此区分。

俄短翅花萤　外观有点像隐翅虫，鞘翅短，腹部各节可自由活动。体背覆盖有短而密集的毛。后翅发达，在鞘翅下明显可见。前胸背板两侧深色，具狭窄的棕黄色边缘。鞘翅大部黑色，但外缘和端部边缘为黄色。

科	花萤科 Cantharidae
亚科	丝花萤亚科 Silinae
分布	新北界：美国东部
生境	温带森林和灌丛带
微生境	低矮植被及花上
食性	捕食性
附注	双齿丝花萤是见于美国东部的一种花萤

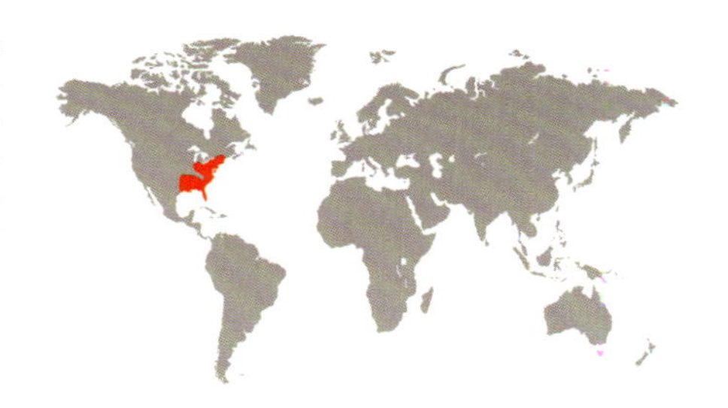

成虫体长
⅛–3/16 in
(3–4 mm)

双齿丝花萤
Silis bidentata
Silis Bidentata
(Say, 1825)

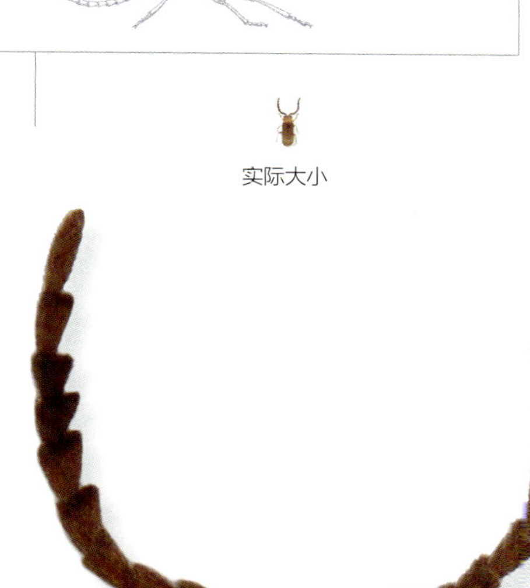

实际大小

丝花萤属 *Silis* 全世界分布，共包括大约68个物种，其中许多种分布于北美洲，尤其在加利福尼亚最为丰富。丝花萤属的成虫具有许多形态识别特征，例如：前胸背板侧缘薄片状，爪简单，雄性末腹板二裂。双齿丝花萤是广布的常见种。该种在其分布范围的南北限，头部颜色似乎有所变化。它与花萤科很多其他物种一样，亦为捕食性。

近缘物种

双齿丝花萤可依据以下特征与该属其他物种相区分：前胸背板表面具浅凹，触角略呈锯齿状，跗节各节长度接近。该种与 *Silis latiloba* 相似，但其前胸背板后角突出，并呈直角；而 *Silis latiloba* 前胸背板后角为圆形，突出不明显。

双齿丝花萤 一种小型且体壁柔软的甲虫，前胸背板浅色，鞘翅颜色较深（但在刚羽化的成虫中鞘翅呈现浅褐色）。前胸背板具光泽，鞘翅粗糙。前胸背板每侧具1对侧向突出的齿突。鞘翅并不覆盖腹部全部，在活的个体中，至少最末2节腹板暴露在鞘翅之外。触角长而粗，锯齿状。

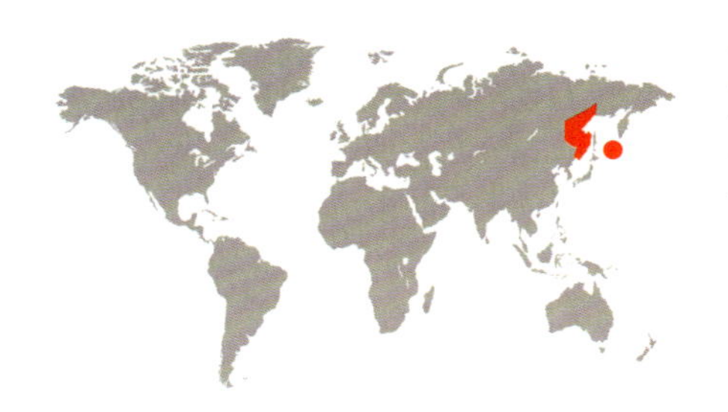

科	伪郭公虫科 Derodontidae
亚科	扁伪郭公虫亚科 Peltasticinae
分布	古北界：西伯利亚东部、日本
生境	温带森林
微生境	树皮下
食性	菌食性
附注	扁伪郭公虫属是扁伪郭公虫亚科唯一的属；其生物学习性尚未彻底清楚

成虫体长
3/16 in
(3.8–4.2 mm)

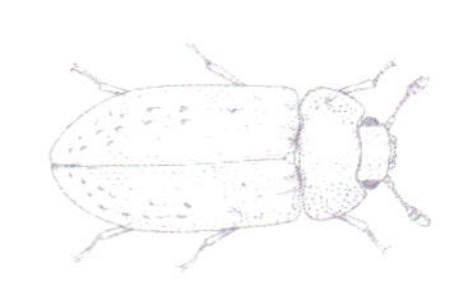

远东扁伪郭公虫
Peltastica amurensis
Peltastica Amurensis

Reitter, 1879

实际大小

扁伪郭公虫属 *Peltastica*，隶属于伪郭公虫科扁伪郭公虫亚科。该科种类很少，而该亚科仅包括该属。扁伪郭公虫属包括2种：瘤扁伪郭公虫 *Peltastica tuberculata* 分布于北美洲，远东扁伪郭公虫则分布于西伯利亚东部和日本。该属通常发现于树皮下发酵性的树液里，它们在那里取食真菌。该属成虫具2单眼，位于两复眼之间；前胸侧缘扩宽、扁平，这一特征与该科其他属不同。该种的生物学习性不明。

近缘物种

远东扁伪郭公虫与分布于北美洲的瘤扁伪郭公虫接近，但鞘翅长宽比、前胸背板侧缘形状及前胸背板表面细微结构不同。一项发表于2007年的系统发育分析显示，扁伪郭公虫属是伪郭公虫科其他属的姊妹群。

远东扁伪郭公虫 体小型，前胸和鞘翅有敞边。浅褐色，头部黑色，前胸背板盘区深色。触角较长，明显棒状。前胸和鞘翅侧缘呈细微的圆锯齿状。足褐色，适于爬行。

科	伪郭公虫科 Derodontidae
亚科	伪郭公虫亚科 Derodontinae
分布	古北界：欧洲
生境	温带森林
微生境	死树
食性	菌食性
附注	与伪郭公虫科其他种一样，本种额区有2个单眼

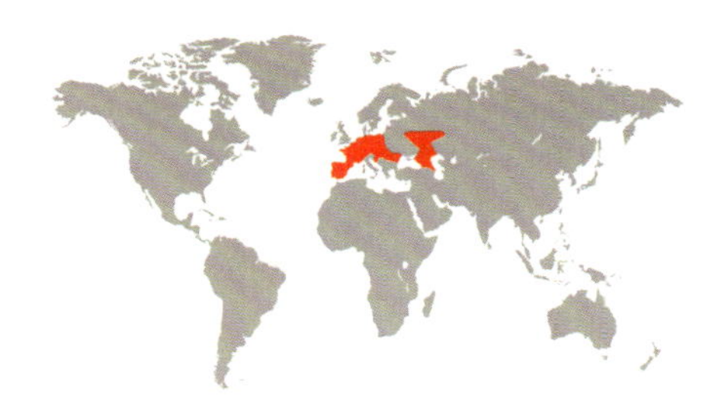

成虫体长
⅛ in
(2.5–3 mm)

斑伪郭公虫
Derodontus macularis
Derodontus Macularis
(Fuss, 1850)

实际大小

伪郭公虫属 *Derodontus* 包括8种，分布于3个大陆，是伪郭公虫亚科唯一的属。该属有些种的数量很多，但斑伪郭公虫数量稀少，可以说是珍稀物种。该属极易识别，其头部有1对三角形的单眼，前胸侧缘有小刺。取食真菌，幼虫发现于松脂皱皮孔菌 *Ischnoderma resinosum* 中。

近缘物种

斑伪郭公虫与 *Derodontus maculatus* 和 *Derodontus esotericus* 的鞘翅斑纹相似，但鞘翅端区的细微特征不同。亦与 *Derodontus trisignatus* 和 *Derodontus japonicus* 的前胸背板形状相似。

斑伪郭公虫 体小型，背面黄色至褐色，有深褐色的图案。头顶有2单眼和1道深的中沟。复眼大，半球形。前胸背板侧缘通常具6个尖齿，鞘翅有明显的刻点列。

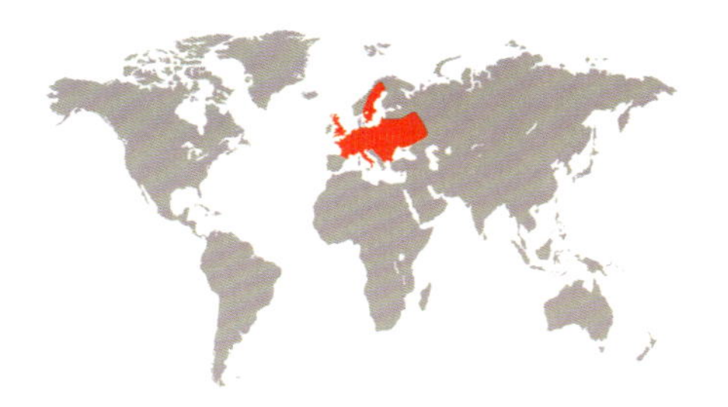

科	小丸甲科 Nosodendridae
亚科	
分布	古北界：欧洲
生境	温带森林
微生境	死树
食性	菌食性
附注	此科种类外形彼此非常相似；许多种依据虫体腹面特征或前胸背板和鞘翅的刻纹区分

成虫体长
3/16 in
(4–4.6 mm)

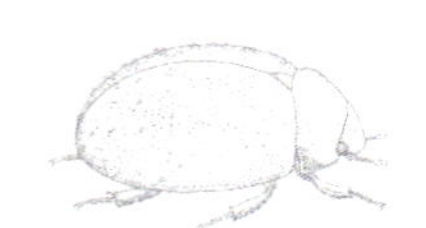

欧洲小丸甲
Nosodendron fasciculare
Tuffed Nosodendron
(Olivier, 1790)

欧洲小丸甲是小丸甲科描述的第1个种，原始发表于腐水龟虫属 *Sphaeridium*，现在是该科分布于欧洲的唯一一种。小丸甲科仅包括小丸甲属 *Nosodendron*，世界范围内大概60种，外形都非常相似。该科甲虫可能取食细菌、真菌和发酵物。欧洲小丸甲被欧洲一些国家列为濒危物种。

近缘物种

小丸甲属与非近缘的丸甲科 Byrrhidae 相同，能把足缩入其腹面的相应窝内；但小丸甲属头部为前口式，其他一些重要特征也与丸甲科不同。欧洲小丸甲可能与 *Nosodendron asiaticum*（全北界）、*Nosodendron coenosum*（日本）、*Nosodendron californicum*（美国）和 *Nosodendron unicolor*（美国）最为近缘。

实际大小

欧洲小丸甲 体小型，黑色至深褐色，非常拱凸，卵形。体表具粗糙刻点，鞘翅被分散的黄色刚毛簇。触角锤状，锤部3节。足粗壮，看似适于掘洞。

科	短跗甲科 Jacobsoniidae
亚科	
分布	澳洲界：澳大利亚东北部
生境	温带和亚热带森林
微生境	死树的树皮下
食性	可能菌食性
附注	这类微型甲虫在分类系统中的地位尚未明确，且其外部形态特征显示其生物学特性不同寻常

成虫体长
1/16 in
(1.7–2.1 mm)

劳伦斯短跗甲
Sarothrias lawrencei
Sarothrias Lawrencei
Löbl & Burckhardt, 1988

短跗甲科仅包括3属21种[①]。该科与其他甲虫的亲缘关系尚不清楚。幼、成虫生活在树皮下、植物残渣、真菌、蝙蝠粪便或朽木中。该科标本在博物馆中非常稀少，其生物学习性几乎完全未知。劳伦斯短跗甲发表时基于少量标本，标本采自澳大利亚昆士兰东北部潮湿的热带地区。一般见于落叶层。成虫无后翅，幼虫未知。

实际大小

近缘物种

劳伦斯短跗甲与分布于巴布亚新几内亚的巴布亚短跗甲 *Sarothrias papuanus* 接近，二者可依据地理分布、鞘翅纵沟数及纵沟间距、鞘翅纵沟间的刻点密度及雄性外生殖器形态进行区分。

劳伦斯短跗甲 体微小，深褐色，头大部分隐藏于前胸之下，前胸基部几乎与鞘翅等宽。触角各节宽，被分散的鳞状刚毛。体背面大部分区域光洁，局部区域散布一些刚毛簇。足相对长，粗壮，最可能适于挖掘。

① 在原著出版后，短跗甲科新发表了2个种，且均为中国种类：中华短跗甲 *Sarothria sinicus* Bi & Chen, 2015 和宋氏短跗甲 *Sarothrias songi* Yin & Bi, 2018。这个科之前在中国无记录。参见Bi WX, Chen CC, Lin MY. 2015. Zookeys 496: 53–60; Yin ZW, Bi WX. 2018. Acta entomologica Musei Nationalis Pragae 58 (1): 11–16。——译者注

科	皮蠹科 Dermestidae
亚科	球棒皮蠹亚科 Orphilinae
分布	新北界：北美洲西部（从不列颠哥伦比亚省至蒙大拿州，向东至内布拉斯加州，向南至加利福尼亚州和新墨西哥州）
生境	温带森林至矮灌木丛
微生境	幼虫发生于被真菌侵入的干朽木
食性	成虫取食花粉
附注	本种分布广泛，但数量稀少，生物学习性鲜为人知

成虫体长
1/8–3/16 in
(2.5–4 mm)

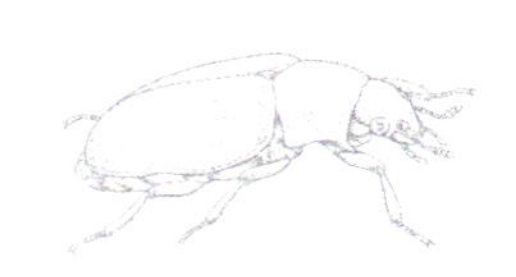

亮球棒皮蠹
Orphilus subnitidus
Orphilus Subnitidus

LeConte, 1861

亮球棒皮蠹头部有1个中单眼，皮蠹科的很多种都具中单眼。然而单眼在鞘翅目中非常少见，尽管它在很多其他目的昆虫中都存在。也不是所有的皮蠹都有单眼，皮蠹属 *Dermestes* 无单眼；尽管如此，是否有中单眼仍然可作为整个科的一般性识别特征。球棒皮蠹属 *Orphilus* 成虫访花（与大多数皮蠹科成虫一样）；幼虫体表无特化的针状长刚毛，取食被真菌侵入的干朽木（大多数皮蠹科幼虫体表被针状长刚毛，取食腐肉）。

近缘物种

球棒皮蠹属共包括6种，其中2种分布于北美洲，其他种分布于欧亚大陆（欧洲中部和南部，地中海地区，小亚细亚和亚洲中部）。该属还包括1个化石记录，来自早渐新世的弗洛里森特化石带（位于美国科罗拉多州）。但该化石种是否确实归于这个属，还需要进一步研究。球棒皮蠹亚科的另一个属是 *Orphilodes* ，分布于澳大利亚、马来半岛和婆罗洲。

实际大小

亮球棒皮蠹　体色全黑，通常有光泽。触角、口器和跗节颜色偏浅。体形高度紧凑，近似于姬花甲科 Phalacridae 中的黑色种类，但其具有中单眼，极易与后者区分。

科	皮蠹科 Dermestidae
亚科	长毛皮蠹亚科 Trinodinae
分布	世界性分布：原产于亚洲中部
生境	温带森林
微生境	干燥环境
食性	干的动物有机质
附注	广泛分布，在博物馆等场所中被视为害虫

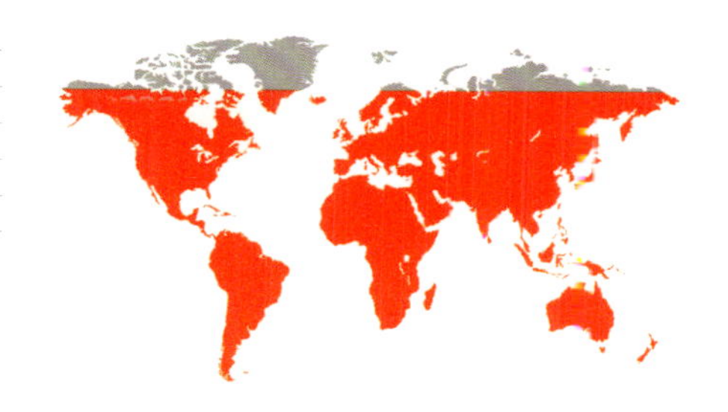

成虫体长
1/16–1/8 in
(2–3 mm)

百怪皮蠹
Thylodrias contractus
Odd Beetle
Motschulsky, 1839

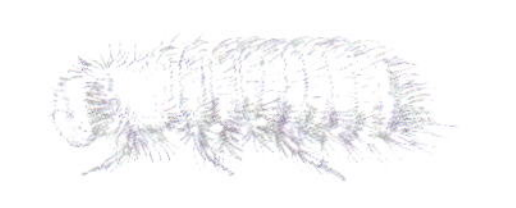

百怪皮蠹名副其实，它确实是非常奇怪的甲虫。雄性足细长；雌性具幼态持续（即成虫期仍部分保持幼虫特征），无鞘翅、小盾片和后翅；雌雄额区都有代表性的单眼。幼虫体表被特化的刚毛，与皮蠹科其他幼虫相似。百怪皮蠹常见于堆放有动物质干燥有机质的场所，会毁坏动物标本，是博物馆的重要害虫。

实际大小

近缘物种

百怪皮蠹属 *Thylodrias* 为单型属；隶属于长毛皮蠹亚科，该亚科包括7属。百怪皮蠹族 Thylodrini 一共有2个属，另一属为*Trichodrias*，也是单型属，分布于爪哇、婆罗洲、马来西亚和菲律宾。

百怪皮蠹 体色均一，棕褐色或灰白色，表被刚毛，雌雄二型，与其他皮蠹不同。雄性成虫体软，体壁骨化程度弱，足细长，体形不如该科其他种紧凑。雌虫为幼虫型。

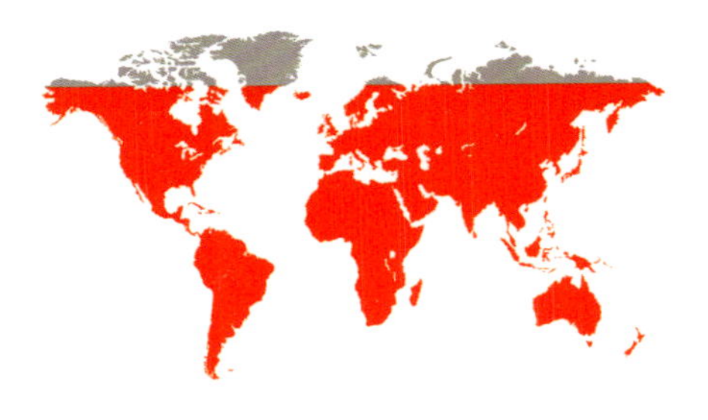

科	皮蠹科 Dermestidae
亚科	长皮蠹亚科 Megatominae
分布	世界性分布：原产于亚洲中部
生境	温带森林
微生境	干燥环境
食性	干燥的动物有机质
附注	广泛分布，在博物馆和其他地方为害虫

成虫体长
1⁄16–3⁄16 in
(2.2–3.6 mm)

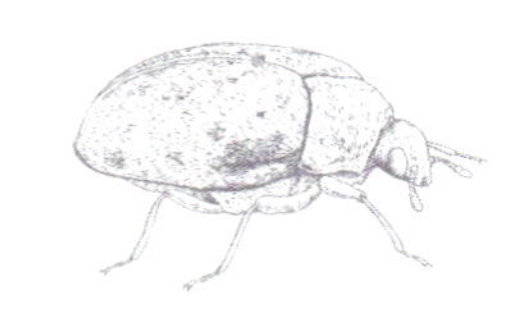

标本圆皮蠹
Anthrenus museorum
Museum Beetle
(Linnaeus, 1761)

实际大小

圆皮蠹属 *Anthrenus* 是皮蠹科种类最为丰富的属之一。体色鲜艳，却让人讨厌，特别对于动物标本馆的管理者来说。标本圆皮蠹非常常见，几乎吃一切东西（特别是其幼虫），包括毛皮、地毯、羊毛、丝绸、羽毛、皮革、储藏谷物、毛绒玩具和死昆虫。在人类居住区外，成虫可能在白天访花取食花粉。幼虫像该科大多数幼虫一样，体表被特化的针状刚毛，因此易于识别；当被触碰时，刚毛会脱落。

近缘物种

圆皮蠹属包括大约130种。标本圆皮蠹与小圆皮蠹 *Anthrenus verbasci* 非常接近，后者在家庭中数量更多。圆皮蠹属的分类学修订已完成，许多种非常相似——历史上，标本圆皮蠹被不同的研究者于不同时期描述过14次以上。

标本圆皮蠹 体强烈拱凸，体表被白色、黄色和红色的鳞片，这些不同颜色鳞片形成杂色的斑。雌雄外形相似。该种体色和斑纹与更常见的小圆皮蠹接近，但其鞘翅表面鳞片比后者少，使其看起来更黑。

科	短蠹科 Endecatomidae
亚科	
分布	新北界：美国东南部（包括密苏里州、伊利诺伊州南部、俄克拉何马州、阿拉巴马州、得克萨斯州）
生境	温带森林
微生境	落叶林中的真菌
食性	木质真菌
附注	在一些特定种类的真菌中常见

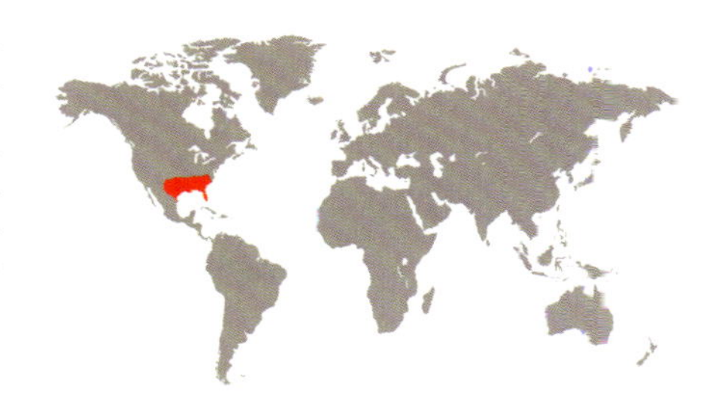

成虫体长
$^3/_{16}$–$^1/_4$ in
(4.5–5.5 mm)

背短蠹
Endecatomus dorsalis
Endecatomus Dorsalis
Mellié, 1848

实际大小

短蠹属 *Endecatomus* 体小型，体表有绒毛，常见于木质的多孔菌内钻蛀。幼虫蛴螬型，与成虫一起发现。短蠹科种类很少，原归于长蠹科 Bostrichidae 内。尽管系统发育关系未完全清楚，但认为该科是长蠹总科 Bostrichoidea 中非常原始的类群。背短蠹是该科分布于美国东南部的种中最少见的；但因其不易发现，其分布范围还需进一步确定。要发现这个种，需要仔细检查其真菌寄主的内部。

近缘物种

短蠹科是个种类少、不引人注目的科。该科仅包括4种，分布于全北界，从日本和俄罗斯远东地区一直分布到美国俄克拉荷马州，但北美洲西部无。它们看起来像有毛的长蠹科昆虫。已故的现代甲虫分类之父罗伊·克劳森（Roy Crowson），在1961年曾提出关于此科系统地位的两种假说，均将其置于长蠹总科的基部位置。

背短蠹 体小型，圆筒形，体色均一，红色至深褐色，表被牢固卷曲的刚毛。头型为下口式。与长蠹总科大多数种类一样，从侧面看足明显可见。雌雄相似。

科	长蠹科 Bostrichidae
亚科	长蠹亚科 Bostrichinae
分布	新北界：墨西哥（下加利福尼亚州北部）、美国（加利福尼亚州南部）
生境	沙漠
微生境	大型棕榈树，如海枣属 *Phoenix* 和丝葵 *Washingtonia filifera*
食性	取食植物
附注	本种为世界上最大的长蠹

成虫体长
$1\frac{3}{16}$–2 in
(30–52 mm)

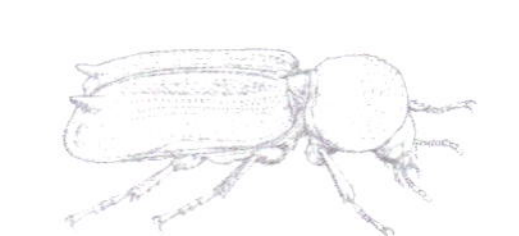

赖特巨长蠹
Dinapate wrightii
Giant Palm Borer
Horn, 1886

赖特巨长蠹是世界上最大的长蠹科昆虫。寄主为大型棕榈树，包括海枣属的种类和丝葵；分布于北美洲的沙漠绿洲。幼虫和成虫取食树干，成虫在仲夏活跃飞行。幼虫期长达数年，成虫和幼虫取食的声音在几英尺之外都能听到。该种原本是珍稀种，但在一些地区现在认为它是害虫。这些地区把丝葵作为行道树（如亚利桑那州和加利福尼亚州），赖特巨长蠹大量取食该树并在树内钻出蛀道，会导致树势变弱，当大风来临时树会被吹倒。

近缘物种

长蠹亚科分布于全世界，包括5族60属。巨长蠹族 *Dinapatini* 仅包括巨长蠹属 *Dinapate* 一属。巨长蠹属仅包括2种：赖特巨长蠹和 *Dinapate hughleechi*，后者分布于墨西哥，亦取食棕榈树。

实际大小

赖特巨长蠹 体超大型，圆筒形，体色均一，深褐色，腹面被金色刚毛。头型下口式，触角棒部不对称。鞘翅具纵脊，各纵脊会聚于鞘翅末端并形成1个刺状突。幼虫蛴螬型。

科	长蠹科 Bostrichidae
亚科	丽长蠹亚科 Psoinae
分布	古北界：欧洲南部、亚洲西部和非洲北部
生境	森林和开阔林地
微生境	低矮植物和藤本植物
食性	植食性
附注	虽然通常与木质藤本植物相关，但此种曾被记载为危害图书馆书籍的害虫

成虫体长
¼–9/16 in
(6–14 mm)

疑丽长蠹
Psoa dubia
Psoa Dubia
(Rossi, 1792)

长蠹科的幼虫几乎专性蛀木。丽长蠹属*Psoa*与木质藤本植物相关，包括葡萄属*Vitis*。在一些关于欧洲图书馆害虫的老文献里，提到疑丽长蠹是旧书籍和其他文献的害虫，但其在图书馆里数量很少，不会构成严重危害。此种的体长变化范围大，这是蛀木性昆虫的典型特征，其大小取决于其食物源营养成分的质量。

近缘物种

丽长蠹亚科种类少，包括5属，主要分布于旧大陆。丽长蠹属的2种分布于地中海地区，3种分布于北美洲西部。地中海地区的2个种外形接近，但体色和鞘翅绒毛的质地不同。丽长蠹属的种类由于体色鲜艳、体形圆筒形，粗看近似一些郭公虫科昆虫。

实际大小

疑丽长蠹 体狭长，近圆筒形，表被刚毛。黑色，鞘翅锈褐色至亮红色。头型略呈下口式。触角棒部对称。鞘翅有模糊的刻点；鞘翅末端圆钝。此属的种类体色鲜艳，在长蠹科中鲜有。

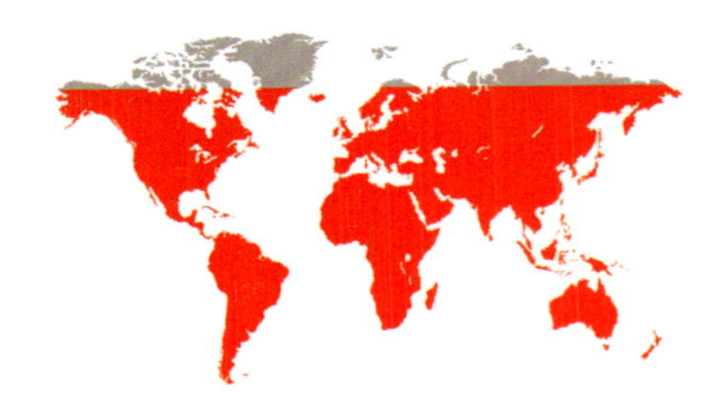

科	长蠹科 Bostrichidae
亚科	竹长蠹亚科 Dinoderinae
分布	世界性分布：原产于热带的中南美洲和美国南部，人为传播到世界上其他温暖地区
生境	温暖地区
微生境	储藏物
食性	幼虫和成虫取食储藏物
附注	成虫钻蛀谷物，形成整齐的圆孔

成虫体长
⅛–3/16 in
(3–4.5 mm)

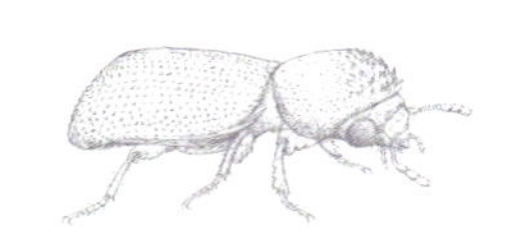

大谷蠹
Prostephanus truncatus
Larger Grain Borer

(Horn, 1878)

实际大小

大谷蠹原产于热带的中南美洲，该地区也是其主要寄主玉米的原产地。大谷蠹随着国际贸易传播到世界各地，成为储藏物的重要害虫，主要危害玉米，还有木薯 *Manihot esculenta* 及其他农产品。储藏谷物中倘若发现整齐的圆形小蛀孔，以及一堆粉屑，则意味着存在大谷蠹。有几种方法可以控制其进一步传播，保持良好卫生条件是最经济、最简单且最环保的做法。

近缘物种

大谷蠹属 *Prostephanus* 包括5种，多数为北美洲特有，其中1种分布于智利。还有其他一些长蠹取食储藏谷物，包括谷蠹 *Rhyzopertha dominica*，但谷蠹体型更小，体形也更狭长。

大谷蠹　体小型，圆筒状，体色均一，红褐色至黑褐色，体表被稀疏的刚毛。头型为下口式，前胸背板前部有一些刺状齿，用于钻蛀进玉米和其他储藏物中。

科	长蠹科 Bostrichidae
亚科	粉蠹亚科 Lyctinae
分布	泛热带分布
生境	湿润森林
微生境	倒木的边材
食性	幼虫和成虫均取食木材
附注	本种首次描述于1858年，依据采自斯里兰卡的标本，之后又用不同的名称描述了3次：1866年，依据采自印度尼西亚的标本；1879年，依据采自多米尼加的标本；1879年，依据采自夏威夷的标本

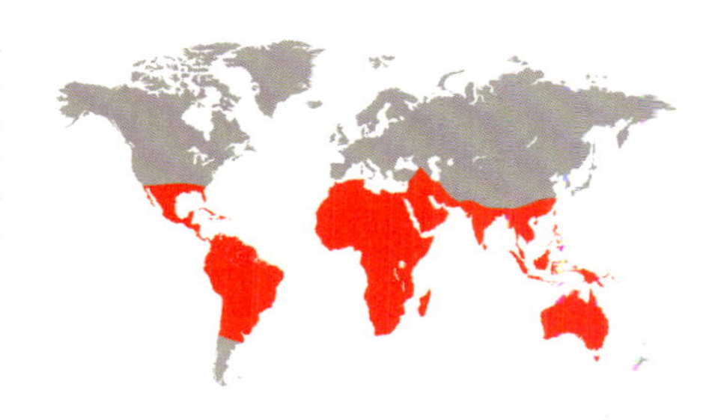

成虫体长
1/16–1/8 in
(2–3 mm)

鳞毛粉蠹
Minthea rugicollis
Hairy Powder Post Beetle
(Walker, 1858)

鳞毛粉蠹分布于全球的热带地区，是为害充分干燥的木材的害虫。一些森林昆虫学家认为，若其数量继续增长，将影响一些热带国家的经济——它已成为尼日利亚、印度部分区域和美国最具破坏性的害虫之一。该种危害度之大，可能部分是因为其生活史——它在热带地区全年活跃。该种从卵发育至成虫需2–6个月，取决于木材中的淀粉和水分含量，以及环境温度。

实际大小

近缘物种

鳞毛粉蠹属 *Minthea* 是环热带分布的属，包括8种，是粉蠹亚科中较令人关注的属之一。该属与其他一些粉蠹一起称为“粉末甲虫”，因为它们能把木材变成粉末状。这些常见的其他粉蠹体表无鳞片，与鳞毛粉蠹属截然不同。

鳞毛粉蠹 体狭长，较扁平，体色均一，褐色至红褐色。体表被明显的鳞片状刚毛，在鞘翅上形成整齐的毛列。触角棒部2节，前胸背板盘区有一个明显的凹坑。

科	长蠹科 Bostrichidae
亚科	栉角长蠹亚科 Euderiinae
分布	澳洲界：新西兰
生境	温带森林
微生境	南青冈 *Nothofagus* 和罗汉松
食性	幼虫在树的蛀道中取食，包括活树、死树及树势弱的树
附注	在2012年的出版物中被列为“自然界不常见的”物种

成虫体长
3/16–1/4 in
(4.4–5.3 mm)

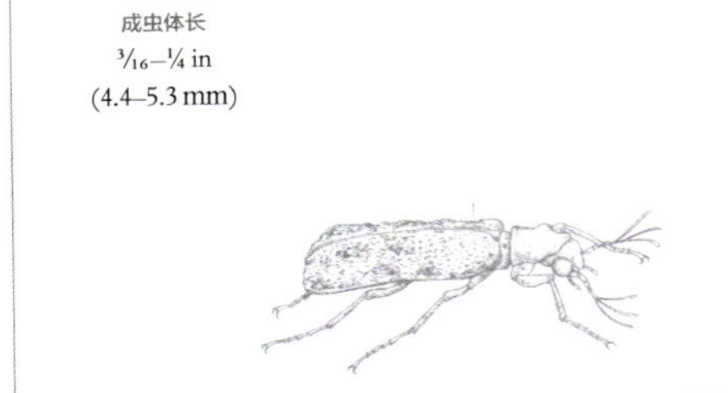

鳞栉角长蠹

Euderia squamosa

Euderia Squamosa

Broun, 1880

实际大小

鳞栉角长蠹是一种奇怪的、很少采到的长蠹科昆虫，它与该科其他种的系统发育关系尚未明确。该种原始发表于蛛甲科 Ptinidae 中，之后被移到长蠹科，尽管它与前者的共同特征更多。标本在博物馆中相对稀少，但寄主植物选择模型似乎显示其取食一些温带地区的树。

近缘物种

鳞栉角长蠹是栉角长蠹属 *Euderia* 的独有种，也是栉角长蠹亚科的独有种，仅限分布于新西兰。该种的系统发育地位尚不清楚，看起来与长蠹科或蛛甲科其他种类都不太相似。目前甲虫系统分类学家倾向于把栉角长蠹属与长蠹科另一个很特别的属 *Endecatomus* 放在一起，但这两个属的系统地位依然令分类学家困惑。

鳞栉角长蠹　体狭长，略呈圆筒状，杂灰色至褐色。体表密被灰色鳞片。雄虫触角强烈栉状。有几个特征在长蠹科其他种类中缺失，而在蛛甲科种类中则存在，例如触角能收纳于前足基节之间的沟中。

科	蛛甲科 Ptinidae
亚科	蛛甲亚科 Ptininae
分布	世界性分布
生境	森林
微生境	聚集于干的动物或植物有机质
食性	储藏物
附注	鞘翅愈合使得气门隐藏，以减少水分丢失

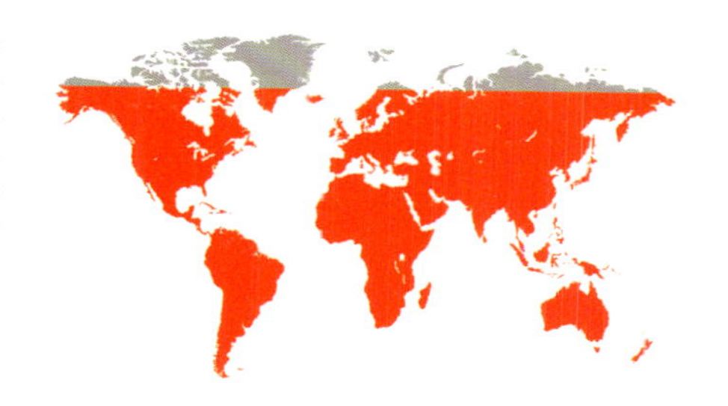

成虫体长
1⁄16–1⁄8 in
(1.7–3.2 mm)

拟裸蛛甲
Gibbium aequinoctiale
Smooth Spider Beetle
Boieldieu, 1854

实际大小

裸蛛甲属 *Gibbium* 取食碎屑，包括所有的动物制品，从狗饼干和罂粟子蛋糕至皮革和羊毛。当食物充足的时候，它们很常见；但在其他环境中很稀少（如在自然界中），它们的原始生境可能与啮齿动物的粪堆相关。拟裸蛛甲不能飞，因此其分布范围之广不得不说是个奇迹。这可能与它耐寒能力强、可以长期在无水环境中存活相关。

近缘物种

裸蛛甲属包括2种，拟裸蛛甲和裸蛛甲 *Gibbium psylloides*，后者仅分布于旧大陆。两个种外形极为相似，区分困难，可依据触角窝和雄性外生殖器的形态区分。这两种亦与*Mezium*属近似，但它们腹部可见腹板节数更少，头部和前胸背板无绒毛。

拟裸蛛甲 外形似甲螨。体强烈拱凸，体形紧凑，球形。前胸背板和鞘翅无毛，亦无刻点。体色从红色至黑色，腹面密被金色的短刚毛，与触角和足的颜色相配。足长，似蜘蛛。

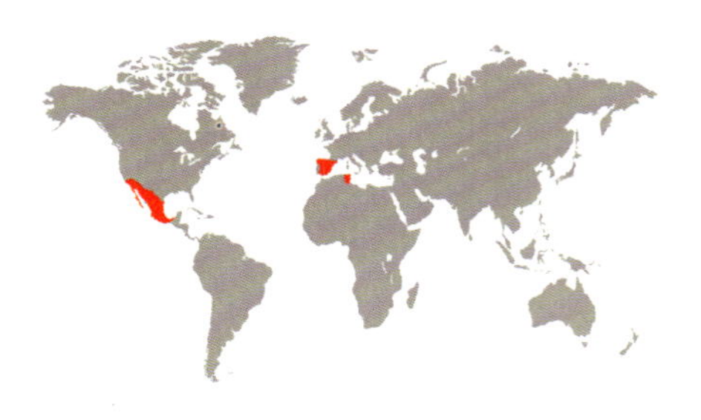

科	蛛甲科 Ptinidae
亚科	枝窃蠹亚科 Ernobiinae
分布	新北界和新热带界：原产于墨西哥和美国加利福尼亚州；人为引入欧洲南部和北非（马德拉群岛、马耳他、西班牙、突尼斯）
生境	温带森林
微生境	大多在死树上、花上和干的植物有机质上
食性	水果、树茎、栎树虫瘿中，松树的球花
附注	此种有记录被引入新西兰，但需进一步确认

成虫体长
1/16–1/8 in
(1.5–2.5 mm)

角颚窃蠹
Ozognathus cornutus
Ozognathus Cornutus
(LeConte, 1859)

实际大小

角颚窃蠹原产于北美洲西部，但现在已传播并定殖到欧洲南部和北非。像金龟子那样的角突在蛛甲科中很少见，但发生于少数一些取食死树的种中。角颚窃蠹雄性上颚基部生有显著的角突，伸至头部上方。尽管该构造的功能尚不清楚，但可能与其他甲虫的角突功能相似，都是用于雄性间的争斗。

近缘物种

枝窃蠹亚科包括很多属，至少大部分是蛀木性甲虫。可用敲击死树的方式采集，或从封起来的寄主树干中繁育出来，也可以在寄主树附近等待它自然来访。颚窃蠹属 *Ozognathus* 包括3种，均分布于北美洲；可依据雄性上颚与大多数近缘属区分。

角颚窃蠹 体小型，长形，拱凸，深褐色，体表被长刚毛。下口式头型。雄性上颚基部生有大角突，触角棒部长。雌性较难辨识，与该亚科其他种类相似，无特别的性征。

科	蛛甲科 Ptinidae
亚科	枝窃蠹亚科 Ernobiinae
分布	古北界和东洋界：广泛分布于欧洲和亚洲
生境	温带森林
微生境	硬木林
食性	幼虫取食被真菌侵入的朽木
附注	报死窃蠹伸直所有的足，将身体立在木材上，头顶向下，身体一抬一降，用扁平的头顶连续撞击木材，从而发出有节奏的敲击声

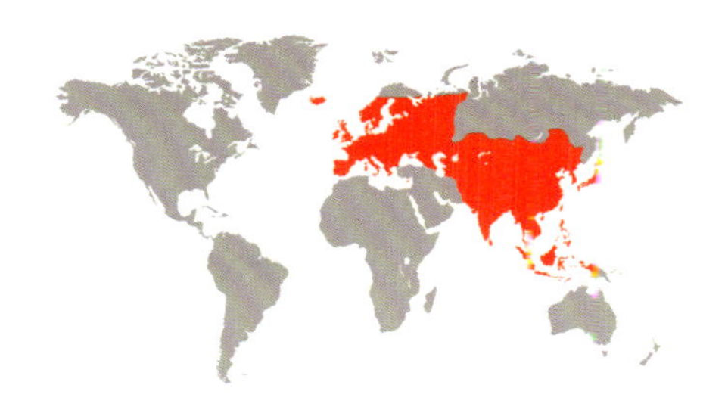

成虫体长
$^3/_{16}$–$^3/_8$ in
(4–9 mm)

报死窃蠹
Xestobium rufovillosum
Death Watch Beetle
(DeGeer, 1774)

传说报死窃蠹预示着死亡，这缘于该种雌雄成虫都会在木材上发出怪诞的敲击声，尤其是半夜听到从暴露的栎树房梁上发出这种敲击声时会令人感觉很惊悚。但实际上这是报死窃蠹在寻求配偶。起初是雄性在木梁上敲击，若雌性感兴趣，则同样以敲击声回应。最后雌性来到雄性身边，二者交配。要强调的是，这个过程是雌性选择雄性，选择凭据就是敲击声。据报道，在英国，几乎所有的19世纪建造的有栎树梁的房屋都已经遭到此种侵害。

近缘物种

枝窃蠹亚科全世界分布，与很多其他小甲虫一样，在分类学上是容易被忽视的类群。报死窃蠹属 *Xestobium* 包括17种，主要分布于欧洲和北美洲，所有种都像该亚科其他种一样侵害硬木材。报死窃蠹与 *Xestobium elegans* 最为近似，后者分布于俄罗斯远东地区。

实际大小

报死窃蠹 体型中等大小，长形，体拱凸，蛀木性甲虫。红色至深褐色，甚至黑色。体表被灰白色或黄色的长毛状刚毛。

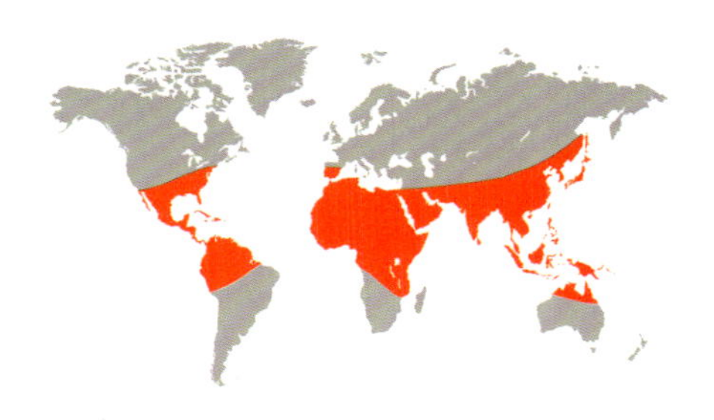

科	蛛甲科 Ptinidae
亚科	木窃蠹亚科 Xyletininae
分布	主要为环热带分布
生境	人类活动区
微生境	储藏物
食性	广谱性地取食储藏的植物产品
附注	对烟草危害最大的害虫之一

成虫体长
1⁄16–1⁄8 in
(2–3 mm)

烟草甲
Lasioderma serricorne
Cigarette Beetle
(Fabricius, 1792)

实际大小

烟草甲　一种小型甲虫，红棕色，体形卵圆而紧凑，强烈隆起，体表覆盖绒毛。休息时头部隐藏于前胸背板下方，在受到惊扰时能将各足缩在身体下方。触角锯齿状，无端锤，鞘翅光洁，缺少显著条沟。

烟草甲从很久以前就与人类相关，在死于3300年前埃及法老图坦卡门的墓穴中的干松香里发现了它。在杂乱的橱柜里，烟草甲能大量繁殖。幼虫蛴螬型，体表被刚毛，幼虫期仅26天左右。烟草甲的中肠有共生的酵母菌，能帮助消化，提供维生素和固醇，并对毒素有抗性。包含酵母菌的特化器官称为含菌体。在雌性中，当卵通过输卵管时，酵母菌会附于卵的表面，这样初孵幼虫取食卵壳的同时也摄入了酵母菌。

近缘物种

木窃蠹亚科物种丰富，包括超过30个属，大约150种。烟草甲属 *Lasioderma* 包括大约40种，大多数分布于古北界。烟草甲常与药材甲 *Stegobium paniceum* 混淆，且二者生境相似；但药材甲属 *Stegobium* 鞘翅有刻点列，烟草甲缺无。

科	蛛甲科 Ptinidae
亚科	三栉窃蠹亚科 Dorcatominae
分布	新北界：北美洲东南部（从得克萨斯州向东北至新泽西州，向南至佛罗里达州）
生境	温带森林
微生境	真菌
食性	成虫和幼虫均取食马勃
附注	成虫很难碰到

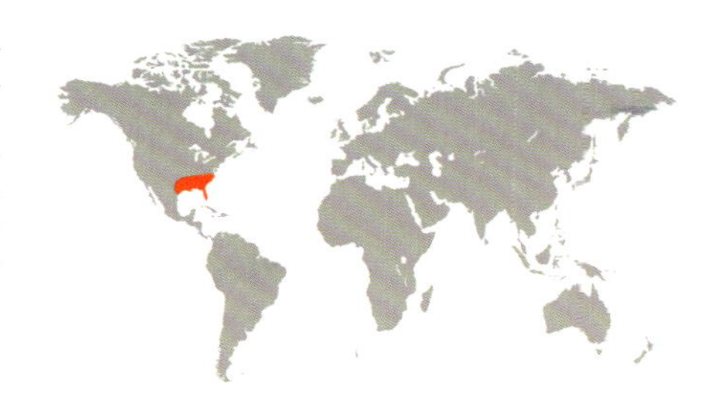

成虫体长
1/16–1/8 in.
(2–2.5 mm)

马勃球窃蠹
Caenocara ineptum
Puffball Beetle
Fall, 1905

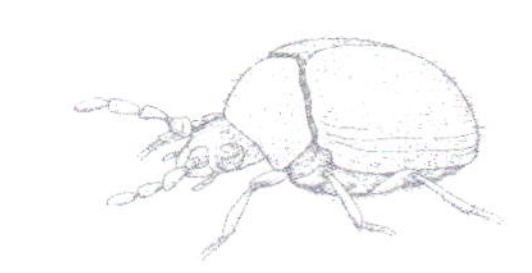

实际大小

虽然蛛甲科大多数种类与朽木相关，但三栉窃蠹亚科多为菌食性，取食朽木上的真菌。马勃球窃蠹发现于多种马勃及近似马勃的真菌上。取食马勃的食性在甲虫中多次起源，但在所有的菌食性类群中也不是太常见。马勃球窃蠹成虫很少碰到，碰到时通常是它们在寄主上交配及产卵。幼虫蛴螬型；取食发育中的真菌，会毁坏一颗完好的马勃，因此对采蘑菇的人来说不是好事。

近缘物种

三栉窃蠹亚科多样性较高，包括50属约150种。但这个类群还有很多未描述种类（特别是在热带地区），在分类学上是容易被忽略的类群。球窃蠹属 *Caenocara* 包括16种左右，多分布于全北界，是北美洲地区甲虫中取食马勃的唯一属。

马勃球窃蠹 体小型，圆形，拱凸，黑色，表被刚毛，有光泽。当被惊扰时，头部隐藏于前胸之下，足紧紧缩起来，使身体从马勃上滚落到下方落叶层中。触角端部3节延长而膨大。鞘翅有明显的侧沟。

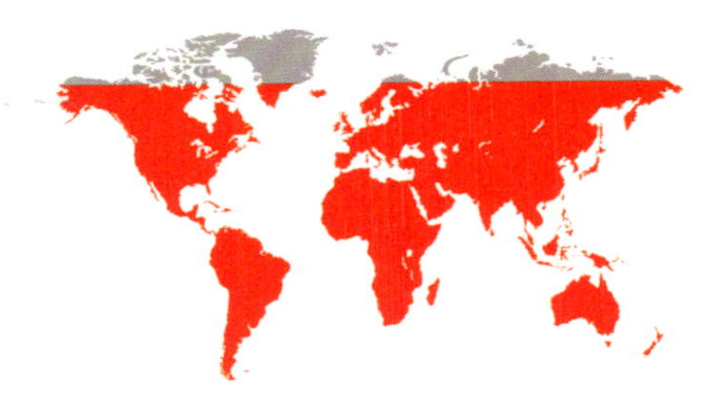

科	筒蠹科 Lymexylidae
亚科	叩筒蠹亚科 Hylecoetinae
分布	世界性分布：原产于斯堪的纳维亚半岛北部，西至西伯利亚，南至高加索山脉；现在扩散至世界范围
生境	温带森林
微生境	针叶林和落叶林
食性	幼虫钻蛀木材，取食木生真菌
附注	幼虫讲究卫生，蛀道中无排泄物

成虫体长
¼–¹¹⁄₁₆ in
(6–18 mm)

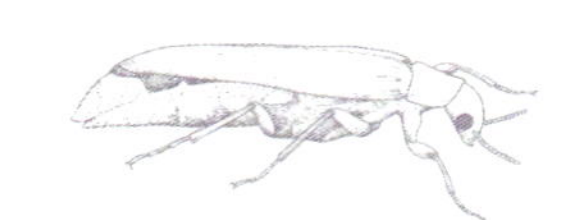

大叩筒蠹

Elateroides dermestoides

Large Timberworm Beetle

(Linnaeus, 1761)

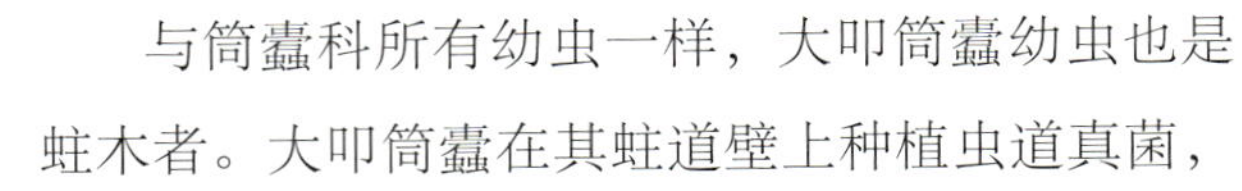

与筒蠹科所有幼虫一样，大叩筒蠹幼虫也是蛀木者。大叩筒蠹在其蛀道壁上种植虫道真菌，并取食之。雌性产卵器附近生有1个特殊的袋状构造，称贮菌器，用于储存类似酵母菌的真菌孢子。当雌性产卵时，那些孢子就粘附于卵上，当卵孵化后就粘附于一龄幼虫身上。树一旦接种上那种真菌后，幼虫蛀道的内壁上就长满了真菌；从一定程度上说，那种真菌在竞争中胜过了其他真菌。

近缘物种

叩筒蠹亚科仅包括1属6种，分布于全北界。所有种的鞘翅均狭长，与其他筒蠹的区别为头顶具1个凹。大叩筒蠹与北美洲的 *Elateroides lugubris* 非常接近，但仅本种有重要的经济价值。

大叩筒蠹 体长形，浅褐色至棕褐色，有时头部颜色加深，体表被毛。身体柔软，鞘翅有微弱的纵脊，脊间宽。雄性下颚须有夸张的构造，触角扇形；雌性触角锯齿形。图为雌性。

实际大小

科	筒蠹科 Lymexylidae
亚科	狭筒蠹亚科 Atractocerinae
分布	非洲热带界：广泛分布于非洲西部和马达加斯加
生境	热带森林
微生境	树种包括桃花心木属 *Swietenia*、柚木 *Tectona grandis* 和腰果 *Anacardium occidentale*
食性	幼虫钻蛀木材
附注	标本采集方式多为黑光灯诱集或马氏网陷阱

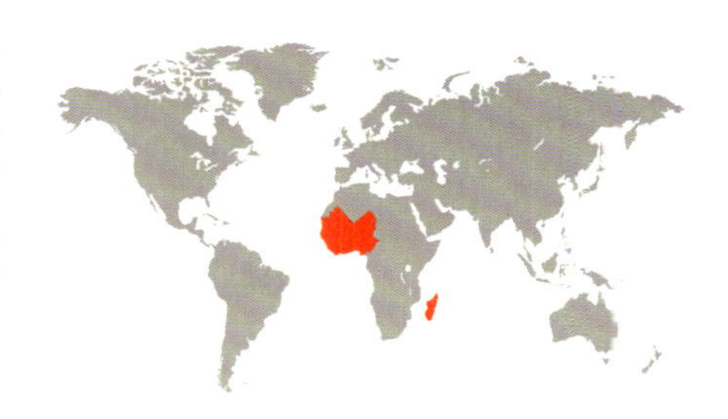

成虫体长
$^{9}/_{16}$–$2^{3}/_{8}$ in
(15–60 mm)

短角狭筒蠹

Atractocerus brevicornis

Atractocerus Brevicornis

(Linnaeus, 1766)

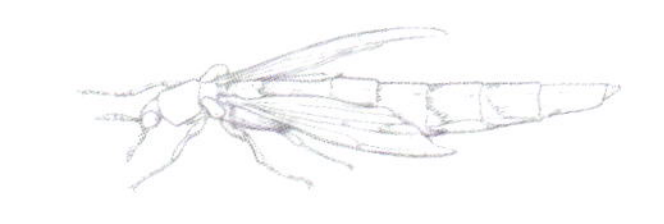

狭筒蠹属所有种类的外形都很奇特，对昆虫学家来说，相比于甲虫，它们更像飞行的蠕虫。一些种类体色鲜艳，被研究者认为是对蜂类的拟态。短角狭筒蠹复眼大，多采于夜间，这两种情况意味着它应该是夜行性。幼虫蛀木。一龄幼虫腹部末端有一个强烈骨化的尾突，尾突扁平或有凹，用于堵住蛀道，避免可能的捕食者或寄生者。

近缘物种

狭筒蠹亚科现在包括6属。原来的狭筒蠹属在1985年被分成5个属。第6个属是2004年增加的。该亚科与筒蠹科其他短鞘种类的区别是，复眼大，头部窄于前胸。

实际大小

短角狭筒蠹 成虫为蠕虫型，鞘翅高度退化。后翅外露，停息时沿纵向折叠（不同于隐翅虫，后者的折叠机制更复杂）。前胸背板中央有一道宽带，通常浅棕褐色。跗节细长，浅棕褐色，与身体其他部位的深色区域形成对比。雄性下颚须具一个复杂的分叉构造。

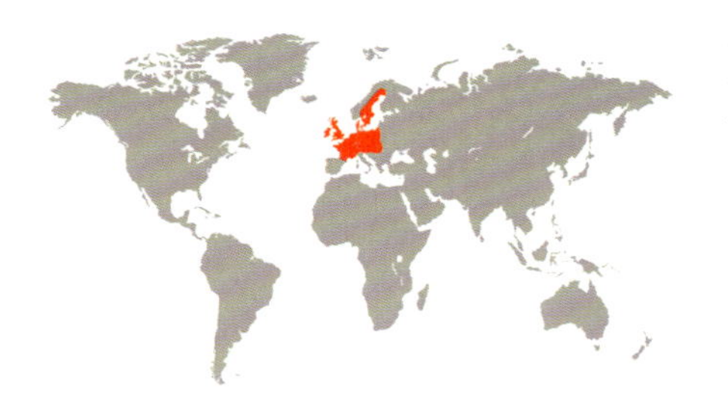

科	棒拟花萤科 Phloiophilidae
亚科	
分布	古北界：欧洲
生境	温带森林
微生境	低矮植物和死树
食性	菌食性
附注	本科只有1个种，仅分布于欧洲；推测与拟花萤科近缘

成虫体长
⅛ in
(2.5–3.3 mm)

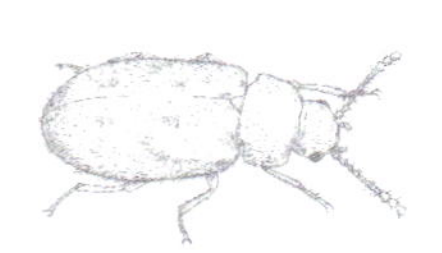

爱德华棒拟花萤
Phloiophilus edwardsii
Phloiophilus Edwardsii

Stephens, 1830

实际大小

棒拟花萤科单属单种，推测其与拟花萤科 Melyridae 近缘；但近年来的研究表明，它也可能应归于谷盗科 Trogossitidae 内。爱德华棒拟花萤发现于活的植物上、地衣上，或与真菌相关的生境中。在英国北部，成虫和幼虫的数量都很丰富，与栎树上某种白腐菌 *Phlebia merismoides* 的子实体相关。蛹可发现于土壤中。幼虫似乎在冬天很活跃。

近缘物种

棒拟花萤科与郭公虫总科中其他科的关系尚未明确。郭公虫总科中的一些类群有时很难与扁甲总科中的成员相区分。2011年有一项基于成虫和幼虫形态的系统发育研究，涉及鞘翅目的大多数类群，可惜没有包括这个科。爱德华棒拟花萤是本科的唯一种类。

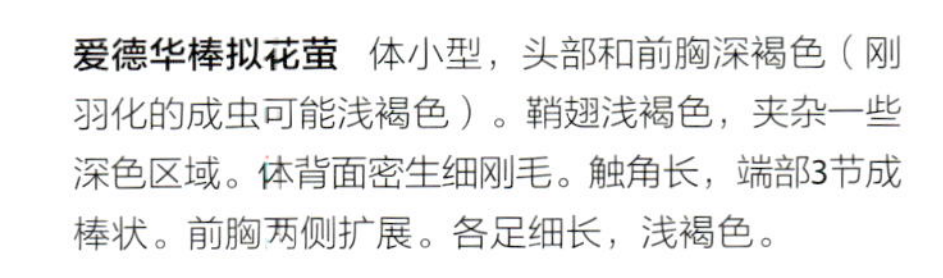

爱德华棒拟花萤 体小型，头部和前胸深褐色（刚羽化的成虫可能浅褐色）。鞘翅浅褐色，夹杂一些深色区域。体背面密生细刚毛。触角长，端部3节成棒状。前胸两侧扩展。各足细长，浅褐色。

科	谷盗科 Trogossitidae
亚科	盾谷盗亚科 Peltinae
分布	新北界：加拿大（曼尼托巴省东部至新斯科舍省）、美国（马萨诸塞州、缅因州、新罕布什尔州、纽约州和佛蒙特州）
生境	温带森林
微生境	死树树皮下
食性	菌食性
附注	谷盗科的种类繁多，一些种数量稀少，人类对它们的了解也很少

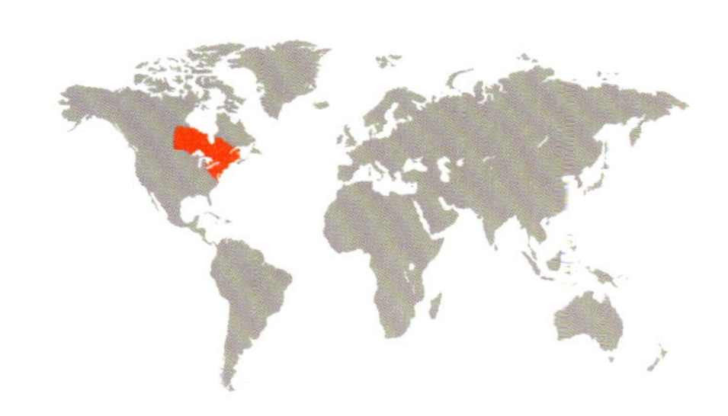

成虫体长
$^3/_{16}$–$^3/_8$ in
(4.9–10.– mm)

四脊柴谷盗
Grynocharis quadrilineata
Four-Lined Bark-Gnawing Beetle
(Melsheimer, 1844)

实际大小

柴谷盗属 *Grynocharis* 分布于北半球。由于生境破坏，欧洲物种长柴谷盗 *Grynocharis oblonga* 已在国际自然保护联盟（IUCN）《濒危物种红色名录》中列为濒危物种。2013年的一篇文献对此属进行了分类学修订，并探讨了该属与其近缘属的关系。四脊柴谷盗模式标本采自美国东北部、加拿大的安大略省和魁北克省及周边地区。目前这个种被归于 Lophocaterini 族下。成虫在2–4月发现于树皮下或朽木中，可为落叶树或针叶树。

近缘物种

四脊柴谷盗与俄勒冈柴谷盗 *Grynocharis oregonensis* 较相近，但后者的鞘翅脊更明显，且其鞘翅侧缘有扩边。它的其他识别特征为：前足胫节端部仅具1根刺，触角末3节（即棒部）各节形态不对称。

四脊柴谷盗　体小型，深褐色至黑色，体背面具光泽。前胸背板具细微的刻点，鞘翅具粗糙的条脊。前胸横形，前角略突出。触角较长，末3节膨大形成棒部。足粗壮，适应于在树皮下运动。

科	谷盗科 Trogossitidae
亚科	盾谷盗亚科 Peltinae
分布	新北界：北美洲西部
生境	山地针叶林
微生境	成虫和幼虫均生活于死针叶树的树皮下
食性	成虫和幼虫可能均取食朽木上的真菌
附注	这个种原来归于*Ostoma*属

成虫体长
3/16–7/16 in
(5–11 mm)

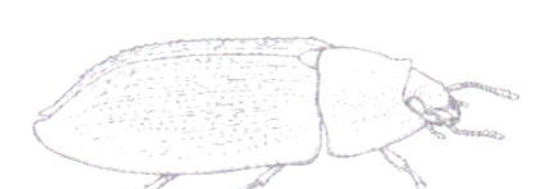

皮氏盾谷盗
Peltis pippingskoeldi
Peltis Pippingskoeldi
(Mannerheim, 1852)

皮氏盾谷盗的成虫和幼虫均与多孔菌相关，例如，红缘拟层孔菌 *Fomitopsis pinicola* 、白绵褐腐干酪菌 *Oligoporus leucospongia* 和白黄小红孔菌 *Pycnosporellus alboluteus*；这些多孔菌主要侵染针叶树。成虫体扁平，在松 *Pinus* spp.、冷杉 *Abies* spp.、花旗松 *Pseudotsuga menziesii*、铁杉*Tsuga* spp.的立枯木和倒木的树皮下生活。幼虫在朽木中生活。该种在北美洲主要发生于针叶树。

近缘物种

盾谷盗属 *Peltis* 有9个种，分布于北美洲北部、南部和欧亚大陆。皮氏盾谷盗鞘翅具脊，脊上有小瘤突，且鞘翅具有橙黄色的斑，因而易与同属的其他种区分。盾谷盗属外形与露尾甲科的一些种类（如北美洲的*Amphotis*、*Lobiopa*和*Prometopia*属）相似，但后者体型更小、更细长，且触角棒部紧密。

实际大小

皮氏盾谷盗 体扁平，暗红褐色，足短。触角末3节形成松散的棒部。前胸背板和鞘翅边缘扁宽。鞘翅具6道纵脊，纵脊上长有小瘤突；纵脊所在区域具几个橙黄色不规则斑。

科	谷盗科 Trogossitidae
亚科	谷盗亚科 Trogossitinae
分布	全北界：北美洲和欧洲
生境	针叶林
微生境	成虫和幼虫均生活于死针叶树的树皮下
食性	幼虫取食真菌，成虫可能也取食真菌
附注	体型适于生活在狭窄的微生境里

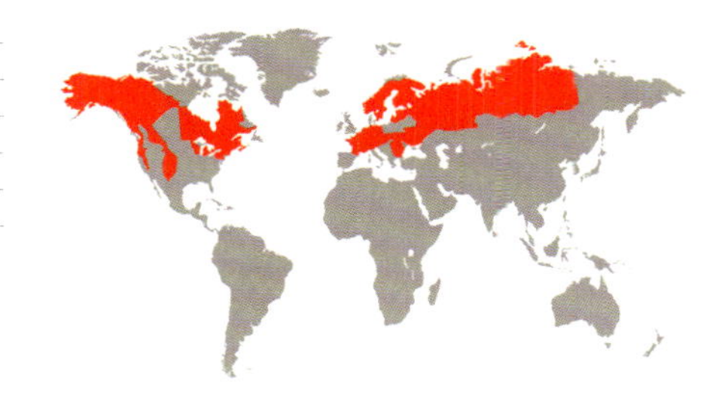

成虫体长
¼–½ in
(6–12 mm)

粗瘤谷盗
Calitys scabra
Calitys Scabra
(Thunberg, 1784)

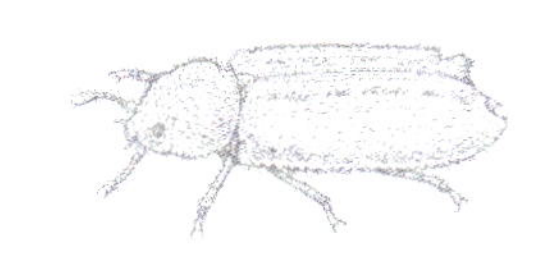

粗瘤谷盗成虫发现于松、云杉、冷杉的立枯木或倒木的疏松树皮下。幼虫取食红缘拟层孔菌 *Fomitopsis pinicola* 等多孔菌的子实体。这个种在欧洲一些国家被列为濒危物种，因为这些地方的原生针叶林正在快速消失。这个种在北美洲的分布区横跨加拿大和美国北部的森林。

近缘物种

瘤谷盗属 *Calitys* 在北美洲和欧洲共有2个种：粗瘤谷盗和小瘤谷盗 *Calitys minor*。后者通常体型更小（6–8 mm），红褐色，前胸背板和鞘翅表面的隆起结构更不明显；前胸背板和鞘翅边缘颜色更淡，多少有点半透明；从加拿大、美国西部分布至加利福尼亚州中部和内华达。

实际大小

粗瘤谷盗 体两侧平行，较扁平，深褐色至黑色。体表粗糙，具小瘤突，瘤突上长有弯曲的短刚毛。前胸背板宽阔，有显著隆起的区域。鞘翅具长有小瘤突的纵脊。前胸背板和鞘翅边缘均呈齿状。鞘翅的第2和第3道纵脊在端部愈合，第5道纵脊靠近鞘翅外缘并与之平行。

科	谷盗科 Trogossitidae
亚科	谷盗亚科 Trogossitinae
分布	澳洲界：澳大利亚东部
生境	森林
微生境	死树
食性	捕食性
附注	鳞谷盗属归于Gymnochilini族，该族物种丰富，间断分布在世界上几个地区

成虫体长
¼–7/16 in
(6.6–10.5 mm)

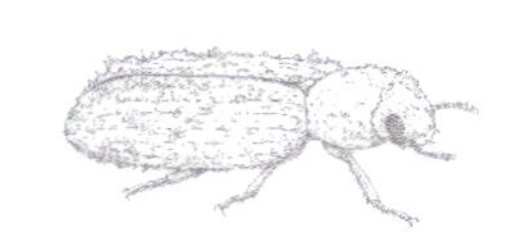

卷鳞谷盗
Leperina cirrosa
Leperina Cirrosa

Pascoe, 1860

鳞谷盗属 *Leperina* 属于 Gymnochilini 族。该族分布于澳洲界、非洲和南太平洋。而鳞谷盗属分布于澳大利亚、巴布亚新几内亚、新喀里多尼亚及邻近区域；目前已发表的大多数种类在澳大利亚都有分布。卷鳞谷盗分布于澳大利亚东部，成虫和幼虫均为捕食性。生活在桉树、金合欢树等树木的树皮下，或蛀木性甲虫的坑道中。

近缘物种

鳞谷盗属最近被重新界定，共包括18种。在对其近缘属 *Phanodesta* 的系统发育分析中，卷鳞谷盗是 *Leperina decorata* + *Leperina moniliata* 支系的姊妹群。为了更好地了解各种间关系，还需要选取更多类群进行更广泛的研究。2013年发表的科氏谷盗属 *Kolibacia* 亦与鳞谷盗属近似，但二者鞘翅纵脊间的刻点不同。

实际大小

卷鳞谷盗　体表密被白色和黑色的鳞片。前胸前角向前突伸。触角短，末3节形成棒状。足粗壮，可能适应于在树皮下运动。鞘翅刻点长形、粗大，形成条沟，条沟上通常着生刚毛。

科	谷盗科 Trogossitidae
亚科	谷盗亚科 Trogossitinae
分布	新北界：北美洲西部
生境	针叶林，栎树和河边林地，沙漠
微生境	枯死枝条和死树的树皮下
食性	成虫和幼虫均捕食各种虫态的蛀干昆虫
附注	属名常被误拼成*Temnocheila*

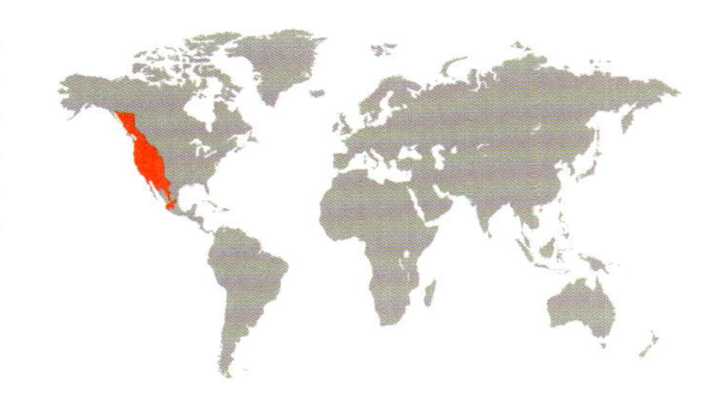

成虫体长
5/16–3/4 in
(8–20 mm)

金绿谷盗
Temnoscheila chlorodia
Green bark beetle
(Mannerheim, 1843)

金绿谷盗广布于北美大平原的西部，发生于山地森林、山谷和沙漠。成、幼虫都捕食小蠹科昆虫。常见于针叶树中，在死树皮下蛀干甲虫的蛀道里搜寻猎物。幼虫捕食所有虫态的小蠹，包括卵、幼虫、蛹和羽化不久的成虫。幼虫在树皮下化蛹。成虫上颚发达，若用手抓住它，会被夹疼。人们想利用金绿谷盗属 *Temnoscheila* 防治小蠹，但未获得成功。

近缘物种

金绿谷盗属有150个种，分布于北半球和新热带界，大多数种类分布于南美洲。金绿谷盗与 *Temnoscheila acuta* 和 *Temnoscheila virescens* 的体色相同，均为全身金属绿色；但后2种仅分布于北美大平原的东部。

实际大小

金绿谷盗　体狭长，两侧平行，横截面不呈明显筒状，前胸背板和鞘翅略隆拱。体色均一，呈明亮金属绿色、金属蓝绿色或少数个体略带紫色。前胸背板前侧角比复眼更向外突出。鞘翅长形，刻点细而浅且成行。

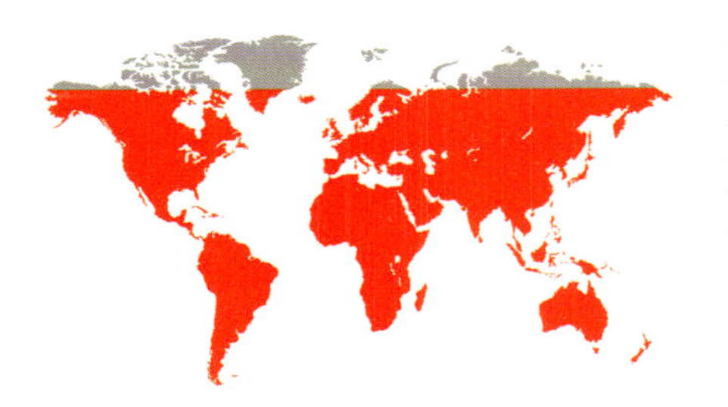

科	谷盗科 Trogossitidae
亚科	谷盗亚科 Trogossitinae
分布	世界性分布
生境	食物储藏设施
微生境	粮食储藏容器
食性	成虫和幼虫均取食植物性储藏物
附注	世界性的储藏物害虫

成虫体长
¼–⅜ in
(6–10 mm)

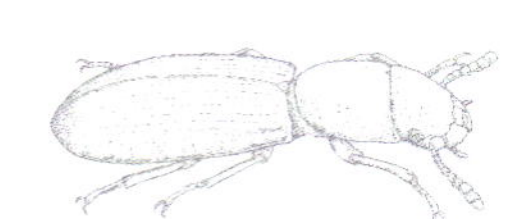

大谷盗
Tenebroides mauritanicus
Cadelle
(Linnaeus, 1758)

大谷盗严重危害储藏的食品。像其他储藏物害虫一样，它的成虫和幼虫取食谷粒、谷类食品、坚果、干果、土豆和储藏的其他植物性食品。它们在粮仓、谷物传输机、仓库和磨坊里都可发现。幼虫会啃食装粮食的箱子的木制部分，因此会造成更多的危害。1头雌虫能在储藏物中散产近千枚卵，卵不久后即可孵化。幼虫头部黑色，腹部末端具1对黑色的尾突。大谷盗整个生命周期可能仅需70天，当环境不适宜时生命周期延长。

近缘物种

大谷盗属 *Tenebroides* 大概有150个种，分布于北半球和新热带界，大多数种分布于南美洲。虽然大谷盗很难与同属其他种区分，但它的尺寸、体色和体形，已足够把它与危害储藏谷类等植物性储藏食品的其他甲虫区分开来。

实际大小

大谷盗　体长形，多少有点隆拱，具光泽，深褐色至黑色。触角第8–11节各节形状相似，向端部逐渐增大。前胸背板从端部向基部逐渐变窄。前胸背板基部不紧贴鞘翅基部。鞘翅略扁平，刻点深，长形，刻点成列。

科	毛谷盗科 Chaetosomatidae
亚科	
分布	澳洲界：新西兰
生境	亚温带森林
微生境	树皮下
食性	似乎为捕食性
附注	本种在新西兰特有 本科的种类仅发生于新西兰和马达加斯加

成虫体长
¼–½ in
(6–12 mm)

蝼毛谷盗
Chaetosoma scaritides
Chaetosoma Scaritides
Westwood, 1851

毛谷盗科的系统地位存在争议，目前认为它与谷盗科和郭公虫科比较近缘。蝼毛谷盗的体色、大小、体表细微结构、胫节刺的数目和后翅脉序等在同种内似乎有变异。这个种是该属已描述的唯一种类，但似乎还有2个未描述的新种。一些证据表明，此种为捕食性。幼虫发现于几种树（如南青冈属*Nothofagus*）的蛀道中。

近缘物种

毛谷盗科的种类很少，只有3个属：毛谷盗属*Chaetosoma*、拟毛谷盗属*Chaetosomodes*和马毛谷盗属*Malgassochaetus*。分布于新西兰和马达加斯加岛。目前关于此科的属种级系统发育研究尚无报道。蝼毛谷盗是毛谷盗属的唯一已描述种类，但似乎还有2个新种尚未被描述。

实际大小

蝼毛谷盗 体小型，黑褐色，鞘翅基部黄色至淡褐色。前胸背板有一些大刻点；鞘翅刻点粗大，成列。体背面散生直立长刚毛。上颚发达，触角线状。足淡褐色。

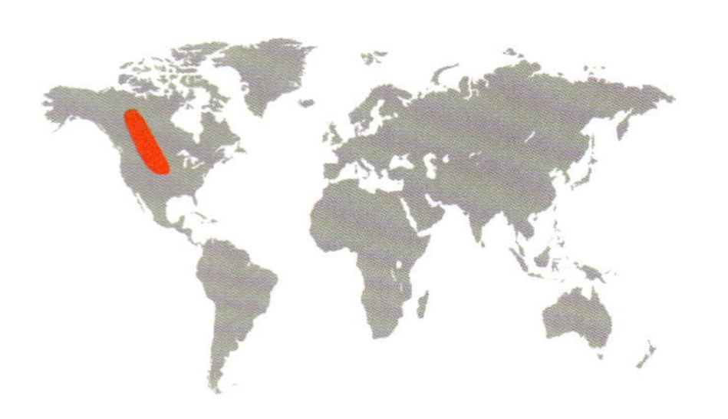

科	菌郭公虫科 Thanerocleridae
亚科	畅郭公虫亚科 Zenodosinae
分布	新北界：加拿大和美国境内的落基山东麓
生境	温带森林和灌木
微生境	树皮下
食性	捕食性
附注	本种颜色艳丽，为本属的唯一种类

成虫体长
³⁄₁₆–¼ in
(4.1–6.5 mm)

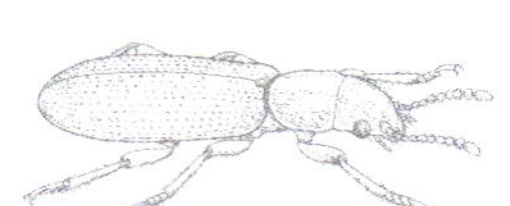

红畅郭公虫

Zenodosus sanguineus

Zenodosus Sanguineus

(Say, 1835)

畅郭公虫属 *Zenodosus* 是一个孤立的属，仅包括1个种。本种即红畅郭公虫具有一系列独有的形态特征，被认为是菌郭公虫科最原始的种类。这些独有的特征包括：前足基节窝开放，前胸腹板突不明显隆起。这个种的成虫在白天活动；捕食性，在树皮和苔藓下捕食其他昆虫。幼虫已被描述，与菌郭公虫属 *Thaneroclerus* 的幼虫相似。

近缘物种

菌郭公虫科种类很少，仅包括大约30个种，在世界范围内分布。红畅郭公虫是畅郭公虫属的唯一种类。它的鞘翅为亮红色，前足基节窝开放，依据这两个特征可把它与北美洲亦有分布的菌郭公虫属和 *Ababa* 属的种类区别。

实际大小

红畅郭公虫 颜色鲜艳。体壁深红褐色，鞘翅鲜红色（在活虫体中）。体背面和足密披细毛。触角粗壮，末3节膨大。鞘翅刻点不规则。足粗壮。

科	菌郭公虫科 Thanerocleridae
亚科	菌郭公虫亚科 Thaneroclerinae
分布	世界性分布
生境	森林
微生境	树枝，储藏物
食性	捕食性
附注	幼虫和成虫均捕食蛀木性或菌食性甲虫

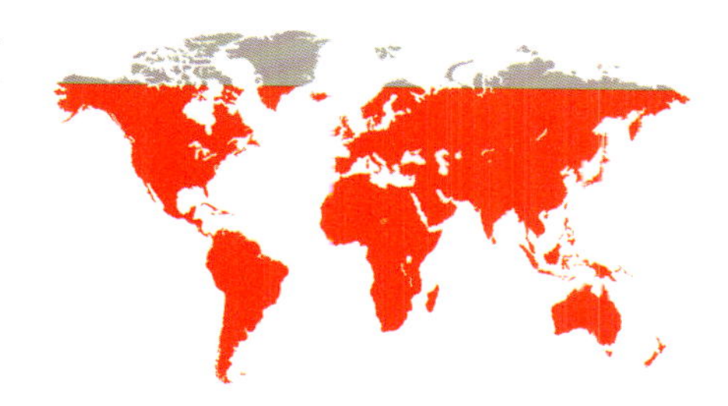

成虫体长
3/16–1/4 in.
(4.7–6.5 mm)

暗褐菌郭公虫
Thaneroclerus buquet
Thaneroclerus Buquet
(Lefebvre, 1835)

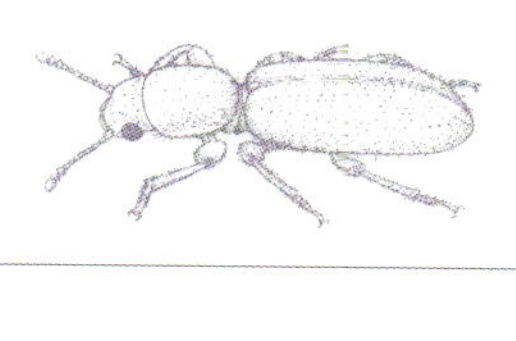

菌郭公虫属 *Thaneroclerus* 与其近缘的畅郭公虫属 *Zenodosus* 的区别在于，其前足基节窝封闭，腹部第1可见腹板更长。暗褐菌郭公虫的幼虫和成虫均在白天活动，捕食蛀木性或菌食性甲虫，且据报道它还捕食生活在食品、香料、药材和烟草中的昆虫。此种原产于印度，由于人为传播现已全球性分布。它是菌郭公虫科在欧洲分布的唯一种类。幼虫长形，末龄幼虫大约长11 mm。幼虫的特点是：腹部第9节的背板骨化，具尾突，但尾突不发达。

近缘物种

暗褐菌郭公虫与*Thaneroclerus impressus*、*Thaneroclerus aino*和 *Thaneroclerus termitincola*较为相似，但本种前胸背板盘区具一凹坑，凹坑短宽，其深度在种内有变化；靠近鞘翅中缝还有另一个凹坑。本种还能进一步依据其背面的刚毛识别。

实际大小

暗褐菌郭公虫　体小型，表被浓密的刚毛，体壁红色或棕色。触角长，末3节膨大。前胸基部比鞘翅基部窄得多。复眼不突出，但于背面可见。足很长，棕色。

科	郭公虫科 Cleridae
亚科	猛郭公虫亚科 Tillinae
分布	新北界：美国亚利桑那州
生境	温带森林
微生境	低矮植物
食性	捕食性
附注	波郭公虫属种类丰富，该属的种级分类尚未明确，需进一步系统研究

成虫体长
7/16 in
(11 mm)

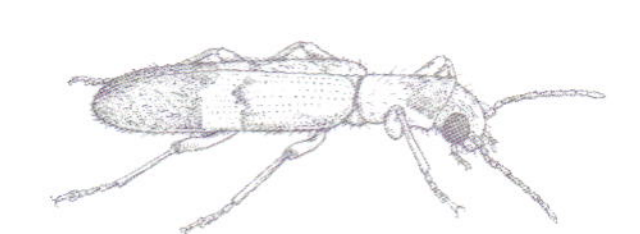

三色波郭公虫
Cymatodera tricolor
Cymatodera Tricolor
Skinner, 1905

三色波郭公虫隶属于猛郭公虫亚科。该亚科是郭公虫科种类最多的亚科之一，全世界有67属543种，在非洲、马达加斯加和东洋界种类特别丰富。波郭公虫属 *Cymatodera* 主要分布于新大陆。这个属的种级分类尚未研究清楚，因为往往同个种的体色和体型变化非常大。本种为捕食性，常发现于被蛀干害虫侵害的树上。2006年的研究表明，猛郭公虫亚科的一些种类能够摩擦发音。

近缘物种

这个属包括几十个种，这些年来被若干研究者在不同的年份发表。在北美洲大概有60种，它们之间的关系很不明确。三色波郭公虫发表时，称其与 *Cymatodera belfragei* 近缘，且与其他一些种类明显不同。

实际大小

三色波郭公虫 体小型，颜色艳丽。体深棕色，前胸背板后半部红色，鞘翅基部红色，鞘翅中部具一道白色横纹，鞘翅端半部黑色。触角长，线状。表被浓密的短绒毛。足长，适于奔跑。

科	郭公虫科 Cleridae
亚科	叶郭公虫亚科 Hydnocerinae
分布	新北界：加拿大和美国
生境	亚热带和温带森林
微生境	灌丛花叶上
食性	捕食性
附注	体小，柔软，可能和其他一些小型访花甲虫相混淆，例如拟花萤科。本种被认为是一些害虫幼虫的捕食性天敌

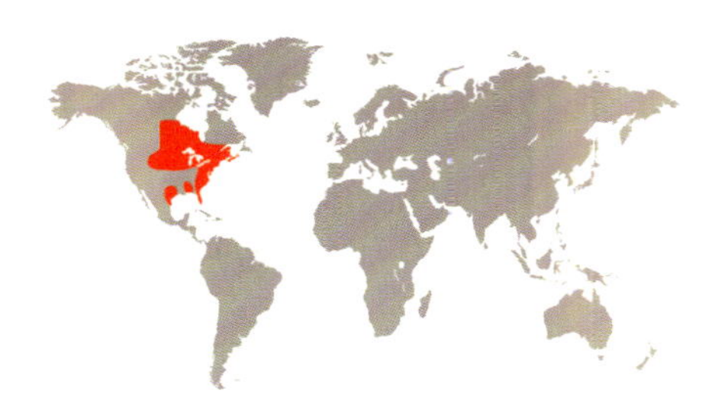

成虫体长
3/16 in
(3.5–5 mm)

淡翅叶郭公虫
Phyllobaenus pallipennis
Phyllobaenus Pallipennis
(Say, 1825)

淡翅叶郭公虫属于比较特别的郭公虫。其体形细长，复眼巨大，前胸背板窄，往往颜色艳丽。这个种的鞘翅短于后翅和腹部；鞘翅在基部最宽，前胸背板在中部最宽。可发现于多种植物上。专性捕食小型蛀木性昆虫、象甲幼虫、鳞翅目幼虫和蚜虫等。有证据表明，它在美国得克萨斯州捕食著名害虫——墨西哥棉铃象 *Anthonomus grandis*。

近缘物种

淡翅叶郭公虫体色变化范围较大，与同样体色变化范围大的*Phyllobaenus verticalis* 较为相似。但本种似乎鞘翅总是有4个清晰的斑（有时斑相连），而前胸或头部绝对无斑。

实际大小

淡翅叶郭公虫 体小型，体柔软，鞘翅短，表被短刚毛。复眼显著，从背面明显可见。触角短。鞘翅有褐色和黄色的图案，鞘翅末端圆钝。足浅棕色，股节端部深棕色；足细长，适应于在树枝叶间行走或奔跑。

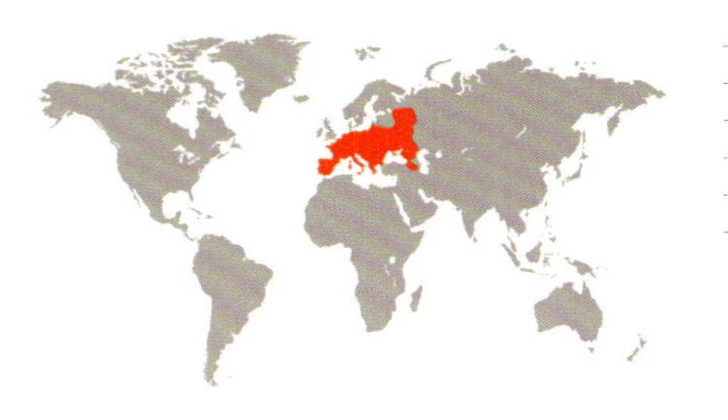

科	郭公虫科 Cleridae
亚科	郭公虫亚科 Clerinae
分布	古北界：欧洲
生境	温带森林
微生境	死树，特别是栎属树木
食性	捕食性
附注	本种在欧洲的一些区域被认为是濒危物种；它拟态一些蚁蜂科 Mutillidae 昆虫

成虫体长
3/8–9/16 in
(9–15 mm)

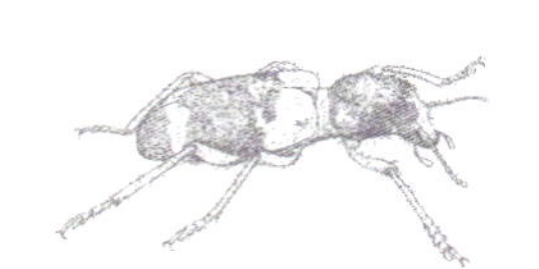

蚁蜂郭公虫（指名亚种）

Clerus mutillarius mutillarius

Clerus Mutillarius Mutillarius

Fabricius, 1775

蚁蜂郭公虫过去在欧洲中部很常见，但现在被列入稀少至非常稀少的级别。在德国无脊椎动物红色名录中，它被列为极危物种；在一些国家相似的地区性名录中，它被列为濒危物种。此种与蚁蜂科雌虫有点相似。它在白天捕食多种节肢动物，发现于倒木和死树残桩上。这个种曾于1968年绘制在前德意志民主共和国的邮票上。

近缘物种

郭公虫属 *Clerus* 在古北界有10个种及2个亚种。蚁蜂郭公虫包括2个亚种，即指名亚种和北非亚种 *Clerus mutillarius africanus*，后者分布于北非。虽然近年有关于种级鉴定的文献，但尚未开展相关的系统分类学研究，因此其种间关系也不清楚。

实际大小

蚁蜂郭公虫（指名亚种） 体壁黑色，鞘翅基部红色，鞘翅亚端部白色。复眼大而明显，但不突出。体大部分区域被黑色和白色刚毛。足长，适于在植物上行走或奔跑。

科	郭公虫科 Cleridae
亚科	郭公虫亚科 Clerinae
分布	新北界：北美洲东部
生境	森林和林地
微生境	被小蠹侵害的树枝和树干
食性	成虫和幼虫均捕食小蠹
附注	这个种很像无翅的蚁蜂科 Mutillidae 雌虫

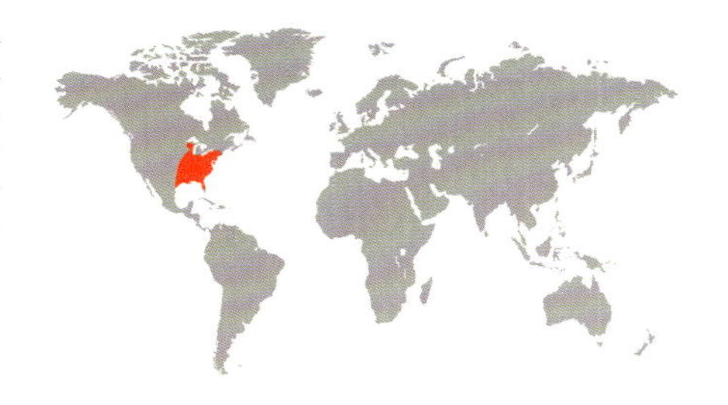

成虫体长
5/16–7/16 in
(8–11 mm)

姬蜂美郭公虫
Enoclerus ichneumoneus
Enoclerus Ichneumoneus
(Fabricius, 1776)

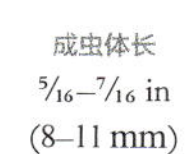

姬蜂美郭公虫的成虫和幼虫均发现于被小蠹或天牛侵害的针叶林或阔叶林，尤其是肤小蠹属 *Phloeosinus*、细小蠹属 *Pityophthorus* 和小蠹属 *Scolytus* 的小蠹。幼虫在这些蛀木性甲虫的蛀道和巢穴里捕食。成虫往往在夏季阳光充足的时候，发现于被侵害的树干和树枝上。成虫搜寻猎物时，移动速度很快，有时是急起急停，像蚁蜂一样。有时能在树干裂缝或疏松的树皮下发现越冬的成虫。

近缘物种

新大陆的美郭公虫属 *Enoclerus* 种类丰富而复杂，有很多外形像蚁蜂、蚂蚁、蝇或叶甲的种类。在墨西哥以北的美洲大陆，这个属共有36种。姬蜂美郭公虫与同属其他种的区别是：鞘翅中部有一条黄色的宽带，小盾片明显长三角形。而分布于北美洲东部的近似种 *Enoclerus muttkowski*，其小盾片更宽、更圆，且鞘翅基部瘤突形状也不一样。

实际大小

姬蜂美郭公虫 个体较大，红色，体表有天鹅绒般的质感，拟态蚁蜂。活体的头部、前胸背板和腹部均为红色。鞘翅基部具粗糙的刻点，每个鞘翅的基部具一个瘤突。鞘翅基部1/4红色（红色区域在翅中缝最宽，翅缘窄），其后为一条黑色窄纹（在翅中缝中断），鞘翅中部为一条橙色宽纹（宽度为鞘翅长度的1/3），接着是一条黑色纹和一条白色窄纹，最末端黑色。

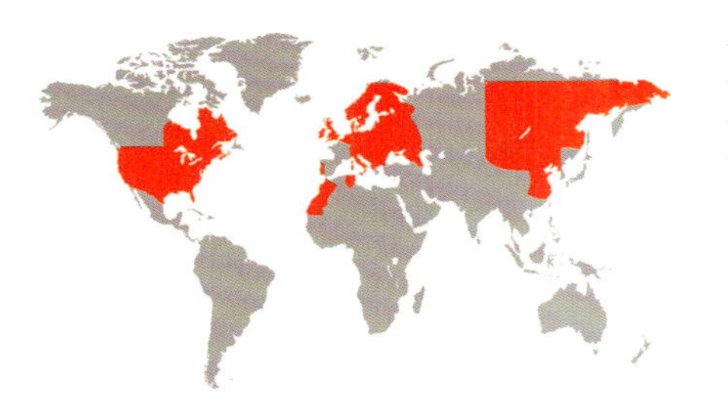

科	郭公虫科 Cleridae
亚科	郭公虫亚科 Clerinae
分布	古北界和新北界：原产于古北界，人为引入北美洲
生境	温带森林
微生境	树干上
食性	捕食性
附注	多彩的甲虫，模拟蚁蜂，捕食几种小蠹的幼虫；曾引入北美洲作为南松大小蠹 *Dendroctonus frontalis* 天敌

成虫体长
¼–⅜ in
(7–10 mm)

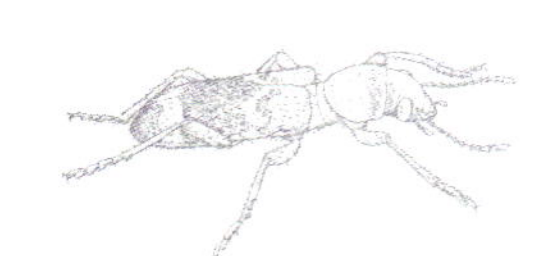

蚁劫郭公虫

Thanasimus formicarius
European Red-Bellied Clerid

(Linnaeus, 1758)

蚁劫郭公虫体型中等，身体柔软，捕食小蠹科几种幼虫，包括松纵坑切梢小蠹 *Tomicus piniperda*、横坑切梢小蠹 *Tomicus minor* 和云杉八齿小蠹 *Ips typographus*。成虫在针叶树靠近根部处越冬，经常发现它们在松和云杉的树皮上等待它们的猎物。幼虫生长缓慢，整个幼虫期要持续两年，随后在秋天化蛹。具警戒色，体型和斑纹像有蜇针的蚁蜂。蚁劫郭公虫在1892年和1980年被两次引入北美洲，用以控制森林害虫——南松大小蠹的数量。

近缘物种

劫郭公虫属 *Thanasimus* 内的种间关系尚未明确。许多种类能依据前胸斑纹、鞘翅刻点和雄性外生殖器的形态区分。

实际大小

蚁劫郭公虫 体黑色，前胸背板大部分区域红色；鞘翅基部红色，中部和后部各有一道白色鳞片形成的波纹，其余部位黑色。体背面密生细刚毛。足长，黑色。触角长，浅棕色，端部3节膨大形成棒部。

科	郭公虫科 Cleridae
亚科	郭公虫亚科 Clerinae
分布	古北界：欧洲、亚洲、北非
生境	温带森林
微生境	花
食性	捕食性
附注	本种色彩鲜艳；幼虫寄生切叶蜂和蜜蜂的幼虫（因此本种的种本名为 *apiarius*，意思是“与蜜蜂相关的”）

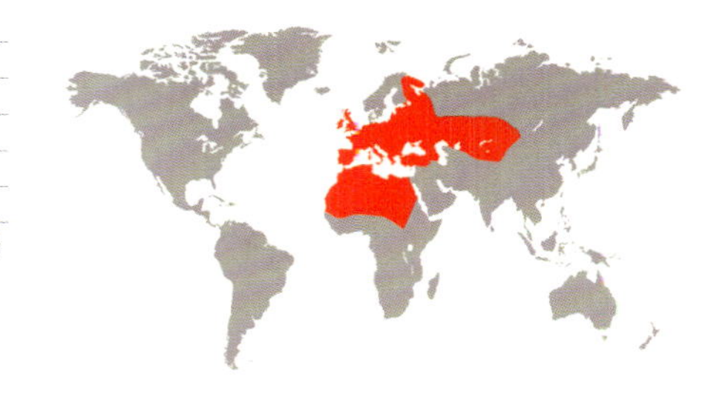

成虫体长
3/8–5/8 in
(9–16 mm)

欧洲毛郭公虫
Trichodes apiarius
Trichodes Apiarius
(Linnaeus, 1758)

毛郭公虫属 *Trichodes* 的生物学习性很特别，幼虫寄生独居蜂（如壁蜂属 *Osmia* 和切叶蜂属 *Megachile*），或者社会性蜜蜂（如蜜蜂属 *Apis*）。成虫在这些膜翅目昆虫的巢里产卵，幼虫孵化后取食寄主的幼虫。成虫取食几种不同花的花粉，也少量捕食其他昆虫。

近缘物种

毛郭公虫属种类丰富，分布于新北界、非洲热带界和古北界；古北界至少有70种。由于该属分布广泛，且种类众多，目前未能确定欧洲毛郭公虫的近缘类群，也很难讲出该种的鉴别特征。

实际大小

欧洲毛郭公虫　色彩鲜艳，体表具蓝色金属光泽。体背面密生细刚毛。触角大，端部3节膨大形成锤状。鞘翅有3条亮橙色或红色的横带，基部横带中部收窄。足长，粗壮，适应于行走和奔跑。

科	郭公虫科 Cleridae
亚科	郭公虫亚科 Clerinae
分布	澳洲界：澳大利亚东部海岸、南澳大利亚州
生境	开阔的植被区
微生境	白蚁巢
食性	捕食性
附注	这个属在澳大利亚特有；幼虫捕食蛀木性的澳白蚁属 *Mastotermes*

成虫体长
⅜ in
(9.3–9.7 mm)

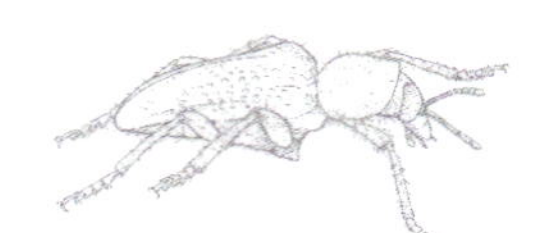

厚澳郭公虫

Zenithicola crassus

Zenithicola Crassus

(Newman, 1840)

澳郭公虫属 *Zenithicola* 在澳大利亚特有。厚澳郭公虫广泛分布于澳大利亚东部海岸和南澳大利亚州，常见于金合欢属和桉属植物的花上。这是目前为止仅知的幼虫生活在白蚁巢穴里的郭公虫。白蚁种类为达尔文澳白蚁 *Mastotermes darwiniensis*，生活在木头中。厚澳郭公虫幼虫在白蚁巢中捕食白蚁，其幼虫的体表有非常长的刚毛，推测能起到抵御白蚁攻击的作用。

近缘物种

澳郭公虫属的识别特征是：后胸腹板与中胸腹板不平齐（即不在一个平面上）。厚澳郭公虫的近缘物种包括 *Zenithicola australis*、*Zenithicola cribricollis*、*Zenithicola funestus*和*Zenithicola scrobiculatus*。这些种除了*Zenithicola cribricollis*外，都发表于19世纪。目前澳郭公虫属内的种间系统发育关系尚未明确。

实际大小

厚澳郭公虫　体壁黑色至深蓝色，有金属光泽，前胸红色。体表被刚毛，前胸刚毛密且长，鞘翅刚毛相对稀疏。鞘翅具白色鳞片形成的短横纹；鞘翅基半部具粗糙刻点。足长，黑色。触角短，端部显著膨大。

科	郭公虫科 Cleridae
亚科	隐跗郭公虫亚科 Korynetinae
分布	新北界：从加拿大不列颠哥伦比亚省往南至美国加利福尼亚州和得克萨斯州
生境	森林
微生境	低矮植物
食性	捕食性
附注	据记录，本种捕食蛀木性甲虫的成虫和幼虫

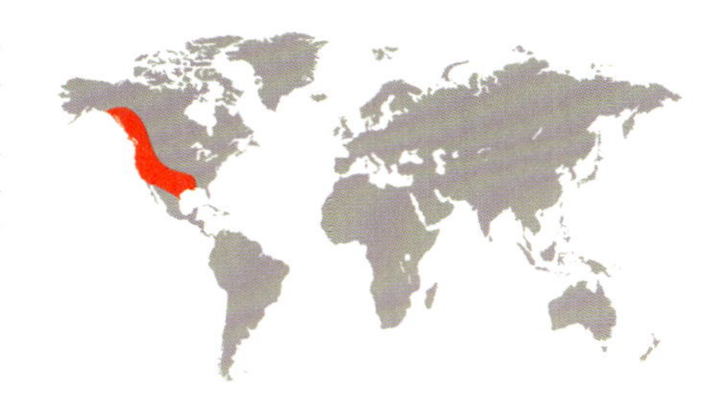

成虫体长
¼–⁹⁄₁₆ in
(7–14.5 mm)

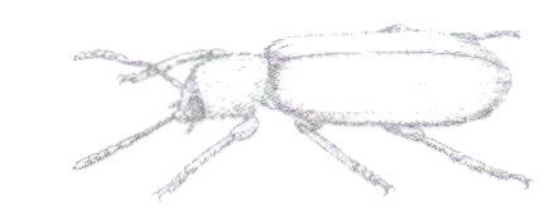

雅悦郭公虫
Chariessa elegans
Chariessa Elegans
Horn, 1870

悦郭公虫属 *Chariessa* 体型较大，色彩鲜艳，在北美洲广布。该属的主要识别特征为：复眼形状、下颚须和下唇须形状、鞘翅刻点。雅悦郭公虫幼虫捕食天牛科的幼虫和成虫，如*Neoclytus conjunctus*和*Schizax senex*。

近缘物种

悦郭公虫属在北美洲有4种。雅悦郭公虫与其他种的区别为：腹部颜色不同，前胸侧缘在前端收窄，鞘翅形状不同。*Chariessa dichroa* 可能是与本种最近缘的种类，两者不同之处在于体色略微不同，前胸背板刻点不同，且前者比后者体型大。

实际大小

雅悦郭公虫 易于识别，鞘翅蓝色，前胸背板红色，跗节黑色。体背面密生细刚毛。触角末3节膨大，不对称。头部部分隐藏于前胸之下。复眼大，从背面可见。

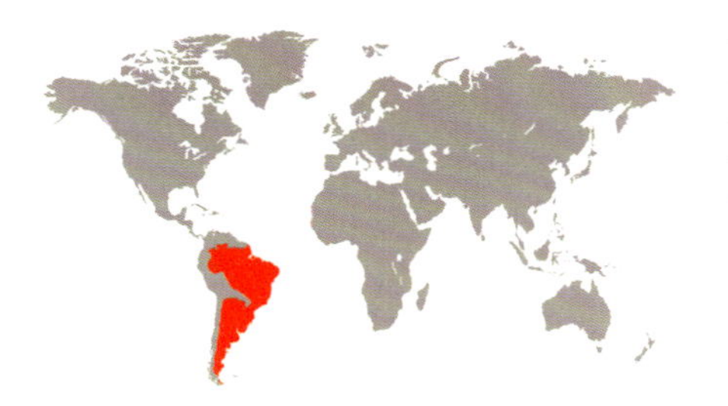

科	郭公虫科 Cleridae
亚科	隐跗郭公虫亚科 Korynetinae
分布	新热带界：巴西、阿根廷
生境	亚热带森林
微生境	低矮植物
食性	捕食性
附注	本种足显著红色，正如其种本名的意思一样

成虫体长
½–¹¹⁄₁₆ in
(11.6–17.6 mm)

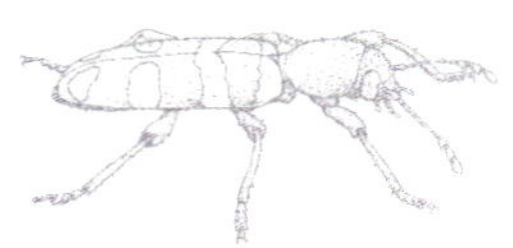

赤足蓬郭公虫
Lasiodera rufipes
Lasiodera Rufipes

(Klug, 1842)

蓬郭公虫属 *Lasiodera* 分布于南美洲。1996年的一项基于雄性生殖器特征的分类学研究澄清了这个属的界限，并确认了各个种的识别特征。赤足蓬郭公虫是典型的郭公虫，具有柔软的身体和艳丽的色彩。该种原描述于 *Enoplium* 属中，1910年爱尔兰昆虫学家Charles Joseph Gahan在重新确认蓬郭公虫属为有效属时，把该种移至蓬郭公虫属。蓬郭公虫属的近缘属 *Philhyra*（有时作为蓬郭公虫属的异名），雄虫触角第1和第2节各具有1个指状侧突，侧突的长度超过该节触角的长度。该结构的功能尚未明确，但在雌虫中缺失。

近缘物种

蓬郭公虫属包括7个种，大多数种依据体色区分。赤足蓬郭公虫与 *Lasiodera zonata* 相似（足均为红色，前胸均为黑色），且分布范围一致，二者的区别在于，前者前胸背板具1个纵向凹坑，鞘翅刻点浅，跗节黑色。

赤足蓬郭公虫　颜色艳丽。头部和前胸背板黑色，鞘翅具有乳黄色和深蓝色相间的横带。体背面具直立的细刚毛。头部和前胸背板的刻点粗糙，鞘翅刻点更粗糙。足粗壮，红色。

实际大小

科	郭公虫科 Cleridae
亚科	隐跗郭公虫亚科 Korynetinae
分布	本种原产于古北界，现在世界性分布
生境	多样，特别是在人类住所里或附近
微生境	腐肉、干肉、骨头和皮革
食性	成虫和幼虫觅食腐烂的动物组织，也捕食蝇类幼虫
附注	本种英文俗名为“Ham Beetle”或“Bacon Beetle”，意为取食火腿或培根的甲虫

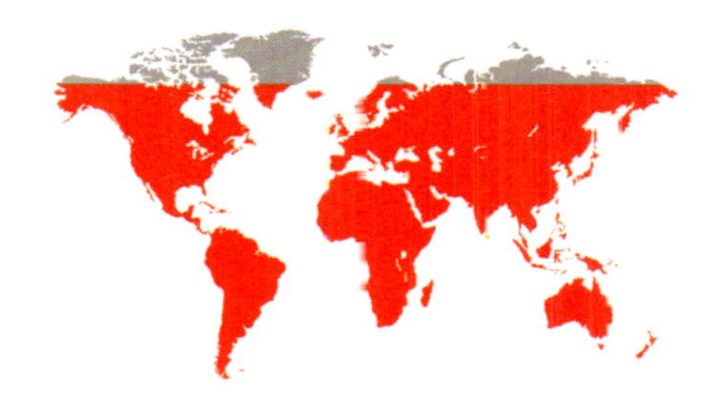

成虫体长
3/16–1/4 in
(4–7 mm)

赤颈尸郭公虫
Necrobia ruficollis
Red-Shouldered Ham Beetle
(Fabricius, 1775)

幼虫和成虫均觅食腐肉和死昆虫，也侵害风干或烟熏的肉和鱼、发霉的乳酪和运输中的骨头，甚至于古埃及的木乃伊。腐烂至后期的人类尸体会吸引赤颈尸郭公虫，因此这个信息可能帮助法医、昆虫学家确定尸体的死亡时间。成熟幼虫会寻找蝇类蛹壳或利用现成的洞穴形成的遮蔽所化蛹，或在其他基质里筑造它们自己的蛹室，并用自身分泌物涂满蛹室内壁。

实际大小

近缘物种

尸郭公虫属 *Necrobia* 有9个种，其中6种分别分布于欧洲（*Necrobia kelecsenyi* 和 *Necrobia konowi*）、阿根廷（*Necrobia fusca*）、南非（*Necrobia aenescens*、*Necrobia atra* 和 *Necrobia tibialis*）。另3种世界性分布（*Necrobia ruficollis*、*Necrobia rufipes* 和 *Necrobia violacea*），会对动物产品造成危害，在经济上具有重要意义。赤颈尸郭公虫体色鲜明，易与其他种相区分。

赤颈尸郭公虫 体卵形，体色鲜明，易与其他种区分。头部前部、鞘翅后3/4为金属黑色或深蓝色。身体的其他部位棕红色，触角和腹部腹面深棕色。头部和前胸隆拱。鞘翅表面有刻点列，刻点列间距宽，刻点细小。

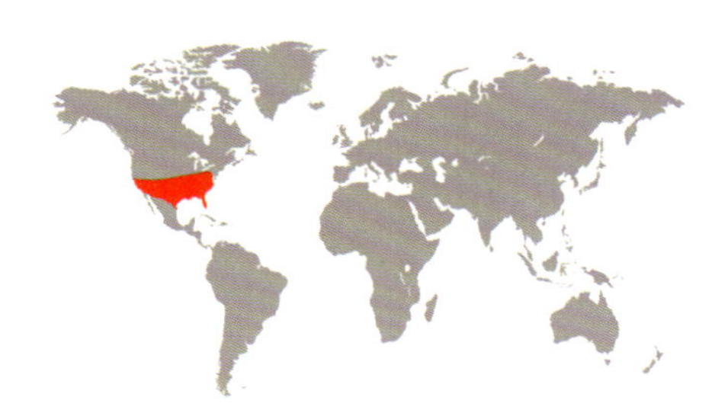

科	郭公虫科 Cleridae
亚科	隐跗郭公虫亚科 Korynetinae
分布	新北界：美国（哥伦比亚、佛罗里达、俄亥俄州、伊利诺斯州、密苏里州、堪萨斯州、得克萨斯州、加利福尼亚州南部）
生境	温带森林
微生境	低矮植物和原木
食性	捕食性
附注	体小，柔软，体色杂乱，似地衣

成虫体长
¼–7⁄16 in
(6–11 mm)

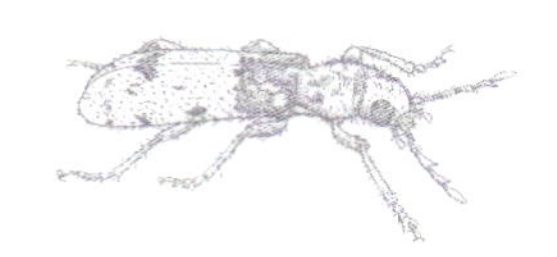

白陶郭公虫
Pelonium leucophaeum
Pelonium Leucophaeum
(Klug, 1842)

实际大小

陶郭公虫属 *Pelonium* 种类较多，广布于美洲，从阿根廷至美国，还有一些物种分布于加勒比地区及加拉帕戈斯群岛。白陶郭公虫成虫的体色看起来像长在树上的地衣，与它的生境相似。成虫后翅发达，有时会被灯光吸引。幼虫在针叶树的枝条和幼苗（如落羽杉属*Taxodium*和刺柏属*Juniperus*）中生活，捕食天牛科幼虫。

近缘物种

陶郭公虫属包括4个种，散布于整个北美洲。这些种之间的关系尚未明确，物种鉴定主要依据原始描述。大多数种的颜色和斑纹近似，基于雌雄内部形态和雄性外生殖器的全面研究，或许能更好地确定种并理解种间的关系。

白陶郭公虫　体小，柔软，褐色，鞘翅中部和端部具明显的浅色横带。体背面密生细刚毛，足浅褐色。身体斑纹似长在树上的地衣。触角末3节膨大，不对称。

科	热萤科 Acanthocnemidae
亚科	
分布	澳洲界、古北界、非洲热带界和东洋界：原产于澳大利亚；人为传入欧洲南部、非洲、印度、泰国、缅甸、新喀里多尼亚①
生境	森林
微生境	树皮上
食性	捕食性
附注	成虫前胸有高度敏感的红外线接受器，能引导它们寻找新近发生的林火

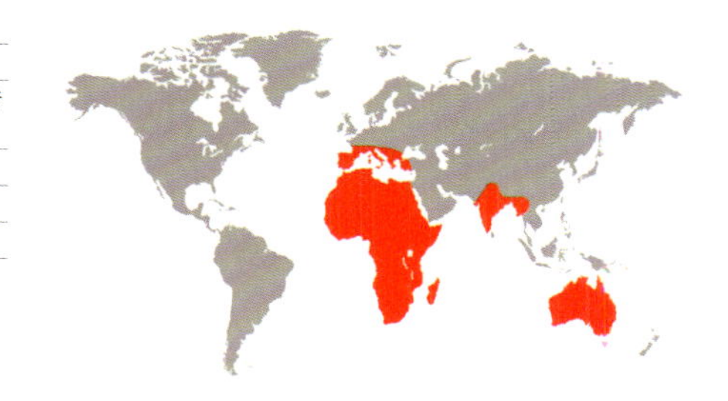

成虫体长
⅛–¼ in
(3–6 mm)

黑热萤
Acanthocnemus nigricans
Little Ash Beetle
(Hope, 1845)

实际大小

黑热萤被认为与火相关，因为它们会在森林大火后不久就聚集于烧焦木的树皮下。交配后，雌虫把卵产在灰烬里或焦木的树皮下。幼虫体长最多能达10 mm，长形，两侧近于平行；具稀疏的刚毛；一般除了较骨化的头部和腹部末节外，体色近于透明仅轻微着色。成虫有时在夜间被人为的灯光吸引。虽然此种原产于澳大利亚，但种群已扩散到世界其他地区，这大概是通过人类商业传播。

近缘物种

黑热萤是热萤科中唯一的种。它的外形和体背面的直立刚毛，看起来像拟花萤中达花萤亚科 Dasytinae 的种类，但它们的区别在于：黑热萤触角端部形成松散的棒状，前胸腹面具有特有的圆穴构造。

黑热萤 体长形，扁平，黑褐色至黑色。体背面被刚毛，刚毛非常长，直立，坚硬，黑色。足通常浅褐色。触角长，端部3节呈松散的棒状。前胸腹面有1对明显的圆形特殊构造，用于感受温度。

① 此科近年亦发现于中国云南西双版纳，据林美英,杨星科. 2012. Acanthocnemidae 和 Plastoceridae 两甲虫科中国新纪录. 动物分类学报. 37 (2): 447-449. 尽管在该文献中，所检视的标本只鉴定到*Acanthocnemus*属；但据译者检视，那些标本应属于本种。——译者注

科	长酪甲科 Phycosecidae
亚科	
分布	澳洲界：新西兰
生境	海岸
微生境	沙地
食性	捕食性
附注	本种咬人很疼，因此去海滩玩的人并不喜欢它

成虫体长
⅛ in
(2.5–2.8 mm)

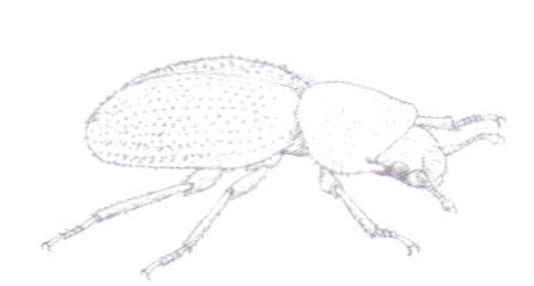

鳞长酪甲
Phycosecis limbata
Phycosecis Limbata
(Fabricius, 1781)

实际大小

长酪甲科与其他科的关系仍然存在争议。此科分布于澳大利亚、新西兰、瓦努阿图和新喀里多尼亚。鳞长酪甲是新西兰特有种，也是该科在新西兰的唯一种类。

它生活于海边沙滩，成虫和幼虫在白天都很活跃，取食腐烂的各种动物尸体（如鱼类或鸟类）。这个种在当地以其幼虫咬人著称，但尚未被证实。

近缘物种

长酪甲属还包括以下6种：*Phycosecis algarum*、*Phycosecis ammophilus*、*Phycosecis atomaria*、*Phycosecis discoidea*、*Phycosecis hilli* 和 *Phycosecis litoralis*。鳞长酪甲可凭其体色和体背面的短的直立鳞片与其他种区分。

鳞长酪甲　体小型，背腹面隆拱。背面生有短的乳白色鳞片。体色大多乌黑色，但羽化不久的成虫体色较淡。触角棒状，头部能部分缩入前胸。前胸较圆，前角轻微向前突伸。鞘翅圆，刻点粗大、不成行。足粗壮，适应于在沙堆中挖掘。

科	细花萤科 Prionoceridae
亚科	
分布	东洋界和澳洲界：亚洲至新几内亚
生境	热带森林
微生境	森林的树枝
食性	可能取食花粉，或捕食性
附注	细花萤属包括8个种，分布于东洋界和澳洲界

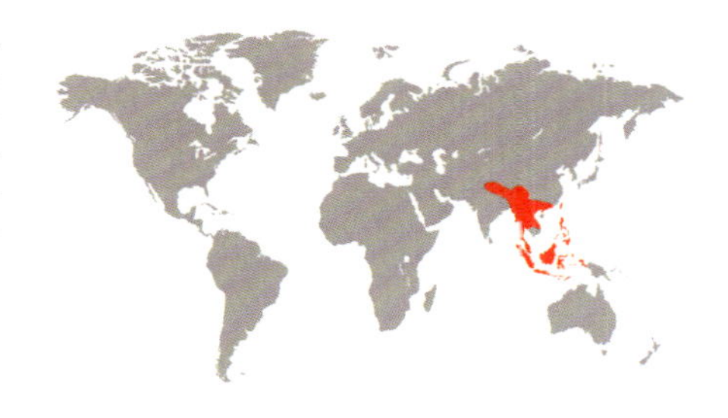

成虫体长
5/16–1/2 in
(8.3–13.3 mm)

双色细花萤
Prionocerus bicolor
Prionocerus Bicolor
Redtenbacher, 1868

细花萤科与拟花萤科 Melyridae 近缘，包括3属若干种，大多取食花粉。细花萤属 *Prionocerus* 与伊细花萤属 *Idgia* 近缘，它与伊细花萤属相比，触角更扁平且锯齿状更明显。细花萤属在2010年有一篇综述文章，全球种类从4种增至8种。双色细花萤是本科最常见且分布最广的种，其触角末节、下颚须和小盾片的颜色有较大的变异范围。

近缘物种

双色细花萤的体色、雄性外生殖器形状和雄性末腹板形状与其他种明显不同。双色细花萤与 *Prionocerus coeruleipennis* 相似，但本种鞘翅黄色至褐色，且其雄性外生殖器形态不同。

实际大小

双色细花萤　体中型，柔软，前胸和鞘翅亮橙色。体背面密生细刚毛。头部、触角和足呈金属蓝色。触角长，发达。前胸通常窄于鞘翅，前胸表面轻微凹陷。足长，适于行走。

科	毛花萤科 Mauroniscidae
亚科	
分布	新热带界：阿根廷
生境	温带和热带区域
微生境	未知
食性	未知
附注	毛花萤科1994年才发表，该科的生物学习性鲜为人知

成虫体长
1/16–1/8 in
(2.2–3.3 mm)

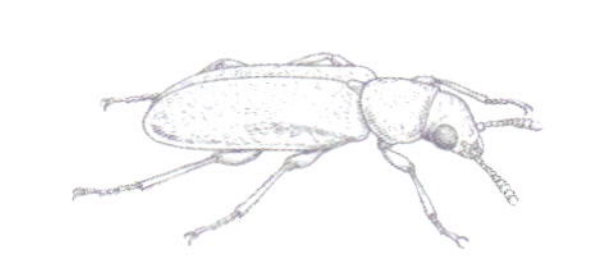

灰绒毛花萤
Mauroniscus maculatus
Mauroniscus Maculatus
Pic, 1927

实际大小

毛花萤科于1994年由捷克昆虫学家卡尔·梅杰（Karl Majer）发表。基于一系列特征，这个科可能与拟花萤科 Melyridae 最为相近。生物学习性不明。它总共包括5个属：*Amecomycter*、*Mectemycor*、*Mecomycter*、*Scuromanius* 和 *Mauroniscus* 属。毛花萤属 *Mauroniscus* 共有9种，所有种类都仅限分布于南美洲的安第斯山脉。灰绒毛花萤仅限分布于阿根廷的卡塔马卡省、萨尔塔和图库曼省。

近缘物种

灰绒毛花萤的识别特征主要在于前胸的整体形态及前胸背板的形态，其前胸背板各边缘均不具边框，基角不外突。该种似乎与 *Mauroniscus boliviensis* 最为接近，但它能依据其体色和分布与后者区分。

灰绒毛花萤 体小型，黑色，体背面密生短刚毛。鞘翅刻点密，不规则，刻点不成列。足浅褐色。触角较长，触角节向端部逐渐增大。复眼大而突出。

科	拟花萤科 Melyridae
亚科	拟花萤亚科Melyrinae
分布	新热带界和非洲热带界：原产于南美洲，意外传入南非
生境	植被上
微生境	花
食性	杂食性
附注	本种危害某些农作物（如玉米和高粱），主要在幼虫期危害

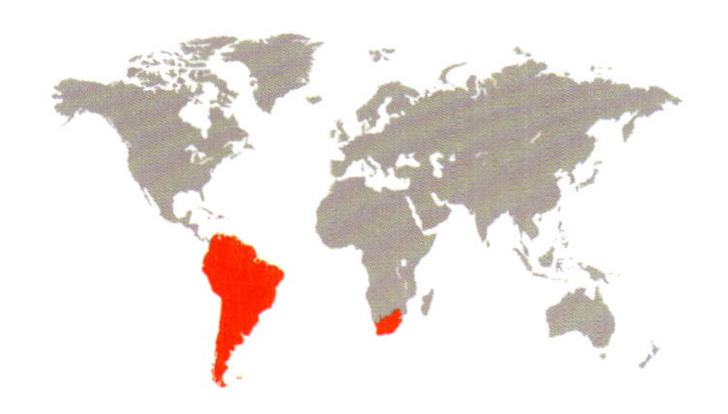

成虫体长
3/8–7/16 in
(8.7–10.5 mm)

玉米斑拟花萤
Astylus atromaculatus
Spotted Maize Beetle
(Blanchard, 1843)

玉米斑拟花萤是偶然的访花者，在巴西和阿根廷尤其发生在农作物如稻米、高粱和棉花上。有时候种群数量很大，尤其是幼虫会对玉米和高粱造成较大的经济损失，因此被认为是害虫。这个种于1916年被意外引入南非，在那里是农作物和果园的主要害虫，并且有报道说牛意外吃了这种甲虫后会死亡。

实际大小

近缘物种

斑拟花萤属 *Astylus* 隶属于斑拟花萤族Astylini，它是拟花萤亚科内的4个族之一。这个族在南美洲有几个种，这些种主要依据体表的特征区分，缺乏结构性差异，亦没有带图的检索表帮助鉴定；种间关系也尚未明确。

玉米斑拟花萤　体中型。前胸、头部和足黑色，鞘翅黄色具黑斑。前胸圆形，密生刚毛。触角长，略微锯齿状。足长，密生刚毛，适应于在植物上行走。

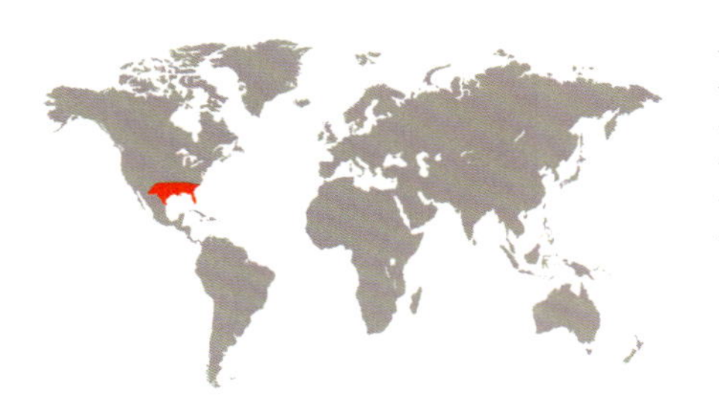

科	拟花萤科 Melyridae
亚科	拟花萤亚科 Melyrinae
分布	新北界：美国
生境	植被上
微生境	花
食性	取食花粉
附注	新拟花萤属是拟花萤亚科原产于美洲的唯一属；该亚科的其他属分布于欧洲、亚洲和非洲

成虫体长
1/8–3/16 in
(3–4 mm)

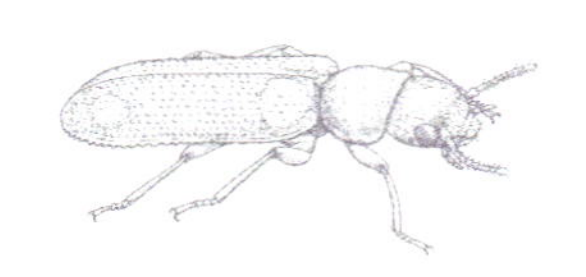

锯胸新拟花萤
Melyrodes basalis
Melyrodes Basalis
(LeConte, 1852)

实际大小

新拟花萤属 *Melyrodes* 是拟花萤亚科原产于美洲的唯一属；其他属如拟花萤属 *Melyris* 也曾在美国一些大的入境口岸被截获，并且一些种群显然已成功定殖（如 *Melyris oblonga*在新泽西州）。新拟花萤属能靠其鞘翅缘折识别，鞘翅基部至端部的缘折宽度相等。这个属种类很少，生物学习性鲜为人知，从玻利维亚北部分布至美国。通常拟花萤亚科的种类是访花者，取食花粉，但幼虫可能为捕食性。锯胸新拟花萤最初描述于达花萤属 *Dasytes*，模式标本采于美国佐治亚州。

近缘物种

新拟花萤属有8个种，分布于美国的不同地区。*Melyrodes cribatus* 和 *Melyrodes floridiana*与锯胸新拟花萤最为接近，锯胸新拟花萤与前二者的区别是，体型更小，鞘翅颜色和刻点不同，前胸侧缘锯齿状。

锯胸新拟花萤 体小型，褐色，鞘翅基部橙红色，鞘翅端部有1对黄斑。前胸横长，刻点粗大，侧缘锯齿状。触角短，略微锯齿状。足褐色，很长。

科	拟花萤科 Melyridae
亚科	达花萤亚科 Dasytinae
分布	古北界：欧洲、北非、伊朗
生境	温带森林
微生境	树叶和低矮植物，也在花上
食性	成虫取食花粉，幼虫未知
附注	达花萤属 *Dasytes* 包括很多种，散布于几个地区；常发现于灌木丛的花上

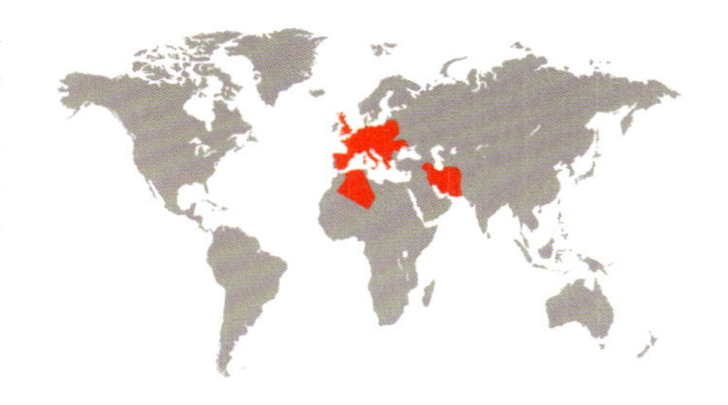

成虫体长
3/16–1/4 in
(5–5.5 mm)

雀达花萤
Dasytes virens
Dasytes Virens
(Marsham, 1802)

达花萤属通常发现于花上，取食花粉，各种均体色单一，具光泽。这个属的界限尚未明确，需进一步进行分类学和系统发育学研究；这项研究会很困难，因为此属目前已知上百种，且可能还有一些未描述种类。雀达花萤分布于欧洲西部、南部和中部。这个种具体的生物学习性尚不清楚。它在一些地区的数量似乎正在减少。

实际大小

近缘物种

达花萤属种类繁多，且缺乏现代的分类学研究，因此很难确定雀达花萤的近缘物种。该属很多种的描述年代距今很久，也没有图片或检索表去区分它们，雄性外生殖器上的识别特征也不都有图示，亦未全部进行过种间比对。

雀达花萤　体小型，狭长，深褐色，具光泽，表面密生倒伏及直立的刚毛。触角线状，长，往后伸时至鞘翅基部。胫节浅褐色，足长，适应于在树叶间行走。

科	拟花萤科 Melyridae
亚科	囊花萤亚科 Malachiinae
分布	新北界：美国
生境	温带森林和灌丛
微生境	花上
食性	捕食性；成虫亦取食花粉
附注	这个广为人知的种具有艳丽的鞘翅图案，是其他昆虫的重要捕食者

成虫体长
¼—5⁄16 in
(6–8 mm)

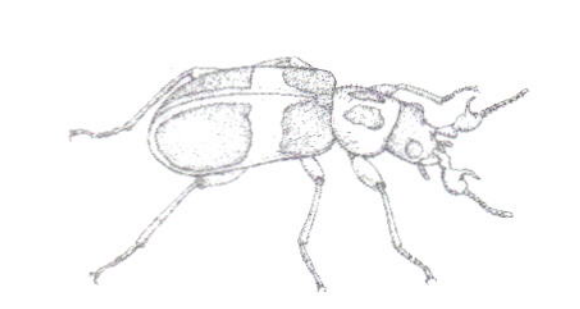

十字胶囊花萤
Collops balteatus
Red Cross Beetle

LeConte, 1852

胶囊花萤属 *Collops* 的种类在农业生态系统中很重要，因为它是农业害虫（成虫和幼虫）的捕食者。十字胶囊花萤成虫显然取食访花昆虫和花粉，幼虫生活在树皮下，主要是其他昆虫的捕食者。这个种性二型，雄性触角第2节非常发达，雌性正常。它的英文俗名是“Red Cross Beetles”，意思是红十字甲虫，指其鞘翅上的十字图案。

近缘物种

20世纪初的一项研究把胶囊花萤属分为几个非正式的种团，十字胶囊花萤与 *Collops punctulatus* 和 *Collops versatilis*等被归于C种团。十字胶囊花萤区分于其他种的特征，在于其粗大的鞘翅刻点。这个种和*Collops quadrimaculatus* 也十分相似，但它体型更大，且前胸背板具黑斑。

实际大小

十字胶囊花萤　体小型，颜色艳丽；体金属蓝色，前胸边缘黄色至橙红色，鞘翅具1道黄色至橙红色的横带，翅缝也具1道黄色至橙红色的纵带。触角长，颜色向基部逐渐变浅，雄性触角第2节高度特化。

科	拟花萤科 Melyridae
亚科	囊花萤亚科 Malachiinae
分布	古北界和新北界：欧洲、北美洲北部、亚洲
生境	温带森林和灌丛
微生境	花和树叶上
食性	捕食性；可能也取食花粉
附注	这个种在英国以最美丽的昆虫之一著称。同时它数量稀少，其种群数量已在积极监测中

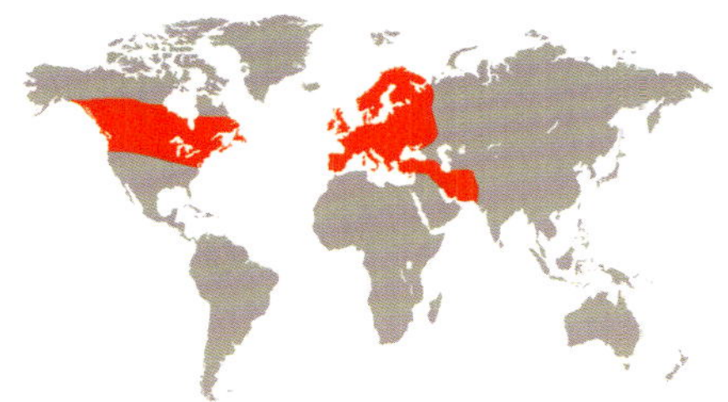

成虫体长
3/16–5/16 in
(5–8 mm)

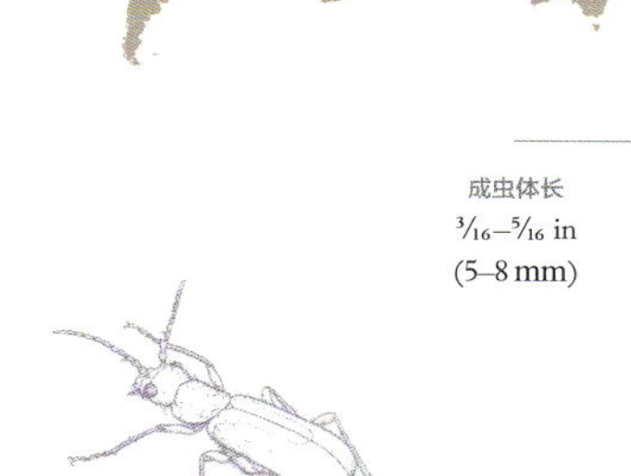

鲜红囊花萤
Malachius aeneus
Scarlet Malachite Beetle
(Linnaeus, 1758)

鲜红囊花萤是英国最稀少而美丽的昆虫之一。成虫出现于4–5，在灌丛的花上取食。这个种的分布区域正在减少，可能是普遍性的生境丧失和密集的放牧导致的。英国有几个全国性的保育项目正在监测此种的种群数量，此种已被作为濒危物种。作为补充的食物来源，此种可能还取食花粉。它们的幼虫发现于树皮下。

近缘物种

囊花萤属 *Malachius* 包括几个种，描述的年代跨越很长的时期，又缺乏重要识别特征的图示，因此很难理解种间的关系。近年的一些文章专注于区域性研究，并对之前研究者所研习的属内分类提出质疑。

实际大小

鲜红囊花萤 体小型，金属绿色，前胸前角红色。鞘翅宽，腹部外露，鞘翅端部宽圆。触角线状，长。足长，黑色。

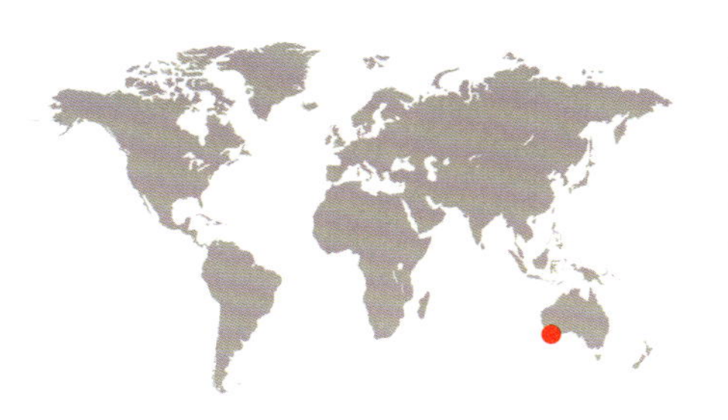

科	花扁甲科 Boganiidae
亚科	副花扁甲亚科 Paracucujinae
分布	澳洲界：西澳大利亚州南部
生境	森林和干旱的矮树丛
微生境	泽米铁科澳洲铁属 *Macrozamia*
食性	成虫和幼虫取食花粉
附注	种本名“*rostratum*”，意思是有喙的，指本种甲虫向前延伸的上唇和上颚

成虫体长
$\frac{1}{8}$–$\frac{3}{16}$ in
(3–3.6 mm)

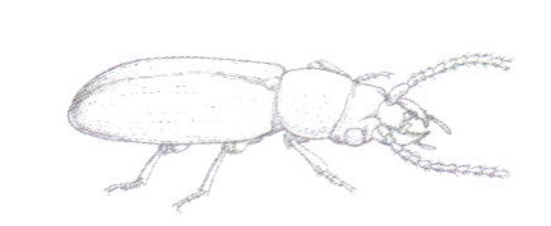

喙副花扁甲
Paracucujus rostratus
Paracucujus Rostratus
Sen Gupta & Crowson, 1966

实际大小

喙副花扁甲 体表光洁，褐色，背腹面扁平。体背面无刚毛，腹面有刚毛。头部额区具1条中沟。触角念珠状，长度无超过前胸背板后缘。上唇显著延长，上颚伸长。

花扁甲科所有的种类均取食花粉。喙副花扁甲仅发现于苏铁的雄球花中，这是一个不常见且目前研究较少的生境。花扁甲科是由罗伊·克劳森（Roy Crowson）和塔潘·森·古普塔（Tapan Sen Gupta）建立的，喙副花扁甲是该科建立时首次描述的物种之一。尽管美洲还没有发现这个科的种类，但从过去和现在的环境条件来看，南美洲有可能也分布有该科。在20世纪60年代，克劳森一直致力于建立一个新的鞘翅目分类系统。克劳森的成就仍是鞘翅目分类系统的基石，他也同时激励了此后的学者利用现代方法开展甲虫系统学研究，这其中杰出的代表是鞘翅目学家约翰·劳伦斯（John Lawrence）及其一些同事。

近缘物种

花扁甲科种类稀少，仅知11种。在本书撰写期间，还有更多的新种正在被描述。它们上颚具带刚毛的凹穴，克劳森认为该构造用于携带花粉，但这个推测需要进一步证实。该科寄主多样，其中主要取食苏铁花粉的包括副花扁甲属 *Paracucujus* 和非洲分布的后花扁甲属 *Metacucujus*。

科	小花甲科 Byturidae
亚科	小花甲亚科 Byturinae
分布	古北界和东洋界：欧洲至东南亚东北部；在欧洲中部更常见
生境	林缘地带
微生境	花和果实上（主要是悬钩子属）
食性	幼虫取食果实和种子；成虫取食嫩叶和花，偏爱花粉
附注	树莓、黑莓、罗甘莓和其他水果的害虫

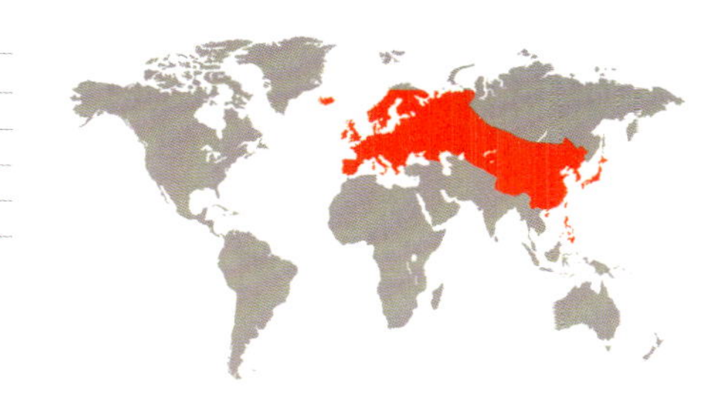

成虫体长
⅛–³⁄₁₅ in
(3.5–4.5 mm)

树莓小花甲
Byturus tomentosus
Raspberry Beetle
(DeGeer, 1774)

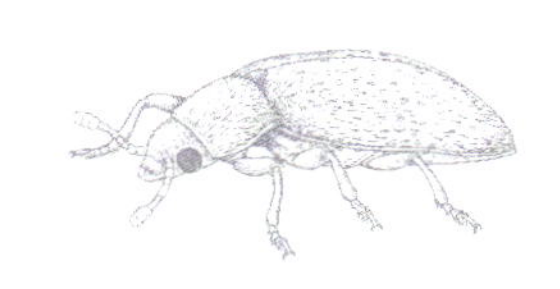

树莓小花甲的成虫通常在各种花上发现，但它实际上是果实害虫。它主要侵害蔷薇科悬钩子属，特别是人工种植的树莓；也侵害其他水果，如蓝莓（杜鹃花科越橘属）。雌虫把卵产在花上，幼虫在花中生长发育，并取食果实，导致果实变小并枯萎，乃至腐烂。有几种控制手段能降低树莓小花甲的数量，如翻土与犁地。其他小花甲的危害性没有这么大，一些扁小花甲亚科Platydascillinae的种类会侵害棕榈科植物。

近缘物种

小花甲属 *Byturus* 包括5种，分布于全北界（从欧洲至日本和北美洲）和阿根廷。树莓小花甲在北美洲的近缘物种是双色小花甲 *Byturus unicolor*，这两个种的生命周期相似。小花甲属与该科其他属的区别在于：复眼大，前足胫节具1个大齿。

实际大小

树莓小花甲 体较狭长，拱凸，浅褐至深褐色；一些体色深的标本，其触角和附肢的颜色较浅。体表被密集的长伏毛，使其表面看起来有丝绸状质感。触角末3节棒状。

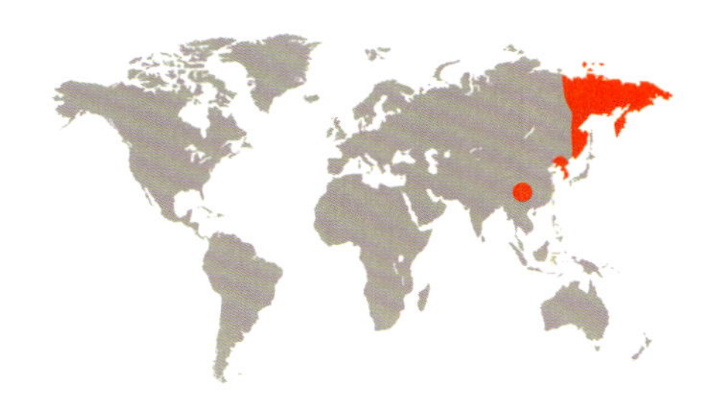

科	蜡斑甲科 Helotidae
亚科	
分布	古北界和东洋界：俄罗斯远东地区、中国（湖北、辽宁）、日本、韩国
生境	森林
微生境	推测与腐烂和发酵的植物组织有关
食性	成虫和幼虫食性未知
附注	此科已知的蛹，其前胸背板具1对朝前指的突起结构，背面具带刚毛的小瘤突

成虫体长
5/16–½ in
(8.5–12 mm)

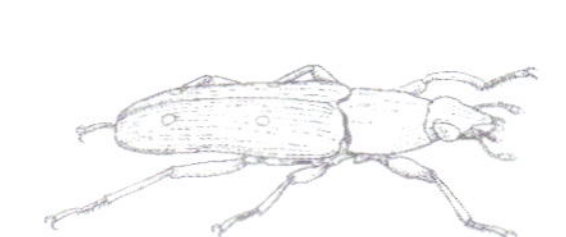

黄腹蜡斑甲

Helota fulviventris

Helota Fulviventris

Kolbe, 1886

蜡斑甲科通常发现在花和果实上取食，有1种 *Helota gemmata* 发现在树木被其他蛀木性昆虫侵害后流出的树液处。现代的几个分类学系统把蜡斑甲科与其他扁甲总科的“基部类群”归在一起。依据最近的研究，黄腹蜡斑甲属于 *Helota gemmata* 种团。像本属其他种一样，本种的成虫被认为与腐烂和发酵的植物组织有关。已知的蜡斑甲属 *Helota* 幼虫背面体色很深，腹部末端具不可动的长尾突。

近缘物种

蜡斑甲科种类超过100种，分为5个属。蜡斑甲属和新蜡斑甲属 *Neohelota* 的鞘翅均具4个卵圆形的蜡黄色小斑，其他3属无此特征。蜡斑甲属与新蜡斑甲属的区别在于其前胸背板有隆起区域。黄腹蜡斑甲与 *Helota gorhami* 最为相似，但其鞘翅具卵圆形瘤突，生殖器特征也不同。

黄腹蜡斑甲 成虫长形，扁平，背面无刚毛。与本属其他种一样，体表呈黑橄榄绿色，鞘翅具4个白色至黄色的斑。鞘翅第2–4条沟波形，鞘翅刻点变异大。腹部第5可见腹板在近端部中线处具1个半圆形的刚毛区。雌性鞘翅端部形状略不同。

实际大小

科	原扁甲科 Protocucujidae
亚科	
分布	新热带界：阿根廷西南部和智利
生境	温带森林
微生境	南青冈属植物 *Nothofagus* spp.
食性	未知
附注	这个科的生活史鲜为人知

成虫体长
3/16–1/4 in
(4.5–6 mm)

跗埃原扁甲
Ericmodes fuscitarsis
Ericmodes Fuscitarsis
Reitter, 1878

实际大小

原扁甲科包括1属7种，分布于南美洲南部和澳大利亚；这种分布模式被称为冈瓦纳分布模式。生物学家认为，原扁甲科和冈瓦纳分布的其他科一样，其地质历史可追溯到古冈瓦纳古大陆通过板块构造分解之前（约1.8亿年前）。然而片断化的分布对该理论提出一些质疑。依据原扁甲属的成虫及其幼虫（仅可能是）的适应形态（如成虫跗节分叶），可推测这些种能很好地在树枝上行走，并可能取食树枝叶上的锈菌。但目前肠道内容物分析尚未获得任何孢子或其他真菌成分。

近缘物种

埃原扁甲属 *Ericmodes* 的各种都很相似，但能依据体表结构（如鞘翅刚毛的有无）、鞘翅刻点列数目和前胸背板形状区分。跗埃原扁甲与黑埃原扁甲 *Ericmodes nigris* 最为接近。黑埃原扁甲仅分布于智利中部的博斯克·弗雷·豪尔赫国家公园。智利中部很干旱，该公园包括沿海岸线的一个森林片断，公园的湿气主要来自从西面来的雾。

跗埃原扁甲 体长形，扁平，表被刚毛。浅褐色至深褐色。前胸背板为规则的圆矩形。前胸背板和鞘翅表面不平坦，有一些轻微的局部凹陷；这个特征在冈瓦纳起源的和其他的很多甲虫类群中很常见。

科	姬蕈甲科 Sphindidae
亚科	原姬蕈甲亚科 Protosphindinae
分布	新热带界：智利
生境	温带森林
微生境	黏菌
食性	幼虫和成虫取食黏菌
附注	虽然很多科的甲虫也取食黏菌，但只有姬蕈甲科所有种类的幼虫和成虫均专性取食黏菌

成虫体长
⅛–³⁄₁₆ in
(3–4.2 mm)

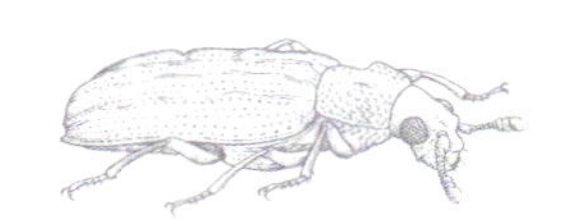

智利原姬蕈甲

Protosphindus chilensis

Protosphindus Chilensis

Sen Gupta & Crowson, 1977

实际大小

黏菌是一种奇怪的类似于变形虫的生物，它们在原木和落叶层的表面缓慢爬行寻找食物。很少有甲虫专门取食黏菌。姬蕈甲科是唯一的仅取食黏菌的甲虫科。取食黏菌的其他甲虫包括一些非常特化的隐翅虫（包括很多Scaphidiinae亚科的种类）、球蕈甲科中2个亲缘关系远的类群（包括整个Agathidiini族）和薪甲科的*Enicmus*属。从系统发育上看，专门取食黏菌的类群，其祖先大多是从菌食性类群中进化来的。姬蕈甲科幼虫经过4个龄期后成熟。老熟幼虫在化蛹前会使用肛门分泌物将自己固定在基质上。典型姬蕈甲的生命周期为20–30天。

近缘物种

姬蕈甲科包括9属大约60种，在除新西兰外的世界范围内都有分布。原姬蕈甲属*Protosphindus*包括2种，仅分布于南美洲南部的温带地区；在姬蕈甲科中，仅此属的前胸背板和鞘翅有复杂的刻纹和脊。此属的2个种能以鞘翅脊的形态互相区分，并且智利原姬蕈甲体长大于另一个种丽原姬蕈甲 *Protosphindus bellus*。

智利原姬蕈甲 体表刻纹显著，光洁无毛，具深褐色和黄色的杂斑。触角端部3节成棒状。前胸背板侧缘具几个齿，盘区拱凸。鞘翅具刻点和脊；脊清晰、细锐、不规则、装饰感强。和姬蕈甲科其他成虫一样，其上颚有袋状结构用以搬运黏菌孢子至新的生境。

科	毛蕈甲科 Biphyll:dae
亚科	
分布	新北界：印第安那州以东，向南至佛罗里达州，向西南至得克萨斯州东部
生境	温带森林
微生境	树皮下
食性	幼虫和成虫取食真菌
附注	成虫复眼下方具1个带毛的深坑，其功能完全未知

成虫体长
$^1/_{16}$–$^1/_8$ in
(2–3 mm)

红双毛蕈甲
Diplocoelus rudis
Diplocoelus Rudis
(LeConte, 1863)

实际大小

毛蕈甲科常见于树皮下，或发酵的环境里，特别是热带区域腐败的植物中。红双毛蕈甲发现于山核桃、栎树和松树的树皮下，特别是湿度高的地区。毛蕈甲科的所有种类可能都取食真菌，其中一些种取食特定的真菌类群，包括子囊菌类和担子菌类。毛蕈甲头部有一个特殊的内陷，但目前还无证据证明该构造是用于装载和运输真菌的贮菌器；贮茵器存在于甲虫的其他一些类群中。

近缘物种

毛蕈甲科有6属大约200种，在除新西兰之外的世界范围内都有分布。但这个科的分类学研究很薄弱，一些属的建立是人为的，非常迫切需要修订。双毛蕈甲属 *Diplocoelus* 包括很多种，除了红双毛蕈甲外，褐双毛蕈甲 *Diplocoelus brunneus* 也分布于北美洲，并且两者分布区广泛重叠。红双毛蕈甲前胸背板无亚侧脊，这点易与褐双毛蕈甲区分。

红双毛蕈甲　均一浅红色至深褐色，表被密集的刚毛，背腹面扁平。触角端部3节成棒状。前胸背板无亚侧脊，这与其他很多种截然不同。与很多毛蕈甲相同，其前胸侧缘的隆线锯齿状；腹部第1节具明显的后基节线。

科	大蕈甲科 Erotylidae
亚科	蕃蕈甲亚科 Xenoscelinae
分布	澳洲界：新西兰
生境	山区和高纬度地区
微生境	花上
食性	成虫取食花粉
附注	本种是该属唯一种类

成虫体长
⅙–⅛ in
(2.6–3.1 mm)

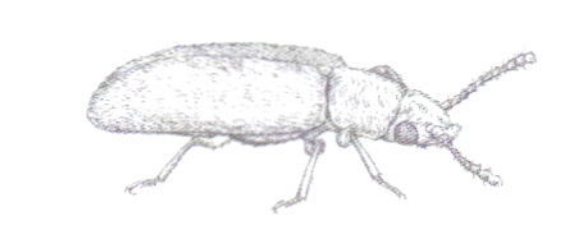

橄榄花蕈甲

Loberonotha olivascens

Loberonotha Olivascens

(Broun, 1893)

实际大小

大蕈甲科是一个物种丰富的类群，近年来的一系列系统学研究依据形态学及分子生物学特征重建了该科的分类系统。尽管大蕈甲科中有很多种类取食真菌，但也有不少取食植物的种。该科最大的亚科拟叩甲亚科 Languriinae 即主要取食植物，该亚科曾长期被作为一个独立的科。橄榄花蕈甲成虫取食高山和亚高山上很多灌木的花粉，也见于低海拔的新西兰南部地区。花蕈甲属 *Loberonotha* 是蕃蕈甲亚科在新西兰的唯一代表；它可能是大蕈甲科最原始的类群之一。

近缘物种

蕃蕈甲亚科为世界性分布，包括8属10种。花蕈甲属是单型属，它与蕃蕈甲亚科其他属的区别在于：其鞘翅缘折不完整（大蕈甲科绝大多数种类的鞘翅缘折完整，延伸至鞘翅端部），前胸背板无侧脊。鞘翅缘折的特征也能把此属与外表相似的欧亚大陆的 *Macrophagus* 属区分开来。

橄榄花蕈甲 体色浅至深橄榄褐色，通常体色均一。表被刚毛，体形拱凸。触角端部3节成棒状。前胸背板窄于鞘翅。与很多大蕈甲相同，腺管遍布整个虫体，标本用氢氧化钾处理后容易观察到。

科	大蕈甲科 Erotylidae
亚科	隐蕈甲亚科 Cryptophilinae
分布	新热带界：哥斯达黎加
生境	山区
微生境	褐鼷鼠 *Scotinomys xerampelinus* 的巢穴
食性	腐食性
附注	仅限分布于哥斯达黎加塔拉曼卡山脉的亡山（Cerro de la Muerte）

成虫体长
⅛ in
(2.53–2.94 mm)

美洲鼠蕈甲
Loberopsyllus explanatus
Neotropical Mouse Beetle
Leschen & Ashe, 1999

实际大小

鞘翅目很多种类与哺乳动物的巢穴相关，但几乎没有标本是活着采自动物身上或活着发现于动物身上。鼠蕈甲属 *Loberopsyllus* 包括3个与鼠类相关的种（包括美洲鼠蕈甲）和1个自由生活的种（分布于墨西哥瓦哈卡州的山区）。此属所有种类的成虫均无后翅。与其他两个寄居于哺乳动物的种一样，美洲鼠蕈甲无复眼，靠寄主的移动迁移，它曾被观察到附在其寄主褐鼷鼠的后腿及臀部。它对寄主不造成伤害，而是一种友好的共生关系，取食寄主的死皮和其他生物碎屑，从而起到为寄主清理毛皮的作用。

近缘物种

鼠蕈甲属发现于墨西哥南部至哥斯达黎加；倘若充分研究，更多的种类可能会被发现。美洲鼠蕈甲与 *Loberopsyllus halffteri* 和 *Loberopsyllus traubi* 均无复眼，发现与啮齿动物生活在一起；而 *Loberopsyllus oculatus* 复眼发达，自由生活。

美洲鼠蕈甲 体色红褐色，足、触角和口器颜色较浅。体表通常无毛，有时也会有少量微毛。体较坚硬，背腹面扁平。复眼和后翅退化，适应于随寄主迁移。本种的种本名指其鞘翅的敞边比本属其他种要扩宽得多。

科	大蕈甲科 Erotylidae
亚科	大蕈甲亚科 Erotylinae
分布	新热带界：哥斯达黎加至厄瓜多尔
生境	山地雨林
微生境	担子菌上
食性	成虫和幼虫均取食真菌
附注	该甲虫可分泌特殊味道的化学物质，其毒性未知

成虫体长
¾–⅞ in
(19.5–20.5 mm)

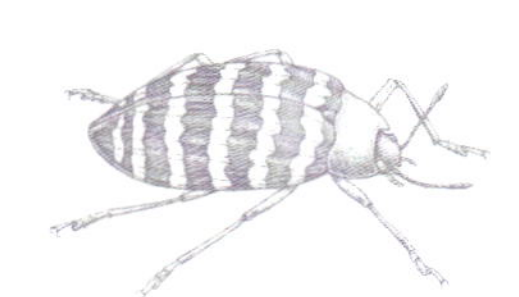

丽纹大蕈甲
Erotylus onagga
Erotylus Onagga

Lacordaire, 1842

大蕈甲亚科的大蕈甲族 Erotylini 仅分布于新大陆。许多种类颜色艳丽，以警示潜在的捕食者它们体内含有难以入口的化学物质。这些化学物质储存在它们体内，通过体壁孔或关节处释放，释放后沿体表的沟缝传送至身体各部位，特别是前胸背板和鞘翅上。丽纹大蕈甲引人注目，曾于1993年被印制于厄瓜多尔发行的邮票上。

近缘物种

大蕈甲属 *Erotylus* 包括很多种，所有种类都有明艳的颜色。像大蕈甲科其他种类一样，其幼虫的整个背面具刺和突起。成虫的体色和幼虫的体表结构都是重要而有效的防御捕食者的机制，在大蕈甲所取食的担子菌表面生活着很多危险的捕食者，它们时刻在搜寻着猎物。

实际大小

丽纹大蕈甲 体黑色，鞘翅具有明显的黄带。体表无毛，强烈拱凸。触角棒状，触角棒节扁平，这与大蕈甲科的很多种类不同。大蕈甲科很多种类的体壁不如其他甲虫坚硬，如拟步甲科；拟步甲科在开阔空间亦有很多颜色艳丽的种。

科	球棒甲科 Monotomidae
亚科	啖蜡甲亚科 Rhizophaginae
分布	新热带界：哥斯达黎加
生境	热带雨林
微生境	无螯蜂亚科 Meliponinae 的巢穴中
食性	腐食性
附注	该种甲虫复眼退化

成虫体长
⅛–³⁄₁₆ in
(2.8–3.7 mm)

盲克球棒甲
Crowsonius meliponae
Crowsonius Meliponae
Pakaluk & Ślipiński, 1993

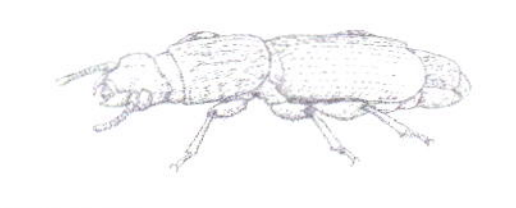

很少有甲虫与无螯蜂亚科 Meliponinae 的蜜蜂相关，而盲克球棒甲就是其中一种。克球棒甲属 *Crowsonius* 种类的复眼均退化，其复眼仅具有一个小眼面，亦无后翅，有时能在蜜蜂巢穴里大发生。推测盲克球棒甲像其他一些高度特化的寄居性甲虫一样，随寄主迁移而转移；如另一类寄生蜂巢的甲虫（球蕈甲科 Leioidae 的 Scotocryptini 族），曾被观察到被无螯蜂携带转移。像其他腐食性的蜂巢寄生昆虫一样，已观察到本种的肠道中充满了花粉；它可能取食蜂巢里废物堆中的花粉。

实际大小

近缘物种

克球棒甲属分布于新热带界，包括3种，其中2种分布于巴西，1种分布于哥斯达黎加。该属不同于本科其他种类之处是：复眼退化，触角节紧密，生活于无螯蜂亚科的巢穴中。盲克球棒甲以其额、前胸背板形态（如形状和刻纹）及鞘翅表面的细微结构与同属其他种区分。

盲克球棒甲　背腹面扁平，浅红褐色至深红褐色，表被刚毛。头后部收窄，形成一个颈状结构；复眼退化，从背面不可见；前胸背板和鞘翅具刻纹。触角节紧密，棒部1节。鞘翅短，不完全盖住腹部。

科	球棒甲科 Monotomidae
亚科	球棒甲亚科 Monotominae
分布	澳洲界：广泛分布于新西兰
生境	阔叶罗汉松林、南青冈林
微生境	树皮下和朽木中
食性	成虫和幼虫可能取食真菌，但对它们的行为了解很少
附注	原产于新西兰的球棒甲科仅此一种

成虫体长
³⁄₁₆ in
(4.3–4.7 mm)

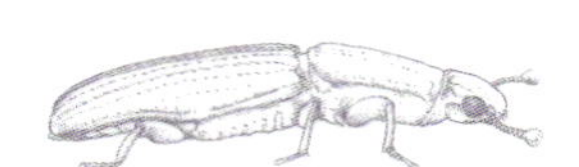

奇脊球棒甲
Lenax mirandus
Lenax Mirandus

Sharp, 1877

球棒甲科一般发现于木头下或腐烂的植物组织上，尽管这个类群多样性高且其生物学习性未被充分了解。奇脊球棒甲是脊球棒甲属 *Lenax* 的唯一种，它与球棒甲科其他种非常不同。它的胸部和腹部与该科其他种的区别不是特别大，但头壳的构造是截然不同的：其触角着生于头部腹面的一个大窝中；复眼后方有一道深沟，向头顶后缘延伸，深沟中常常充满一种蜡状物，其用途未知。

近缘物种

球棒甲科很多种类取食真菌，另外一些种类可在花上发现，1个种在潮间带发现（*Phyconomus marinus*），1个种在欧洲墓地的棺材中很常见（*Rhizophagus parallelocollis*）。其他种类如 *Rhizophagus* 属的一些种，捕食小蠹。

实际大小

奇脊球棒甲 该属的独有种。体长形，体表光洁，红色至深褐色；表被非常细微的刚毛，仅在高倍放大镜下可见（腹部末端的刚毛除外）。体表具有深的刻点，特别是鞘翅条沟和腹部Ⅰ板处。触角11节，端部2节愈合形成棒状。

科	伪隐食甲科 Hobartiidae
亚科	
分布	新热带界：智利和阿根廷
生境	温带森林
微生境	真菌
食性	成虫和幼虫可能取食真菌
附注	本种是本属分布于南美洲的唯一种类；其他种均分布于澳大利亚

成虫体长
⅛ in
(2.6–2.9 mm)

智利伪隐食甲
Hobartius chilensis
Hobartius Chilensis
Tomaszewska & Ślipiński, 1995

伪隐食甲科分布于澳大利亚和南美洲的温带地区。这个科的生物学习性不是很清楚，但据澳大利亚相关种类的记录，其成虫和幼虫均取食真菌。智利伪隐食甲的具体生物学习性未知，但该种标本经常采自南青冈属 *Nothofagus*、南洋杉属 *Aravcaria* 及其他森林的落叶层中。标本也常见于各种昆虫诱集设备中，尤其是飞行阻断器。飞行阻断器对能飞行的甲虫很有效，特别是一些研究薄弱的微型甲虫；但通过这种方法采集到的标本，并不能获得其原始生境信息。

近缘物种

伪隐食甲科包括2个属：伪隐食甲属 *Hobartius* （4种）和*Hydnobioides*属（2种）；后者触角第7节膨大，依此与前者区分。体表刚毛形态对于伪隐食甲属内的种间区分很重要。

实际大小

智利伪隐食甲 外表近似于隐食甲科昆虫，但其上颚背面具一个瘤突，前胸背板边缘扩宽，这些特征与隐食甲不同。体长形，拱凸，深褐色至浅褐色，许多标本的鞘翅中间有一个宽阔的颜色加深区域。额唇基沟存在，鞘翅刻点模糊。

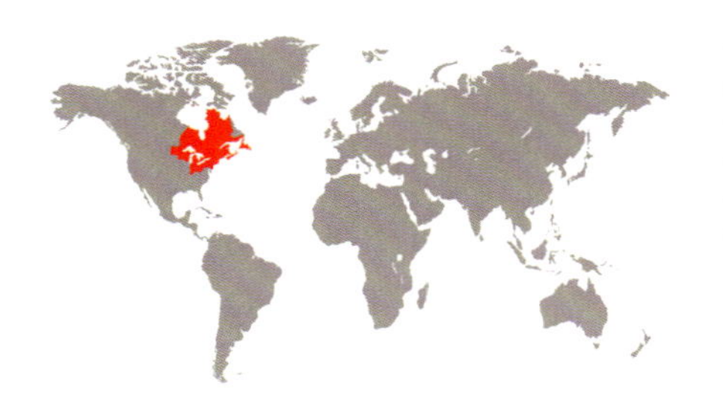

科	隐食甲科 Cryptophagidae
亚科	隐食甲亚科 Cryptophaginae
分布	新北界：北美洲东北部
生境	温带森林
微生境	熊蜂巢
食性	成虫和幼虫取食熊蜂巢中的碎屑，尤其是熊蜂采来的花粉
附注	成虫在花上等候熊蜂，然后爬到熊蜂足上随其回到蜂巢

成虫体长
⅛–3/16 in
(3–5 mm)

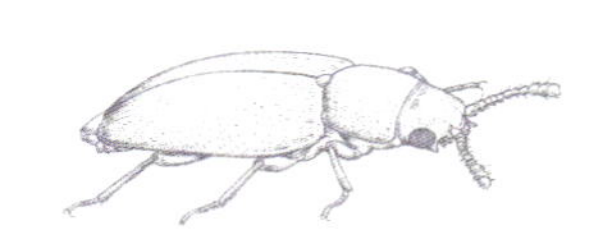

隆花隐食甲

Antherophagus convexulus

Antherophagus Convexulus

LeConte, 1863

实际大小

花隐食甲属 *Antherophagus* 专性与熊蜂属 *Bombus* 相关，分布于新北界、古北界和东洋界。成虫发现于花上，它们在那里等候访花的熊蜂。一旦熊蜂到来，它们会想办法附着到熊蜂的口器或足上，然后随熊蜂回到蜂巢；推测它们在熊蜂巢里交配并产卵，或者仅于蜂巢中交配。花隐食甲属的大多数种类有后翅，少数种类完全无后翅并且复眼退化。隆花隐食甲的一些个体最近发现于红橡树林里的白花绣线菊 *Spiraea alba* 花上。

近缘物种

目前花隐食甲属包括13种，但此属的分类学亟待修订，需要进一步确认各种的地位并有新种有待描述，特别是那些采自哥斯达黎加、哥伦比亚和委内瑞拉的种。整体体型、刚毛和体色对于种级鉴定起到一定作用，但正如鞘翅目学家Y. 布斯凯（Yves Bousquet）在一部关于北美洲隐食甲亚科的综述中所指出的，“这个类群的物种非常难鉴定”。

隆花隐食甲 金棕褐色至红褐色。背腹面扁平，体表被倒卧刚毛，背面刚毛更多。性二型：雄性唇基有1个“V”形切口，触角较雌性更短粗。

科	菌食甲科 Agapythidae
亚科	
分布	澳洲界：新西兰北岛南部至南岛
生境	主要见于南青冈属树林
微生境	烟霉
食性	成虫和幼虫取食烟霉
附注	凹胸菌食甲是菌食甲科在全世界的唯一代表

成虫体长
1/16–1/8 in
(2.3–3 mm)

凹胸菌食甲
Agapytho foveicollis
Agapytho Foveicollis
Broun, 1921

在过去十年，扁甲总科的科级分类系统发生了较大的变化。变化之一是，凹胸菌食甲被独立出来建立一个新的科，即菌食甲科。该种原来被新西兰鞘翅目学家托马斯·布龙（Thomas Broun）发表在角甲科 Salpingidae 中；后来移至皮扁甲科 Phloeostichidae 下，并归于独立的亚科中。2005年的一项系统发育分析发现，之前的皮扁甲科是个多系群（即包括一些不相关的类群）；它应该被拆分成几个科，其中之一即为菌食甲科。凹胸菌食甲的成虫和幼虫生活在介壳虫蜜露滋生的黑色烟霉上，常见于南青冈属树林；亦发现于苔藓上或落叶层中。

近缘物种

菌食甲科是低等扁甲总科中尚未研究明白的类群。菌食甲属 *Agapytho* 有几个识别特征，包括前胸边框不完整等。

实际大小

凹胸菌食甲 体表被毛，浅褐色至深褐色，鞘翅具明显的斑。它区别于扁甲总科其他科以及其他总科的一些相似科的综合特征是：触角略呈棒状，头部于复眼后收窄，前胸背板边框不完整，鞘翅刻点模糊，鞘翅缘折不完整，腹部第1可见腹节的长度等于或短于第2可见腹节。依靠图片是识别此种的最有效方法。

科	扁坚甲科 Priasilphidae
亚科	
分布	澳洲界：新西兰南岛的韦斯特兰区
生境	阔叶罗汉松混交林
微生境	落叶层和树干流出的黏液
食性	成虫和幼虫可能取食真菌
附注	扁坚甲属所有种类仅限分布于新西兰；角扁坚甲的卵和蛹未知

成虫体长
3/16–1/4 in
(4.5–6 mm)

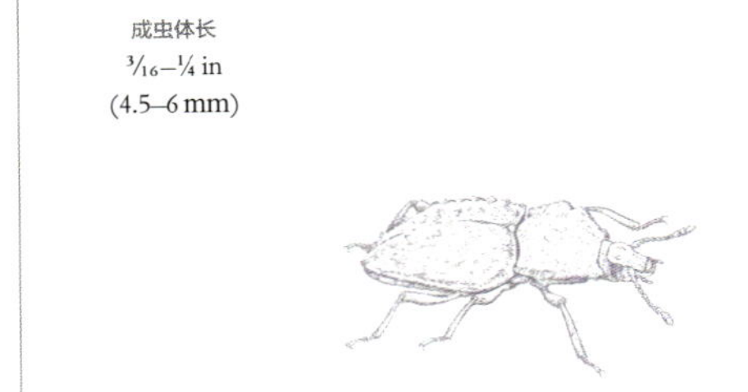

角扁坚甲

Priasilpha angulata

Priasilpha Angulata

Leschen, Lawrence & Ślipiński, 2005

实际大小

扁坚甲科仅限分布于南半球，呈冈瓦纳分布模式。仅分布于新西兰的扁坚甲属 *Priasilpha* 包括7个种，除了1种相对广布且能飞行的种类外，其他6种的分布区都十分有限且完全不能飞行。角扁坚甲仅在新西兰南岛的韦斯特兰区发现。韦斯特兰区被称为“海岸间隔”，在该区南青冈属树木无分布，这可能是更新世的几次冰川运动导致的。在大冰川期来临时，可能角扁坚甲的一些种群找到了局部避难所，因此存活下来，形成仅生活在“海岸间隔”的特有种；其他类似的该区特有种可能也是如此。

近缘物种

扁坚甲属种间的系统发育关系由莱舍恩（Leschen）和米修（Michaux）在2005年重建。研究结果显示，角扁坚甲与其他4个种构成1个种团，仅限分布于新西兰南岛的阿尔卑斯断层以西；这个分布模式意味着这个种团相对古老。角扁坚甲以其前胸背板形状与其他种区分。

角扁坚甲　与该属其他种一样，本种体表常覆盖碎屑杂质。去除这些杂质后，深红褐色的体壁显露；表被伏毛，伏毛可能聚生成束。扁坚甲属所有种类的背腹面均扁平，许多种无后翅（如同本种），前胸背板侧缘抬高且具有“V”形缺口。

科	扁坚甲科 Priasilphidae
亚科	
分布	澳洲界：塔斯马尼亚岛
生境	桉树林
微生境	树皮下
食性	成虫和幼虫可能取食真菌
附注	类扁坚甲属种类的成虫背面往往覆盖着杂质碎屑和自身分泌物；鳞状刚毛的存在，使这些体表覆盖物的附着力增强

成虫体长
$^{3}/_{16}$ in
(4.1–4.9 mm)

塔斯类扁坚甲
Priastichus tasmanicus
Priastichus Tasmanicus
Crowson, 1973

类扁坚甲属 *Priastichus* 外表接近新西兰特有的扁坚甲属 *Priasilpha*，可能二者互为姊妹群。它们与智利的智扁坚甲属 *Chileosilpha* 一起，构成扁坚甲科；目前对此科的了解薄弱，标本也相对稀少。此科的很多种仅知少量标本。塔斯类扁坚甲的一些个体发现于海拔1524 m的山地森林。此种的第1头标本采于20世纪50年代，采集者为哈佛大学比较动物学博物馆的鞘翅目学家菲利普·达林顿（Philip Darlington）。达林顿博士是20世纪最著名的动物地理学家之一，他为澳大拉西亚（Australasia，包括澳大利亚、新西兰和邻近的太平洋岛屿）的甲虫研究做出很大贡献。

实际大小

近缘物种

类扁坚甲属有3种，均仅分布于塔斯马尼亚岛。塔斯类扁坚甲发生于塔斯马尼亚岛北部，而另外两个种一般见于南部，尽管它们的分布区有些重叠。体形和鞘翅的隆起程度是这3个种的鉴定依据。

塔斯类扁坚甲 背腹面扁平。标本可能被杂质碎屑所覆盖。去除这些杂质后，深红褐色至黑色的体壁便会显露；体表被伏毛。前胸背板边缘大体为波状，鞘翅具微弱的纵脊。无后翅，不能飞行。

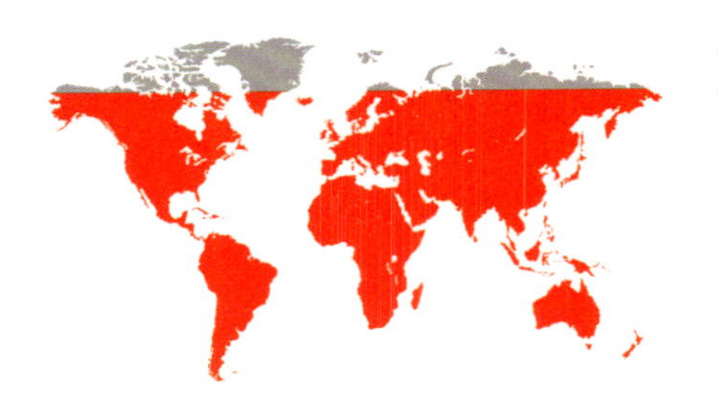

科	锯谷盗科 Silvanidae
亚科	锯谷盗亚科 Silvaninae
分布	世界性分布
生境	人类住所
微生境	储藏物
食性	成虫和幼虫取食谷物
附注	本种为世界性的储藏物害虫

成虫体长
1/16–1/8 in
(2.4–3 mm)

大眼锯谷盗
Oryzaephilus mercator
Merchant Grain Beetle
(Fauvel, 1889)

实际大小

卡尔·林奈，18世纪瑞典分类学之父，创立了*Oryzaephilus*这个拉丁属名，意思是“喜欢稻米者”。大眼锯谷盗是一种储藏物害虫，几乎能发现于储藏任何谷物的容器中，尤其是脂肪含量高的谷物，如燕麦粉、麦麸、燕麦片和糙米。这些甲虫在家庭住所中最常见。雌虫能在3个月内产200–300粒卵，因此种群能迅速增殖。

近缘物种

大眼锯谷盗与更常见的锯谷盗 *Oryzaephilus surinamensis* 接近。锯谷盗属有16种，主要分布于旧大陆，但大眼锯谷盗和锯谷盗现在已成为世界性的储藏物害虫。当前一些令人兴奋的新种在不寻常的地点被发现，如在非洲之角以东的索科特拉岛；在那里，昆虫学调查正在热火朝天地进行。

大眼锯谷盗 背腹面稍扁平。深红褐色至黑色，体表具刻点，被伏毛。前胸背板边缘锯齿状，鞘翅具明显的刻点列。前胸背板伏毛较长。

科	扁甲科 Cucujidae
亚科	
分布	澳洲界：新西兰的三王岛
生境	阔叶罗汉松混交林
微生境	树皮下
食性	成虫和幼虫可能捕食性
附注	本种幼虫的腹部末端具有1个很大的中尾突，质地坚硬、端部分叉，且其上着生上弯的刺

成虫体长
½–¹¹⁄₁₆ in
(12–17 mm)

黑褐宽扁甲
Platisus zelandicus
Platisus Zelandicus
Marris & Klimaszewski, 2001

从孑遗种黑褐宽扁甲便可初窥新西兰古老的生物地理历史。该种发现于距新西兰北岛北端55 km之外的三王岛（Three Kings Islands）；该岛是曾经连接新西兰和新喀里多尼亚的海岭的一部分。这个岛是很多其他动植物的故乡（如同本种），这些动植物似乎是生物学上的孑遗种，曾经在全世界有更广阔的分布范围，但显然已在新西兰主岛上消失。

近缘物种

扁甲科原来包括锯谷盗科 Silvanidae 和扁谷盗科 Laemophloeidae 的种类，但现在只包括大约50种。这些种归于4个属：扁甲属 *Cucujus*、宽扁甲属 *Platisus*、*Palaestes* 和 *Pediacus* 属。前3个属有一些种为明艳的金属蓝色、亮红色或黄色，但也有几个种为黑色或褐色（如黑褐宽扁甲）。宽扁甲属已知5种，但澳洲界和新热带界还有一些未描述的新种。*Pediacus*属包括22种，通常浅褐色，主要分布于全北界。

实际大小

黑褐宽扁甲 体扁平，深红褐色至黑色，表被短刚毛。头部横长，触角线状，上颚于背面可见（这意味着它可能是捕食者）。幼虫亦扁平，腹部末端具1个夸张的中尾突（起源于第9背板）。

科	澳扁甲科 Myraboliidae
亚科	
分布	澳洲界：澳大利亚大陆东部和塔斯马尼亚岛
生境	桉树林
微生境	活树的树皮下
食性	未知
附注	本科所有已知种仅限分布于澳大利亚

成虫体长
⅛–³⁄₁₆ in
(2.85–3.65 mm)

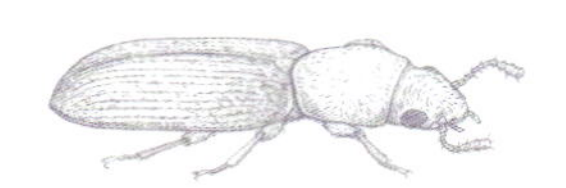

短角澳扁甲
Myrabolia brevicornis
Myrabolia Brevicornis
(Erichson, 1842)

实际大小

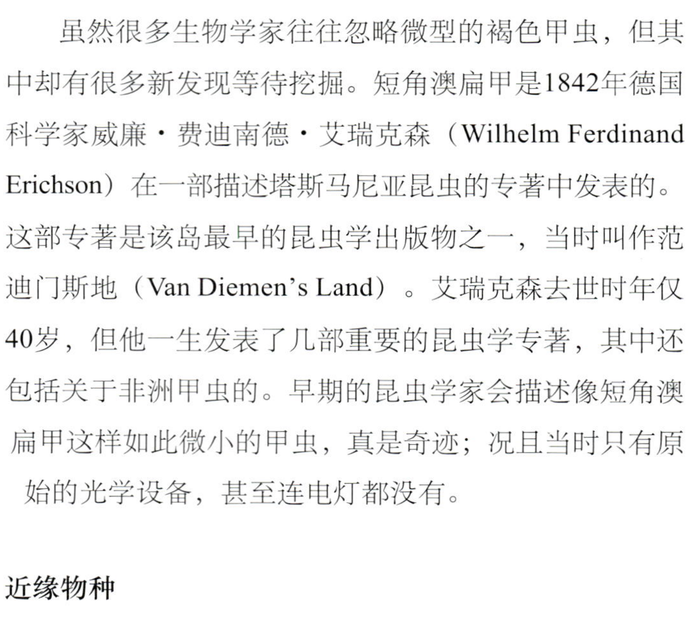

虽然很多生物学家往往忽略微型的褐色甲虫，但其中却有很多新发现等待挖掘。短角澳扁甲是1842年德国科学家威廉·费迪南德·艾瑞克森（Wilhelm Ferdinand Erichson）在一部描述塔斯马尼亚昆虫的专著中发表的。这部专著是该岛最早的昆虫学出版物之一，当时叫作范迪门斯地（Van Diemen’s Land）。艾瑞克森去世时年仅40岁，但他一生发表了几部重要的昆虫学专著，其中还包括关于非洲甲虫的。早期的昆虫学家会描述像短角澳扁甲这样如此微小的甲虫，真是奇迹；况且当时只有原始的光学设备，甚至连电灯都没有。

近缘物种

澳扁甲属 *Myrabolia* 的13个种都是澳大利亚的特有种。短角澳扁甲是其中分布最广的种，它的识别特征包括几个外部特征（如触角和前胸腹板特征）和雌雄内部生殖器特征。

短角澳扁甲　体背腹面扁平，深褐色，表被刚毛。鞘翅有连续的刻点列和刚毛列。触角端部3节成棒状，末节比倒数第2节小。触角腹部腹面有1个略拱凸的圆形区，该区光洁无毛、中央有很多细孔。

科	凹颚甲科 Cavognathidae
亚科	
分布	澳洲界：澳大利亚东部
生境	桉树林
微生境	鸟巢
食性	腐食性
附注	学名中的种本名意思是“吃雏鸟的”

成虫体长
⅛ in
(2.5–3.3 mm)

食雏凹颚甲
Taphropiestes pullivora
Taphropiestes Pullivora
(Crowson, 1964)

实际大小

凹颚甲科仅包括凹颚甲属 *Taphropiestes* 1个属。该属包括9种，全为冈瓦纳分布模式（分布于澳大利亚、新西兰和南美洲南部）。根据对澳大利亚和新西兰一些种类的观察和采集记录，大多数种似乎与鸟巢相关。成虫和幼虫并不直接攻击雏鸟，尽管一些文献是如此记载的；它们腐食性，在鸟巢中寻找腐败的食物。也有一些标本采于鸟巢外，因此可能至少有一些种是自由生活的。根据记录，食雏凹颚甲成、幼虫与澳洲喜鹊 *Cracticus tibicen* 的雏鸟相关。

近缘物种

凹颚甲属包括9种，其中2种分布于澳大利亚，4种分布于新西兰，3种分布于南美洲。食雏凹颚甲的识别特征是，额区具1个U形沟，颊突明显。

食雏凹颚甲 体背腹面略扁平，黑褐色，表被刚毛。触角端部3节呈棒状，末节长形。前胸背板横阔，不像一些其他种为长形。额区有1个“U”形沟，而其他种可能有2个坑或无沟。

科	拉扁甲科 Lamingtoniidae
亚科	
分布	澳洲界：塔斯马尼亚和维多利亚
生境	桉树林和南青冈林
微生境	落叶层
食性	取食真菌
附注	此科的3个已知种均分布于澳大利亚东部

成虫体长
1/16–1/8 in
(2.5–3.2 mm)

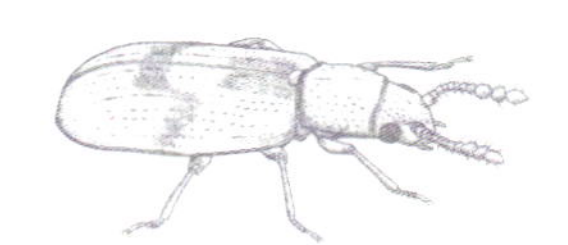

勒氏拉扁甲

Lamingtonium loebli

Lamingtonium Loebli

Lawrence & Leschen, 2003

实际大小

勒氏拉扁甲是依据少量几头标本发表的。标本的采集方法是飞行阻断法和小尺度熏雾法；这两种方法都是在森林中采集甲虫的常用方法。飞行阻断法是把窗式陷阱竖直放置于森林中（通常一次放置几天），甲虫碰到透明的窗式结构后往下掉落，随即掉入下端装有保存液的收集器中。小尺度熏雾法是在充满虫孔或长着真菌和苔藓的树木表面喷少量杀虫剂，从而把甲虫从隐蔽处熏出来，掉落到采集布上。

近缘物种

拉扁甲科仅有3种，为澳大利亚所特有；根据其中2种的寄主记录，可能它们都取食真菌。体色和刻点特征是各种的鉴定依据。勒氏拉扁甲鞘翅具2个斑，前胸背板盘区广布刻点。

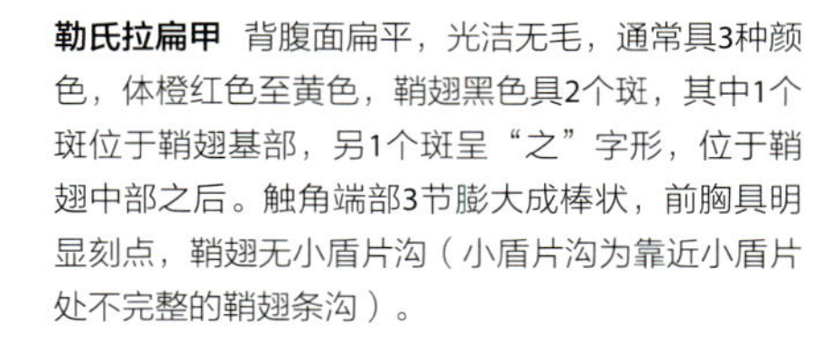

勒氏拉扁甲 背腹面扁平，光洁无毛，通常具3种颜色，体橙红色至黄色，鞘翅黑色具2个斑，其中1个斑位于鞘翅基部，另1个斑呈“之”字形，位于鞘翅中部之后。触角端部3节膨大成棒状，前胸具明显刻点，鞘翅无小盾片沟（小盾片沟为靠近小盾片处不完整的鞘翅条沟）。

科	隐颚扁甲科 Passandridae
亚科	
分布	非洲热带界：撒哈拉以南（喀麦隆、加纳、科特迪瓦、肯尼亚、南非、坦桑尼亚、扎伊尔、津巴布韦）
生境	稀树草原及雨林
微生境	死树和活树
食性	幼虫外寄生于蛀木甲虫幼虫
附注	隐颚扁甲科许多种类成虫的头部有显著的背沟，该背沟与强大的上颚肌肉有关

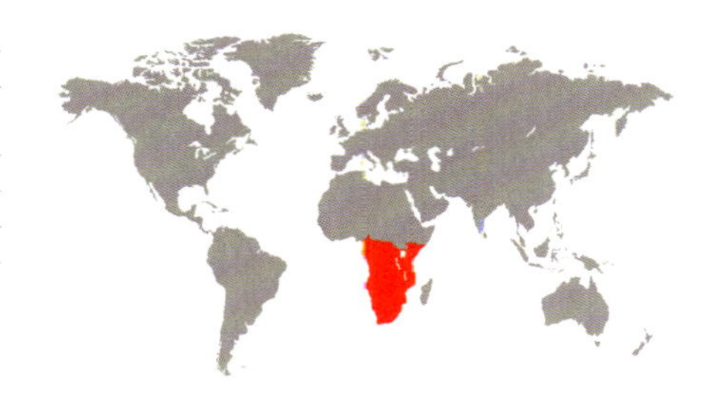

成虫体长
¼–½ in
(7–13 mm)

简隐颚扁甲
Passandra simplex
Passandra Simplex
(Murray, 1867)

隐颚扁甲科是甲虫里的一个小类群，在除新西兰和太平洋之外的世界范围都有分布。幼虫外寄生于各种蛀木性甲虫的幼虫和蛹（包括长蠹、象甲、天牛、小蠹和长小蠹等），也寄生于茧蜂的幼虫和蛹。成虫的尺寸依据幼虫期的营养条件而变化。对成虫的了解很少，但很多种类的头部有显著的背沟，该背沟与高度发达的上颚肌肉有关。成虫使用如此强大的上颚做什么用，至今仍是个谜；或许成虫也会捕食蛀干昆虫。

实际大小

近缘物种

隐颚扁甲属 *Passandra* 大约有30种，主要分布于热带地区，但在太平洋界并无分布。简隐颚扁甲依据其头部、前胸背板和鞘翅的表面结构，以及触角形态和体色，易于识别。

简隐颚扁甲　体壁坚硬，骨化程度高，近圆柱形。体表光洁无毛。头部具一对中沟；触角节非常紧密，末节有沟。前胸背板后缘的沟之中部有一个简单的“V”形缺口；这是本种与另一个非洲种（长颈隐颚扁甲 *Passandra oblongicollis*）共有的重要特征。

科	姬花甲科 Phalacridae
亚科	姬花甲亚科 Phalacrinae
分布	澳洲界：西澳大利亚州西南部
生境	桉树林
微生境	大泽米铁属 *Macrozamia* spp. 的雄球花
食性	成虫可能取食花粉
附注	每年都有甲虫新种被发现和被描述，包括这个发表于2013年的种；据估计，目前澳大利亚仅有1/4的甲虫已经被描述

成虫体长
⅛ in
(2.7–2.9 mm)

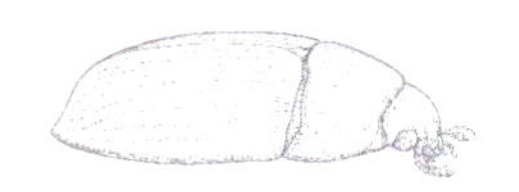

劳氏宽姬花甲
Platyphalacrus lawrencei
Platyphalacrus Lawrencei

Gimmel, 2013

实际大小

姬花甲科的多样性非常高，幼虫口器形态根据其取食对象而变化很大。大多数种广谱性地取食多种真菌（大多数是黑粉菌和其他生长在草本植物和烂叶上的霉菌），少数种可能取食菊科的头状花序。劳氏宽姬花甲是唯一取食苏铁的姬花甲，且仅采自雄球花中。其他专性取食苏铁的甲虫还有象甲科 Curculionidae、大蕈甲科 Erotylidae 和花扁甲科 Boganiidae 中的一些种类，及露尾甲科 Nitidulidae 和拟步甲科 Tenebrionidae 等科中的少数种类。

近缘物种

宽姬花甲属 *Platyphalacrus* 仅包括1种。它隶属于 *Olibroporus* 属团，该属团由4个广布的属组成；其中包括澳大利亚的优势属 *Austroporus* 属，该属有30种。因为确切的属间系统发育关系不清楚，且生活史信息缺乏，所以是由什么样的祖先食性转换成在宽姬花甲属中取食苏铁的仍不明确。

劳氏宽姬花甲 体卵形，浅红褐色。体表背面无刚毛；但其前胸腹板中央具刚毛，这是此属的识别特征。与该科其他种不同的是，本种体扁平，不强烈拱凸。鞘翅无小盾片行，但有刻点列；鞘翅缘折于侧面不可见。此种及其近缘物种的足往往隐藏于身体下。

科	皮跳甲科 Propalticidae
亚科	
分布	太平洋界：夏威夷（考艾岛、茂宜岛、瓦胡岛）、关岛、北马里亚纳群岛（塞班岛、天宁岛）、萨摩亚群岛
生境	热带森林
微生境	成虫发现于树木表面
食性	成虫可能取食地衣或真菌
附注	此种的前足胫节长，且其上生有1个大的端距，用于跳跃

成虫体长
1/32 in
(1.1–1.4 mm)

大眼皮跳甲

Propalticus oculatus

Propalticus Oculatus

Sharp, 1879

实际大小

皮跳甲科分布于环绕太平洋和印度洋的热带地区。它包括2个属：皮跳甲属 *Propalticus* 和斯皮跳甲属 *Slipinskogenia*；前者有32种，后者有11种。当大卫·夏普（David Sharp）描述大眼皮跳甲的时候，提到"很抱歉，我看不清这个微型甲虫的跗节"。这个例子反映了19世纪的昆虫学家试图研究像本种一样微小的甲虫时所面对的技术挑战。这个科的成虫采自死树的表面；并且令人惊异的是，它们会像一些长角象一样用前足跳跃。

大眼皮跳甲　体卵形，浅褐色至深褐色，鞘翅具有浅色斑。表被细小的刚毛，呈看似丝般的质地。触角棒部不紧密，而是很松散地相连。每个鞘翅有3条明显的沟。

近缘物种

对皮跳甲科的研究很薄弱，该科可能与扁谷盗科 Laemophloeidae 接近。较为广布的皮跳甲属与非洲的斯皮跳甲属的区别在于，其两复眼的后方渐近而非远离。皮跳甲属没有完整的综述性文献，但大眼皮跳甲能以其鞘翅上微弱的色斑与其他种区分。

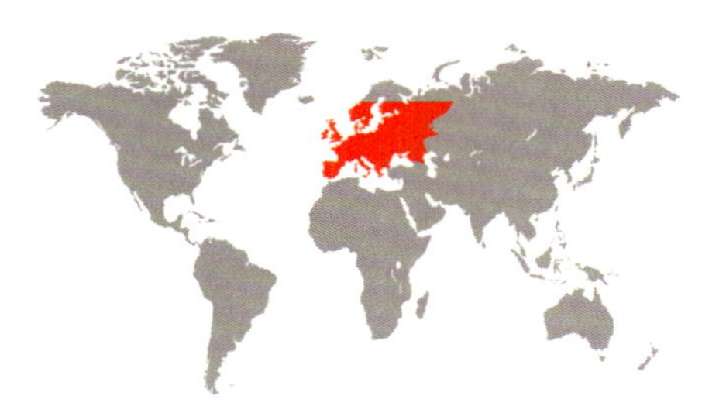

科	扁谷盗科 Laemophloeidae
亚科	
分布	古北界：欧洲广布（除了欧洲最北部）
生境	温带森林
微生境	小蠹蛀道中
食性	成虫和幼虫可能均为捕食性
附注	本种狭长形，体窄，使它能在小蠹蛀道中爬行

成虫体长
1⁄16 in
(1.9–2.4 mm)

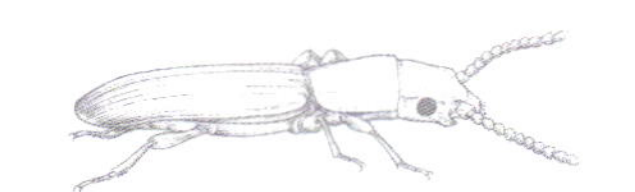

铁线莲细扁谷盗
Leptophloeus clematidis
Leptophloeus Clematidis
(Erichson, 1846)

实际大小

扁谷盗科被认为是菌食性或捕食性。幼虫和成虫常常一起在树皮下发现。体型变化大，从完全扁平至横截面呈圆柱形或近圆柱形。细扁谷盗属 *Leptophloeus* 和 *Dysmerus* 属的种类通常与蛀木性的小蠹有关。铁线莲细扁谷盗在铁线莲小蠹 *Xyloclepte bispinus* 的蛀道中捕食，而后者取食葡萄叶铁线莲 *Clematis vitalba*。这是一个生态学上称为“三级营养关系”的极好例子。

近缘物种

细扁谷盗属 *Leptophloeus* 全世界包括27种，其中8种分布于欧洲。钱线莲细扁谷盗的识别特征包括前胸背板和鞘翅的特殊特征，以及复眼的颜色和大小。雄性外生殖器和雌性交配囊的形态也是种级鉴定的依据。

铁线莲细扁谷盗 体狭长，近圆柱形。浅褐色至深褐色。前胸背板具有明显的侧线或侧脊，鞘翅具有深的条沟（本科特征）。触角着生处于背面不可见，触角具微弱的棒部。

科	扁谷盗科 Laemophloeidae
亚科	
分布	新北界：美国（得克萨斯州）
生境	森林
微生境	树皮下
食性	未知
附注	扁谷盗科中少数几个具喙的种之一

成虫体长
1/16 in
(2.2 mm)

得州喙扁谷盗
Metaxyphloeus texanus
Metaxyphloeus Texanus
(Schaeffer, 1904)

喙（头部眼前区延长形成的鼻状结构），并不是象甲科的专利，在鞘翅目中还有一些其他类群具喙，如原鞘亚目、隐翅虫科、红萤科、拟步甲科、角甲科、萤叶甲科和天牛科中的一些种类。扁甲总科中具喙的类群非常少，它包括扁谷盗科中的一些属种，得州喙扁谷盗便是其中之一。在象甲中，喙可作为雌性的产卵工具；但在很多其他类群中，喙的作用并不清楚，这是因为我们尚未充分了解其行为。但总的来说，头部的延长可能与特定的食性有关。

实际大小

近缘物种

喙扁谷盗属 *Metaxyphloeus* 分布于新大陆，它区别于该科其他具喙类群的特征是，触角棒部6节，前胸背板侧线完整，鞘翅具斑。得州喙扁谷盗与斑喙扁谷盗 *Metaxyphloeus signatus* 非常相似，它们仅能靠解剖外生殖器才能区分。

得州喙扁谷盗 体狭长，背腹面扁平，两侧近于平行，鞘翅具斑。一般深褐色，体表光洁，刻点微弱。触角颜色浅。喙扁平，触角着生于额的基部两侧，前胸背板和鞘翅有明显的侧脊和亚侧脊。

科	塔甲科 Tasmosalpingidae
亚科	
分布	澳洲界：塔斯马尼亚
生境	桉树林
微生境	未知
食性	成虫取食真菌
附注	塔甲科仅知的2种均分布于塔斯马尼亚，尽管有迹象表明澳大利亚大陆应该亦有分布

成虫体长
1/32–1/16 in
(1.2–2.2 mm)

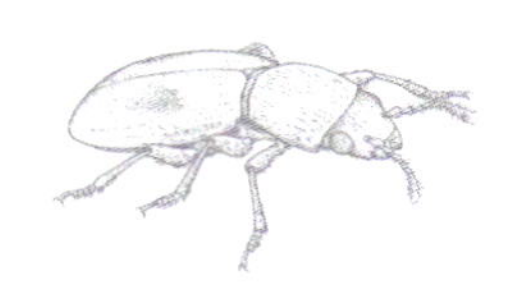

四斑塔甲

Tasmosalpingus quadrispilotus

Tasmosalpingus Quadrispilotus

Lea, 1919

实际大小

塔甲科仅知1属2种，另外还有1头采于罗汉松 *Phyllocladus aspleniifolius* 树皮下的幼虫推测为这个属的。成虫是用马氏网采到的。雄虫外咽片具1个刚毛区；雌雄前胸背板基部均有1对带刚毛的凹窝。成虫标本的肠道内容物检测发现，其肠道中充满菌丝。

近缘物种

这个类群的系统发育关系知之甚少，它还曾被归于皮扁甲科 Phloeostichidae 内。目前仅有一项系统发育研究把此科的成虫和幼虫特征都做了分析。结果显示塔甲科为新西兰的圆蕈甲科 Cyclaxyridae 的姊妹群。本科已知的2种能依据体色和鞘翅刻点相互区分。

四斑塔甲　体长形，拱凸，被毛，深棕色，鞘翅有浅色斑。体表具刻点，鞘翅刻点成行。触角着生位置从背面不可见。前胸背板基部两侧各具1个带刚毛的凹窝，这个特征在本科的2个种都存在，但在其他科中没有发现。

科	圆蕈甲科 Cyclaxyridae
亚科	
分布	澳洲界：新西兰南岛的东北部
生境	阔叶罗汉松混交林和南青冈林
微生境	被烟霉侵害的树干
食性	成虫和幼虫取食真菌
附注	整个科仅分布于新西兰

成虫体长
1/16–1/8 in
(2–2.6 mm)

耶氏圆蕈甲
Cyclaxyra jelineki
Cyclaxyra Jelineki
Gimmel, Leschen, & ´Ślipiński, 2009

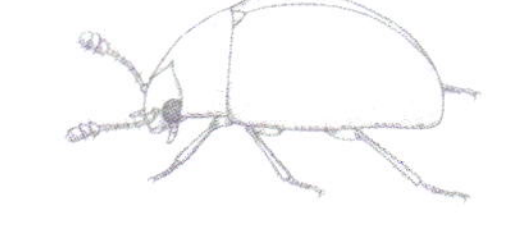

实际大小

圆蕈甲科仅包括2种，都是新西兰的特有种。夜间常见于在烟霉上取食，幼虫躲藏在烟霉堆中。世界上只有极少量甲虫及其他昆虫专性取食烟霉，但这是一个重要的生物多样性组成部分。一些专性取食烟霉的甲虫为冈瓦纳分布；但许多类群仅分布于新西兰。这些仅分布于新西兰的类群不仅包括若干个科内的部分属种，还包括3个科的全部属种：絮郭公虫科Metaxinidae（此科仅知1种）、菌食甲科Agapythidae（此科仅知1种）和圆蕈甲科（已知2种）。

近缘物种

圆蕈甲科与扁甲总科其他科的亲缘关系尚不明确，其最近缘的类群可能是分布于澳大利亚的塔甲科 。圆蕈甲科已知2种，耶氏圆蕈甲分布范围比亮圆蕈甲 *Cyclaxyra politula* 窄。二者区别在于，雄性外生殖器形态不同，且耶氏圆蕈甲的额区刻点极度密集。

耶氏圆蕈甲 体拱凸。黑色；刚羽化的成虫可能颜色稍浅，呈红黑色。触角端部3节膨大成棒状，触角着生处从背面可见。前足基节窝完全开放，鞘翅缘折的基半部有1个深纵坑；坑内生有刚毛，并常常填满蜡质。

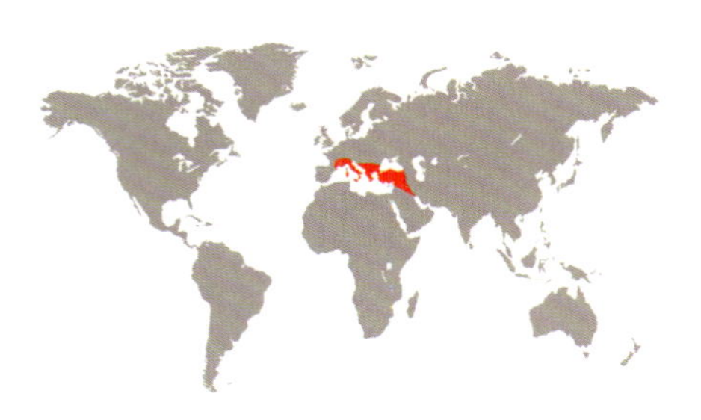

科	拟露尾甲科 Kateretidae
亚科	
分布	古北界：欧洲南部至中部，从奥地利南部至希腊和以色列，伊拉克东部
生境	地中海平原和常绿矮灌木
微生境	多见于罂粟属的果实和花上
食性	成虫和幼虫与被子植物有关，主要是罂粟科
附注	此科的种类发生在世界范围的温带和亚热带地区，但新西兰无

成虫体长
³⁄₁₆–¼ in
(4–6 mm)

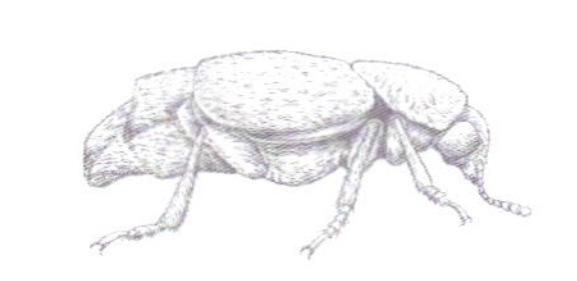

方翅短拟露尾甲
Brachyleptus quadratus
Brachyleptus Quadratus
(Sturm, 1844)

实际大小

拟露尾甲科外表与露尾甲科 Nitidulidae 相似，主要为植食性。成虫可能发现于几种不相关的寄主植物上，幼虫的寄主专一性要强一些。一般来说，同属的拟露尾甲倾向于取食某一特定科的植物，如 *Anthoneus* 属取食龙舌兰科；*Brachypterolus* 属取食玄参科；*Amartus*、*Anamartus* 和 *Brachyleptus* 属取食罂粟科；*Brachypterus*属取食荨麻科；*Heterhelus* 取食忍冬科；而 *Kateretes* 取食莎草科和灯心草科。方翅短拟露尾甲的幼虫和成虫大多发现于罂粟属 *Papaver* spp.的果实和花上。该种雌性产卵器特别细长（长宽比至少为5），且端部分叉。

近缘物种

拟露尾甲科世界共有14属100种。短拟露尾甲属 *Brachyleptus* 主要分布于全北界，一些种分布于非洲热带界和东洋界。方翅短拟露尾甲是欧洲和亚洲中部分布较广的种之一。它的识别特征主要依据跗节结构、前胸背板形状和刻点，外生殖器可能也需要检视。

方翅短拟露尾甲　体长形，背腹面拱凸。黑色至褐色，触角、口器和足的颜色往往略浅。表被刚毛，具密集刻点。前胸背板横阔，侧缘均匀弧形。鞘翅短，腹部末几节外露。跗节加宽，具密布刚毛的跗垫，特别是雄性。

科	露尾甲科 Nitidulidae
亚科	露尾甲亚科 Nitidulinae
分布	新热带界：墨西哥南部
生境	热带雨林
微生境	可能是棕榈花
食性	推测取食花粉和花
附注	成虫和幼虫可能是重要的棕榈传粉媒介

成虫体长
⅛–$^3/_{16}$ in
(2.8–3.9 mm)

喙龙头露尾甲
Cychrocephalus corvinus
Cychrocephalus Corvinus
Reitter, 1873

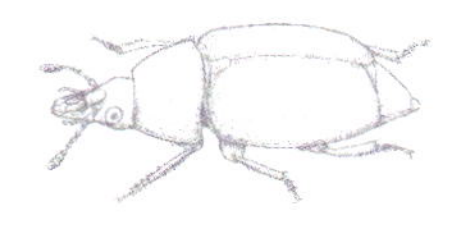

实际大小

很多甲虫发生于棕榈上，包括象甲科、露尾甲科，以及小花甲科中的一些旧大陆热带类群。露尾甲科中有若干类群严格访花，而Mystropini族（包括龙头露尾甲属）则取食棕榈。这个族在中美洲和南美洲有一些分布。在棕榈上采集昆虫时，有时能从大的花序上采到上百头甲虫标本，但其中龙头露尾甲属的数量却很少，其具体的寄主植物种类尚无报道。喙龙头露尾甲具有喙，因此它可能是一个特别的传粉者；为了更深入地了解此种，持续的仔细采集和观察非常必要。

近缘物种

龙头露尾甲属 *Cychrocephalus* 有2个已发表种和几个未发表种。体色是最鲜明的特征，一些种黑色带些许蓝色，其他种褐色至黑色。刻点和刚毛的细微特征也很重要，尤其是头部、前胸背板和鞘翅上的。喙龙头露尾甲尺寸比与之体色相同的近缘物种 *Cychrocephalus luctuosus*（分布于哥伦比亚）略大。

喙龙头露尾甲 有明显的喙，体背腹面扁平，除足和口器外为深褐色。触角11节，端部3节扁平、膨大成锤状；触角着生位置于背面可见。臀板外露，鞘翅宽大。

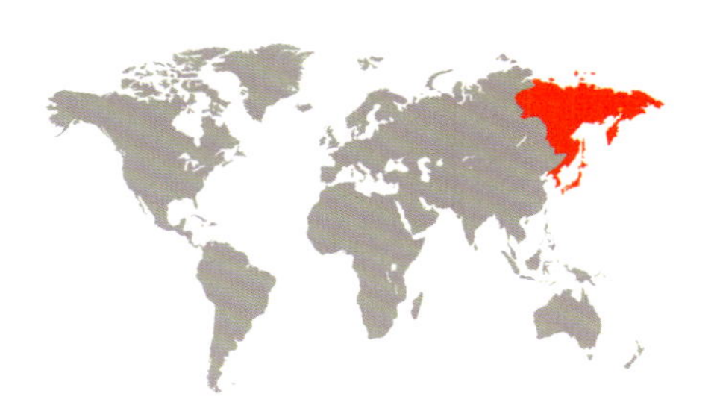

科	露尾甲科 Nitidulidae
亚科	露尾甲亚科 Nitidulinae
分布	古北界：俄罗斯远东地区、日本、朝鲜、韩国
生境	温带森林
微生境	马勃
食性	成虫和幼虫均为菌食性
附注	马勃露尾甲属 *Pocadius* 的种类取食各种马勃

成虫体长
⅛–³⁄₁₆ in
(3–4 mm)

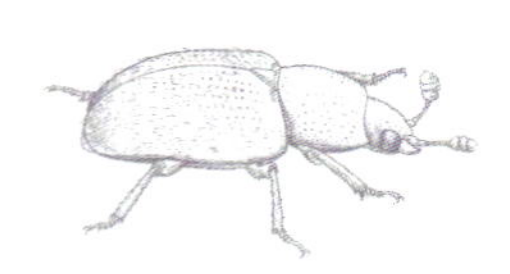

丽马勃露尾甲
Pocadius nobilis
Asian Hairy Puffball Beetle
Reitter, 1873

实际大小

露尾甲科是一个种类丰富的类群。食性广泛，营菌食性、植食性、腐食性，少数为捕食性。但其中大多数种类均与真菌相关，如马勃露尾甲属严格取食马勃及其近缘的真菌。成虫往往发现于新鲜的马勃上，它们在那里交配和产卵。随后，成虫离开，幼虫孵化后自行取食真菌菌丝，继而取食孢子；或成虫一直伴随在幼虫旁边。马勃露尾甲属的分布范围几乎遍布全世界，但不论在何地，它均专性取食马勃，这是十分不寻常的。

近缘物种

马勃露尾甲属大约有50种。此属最近被修订，因此现在各种的界定还是相对明确的。但种间区分还是比较困难，需要解剖外生殖器；标本采集地也是物种鉴定的重要依据。东亚仅知极少数种：仅2种分布于日本，1种为分布广一些的丽马勃露尾甲，还有1种仅分布于冲绳。

丽马勃露尾甲　体拱凸，红棕褐色，头部、触角端锤和鞘翅的大部分区域颜色较深。体表光洁，具卵形的大刻点；表被刚毛，鞘翅刚毛成列。鞘翅长形，腹部末端外露，雄性第8背板端部于背面可见。

科	露尾甲科 Nitidulidae
亚科	锹露尾甲亚科 Cryptarchinae
分布	新热带界：智利南部
生境	温带森林
微生境	树液
食性	成虫和幼虫均取食树液
附注	成虫以警戒色来警示捕食者

成虫体长
½ in
(11.5–12.5 mm)

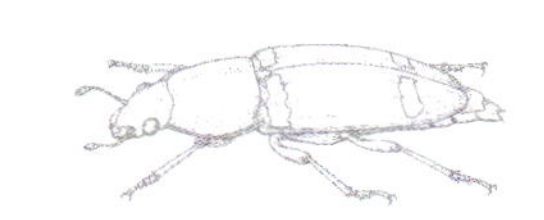

四纹光露尾甲
Lioschema xacarilla
Lioschema Xacarilla
(Thomson, 1856)

锹露尾甲亚科的种类形态多样，其中大多数种的生活环境与树液相关；它们也会吸入液体，但更可能从悬浮于树液中的酵母菌和其他生物中获得营养。该亚科的很多种像光露尾甲属 *Lioschema* 一样，以警戒色来吓退捕食者；但并不能确定它们是否真的含有相关的特殊化学物质。该亚科的许多种，雌雄两性的头顶都具有一个发音锉。发音锉摩擦前胸背板边缘内方的一道脊，从而发出声音。

近缘物种

锹露尾甲亚科在世界上有22个属约300种。在智利，该亚科有4个属，其中3个属为南美洲温带地区特有。光露尾甲属和*Paromia*属的种类是该亚科中最有色彩且体型最大的，有时被合并为1个属（*Paromia*属）。

实际大小

四纹光露尾甲　体大型，拱凸，体表光洁；黑色，鞘翅基部和亚端部各具1条橙色至红色的横带。触角隐藏，收纳时于背面不可见。上唇和唇基愈合。头顶具1个橙色区域，为发音锉。前胸背板边框宽。

科	微扁甲科 Smicripidae
亚科	
分布	新北界和新热带界：古巴、波多黎各、美国（墨西哥湾沿岸、加利福尼亚州）
生境	海岸森林
微生境	成虫发现于菜棕 *Sabal palmetto* 的花序上；幼虫发现于落叶层
食性	未知
附注	本科仅知1属6种

成虫体长
1/32–1/16 in
(1–1.6 mm)

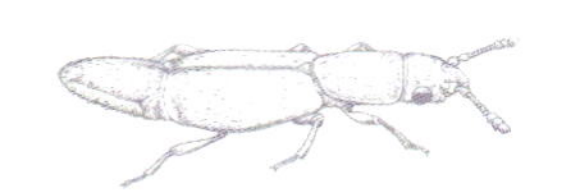

棕榈微扁甲
Smicrips palmicola
Palmetto Beetle

LeConte, 1878

实际大小

微扁甲科极微小，外表似露尾甲，仅见于新大陆，主要分布于热带地区。这个科的研究很薄弱，已知仅6种，但还有一些新种有待描述。这个科的英文俗名是“Palmetto Beetles”，意思是菜棕甲虫；但并非所有的种都与棕榈科植物相关（菜棕隶属于棕榈科）。此科标本除了主要采自棕榈上，还采自腐败物上、树皮下或各种树的花上。菜棕的花序上常常能发现很多棕榈微扁甲。另一个高效的采集成虫的方法是使用杯诱陷阱或飞行阻断器等设备。

近缘物种

微扁甲科的种类在形态结构上非常一致，看上去多少有点像球棒甲科 Monotomidae 和露尾甲科 Nitidulidae 的中间过渡类型，尽管它明显和后者有更多的共同特征，如下颚无外颚叶。大多数甲虫有外颚叶，与露尾甲科近缘的科拟露尾甲科 Kateretidae 也是如此；但在扁甲总科中，具有外颚叶的类群是少见的。

棕榈微扁甲　体浅褐色至深褐色。体长形，两侧平行，背腹面扁平。鞘翅短，腹部末节外露。触角端部3节膨大形成棒状；触角着生位置于背面可见。在高放大倍率下，能看到跗式为4-4-4；在更高的放大倍率下仔细解剖，能看到外颚叶缺无。

科	穴甲科 Bothrideridae
亚科	穴甲亚科 Bothriderinae
分布	非洲热带界：坦桑尼亚、马拉维、肯尼亚、赞比亚、津巴布韦、刚果民主共和国、南非
生境	热带森林
微生境	死树；与蛀木性甲虫相关
食性	成虫腐食性；幼虫可能寄生于蛀木性甲虫
附注	环穴甲属一些种类的前胸背板中央具1个孤立的环状区域，这在甲虫中是很独特的

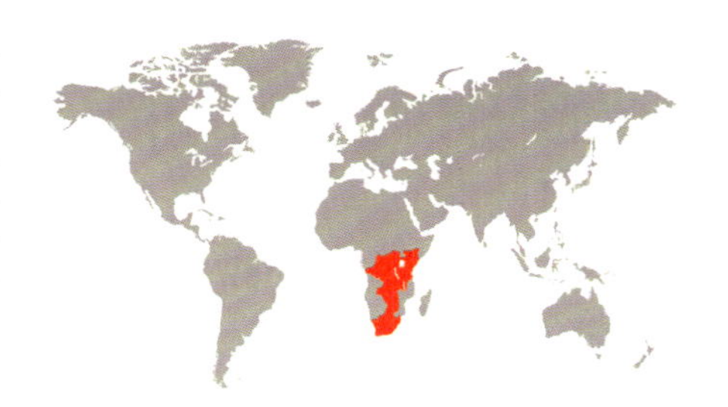

成虫体长
³⁄₁₆ in
(3.7–5 mm)

康氏环穴甲
Pseudobothrideres conradsi
Pseudobothrideres Conradsi
Pope, 1959

穴甲亚科的生物学研究很薄弱，我们几乎对环穴甲属 *Pseudobothrideres* 一无所知，除了知道成虫为腐食性，与死木材相关，幼虫为寄生性。幼虫为复变态发育，即有一个活跃的“三爪蚴”期，在此期间它们把自己附着在寄主身上。寄主可能是膜翅目或鞘翅目。三爪蚴蜕皮形成蛴螬型幼虫，后者继续取食寄主直至化蛹。化蛹时要用蜡或其他材料筑建蛹室。一些康氏环穴甲的标本在夜里采于灯光附近。

实际大小

近缘物种

环穴甲属 *Pseudobothrideres* 有19个已知种，分布于旧大陆的热带地区，以及澳大利亚和新喀里多尼亚。没有关于此属的全世界修订文献，但此属能从后胸腹板具股节线、前胸背板独特的形状、体长通常超过4 mm，从而与穴甲亚科的其他属区分开。

康氏环穴甲 体背腹面扁平，深红色。触角着生于额区下方；触角棒部2节。前胸背板中央具1个卵圆形的环状脊；前胸背板后侧角尖。鞘翅具纵脊，纵脊间具深的宽沟。前足跗节第1节端部具齿，跗式为4-4-4。

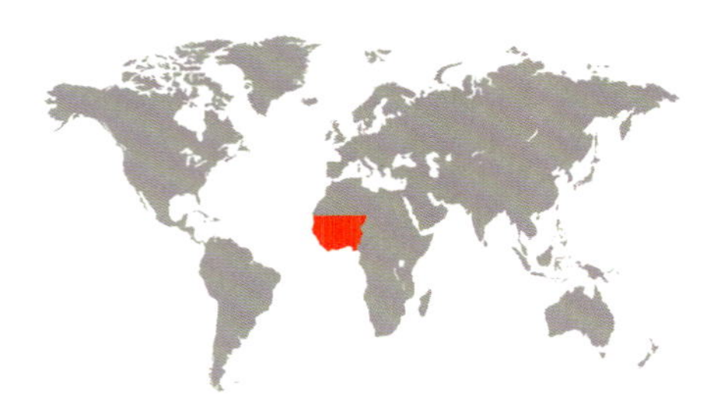

科	穴甲科 Bothrideridae
亚科	光穴甲亚科 Teredinae
分布	非洲热带界：西非的热带地区
生境	热带森林
微生境	种植真菌的长小蠹的蛀道
食性	成虫和幼虫捕食和寄生长小蠹
附注	本种一龄幼虫的足长，善跑，活跃地寻找长小蠹的蛹，并以其为食

成虫体长
³⁄₁₆–¼ in
(4.5–6 mm)

赫蠹穴甲
Sosylus spectabilis
Sosylus Spectabilis
Grouvelle, 1914

实际大小

穴甲科的很多种类寄生蛀木昆虫；蠹穴甲属 *Sosylus* 的种类与长小蠹相关。蠹穴甲成虫进入长小蠹的蛀道，交配之后，雌虫杀死雄虫随后产卵。幼虫起初自由生活，后附着到长小蠹的蛹上，开始复变态发育。自由活动的幼虫不取食，直至它们蜕皮成蛴螬型幼虫，才把头部插入寄主的蛹进行取食。取食2–3天后，进入预蛹期。最后它们在寄主蛀道中结1个网化蛹。

近缘物种

蠹穴甲属 *Sosylus* 的种类超过50种，遍布世界上很多热带地区；1/3的已知种记录于非洲热带界。该科的研究很薄弱；但蠹穴甲属体形狭长，或多或少呈筒状，易于识别。此属迫切需要世界范围内的物种修订研究。

赫蠹穴甲 体狭长，筒状，体表光洁，深红褐色至黑色。触角11节，端锤由紧密的最后两节触角组成；触角着生位置于背面可见。鞘翅具明显的纵脊；鞘翅端部形成斜坡。头部有触角沟，前足基节窝封闭。

科	皮坚甲科 Cerylonidae
亚科	皮坚甲亚科 Ceryloninae
分布	新热带界：厄瓜多尔的纳波省
生境	热带森林
微生境	朽木和落叶层
食性	成虫和幼虫可能取食真菌
附注	此属的属名是为了纪念鞘翅目学家詹姆斯·派克朗克（James Pakaluk）

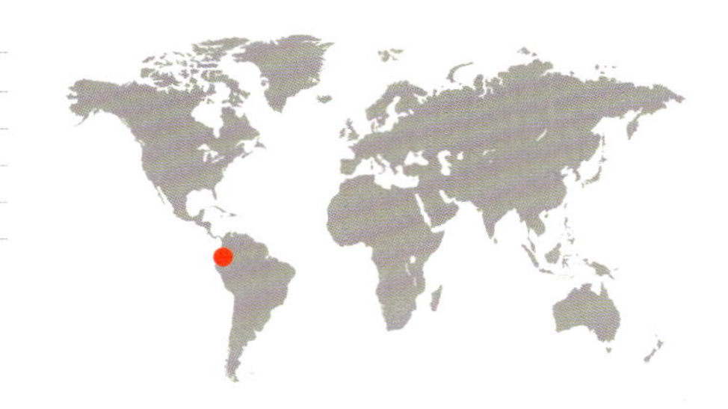

成虫体长
⅛–³⁄₁₆ in
(2.6–3.5 mm)

纳波帕皮坚甲
Pakalukia napo
Pakalukia Napo
Ślipiński, 1991

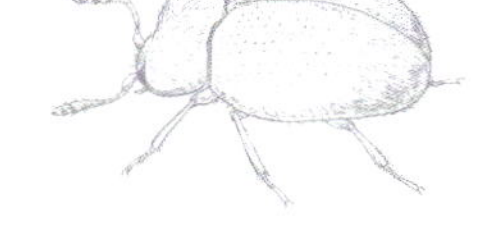

皮坚甲科分布于全世界，包括52个属，大约450种。很多种类有类似刺吸式的口器（皮坚甲亚科的幼虫和成虫都是如此），但大多数种类是菌食性，这打破了以往的认知，即具特化类型口器的甲虫成虫均为捕食性。也有一些种类发现于蛀木性甲虫的蛀道中，一些种类与蚂蚁或白蚁同时发现，甚至一些种类发现于哺乳动物的巢里（有1个种，其特化的幼虫发现于裸鼹鼠 *Heterocephalus glaber* 的巢中）。帕皮坚甲属 *Pakalukia* 的成虫发现于树叶和木屑中，与腐烂的棕榈相关，是把发酵的残桩及碎屑置入柏氏漏斗后获取的。

实际大小

纳波帕皮坚甲　体拱凸，深褐色，表被长刚毛。下颚须有细微的、不规则的皱纹。前胸背板亚侧缘具1对浅沟，在基部以1深横沟相连；前胸背板中部之后具1横脊。鞘翅刻点模糊；鞘翅盖住整个腹部，因此只有解剖后才能观察到腹部末缘的圆锯齿。

近缘物种

皮坚甲亚科易于识别，因为其腹部末缘呈圆锯齿形，正好嵌入鞘翅端部相应的沟中，似乎是把鞘翅与腹部锁定的机制。帕皮坚甲属是该亚科中为数不多的触角棒部为3节的属；这个特征也发生在新热带界的另1个属 *Glyptolopus*属中。帕皮坚甲属分布于中南美洲，目前仅记录1种。

科	粒甲科 Alexiidae
亚科	
分布	古北界：保加利亚、匈牙利、波兰、斯洛伐克
生境	温带山地森林
微生境	朽木和落叶层
食性	成虫和幼虫均取食真菌
附注	此科体型极微小，它与其他甲虫的亲缘关系尚未解决

成虫体长
1/32–1/16 in
(1.2–2.1 mm)

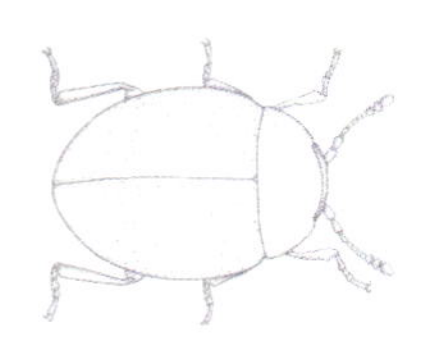

卡粒甲
Sphaerosoma carpathicum
Sphaerosoma Carpathicum
(Reitter, 1883)

实际大小

粒甲科仅包括1个属，粒甲属 *Sphaerosoma*。该属包括50种，分布范围从欧洲中、南部至小亚细亚和北非。这个类群是扁甲总科下皮坚甲类的成员，它在不同的分类体系中被作为一个独立的科或被归入伪瓢虫科Endomychidae。成虫和幼虫可能取食真菌，有取食蘑菇的记录。但这个类群的多样性和生物学研究还非常薄弱，仅知的信息是来自在其分布范围内采自落叶层中很大数量的标本。卡粒甲仅限分布于山地。

近缘物种

粒甲属 *Sphaerosoma* 的所有种类都描述于20世纪30年代之前，现今没有修订文献，因此它与其他甲虫的亲缘关系尚不清楚。20世纪早期的分类学家维克多·阿普费尔贝克（Viktor Apfelbeck）把此属分为3个亚属，依据特征是成虫体表是否被绒毛，及雄虫跗节是否加宽。但这个分类系统不太可靠，后来的学者并没有沿用。

卡粒甲 体强烈拱凸，红褐色，表被短毛。触角10节，端部3节膨大形成棒状。前胸背板无沟，雌雄跗式均为4-4-4。前足基节窝明显开放。

科	盘甲科 Discolomatidae
亚科	润盘甲亚科 Notiophyginae
分布	非洲热带界：卢旺达
生境	朽木
微生境	可能真菌
食性	可能取食真菌
附注	此科在非洲热带界丰富度最高

成虫体长
1/16–1/8 in
(2–2.5 mm)

巴氏盾盘甲
Parmaschema basilewskyi
Parmaschema Basilewskyi
John, 1955

实际大小

巴氏盾盘甲 褐色，扁平；体表粗糙、具刻点，被毛。触角9节，端节膨大成棒状；触角着生位置在背面可见。前胸横长，窄于鞘翅。鞘翅边缘加宽，边缘略呈圆锯齿形。

盘甲科主要分布于热带地区，虽然一些类群扩散至温带地区。一般来说标本较难采到，但有时可在落叶层或朽木中发现。也有一些真菌寄主的记录，可见大多数种是菌食者。所有成虫的前胸背板和鞘翅边缘都有可见的腺孔；幼虫扁平，盘状，在气门旁边也有腺管开口：据推测，这些甲虫从腺孔释放出化学物质以防御捕食者。巴氏盾盘甲有时能在沿河岸的森林腐殖质中采到大量标本。

近缘物种

盘甲科包括16属约400种，但这个类群需要一个完整的修订性研究。成虫圆形至盘形；体表背面形态多样，从体表光滑至相对粗糙或有小瘤突。盾盘甲属 *Parmaschema* 包括15种以上，大多分布于非洲和东南亚。种级鉴定依据包括：触角形态（尤其是触角棒部形态）、前胸背板（形状和表面刻点）、雄性后足胫节端部是否具齿，及雄性外生殖器差异。

科	伪瓢虫科 Endomychidae
亚科	毫伪瓢虫亚科 Anamorphinae
分布	新北界：美国东南部
生境	落叶林和松树林
微生境	死木材
食性	成虫和幼虫可能均取食真菌
附注	由于采集技术和摄影技术的提高，小型甲虫的新种仍在不断被描述

成虫体长
1/32 in
(1–1.2 mm)

隆氏微伪瓢虫
Micropsephodes lundgreni
Minute Fungus Beetle
Leschen & Carlton, 2000

实际大小

微型甲虫的新种在全世界范围内不断地被描述，其中甚至包括一些广布种，或分布于人类密集生活地区的种，尽管这些地方已经进行了相对彻底的昆虫标本采集（如在美国）。近年发表的隆氏微伪瓢虫即是其中的一个例子。此种最初采自佛罗里达州、路易斯安那州和田纳西州，后来在美国东南部的其他地区也发现了。它的成虫采集于死树或活树的树皮下，它们可能通过释放集结信息素而聚集。最近的研究显示，该种甲虫会在15 m高或更高的树冠层飞行。

近缘物种

除了新西兰和太平洋区的大部，毫伪瓢虫亚科在世界上其他地区都有分布。包括34个属，大多数种类体型微小，被毛，外表近似瓢虫（它们也确实与瓢虫科关系近缘）。微伪瓢虫属 *Micropsephodes* 有3个已知种，分布于巴哈马、危地马拉和美国，更多的种类亟待描述。

隆氏微伪瓢虫 体拱凸，亮黑色，有紫色或绿色光泽。体表刚毛稀疏，触角8节，端部3节锯齿状；雄性柄节端部具1尖角。雄性头部有1个突起的刚毛丘，额区凹陷。跗节3节。

科	伪瓢虫科 Endomychidae
亚科	锉伪瓢虫亚科 Lycoperdininae
分布	古北界、东洋界和澳洲界：南亚、东亚、东南亚、巴布亚新几内亚
生境	热带森林
微生境	真菌
食性	成虫和幼虫均取食真菌
附注	取食真菌的一些甲虫其鞘翅常具有黄色或橙色的斑，如本种

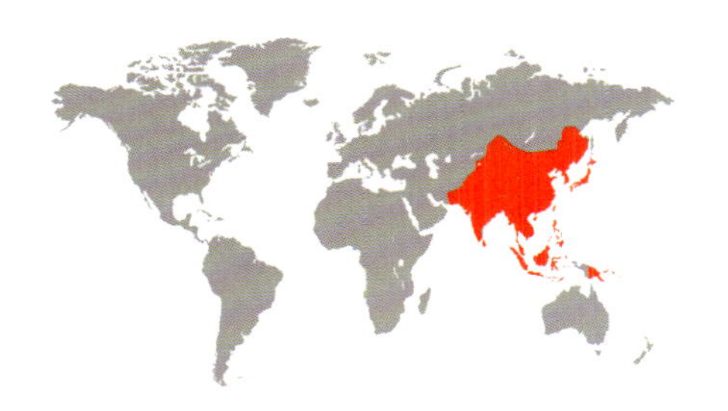

成虫体长
5/16–1/2 in
(7.5–12 mm)

四斑原伪瓢虫
Eumorphus quadriguttatus
Eumorphus Quadriguttatus
(Illiger, 1800)

伪瓢虫科分布于全世界。虽然一些种体型很小，不显眼，但也有很多种颜色绚丽，易在大型多孔菌上采到；后者常生活于死树或衰弱木上。当受到惊扰时，它们会像雨滴一样往下掉落。四斑原伪瓢虫目前被分为4个亚种，但这个做法可能要修正，因为形态变异似乎与自然种群或地理分布不吻合（例如，其中1个亚种的鉴定依据主要是其股节双色）。

近缘物种

原伪瓢虫属 *Eumorphus* 大约有70种和亚种。亨利·施特罗埃克尔（Henry F. Strohecker）在1959–1986年发表了很多伪瓢虫科的文章，提供了此属的种级检索表。种级鉴定依据包括：鞘翅形态、体长、斑的位置、足的颜色，以及雄性胫节近端部是否具1齿及齿的形状。

实际大小

四斑原伪瓢虫 体扁平，亮黑色，腹面颜色较浅，鞘翅具有4个黄色至橙色的斑（在保存了一段时间的标本中，这些斑可能变为浅黄或发白）。触角11节；棒部3节，扁平。前胸背板具1对侧沟，这个特征在伪瓢虫科的很多种类中存在。足依不同的亚种呈不同的颜色；如图显示的为四斑原伪瓢虫赤足亚种 *Eumorphus quadriguttatus pulchripes*，其足为红色。

科	瓢虫科 Coccinellidae
亚科	瓢虫亚科 Coccinellinae
分布	东洋界：泰国山区
生境	森林
微生境	落叶层
食性	未知；可能取食胸喙类昆虫（包括蚜虫、粉虱和介壳虫）
附注	瓢虫科下的长瓢虫族很奇特，对它的认识很少，所有种均无后翅

成虫体长
1/32 in
(0.9 mm)

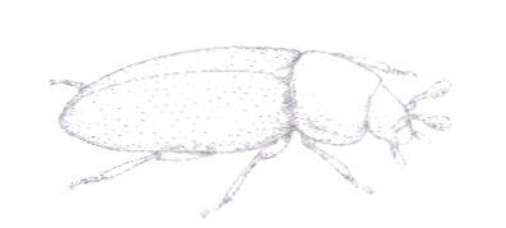

布氏长瓢虫
Carinodulina burakowskii
Carinodulina Burakowskii

Ślipiński & Jadwiszczak, 1995

实际大小

在花园、田地和森林里我们常常能看到体色绚丽的瓢虫，这些瓢虫往往容易识别。但还有一些瓢虫，外表长得根本不像瓢虫，即便是经过良好训练的鞘翅目专家也难以认出它们。这些奇怪的种类包括长瓢虫族Carinodulini的一些成员，它们体形通常为长形，容易与扁甲总科的其他科（如隐食甲科）混淆。使用好的手持放大镜或体视解剖镜仔细观察其特征，特别是膨大的下颚须或者瓢虫型的雄性外生殖器，能帮助把这些奇怪的虫子归到正确的科。对此族的了解不多，但所有的种类均无后翅。

近缘物种

长瓢虫族包括3属仅4种，其中长瓢虫属*Carinodulina*包括2种。长瓢虫属可通过触角11节和跗节3节与其他属区分。布氏长瓢虫与印度南部的*Carinodulina ruwenzorii*的区别在于，其前胸背板的亚侧脊与前胸背板侧缘非常接近。

布氏长瓢虫　体长卵形，拱凸，浅褐色，被刚毛。前胸背板有1道亚侧脊，鞘翅刻点模糊。后胸腹板和腹部第1可见腹板有明显的后基线：后胸腹板上的后基线拱形，第1可见腹板上的后基线向后延伸，达该节腹板后缘。

科	瓢虫科 Coccinellidae
亚科	瓢虫亚科 Coccinellinae
分布	新热带界：墨西哥中部和南部（可能人为引进至哥伦比亚和委内瑞拉）
生境	高海拔地区
微生境	草本植物
食性	取食葫芦科和茄科植物
附注	本种体形强烈拱凸，通常采于海拔1000 m左右的地区

成虫体长
⁵⁄₁₆–⁷⁄₁₆ in
(7.7–10.6 mm)

墨西哥食植瓢虫
Epilachna mexicana
Epilachna Mexicana
(Guérin-Méneville, 1844)

瓢虫科广为人知，大多数种捕食半翅目中的胸喙类、螨或其他节肢动物；少数种访花、菌食性或植食性（如食植瓢虫族 Epilachnini 的几个属，包括墨西哥食植瓢虫）。墨西哥食植瓢虫有一些适应性形态与植食性相关，如口器特化、幼虫上颚粗壮并多刺、体背面无蜡腺等；虽然这些特征在捕食性瓢虫中亦有发现。食植瓢虫族的一些种类是重要的害虫，包括马铃薯瓢虫 *Epilachna vigintioctomaculata* 和墨西哥菜豆瓢虫 *Epilachna varivestis*。

近缘物种

瓢虫科分类专家罗伯特·戈登（Robert Gordon）修订了新大陆的食植瓢虫族，当时该族包括200种。大多数种体色绚丽，往往由色斑或条纹形成警戒色。墨西哥食植瓢虫与很多其他种相似，但鞘翅底色为黑色，每个鞘翅具6个淡色斑。

实际大小

墨西哥食植瓢虫 与瓢虫科的大多数种一样，体强烈拱凸。体黑色，鞘翅具有浅色斑，色斑不达侧缘。触角第1节和第6–11节褐色，其余节黄色。鞘翅边缘扩宽。

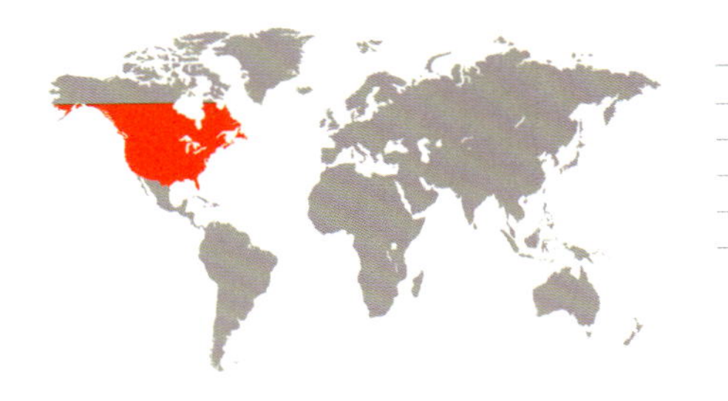

科	瓢虫科 Coccinellidae
亚科	瓢虫亚科 Coccinellinae
分布	新北界：北美洲，南至墨西哥
生境	森林和草甸
微生境	树林、灌丛和草地
食性	成虫和幼虫取食蚜虫
附注	瓢虫的一些种是益虫，因为它们能取食大量对农业有害的蚜虫

成虫体长
3/16–5/16 in
(4.2–7.6 mm)

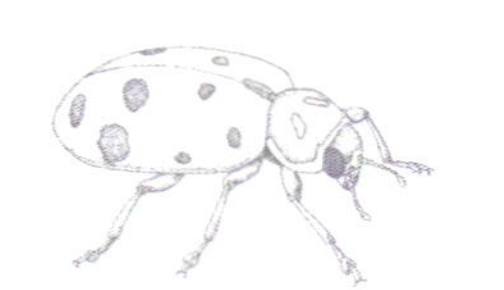

八字异瓢虫

Hippodamia convergens

Convergent Lady Beetle

Guérin-Méneville, 1842

实际大小

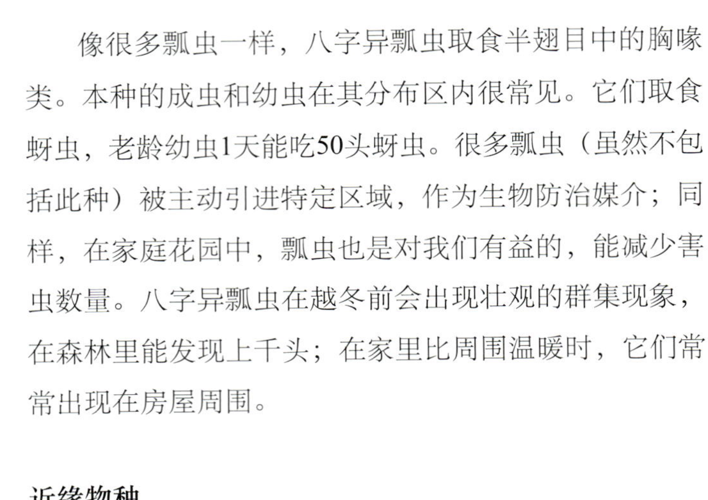

像很多瓢虫一样，八字异瓢虫取食半翅目中的胸喙类。本种的成虫和幼虫在其分布区内很常见。它们取食蚜虫，老龄幼虫1天能吃50头蚜虫。很多瓢虫（虽然不包括此种）被主动引进特定区域，作为生物防治媒介；同样，在家庭花园中，瓢虫也是对我们有益的，能减少害虫数量。八字异瓢虫在越冬前会出现壮观的群集现象，在森林里能发现上千头；在家里比周围温暖时，它们常常出现在房屋周围。

近缘物种

在全北界，异瓢虫属 *Hippodamia* 有35种，其中一些种被传入其他地方（如多异瓢虫 *Hippodamia variegata* 几乎全球性分布）。北美洲有18种，其中一些种的体色变异范围很大，如八字异瓢虫。

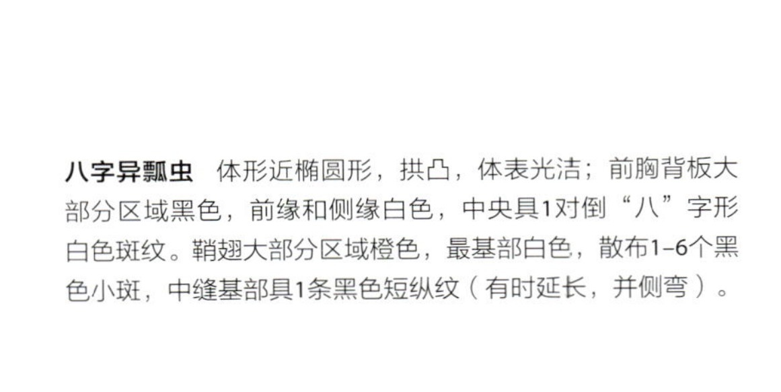

八字异瓢虫 体形近椭圆形，拱凸，体表光洁；前胸背板大部分区域黑色，前缘和侧缘白色，中央具1对倒“八”字形白色斑纹。鞘翅大部分区域橙色，最基部白色，散布1–6个黑色小斑，中缝基部具1条黑色短纵纹（有时延长，并侧弯）。

科	拟球甲科 Corylophidae
亚科	澳拟球甲亚科 Periptyctinae
分布	澳洲界：维多利亚州南部
生境	桉属、南青冈属和金合欢属森林
微生境	落叶层
食性	推测成虫和幼虫取食真菌
附注	澳拟球甲属所有种均分布于澳大利亚东部，从昆士兰东北部往南至塔斯马尼亚

成虫体长
1/16–1/8 in
(2.3–2.8 mm)

维州澳拟球甲
Periptyctus victoriensis
Periptyctus Victoriensis
Tomaszewska & Ślipiński, 2002

实际大小

澳拟球甲亚科仅限分布于澳大利亚东部，但这个亚科的生境基本上未知。它包括相对常见的、具后翅的种，采集方式为飞行阻断法；还有一些少见的、无后翅的种，采集方式为筛落叶层法和杯诱法。澳拟球甲属 *Periptyctus* 中发表的第1个种为菌澳拟球甲 *Periptyctus russulus*，该种的种本名意味着该种与真菌有关（红菇属 *Russula*，为常见的蘑菇）。实际上，拟球甲科的大多数种类都是菌食者，鲜有取食其他食物的记录。维州澳拟球甲采自雪桉 *Eucalyptus pauciflora* 树林下的落叶层，海拔1420 m。

近缘物种

澳拟球甲亚科包括3属。澳拟球甲属 *Periptyctus* 包括23种，很多种的区别很大。种级鉴定依据为：体色、前胸背板和鞘翅斑纹的有无、整个虫体的形状和前胸背板的形态。

维州澳拟球甲　体长形，略拱凸，黑色有黄斑，后翅短。体表光洁，但被短毛。头部的大部分区域隐藏于前胸背板之下。前胸背板亚侧脊发达。鞘翅肩角略突起。

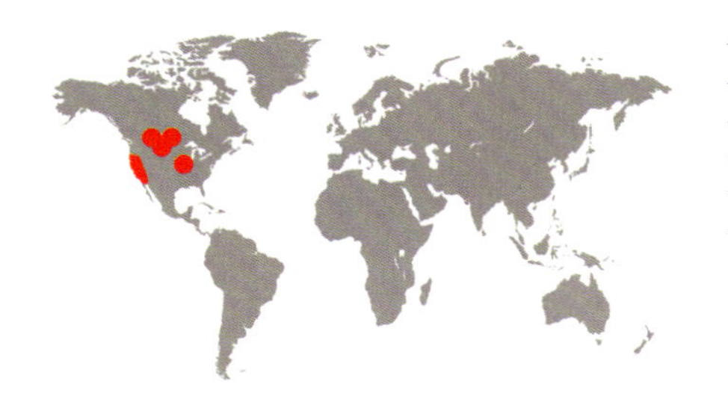

科	拟球甲科 Corylophidae
亚科	拟球甲亚科 Corylophinae
分布	新北界：加拿大南部以及美国的一些州
生境	草原
微生境	土壤
食性	取食腐败的植物组织和真菌孢子
附注	拟球甲科昆虫常被称为微帽甲虫 Minute Hooded Beetles，因为一些种（包括本种）体极微小，且成虫头部完全隐藏于帽状的前胸背板之下

成虫体长
1/32 in
(0.8–1 mm)

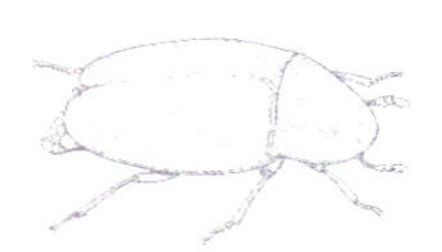

淡节唇拟球甲
Arthrolips decolor
Arthrolips Decolor

(LeConte, 1852)

实际大小

拟球甲科成虫体长0.5–2.5 mm。在过去十年间，此科的分类系统经历了系统的修订；形态学研究者和分子系统学研究者使用新技术探讨了该科的系统发育关系，建立了比较客观的分类系统。虫体小型化给相关类群昆虫的形态学研究带来困难，正如在此科和其他一些小型甲虫中所遇到的那样。尽管如此，小型化被认为是昆虫进化当中一个重要革新，它使得个体能够获得相对更多的资源（如食物和生态位），并且可避开捕食者。节唇拟球甲属 *Arthrolips* 的生物学习性基本上未知，但成虫与子囊菌门的盘座壳属 *Nummulariola* 相关。

近缘物种

节唇拟球甲属全世界有30种，大多数种记述于全北界，但亟待种级修订。该属是 Parmulini 族的2属之一（另一属为 *Clypastraea*）；该族的特征是幼虫第9背板有骨化的粗糙区。节唇拟球甲属的前胸腹板前缘没有触角沟，而该构造存在于 *Clypastrae* 属中。

淡节唇拟球甲　体扁平，浅褐色至棕褐色，略拱凸，表被非常细微的刚毛。头部隐藏于半圆形的前胸背板之下。前胸背板前部有一个浅色区域，在淡节唇拟球甲停息时能像窗户一样透露光线（此特征存在于本科很多种类中）。腹部末节外露。

科	伪薪甲科 Akalyptoischiidae
亚科	
分布	新北界：南部海岸山脉、横岭山脉、半岛山脉、莫哈韦沙漠、内华达山脉东段、白山、加利福尼亚
生境	栎树林
微生境	林鼠 *Neotoma* 的洞穴、落叶层
食性	成虫和幼虫可能都取食真菌
附注	拉丁属名来源于希腊词“*akalyptos*”（开放的）和“*ischion*”（髋关节），指成虫前足基节窝开放这个不寻常的特征

成虫体长
1/32–1/16 in
(1.2–1.5 mm)

光伪薪甲
Akalyptoischion atrichos
Akalyptoischion Atrichos
Andrews, 1976

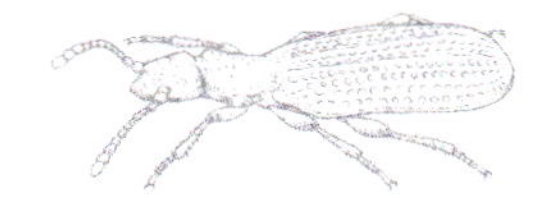

实际大小

伪薪甲属 *Akalyptoischion* 外表很奇怪，近似薪甲。它是伪薪甲科的唯一属，在加利福尼亚和墨西哥下加利福尼亚州特有；该地区的物种特有性很高。伪薪甲属的生物学习性基本不明，标本采自硬木林（如栎属 *Quercus*、冬青属*Ilex*、盐肤木属*Rhus* 和针叶林（松属）中的落叶层，及林鼠 *Neotoma* 的洞穴中。所有种类均不能飞行，因此认为它们如此局限的分布范围是受其飞行能力制约。光伪薪甲发生于较广的生境中，包括潮湿的低海拔海岸林地，干燥的高海拔松林（高达3500 m），以及干热沙漠的松林区。

近缘物种

伪薪甲属包括24种。此属外表与薪甲相似，但其前足基节窝开放，一些种类的跗节看似3-3-3，但实际是3-3-3和4-4-4的过渡类型。光伪薪甲分布范围相对广泛，以腹部第1可见腹板中部有1个单独的刻点而与同属其他种区别。

光伪薪甲　体狭长，黄色至深棕褐色，体表光洁，有皱纹。头部于复眼之后缢缩，形成一个明显的颈状结构。触角着生位置在背面不可见；触角棒部为3节。复眼有4–5个小眼面。鞘翅有6列刻点。

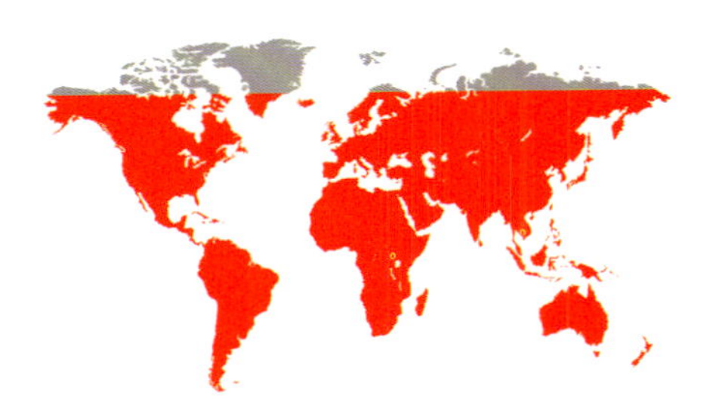

科	薪甲科 Latridiidae
亚科	薪甲亚科 Latridiinae
分布	可能原产于欧洲，但现在几乎全球性分布
生境	温带森林和草原
微生境	落叶层、干燥环境和储藏物
食性	成虫和幼虫取食真菌
附注	常见于储藏物中

成虫体长
1/32– 1/16 in
(1.3–1.5 mm)

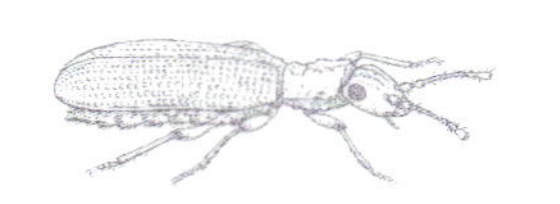

胝鞘小薪甲
Dienerella filum
Minute Brown Scavenger Beetle

(Aubé, 1850)

实际大小

薪甲科主要发现在干燥的环境中，一般与腐烂的植物有关。薪甲亚科是形态比较夸张的亚科，其大多数种的体表有沟、脊或窝。这些表面结构与背腹面覆盖的蜡状物有关。据文献报道，胝鞘小薪甲能取食寄生在草上的黑粉菌属 *Ustilago* 的孢子，且一些孢子从胝鞘小薪甲的消化系统排出后仍然能萌发。胝鞘小薪甲也能在空调和冰箱里发现很多个体，这意味着空调和冰箱的制冷系统中存在真菌。

近缘物种

小薪甲属 *Dienerella* 世界上包括约40种，分为2个亚属。胝鞘小薪甲隶属于指名亚属。小薪甲属与其他有显著刻纹的属的区别为：复眼包括的小眼面数目相对少（少于20个），转节的长度、后胸腹板的形状和触角的细微结构也有区别。

胝鞘小薪甲　体狭长，扁平，体表粗糙，深褐色至浅褐色。触角棒部3节；触角着生位置在背面可见。前胸背板端部宽，侧缘近中部具缺口。鞘翅长度是前胸背板的3倍；鞘翅有刻点列。跗式为3-3-3。

科	薪甲科 Latridiidae
亚科	绒薪甲亚科 Corticariinae
分布	世界性分布，可能原产于欧洲
生境	森林、草原、人类生活环境
微生境	干燥环境
食性	成虫和幼虫取食真菌
附注	广布的1种小型储藏物害虫

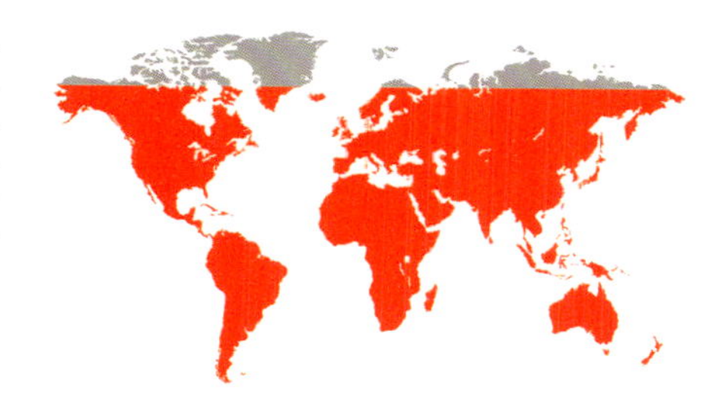

成虫体长
$\frac{1}{32}$–$\frac{1}{16}$ in
(1.2–2.2 mm)

密齿绒薪甲
Corticaria serrata
Cosmopolitan Mold Beetle
(Paykull, 1798)

实际大小

有几百种甲虫是储藏物害虫，密齿绒薪甲即是其中之一。成虫和幼虫均取食生长于潮湿环境的真菌，它们会被远距离运输；例如，它们能存活于装有小麦和大麦的货船中。除了储藏物，它们还发现于发霉的植物残渣和干燥的豪猪粪便中，也曾从死木头中繁育出来。虽然密齿绒薪甲的大多数成虫有发育正常的飞行翅，但一些个体的飞行翅强烈退化，其中的缘由未知。

近缘物种

绒薪甲亚科以唇基和额在同一平面而易与薪甲亚科 Latridiinae 区分。但绒薪甲亚科内的各属很难区分。幸运的是，绒薪甲属 *Corticaria* 前足基节前方具一个深窝，可能为贮菌器（运载真菌的器官）；此属能以这个特征与同亚科的其他属区别。

密齿绒薪甲 体较狭长，拱凸，深褐色至浅褐色，表被刚毛。触角棒部3节；触角着生位置在背面可见。前胸背板侧缘具齿。鞘翅略宽于前胸背板；鞘翅有明显的刻点列和刚毛列。

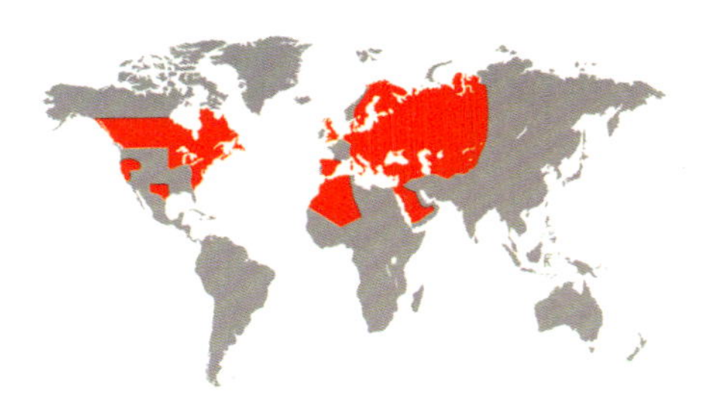

科	小蕈甲科 Mycetophagidae
亚科	小蕈甲亚科 Mycetophaginae
分布	全北界：欧洲北部、北美洲（现在全球性地发生于储藏的农产品中）
生境	多样
微生境	发霉的植物和动物组织，包括储藏的食物中
食性	菌食性
附注	此种常常发生在人类住所及附近，是储藏条件不合格的信号

成虫体长
⅛–³⁄₁₆ in
(3.3–4 mm)

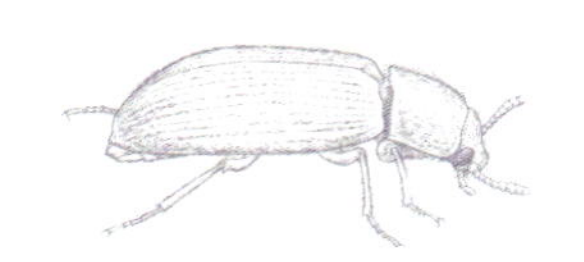

四斑小蕈甲

Mycetophagus quadriguttatus

Spotted Hairy Fungus Beetle

Müller, 1821

实际大小

四斑小蕈甲广布于北半球，从森林到谷物传输机上都有发现。此种在人类住所很常见。成虫和幼虫均取食长在动植物基质上的真菌孢子和菌丝，是谷物生产和储藏室的常见害虫。它们的出现意味着其所在环境的卫生管理和湿度控制不到位，因为其生存取决于霉菌增殖。它们能将霉菌孢子从污染区运输至未污染区。

近缘物种

一些发生于相同环境的甲虫可能会与四斑小蕈甲混淆，包括隐食甲科 Cryptophagidae 、薪甲科 Latridiidae 和另一种小蕈甲 *Thphaea stercorea*。本属至少还有35个古北种和15个新北种，种间区分非常困难，需要专业的文献甚至需要检视博物馆的模式标本。

四斑小蕈甲 体狭长，卵形，表被精细的绒毛；褐色，鞘翅具4–6个黄色的斑。这些斑的形状有变异，可前后相连以致各鞘翅仅有1个不规则的斑。成虫沿前胸背板后缘有1对明显的凹陷。

科	阔头甲科 Pterogeniidae
亚科	
分布	东洋界：马来西亚
生境	热带森林
微生境	被真菌侵入的死木头
食性	菌食性
附注	此种触角第1节极狭长，看上去像发达的上颚

成虫体长
1/16 in
(1.8–2.4 mm)

弗氏长柄阔头甲
Histanocerus fleaglei
Histanocerus Fleaglei
Lawrence, 1977

实际大小

科学家对于阔头甲科的生活史几乎一无所知。弗氏长柄阔头甲发表时，只有成虫标本，采于假芝属 *Amauroderma* 的多孔菌上。其幼虫及该属其他种的幼虫也在多孔菌上采到。阔头甲科的许多种仅知成虫，采于森林的枯枝落叶层。此科仅分布于亚洲南部和东南部。长柄阔头甲属 *Histanocerus* 以及该科中早期描述的一些属，它们的分类地位曾在几个科中变动，直至阔头甲科建立。但此科与拟步甲科中其他科的系统发育关系尚不明确。

近缘物种

长柄阔头甲属是阔头甲科中种类最多的属，包括14种，零星分布于东南亚。种间区别包括细微的外部形态特征、虫体大小和触角形态。此属成虫外形接近阔头甲属 *Pterogenius*，但触角着生位置、触角节的形状和其他形态结构不同。

弗氏长柄阔头甲　成虫体型小，短卵圆形，表被刚毛，褐色。前胸背板基部显著宽于鞘翅肩部。仅雄性触角柄节极狭长、带钩；此结构的功能尚未清楚，但雌雄两性的柄节延伸部都超过梗节（触角第2节）基部。

科	阔头甲科 Pterogeniidae
亚科	
分布	东洋界：斯里兰卡
生境	森林
微生境	被真菌侵入的死木头
食性	菌食性
附注	本种的上颚类似大象的牙，适于研磨坚硬的、带纤维的食物颗粒

成虫体长
⅛ in
(3–3.3 mm)

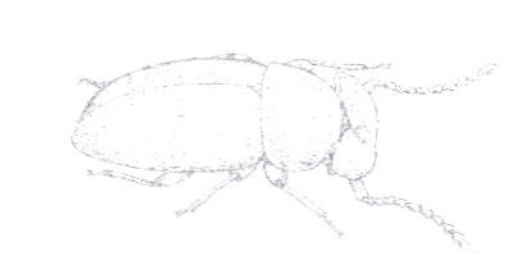

尼阔头甲

Pterogenius nietneri

Pterogenius Nietneri

Candèze 1861

在阔头甲科中，仅尼阔头甲和绒长柄阔头甲 *Histanocerus pubescens* 的研究比较充分，记录了生活史和幼虫形态。尼阔头甲的幼虫采于树皮下坚硬的多孔菌中（可能是灵芝属 *Ganoderma* 的）。它上颚的形态适应于研磨和撕裂带纤维的寄主真菌，从而帮助消化；尼阔头甲发表者还提到其上颚臼齿区的表面微结构类似于大象的牙。肠道内容物分析确认了本种取食真菌。成虫亦从各种森林的落叶层中用筛虫法采获。

近缘物种

阔头甲属 *Pterogenius* 仅包括2种，均分布于斯里兰卡。尼阔头甲区别于贝氏尼阔头甲 *Pterogenius besucheti* 的特征在于，本种雄性成虫头部显著加宽很多，且此2种的触角形态不同。

实际大小

尼阔头甲 几乎在所有的甲虫中都是独特的，其雄虫头部显著加宽很多。这个特征在甲虫中仅在几个科的极少数种中零星地出现。雄虫头部可宽于前胸背板。雌虫头部不加宽。除此之外，本种体型普通，体微小，卵形。

科	木蕈甲科 Ciidae
亚科	木蕈甲亚科 Ciinae
分布	新热带界：中美洲
生境	热带森林
微生境	长在死树上的木质多孔菌
食性	菌食性
附注	雄性成虫头部的长角突能像铁橇一样，用于在争斗中把对手橇飞

成虫体长
1⁄16 in
(1.5–2 mm)

三角木蕈甲
Cis tricornis
Cis Tricornis
(Gorham, 1883)

实际大小

木蕈甲属 *Cis* 的成虫和幼虫与木蕈甲科大多数属一样，取食木质多孔菌，例如多孔菌属 *Polyporus*、栓孔菌属 *Trametes* 和灵芝属 *Ganoderma*。对三角木蕈甲雄性争斗行为观察后发现，它们的额角具有类似铁橇的功能。雄虫把额角插入对手身下，然后用力向上撬起，使对手移开或跌倒。它们也可能简单地用额角强推对手，使其向后退。

近缘物种

木蕈甲属种类繁多，包括350种，分成24个种团。三角木蕈甲所在的种团包括3种，分布于南美洲和北美洲。种间区别主要基于体表刻点的形状和大小、体背面绒毛的长度、密度和生长方向，这些特征有时非常细微。

三角木蕈甲 体微小，圆柱形。雄虫有典型的三角龙似的角突。头部中央的角最明显，前胸背板还有1对较小的角。与木蕈甲科大多数具角突的种类一样，体型大的雄虫，其角突亦大；而体型小的雄虫，其角突亦小。雌虫均无角突。

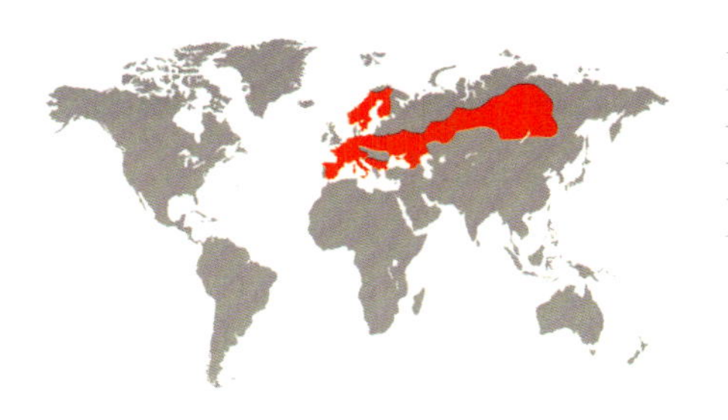

科	木蕈甲科 Ciidae
亚科	木蕈甲亚科 Ciinae
分布	古北界：欧亚大陆北部
生境	森林
微生境	长在死树上的多孔菌
食性	菌食性
附注	本属雄性成虫通常上颚十分发达，左右不对称

成虫体长
1/16 in
(2–2.5 mm)

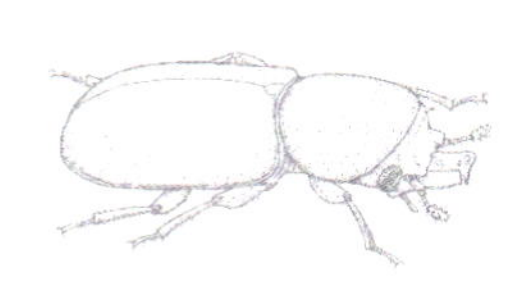

颚切木蕈甲
Octotemnus mandibularis
Octotemnus Mandibularis
(Gyllenhal, 1813)

实际大小

木蕈甲科的成虫和幼虫均取食致密的、多纤维的木腐真菌。幼虫钻到木质多孔菌子实体的组织中，成虫发生于外层产孢结构的表面。这些多孔菌包括几个属，如栓孔菌属 *Trametes* 和灵芝属 *Ganoderma*。成虫可通过培育真菌饲养出来。把真菌置于室温下通风的容器中，当收获子实体的时候即可收获木蕈甲成虫。成虫羽化可能需要数月时间，成虫期非常短。成虫靠追踪真菌寄主散发出的气味找到相应寄主，这些气味通常由不稳定的化学物质产生。

近缘物种

切木蕈甲属 *Octotemnus* 大约已知16种，主要分布于欧亚大陆，1种分布于美国。有1个未描述种已侵入美国，为外来入侵物种，有可能会取代本地多孔菌上生活的木蕈甲。种间区别包括雄性第二性征的大小和形状、体表刻点的区别和其他细微特征。

颚切木蕈甲 成虫体小，圆柱形，褐色，触角8节。上颚性二态。雄虫可具有异常大的上颚（大牙型雄虫），或略大的上颚（小牙型雄虫）。雌虫上颚正常，与身体大小比例相符。雄虫上颚可能用于性争斗，类似于其他甲虫身体前部的角突或加大的上颚的功能。

科	斑蕈甲科 Tetratomidae
亚科	哀斑蕈甲亚科 Penthinae
分布	新北界：北美洲东部
生境	森林
微生境	长在死树上的多孔菌
食性	菌食性
附注	本种是斑蕈甲科在北美洲地区体型最大的2个种之一

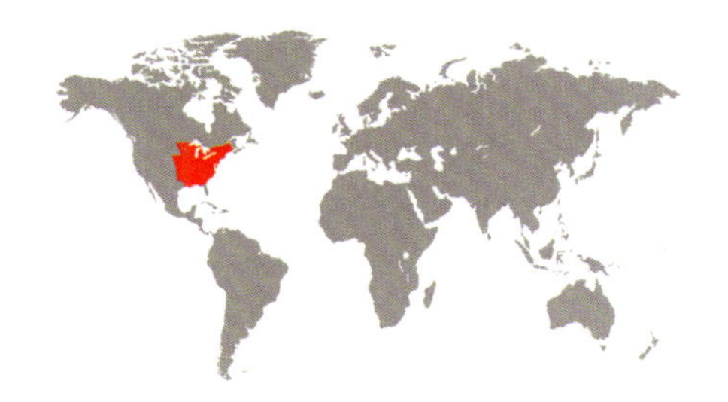

成虫体长
½–⁹⁄₁₆ in
(12–15 mm)

斜沟哀斑蕈甲
Penthe obliquata
Penthe Obliquata
(Fabricius, 1801)

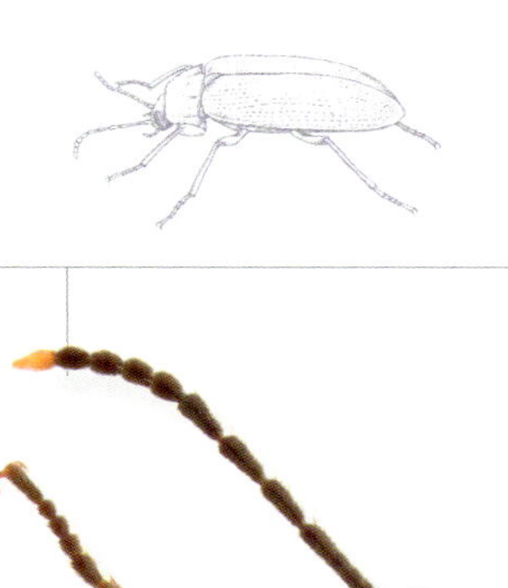

斜沟哀斑蕈甲是斑蕈甲科在北美洲地区体型最大的2个种之一。这2个种通常发现于落叶树的树干、树桩和落枝的松散树皮下。幼虫在多孔菌的子实体里钻蛀并取食。成虫可在一年的任意时间中，见于被真菌侵入的木材和树桩的树皮下。许多斑蕈甲冬天在树皮下产卵。初孵幼虫越冬后，次年的春夏季在真菌寄主中生长发育。

近缘物种

哀斑蕈甲属 *Penthe* 包括2种，它们的体型和整体颜色基本一致。斜沟哀斑蕈甲成虫在活着的时候，其小盾片为橙色，当在野外发现该种的时候这一特征很明显。而*Penthe pimelia*小盾片黑色，身体其余部分也是黑色。在斑蕈甲科中，北美洲东部地区没有其他种的尺寸能达到这2种这么大。

实际大小

斜沟哀斑蕈甲 成虫中等大小，长卵形，表被黑色粗毛，使其看起来有天鹅绒般的质感。实际上，其近缘物种 *Penthe-pimelia* 的英文俗名的意思就是天鹅绒般的真菌甲虫。本种小盾片被橙红色的伏毛，虽然其小盾片非常小，但在活体的黑色体壁背景衬托下这种橙红色非常醒目。

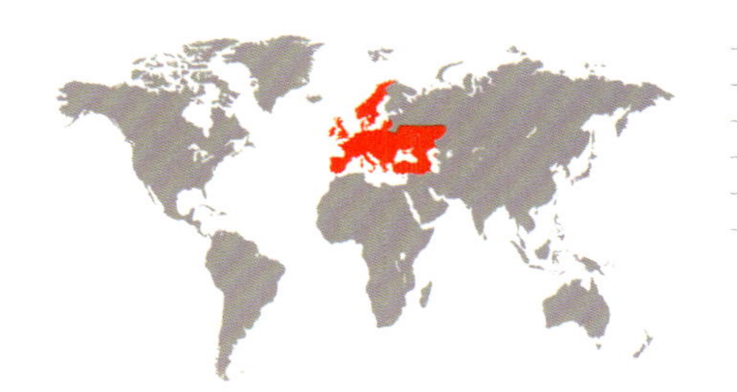

科	长朽木甲科 Melandryidae
亚科	长朽木甲亚科 Melandryinae
分布	古北界：欧洲
生境	森林
微生境	树皮下、原木上和立枯木中
食性	在真菌侵入的木头中取食
附注	本种是欧洲原始森林的常见种和广布种

成虫体长
³⁄₈–⁵⁄₈ in
(9–16 mm)

步行长朽木甲
Melandrya caraboides
Melandrya Caraboides
(Linnaeus, 1760)

步行长朽木甲这种典型的欧洲甲虫的成虫在春夏季的几个月间很活跃。成虫可发现于木头下或松散的树皮下，或在其迁飞时期四处活动。幼虫取食被真菌侵入的多种落叶树木段，木段通常潮湿腐烂。步行长朽木甲被认为是成熟原始森林的重要指示物，因为其幼虫的生长发育需要富含成熟腐殖质的大型倒木。已研究过的长朽木甲科中，其生活史大多与侵害木头的真菌相关。

近缘物种

朽木甲属*Melandrya*至少包括24种，分布于欧亚大陆的各个地区，仅1种见于北美洲。步行长朽木甲是体型最大且最常见的种之一。其他种的种间区别包括体型、体色、体表绒毛和其他形态特征。分布地是物种鉴定的重要参考。本种有可能会与步甲科和拟步甲科的一些表面看上去相似的种相混淆。

步行长朽木甲 成虫体狭长，两侧平行，背面蓝黑色，具金属光泽，足和触角红褐色。上颚须大，在触角下方很明显。跗式5-5-4，为拟步甲总科的常见跗式；由于体型大，跗式很容易看清。

实际大小

科	花蚤科 Mordellidae
亚科	花蚤亚科 Mordellinae
分布	新北界：佛罗里达州特有
生境	森林及其周边
微生境	成虫发现于花上；幼虫生活于朽木中
食性	成虫取食花粉，幼虫在朽木中发育（如栎属）
附注	虽然长朽木甲科和花蚤科的成虫形态很不同，但它们的亲缘关系接近，因为其幼虫形态相似

成虫体长
3/8–7/16 in
(10–11.2 mm)

火焰星花蚤
Hoshihananomia inflammata
Hoshihananomia Inflammata
(LeConte, 1862)

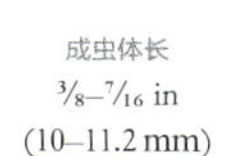

实际大小

星花蚤属 *Hoshihananomia* 隶属于多样性丰富的花蚤族，该族包括约50属，分布于全世界的所有动物地理区。该族的特征是：体呈楔形，通常前胸背板基部最宽，腹部末端长刺状，超过鞘翅端部。火焰星花蚤成虫后翅发达，使用飞行阻断器和马氏网采集的效率最高，也可从栎树朽木中繁育出来。其近缘物种八星花蚤 *Hoshihananomia octopunctata* 的幼虫发现在美洲水青冈 *Fagus grandifolia* 和栎属 *Quercus* 树木的腐烂组织中生活。

近缘物种

星花蚤属全球性分布，包括50个种，其中仅3种分布于美洲。除火焰星花蚤外，其他2种为八星花蚤和 *Hoshihananomia perlineata*，前者广泛分布于北美洲东部，从美国得克萨斯州东北部至加拿大魁北克省和安大略省，后者仅限分布于美国亚利桑那州和新墨西哥州。鞘翅斑纹对于区分北美洲的种类很有用。

火焰星花蚤　体长形，深色，前胸背板宽阔，鞘翅越往端部越细。前胸背板和鞘翅有明显的黄色至橙色斑纹，斑纹由伏毛形成。前胸背板基部、鞘翅亚端部和基部（围绕黑色的小盾片）的斑纹最为明显。腹部末端长刺状，尖细。

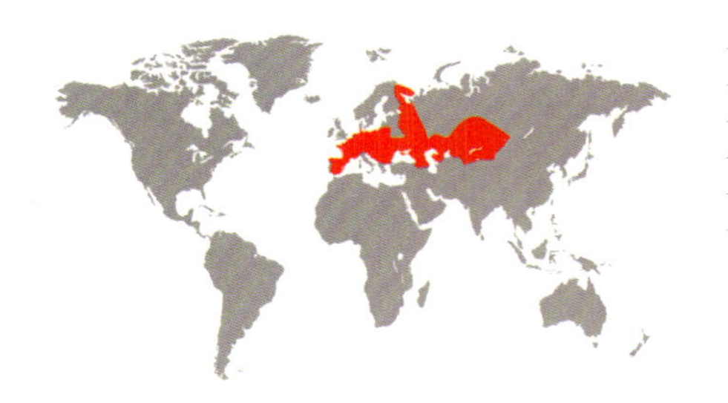

科	花蚤科 Mordellidae
亚科	花蚤亚科 Mordellinae
分布	古北界
生境	森林，包括开阔地
微生境	成虫发现于花上；幼虫生活于朽木中
食性	成虫取食花粉，幼虫取食朽木
附注	本种在其部分分布区非常稀有，为易危物种

成虫体长
¼–5⁄16 in
(6.5–8 mm)

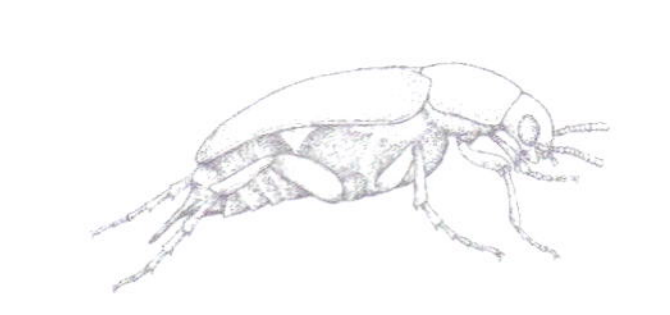

全黑花蚤（指名亚种）

Mordella holomelaena holomelaena

Mordella Holomelaena Holomelaena

Apfelbeck, 1914

实际大小

花蚤科世界上大约有85属1500种。这个科的甲虫英文俗名为“Tumbling Flower Beetles”，直译为“跌落的花上甲虫”，因为成虫受惊扰时通常迅速移动它们的后足往下跌落。全黑花蚤能在老的栎树、桦木上发现，有时在杨树的原木残断上也能发现很多个体。英国2014年发布的一份濒危物种综述，认为本种只有几个片断化的种群，因此为易危物种。

近缘物种

花蚤属 *Mordella* 隶属于花蚤族 Mordellini。该属全世界种类超过500种，古北界有60种以上。除了广布的全黑花蚤指名亚种，另一个已知的有效亚种为西伯利亚亚种 *Mordella holomelaena sibirica*，分布于西伯利亚东部、俄罗斯远东地区和蒙古国。触角、复眼、口器、斑纹和雄性外生殖器的特征对物种区分有用。

全黑花蚤（指名亚种） 体长楔形，体壁黑色，表被深色的短伏毛。腹部第7背板向后伸长超过鞘翅端部，末端呈尖刺状。头部于复眼之后突然缢缩；在活体昆虫中强烈下弯藏于前胸背板之下，因此于背面几乎不可见。跗式5-5-4。

科	大花蚤科 Ripiphoridae
亚科	大花蚤亚科 Ripiphorinae
分布	新北界和新热带界：加拿大（安大略省南部）和美国（新罕布什尔州和纽约市，向南至佛罗里达州，向西至艾奥瓦州、堪萨斯州和得克萨斯州）；中美洲，从墨西哥向南至巴拿马
生境	开阔地
微生境	成虫发现于花上；幼虫寄生膜翅目昆虫
食性	成虫推测取食花蜜，幼虫取食膜翅目昆虫
附注	颚大花蚤属 *Macrosiagon* 是大花蚤科中种类最丰富的属

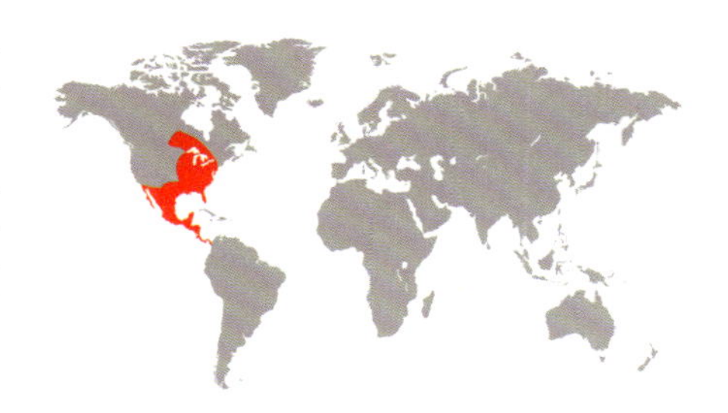

成虫体长
$^3/_{16}$–½ in
(5–12 mm)

黑缘颚大花蚤
Macrosiagon limbatum
Macrosiagon Limbatum
(Fabricius, 1781)

实际大小

大花蚤科部分种的生物学特性已研究透彻，均为其他昆虫幼期的内寄生物，至少在它们的部分生命史中是如此。颚大花蚤属已知的寄主包括膜翅目针尾部的几个科：土蜂科 Scoliidae，隧蜂科 Halictidae，钩土蜂科 Tiphiidae ，胡蜂科 Vespidae，方头泥蜂科 Crabronidae，泥蜂科 Sphecidae，蜜蜂科 Apidae 和蛛蜂科 Pompilidae。颚大花蚤属成虫的口器长吻状，似乎能吸吮花蜜。黑缘颚大花蚤成虫在夏季很活跃，在接骨木属 *Sambucus* 和一枝黄花属 *Solidago* 的花上活动。其幼虫据报道寄生于方头泥蜂科，如节腹泥蜂属 *Cerceris* 。

近缘物种

颚大花蚤族 Macrosiagonini 包括2属：*Metoecus* 和颚大花蚤属。前者包括5种，分布于古北界和东洋界；后者超过150种。颚大花蚤属与北美洲大花蚤科其他属的区别为，其触角着生于复眼之前，前胸背板后缘中部向后突伸。

黑缘颚大花蚤 体窄，楔形，头部的背腹面延长。体具黑色和橙黄色的高对比度的图案。雄虫触角栉状或扇状，雌虫锯齿状。在活体昆虫中，左右鞘翅在近基部相互依合，在近端部分开。飞行翅发育完全，端部部分折叠（尽管在保存久的标本中，折叠的程度各异）。

科	大花蚤科 Ripiphoridae
亚科	大花蚤亚科 Ripiphorinae
分布	新北界：美国西南部
生境	干旱地区
微生境	成虫生活于植物和花上；幼虫生活于寄主种群中
食性	成虫食性不确定；幼虫推测寄生蜂群，但寄主未知
附注	此属的飞行翅不像大多数甲虫一样折叠于鞘翅之下

成虫体长
3/8–7/16 in
(9–11 mm)

维氏大花蚤
Ripiphorus vierecki
Ripiphorus Vierecki
(Fall, 1907)

实际大小

维氏大花蚤 外表非常特别，体色为高对比度的黑色和黄色，鞘翅退化成非常短的鳞片状。触角扇状，着生于复眼上方附近；复眼很大。飞行翅不能折叠，具一个明显的深色区域，停息时通常部分交叠于腹部之上，类似于一些双翅目昆虫的行为模式。爪梳齿状。

大花蚤属*Ripiphorus*很独特，除澳大利亚外，全世界都有分布。在北美洲，它是除颚大花蚤属*Macrosiagon*外最常见的大花蚤。此属许多种的生活史尚未彻底调查，仅少数种的生活史比较清楚。在已熟知的种类中，雌虫把少量卵产在没开放的花蕾里。花开时，卵孵化为幼虫。随后活跃的一龄幼虫把自己粘附到前来访花的蜂身上，跟随蜂回到蜂巢。幼虫寄生在地洞里筑巢的蜂。维氏大花蚤成虫似乎有类似于蜂虻科 Bombyliidae 的飞行模式，即盘旋和上下快速摆动。

近缘物种

大花蚤属大概已知70种，其中30种分布于墨西哥以北的美洲。这个类群的研究非常薄弱，亟须彻底修订。种间区别一般包括跗节、爪、体色、刻点等。一些种，特别是与条斑大花蚤 *Ripiphorus fasciatus* 相近的种，基于现有的检索表无法可靠地鉴定。

科	幽甲科 Zopheridae
亚科	坚甲亚科 Colydiinae
分布	新北界：美国南部（阿拉巴马州、佛罗里达州、佐治亚州、南卡罗来纳州、路易斯安那州、北卡罗来纳州、田纳西州）
生境	森林
微生境	树皮下圆筒形的洞中
食性	成虫和幼虫均捕食蛀木性小蠹（长小蠹亚科 Platypodinae）
附注	本种因为取食蛀木性甲虫，所以是益虫

成虫体长
¼ in
(6.3–7 mm)

细长柱坚甲
Nematidium filiforme
Nematidium Filiforme
LeConte, 1863

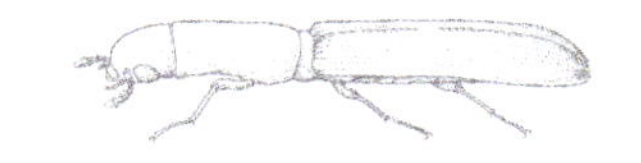

坚甲亚科的大多数种取食死的植物组织和真菌，与死树有关。但一些类群，如柱坚甲族 Nematidiini，进化出了捕食习性。柱坚甲属 *Nematidium* 为圆筒状，发生于亚热带和热带地区，在树皮下蛀木性象甲的蛀道中捕食其幼虫。雌虫上唇更狭长，与雄虫略有区别。细长柱坚甲成虫的飞行翅发育完全，能被高压汞灯或紫外灯吸引。总体来说，坚甲亚科昆虫在野外数量较少。

近缘物种

柱坚甲属是柱坚甲族的唯一属。该属种类超过10种，分布于美洲、印度、印度尼西亚和澳洲界。在北美洲，该属仅有细长柱坚甲1种；其体形独特、上颚基部在头前方可见，这两个特征能将此种与北美洲地区幽甲科的其他种区分开来。

实际大小

细长柱坚甲 体形非常细长，圆筒状。体表光洁，红褐色。前胸背板近中部略微内弯。触角棒部粗短而明显，由2节组成。触角下方的沟明显。复眼很大，圆形，平而不突出。跗式4-4-4。

科	幽甲科 Zopheridae
亚科	坚甲亚科 Colydiinae
分布	澳洲界：新西兰（南岛、北岛）
生境	森林
微生境	树桩上或树皮下
食性	成虫和幼虫取食树皮下的霉菌
附注	锯胸坚甲属一些分布于澳大利亚和新几内亚的种的成虫，例如 *Pristoderus phytophorus*，其体背具复杂的表面结构，可供多种隐花植物在其上生长，为坚甲提供绿色的体表颜色，有助于其隐蔽自己

成虫体长
5/16 in
(7.8–8 mm)

南极锯胸坚甲
Pristoderus antarcticus
Pristoderus Antarcticus

(White, 1846)

实际大小

锯胸坚甲属 *Pristoderus* 隶属于 Synchitini 族。该族的食性变化较大，一些种取食朽木和树皮下的形成层组织；另一些种发现于落叶层中，可能取食腐败的植物或真菌；而另有部分物种取食地衣，这包括锯胸坚甲属分布于澳大利亚和巴布亚新几内亚的一些种。南极锯胸坚甲成虫发生于立枯木的树干上，以及疏松的树皮下。与一些成虫同时发现的幼虫暂时被归入这个种，但在文献中尚未正式描述。

近缘物种

锯胸坚甲属是 Synchitini 族种类最丰富的属之一，分布于智利、新西兰、新喀里多尼亚、新几内亚和澳大利亚。*Syncalus* 和 *Isotarphius* 属与本属非常接近，区别在于：*Syncalus* 和 *Isotarphius* 属后足基节间突（第1可见腹板前突）很宽；而本属的突端窄而尖。

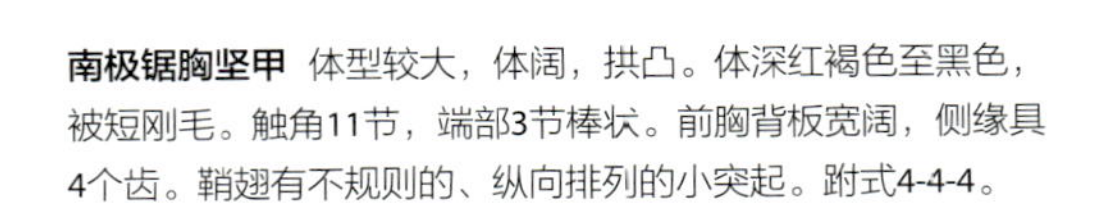

南极锯胸坚甲 体型较大，体阔，拱凸。体深红褐色至黑色，被短刚毛。触角11节，端部3节棒状。前胸背板宽阔，侧缘具4个齿。鞘翅有不规则的、纵向排列的小突起。跗式4-4-4。

科	幽甲科 Zopheridae
亚科	幽甲亚科 Zopherinae
分布	新北界：美国加利福尼亚州埃尔多拉多县
生境	北美洲西部针叶林，海拔约1500 m
微生境	死树和其上生长的多孔菌上
食性	成虫似乎取食腐败的木生真菌，如硫磺绚孔菌 *Laetiporus sulphureus*；推测幼虫在朽木里钻蛀
附注	前胸背板背面有独特的沟

成虫体长
$^{3}/_{16}$ in
(3.9–5.2 mm)

山地钢幽甲
Usechimorpha montanus
Usechimorpha Montanus
Doyen & Lawrence, 1979

实际大小

铁幽甲族Usechini仅包括2个属，钢幽甲属*Usechimorpha*和铁幽甲属*Usechus*；前者分布于美国西部和加拿大，后者分布于美国西海岸和日本。山地钢幽甲雄性的亚颏（口器的一部分）具有1个长满刚毛的深坑。该构造在许多甲虫的雄虫中均有发现，可位于身体的不同部位，如头部、前胸或腹部。尽管在本种中尚未证实，但该构造可能与合成、释放和传播信息素有关。

近缘物种

铁幽甲族的2个属与幽甲亚科 Zopherinae 其他属的区别在于：其前胸背板前侧角附近有1对深坑，用于收纳触角。山地钢幽甲鞘翅刻点列间无特殊结构，而巴氏钢幽甲 *Usechimorpha barberi* 鞘翅刻点列间隆起，并具小瘤突。

山地钢幽甲 体长形，红褐色，体表局部被金色的弯曲鳞片。头部深插入前胸，在背面几乎不可见。前胸背板前侧角附近有1对深沟，用于收纳触角；后侧角附近亦有另2对明显的沟。

科	幽甲科 Zopheridae
亚科	幽甲亚科 Zopherinae
分布	新热带界：从墨西哥南部至委内瑞拉和哥伦比亚
生境	森林
微生境	死树上或其周围
食性	成虫取食与死树有关的真菌（如裂褶菌*Schizophyllum commune*）；幼虫在死木头中生长发育
附注	活体成虫在墨西哥会被制作成胸针带在身上

成虫体长
1⁵⁄₁₆–1¹³⁄₁₆ in
(34–46 mm)

智利幽甲
Zopherus chilensis
Maquech
Gray, 1832

幽甲属*Zopherus*隶属于幽甲族Zopherini，该族甲虫通常被称为“Ironclad Beetles”，译为“盔甲虫”，因为它们的外骨骼异乎寻常地坚硬。智利幽甲的成虫能活很长时间，无后翅不能飞行，通常发现于死树表面，它们在其上取食真菌。在墨西哥一些地区，活的智利幽甲体背被装饰上明亮的彩色玻璃珠，在当地集市被当作宠物来出售。也可以用一根小的金链子把装饰好的智利幽甲用别针别在衣服上，当作胸针。这被作为纪念玛雅文化的一种方式。

近缘物种

幽甲族广泛分布于新热带界，但其他地区也有几个属：东南亚（*Zopher*）、澳大利亚（*Zopherosis*）和非洲南部（*Scoriaderma*）。幽甲属极易识别，其触角9节，端节膨大成棒状（实际上是由3节愈合形成）。

智利幽甲与同属其他种的区别是，其鞘翅后缘突然内弯收窄。

实际大小

智利幽甲 体大型，体形长，通常背面灰色，除了全身遍布的一些小黑瘤。每个鞘翅末端具1个大的圆瘤。前胸背板和腹部之间仅轻微变窄。成虫体长和颜色变异很大。

科	铜甲科 Chalcodryidae
亚科	
分布	澳洲界：新西兰（北岛、南岛）
生境	湿冷森林，特别是南青冈林
微生境	成虫通常发现于苔藓或地衣覆盖的树枝上；幼虫发生于树枝内的坑道中
食性	取食覆生于树皮上或木头表面的地衣或植物
附注	目前归于此科的所有种都仅限分布于新西兰

成虫体长
½–¹¹⁄₁₆ in
(12.5–16.5 mm)

杂色铜甲
Chalcodrya variegata
Chalcodrya Variegata
Redtenbacher, 1868

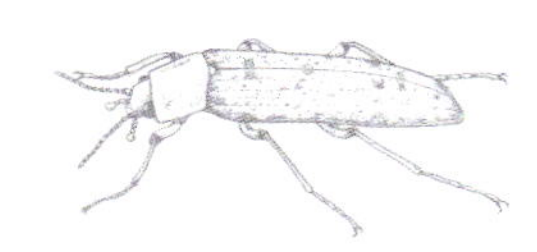

铜甲科建立于1974年，收入了一些系统地位不明确的属；这些属曾被归置于长朽木甲科 Melandryidae、幽甲科 Zopheridae 或拟步甲科 Tenebrionidae 中。不知什么缘由，铜甲属 *Chalcodrya* 的种类在自然界中比铜甲科的其他属种更容易碰到。杂色铜甲的幼虫足长、敏捷，在夜里会从白天藏身的树洞中爬出来取食。通过对幼虫肠容物的分析发现，其主要取食地衣和苔藓，但似乎它们也会取食其他节肢动物，如蜘蛛和螨。

近缘物种

铜甲科包括5种，归于3个属：铜甲属、*Philpottia* 属和 *Onysius* 属。属间区别包括：复眼形状（*Onysius*属肾形，而其他2属卵圆形）；鞘翅表面刻纹（*Philpottia*属的鞘翅具纵肋，而铜甲属的鞘翅无纵肋）。铜甲属的2个种依据前胸背板和雄性外生殖器的形态相区分。

实际大小

杂色铜甲 成虫体狭长，两侧平行（长宽比大于3）。触角相对短，等于或略长于头部和前胸长度之和。头部、前胸背板和鞘翅背面通常具黄色绒毛形成的小色斑。前胸背板显著宽大于长。

科	拟步甲科 Tenebrionidae
亚科	伪叶甲亚科 Lagriinae
分布	澳洲界：新西兰
生境	沙质海滩上
微生境	被海水冲上岸的海藻下（如*Carpophyllum maschalocarpum*）
食性	成虫和幼虫均取食海藻
附注	成虫的体色变异大，取决于它们所在的沙滩的颜色

成虫体长
¼–⅜ in
(6.5–8.5 mm)

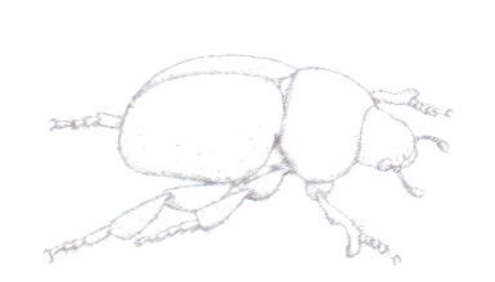

粗腿豚甲
Chaerodes trachyscelides
Chaerodes Trachyscelides

White, 1846

实际大小

豚甲族 Chaerodini 种类很少，包括澳大利亚的*Sphargeris*属和新西兰的豚甲属 *Chaerodes*。粗腿豚甲夜行性，无后翅，在沙堆中钻洞，仅限分布于新西兰沙质海滩的潮间带上。成虫的体色通常和它们所生活的沙滩颜色相配，从淡乳黄色至黑色。当部分埋入沙子里的海藻被拉出来时，粗腿豚甲也会被同时拉出来，并迅速钻回沙子中。幼虫体色发白，未被正式描述。幼虫不同于很多其他已知的拟步甲科幼虫的特征可能是：其体形为“U”形，而不是直线形。

近缘物种

豚甲族的种类体拱凸，足适于在沙子中挖掘，因此外表看似短角甲族 Trachyscelini 的种类，且该族也发生于相似环境。但是，这2个族的亲缘关系很远。澳大利亚的 *Sphargeris* 属仅包括1个种（*Sphargeris physodes*），其触角棒部5节，棒部的触角节形态不对称；而豚甲属的2种，触角棒部3节，棒部的触角节形态对称。

粗腿豚甲 体拱凸，触角棒部明显3节，足适于在沙子中挖掘。前足胫节强烈加宽，外缘具1个深缺口，近端部扁平。后足股节强烈膨大，中、后足胫节端部显著加宽。足均被粗刚毛。

科	拟步甲科 Tenebrionidae
亚科	伪叶甲亚科 Lagriinae
分布	古北界：葡萄牙、西班牙、科西嘉岛、撒丁岛、西西里岛、阿尔及利亚和摩洛哥
生境	干旱环境，从干旱的森林至沙地
微生境	石头下，有时与蚂蚁相关
食性	成虫可能取食死的植物组织；幼虫食性未知
附注	本种体形被认为模拟掉落到地上的种子

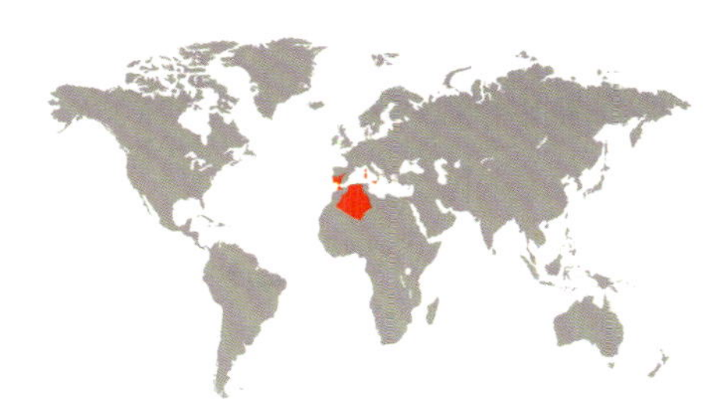

成虫体长
5/16–7/16 in
(8–11 mm)

霍夫曼片甲
Cossyphus hoffmannseggii
Cossyphus Hoffmannseggii
Herbst, 1797

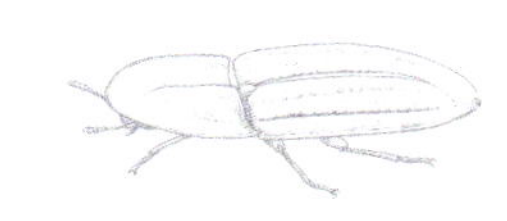

实际大小

片甲属 *Cossyphus* 形态高度特化，它在分类系统中的地位长期以来一直不明确。然而，最近基于内部器官和分子数据的研究强烈支持它们属于伪叶甲亚科。片甲属包括30个以上的种和亚种，分布于欧洲南部和非洲，并延伸至印度、东南亚，最东至澳大利亚。这些甲虫的体形被认为是模拟它们所在生境地面上的有翅种子。霍夫曼片甲在各分布区形态变异很大，因此一些鞘翅目学家把它分成不同的亚种。

近缘物种

片甲属隶属于片甲族 Cossyphini，该族还包括另一个属 *Endustomus*。二者区别在于，片甲属的头部在腹面可见，而 *Endustomus* 属的头部完全隐藏。片甲属分为2个亚属，区别包括：鞘翅是有刻点列还是光滑，雄性后足胫节是否有一个刺。片甲属的雄性可依据末节可见腹板的形态区分不同物种。

霍夫曼片甲 成虫浅褐色至深褐色，强烈扁平，长卵形。前胸背板和鞘翅均具宽大的敞边，完全盖住触角、足和头部。此种的腹部腹板间的节间膜不可见，依此可与外表相似的拟步甲科昆虫锐脊盘鞘甲 *Helea spinifer* 相区分。

科	拟步甲科 Tenebrionidae
亚科	伪叶甲亚科 Lagriinae
分布	东洋界：斯里兰卡、印度
生境	森林、种植园
微生境	通常在干旱的落叶层中
食性	成虫和幼虫取食掉落的叶子
附注	在橡胶种植园里及周边，本种是讨人厌的害虫，因为它们会大量群集在房屋里面和外面

成虫体长
¼–5/16 in
(7–8.5 mm)

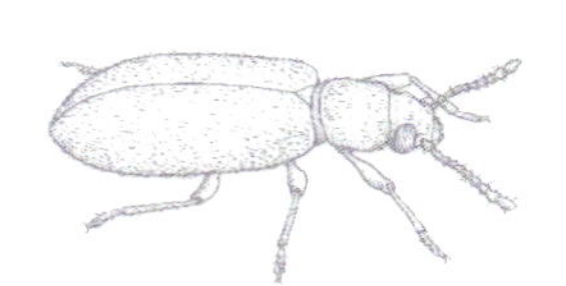

暗色小垫甲
Luprops tristis
Rubber Plantation Litter Beetle

(Fabricius, 1801)

暗色小垫甲为夜行性，生命周期为12个月，其中包括9个月的休眠期。通常在4月，夏天的雨季会突然降临，这引发了大量成虫在休眠期前群集，特别是靠近橡胶树 *Hevea brasiliensis* 种植园的地方。据近年来的报道发现，在一所住宅楼里，群集的个体超过400万头。成虫后翅发育完全，在夜里会被灯光吸引。成虫腹部腺体能合成并释放有强烈味道的化学防御物质，若用手抓住它，会导致皮肤颜色变浅且有轻微灼烧感。

近缘物种

小垫甲族 Lupropini 为泛热带分布。小垫甲属 *Luprops* 包括大约80种，分布范围从非洲热带地区至亚洲和巴布亚新几内亚。此属需要彻底的物种修订，因为各种的形态变异大。短胸小垫甲 *Luprops curticollis* 与暗色小垫甲相似，但复眼、前胸背板和雄性外生殖器的形态不同。

实际大小

暗色小垫甲 体深褐色至黑色，触角红褐色至深褐色。背面被短伏毛。前胸背板明显宽大于长，显著窄于鞘翅，侧缘无齿突。鞘翅均衡地拱凸，无纵脊。

科	拟步甲科 Tenebrionidae
亚科	广胸甲亚科 Nilioninae
分布	新热带界：巴西、厄瓜多尔、巴拉圭和阿根廷北部
生境	森林
微生境	通常在树干和树枝上，偶尔在落叶层
食性	取食真菌和地衣
附注	本种的蛹具有化学防御机制，这在鞘翅目中鲜有

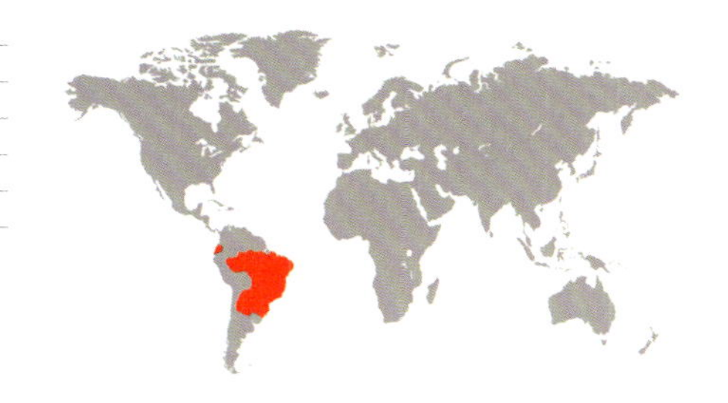

成虫体长
¼–⅜ in
(6.5–9 mm)

瓜形广胸甲
Nilio lanatus
Nilio Lanatus
Germar, 1824

实际大小

广胸甲属成虫形态类似瓢虫。幼虫卵圆形，足长，表被刚毛，背面主要为黑色，头部、前胸和腹面为对比度高的橙色。末龄幼虫把自己粘附于树干表面或树枝下方，继而发育成蛹。蛹的腹部5节，其上长有不寻常的蕈状的侧瘤。侧瘤端部有几个孔，当它被触碰到时，从孔里会放出一些白色的物质。尽管这些分泌物的化学成分尚未分析，但可推测的是它们具有化学防御作用，能帮助无运动能力的蛹避开天敌。

近缘物种

广胸甲属仅限分布于中美和南美洲。它是广胸甲亚科仅有的属，包括3个亚属（分别为 *Nilio*、*Linio* 和 *Microlinio* 亚属）40多种。亚属间依据不同的鞘翅刻点进行区分。瓜形广胸甲与其他种的首要区别是鞘翅颜色。

瓜形广胸甲 成虫从背面看，轮廓为圆形；体背强烈拱凸，侧面几乎呈半球形。头部、附肢和前胸背板颜色淡，鞘翅大部分区域为黑色，有一些明显的浅色斑，翅缘浅色。背面密被细刚毛。前胸背板宽远大于长。从背面看，头部几乎完全隐藏。

科	拟步甲科 Tenebrionidae
亚科	弗甲亚科 Phrenapatinae
分布	新热带界：玻利维亚（永加斯德迩巴斯）、秘鲁（马卡帕塔和马德雷德迪奥斯）、厄瓜多尔东部（马卡斯和吉娃里昂）
生境	热带森林
微生境	死树的树皮下
食性	取食朽木
附注	由于体形相似，弗甲属的成虫常被误认成非近缘的黑蜣科Pass alidae昆虫

成虫体长
1$\frac{1}{16}$–1$\frac{1}{4}$ in
(27–32 mm)

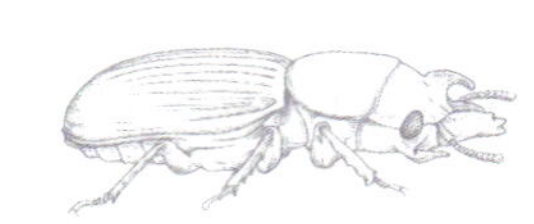

酋弗甲
Phrenapates dux
Phrenapates Dux
Gebien, 1910

弗甲属*Phrenapates*包括6个已知种，它与*Delognatha*属一起组成弗甲族Phrenapatini。弗甲族的特征为上颚粗壮、前端伸长，仅限分布于中南美洲。据报道，弗甲属的成虫可能会把木屑喂给幼虫，但这个行为需要进一步确定。成虫、幼虫和蛹经常一起发现。酋弗甲发表时基于24头标本，但遗憾的是，在原始描述之后没有关于此种的任何文献发表。

近缘物种

在弗甲族中，*Delognatha*属区别于弗甲属的特征在于：其复眼强烈突出，头部无突起。弗甲属的种级识别特征包括头部角突的形状和大小、上颚的形态、复眼上方是否有显著的脊，及雄性外生殖器特征。

酋弗甲 体长形，黑色，有光泽。前胸背板光滑，明显宽大于长。鞘翅具有清晰的纵脊。触角第1节长度与第2–5节的长度之和相等，末3节加宽形成松散的棒部。头部于复眼之间有一个弯的大角突。前足外缘有几个三角形的刺。

实际大小

科	拟步甲科 Tenebrionidae
亚科	漠甲亚科 Pimeliinae
分布	非洲热带界：南非西北部、纳米比亚中部和南部的海岸
生境	理查德斯维德大沙漠和纳米布沙漠的沙区
微生境	风积沙和沙丘
食性	成虫曾被观察到搬运小树叶和种子回到洞穴
附注	本种雄性的上颚之大，在拟步甲科中非常特殊，像非亲缘的锹甲科的上颚

雄性成虫体长
9/16–1 in
(14–25 mm)

雌性成虫体长
1/2–11/16 in
(13–17 mm)

长牙漠甲（细纹亚种）

Calognathus chevrolati eberlanzi

Calognathus Chevrolati Eberlanzi

Koch, 1950

Cryptochilini 族包括5亚族11属约130种，全都分布于非洲西南部。长牙漠甲成虫在白天或黄昏很活跃，但在最热的几个小时它们通常躲藏起来。成虫的跗节侧扁，具长刚毛，能帮助它们在流沙中挖掘。雄性上颚发达，在拟步甲科中非常独特，让人联想起锹甲科 Lucanidae 一些雄虫的上颚。一些成虫被观察到正午在沙滩的石头之间奔跑。

近缘物种

长牙漠甲属 *Calognathus* 与该族其他属的区别在于：其雄性上颚很发达，头部非常大（相比于其前胸背板和身体其他部位的尺寸而言），触角10节（其他一些属触角9节，如 *Vansonium* 属）。长牙漠甲属仅包括1种，*Calognathus chevrolati*；它被分为4个亚种，区别主要为体色。

实际大小

长牙漠甲（细纹亚种） 成虫黑色，体表一些区域具苍白色的鳞片状刚毛。前胸背板宽大于长，头部几乎与前胸背板一样大。跗节侧扁，具长刚毛。雌性外表接近雄性，但不像雄性那样具有细长的、往前突伸的上颚。

科	拟步甲科 Tenebrionidae
亚科	漠甲亚科 Pimeliinae
分布	新北界：美国加利福尼亚州和墨西哥下加利福尼亚的沿海地区
生境	太平洋沿岸的沙丘
微生境	成虫不能飞行，大多数时间在沙丘下面；幼虫也生活于沙丘下
食性	可能取食埋在沙丘里的腐败植物
附注	在国际自然保护联盟（IUCN）《濒危物种红色名录》中，拟步甲科有3种；其中2种为丘甲属 *Coelus* 的

成虫体长
$^3/_{16}$–$^5/_{16}$ in
(5–8 mm)

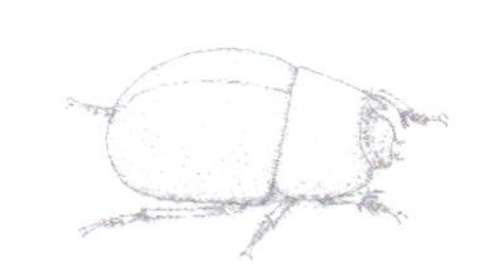

球形丘甲
Coelus globosus
Globose Dune Beetle
LeConte, 1852

实际大小

在全世界范围内，拟步甲科都是干旱半干旱地区动物区系的重要组成部分。相比于在其他生态系统中，拟步甲对干旱生态系统贡献了明显更高比例的生物量。丘甲属仅限分布于北美洲太平洋沿岸的沙丘中，所有种类均不能飞行。球形丘甲被国际自然保护联盟定义为易危物种，因为它们脆弱的生境遭受了人类活动的严重影响，该种的一些适生区已经完全被破坏。*Coelus gracilis*的生境也正遭受相似的威胁。

近缘物种

丘甲属与Coniontini族其他属的区别为：丘甲属前足跗节第1节端部具宽圆的长突起。该属包括5种。种间区别包括触角节数（*Coelus maritimus* 触角10节，而其他种触角11节）、头部和前足胫节是否有刚毛及刚毛的长度、头部刻点的形状和疏密度等。

球形丘甲 体小型，背面拱凸，卵形，黑褐色至黑色。头部前缘中央深凹。从背面看，体周边被长刚毛；足亦覆盖长刚毛。前足基跗节具1个铲状突起，适于在沙丘中挖洞。

科	拟步甲科 Tenebrionidae
亚科	漠甲亚科 Pimeliinae
分布	新热带界：秘鲁西部山脉
生境	有蝶形花科（牧豆树属和金合欢属）及仙人掌科植物（仙人掌属 *Opuntia*）的半荒漠灌丛，大约海拔2300 m
微生境	蚁巢附近的石头下
食性	可能取食蚁巢附近累积的植物残体
附注	该种的种本名“*tumi*”为印加人使用的一种斧子，意指该种半圆形的头部恰似这种斧头锐利的刃

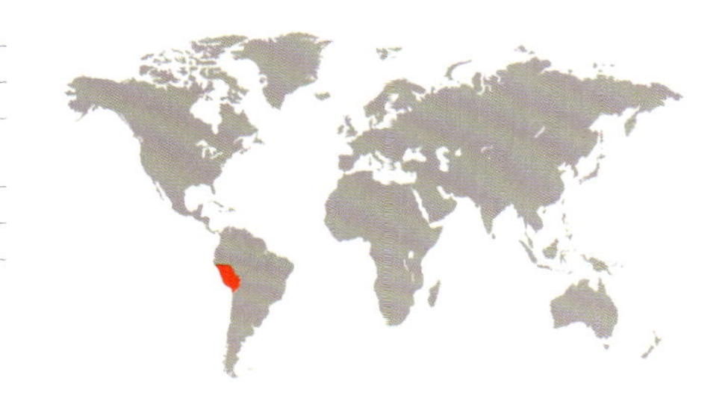

成虫体长
⅛–³⁄₁₆ in
(3–3.7 mm)

斧敞甲
Esemephe tumi
Esemephe Tumi
Steiner, 1980

Cossyphodini 族中的7属广泛分布于非洲；一些种也分布于印度、索科特拉群岛和阿拉伯半岛。敞甲属 *Esemephe* 是该族在美洲的唯一代表，该属仅1种。相对于该族的所有其他种，斧敞甲不能飞行，且为蚁客。标本仅采自一种弓背蚁 *Camponotus renggeri* 的巢穴附近。当在石头下发现斧敞甲时，最开始它们不动，但几秒钟后马上开始飞奔，同时触角伸展；这个行为模式让人联想起一些小型蜚蠊。

实际大小

近缘物种

敞甲属与同族其他属的区别包括：中足跗节为4节，而非5节；触角9节，而非11节；触角端部3节膨大形成棒状（这一特征是本属重要的识别特征）。

斧敞甲 体背腹面扁平，卵形，有敞边围绕整个虫体（可能用于保护足和触角免受蚂蚁的袭击）。复眼小，分为背面和腹面两部分。每鞘翅具5条窄纵脊。小盾片非常短宽。

科	拟步甲科 Tenebrionidae
亚科	漠甲亚科 Pimeliinae
分布	新热带界：阿根廷（丘布特省和圣克鲁斯省）、智利（卡雷拉将军省）
生境	巴塔哥尼亚沙漠或草原
微生境	植物丛中的地表
食性	取食活的或死的植物
附注	本种可以说是暮甲属 *Nyctelia* 中最具观赏性的种

成虫体长
½–9/16 in
(13–15 mm)

刻度暮甲

Nyctelia geometrica

Nyctelia Geometrica

Fairmaire, 1905

实际大小

巴塔哥尼亚草原是世界上最靠南的荒漠环境。该地区的拟步甲种类非常丰富，且特有性高。大多数为暮甲族 Nycteliini、Praociini 和 Scotobiini 族的。这些拟步甲在近年的研究中被作为指示物种，即以拟步甲的不同物种为标准将巴塔哥尼亚草原划分为不同的动物地理区，从而研究该地区当前的动物分布格局，以及形成这种分布格局的历史因素。刻度暮甲在局部区域很常见，通常白天会发现它在地面跑动，有时取食活植物，并在植物丛中寻找庇护所。

近缘物种

暮甲族包括12属近300种，除 *Entomobalia* 属外，均分布于秘鲁中部至阿根廷南部和智利。*Entomobalia* 属发表于2002年，分布于巴西东北部。暮甲属主要分布于智利的巴塔哥尼亚草原和阿根廷的蒙特沙漠，包括66种。刻度暮甲与威氏暮甲 *Nyctelia westwoodi* 最为接近，但其鞘翅近中缝具3道纵沟，近翅缘具一些横沟；而威氏暮甲鞘翅近中缝具5道纵沟，近翅缘具一些指向翅末端的斜沟。

刻度暮甲 体卵形，全黑，足长。鞘翅近中缝具3道纵沟（最靠近翅中缝的沟完整，第2道沟的长度超过翅半；第3道沟的长度至翅基部1/3）。近翅缘有18–22道横沟。鞘翅末端向后延伸出1个窄突。

科	拟步甲科 Tenebrionidae
亚科	漠甲亚科 Pimeliinae
分布	非洲热带界：安哥拉西南部，往南至纳米比亚西北部
生境	纳米布沙漠
微生境	沿海基本上没有植被的流沙区
食性	取食死的植物组织
附注	长足甲属的晒雾行为，在生活于世界上其他沙漠的甲虫中没有发现，并且此行为可能在黑白长足甲和爪长足甲 *Onymacris unguicularis* 中是各自独立进化出来的

成虫体长
½–15⁄16 in
(13–23.5 mm)

黑白长足甲
Onymacris bicolor
White Fog-Basking Beetle
(Haag-Rutenberg, 1875)

在纳米布沙漠，拟步甲科是节肢动物区系的优势类群，这里接近80%的甲虫都是拟步甲科的。这个地区的拟步甲进化出了很多适应性的形态或行为，因此能在这个极端环境中生存下去。“晒雾”即是其中一个例子。这类拟步甲在清晨爬到沙丘脊线上，头部低下，腹部上翘，雾中的水蒸气便在腹部凝结，随而向下流入口中。

近缘物种

爪长足甲属 *Onymacris* 目前包括14个有效种，物种区分依据如：体色（从白色或黄色至全黑色）、鞘翅形状、前胸背板刻点的大小和疏密。2013年一篇基于分子数据的研究论文表明，当前定义的爪长足甲属可能不是一个自然的类群，即可能不是一个单系群，需要全面的系统修订。

实际大小

黑白长足甲 体黑色，鞘翅白色至乳白色（南方的个体，鞘翅后半部近侧缘还具1道黑色的纵线）。前胸背板光滑，仅在近侧缘处有一些细微的刻点。鞘翅表面具许多大而平的瘤突。雄性中后足通常比雌性长。

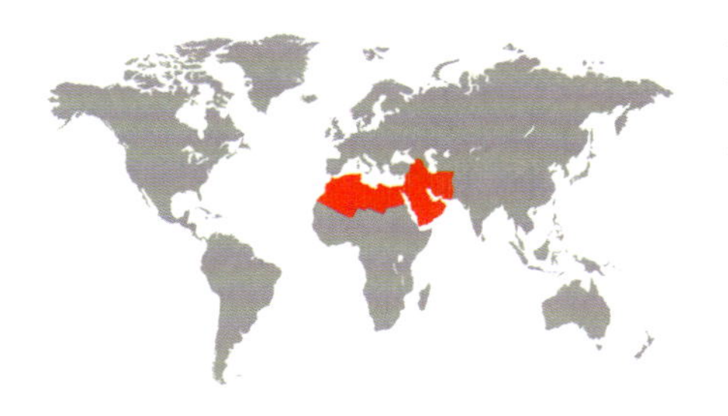

科	拟步甲科 Tenebrionidae
亚科	漠甲亚科 Pimeliinae
分布	古北界：阿尔及利亚、埃及、利比亚、摩洛哥、突尼斯、以色列、巴林、伊朗、伊拉克、沙特阿拉伯、也门
生境	沙漠和沙丘
微生境	沙子表面、植物之下或在小型哺乳动物的洞穴中
食性	死的植物组织
附注	本种的英文俗名为“Radiant-sun Beetle”，意思是光芒四射的太阳甲虫，因为其鞘翅形状类似太阳

成虫体长
1–1$\frac{9}{16}$ in
(25–40 mm)

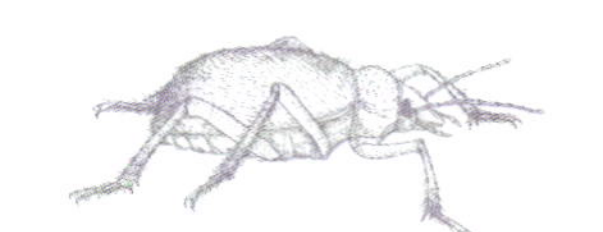

冠刺缘甲
Prionotheca coronata
Radiant-sun Beetle
(Olivier, 1795)

冠刺缘甲不能飞行，夜行性，特别是夏季能碰到它们在沙子表面跑动，有时候数量很多。人们在至少5000年前的埃及墓穴的陶罐中发现了此种的成虫，且其腹部中空。因此有研究者提出它们被用作葬礼的贡品或者为死者在另一个世界的护身符。但这一假说最近遭到质疑，因为那个陶罐似乎也可作为意外落入其中的甲虫的陷阱。

近缘物种

刺缘甲属 *Prionotheca* 隶属于种类丰富的漠甲族Pimeliini。该族分布于欧洲南部、非洲和亚洲的干热地带。刺缘甲属仅包括冠刺缘甲1种，识别特征为鞘翅边缘具1排明显的尖刺。该种分为3个亚种，各亚种间以鞘翅盘区和前胸背板表面刻纹的细微差别相互区分。

实际大小

冠刺缘甲 体大型，黑褐色至黑色，鞘翅圆阔，前胸背板宽大于长很多。鞘翅边缘具1排明显的尖刺。中后足胫节内缘也有1排刺。体背面被很长的直立刚毛。

科	拟步甲科 Tenebrionidae
亚科	漠甲亚科 Pimeliinae
分布	古北界：阿尔及利亚、摩洛哥、突尼斯
生境	干旱的开阔地带
微生境	石头下，地表
食性	腐食性
附注	此属通常在春季和冬季活跃

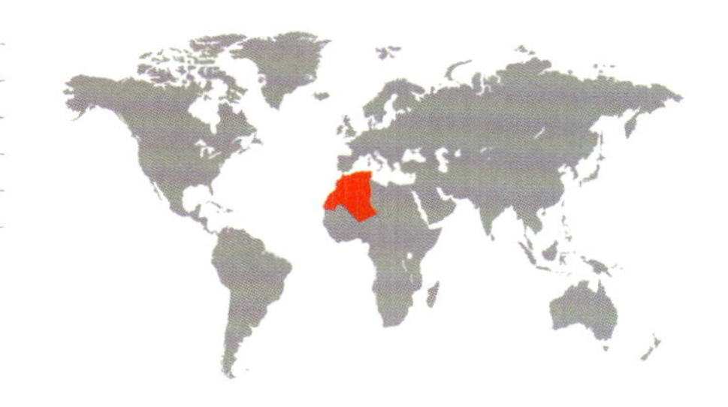

成虫体长
½–⁹⁄₁₆ in
(13–15 mm)

变色鱿甲
Sepidium variegatum
Sepidium Variegatum
(Fabricius, 1792)

鱿甲族 Sepidiini 主要分布于非洲大陆，但*Psammophanes*、*Sepidiostenus*、鱿甲属 *Sepidium*、*Vieta* 和 *Vietomorpha* 属亦分布于欧洲南部或中东。虽然变色鱿甲的习性基本不清楚，但此属最常见于石头下，成虫会于地表爬动。正如变色鱿甲种本名提示的（拉丁语 *varius*，意思是“多样的”），本种外形变异很大，尤其是体色和斑纹；这导致它被不同的研究者在不同时期描述过多次。

近缘物种

鱿甲属属于鱿甲族鱿甲亚族 Sepidiina。该亚族还包括少数其他属，如 *Vieta* 属（分布于撒哈拉以南）、*Echinotus* 属（分布于非洲南部）和 *Peringueyia* 属（分布于津巴布韦）。该亚族的识别特征是：前胸背板前缘中央具一向前的突起，前突的大小和形状有变异。鱿甲属的种级鉴定依据为：体形、刻纹、前胸背板和鞘翅的刚毛排列模式。

实际大小

变色鱿甲 体长形，体壁黑色，体表大部分区域被鳞片，这些鳞片从淡黄色至黑褐色。头部几乎完全隐藏于前胸背板前突之下。前胸背板侧缘具1对很大的方形齿突，盘区具3道黑色纵纹。每个鞘翅有2道纵脊，其上着生大齿突。

科	拟步甲科 Tenebrionidae
亚科	拟步甲亚科 Tenebrioninae
分布	非洲热带界：非洲南部（南非、津巴布韦、博茨瓦纳、纳米比亚）
生境	偏爱半干旱至中等湿度的热带稀树草原中的灌木丛；通常在沙漠和中等湿度的森林中无分布
微生境	灌木丛的荫凉处
食性	死的植物组织，尤其是干的落叶
附注	前足胫节近端部的复杂结构非常独特，甚至有些怪异

成虫体长
1¹⁄₁₆–1½ in
(27–38 mm)

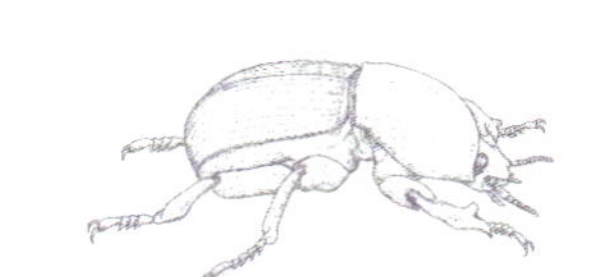

象巨胸甲
Anomalipus elephas
Anomalipus Elephas

Fåhraeus, 1870

巨胸甲属 *Anomalipus* 的种广泛分布于赤道以南的非洲地区，但在南非的内地高原多样性最为丰富。象巨胸甲是该属体型最大的种，因此它的种本名“*elephas*”（大象）恰如其分。本种能发出声音，且发音机制复杂，并与交配行为相关。它用头部摩擦前胸腹板发出声音，还能用触角和身体前部振动形成沙沙声。雌性把1枚大型卵产在地面的浅圆坑中。成虫能活5年以上。

近缘物种

巨胸甲属隶属于扁足甲族 Pedinini，Platynotina 亚族。该亚族包括60个属，主要分布于非洲和亚洲。巨胸甲属与本族其他属的区别是：前胸背板无边框和基框，颏非常大。巨胸甲属有近70个种和亚种，种间鉴定依据包括胫节、前胸背板、鞘翅和雄性外生殖器的形态。

象巨胸甲　不能飞行，黑色。前胸背板非常宽阔（在雄性中宽于鞘翅），鞘翅具有几道相似的纵脊，纵脊顶部圆滑，到达鞘翅末端。雄性前足胫节加宽，且近端部有1深凹，深凹中部有1枚大刺。雌性前足胫节外缘有2个三角形刺突。

实际大小

科	拟步甲科 Tenebrionidae
亚科	拟步甲亚科 Tenebrioninae
分布	新北界：从加拿大新斯科舍省向西到阿尔伯塔省中部，向南至少到内布拉斯加州、密西西比州北部和佛罗里达州中部
生境	森林（通常有纸桦 *Betula papyrifera*）
微生境	腐朽的树桩
食性	成虫取食多孔菌（通常为桦剥管孔菌 *Piptoporus betulinus*），幼虫在多孔菌中生长发育并取食
附注	本种可以说是在西半球研究得最深入的菌食性甲虫，已发表有关于性选择、防御行为、生境片断化和运动动力学的研究成果

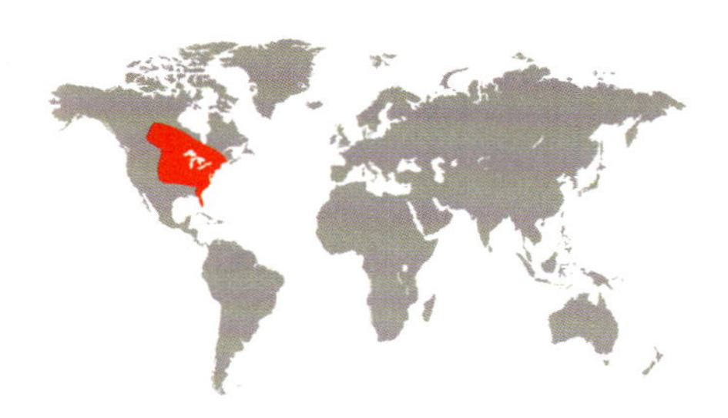

成虫体长
⅜–½ in
(8.5–13 mm)

食菌叉角甲
Bolitotherus cornutus
Forked Fungus Beetle
(Fabricius, 1801)

食菌叉角甲雄性的唇基和前胸背板均具角突，角突的大小有变化，从非常小至非常大。该种在交配前有交配仪式。交配仪式开始时，雄性从雌性头部爬到雌性腹部末端，然后趴在雌性鞘翅上（往往长达几小时），直至它决定转身尝试交配。倘若交配成功，雄性会仍然趴在雌性身上一段时间，以防其他雄性前来交配。在交配和繁殖的各个步骤中，大角型雄性有更多机会取代小角型雄性。

近缘物种

叉角甲属 *Bolitotherus* 仅包括1种。此属隶属于食蕈甲族 Bolitophagini，该族均为菌食性种类，数量不多，分布于世界各地。叉角甲属与北美洲地区同族其他属的区别是，其触角末几节不加宽（*Rhipidandrus*属触角末几节梳状），触角10节（*Eleates*、*Bolitophagus*和*Megeleates*属触角11节）。

实际大小

食菌叉角甲 体深褐色至黑色（刚羽化不久的个体可能浅褐色），体表刻纹粗糙。雄性唇基具1个端部分叉的小角突；前胸背板具1对指向前方的大角突，其长度超过头部。角突腹面被黄色刚毛。雌雄鞘翅均有不对称的小瘤突行。

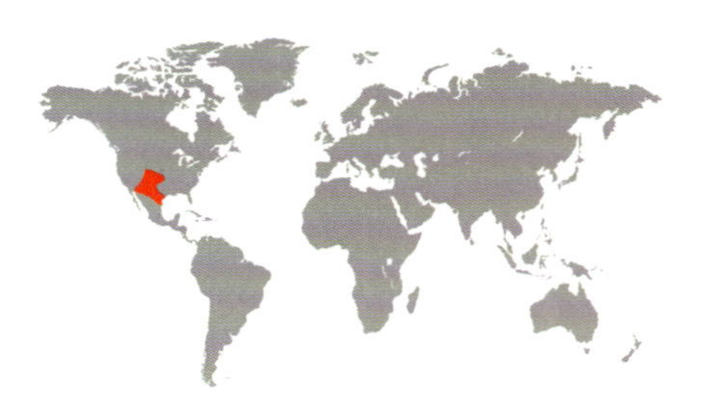

科	拟步甲科 Tenebrionidae
亚科	拟步甲亚科 Tenebrioninae
分布	新北界：美国西南部
生境	主要在开阔的干旱地区
微生境	成虫在地表生活，幼虫在土壤中
食性	主要为腐食性，取食死的植物组织；幼虫能危害活植物
附注	亮甲属 *Eleodes* 的幼虫生活于土壤中，通常被称为伪金针虫，因为它们的外表近似叩甲科幼虫金针虫

成虫体长
⅞–1⅜ in
(21–35 mm)

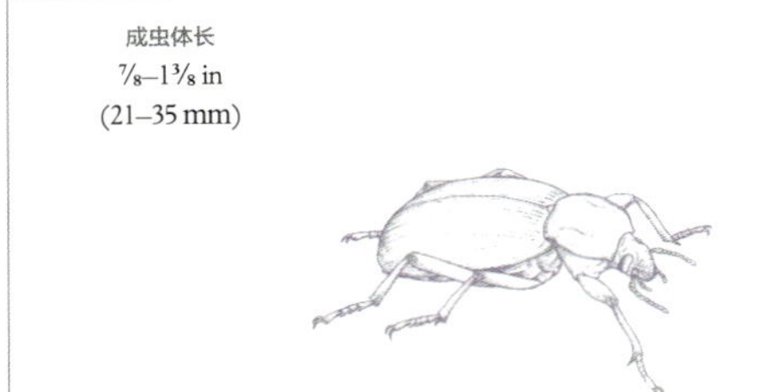

巨脂亮甲
Eleodes acutus
Eleodes Acutus
(Say, 1824)

亮甲属是北美洲西部干旱地区的典型代表。该属包括235个种和亚种，均不能飞行。一些种的幼虫经常危害农作物的幼苗，从而在农业上造成很大的经济损失。巨脂亮甲成虫在入夜后最为活跃。亮甲属的行为特点是，当其受到惊扰时，会抬起它的腹部，喷出防御液以吓退潜在的捕食者。

近缘物种

亮甲属种类众多，目前被分为15个亚属（例如 *Blapylis*、*Caverneleodes* 和 *Melaneleodes*），亚属的区分依据主要是雌性生殖系统。巨脂亮甲隶属于指名亚属。指名亚属包括近40种，识别特征为雄性成虫前足股节具齿（有时雌性也有）。巨脂亮甲的识别特征为：体型大，鞘翅无纵脊，前胸背板背面拱凸。

巨脂亮甲 体型相对于本属其他种类来说非常大，长形。背面略扁平。通常黑色，鞘翅中缝常有1道明显的红色纵带。鞘翅肩角附近的翅缘尖锐。雄性前足股节内缘具1齿，雌性偶尔也有。

实际大小

科	拟步甲科 Tenebrionidae
亚科	拟步甲亚科 Tenebrioninae
分布	澳洲界：西澳大利亚州西南部
生境	干旱和半干旱的开阔地带
微生境	未知
食性	成虫和幼虫可能取食干的植物组织
附注	盘鞘甲属 *Helea* 的种类能凭借它们的长足迅速覆于地面

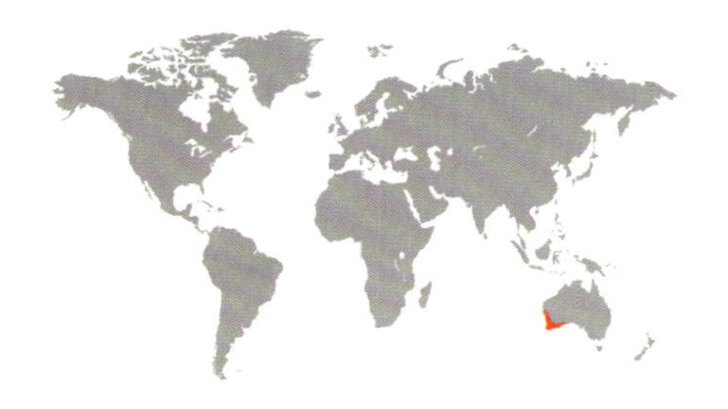

成虫体长
¾–⅞ in
(19–23 mm)

锐脊盘鞘甲
Helea spinifer
Helea Spinifer
(Carter, 1910)

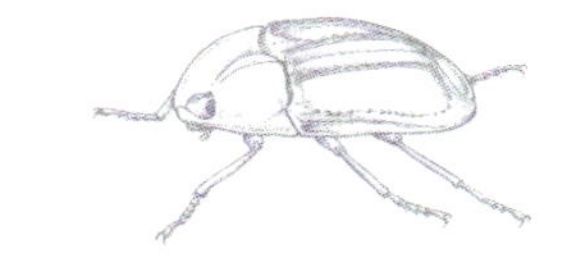

关于锐脊盘鞘甲的记录很少。这类甲虫在英文中称“Pie-dish Beetles”，其意为“似派或盘子的甲虫”，因为它们的前胸背板和鞘翅周缘均具发达敞边，完全覆盖住附肢（特别是它们那极长的足）。这个盾状构造能帮助它们抵挡捕食者的袭击，例如蜘蛛和蝎子。夜间当锐脊盘鞘甲觅食时，捕食者也很活跃。本种的种本名“*spinifer*”，指前胸背板中央的刺状纵脊。本种命名人为昆虫学家赫伯特·卡特（Herbert Carter），他在20世纪初描述了大量的澳大利亚甲虫新种。

近缘物种

盘鞘甲属隶属于盘鞘甲族 Heleini。该族主要分布于澳大利亚，少数一些种分布至周边的新几内亚和新西兰。盘鞘甲属包括约50个已知种。该属的识别特征为：前胸背板前角向前延伸至头部上方或头部前方，并内弯以致左右相接或靠近。

实际大小

锐脊盘鞘甲 体卵形，背腹面扁平，深褐色。前胸背板前角向前延伸并内弯，左右相交于头部上方，使得头部仅小部分于背面可见。鞘翅近中缝具1道强烈隆起的纵脊，近外缘具1道瘤突列。鞘翅外缘抬高。

科	拟步甲科 Tenebrionidae
亚科	拟步甲亚科 Tenebrioninae
分布	新热带界：智利（阿劳科省和艾森省）、阿根廷（内乌肯省）
生境	南青冈林
微生境	树枝和树干上
食性	成虫和幼虫可能取食长在树上的地衣
附注	本种的种本名“*dromedarius*”意为骆驼，指其成虫鞘翅近基部的隆起构造

成虫体长
¾–⅞ in
(19–21 mm)

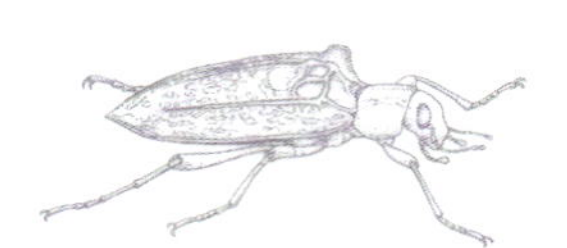

驼峰双弓甲
Homocyrtus dromedarius
Homocyrtus Dromedarius

(Guérin-Méneville, 1831)

由于体形独特，双弓甲属 *Homocyrtus* 曾被归于几个不同的类群之下（如拟步甲科Tenebrionidae中几个不同的亚科，及铜甲科Chalcodryidae）。最近的研究表明，它应隶属于拟步甲下的 Titaenini 族。该族种类不多，还包括其他8个属，如*Titaena*属、*Callismilax*属和*Artystona*属；均分布于澳大利亚，新西兰及周围岛屿。驼峰双弓甲在其分布范围内比较常见。推测其成虫和幼虫与同族的其他种类一样，在树干和树枝表面取食地衣。

近缘物种

双弓甲属包括3种：驼峰双弓甲和华丽双弓甲（*Homocyrtus dives*）在阿根廷和智利均有分布；波氏双弓甲（*Homocyrtus bonni*）仅限分布于智利。华丽双弓甲与其他2种的区别是，其斑纹模式不同，且鞘翅背面无瘤突。驼峰双弓甲鞘翅的毛状鳞片形成稀疏的斑，而波氏双弓甲鞘翅的毛状鳞片形成清晰的纵列。

驼峰双弓甲 成虫长形，前胸背板圆筒形，鞘翅拱凸，通常深褐色至黑色，有时有一些金属色。前胸背板侧缘无纵脊（此特征存在于大多数拟步甲中）。鞘翅在近基部有1对大瘤突；鞘翅具不规则形状的大刻点，刻点成列；刻点内生有白色的毛状鳞片。各鞘翅末端向后延伸呈尖刺状。

实际大小

科	拟步甲科 Tenebrionidae
亚科	拟步甲亚科 Tenebrioninae
分布	非洲热带界：埃塞俄比亚、肯尼亚、坦桑尼亚、津巴布韦、南非、纳米比亚、赞比亚、科特迪瓦、中非共和国、民主刚果共和国、卢旺达、乌干达和安哥拉
生境	通常在高达2000 m的高海拔地区
微生境	未知；大多数标本为灯诱获得
食性	未知；可能与白蚁巢有关
附注	推测此种在入侵白蚁巢后，触角第6节的黄色刚毛簇能产生供给寄主白蚁舔食的分泌物

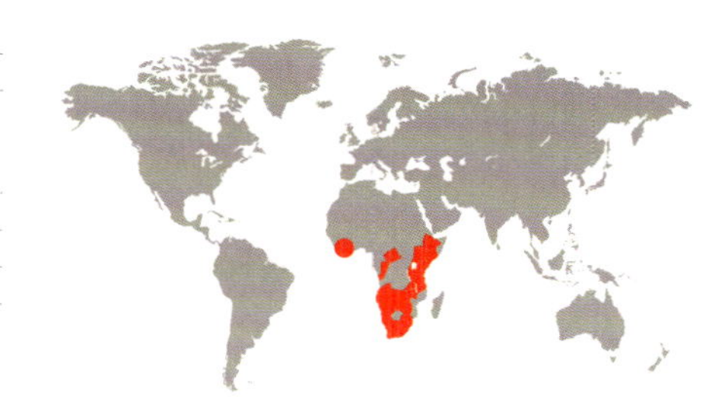

成虫体长
3/8–7/16 in
(9–11 mm)

姆尼蠹脊甲
Rhyzodina mniszechii
Rhyzodina Mniszechii
Chevrolat, 1873

蠹脊甲属*Rhyzodina*的种类触角高度特化，触角总节数减少，且第6节有1个刚毛簇。这意味着它们的生活环境可能与活的白蚁相关。倘若这是真的，那么它们可能与拟步甲科其他几个与白蚁相关的类群（如*Gonocnemis*属）十分不同；那些类群生活于已被长期遗弃的白蚁巢中，它们在那里取食腐烂的真菌。在赞比亚曾经采集到触角刚毛完全缺失的姆尼蠹脊甲标本，据此推测，寄主白蚁除了舔食蠹脊甲的分泌物外，有时还会咬掉它们触角上的刚毛簇。

近缘物种

蠹脊甲属 *Rhyzodina* 是否确实归属于拟步甲科是存在疑问的。因为该属有很多独有的适应性形态特征，这些特征不存在于其他任何属中。该属包括6种。种间区分特征包括触角节的形状、头部于复眼之后是否缢缩、前胸背板和鞘翅是否有脊等。

实际大小

姆尼蠹脊甲 体深褐色，体狭长形。头部、前胸背板、鞘翅和足表面有大刻点，头部向前延长。触角2–5节形状相似，第6节近端部有1排很密的黄色刚毛。前胸背板和鞘翅具明显的纵脊。

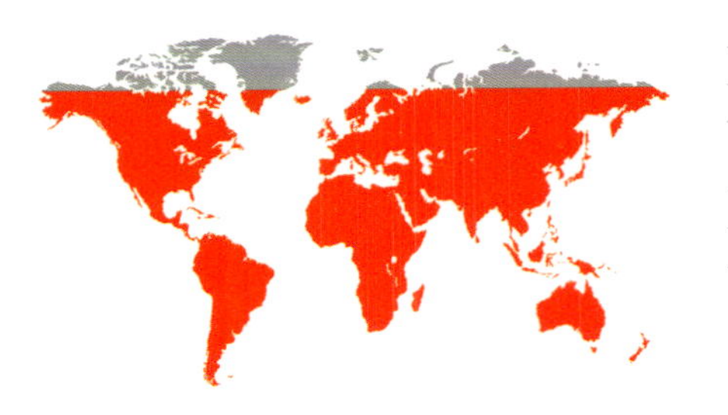

科	拟步甲科 Tenebrionidae
亚科	拟步甲亚科 Tenebrioninae
分布	世界性分布
生境	在自然界中，生活于腐朽的树洞中或脊椎动物的洞穴里；在世界范围内见于与农产品相关的环境中
微生境	通常见于储藏物中
食性	广泛取食死的生物有机质，偏爱潮湿的、腐烂的谷物和谷类产品
附注	幼虫在全世界范围内被用作脊椎动物宠物的重要食物源

成虫体长
½–¹¹⁄₁₆ in
(12–18 mm)

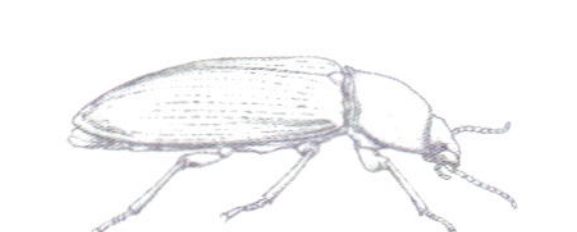

黄粉甲

Tenebrio molitor

Yellow Mealworm

Linnaeus, 1758

黄粉甲又称面包虫，常见于谷仓、谷物传输机、磨坊、面包房和其他食物储藏地。成虫和幼虫均广泛取食植物农产品（如玉米面、麦麸、面包、意大利面和干果），偶尔取食动物产品（如皮革）。它们会在农产品中留下排泄物和蜕的皮，因此对农产品造成损害。由于它们容易大量繁殖，幼虫常常作为很多脊椎动物宠物的食物出售，包括爬行动物、两栖动物和鸟。

近缘物种

拟步甲族 Tenebrionini 在世界范围内包括大约40个属。拟步甲属 *Tenebrio* 种类不多，分布于欧洲、非洲和亚洲。黄粉甲与黑粉甲 *Tenebrio obscurus* 发生于相似的微生境，且外形近似；但其头部和前胸背板刻点较少，全身具光泽，而黑粉甲全身黯淡。

实际大小

黄粉甲 成虫两侧对称，很扁，体深红褐色至几乎全黑。触角和足通常红色。鞘翅条沟浅。飞行翅完全发育，成虫善飞。正如其俗名的意思一样，幼虫黄色，活跃，体壁通常强烈骨化，头部和腹部末端的颜色略微加深。

科	拟步甲科 Tenebrionidae
亚科	拟步甲亚科 Tenebrioninae
分布	世界性分布
生境	在世界范围内与农产品相关
微生境	通常在储藏物中
食性	成虫和幼虫均取食储藏物
附注	本种对多个研究领域很重要；这是最早获取全基因组序列的甲虫

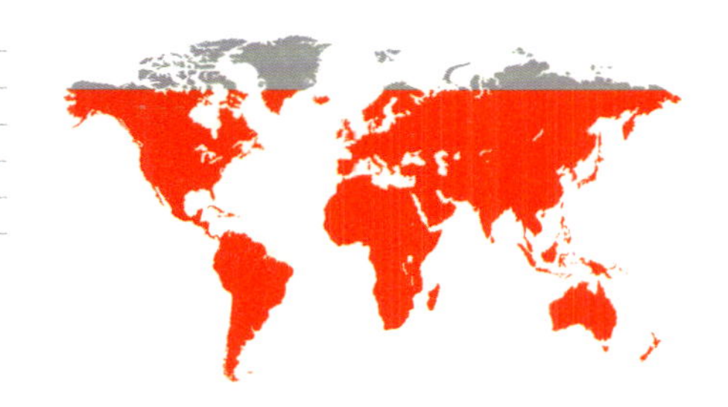

成虫体长
⅛–3/16 in
(2.5–4.5 mm)

赤拟谷盗
Tribolium castaneum
Red Flour Beetle
(Herbst, 1797)

实际大小

拟谷盗族 Triboliini 种类不多，包括一些重要的农业害虫，如赤拟谷盗。此种通常发现于谷仓、磨坊和其他储藏食品的建筑物中，也包括在家庭中。它能生活于极端干燥的环境，并已证实对所有对付它的杀虫剂有抗性。由于在实验条件下易繁殖（如生活史短、单次产卵数高），此种在全世界范围内被用作分子生物学和发育生物学研究的模式生物。它的全基因组在2008年被发表，这是最早获得全基因组序列的甲虫。

近缘物种

拟谷盗族分布于全世界，包括一些世界性分布的属（如拟谷盗属 *Tribolium*、长头谷盗属 *Latheticus* 和 *Lyphia* 属）。拟谷盗属的种间区分特征为：复眼的形状和大小、触角形态、体背面刻纹及其他特征。该属其他一些害虫包括杂拟谷盗 *Tribolium confusum* 和褐拟谷盗 *Tribolium destructor*。

赤拟谷盗 体小，长形，两侧平行，很扁平，红褐色。触角具1个松散的棒部，棒部3节。雄性前足股节内缘有1个小圆坑，其内生有刚毛。复眼肾形，从腹面看非常大，复眼边缘到达口器着生处。

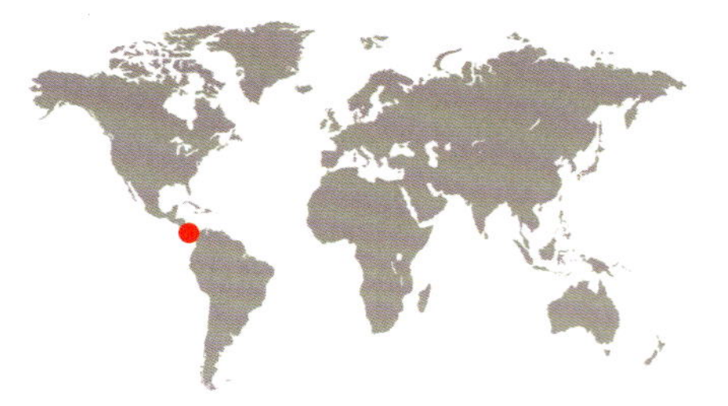

科	拟步甲科 Tenebrionidae
亚科	朽木甲亚科 Alleculinae
分布	新热带界：巴拿马
生境	热带森林
微生境	成虫生活于植物上，在夜间会被灯光吸引；幼虫生活于土壤中
食性	未知
附注	本种为伪叶甲亚科最具观赏性的种之一

成虫体长
½–⁹⁄₁₆ in
(12–14 mm)

双色艾栉甲
Erxias bicolor
Erxias Bicolor
Champion, 1888

朽木甲亚科在近缘类群中很独特，爪为梳齿式，即爪内缘有一排齿。基于此特征，该亚科曾被界定为一个单独的科级阶元，即朽木甲科 Alleculidae 。直至近年基于内部器官的研究揭示，它实际上应归于拟步甲科。双色艾栉甲标本非常稀少，由英国鞘翅目学家乔治·钱皮恩（George Champion）依据2头雌性标本发表于《中美洲生物》；该书是中美洲动物学、植物学和考古学的百科全书。此种的幼虫发现于山地森林中一块大圆石边缘下的干土壤中。

近缘物种

朽木甲族 Alleculini 的 Xystropodina 亚族包括 *Erxias*、*Prostenus*、*Lystronychus* 和 *Xystropus* 等属，主要分布于新热带界，从美国南部向南至巴西和阿根廷。该亚族的识别特征是跗节腹面无跗垫，背面被明显的黑色直立刚毛。本属仅有的另一个种为紫鞘艾栉甲 *Erxias violaceipennis*，分布于尼加拉瓜。它与双色艾栉甲的区别主要是体背面刻点不同。

双色艾栉甲 较大型，体色对比度强，全身被稀疏的黑色直立刚毛。头部、前胸背板和身体腹面淡黄色。鞘翅、口器和触角显著蓝紫色，有金属光泽。足颜色与鞘翅相同，但股节基部为淡黄色。头前部狭长。

实际大小

科	拟步甲科 Tenebrionidae
亚科	菌甲亚科 Diaperinae
分布	新北界和新热带界：北美洲往南至巴拿马（包括巴哈马、古巴、多米尼加共和国、牙买加和波多黎各）
生境	森林
微生境	树皮下，新鲜真菌上或其内，尤其是木腐菌类（特别是多孔菌属 *Polyporus* spp.）
食性	在真菌中完成整个生活史
附注	拟步甲科的菌甲亚科包括一些储藏农产品的害虫（如*Cynaeus*、*Alphitophagus* 和 *Gnatocerus*属的种类）

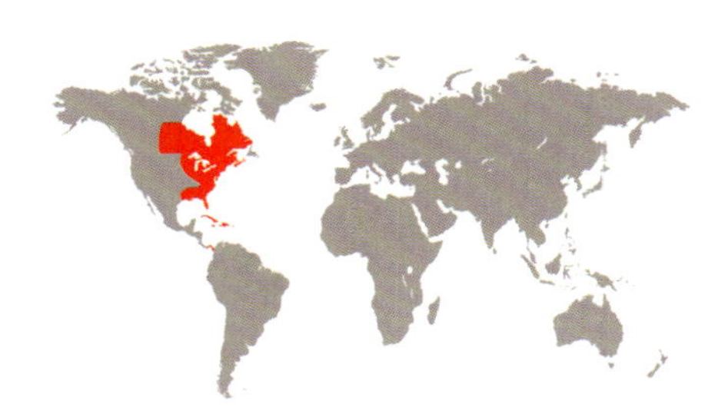

成虫体长
$^3/_{16}$–$^1/_4$ in
(4.5–7 mm)

红斑菌甲
Diaperis maculata
Diaperis Maculata
Olivier, 1791

实际大小

菌甲属 *Diaperis* 及其近缘属的幼虫一般取食真菌子实体。相比之下，其他类群的拟步甲大多取食朽木，或在土壤中自由生活取食腐殖质。菌甲属幼虫活跃，在寄主真菌中钻蛀；体壁坚硬的成虫也能钻蛀。在其分布范围北部，红斑菌甲成虫会在秋季大量群集于树皮下越冬。本种在其分布区内数量很多，成虫夜间会被灯光吸引。

近缘物种

菌甲属的种类很少，但分布范围广，分布于除非洲和澳洲外的所有大陆。北美洲仅2种，除红斑菌甲外，另一种为黑胸菌甲 *Diaperis nigronotata*。二者区别为：本种前足股节黑色，雄性唇基具2个小而钝的瘤突；而黑胸菌甲前足股节红色或黄色，雄性唇基无瘤突。

红斑菌甲 体卵形，体表有光泽，黑色，鞘翅大部分区域红色带黑斑，头部于复眼之后一般为红色。触角末8节加宽，形成松散的棒部。雄性唇基具2个小而钝的瘤突，前胸背板前缘具2个小而圆的瘤突。

科	拟步甲科 Tenebrionidae
亚科	树甲亚科 Stenochiinae
分布	非洲热带界：在塞舌尔的弗雷加特岛特有
生境	热带森林
微生境	成虫和幼虫多与紫檀 *Pterocarpus indicus* 相关
食性	朽木和树皮
附注	仅知于弗雷加特岛，该岛位于印度洋，面积仅2 km^2

成虫体长
1–1 3/16 in
(25–30 mm)

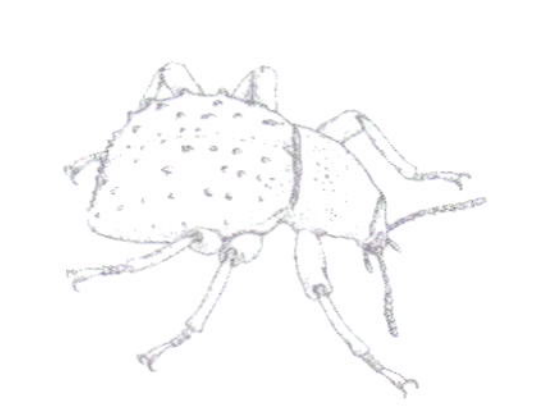

弗岛巨瘤甲
Polposipus herculeanus
Frégate Island Giant Tenebrionid Beetle

Solier, 1848

实际大小

弗岛巨瘤甲为塞舌尔的弗雷加特岛特有。它在国际自然保护联盟（IUCN）《濒危物种红色名录》中被列为极危物种。在该名录中，仅12种甲虫被列为极危物种（还包括本书中的绿敏步甲*Elaphrus viridis*和美洲覆葬甲*Nicrophorus americanus*）。1995年褐家鼠 *Rattus norvegicus* 被意外引入弗雷加特岛，差点导致弗岛巨瘤甲灭绝，直至21世纪初褐家鼠被彻底根除。同样差点发生灭绝的还有塞舌尔鹊鸲 *Copsychus sechellarum*。

近缘物种

在拟步甲科中，不能飞行的属原来归为一类。这些属没有飞行翅（后翅退化），左右鞘翅愈合而无法打开。近年来，基于内部器官（如防御腺和雌性生殖系统）的研究表明，原来的分类系统不反映自然的进化关系，因此巨瘤甲属 *Polposipus* 被移至树甲亚科下。但是树甲亚科种类众多，与巨瘤甲属最近缘的属尚未明确。巨瘤甲属仅包括本种。

弗岛巨瘤甲　成虫浅灰色至深褐色，从背面看鞘翅圆阔。鞘翅表面有一些顶端圆钝、有光泽的瘤突。鞘翅沿中缝完全愈合，后翅退化。足相对较长，雄性胫节弯曲。

科	拟步甲科 Tenebrionidae
亚科	树甲亚科 Stenochiinae
分布	新热带界：从墨西哥往南至玻利维亚
生境	热带森林
微生境	成虫生活于树干表面或树皮下，幼虫生活于木头中
食性	幼期可能在朽木里发育
附注	此属是拟步甲科中种类最丰富且颜色最艳丽的属之一

成虫体长
½–¾ in
(12–19 mm)

红金树甲
Strongylium auratum
Strongylium Auratum
(Laporte, 1840)

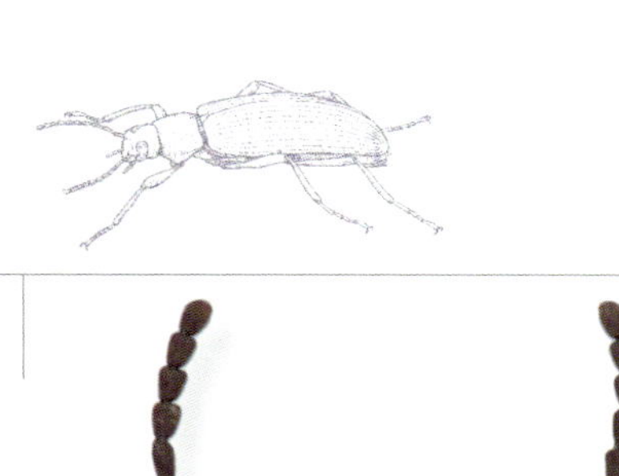

由于大多数干旱地区的拟步甲科昆虫种类众多，很多人往往以为这个科的所有种类都呈黑褐色至黑色，并且都生活在地表。但拟步甲科树甲族 Stenochiini 的部分种类显然不是这样。该亚科的树甲属 *Stronglyium* 和 *Cuphotes* 属均颜色艳丽，生活在森林中。树甲属显然是拟步甲科中种类最为丰富的属之一，包括近千个已知种和许多未描述种，尤其是在热带地区。红金树甲在新热带地区的森林中数量相对丰富，在海拔1500 m及以上能发现。

近缘物种

树甲属种类众多，并且几乎完全缺乏物种之间的比对研究，这对分类学和生物学研究都是很大的障碍。然而每年还有新种在不断被描述，新种描述主要基于体色斑纹、体壁刻纹和性征不同。虽然大多数种体形狭长，后翅完全发育（如红金树甲），但也有少数种不能飞行，体形略拱凸。

实际大小

红金树甲　体狭长，背面和足具明亮的金属绿色至红紫色光泽。每个鞘翅有9道明显的刻点列。触角非常长，达前胸背板基部。触角端部略加宽，具微小的白色圆形感器。腹部末2节可见腹板橙色，与腹面其他部位的黑色形成鲜明对比。

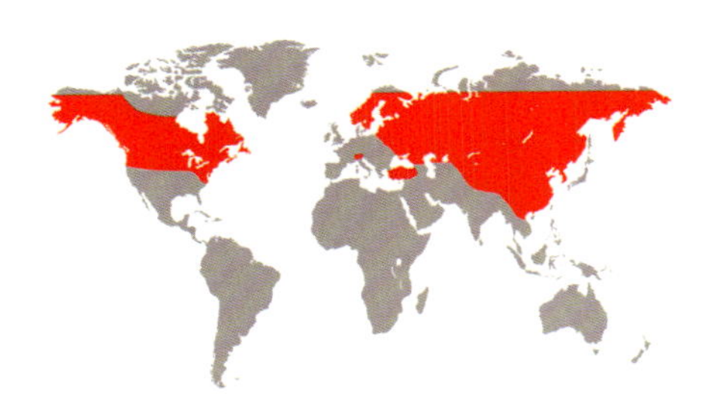

科	拟步甲科 Tenebrionidae
亚科	树甲亚科 Stenochiinae
分布	新北界和古北界：从阿拉斯加向东至纽芬兰（努纳武特地区除外），向南至华盛顿州、怀俄明州、密歇根州和宾夕法尼亚州；白俄罗斯、俄罗斯、爱沙尼亚、芬兰、立陶宛、挪威、波兰、瑞典、瑞士、乌克兰、中国、哈萨克斯坦、蒙古、土耳其
生境	落叶林
微生境	树干上、树皮下、木头里
食性	幼虫可能在朽木里发育，特别是桦木属 *Betula* 的木头
附注	本种非常适应于在高纬度地区度过严冬

成虫体长
⁹⁄₁₆–¾ in
(14–20 mm)

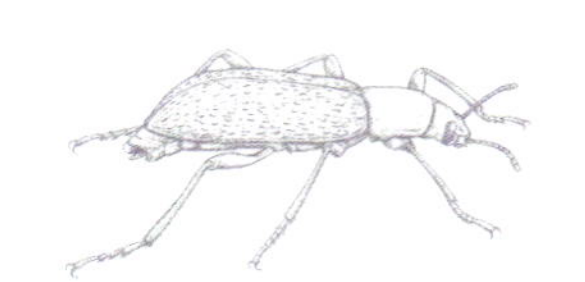

皱背优轴甲
Upis ceramboides
Roughened Darkling Beetle

(Linnaeus, 1758)

实际大小

拟步甲科以能存活于地球上一些极端炎热的沙漠中而闻名。然而，它们对极端寒冷条件的适应能力也是令人惊叹的。在皱背优轴甲分布范围北部，其成虫能在冬季忍耐长期的–60℃的冰冻环境。人们对其耐冷机制进行研究之后，发明了一些重要的抗冻新产品，如新型的非蛋白的抗冻分子及一种新的糖醇。不幸的是，皱背优轴甲的一些种群在一些自然分布区已灭绝（如在瑞典南部），因为持续的林业开发显著减少了适于它们生活的朽木的数量。

近缘物种

优轴甲属 *Upis* 隶属于多样性高的轴甲族 Cnodalonini。该族分布于全世界，特别是热带和亚热带地区；在朽木中完成发育。皱背优轴甲是该属的独有种，它与同族其他属（如新北界的 *Xylopinus* 和 *Coelocnemis* 属，古北界的 *Menephilus* 和 *Coelometopus* 属）的区别为，其前胸背板形状和鞘翅表面刻纹不同。

皱背优轴甲　体黑色，前胸背板宽略大于长，显著窄于鞘翅；前胸背板具刻点。鞘翅有不规则的深凹，无明显的纵沟。飞行翅完全发育，善飞。雄性前足胫节端半部略向内弯，近端部表面密被淡黄色刚毛。

科	颚甲科 Prostomidae
亚科	
分布	古北界：欧洲、伊朗、土耳其
生境	森林
微生境	朽木上或朽木里
食性	成虫食性不确定，幼虫取食朽木
附注	颚甲属的雌雄上颚下方均具长形突起，该结构的功能未知

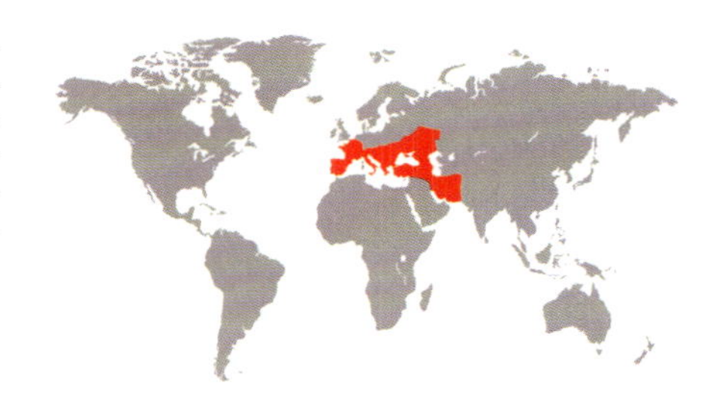

成虫体长
¼ in
(5.5–6.5 mm)

欧洲颚甲
Prostomis mandibularis
Prostomis Mandibularis
(Fabricius, 1801)

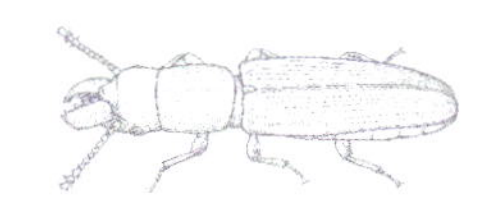

颚甲科的种类英文俗名为“Jugular Horned Beetles”，直译为“咽角甲”，因为其上颚下方具1对指向前的角突状构造，因此这个类群很独特，它在分类系统中的地位也仍在争议中。该科的典型种类发生于富含泥状腐殖质的朽木中。欧洲颚甲幼虫的头部明显不对称，背腹面强烈扁平，足短，爪发达，生活于树皮下或朽木中，靠足蠕动。

实际大小

近缘物种

颚甲科种类少，包括树颚甲属 *Dryocora* 和颚甲属 *Prostomis*。前者包括2种，分布于澳洲界；后者包括约30种，分布于全北界、东洋界、澳洲界和非洲南部。欧洲颚甲是唯一广泛分布于欧洲的种，而美洲颚甲 *Prostomis americanus* 是该科唯一分布于北美洲的种。上颚下方长形突起的大小和形状通常可作为物种识别依据，但解剖雄性外生殖器对于获得精准鉴定往往很必要。

欧洲颚甲 体狭长，两侧平行，红褐色，上颚宽大，前伸。复眼小，略突出。触角11节，端部3节微呈棒状。鞘翅向端部逐渐变窄，条沟内具细刻点。跗式4-4-4。

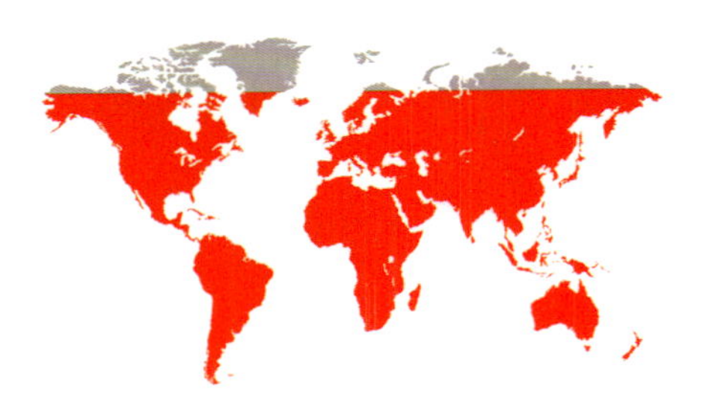

科	拟天牛科 Oedemeridae
亚科	拟天牛亚科 Oedemerinae
分布	原产于古北界，但现在世界性分布
生境	各种生境，从海岸线至内陆城市
微生境	水分饱和的木头
食性	成虫不取食；幼虫在潮湿的朽木中发育（如栎树、杨树、松树）
附注	幼虫钻蛀潮湿的腐烂木头，包括旧船和古木

成虫体长
3/8–9/16 in
(8.8–14.6 mm)

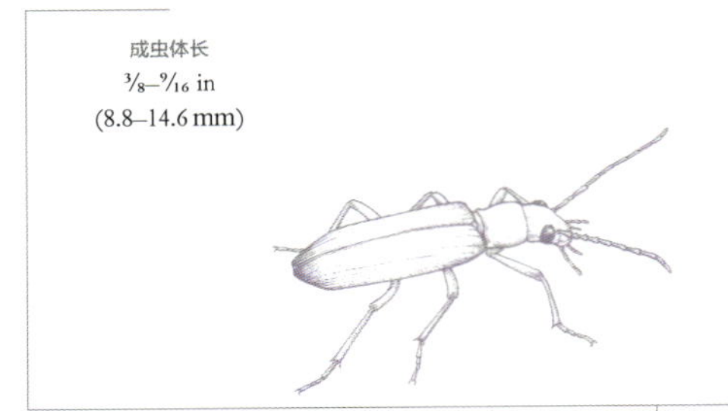

黑尾拟天牛
Nacerdes melanura
Wharf Borer
(Linnaeus, 1758)

黑尾拟天牛成虫寿命很短，一般两周，且不取食。温度越高的地区，它的寿命越短。幼虫生命期相对长，通常大概一年。幼虫会危害旧船和码头，也发现于其他多种微生境中，包括栅栏、浮木、水分饱和的木桩，以及建筑物地基中的木制结构中。据报道，成虫会大量聚集于一些房子中，它们似乎是被厕所吸引。

近缘物种

毛拟天牛属 *Nacerdes* 隶属于毛拟天牛族 Nacerdini。该族还包括 *Anogcodes* 和 *Opsimea* 属，分布于古北界。毛拟天牛属包括60个种和亚种，归为3个亚属。指名亚属仅包括 *Nacerdes brancuccii*、*Nacerdes melanura* 和 *Nacerdes semirufa*。体色斑纹、前足胫节形态、鞘翅特征和复眼间的距离等，均是有用的种间区分依据。

实际大小

黑尾拟天牛　体狭长，两侧平行，黄橙色，鞘翅端部黑色。触角细长，分为12节，着生位置略低于复眼。复眼小，轻微凹缺。前胸背板后半部明显收窄。前足胫节各具1端距。

科	拟天牛科 Oedemeridae
亚科	拟天牛亚科 Oedemerinae
分布	古北界
生境	牧场、花园和森林边缘
微生境	成虫发现于花上和枝叶间；幼虫生活于腐烂的植物组织中
食性	成虫取食花粉；幼虫在腐烂的植物组织取食
附注	此科的英文俗名为“False Blister Beetles”（类似芫菁的甲虫），因为它外表与芫菁科相像，且亦分泌斑蝥素防御捕食者。斑蝥素能导致人类皮肤起水泡

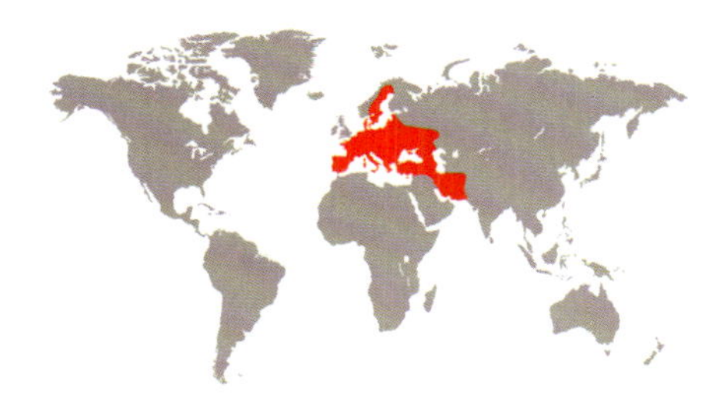

成虫体长
⁵⁄₁₆–½ in
(8–13 mm)

欧肿腿拟天牛（指名亚种）
Oedemera podagrariae podagrariae
Oedemera Podagrariae Podagrariae
(Linnaeus, 1767)

拟天牛科包括1500种，分为3个亚科，分布广泛。该科许多幼虫在朽木中发育，能发现于树桩、树根、浮木或建筑物木料中；*Calopus* 属的一些种类可危害活树。很多种类的体色由高对比度的颜色组成（包括欧肿腿拟天牛（指名亚种）），这被认为是警戒色，以告诫可能的捕食者它们不好吃。关于此种的另一个亚种 *Oedemera podagrariae ventralis* 的化学研究表明，尽管雌雄都能产生斑蝥素，但雌性产生的斑蝥素是雄性的5–6倍。

近缘物种

拟天牛属 *Oedemera* 隶属于拟天牛族 Oedemerini，包括大约100个种及亚种，分布于古北界。该属各种的颜色、复眼特征不同，可作为种间区分特征；雌雄生殖器结构对于精准鉴定亦很重要。欧肿腿拟天牛包括3个亚种：指名亚种广泛分布；*Oedemera podagrariae acutipalpis*分布于以色列和土耳其；*Oedemera podagrariae ventralis*分布于阿塞拜疆、伊朗和土库曼斯坦。

实际大小

欧肿腿拟天牛（指名亚种） 观赏性很强，体长形，体色由高对比度的颜色组成。触角细长。头部及至少部分后足黑色，身体的其他部分主要为黄橙色。雄性前胸背板黑色，雌性橙色。雄性后足股节强烈膨大，雌性后足股节正常。附式5-5-4。

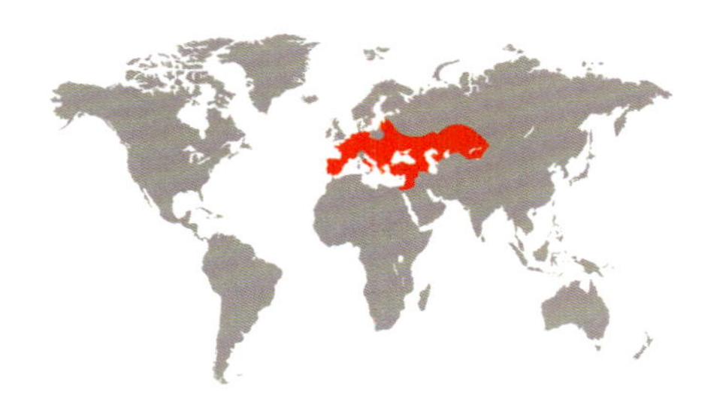

科	芫菁科 Meloidae
亚科	芫菁亚科 Meloinae
分布	古北界：欧洲、土耳其
生境	开阔生境
微生境	成虫发现于花上；卵产于土壤中；幼虫在泥蜂科 Sphecidae 的巢中生活
食性	成虫取食花粉和花蜜；幼虫取食寄主蜂的卵及其储藏的食物
附注	本种有复杂的交配仪式，且雄性特化的形态结构参与其中（如口器和触角）

成虫体长
5/16–7/16 in
(8–11 mm)

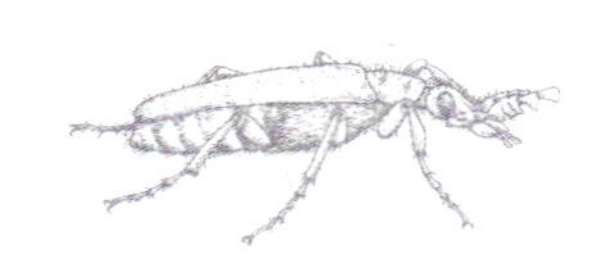

舍费尔齿角芫菁
Cerocoma schaefferi
Cerocoma Schaefferi
(Linnaeus, 1758)

实际大小

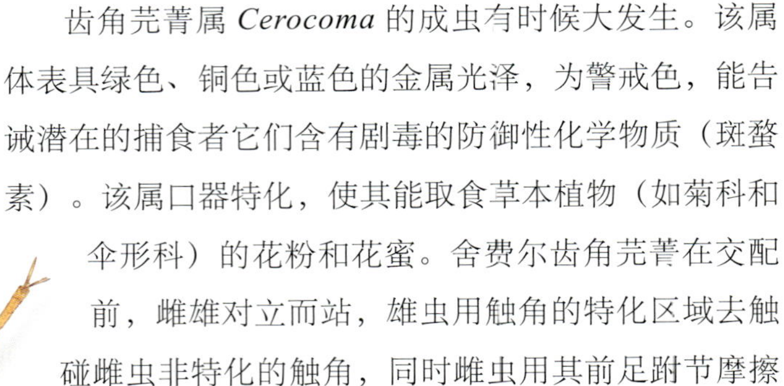

齿角芫菁属 *Cerocoma* 的成虫有时候大发生。该属体表具绿色、铜色或蓝色的金属光泽，为警戒色，能告诫潜在的捕食者它们含有剧毒的防御性化学物质（斑蝥素）。该属口器特化，使其能取食草本植物（如菊科和伞形科）的花粉和花蜜。舍费尔齿角芫菁在交配前，雌雄对立而站，雄虫用触角的特化区域去触碰雌虫非特化的触角，同时雌虫用其前足跗节摩擦雄虫的前胸背板边缘。

近缘物种

齿角芫菁属包括大约30种，分布于伊比利亚半岛至中国西部（除1种分布于北非）。2011年的一项研究，基于形态和分子数据对该属进行了分类学修订。该属的识别特征为：触角9节，雄虫触角第1节背面呈龙骨状。舍费尔齿角芫菁隶属于齿角芫菁亚属，该亚属还包括其他4种：*Cerocoma prochaskana*、*Cerocoma simplicicornis*、*Cerocoma bernhaueri* 和 *Cerocoma dahli*。这些种以触角和足不同而相互区别。

舍费尔齿角芫菁　体长形，两侧平行。头部、前胸和鞘翅绿色，具金属光泽。表被稀疏的橙色长毛，头部和前胸的毛较密。足黄色至绿色，触角和口器通常淡黄色。雄性下颚须和触角强烈特化，雌性正常。

科	芫菁科 Meloidae
亚科	芫菁亚科 Meloinae
分布	新北界和新热带界：加拿大的曼尼托巴、美国东部和墨西哥东北部
生境	开阔区域
微生境	在植物上或土壤洞穴中
食性	成虫常见取食菊科、旋花科和锦葵科的花；幼虫捕食性，取食其他芫菁的卵
附注	芫菁科共有约120个属，仅有5个属在东、西半球均有分布，豆芫菁属 *Epicauta* 即是其中之一。此种幼虫的食性在鞘翅目中非常独特

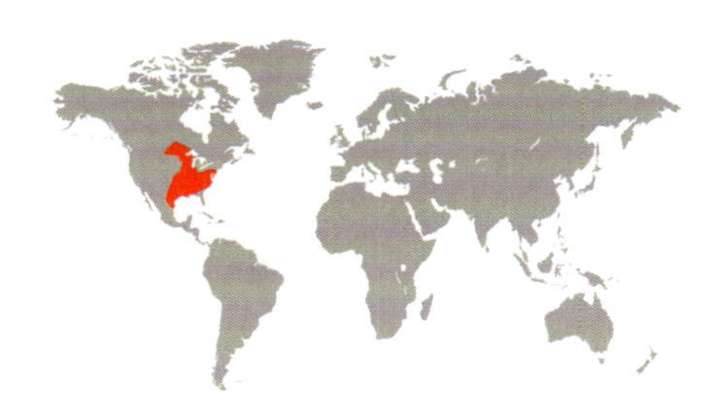

成虫体长
¼–½ in
(6–13 mm)

黑翅豆芫菁
Epicauta atrata
Epicauta Atrata
(Fabricius, 1775)

豆芫菁属 *Epicauta* 的幼虫通常捕食性，取食蝗虫卵（如黑蝗属 *Melanoplus*）。但发表于1981年和1982年的详细研究揭示，黑翅豆芫菁幼虫的发育很不寻常，它们专一性地取食豆芫菁属其他种类的卵，甚至有时也会取食同种的卵。在实验条件下甚至证实，蝗虫卵不吸引黑翅豆芫菁一龄幼虫；并且证明，倘若黑翅豆芫菁一龄幼虫取食了蝗虫卵，就会中毒。成虫发生季为4–9月。

实际大小

近缘物种

北美洲和中美洲地区的豆芫菁属大概已记录200种，在美国西南部和墨西哥的多样性最为丰富。黑翅豆芫菁头部橙色的个体不容易与其他种混淆，头部黑色的个体与 *Epicauta pennsylvanica* 相似，但复眼间的距离不同。

黑翅豆芫菁　成虫体柔软，狭长。深褐色至黑色；头部颜色有变异，从几乎完全橙色至几乎完全黑色。前胸背板窄，且前缘最窄。头部弯折向下；头部宽阔，后端缢缩形成一个窄的颈部。前足股节内表面有一凹，其内着生一簇刚毛，用于清洁触角。

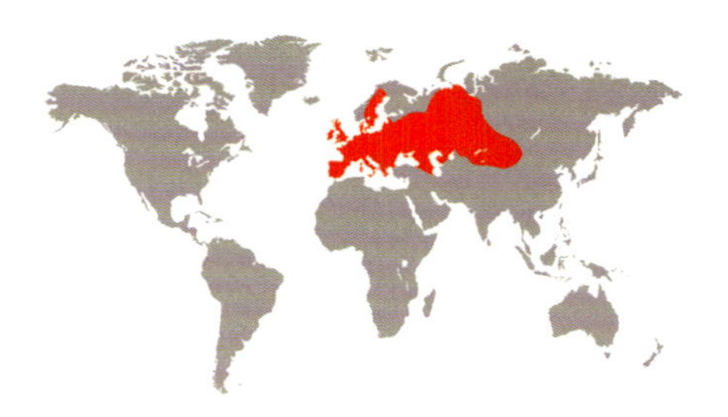

科	芫菁科 Meloidae
亚科	芫菁亚科 Meloinae
分布	古北界
生境	森林
微生境	成虫发生于植物上，幼虫在蜂巢中发育
食性	成虫主要取食欧梣 *Fraxinus excelsior* 和花梣 *Fraxinus ornus* 的叶子，也取食木樨科其他种类，及忍冬科和杨柳科；幼虫取食蜂类储藏的食物
附注	本种是最常研究的具有壮阳药成分的节肢动物。该成分曾被多个历史人物使用，如罗马大帝亨利四世、法国的路易十四和萨德侯爵

成虫体长
½–⅞ in
(12–22 mm)

疱绿芫菁
Lytta vesicatoria
Spanish Fly
(Linnaeus, 1758)

人类使用节肢动物及其产生的化学物质作为壮阳药有一个世纪之久，类群包括龙虾、蝎子、蜘蛛、蝽和甲虫。芫菁体内具有壮阳作用的化学物质，最初似乎是由希腊医师迪奥科里斯（Dioscorides）在公元1世纪报道。疱绿芫菁及其近缘物种雄性体液中的化学物质称为斑蝥素。这种物质进化成抵御捕食者的分泌物，能对人类造成严重的伤害，倘若剂量过大甚至会引起死亡。曾记载人体注射从干制疱绿芫菁中提取出来的成分后，会感觉很刺激；但现在认为这种做法是不可靠且不安全的，不推荐本书读者自行尝试。

近缘物种

绿芫菁属 *Lytta* 隶属于绿芫菁族 Lyttini；通常分为9个亚属。广泛分布于新北界、新热带界、古北界和东洋界。本种分为5个亚种：*Lytta vesicatoria vesicatoria*、*Lytta vesicatoria freudei*、*Lytta vesicatoria heydeni*、*Lytta vesicatoria moreana* 和 *Lytta vesicatoria togata*。

疱绿芫菁 观赏性强，体中型，狭长，体表具金属光泽，鞘翅端部宽圆。体色变化大，有绿蓝色、金色或铜色的金属色反光。鞘翅有微弱的脉序状纵向纹路。前胸背板窄于头部和鞘翅。雄性中足胫节端部具有2个距。

实际大小

科	芫菁科 Meloidae
亚科	芫菁亚科 Meloinae
分布	古北界：欧洲、北非、亚洲
生境	中湿度至干旱的草原；山区林地附近的草地
微生境	成虫在地表或植物上爬行；幼虫在蜂巢中发育
食性	成虫取食树叶和花，幼虫寄生蜂的幼虫
附注	除了用腐蚀性的斑蝥素防御捕食者外，成虫还可通过假死躲避天敌

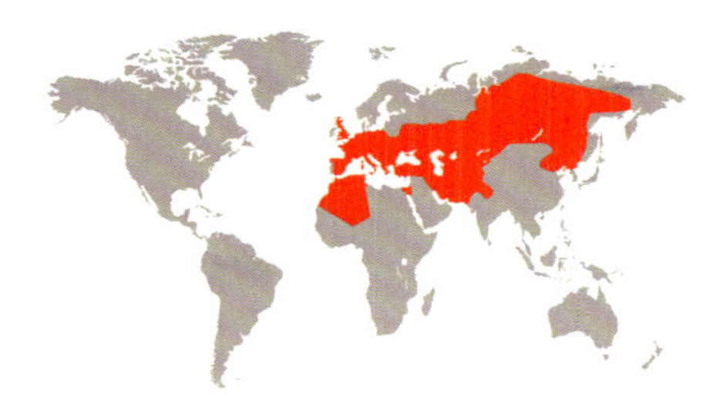

成虫体长
¾–1¾ in
(20–45 mm)

杂亮短翅芫菁
Meloe variegatus
Speckled Oil Beetle
Donovan, 1793

杂亮短翅芫菁成虫无后翅，不能飞行，白天活动，在春季羽化。取食多种植物，包括田紫草 *Lithospermum arvense*、藜芦属 *Veratrum* 、毛茛属 *Ranunculus* 和块根缬草 *Valeriana tuberosa*，有时危害农作物。卵约1个月孵化，一龄幼虫称三爪蚴。三爪蚴爬到花上，借助其头部特化的刺把自己钩在前来访花的条蜂 *Anthophora* 的腹部，随其回到条蜂的地下巢穴，然后寄生它的后代。这个过程作为交通工具的条蜂有时会受伤或死亡，三爪蚴偶尔会破坏或摧毁整个西方蜜蜂 *Apis mellifera* 群。

近缘物种

芫菁属 *Meloe* 包括100种，分成16个亚属，分布于欧洲西部至日本，主要在全北界分布。*Lampromeloe*亚属仅包括2种：杂亮短翅芫菁和 *M. cavensis*，后者鞘翅上具一大块隆起的、光滑发亮区域，以此与本种区分。

实际大小

杂亮短翅芫菁 体柔软，金属深蓝色或金属绿色，有铜色或紫色的反射光。头部和前胸背板等宽，均具粗糙刻点。鞘翅短、相互交叠，表面有很多不规则的粗糙皱纹。雌性腹部比鞘翅要长得多，各背板中央具一块有虹彩色光亮的斑。

科	芫菁科 Meloidae
亚科	栉芫菁亚科 Nemognathinae
分布	古北界：以色列、黎巴嫩、叙利亚、土耳其
生境	地中海区生态系统
微生境	成虫发生于菊科植物上（如还阳参属*Crepis*）；卵发生于植物上；幼虫在蜜蜂总科 Apoidea 的蜂巢中
食性	成虫植食性；幼虫寄生于蜜蜂总科的蜂巢
附注	细芫菁属的幼虫与该亚科其他已知的幼虫不同，并不把自己附着到前来访花的蜂身上，以到达寄主蜂的巢穴中

成虫体长
¼–½ in
(7–12 mm)

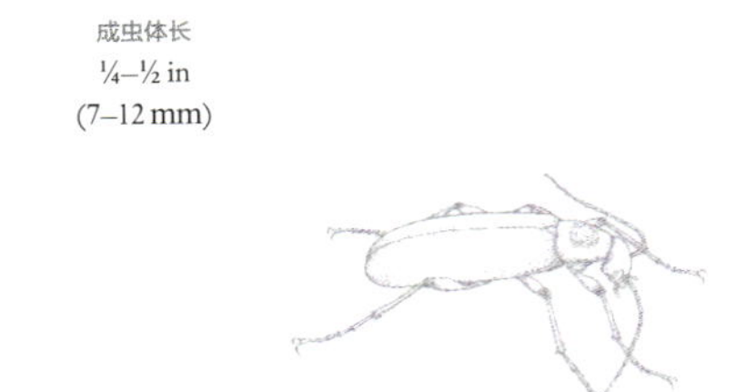

刻胸细芫菁
Stenodera puncticollis
Stenodera Puncticollis

(Chevrolat, 1834)

实际大小

栉芫菁亚科是芫菁科分布最广泛的亚科，发生于地球上所有主要的动物地理区。它是澳洲界分布的唯一亚科。2002年一份描述刻胸细芫菁一龄幼虫的文献表明，细芫菁属 *Stenodera* 是该亚科最原始的属。刻胸细芫菁的成虫通常在4–5月份最为活跃，交配之前有简短的求偶行为。

近缘物种

细芫菁族 Stenoderini 仅限分布于古北界。细芫菁属包括2亚属9种，其中1种分布于欧洲（高加索细芫菁 *Stenodera caucasica*），其他种分布于亚洲东部。刻胸细芫菁隶属于*Stenoderina* 亚属，该亚属包括4种，体表均具金属绿色或金属蓝色反光。本种与 *Stenodera palaestina* 最为相似，二者的主要区别在于前胸背板和足的颜色不同。

刻胸细芫菁 体长形。头部、鞘翅和前胸背板盘区金属藍绿色；触角、口器、胫节、跗节、股节基部和端部黑色；前胸背板外缘、股节中段和腹部倒数两节可见腹板淡橙黄色或红色。前胸背板窄，几乎与头部等宽，后缘略加宽。

科	绒皮甲科 Mycteridae
亚科	
分布	古北界：欧洲、非洲西北部、亚洲西部
生境	土壤干旱的地区，或土壤带碎石的地区
微生境	成虫发生于几类植物的花上（如伞形科、菊科）；幼虫发现于树皮下
食性	成虫取食花粉；幼虫推测取食死木头
附注	本种头部前端延长形成明显的喙状结构，类似于象甲总科中的一些类群，但是它们亲缘关系很远

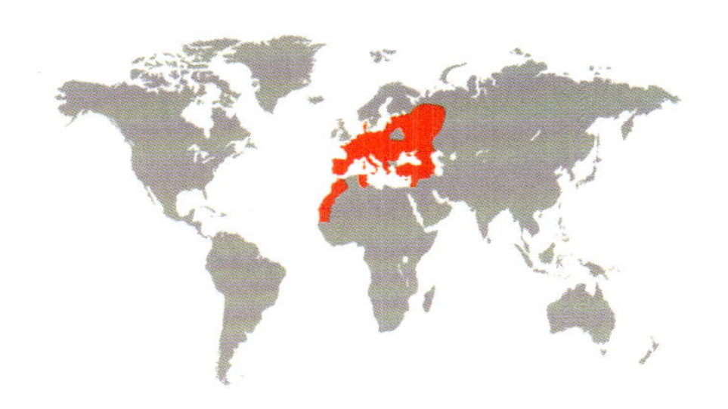

成虫体长
¼–⅜ in
(6–10 mm)

拟象绒皮甲
Mycterus curculioides
Mycterus Curculioides
(Fabricius, 1781)

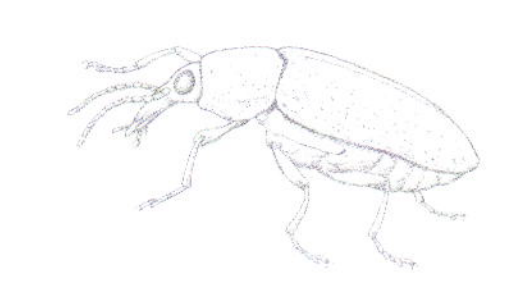

绒皮甲科大约包括30属、超过150种，分布广泛，温暖地区的多样性最高。对其习性了解得相对少。拟象绒皮甲成虫后翅发达，6–7月最为活跃，白天活动。有时在花上的数量很多。文献描述的幼虫采自西班牙一棵松树的树皮下。幼虫长形，两侧平行，体色淡。

近缘物种

绒皮甲属 *Mycterus* 在温带地区最为丰富；主要分布于全北界，但非洲热带界和东洋界也有一些种类。古北界有2亚属4种。拟象绒皮甲是绒皮甲亚属 *Mycterus s. str* 的独有种。它与古北界同属其他种的区别为：它的喙更长、喙端部与近基部等宽，而其他种喙端部窄于近基部。

实际大小

拟象绒皮甲 体卵形，黑色，头部前端延长，形成明显扁平的喙状构造。背面被灰色或金色伏毛。触角细长，着生于喙的中部附近。复眼大，略鼓突。

科	三栉牛科 Trictenotomidae
亚科	
分布	东洋界：马来西亚、缅甸、印度尼西亚（婆罗洲、苏门答腊、爪哇）、泰国、越南、中国南部、印度（阿萨姆）
生境	森林
微生境	与朽木相关
食性	幼虫在朽木中发育
附注	三栉牛科的成虫看起来像锹甲科 Lucanidae 或天牛科 Cerambycidae，然而昆虫家们并没有把这些科归在一起，反而认为它与这两个科的亲缘关系都比较远，对初学者来讲，这多少有点难以理解

成虫体长
$1\frac{9}{16}$–$2\frac{11}{16}$ in
(40–69 mm)

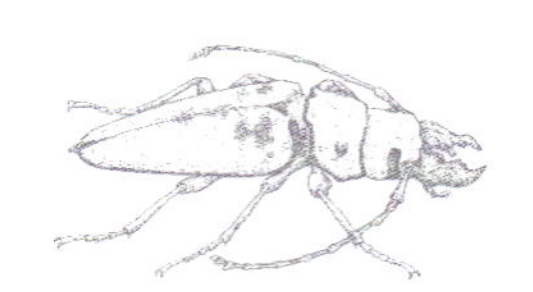

柴尔三栉牛
Trictenotoma childreni
Trictenotoma Childreni
Gray, 1832

实际大小

三栉牛科外形独特，此科归属于拟步甲总科下，部分是基于其成虫足的形态（跗式5-5-4）及幼虫特征。成虫善飞，夜间在灯光附近容易碰到，有时发现于倒木和朽木附近。柴尔三栉牛幼虫描述于100多年前，是整个科中仅知的幼虫。它长达120 mm，体形直，淡黄色，足发达，腹部末端有1对尖刺。

近缘物种

三栉牛科种类很少，仅包括2属：王三栉牛属 *Autocrates* 和三栉牛属 *Trictenotoma*；前者包括4种，后者大概包括10种。所有种均分布于古北界东南部和东洋界。王三栉牛属前胸背板侧缘具1对指向侧方的尖刺，而三栉牛属没有。三栉牛属体表绒毛通常比王三栉牛属密集。

柴尔三栉牛　成虫体型大，粗壮。背面和腹面被明显的短毛。前胸背板显著宽大于长。上颚大，伸向前端，通常与头部等长或长于头部。触角细长，长于整个身体之半。

科	树皮甲科 Pythidae
亚科	
分布	古北界：欧洲东北部和俄罗斯
生境	针叶林
微生境	死树的树皮上或树皮下（如云杉属*Picea*）
食性	成虫推测为捕食性；幼虫在死的针叶树的树皮内取食
附注	通常5月份交配，交配后雄性很快死亡

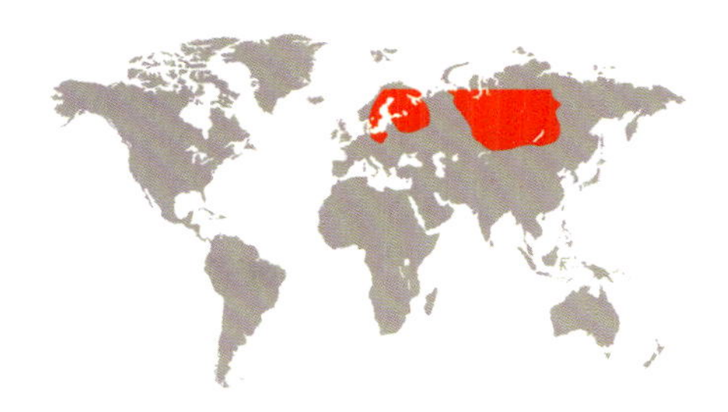

成虫体长
7/16–5/8 in
(10.9–15.9 mm)

北欧树皮甲
Pytho kolwensis
Pytho Kolwensis
Sahlberg, 1833

树皮甲科种类少，目前仅记录25种，归于7个属中。树皮甲属 *Pytho* 包括9种，分布于新北界和古北界。此属一般分布于北部的泰加林，尽管一些种的分布区向南部高海拔针叶林延伸。北欧树皮甲成虫在树皮下的蛹室中越冬；幼虫的发育要经历几年时间；一般发生于树龄为170–300年的森林。在芬兰和瑞典被认为是濒危动物。

近缘物种

达伦・皮洛克（D. Pollock）于1991年发表了树皮甲属全面的综述文章，研究基于成虫、幼虫和蛹的特征；研究表明，北欧树皮甲所在的种团还包括 *Pytho strictus* 和 *Pytho nivalis*；前者分布于北美洲东部，后者分布于俄罗斯远东地区和日本。树皮甲属的种间区别主要为前胸和鞘翅的形态，但检视雄性外生殖器特征有时也是必要的。

实际大小

北欧树皮甲　体较扁平，红黑色至黑色，有金属光泽。口器、跗节和触角通常颜色较浅。前胸背板扁平，于中部最宽。前胸背板盘区有1对纵凹。鞘翅背面拱凸；鞘翅具轻凹的纵沟。

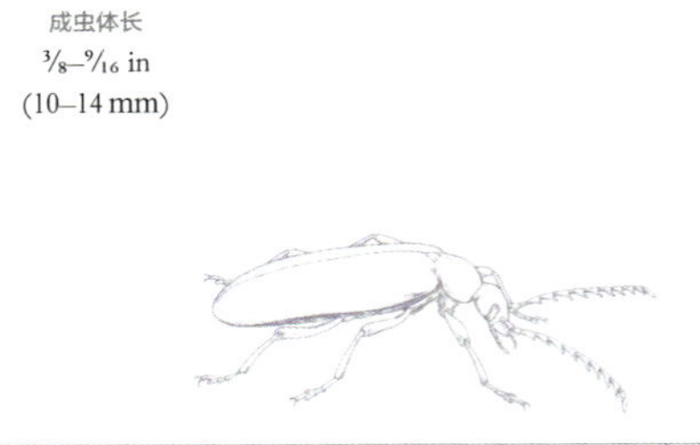

科	赤翅甲科 Pyrochroidae
亚科	赤翅甲亚科 Pyrochroinae
分布	古北界：欧洲、土耳其
生境	林地、灌木树篱、森林公园、花园
微生境	成虫发现于花上和植物上，或落叶树疏松的树皮下；幼虫生活于树皮下
食性	成虫可能杂食性；幼虫主要取食树皮下的形成层或真菌组织
附注	在赤翅甲科中，体色为亮橙色和红色的种类，俗称为“Fire-colored Beetles”（火颜色的甲虫）或者“Cardinal Beetles”（主教甲虫）；大多数这样的种分布于欧洲和亚洲

成虫体长
3/8–9/16 in
(10–14 mm)

主教赤翅甲
Pyrochroa serraticornis
Common Cardinal Beetle

(Scopoli, 1763)

实际大小

主教赤翅甲　中等体型，前胸背板和鞘翅亮橙色至红色。不同的亚种头部颜色不同，从黑色至橙色或红色。触角3–11节有明显的齿状突伸（呈栉齿状），各节长度朝端部逐渐增长。头后部强烈缢缩，形成明显的颈状结构。体腹面、足和触角黑色。

主教赤翅甲的成虫很常见，夏季在花上捕食访花昆虫。幼虫背腹面扁平，大多数时间生活于树皮下，但有时也发现于深层的软木质部组织中，主要取食真菌菌丝和质地软的形成层组织；体柔软，腹部末端具1对强烈骨化的大刺。据报道，幼虫的生活期长达3年。

近缘物种

赤翅甲亚科是赤翅甲科中种类最丰富的亚科，种类超过100种，主要分布于亚洲的温带地区。赤翅甲属 *Pyrochroa* 种类不多，分布于欧洲、非洲北部和亚洲。

科	角甲科 Salpingidae
亚科	毒角甲亚科 Dacoderinae
分布	澳洲界：澳大利亚（昆士兰东北部）
生境	森林
微生境	成虫生活于蚁巢中（细颚蚁属*Leptogenys*和大齿猛蚁属*Odontomachus*）；幼虫未知
食性	未知
附注	属名由希腊词“*tretos*”（有孔的）和“*thorax*”（胸）组成，指其前胸具沟

成虫体长
5/16–1/2 in
(8.3–11.5 mm)

沟胸角甲
Tretothorax cleistostoma
Tretothorax Cleistostoma
Lea, 1910

毒角甲亚科包括10种，每种的头部和前胸形态都很特别；其中5种均发表于2006年的一篇文献中。沟胸角甲及其近缘物种在鞘翅目分类系统中的位置，长期以来一直有争议，直至1982年世界鞘翅目专家约翰·劳伦斯（J.F.Lawrence）在角甲科 Salpingidae 内建立了毒角甲亚科。本种仅知少量成虫标本，其中1头采于木头上，其他标本采于细颚蚁 *Leptogenys excisa* 和大齿猛蚁 *Odontomachus ruficeps* 的巢中。

近缘物种

沟胸角甲属 *Tretothorax* 仅包括沟胸角甲。该属是毒角甲亚科在澳洲界的唯一代表，而且是该亚科中唯一具有长喙的属。毒角甲亚科还包括另外2属（*Dacoderus* 属和 *Myrmecoderus* 属），分布于美国西南部至南美洲北部。本种的后翅发育正常，而该亚科其他种的后翅均退化。

实际大小

沟胸角甲 体长形，较扁平，黑色，头前部延伸形成喙，喙长大于宽。触角10节，念珠状，有时候描述为末节棒状。前胸背板细长，明显窄于鞘翅基部，具3道纵沟。

科	角甲科 Salpingidae
亚科	滨角甲亚科 Aegialitinae
分布	新北界：加拿大（不列颠哥伦比亚省，梅特拉卡特拉乡）
生境	太平洋沿岸
微生境	潮间带的岩石
食性	成虫和幼虫发生于潮间带的岩石下，取食海藻
附注	此属的种类（包括本种）不能飞行，分布范围通常局限于很小的区域内

成虫体长
3/16 in
(3.5–4.8 mm)

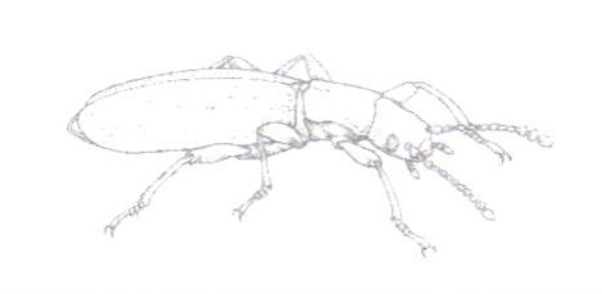

加拿大滨角甲
Aegialites canadensis
Aegialites Canadensis

Zerche, 2004

实际大小

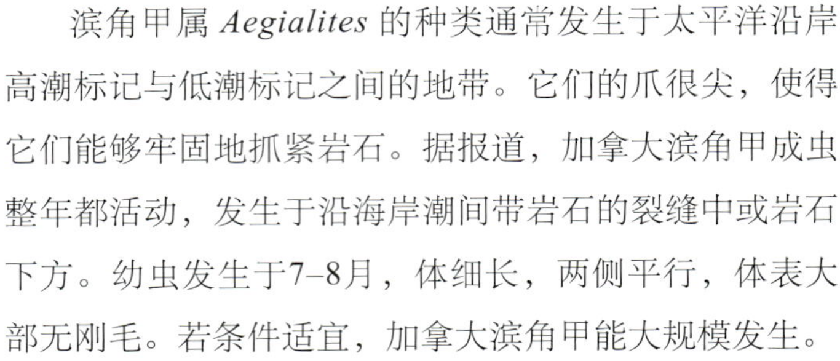

滨角甲属 *Aegialites* 的种类通常发生于太平洋沿岸高潮标记与低潮标记之间的地带。它们的爪很尖，使得它们能够牢固地抓紧岩石。据报道，加拿大滨角甲成虫整年都活动，发生于沿海岸潮间带岩石的裂缝中或岩石下方。幼虫发生于7–8月，体细长，两侧平行，体表大部无刚毛。若条件适宜，加拿大滨角甲能大规模发生。

近缘物种

滨角甲属包括31种，从加利福尼亚、不列颠哥伦比亚和阿拉斯加（包括岛屿），至日本和俄罗斯远东地区的17个岛屿。滨角甲亚科包括的另一个属是 *Antarcticodomus* 属，分布于新西兰离岸小岛。在分布于不列颠哥伦比亚省和阿拉斯加的滨角甲属种类中，加拿大滨角甲与其他种的区别是，触角长度与头部宽度的比例不同。

加拿大滨角甲 体长形，深褐色至黑色，前胸背板光滑，鞘翅表面不平坦。触角很长，端部3节形成棒状。鞘翅末端宽圆。雄性胫节内弯，雌性胫节基本平直。

科	蚁形甲科 Anthicidae
亚科	阔蚁形甲亚科 Eurygeniinae
分布	新北界：加拿大（不列颠哥伦比亚省、艾伯塔省）；美国（爱达荷州、华盛顿州、俄勒冈州和加利福尼亚州）
生境	溪流附近的牧场或草地
微生境	成虫发现于花上或植物上；幼虫生活于蔓越莓田中
食性	成虫取食花粉；幼虫食性不确定
附注	本种隶属于蚁形甲科中最特别的亚科之一，该亚科包括该科体型最大的物种

成虫体长
5/16–1/2 in
(8.3–12.2 mm)

铃硕蚁形甲
Pergetus campanulatus
Pergetus Campanulatus
(LeConte, 1874)

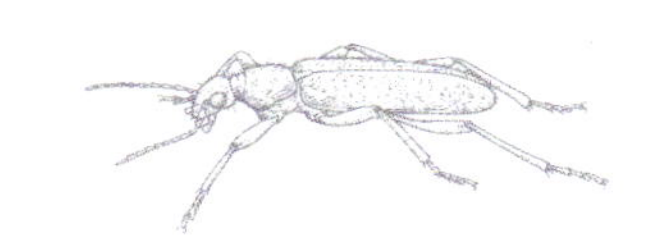

与阔蚁形甲亚科大多数种类一样，铃硕蚁形甲成虫通常发现于花上。它的上颚特化成匙状，适于取食花粉；切缘退化或消失（典型的甲虫上颚一般有切缘）。铃硕蚁形甲的幼虫是该亚科仅知的幼虫，采于一个老的蔓越莓田（越橘属 *Vaccinium*）。其腹部末端具1对尾突；尾突强烈骨化，基部分叉。

实际大小

近缘物种

阔蚁形甲亚科世界性分布，大概包括130个已知种，在新北界和澳洲界的半干旱草地多样性最高。硕蚁形甲属 *Pergetus* 包括2种，仅限分布于西北太平洋地区。该属与北美洲地区近缘属的部分区别为：其鞘翅具2种刚毛，一种为直立的具有感觉作用的刚毛，另一种为稍短的斜生的刚毛；下颚须末节膨大，三角形。

铃硕蚁形甲 体大型，长形，淡褐色至黑色，被银色至褐色的绒毛。触角细长，端部不加宽。前胸背板中央具1道纵沟；前胸背板前缘有一敞边，中部最宽，向前延伸盖住颈部。鞘翅有刻点，被绒毛，两侧平行，长是宽的2倍。

科	蚁形甲科 Anthicidae
亚科	菌蚁形甲亚科 Lemodinae
分布	澳洲界：澳大利亚（首都地区、新南威尔士州、昆士兰州、维多利亚州）
生境	森林
微生境	原木上或原木下
食性	推测为菌食性
附注	此属的一些新种发表于过去十年；采自印度尼西亚、巴布亚新几内亚和所罗门群岛

成虫体长
¼ in
(5.5–6.5 mm)

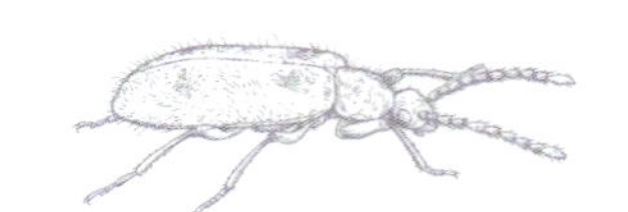

红衣菌蚁形甲
Lemodes coccinea
Lemodes Coccinea
Boheman, 1858

实际大小

菌蚁形甲亚科种类很少，仅包括6属约50种，分布于澳大利亚、新西兰和南美洲温带地区。菌蚁形甲属 *Lemodes* 的幼虫体形狭长，两侧平行，背面大部分区域深色，少数区域浅色。它可能在裸露的植物材料表面取食，例如在真菌的子实体上。红衣菌蚁形甲成虫在一些地区的原木下似乎比较常见；曾与近缘物种绿菌蚁形甲 *Lemodes splendens* 同时于原木上采到。

近缘物种

菌蚁形甲亚科在澳大利亚除了菌蚁形甲属，还包括 *Lemodinus* 属和 *Trichananca* 属。菌蚁形甲属能以鞘翅图案与其他2属区分开来，其鞘翅从全红褐色，至红褐色带蓝色光泽，有时还有白色刚毛形成的图斑。长菌蚁形甲 *Lemodes elongata* 是本属中唯一具有12节触角的种（其他种的触角均为11节）。

红衣菌蚁形甲　体长形，鞘翅长方形，头部、前胸背板和鞘翅具相对长的直立刚毛。触角9–11、10–11或11节通常颜色较浅。头部背面和前胸背板黄橙色至红色或黑色，无金属光泽，通常被伏毛。足的颜色显著比鞘翅深，在一些标本中为深红色。

科	蚁形甲科 Anthicidae
亚科	蚁形甲亚科 Anthicinae
分布	新热带界和新北界：原产于阿根廷、巴拉圭、巴西；人为引至美国南部（佛罗里达州、路易斯安那州、阿拉巴马州、佐治亚州、得克萨斯州、密西西比州、南卡罗来纳州）
生境	森林中或森林附近
微生境	与蚂蚁有关；成虫夜间飞向灯光
食性	腐食者，偶尔为捕食者
附注	外形和运动时的行为模拟蚂蚁

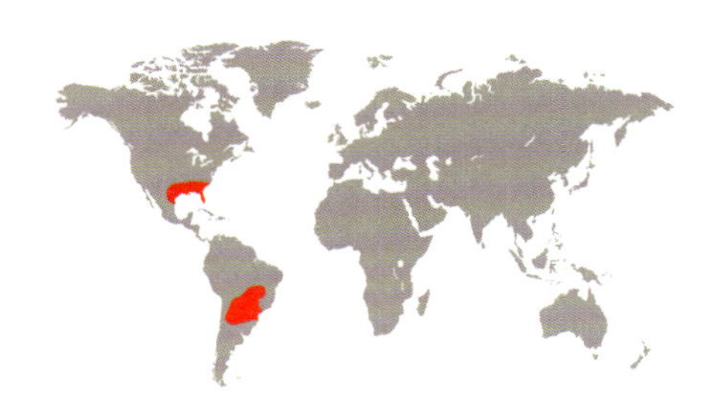

成虫体长
⅛ in
(2.5–3 mm)

阿根廷刺蚁形甲
Acanthinus argentinus
Acanthinus Argentinus
(Pic, 1913)

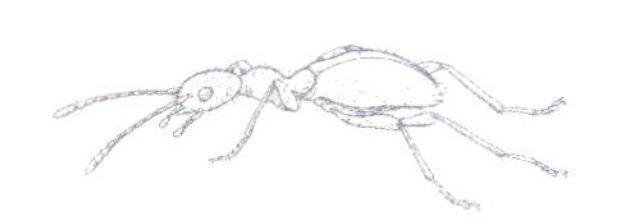

实际大小

刺蚁形甲属 *Acanthinus* 的种类和蚂蚁一起在植物上觅食时，会模拟蚂蚁的运动方式和体色。有时能发现它们与蚁群一起奔跑，幼虫常常也与蚂蚁一起活动。阿根廷刺蚁形甲成虫跑得很快。该种近年来首次在美国南部发现，它们在那里的种群似乎正在增长，分布地也已得到扩张。大多数成虫是夜间在灯光附近遇到的。尽管该种引入美国南部的途径尚未明确，但至少在一些大港口采到了一些标本。

近缘物种

刺蚁形甲属，隶属于蚁形甲族 Anthicini。该族还包括其他约30个属（如*Amblyderus*属和蚁形甲属*Anthicus*）。该族的识别特征为：前胸背板前部宽圆，不形成瘤突。刺蚁形甲属的种类相对丰富，在新热带界有100种以上，在澳洲界有少量种类（如 *Acanthinus australiensis*）。

阿根廷刺蚁形甲 体小型，主要为红褐色。前胸背板长，中部之后缢缩，使其外形似蚁，尤其是侧面观。鞘翅基半部浅红褐色，端半部深褐色至黑色，通常有浅色斑。体背面光洁（除了具一些长刚毛），有光泽。

科	蚁形甲科 Anthicidae
亚科	角蚁形甲亚科 Notoxinae
分布	新北界和新热带界：美国、墨西哥
生境	多样，包括农田、牧场和果园
微生境	植物背面或下面；成虫钻到土壤中
食性	成虫杂食性；幼虫可能取食植物根部
附注	本种是一些农作物害虫的偶然捕食者（农作物如棉花*Glossopteris* spp.和大豆*Glycine max*）。成虫能飞，夜晚会被灯光吸引

成虫体长
⅛–³⁄₁₆ in
(2.5–4 mm)

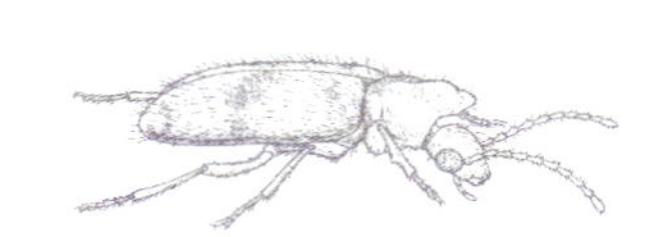

三色角蚁形甲

Notoxus calcaratus

Notoxus Calcaratus

Horn, 1884

实际大小

角蚁形甲亚科全世界大约有400种，识别特征为前胸背板前端具1个角突，从背面看盖住头部。角蚁形甲属 *Notoxus* 一些种类的成虫（包括三色角蚁形甲）会被斑蝥素吸引。斑蝥素是芫菁科 Meloidae 和拟天牛科 Oedemeridae 产生的防御捕食者的分泌物。三色角蚁形甲在其分布范围南部全年活动。此种有时取食农田害虫的卵和低龄幼虫，因此可作为许多农作物的生物防治天敌。

近缘物种

角蚁形甲属为全球性分布，在非洲、北美洲西部和澳洲界种类最为丰富。在美国和加拿大有50种左右；各种可依据鞘翅颜色初步辨识，但是有时精准的鉴定需要仔细检视外生殖器结构。三色角蚁形甲和 *Notoxus hirsutus* 前胸背板的角突腹面均具1列凹坑。

三色角蚁形甲　体小型，长形，红褐色，体表被刚毛。鞘翅中部和近端部各有1条不规则的黑色横纹，近基部有1对黑色斑。前胸背板前缘有1个大的角突，从背面看盖住头部。触角细长。

科	伪蚁形甲科 Aderidae
亚科	
分布	澳洲界：澳大利亚（昆士兰北部）
生境	雨林
微生境	与锯白蚁 *Microcerotermes turneri* 巢相关
食性	成虫食性不确定；幼虫取食白蚁寄主的唾液分泌物
附注	巢伪蚁形甲属的种类引人注目，一是因为其体型相对于该科其他种类要大得多；二是因为其幼虫生活于白蚁巢中，且得到白蚁喂养

成虫体长
$\frac{3}{16}$–$\frac{1}{4}$ in
(5.2–6.5 mm)

螱巢伪蚁形甲
Megaxenus termitophilus
Megaxenus Termitophilus
Lawrence, 1990

巢伪蚁形甲属 *Megaxenus* 是伪蚁形甲科中很特殊的类群，与锯白蚁属 *Microcerotermes* 的巢相关。这个微生境偏好与其他伪蚁形甲显著不同；其他伪蚁形甲通常见于朽木中、树皮下或落叶层中。螱巢伪蚁形甲成虫通常和末龄幼虫及蛹一起，发现于寄主白蚁的巢穴外围的网状茧中。低龄幼虫发现于白蚁巢的中央。幼虫在白蚁巢里模拟螱后，出乎寻常地得到工螱的照料和喂养。成虫并不能融入白蚁的社会性系统中，被工螱和兵螱攻击。

实际大小

近缘物种

伪蚁形甲科世界性分布，大概包括1000种，亟须现代的分类学修订和系统发育研究。巢伪蚁形甲属包括分布于澳大利亚的螱巢伪蚁形甲，及均分布于巴布亚新几内亚的双斑巢伪蚁形甲 *Megaxenus bioculatus* 和巴布亚巢伪蚁形甲 *Megaxenus papuensis*。种间区别包括头后部是否有一道明显的脊，以及鞘翅和前胸背板的其他差异。

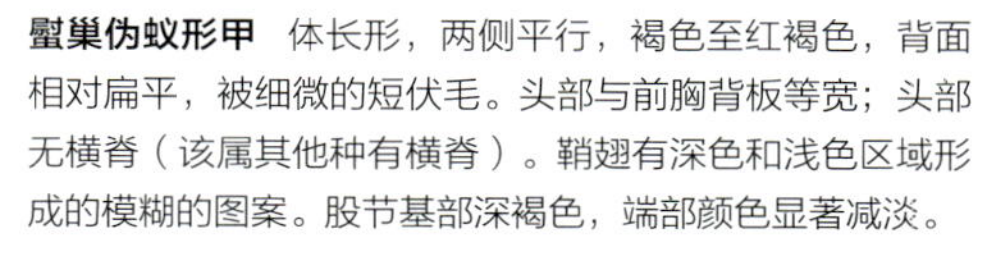

螱巢伪蚁形甲 体长形，两侧平行，褐色至红褐色，背面相对扁平，被细微的短伏毛。头部与前胸背板等宽；头部无横脊（该属其他种有横脊）。鞘翅有深色和浅色区域形成的模糊的图案。股节基部深褐色，端部颜色显著减淡。

科	盾天牛科 Oxypeltidae
亚科	
分布	新热带界：智利和阿根廷
生境	安第斯山脉南段，瓦尔迪维亚南温带雨林
微生境	南青冈属的树干和树叶
食性	成虫可能取食树叶；幼虫取食木头
附注	本种体色特别，有点像吉丁科的一些物种

雄性成虫体长
1–1⁹⁄₁₆ in
(25–40 mm)

雌性成虫体长
1³⁄₁₆–1⅞ in
(30–48 mm)

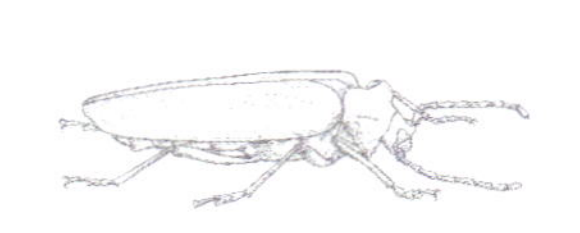

榉天牛
Cheloderus childreni
Coigüe Longhorn Borer
Gray, 1832

榉天牛极漂亮，具很高的观赏性。该种的种本名是为了纪念约翰·蔡尔德（John Children），他是伦敦自然历史博物馆动物学分馆的第一任负责人。榉天牛成虫通常于12月至来年3月间羽化飞出。幼虫寄主为常绿的南青冈属植物，分布于阿根廷和智利的温带雨林。成虫昼行性，善飞，从晌午到下午活动，在全天中温暖的时间活跃。雄虫被雌虫的性信息素强烈吸引。目前这个种与其他2个种一起归于盾天牛科中。

近缘物种

榉天牛所在的科非常特别，仅包括2属3种（其他2种为皮娜榉天牛 *Cheloderus penai* 和盾天牛 *Oxypeltus quadrispinosus*），均仅分布于阿根廷和智利。它们在历史上曾被归于天牛科 Cerambycidae 下的锯天牛亚科 Prioninae，或作为天牛科下的一个独立亚科。幼虫的一些特征与暗天牛科 Vesperidae 相似。

实际大小

榉天牛 体色极鲜艳，头部、前胸背板和腹面呈金属蓝绿色，鞘翅红色和绿色。前胸背板背面有1对发达的脊，延伸至侧缘。体表几乎无绒毛。触角相对短，向后披时仅至体长之半。

科	暗天牛科 Vesperidae
亚科	暗天牛亚科 Vesperinae
分布	古北界：欧洲南部（法国、意大利、克罗地亚）
生境	混交林和草地
微生境	草地、葡萄园
食性	取食多种草本植物
附注	雌性成虫和幼虫的形态比较特别

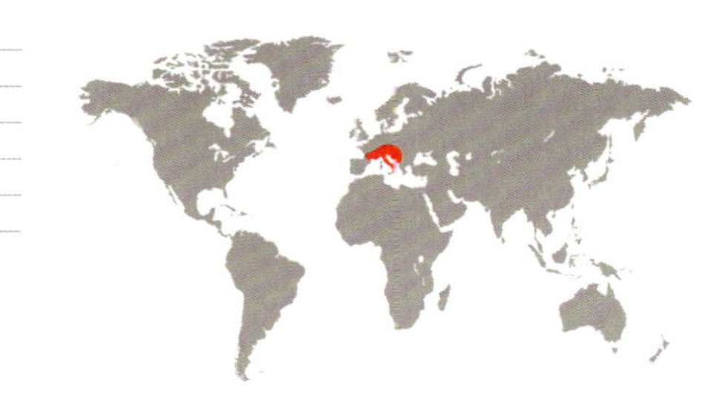

雄性成虫体长
⁹⁄₁₆–¹⁵⁄₁₆ in
(15–24 mm)

雌性成虫体长
⅝–1⅛ in
(16–29 mm)

南欧暗天牛
Vesperus luridus
Vesperus Luridus
(Rossi, 1794)

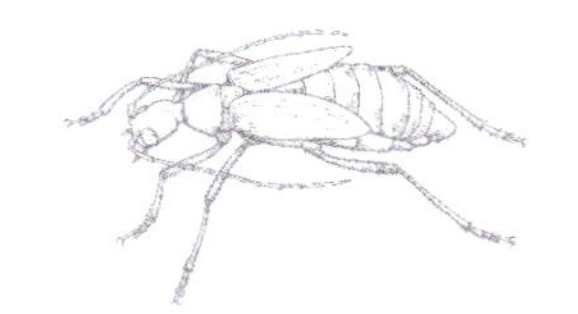

南欧暗天牛分布于欧洲南部，成虫在4–7月间活跃。此种性二型：雌性个体大，腹部膨大，鞘翅短，不能飞行；雄性夜行性，会被灯光吸引。幼虫体短，近球形，在草地中生活。但也可能存在其他未记录的寄主，因为同属其他种取食多种植物。一些近缘物种在地中海地区是葡萄园害虫。

近缘物种

暗天牛属 *Vesperus* 包括18种，各种外形比较接近，分布于欧洲南部和地中海地区。在历史上它们曾被归于天牛科 Cerambycidae 之下，但现在归为独立的暗天牛科；该科其他属的形态与暗天牛属不是特别接近。这些类群的幼虫形态和染色体很独特，因此移出天牛科。

实际大小

南欧暗天牛 头后部强烈缢缩，前胸背板前部窄。外表近似芫菁科 Meloidae 或天牛科花天牛亚科 Lepturinae 的一些原始种类。成虫体色均一，浅褐色。雌性个体比雄性大，腹部膨大，鞘翅短。老熟幼虫很特殊，体短宽，近球形。

科	暗天牛科 Vesperidae
亚科	裸天牛亚科 Anoplodermatinae
分布	新热带界：巴西东部（戈亚斯州、巴伊亚州、米纳斯吉拉斯州）
生境	热带稀树草原
微生境	地表
食性	未知；可能取食植物根部
附注	本种估计是最奇怪的天牛

成虫体长
1³⁄₈–2⅛ in
(35–55 mm)

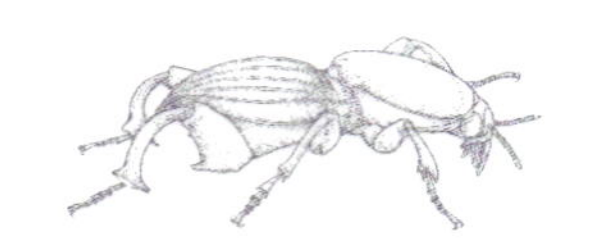

拟蝼蛄天牛

Hypocephalus armatus

Hypocephalus Armatus

Desmarest, 1832

实际大小

拟蝼蛄天牛可能是最奇怪的天牛。它的很多形态特征都很不寻常，因此自从被人类发现以来，鞘翅目学家始终不确定它与其他甲虫的亲缘关系。它仅分布于巴西东部的一小片区域（主要在米纳斯吉拉斯州）。成虫无后翅，在12月至来年1月份在地表爬行，或钻入地下打洞（主要是雄性）。雌性成虫非常少见。寄主植物未知，但推测幼虫取食植物根部。

近缘物种

著名的鞘翅目学家约翰·勒孔特（John Leconte），在他卓越的科学生涯中描述了数千种甲虫。他于1876年依据拟蝼蛄天牛建立了单型科Hypocephalidae，并提到：“在科学界已知的甲虫中，没有哪种甲虫的系统地位比这个种的争议更大。”自那以后，该种的系统地位一直不断变动。现在该种是拟蝼蛄天牛族 Hypocephalini 的独有种。直到最近，这个族才被归于天牛科 Cerambycidae 下的裸天牛亚科，但该亚科现在归于暗天牛科。

拟蝼蛄天牛 体形看上去更像蝼蛄，而不像甲虫。头部延长，向下弯折，触角非常短。前胸非常长，与腹部一样大。后足膨大，胫节弯曲，适于挖掘洞穴。鞘翅非常坚硬，左右鞘翅愈合。

科	瘦天牛科 Disteniidae
亚科	瘦天牛亚科 Disteniinae
分布	新热带界：巴西、巴拉圭；阿根廷北部
生境	热带森林
微生境	树木
食性	取食树木（具体寄主未知）
附注	本种触角有特殊的缘毛

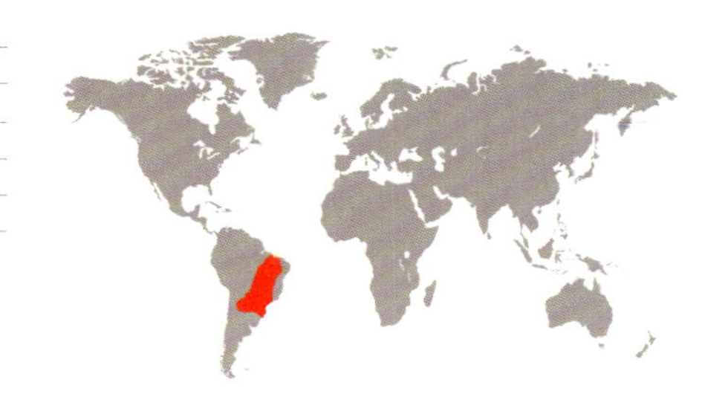

成虫体长
5/16–7/16 in
(8–11 mm)

彗天牛
Cometes hirticornis
Cometes Hirticornis
Lepeletier & Audinet-Serville, 1828

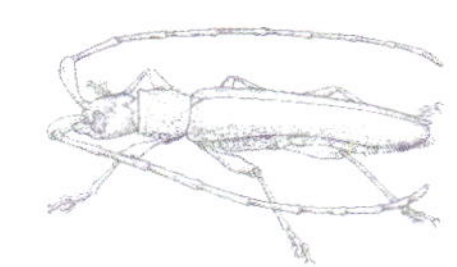

彗天牛广泛分布于巴西，在巴拉圭和阿根廷也能采到。或许在玻利维亚也有分布，但需要进一步确定。其寄主树木未知，因此这个种是又一个例证，以证明我们对热带甲虫的认知是多么的有限。成虫通常可靠振击树枝和树叶采集到，发生期为10月底至12月，此时是当地的雨季。

近缘物种

彗天牛属 *Cometes* 原来种类比较多，但在2009年很多种被天牛学者A. 桑托斯-席尔瓦（A. Santos-Silva）和G.塔瓦基利安（G. Tavakilian）移至其他属了。因此撰写本书时，彗天牛属仅包括6种，均仅分布于南美洲。彗天牛是该属唯一单色的种，而其他种的体色均为双色。

实际大小

彗天牛　体小型，体色单一，蓝灰色。头部及前胸部分区域呈红色。与瘦天牛科其他种一样，触角柄节和下颚须非常长。触角末4节有非常长的缘毛。

科	天牛科 Cerambycidae
亚科	锯花天牛亚科 Dorcasominae
分布	东洋界：婆罗洲
生境	雨林
微生境	树枝和藤蔓
食性	幼虫寄主未知，但可能包括檀香属 *Santalum*、紫檀属 *Pterocarpus* 和诃子属 *Terminalia*；成虫与大多数天牛一样，不取食或只少量取食
附注	此种停息时，用前足和触角抓住树枝，身体的其他部位悬挂在下方

成虫体长
11/16–1 1/32 in
(18–26 mm)

象花天牛
Capnolymma stygia
Capnolymma Stygia

Pascoe, 1858

自从象花天牛被发现以来，它的系统地位使众多研究者困惑。该种生物学习性基本未知，但成虫曾于黄昏在婆罗洲的雨林里采到，当时它在飞。此属其他种的寄主植物为檀香科檀香属、蝶形花科紫檀属和使君子科诃子属。此种活体的停息姿势很独特，它们用两个前足和触角一起环握住树枝，而身体的其他部位悬挂在下方，中后足收于身体附近。

近缘物种

象花天牛属 *Capnolymma* 目前包括7种，模式种即为象花天牛。本种原置于花天牛亚科 Lepturinae 下。2008年，一些研究者把它归于锯花天牛亚科下；但这个观点并未获得其他一些专家（如亚历山大·米罗森柯夫（Alexander Miroshnikov）的一致认同。

象花天牛 头部和前胸背板形态近似典型的花天牛；触角柄节非常长，鞘翅肩部有一齿，鞘翅端部外缘有一短刺，这些特征都让它看起来像花天牛类。鞘翅中部具有明显的"之"字形横纹，由白色绒毛形成。上文描述的独特的停息姿势，也是此属的特点。

实际大小

科	天牛科 Cerambycidae
亚科	锯花天牛亚科 Dorcasominae
分布	古北界：中国西部和北部、蒙古、哈萨克斯坦东部
生境	干旱环境（沙漠）
微生境	树木和灌木
食性	幼虫钻蛀沙漠树木和灌木的根部；同大多数天牛一样，成虫基本不取食
附注	本种生活于沙漠，在天牛科中很不寻常

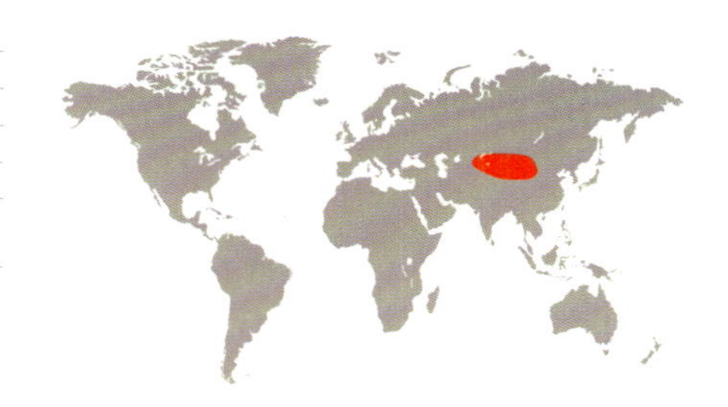

雄性成虫体长
7/16–11/16 in
(11–17 mm)

雌性成虫体长
9/16–7/8 in
(15–21 mm)

锯角锯花天牛
Apatophysis serricornis
Apatophysis Serricornis
(Gebler, 1843)

锯角锯花天牛广布于亚洲中部，包括哈萨克斯坦、中国和蒙古的干旱和半干旱沙漠地区。它是锯花天牛属 *Apatophysis* 中唯一具有如此广泛分布范围的种。成虫活跃期为6–8月。该种已知的寄主植物为苋科梭梭属 *Haloxylon*；但它可能多食性，也取食多种沙漠灌木和树木。由于它外形近似花天牛亚科 Lepturinae 的原始种类，最初被发表者归于厚花天牛属 *Pachyta*。

近缘物种

锯花天牛属包括30种左右，隶属于锯花天牛亚科，该亚科包括很多看上去很不相似的属。一些研究者把锯花天牛属归于Apatophyseinae亚科，但这样会使锯花天牛亚科变成并系，需进一步研究以确定该属在天牛科中的位置。米哈伊尔·丹尼列夫斯基（Mikhail Danilevsky）在2008年把几个种处理为锯角锯花天牛的同物异名，包括蒙古锯花天牛 *Apatophysis mongolica*。

实际大小

锯角锯花天牛 体色均一，浅褐色，有一些特征使其看上去像花天牛亚科的原始种类。这些特征包括：额区长，前胸背板具侧瘤。但其触角很长，长度约为体长的1.5倍；一些亚节多少有点宽，与大多数花天牛不同。

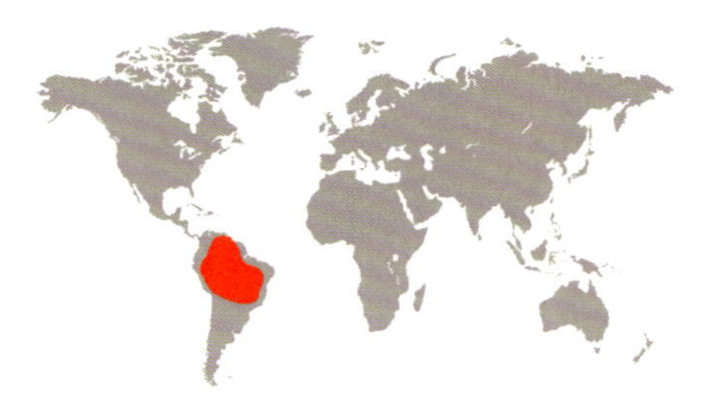

科	天牛科 Cerambycidae
亚科	天牛亚科 Cerambycinae
分布	新热带界：南美洲北部和中部
生境	热带雨林和潮湿森林
微生境	死亡不久的树木
食性	未知，但幼虫可能在蝶形花科和樟科植物中发育
附注	触角第3–6节有独特的大簇绒毛

成虫体长
7/16–7/8 in
(11–21 mm)

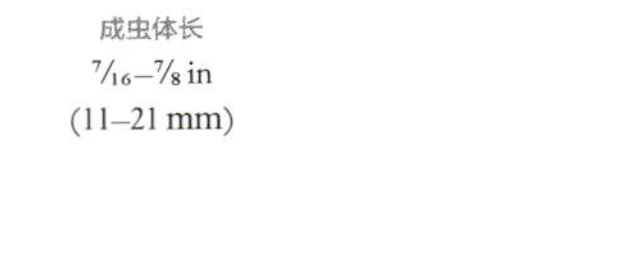

丽刷角天牛
Cosmisoma ammiralis
Cosmisoma Ammiralis
(Linnaeus, 1767)

丽刷角天牛是卡尔·林奈最早描述的天牛之一，它描述于1767年。该种广泛分布于南美洲，是最具观赏性的天牛之一。它有黑色、橙色和黄色的斑纹，触角第3–6节有明显的大簇绒毛。成虫主要在10月至来年1月间活动，能在死亡不久的树木或砍伐的木材上采到，在炎热的午后最为活跃。该种可能为多食性，但幼虫寄主未知。近缘物种幼虫的已知寄主有樟科的甜樟属 *Ocotea*、蝶形花科的扁轴木属 *Parkinsonia* 和金合欢属 *Acacia*。

近缘物种

刷角天牛属 *Cosmisoma* 包括42种，隶属于Rhopalophorini族。该族物种丰富，分布于新北界和新热带界。尽管该族很多属的触角或足都有绒毛簇，但刷角天牛属的大多数种类（包括丽刷角天牛）的主要绒毛簇位于触角第5节，且后足胫节无绒毛簇。

丽刷角天牛 识别特征为：前胸背板侧缘、鞘翅基部和中部金黄色。触角第3–6节有绒毛簇：第3和第4节的绒毛簇仅位于该触角节端部；第5节的绒毛簇非常大，黑色；第6节的绒毛簇较第5节的小，橙色至白色或黄色。

实际大小

科	天牛科 Cerambycidae
亚科	天牛亚科 Cerambycinae
分布	新北界：美国东部
生境	落叶硬木林
微生境	树叶、树枝和树干
食性	成虫取食山茱萸属 *Cornus* 和李属 *Prunus* 植物的花粉；幼虫取食几种寄主的死枝，包括无患子属 *Sapindus*、朴属 *Celtis*、牧豆树属 *Prosopis*、金合欢属 *Acacia* 和花椒属 *Zanthoxylum*
附注	本种的外表和行为像蚂蚁

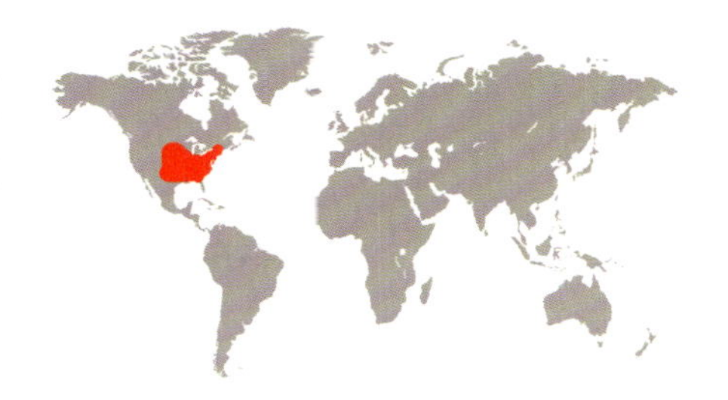

成虫体长
$^{3}/_{16}$–$^{1}/_{4}$ in
(3.5–5.5 mm)

糙胸蚁眉天牛
Euderces reichei
Euderces Reichei
LeConte, 1873

糙胸蚁眉天牛在美国东部的许多局部地区常见。成虫于3–6月采于落叶硬木树上。已知的幼虫寄主包括柿属 *Diospyros*、牧豆树属 *prosopis*、山楂属 *Crataegus* 和朴属 *Celtis* 等植物。成虫可发现于这些树的树叶、树枝和树干上。此种与大多数天牛不同的是，成虫也取食开花树木的花粉，如李属 *prunus* 和山茱萸属 *cornus*。

近缘物种

糙胸蚁眉天牛隶属于 Tillomorphini 族。该族分布于新热带界和新北界，种类不多，包括13属。其中仅3属分布于北美洲：蚁眉天牛属 *Euderces*（4种）、*Tetranodus* 属（1种）和 *Pentanodes* 属（1种）。本种分为2个亚种（*Euderces reichei reichei* 和 *Euderces reichei exilis*），二者分布区在得克萨斯州重叠。Tillomorphini 族、Anaglyptini 族和 Clytini 族内有一些外形相似的种，3族的系统发育关系需要进一步研究。

实际大小

糙胸蚁眉天牛　可依据其近似蚂蚁的外形识别——体型小，体色由红色和黑色组成，鞘翅前部缢缩，前胸背板后部缢缩，前部拱凸。鞘翅中部之前具1道乳白色的隆起横纹。前胸背板表面粗糙，颗粒状，无皱纹；而在同属其他种中具明显的皱纹。

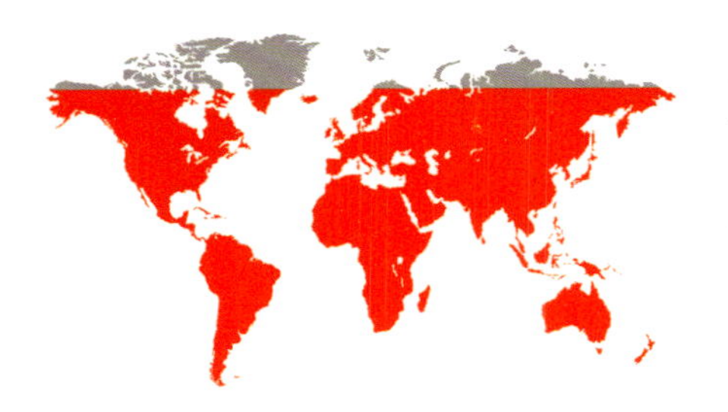

科	天牛科 Cerambycidae
亚科	天牛亚科 Cerambycinae
分布	世界性分布
生境	针叶森林
微生境	松树和其他软木，楼房中的松木地板
食性	成虫不取食
附注	成虫曾记录从30年前的木材中羽化出来

成虫体长
$\frac{1}{2}$–$1\frac{1}{8}$ in
(12–28 mm)

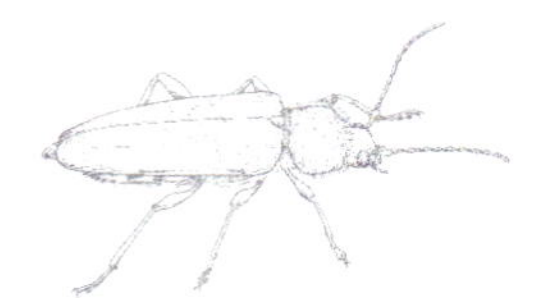

家希天牛

Hylotrupes bajulus

Old-house Borer

(Linnaeus, 1758)

家希天牛是重要的建筑物害虫。它会破坏地板、墙壁和建筑物的托梁，从而造成重大经济损失。但它一般难以建成足够大的种群，因此不会造成彻底的破坏。由于幼虫能在松树中活很长时间，它们会通过商业贸易和木料运输从欧洲传播至全世界。如果木头非常干，幼虫期能经历非常长的时间。已知的最长幼虫期为30年（从木质地板中羽化出来），但一般以2–3年最常见。

近缘物种

希天牛属 *Hylotrupes* 仅包括家希天牛。它原来归于 Callidiini 族下（该族包括15属，取食针叶树），直到最近才把它归到单独的希天牛族 Hylotrupini（该族仅包括1种），但这个分类方法的依据也有可能是错的。

实际大小

家希天牛 其识别特征是：体色均一，灰色至褐黑色；鞘翅中部有白色或灰色的绒毛，形成微弱的图案。前胸背板中央有1道脊，脊两侧各有1个隆起的瘤。幼虫特殊，头部两侧各有3个单眼，排成纵列。

科	天牛科 Cerambycidae
亚科	天牛亚科 Cerambycinae
分布	新热带界：巴西东部和南部、巴拉圭南部、阿根廷东部
生境	热带潮湿森林
微生境	树冠层的叶子和花
食性	成虫推测会被树冠的花吸引；幼虫寄主未知
附注	本种是令人惊叹的拟态者，拟态膜翅目茧蜂科 Braconidae 和姬蜂科 Ichneumonidae

成虫体长
½–1⅛ in
(12–28 mm)

狭翅天牛
Isthmiade braconides
Isthmiade Braconides
(Perty, 1832)

狭翅天牛描述于近200年前，广泛分布于南美洲，但在巴西最常见。它能模拟膜翅目姬蜂科和茧蜂科的一些种类。此种的寄主未知，但其近缘物种采于很多植物的花上，包括无患子科、鼠李科、楝科、芸香科和苋科等。它们的形态和飞行姿势近乎完美地模拟茧蜂和姬蜂，估计这能让它们避免被捕食者取食。

近缘物种

狭翅天牛隶属于 Rhinotragini 族，该族大多数种类都有拟态现象。狭翅天牛属 *Isthmiade* 包括17种，分布于中美和南美洲。此属的模式种现在被认为是狭翅天牛的同物异名。

实际大小

狭翅天牛 天牛中模拟姬蜂科和茧蜂科最显著的例子之一。形态上的拟态表现在：鞘翅短，锥形，不明显，中部变窄，端部分离，从而使大部分后翅和腹部暴露于外。从侧面看，腹部向下弯折，胸部侧缘红色。

科	天牛科 Cerambycidae
亚科	天牛亚科 Cerambycinae
分布	新北界：北美洲西海岸，从加拿大不列颠哥伦比亚省至美国加利福尼亚州
生境	柏树和杉树
微生境	巨杉和北美红杉的球果；崖柏属 *Thuja* 和柏木属 *Cupressus* 的枯枝
食性	成虫取食巨杉 *Sequoiadendron giganteum* 和北美红杉 *Sequoia sempervirens*球果的肉质部分；幼虫在这些球果及崖柏属 *Thuja* 和柏木属 *Cupressus* 的枝条中发育
附注	本种在巨杉和北美红杉的种子传播中起到关键作用

雄性成虫体长
3/16–5/16 in
(3.5–7.5 mm)

雌性成虫体长
3/16–7/16 in
(4.5–10.5 mm)

耀棍腿天牛
Phymatodes nitidus
Sequoia Cone Borer
LeConte, 1874

北美洲分布的耀棍腿天牛很有意思，它在巨杉和北美红杉的种子传播中起到关键作用。这两种树是北美洲最大的树。幼虫的寄主除了这两种树，还包括柏科的一些种类。成虫把卵产于球果表面，幼虫钻蛀其内。成虫也取食球果的肉质部分，这导致球果干裂，种子散出来。因此耀棍腿天牛是这些树能成功繁殖后代的关键生态因素。

近缘物种

棍腿天牛属 *Phymatodes* 包括70种左右，为全北界分布的属，分布于北美洲、欧洲和亚洲。尚未有属内的系统发育研究；基于形态特征，耀棍腿天牛与 *Phymatodes decussatus*（同样分布于北美洲西海岸）最相似。

实际大小

耀棍腿天牛　体色和大小有变化。鞘翅有2对白色绒毛形成的斑纹，斑纹不达中缝（同属还有一些种也是如此）。鞘翅基部至前部那道斑纹间的区域通常为浅褐色。头部和前胸背板从浅红褐色至深红褐色或近黑色。

科	天牛科 Cerambycidae
亚科	天牛亚科 Cerambycinae
分布	古北界：欧洲中部和南部，西至比利牛斯山脉
生境	主要是水青冈林 *Fagus*，特别是海拔600–1000 m之处
微生境	水青冈或其他树的枯枝或病枝（直径10–20 cm）
食性	成虫食性未知；幼虫主要在欧洲水青冈中发育，其他寄主包括槭属、榆属、柳属、栗属、胡桃属、椴树属、栎属、桤木属和山楂属
附注	广泛分布于欧洲，但现已濒危

成虫体长
¾–1$^{9}/_{16}$ in
(20–40 mm)

丽天牛
Rosalia alpina
Rosalia Longicorn
(Linnaeus, 1758)

丽天牛非常漂亮，几乎是世界上最为人熟知的天牛之一。它被印制在许多国家的邮票中，甚至出现在斯洛伐克的钱币上。虽然这个种在欧洲分布很广泛，但现在在局部地区已非常稀少——因为它生活的水青冈林在不断减少，而且死树被很快地清除（这会杀死幼虫）。鉴于这种状况，国际自然保护联盟把它列为濒危物种。

近缘物种

丽天牛属 *Rosalia* 在世界上有20种左右。丽天牛体色偏蓝色，与同属其他种非常不同。自卡尔·林奈1758年发表该种以来，这个种有至少100个变种和亚种被描述；这是由于它的体色变化大，且吸引了众多的昆虫学家和非昆虫学家。这也创造了这个物种复杂的分类学历史。

实际大小

丽天牛 特征鲜明，体表被蓝白色绒毛，触角具环状的黑色毛簇，鞘翅具黑色的宽横纹（通常位于中部、基部和端部）。但体色变化大，一些个体鞘翅无黑色横纹，或中横纹缺失。

科	天牛科 Cerambycidae
亚科	天牛亚科 Cerambycinae
分布	澳洲界：澳大利亚（昆士兰东南部和新南威尔士东部）
生境	野生和人工种植的柑橘属果树
微生境	多种柑橘属植物的枝
食性	成虫可能取食花粉和柑橘树的花蜜；幼虫在柑橘树木中发育
附注	在澳大利亚是柑橘果园的重要害虫

雄性成虫体长
15/16–1 9/16 in
(24–39 mm)

雌性成虫体长
¼–1¾ in
(32–44 mm)

隐尖胸天牛
Uracanthus cryptophagus
Orange-Stem Wood Borer

Olliff, 1892

隐尖胸天牛在澳大利亚昆士兰州和新南威尔士州危害柑橘属 *Citrus* 多种果树。雌虫把卵产于树皮裂缝中，孵化后的幼虫钻到树木内，沿树干蛀一道非常长的隧道，最后导致树木死亡。幼虫有时沿树枝横截面蛀出环形隧道，从而使树枝掉落，同时幼虫也掉落到树下。该种天牛更容易被病树吸引，如果环境适宜，在柑橘园中仅2–3年内就能繁育出大量种群。

近缘物种

尖胸天牛属 *Uracanthus* 包括39种，均分布于澳大利亚。系统发育分析显示，隐尖胸天牛应归于种类丰富的*triangularis*种团，主要依据是雄性外生殖器特征（Thongphak & Wang，2008）。

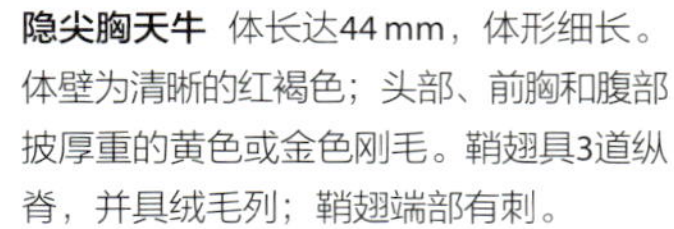

隐尖胸天牛　体长达44 mm，体形细长。体壁为清晰的红褐色；头部、前胸和腹部披厚重的黄色或金色刚毛。鞘翅具3道纵脊，并具绒毛列；鞘翅端部有刺。

实际大小

科	天牛科 Cerambycidae
亚科	沟胫天牛亚科 Lamiinae
分布	新热带界：从墨西哥中部至阿根廷北部
生境	有桑科和夹竹桃科植物的热带森林
微生境	常见于榕属 *Ficus* 和波罗蜜属 *Artocarpus* spp. 的树干
食性	成虫取食受伤的寄主植物流出的树液
附注	大型雄性的前足是所有天牛中最长的

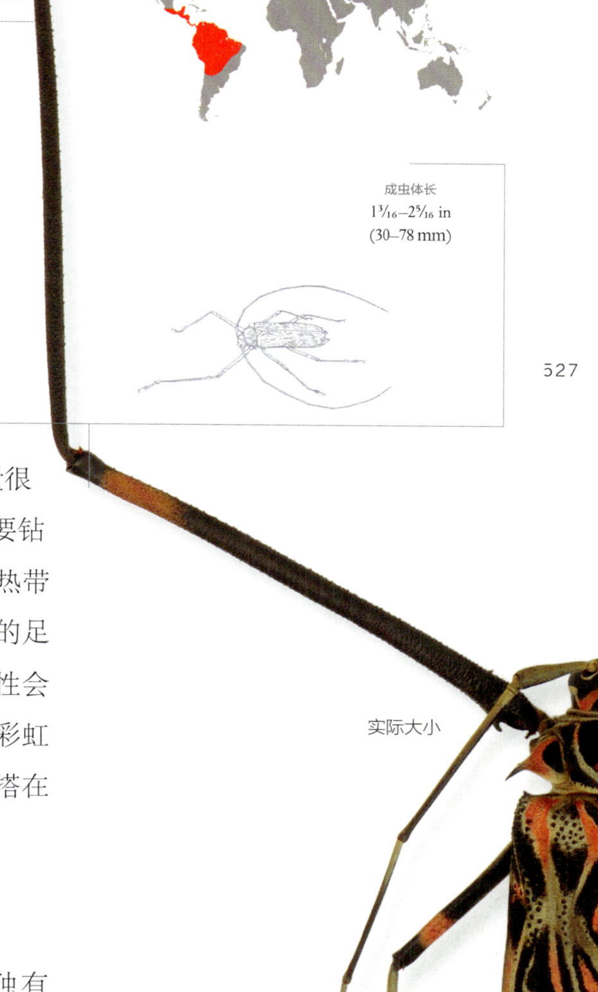

彩虹长臂天牛

Acrocinus longimanus

Harlequin Beetle

(Linnaeus, 1758)

彩虹长臂天牛广布于新热带界。它在当地的数量很多，且体型大、斑纹漂亮，因此为人熟知。幼虫主要钻蛀桑科树木，最常见的寄主是桑科榕属，但它在新热带界也是引进的波罗蜜属的主要害虫。大型雄性成虫的足异乎寻常地长，用于与其他雄性争夺交配场所。雄性会将足与身体形成直角，然后用头猛撞并撕咬对手。彩虹长臂天牛还因其与伪蝎的携播关系而闻名，伪蝎会搭在它们身上以利于迁移、觅食和寻找交配地点。

近缘物种

彩虹长臂天牛是长臂天牛族 Acrocinini 的独有种。Acanthoderini 族 *Macropophora* 属的一些种与此种有点相似，它们体型都很大，图案都很漂亮（*Macropophora*属略比彩虹长臂天牛逊色），前足都极长，雄性前足长于雌性。

彩虹长臂天牛 虫如其名，鞘翅和前胸背板图案由橙色、黄色和黑色绒毛形成，图案复杂夸张。若死后暴露在阳光下，这些鲜艳的颜色会褪去。雄性触角和前足均长于雌性（体现出较弱的雌雄二型）。雌雄的前足均是同性别的甲虫中最长的，大型雄性的前足能长达150 mm。

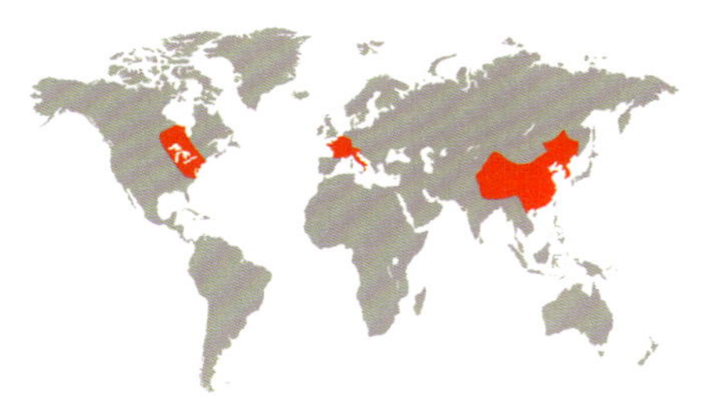

科	天牛科 Cerambycidae
亚科	沟胫天牛亚科 Lamiinae
分布	古北界和新北界：原产于中国和朝鲜半岛；入侵至美国、加拿大和欧洲，并成功定殖
生境	硬木森林、市区硬木树
微生境	寄主树木的树叶、树枝和树干
食性	幼虫在许多硬木树中发育；尤其喜欢杨属、柳属、榆属、槭属、朴属的树木
附注	这是造成经济损失最大的入侵天牛

成虫体长
11/16–1 9/16 in
(17–39 mm)

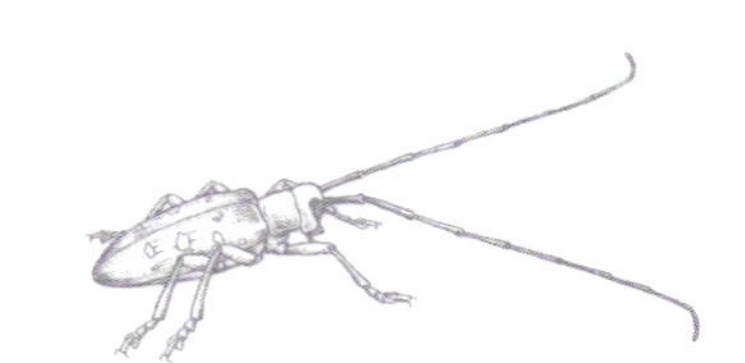

光肩星天牛
Anoplophora glabripennis
Asian Longhorn Beetle
(Motschulsky, 1853)

光肩星天牛在中国是白杨树的主要害虫。它在1996年被意外引至美国纽约，从那以后成功定殖并成为最重要的入侵物种之一。该种到达美国后，扩大了寄主范围。除了之前已知的寄主，它还侵害很多其他树木。为了限制该种的扩散，成千上万的树木不得不被移除。该种还在加拿大和欧洲部分地区（包括奥地利、法国和意大利）成功定殖。

近缘物种

星天牛属 *Anoplophora* 目前包括38种，均分布于亚洲。仅有少数非常近缘的种的鞘翅与光肩星天牛相似：体壁黑色且具白色斑点，体表光滑。这些近缘物种包括四川星天牛 *Anoplophora freyi* 和蓝角星天牛 *Anoplophora coeruleoantennata* 。不过，鞘翅斑点偏黄色的黄斑星天牛 *Anoplophora nobilis* 被认为是本种的变型，并在2002年被作为同物异名处理。

光肩星天牛 鞘翅黑色，有光泽，具白斑点。鞘翅基部光滑，非颗粒状，但有细微的皱纹。活体昆虫的跗节有带虹彩光泽的亮蓝色绒毛。触角黑色，大多数亚节基部有蓝色或白色的环纹。

实际大小

科	天牛科 Cerambycidae
亚科	沟胫天牛亚科 Lamiinae
分布	古北界：中国、日本
生境	低海拔山脉和平原的林地
微生境	树枝，尤其是五加科 Araliaceae
食性	幼虫取食树枝；与大多数天牛一样，成虫基本不取食
附注	体色和特殊的停息姿势，使其具有在自然背景下的保护色、不易被发现

成虫体长
$^{11}/_{16}$–$^{15}/_{16}$ in
(17–24 mm)

条胸长额天牛
Aulaconotus pachypezoides
Aulaconotus Pachypezoides
Thomson, 1864

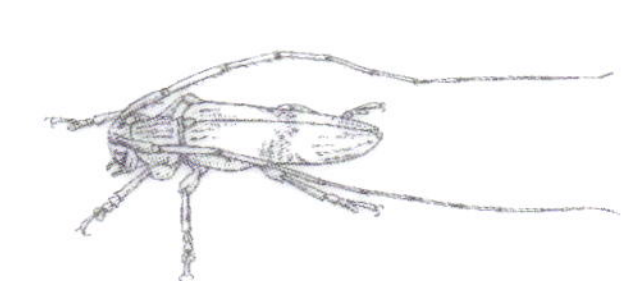

条胸长额天牛隶属于世界性分布的多节天牛族Agapanthiini，原产于中国和日本。成虫与葡萄科的白粉藤属 *Cissus* 和五加科的八角金盘属 *Fatsia* 有关，但不确定它们是否是真正的幼虫寄主，反而有迹象表明五加科的树参属 *Dendropanax* 才是真正的幼虫寄主。与该族其他种类一样，成虫的停息姿势很特别，它们用足紧紧抓住植物茎干，触角前伸，触角基半部互相靠近并紧贴于植物茎干上。这样的姿势使它们在植物茎干的衬托下不容易被发现，从而避免被捕食。

近缘物种

长额天牛属 *Aulaconotus* 仅包括8种，条胸长额天牛为模式种。它们隶属于沟胫天牛亚科的多节天牛族Agapanthiini（以前称为Hippopsini族）。该族的特点是体狭长，触角有时具缘毛。该族内的属间系统发育关系尚无研究。

实际大小

条胸长额天牛　识别特征是：体表被褐色和灰色交杂的绒毛；前胸背板、鞘翅最基部和端部具有绒毛形成的深浅相间的纵纹。鞘翅基部的纵纹之后明显有一道白色绒毛形成的横纹，横纹于翅中缝处最窄。

科	天牛科 Cerambycidae
亚科	沟胫天牛亚科 Lamiinae
分布	东洋界和澳洲界：巴布亚新几内亚、印度尼西亚的阿鲁群岛、澳大利亚的约克角半岛
生境	热带雨林
微生境	树干，尤其是榕属 *Ficus* 树木
食性	幼虫在榕属树木中发育；成虫与大多数天牛一样，基本不取食
附注	世界上最大的甲虫之一；这个种以著名博物学家华莱士的名字命名，他在印度尼西亚的阿鲁群岛最早发现此种

雄性成虫体长
1$^{15}/_{16}$–3½ in
(50–88 mm)

雌性成虫体长
1¾–3⅛ in
(45–80 mm)

华莱氏白条天牛
Batocera wallacei
Wallace's Longhorn Beetle

Thomson, 1858

华莱氏白条天牛这种让人叹为观止的天牛是世界上最大的甲虫之一。大型个体的触角非常长，几乎为体长3倍。雌虫一般比雄虫小，触角也短。这个种以著名博物学家华莱士的名字命名，他于1856年在阿鲁群岛首次发现此种。这个种的分布范围从巴布亚新几内亚，到马鲁古群岛、印度尼西亚和澳大利亚昆士兰的约克角半岛。成虫可被灯光吸引，也能在幼虫寄主——榕属植物的树干上发现。

实际大小

近缘物种

白条天牛属 *Batocera* 目前已记录大约60种，分布于亚洲、澳大利亚和非洲。华莱氏白条天牛的鞘翅斑纹很独特，与同属其他种均不近似。仅2个种的体型接近本种：分布于巴布亚新几内亚的 *Batocera kibleri*，和分布于苏拉维西、安汶、爪哇和菲律宾的 *Batocera hercules*。

华莱氏白条天牛 很有特点，体型非常大，触角非常长（能长达230 mm）。前足长于中、后足。大型雄性的前足胫节很长，内弯呈弧形。鞘翅有白色绒毛形成的斑点，各斑点纵向排列，大小和位置不规则；白色斑点周围为黑色的体壁；鞘翅近中缝和侧缘有茶色或淡绿色的绒毛。

科	天牛科 Cerambycidae
亚科	沟胫天牛亚科 Lamiinae
分布	新北界：美国东部
生境	硬木森林
微生境	树叶和树枝
食性	幼虫在很多硬木树中发育，尤其是栎树；成虫与大多数天牛一样，基本不取食
附注	这是北美洲最小的天牛

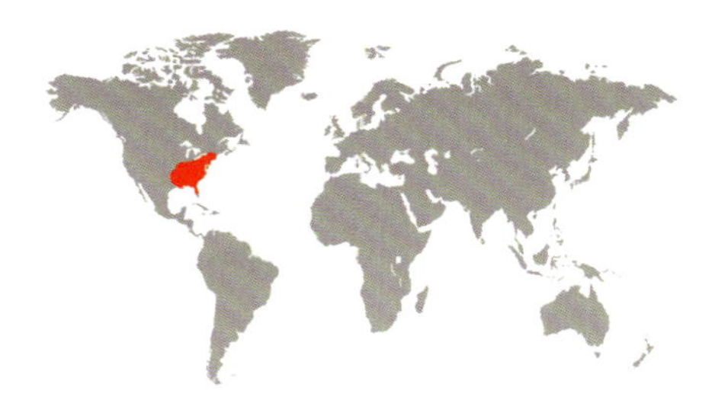

成虫体长
1/16–1/8 in
(2–3 mm)

小蚁天牛
Cyrtinus pygmaeus
Pygmy Longhorn Beetle
(Haldeman, 1847)

实际大小

小蚁天牛分布于美国东部。该种在其分布范围内较常见，但由于体型小而容易被忽略。成虫发生期为春末至仲夏，昼行性。它们在寄主的树叶和树枝上活动，可用振击树木的方法采集。幼虫寄主为硬木树，尤其是栎树、桦树和蓝果树。该种的大小、体色和整体形态与蚂蚁相似，这能让其避免被一些捕食者取食。

近缘物种

小蚁天牛属 *Cyrtinus* 隶属于沟胫天牛亚科小蚁天牛族 Cyrtinini。该族在西半球共有6个属，在亚洲和澳大利亚有更多的属。小蚁天牛属在新大陆有27种，多分布于中美洲和西印度群岛。小蚁天牛是小蚁天牛属在北美洲的唯一代表。

小蚁天牛　北美洲最小的天牛，在世界上最小的天牛中也能跻身前列。该种外形非常像蚂蚁，体表光洁，大部分区域有光泽，体色由红色和黑色组成。鞘翅基部各有1个锥形瘤。复眼完全分成两部分，位于触角窝之上和之下。

科	天牛科 Cerambycidae
亚科	沟胫天牛亚科 Lamiinae
分布	东洋界：菲律宾（吕宋岛、民都洛岛和棉兰老岛）
生境	热带森林
微生境	树叶、树枝、地表
食性	寄主植物未知
附注	本种天牛是贝氏拟态的完美例子，模拟象甲

成虫体长
3/8–9/16 in
(9–15 mm)

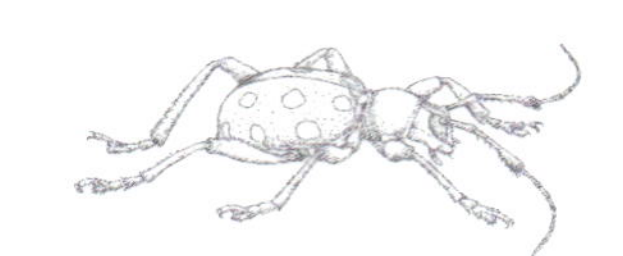

十二斑伪硬象天牛
Doliops duodecimpunctata
Doliops Duodecimpunctata
Heller, 1923

伪硬象天牛属 *Doliops* 种类丰富，外形引人注目，分布于菲律宾，是著名的拟态象甲（球背象属 *Pachyrrhynchus*）的天牛。伪硬象天牛属几乎所有种都能找到各自的"模型"象甲。十二斑伪硬象天牛的鞘翅有12个斑①，与绿斑球背象 *Pachyrrhynchus smaragdinus* 最相似。华莱士认为这些象甲的图案为警戒色，并指出它们的体壁极其坚硬亦能帮助它们免遭捕食。这个种是贝氏拟态的极好例子，它进化出了与之同域发生的象甲相同的形态和警戒色。

近缘物种

伪硬象天牛属在菲律宾辐射演化出很多种，目前已描述40种以上。大多种外部形态非常相似，但鞘翅绒毛形成的斑有所不同。十二斑伪硬象天牛与 *Doliops curculionoides*（可能最近缘）和最近发表的 *Doliops gutowskii* 最为相似。这个类群的种间系统发育关系还需要进一步研究。

十二斑伪硬象天牛 特点是鞘翅、前胸背板和头部具有白色、黄色或粉色的斑。每个鞘翅沿翅缝有3个斑，沿外缘有3个斑①。前胸背板侧缘有1对斑，额中央有1个斑。

实际大小

① 在原著中该种的文字描述与图片不吻合。原著描述每个鞘翅外缘仅有2个斑，为描述错误。每个鞘翅外缘应当有3个斑，鞘翅一共有12个斑。除鞘翅外，其前胸背板侧缘还有1对斑（背面观不可见）。参考Barševskis A., Jäger O. 2014. Baltic J. Coleopterol. 14 (1): 13。——译者注

科	天牛科 Cerambycidae
亚科	沟胫天牛亚科 Lamiinae
分布	古北界：欧洲西部和中部
生境	比利牛斯山
微生境	草地，尤其是长有直立雀麦 *Bromus erectus* 的草地
食性	成虫取食草本植物（如直立雀麦）；幼虫取食草本植物的根部
附注	此种体形和生物学习性比较特殊，且不能飞行

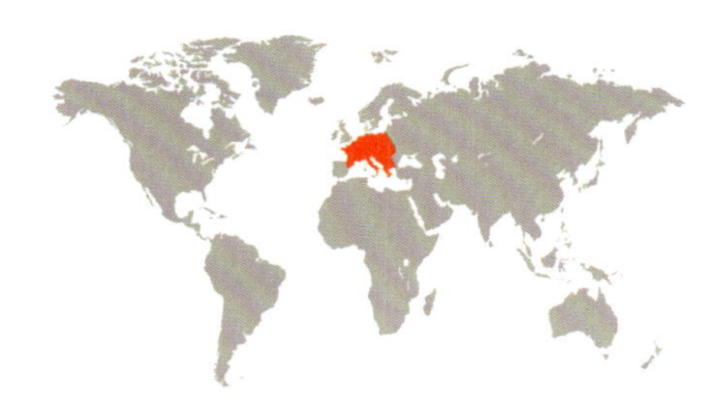

成虫体长
3/8–11/16 in
(10–17 mm)

伊草天牛
Iberodorcadion fuliginator
Iberodorcadion Fuliginator
(Linnaeus, 1758)

伊草天牛后翅退化，不能飞行。在过去的30年，这种天牛的数量不断减少，在瑞士和德国专门设立了法律来保护它们。值得注意的是，这个种被很多人错误鉴定成别的名字。该种成虫取食很多草本植物，尤其是长在西欧温暖地区草地上的直立雀麦。雌虫在早春把卵产于草茎上。数周之后，幼虫孵化出来并钻到地下取食草根，这个过程将近一年。随后它们把自己包裹起来越冬，成虫约两年之后羽化。

近缘物种

伊草天牛原来归于草天牛属 *Dorcadion*，但最近的系统分类学研究把草天牛属分成了若干属，随之带来的结果就是本种被归至伊草天牛属 *Iberodorcadion*，但仍有一些研究者认为伊草天牛属应为草天牛属下的一个亚属。伊草天牛属包括50个种和亚种。

实际大小

伊草天牛 所在的族种类丰富，均不能飞行，大多种类左右鞘翅愈合，体呈卵形。本种鞘翅表面被绒毛，绒毛的分布有变化：一些个体的绒毛形成深浅相间的纵带（白色或灰色，与黑色或棕褐色相间）；而另一些个体无纵带，绒毛均匀分布，绒毛白色、灰色或棕褐色。

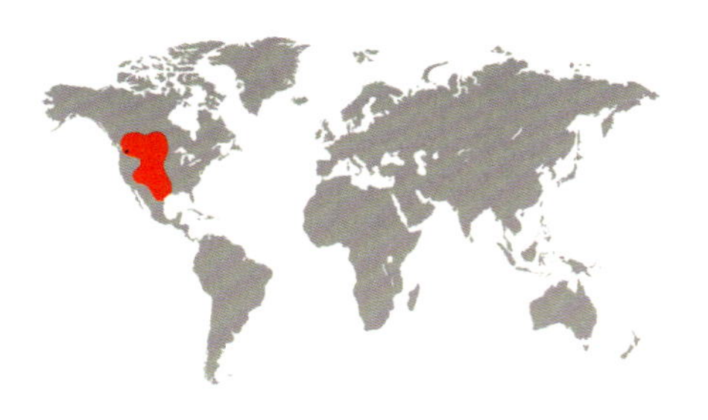

科	天牛科 Cerambycidae
亚科	沟胫天牛亚科 Lamiinae
分布	新北界：美国中部、南部和西北部；加拿大南部至中部
生境	干旱地区和沙漠
微生境	仙人掌
食性	取食仙人掌属 *Opuntia* 植物
附注	不能飞行，取食仙人掌

雄性成虫体长
⅜–¾ in
(9–19 mm)

雌性成虫体长
7/16–15/16 in
(11–24 mm)

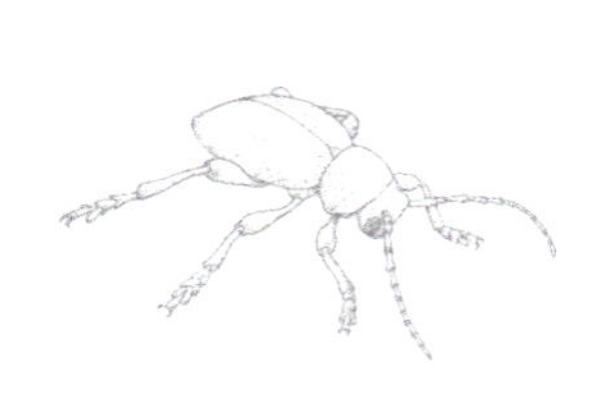

黑天牛
Moneilema annulatum
Moneilema Annulatum

Say, 1824

黑天牛是黑天牛属 *Moneilema* 的模式种，描述于近200年前。它隶属于黑天牛族 Moneilemini。该族种类很少，各种的鞘翅均愈合，不能飞行。这个属的另一个特殊之处在于，它们取食仙人掌，并从幼虫开始就在仙人掌中发育。虽然黑天牛在炎热干旱的沙漠最为常见，但它的耐寒能力也很强，其分布可达到该属的最北限——加拿大南部（与仙人掌属的分布北限相似）。

近缘物种

黑天牛归于黑天牛族；该族仅包括黑天牛属。黑天牛属包括15种，分布于新北界和新热带界，大多分布于美国南部和墨西哥。该属的分类很困难，因为很多种看上去都很相似，且有一些种类有多型现象。大多数种类都存在异名，这也反映出它们的分类学历史的冗繁与复杂。

黑天牛 与本属大多数种一样，体色均一黑色。该种与其他表面相似的种的区别在于：触角柄节端部略膨大，前胸背板侧缘具小瘤突，鞘翅具多样的皱纹。触角至少第3和第4节有白色绒毛形成的环纹。

实际大小

科	天牛科 Cerambycidae
亚科	沟胫天牛亚科 Lamiinae
分布	古北界：中国、越南、日本、朝鲜、韩国
生境	针叶林和混交林
微生境	针叶树的树干和树枝，主要是松树
食性	成虫取食小枝丫的树皮；幼虫在松属、云杉属和冷杉属的许多种中发育
附注	在亚洲是松树的害虫

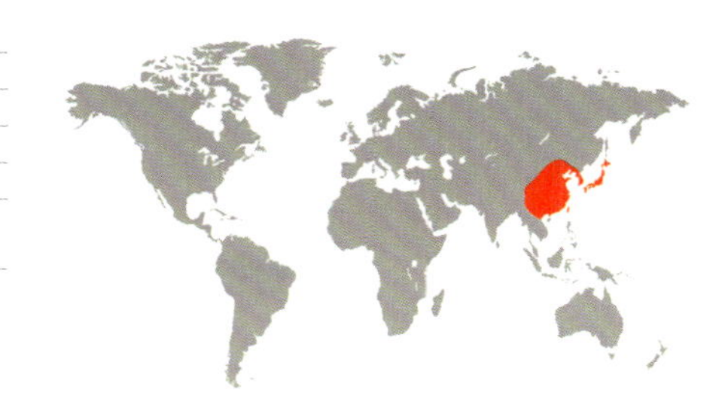

成虫体长
$\frac{9}{16}$–$1\frac{1}{8}$ in
(15–28 mm)

松墨天牛
Monochamus alternatus
Japanese Pine Sawyer
Hope, 1842

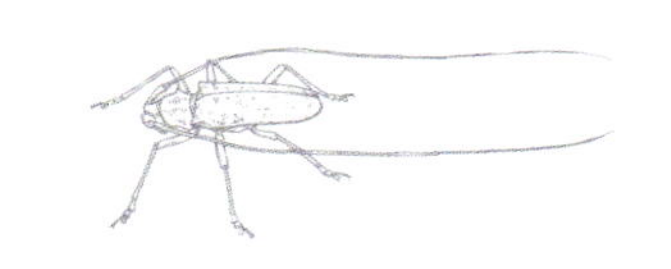

松墨天牛分布广泛，是很多针叶树的害虫，尤其危害松树。它也是潜在的入侵物种，多次在世界各地被截获。但目前在其原产地之外，尚无其他地区的定殖记录。松墨天牛幼虫会危害松木制品和木料，因此它可造成重大的经济损失。同时它也是针叶树病原——松材线虫 *Bursaphelenchus xylophilus* 的主要传播媒介。

近缘物种

墨天牛属 *Monochamus* 包括20种，分布于全球的针叶林中。这个属内的种级分类比较混乱，很多种被重复描述过多次，因此分类学历史很烦冗。目前尚未有文献对这个属内的种级系统发育关系进行研究。

实际大小

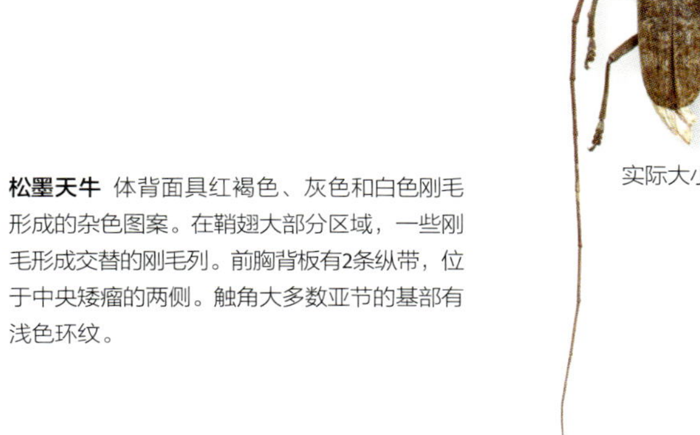

松墨天牛 体背面具红褐色、灰色和白色刚毛形成的杂色图案。在鞘翅大部分区域，一些刚毛形成交替的刚毛列。前胸背板有2条纵带，位于中央矮瘤的两侧。触角大多数亚节的基部有浅色环纹。

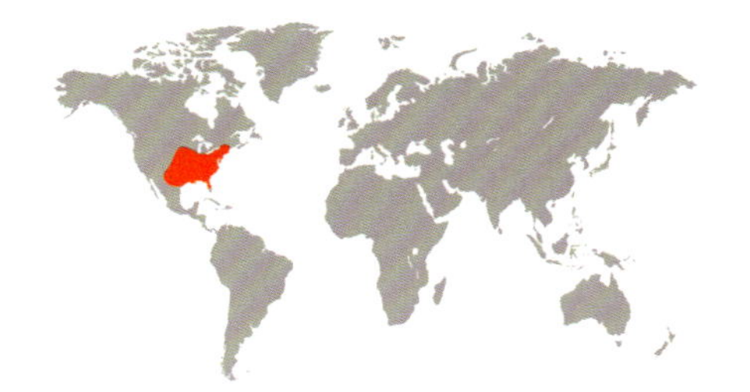

科	天牛科 Cerambycidae
亚科	沟胫天牛亚科 Lamiinae
分布	新北界：美国南部、中部和东部
生境	硬木森林
微生境	各种树的树枝
食性	幼虫在很多种树中发育，包括美国山核桃 *Carya illinoinensis*、山核桃属 *Carya* 其他种、牧豆树属 *Prosopis*、红槲栎 *Quercus rubra*、柿属 *Diospyros*、榆属 *Ulmus* 和杨属 *Populus*
附注	成虫会绕树枝咬一圈，使末端树枝衰弱并逐渐死亡，以此为幼虫发育提供食物来源

成虫体长
3/8–11/16 in
(10–18 mm)

橙斑直角天牛
Oncideres cingulata
Twig Girdler
(Say, 1826)

橙斑直角天牛为多食性，取食多种不同的硬木树，特别是美国山核桃、山核桃属其他种和榆树。由于它也取食牧豆树，在得克萨斯州它被作为防治这种有害树种的潜在天敌。与直角天牛族 Onciderini 的很多种一样，雌性成虫会绕树枝咬一圈，然后把卵产在树梢。外皮被啃咬一圈的树枝会渐渐衰弱，从而为幼虫发育提供了丰富的营养。当风来临时，这些树枝常常会掉落到树下，其特殊的断面很容易被认出是橙斑直角天牛的杰作。

近缘物种

橙斑直角天牛隶属于直角天牛族。该族包括79属近500种，分布于北美洲、中美洲和南美洲。直角天牛属 *Oncideres* 是该族最大的属，包括120种以上。

橙斑直角天牛　其识别特征为：全身红褐色，鞘翅中部有1道白色绒毛形成的宽横纹，整个鞘翅散布橙黄色绒毛形成的斑点。头部额区平坦（与该族大多数种相同），上颚大。触角长于身体，大部分区域被白色绒毛。

实际大小

科	天牛科 Cerambycidae
亚科	沟胫天牛亚科 Lamiinae
分布	新热带界：巴西、秘鲁、玻利维亚
生境	热带森林
微生境	死木
食性	植食性，但寄主植物未知
附注	是仅知的触角特化成螯针的天牛

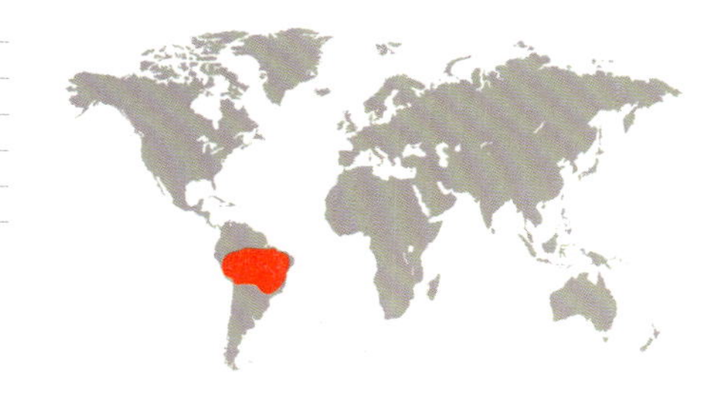

成虫体长
9/16–7/8 in
(14–21 mm)

天蝎钩角天牛
Onychocerus albitarsis
Onychocerus Albitarsis
Pascoe, 1859

天蝎钩角天牛是仅知的触角特化成螯针的甲虫，与蝎子和膜翅目昆虫显现出平行进化特征，这很有意思。2007年发表的一篇文献对天蝎钩角天牛的触角和蝎子尾节上的毒针进行了比较形态学研究，研究表明二者具有极大的相似性——均具有尖锐的末端、膨大的储藏毒液部，以及成对的传输毒液的沟。天蝎钩角天牛的寄主植物未知，但同属的其他种曾从漆树科和大戟科植物中饲养出来。这些科的植物包括一些有毒的种类，这些毒素或许是天蝎钩角天牛防御液的来源。当它们受惊扰时，会把有刺激性的防御液注射到敌人身上。

近缘物种

天蝎钩角天牛归于 Anisocerini 族。该族包括26属。钩角天牛属 *Onychocerus* 包括8种，除粗钩角天牛 *Onychocerus crassus* 分布于中美洲外，其他种均分布于南美洲。

实际大小

天蝎钩角天牛 其特点是，体表被高对比度的黑色和白色绒毛，体形偏球形。该属的大多数种的触角末端都特化成尖锐的形状，但仅本种有完整的螯针（还包括成对的传输毒液的沟，及储藏毒液的膨大构造）。

科	天牛科 Cerambycidae
亚科	沟胫天牛亚科 Lamiinae
分布	非洲热带界：埃塞俄比亚、索马里、肯尼亚、坦桑尼亚、乌干达
生境	沿海的落叶林
微生境	腰果树 *Anacardium occidentale* 、榕树 *Ficus* spp. 和爪哇木棉 *Ceiba pentandra* 的树枝
食性	成虫食性未知；幼虫钻蛀腰果、榕树和爪哇木棉
附注	此种是东非沿海腰果种植园的害虫

成虫体长
1–1⁹⁄₁₆ in
(25–40 mm)

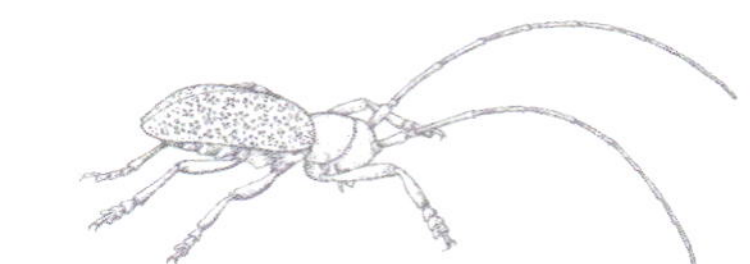

腰果天牛
Paranaleptes reticulata
Cashew Stem Girdler

(Thomson, 1877)

腰果天牛是东非沿海地区腰果树的害虫，特别是在肯尼亚和坦桑尼亚。它还侵害榕树和爪哇木棉。雌虫用上颚绕树枝（直径30–80 mm）啃咬一圈，然后把卵产在树梢。外皮被啃咬一圈的树枝会渐渐衰弱，孵化后的幼虫在其中发育，从中获得丰富的营养。当风来临时，这些树枝常常会折断掉落到地上。幼虫发育一年后羽化。

近缘物种

腰果天牛属 *Paranaleptes* 包括2种，隶属于 Ceroplesini 族。该族分布于非洲，大多数种都归于*Ceroplesis*属。目前该族的属种级系统发育关系尚无研究。

腰果天牛 体大型，非常漂亮。体壁大部分区域黑色，部分区域被红褐色绒毛。足和触角黑色，被稀疏的红褐色绒毛。鞘翅黑色，表面具金黄色绒毛形成的网状图案。

实际大小

科	天牛科 Cerambycidae
亚科	沟胫天牛亚科 Lamiinae
分布	非洲热带界：撒哈拉沙漠以南的西非和中非
生境	热带森林
微生境	树皮、根冠、树枝，尤其是榕树
食性	成虫食性未知；幼虫的寄主植物包括榕属 *Ficus*、吉贝属 *Ceiba*、美洲橡胶树属 *Castilla* 和木麻黄属 *Casuarina*
附注	本种是非洲最大的天牛，也是榕树害虫

成虫体长
$1\frac{1}{2}$–$2\frac{15}{16}$ in
(38–76 mm)

岩颚天牛
Petrognatha gigas
Giant African Longhorn
Fabricius, 1792

岩颚天牛是非洲最大的甲虫之一，成虫体长能达76 mm，幼虫体长能达127 mm。该种是榕树种植园的害虫，它侵害的榕树若干年后会死亡。引进的美洲橡胶树 *Castilla* spp. 也易被侵害。该种的幼虫体型如此大，富含丰富的蛋白质，西非当地人把它们当作珍馐美味。

近缘物种

岩颚天牛归于岩颚天牛族 Petrognathini。该族种类不多，但形态变异大。它包括10个属，大多在非洲热带界分布。但这个族可能不是一个自然类群（即不是一个单系），因为它包括的所有种几乎没有共同特征。岩颚天牛属 *Petrognatha* 仅包括本种，没有已知的相似种和近缘物种。

实际大小

岩颚天牛 体型非常大，成虫体长能达76 mm。体色及触角和足的形态使其能伪装成树皮样或藤蔓样。鞘翅肩部各具1刺；该刺与发达的上颚一样，能帮助它防御捕食者。

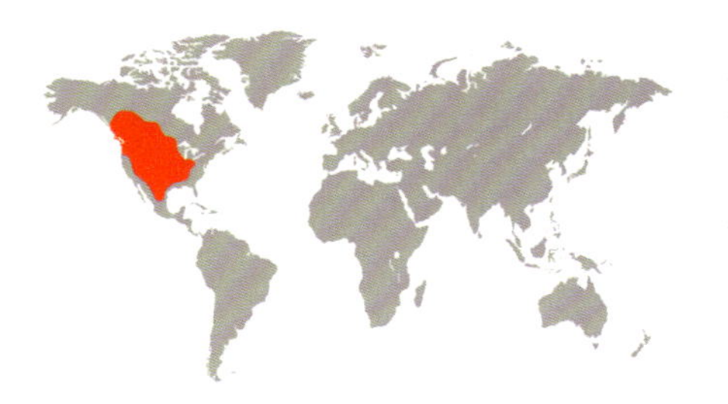

科	天牛科 Cerambycidae
亚科	沟胫天牛亚科 Lamiinae
分布	新北界和新热带界：加拿大南部、美国、墨西哥北部
生境	平原、草地、水边
微生境	萝藦科马利筋属 *Asclepias*
食性	成虫和幼虫在马利筋属的茎和根部中发育并取食
附注	成虫能将其所取食的马利筋属植物的毒素用于化学防御，以抵御天敌捕食

成虫体长
5/16–3/4 in
(8–20 mm)

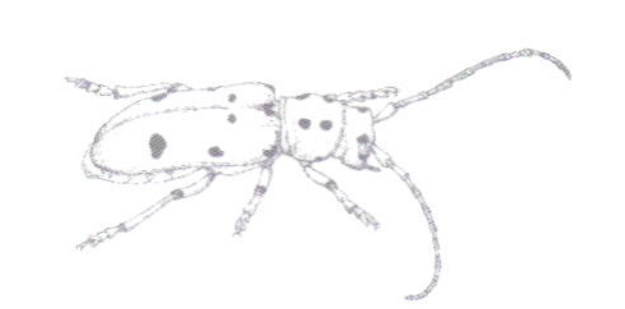

黑腿拟离眼天牛
Tetraopes femoratus
Tetraopes Femoratus
LeConte, 1847

黑腿拟离眼天牛隶属于拟离眼天牛族Tetraopini。该族大多数种专性取食萝藦科马利筋属植物。这些植物的乳汁中含某类糖苷，这类糖苷对大多数动物有毒性。拟离眼天牛属与马利筋属的平行进化，是昆虫和植物协同进化的经典例子；也是昆虫能规避有毒植物的毒性的例子，同时在这个例子中还伴随着警戒色的发生。黑腿拟离眼天牛是该属分布最广的种，分布范围遍布美国、加拿大和墨西哥。

近缘物种

拟离眼天牛属 *Tetraopes*，隶属于拟离眼天牛族。该族分布于新北界和新热带界，仅包括2个属。拟离眼天牛属包括22个种，分布范围从加拿大一直往南至危地马拉，大多数种集中分布于美国。黑腿拟离眼天牛是最广布的种，也是形态变异最大的种，因此它有众多异名。

黑腿拟离眼天牛 该属中形态变异最大的种。体红色，有黑斑（该属大多数种均如此）。本种可依据以下特征识别：前胸背板盘区显著隆起，鞘翅基部具清晰刻点，触角各节基部和端部均有灰色绒毛形成的环纹。

实际大小

科	天牛科 Cerambycidae
亚科	花天牛亚科 Lepturinae
分布	新北界：加利福尼亚北部的萨克拉门托河谷
生境	河谷和开阔斜坡的接骨木
微生境	活的蓝接骨木的根部、枝条和花
食性	幼虫钻蛀活的蓝接骨木的根部；成虫与大多数天牛一样，基本不取食
附注	分布范围有限，且生境衰退，为濒危物种

雄性成虫体长
$^9/_{16}$–$^{11}/_{16}$ in
(14–17 mm)

雌性成虫体长
$^5/_8$–$^{15}/_{16}$ in
(16–24 mm)

加州德花天牛（四点亚种）
Desmocerus californicus dimorphus
Valley Elderberry Longhorn Beetle
Fisher, 1921

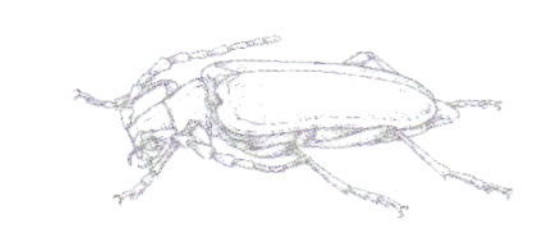

加州德花天牛（四点亚种）在1921年发现于加利福尼亚的萨克拉门托。幼虫寄主植物为蓝接骨木 *Sambucus cerulea*（该属幼虫的寄主均为接骨木属植物）。这个亚种仅限分布于加利福尼亚北部的萨克拉门托河谷，因此美国鱼类及野生动物管理局界定它是濒危物种。该种雌雄二型：雄虫鞘翅大部分区域橙色，雌虫仅鞘翅边缘橙色。虫体死亡后，橙色会褪成暗黄色。

近缘物种

德花天牛属 *Desmocerus* 归于花天牛亚科，仅包括3种，分布于美国和加拿大。加州德花天牛（四点亚种）最初发表时是作为独立的种发表的，但后来的研究认为它仅是加州德花天牛 *Desmocerus californicus* 的一个地理变型。加州德花天牛除这个亚种外，还包括1个指名亚种。

实际大小

加州德花天牛（四点亚种） 识别特征是：鞘翅部分或完全橙色，整个鞘翅密布粗糙的刻点。亚种本名 *dimorphus* 指雌雄鞘翅二型：雄性鞘翅大部分区域橙色（仅鞘翅基部具黑斑），雌性鞘翅大部分区域黑色（仅鞘翅边缘橙色）。

科	天牛科 Cerambycidae
亚科	膜花天牛亚科 Necydalinae
分布	新北界：北美洲的太平洋沿岸，从不列颠哥伦比亚省至加利福尼亚州南部，东至爱达荷州西部
生境	针叶林
微生境	各种针叶树的树干和残桩
食性	成虫食性未知；幼虫寄主主要是西黄松和花旗松；其他寄主包括冷杉属、云杉属和铁杉属
附注	本种天牛成虫拟态熊蜂

成虫体长
9/16–1 3/8 in
(15–35 mm)

蜂花天牛
Ulochaetes leoninus
Lion Beetle
LeConte, 1854

实际大小

蜂花天牛　识别特征是：前胸背板密被金黄色的绒毛，很像狮子的鬃毛。鞘翅非常短，仅至腹部1/3至1/4，体色由黑色和黄色组成；后翅外露。股节、胫节端部和跗节黑色，胫节基部2/3黄色。

蜂花天牛属 *Ulochaetes* 在北美洲地区仅分布蜂花天牛一种，它的外形和行为非常像熊蜂。成虫会在树干上无规律地爬动，快速轻弹触角，快速拍打后翅，并抬起腹部成威胁姿势。它们甚至在飞起时会发出跟蜂一样的嗡嗡声。该种前胸背板被密集绒毛，像狮子一样，它的英文俗名就来源于此（英文俗名为Lion Beetle，意为“像狮子的甲虫”）。幼虫常见于立枯的西黄松 *Pinus Ponderosa* 和花旗松 *Pseudotsuga meziesii* 中，成虫亦发现于这些树的表面。

近缘物种

这个种归于膜花天牛亚科；该亚科原来归于花天牛亚科 Lepturinae，现包括12个属。仅知3种，其他2种分别分布于不丹和中国[1]。这3种的外形非常相似，应该非常近缘，但目前尚无种间的系统发育研究。

① 分布于不丹和中国的这两个种已被相互异名，因此蜂花天牛属现在共包括2种。文献依据：Lin M Y., Tichý T. 2014. Les Cahiers Magellanes, NS, NO 14: 127-132. ——译者注

科	天牛科 Cerambycidae
亚科	异天牛亚科 Parandrinae
分布	新北界：美国东半部和加拿大东南部
生境	落叶林和针叶林
微生境	腐朽的残桩、树洞和倒木
食性	成虫和幼虫在北美洲东部几乎取食所有朽木
附注	食性最广泛的天牛之一

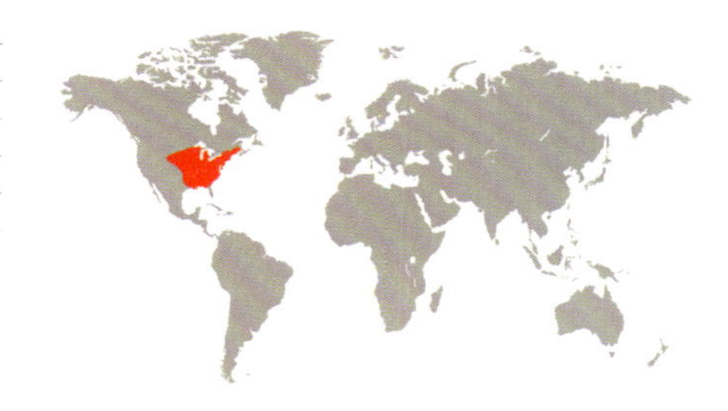

成虫体长
⅜–1 in
(10–25 mm)

陷异天牛
Neandra brunnea
Neandra Brunnea
(Fabricius, 1798)

陷异天牛隶属于异天牛亚科，该亚科的形态和生物学习性比较特殊，为非典型的天牛。它们在潮湿的朽木中发育（这个习性与黑蜣科相似），而大多数天牛在新近死亡或受伤的寄主植物中发育。陷异天牛在北美洲可能是食性最广的天牛，它侵入各种朽木（包括针叶树和落叶树）。对它而言，寄主植物的种类远不如树木的腐朽程度重要。它对木质有机质的分解和土壤的形成非常重要。

近缘物种

异天牛亚科在北美洲仅有3种。这3种原来都归于异天牛属 *Parandra*：1种属 *Archandra* 亚属，1种属陷异天牛亚属 *Neandra*。2002年陷异天牛亚属被提升为属。该属在北美洲的另1种是：*Neandra marginicollis*，分布于美国西南部。

实际大小

陷异天牛 外表不像天牛，更像拟步甲。全身红褐色，背面光洁，触角非常短，跗节可见5节。上颚发达，尤其雄性。它与该亚科在北美洲东部地区分布的唯一另一种的区别是，无爪间突。

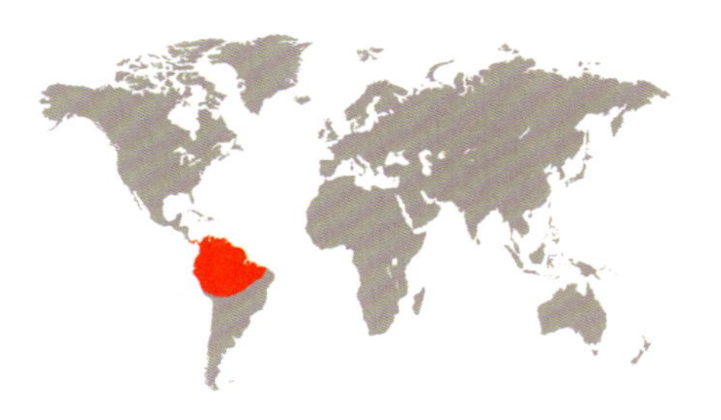

科	天牛科 Cerambycidae
亚科	锯天牛亚科 Prioninae
分布	新热带界：南美洲北半部
生境	热带雨林
微生境	常见于直叶椰子 *Attalea maripa* 上
食性	成虫不取食
附注	世界上最大的天牛之一（包含上颚长度）

雄性成虫体长
2⁵⁄₁₆–6¼ in
(59–160 mm)

雌性成虫体长
2⅜–4½ in
(60–115 mm)

长牙天牛
Macrodontia cervicornis
Giant Jawed Sawyer
(Linnaeus, 1758)

实际大小

长牙天牛是该属个体最大且最常见的种。成虫夜行性，有时被灯光吸引。成虫标本常见于直叶椰子上，这种椰子树也是幼虫的寄主植物之一。幼虫形态独特，胸部和腹部被天鹅绒般的刚毛。它们在已死的或快死的树内部钻蛀出大量蛀道，寄主如椰子 *Cocos nucifera*、直叶椰子属 *Attalea*、吉贝属 *Ceiba* 和阶新榈属 *Jessenia*。幼虫体长能达210 mm，会被巴西土著人当作食物。

近缘物种

长牙天牛属 *Macrodontia* 仅限分布于新热带界，包括11种。*Macrodontia zischkai*、*Macrodontia jolyi*、*Macrodontia itayensis*、*Macrodontia dejeani*、*Macrodontia mathani*、*Macrodontia marechali*、*Macrodontia crenata* 和 *Macrodontia flavipennis*，这些种仅限分布于南美洲。*Macrodontia batesi* 和最近发表的 *Macrodontia castroi* 分布于中美洲。一些种的地理分布范围很广，而另一些种仅知于单个国家。

长牙天牛　个体非常大，前胸有褐色和黑色形成的图案。头部、足和上颚形态都不寻常。上颚内弯，内缘具1齿。体扁平。体长变化范围大，大型的标本能达该亚科体长上限。大型标本有巨大的带齿上颚。

科	天牛科 Cerambycidae
亚科	锯天牛亚科 Prioninae
分布	新热带界：南美洲北半部
生境	热带雨林
微生境	巨树的基部和根冠
食性	成虫不取食
附注	世界上最大的甲虫之一

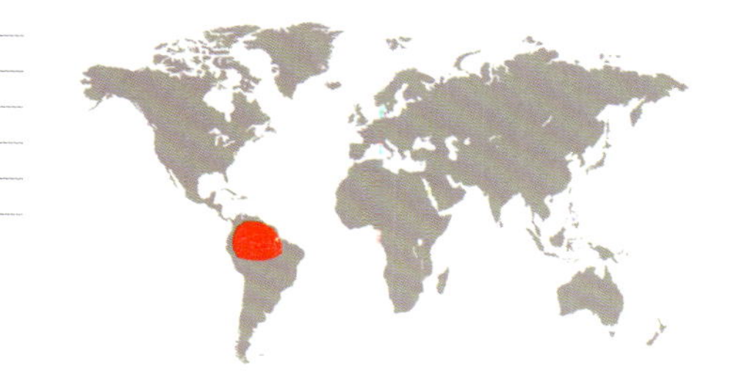

雄性成虫体长
3¾–6⁹⁄₁₆ in
(95–167 mm)

雌性成虫体长
4⅞–6¼ in
(124–160 mm)

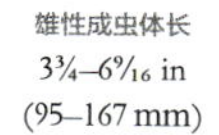

泰坦天牛
Titanus giganteus
Titan Beetle

(Linnaeus, 1771)

泰坦天牛以世界上最大的甲虫而著称。虽然传说中有体长达200–230 mm的标本，但我们确切知道的最大标本的体长为167 mm。在过去很长一段时间内，泰坦天牛被认为数量很稀少，但最近在法属圭亚那用灯诱法采到过很多雄虫标本（雌虫不被灯光吸引）。幼虫可能在已死亡的或快死亡的巨树中发育。幼虫期可能跨越几年，寄主植物未知。

实际大小

近缘物种

泰坦天牛属 *Titanus* 包括2个亚属：泰坦天牛亚属 *Titanus* （包括1种）和笨泰坦天牛亚属 *Braderochus* （包括9种）。不过笨泰坦天牛亚属最近被提升为独立的属。笨泰坦天牛亚属的标本很少，各种雌性很难区分。该亚科另一个外表近似的属为*Ctenoscelis*，包括8个种和亚种，分布于南美洲。

泰坦天牛 体大型，深褐色至黑色。鞘翅具微弱的纵脊。雌雄易于区分：雌虫胫节无齿，且触角较雄性短，触角柄节不如雄虫膨大。成虫防御机制包括：发出嘶嘶的警戒声，前胸背板具尖刺，以及强壮的爪。

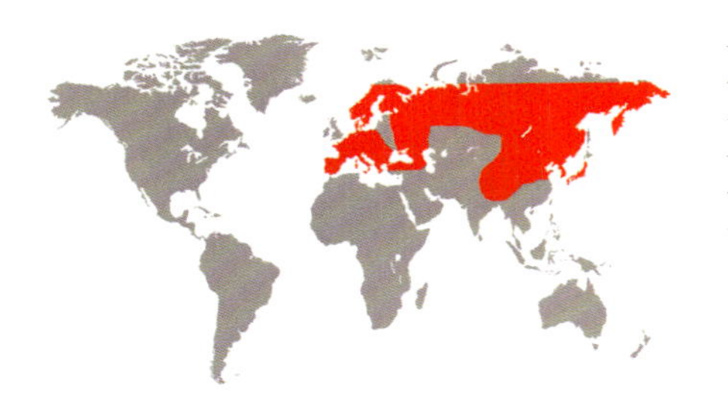

科	天牛科 Cerambycidae
亚科	椎天牛亚科 Spondylidinae
分布	古北界：横贯欧洲，至亚洲北部、韩国和日本
生境	针叶林
微生境	活松树或死松树的树皮和残桩
食性	成虫食性未知；幼虫主要在松树中发育
附注	是古北界死松树的重要分解者

成虫体长
⅜–1 in
(10–25 mm)

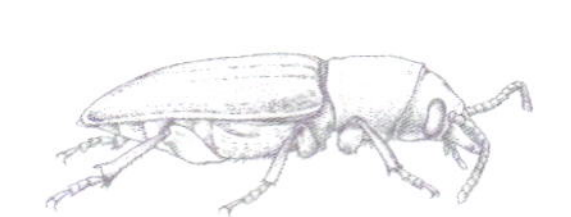

椎天牛
Spondylis buprestoides
Firewood Longhorn Beetle

(Linnaeus, 1758)

椎天牛是最早描述的天牛之一。它是林奈在1758年发表的，距今超过250年。它广泛分布于欧洲和亚洲北部，是椎天牛属 *Spondylis* 的独有种。该种外表不像典型的天牛，头部和前胸背板更像谷盗。它的英文俗名意思为柴火天牛，因为成虫常从房屋附近的柴火堆中羽化出来而得此名。成虫夜行性。椎天牛与该亚科其他种一样，在朽木的分解过程中起到重要作用。

近缘物种

与椎天牛最近缘的种是 *Neospondylis upiformis*（分布于北美洲）。该种原归于椎天牛属，直至最近才被移出。椎天牛亚科的其他属包括*Arhopalus*、*Asemum*和*Tetropium*。这些属的幼虫非常相似，这是它们近缘的依据之一。

实际大小

椎天牛 特点是：体表光洁，黑色，外表不像典型的天牛。触角和足短粗。上颚显著，端部尖锐。前胸背板大，侧缘呈均匀的圆弧形。前胸背板和鞘翅具粗糙密集的刻点。鞘翅各有2道纵脊。

科	距甲科 Megalopodidae
亚科	小距甲亚科 Zeugophorinae
分布	古北界和新北界的大部分区域
生境	各种温带森林、城市
微生境	成虫发现于木本植物的叶子上，大多为杨柳科植物；幼虫潜叶
食性	树叶，多为杨柳科植物
附注	本种是物种从古北界入侵到北美洲的例子

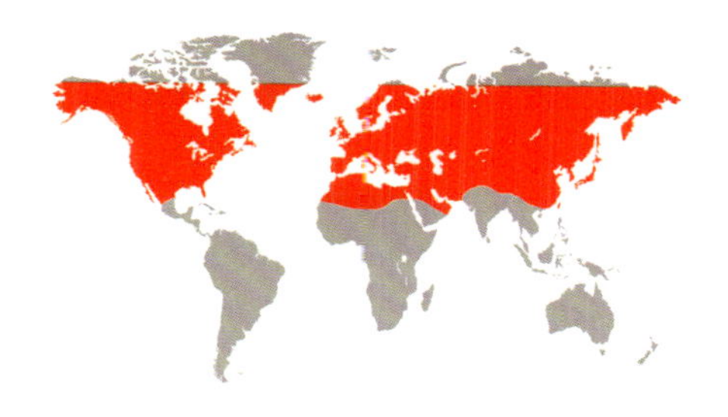

成虫体长
3/16 in
(3.8–4.7 mm)

盾瘤胸叶甲
Zeugophora scutellaris
Poplar Blackmine Beetle
Suffrian, 1840

盾瘤胸叶甲属种类不多，幼虫潜叶。幼虫体扁平，无足，适于生活在叶子上下表面间的狭窄空间内。老熟幼虫掉落到地面，钻进土壤中化蛹。在温带地区，成虫于5–6月羽化。它们大多在树叶背面取食，产生所谓的潜叶痕。

实际大小

近缘物种

瘤胸叶甲亚属 *Zeugophora s. str.* 包括15种，均分布于古北界。整个瘤胸叶甲属在新北界分布有9种。在古北界的种中，盾瘤胸叶甲与 *Zeugophora subspinosa* 最为接近，二者在古北界的分布范围基本相同，但后者在北美洲无分布。后者亦取食柳树和杨树。

盾瘤胸叶甲 体小型，头部、前胸背板和足黄色。触角基部若干节黄色，端部其余几节深褐色。腹部和鞘翅深褐色。此种一个有意思的特征是，前胸背板侧缘近中部外扩，形成1对三角形的刺突。

科	芽甲科 Orsodacnidae
亚科	异芽甲亚科 Aulacoscelidinae
分布	新热带界：巴拿马
生境	热带森林
微生境	海拔100–1230 m
食性	费氏泽米铁*Zamia fairchildiana*充分展开的叶子
附注	本种是叶甲中最原始的种类之一

成虫体长
¼–5/16 in
(6.2–8.2 mm)

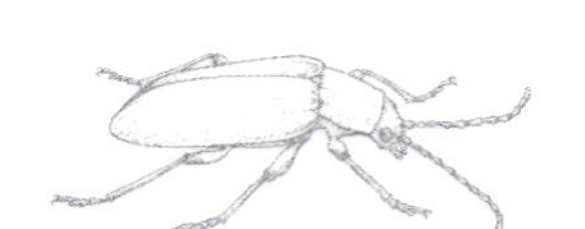

肢异芽甲
Aulacoscelis appendiculata
Aulacoscelis Appendiculata

Cox & Windsor, 1999

广义的叶甲种类极为丰富，异芽甲亚科对于理解这个类群的进化非常重要。在肢异芽甲发表之前，异芽甲亚科幼虫未知。1999年，肢异芽甲发表，并同时伴有幼虫描述，6头幼虫是从40粒卵中人工饲养出的。成虫受惊时，会有“反射放血”，即股节和胫节间的关节分泌出几滴有毒物质。该物质来源于寄主植物泽米铁科的费氏泽米铁 *Zamia fairchildiana*。

近缘物种

异芽甲亚科种类很少，已知约20种，分成2个属：异芽甲属 *Aulacoscelis* 和 *Janbechynea* 属。它们主要取食苏铁 *Cycas revoluta* 叶子，时常访花（有时访凤梨科的花）。在异芽甲亚科中，*Aulacoscelis melanocera* 与肢异芽甲最相似。*Aulacoscelis melanocera* 目前在该属中是最广布的种，据报道在洪都拉斯取食苏铁叶子。

实际大小

肢异芽甲 全身红橙色，足、触角和口器黑色。鞘翅平坦，比前胸背板长很多；鞘翅表面被稀疏的短刚毛，刚毛黄色，直立。前胸背板基部有1对非常短的纵凹。

科	叶甲科 Chrysomelidae
亚科	豆象亚科 Bruchinae
分布	世界性分布
生境	农业生态系统
微生境	各种微生境，包括储藏物中
食性	成虫不取食；幼虫主要在蝶形花科植物的种子里取食，尤其是菜豆属 *Phaseolus*
附注	储藏物的重大害虫，主要侵害菜豆 *Phaseolus vulgaris*

成虫体长
⅛ in
(2.8–3.2 mm)

菜豆象
Acanthoscelides obtectus
Bean Weevil
(Say, 1831)

实际大小

菜豆象最初描述于美国的路易斯安那州，但被认为原产于中美洲，现在已扩散分布至全世界。成虫不取食，因此成虫维持生命所需的所有营养均来自幼虫期的积累。未交配的雌性在羽化不久后产下具有卵壳的成熟卵。卵只在蝶形花科植物或该科的杂交种株中发育。幼虫钻入寄主植物的种子中完成其发育，有时一个豆荚中可生活几头幼虫。

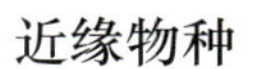

近缘物种

三齿豆象属 *Acanthoscelides* 在豆象亚科中是相对漂亮的。该属在美国有54种。在这些种中，红纹三齿豆象 *Acanthoscelides rufovittatus*（分布范围包括美国亚利桑那州和得克萨斯州，及墨西哥和委内瑞拉）与菜豆象最相似，但二者体色和体形的细微特征，以及雄性外生殖器的形态均不同。

菜豆象　体黑色，体表被浅色鳞片。足红褐色至黑色。后足股节强烈膨大，内缘具短梳状的尖齿。触角末节红色，8–10节宽大于长。

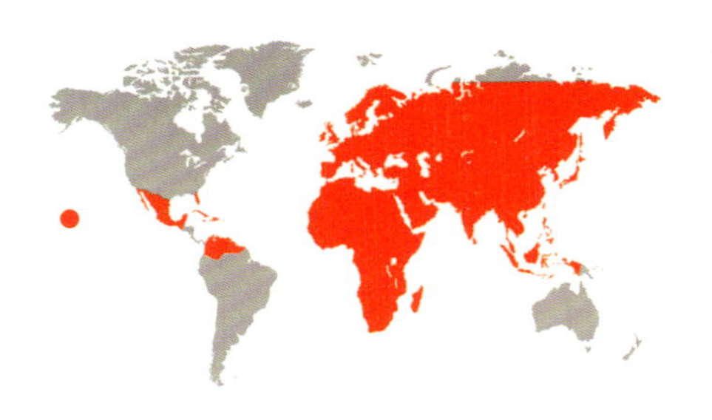

科	叶甲科 Chrysomelidae
亚科	豆象亚科 Bruchinae
分布	非洲热带界、古北界、东洋界、新北界和新热带界：非洲、中东、亚洲；人为引入欧洲、美国（佛罗里达州、夏威夷）、西印度群岛、哥伦比亚、圭亚那、墨西哥和委内瑞拉
生境	干旱环境、储藏物
微生境	各种生境，主要寄主为酸豆属 *Tamarindus* 和金合欢属 *Acacia*
食性	幼虫取食多种豆类植物的种荚；成虫生命短，可能不取食
附注	酸豆 *Tamarindus indica* 和落花生 *Arachis hypogaea* 的重要害虫

成虫体长
$^{3}/_{16}$–$^{1}/_{4}$ in
(3.5–6.8 mm)

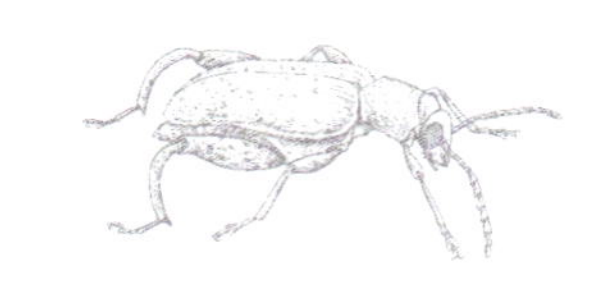

花生豆象

Caryedon serratus

Caryedon serratus

(Olivier, 1790)

花生豆象最初描述于塞内加尔，为泛热带种，现在认为其可能原产于非洲或亚洲。它已被人为引入欧洲、美国（佛罗里达州、夏威夷）、西印度群岛，及中美洲和南美洲北部的一些国家。该种取食各种豆类植物，幼虫在种荚内发育。寄主植物包括酸豆、落花生、金合欢属的种类、黄花羊蹄甲 *Bauhinia tomentosa*、洋金凤 *Caesalpinia pulcherrima*、腊肠树 *Cassia fistula*、大果铁刀木 *Cassia grandis* 和美洲牧豆树 *Prosopis pallida*。在实验条件下，卵、幼虫和成虫期相对较长，总共持续60–95天。

近缘物种

花生豆象属 *Caryedon* 包括30种以上，大多分布于地中海地区的南部和东部、非洲热带地区、马达加斯加和亚洲。在古北界至少已知28种。它们取食蝶形花科、伞形科和使君子科的多种植物。腹花生豆象 *Caryedon abdominalis* 与花生豆象接近，但前者体色较浅，触角更细，臀板更短。

花生豆象　体浅褐色至深褐色；体表密被短刚毛，多为黄色。头部窄，复眼大。后足股节强烈膨大，几近呈盘状，有一排小尖齿。后足胫节弯曲，与股节内缘的弯曲度相配，二者相互吻合于一弧线。

实际大小

科	叶甲科 Chrysomelidae
亚科	豆象亚科 Bruchinae
分布	古北界：俄罗斯西南部、土耳其、伊朗、哈萨克斯坦、蒙古
生境	古北界南部的大草原、半沙漠和沙漠、盐湖岸边
微生境	白刺 *Nitraria schoberi*（蒺藜科）
食性	成虫取食白刺的叶子和花；幼虫在白刺的果实中发育
附注	本种是在分类学地位最为存疑的豆象之一

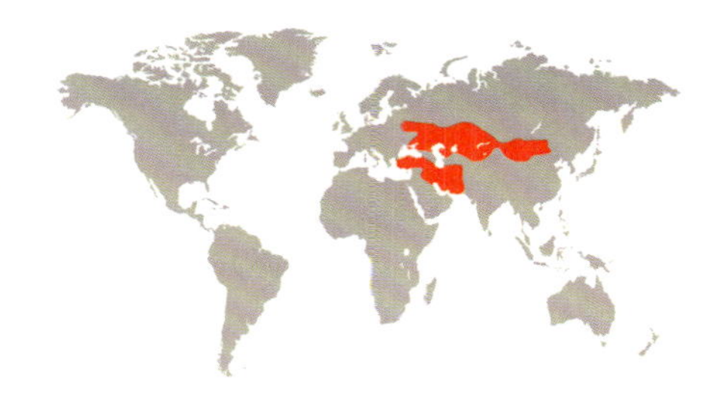

成虫体长
³⁄₁₆ in
(3.5–4.3 mm)

蓝绿弯足豆象
Rhaebus mannerheimi
Rhaebus Mannerheimi
Motschulsky, 1845

蓝绿弯足豆象的生物学习性为人熟知，与本属其他种不同。俄罗斯昆虫学家F.K. 卢克雅诺维卡（F. K. Lukjanovich）于1937和1938年在哈萨克斯坦研究了这个种。他发现成虫取食白刺花的各个部位，幼虫生活在白刺的果实中，并在其中发育。末龄幼虫会挖掘一个隧道，当它羽化后即从这个隧道飞出。但隧道直径显著窄于成虫身体宽度，这使得科学家们相信成虫是在体壁硬化之前离开幼虫蛹室的，这种习性与其他豆象不同。

近缘物种

弯足豆象属 *Rhaebus* 仅包括6种，均分布于古北界南部。该属的形态学和生物学特性都与豆象亚科的其他种类不同，因此把它们单独作为豆象亚科下的一个族，即弯足豆象族 Rhaebini。该属最近发表的种是 *Rhaebus amnoni*，发现于以色列，正式描述于2000年。

蓝绿弯足豆象 体呈亮金属绿色，有时略偏蓝色或紫色。体狭，两侧近于平行，或鞘翅中部往前至头部逐渐变窄。后足跗节第1、2和4节非常细长。雄虫后足股节强烈膨大，后足胫节内弯，后足胫节被白色的长刚毛。

科	叶甲科 Chrysomelidae
亚科	龟甲亚科 Cassidinae
分布	新热带界：从墨西哥至巴西
生境	热带森林
微生境	伞花茉栾藤 *Merremia umbellata*
食性	成虫和幼虫取食伞花茉栾藤
附注	雌虫有照顾后代的行为

成虫体长
3/8–9/16 in
(10–15 mm)

透窗龟甲
Acromis sparsa
Acromis Sparsa
(Boheman, 1854)

透窗龟甲在叶甲中很独特，有复杂的行为：雄虫间有激烈的竞争，雌虫有照顾后代的行为。雄虫在竞争雌虫时，一般用触角击打对方，也常常夹紧鞘翅猛推对方。许多雄性标本鞘翅上有洞，这些洞被认为是雄性争斗的结果。雌性成虫会在幼虫取食时守护在一旁，有时站在幼虫的背上。这些幼虫自身没有防御机制，而无亲代抚育的龟甲幼虫往往自身有防御机制。亲代抚育能降低幼虫的死亡率。

近缘物种

窗龟甲属 *Acromis* 包括3种，均分布于南美洲。其他2种未报道有亲代抚育行为。*Acromis spinifex* 的寄主植物是番薯 *Ipomoea batatas*，*Acromis venosa* 的寄主植物未知。

实际大小

透窗龟甲 体稻黄色，鞘翅有小黑斑。前胸背板颜色略比鞘翅深，近中央有1对黑色的细纵线。雄虫鞘翅有长尖角。

科	叶甲科 Chrysomelidae
亚科	龟甲亚科 Cassidinae
分布	东洋界和澳洲界：亚洲东南部、澳大利亚
生境	有棕榈树的各种森林
微生境	棕榈树
食性	取食约20种棕榈树，包括椰子 *Cocos nucifera*
附注	在亚洲和澳大利亚，本种是危害棕榈树最严重的入侵害虫之一

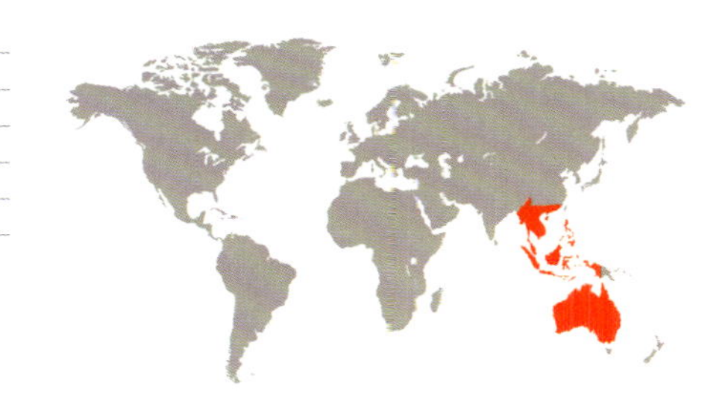

成虫体长
¼–⅜ in
(7.3–9.8 mm)

椰心叶甲
Brontispa longissima
Coconut Hispine Beetle
(Gestro, 1885)

椰心叶甲原产于印度尼西亚，目前的分布范围包括澳大利亚、中国、老挝、马来西亚、缅甸、菲律宾、泰国和越南。从卵发育至成虫的完整生命周期，通常需要5–9周。据报道，雌虫会在每个卵上涂上排泄物。成虫和幼虫避光活动，夜行性。它们取食棕榈树的小叶，造成明显的危害状，并可能导致树的死亡。

近缘物种

椰心叶甲属 *Brontispa* 包括约20种，均分布于亚洲东南部。它们取食的植物包括天南星科、棕榈科、露兜树科、禾本科和姜科的种类。史密森研究所国家自然历史博物馆保存有17种该属标本。在这些标本中，*Brontispa simonthomasi* 与椰心叶甲最近似。*Brontispa simonthomasi* 最早的标本是在1958年采于新几内亚的，该种在1960年由格雷西特（J. L. Gressitt）描述。

实际大小

椰心叶甲　体狭长形，背腹面扁平。体色多变，主色为稻黄色至深褐色。额中央具1个前伸的刺突。足短宽，股节略弯。

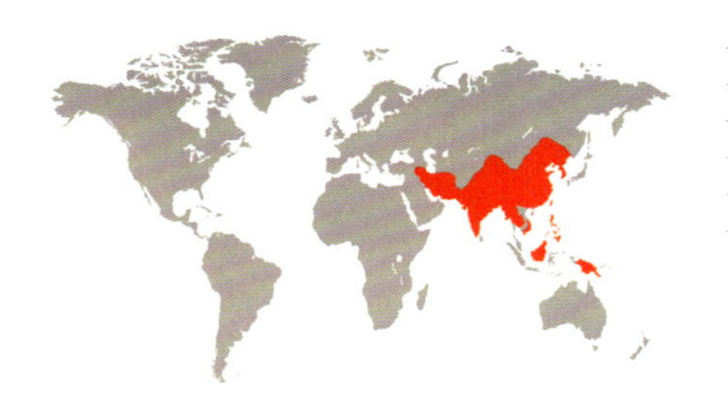

科	叶甲科 Chrysomelidae
亚科	龟甲亚科 Cassidinae
分布	东洋界和澳洲界：亚洲南部
生境	草地、稻田
微生境	成虫和幼虫发现于各种草地
食性	成虫刮食寄主植物的叶子；幼虫潜叶
附注	在亚洲南部是稻属 *Oryza* 的主要害虫，特别是在印度、尼泊尔和孟加拉

成虫体长
3/16–1/4 in
(5–7 mm)

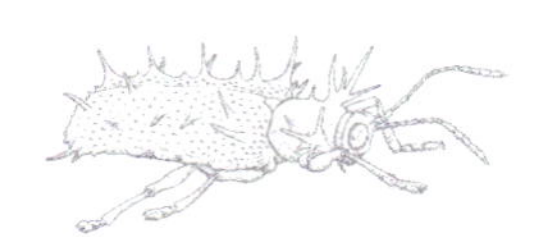

水稻铁甲
Dicladispa armigera
Rice Hispa
(Olivier, 1808)

水稻铁甲是亚洲南部许多国家水稻最主要的害虫之一。成虫刮食水稻叶子的表面，幼虫潜叶。由于危害大，本种的生物学习性研究得相对透彻。通常雌虫大概产80粒卵，卵于5日后孵化。雌性成虫寿命比雄性长。幼虫有4个龄期，发育期大概持续2周。在种植水稻的国家，水稻铁甲通常用杀虫剂控制。生物防治方法尚无深入研究，但目前已知该种会被多种蜂寄生，也会被蜘蛛捕食。

近缘物种

在印度，水稻铁甲与长刺稻铁甲 *Dicladispa birendra* 最接近。二者区别在于：水稻铁甲前胸背板的刺是直的，而长刺稻铁甲前胸背板的刺是弯的。长刺稻铁甲发表于1919年，发表者是著名的印度昆虫学家萨马伦德拉·毛利克（Samarendra Maulik）。模式标本有3头，采于印度阿萨姆邦；但其生物学习性基本不明。

实际大小

水稻铁甲 体形相对扁平，像大多数铁甲一样体表具长的尖刺。体色黑色，略带浅蓝色或绿色，有光泽。足黑色或深红褐色。

科	叶甲科 Chrysomelidae
亚科	龟甲亚科 Cassidinae
分布	新北界：北美洲南部
生境	长有各种棕榈树（如锯棕*Serenoa repens*、菜棕*Sabal* spp.）的森林
微生境	棕榈树
食性	成虫和幼虫记录取食近10种棕榈树
附注	是为数不多的取食棕榈树的叶甲之一

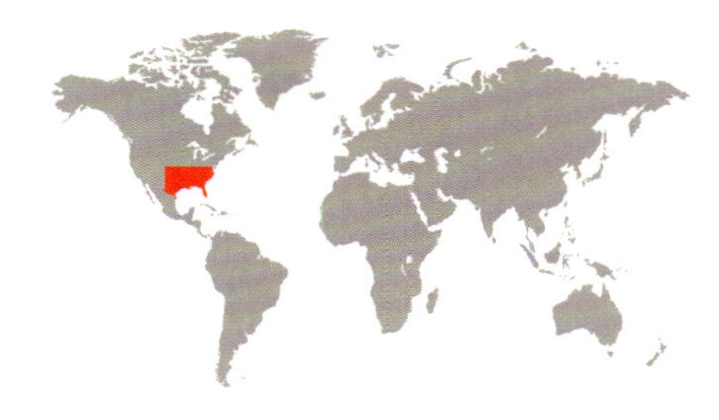

成虫体长
³⁄₁₆ in
(4.5–5.3 mm)

蓝艳球龟甲
Hemisphaerota cyanea
Florida Tortoise Beetle
(Say, 1824)

实际大小

蓝艳球龟甲是为数不多的幼虫有叉粪行为的叶甲。叉粪行为能防御捕食者和寄生者。雌虫产卵后，在卵外面涂上自己的粪便。孵化后的幼虫开始取食时，立即排出绳状的粪便，这个行为贯穿整个幼虫期。绳状粪便逐渐卷曲，形成一个松散的并不断增大的茅屋顶形的盖，遮住幼虫身体，从而避开捕食和寄生天敌。化蛹发生在寄主植物树叶上，粪便盖于其上。

近缘物种

除本种外，球龟甲属 *Hemisphaerota* 仅包括8种。其中5种分布于古巴，1种分布于多米尼加，2种仅知模式标本（模式产地不明确，在原始文献中记录为“Brasilia”）。对各种生物学习性的了解不够深入。

蓝艳球龟甲 体深蓝色，有金属光泽，触角亮黄色。体阔，盖住所有足。头部位于前胸背板前缘中央，从背面可见（龟甲亚科大多种类的头部从背面不可见）。

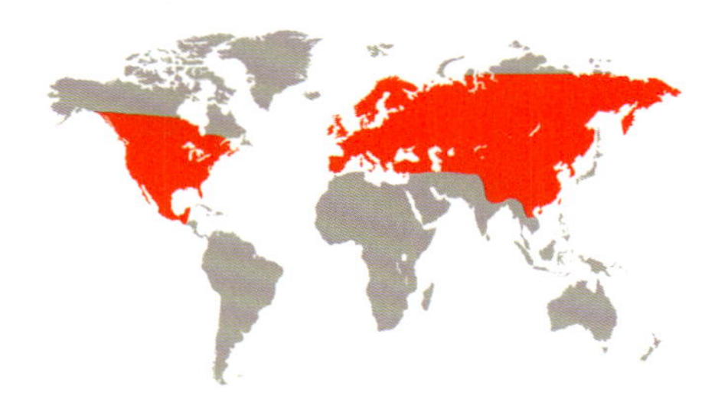

科	叶甲科 Chrysomelidae
亚科	叶甲亚科 Chrysomelinae
分布	新热带界和全北界：墨西哥、美国、欧洲、俄罗斯（包括高加索和远东地区）、中国
生境	开阔地带
微生境	茄属 *Solanum* 植物
食性	成虫和幼虫取食茄属植物的叶子
附注	世界上扩散得最广的叶甲

成虫体长
6/16–7/16 in
(10–11 mm)

马铃薯叶甲
Leptinotarsa decemlineata
Colorado Potato Beetle

Say, 1824

马铃薯叶甲是瘦跗叶甲属 *Leptinotarsa* 中最广布的种，也是叶甲科在世界范围内危害最严重的害虫。成虫在土壤中越冬，在早春羽化。雌虫产卵期可持续1个月，1头雌虫能产500粒卵。初孵幼虫深红色，带黑斑。老熟幼虫在土壤中化蛹。取食马铃薯 *Solanum tuberosum*，也取食茄属的其他植物如蒜芥茄 *Solanum sisymbriifolium*。

近缘物种

瘦跗叶甲属 *Leptinotarsa* 在世界范围内大概有40种，原产于北美洲和中美洲。美国有12种，但其中仅伪马铃薯叶甲 *Leptinotarsa juncta* 在美国东部与马铃薯叶甲的分布区重叠。伪马玲薯叶甲与马铃薯叶甲的区别是，前者鞘翅刻点形成规则的刻点列，股节外缘具1黑斑。

实际大小

马铃薯叶甲 体型大；侧面观为卵形，拱凸。基本体色从浅黄色至黄色，包括足的大部分区域。头部和前胸背板有黑色斑，鞘翅各有5条黑色纵带。鞘翅刻点列不规则。

科	叶甲科 Chrysomelidae
亚科	叶甲亚科 Chrysomelinae
分布	古北界北部：从斯堪的纳维亚至西伯利亚，向南至奥地利、德国、苏格兰北部和西部
生境	北方森林和南方苔原
微生境	山区森林、森林边缘、苔原上的潮湿洼地
食性	柳属和桦木属 *Betula* 植物的叶子
附注	少有的生活在亚北极的叶甲

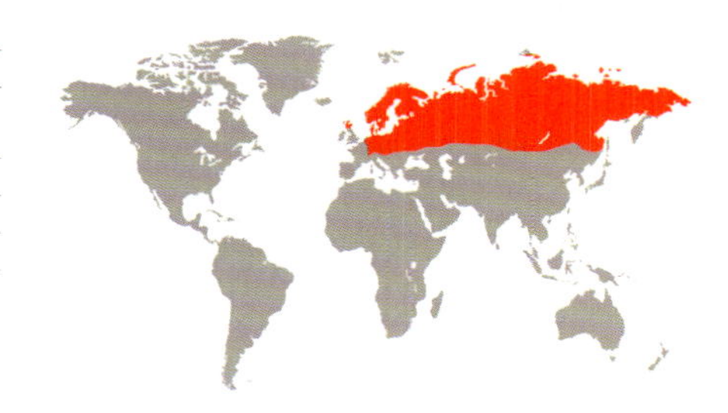

成虫体长
3/16 in
(3.6 – 4.7 mm)

北极弗叶甲
Phratora polaris
Phratora Polaris
(Schneider, 1886)

北极弗叶甲的分布范围向北延伸至北半球高纬度地区的苔原地带，这在叶甲中不多见。它适应于严寒的环境。由于高纬度地区植物的生长期很短，北极弗叶甲的生命周期也显著短于低纬度地区的近缘物种。该种化石在格陵兰岛全新世的地层中发现。幼虫生活于叶子表面，受惊时会从胸部和腹部可外翻的腺体中释放出防御物质。

近缘物种

北极弗叶甲归于弗叶甲属 *Phratora*，*Phyllodecta* 亚属，该亚属在古北界有35个种和亚种。弗叶甲属在新北界仅有10个种和亚种，其中北极弗叶甲与 *Phratora hudsonica* 和 *Phratora frosti* 非常相似（甚至有可能是同种）。*Phratora hudsonica* 已知取食各种柳树，*Phratora frosti* 已知取食桦木。

实际大小

北极弗叶甲　体相对窄，两侧近于平行，前胸背板强烈拱凸，前胸背板几乎与鞘翅等宽。体黑色，略带浅铜色、蓝色或绿色。爪具1个基齿。触角2–11节向端部逐渐加宽。

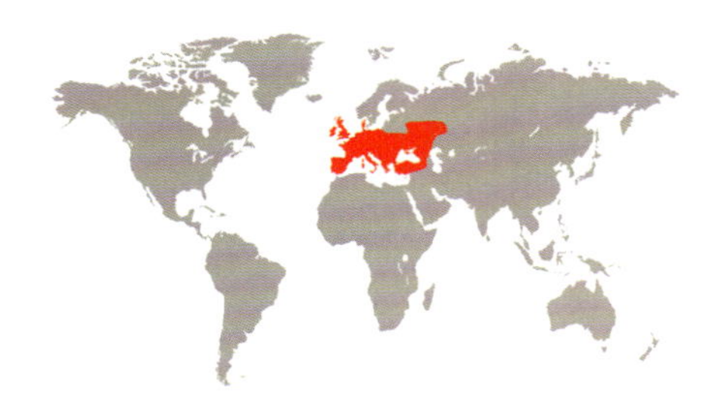

科	叶甲科 Chrysomelidae
亚科	叶甲亚科 Chrysomelinae
分布	古北界北部：欧洲
生境	阔叶森林
微生境	森林空地和林缘
食性	成虫和幼虫取食蓬子菜 *Galium verum* 和欧洲四叶葎 *Galium mollugo*
附注	欧洲最雄壮的叶甲之一

成虫体长
⁹⁄₁₆–¹¹⁄₁₆ in
(14–18 mm)

拟步皇叶甲

Timarcha tenebricosa

Bloody-Nosed Beetle

(Fabricius, 1775)

拟步皇叶甲隶属于皇叶甲族Timarchini，这个族比较特殊，它的很多形态结构在叶甲类中相对原始，尤其是雌性生殖器的形态。拟步皇叶甲在欧洲是分布最广的叶甲之一，它吸引了很多科学家和昆虫爱好者的注意力。其幼虫很大，体壁紧硬，体色深，为人熟知。幼虫的行为在优兔（YouTube）上有很多视频。

近缘物种

皇叶甲属 *Timarcha* 大概包括240种，主要分布于欧洲南部、高加索地区和非洲北部（仅2种分布于美国）。很多种的地理分布范围非常狭窄。许多种不能飞行，发生于欧洲和高加索地区的高山。该属的分类尚未完全清晰，还需要进一步研究。拟步皇叶甲所在的种团共包括5种，分布于葡萄牙、西班牙、法国和意大利。

拟步皇叶甲 体黑色，略带淡淡的蓝色、绿色或紫色，有金属光泽。触角短。前胸背板和鞘翅表面具密集的刻点，刻点相对小；刻点间具网纹；因此整个表面显得黯淡。雄虫跗节宽显著大于长，这在叶甲类中不常见。

实际大小

科	叶甲科 Chrysomelidae
亚科	负泥虫亚科 Criocerinae
分布	古北界和东洋界：中国、印度、老挝、尼泊尔
生境	森林
微生境	森林边缘、路边
食性	成虫和幼虫取食黄独 *Dioscorea bulbifera*
附注	当前被用于控制入侵种黄独

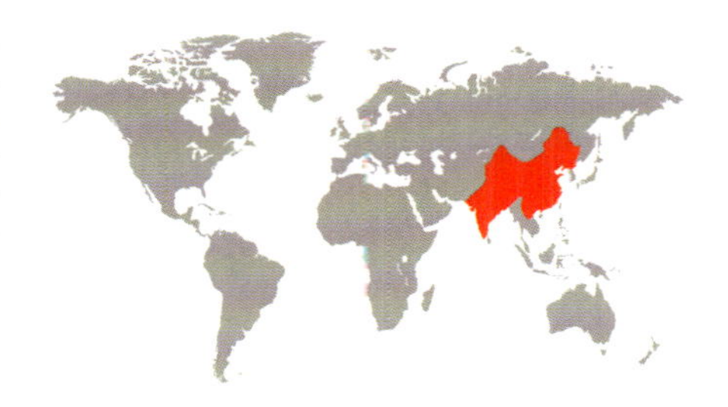

成虫体长
¼–⅜ in
(7–9 mm)

皱胸负泥虫
Lilioceris cheni
Air Potato Leaf Beetle
Gressit & Kimoto, 1961

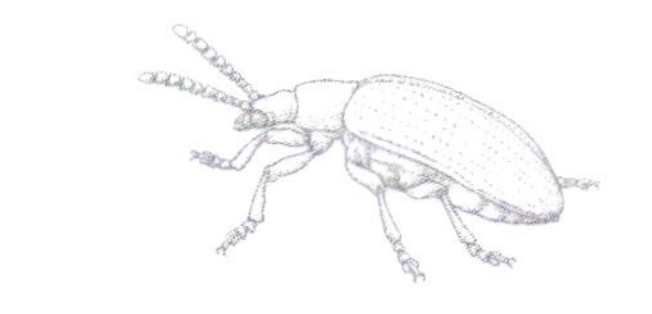

皱胸负泥虫的寄主专一，仅取食黄独的叶子。黄独在1905年作为药用植物引入美国佛罗里达州，自那以后它成为美国历史上对生态威胁最大的入侵杂草。皱胸负泥虫在尼泊尔和中国对黄独产生显著的危害，因此经过广泛研究后，现在把它作为控制这种杂草的天敌。皱胸负泥虫幼虫群集于叶子背面取食。幼虫包括4个龄期，需持续约8天。随后幼虫离开寄主植物，掉落到地面并钻入土壤中化蛹完成其生活史。

近缘物种

分爪负泥虫属 *Lilioceris* 在亚洲大约有110种。其中8种（包括皱胸负泥虫）形成一个确定的种团，基于的共有特征体现在以下方面：小盾片表面绒毛的形态、触角基部几节的形状、雄性外生殖器内囊上骨片的结构。最后一个特征可用于区分皱胸负泥虫和纤负泥虫 *Lilioceris egena*。二者最为相似，且都生活在黄独上，但纤负泥虫偏爱取食鳞芽而不是叶子。

实际大小

皱胸负泥虫 鞘翅红褐色；头部、前胸背板、足和触角深褐色。触角第5节显著宽于第4节；触角光泽黯淡，被众多白色的短刚毛。前胸背板中部强烈缢缩；前胸背板要比鞘翅窄得多。

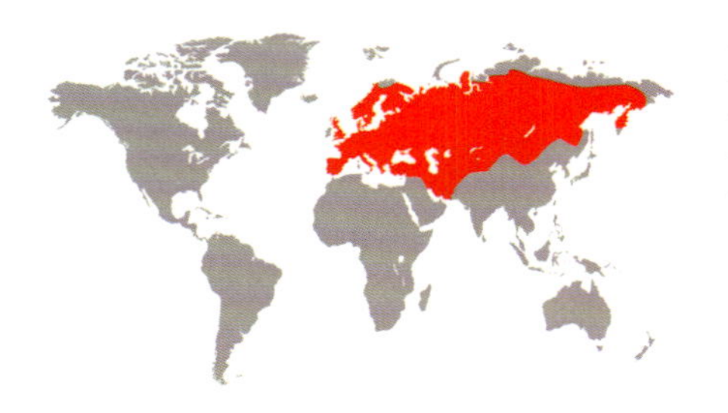

科	叶甲科 Chrysomelidae
亚科	隐头叶甲亚科 Cryptocephalinae
分布	古北界大部分区域
生境	各种林地、草地和路边
微生境	成虫发现于木本植物和草本植物上；幼虫生活在蚁巢中
食性	成虫植食性，广泛取食木本植物和草本植物；幼虫取食蚁巢里的残屑
附注	鲜有的幼虫生活在蚁巢中的叶甲

成虫体长
5/16–3/8 in
(7.6–9.8 mm)

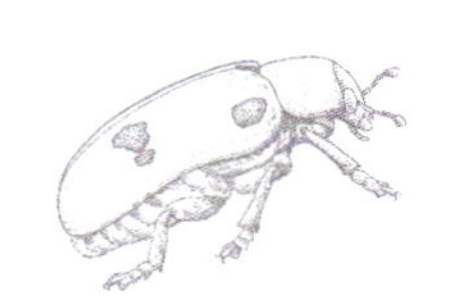

粗背锯角叶甲
Clytra quadripunctata
Clytra Quadripunctata
(Linnaeus, 1758)

粗背锯角叶甲的生物学特性在叶甲类中很特殊。雌虫趴在蚁巢附近低垂的植物上产卵，然后把卵抛落到地面，随后蚂蚁把那些卵搬回巢中。在把卵抛落到地面之前，粗背锯角叶甲雌虫会先用其后足抓住卵，并把粪粒涂到卵的表面。粗背锯角叶甲幼虫把这些粪粒作为建造囊袋的最初原料，之后它们用自己的粪便完成剩下部分。囊袋为幼虫提供庇护所，能避免蚂蚁袭击。幼虫体表通常具脊，类似于其他蚁栖甲虫。

近缘物种

锯角叶甲属 *Clytra* 在古北界有40个种和亚种。其中最相似的14个种归于指名亚属 *Clytra s. str.*。在这些种中，怪锯角叶甲 *Clytra aliena* 与粗背锯角叶甲最为相似；区分二者必须解剖雄性外生殖器。锯角叶甲属其他种的食性与本种相似。

实际大小

粗背锯角叶甲 体形为长圆筒形，足和触角相对短；鞘翅为明亮的红橙色，有黑斑。身体其他部分黑色，有时略带蓝色或绿色的金属光泽。触角锯齿状。

科	叶甲科 Chrysomelidae
亚科	隐头叶甲亚科 Cryptocephalinae
分布	古北界大部分区域，从西班牙至中国西北部
生境	混交林、阔叶林、草地
微生境	各种草本植物的花
食性	成虫发现于山柳菊属 *Hieracium*、裸盆花属 *Knautia*、蓝盆花属 *Scabiosa* 的花上；幼虫发现于落叶层
附注	古北界西部最引人注目和最常见的叶甲之一

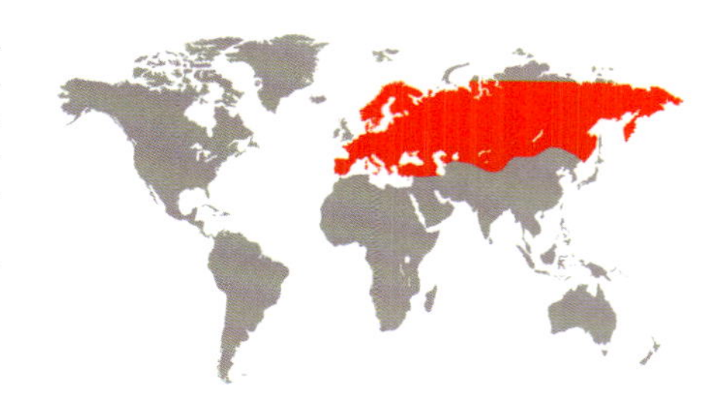

成虫体长
¼ in
(6–7.1 mm)

背凹隐头叶甲
Cryptocephalus sericeus
Cryptocephalus Sericeus
(Linnaeus, 1758)

实际大小

背凹隐头叶甲是隐头叶甲属 *Cryptocephalus* 在古北界西部最常见的种之一。该种的分类学和系统发育学研究已经非常透彻，研究手段包括比较形态学和分子生物学。幼虫生活在用自己的粪便筑建的囊袋中。

近缘物种

背凹隐头叶甲所在的种团包括4个种，均在欧洲有分布。与该种最近缘的种是 *Cryptocephalus zambanellus*，二者分布范围以阿尔卑斯山脉相隔，后者仅分布于意大利和伊斯特利亚半岛南部的达尔马提亚海岸。区分这两个种最准确的形态特征是臀板和雄性外生殖器的形状。

背凹隐头叶甲　体呈明亮的绿色或蓝色，有金属光泽，有时带些许紫色。体粗壮，近圆筒形，足和触角相对短。头部深插入前胸，从背面几乎不可见。前胸背板宽大，拱凸。

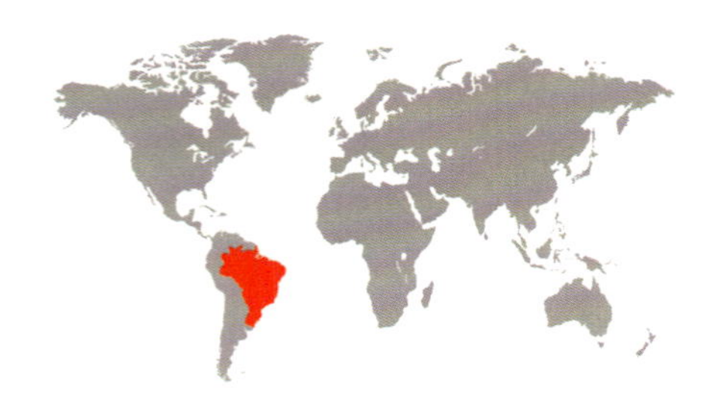

科	叶甲科 Chrysomelidae
亚科	隐头叶甲亚科 Cryptocephalinae
分布	新热带界：巴西、圭亚那
生境	热带森林
微生境	森林边缘、海边沙丘
食性	成虫和幼虫取食绢毛金匙木 *Byrsonima sericea* 的茎叶
附注	本种是长得最奇怪的叶甲之一

雄性成虫体长
5/16–3/8 in
(8–10 mm)

雌性成虫体长
3/8–1/2 in
(9–12 mm)

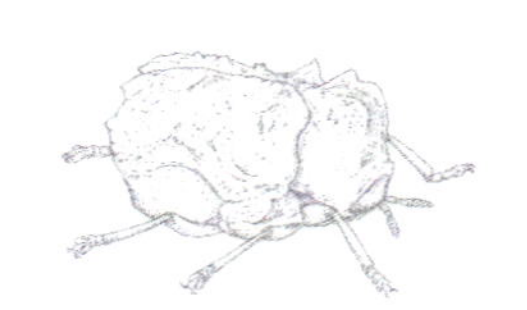

奇丽瘤叶甲

Fulcidax monstrosa

Fulcidax Monstrosa

(Fabricius, 1798)

实际大小

奇丽瘤叶甲的生命周期已在野外和实验室研究得很透彻。雌虫在寄主植物茎上产下单粒卵。10日后卵孵化。幼虫发育包括4个龄期，约持续4个月。在这个过程中，幼虫不断辛勤地筑造自己的囊袋，最后预蛹期把囊袋封上，形成蛹室。蛹室继续粘于寄主植物茎上，最长的可达4个月。这个过程中蛹进入滞育状态，该现象在叶甲中很罕见。成虫羽化后，立即开始取食并交配。

近缘物种

丽瘤叶甲属 *Fulcidax* 目前已知7种，均分布于新热带界。它们是世界范围内丽瘤叶甲族 Fulcidacini 中个体最大的种类。它们体表有明亮的金属光泽；生活史相似，非常独特——卵表面覆盖由粪便制成的囊袋，随着幼虫的成长，幼虫会不断地用粪便继续建造这个囊袋，整个幼虫阶段均生活于粪便囊袋内，蛹也藏于幼虫期的囊袋里。

奇丽瘤叶甲　丽瘤叶甲族中个体最大的种之一。具明亮的金属蓝色。前胸背板和鞘翅表面有隆起的瘤和脊，这些隆起结构之间的区域光滑、有光泽。前胸背板具密集的深刻点。触角和足能收纳到身体腹面的相应沟槽中。

科	叶甲科 Chrysomelidae
亚科	水叶甲亚科 Donaciinae
分布	古北界
生境	河、湖、池塘
微生境	睡莲的叶子
食性	成虫取食睡莲科萍蓬草属 *Nuphar* 和睡莲属 *Nymphaea* 的叶子，幼虫取食其根部
附注	水叶甲亚科在欧洲东部最漂亮的种之一

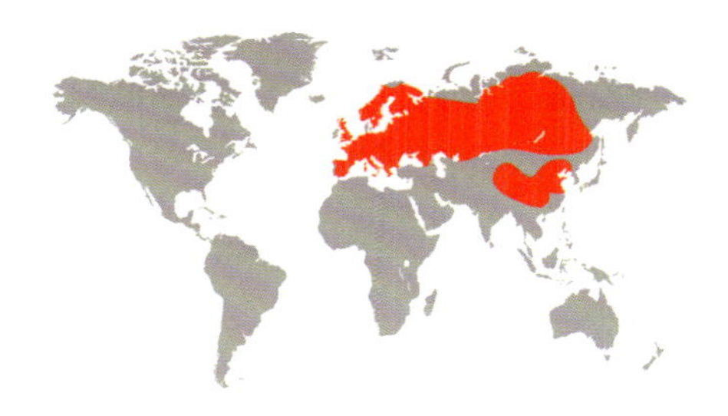

成虫体长
⁵⁄₁₆–½ in
(8–12 mm)

粗腿水叶甲
Donacia crassipes
Donacia Crassipes
Fabricius, 1775

粗腿水叶甲成虫生活在睡莲平坦的叶子表面，幼虫在水下发育，取食相同植物的根部。在俄罗斯中部的仲夏，观察到此种雄虫间存在异常激烈的争斗行为，这是为了竞争雌虫而产生的。争斗通常为正面对抗，雄虫用强壮的足互相推动和摇晃对手（足内缘具2个尖齿），使对手离开雌虫，或紧趴在叶子表面，抬起腹部，用腹部末端猛撞对手。

实际大小

近缘物种

水叶甲属 *Donacia* 仅在古北界就有70个种和亚种。粗腿水叶甲是欧洲东部和俄罗斯中部最常见的种之一。水叶甲属的种间区分依据包括：头部、前胸背板和鞘翅的颜色和表面刻纹，后足的大小及其上着生的齿的形态。但最准确的依据是雄性外生殖器的形态。

粗腿水叶甲 体色有变化，从金属绿色至蓝色或紫色；足深橙色，足背面有金属绿色的纵纹。后足长，股节向后伸时超过鞘翅端部。雄虫后足股节有2个尖齿，雌虫有1个尖齿。鞘翅末端的内角具1个短的尖突。

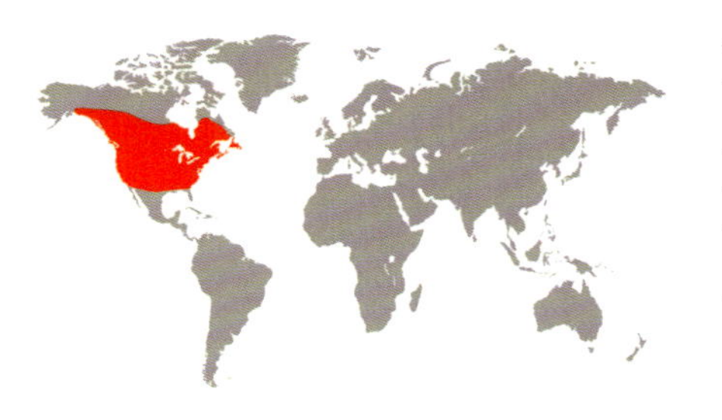

科	叶甲科 Chrysomelidae
亚科	肖叶甲亚科 Eumolpinae
分布	新北界：横贯整个美国；加拿大南部：从不列颠哥伦比亚到新斯科舍
生境	森林、空地、草地、农田、路边
微生境	罗布麻属植物
食性	成虫取食罗布麻属2个种（*Apocynum cannabinum* 和 *Apocynum androsaemifolium*）的叶子；幼虫取食其根部
附注	是北美洲体色最鲜艳的叶甲之一

成虫体长
¼–7⁄16 in
(6.8–11 mm)

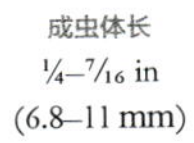

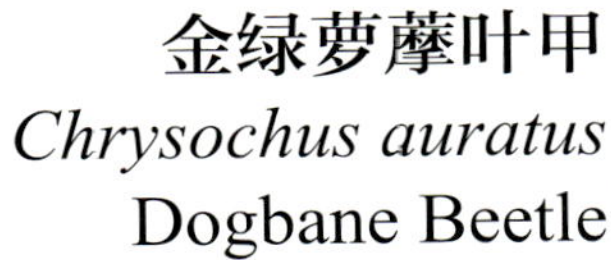

金绿萝藦叶甲
Chrysochus auratus
Dogbane Beetle
(Fabricius, 1775)

金绿萝藦叶甲的生命周期与很多叶甲相似。雌虫产下卵，孵化出一龄幼虫。一龄幼虫钻进土壤中，取食寄主植物的根部（但不钻进根部）。蛹期短，成虫羽化后钻出地面。该种能摄取并螯合寄主植物根叶中所含的毒素。成虫和幼虫还能利用这些毒素进行防御：当它们受惊时，会从前胸和鞘翅的腺体中释放出这些毒素，从而避免捕食者取食。

近缘物种

萝藦叶甲属 *Chrysochus* 在北美洲仅有2种：金绿萝藦叶甲和 *Chrysochus cobaltinus*。在金绿萝藦叶甲的分布区西部（主要在美国西部），这2个种有杂交现象。*Chrysochus cobaltinus* 通常钴蓝色，极少数标本略带绿色或呈黑色。区分这2个种的可靠依据是雄性外生殖器的形态。

实际大小

金绿萝藦叶甲　体蓝绿色，略带金属铜色、金色或深红色，有虹彩光泽。腹面最常为金属绿色。前胸背板远窄于鞘翅，头部从背面几乎不可见。触角细长。

科	叶甲科 Chrysomelidae
亚科	肖叶甲亚科 Eumolpinae
分布	古北界：欧洲、北非、亚洲
生境	阔叶林、大草原、半干旱沙漠
微生境	沙生环境，有时很干旱
食性	成虫和幼虫取食菊科和禾本科各种作物，包括：蓟、小麦、向日葵等；幼虫取食小麦的根
附注	有时发生在略含盐分的土壤中

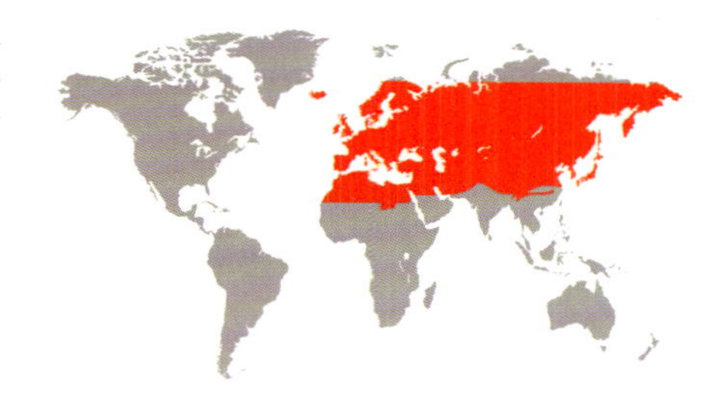

成虫体长
⅛ in
(2.5–3.3 mm)

格鳞斑肖叶甲
Pachnephorus tessellatus
Pachnephorus Tessellatus
(Duftschmid, 1825)

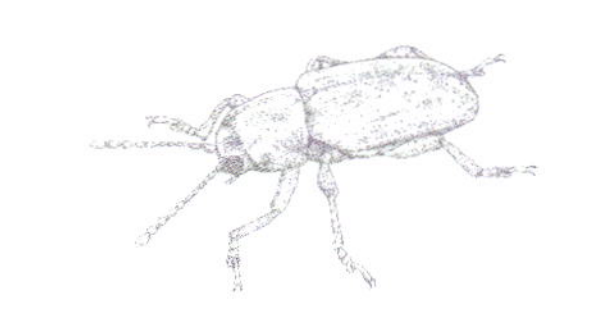

实际大小

格鳞斑肖叶甲幼虫生活在寄主植物根部附近的土壤中。它们与肖叶甲亚科其他类群（如 *Chloropterus* 属）略微不同：该幼虫仅略呈“C”形，体长7 mm左右，体表有不发达的褶皱，被稀疏的长刚毛。格鳞斑肖叶甲成虫受惊扰时，会从植物上掉落到地面；在其原生的沙生环境，它掉落后很难被发现，因为它的体色接近沙子的颜色，而且前胸背板和鞘翅被浅色鳞片。在西伯利亚西部，该种的幼虫是小麦的重大害虫。

近缘物种

鳞斑肖叶甲属 *Pachnephorus* 在古北界有25种。格鳞斑肖叶甲所在的亚属包括24种。在这些种中，本种与一些肩胛发达的种最相似，特别是 *Pachnephorus canus*（分布于巴尔干半岛、俄罗斯欧洲部分的南部及近东）。鳞斑肖叶甲属的种间区分依据通常包括：各部位是否有鳞片，雄性爪的形态、体色和斑纹。

格鳞斑肖叶甲　体深褐色，触角和足颜色略浅。全身被略长的鳞片（足上的鳞片比鞘翅上的窄），鳞片端部有时有缺口。鳞片颜色有变化，从白色至奶白色或咖啡色；鞘翅背面和前胸背板的鳞片颜色更深。

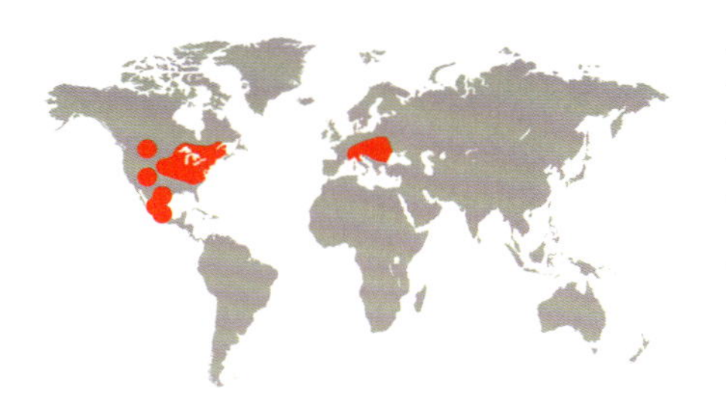

科	叶甲科 Chrysomelidae
亚科	萤叶甲亚科 Galerucinae
分布	新热带界、新北界和古北界：墨西哥、美国、加拿大、欧洲
生境	大多在开阔区，包括田野和草地
微生境	玉米
食性	成虫见于菊科植物的花上，或十字花科植物的叶上；幼虫取食玉米的根
附注	在欧洲，这个种是玉米的外来害虫

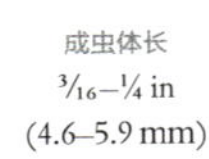

成虫体长
3/16–1/4 in
(4.6–5.9 mm)

玉米根萤叶甲
Diabrotica virgifera
Western Corn Rootworm
LeConte, 1868

实际大小

玉米根萤叶甲在美国是危害最大的害虫之一，每年造成的财政损失估算为10亿美元。该种以卵在土壤中越冬；幼虫在春季爬出土壤，开始取食玉米的根。该种在20世纪20年代在美国扩散得非常快；到20世纪末，它在欧洲亦被发现；现在它已经在世界范围内广泛分布，是危害玉米最严重的害虫之一。

近缘物种

玉米根萤叶甲分为2个亚种：指名亚种 *Diabrotica virgifera virgifera* 和 *Diabrotica virgifere zeae*。二者的唯一区别是，*Diabrotica virgifere zeae* 鞘翅肩部的黑色条纹十分清晰。在这两个亚种的过渡地带（美国得克萨斯州和墨西哥北部），几乎不可能准确把它们分开。玉米根萤叶甲亦与长角根萤叶甲 *Diabrotica longicornis* 和巴伯根萤叶甲 *Diabrotica barberi* 相似。据报道，长角根萤叶甲取食葫芦科的多个种，并不取食玉米；巴伯根萤叶甲虽然也取食玉米，但亦取食禾本科的其他各种，以及葫芦科、菊科和蝶形花科的一些种。

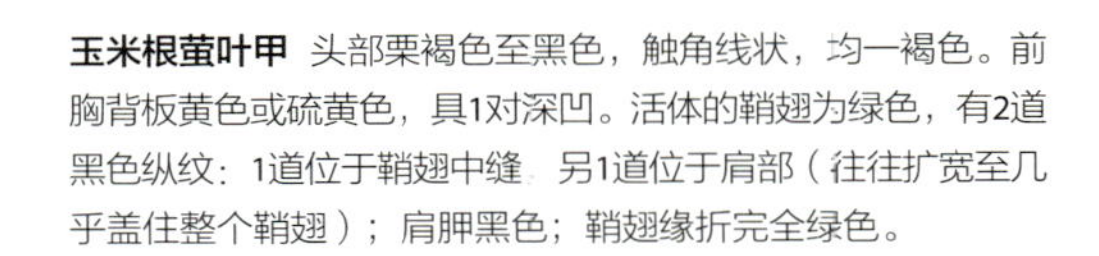

玉米根萤叶甲 头部栗褐色至黑色，触角线状，均一褐色。前胸背板黄色或硫黄色，具1对深凹。活体的鞘翅为绿色，有2道黑色纵纹：1道位于鞘翅中缝，另1道位于肩部（往往扩宽至几乎盖住整个鞘翅）；肩胛黑色；鞘翅缘折完全绿色。

科	叶甲科 Chrysomelidae
亚科	萤叶甲亚科 Galerucinae
分布	非洲热带界：布隆迪、埃塞俄比亚、莫桑比克、卢旺达、南非、坦桑尼亚
生境	热带稀树草原
微生境	半湿润的矮灌丛
食性	成虫和幼虫取食没药树属 *Commiphora* 灌木及乔木的叶
附注	本种的蛹被非洲土著人用来做箭毒

成虫体长
3/8–1/2 in
(9–13 mm)

黑腿箭毒跳甲
Diamphidia femoralis
Bushman Arrow-Poison Flea Beetle
Gerstaecher, 1855

黑腿箭毒跳甲的雌虫产卵于寄主植物茎部表面；幼虫自由生活，啃食叶片；老熟幼虫在土壤中化蛹。雌虫在卵表面涂上自己的粪便。在整个幼虫发育期，幼虫体表都覆有粪便，以避开捕食者和寄生者。非洲土著人知道黑腿箭毒跳甲蛹的血淋巴有毒性，因此他们会从地下把蛹挖出来，涂在弓箭上当箭毒使用。

近缘物种

箭毒跳甲属 *Diamphidia* 已知17种，均分布于非洲，与橄榄科没药属 *Commiphora* 植物相关。据文献记载，黑斑箭毒跳甲 *Diamphidia nigroornata* 的血淋巴也有毒性，非洲土著人也会用该种的蛹来做箭毒。该种幼虫在近肛门的部分呈绿色，近头部的部位呈深褐色，整个身体覆盖粪便。箭毒跳甲属其他种的生物学习性了解很少。

实际大小

黑腿箭毒跳甲　体型较大，卵形，体型与萤叶甲亚科的某些种类相似。体亮黄色至褐黄色，触角黑色，股节端部至跗节黑色。头部宽；复眼小，着生位置近前胸背板。后足股节基部宽大，近端部具些许小齿。

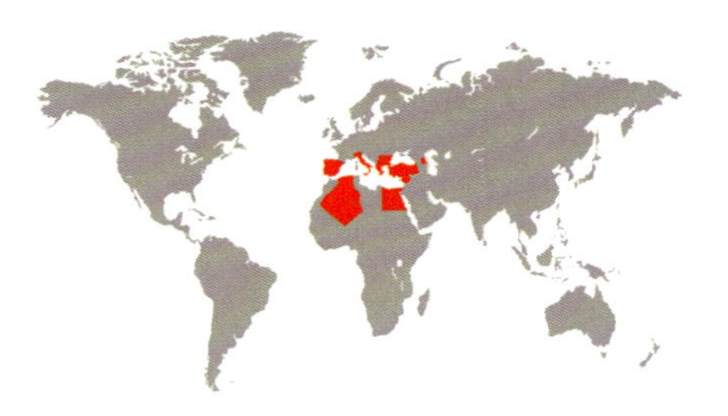

科	叶甲科 Chrysomelidae
亚科	萤叶甲亚科 Galerucinae
分布	古北界：阿尔及利亚、保加利亚、埃及、希腊、意大利、黎巴嫩、葡萄牙、俄罗斯南部、西班牙、土耳其
生境	地中海的森林、林地和灌丛、沙漠和半荒漠
微生境	柽柳 *Tamarix* spp.
食性	成虫和幼虫取食柽柳叶子
附注	在美国有希望被开发成防治入侵物种柽柳的天敌

雄性成虫体长
³⁄₁₆–¼ in
(5.3–6.8 mm)

雌性成虫体长
¼–⁵⁄₁₆ in
(5.8–7.7 mm)

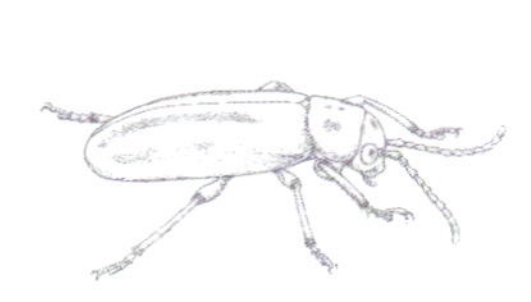

地中海粗角萤叶甲
Diorhabda elongata
Mediterranean Tamarisk Beetle

Brullé, 1832

实际大小

地中海粗角萤叶甲在美国被广泛研究，人们想把它开发成防治柽柳的天敌。柽柳在美国是入侵物种，它原产于地中海地区。地中海粗角萤叶甲成虫和幼虫都大量取食柽柳的叶子，因此能控制柽柳的扩散速度。

地中海粗角萤叶甲雌虫把卵产于柽柳叶子上，孵化后的幼虫在叶子表面取食，导致叶表皮和叶肉组织形成圆形缺孔。幼虫历经3个龄期，所有龄期的幼虫均为黑色，第2、3龄期幼虫身体两侧各有1条黄色纵线。老熟幼虫体长达9 mm，钻入地面落叶层或土壤之下25 mm处化蛹。

近缘物种

地中海粗角萤叶甲属于 *Diorhabda elongata* 种团，该种团包括5个种，均取食柽柳。其他4种在古北界的原生分布范围为：*Diorhabda carinata* 从乌克兰南部到伊拉克和中国西部；*Diorhabda carinulata* 从俄罗斯南部和伊朗到蒙古和中国；*Diorhabda meridionalis* 分布于伊朗、巴基斯坦和叙利亚；*Diorhabda sublineata* 分布于法国、北非和伊拉克。它们主要依据雄性外生殖器形态区分。

地中海粗角萤叶甲 体黄灰色，触角基部和端部几节、股节和胫节端部及跗节黑色。活体鞘翅略带绿黄色。鞘翅具刻点，刻点无规则、不成行，相对大。头部相对宽，复眼小，相互远离。

科	叶甲科 Chrysomelidae
亚科	萤叶甲亚科 Galerucinae
分布	新北界、新热带界和古北界：北美洲、中美洲和南美洲，西印度群岛、欧洲
生境	森林、田野、草地、花园、农田、马铃薯田
微生境	茄科植物，包括马铃薯。成虫在叶子上，幼虫在根上
食性	成虫在多种茄科植物的叶子上啃咬出小洞
附注	是美国最常见的跳甲之一

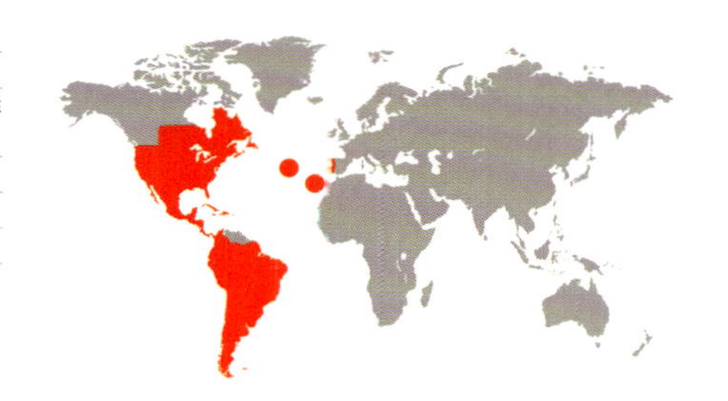

成虫体长
1/16 in
(1.5–2 mm)

美洲马铃薯跳甲
Epitrix cucumeris
Potato Flea Beetle
Harris, 1851

实际大小

美洲马铃薯跳甲是少有的从北美洲入侵到欧洲的叶甲之一。1979年在葡萄牙的亚速尔群岛发现了这个种。2008年，在葡萄牙本土也发现了这个种；该种与伪美洲马铃薯跳甲 *Epitrix similaris* 一起在马铃薯田里被发现，鉴定者是一个国际分类学家小组。在其原产地，美洲马铃薯跳甲取食茄科的22个种。也有报道称该种取食其他科的植物，但这些报道中的甲虫可能鉴定有误。

近缘物种

毛跳甲属 *Epitrix* 全世界已知90种左右，其中大约有70种分布于新热带界。它们的寄主大多为茄科植物。该属在古北界有16个本地种，2个外来种。这两个外来种即美洲马铃薯跳甲和伪美洲马铃薯跳甲 *Epitrix similaris*，它们在欧洲发现于相同生境。在葡萄牙危害马铃薯块茎最严重的是伪美洲马铃薯跳甲的幼虫。*E. tuberis* 与这两个种非常接近，仅发现于其原产地北美洲。这3个种外形非常相似，它们的种级地位及系统发育关系需要进一步修订。

美洲马铃薯跳甲 体黑色，无金属光泽；足和触角浅褐色。鞘翅具规则的刻点列，被半直立的浅色刚毛。前胸背板无刚毛，但具粗糙刻点；前胸背板基部有1条弯曲的深沟。

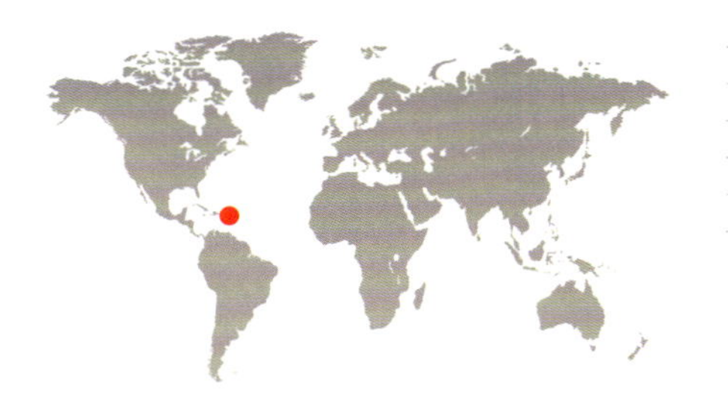

科	叶甲科 Chrysomelidae
亚科	萤叶甲亚科 Galerucinae
分布	新热带界：波多黎各
生境	山区森林
微生境	岩石和树干上覆生的垫状苔藓
食性	可能取食苔藓或植物碎屑
附注	最小的叶甲之一

成虫体长
1/32 in
(0.8–0.9 mm)

球形苔跳甲
Kiskeya elyunque
Kiskeya Elyunque
Konstantinov & Konstantinova, 2011

实际大小

世界范围目前已知约5000种跳甲，其中14属27种生活在垫状苔藓上。球形苔跳甲是其中数量最为丰富的种。尽管生活在苔藓上的叶甲起源于不同的支系，但它们共有一些重要的形态特征：体微小、圆形，足短、粗壮，触角常棒状，后翅退化，胸部构造显著简化。球形苔跳甲的模式系列包括近百头标本，但这个种的生物学习性和幼虫仍未知。

近缘物种

目前苔跳甲属 *Kiskeya* 已知3种，其他2种（内巴苔跳甲 *Kiskeya neibae* 和 巴鲁苔跳甲 *Kiskeya baorucae*）均分布于多米尼加。后两个种亦发现于垫状苔藓中，海拔800–1200 m，分布于巴奥鲁科山脉（Sierra de Bahoruco）南段和内巴山脉（Sierra de Neiba）的最北段。这两道山脊相互平行，中间以一个较宽的河谷相隔。这两个种的数量稀少，均仅知10头左右标本，幼虫和生物学习性也未知。

球形苔跳甲 体黑色，全身有浅绿色光泽，足和触角深褐色至深黄色。体微小。背面观呈圆形，侧面观体拱凸。触角棒状，端部3节加宽成棒状。前胸背板侧缘的刚毛孔超过前胸背板中部，接近基部。

科	叶甲科 Chrysomelidae
亚科	萤叶甲亚科 Galerucinae
分布	新热带界：波多黎各
生境	山区森林
微生境	森林空地、路边
食性	成虫取食蕨类植物
附注	少见的取食蕨类植物的跳甲

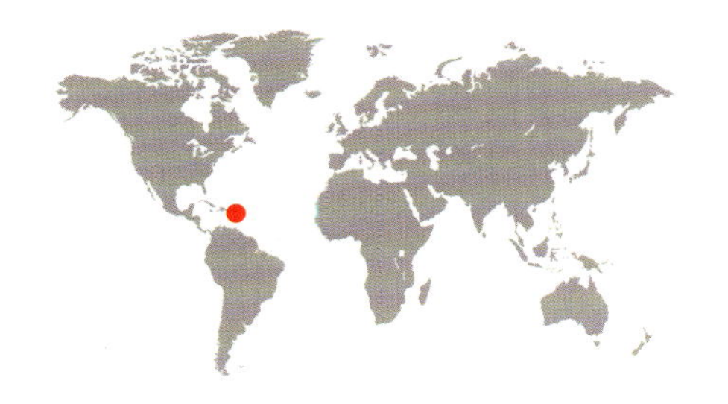

成虫体长
1/16–1/8 in
(2–2.5 mm)

奥氏蕨跳甲
Normaltica obrieni
Normaltica Obrieni
Konstantinov, 2002

实际大小

虽然奥氏蕨跳甲于2002年才发表，但这个种在其分布范围内很常见。它全身黑色，触角浅粉色，在蕨类植物上很显眼。雄虫头部比雌虫宽得多，也长得多，且上颚延长，口器的其他构造也比雌虫发达。这些性二型的特征可能与交配行为相关，而不是与同性争斗行为相关。此种例证了性二型的外部特征与雄性外生殖器的大小和功能可能并不相关；这个结论在梨象亚科 Apioninae 中也得到证实。

近缘物种

蕨跳甲属 *Normaltica* 仅知的另一种为 *Normaltica ivie*，分布于多米尼加。该种仅知4头标本，其幼虫、生物学习性和食性均未知。*Normaltica ivie* 与奥氏蕨跳甲不同的是，雌虫和雄虫的形态相似。这2个种均无后翅，与此相关联的是后胸构造高度简化。

奥氏蕨跳甲　体黑色，有浅色的金属光泽，足颜色偏淡。触角浅粉色，干制标本褪成近白色。背面观呈近圆形，侧面观体拱凸。前胸背板基部平坦，无横向或纵向的沟；后缘中部略向后扩。

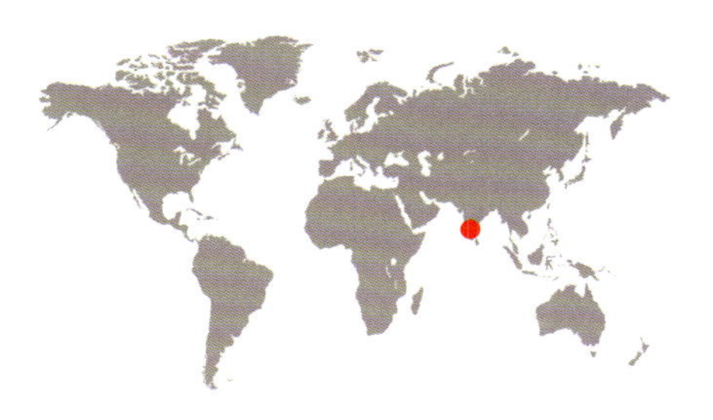

科	叶甲科 Chrysomelidae
亚科	萤叶甲亚科 Galerucinae
分布	东洋界：印度（卡纳塔克邦、喀拉拉邦）
生境	森林、公园
微生境	诃子属 *Terminalia*
食性	成虫取食诃子属2个种（*Terminalia cuneata* 和 *Terminalia paniculata*）的叶子
附注	新近发表的种；其行为独特

成虫体长
1/32–1/16 in
(1.2–1.5 mm)

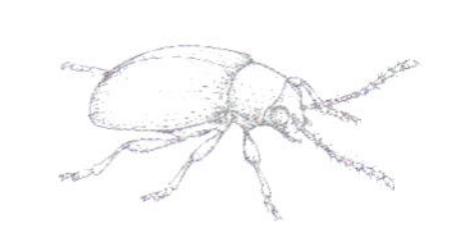

端客居跳甲

Orthaltica terminalia

Orthaltica Terminalia

Prathapan & Konstantinov, 2013

实际大小

端客居跳甲与其近缘物种 *Orthaltica syzygium* 在叶甲科中，甚至在所有甲虫中都很独特。它们把其他甲虫在叶子上咬出的孔作为庇护所（这些甲虫的个体比客居跳甲个体大），正如一些鸟使用其他鸟（如啄木鸟）建好的巢作为自己的巢一样。端客居跳甲大多数时间待在叶子上的虫孔中；虫孔在一定程度上起到伪装的作用，从而帮助端客居跳甲避开捕食者。端客居跳甲取食时爬出虫孔，形成以虫孔为中心向外发散的不规则的取食痕迹。有时它们会用粪便建成墙，把虫孔分割成几部分，这样多头端客居跳甲共享一个大虫孔。在该种生物学习性发现之前，在叶甲中尚无用粪便筑建隐蔽所的例子。

近缘物种

除端客居跳甲外，客居跳甲属 *Orthaltica* 还有7个种分布于印度，其中仅 *Orthaltica syzygium* 也有使用虫孔作为庇护所的记录，它在喀拉拉邦和卡纳塔克邦取食乌墨 *Syzygium cumini* 的叶子。在世界范围内，客居跳甲属包括44种，取食使君子科、野牡丹科和桃金娘科植物，分布于非洲热带界、澳洲界、新北界和东洋界，大多数（32种）分布于东洋界。

端客居跳甲 体黑色，有光泽，足和触角黄褐色。头顶具4根长刚毛和6根短刚毛。前胸背板边缘略不平坦。鞘翅具稀疏的绒毛，刻点成行。后足股节仅轻微膨大（大多数跳甲的后足强烈膨大）。

科	叶甲科 Chrysomelidae
亚科	萤叶甲亚科 Galerucinae
分布	非洲界、澳洲界、新北界、新热带界、东洋界和古北界
生境	主要在温带地区：森林、草地、沼泽、农田、花园
微生境	成虫发现于各种十字花科植物上，幼虫见于相同植物的根部
食性	成虫和幼虫取食各种十字花科植物
附注	最广布而常见的跳甲之一；种植的十字花科植物的害虫

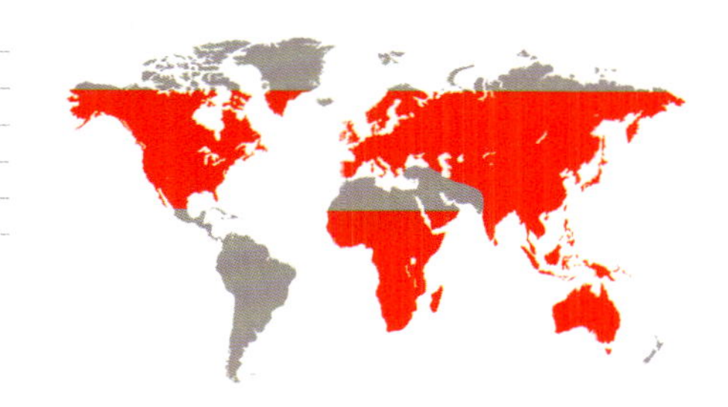

成虫体长
1/16 in
(2–2.4 mm)

黄曲条跳甲
Phyllotreta striolata
Striped Flea Beetle
(Illiger, 1803)

实际大小

黄曲条跳甲的适生性非常强。在一项关于俄罗斯西部和高加索地区的跳甲调查发现，黄曲条跳甲发现于各种微生境，从苔原到半荒漠，以及该地区的所有山脉中都有发现。大多数跳甲为寡食性，而黄曲条跳甲却取食十字花科的很多不同属植物。由于该种是害虫，且数量众多，它的生物学和幼虫研究得相对透彻。

近缘物种

条跳甲属 *Phyllotreta* 包括大约230种，世界性分布，近百种分布于古北界。在这些古北界的种中，黄曲条跳甲与那些鞘翅黑色、带各种黄色宽纵纹的种最接近（约30种）。这些种均主要取食十字花科植物；种间可依据鞘翅斑纹区分，尽管最可靠的鉴定依据还是雄性外生殖器特征。

黄曲条跳甲 体亮黑色，略带浅铜色，足和触角颜色略浅。鞘翅一般黑色，各鞘翅中部具1道强烈弯曲的黄色纵纹。头部、前胸背板和鞘翅均具粗糙刻点。雄虫触角第5节比第4、6节要大得多，雌虫4–6节大小相等。

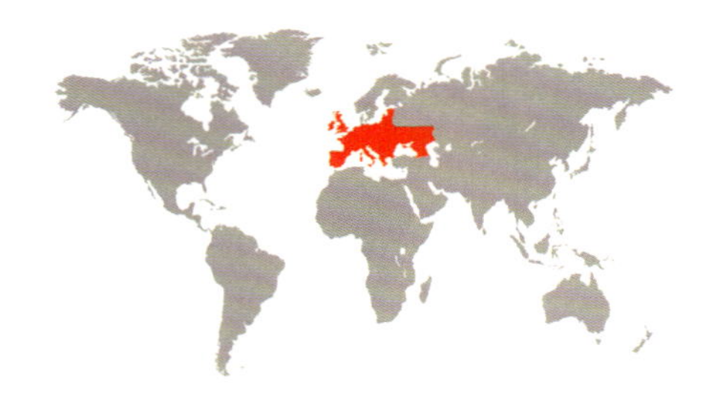

科	叶甲科 Chrysomelidae
亚科	隐肢叶甲亚科 Lamprosomatinae
分布	古北界：欧洲、高加索
生境	森林
微生境	森林地面
食性	在英国，成虫已知取食常春藤 *Hedera* spp. 和星芹 *Astrantia* spp.；幼虫已知在实验条件下取食常春藤，在野外为多食性，取食植物和碎屑
附注	幼虫生活在用自己粪便做的囊袋中

成虫体长
1/16–1/8 in
(2.3–2.8 mm)

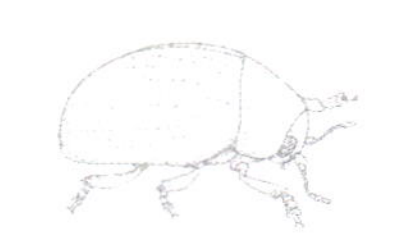

单色拟卵叶甲
Oomorphus concolor
Oomorphus Concolor
(Sturm, 1807)

实际大小

目前认为，欧洲西部和高加索地区的单色拟卵叶甲略有区别，但研究认为它们仍然属于同一个物种。在高加索地区，成虫和幼虫均生活在森林落叶层中。幼虫体长约3 mm，身体柔软，生活于自己用粪便制作的一个囊袋中。当幼虫不活动时，它们把包括头部在内的整个身体缩到囊袋中。它们夜行性，在夜间取食寄主植物。

近缘物种

拟卵叶甲属 *Oomorphus* 在古北界仅已知4种，其中1种分布于欧洲，2种分布于中国，另1种分布于日本。这些种体形均为紧凑的卵圆形，腹面有特别的沟槽。据观察，日本拟卵叶甲 *Oomorphus japanus* 在树叶上被蚂蚁攻击时，会把足和触角缩到这些沟槽中。

单色拟卵叶甲 体亮黑色，略带浅蓝色、铜色或绿色；触角第2节橙色。体卵圆形，足和触角短。股节内表面有沟可收纳胫节。前胸背板和鞘翅具相对密集的刻点，鞘翅刻点比前胸背板大；鞘翅刻点形成不显著的刻点列。

科	叶甲科 Chrysomelidae
亚科	茎甲亚科 Sagrinae
分布	东洋界：马来西亚、泰国
生境	热带森林
微生境	攀缘性藤本植物
食性	成虫取食寄主植物的叶，幼虫钻蛀寄主植物的茎
附注	世界上最大的且颜色最鲜艳的叶甲之一

成虫体长
$\frac{3}{4}$–$1\frac{9}{16}$ in
(20–39 mm)

蛙腿茎甲
Sagra boqueti
Frog-Legged Leaf Beetle
(Lesson, 1831)

蛙腿茎甲是世界上最大且颜色最鲜艳的叶甲之一，常见于昆虫养殖园，并被众多爱好者饲养。但该种在原生自然环境的生物学特性并不是很清楚。有爱好者称该种可在番薯上发现；而在亚洲的丛林中，该种的茧曾发现于攀缘性藤本植物上。蛙腿茎甲显著雌雄二型，雄性个体比雌性大，雄性后足也比雌性更加明显增大。

近缘物种

茎甲属 *Sagra* 分布于亚洲。大多种体型大，与蛙腿茎甲体色近似。一些种（如 *Sagra amethystina*）会造成虫瘿，这在叶甲中很少见。寄主植物的1条茎上能发现1–20头幼虫。幼虫在虫瘿内做茧，在茧内化蛹。

实际大小

蛙腿茎甲　体呈明亮的金属绿色，沿鞘翅中缝具金属紫色、红色和橙色的纵带。前胸背板要比鞘翅基部窄得多。雄虫后足强烈增大。股节长、粗壮，腹面具一些或大或小的齿。胫节几乎与股节等长，胫节内弯，端部加宽，具大齿和1簇浓密的橙色梳状长刚毛。

科	叶甲科 Chrysomelidae
亚科	艳叶甲亚科 Spilopyrinae
分布	澳洲界：昆士兰和新威尔士州交界处的海岸
生境	雨林
微生境	无患子科的细叶雪茄花 *Cupaniopsis anacardioides*、蓝绿三蝶果 *Guioa semiglauca* 的叶子
食性	成虫取食无患子科植物细叶雪茄花、蓝绿三蝶果的叶子
附注	澳大利亚雨林最艳丽的甲虫之一

成虫体长
⅜–½ in
(9–12 mm)

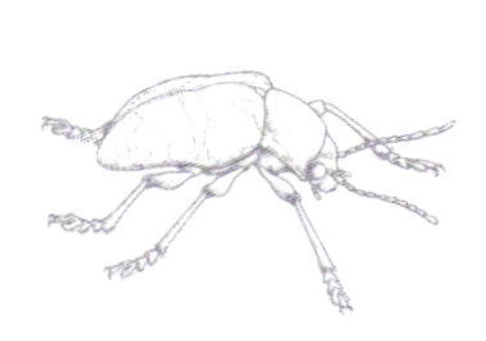

奢华艳叶甲
Spilopyra sumptuosa
Spilopyra Sumptuosa
Baly, 1860

虽然奢华艳叶甲颜色艳丽，在标本馆里的数量也相对丰富，但该种的生物学习性知之不多。据报道，成虫受惊扰时会从寄主植物的叶子上掉落到地上，并不飞离。在同种寄主植物上还生活另一种叶甲 *Platymela sticticollis*。奢华艳叶甲的卵已能在人工条件下成功孵化，卵表面具卵壳。

近缘物种

艳叶甲属 *Spilopyra* 近年已被修订，该属仅包括5种。其中奢华艳叶甲的分布范围最广。种间区分依据包括：鞘翅肩胛的特征、前胸腹板突的形状、体色和斑纹等。

实际大小

奢华艳叶甲 体深紫色、深蓝色或深绿色，有金属光泽；鞘翅、前胸背板和头部边缘具鲜艳金属色（多为红色、黄色和紫色）形成的条纹和斑。足中部深红色，端部呈明亮的金属绿色。足长；前胸背板侧缘相对平直，前角略突伸。

科	叶甲科 Chrysomelidae
亚科	锯胸叶甲亚科 Synetinae
分布	古北界
生境	各种森林，包括苔原和北部混交林
微生境	成虫发现于桦木 *Betula* spp. 叶片上；幼虫在地下约70 cm的土壤中
食性	成虫取食桦树的叶子，幼虫取食桦树根部
附注	本种的幼虫是1967年才描述的

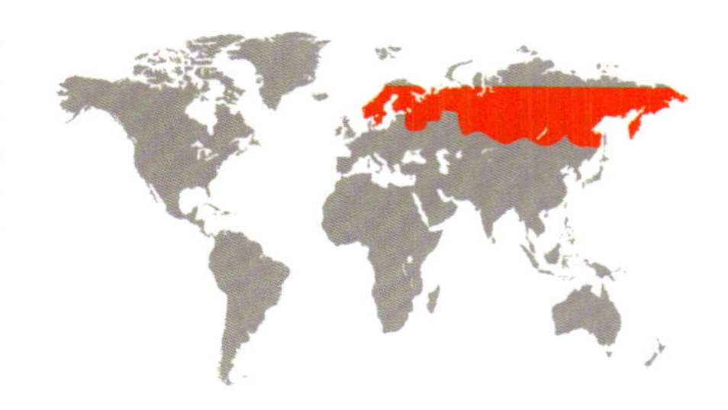

成虫体长
$^3/_{16}$–$^1/_4$ in
(5.2–6.7 mm)

桦锯胸叶甲
Syneta betulae
Syneta Betulae
(Fabricius, 1792)

实际大小

桦锯胸叶甲在古北界北部森林中较为常见，特别是在长有桦木的森林中。幼虫是1967年才描述的，发现于俄罗斯北部的森林，当时数量很大。幼虫体厚，背腹面平坦，白色或乳白色，微呈“C”形。雌虫通常把卵产于叶子表面，之后卵掉落到土壤中。锯胸叶甲属 *Syneta* 在鞘翅目分类系统中的位置及其近缘物种仍存在争议：它可能属于芽甲亚科 Orsodacninae 或肖叶甲亚科 Eumolpinae，或自己单独组成锯胸叶甲亚科。

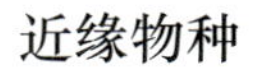

近缘物种

锯胸叶甲属是锯胸叶甲亚科仅有的属。该属包括15个种和亚种，为全北界属，大多分布于北美洲。在古北界，桦锯胸叶甲与锯胸叶甲 *Syneta adamsi* 最为接近；后者分布于俄罗斯远东地区、中国和日本。锯胸叶甲的幼虫也是最近（1990年）才被描述的；它与桦锯胸叶甲幼虫的主要区别是：额唇基沟近中部具有4对长刚毛和1对短刚毛。

桦锯胸叶甲　体色为琥珀色，有时足和触角的颜色较浅，有时沿鞘翅中缝颜色加深。前胸背板通常比鞘翅窄得多，几乎与头部等宽；前胸背板侧缘具一些小齿，侧缘中部具1个大齿。腹部相对长（很多食叶的叶甲都是如此）。跗节第3节有匙形的刚毛。

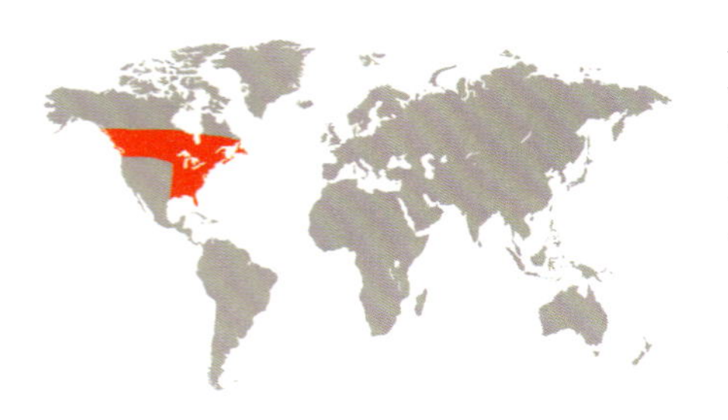

科	毛象科 Nemonychidae
亚科	松粉象亚科 Cimberidinae
分布	新北界：加拿大南部，美国东部
生境	北半球北部
微生境	针叶树雄球果
食性	取食松树花粉
附注	最古老的象甲之一；取食松树花粉

成虫体长
⅛–³⁄₁₆ in
(2.9–5.1 mm)

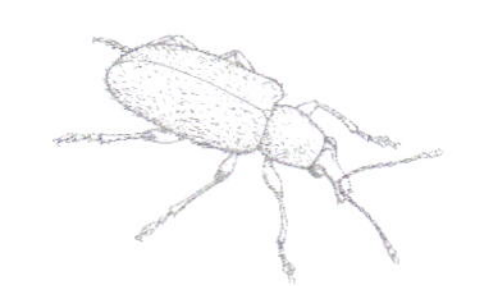

狭松粉象
Cimberis elongata
Cimberis Elongata
(LeConte, 1876)

实际大小

狭松粉象属于象甲进化中最古老的支系之一，至少追溯到侏罗纪时期。该种数量稀少，成、幼虫取食5种松树的花粉。幼虫在松树的雄球果中发育，有报道称幼虫取食北美短叶松 *Pinus banksiana* 凋零的芽和茎。幼虫的上、下颚通过关节与体躯相连，它们使用上、下颚把花粉扫入口腔内。下颚端部尖锐，能有效地刺入花粉粒中。臼齿表面粗糙，适于磨碎摄入的花粉。幼虫在土壤中化蛹。

近缘物种

松粉象属 *Cimberis* 包括8种，其中7种分布于北美洲，1种分布于欧洲。该属成虫的上颚内缘具有1个大齿，这个特征使其区别于松粉象族 Cimberidini 其他属。狭松粉象与 *Cimberis attellaboides*、*Cimberis decipiens* 和 *Cimberis pallipennis* 的上唇均为横形，其前缘均具凹缺；但狭松粉象前胸背板中部大部分区域凹陷，与其他种相区别。

狭松粉象 体黑色，喙端部、足股节、胫节和基节红色。体表被红色的直立长毛。头部和前胸窄于鞘翅，复眼圆而大。喙伸长、扁平，端部加宽；上颚发达。触角线状，着生于喙端部，触角末3节略加宽。

科	毛象科 Nemonychidae
亚科	犀象亚科 Rhinorhynchinae
分布	新热带界：巴西南部（巴拉那州、圣卡塔琳娜州、南里奥格兰德州）
生境	南半球长有巴西南洋杉 *Araucaria angustifolia* 的温带森林
微生境	巴西南洋杉，主要在雄球果上
食性	巴西南洋杉的花粉
附注	这种象甲无典型的喙，前足适于穿刺巴西南洋杉球果

成虫体长
1/16–1/8 in
(1.8–3.1 mm)

无喙象
Brarus mystes
Brarus Mystes
Kuschel, 1997

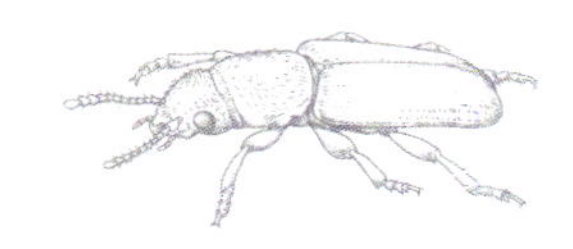

无喙象最初未归于象甲类，因为它没有典型的喙。成虫稀少，但可从带有幼虫的巴西南洋杉雄球果上养殖出较多数量来。跟其他与南洋杉属 *Araucaria* 有关的毛象科物种一样，该种幼虫无足，靠背上发达的泡状突起蠕动。成虫前足短宽，适于穿刺球果。

实际大小

近缘物种

无喙象是无喙象属 *Brarus* 仅有的种。由于无喙，它看上去与 Mecomacerini 族的其他种类截然不同，但它实际上与该族其他种类有很多共同特征。该族成虫的下颚须末节均细长，上唇背面有4对或更多的刚毛。同族分布于智利和阿根廷的 *Mecomacer* 和 *Araucomacer*属，亦与南洋杉属植物相关；这两个属与无喙象属的关系最近。以上3个属的成虫，其中胸背板均有2道发音锉。

无喙象 体微小，黄褐色，两侧平行；表被刚毛，刚毛大多细微、稀疏、倒伏。头部宽，前端窄，但不像大多数象甲一样延伸成喙。雄性头部大于雌性。触角线状，略呈棒状，着生于上颚后方。小盾片可见，前足比较适于挖掘。

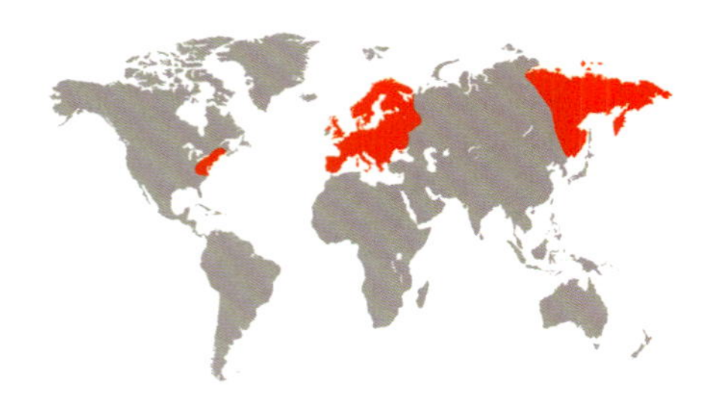

科	长角象科 Anthribidae
亚科	长角象亚科 Anthribinae
分布	古北界和新北界：原产于欧洲北部、亚洲，人为引入美国东北部
生境	温带森林
微生境	针叶树（如欧洲云杉 *Picea abies*）或落叶树（如栎属 *Quercus*）的树枝、花和树皮
食性	取食介壳虫（蚧科 Coccidae 和红蚧科 Kermesidae）的卵
附注	幼虫内寄生于雌蚧，在其体内取食蚧卵。人为引入美国，作为控制蚧的天敌

成虫体长
1/16–3/16 in
(1.5–4.6 mm)

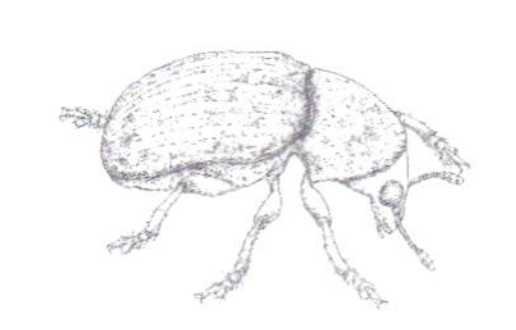

云纹长角象
Anthribus nebulosus
Anthribus Nebulosus

Forster, 1770

实际大小

在长角象科中，仅长角象属 *Anthribus* 为捕食性。幼虫在雌蚧体内取食蚧卵。成虫会被花吸引，在树皮下越冬。云纹长角象在其原产地取食15种以上的介壳虫，包括杉球蚧属 *Physokermes* 、球坚蚧属 *Eulecanium* 和红蚧属 *Kermes*。1978年为了控制果树、坚果和杉木上的蚧虫，人们把云纹长角象引入美国弗吉尼亚州。然而1989年在康涅狄格州、马萨诸塞州和纽约市发现该种大量种群，这说明该种已无意中传入美国东北部，并且在那里更容易定殖。

近缘物种

长角象属在古北界分布超过300个种。在欧洲北部，可能与云纹长角象同时发现的种还有 *Anthribus fasciatus* 和 *Anthribus scapularis*；但后两个种的前胸背板边框完整，本种前胸背板边框不完整。*Anthribus fasciatus* 在美国也被用作控制介壳虫的天敌。

云纹长角象 体褐色至深褐色，被深褐色和白色刚毛，白色刚毛较宽，形成马赛克似的花纹。头部宽，喙短。前胸背板横阔，仅基部具边框。鞘翅长形，基部仅比前胸背板略宽。肩胛明显。后足跗节第3节的分叶相互愈合。

科	长角象科 Anthribidae
亚科	长角象亚科 Anthribinae
分布	东洋界和古北界：乌克兰、俄罗斯西南部、东亚
生境	温带森林
微生境	野茉莉 *Styrax japonicus*、玉铃花 *Styrax obassis*、茶条槭 *Acer ginnala*、鞑靼槭 *Acer tataricum*、田野槭 *Acer campestre*
食性	成虫取食寄主植物的叶子和果实；幼虫在寄主植物的种子中发育
附注	雌雄二型，雄性头部非常大，用于争斗

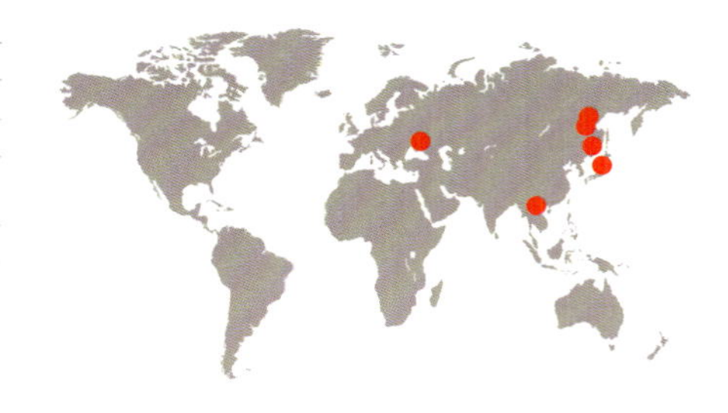

成虫体长
⅛–¼ in
(3.1–6 mm)

白纹牛头象
Exechesops leucopis
Cow-Faced Anthribid
(Jordan, 1928)

白纹牛头象激烈的争斗行为在长角象科中较为少见。体型相当的雄虫会在寄主植物的果实上竞争优势交配地点。它们用头部互相用力撞击对方——它们的头大而宽平，适于相互顶撞。交配和产卵均发生在果实上。雌虫先在果实上咬出一个孔，随后把卵产到孔里；通常产卵时雄虫在一旁守护。小型雄虫显然会避免与大型雄虫正面冲突，它们采取另一种策略，即搜寻没有被守护的雌虫。成虫善飞。

近缘物种

牛头象属 *Exechesops* 隶属于长角象亚科的长颜象族 Zygaenodini。该属包括35种，分布于非洲热带界和东洋界。所有种均雌雄二型，表现在头部大小和触角长度不同。种间区别主要体现在雄性复眼柄的发达程度上。

实际大小

白纹牛头象　体型中等；鞘翅被黑色和灰白色的绒毛，形成大理石般的花纹；头部也被灰白色绒毛。雄虫头部大，前部平坦；复眼着生于头部背侧方的复眼柄上。触角线状，雄虫触角几乎与身体等长，雌虫触角为体长之半。鞘翅两侧平行。前胸背板端部窄，近基部宽；近基部具一道窄横脊。

科	长角象科 Anthribidae
亚科	长角象亚科 Anthribinae
分布	澳洲界：新西兰（斯图尔特岛、奈尔斯群岛）
生境	近南极圈的海平面
微生境	海岸边地衣
食性	取食覆生在岩石上的地衣（地衣优势种是 *Pertusaria graphica*）
附注	生活在被海水冲刷的地衣上，并取食之

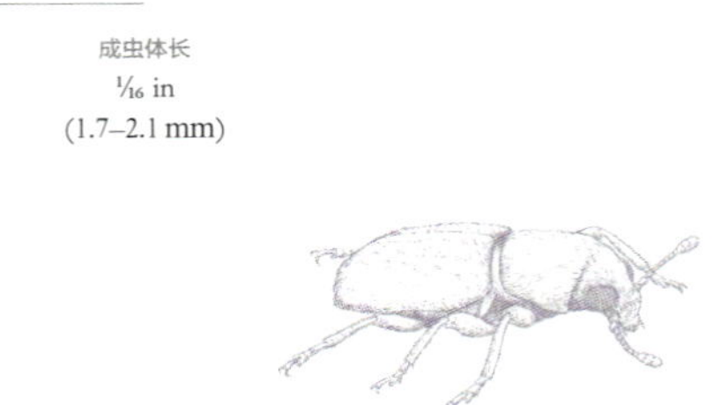

成虫体长
1/16 in
(1.7–2.1 mm)

滨地衣象
Lichenobius littoralis
Lichenobius Littoralis

Holloway, 1970

实际大小

滨地衣象的成、幼虫均生活于覆生在海边岩石上的地衣中，这些岩石长年累月地被海水冲刷，微生境非常独特。滨地衣象分布于新西兰的奈尔斯群岛南部及斯图尔特岛。幼虫橙色，会在白色地衣带的浅层钻蛀，地衣带的优势种是 *Pertusaria graphica*。成虫从12月开始羽化，羽化高峰期是2月。成虫后翅退化，不能飞行，会在寄主地衣表面活跃地爬行。

近缘物种

地衣象属 *Lichenobius* 在新西兰特有，包括3种：滨地衣象、*Lichenobius maritimus* 和 *Lichenobius silvicola*。*Lichenobius silvicola*取食长在活树木和活灌木上的地衣。*Lichenobius maritimus*成虫亦发现于被海水冲刷的岩石上，生活在干的绿藻的缝隙中；它们可能取食海洋里的藻类。地衣象属隶属于长角象亚科的Gymnognathini族。该族共包括36个属，地衣象属可能与澳洲的 *Xynotropis* 属最为近缘。

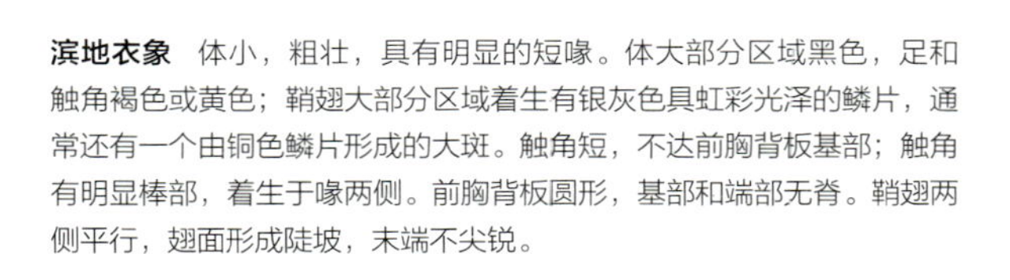

滨地衣象 体小，粗壮，具有明显的短喙。体大部分区域黑色，足和触角褐色或黄色；鞘翅大部分区域着生有银灰色具虹彩光泽的鳞片，通常还有一个由铜色鳞片形成的大斑。触角短，不达前胸背板基部；触角有明显棒部，着生于喙两侧。前胸背板圆形，基部和端部无脊。鞘翅两侧平行，翅面形成陡坡，末端不尖锐。

科	长角象科 Anthribidae
亚科	领长角象亚科 Choraginae
分布	世界性分布，主要在热带和亚热带地区（原产于印度—马来西亚地区）
生境	仓库、农业设施
微生境	干燥的储藏物、咖啡和可可豆
食性	取食储藏的或活的植物组织
附注	食性广泛，取食各种植物产品，包括咖啡和可可豆

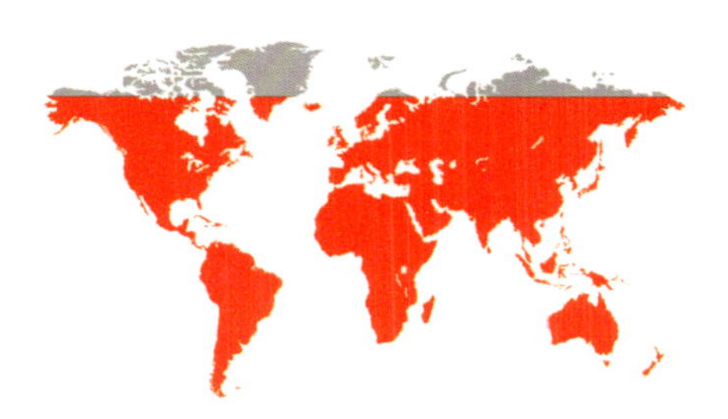

成虫体长
$^{1}/_{16}$–$^{3}/_{16}$ in
(2.4–5.0 mm)

咖啡豆象
Araecerus fasciculatus
Coffee-Bean Weevil
(DeGeer, 1775)

实际大小

咖啡豆象食性广泛，据报道取食49种植物，包括18种柑橘类水果、辣椒，以及马钱子 *Strychnos nux-vomica* 的种子。它还严重危害可可和咖啡豆，并随着二者国际贸易的繁荣传播至全世界。它们侵害的对象往往是未充分干燥的、柔软的或腐败的储藏物。它们的卵通常产于储藏物的表面，幼虫钻蛀其内。

近缘物种

咖啡豆象属*Araecerus*隶属于咖啡豆象族 Araecerini，该族在世界上共有22个属。咖啡豆象属包括近75种，分布于印度洋—太平洋地区。长角象科目前包括650个属。咖啡豆象由于分布范围广，其分类学历史很曲折——它在历史上曾被不同的研究者用不同的名字描述过10次以上。

咖啡豆象 体小型，卵圆形，体表被乳白色和褐色的细鳞片。前胸背板基部与鞘翅等宽，两侧各有1道脊。复眼大而圆；触角直，着生于头部正面复眼下方，末3节加宽形成明显的棒部。

科	长角象科 Anthribidae
亚科	领长角象亚科 Choraginae
分布	新热带界：牙买加、巴拿马
生境	山地云雾森林
微生境	落叶层中腐烂残桩上的潮湿树皮
食性	未知
附注	本种会跳跃，在长角象科中比较独特；数量稀少

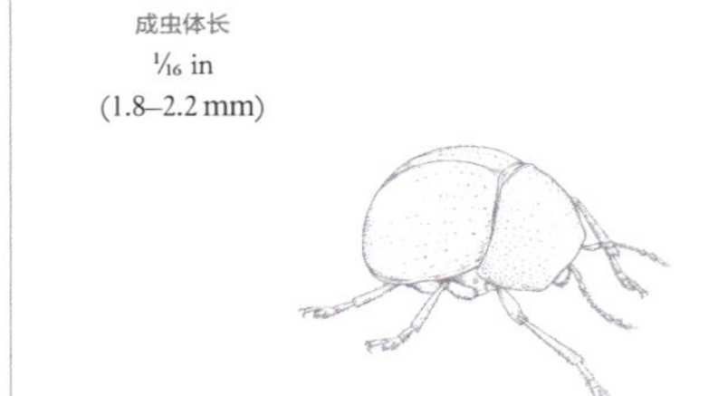

成虫体长
1/16 in
(1.8–2.2 mm)

球形蠹象
Apteroxenus globulosus
Apteroxenus Globulosus

Valentine, 1979

实际大小

球形蠹象体微小，非常粗壮，发表时仅依据1头采自牙买加的雌虫标本。此外，在博物馆还保存少数一些采自巴拿马的标本。此种无后翅，不能飞行，但它有发达的跳跃足，活动敏捷。采自牙买加的那头标本发现于腐朽的残桩上，残桩部分埋于落叶层中。它起初在树皮表面爬行，看上去有点像甲螨，但受惊后立即跳起。

近缘物种

蠹象属 *Apteroxenus* 仅包括1种，可能与北美洲的 *Euxenulus* 属最为近缘。该属归于领长角象族 Choragini，该族目前包括15个属，分布于全世界。领长角象亚科所有种类的触角均着生于复眼之间的额部，而该科其他种类的触角着生于喙上。

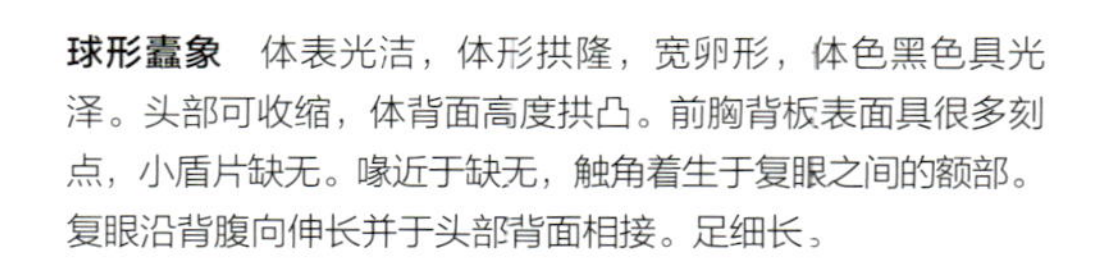

球形蠹象 体表光洁，体形拱隆，宽卵形，体色黑色具光泽。头部可收缩，体背面高度拱凸。前胸背板表面具很多刻点，小盾片缺无。喙近于缺无，触角着生于复眼之间的额部。复眼沿背腹向伸长并于头部背面相接。足细长。

科	长角象科 Anthribidae
亚科	齿象亚科 Urodontinae
分布	非洲热带界：非洲南部
生境	沙漠或类似的生态系统
微生境	鸢尾科和黄脂木科的花和种子
食性	寄主植物包括离被鸢尾属 *Dietes*、鸢尾属 *Iris* 和弯管鸢尾属 *Watsonia* 的种类，及嘉氏火炬花 *Kniphofia galpinii*；成虫取食寄主植物的花，幼虫取食其种子
附注	幼虫已知在种子中发育

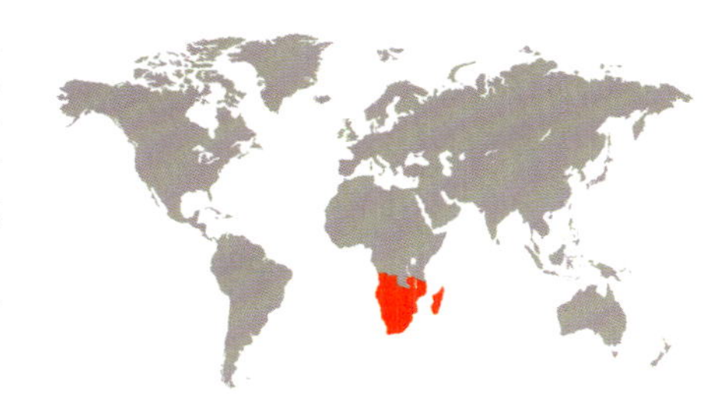

成虫体长
⅛–¼ in
(2.5–6.0 mm)

百合尾齿象
Urodontellus lilii
Urodontellus Lilii
(Fåhraeus, 1839)

实际大小

百合尾齿象最早归于叶甲科下的豆象亚科，后来提升为独立的齿象科 Urodontidae。但1943年的一项深入研究发现，其幼虫形态支持它作为长角象科下的一个亚科。其幼虫具有1个单眼，无足，体背面有明显的适于运动的突起。该种似乎与鸢尾科和黄脂木科植物有关，其幼虫取食这些植物的种子。齿象亚科南非的一些种类会导致木本番杏科植物的茎生成虫瘿，随后这些齿象在虫瘿内完成整个发育过程。

近缘物种

齿象亚科包括8属，除 *Bruchela* 和 *Cercomorphus* 属亦分布于欧洲西部和中部外，其余属均仅分布于非洲。尾齿象属 *Urodontellus* 建立于1993年，包括6个种，这些种原来归于 *Bruchela* 属。从外形上看，百合尾齿象几乎与 *Urodontellus vermiculatus* 和 *Urodontellus vicinialilii* 不可区分，三者仅鞘翅颜色和雄性外生殖器的形态有略微差别。

百合尾齿象　体长卵形，黑色，鞘翅端部有一个红色斑；体表被灰白色的精细短刚毛；具短喙。头部窄；复眼突出；触角直，相对短。前胸背板几乎与鞘翅基部等宽。小盾片退化。鞘翅略短于腹部，腹板末几节外露。

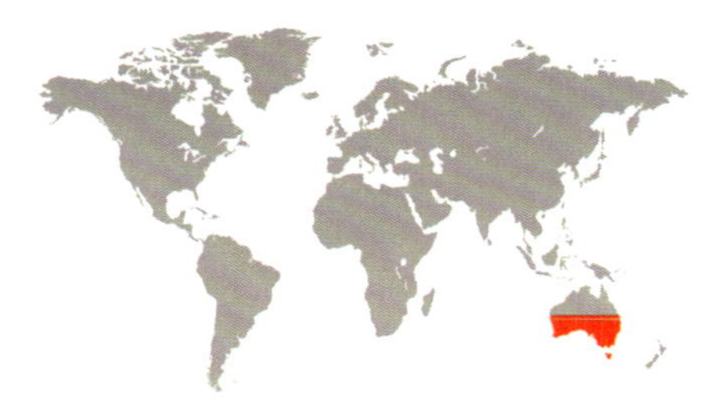

科	矛象科 Belidae
亚科	矛象亚科 Belinae
分布	澳洲界：澳大利亚南部，包括塔斯马尼亚
生境	凉爽的地中海气候；林地、灌丛
微生境	金合欢属 *Acacia*、李属 *Prunus* 和布榕属 *Argyrodendron* 的种类
食性	成虫食性未知；幼虫蛀木
附注	本种是李子树的害虫

成虫体长
$^9/_{16}$–$^5/_8$ in
(15–16 mm)

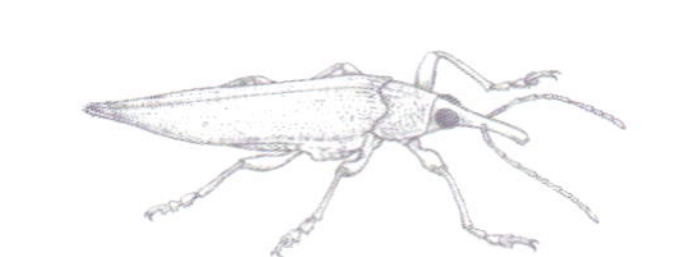

二点箭矛象
Rhinotia bidentata
Two-Spotted Weevil
(Donovan, 1805)

箭矛象属 *Rhinotia* 的大多数种类均取食金合欢属植物，二点箭矛象也是如此，但据报道它也取食李属和布榕属的树种。在澳大利亚，二点箭矛象幼虫严重危害非本地的杏树。它们钻蛀入杏树内，最终会导致寄主植物死亡。雌虫产卵时，先在树上咬出一个圆形小孔，然后把卵产在孔中，最后把卵推入孔的底部。箭矛象属的一些种类，如 *Rhinotia apicalis*、*Rhinotia haemoptera*、*Rhinotia marginella* 和 *Rhinotia parva*，它们的外形和体色近似红萤科 Lycidae 甲虫。这些种类鞘翅长形、细长、两侧平行；触角端部几节扁平；体背面颜色由橙色和黑色组成。

近缘物种

矛象亚科在澳大利亚有3个族：Agnesiotidini、Pachyurini和矛象族 Belini。箭矛象属归于矛象族，在澳大利亚特有，已知80种以上，且还有很多新种有待描述。该属的一些种类触角加宽。本种与 *Rhinotia semipunctata* 和 *Rhinotia perplexa* 最接近，但后两个种的鞘翅无斑。

二点箭矛象 体细长，背面几乎全黑，具一些白色的小斑，各鞘翅近端部具1个大的白色斑（边界明确）。鞘翅末端急剧收窄，长度超过腹部。腹面两侧被大量的白色绒毛。

实际大小

科	矛象科 Belidae
亚科	新象亚科 Oxycoryninae
分布	新热带界：阿根廷（门多萨、圣胡安、圣路易斯、拉里奥哈、卡塔马卡、图库曼、科尔多瓦、圣地亚哥－德尔埃斯特罗、布宜诺斯艾利斯）
生境	森林
微生境	与牧豆寄生属的根寄生被子植物相关
食性	成虫取食牧豆寄生属 *Prosopanche* 植物的花粉；幼虫在花和果实里发育
附注	幼虫在寄主植物位于地下的果实中发育并化蛹

成虫体长
⅜–½ in
(10–12 mm)

根寄新象
Hydnorobius hydnorae
Hydnorobius Hydnorae
(Pascoe, 1868)

根寄新象与牧豆寄生属的 *Prosopanche americana* 和 *Prosopanche bonacinae* 关系紧密。这两种植物的主要部分均位于地面以下，它们自身不进行光合作用，而是寄生于牧豆属 *Prosopis* 植物的根部。根寄新象成虫在夏末（南半球的一月份）从牧豆寄生属植物腐败的果实中羽化出来。当寄主植物来年新开的花萌芽并释放花粉时，根寄新象开始在其上交配、取食并产卵；它们可能具有为寄主植物传粉的作用。在根寄新象的发育期中，它们不会对寄主植物的繁殖器官（种子、子房、雄蕊）造成损害，幼虫仅取食部分果实和花被。

近缘物种

根寄新象属 *Hydnorobius* 隶属于新象族 Oxycorynini，其近缘属包括：新象属 *Oxycorynus*（南美洲，4种）、*Alloxycorynus*属（南美洲，2种）和 *Balanophorobius* 属（哥斯达黎加，1种）；这些近缘属与蛇菰科的根寄生植物相关。根寄新象属已知3种，分布于阿根廷和巴西。该属与该族其他属的区别为：鞘翅具有明显的纵脊，前足胫节背面具脊。

根寄新象 体中等大小，卵圆形，褐红色。喙细长，长于前胸背板。触角着生处靠近头部；触角直，端部几节形成微弱的棒部。前胸背板略微窄于鞘翅；前胸背板侧缘弧形，侧缘扩展。鞘翅至少有8道明显的纵脊。

实际大小

科	矛象科 Belidae
亚科	新象亚科 Oxycoryninae
分布	新热带界：墨西哥（韦拉克鲁斯州），人为引入美国（佛罗里达州）
生境	潮湿或干旱的海边热带森林
微生境	苏铁的雄球果
食性	取食苏铁小孢子叶
附注	本种与其寄主鳞秕泽米铁 *Zamia furfuracea* 为互利共生关系，它为寄主传粉

成虫体长
3/16 in
(3.5–5.4 mm)

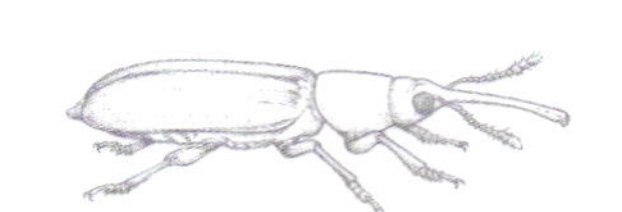

柔铁新象
Rhopalotria mollis
Rhopalotria Mollis
(Sharp, 1890)

实际大小

柔铁新象甲专门在鳞秕泽米铁上交配、取食并产卵。它们在充满淀粉的雄球果中发育，仅侵害球果软组织、花轴及小孢子叶球的端部，不取食亦不危害花粉。成虫羽化后，身上覆满花粉，当它们访雌球果时起到为苏铁传粉的作用。成虫可能是被雌球果释放的挥发性化学物质吸引，或被雌球果产生的热量吸引。在野外，由于违法采挖和生境退化，苏铁类植物的生存正受到严重威胁。

近缘物种

铁新象属 *Rhopalotria* 包括4个种，均为新大陆特有种。所有种均与苏铁科植物相关。斯氏铁新象 *Rhopalotria slossonae* 原分布于佛罗里达州，与泽米铁属的 *Zamia pumila* 关系密切。其余2种分布于墨西哥和古巴。目前一位象甲专家正在研究这个属，一些新种即将发表。

柔铁新象 体通常卵圆形，背腹面平坦，表面平滑有光泽。体色大部分呈血红色。最突出的特点是：前足股节膨大，大小是中后足股节的5倍以上。喙与前胸背板等长。触角直，非膝状，与该科其他种一样；触角从第2或第3节至末节逐渐加宽。鞘翅光滑，无明显的脊。

科	柏象科 Caridae
亚科	柏象亚科 Carinae
分布	澳洲界：澳大利亚（昆士兰州、新南威尔士州、维多利亚州、南澳大利亚州、西澳大利亚州）
生境	针叶林
微生境	成虫发生于枝叶间；幼虫发现于澳柏属 *Callitris* 绿色的球果内
食性	幼虫取食澳柏属 *Callitris* 的雌球果；成虫食性不确定
附注	柏象属幼虫很特别，特征如：足大而长，有分节；爪细长，弯曲，尖锐。其足是象甲幼虫中最长的

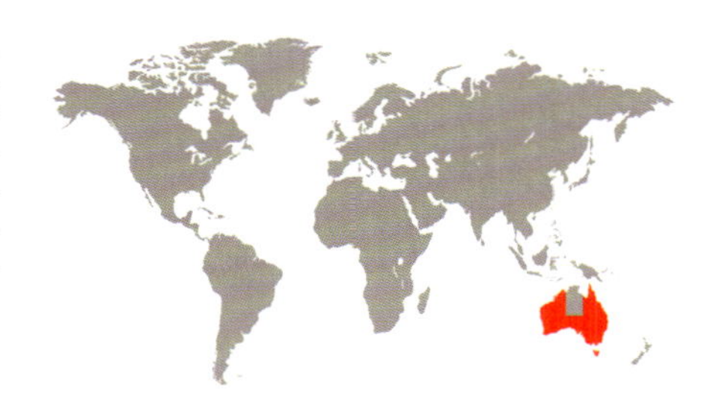

成虫体长
3/16–1/4 in
(4–5.5 mm)

短小柏象
Car condensatus
Car Condensatus
Blackburn, 1897

实际大小

柏象科建立于1991年，历史上曾归于卷象科 Attelabidae、矛象科 Belidae，最近还归于锥象科 Brentidae 中。柏象属 *Car* 建立以后，其幼虫一直未知，直至1992年。这种非常罕见的幼虫发现于柏科澳柏属雌球果内的种子中。柏象属雌虫用它的喙在球果上钻一个洞，然后把卵产进去。孵化出的幼虫会继续钻蛀到球果内部。球果表面有很多坚硬的树脂溶滴，很多未钻蛀到球果内部的低龄幼虫粘到树脂溶滴后不能移动而死亡。

近缘物种

柏象科仅分布于南半球，现生种类包括4属6种。柏象属为澳大利亚特有属，与南美洲的*Caenominurus*属最为近缘。该属已知3种：短小柏象、间型柏象 *Car intermedius* 和皮氏柏象 *Car pini*；种间区别包括鞘翅刚毛形态、触角棒部的节数和整个虫体的大小。

短小柏象 体小，长卵形，褐色至黑色，全身被稀疏的白色绒毛。喙窄而直，两侧平行。触角着生于喙的腹面，靠近头部。鞘翅长度是前胸背板的3倍，表面被细微的、直立的毛状刚毛；鞘翅后部有黑色斑纹。

科	卷象科 Attelabidae
亚科	卷象亚科 Attelabinae
分布	新热带界：牙买加、波多黎各
生境	森林或人工种植的树林
微生境	植物上
食性	成虫把榄仁树 *Terminalia catappa* 的叶子卷起来供幼虫取食；成虫亦采于番石榴属 *Psidium* 植物上
附注	本种及其近缘物种的雄虫在胫节端部具有1个刺，雌性具有2个刺

成虫体长
⅛–¼ in
(3.2–5.9 mm)

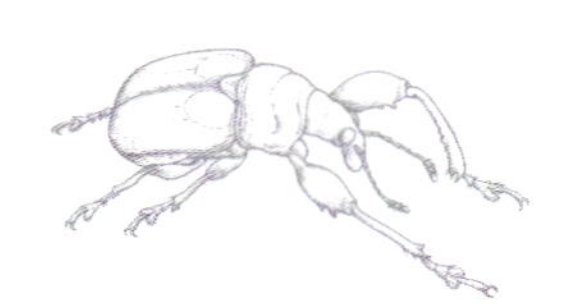

双斑臂卷象
Euscelus biguttatus
Euscelus Biguttatus
(Fabricius, 1775)

这种象甲具有很高的观赏性且易于识别，寄主植物为榄仁树。雌虫先把卵产于幼树的叶子上，然后切割叶子，把叶子卷起来形成一个桶状的叶巢。卷叶的过程非常复杂，参与器官包括上颚和膨大的前足。卷叶巢为幼虫提供了庇护所和营养。双斑臂卷象的取食及其卷叶行为一般不对寄主植物造成实质性危害。

近缘物种

臂卷象属 *Euscelus* 隶属于卷象族 Attelabini 臂卷象亚族 Euscelina。该亚族共包括5个属，广布于西印度群岛（除小安的列斯群岛外）及中南美洲，但在世界上其他区域无分布。臂卷象属包括50多种，分为8个亚属。种间区别包括鞘翅颜色、鞘翅肩胛是否有刺，以及鞘翅刻点形态。

实际大小

双斑臂卷象　体红褐色至深褐色，中后足和腹部腹面淡黄色，鞘翅基部具1对椭圆形的淡黄色斑。体背面有光泽，光滑，具细微的刻点。喙短于头部；长大于宽。触角非膝状，着生于复眼附近。雌雄前足段节腹面均有1对突起。

科	卷象科 Attelabidae
亚科	卷象亚科 Attelabinae
分布	新热带界：中美洲
生境	牧场、人为干扰的森林、人工种植的丘陵地带
微生境	发现于寄主植物毛可可 *Guazuma tomentosa* 的叶子上，卷叶；在土壤中化蛹
食性	取食药用植物毛可可的叶子
附注	成虫把叶子卷成球形，卵和幼虫生活在叶巢中

成虫体长
¼–⅜ in
(7–8.6 mm)

虹毛唇卷象
Pilolabus viridans
Pilolabus Viridans
(Gyllenhal, 1839)

虹毛唇卷象体色鲜艳，相对常见。它们的卷叶习性很独特，叶巢呈球形，长16 mm，宽14 mm，悬挂于寄主植物毛可可的叶中脉下方。其他大多数卷象筑造的叶巢呈松散或致密的圆柱形，而非球形。雌虫先在叶子上产卵，然后花大概2个小时去切割叶片并筑建叶巢。幼虫在叶巢中取食并生长发育，随后在土壤中化蛹。

近缘物种

毛唇卷象属 *Pilolabus* 是毛唇卷象族 Pilolabini 的独有属。该属已知15种，分布于中美洲，其中4种分布于墨西哥南部。虹毛唇卷象、长颈毛唇卷象 *Pilolabus giraffa* 和华丽毛唇卷象 *Pilolabus sumptuosus* 有类似的金属色，但具体色斑不一样。其他卷象也具有卷叶习性，但它们的卷叶方式不一样，且不在土壤中化蛹。

实际大小

虹毛唇卷象 体表有明艳的金属光泽。体背面红色，前胸背板和鞘翅具有高对比度的深绿色或钴蓝色；少数标本全红。腹面深绿色，亦有金属光泽。体形相对狭长，喙短宽。雌虫胫节端部有一对长直齿。

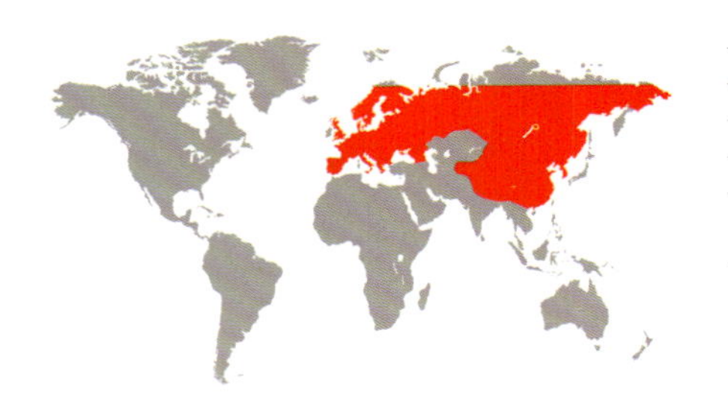

科	卷象科 Attelabidae
亚科	卷象亚科 Attelabinae
分布	古北界：欧洲和亚洲
生境	落叶阔叶林及花园中
微生境	成虫发现于叶片表面；幼虫和蛹躲藏在叶巢中
食性	取食欧榛 *Corylus avellana*，亦发现于桤木属 *Alnus*、桦木属 *Betula*、柳属、水青冈属、栎属的一些树种上
附注	叶巢呈多层套叠的圆筒状

成虫体长
¼–5⁄16 in
(6–8 mm)

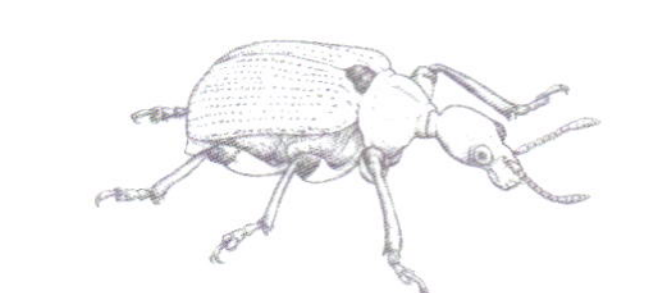

棒叶卷象
Apoderus coryli
Hazel-Leaf Roller Weevil
(Linnaeus, 1758)

棒叶卷象把每粒卵卷在一个圆筒状的叶巢里，寄主植物为欧榛。卷象科所有种类均有卷叶习性，只是卷叶的方式和叶巢的形状有所区别。据报道，榛叶卷象雌虫在卷叶前会在叶子表面爬动，似乎在测量叶子长度并确定适合的位置开始剪裁。幼虫和蛹在叶巢中发育，成虫在夏天羽化。其种本名源于其寄主植物的属名。

近缘物种

榛叶卷象隶属于叶卷象族 Apoderini。该族包括若干属，主要分布于古北界和东洋界。叶卷象属 *Apoderus* 在欧洲还分布有另一个种，*Apoderus ludyi*（仅分布于意大利）。这两个种体形和大小相似，但体色不同。该属的其他一些近缘物种，如分布于印度的 *Apoderus tranquebaricus*，对林业有一定危害。

实际大小

榛叶卷象 头部黑色，前胸背板和鞘翅红色，股节基部红色，端部黑色。头部伸长；复眼大；喙较短；触角直，着生位置靠近喙端部。前胸背板钟状；头部和前胸之间显著缢缩。鞘翅长方形，表面有强烈光泽，具清晰刻点列。

科	卷象科 Attelabidae
亚科	卷象亚科 Attelabinae
分布	非洲热带界：马达加斯加
生境	热带潮湿森林
微生境	在寄主植物野牡丹科 *Dichaetanthera* 属上
食性	植食性
附注	本种雄虫有“长脖子”，用于争斗；雌虫卷叶筑巢并于其中产卵

雄性成虫体长
⁹⁄₁₆–1 in
(15–25 mm)

雌性成虫体长
½–⁹⁄₁₆ in
(12–15 mm)

长颈卷象
Trachelophorus giraffa
Giraffe-Necked Weevil
(Jekel, 1860)

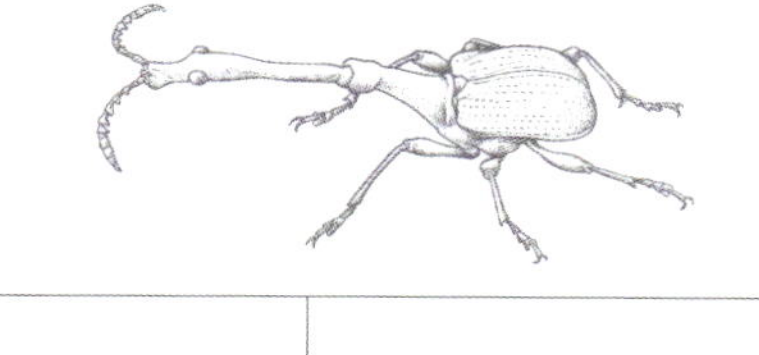

长颈卷象雄虫具有很长的“脖子”，用于竞争雌虫；交配时雄虫脖子会来回晃动，可能以此威慑别的雄虫。雌虫脖子较短。雌虫筑巢时，先沿着寄主植物的主叶脉咬出缺口，这样会导致叶片受伤变弱。交配之后，雌虫先用它们强壮的足把叶片对折，然后从端部开始把叶片卷成筒状，并把卵产在里边。它们还沿叶缘咬出一排缺口，形成特别的咬合结构，从而使叶巢具有其特有的形状。最后雌虫切断主叶脉，使叶巢掉到土壤中，幼虫在叶巢中发育。

实际大小

近缘物种

长颈卷象属 *Trachelophorus* 在马达加斯加岛特有，已知11种。这些种分成如下3个亚属①：*Eotrachelophorus*、*Atrachelophorus* 和 *Nigrotrachelophorus*。长颈卷象隶属于指名亚属。该亚属包括5种，它们的雄虫腹部第2可见腹板无隆突。

长颈卷象　雄虫的前胸背板和头部延长，形成像长颈鹿一样的长脖子。前胸背板前缘有一道横沟，以此划分头部和前胸。“颈”和颊均黑色，鞘翅红色。复眼鼓突。触角直。

① 该属共包括5个亚属，原著此处漏掉指名亚属 *Trachelophorus s. str.* 与 *Atrachelophoridius*。——译者注

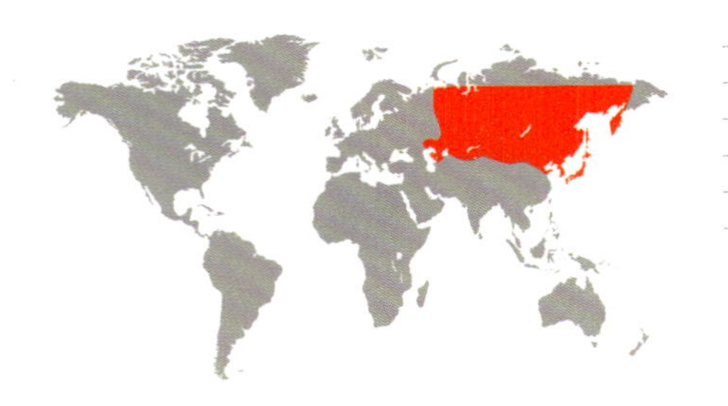

科	卷象科 Attelabidae
亚科	齿颚象亚科 Rhynchitinae
分布	古北界：中国、日本、哈萨克斯坦、韩国、蒙古、俄罗斯
生境	森林
微生境	叶巢、植物上
食性	寄主植物包括苹果属、梨属、珍珠梅和杨属的一些种类
附注	雄虫以其争斗行为出名

成虫体长
¼–⁵⁄₁₆ in
(6.5–8 mm)

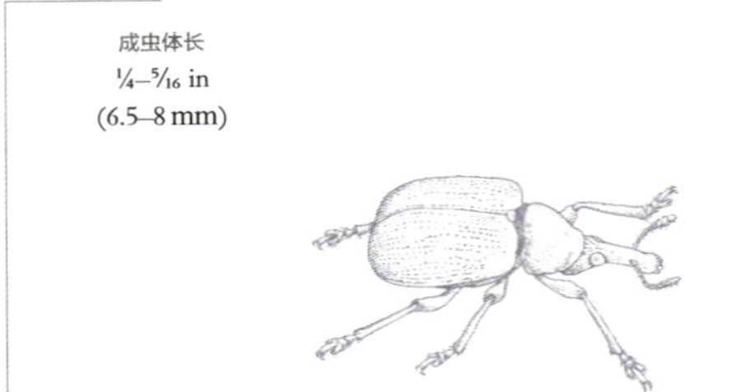

皱纹金卷象
Byctiscus rugosus
Byctiscus Rugosus
(Gebler, 1830)

金卷象属 *Byctiscus* 的雄虫之间有激烈的竞争和争斗行为。雄虫以中、后足站立，上身抬起，前足前伸，互相用前足抓住对手，并互相击打对手的喙。跗节具细长的刚毛，这些刚毛会使争斗看上去更激烈。雌虫把叶子卷成复杂的圆筒状，卵包裹于其中。幼虫在叶巢中取食，完成其生长发育。

近缘物种

金卷象族 Byctiscini 包括2亚族12属，仅分布于旧大陆。金卷象属已知27种，分布于古北界和东洋界；包括 *Byctiscus* 和 *Aspidobyctiscus* 两个亚属。皱纹金卷象与 *Byctiscus betulae* 近缘，后者危害葡萄藤、梨和其他阔叶树及灌木。

实际大小

皱纹金卷象 体呈明亮的绿色，有金属光泽，头部和足具红色反光。鞘翅有深刻点列。前胸背板窄于鞘翅基部，鞘翅方形。头部窄，喙长度几乎为头部两倍。触角非膝状，着生于喙的近端部；末3节宽度几乎为其他节的两倍。

科	卷象科 Attelabidae
亚科	齿颚象亚科 Rhynchitinae
分布	新北界和新热带界：美国（亚利桑那州、新墨西哥州、得克萨斯州）、墨西哥（奇瓦瓦州、索诺拉州，瓦哈卡州）
生境	栎树森林
微生境	树叶、落叶层
食性	落叶的表皮组织
附注	幼虫潜叶

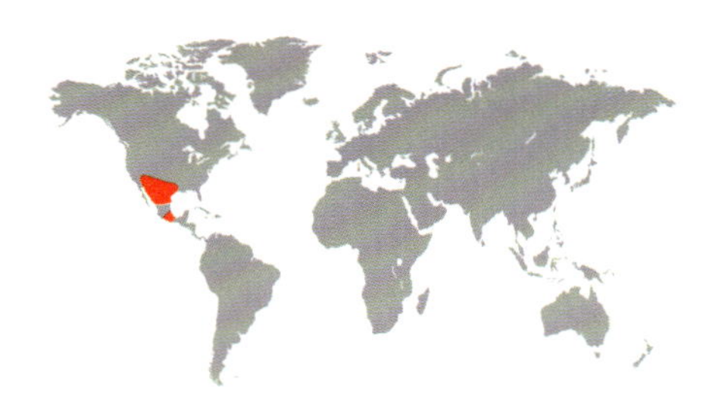

成虫体长
¼ in
(5.7–6.3 mm)

黑腹曲卷象
Eugnamptus nigriventris
Eugnamptus Nigriventris
(Schaeffer, 1905)

春天，黑腹曲卷象的雌虫用上颚在上一年秋天掉落的叶子上划出伤口，每片叶子仅划一处。然后把单粒卵产于叶片伤口处的上下叶表皮之间，最后用上颚对捏，把表皮组织封起来。幼虫靠取食腐烂叶子的表皮组织完成整个发育期。幼虫在土壤中化蛹，成虫在来年春天羽化。

近缘物种

曲卷象属 *Eugnamptus* 已知约100种。该属与 *Hemilypus*、*Acritorrhynchites* 和 *Essodius* 属相似，但喙的形态、复眼间距离、基跗节的长度、腹部腹板第1节和第2节之间缝的强弱、体背面刻点的深浅或鞘翅长度（是否达臀板）等方面有所区别。

实际大小

黑腹曲卷象 体表被细微的直立刚毛；头部、前胸背板和足红色，鞘翅蓝绿色。雄虫喙短于头部的其他部分，触角着生于喙的近端部；雌虫喙长于头部的其他部分，触角着生于喙的中部。头部和前胸背板窄于鞘翅基部。

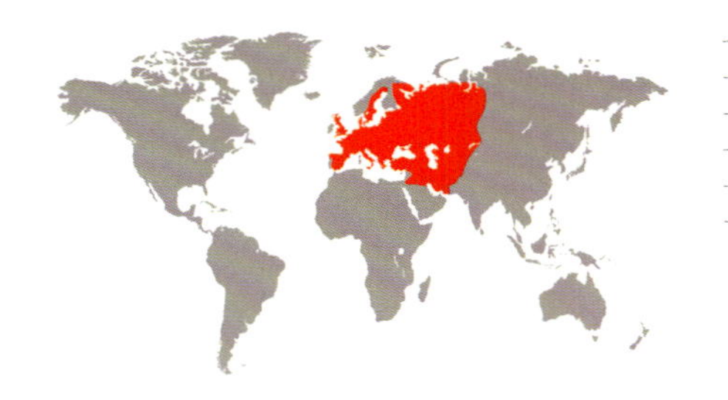

科	卷象科 Attelabidae
亚科	齿颚象亚科 Rhynchitinae
分布	古北界：欧洲、中亚
生境	果园
微生境	成虫发现于核果类水果上；幼虫发现于果核内
食性	成虫取食果肉；幼虫取食果核
附注	本种危害樱桃、李子和杏

成虫体长
¼–½ in
(6–12 mm)

樱桃虎卷象
Rhynchites auratus
Cherry Weevil

(Scopoli, 1763)

樱桃虎卷象是欧洲酸樱桃 *Prunus cerasus* 及其近缘物种如黑刺李 *Prunus spinosa* 最重要的害虫之一，此外它也危害杏。春天樱桃树开花的时候，成虫正好羽化。雌虫大概存活3个月，在此期间每头雌虫约产85粒卵。雌虫先在果实中咬出蛀道，然后把卵产在蛀道底部。幼虫穿过内果皮，在果核中发育，之后在土壤中化蛹。被危害的果实会出现斑点；若危害严重，果实会在未成熟前掉落到地面。

近缘物种

虎卷象属 *Rhynchites* 隶属于齿颚象亚科齿颚象族 Rhynchitini 齿颚象亚族 Rhynchitina。齿颚象亚科包括6个族，齿颚象族包括2个亚族。虎卷象属种类丰富，目前分成8个亚属。该属分布于古北界的其他种包括 *Rhynchites bacchus*、*Rhynchites giganteus* 和 *Rhynchites heros*。樱桃虎卷象与这些种的区别为：体表被细微的直立绒毛，雄性前胸具1对指向前方的刺，鞘翅具细微的刻点列。

樱桃虎卷象 体呈金属绿色或金属红色，体表有刻点的区域大多散布细微的直立毛。喙略长于前胸，轻微弯曲。触角非膝状，着生于喙端部。前胸背板拱凸，鞘翅近方形。雄性前胸背板两侧各具1个指向前方的刺。

实际大小

科	卷象科 Attelabidae
亚科	窃卷象亚科 Pterocolinae
分布	新北界和新热带界：加拿大、美国、墨西哥、洪都拉斯、危地马拉
生境	森林
微生境	树叶上
食性	捕食其他象甲的卵，如*Homoeolabus analis*和*Attelabus bipustulatus*
附注	本种捕食其他象甲的卵，并盗取其他卷象的巢

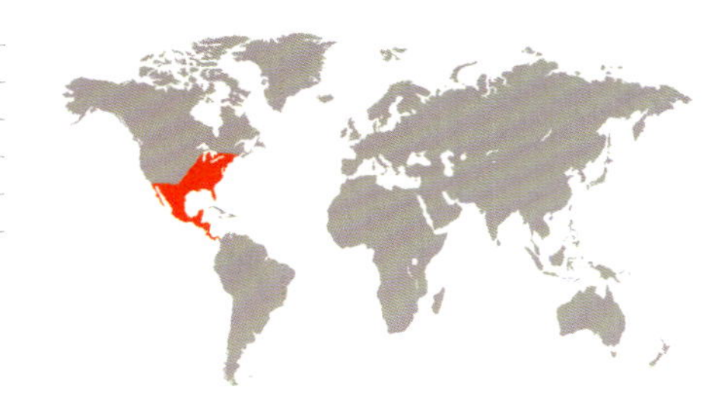

成虫体长
1/16–3/16 in
(2–3.7 mm)

卵圆窃卷象
Pterocolus ovatus
Thief Weevil
(Fabricius, 1801)

实际大小

卷象科的大多数种类把叶子卷起来筑成一个巢，卵在巢中发育。但卵圆窃卷象自己不做巢，而是窃取别的卷象的巢。当别的卷象筑好巢，在巢还新鲜柔软的时候，窃卷象就开始蛀入。当它穿过多层弯折和套叠的结构后，找到已有的卵并吃掉它们。随后，它们在巢中产下自己的卵，将巢用于自己后代的生长发育。卵圆窃卷象仅取食卷象卵，侵害以下在栎树上筑巢的卷象：分布于北美的双泡卷象 *Attelabus bipustulatus*、*Himatolabus pubescens*、*Homoeolabus analis*，以及分布于墨西哥的 *Himatolabus vestitus*。

近缘物种

窃卷象亚科包括 *Apterocolus* 和窃卷象属 *Pterocolus* 两个属。前者仅包括2种；后者包括18种，主要分布于墨西哥和中美洲。两属区别体现在：体型、体色、绒毛位置和发育状况、复眼大小、体表刻点、腹部背板露出的节数，及胫节刺的有无和形状。

卵圆窃卷象　体小型，圆形，深蓝色至墨绿色，有金属光泽，体背面具显著刻点。头部小；复眼大。喙短于前胸。前胸有明显边框；腹面具凹陷。触角直，末3节大小至少是前面触角节的3倍。

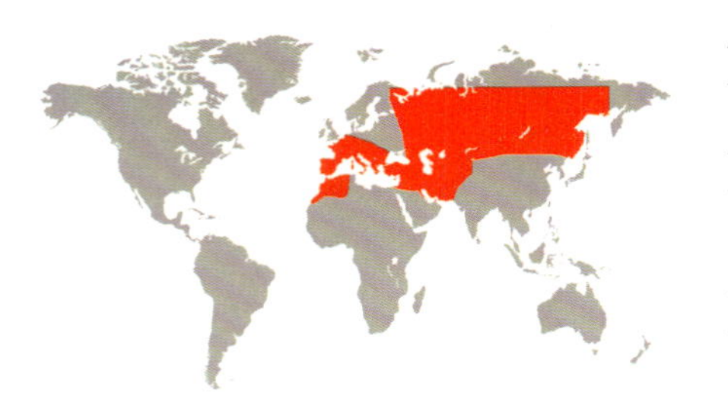

科	锥象科 Brentidae
亚科	锥象亚科 Brentinae
分布	古北界：欧洲南部、阿尔及利亚、摩洛哥、叙利亚、以色列、伊朗、俄罗斯
生境	以栎树为优势种的温带潮湿森林
微生境	蚁巢中（包括弓背蚁属*Camponotus*、毛蚁属*Lasius*、举腹蚁属*Crematogaster*、大头蚁属*Pheidole*、酸臭蚁属*Tapinoma*和红蚁属*Myrmica*）
食性	不确定
附注	本种为蚁栖甲虫；头部形态特别

成虫体长
3/8–11/16 in
(9–18 mm)

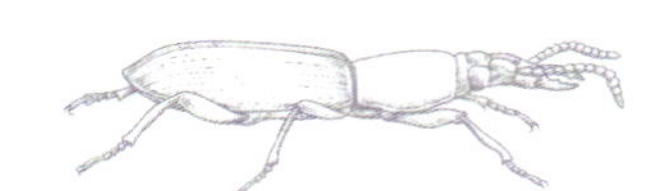

冠蚁锥象

Amorphocephala coronata

Amorphocephala Coronata

(Germar, 1817)

冠蚁锥象兼性蚁栖，通常与弓背蚁属共栖，但也能被其他一些种的蚁群所接受。当它们侵入弓背蚁的巢穴时，刚开始也会遭到工蚁的攻击。但当工蚁发现冠蚁锥象头部绒毛区腺体所分泌出的物质后，便开始舔食这些分泌物。显然冠蚁锥象有假性利它行为，通过这种行为，它们从寄主工蚁处获得部分食物。据观察，蚂蚁会精心照顾冠蚁锥象，并积极地想把它们留在蚁巢中。冠蚁锥象群居性，通常能同时发现很多个体。

近缘物种

蚁锥象属*Amorphocephala*隶属于Eremoxenini族，该族有时被作为锥象族Brentini下的一个亚族Eremoxenina。这个族几乎都是蚁栖类群，除蚁锥象属外还包括*Cobalocephalus*、*Eremoxenus*和*Symmorphocerus*属。蚁锥象属已知20种，分布于古北界和非洲热带界。种间主要以头部、前胸和触角的特征区分。

冠蚁锥象 体细长，红褐色，有光泽。最显著的特征是头部大，且结构复杂；喙位于额下方，喙基部深凹，具有硬刚毛刷。头部雌雄二型；雄虫喙更短粗；雄虫上颚大，镰刀状；雌虫上颚细长，圆柱形。

实际大小

科	锥象科 Brentidae
亚科	锥象亚科 Brentinae
分布	新北界和新热带界：美国（佛罗里达州）至巴拉圭
生境	热带和亚热带森林
微生境	朽木及树皮下
食性	成虫取食树液或访花；幼虫钻蛀朽木，可能取食树液或真菌菌丝
附注	本种雌雄二型，是北美洲最长的象甲之一

雄性成虫体长
⅜–1¹⁵⁄₁₆ in
(9–50 mm)

雌性成虫体长
⁵⁄₁₆–1¹⁄₁₆ in
(8–27 mm)

锚形大锥象
Brentus anchorago
Brentus Anchorago
(Linnaeus, 1758)

锥象科很多种类雌雄二型，锚形大锥象也不例外，大型个体的体长可达最小型个体的5倍。雌雄均有争斗行为，在争斗过程中喙被用作武器。体型更大、喙更长的个体能获得更多交配机会。总体来说，雌雄都偏爱个体大的配偶，因此在大尺度的进化时间中，种群的个体会越来越大。雌虫先在朽木上咬出洞，然后把卵产于洞中。寄主植物主要是裂榄 *Bursera simaruba*。成虫能大量发现于腐朽倒木的树皮下。

近缘物种

锥象属 *Brentus* 和 *Cephalobarus* 属目前归于锥象族 Brentini，该族主要分布于新热带界。锥象属已知37种。其中 *Brentus cylindrus* 有分布于波利尼西亚（马克萨斯群岛和塔希提岛）的记录，这可能是人为引入的。最早描述的锥象为锚形大锥象和 *Brentus dispar*；这两个种均由卡尔·林奈在1758年描述，原始发表于象甲属 *Curculio* 中。

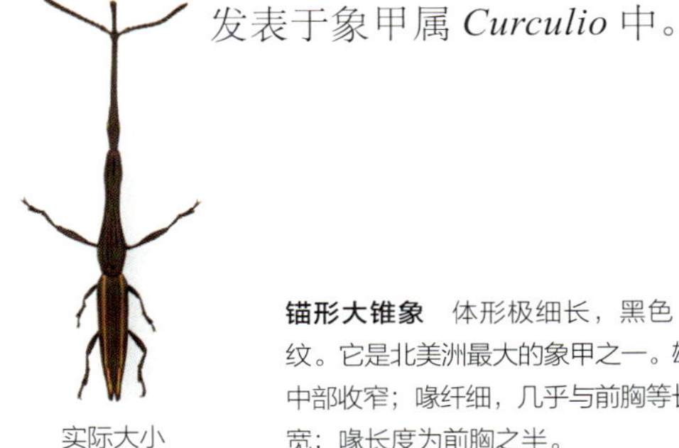

实际大小

锚形大锥象　体形极细长，黑色，鞘翅各有一道红橙色纵纹。它是北美洲最大的象甲之一。雄虫体形超长；前胸细长，中部收窄；喙纤细，几乎与前胸等长。雌虫前胸水滴状，基部宽；喙长度为前胸之半。

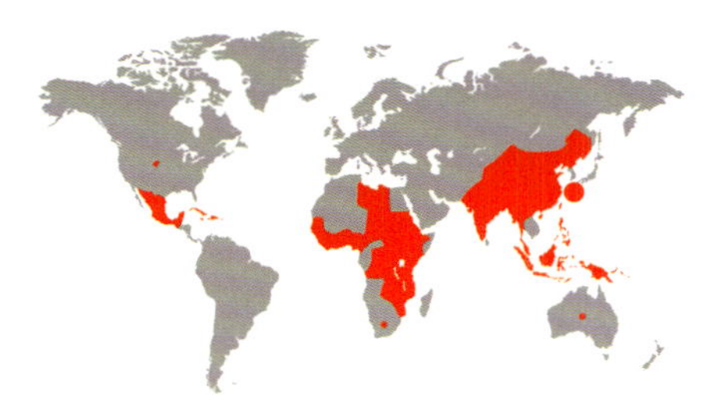

科	锥象科 Brentidae
亚科	锥象亚科 Brentinae
分布	东洋界；由于人为引入，本种现已广泛分布于全世界的热带地区
生境	热带和亚热带地区，主要在农业生态系统
微生境	与番薯 *Ipomoea batatas* 及其近缘种相关
食性	成虫取食寄主植物的叶、茎以及暴露于地面的块根；幼虫主要取食块根
附注	本种是危害番薯最严重的害虫；它造成的农业损失可达80%

成虫体长
¼–5/16 in
(5.5–8 mm)

番薯蚁象
Cylas formicarius
Sweet Potato Weevil
(Fabricius, 1798)

实际大小

番薯蚁象①虽不出名，但它实际上会对农业造成巨大的经济损失。番薯蚁象的雌虫先在块根上反复啃咬，直至咬出一个洞，然后把单粒卵产于洞中，并用自己的粪便盖住卵。幼虫在番薯的根和茎中发育，因此导致块根颜色变深，质地疏松，味道变苦，气味发臭。成虫取食番薯的叶、茎和块根。成虫期寿命较长。在目前的防控手段中，病原线虫是杀死番薯蚁象幼虫最有效的方法。此外，雌虫性信息素也有很大的发展前景，可用于监测和诱集番薯蚁象，或许也能打乱成虫的交配行为。

近缘物种

蚁象属 *Cylas* 已知24种。至少还有 *Cylas puncticollis* 和 *Cylas brunneus* 也被俗称为“番薯蚁象”；这两个种均分布于东非。番薯蚁象 *Cylas formicarius* 主要依据前胸颜色与后两个种区分：*Cylas puncticollis*整个前胸均为黑色；*Cylas brunneus*前胸褐色，且体型较小。以前本种还有一个亚种，*Cylas formicarius elegantulus*，但该亚种已被废除。

番薯蚁象　体小型，细长。前胸与鞘翅之间缢缩，体表光洁有光泽，因此表面上看起来有点像蚂蚁。头部、鞘翅和股节黑色，前胸红色。雄虫触角细长，其复眼比雌虫的复眼大。

---

① 一些中文文献把此种称为甘薯蚁象，但在《中国植物志》中，其主要寄主植物 Sweet Potato（*Ipomoea batatas*）的中文名称为番薯而非甘薯。番薯*Ipomoea batatas* 属于旋花科，而甘薯 *Dioscorea esculenta* 属于薯蓣科。建议此种的中文名称使用番薯蚁象。——译者注

科	锥象科 Brentidae
亚科	锥象亚科 Brentinae
分布	澳大利亚、新西兰
生境	亚热带
微生境	寄主植物的树干；成虫夜间藏于树冠层中
食性	幼虫蛀木，包括死树或快死亡的树（南洋杉科、罗汉松科、菊科、毛利果科、锦葵科、楝科、玉盘桂科、山龙眼科）
附注	本种是世界上最长的象甲，且交配行为复杂

雄性成虫体长
⅝–3½ in
(16–90 mm)
含喙长

雌性成虫体长
11/16–1 13/16 in
(18–46 mm)
含喙长

毛角巨锥象
Lasiorhynchus barbicornis
Giraffe Weevil
(Fabricius, 1775)

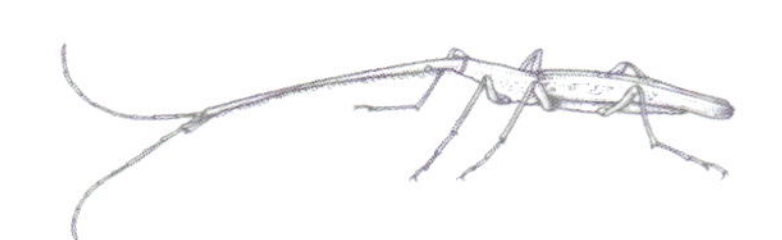

毛角巨锥象是世界上最长的象甲，雄性个体体长能达90 mm。有意思的是，最小的雄虫个体仅长为16 mm。雄虫个体间的大小差别反映出该种的两种交配策略：雄虫争斗和偷窃行为。头和喙非常长的雄虫在同性争斗中更容易获胜，并能有效抵挡交配过程中前来的竞争者。而头和喙短的雄虫则采取另一种策略：它们靠近有大型雄虫守卫的雌虫，然后趁大型雄虫戒备松懈的时候，偷偷溜到雌虫身上，与之交配；这造成“三人行”的现象。

近缘物种

毛角巨锥象为巨锥象属 *Lasiorhynchus* 的独有种，隶属于 Ithystenini 族（含16个属）。近缘属包括澳大利亚和瓦努阿图的 *Ithystenus* 属、澳大利亚的 *Mesetia* 属和斐济的 *Bulbogaster* 属。但目前认为，分布于苏拉维西的 *Prodector* 属(*Pseudocephalini* 族）可能与该属最为近缘。

毛角巨锥象 体形极细长，中胸小盾片可见。体色黯淡，深褐色；通常鞘翅各有3个黄色或红色的斑，分别位于鞘翅基部、中部和亚端部。喙细长，几乎与身体的其他部分等长。雄性触角着生于喙端部，雌性触角着生于喙中部。雄性触角和喙腹面被刚毛，这也是其种本名的由来：*barba*（胡须）+ *Cornu*（角）。

实际大小

科	锥象科 Brentidae
亚科	真喙象亚科 Eurhynchinae
分布	澳大利亚：澳大利亚东洋部（新南威尔士州）
生境	温带森林
微生境	钻蛀和取食木本植物
食性	成虫取食山龙眼科金钗木属 *Persoonia* 植物；幼虫钻蛀茎
附注	真喙象属种类少，仅分布于澳大利亚东部

成虫体长
½ in
(12–13 mm)

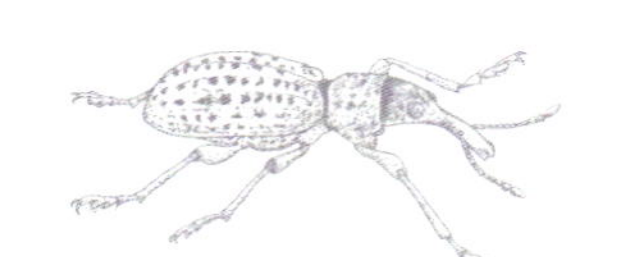

白鳞真喙象
Eurhynchus laevior
Eurhynchus Laevior
(Kirby, 1819)

白鳞真喙象雌虫在金钗木属植物 *Persoonia lanceolata*、*Persoonia laevis*、*Persoonia myrtilloides* 的嫩枝腹面钻洞，然后把卵产于洞中，幼虫钻蛀至茎部。幼虫口器具有明显的刚毛刷，可能用于清洁蛀道中的排泄物和碎屑。老熟幼虫在蛀道上端化蛹，羽化的成虫咬开一个洞即可飞出蛀道。科学家们仔细研究了这个亚科种类的幼虫特征，对其进化历史有了更深刻的认识，同时也促进了这个科下的自然分类系统的建立。

近缘物种

真喙象属 *Eurhynchus* 包括5种，均分布于澳大利亚东部（包括塔斯马尼亚）。在澳大利亚可能还有6个未描述种。真喙象亚科还包括2个现生属：*Ctenaphides* 和 *Aporhina* 属；前者已知2种，分布于澳大利亚西部；后者已知21种，分布于澳大利亚和新几内亚。此外，还有两个灭绝的类群归于真喙象亚科：*Orapaeus* 属（单型属）和另外一块未描述的化石；前者来自博茨瓦纳的晚白垩纪地层，后者来自巴西的早白垩纪地层。如果这些化石的归类正确的话，那么这个古老的亚科以前的分布范围比现在要广泛得多。

白鳞真喙象 体黑色，除喙端部外，身被白色鳞毛形成的斑纹。体窄，鞘翅宽于前胸和头部。触角直，着生于喙的亚端部。前胸背板（尤其是两侧）光滑，有光泽，具浅而疏的刻点。

实际大小

科	锥象科 Brentidae
亚科	梨象亚科 Apioninae
分布	非洲热带界：南非（好望角东部）
生境	地中海气候
微生境	苏铁球果
食性	成虫食性未知；幼虫取食苏铁种子
附注	本种与非洲铁属 *Encephalartos* 关系密切，是苏铁害虫

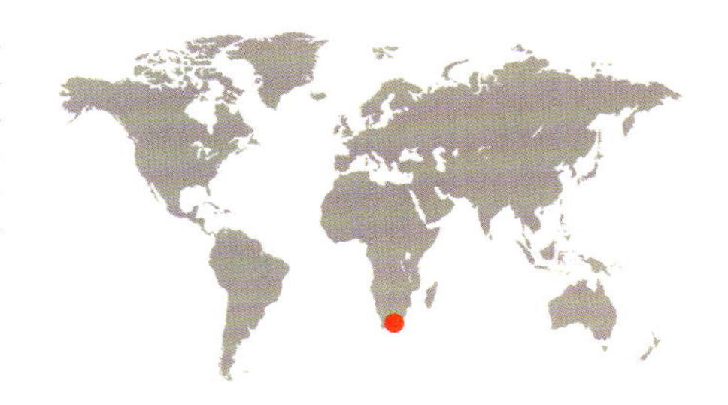

成虫体长
$^3/_{16}$–$^5/_{16}$ in
(4–8 mm)

黑纹扁象
Antliarhinus signatus
Antliarhinus Signatus
Gyllenhal, 1836

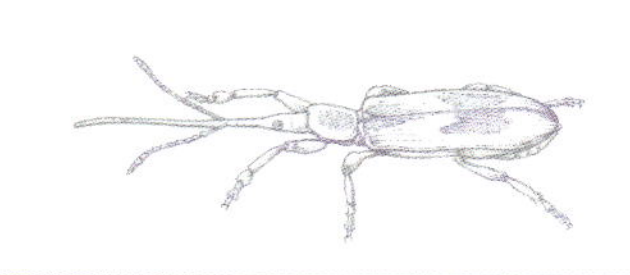

实际大小

黑纹扁象有象甲中最细长的喙，喙的长度最多可达体长两倍。雌虫喙极细长，可穿过孢子叶到达其寄主非洲铁属植物的胚珠部分，并把卵产于胚珠表面。胚珠本来包裹在孢子叶内，得到很好的保护。当雌虫的喙成功穿刺至胚珠后，需花很大的力气才能把喙拔出来，这需要雌虫将喙强烈弯曲并同时保持好身体的平衡。雄虫喙比雌虫的要短得多。黑纹扁象被认为是苏铁的害虫，而且它对苏铁传粉无显著贡献。幼虫已知专门取食苏铁的胚囊，这一食性似乎仅还在泽米扁象*Antliarhinus zamiae*中有发现。

近缘物种

扁象属 *Antliarhinus* 已知4种。其近缘属为 *Platymerus* 属，该属已知3种。扁象总族 Antliarhinitae 在非洲热带界特有，主要分布于非洲东部；其分布模式与其寄主植物苏铁的分布模式有很高的一致性。扁象属至少还有4个最近发现的未描述种，*Platymerus* 属至少还有1个未描述种。

黑纹扁象 体扁平，褐色，体表光洁。雌性喙长能达体长的两倍；雄性喙呈三角形，比雌性的要短得多，长度与前胸背板近等。前胸背板于中部最宽。鞘翅两侧平行，具明显的刻点列。前足股节比中、后足股节粗壮。

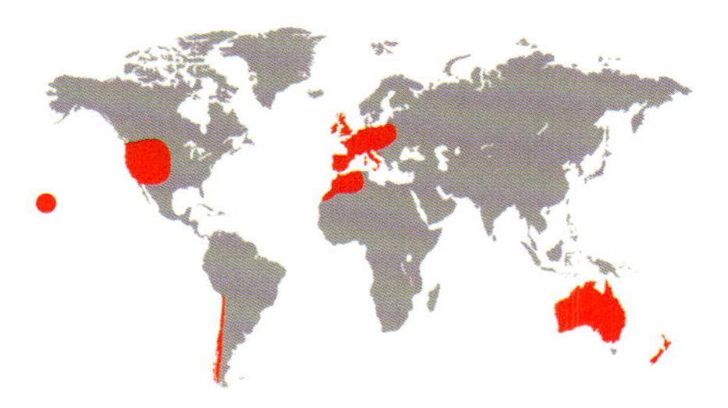

科	锥象科 Brentidae
亚科	梨象亚科 Apioninae
分布	古北界、澳州界、新热带界和太平洋界：原产于古北界西部；引入新西兰、澳大利亚、智利、美国（美国西部和夏威夷）
生境	生境广泛，包括农业区、天然林和牧场
微生境	与荆豆相关；荆豆是常绿灌木，多刺，丛生
食性	成虫取食荆豆的叶和花；幼虫取食发育中的荚果种子
附注	作为生物防治天敌，人为引入多个国家

成虫体长
1/16 in
(1.7–2.4 mm)

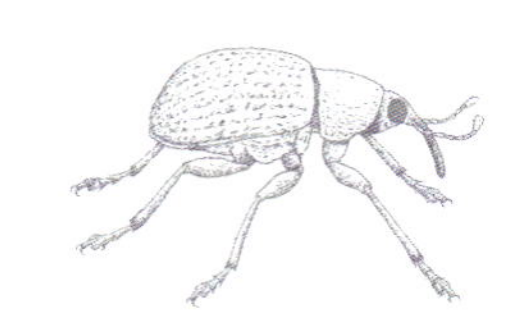

荆豆梨象
Exapion ulicis
Gorse Seed Weevil
(Forster, 1771)

实际大小

荆豆梨象原产于古北界西部，现已作为荆豆 *Ulex europaeus* 的天敌引入多个国家。荆豆是蝶形花科多年生常绿灌木。它起初作为观赏植物或围篱引入温带地区的一些国家，现在却成为这些国家的重要入侵物种。荆豆梨象幼虫取食荆豆荚果内的种子，这样能部分控制这种入侵有害灌木的数量。雌性成虫在荚果上钻孔产卵，同时取食荆豆的茎和尖刺。

近缘物种

梨象族 Apionini 荆豆梨象亚族 Exapiina 包括两个属：分布于地中海的 *Lepidapion* 属，已知17种；及荆豆梨象属 *Exapion*，已知44个种和亚种。荆豆梨象属分为两个亚属：*Exapion* 和 *Ulapion*。*Exapion fuscirostre fuscirostre* 个体比本种略大，在1964年作为生物防治天敌人为引入加利福尼亚州，目的是防治蝶形花科金雀儿 *Cytisus scoparius*；从那以后，这种梨象在北美洲太平洋沿岸定殖。

荆豆梨象　体微小，卵形；体黑色，前足和中足端部、触角柄节和索节锈红色。全身被浓密的椭圆形灰色鳞片，在前胸背板和鞘翅尤为显著。头部球形；喙细长，圆筒状，比较直。触角着生位置靠近复眼。触角窝背缘具微齿。

科	锥象科 Brentidae
亚科	大象甲亚科 Ithycerinae
分布	新北界：北美洲东部
生境	落叶林
微生境	土壤，根
食性	成虫主要取食桦木科、胡桃科、壳斗科和蔷薇科的嫩枝；幼虫在土壤中取食同种寄主植物的根
附注	本种是果园和苗圃的偶发性害虫

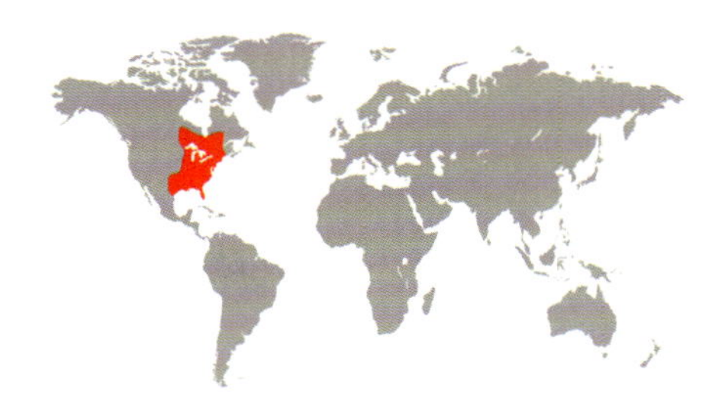

成虫体长
½–11/16 in
(12–18 mm)

纽约大象

Ithycerus noveboracensis

New York Weevil

(Forster, 1771)

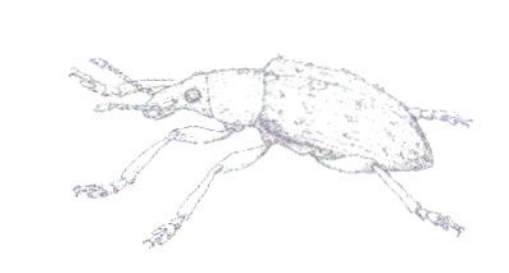

纽约大象分布于北美洲东部。它原来归于一个独立的单型科——大象甲科 Ithyceridae，但该科与其他象甲的界限并不明确。现在它归于锥象科。该种雌虫把卵产于土壤表面的凹陷处（如寄主植物根部附近），然后把排泄物覆盖在卵上。幼虫有足，在土壤中发育，取食寄主植物侧根下面的表皮。幼虫会钻到侧根背面，形成蛀道，并在加宽的蛀道端部化蛹。成虫已知取食寄主植物嫩枝的树皮、叶柄、叶芽和果芽。

近缘物种

纽约大象是大象甲亚科的独有种。它与其他象甲的区别是：雄性外生殖器和后翅脉序很特殊，斑纹鲜明，成、幼虫的马氏管均退化（其他锥象科的马氏管均发育完全）。

实际大小

纽约大象 体大型，体表被鳞片状刚毛，具有清晰的深浅交错的图案。喙短宽；触角直，着生于喙的亚端部。前胸背板几乎与头部等宽，窄于鞘翅基部。鞘翅前角接近直角；各鞘翅端部圆钝。

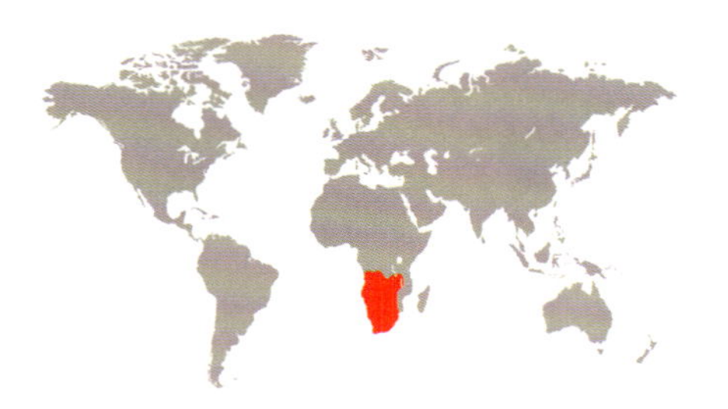

科	锥象科 Brentidae
亚科	短角象亚科 Microcerinae
分布	非洲热带界：安哥拉、博茨瓦纳、纳米比亚、南非、赞比亚、津巴布韦
生境	非常干旱的环境
微生境	沙地或砾石地的石头下，以及植物根部
食性	幼虫取食白背黄花稔的根；成虫食性未知
附注	本属种类在地面生活，具有和背景相似的保护色，不易被发现；广布于撒哈拉沙漠以南的非洲地区

成虫体长
⅝–¹¹⁄₁₆ in
(15.5–16.5 mm)

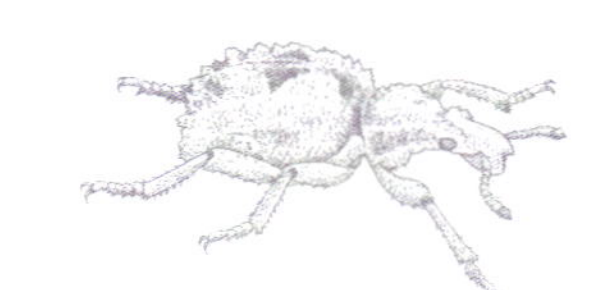

宽翅短角象

Microcerus latipennis

Microcerus Latipennis

Fåhraeus, 1871

宽翅短角象幼虫呈“C”形，白色，在地下生活，缠绕在白背黄花稔 *Sida rhombifolia* 的主根上。成虫在地面生活，通常发现于石头下，从软而疏松的沙地到紧实的砾石地都可能见到。它具有和背景相似的保护色，不易被发现。雌虫的产卵器强烈骨化，可能需在土壤中产卵。据报道，成虫在黄昏最为活跃，白天在荫蔽处也比较活跃。本种表面看似象甲科粗喙象亚科 Entiminae 中的一些食根象甲，部分相似处是它们的喙都比较短。

近缘物种

短角象亚科仅分布于非洲热带界，包括3属：短角象属 *Microcerus*（23种）、*Episus* 属（42种）和 *Gyllenhalia* 属（2种）。在短角象属中，*Microcerus spiniger* 和 *Microcerus retusus* 与本种最为相似，但它们的喙、前胸背板上的瘤突及鞘翅形状与本种均不同。*Microcerus borrei* 亦可能与本种混淆，但它的复眼更为突出，且其喙和鞘翅与本种有区别。

宽翅短角象 体中等大小，长卵形，全身被浅褐色至深褐色鳞片。头、前胸背板和鞘翅表面具有各种瘤突，使其与背景能更好地融合，不易被发现。复眼微突。喙宽；喙后缘与复眼之间具有一道“V”形横沟。触角较长，粗壮，表面被鳞片和刚毛。

实际大小

科	锥象科 Brentidae
亚科	橘象亚科 Nanophyinae
分布	古北界和新北界：原产于古北界；人为引入加拿大（曼尼托巴、安大略和魁北克省）和美国（北部的一些州）
生境	潮湿生境中
微生境	寄主植物的花芽、果实和叶
食性	成虫和幼虫取食千屈菜 *Lythrum salicaria* 和 *Lythrum hyssopifolia*
附注	作为生物防治天敌人为引入北美洲，旨在防治千屈菜。本种在其原产地分布广泛，曾被描述过30次以上

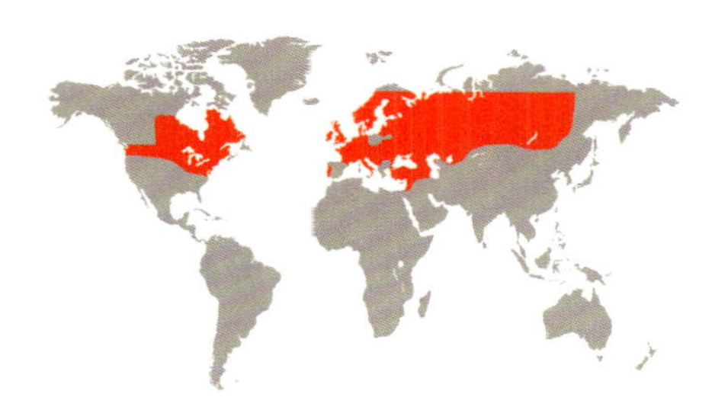

成虫体长
1/32–1/16 in
(1.4–2.2 mm)

千屈菜橘象（指名亚种）
Nanophyes marmoratus marmoratus
Loosestrife Seed Weevil
(Goeze, 1777)

实际大小

千屈菜广布于北美湿地，为入侵物种，原始分布地区于欧亚大陆。为了控制这种杂草，人们把千屈菜橘象作为生物防治天敌引入这个地区；同时被引入的还有树皮象属 *Hylobius* 和萤叶甲属 *Galerucella* 的一些种类。千屈菜橘象的成、幼虫均取食未开放的花蕾，导致千屈菜无法产生种子，从而控制千屈菜的数量；成虫亦取食千屈菜嫩叶。在一个花蕾中仅生活一头幼虫，老熟幼虫在花蕾底部筑造蛹室。

近缘物种

橘象亚科目前大概包括30属300种；该亚科有时作为科级阶元。大多数种的成虫体长2.5 mm或以下，准确的物种鉴定通常需要解剖生殖器结构。橘象属 *Nanophyes* 已知35个种及亚种，分布于古北界。千屈菜橘象的另一个亚种是米氏亚种 *Nanophyes marmoratus miguelangeli*，分布于俄罗斯远东地区和日本。

千屈菜橘象（指名亚种） 体小型，卵形，喙长于前胸背板。体色多变，通常黑褐色至黑色，鞘翅有不同大小的橙黄色斑，足和触角红褐色。成虫体表散布白色刚毛。

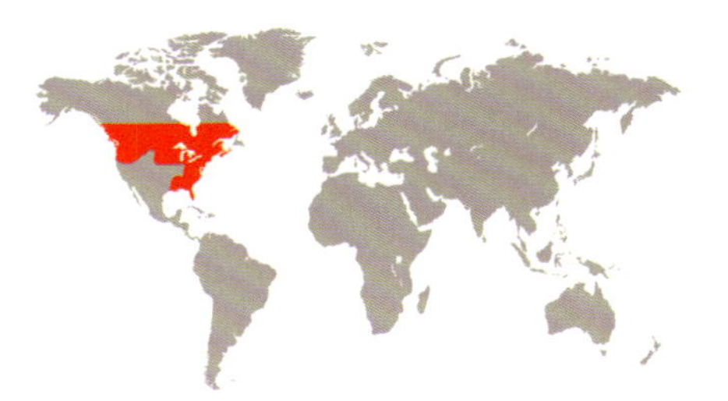

科	隐颏象科 Dryophthoridae
亚科	隐颏象亚科 Dryophthorinae
分布	新北界：北美洲
生境	温带森林
微生境	森林落叶层和松树树皮下
食性	成虫食性未知；幼虫钻蛀朽木
附注	与潮湿的死树相关

成虫体长
1/16–1/8 in
(2.4–3.1 mm)

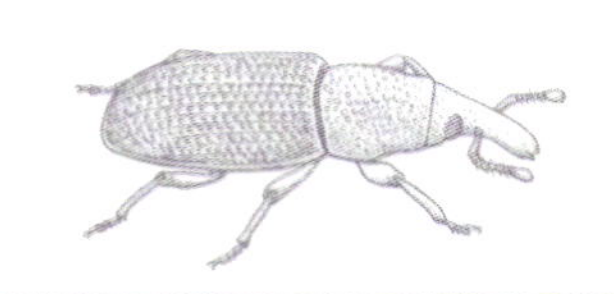

美洲隐颏象
Dryophthorus americanus
Dryophthorus Americanus
Bedel, 1885

实际大小

美洲隐颏象多栖于潮湿的死树，也发现于森林的落叶层中，因此它体表通常覆盖污垢和泥土。成、幼虫均与松树相关，幼虫发现于半朽的树中，成虫多见于树皮下。幼虫上颚内表面呈颗粒状，适于咀嚼木头。在隐颏象属 *Dryophthorus* 中，仅美洲隐颏象分布于北美洲。该种并不被认为是森林害虫，虽然它学名中的属名意思是“侵害栎树的”（源于希腊语）。

近缘物种

隐颏象亚科原归于象甲科下的朽木象亚科Cossoninae，直至最近才被移出该亚科并与其他几个亚科一起组成隐颏象科。该亚科包括隐颏象属及其他4个属。*Lithophthorus* 和 *Spodotribus* 属仅知于渐新世化石。*Stenommatus* 属除化石记录外，在新大陆也有现生种分布。现生属 *Psilodryophthorus* 分布于新几内亚和菲律宾。隐颏象属已知37种左右，分布于所有的动物地理区，其中6种分布于新大陆。

美洲隐颏象 体小型，褐色，近圆筒形。体表大部分区域具刻点；刻点宽而深，通常覆盖污垢。鞘翅刻点列间窄，显著隆起。触角索节4节，末节光洁，但端部多微孔——这是隐颏象亚科的一个主要特征。

科	隐颏象科 Dryophthoridae
亚科	直颚象亚科 Orthognathinae
分布	新北界
生境	种植棕榈的地方；寄主包括椰子属 *Cocos* spp.、多蕊椰 *Allagoptera caudescens*、直叶榈 *Attalea* spp.、油棕 *Elaeis guineensis*
微生境	棕榈外部或内部
食性	幼虫取食寄主棕榈的木质部分；成虫食性未知
附注	个体大，喙有明显的绒毛，具一定的观赏价值

成虫体长
7/16–1¾ in
(11–45 mm)

南美长须象
Rhinostomus barbirostris
Bearded Weevil
(Fabricius, 1775)

南美长须象是世界上最大的象甲之一。它的外表很有趣，雄虫的喙看似一把彩色刷子。雄虫的前足和喙细长，在雄性争斗中作为武器。雄虫喙上浓密的毛刷可能在交配中发挥作用，可擦拭和抚摸雌虫背部。雌虫倾向于把卵产在树势弱的棕榈科植物的树皮下。幼虫在寄主内部发育。这个种是椰树的重要害虫。

近缘物种

长须象属 *Rhinostomus* 已知8种，分布于全世界的热带地区，隶属于长须象族 Rhinostomini。该族分布于北美洲的属还有 *Yuccaborus* 属。南美长须象与非洲的黑长须象 *Rhinostomus niger* 非常接近，但足的刻点和绒毛、头部形态和雄性外生殖器结构不同。

实际大小

南美长须象 体大型，黑色，体表具深的粗刻点。雄虫喙细长，背面有齿，具金黄色刚毛（看似胡子）。雌虫喙短，其背面有瘤，无绒毛。雄虫前足比雌虫长。触角着生于喙中部；其末节细长，表面具天鹅绒般的质地。

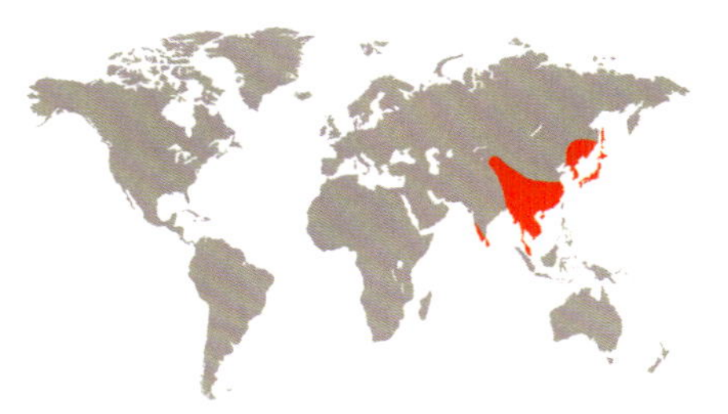

科	隐颏象科 Dryophthoridae
亚科	直颚象亚科 Orthognathinae
分布	古北界和东洋界：印度次大陆，往东至日本和马来半岛
生境	温带森林
微生境	树皮下或倒木
食性	成虫食性未知；幼虫钻蛀松科、辣木科、蝶形花科、桃金娘科和桑科树木
附注	本种个体大，有一定的观赏价值。在原产地之外的温带地区，被意外引入并定殖的风险很高

成虫体长
½–1³⁄₁₆ in
(12–30 mm)

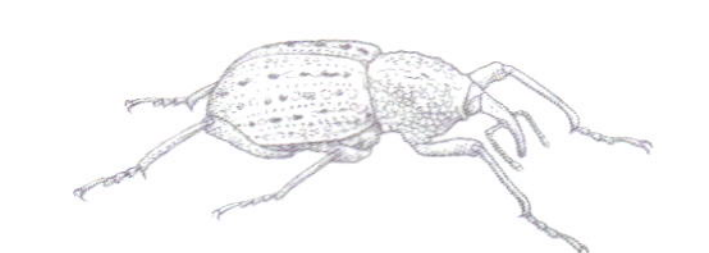

松瘤象（指名亚种）
Sipalinus gigas gigas
Japanese Giant Weevil

(Fabricius, 1775)

松瘤象具有一定的观赏价值，通常发现于长势弱的树木树皮下或倒木上。寄主涉及多个科。倘若幼虫发生数量大，则可能造成寄主树木死亡。成、幼虫在木材上产生的孔和蛀道，会降低商用木材的质量。尽管目前该种在其原产地之外尚未成功定殖，但在北美洲和新西兰的木制包装材料（如木制集装箱、货架）中已被截获。由于它与原木和倒木相关，可能也能靠水域传播。

近缘物种

瘤象属 *Sipalinus* 已知7种，其中2种分布于欧亚大陆和澳大利亚，5种分布于非洲。本种识别特征主要为前胸背板的刻纹。其他识别特征包括：喙的形状和刻点、触角棒部的形状（尤其是触角末节端部多孔区的特征）、跗节第2节的长度、跗节腹面的毛被和雄性生殖器结构。

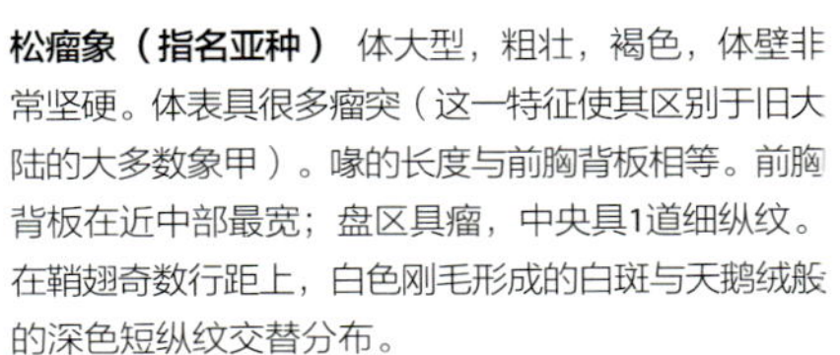

松瘤象（指名亚种） 体大型，粗壮，褐色，体壁非常坚硬。体表具很多瘤突（这一特征使其区别于旧大陆的大多数象甲）。喙的长度与前胸背板相等。前胸背板在近中部最宽；盘区具瘤，中央具1道细纵纹。在鞘翅奇数行距上，白色刚毛形成的白斑与天鹅绒般的深色短纵纹交替分布。

实际大小

科	隐颏象科 Dryophthoridae
亚科	棕榈象亚科 Rhynchophorinae
分布	新北界和新热带界：美国（加利福尼亚州南部、亚利桑那州南部）、中美洲、秘鲁、巴西、哥伦比亚
生境	干旱、温暖的地区（近似沙漠的环境）
微生境	仙人掌
食性	与巨人柱 *Carnegiea gigantea*、强刺球属 *Ferocactus* spp.、仙人掌属 *Opuntia* spp.、量天尺属 *Hylocereus* spp. 及仙人掌科其他种类有关
附注	以前作为控制入侵仙人掌的天敌；在一些国家是火龙果等仙人掌类经济作物的害虫

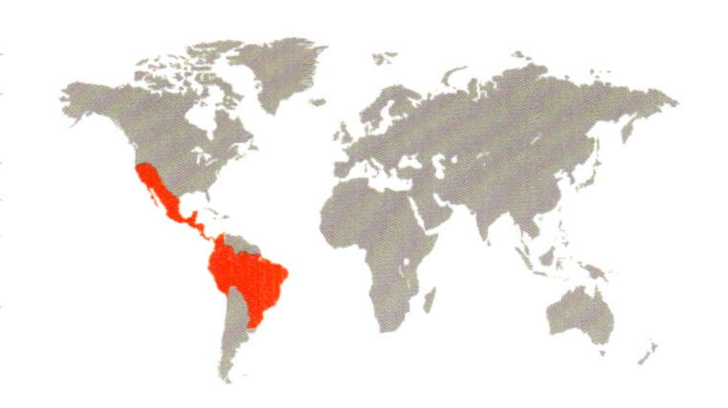

成虫体长
9/16–1 in
(15–25 mm)

斯氏仙人掌象
Cactophagus spinolae
Cactus Weevil
(Gyllenhal, 1838)

斯氏仙人掌象取食仙人掌科植物，在一些栽培有火龙果 *Hylocereus* spp. 和梨果仙人掌 *Opuntia ficus-indica* 的国家，它们是这些经济作物的重要害虫。在1946年，超过17500头斯氏仙人掌象被引入南非，用以控制某种入侵仙人掌的数量。它们的幼虫取食并钻蛀仙人掌的木质部分和茎，最后导致仙人掌腐烂或倒伏。幼虫在仙人掌肉质部分（或木质部分与肉质部分相接处）内部筑造纤维状的茧。尽管这种象甲成功控制了仙人掌的数量，但由于南非气候偏冷，它最终未能成功定殖。成虫少量取食仙人掌的肉质部分，但对仙人掌的正常生长基本无影响。

近缘物种

仙人掌象属 *Cactophagus* 已知约40种，从美国南部分布至南美洲，但在安的列斯群岛、阿根廷、智利、巴拉圭和乌拉圭无分布。斯氏仙人掌象是仙人掌象属在美国分布的唯一一种。本种与 *Cactophagus fahraei* 最接近，主要区别是本种形成鞘翅条沟的刻点非常细密且浅。

斯氏仙人掌象　加利福尼亚州最大的象甲。体全黑；或前胸背板前缘具红色至橙红色斑，且鞘翅具4道横纹。体表有光泽至黯淡，不被绒毛。喙粗壮，几乎与前胸背板等长。触角着生位置靠近头部。鞘翅刻点小而浅，刻点间距小。

实际大小

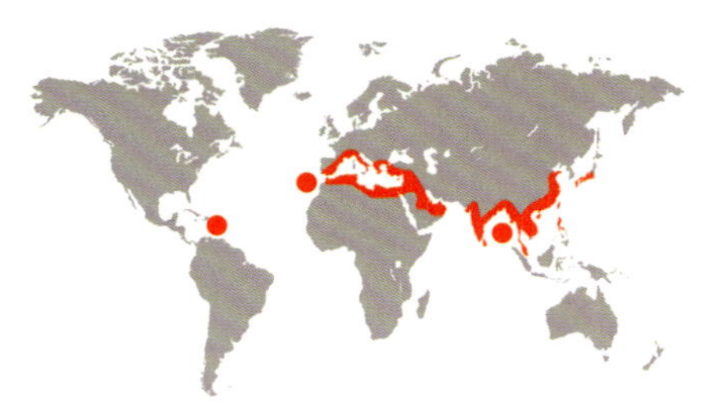

科	隐颏象科 Dryophthoridae
亚科	棕榈象亚科 Rhynchophorinae
分布	东洋界、古北界和新热带界：原产于亚洲东南部；扩散至亚洲、非洲、中东、地中海地区和阿鲁巴岛
生境	热带和亚热带地区
微生境	钻蛀棕榈
食性	幼虫在棕榈内发育并取食（至少取食23种棕榈科植物），成虫亦取食棕榈
附注	是棕榈最严重的害虫之一，同时也可做成美味的食品

成虫体长
1–1½ in
(25–38 mm)

锈色棕榈象
Rhynchophorus ferrugineus
Red Palm Weevil
(Olivier, 1791)

锈色棕榈象寄主范围广，对健康的或树势弱的棕榈均能造成严重危害，因此它是世界范围内最具毁灭性的害虫之一。但在其原产地，锈色棕榈象对人类也有益处，它的所有虫态均被认为是营养美味的；特别是其多汁的大型幼虫（称为西米虫）。这种幼虫现在正在被尝试开发成为正式食品，或许能解决世界上发展中国家的饥饿和营养短缺问题。

近缘物种

棕榈象属 *Rhynchophorus* 已知10种左右，各个种体色多变且易相互混淆。一项研究比对了锈色棕榈象分布范围内所有种群的DNA序列，发现这其中至少含有1个隐存种（即这些种群实际上包括两个或两个以上物种）。这个隐存种被冠以 *Rhynchophorus vulneratus* 的名称，该名称此前被作为锈色棕榈象的同物异名。

锈色棕榈象 体大型，卵圆形，有光泽。体色多变：从完全黑色，仅前胸背板有少量红橙色斑点，至虫体大部分红橙色，前胸背板有黑色斑。鞘翅刻点不明显，条沟显著。

实际大小

科	隐颏象科 Dryophthoridae
亚科	棕榈象亚科 Rhynchophorinae
分布	原产于东洋界，现世界性分布
生境	谷物
微生境	成虫和幼虫通常取食储藏的谷类产品（玉米、大麦、黑麦、小麦、稻谷），但也侵害农田里的谷类作物
食性	在谷粒中发育并取食
附注	世界范围内危害谷物最严重的害虫之一

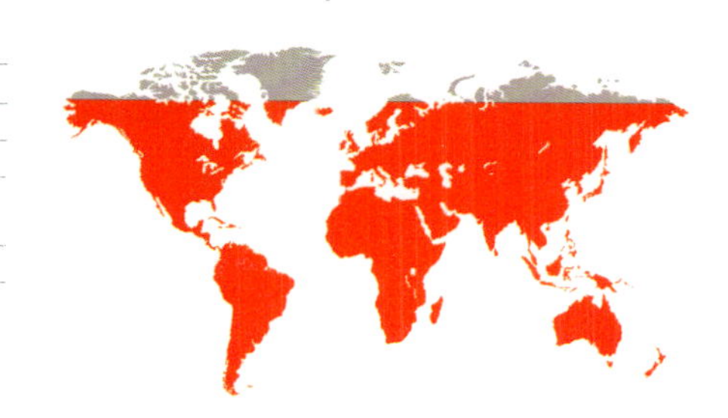

成虫体长
1/16–1/8 in
(2–3 mm)

米象
Sitophilus oryzae
Rice Weevil
(Linnaeus, 1763)

米象体小型，原产于印度，现已随着人类活动传播至全世界，是危害最严重且分布最广泛的谷类储藏物害虫之一。本种及米象属 *Sitophilus* 其他种对人类社会的影响至少能追溯到古埃及时期（公元前2300年）和罗马剧作家普劳图斯（Plautus，约公元前254–184年）的生活年代。这种小甲虫曾随着库克船长的航船环游世界。谷物遭到米象危害后倘若不及时处理，会迅速造成严重危害。例如在第一次世界大战中，曾有约40吨小麦被危害，而发生的米象总量接近1吨。

实际大小

近缘物种

米象属 *Sitophilus* 包括18种。谷象 *Sitophilus granarius* 和玉米象 *Sitophilus zeamais* 也属于这个属，它们的外表与米象非常相似。过去玉米象和米象曾被视为同一个种，但二者雄性外生殖器形态不同。

米象 体小型，深褐色，鞘翅各有2个红色至橙色的斑。体表粗糙，前胸背板和鞘翅具深刻点。

科	百合象科 Brachyceridae
亚科	百合象亚科 Brachycerinae
分布	非洲热带界：非洲南部和东部
生境	具长时间的旱季或极端干旱环境中
微生境	在地表生活（黏质土）
食性	取食大地百合的叶
附注	很漂亮，被当地人作为护身符，亦称为“鹿脸百合象”“大象象甲”

成虫体长
1–1¾ in
(25–45 mm)

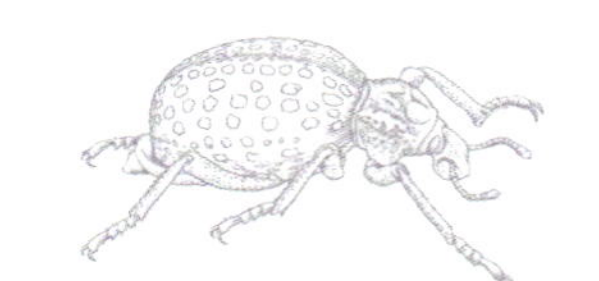

红斑百合象
Brachycerus ornatus
Red-Spotted Lily Weevil
(Drury, 1773)

红斑百合象很漂亮，无后翅，取食大地百合*Ammocharis coranica* 的叶，与寄主植物关系紧密。雌虫先在紧贴球茎的土壤中挖一个坑，然后趴在坑里把卵产于球茎中。每个球茎中，至多有3头幼虫在其中发育。该种在土壤中化蛹，蛹室内壁光滑。或许由于红斑百合象的鞘翅具有红斑及其与寄主植物紧密的关系，它会被非洲土著人装饰在护身符上。

近缘物种

百合象属 *Brachycerus* 的很多种个体很大，体色鲜艳。一些种（如 *Brachycerus muricatus*）在欧洲和北非部分地区严重危害葱属 *Allium* 植物。这个属大概包括500种，分布区横跨非洲和古北界的大部分区域。种间区别一般包括头、前胸和鞘翅的刻纹等。

红斑百合象　体宽大，体形肥圆；黑色，鞘翅和前胸背板具红斑。前胸背板盘区和喙表面具沟和瘤（这个特征在象甲中非常独特），前胸背板边缘具瘤突。鞘翅圆，表面较光滑。喙短，端部宽。

实际大小

科	百合象科 Brachyceridae
亚科	强喙象亚科 Erirhininae
分布	新热带界、新北界、非洲热带界、东洋界和澳洲界：原产于南美洲（阿根廷，西至玻利维亚，北至巴西北部）；人为引入美国、西非、印度和澳大利亚
生境	淡水生态系统
微生境	水中或水边
食性	取食凤眼蓝（俗称凤眼莲或水葫芦）
附注	为了防治入侵物种凤眼蓝 *Eichhornia crassipes* 而引入美国

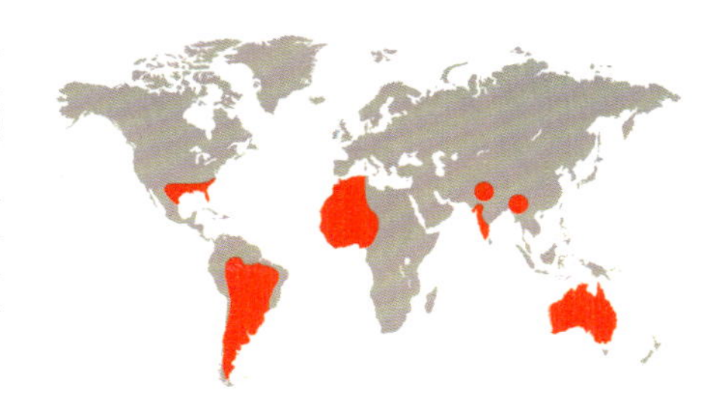

成虫体长
$^3/_{16}$ in
(3.5–5.0 mm)

水葫芦象

Neochetina bruchi

Chevroned Waterhyacinth Weevil

Hustache, 1926

水葫芦象的幼虫和成虫均取食凤眼蓝。凤眼蓝在世界一些地方是入侵杂草。为了控制这种杂草，一些国家把水葫芦象从阿根廷引入本国。这种象甲生活在淡水水域中或水域附近。成虫体表被疏水性鳞片，这样能在身体周围形成气泡，以进行水下呼吸。在高倍放大率下，可观察到鳞片分为倒伏形鳞片和羽状鳞片。倒伏形鳞片遍布全身大部分区域，羽状鳞片和刚毛仅生于关节处。

近缘物种

水葫芦象属 *Neochetina* 隶属于 Stenopelmini 族（该族共有26属）。该属已知6种，分布于新大陆。种间区分依据主要为前胸背板和鞘翅构造。水葫芦象近缘物种为 *Neochetina eichhorniae*，同样取食凤眼蓝，亦作为防治这种杂草的天敌。

实际大小

水葫芦象　体宽，卵圆形；体表遍布灰色、黄色和褐色的倒伏形鳞片；尽管体色多变，但鞘翅通常有明显的浅色“V”形纹。鞘翅条沟窄，但条沟显著。喙几乎与前胸背板等长。雌虫的喙略长，端部无鳞片。

科	百合象科 Brachyceridae
亚科	盲象亚科 Raymondionyminae
分布	新北界：美国（加利福尼亚州门多西诺县内或周边地区）
生境	温带森林
微生境	针叶林落叶层
食性	未知
附注	无复眼，在加利福尼亚州特有

成虫体长
1/16–1/8 in
(1.7–2.9 mm)

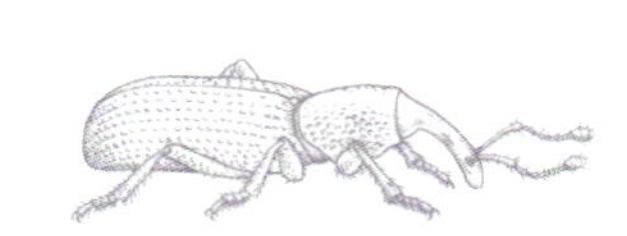

加州隐盲象
Alaocybites californicus
Alaocybites Californicus
Gilbert, 1956

实际大小

加州隐盲象体型微小，无复眼，在加利福尼亚州北部海岸特有。成虫生活在针叶林落叶层（主要是红杉林），幼虫及其生物学习性未知。其近缘物种皮氏盲象 *Raymondionymus perrisi* 的幼虫生活在土壤中，因此加州隐盲象幼虫可能也是如此。这些生活在土壤中或落叶层中的生物，通常可通过筛或冲洗深层腐殖土或土壤采集。复眼退化是适应于落叶层环境的结果，因为在这种环境下不需要看见东西。

近缘物种

隐盲象属 *Alaocybites* 已知本种和罗斯隐盲象 *Alaocybites rothi*，及2007年发表的叶氏隐盲象 *Alaocybites egorovi*（采于俄罗斯远东地区的落叶层中）。这个属还有1个化石记录，采于阿拉斯加失落的小溪（Lost Chicken Creek）金矿上新世（300万年前）的地层；这意味着这个属在远古时期的分布更为广泛，或现生类群的采集力度不够。*Schizomicrus* 属的种类与加州隐盲象同域分布，但该属种类的前胸腹板具有明显的凹陷。分布于委内瑞拉的 *Bordoniola* 属种类可能与本种也比较近缘。

加州隐盲象 体型微小，无复眼。体狭长，呈半透明的浅红褐色，有光泽。头部不被前胸背板遮盖；触角膝状；喙逐渐弯曲，略短于前胸背板。鞘翅刻点列间覆盖稀疏的黄色直立刚毛。前胸背板和鞘翅具有明显的瘤突，其上常覆污垢。足仅分为4节（本科大多数种的跗节为5节）。

科	象甲科 Curculionidae
亚科	象甲亚科 Curculioninae
分布	新热带界：伯利兹、巴拿马
生境	森林
微生境	叶表面
食性	成虫食性未知；幼虫可能潜叶
附注	本种具有非常奇特的形态结构特征，因此它的分类地位很难确定

成虫体长
$^3/_{16}$ in
(4–4.5 mm)

奇异盘鞘象
Camarotus singularis
Camarotus Singularis
Champion, 1903

实际大小

奇异盘鞘象成虫外形怪诞，数量非常稀少。它看起来像龟甲亚科 Cassidinae 的昆虫，因为它像龟甲一样的鞘翅具有宽大的敞边。另一方面，奇异盘鞘象喙短，触角直，这些特征使其也像卷象科 Attelabidae 昆虫。这些奇特的形态结构，导致该种在过去很难归类。盘鞘象属 *Camarotus* 一些种的幼虫潜叶，因此，本种幼虫亦可能潜叶，寄主可能为野牡丹科植物。

近缘物种

盘鞘象属是盘鞘象族 Camarotini 盘鞘象亚族 Camarotina 的独有属。该属包括3亚属40种，分布于美洲的热带地区。奇异盘鞘象归于 *Camarotus cassidoides* 种团（该种团共19种）。分布于危地马拉的扩盘鞘象 *Camarotus dilatatus* 与奇异盘鞘象最为近似，区别为前者的体腹面为黑色，而后者为砖红色。

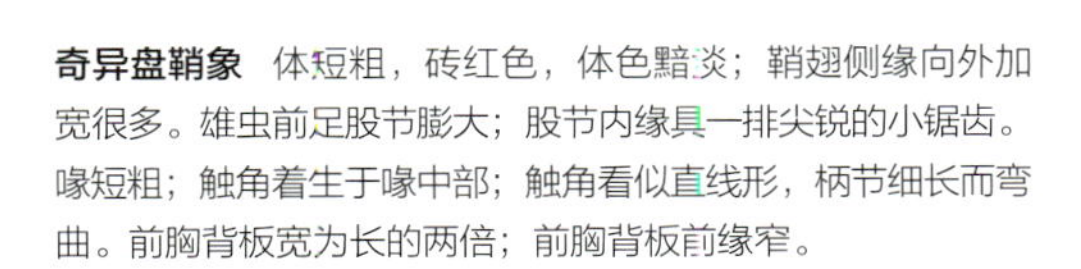

奇异盘鞘象 体短粗，砖红色，体色黯淡；鞘翅侧缘向外加宽很多。雄虫前足股节膨大；股节内缘具一排尖锐的小锯齿。喙短粗；触角着生于喙中部；触角看似直线形，柄节细长而弯曲。前胸背板宽为长的两倍；前胸背板前缘窄。

科	象甲科 Curculionidae
亚科	象甲亚科 Curculioninae
分布	澳洲界：新喀里多尼亚
生境	雨林
微生境	猴欢喜属 *Sloanea* 植物的叶
食性	未知；寄主植物为*Sloanea lepida*（也可能包括该属其他种）
附注	成虫前胸具有一个弯曲的长角突

成虫体长
$^3/_{16}$–$^1/_4$ in
(4–5.5 mm)

高冠蜡角象
Cerocranus extremus
Cerocranus Extremus

Kuschel, 2008

实际大小

高冠蜡角象外形奇特，隶属于 Cranopoeini 族。该族种类的胸部和鞘翅具有蜡质分泌物，这些蜡质分泌物变硬后非常坚固，在前胸形成弯曲、中空的长角突。雄虫和雌虫均有此构造，且成虫羽化后立即开始分泌这些蜡质。这些大型角突并不影响它飞行，且实际上高冠蜡角象的飞行能力非常强。高冠蜡角象前胸有一圈浓密柔软的短毛，蜡质是由隐藏在这些短毛下的腺体分泌出来的。

近缘物种

蜡角象属 *Cerocranus* 仅包括1种。Cranopoeini 族包括11属19种，分布于太平洋界（如马奎萨斯、马里亚纳、库克群岛）、澳大利亚和巴布亚新几内亚。除了蜡角象属外，这个族还包括 *Blastobius*、*Cranopoeus*、*Docolens*、*Cranoides*、*Onychomerus*、*Spanochelus*、*Enneaeus*、*Swezeyella*、*Fergusoniella* 和 *Cratoscelocis* 属。种间区别包括足、鞘翅和雄性外生殖器的形态。

高冠蜡角象 成虫体深褐色，足和腹面多少带有红褐色。前胸具有弯曲的长角突，其长度有时可达体长两倍。鞘翅拱凸，宽于前胸基部；鞘翅近中央具一对矮瘤。雌虫喙基部具一大坑，坑边缘光洁无毛，其附近还有一些能产生蜡质的刚毛。

科	象甲科 Curculionidae
亚科	象甲亚科 Curculioninae
分布	新北界：北美洲东北部
生境	东部落叶林
微生境	栗属 *Castanea* 树木
食性	幼虫在各种栗属植物的坚果内发育并取食，包括美洲栗 *Castanea dentata*、板栗 *Castanea mollissima* 和美洲矮生栗 *Castanea pumila*；成虫取食相同寄主植物的坚果
附注	本种是实象属 *Curculio* 在北美洲地区最大的种

成虫体长
¼–⅝ in
(6.5–16 mm)

大栗实象
Curculio caryatrypes
Larger Chestnut Weevil

(Boheman, 1843)

大栗实象与美洲栗紧密相关。美洲栗由于板栗枯萎病几近灭绝，该病害的致病菌是入侵的栗疫病菌 *Cryphonectria parasitica*。该菌在20世纪从日本传入北美洲。这种病害导致大栗实象的种群数量急剧下降，现在在其分布范围内数量非常少，可能仅发生于本地或外来的其他一些栗属树木上。每个栗子内可能生活几头大栗实象幼虫。老熟幼虫钻出栗子（钻出孔非常圆），掉落到土壤中化蛹。

近缘物种

实象属种类丰富，已知345种左右。取食壳斗科、桦木科和胡桃科植物的种子或虫瘿。一些种类是重大害虫，如核桃实象 *Curculio carya* 严重危害美国山核桃 *Carya illinoinensis*，坚果实象 *Curculio nucum* 严重危害欧榛 *Corylus avellana*，象实象 *Curculio elephas* 严重危害栗树 *Castanea* spp.。实象属的喙的长度可能与寄主植物种子的大小相关。寄主植物的丰富多样性也促进了此属物种的繁盛。

大栗实象 体椭圆形，深红褐色，体表密被金黄色至灰色绒毛，并形成杂色斑纹。喙细长，弯曲；雌虫喙几乎与身体其他部分等长，雄虫喙略短于身体其他部分。喙与额间无明确分界。触角非常细长，在雄虫中着生于喙中部，在雌虫中靠近头部。

实际大小

科	象甲科 Curculionidae
亚科	象甲亚科 Curculioninae
分布	新热带界：阿根廷、玻利维亚、乌拉圭、巴西（贝伦、玛瑙斯）、法属圭亚那、苏里南、巴拉圭
生境	沿河边和沟渠的植物
微生境	水生环境，凤眼蓝的茎上
食性	成虫和幼虫取食蝗虫 *Cornops* spp.卵
附注	与其他象甲不同，本种不取食植物而是取食其他昆虫的卵

成虫体长
¼–5⁄16 in
(7–8 mm)

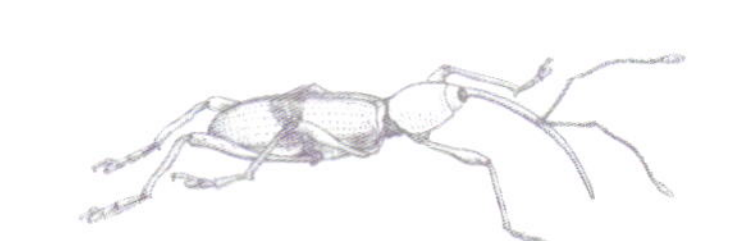

条斑卢象
Ludovix fasciatus
Ludovix Fasciatus
(Gyllenhal, 1836)

条斑卢象专性取食 *Cornops* 属蝗虫的卵，这些卵产在水生植物凤眼蓝 *Eichhornia crassipes* 的茎上。条斑卢象的卵也产在凤眼蓝上。幼虫在蝗虫卵块中发育、取食并化蛹。雌性成虫的喙细长，可用于搜索蝗虫卵并评估这些卵的适口性。成虫能在水面游泳，它们的身体浮在水面，足浸没在水下，用足猛推着前进，姿势有点像6条腿的蛙泳姿势。

近缘物种

条斑卢象隶属于 Erodiscini 族。这个族种类不多，略超过100种，分成8个属。该族与拟态蚂蚁的 Otidocephalini 族关系近缘，且两个族曾合并在一起。Erodiscini 族多数种类与水生或半水生植物相关。卢象属 *Ludovix* 仅包括2种。

实际大小

条斑卢象　体细长，有光泽；红褐色，鞘翅中部附近有一道深色横纹。前胸背板边缘圆。足细长。喙细长，弯曲，与身体其他部等长。股节端部略肿大。

科	象甲科 Curculionidae
亚科	水象亚科 Bagoinae
分布	东洋界和新北界：原产于孟加拉国、印度、巴基斯坦、泰国；人为引入美国
生境	半水生；发现于淡水生态系统
微生境	水中或水边的水生植物上
食性	取食黑藻的块茎
附注	人为引入美国，以控制入侵水生植物

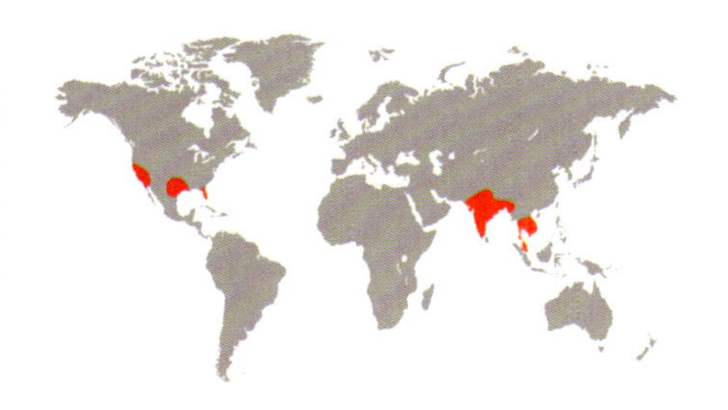

成虫体长
1/8–3/16 in
(2.8–4 mm)

黑藻水象
Bagous affinis
Hydrilla Tuber Weevil
Hustache, 1926

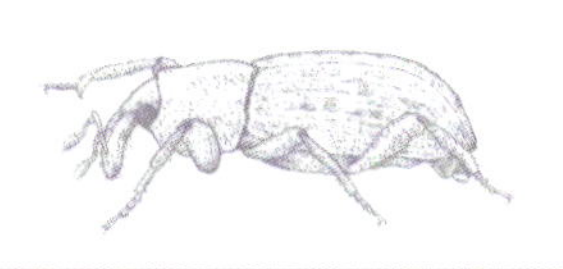

实际大小

黑藻水象原产于亚洲，人为引入美国以控制入侵物种黑藻 *Hydrilla verticillata*。黑藻是一种水生植物，常用于鱼缸和水族馆布景，原产于亚洲、欧洲、非洲和澳大利亚。它在北美洲沿海地区的适生性强于本地水生植物，因而导致本地物种数量减少；而除草剂灭杀效果并不明显。黑藻水象成虫取食寄主植物的地面部分，幼虫则在水下取食块茎。它对生境的要求比较高（如对水域面的高低有要求），因此不易成功定殖。

近缘物种

强喙象亚科 Erirhininae 的种类也生活在水生和半水生的环境中，且外形与水象亚科相似，但强喙象亚科前胸腹面中央无纵沟。水象属 *Bagous* 为世界性分布，大多数种与淡水植物相关。该属的种间区别包括鞘翅、前胸、足的形态，以及雄性外生殖器的构造。

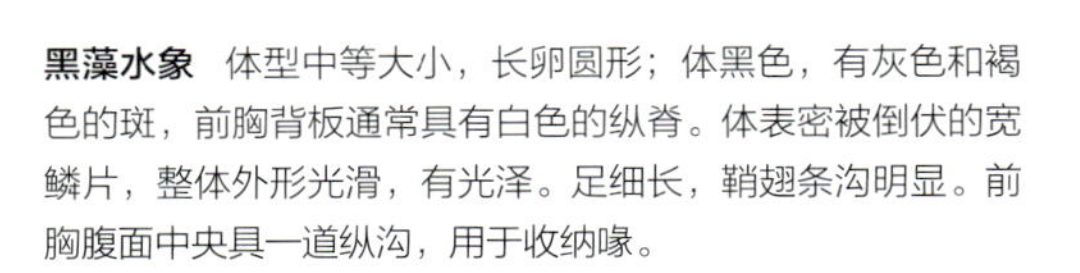

黑藻水象 体型中等大小，长卵圆形；体黑色，有灰色和褐色的斑，前胸背板通常具有白色的纵脊。体表密被倒伏的宽鳞片，整体外形光滑，有光泽。足细长，鞘翅条沟明显。前胸腹面中央具一道纵沟，用于收纳喙。

科	象甲科 Curculionidae
亚科	船象亚科 Baridinae
分布	新热带界和新北界：原产于美洲中部、墨西哥、巴拿马；人为传入美国（佛罗里达州的布劳沃德和迈阿密—戴德县）
生境	热带
微生境	寄主植物的藤蔓上
食性	成虫和幼虫取食卵叶锦屏藤 *Cissus verticillata*
附注	本种体色艳丽；推测是通过活体植物或植物产品被意外传入佛罗里达州

成虫体长
$^{3}/_{16}$–$^{1}/_{4}$ in
(4.5–7 mm)

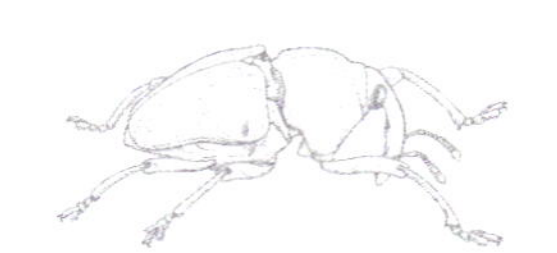

葡萄彩绘象
Eurhinus magnificus
Eurhinus Magnificus

Gyllenhal, 1836

实际大小

葡萄彩绘象体色艳丽。彩绘象属 *Eurhinus* 的所有种均具有金属光泽，因此易于识别。葡萄彩绘象的寄主为葡萄科的卵叶锦屏藤。雌虫在卵叶锦屏藤的茎上产卵。产卵处会形成虫瘿。幼虫在虫瘿中发育，历期5龄。它们会对卵叶锦屏藤造成轻微危害，生有虫瘿的茎会枯萎。已在佛罗里达州南部意外定殖，在该地区最早的记录为2002年。目前仅在卵叶锦屏藤上发现这种象甲，不确定人工栽培的葡萄是否也可被侵害。

近缘物种

彩绘象属包括23种，分布于美洲的热带地区。所有种均具有明亮的金属色。葡萄彩绘象的体色与 *Eurhinus festivus*、*Eurhinus cupripes* 和 *Eurhinus yucatecus* 最为接近，种间区别包括腹板凹陷的形状和毛被，以及雄性外生殖器的构造。

葡萄彩绘象 体中等大小，粗壮，鞘翅肩角明显外突。体色呈明亮的金属蓝绿色，头部、前胸背板前缘、鞘翅肩角和端部、足近基部为金属铜红色，铜红色区域的大小有变化。鞘翅具刻点列，其他区域不具明显刻点。喙的长度与前胸背板相等。

科	象甲科 Curculionidae
亚科	船象亚科 Baridinae
分布	新热带界：法属圭亚那、秘鲁、巴拿马、哥斯达黎加和玻利维亚
生境	森林
微生境	成虫通常发现于草本植物；幼虫未知
食性	未知
附注	成虫鞘翅具有显著的尖刺，捉住它时倘若不留意，会被扎得很痛

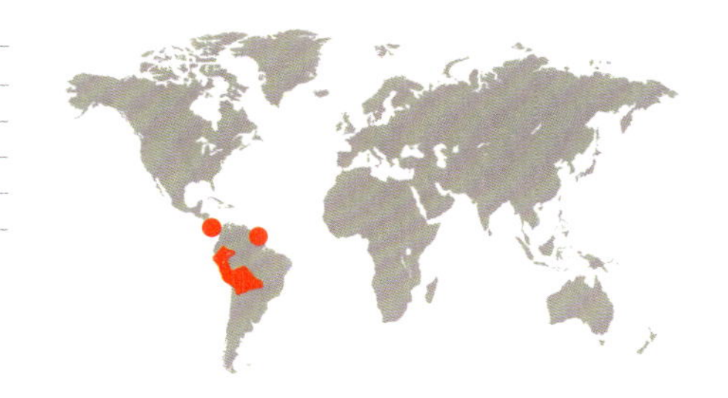

成虫体长
3/16–1/4 in
(5–6 mm)

施氏蒺藜象
Pteracanthus smidtii
Pteracanthus Smidtii
(Fabricius, 1801)

施氏蒺藜象头部和前胸背板前半部亮红色，前胸背板后部及鞘翅基部黑色，鞘翅端部金黄色或浅灰色。在新热带界，大概5科60种以上的甲虫具有类似的体色，可能它们是模拟双翅目蝇类昆虫。施氏蒺藜象的拟态对象可能为缟蝇科 Lauxaniidae 的 *Xenochaetina polita*。这种缟蝇与施氏蒺藜象同域分布，数量十分丰富且生活于林下。这种发生在甲虫和蝇类之间的拟态行为是令人震惊的，但是导致其产生的进化选择并不清楚。

近缘物种

船象亚科种类丰富，包括10族550属。蒺藜象属 *Pteracanthus* 为单型属，隶属于 Ambatini 族（该族大多分布于新热带界）。科学家们认为当前把这个族归于船象亚科的依据非常不充分，还需要开展更多的研究去弄清楚这些物种的系统发育关系。

实际大小

施氏蒺藜象 体中等大小，具刺；黑色，头部和前胸背板前半部亮红色。鞘翅具有2对宽大的尖刺：1对位于鞘翅肩角，指向外侧；另1对位于鞘翅端部外缘，指向后方。腹部腹面被亮白色鳞片。各股节腹面具有1个小尖齿。

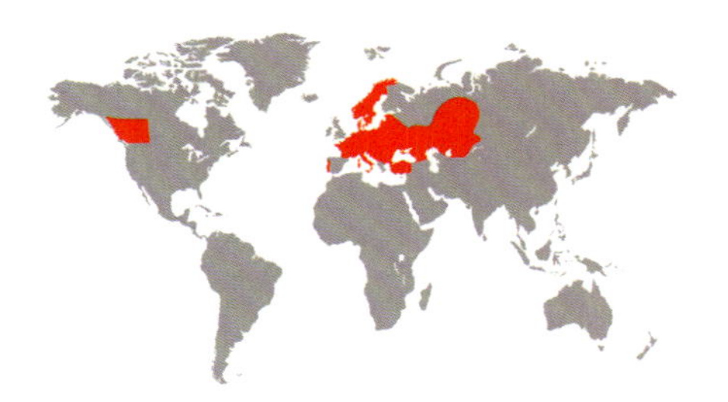

科	象甲科 Curculionidae
亚科	龟象亚科 Ceutorhynchinae
分布	古北界和新北界：原产于古北界西部；人为引入加拿大
生境	牧场、开阔地
微生境	紫草科植物的根和嫩芽
食性	取食红花琉璃草 *Cynoglossum officinale* 及其他紫草科植物的根和嫩芽
附注	为控制红花琉璃草，人为引入加拿大

成虫体长
⅛–3/16 in
(3–4 mm)

十字紫草象
Mogulones crucifer
Mogulones Crucifer
(Pallas, 1771)

实际大小

十字紫草象身体粗壮结实。这种象甲在1997年被引入加拿大，目的是控制入侵植物红花琉璃草的数量。红花琉璃草为紫草科植物，原产于欧亚大陆，在100年前夹杂在其他种子中意外传入加拿大。现在它在北美洲的大部分牧场都能发现，对家畜有非常强的毒性。十字紫草象主要取食红花琉璃草，也取食琉璃草属 *Cynoglossum* 的其他种，以及长蕊琉璃草属 *Solenanthus* 的一些种。

在美国，故意采集、运输和释放这种象甲属于犯罪行为，因为它可能危害本地的紫草科植物，而这些紫草科植物中有一些属于濒危植物。

近缘物种

紫草象属 *Mogulones* 已知67种，所有种均与紫草科植物有关。大多数种分布于地中海地区。该属隶属于龟象族 Ceutorhynchini。这个族是龟象亚科中种类最多的族，大概包括70属。*Mogulonoides* 属与紫草象属近似，二者区别为鞘翅斑纹不同，前足胫节齿状刚毛的大小和形状不同。

十字紫草象　体卵形，褐黑色，体腹面和鞘翅具有白色绒毛。鞘翅具有白色鳞片，这些鳞片形成明显的十字形图案，因此这个种的种本名为“*crucifer*”（十字形）。喙几乎与前胸背板等长。前胸背板后缘最宽。虫体最宽处靠近鞘翅中部。

科	象甲科 Curculionidae
亚科	锥胸象亚科 Conoderinae
分布	澳大利亚、巴布亚新几内亚（休恩湾）
生境	雨林
微生境	死树、倒木
食性	植食性
附注	外形似蜘蛛，这种现象在甲虫中不多见

成虫体长
11/16–3/4 in
(17–19 mm)

尖尾蛛象
Arachnobas caudatus
Spider Weevil
(Heller, 1915)

尖尾蛛象外表长得像蜘蛛，它的属名和中英文俗名都有此意。蛛象属 *Arachnobas* 的种类受惊时，通常掉落装死。它们通常发现于覆有大型叶状地衣、苔藓或真菌的死树或倒木上，可能它们的长足正适用于抓握这些基质。尖尾蛛象及一些近缘物种雄虫足上的缘毛长于雌虫，这意味着足可能在交配前或交配中发挥通信功能，但这尚未被证实。

近缘物种

蛛象属在巴布亚区系特有，大概已知60种，可能还有很多未描述的新物种。该属归于锥胸象亚科蛛象族 Arachnopodini，该亚科共包括15个族。这个族在巴布亚新几内亚还有一个属，*Caenochira* 属；该属为单型属，仅包括 *Caenochira doriae*。*Caenochira doriae* 的分类地位非常不明确，目前把它归于蛛象族的依据并不充分。

实际大小

尖尾蛛象　体黑色，前胸背板和鞘翅有浅色斑纹。体狭长，足有刚毛，外形似蜘蛛。虫体最宽处为前胸背板与鞘翅相接处。各足长度相等，均长于体躯。喙几乎与前胸背板等长。

科	象甲科 Curculionidae
亚科	锥胸象亚科 Conoderinae
分布	新热带界：中美洲和南美洲
生境	森林
微生境	成虫发现于叶表面；幼虫发现于豆荚和花芽处（可能茎上也能发现）
食性	取食木豆，也取食蝶形花科刀豆属 *Canavalia*、镰扁豆属 *Dolichos* 和菜豆属 *Phaseolus* 的一些种类
附注	木豆害虫

成虫体长
3/16 in
(3.5–4.2 mm)

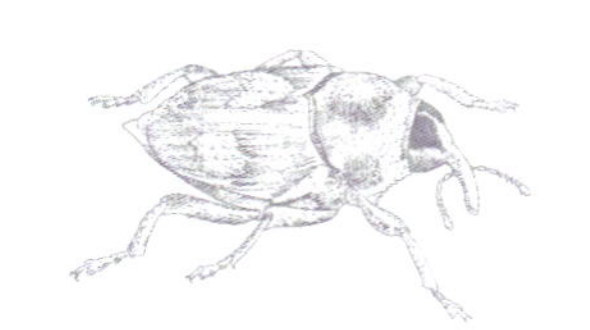

小丑枝象
Copturus aurivillianus
Clown Weevil
(Heller, 1895)

小丑枝象及其近缘物种的幼虫蛀木。其幼虫在寄主植物的枝或茎中挖出隧道，有时会导致寄主植物死亡。

小丑枝象归于 Lechriopini 族，该族及其近缘族物种均在白天活动，可观察到它们在叶表面短距离快速移动，高度警觉。小丑枝象在秘鲁危害高蛋白植物木豆 *Cajanus cajan*。雌虫把卵产于寄主植物的豆荚和花芽处，幼虫随即在这些地方发育。

近缘物种

Lechriopini 族包括19属，枝象属 *Copturus* 为其中之一。该属仅限分布于新大陆，大概已知50种，还有很多未描述的新种。在墨西哥，其近缘物种鳄梨枝象 *Copturus aguacate* 严重危害鳄梨 *Persea americana*，幼虫钻蛀导致叶片生长缓慢、枝条死亡乃至整棵树死亡。

实际大小

小丑枝象　体小型，看似植物种子。体表被宽扁的鳞片；鳞片黑色、红色、乳白色或白色。头部和前胸具有红色鳞片，但盘区及外侧黑色（在保存已久的标本中，红色鳞片会褪色）。喙、足和鞘翅大部分区域黑色；鞘翅具白色鳞片形成的3对白斑。体腹面大部分区域被白色鳞片。复眼极大，几乎占据头部背面所有区域。

科	象甲科 Curculionidae
亚科	朽木象亚科 Conoderinae
分布	新热带界：加拿大（安大略省南部和魁北克省）、美国
生境	森林地表
微生境	树皮下、落叶层、朽木中
食性	取食木头
附注	小型象甲，体表常覆盖污垢

成虫体长
3/16 in
(3.5–4.5 mm)

美洲鳞直象
Acamptus rigidus
Acamptus Rigidus
LeConte, 1876

美洲鳞直象常见于朽木、树皮下或森林落叶层，数量丰富。多发现于杨树中，也可见于其他树种。成虫外形有点像一小块树皮或朽木片，有时容易被忽略。与同属其他种一样，美洲鳞直象的所有虫态均能在木头中发现，成、幼虫生活在一起。其近缘种瘤鳞直象 *Acamptus cancellatus* 原产于美洲热带地区，现被意外传入南太平洋的萨摩亚群岛和斐济。

近缘物种

鳞直象族 Acamptini 包括8属：*Acamptella* 和 *Trachodisca* 属分布于尼泊尔，*Pseudocamptopsis* 属分布于坦桑尼亚，其他5属（*Acamptus*、*Acamptopsis*、*Choerorrhynchus*、*Menares* 和 *Prionarthrus*）分布于美洲。鳞直象属 *Acamptus* 已知7种。美洲鳞直象易与同域分布的 *Acamptus texanus* 相混淆，但二者触角不同。

实际大小

美洲鳞直象 成虫体狭长，褐色，有白色杂斑；体表被直立的宽鳞片。一些标本体表覆污垢。喙短，可容纳于前足基节之间的腹中沟。胫节粗壮，内缘弯曲；胫节端部具一个鹰钩状大齿，端部无梳状刚毛列（鳞直象属特征）。跗节非双叶状，且腹面不具海绵状跗垫，触角棒部仅在近末端被绒毛。

科	象甲科 Curculionidae
亚科	隐喙象亚科 Cryptorhynchinae
分布	新热带界：中美洲
生境	热带森林
微生境	森林地表；幼虫在倒木中发育
食性	成虫食性未知；幼虫取食朽木
附注	雄虫胫节膨大，用于争斗

成虫体长
3/8–7/16 in
(10–11 mm)

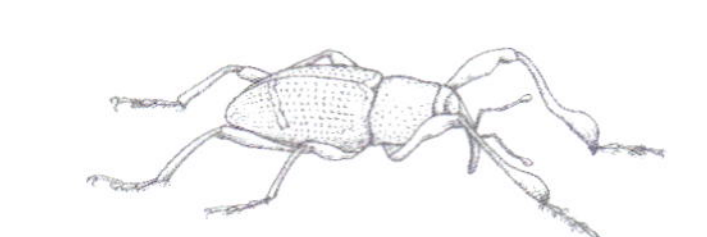

双带长胫象

Macromerus bicinctus

Macromerus Bicinctus

Champion, 1905

实际大小

双带长胫象雄虫胫节细长，端部膨大，胫节在与其他雄虫竞争雌虫时作为武器。在争斗时，前足能像棍棒一样猛烈击打对手。雌虫在倒木上钻洞，然后把卵产在里面。在这一过程中，其他雄虫通常试图与其交配，这时经常发生雄虫间的争斗。交配时间很短，通常仅持续5–28秒，但交配后雄虫常会继续守护在雌虫旁边直至雌虫开始产卵。

近缘物种

长胫象属 *Macromerus* 大概已知40种，广泛分布于美洲的热带地区。目前此属分为2个亚属：长胫象亚属 *Macromerus* 和新长胫象亚属 *Neomacromerus* 。此属归于隐喙象亚族 Cryptorhynchina；这个亚族是鞘翅目中最大的亚族之一，在全球至少包括205个属。此属的种间区分依据主要为体色、斑纹及雄虫足的形态。

双带长胫象　体中等大小，黑色。雄虫前足特化：前足股节几乎与鞘翅等长；前足胫节很长，弯曲，近端部膨大。前胸背板刻点深。鞘翅刻点大，形成规则的刻点列；鞘翅具2道橙黄色的细横纹。

科	象甲科 Curculionidae
亚科	盘象亚科 Cyclominae
分布	澳洲界：澳大利亚（西澳大利亚州）
生境	地表
微生境	成虫在地面爬动；幼虫生活在地下
食性	幼虫取食帚灯草科植物刺苞灯草 *Lepidobolus preissianus* 的根，成虫取食其茎
附注	本种体表多瘤突，在地表生活

成虫体长
1⅛–1¼ in
(29–32 mm)

天龙幽象
Gagatophorus draco
Gagatophorus Draco
(Macleay, 1826)

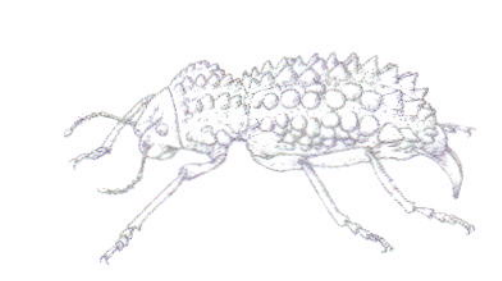

幽象属 *Gagatophorus* 归于 Amycterini 族。该族在澳大利亚特有，一般体型大而粗壮，喙非常短。天龙幽象体表多刺，在地表生活。雌性把卵产于土壤中。其产卵器特化，端部具有一对爪状针突；针突骨化程度强，光洁无毛。天龙幽象与同族其他种一样，幼虫生活在土壤中，取食寄主植物的根。寄主植物为刺苞灯草 。成虫体背面布满明显的钉状瘤突，可能用于伪装或防卫。

近缘物种

Amycterini 族包括39属，大约400种。幽象属已知6种，均为西澳大利亚州特有种。这些种通常体色黑色，体表具瘤突，外观彼此近似。种间区别包括前胸背板和鞘翅瘤突的位置，以及前胸的整体形状。

实际大小

天龙幽象 体大型，有光泽，体背面布满钉状瘤突。黑色，有少量灰色绒毛或鳞片。头部具有1道宽而深的纵沟；喙非常短。无后翅，不能飞行，鞘翅愈合。前胸粗壮，盘区有大的脊和瘤突。鞘翅瘤突成列，列间体壁呈颗粒状。

科	象甲科 Curculionidae
亚科	粗喙象亚科 Entiminae
分布	澳大利亚、新几内亚及其附近岛屿
生境	热带森林，种植园
微生境	成虫发现于叶表面；幼虫发现于寄主植物根部
食性	植食性；已记录寄主植物包括荨麻科、大戟科、卷柏科
附注	该属的一些种类在象甲中是最鲜艳的

成虫体长
⅞ in
(21–23 mm)

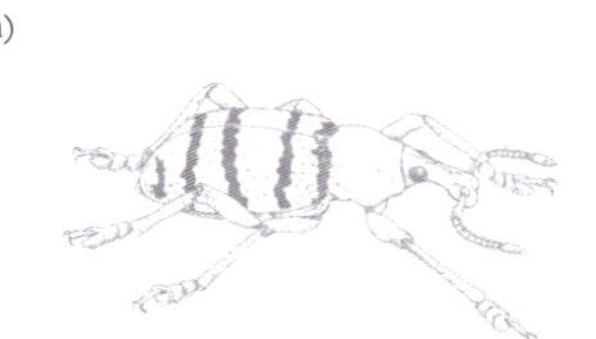

施氏蓝钻象
Eupholus schoenherrii
Eupholus Schoenherrii
(Guérin-Méneville, 1838)

施氏蓝钻象属于蓝钻象属 *Eupholus*，该属种类是世界上色泽最鲜艳且最具观赏性的象甲之一。体色时有变化，这些变化的体色不是色素色，而是物理色。外骨骼上的鳞片具有三维超微结构，这些超微结构能以不同的角度反射光线，从而控制和形成不同的颜色。施氏蓝钻象的种本名是以象甲分类之父——瑞典科学家卡尔·约翰·舍恩赫尔（Carl Johan Schönherr，1772–1848）的名字命名的。据报道，本种的近缘物种布朗蓝钻象 *Eupholus browni* 侵害可可 *Theobroma cacao*。

近缘物种

蓝钻象属归于蓝钻象族 Eupholini。该族共包括7属，仅限分布于东洋界和澳洲界。其中 *Rhinoscapha* 属分布最广。蓝钻象属分布于新几内亚和马鲁古群岛，已知约60个种和亚种。施氏蓝钻象包括4个亚种：*Eupholus schoenherrii schoenherrii*、*Eupholus schoenherrii petiti*、*Eupholus schoenherrii mimikanus* 和 *Eupholus schoenherrii semicoeruleus*。

施氏蓝钻象 体色为明亮的金属蓝色至金属绿色，鞘翅具有5道黑色横纹（横纹处无鳞片）。喙几乎与前胸背板等长。触角相对长，末3节黑色。跗节宽阔且十分发达。

实际大小

科	象甲科 Curculionidae
亚科	粗喙象亚科 Entiminae
分布	澳大利亚、新几内亚主岛
生境	有地衣的山地森林或高山灌木林
微生境	叶上
食性	木本植物（如杜鹃属 *Rhododendron*）的叶
附注	本种与地衣关系紧密，其背面长有很厚的一层地衣（如*Anaptychia*和*Parmelia*属）；在国际自然保护联盟（IUCN）《濒危物种红色名录》中被列为易危种

成虫体长
⅞–1¼ in
(23–31 mm)

地衣园丁象
Gymnopholus lichenifer
Lichen Weevil
Gressitt, 1966

地衣园丁象这种奇怪的象甲体背常负有很多生物，例如地衣、线虫、硅藻、轮虫、啮虫和植食性螨，形成一个小的生物群落。象甲与地衣为互利共生关系，在这种关系中双方均受益。象甲为地衣提供生长位点，地衣为象甲提供伪装。地衣园丁象的鞘翅和前胸背板愈合，不能飞行，体表有时会覆盖很厚的地衣。成虫存活时间长，有的能长达5年。由于原始生境被不断破坏，此种渐临濒危。

近缘物种

园丁象属 *Gymnopholus* 已知71种，地衣园丁象隶属于 *Symbiopholus* 亚属。这个亚属的标本上已发现13个科的自养生物，包括真菌、藻类、地衣、藓类等。

实际大小

地衣园丁象　体大型，黑色，股节红褐色。体背面非常粗糙，其上通常覆盖厚厚的地衣，有时体表刻点和褶皱内还能隐藏螨和啮虫。头部（包括喙）长于前胸背板；喙狭长，端部宽。前胸近方形。前胸背板盘区两侧各有1个瘤突。鞘翅有特化的鳞片。

科	象甲科 Curculionidae
亚科	叶象亚科 Hyperinae
分布	古北界和新北界：原产于地中海地区，人为引入美国西南部
生境	柽柳林
微生境	一般在柽柳 *Tamarix* spp. 的叶上
食性	从近缘物种的食性推测本种成虫取食寄主植物的枝叶；幼虫在寄主植物外部取食
附注	在茧中化蛹，茧编织得松散

成虫体长
1/8–3/16 in
(3–4 mm)

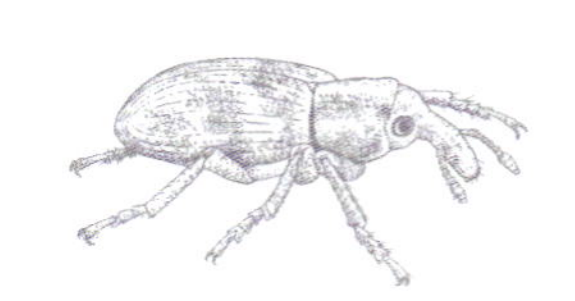

辉煌伞象
Coniatus splendidulus
Splendid Tamarisk Weevil

(Fabricius, 1781)

实际大小

辉煌伞象原产于地中海地区，体色鲜艳，取食柽柳。柽柳原产于欧亚大陆和北非，在美国西南部是危害很严重的入侵物种，它替代了本地的柳树和杨树。在美国，只有地中海粗角萤叶甲 *Diorhabda elongata* 是官方释放的防治柽柳的天敌。最近在美国西南部的柽柳上发现有辉煌伞象，但该种并未被官方授权释放。叶象亚科的幼虫在象甲中比较特别，它们在寄主植物外部取食。老熟幼虫会织一个有孔的圆形丝质茧，茧粘于寄主植物的叶或茎上。幼虫在茧中化蛹。

近缘物种

伞象属 *Coniatus* 隶属于叶象族 Hyperini，该族还包括其他18属，如 *Adonus*、*Brachypera* 和 *Hypera* 属。伞象属已知12种，所有种均与柽柳有关。在美国，人们正考虑将 *Coniatus repandus* 和 *Coniatus tamarisci* 释放到自然界中，作为控制柽柳的天敌。辉煌伞象隶属于 *Bagoides* 亚属。该亚属的种间区别包括喙和复眼的大小及体色斑纹差别。

辉煌伞象　体色由多个颜色组成，被绿色、黄色、粉色和黑色的鳞片。鞘翅具有2条黑色的箭头状横纹，1条近小盾片，另1条近中部。触角着生于喙中部；喙几乎与前胸背板等长。复眼卵圆形，位于喙基部附近。

科	象甲科 Curculionidae
亚科	筒喙象亚科 Lixinae
分布	古北界、新北界、新热带界和澳洲界：原产于欧洲和亚洲西部；人为引入加拿大（英属哥伦比亚、阿尔伯塔、萨斯喀彻温、安大略、魁北克、新斯科舍）、美国、南美洲（阿根廷）、澳大利亚、新西兰
生境	草地、路边、河岸边、人为干扰区
微生境	蓟类植物，包括飞廉属 *Carduus*、蓟属 *Cirsium* 和水飞蓟属 *Silybum*
食性	取食飞廉属、蓟属和水飞蓟属植物
附注	生物防治天敌

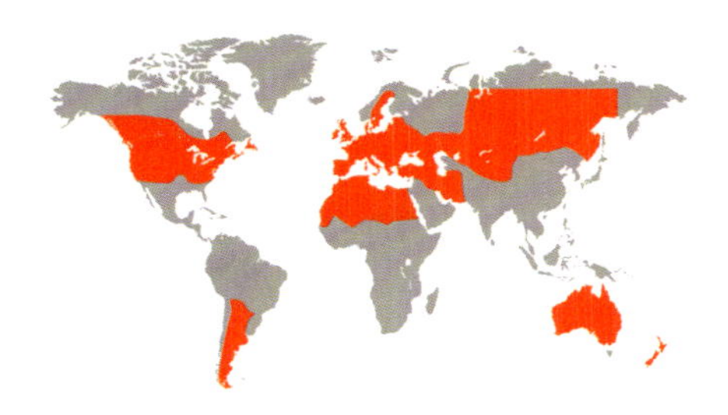

成虫体长
3/16–5/16 in
(5–8 mm)

圆锥蓟象
Rhinocyllus conicus
Thistle-Head Weevil

(Frölich, 1792)

1968年，人们把圆锥蓟象引入北美洲，试图利用它控制入侵植物飞廉 *Carduus nutans*。飞廉有毒性，生长于牧场、农田和高速路旁。圆锥蓟象的生命周期与飞廉的发育非常同步，因此防治效果很成功，在一些地方降低了80%–95%的飞廉种群数目。雌虫会在飞廉苞片上产下近100粒卵，并在卵上覆盖嚼碎的植物碎屑。幼虫无足，取食苞片、花芽和花托，从而影响种子的生成。遗憾的是，圆锥蓟象在北美洲也取食本地的蓟属植物，其中一些植物种类数量稀少、面临濒危。

近缘物种

蓟象属 *Rhinocyllus* 包括9种，原产于欧亚大陆；隶属于筒喙象亚科 Lixinae。该亚科还包括若干属，例如 *Bangasternus*、*Larinus* 属，以及2013年才发表的 *Nefis* 属。这类象甲的种间区别包括喙的形状和长度，及刚毛的分布模式。

实际大小

圆锥蓟象 体中等大小，长卵形；黑色，背面夹杂黄色和黑色的刚毛。喙相对短，长度短于前胸背板，两侧具脊。触角短，着生位置靠近喙端部；棒部被紧实的短刚毛。鞘翅两侧平行，长度约为前胸3倍。

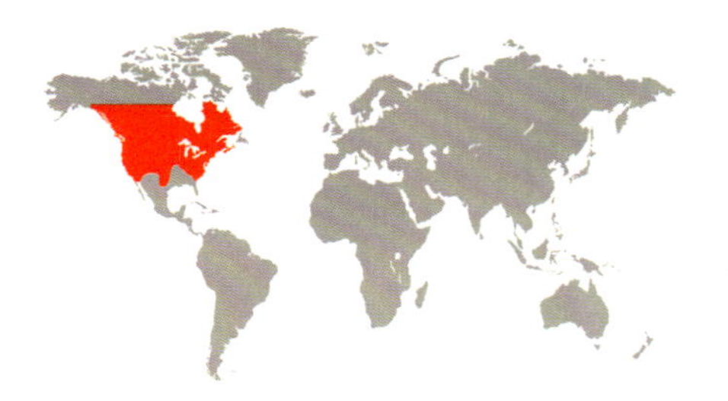

科	象甲科 Curculionidae
亚科	魔喙象亚科 Molytinae
分布	新北界：北美洲
生境	针叶林
微生境	森林冠层
食性	成虫取食寄主植物的内层树皮和形成层组织；幼虫在寄主植物嫩枝端部发育，取食韧皮部
附注	在北美洲严重危害云杉和松树幼苗

成虫体长
³⁄₁₆–¼ in
(4–6 mm)

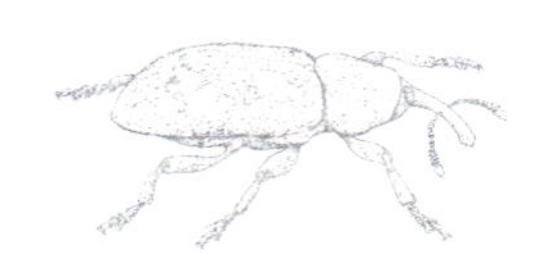

乔松木蠹象
Pissodes strobi
White Pine Weevil
(Peck, 1817)

实际大小

乔松木蠹象分布于北美洲，严重危害针叶树幼苗，包括北美乔松 *Pinus strobus* 和云杉属 *Picea* 的一些种类。成虫最长能活4年，在落叶层中越冬。雌虫先在寄主植物的韧皮部咬一个洞，然后把卵产于洞内，随后用粪便把洞堵上。幼虫先在寄主植物的嫩枝末端取食内层树皮和形成层组织，随后向树干方向移动，最后导致寄主植物在之后的2–4年内逐渐枯死。该种的近缘物种 *Pissodes terminalis* 在北美洲西部危害扭叶松 *Pinus contorta* 和北美短叶松 *Pinus banksiana*。

近缘物种

木蠹象属 *Pissodes* 广布于北半球，其中18种分布于古北界（例如 *Pissodes castaneus*、*Pissodes harcyniae* 和 *Pissodes pini*），29种分布于北美洲和中美洲（例如 *Pissodes nemorensis*、*Pissodes fiskei* 和 *Pissodes rotundatus*）。这个属的分布与其主要寄主松科植物的分布吻合。由于该属具有经济价值，种级分类研究比较深入，种间区分依据包括成虫和幼虫的形态及分子数据。

乔松木蠹象 体小型，卵圆形；深褐色，鞘翅、前胸背板和足有不规则的褐色和白色鳞片，因此外表看起来像地衣。喙窄，几乎与前胸背板等长。触角中等大小，着生于喙中部。鞘翅长度为鞘翅2倍。足长度适中，各足长度相等。

科	象甲科 Curculionidae
亚科	魔喙象亚科 Molytinae
分布	澳洲界、新北界：原产于澳大利亚；随苏铁意外传入原产地以外的一些地区，例如美国加利福尼亚州
生境	干旱的开阔地
微生境	苏铁上，例如玛氏澳洲铁 *Macrozamia macdonnellii*
食性	取食苏铁树干
附注	在一些地区是苏铁害虫；本种分类学历史很有意思

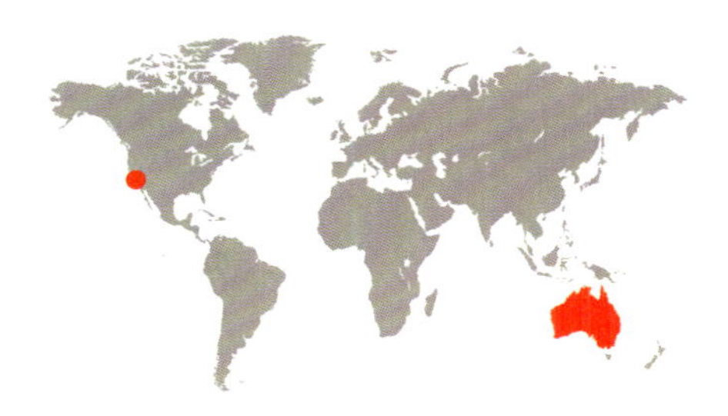

成虫体长
$^3/_{16}$–$^1/_4$ in
(5–6 mm)

蛀茎苏铁象
Siraton internatus
Siraton Internatus
(Pascoe, 1870)

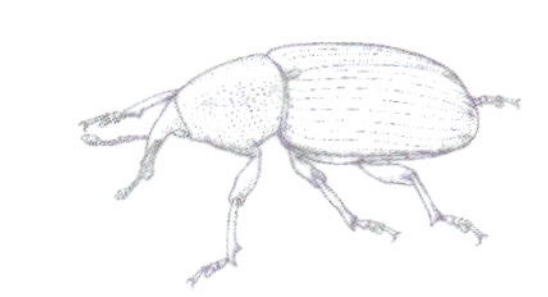

蛀茎苏铁象钻蛀膨大的苏铁树干，一般侵害花园里和苗圃中长势弱或已被其他病虫侵害的苏铁。这种象甲躲在苏铁中，随其远距离运输，偶尔能造成严重危害（如在加利福尼亚州）。蛀茎苏铁象首次发现于意大利中部，被认为是意大利本地的物种，但直到最近才发现它原来和在澳大利亚很常见的苏铁害虫是同一个种。

近缘物种

苏铁象属 *Siraton* 包括蛀茎苏铁象和罗伊苏铁象 *Siraton roei*。这两个种与同样钻蛀苏铁树干的 *Demyrsus meleoides* 外表相似。苏铁象属归于魔喙象亚科的 *Tranes* 属团。此属团还包括其他4个属：*Howeotranes* 属（1种）、*Milotranes* 属（2种）、*Paratranes* 属（1种）和*Tranes*属（4种）；还有许多新种亟待描述。这些属与泽米铁科或黄脂木科植物相关。

实际大小

蛀茎苏铁象 体中等大小，黑色，有光泽。除去喙，虫体大致呈卵形。喙几乎与前胸等长；喙两侧平行。前胸略窄于鞘翅基部，侧缘呈平滑的弧形；前胸背板盘区具明显刻点。鞘翅条沟显著，条沟间有皱纹。

科	象甲科 Curculionidae
亚科	驼象亚科 Orobitidinae
分布	新热带界：巴拉圭、阿根廷
生境	亚热带潮湿森林
微生境	推测取食叶片
食性	植食性
附注	数量稀少，长相奇特，体形隆拱似“驼背”，且能发音

成虫体长
⅛ in
(3.1–3.3 mm)

白绒球驼象

Parorobitis gibbus

Parorobitis Gibbus

Korotyaev, O'Brien & Konstantinov, 2000

实际大小

白绒球驼象的生物学习性基本不清楚，它是为数不多的能发音的象甲。其鞘翅亚端部内表面具有窄的发音锉，腹部第7背板上具有扁宽的脊，二者相互摩擦即可发出声音。该种雌雄均具有发音锉，因此发音可能是一种警报，或者在交配前和交配中具有通信作用。象甲总科中有几种不同的发音机制，因此在这个类群中发音现象应该为多次独立起源。

近缘物种

驼象亚科包括2属：驼象属 *Orobitis* 和球驼象属 *Parorobitis*。驼象属为古北界分布，仅包括2种：*Orobitis cyanea* 分布范围较广，在堇菜属 *Viola* 的蒴果中发育；*Orobitis nigrina* 仅分布于巴尔干半岛。球驼象属也包括2种，均分布于南美洲南部：百绒球驼象和 *Parorobitis minutus*。这两种的区别体现在体色和雌雄生殖器构造上。

白绒球驼象 体小型，圆形而拱凸，侧面观似“驼背”。前胸背板具一对明显的隆起，因而种本名为“*gibbus*”（峰，隆突）。体背面密被白色和褐色的细长鳞片；前胸背板与鞘翅相接处的鳞片颜色最深。头部小，喙几乎与前胸背板等长。触角着生于喙近基部的1/3处；触角棒部短，椭圆形。

科	象甲科 Curculionidae
亚科	小蠹亚科 Scolytinae
分布	古北界、非洲热带界、新热带界、东洋界和太平洋界：原产于非洲；已传到世界上大多数生产咖啡的地区
生境	热带森林、种植园、果园
微生境	咖啡的果实
食性	成虫食性未知；幼虫在咖啡果实中取食
附注	世界性的咖啡害虫

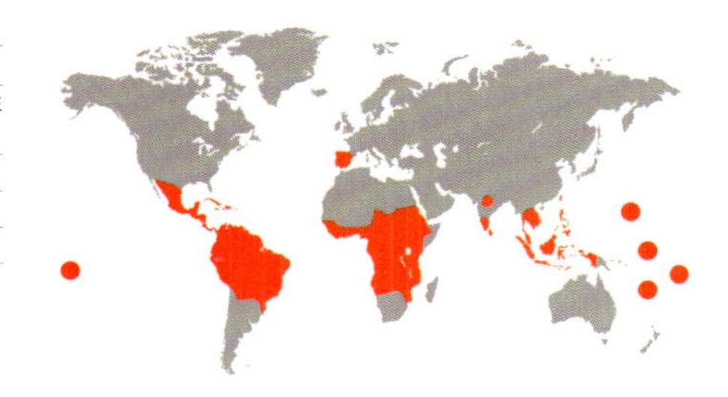

成虫体长
1/32–1/16 in
(1.2–1.8 mm)

咖啡果小蠹
Hypothenemus hampei
Coffee Berry Borer
(Ferrari, 1867)

实际大小

如其俗名意思一样，咖啡果小蠹雌虫在咖啡果里钻蛀，并把卵产于其内。其蛀道内壁长有真菌，这些真菌与咖啡果小蠹共生。幼虫孵化后，在咖啡果里取食，能造成严重危害。幼虫在咖啡果里化蛹并羽化，羽化不久后同巢个体间即相互交配。雌虫存活时间很长，交配后从咖啡果飞出，在新生长的咖啡果上寻找适宜的产卵位点。雄虫后翅退化，不能飞行。该种由于生活史基本在咖啡果内完成，因此对防治工作造成困难。成虫和幼虫钻蛀的洞降低了咖啡果的产量和质量，且钻蛀产生的损伤容易使咖啡果造成次生性细菌和真菌感染。

近缘物种

咪小蠹属 *Hypothenemus* 在全世界包括179种，隶属于小蠹亚科。咖啡果小蠹易与黑枝小蠹 *Xylosandrus compactus* 和坚果小蠹 *Hypothenemus obscurus* 混淆，后两个种也能在咖啡上发生。这些种可依据体背面刚毛区分：黑枝小蠹体背面刚毛细长；坚果小蠹刚毛宽圆；咖啡果小蠹刚毛坚硬、尖直。

咖啡果小蠹　体微小，黑色。头部中央具1道长的深沟；触角棒状。前胸背板球形，前缘具4个（偶尔6个）大齿，中央具25个锉刀状小齿。鞘翅有光泽，具刻点列。体表具刻点，每个刻点上着生1根直立刚毛。

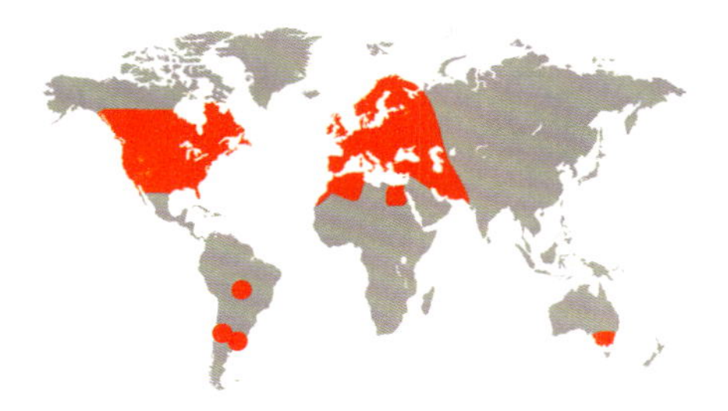

科	象甲科 Curculionidae
亚科	小蠹亚科 Scolytinae
分布	古北界、新北界、新热带界和澳洲界：原产于欧洲、中东和北非；意外传入加拿大、美国、阿根廷、秘鲁和澳大利亚
生境	温带森林、北寒带森林
微生境	树木韧皮部，主要是榆树
食性	取食韧皮部
附注	意外传入一些国家；是榆枯萎病的传播媒介

成虫体长
1/16–1/8 in
(1.9–3.1 mm)

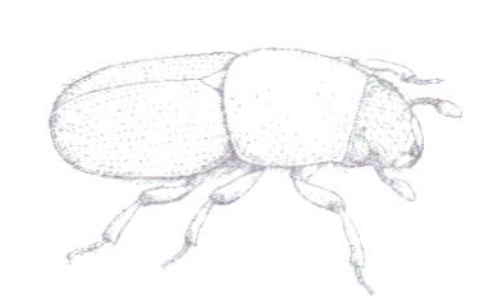

欧洲榆小蠹
Scolytus multistriatus
Smaller European Elm Bark Beetle

(Marsham, 1802)

实际大小

欧洲榆小蠹是榆枯萎病大规模蔓延的罪魁祸首，因为它携带并传播该病害的病原菌——榆枯萎病菌 *Ophiostoma novo-ulmi*。这种病害几乎摧毁了美洲所有的榆树。欧洲榆小蠹原产于欧洲，在美洲最早记录于1909年，记录于马萨诸塞州波士顿。从那以后，这种小蠹便在整个美国和加拿大南部蔓延开来。欧洲榆小蠹以幼虫越冬，在次年春天羽化。羽化后的成虫飞到健康的树上，将榆枯萎病菌的孢子传播到韧皮部。雌虫侵害受伤的树，在树皮下构筑不分枝的坑道。孵化后的幼虫继续钻蛀，从而形成辐射形坑道，坑道分支几乎与主干垂直。

近缘物种

小蠹属 *Scolytus* 大概已知124种。在北美洲，*Scolytopsis*、*Cnemonyx* 属与小蠹属最为相似。欧洲榆小蠹与脐腹小蠹 *Scolytus schevryrewi* 最接近，但雄性外生殖器形态不同。

欧洲榆小蠹 体小型，圆筒形，深红褐色，有光泽。腹部第2腹板前半部中央具有一个显著的大瘤突，瘤突指向后方；腹部第2–4节腹板后缘具有小瘤突。复眼窄长。前胸略短于鞘翅。腹部从侧面看具斜坡。

科	象甲科 Curculionidae
亚科	长小蠹亚科 Platypodinae
分布	澳洲界：澳大利亚（新威尔士州和维多利亚州）
生境	森林
微生境	钻蛀健康的桉树
食性	取食真菌
附注	真社会性昆虫

成虫体长
¼ in
(5.5–7 mm)

桉澳长小蠹

Austroplatypus incompertus

Austroplatypus Incompertus

(Schedl, 1968)

实际大小

桉澳长小蠹是除白蚁、蚂蚁、蜜蜂和胡蜂外仅知的真社会性昆虫。这种食菌甲虫在健康的桉树内形成世代重叠的大种群，其中包括一个负责产卵的雌性，以及一些由未受精卵发育而成的雌性工蠹。这些雌性工蠹负责照顾和保卫能产卵的雌性及其后代。所有的长小蠹均与虫道真菌互利共生，长小蠹能把真菌装载在贮菌器或其他特化的器官上。桉澳长小蠹的贮菌器位于雌性前胸。雌性工蠹会沿着复杂的坑道种植虫道真菌。

近缘物种

澳长小蠹属 *Austroplatypus* 仅知1种，隶属于长小蠹亚科长小蠹族 Platypodini。本属下颚须3节，但在原始描述中被错误地描述成4节。长小蠹亚科大概包括300种，长小蠹族包括24属。这些种类都被称为食菌甲虫。但这个俗名也用于指小蠹亚科 Scolytinae 中一些独立起源的种植真菌的种类。

桉澳长小蠹　体圆筒形，褐红色。触角短，具明显的棒部。性二态：雌性个体较大，前胸背板具贮菌器，鞘翅基部各具1道短纵脊；鞘翅斜坡明显，斜坡上有刺；雄性个体较小，无贮菌器，鞘翅端部和基部简单。

附　录

Appendix

术语 / 642

鞘翅目分类系统 / 646

扩展阅读 / 649

著译者介绍和贡献 / 651

学名索引（科级和种级） / 653

中文名索引（科级和种级） / 658

致谢 / 663

译校者介绍和贡献 / 665

术　语

Aedeagus 阳茎：雄性外生殖器官的主要结构。

Algivorous 食藻的：以藻类为食。

Angiosperm 被子植物：高等植物中的一个主要类群，即显花植物。

Antennal callus 额瘤：甲虫头部额上着生的瘤状隆起构造，触角有时生于其上。

Antennation 触角感触：昆虫通过触角接触以感知周围环境的行为。

Antennomere 触分节：触角的每一节。

Aposematism 警戒作用：物种用醒目的图案或行为来警告捕食者它们不好吃或有毒。

Apterous 无翅的：缺少具飞行功能的翅，在甲虫中指后翅缺失。

Asperate 粗糙的：表面不光滑的，或不平坦的。

Australian Realm 澳洲界：世界七大动物地理区之一，包括澳大利亚、新几内亚、新西兰及其周边岛屿。

Batesian mimicry 贝氏拟态：拟态的一种形式。在这种形式中，无害的物种通过模拟有害的物种而免遭捕食。（另见缪氏拟态）。

Bidentate 双齿的：有2个齿状突起。

Binominal name 双名法：物种的学名由属名和种本名两部分组成，例如*Goliathus regius*。

Biofilm 菌膜：一层很薄的相互粘连的微生物群落。

Biogeographical region 生物地理区：全球陆地的主要区域依据其所分布的生物物种的不同而划分为七大生物地理区。本书中使用的七大生物地理区为：新北界、新热带界、古北界、非洲热带界、东洋界、澳洲界和太平洋界。

Bioluminescence 生物发光：活的生物体能主动发光的行为，例如萤火虫的发光。

Biomimetics 仿生学：通过对自然界生物现象的模仿而解决生产生活中所遇到复杂问题的学科。例如超细雾化技术是模仿屁步甲喷射防御液的机理。

Bipectinate 双栉状的：触角每节具2个长分枝，触角状如鸟的羽毛。

Biramous 双枝的：（节肢动物附肢）分成2个分支的，每个分支又由若干个肢节组成。

Brachypterous 短翅的：用于飞行的翅退化或非常短小。

Bryophagous 食藓的：以苔藓植物为食的。

Callus (复数. calli)胝：体表的瘤状构造或加厚部分。

Cantharidin 斑蝥素：芫菁科和拟天牛科甲虫分泌的防御性化学物质，能导致人类皮肤起水泡。

Capitate 锤状的：端部急剧加宽或加粗形成膨大部分的（一般指触角）。

Caraboid larva 步甲型幼虫：外形与步甲科幼虫相似的幼虫，其头型为前口式，足长，很活跃。

Carina (复数，carinae) 脊：体壁隆起形成的龙骨形结构。

Cerambycoid larva 天牛型幼虫：外形与天牛科幼虫相似的幼虫，其体两侧平行，略扁平或圆筒状，身体明显分节。

Cervical sclerites 颈片：头部后缘与前胸背板前缘之间膜质结构上的成对骨片。

Chorion 卵壳：昆虫卵的外壳。

Clavate 棒状的：类似棍棒形状的，指触角各节向端部逐渐加粗。

Clypeus 唇基：额与上唇之间的盾状骨片。

Coleopterist 鞘翅目学家：研究甲虫（鞘翅目）的生物学家。

Commensalism 偏利共生：物种之间共生关系的一种，其中一个物种通过该关系获得利益，另一个物种既不得到好处也无害处。

Compound eye 复眼：由众多单个的视觉接受器（即小眼）组成的眼称为复眼，各小眼包含1个晶体和一些感光细胞。

Conglobulation 蜷球：昆虫能将身体蜷缩成球状的行为。

Connate 合生：指昆虫相邻的体壁结构之间的分界消失，合并为一个整体。

Cosmopolitan 世界性的：（分类单元）广泛分布于全世界各地的。

Costa (复数，costae) 肋：任何高起的脊。

Coxa (复数，coxae) 基节：昆虫足基部的第一个分节。

Crepuscular 曙暮性的：（动物）在黄昏或黎明时活动的。

Crypsis 隐态：通过特殊的行为或伪装而融入环境，避免被天敌发现。

Curculionoid larva 象甲型幼虫：外形与象甲科幼虫相似的幼虫，无足，体柔软，体色淡。

Denticle 小齿：体壁突起的一种，形态似齿状。

Detritivore 屑食者：以动植物碎屑为食的生物。这些生物常作为分解者，具有重要的生态意义。

Diapause 滞育：环境条件变化（如温度下降）引起个体的生长发育减慢或停止。

Diurnal 昼行的：（动物）主要在白天活动的。

Dorsal 背面的：与背面相关的。

Dorsum 背面：昆虫身体的上表面；另见腹面。

Eclosion 孵化；羽化：由卵孵出幼虫；或由蛹出现成虫的过程。

Elytral disk 鞘翅盘区：鞘翅背面中央的广阔区域，有时平坦。

Elytral suture 鞘翅中缝：鞘翅收起时左右鞘翅相接的纵线。

Elytron (复数，elytra) 鞘翅：坚硬的前翅，适于保护膜质的后翅，通常见于甲虫中。

Endemic 特有的：仅在特定的地理范围内发现的。

Entomophagous 食虫的：以昆虫为食的。

Endocarina 内脊：某些结构内表面的龙骨状突起。

Epicranium 头盖：头壳的上表面。

Epipleuron (复数，epipleura) 缘折：鞘翅外缘向下弯折的部分。

Estivation 夏蛰：动物在夏季进入休眠状态，以度过炎热干旱而不适于生存的夏天。

Eusociality 真社会性：社会性动物的最高级进化阶段，个体间会协作育幼，并具有社会劳动分工与品级分化，例如桉澳长小蠹*Austroplatypus incompertus*。

Exoskeleton 外骨骼：昆虫体表坚硬的几丁质外壳。

Exotic 外来的：不是本地的。

Explanate 平展的：展开而平的。

Falciform 镰刀状的：形状像镰刀的。

Family 科：属之上，目或总科之下的分类阶元。科下还可细分为亚科和族。

Femur (复数，femora) 股节：昆虫足的第3节，通常是最大的一节。

Filiform 线状的：形状像丝线的，各节形态相似且无特化，通常用于描述触角。

Flabellate 扇状的：形状像扇子的，通常用于描述触角，指中部各节单侧强烈伸长的特化形式。

Frass 虫粪：昆虫的排泄物，可能为固体或液体。

Frontoclypeal suture 额唇基沟：昆虫头部额与唇基之间的原生沟。

Fovea 窝：昆虫体表的小坑或沟。

Frons 额：头部前方位于唇基之上复眼之间的区域。

Fungivorous 食菌的：以真菌为食的，有时亦用mycophagous。

Funicle 索节：棒状触角中，位于棒状部与柄节（第1节）之间的触角节。

Fynbos 凡波斯（高山硬叶灌木群落）：南非西开普省特有的生态区域，其特点是冬季潮湿，夏季炎热干燥，物种特有性很高。

Galea 外颚叶：下颚的结构，着生于茎节外侧。

Gena (复数，genae) 颊：头部两侧位于复眼后下方的区域。

Genal 颊的：与颊有关的。

Geniculate 膝状的：陡然弯曲，类似膝盖形状的，通常用于描述触角，指柄节强烈延长形成的特化触角。

Genus (复数，genera) 属：科之下，种之上的分类阶元。属下还可细分出亚属。在双名法体系中，属名构成一个物种学名的前半部分。

Gibbosity 隆突：昆虫体表的大型瘤状突起。

Gill 鳃：水生昆虫幼虫特有的呼吸器官，用于在水下呼吸。另见微毛鳃。

Gin-trap 齿夹：一些甲虫的蛹所具有的可活动的齿状构造，可用于防御，例如拟步甲科中的一些物种。

Glabrous 光洁的：（昆虫体表）光滑无毛的。

Gular 外咽片的：与头部腹面区域（即外咽片）相关的。

Holarctic Realm 全北界：古北界与新北界的统称。

Holometabolism (形容词，holometabolous) 完全变态：一种变态发育形式。在这种形式中，昆虫生命周期经历卵、幼虫、蛹和成虫四个时期。

Holotype 正模：描述某种或亚种时所依据的唯一标本。

Homonym 同名：不同分类阶元使用了相同名称的现象。《国际动物命名法规》规定，最早使用该名称的分类单元具有优先权，因此后来使用该名称的分类单元应该重新命名。

Humerus (复数，humeri) 肩角：鞘翅基部靠近外缘的角。

Hydrofuge setae 疏水毛：一些水生甲虫体表生有疏水性的刚毛，这些疏水毛可在水下储存一层空气膜，以供甲虫在水下呼吸。（另见气盾）

Hydropetric 湿岩的：与潮湿岩石表面覆盖的水层相关的。

Hypermetamorphosis 复变态：昆虫完全变态中的一种类型，其幼虫不同龄期在形态和生活习性等方面有较大的差异，例如芫菁科。

Hypertrophication 富营养化：水体中营养物质不正常地增加。

Hypognathous 下口式：头型的一种。在这头型中，头部处于垂直方向，口器朝向下方。另见前口式。

Impunctate 无刻点的：光滑的，没有刻点的，用于描述体壁表面的结构。

Inquiline 寄食者：在另一种生物的巢穴内生活，并分享其食物的生物。例如鼠型蚁缨甲是一种蚂蚁（*Formica* spp.）的寄食者。

Instar 龄：幼虫两次蜕皮间的生长期。第一龄指卵至第一次蜕皮之间的生长期。

International Code of Zoological Nomenclature (ICZN) 国际动物命名法规：规范动物科学名称的法典，由国际动物命名法规委员会起草。

Invasive 入侵的：外来的，或非本地的物种。这些物种对入侵地的生态环境通常有负面影响。

Kairomone 利他素：一个物种释放出的化学信息素，这类信息素对其他物种产生利益，但对释放信息素的物种并没有好处。例如受到危害的树木会释放乙醇，可以吸引小蠹前来。

Labrum 上唇：昆虫口器的一部分。基部与唇基相连，并构成口腔的前盖。

Labium 下唇：昆虫口器的一部分。位于下颚后方，形成口前腔底部。

Lamella (复数，lamellae; 形容词，lamellate) 鳃片部：具片状的构造，多用于形容触角形态，指端部多个触分节成薄片状，彼此重叠。

Larva (复数，larvae) 幼虫：完全变态昆虫在卵与蛹之间的虫态。

Larviform female 幼虫型雌虫：外形近似幼虫的雌性成虫，如在萤科一些物种中。

Maculate (名词，maculation) 有斑的：用于形容昆虫体表色彩具有斑纹的。

Major male 大型雄性：指充分发育、具较大体型的雄性，通常具有特别发达的角突，如一些蜣螂的物种。大型雄性竞争雌性时，往往要展开激烈的争斗。另见小型雄性。

Malpighian tubules 马氏管：昆虫中类似肾脏功能的排泄与内分泌器官，马氏管端部游离且封闭，开口于中肠和后肠的连接处。

Mandibles 上颚：昆虫口器的一部分，为成对的用于啃咬的坚硬构造。它们在不同类群中依据其取食食物不同而形态多有变化，在一些甲虫中还特化成为攻击或防御的武器。

Maxillae (单数，maxilla) 下颚：昆虫口器的一部分，位于上颚下方的成对构造，咀嚼时用于抓握和控制食物。

Mentum 颏：下唇基部的部分。

Mesothorax 中胸：胸部第2节（即中部那节），中足及鞘翅着生于其上。

Mesoventrite 中胸腹板：中胸腹面的骨片。

Metathorax 后胸：胸部第3节（即最后一节），后足及后翅着生于其上。

Metaventrite 后胸腹板：后胸腹面的骨片，其前方为中胸腹板，后方为腹部第1腹板。

Metepisternum 后胸前侧片：后胸腹板侧面的骨片，其后方为后胸后侧片。

Microsetose 有微毛的：具有非常细小的刚毛。

Microtrichial gills 微毛鳃：水生昆虫体壁生有的密集微毛。在水下时微毛间可捕获空气，以供昆虫在水下呼吸。

Mine 虫道：昆虫幼虫在叶片中或植物的其他部位取食所形成的隧道。

Minor male 小型雄性：指个体小的雄性，通常角突不发达，如在一些蜣螂中。小型雄性与雌性交配时，往往采用偷窃策略。另见大型雄性。

Mola 臼齿：甲虫上颚用于磨碎食物的部分，通常表面粗糙。

Moniliform 念珠状的：形状像串起来的珠子的，通常用于描述触角形态，指触角各节相似且近球形。

Monotypic 单型的：指一分类阶元内仅包括一个下级分类阶元。例如：一个单型属仅包括一个种。

Müllerian mimicry 缪氏拟态：拟态的一种形式。在这种形式中，两个或多个有毒的物种通过相互模拟而均能免遭捕食。（参见贝氏拟态）

Mycangium (复数，mycangia) 贮菌器：储藏和运载真菌孢子的构造，如部分小蠹的前胸背板具有的凹陷。

Mycophagous 食菌的：以真菌为食的，也作fungivorous。

Myrmecophile 蚁客：与蚂蚁共同生活的动物，常与蚂蚁一同分享住所甚至食物。

Myrmecophagous 食蚁的：以蚂蚁为食的。

Nearctic Realm 新北界：世界七大动物地理区之一，包括北美洲大部分地区和格陵兰岛。

Neoteny (形容词，neotenic) 幼态持续：在性成熟之后仍然保持全部或部分的幼虫期形态特征。

Neotropical Realm 新热带界：世界七大动物地理区之一，包括中、南美洲和加勒比海。

Nidus 巢：昆虫的巢穴。

Notopleural suture 背侧缝：在甲虫一些类群中，前胸侧板和前胸背板之间的缝。

Ocellus (复数，ocelli) 单眼：小的、简单的眼，仅具一个晶体。另见复眼。

Ocular canthus 眼角：指复眼最上方或最下方的位置。在一些甲虫中，唇基或颊延伸覆盖复眼部分区域，完全或部分将复眼分割，有时看上去好像有四个复眼。

Ommatidium (复数，ommatidia) 小眼：组成复眼的一个小眼面，为一单独的视觉单元。

Ootheca 卵鞘：由包裹物形成的内含多个卵的结构，也称卵块。

Oriental Realm 东洋界：世界七大动物地理区之一，包括印度次大陆、斯里兰卡和东南亚地区。

Ovipositor 产卵器：雌性腹部末端用于产卵的器官。产卵即是通过产卵器把卵产出的过程。

Ovoviviparity (形容词，ovoviviparous) 卵胎生：卵在母体内即行孵化，以幼虫或若虫产出的生殖方式。

Pacific Realm 太平洋界：世界七大动物地理区之一，包括美拉尼西亚、密克罗尼西亚和波利尼西亚。

Palearctic Realm 古北界：世界七大动物地理区之一，包括欧洲、撒哈拉沙漠以北的非洲，和印度次大陆及中南半岛以北的亚洲。

Palp 口须：下颚和下唇上着生的成对附肢，具有感觉、触觉和味觉功能。

Palpomere 口须节：指口须的各小节。

Parasitoid 拟寄生者：最终杀死寄主的外部或内部寄生物。

Parthenogenesis 孤雌生殖：无性生殖的一类，未受精卵直接发育成后代。

Parthenogenetic pedogenesis 幼期孤雌生殖：无性生殖的一类，幼虫期即可进行孤雌生殖产生后代。

Pectinate 梳齿状的：单侧具齿状突出的，有点类似梳子，通常指触角的一种类型。

Pheromone 信息素：特定器官分泌的化学物质，能影响同种其他个体的行为。例如，能吸引配偶。

Phloeophagous 食韧的：取食树皮内韧皮部组织的。

Phoresy (形容词，phoretic) 携播：种间关系的一种。一种动物会附着在另一种动物体表以便于扩散分布，这种关系对寄主并不造成伤害。

Phylogenetics 系统发育：通过形态和分子数据，研究生物类群之间进化关系并推断这些生物类群的进化历史的学科。

Phytophagous 食植的：以新鲜的植物原料为食的。

Pilose 多毛的：形容体表覆盖有柔软的细毛。

Plastron 气盾：水生甲虫体表的刚毛或鳞片携带的一层空气膜，可供甲虫在水下呼吸。

Pleuron (复数，pleura) 侧板：各胸节侧面的骨片。

Predaceous, predacious 捕食的：取食活体动物的。

Pretarsus 前跗节：足的最末端构造，常由1对侧爪和不成对的中央构造组成。

Procoxal cavity 前足基节窝：前胸腹面的凹窝，其内着生前足基节。前足基节窝的形状及其开放或封闭是有用的分类学鉴别特征。

Proepipleuron 前背折缘：前胸背板外缘往下弯折的部分。

Prognathous 前口式：头型的一种。在这头型中，头部位于水平方向，口器前伸。另见下口式。

Pronotum 前胸背板：前胸背面的整块骨片。另见前胸腹板。

Propleuron 前胸侧板：前胸侧面的骨片，在部分甲虫中从外部可见。

Propygidium 前臀板：倒数第2节背板。

Prosternum 前胸腹板：前胸腹面的骨片。另见前胸背板。

Prothorax 前胸：胸部第1节，前足着生于其上。

Pubescence 具绒毛的：用于形容体表被柔软的、密集的毛。

Punctation (形容词，punctate) 刻点：体表具有的小坑或凹陷。

Pupa (复数，pupae) 蛹：完全变态昆虫在幼虫与成虫之间的虫态。

Pygidium 臀板：在某些甲虫中，暴露于鞘翅末端之外的硬化的腹部末节背板。

Pyrophilous 嗜火的：适应于在刚刚被火烧过的环境中生长。例如松黑木吉丁能通过红外感器侦查火情，并在刚刚被火烧过的树皮下产卵。

Raptorial 捕捉的：用于形容昆虫某一特化的结构，在捕食时用其抓住猎物。

Ramus (复数，rami) 分支：一个分叉，或一个延长结构。

Red-rotten decay 红朽木：木材腐朽的一个阶段，有些甲虫幼虫专门喜食红朽木。

Reflex bleeding 反射放血：甲虫的一种防御机制，甲虫可从体关节处流出一种有毒的液体以驱退捕食者。

Riparian 岸边的：指和溪流、河、湖或湿地的岸边相关的环境。

Rostrum 喙：昆虫头部向前伸长的鼻状或鸟嘴状的结构，有时特别长。

Rugose 有皱纹的：用于描述多皱的昆虫表面结构。

Saprophagous 腐食的：取食死的或腐烂的有机物的。在物质循环的分解过程中起到重要的作用。

Saproxylic 腐木生的：依靠死的或腐朽的木材而生活的。

Saproxylophagous 食腐木的：取食死树或朽木的。

Scale 鳞片：体壁上的宽扁刚毛，形状和颜色各异。

Scarabaeiform larva 金龟型幼虫：外形与金龟总科幼虫相似的幼虫；体厚、肥胖而弯曲，足和头部发育完全。

Sclerite 骨片：以沟或缝区分的体壁上的板。所有的骨片一同形成昆虫的外骨骼。

Sclerophyll 硬叶林：澳大利亚部分地区、南非、地中海地区、加利福尼亚和智利的一类典型植被型，夏季炎热干燥，冬季温暖潮湿。植物具有典型的硬质叶片，适应于干旱环境，并且可防止各种动物取食。

Sclerotin 骨蛋白：昆虫产生的一种蛋白质，在成熟时变得很硬，可加强体壁的强度。

Sclerotized 骨化：虫体借助骨蛋白变硬的过程。

Scrobe 窝槽：体表的浅沟，例如在某些象甲中用于收纳触角的结构。

Scutellary striole 小盾片沟：鞘翅上靠近小盾片的短条沟。

Scutellum 小盾片：中胸背板后方的骨片。在甲虫中，它位于鞘翅基部、左右鞘翅之间。

Securiform 斧状的：三角形的，常用于描述口须。

Serrate 锯齿状的：边缘有缺刻的，像锯子的齿；常用于描述触角。

Serrulate 细齿状的：边缘具一系列细缺刻，形成许多细齿的。

Seta (复数，setae) 刚毛：鬃状或毛状构造。

Setal brush 刚毛刷：刷状的刚毛，常分布于口器上，用于协助取食。

Setiferous pore 毛穴：毛孔，或体表的微小开口。

Setose 具刚毛的：用于形容着生有刚毛的结构。

Sinuate 波状的：用于形容呈波浪状的边缘。

Species 种：属之下的分类阶元，由一群相似的个体组成，相互间能繁殖出具有生殖力的相似后代。

Spermatheca 受精囊：雌性生殖系统的一部分，腔状或囊状，用于接收和储藏精子。

Spiculate 具刺突的：有刺状突起的。

Spicule 刺突：狭长、尖锐、坚硬的刺状突起。

Spiracle 气门：昆虫气管系统在体壁上的开口，位于胸部和腹部两侧。呼吸时，空气和水蒸气通过这些开口出入。

Stria (复数，striae) 条沟：鞘翅上的细凹沟。

Stridulation (动词，stridulate) 摩擦发音：昆虫通过磨擦身体特定部位发出声音的现象。

Stridulatory file/organ 发音锉：具有多条微脊的构造；它与身体其他部位摩擦，可发出声音。

Stylus (复数，styli) 针突：针状或钉状突起。

Subelytral cavity 鞘翅下室：愈合的鞘翅与腹部背板间的封闭空间，具有多种功能。生活在干旱环境中的甲虫能通过这个结构降低体内水分挥发；水生甲虫能通过这个结构捕捉气泡，从而进行水下呼吸。

Subfamily 亚科：科之下、族和属之上的分类阶元。

Subglabrous 亚光洁的：近于光滑的；仅略微有刚毛的；常用于描述体表。

Submentum 亚颏：头壳腹面的骨片，位于颏之后。

Subsocial 亚社会性：社会性行为的一种形式。在这种形式中，成虫合作照顾后代。

Subspecies 亚种：种之下的分类阶元，一般用于指地理上有隔离的种群，且它们的外形或其他特征有差异。

Subtribe 亚族：族之下、属之上的分类阶元。

Sulcate 具沟的：用于形容有细长纵沟的结构。

Sulcus (复数，sulci)沟：体壁表面内折所形成的凹痕。

Superfamily 总科：科之上、目之下的分类阶元。

Suture 缝：两个分离的骨片间的接合缝。

Symbiosis (形容词，ysymbiotic) 共生关系：两个物种之间长期的相互依赖生存的关系；在这种关系中，一方受益，或两方均受益。

Sympatry (形容词，sympatric) 同域：不同物种生活在相同地理区的现象；这些物种彼此间不能繁殖。

Synanthropic 亲人类的：野生动物（非家养动物）倾向生活于人类活动频繁的区域附近，并可能能从人类活动中部分受益。

Synonym 异名：同一分类阶元被多次以不同的名字命名的现象。

Systematics 系统学：研究生物有机体多样性和它们的进化历史以及相互间的亲缘关系的学科。

Tarsal formula 跗式：用3个数字以连接符相连，表示前、中、后足跗节的数目的格式（例如5-5-4，指前、中、后足跗节数目分别为5节、5节和4节）；在很多甲虫类群中，是有用的鉴别特征。

Tarsomere 跗分节：跗节的各亚节。甲虫跗节通常为1–5个跗分节。

Tarsus (复数，tarsi) 跗节：昆虫足的第5节。

Taxon (复数，taxa) 阶元：生物分类等级系统中的各个级别，如属、种。

Taxonomy 分类学：识别、描述和命名物种的科学和实践。

Tergite 背片：背板的分片；各分片间以沟、缝或膜区分。

Tergum (复数，terga) 背板：节肢动物身体各节背面的体壁。

Terricolous 陆生的：生活于地表或地下的。

Tessellated 镶嵌纹路：由不同颜色的斑块紧密排列所形成的图案。

Tibia (复数，tibiae) 胫节：昆虫足的第4节。

Tomentose 具绒毛的：形容覆盖有绒毛的体表。

Tomentum 绒毛：一类毛被，由短而无光泽，类似羊毛的刚毛形成。

Tribe 族：亚科之下、属之上的分类阶元；族下还可分为亚族。

Trichome 毛状体：非常细小的毛状构造。

Tridentate 三齿状的：有三个分叉或齿突的。

Triungulin (复数，triungula) 三爪蚴：复变态发育昆虫的一龄幼虫（如在芫菁科中）；这种幼虫通常行动能力强，活跃搜寻寄主，以供当前及其后各龄期的幼虫食用。

Trochanter 转节：昆虫足的第2节，位于基节和股节之间。

Trochantin 基前转片：在某些甲虫中，位于基节外缘的骨片。例如在原鞘亚目中，后足基前转片可见。

Troglobite 穴居动物：适应生活于黑暗洞穴环境的动物。

Trophallaxis 交哺：社会性昆虫彼此哺喂食物。

Tubercle 瘤突：甲虫体表类似瘤状的突起物。

Uniramous 单枝的：（节肢动物附肢）仅有1个分支的。

Univoltine 一化性：指昆虫每年仅繁育一代。

Urogomphus (复数，urogomphi) 尾突：某些幼虫腹部末端延伸的突起，有时像成对的角突。

Ventral 腹面的：属于体躯下面的。

Ventrite 可见腹板：昆虫腹部腹面的可见骨片。

Ventrum 腹面：甲虫身体的下表面。

Vernal 春季的：用于形容和春季相关的事物。

Vertex 头顶：头部上面或背面的区域。

Vitta (复数，vittae) 条纹：有色的条带状图案。

鞘翅目分类系统

以下是鞘翅目的科级分类系统（依据Bouchard et al. 2011和Ślipiński et al. 2011），不包括仅有化石记录的亚目、总科和科。本书中所包含的科用符号*标出。本书中新拟定的科级中文名用符号☆标出。各科方括号内的数字表示该科已知现生种的大致数目（但这个数字可能由于文献来源不同而略有出入，并且新的物种还在不断发表）。更多信息参见“甲虫分类”和“扩展阅读”章节（第16–17页和第649–650页）。

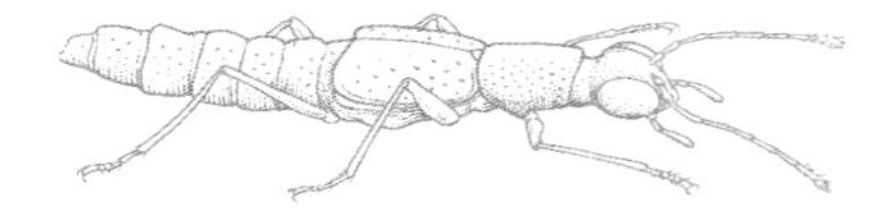

Suborder Archostemata	**原鞘亚目**	
Family Jurodidae	侏罗甲科*	[1]
Family Ommatidae	眼甲科*	[6]
Family Crowsoniellidae	微鞘甲科*	[1]
Family Micromalthidae	复变甲科*	[1]
Family Cupedidae	长扁甲科*	[31]
Suborder Myxophaga	**藻食亚目**	
Family Lepiceridae	单跗甲科*	[3]
Family Torridincolidae	淘甲科*	[65]
Family Hydroscaphidae	水缨甲科*	[22]
Family Microsporidae	球甲科*	[19]
Suborder Adephaga	**肉食亚目**	
Family Gyrinidae	豉甲科*	[882]
Family Trachypachidae	粗水甲科*	[6]
Family Carabidae	步甲科*	[40350]
Family Haliplidae	沼梭甲科*	[218]
Family Meruidae	瀑甲科*☆	[1]
Family Noteridae	小粒龙虱科*	[250]
Family Amphizoidae	两栖甲科*	[5]
Family Hygrobiidae	水甲科*	[5]
Family Dytiscidae	龙虱科*	[4015]
Family Aspidytidae	壁甲科*	[2]
Suborder Polyphaga	**多食亚目**	
Superfamily Hydrophiloidea	**水龟虫总科**	
Family Hydrophilidae	水龟虫科*	[3400]
Family Sphaeritidae	扁圆甲科*	[5]
Family Synteliidae	长阎甲科*	[7]
Family Histeridae	阎甲科*	[4300]
Superfamily Staphylinoidea	**隐翅虫总科**	
Family Hydraenidae	平唇水龟科*	[1600]
Family Ptiliidae	缨甲科*	[650]
Family Agyrtidae	觅葬甲科*	[70]
Family Leiodidae	球蕈甲科*	[3700]
Family Silphidae	葬甲科*	[200]
Family Staphylinidae	隐翅虫科*	[56000]
Superfamily Scarabaeoidea	**金龟总科**	
Family Pleocomidae	毛金龟科*	[50]
Family Geotrupidae	粪金龟科*	[920]
Family Belohinidae	刺金龟科	[1]
Family Passalidae	黑蜣科*	[800]
Family Trogidae	皮金龟科*	[300]

Family Glaresidae	漠金龟科	[57]
Family Diphyllostomatidae	重口金龟科	[3]
Family Lucanidae	锹甲科*	[1489]
Family Ochodaeidae	红金龟科	[110]
Family Hybosoridae	驼金龟科	[573]
Family Glaphyridae	绒毛金龟科	[204]
Family Scarabaeidae	金龟科*	[27000]
Superfamily Scirtoidea	**沼甲总科**	
Family Decliniidae	伪花甲科*☆	[2]
Family Eucinetidae	扁腹花甲科*	[53]
Family Clambidae	拳甲科*	[170]
Family Scirtidae	沼甲科*	[800]
Superfamily Dascilloidea	**花甲总科**	
Family Dascillidae	花甲科*	[80]
Family Rhipiceridae	羽角甲科*	[70]
Superfamily Buprestoidea	**吉丁总科**	
Family Schizopodidae	伪吉丁科*	[7]
Family Buprestidae	吉丁科*	[14700]
Superfamily Byrrhoidea	**丸甲总科**	
Family Byrrhidae	丸甲科*	[430]
Family Elmidae	溪泥甲科*	[1500]
Family Dryopidae	泥甲科*	[300]
Family Lutrochidae	水獭泥甲科*	[11]
Family Limnichidae	泽甲科*	[390]
Family Heteroceridae	长泥甲科*	[300]
Family Psephenidae	扁泥甲科*	[290]
Family Cneoglossidae	萤泥甲科*☆	[10]
Family Podabrocephalidae	纤颚甲科*☆	[1]
Family Ptilodactylidae	毛泥甲科*	[500]
Family Chelonariidae	缩头甲科*	[250]
Family Eulichadidae	掣爪泥甲科*	[30]
Family Callirhipidae	扇角甲科*	[150]
Superfamily Elateroidea	**叩甲总科**	
Family Artematopodidae	伪泥甲科*☆	[45]
Family Brachypsectridae	颈萤科*	[5]
Family Cerophytidae	树叩甲科*	[21]
Family Eucnemidae	隐唇叩甲科*	[1500]
Family Throscidae	粗角叩甲科	[150]
Family Elateridae	叩甲科*	[10000]
Family Plastoceridae	叩萤科*	[2]
Family Drilidae	稚萤科*	[120]
Family Omalisidae	欧萤科☆	[8]
Family Lycidae	红萤科*	[4600]
Family Telegeusidae	邻萤科*☆	[10]
Family Rhagophthalmidae	雌光萤科*	[30]
Family Phengodidae	光萤科*	[250]
Family Lampyridae	萤科*	[2200]
Family Omethidae	伪萤科*☆	[33]
Family Cantharidae	花萤科*	[5100]

Family Rhinorhipidae	驴甲科*☆	[1]
Superfamily Derodontoidea	**伪郭公虫总科**	
Family Derodontidae	伪郭公虫科*	[30]
Family Nosodendridae	小丸甲科*	[50]
Family Jacobsoniidae	短跗甲科*	[20]
Superfamily Bostrichoidea	**长蠹总科**	
Family Dermestidae	皮蠹科*	[1200]
Family Endecatomidae	短蠹科*☆	[4]
Family Bostrichidae	长蠹科*	[570]
Family Ptinidae	蛛甲科*	[2200]
Superfamily Lymexyloidea	**筒蠹总科**	
Family Lymexylidae	筒蠹科*	[70]
Superfamily Cleroidea	**郭公虫总科**	
Family Phloiophilidae	棒拟花萤科*	[1]
Family Trogossitidae	谷盗科*	[600]
Family Chaetosomatidae	毛谷盗科*	[12]
Family Metaxinidae	絮郭公虫科☆	[1]
Family Thanerocleridae	菌郭公虫科*☆	[30]
Family Cleridae	郭公虫科*	[3400]
Family Acanthocnemidae	热萤科*	[1]
Family Phycosecidae	长酪甲科*	[4]
Family Prionoceridae	细花萤科*	[160]
Family Melyridae	拟花萤科*	[6000]
Family Mauroniscidae	毛花萤科*☆	[26]
Superfamily Cucujoidea	**扁甲总科**	
Family Boganiidae	花扁甲科*☆	[11]
Family Byturidae	小花甲科*	[24]
Family Helotidae	蜡斑甲科*	[107]
Family Protocucujidae	原扁甲科*	[7]
Family Sphindidae	姬蕈甲科*	[59]
Family Biphyllidae	毛蕈甲科*	[200]
Family Erotylidae	大蕈甲科*	[3500]
Family Monotomidae	球棒甲科*	[250]
Family Hobartiidae	伪隐食甲科*☆	[6]
Family Cryptophagidae	隐食甲科*	[600]
Family Agapythidae	菌食甲科*☆	[1]
Family Priasilphidae	扁坚甲科*☆	[11]
Family Phloeostichidae	皮扁甲科	[14]
Family Silvanidae	锯谷盗科*	[500]
Family Cucujidae	扁甲科*	[44]
Family Myraboliidae	澳扁甲科*☆	[13]
Family Cavognathidae	凹颚甲科*☆	[9]
Family Lamingtoniidae	拉扁甲科*☆	[3]
Family Passandridae	隐颚扁甲科*	[109]
Family Phalacridae	姬花甲科*	[640]
Family Propalticidae	皮跳甲科*	[30]
Family Laemophloeidae	扁谷盗科*	[430]
Family Tasmosalpingidae	塔甲科*☆	[2]
Family Cyclaxyridae	圆蕈甲科*☆	[2]
Family Kateretidae	拟露尾甲科*☆	[95]

Family Nitidulidae	露尾甲科*	[4500]
Family Smicripidae	微扁甲科*☆	[6]
Family Bothrideridae	穴甲科*	[400]
Family Cerylonidae	皮坚甲科*	[450]
Family Alexiidae	粒甲科*☆	[50]
Family Discolomatidae	盘甲科*	[400]
Family Endomychidae	伪瓢虫科*	[1800]
Family Coccinellidae	瓢虫科*	[6000]
Family Corylophidae	拟球甲科*	[200]
Family Akalyptoischiidae	伪薪甲科*☆	[24]
Family Latridiidae	薪甲科*	[1000]

Superfamily Tenebrionoidea	**拟步甲总科**	
Family Mycetophagidae	小蕈甲科*	[130]
Family Archeocrypticidae	古隐甲科	[60]
Family Pterogeniidae	阔头甲科*☆	[26]
Family Ciidae	木蕈甲科*	[650]
Family Tetratomidae	斑蕈甲科*	[150]
Family Melandryidae	长朽木甲科*	[420]
Family Mordellidae	花蚤科*	[1500]
Family Ripiphoridae	大花蚤科*	[400]
Family Zopheridae	幽甲科*	[1700]
Family Ulodidae	疣坚甲科☆	[30]
Family Promecheilidae	姬朽木甲科☆	[20]
Family Chalcodryidae	铜甲科*	[15]
Family Trachelostenidae	狭胸甲科☆	[2]
Family Tenebrionidae	拟步甲科*	[20000]
Family Prostomidae	颚甲科*	[30]
Family Synchroidae	齿胫甲科	[8]
Family Stenotrachelidae	长颈甲科	[19]
Family Oedemeridae	拟天牛科*	[1500]
Family Meloidae	芫菁科*	[3000]
Family Mycteridae	绒皮甲科*	[160]
Family Boridae	盘胸甲科	[4]
Family Trictenotomidae	三栉牛科*	[13]
Family Pythidae	树皮甲科*	[23]
Family Pyrochroidae	赤翅甲科*	[167]
Family Salpingidae	角甲科*	[300]
Family Anthicidae	蚁形甲科*	[3000]
Family Aderidae	伪蚁形甲科*☆	[900]
Family Scraptiidae	拟花蚤科	[500]

Superfamily Chrysomeloidea	**叶甲总科**	
Family Oxypeltidae	盾天牛科*	[3]
Family Vesperidae	暗天牛科*	[75]
Family Disteniidae	瘦天牛科*	[336]
Family Cerambycidae	天牛科*	[30080]
Family Megalopodidae	距甲科*	[350]
Family Orsodacnidae	芽甲科*	[40]
Family Chrysomelidae	叶甲科*	[32500]

Superfamily Curculionoidea	**象甲总科**	
Family Nemonychidae	毛象科*	[70]
Family Anthribidae	长角象科*	[3900]
Family Belidae	矛象科*	[375]
Family Caridae	柏象科*☆	[6]
Family Attelabidae	卷象科*	[2500]
Family Brentidae	锥象科*	[4000]
Family Dryophthoridae	隐颏象科*	[1200]
Family Brachyceridae	百合象科*☆	[1200]
Family Curculionidae	象甲科*	[48600]

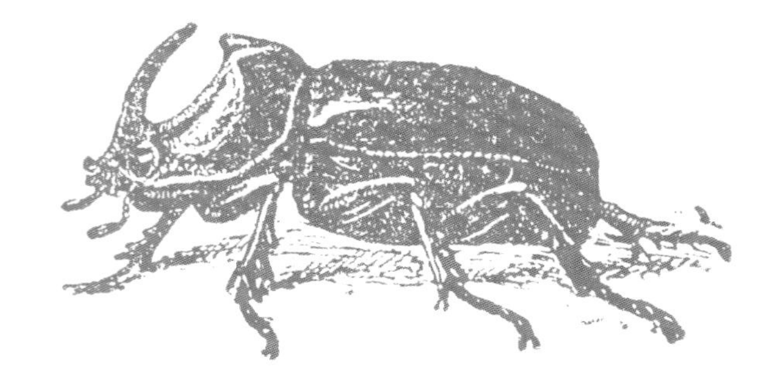

扩展阅读

以下为有用的专著、科技期刊论文和网站等，希望分享给对甲虫感兴趣的读者。

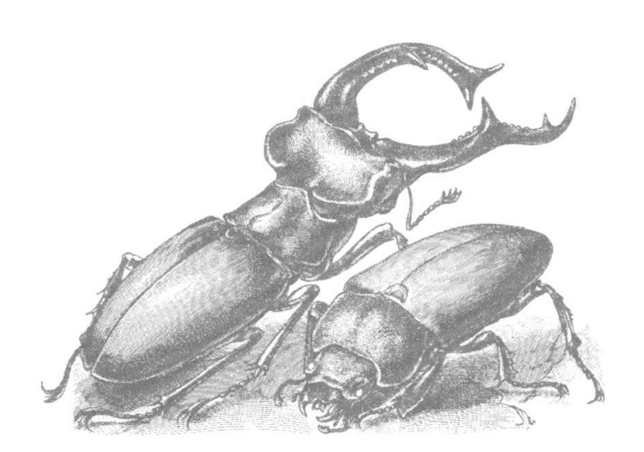

专著

Arnett, R. H. Jr. and M. C. Thomas (Eds). *American Beetles. Volume 1. Archostemata, Myxophaga, Adephaga, Polyphaga: Staphyliniformia* CRC PRESS, 2001

Arnett, R. H. Jr., M. C. Thomas, P. E. Skelley and J. H. Frank (Eds). *American Beetles. Volume 2. Polyphaga: Scarabaeoidea through Curculionoidea* CRC PRESS, 2002

Beutel, R. G. and R. A. B. Leschen (Eds). *Coleoptera, Beetles. Volume 1: Morphology and Systematics (Archostemata, Adephaga, Myxophaga, Polyphaga partim). Handbook of Zoology. Arthropoda: Insecta* WALTER DE GRUYTER, 2005

Booth, R. G., M. L. Cox and R. B. Madge. *IIE Guides to Insects of Importance to Man. 3. Coleoptera* INTERNATIONAL INSTITUTE OF ENTOMOLOGY, 1990

Campbell, J. M., M. J. Sarazin and D. B. Lyons. *Canadian Beetles (Coleoptera) Injurious to Crops, Ornamentals, Stored Products, and Buildings* AGRICULTURE CANADA, 1989

Cooter, J. and M. V. L. Barclay (Eds). *A Coleopterist's Handbook* (4th edition) AMATEUR ENTOMOLOGISTS' SOCIETY, 2006

Crowson, R. A. *The Biology of the Coleoptera* ACADEMIC PRESS, 1981

Downie, N. M. and R. H. Arnett Jr. *The Beetles of Northeastern North America. Volumes 1–2* SANDHILL CRANE PRESS, 1996

Evans, A. V. and C. L. Bellamy. *An Inordinate Fondness for Beetles* UNIVERSITY OF CALIFORNIA PRESS, 2000

Evans, A. V. and J. N. Hogue. *Introduction to California Beetles* UNIVERSITY OF CALIFORNIA PRESS, 2004

Hatch, M. H. *The Beetles of the Pacific Northwest. Parts 1–5* UNIVERSITY OF WASHINGTON PRESS, 1953–1971

Klausnitzer, B. *Beetles.* EXETER BOOKS, 1981

Klimaszewski, J. and J. C. Watt. *Coleoptera: Family-group Review and Keys to Identification. Fauna of New Zealand No. 37* MANAAKI WHENUA PRESS, 1997

Lawrence, J. F. (Coordinator). *Order Coleoptera*. Pp. 144–658 *in*: Stehr, F. (Ed.). Immature Insects. Volume 2 KENDALL/HUNT PUBLISHING COMPANY, 1991

Lawrence, J. F. and E. B. Britton. *Australian Beetles* MELBOURNE UNIVERSITY PRESS, 1994

Lawrence, J. F. and A. Ślipiński. *Australian Beetles: Morphology, Classification and Keys* CSIRO, 2013.

Leschen, R. A. B. and R. G. Beutel (Eds). *Coleoptera, Beetles. Volume 3: Morphology and Systematics (Phytophaga). Handbook of Zoology. Arthropoda: Insecta* WALTER DE GRUYTER, 2014

Leschen, R. A. B., R. G. Beutel and J. F. Lawrence (Eds). *Coleoptera, Beetles. Volume 2: Morphology and Systematics (Elateroidea, Bostrichiformia, Cucujiformia partim). Handbook of Zoology. Arthropoda: Insecta* WALTER DE GRUYTER, 2010

Löbl, I. and A. Smetana (Eds). *Catalogue of Palaearctic Coleoptera. Volumes 1–8.* APPOLO BOOKS [1–7] / BRILL [8], 2003–2013

McMonigle, O. *The Ultimate Guide to Breeding Beetles. Coleoptera Laboratory Culture Methods.* COACHWHIP PUBLICATIONS, 2012

New, T. R. *Beetles in Conservation* WILEY-BLACKWELL, 2010

Pakaluk, J. and S. A. Ślipiński (Eds). *Biology, Phylogeny, and Classification of Coleoptera. Papers Celebrating the 80th Birthday of Roy A. Crowson. Volumes 1 and 2* MUZEUM I INSTYTUT ZOOLOGII PAN, 1995

野外手册

Bily, S. *A Colour Guide to Beetles* TREASURE PRESS, 1990

Evans, A. V. *Beetles of Eastern North America* PRINCETON UNIVERSITY PRESS, 2014

Evans, A. V. and J. N. Hogue. *Field Guide to Beetles of California* UNIVERSITY OF CALIFORNIA PRESS, 2006

Hangay, G. and P. Zborowski. *A Guide to the Beetles of Australia* CSIRO, 2010

Harde, K. W. *A Field Guide in Colour to Beetles.* OCTOPUS BOOKS, 1981

Lyneborg, L. *Beetles in Colour.* English edition supervised by Gwynne Vevers BLANDFORD PRESS, 1977

Matthews, E. G. *A Guide to the Genera of Beetles of South Australia. Parts 1–7* SOUTH AUSTRALIAN MUSEUM, 1980–1997

Papp, C. S. *Introduction to North American Beetles with more than 1,000 Illustrations* ENTOMOGRAPHY PUBLICATIONS, 1984

White, R. E. *A Field Guide to the Beetles of North America* HOUGHTON MIFFLIN CO., 1983

期刊论文

Bouchard, P., Y. Bousquet, A. E. Davies, M. A. Alonso-Zarazaga, J. F. Lawrence, C. H. C. Lyal, A. F. Newton, C. A. M. Reid, M. Schmitt, S. A. Ślipiński and A. B. T. Smith. Family-group names in Coleoptera (Insecta). *ZooKeys* 88: 1–972 (2011)

Lawrence, J. F. and A. F. Newton Jr. Evolution and classification of beetles. *Annual Review of Ecology and Systematics* 13: 261–290 (1982)

Lawrence, J. F., S. A. Ślipiński, A. E. Seago, M. K. Thayer, A. F. Newton and E. Marvaldi. Phylogeny of the Coleoptera based on morphological characters of adults and larvae. *Annales Zoologici* 61: 1–217 (2011)

Peck, S. B. The beetles of the Galápagos Islands, Ecuador: evolution, ecology, and diversity. *Journal of Insect Conservation* 12: 729–730 (2008)

Ślipiński, S. A., R. A. B. Leschen and J. F. Lawrence. Order Coleoptera Linnaeus, 1758. *In*: Zhang, Z.-Q. (Ed.) Animal biodiversity: an outline of higher-level classification and survey of taxonomic richness. *Zootaxa* 3148: 203–208 (2011)

研究甲虫的机构

欧洲鞘翅学会（Asociación Europea de Coleopterologia [Spain]）
www.ub.edu/aec

巴尔福布朗俱乐部（The Balfour-Brown Club）专注于水生甲虫保护和研究
www.latissimus.org/?page id=24

美国鞘翅学会（The Coleopterists Society [USA]）
www.coleopsoc.org

日本鞘翅学会（Coleopterological Society of Japan [Japan]）
www. kochugakkai.sakura.ne.jp/English/index2.html

维也纳鞘翅学会（Wiener Coleopterologen Verein [Austria]）
www.coleoptera.at

有用的网站

鞘翅目昆虫及其研究者（俄罗斯科学院动物研究所）
http://www.zin.ru/animalia/coleoptera/eng/index.htm

BugGuide昆虫图片库（美国爱荷华州立大学）
http://www.bugguide.net

鞘翅目（澳大利亚悉尼大学）
http://www.coleoptera.org

鞘翅目全球信息网（美国农业部系统昆虫学实验室）
http://www.sel.barc.usda.gov/Coleoptera/col-home.htm

生命之树网络项目，鞘翅目子项
http://www.tolweb.org/coleoptera

著者介绍和贡献

帕特里斯·布沙尔（Patrice Bouchard）是加拿大昆虫、蛛螨、线虫国家标本馆（渥太华）的研究员和馆员。他已经发表了超过 50 篇科学论文、书籍或书籍章节，包括 1000 页的《鞘翅目科级阶元名称》（*Family-group Names in Coleoptera*）和获奖作品《澳大利亚拟步甲》（*Tenebrionid Beetles of Australia*）。帕特里斯同时也身兼 *The Canadian Entomologist*、*ZooKeys* 和 *Zoological Bibliography* 三份学术期刊的编辑。
撰写部分：原著 306–307，310，312，314–315，461–464，466–467，469–500，502–513，646–647 页；与伊夫·布斯凯合作：33，43，49，113，300，303，305，308–309，313，465，468 页；与亚瑟·V. 埃文斯合作 6–29 页；和亚瑟·V. 埃文斯及斯特凡·勒·蒂朗合作：56，58，199，224，240 页。

伊夫·布斯凯（Yves Bousquet）曾在魁北克里戈的布尔热学院攻读本科，也就是在那里当时年仅 12 岁的他便萌发了对甲虫的强烈热爱。他在 1981 年获得了加拿大蒙特利尔大学的博士学位。自那以后他一直是加拿大昆虫、蛛螨、线虫国家标本馆（渥太华）的研究员。他发表或与他人共同发表了 6 本专著、100 余篇科学论文，以及若干图书章节，都是关于甲虫分类与生物学的，主要涉及步甲科 Carabidae、球棒甲科 Monotomidae、和阎甲科 Histeridae。
撰写部分：原著 34，57，60，63–68，73，76–79，82–89，92–100，103，106–107，110–111 页；与帕特里斯·布沙尔合作 33，43，49，113，300，303，305，308–309，313，465，468 页。

克里斯托夫·卡尔顿（Christopher Carlton）在美国阿肯色州长大，正是在那里他开始着迷于昆虫多样性。他在阿肯色州康韦市的亨德里克斯学院（Hendrix College）完成大学学业，在位于费耶特维尔市的阿肯色大学（University of Arkansas）获得研究生学位，并且在该校的节肢动物博物馆担任馆员。1995 年，他搬到路易斯安那州的巴吞鲁日市，在路易斯安那州立大学农业中心（Louisiana State University Agricultural Center）担任昆虫学教员。在那里他还管理着该州的节肢动物博物馆（Louisiana State Arthropod Museum），并且负责分类学方面的培训项目。他已经描述或与别人共同描述了大约 200 个鞘翅目种类，其中大部分属于隐翅虫科 Staphylinidae。
撰写部分：原著 114–188，249–260，301–302，304，311，365，454–460 页。

玛丽亚·卢尔德·夏莫洛（Maria Lourdes Chamorro）是美国华盛顿特区国立自然历史博物馆系统昆虫学实验室的昆虫学家。她的研究涉及甲虫和石蛾（毛翅目）的成虫和幼虫的分类学、相互关系，以及比较形态学。她在这些领域已经发表了超过 15 篇科学论文，其中包括 1 篇关于新热带界缺叉多距石蛾属 *Polyplectropus* 的 250 页的专著和《动物学手册——鞘翅目卷》（*Handbook of Zoology: Coleoptera*）》的若干章节。目前，她是 *Zootaxa* 期刊叶甲总科 Chrysomeloidea 的编辑。玛丽亚是一位积极的野外采集者和热心的馆员。她建立了 1 个新族、4 个新属，描述了 60 个新种。
撰写部分：原著 578–639 页。

赫米斯·E. 埃斯卡洛纳（Hermes E. Escalona）2012 年在委内瑞拉中央大学（Universidad Central de Venezuela, UCV）获得博士学位。他对鞘翅目的系统学和进化有着强烈的兴趣，当前的研究集中在澳大利亚天牛 Cerambycidae 和扁甲系 Cucujiformia 各科。他目前在该校农业动物学博物馆研究所（Museo del Instituto de Zoología Agrícola-UCV）工作，并且在英联邦科学与工业研究组织澳大利亚国立昆虫收藏中心（Australian National Insect Collection-CSIRO）进行客座研究。
撰写部分：原著 316–317，319，321，326，328–329，331–335，337–345，347–350，352，354–359，376–377，380，383–388，390–394，396–405 页。

亚瑟·V. 埃文斯（Arthur V. Evans）是一名作家、教师和电台主播。他也是位于美国华盛顿特区的史密森尼学会研究所（Smithsonian Institute）的研究人员和弗吉尼亚联邦大学（Virginia Commonwealth University）、里士满大学（University of Richmond）和兰道尔夫—麦肯学院（Randolph-Macon College）的兼职教授。亚瑟已发表超过 40 篇科技论文、100 篇关于昆虫和其他节肢动物的科普文章和书籍，包括《北美洲东部甲虫》（*Beetles of Eastern North America*）。
撰写部分：原著 35–41，44–46，50–55，59，61–62，69–72，74–75，80–81，90–81，101–102，104–105，108–109，189–192，195，197–198，202，205，208–209，214–215，220，226，228，230–231，238，261–263，270，276，278，284，287–288，293，318，320，322–325，327，330，336，346，351，353，378–379，381–382，389，395，501，648–649 页。与帕特里斯·布沙尔合作 6–29 页；与帕特里斯·布沙尔和斯特凡·勒·蒂朗合作 56，58，199，224，240 页。

亚历山大·康斯坦丁诺夫（Alexander Konstantinov），1981 年毕业于白俄罗斯国立大学（明斯克）动物学系（Department of Zoology of the Belorussian State University in Minsk），1987 年获得圣彼得堡俄罗斯动物研究所（Zoological Institute in St Petersburg）的昆虫学博士学位。他的博士论文研究苏联欧洲地区和高加索地区的跳甲分类和区系。毕业之后，他曾经在小学、初中和高中教授生物学，在白俄罗斯国立大学讲授无脊椎动物学和动物分类与生态学。自 1995 年开始，他一直在美国农业部的系统昆虫学实验室（华盛顿）从事叶甲 Leaf Beetles 的分类和生物学研究。他已经发表了超过 100 篇论文和 5 本叶甲分类学方面的专著。亚历山大目前的研究包括东洋界跳甲的分类和生物学，为此近年来他频繁地奔赴不丹、中国、印度、日本、尼泊尔采集。
撰写部分：原著 547–577 页。

理查德 •A. B. 莱申（Richard A. B. Leschen）是新西兰土地管理研究基金会（Landcare Research）的研究人员。他已经发表了超过 150 篇关于甲虫系统学、进化、和自然历史方面的文章，而且与同行共同编撰了《动物学手册——鞘翅目卷》（*Handbook of Zoology: Coleoptera*）。他的研究足迹踏遍全球，从南极附近的岛屿到亚马孙丛林深处都留下了他的身影。他还通过开办研讨班、教学、合作研究等方式促进甲虫研究。理查德同时也是一位音乐人，从事歌曲创作。
撰写部分：原著 360–364，366–375，406–453 页。

斯特凡 • 勒蒂朗（Stéphane Le Tirant）是世界上最大的专业昆虫博物馆之一的蒙特利尔昆虫馆（Montreal Insectarium）的馆员。他是一位昆虫文化和展览方面的专家。他发表了大量关于昆虫的文章，并且与人合著了《魁北克省和大西洋省份的蝴蝶及其幼虫》（*Papillons et chenilles du Québec et des Maritimes*）一书。斯特凡同时以国际顾问的身份参与了上海、香港、纽芬兰和新奥尔良奥杜邦昆虫馆在内的多个昆虫展览馆项目。他已经在全球协助创立了超过 12 家蝴蝶馆。此外，他还是备受赞誉的电视节目 Insectia 的昆虫学顾问，这档节目曾在国家地理频道（National Geographic Channel）和探索频道（Discovery Channel）播放。有 6 个物种以他的名字命名。
撰写部分：原著 193–194，196，199，200–201，203，204，206，207，210–213，216–219，221–223，225，227，229，232–237，239，241–248，264–268，269，271–275，277，279–283，285–286，289–290，291–292，294–299 页；与帕特里斯 • 布沙尔和亚瑟 •V. 埃文斯合作 56，58，199，224，240 页。

斯蒂芬 •W. 林格费尔特（Steven W. Lingafelter），在美国得克萨斯州威奇托福尔斯市中西州立大学（Midwestern State University in Wichita Falls, Texas）获得生物学学士学位（1989 年）和理学硕士学位（1991 年）。1996 年，在堪萨斯州劳伦斯被堪萨斯大学（University of Kansas）授予昆虫学博士学位。此后，他一直在美国农业部系统昆虫学实验室和史密森尼学会研究所国立自然博物馆（美国华盛顿特区）从事昆虫学研究。他发表了 60 余篇关于甲虫系统学和分类学的论文，出版了 4 本相关专著，主要侧重于新热带界的天牛科研究。
撰写部分：原著 514–546 页。

摄影师

安东尼 • 戴维斯（Anthony Davies），受教于 H. F. 豪登（H. F. Howden）和 S. B. 派克（S. B. Peck）的门下。安东尼 • 戴维斯自 1971 年以来一直作为博物馆事物和研究助理在加拿大昆虫、蛛螨、线虫国家标本馆（CNC）工作，担任过 J. M. 坎贝尔（J. M. Campbell）、A. 斯美塔那（A. Smetana）、P. 布沙尔（P. Bouchard）等人的助手。他参与完成了《加拿大和阿拉斯加甲虫名单》（*Checklist of Beetles of Canada and Alaska*）、《北温带广义隐翅虫属分类问题的再探讨》（*Reclassification of the North Temperate Taxa Associated with Staphylinus sensu lato*）（与 A. 斯美塔那合作）、《古北区鞘翅目名录》（*Catalogue of Palaearctic Coleoptera*）、《鞘翅目科级阶元名称》（*Family-group Names in Coleoptera*）和两卷《加拿大外来甲虫》（*Adventive Species of Coleoptera Recorded from Canada*）。目前，他正在为《澳大利亚拟步甲》（*Tenebrionid Beetles of Australia*）和《加拿大昆虫与蛛螨书系》（*Insects and Arachnids of Canada*）准备照片。

学名索引（科级和种级）

A
Aaata finchi 芬奇阿吉丁 263
Acamptus rigidus 美洲鳞直象 627
Acanthinus argentinus 阿根廷刺蚁形甲 511
Acanthocnemidae 热萤科 397
Acanthocnemus nigricans 黑热萤 397
Acanthoscelides obtectus 菜豆象 549
Acmaeodera gibbula 圆斑方肩吉丁 267
Acrocinus longimanus 彩虹长臂天牛 13, 527
Acromis sparsa 透窗龟甲 552
Actinus imperialis 帝辉隐翅虫 15, 182
Adephaga 肉食亚目 48–111, 646
Aderidae 伪蚁形甲科 513
Adranes lecontei 勒孔特羸蚁甲 162
Aegialites canadensis 加拿大滨角甲 508
Agapythidae 菌食甲科 419
Agapytho foveicollis 凹胸菌食甲 419
Agathidium pulchrum 丽圆球蕈甲 146
Agelia petelii 拟芫菁吉丁 272
Agrilus planipennis 白蜡窄吉丁 294
Agyrtidae 觅葬甲科 143–144
Akalyptoischiidae 伪薪甲科 451
Akalyptoischion atrichos 光伪薪甲 451
Akephorus obesus 短圆棘蛛步甲 69
Alaocybites californicus 加州隐盲象 616
Alaus zunianus 祖尼云叩甲 323
Alexiidae 粒甲科 442
Alzadaesthetus furcillatus 叉高隐翅虫 176
Amblycheila cylindriformis 狭巨虎甲 55
Amblyopinodes piceus 焦盘隐翅虫 183
Amblysterna natalensis 南非钝吉丁 264
Amorphocephala coronata 冠蚁锥象 598
Amphizoa insolens 傲寒两栖甲 104
Amphizoidae 两栖甲科 49, 104
Ancistrosoma klugii 克氏钩鳃金龟 210
Anomalipus elephas 象巨胸甲 482
Anoplophora glabripennis 光肩星天牛 528
Anorus piceus 沥狭花甲 258
Anostirus castaneus 黑尾栗叩甲 334
Anthaxia hungarica 匈牙利细纹吉丁 283
Antherophagus convexulus 隆花隐食甲 418
Anthia thoracica 异胸绮步甲 84
Anthicidae 蚁形甲科 509–512
Anthrenus museorum 标本圆皮蠹 362
Anthribidae 长角象科 580–585
Anthribus nebulosus 云纹长角象 580
Antliarhinus signatus 黑纹扁象 603
Apatophysis serricornis 锯角锯花天牛 519
Aphanisticus lubopetri 卢氏凹头吉丁 295
Apoderus coryli 榛叶卷象 592
Apotomus reichardti 里氏蛛绒步甲 77
Apteroxenus globulosus 球形蠹象 584
Arachnobas caudatus 尖尾蛛象 625
Araecerus fasciculatus 咖啡豆象 583
Archostemata 原鞘亚目 32–41, 646
Arrowinus phaenomenalis 太阴箭隐翅虫 184
Artematopodidae 伪泥甲科 317
Arthrolips decolor 淡节唇拟球甲 450
Arthropterus wilsoni 威尔逊棒角甲 82
Asemobius caelatus 隆背幻隐翅虫 179
Aspidytes niobe 南非壁甲 105
Aspidytidae 壁甲科 49, 105
Aspisoma ignitum 火盾萤 348
Astraeus fraterculus 四斑叩吉丁 268
Astylus atromaculatus 玉米斑拟花萤 401
Atractocerus brevicornis 短角狭筒蠹 375
Attelabidae 卷象科 590–597
Aulaconotus pachypezoides 条胸长额天牛 529
Aulacoscelis appendiculata 肢异芽甲 548
Austroplatypus incompertus 桉澳长小蠹 639

B
Bagous affinis 黑藻水象 621
Balgus schnusei 施氏疣叩甲 328
Batocera wallacei 华莱氏白条天牛 530
Batrisus formicarius 嗜蚁桶腹蚁甲 163
Belidae 矛象科 586–8
Bidessus ovoideus 卵形微龙虱 110
Biphyllidae 毛蕈甲科 411
Boganiidae 花扁甲科 406
Bolitotherus cornutus 食菌叉角甲 483
Borolinus javanicus 爪哇剑隐翅虫 169
Bostrichidae 长蠹科 364–368
Bothrideridae 穴甲科 439–440
Brachyceridae 百合象科 614–616
Brachycerus ornatus 红斑百合象 614
Brachygnathus angusticollis 狭胸短颚步甲 85
Brachyleptus quadratus 方翅短拟露尾甲 434
Brachypsectra fulva 得州黄颈萤 318
Brachypsectridae 颈萤科 318
Brarus mystes 无喙象 579
Brentidae 锥象科 598–607
Brentus anchorago 锚形大锥象 599
Brontispa longissima 椰心叶甲 553
Broscus cephalotes 大头肉步甲 76
Buprestidae 吉丁科 113, 263–99
Buprestis aurulenta 金虹吉丁 284
Byctiscus rugosus 皱纹金卷象 594
Byrrhidae 丸甲科 300–301
Byturidae 小花甲科 407
Byturus tomentosus 树莓小花甲 407

C
Cactophagus spinolae 斯氏仙人掌象 611
Caenocara ineptum 马勃球窃蠹 373
Calais speciosus 耀加来叩甲 324
Calitys scabra 粗瘤谷盗 379
Callirhipidae 扇角甲科 315
Calloodes atkinsoni 阿氏尖腹丽金龟 216
Calodema regalis 贵华丽吉丁 285
Calognathus chevrolati eberlanzi 长牙漠甲（细纹亚种）475
Calophaena bicincta ligata 双带大长颈步甲（宽带亚种）86
Calosoma sycophanta 疆星步甲 8, 64
Calyptomerus alpestris 山覆拳甲 251
Camarotus singularis 奇异盘鞘象 617
Camiarus thoracicus 胸绒蕈甲 145
Campsosternus hebes 珠光丽叩甲 332
Campyloxenus pyrothorax 明胸光叩甲 328, 331
Cantharidae 花萤科 353–355
Capnodis miliaris miliaris 烟吉丁（指名亚种）273
Capnolymma stygia 象花天牛 518
Car condensatus 短小柏象 589
Carabidae 步甲科 49, 52–100
Cardiophorus notatus 三色心盾叩甲 337
Caridae 柏象科 589
Carinodulina burakowskii 布氏长瓢虫 446
Caryedon serratus 花生豆象 550
Catoxantha opulenta 宽翅绿吉丁 274
Cavognathidae 凹颚甲科 425
Celadonia laportei 拉氏瘤扇角甲 315
Cephaloplectus mus 鼠型蚩缨甲 142
Cephennium thoracicum 强胸健苔甲 173
Cerambycidae 天牛科 113, 518–546
Cerocoma schaefferi 舍费尔齿角芫菁 498
Cerocranus extremus 高冠蜡角象 618
Ceroglossus chilensis 智利伟步甲 65
Cerophytidae 树叩甲科 319
Cerophytum japonicum 日本树叩甲 319
Cerylonidae 皮坚甲科 441
Cetonia aurata 金绿花金龟 234
Chaerodes trachyscelides 粗腿豚甲 470
Chaetosoma scaritides 蝼毛谷盗 383
Chaetosomatidae 毛谷盗科 383
Chalcodrya variegata 杂色铜甲 469
Chalcodryidae 铜甲科 469
Chalcolepidius limbatus 条纹绒叩甲 325
Chalcosoma atlas 擎天南洋犀金龟 6, 222
Chariessa elegans 雅悦郭公虫 393
Chauliognathus profundus 黑尾大花萤 353
Cheirotonus macleayi 麦彩臂金龟 211
Chelodеrus childreni 榉天牛 514
Chelonariidae 缩头甲科 313
Chelonarium ornatum 花斑缩头甲 313
Chevrolatia amoena 媚瘦苔甲 174
Chiasognathus grantii 智利长牙锹 198
Chionotyphlus alaskensis 阿拉斯加雪盲隐翅虫 178
Chlaenius circumscriptus 欧黄边青步甲 87
Chrysina macropus 粗腿耀丽金龟 217
Chrysina resplendens 金色耀丽金龟 218
Chrysobothris chrysoela 金斑星吉丁 286
Chrysochroa buqueti 红斑金吉丁 275
Chrysochus auratus 金绿萝藦叶甲 564
Chrysomelidae 叶甲科 113, 549–577
Chrysophora chrysochlora 金绿长腿丽金龟 219
Cicindela sexguttata 六斑虎甲 56
Cicindis horni 霍氏虾步甲 54
Ciidae 木蕈甲科 457–458
Cimberis elongata 狭松粉象 578
Cis tricornis 三角木蕈甲 457
Clambidae 拳甲科 251–252
Clambus domesticus 家拳甲 252
Cleridae 郭公虫科 386–396

Clerus mutillarius mutillarius 蚁蜂郭公虫（指名亚种）388
Clytra quadripunctata 粗背锯角叶甲 560
Cneoglossa lampyroides 拟萤泥甲 310
Cneoglossidae 萤泥甲科 310
Coccinellidae 瓢虫科 446–448
Coelus globosus 球形丘甲 476
Collops balteatus 十字胶囊花萤 404
Colophon haughtoni 开普考锹 199
Cometes hirticornis 彗天牛 517
Coniatus splendidulus 辉煌伞象 632
Copturus aurivillianus 小丑枝象 626
Coraebus undatus 波浪纹吉丁 296
Corticaria serrata 密齿绒薪甲 453
Corylophidae 拟球甲科 449–450
Cosmisoma ammiralis 丽刷角天牛 520
Cossyphus hoffmannseggii 霍夫曼片甲 471
Craspedophorus angulatus 球宽带步甲 88
Creophilus erythrocephalus 红头大隐翅虫 185
Crowsoniella relicta 遗微鞘甲 33, 34
Crowsoniellidae 微鞘甲科 33, 34
Crowsonius meliponae 盲克球棒甲 415
Cryptocephalus sericeus 背凹隐头叶甲 561
Cryptophagidae 隐食甲科 418
Ctenostoma maculicorne 斑角毛口虎甲 57
Cucujidae 扁甲科 423
Cupedidae 长扁甲科 33, 35–38
Cupes capitatus 黄头长扁甲 36
Curculio caryatrypes 大栗实象 619
Curculionidae 象甲科 113, 617–639
Cychrocephalus corvinus 喙龙头露尾甲 435
Cychrus caraboides 欧洲蜗步甲 66
Cyclaxyra jelineki 耶氏圆蕈甲 433
Cyclaxyridae 圆蕈甲科 433
Cyclommatus elaphus 印尼长牙环锹 200
Cyclosomus flexuosus 曲纹瓢步甲 89
Cylas formicarius 番薯蚁象 600
Cymatodera tricolor 三色波郭公虫 386
Cymbionotum fernandezi 费氏舟胸步甲 79
Cyrtinus pygmaeus 小蚁天牛 531
Cytilus alternatus 北美姬丸甲 300

D

Damaster blaptoides 日本食蜗步甲 67
Dascillidae 花甲科 257–259
Dascillus davidsoni 戴维森花甲 257
Dasycerus carolinensis 卡罗来纳毛薪甲 161
Dasytes virens 雀达花萤 403
Declinia relicta 遗伪花甲 249
Decliniidae 伪花甲科 249
Deinopteroloma spectabile 懿长鞘隐翅虫 155
Dermestidae 皮蠹科 360–362
Derodontidae 伪郭公虫科 356–357
Derodontus macularis 斑伪郭公虫 357
Desmocerus californicus dimorphus 加州德花天牛（四点亚种）541
Diabrotica virgifera 玉米根萤叶甲 566
Dialithus magnificus 宏岩斑金龟 235
Diamphidia femoralis 黑腿箭毒跳甲 567
Diaperis maculata 红斑菌甲 491
Diatelium wallacei 长颈出尾蕈甲 167
Dicaelus purpuratus 紫切唇步甲 90
Dicladispa armigera 水稻铁甲 554
Dicronocephalus wallichi 弯角鹿花金龟 236
Dienerella filum 胝鞘小薪甲 452
Dinapate wrightii 赖特巨长蠹 364
Dineutus sublineatus 中美圆豉甲 50
Diorhabda elongata 地中海粗角萤叶甲 568, 632
Diplocoelus rudis 红双毛蕈甲 411
Discheramocephalus brucei 布鲁斯双孔缨甲 140
Discolomatidae 盘甲科 443
Disteniidae 瘦天牛科 517
Distocupes varians 杂色端长扁甲 37
Doliops duodecimpunctata 十二斑伪硬象天牛 532
Donacia crassipes 粗腿水叶甲 563
Drapetes mordelloides 双斑蚤叩甲 329
Drilidae 稚萤科 341
Drilus flavescens 黄毛稚萤 341
Dryophthoridae 隐颏象科 608–613
Dryophthorus americanus 美洲隐颏象 608
Dryopidae 泥甲科 304
Dubiraphia bivittata 双带北美溪泥甲 303
Dynastes hercules 长戟犀金龟 223
Dynastes tityus 美东白犀金龟 224
Dytiscidae 龙虱科 49, 107–111
Dytiscus marginalis 黄缘大龙虱 107

E

Echiaster signatus 促虺隐翅虫 180
Elaphrus viridis 绿敏步甲 75, 492
Elateridae 叩甲科 113, 322–339
Elateroides dermestoides 大叩筒蠹 374
Eleodes acutus 巨脂亮甲 484
Elephastomus proboscideus 象锤角粪金龟 191
Elmidae 溪泥甲科 302–303
Empelus brunnipennis 褐鞘北美隐翅虫 157
Emus hirtus 金毛熊隐翅虫 186
Endecatomidae 短蠹科 363
Endecatomus dorsalis 背短蠹 363
Endomychidae 伪瓢虫科 444–445
Enoclerus ichneumoneus 姬蜂美郭公虫 389
Epicauta atrata 黑翅豆芫菁 499
Epilachna mexicana 墨西哥食植瓢虫 447
Epimetopus lanceolatus 尖背堑甲 115
Epitrix cucumeris 美洲马铃薯跳甲 569
Eretes sticticus 齿缘龙虱 108
Ericmodes fuscitarsis 跗埃原扁甲 409
Erotylidae 大蕈甲科 412–414
Erotylus onagga 丽纹大蕈甲 414
Erxias bicolor 双色艾栉甲 490
Esemephe tumi 斧敞甲 477
Eubrianax edwardsi 爱氏真扁泥甲 309
Eucamaragnathus batesi 贝氏小钳步甲 68
Euchroea coelestis 蓝纹嫡花金龟 237
Euchroma gigantea 木棉帝吉丁 28, 276
Eucinetidae 扁腹花甲科 250
Eucnemidae 隐唇叩甲科 320–321
Eucranium arachnoides 蛛形盔蜣螂 204
Eucurtia comata 香毛鬣阎甲 136
Euderces reichei 糙胸蚁眉天牛 521
Euderia squamosa 鳞栉角长蠹 368
Eugnamptus nigriventris 黑腹曲卷象 595
Eulichadidae 掣爪泥甲科 314
Eulichas serricornis 栉角掣爪泥甲 314
Eumorphus quadriguttatus 四斑原伪瓢虫 445
Eupatorus gracilicornis 细尤犀金龟 225
Eupholus schoenherrii 施氏蓝钻象 630
Euphoria fascifera 条斑沟腿花金龟 238
Eupoecila australasiae 琴彩花金龟 239
Eurhinus magnificus 葡萄彩绘象 622
Eurhynchus laevior 白鳞真喙象 602
Eurypogon niger 黑宽须伪泥甲 317
Euscelus biguttatus 双斑臂卷象 590
Evides pubiventris 祖母绿娉吉丁 277
Exapion ulicis 荆豆梨象 604
Exechesops leucopis 白纹牛头象 581

F

Fulcidax monstrosa 奇丽瘤叶甲 562

G

Gagatophorus draco 天龙幽象 629
Galbella felix 蓝沟吉丁 271
Galbites auricolor 金毛隐唇叩甲 321
Geadephaga 陆生肉食亚目 49
Geopinus incrassatus 壮松步甲 91
Georissus californicus 加州圆泥甲 116
Geotrupes splendidus 金绿粪金龟 192
Geotrupidae 粪金龟科 190–193
Gibbium aequinoctiale 拟裸蛛甲 369
Glypholoma rotundulum 圆切边隐翅虫 153
Gnorimella maculosa 名斑金龟 240
Goliathus regius 帝大角花金龟 241
Golofa porteri 波氏竖角犀金龟 226
Graphipterus serrator 锯齿图步甲 92
Grynocharis quadrilineata 四脊柴谷盗 377
Gyascutus caelatus 雕纹雅吉丁 278
Gymnetis stellata 星云裸花金龟 242
Gymnopholus lichenifer 地衣园丁象 631
Gyrinidae 豉甲科 49, 50

H

Habroscelimorpha dorsalis dorsalis 海岸虎甲（指名亚种）58
Hadesia vasiceki 瓦希切克冥蕈甲 147
Haeterius tristriatus 三槽蚁阎甲 135
Haliplidae 沼梭甲科 49, 101
Haliplus leopardus 豹纹沼梭甲 101
Helea spinifer 锐脊盘鞘甲 471, 485
Heliocopris gigas 巨蜣螂 205
Helluomorphoides praeustus bicolor 褐粗角步甲（双色亚种）93
Helophorus sibiricus 西伯利亚脊胸水龟虫 114
Helota fulviventris 黄腹蜡斑甲 408
Helotidae 蜡斑甲科 408
Hemiops flava 黄足球胸叩甲 338
Hemisphaerota cyanea 蓝艳球龟甲 555
Heteroceridae 长泥甲科 308
Heterocerus gnatho 颚长泥甲 308
Heterosternus buprestoides 吉丁异腹丽金龟 220
Hexodon unicolor 鳖六齿犀金龟 227
Hippodamia convergens 八字异瓢虫 448
Histanocerus fleaglei 弗氏长柄阔头甲 455
Hister quadrinotatus quadrinotatus 四点阎甲（指名亚种）131
Histeridae 阎甲科 124–137
Hobartiidae 伪隐食甲科 417
Hobartius chilensis 智利伪隐食甲 417
Hololepta plana 平扁阎甲 132
Homocyrtus dromedarius 驼峰双弓甲 486
Homoderus mellyi 非洲蟹锹 201
Hoplia coerulea 天蓝单爪鳃金龟 212
Horelophus walkeri 瓦氏肖脊胸水龟虫 118
Hoshihananomia inflammata 火焰星花蚤

461
Hydnorobius hydnorae 根寄新象 587
Hydradephaga 水生肉食亚目 49
Hydraena anisonycha 异爪平唇水龟 138
Hydraenidae 平唇水龟科 138–139
Hydrophilidae 水龟科 114–121
Hydrophilus piceus 银纹大水龟虫 119
Hydroscapha granulum 粒水缨甲 46
Hydroscaphidae 水缨甲科 43, 46
Hygrobia hermanni 欧洲水甲 106
Hygrobiidae 水甲科 49, 106
Hylotrupes bajulus 家希天牛 522
Hyperion schroetteri 澳巨扁步甲 94
Hyphalus insularis 岛海泽甲 306
Hypocephalus armatus 拟蝼蛄天牛 516
Hypothenemus hampei 咖啡果小蠹 637

I
Iberodorcadion fuliginator 伊草天牛 533
Inca clathrata sommeri 孔印加花金龟（索氏亚种）243
Isthmiade braconides 狭翅天牛 523
Ithycerus noveboracensis 纽约大象 605

J
Jacobsoniidae 短跗甲科 359
Julodimorpha saundersii 桑氏褐吉丁 287
Julodis cirrosa hirtiventris 丛毛花吉丁（毛腹亚种）265
Juniperella mirabilis 奇异红纹吉丁 288
Jurodidae 侏罗甲科 33, 41

K
Karumia staphylinus 隐翅蜚花甲 259
Kateretidae 拟露尾甲科 434
Kibakoganea sexmaculata 绿牙金龟 221
Kiskeya elyunque 球形苔跳甲 570

L
Laccophilus pictus coccinelloides 斑翅池龙虱（似瓢亚种）111
Laemophloeidae 扁谷盗科 430–431
Lamingtoniidae 拉扁甲科 426
Lamingtonium loebli 勒氏拉小扁甲 426
Lamprima adolphinae 印尼金锹 196
Lampyridae 萤科 348–350
Lampyris noctiluca 夜光萤 349
Lasiodera rufipes 赤足蓬郭公虫 394
Lasioderma serricorne 烟草甲 372
Lasiorhynchus barbicornis 毛角巨锥象 601
Latridiidae 薪甲科 452–453
Leiodidae 球蕈甲科 145–150
Leistotrophus versicolor 易容鬐隐翅虫 187
Lemodes coccinea 红衣菌蚁形甲 510
Lenax mirandus 奇脊球棒甲 416
Leperina cirrosa 卷鳞谷盗 380
Lepiceridae 单跗甲科 43, 44
Lepicerus inaequalis 皱单跗甲 44
Leptinotarsa decemlineata 马铃薯叶甲 556
Leptodirus hochenwartii hochenwartii 霍氏嶙小葬甲（指名亚种）148
Leptophloeus clematidis 铁线莲细扁谷盗 430
Lethrus apterus 缺翅大头粪金龟 193
Lichenobius littoralis 滨地衣象 582
Lilioceris cheni 皱胸负泥虫 559
Limnichidae 泽甲科 306–307
Lioschema xacarilla 四纹光露尾甲 437
Loberonotha olivascens 橄榄花蕈甲 412
Loberopsyllus explanatus 美洲鼠蕈甲 413
Lordithon lunulatus 梭形蕈隐翅虫 165
Loricera pilicornis 广毛角步甲 73
Lucanidae 锹甲科 196–203
Lucanus elaphus 美洲深山锹 202
Ludovix fasciatus 条斑卢象 620
Luprops tristis 暗色小垫甲 472
Lutrochidae 水獭泥甲科 305
Lutrochus germari 格水獭泥甲 305
Lycidae 红萤科 342–344
Lycoreus corpulentus 眼斑马岛叩甲 326
Lycus melanurus 黑尾宽红萤 343
Lymexylidae 筒蠹科 374–375
Lyrosoma opacum 海岸琴葬甲 143
Lytta vesicatoria 疱绿芫菁 22, 500

M
Macrodontia cervicornis 长牙天牛 544
Macrohelodes crassus 壮硕沼甲 253
Macrolycus flabellatus 丽大红萤 344
Macromerus bicinctus 双带长胫象 628
Macrosiagon limbatum 黑缘颚大花蚤 463
Madecassia rothschildi 罗氏马岛吉丁 279
Malachius aeneus 鲜红囊花萤 405
Manticora latipennis 平翅王虎甲 59
Matheteus theveneti 泰氏红伪萤 352
Mauroniscidae 毛花萤科 400
Mauroniscus maculatus 灰绒毛花萤 400
Mecynorhina savagei 萨维奇长角花金龟 244
Mecynorhina torquata 土瓜达长角花金龟 245
Megalopinus cruciger 十字唇突隐翅虫 172
Megalopodidae 距甲科 547
Megaloxantha bicolor 双色硕黄吉丁 280
Megasoma elephas 毛象硕犀金龟 228
Megaxenus termitophilus 蜚巢伪蚁形甲 513
Melandrya caraboides 步行长朽木甲 460
Melandryidae 长朽木甲科 460
Melanophila acuminata 松黑木吉丁 289
Melobasis regalis regalis 丽纵纹吉丁（指名亚种）290
Meloe variegatus 杂亮短翅芫菁 501
Meloidae 芫菁科 498–502
Melolontha melolontha 欧洲鳃金龟 213
Melyridae 拟花萤科 401–405
Melyrodes basalis 锯胸新拟花萤 402
Meru phyllisae 梳爪瀑甲 102
Meruidae 瀑甲科 49, 102
Metaxyphloeus texanus 得州喙扁谷盗 431
Metopsia clypeata 琵唇宽额隐翅虫 158
Mexico morrisoni 莫里森墨泽甲 307
Microcerus latipennis 宽翅短角象 606
Micromalthidae 复变甲科 33, 39
Micromalthus debilis 复变甲 39
Micropsephodes lundgreni 隆氏微伪瓢虫 444
Microsilpha ocelligera 慧腐隐翅虫 154
Minthea rugicollis 鳞毛粉蠹 367
Mioptachys flavicauda 黄尾小行步甲 80
Mogulones crucifer 十字紫草象 624
Moneilema annulatum 黑天牛 534
Monochamus alternatus 松墨天牛 535
Monotomidae 球棒甲科 415–416
Mordella holomelaena holomelaena 全黑花蚤（指名亚种）462
Mordellidae 花蚤科 461–462
Mormolyce phyllodes 爪哇琴步甲 95
Motschulskium sinuaticolle 波颈莫缨甲 141
Mycetophagidae 小蕈甲科 454
Mycetophagus quadriguttatus 四斑小蕈甲 454
Mycteridae 绒皮甲科 503
Mycterus curculioides 拟象绒皮甲 503
Myrabolia brevicornis 短角澳扁甲 424
Myraboliidae 澳扁甲科 424
Myxophaga 藻食亚目 42–47, 646

N
Nacerdes melanura 黑尾拟天牛 496
Nanophyes marmoratus marmoratus 千屈菜橘象（指名亚种）607
Neandra brunnea 陷异天牛 543
Nebria pallipes 淡足心步甲 52
Necrobia ruficollis 赤颈尸郭公虫 395
Necrophila formosa 姝丧葬甲 151
Necrophilus subterraneus 埋冬葬甲 144
Nematidium filiforme 细长柱坚甲 465
Nemonychidae 毛象科 578–579
Neochetina bruchi 水葫芦象 615
Neohydrocoptus subvittulus 纵纹小粒龙虱 103
Neophonus bruchi 布鲁赫血红隐翅虫 160
Nicrophorus americanus 美洲覆葬甲 152, 492
Nilio lanatus 瓜形广胸甲 473
Niponius osorioceps 角突倭阎甲 124, 129
Nitidulidae 露尾甲科 435–437
Nomius pygmaeus 臭阳步甲 81
Normaltica obrieni 奥氏蕨跳甲 571
Nosodendridae 小丸甲科 358
Nosodendron fasciculare 欧洲小丸甲 358
Noteridae 小粒龙虱科 49, 103
Noteucinetus nunni 纳恩南扁腹花甲 250
Notiophilus aeneus 金湿步甲 53
Notolioon gemmatus 宝石丸甲 301
Notoxus calcaratus 三色角蚁形甲 512
Nyctelia geometrica 刻度暮甲 478

O
Ochthebius aztecus 阿兹台克丘水龟 139
Octotemnus mandibularis 颚切木蕈甲 458
Odontolabis cuvera 库光胫锹 203
Oedemera podagrariae podagrariae 欧肿腿拟天牛（指名亚种）497
Oedemeridae 拟天牛科 496–497
Omethes marginatus 黄缘伪萤 351
Omethidae 伪萤科 351–352
Omma stanleyi 斯坦利眼甲 40
Ommatidae 眼甲科 33, 40
Omoglymmius americanus 美粗沟条脊甲 70
Omophron tessellatum 斑翅圆步甲 74
Omorgus suberosus 泛尖皮金龟 195
Oncideres cingulata 橙斑直角天牛 536
Onthophilus punctatus 点脊阎甲 130
Onychocerus albitarsis 天蝎钩角天牛 537
Onymacris bicolor 黑白长足甲 479
Oomorphus concolor 单色拟卵叶甲 574
Ophidius histrio 东岸蛇纹叩甲 336
Ophionea indica 印度长颈步甲 96
Ora troberti 特氏跳沼甲 254
Orphilus subnitidus 亮球棒皮蠹 360
Orsodacnidae 芽甲科 548
Orthaltica terminalia 端客居跳甲 572
Oryctes nasicornis 角蛀犀金龟 229
Oryzaephilus mercator 大眼锯谷盗 422
Oxynopterus audouini 奥氏尖鞘叩甲 333
Oxypeltidae 盾天牛科 514
Oxypius peckorum 派克扁颈隐翅虫 170
Oxyporus rufus 朱红斧须隐翅虫 171
Oxysternus maximus 大尖腹阎甲 133

Ozognathus cornutus 角颚窃蠹 370

P

Pachnephorus tessellatus 格鳞斑肖叶甲 565
Pachylister inaequalis 歧突唇阎甲 134
Pachylomera femoralis 粗腿厚蜣螂 206
Pachyschelus terminans 端斑圆扁吉丁 297
Paederus riparius 滨毒隐翅虫 181
Pakalukia napo 纳波帕皮坚甲 441
Palaeoxenus dorhni 多恩雅隐唇叩甲 320
Panagaeus cruciger 美偏须步甲 97
Paracucujus rostratus 喙副花扁甲 406
Paranaleptes reticulata 腰果天牛 538
Parmaschema basilewskyi 巴氏盾盘甲 443
Parorobitis gibbus 白绒球驼象 636
Pasimachus subangulatus 三角丽蝼步甲 71
Passalidae 黑蜣科 194
Passandra simplex 简隐颚扁甲 427
Passandridae 隐颚扁甲科 427
Pelonium leucophaeum 白陶郭公虫 396
Peltastica amurensis 远东扁伪郭公虫 356
Peltis pippingskoeldi 皮氏盾谷盗 378
Penthe obliquata 斜沟哀斑蕈甲 459
Peplomicrus mexicanus 墨西哥小铠甲 159
Pergetus campanulatus 铃硕蚁形甲 509
Periptyctus victoriensis 维州澳拟球甲 449
Petrognatha gigas 岩颚天牛 539
Phaeoxantha aequinoctialis 环纹黄虎甲 60
Phalacridae 姬花甲科 428
Phalacrognathus muelleri 彩虹锹 197
Pheidoliphila magna 魁易阎甲 137
Phengodidae 光萤科 346
Pheropsophus aequinoctialis 美洲黄斑屁步甲 83
Phloiophilidae 棒拟花萤科 376
Phloiophilus edwardsii 爱德华棒拟花萤 376
Photuris pensylvanica 宾州巫萤 350
Phratora polaris 北极弗叶甲 557
Phrenapates dux 酋弗甲 474
Phycosecidae 长酪甲科 398
Phycosecis limbata 鳞长酪甲 398
Phyllobaenus pallipennis 淡翅叶郭公虫 387
Phyllotreta striolata 黄曲条跳甲 573
Phymatodes nitidus 耀棍腿天牛 524
Physodactylus oberthuri 欧氏指形叩甲 339
Picnochile fallaciosa 缺翅梣虎甲 61
Piestus spinosus 双角扁隐翅虫 168
Pilolabus viridans 虹毛唇卷象 591
Pissodes strobi 乔松木蠹象 634
Plastoceridae 叩萤科 340
Plastocerus angulosus 突角叩萤 340
Platerodrilus korinchianus 科氏三叶红萤 342
Platisus zelandicus 黑褐宽扁甲 423
Platylomalus aequalis 衡平阎甲 129
Platynodes westermanni 威氏非扁步甲 98
Platyphalacrus lawrencei 劳氏宽姬花甲 428
Platypsyllus castoris 河狸寄兽甲 150
Pleocoma australis 南方毛金龟 189
Pleocomidae 毛金龟科 189
Pocadius nobilis 丽马勃露尾甲 436
Podabrocephalidae 纤颚甲科 312
Podabrocephalus sinuaticollis 曲缘纤颚甲 312
Polposipus herculeanus 弗岛巨瘤甲 492
Polybothris auriventris 金腹盘吉丁 281
Polycesta costata costata 海岸筒吉丁（指名亚种）269
Polyphaga 多食亚目 112–639, 646–647
Polyphylla decemlineata 条纹云鳃金龟 214
Potamodytes schoutedeni 斯氏河溪泥甲 302
Priacma serrata 锯始长扁甲 35
Priasilpha angulata 角扁坚甲 420
Priasilphidae 扁坚甲科 420–421
Priastichus tasmanicus 塔斯类扁坚甲 421
Prionoceridae 细花萤科 399
Prionocerus bicolor 双色细花萤 399
Prionocyphon niger 黑锯沼甲 255
Prionotheca coronata 冠刺缘甲 480
Pristoderus antarcticus 南极锯胸坚甲 466
Proagoderus rangifer 鹿角葡嗡蜣螂 207
Proculus goryi 戈氏巨黑蜣 194
Propalticidae 皮跳甲科 429
Propalticus oculatus 大眼皮跳甲 429
Prostephanus truncatus 大谷蠹 366
Prostomidae 颚甲科 495
Prostomis mandibularis 欧洲颚甲 495
Protocucujidae 原扁甲科 409
Protosphindus chilensis 智利原姬蕈甲 410
Psephenidae 扁泥甲科 309
Pseudobothrideres conradsi 康氏环穴甲 439
Psiloptera attenuata 尖尾裸吉丁 282
Psoa dubia 疑丽长蠹 365
Pteracanthus smidtii 施氏蒺藜象 623
Pterocolus ovatus 卵圆窃卷象 597
Pterogeniidae 阔头甲科 455–456
Pterogenius nietneri 尼阔头甲 456
Ptiliidae 缨甲科 140–142
Ptilodactylidae 毛泥甲科 311
Ptinidae 蛛甲科 369–373
Ptomaphagus hirtus 绒尸小葬甲 149
Pyrochroa serraticornis 主教赤翅甲 506
Pyrochroidae 赤翅甲科 506
Pyrophorus noctilucus 夜光萤叩甲 327
Pythidae 树皮甲科 505
Pytho kolwensis 北欧树皮甲 505

R

Rhaebus mannerheimi 蓝绿弯足豆象 551
Rhagophthalmidae 雌光萤科 347
Rhagophthalmus confusus 惑雌光萤 347
Rhinocyllus conicus 圆锥蓟象 633
Rhinorhipidae 驴甲科 316
Rhinorhipus tamborinensis 坦博里驴甲 316
Rhinostomus barbirostris 南美长须象 609
Rhinotia bidentata 二点箭矛象 586
Rhipicera femorata 股羽角甲 12, 260
Rhipiceridae 羽角甲科 260–261
Rhipsideigma raffrayi 拉氏刺长扁甲 38
Rhombocoleidae 菱形甲科 43
Rhopalotria mollis 柔铁新象 588
Rhynchites auratus 樱桃虎卷象 596
Rhynchophorus ferrugineus 锈色棕榈象 29, 612
Rhyzodina mniszechii 姆尼鬣脊甲 487
Ripiphoridae 大花蚤科 463–464
Ripiphorus vierecki 维氏大花蚤 464
Rivulicola variegatus 异色沟叩甲 335
Rosalia alpina 丽天牛 525

S

Sagra boqueti 蛙腿茎甲 8, 575
Salpingidae 角甲科 507–508
Sandalus niger 黑船羽角甲 261
Saprinus cyaneus 蓝腐阎甲 128
Sarothrias lawrencei 劳伦斯短跗甲 359
Satonius stysi 什氏华淘甲 45
Scaptolenus lecontei 勒氏雨叩甲 322
Scarabaeidae 金龟科 113, 204–248
Scarabaeus sacer 圣蜣螂 28, 208
Schizopodidae 伪吉丁科 262
Schizopus laetus 悦伪吉丁 262
Scirtidae 沼甲科 253–256
Scolytus multistriatus 欧洲榆小蠹 638
Semiotus luteipennis 黄翅纵纹叩甲 330
Sepidium variegatum 变色鱿甲 481
Siagona europaea 欧洲颚步甲 78
Sibuyanella bakeri 菲律宾丽纹吉丁 298
Sikhotealinia zhiltzovae 三眼侏罗甲 33, 41
Silis bidentata 双齿丝花萤 355
Silphidae 葬甲科 151–152
Silvanidae 锯谷盗科 422
Sipalinus gigas gigas 松瘤象（指名亚种）610
Siraton internatus 蛀茎苏铁象 635
Sitophilus oryzae 米象 613
Smicripidae 微扁甲科 438
Smicrips palmicola 棕榈微扁甲 438
Solenogenys funkei 芬氏角沟步甲 72
Solierius obscurus 秘索隐翅虫 177
Sosteamorphus verrucatus 瘤泥甲 304
Sosylus spectabilis 赫蠹穴甲 440
Sparrmannia flava 黄毛胸鳃金龟 215
Spercheus emarginatus 欧亚凹唇水龟虫 117
Sphaeridium scarabaeoides 金龟腐水龟虫 121
Sphaerites glabratus 黑扁圆甲 122
Sphaeritidae 扁圆甲科 122–123
Sphaerius acaroides 螨形球甲 47
Sphaeriusidae 球甲科 43, 47
Sphaerosoma carpathicum 卡粒甲 442
Sphallomorpha nitiduloides 露尾圆蚁步甲 99
Sphindidae 姬蕈甲科 410
Spilopyra sumptuosa 奢华艳叶甲 576
Spodistes mniszechi 姆绒犀金龟 230
Spondylis buprestoides 椎天牛 546
Staphylinidae 隐翅虫科 113, 153–188
Stenodera puncticollis 刻胸细芫菁 502
Stenus cribricollis 网背虎隐翅虫 175
Stephanorrhina guttata 白斑斯花金龟 246
Sternocera chrysis 绿胸椭吉丁 266
Stigmodera roei 红斑刻吉丁 291
Stirophora lyciformis 红萤毛泥甲 311
Strategus aloeus 三角龙犀金龟 231
Strongylium auratum 红金树甲 493
Sulcophaneus imperator 帝虹蜣螂 209
Syneta betulae 桦锯胸叶甲 577
Syntelia westwoodi 威氏长阎甲 123
Synteliidae 长阎甲科 123

T

Tanyrhinus singularis 茕象隐翅虫 156
Taphropiestes pullivora 食雏凹颚甲 425
Tasmosalpingidae 塔甲科 432
Tasmosalpingus quadrispilotus 四斑塔甲 432
Taurocerastes patagonicus 巴塔牛角粪金龟 190
Telegeusidae 邻萤科 345
Telegeusis orientalis 东方邻萤 345

Temnoscheila chlorodia 金绿谷盗 381
Temognatha chevrolatii 横线黄吉丁 292
Tenebrio molitor 黄粉甲 17, 29, 488
Tenebrionidae 拟步甲科 113, 470–494
Tenebroides mauritanicus 大谷盗 382
Teretrius pulex 蚤钻阎甲 125
Tetracha carolina 泛美大头虎甲 62
Tetraopes femoratus 黑腿拟离眼天牛 540
Tetratomidae 斑蕈甲科 459
Thanasimus formicarius 蚁劫郭公虫 390
Thanerocleridae 菌郭公虫科 384–385
Thaneroclerus buquet 暗褐菌郭公虫 385
Theodosia viridiaurata 金绿犀花金龟 247
Thermonectus marmoratus 旭日龙虱 19, 109
Thinopinus pictus 锦沙隐翅虫 188
Thrincopyge alacris 花斑墙吉丁 270
Thylodrias contractus 百怪皮蠹 361
Timarcha tenebricosa 拟步皇叶甲 558
Titanus giganteus 泰坦天牛 545
Torridincolidae 淘甲科 43, 45
Trachelophorus giraffa 长颈卷象 593
Trachykele blondeli blondeli 西部柏吉丁（指名亚种）293
Trachypachidae 粗水甲科 49, 51
Trachypachus inermis 无刺粗水甲 51
Trachys phlyctaenoides 泡形矮吉丁 299
Tretothorax cleistostoma 沟胸角甲 507
Tribolium castaneum 赤拟谷盗 489
Trichius fasciatus 虎皮斑金龟 248
Trichodes apiarius 欧洲毛郭公虫 391
Trichognathus marginipennis 黄缘刺颚步甲 100
Tricoleidae 三列甲科 43
Tricondyla aptera 广缺翅虎甲 63
Trictenotoma childreni 柴尔三栉牛 504
Trictenotomidae 三栉牛科 504
Trogidae 皮金龟科 195
Trogossitidae 谷盗科 377–382
Tropisternus collaris 泛美脊水龟虫 120
Trypanaeus bipustulatus 二斑掘阎甲 127
Trypeticus cinctipygus 束臀柱阎甲 126
Trypherus rossicus 俄短翅花萤 354
Trypoxylus dichotomus 双叉犀金龟 232

U

Ulochaetes leoninus 蜂花天牛 542
Upis ceramboides 皱背优轴甲 494
Uracanthus cryptophagus 隐尖胸天牛 526
Urodontellus lilii 百合尾齿象 585
Usechimorpha montanus 山地钢幽甲 467

V

Veronatus longicornis 长角瘦沼甲 256
Vesperidae 暗天牛科 515–516
Vesperus luridus 南欧暗天牛 515
Vicelva vandykei 范氏脊皮隐翅虫 164

X

Xenodusa reflexa 折诡隐翅虫 166
Xestobium rufovillosum 报死窃蠹 371
Xylotrupes gideon 长角木犀金龟 233

Z

Zarhipis integripennis 西部条光萤 346
Zenithicola crassus 厚澳郭公虫 392
Zenodosus sanguineus 红畅郭公虫 384
Zeugophora scutellaris 盾瘤胸叶甲 547
Zopheridae 幽甲科 465–468
Zopherus chilensis 智利幽甲 28, 468

中文名索引（科级和种级）

A
阿根廷刺蚁形甲 *Acanthinus argentinus* 511
阿拉斯加雪盲隐翅虫 *Chionotyphlus alaskensis* 178
阿氏尖腹丽金龟 *Calloodes atkinsoni* 216
阿兹台克丘水龟 *Ochthebius aztecus* 139
爱德华棒拟花萤 *Phloiophilus edwardsii* 376
爱氏真扁泥甲 *Eubrianax edwardsi* 309
桉澳长小蠹 *Austroplatypus incompertus* 639
暗褐菌郭公虫 *Thaneroclerus buquet* 385
暗色小垫甲 *Luprops tristis* 472
暗天牛科 Vesperidae 515–516
凹颚甲科 Cavognathidae 425
凹胸菌食甲 *Agapytho foveicollis* 419
傲寒两栖甲 *Amphizoa insolens* 104
奥氏尖鞘叩甲 *Oxynopterus audouini* 333
奥氏蕨跳甲 *Normaltica obrieni* 571
澳扁甲科 Myraboliidae 424
澳巨扁步甲 *Hyperion schroetteri* 94

B
八字异瓢虫 *Hippodamia convergens* 448
巴氏盾盘甲 *Parmaschema basilewskyi* 443
巴塔牛角粪金龟 *Taurocerastes patagonicus* 190
白斑斯花金龟 *Stephanorrhina guttata* 246
白蜡窄吉丁 *Agrilus planipennis* 294
白鳞真喙象 *Eurhynchus laevior* 602
白绒球驼象 *Parorobitis gibbus* 636
白陶郭公虫 *Pelonium leucophaeum* 396
白纹牛头象 *Exechesops leucopis* 581
百怪皮蠹 *Thylodrias contractus* 361
百合尾齿象 *Urodontellus lilii* 585
百合象科 Brachyceridae 614–616
柏象科 Caridae 589
斑翅池龙虱（似瓢亚种） *Laccophilus pictus coccinelloides* 111
斑翅圆步甲 *Omophron tessellatum* 74
斑角毛口虎甲 *Ctenostoma maculicorne* 57
斑伪郭公虫 *Derodontus macularis* 357
斑蕈甲科 Tetratomidae 459
棒拟花萤科 Phloiophilidae 376
宝石丸甲 *Notolioon gemmatus* 301
报死窃蠹 *Xestobium rufovillosum* 371
豹纹沼梭甲 *Haliplus leopardus* 101
北极弗叶甲 *Phratora polaris* 557
北美姬丸甲 *Cytilus alternatus* 300
北欧树皮甲 *Pytho kolwensis* 505
贝氏小钳步甲 *Eucamaragnathus batesi* 68
背凹隐头叶甲 *Cryptocephalus sericeus* 561
背短蠹 *Endecatomus dorsalis* 363
壁甲科 Aspidytidae 49, 105
扁腹花甲科 Eucinetidae 250
扁谷盗科 Laemophloeidae 430–431
扁甲科 Cucujidae 423
扁坚甲科 Priasilphidae 420–421
扁泥甲科 Psephenidae 309
扁圆甲科 Sphaeritidae 122–123
变色鱿甲 *Sepidium variegatum* 481
标本圆皮蠹 *Anthrenus museorum* 362
鳖六齿犀金龟 *Hexodon unicolor* 227
宾州巫萤 *Photuris pensylvanica* 350
滨地衣象 *Lichenobius littoralis* 582
滨毒隐翅虫 *Paederus riparius* 181
波颈莫缨甲 *Motschulskium sinuaticolle* 141
波浪纹吉丁 *Coraebus undatus* 296
波氏竖角犀金龟 *Golofa porteri* 226
布鲁赫血红隐翅虫 *Neophonus bruchi* 160
布鲁斯双孔缨甲 *Discheramocephalus brucei* 140
布氏长瓢虫 *Carinodulina burakowskii* 446
步行长朽木甲 *Melandrya caraboides* 460
步甲科 Carabidae 49, 52–100

C
彩虹锹 *Phalacrognathus muelleri* 197
彩虹长臂天牛 *Acrocinus longimanus* 13, 527
菜豆象 *Acanthoscelides obtectus* 549
糙胸蚁眉天牛 *Euderces reichei* 521
叉高隐翅虫 *Alzadaesthetus furcillatus* 176
柴尔三栉牛 *Trictenotoma childreni* 504
掣爪泥甲科 Eulichadidae 314
橙斑直角天牛 *Oncideres cingulata* 536
齿缘龙虱 *Eretes sticticus* 108
长戟犀金龟 *Dynastes hercules* 223
长角木犀金龟 *Xylotrupes gideon* 233
长角瘦沼甲 *Veronatus longicornis* 256
长角象科 Anthribidae 580–585
长颈出尾蕈甲 *Diatelium wallacei* 167
长颈卷象 *Trachelophorus giraffa* 593
长酪甲科 Phycosecidae 398
长泥甲科 Heteroceridae 308
长朽木甲科 Melandryidae 460
长牙漠甲（细纹亚种） *Calognathus chevrolati eberlanzi* 475
长牙天牛 *Macrodontia cervicornis* 544
长阎甲科 Synteliidae 123
豉甲科 Gyrinidae 49, 50
赤翅甲科 Pyrochroidae 506
赤颈尸郭公虫 *Necrobia ruficollis* 395
赤拟谷盗 *Tribolium castaneum* 489
赤足蓬郭公虫 *Lasiodera rufipes* 394
臭阳步甲 *Nomius pygmaeus* 81
雌光萤科 Rhagophthalmidae 347
丛毛花吉丁（毛腹亚种） *Julodis cirrosa hirtiventris* 265
粗背锯角叶甲 *Clytra quadripunctata* 560
粗瘤谷盗 *Calitys scabra* 379
粗水甲科 Trachypachidae 49, 51
粗腿厚蜣螂 *Pachylomera femoralis* 206
粗腿水叶甲 *Donacia crassipes* 563
粗腿豚甲 *Chaerodes trachyscelides* 470
粗腿耀丽金龟 *Chrysina macropus* 217
促虺隐翅虫 *Echiaster signatus* 180

D
大谷盗 *Tenebroides mauritanicus* 382
大谷蠹 *Prostephanus truncatus* 366
大花蚤科 Ripiphoridae 463–464
大尖腹阎甲 *Oxysternus maximus* 133
大叩筒蠹 *Elateroides dermestoides* 374
大栗实象 *Curculio caryatrypes* 619
大头肉步甲 *Broscus cephalotes* 76
大蕈甲科 Erotylidae 412–414
大眼锯谷盗 *Oryzaephilus mercator* 422
大眼皮跳甲 *Propalticus oculatus* 429
戴维森花甲 *Dascillus davidsoni* 257
单跗甲科 Lepiceridae 43, 44
单色拟卵叶甲 *Oomorphus concolor* 574
淡翅叶郭公虫 *Phyllobaenus pallipennis* 387
淡节唇拟球甲 *Arthrolips decolor* 450
淡足心步甲 *Nebria pallipes* 52
岛海泽甲 *Hyphalus insularis* 306
得州黄颈萤 *Brachypsectra fulva* 318
得州喙扁谷盗 *Metaxyphloeus texanus* 431
地衣园丁象 *Gymnopholus lichenifer* 631
地中海粗角萤叶甲 *Diorhabda elongata* 568, 632
帝大角花金龟 *Goliathus regius* 241
帝虹蜣螂 *Sulcophaneus imperator* 209
帝辉隐翅虫 *Actinus imperialis* 15, 182
点脊阎甲 *Onthophilus punctatus* 130
雕纹雅吉丁 *Gyascutus caelatus* 278
东岸蛇纹叩甲 *Ophidius histrio* 336
东方邻萤 *Telegeusis orientalis* 345
端斑圆扁吉丁 *Pachyschelus terminans* 297
端客居跳甲 *Orthaltica terminalia* 572
短蠹科 Endecatomidae 363
短跗甲科 Jacobsoniidae 359
短角澳扁甲 *Myrabolia brevicornis* 424
短角狭筒蠹 *Atractocerus brevicornis* 375
短小柏象 *Car condensatus* 589
短圆棘蛛步甲 *Akephorus obesus* 69
盾瘤胸叶甲 *Zeugophora scutellaris* 547
盾天牛科 Oxypeltidae 514
多恩雅隐唇叩甲 *Palaeoxenus dorhni* 320
多食亚目 Polyphaga 112–639, 646–647

E
俄短翅花萤 *Trypherus rossicus* 354
颚甲科 Prostomidae 495
颚切木蕈甲 *Octotemnus mandibularis* 458
颚长泥甲 *Heterocerus gnatho* 308
二斑掘阎甲 *Trypanaeus bipustulatus* 127
二点箭矛象 *Rhinotia bidentata* 586

F
番薯蚁象 *Cylas formicarius* 600
泛尖皮金龟 *Omorgus suberosus* 195
泛美大头虎甲 *Tetracha carolina* 62
泛美脊水龟虫 *Tropisternus collaris* 120
范氏脊皮隐翅虫 *Vicelva vandykei* 164
方翅短拟露尾甲 *Brachyleptus quadratus* 434
非洲蟹锹 *Homoderus mellyi* 201
菲律宾丽纹吉丁 *Sibuyanella bakeri* 298
费氏舟胸步甲 *Cymbionotum fernandezi* 79
芬奇阿吉丁 *Aaata finchi* 263
芬氏角沟步甲 *Solenogenys funkei* 72
粪金龟科 Geotrupidae 190–193
蜂花天牛 *Ulochaetes leoninus* 542
跗埃原扁甲 *Ericmodes fuscitarsis* 409
弗岛巨瘤甲 *Polposipus herculeanus* 492
弗氏长柄阔头甲 *Histanocerus fleaglei* 455
斧敞甲 *Esemephe tumi* 477
复变甲 *Micromalthus debilis* 39

复变甲科 Micromalthidae 33, 39

G

橄榄花蕈甲 *Loberonotha olivascens* 412
高冠蜡角象 *Cerocranus extremus* 618
戈氏巨黑蜣 *Proculus gorγi* 194
格鳞斑肖叶甲 *Pachnephorus tessellatus* 565
格水獭泥甲 *Lutrochus germari* 305
根寄新象 *Hydnorobius hydnorae* 587
沟胸角甲 *Tretothorax cleistostoma* 507
谷盗科 Trogossitidae 377–382
股羽角甲 *Rhipicera femorata* 12, 260
瓜形广胸甲 *Nilio lanatus* 473
冠刺缘甲 *Prionotheca coronata* 480
冠蚁锥象 *Amorphocephala coronata* 598
光肩星天牛 *Anoplophora glabripennis* 528
光伪薪甲 *Akalyptoischion atrichos* 451
光萤科 Phengodidae 346
广毛角步甲 *Loricera pilicornis* 73
广缺翅虎甲 *Tricondyla aptera* 63
贵华丽吉丁 *Calodema regalis* 285
郭公虫科 Cleridae 386–396

H

海岸虎甲（指名亚种）*Habroscelimorpha dorsalis dorsalis* 58
海岸琴葬甲 *Lyrosoma opacum* 143
海岸筒吉丁（指名亚种）*Polycesta costata costata* 269
河狸寄兽甲 *Platypsyllus castoris* 150
赫蠹穴甲 *Sosylus spectabilis* 440
褐粗角步甲（双色亚种）*Helluomorphoides praeustus bicolor* 93
褐鞘北美隐翅虫 *Empelus brunnipennis* 157
黑白长足甲 *Onymacris bicolor* 479
黑扁圆甲 *Sphaerites glabratus* 122
黑翅豆芫菁 *Epicauta atrata* 499
黑腹曲卷象 *Eugnamptus nigriventris* 595
黑褐宽扁甲 *Platisus zelandicus* 423
黑锯沼甲 *Prionocyphon niger* 255
黑宽须伪泥甲 *Eurypogon niger* 317
黑蜣科 Passalidae 194
黑热萤 *Acanthocnemus nigricans* 397
黑天牛 *Moneilema annulatum* 534
黑腿箭毒跳甲 *Diamphidia femoralis* 567
黑腿拟离眼天牛 *Tetraopes femoratus* 540
黑尾大花萤 *Chauliognathus profundus* 353
黑尾宽红萤 *Lycus melanurus* 343
黑尾栗叩甲 *Anostirus castaneus* 334
黑尾拟天牛 *Nacerdes melanura* 496
黑纹扁象 *Antliarhinus signatus* 603
黑船羽角甲 *Sandalus niger* 261
黑缘颚大花蚤 *Macrosiagon limbatum* 463
黑藻水象 *Bagous affinis* 621
横线黄吉丁 *Temognatha chevrolatii* 292
衡平阎甲 *Platylomalus aequalis* 129
红斑百合象 *Brachycerus ornatus* 614
红斑金吉丁 *Chrysochroa buqueti* 275
红斑菌甲 *Diaperis maculata* 491
红斑刻吉丁 *Stigmodera roei* 291
红畅郭公虫 *Zenodosus sanguineus* 384
红金树甲 *Strongylium auratum* 493
红双毛蕈甲 *Diplocoelus rudis* 411
红头大隐翅虫 *Creophilus erythrocephalus* 185
红衣菌蚁形甲 *Lemodes coccinea* 510
红萤科 Lycidae 342–344
红萤毛泥甲 *Stirophora lyciformis* 311
宏岩斑金龟 *Dialithus magnificus* 235
虹毛唇卷象 *Pilolabus viridans* 591
厚澳郭公虫 *Zenithicola crassus* 392
虎皮斑金龟 *Trichius fasciatus* 248
花斑墙吉丁 *Thrincopyge alacris* 270
花斑缩头甲 *Chelonarium ornatum* 313
花扁甲科 Boganiidae 406
花甲科 Dascillidae 257–259
花生豆象 *Caryedon serratus* 550
花萤科 Cantharidae 353–355
花蚤科 Mordellidae 461–462
华莱氏白条天牛 *Batocera wallacei* 530
桦锯胸叶甲 *Syneta betulae* 577
环纹黄虎甲 *Phaeoxantha aequinoctialis* 60
黄翅纵纹叩甲 *Semiotus luteipennis* 330
黄粉甲 *Tenebrio molitor* 17, 29, 488
黄腹蜡斑甲 *Helota fulviventris* 408
黄毛胸鳃金龟 *Sparrmannia flava* 215
黄毛稚萤 *Drilus flavescens* 341
黄曲条跳甲 *Phyllotreta striolata* 573
黄头长扁甲 *Cupes capitatus* 36
黄尾小行步甲 *Mioptachys flavicauda* 80
黄缘刺颚步甲 *Trichognathus marginipennis* 100
黄缘大龙虱 *Dytiscus marginalis* 107
黄缘伪萤 *Omethes marginatus* 351
黄足球胸叩甲 *Hemiops flava* 338
灰绒毛花萤 *Mauroniscus maculatus* 400
辉煌伞象 *Coniatus splendidulus* 632
彗天牛 *Cometes hirticornis* 517
喙副花扁甲 *Paracucujus rostratus* 406
喙龙头露尾甲 *Cychrocephalus corvinus* 435
慧腐隐翅虫 *Microsilpha ocelligera* 154
火盾萤 *Aspisoma ignitum* 348
火焰星花蚤 *Hoshihananomia inflammata* 461
惑雌光萤 *Rhagophthalmus confusus* 347
霍夫曼片甲 *Cossyphus hoffmannseggii* 471
霍氏嶙小葬甲（指名亚种）*Leptodirus hochenwartii hochenwartii* 148
霍氏虾步甲 *Cicindis horni* 54

J

姬蜂美郭公虫 *Enoclerus ichneumoneus* 389
姬花甲科 Phalacridae 428
姬蕈甲科 Sphindidae 410
吉丁科 Buprestidae 113, 263–99
吉丁异腹丽金龟 *Heterosternus buprestoides* 220
加拿大滨角甲 *Aegialites canadensis* 508
加州德花天牛（四点亚种）*Desmocerus californicus dimorphus* 541
加州隐盲象 *Alaocybites californicus* 616
加州圆泥甲 *Georissus californicus* 116
家拳甲 *Clambus domesticus* 252
家希天牛 *Hylotrupes bajulus* 522
尖背堑甲 *Epimetopus lanceolatus* 115
尖尾裸吉丁 *Psiloptera attenuata* 282
尖尾蛛象 *Arachnobas caudatus* 625
简隐颚扁甲 *Passandra simplex* 427
疆星步甲 *Calosoma sycophanta* 8, 64
焦盘隐翅虫 *Amblyopinodes piceus* 183
角扁坚甲 *Priasilpha angulata* 420
角颚窃蠹 *Ozognathus cornutus* 370
角甲科 Salpingidae 507–508
角突倭阎甲 *Niponius osorioceps* 124
角蛀犀金龟 *Oryctes nasicornis* 229
金斑星吉丁 *Chrysobothris chrysoela* 286
金腹盘吉丁 *Polybothris auriventris* 281
金龟腐水龟虫 *Sphaeridium scarabaeoides* 121
金龟科 Scarabaeidae 113, 204–248
金虹吉丁 *Buprestis aurulenta* 284
金绿粪金龟 *Geotrupes splendidus* 192
金绿谷盗 *Temnoscheila chlorodia* 381
金绿花金龟 *Cetonia aurata* 234
金绿萝藦叶甲 *Chrysochus auratus* 564
金绿犀花金龟 *Theodosia viridiaurata* 247
金绿长腿丽金龟 *Chrysophora chrysochlora* 219
金毛熊隐翅虫 *Emus hirtus* 186
金毛隐唇叩甲 *Galbites auricolor* 321
金色耀丽金龟 *Chrysina resplendens* 218
金湿步甲 *Notiophilus aeneus* 53
锦沙隐翅虫 *Thinopinus pictus* 188
荆豆梨象 *Exapion ulicis* 604
颈萤科 Brachypsectridae 318
榉天牛 *Cheloderus childreni* 514
巨蜣螂 *Heliocopris gigas* 205
巨脂亮甲 *Eleodes acutus* 484
距甲科 Megalopodidae 547
锯齿图步甲 *Graphipterus serrator* 92
锯谷盗科 Silvanidae 422
锯角锯花天牛 *Apatophysis serricornis* 519
锯始长扁甲 *Priacma serrata* 35
锯胸新拟花萤 *Melyrodes basalis* 402
卷鳞谷盗 *Leperina cirrosa* 380
卷象科 Attelabidae 590–597
菌郭公虫科 Thanerocleridae 384–385
菌食甲科 Agapythidae 419

K

咖啡豆象 *Araecerus fasciculatus* 583
咖啡果小蠹 *Hypothenemus hampei* 637
卡粒甲 *Sphaerosoma carpathicum* 442
卡罗来纳毛薪甲 *Dasycerus carolinensis* 161
开普考锹 *Colophon haughtoni* 199
康氏环穴甲 *Pseudobothrideres conradsi* 439
科氏三叶红萤 *Platerodrilus korinchianus* 342
克氏钩鳃金龟 *Ancistrosoma klugii* 210
刻度暮甲 *Nyctelia geometrica* 478
刻胸细芫菁 *Stenodera puncticollis* 502
孔印加花金龟（索氏亚种）*Inca clathrata sommeri* 243
叩甲科 Elateridae 113, 322–339
叩萤科 Plastoceridae 340
库光胫锹 *Odontolabis cuvera* 203
宽翅短角象 *Microcerus latipennis* 606
宽翅绿吉丁 *Catoxantha opulenta* 274
魁易阎甲 *Pheidoliphila magna* 137
阔头甲科 Pterogeniidae 455–456

L

拉扁甲科 Lamingtoniidae 426
拉氏刺长扁甲 *Rhipsideigma raffrayi* 38
拉氏瘤扇角甲 *Celadonia laportei* 315
蜡斑甲科 Helotidae 408
赖特巨长蠹 *Dinapate wrightii* 364
蓝腐阎甲 *Saprinus cyaneus* 128
蓝沟吉丁 *Galbella felix* 271
蓝绿弯足豆象 *Rhaebus mannerheimi* 551
蓝纹嫡花金龟 *Euchroea coelestis* 237
蓝艳球龟甲 *Hemisphaerota cyanea* 555
劳伦斯短跗甲 *Sarothrias lawrencei* 359
劳氏宽姬花甲 *Platyphalacrus lawrencei* 428
勒孔特赢蚁甲 *Adranes lecontei* 162
勒氏拉小扁甲 *Lamingtonium loebli* 426
勒氏雨叩甲 *Scaptolenus lecontei* 322
里氏蛛绒步甲 *Apotomus reichardti* 77

丽大红萤 *Macrolycus flabellatus* 344
丽马勃露尾甲 *Pocadius nobilis* 436
丽刷角天牛 *Cosmisoma ammiralis* 520
丽天牛 *Rosalia alpina* 525
丽纹大蕈甲 *Erotylus onagga* 414
丽圆球蕈甲 *Agathidium pulchrum* 146
丽纵纹吉丁（指名亚种）*Melobasis regalis regalis* 290
沥狭花甲 *Anorus piceus* 258
粒甲科 Alexiidae 442
粒水缨甲 *Hydroscapha granulum* 46
两栖甲科 Amphizoidae 49, 104
亮球棒皮蠹 *Orphilus subnitidus* 360
邻萤科 Telegeusidae 345
鳞毛粉蠹 *Minthea rugicollis* 367
鳞长酪甲 *Phycosecis limbata* 398
鳞栉角长蠹 *Euderia squamosa* 368
铃硕蚁形甲 *Pergetus campanulatus* 509
菱形甲科 Rhombocoleidae 43
瘤泥甲 *Sosteamorphus verrucatus* 304
六斑虎甲 *Cicindela sexguttata* 56
龙虱科 Dytiscidae 49, 107–111
隆背幻隐翅虫 *Asemobius caelatus* 179
隆花隐食甲 *Antherophagus convexulus* 418
隆氏微伪瓢虫 *Micropsephodes lundgreni* 444
蝼毛谷盗 *Chaetosoma scaritides* 383
卢氏凹头吉丁 *Aphanisticus lubopetri* 295
陆生肉食亚目 Geadephaga 49
鹿角葡嗡蜣螂 *Proagoderus rangifer* 207
露尾甲科 Nitidulidae 435–437
露尾圆蚁步甲 *Sphallomorpha nitiduloides* 99
卵形微龙虱 *Bidessus ovoideus* 110
卵圆窃卷象 *Pterocolus ovatus* 597
罗氏马岛吉丁 *Madecassia rothschildi* 279
驴甲科 Rhinorhipidae 316
绿敏步甲 *Elaphrus viridis* 75, 492
绿胸椭吉丁 *Sternocera chrysis* 266
绿牙金龟 *Kibakoganea sexmaculata* 221

M

马勃球窃蠹 *Caenocara ineptum* 373
马铃薯叶甲 *Leptinotarsa decemlineata* 556
埋冬葬甲 *Necrophilus subterraneus* 144
麦彩臂金龟 *Cheirotonus macleayi* 211
螨形球甲 *Sphaerius acaroides* 47
盲克球棒甲 *Crowsonius meliponae* 415
毛谷盗科 Chaetosomatidae 383
毛花萤科 Mauroniscidae 400
毛角巨锥象 *Lasiorhynchus barbicornis* 601
毛金龟科 Pleocomidae 189
毛泥甲科 Ptilodactylidae 311
毛象科 Nemonychidae 578–579
毛象硕犀金龟 *Megasoma elephas* 228
毛蕈甲科 Biphyllidae 411
矛象科 Belidae 586–8
锚形大锥象 *Brentus anchorago* 599
美粗沟条脊甲 *Omoglymmius americanus* 70
美东白犀金龟 *Dynastes tityus* 224
美偏须步甲 *Panagaeus cruciger* 97
美洲覆葬甲 *Nicrophorus americanus* 152, 492
美洲黄斑屁步甲 *Pheropsophus aequinoctialis* 83
美洲鳞直象 *Acamptus rigidus* 627
美洲马铃薯跳甲 *Epitrix cucumeris* 569
美洲深山锹 *Lucanus elaphus* 202
美洲鼠蕈甲 *Loberopsyllus explanatus* 413
美洲隐颏象 *Dryophthorus americanus* 608
媚瘦苔甲 *Chevrolatia amoena* 174
米象 *Sitophilus oryzae* 613
觅葬甲科 Agyrtidae 143–144
秘索隐翅虫 *Solierius obscurus* 177
密齿绒薪甲 *Corticaria serrata* 453
名斑金龟 *Gnorimella maculosa* 240
明胸光叩甲 *Campyloxenus pyrothorax* 331
莫里森墨泽甲 *Mexico morrisoni* 307
墨西哥食植瓢虫 *Epilachna mexicana* 447
墨西哥小铠甲 *Peplomicrus mexicanus* 159
姆尼壑脊甲 *Rhyzodina mniszechii* 487
姆绒犀金龟 *Spodistes mniszechi* 230
木棉帝吉丁 *Euchroma gigantea* 28, 276
木蕈甲科 Ciidae 457–458

N

纳波帕皮坚甲 *Pakalukia napo* 441
纳恩南扁腹花甲 *Noteucinetus nunni* 250
南方毛金龟 *Pleocoma australis* 189
南非壁甲 *Aspidytes niobe* 105
南非钝吉丁 *Amblysterna natalensis* 264
南极锯胸坚甲 *Pristoderus antarcticus* 466
南美长须象 *Rhinostomus barbirostris* 609
南欧暗天牛 *Vesperus luridus* 515
尼阔头甲 *Pterogenius nietneri* 456
泥甲科 Dryopidae 304
拟步皇叶甲 *Timarcha tenebricosa* 558
拟步甲科 Tenebrionidae 113, 470–494
拟花萤科 Melyridae 401–405
拟蝼蛄天牛 *Hypocephalus armatus* 516
拟露尾甲科 Kateretidae 434
拟裸蛛甲 *Gibbium aequinoctiale* 369
拟球甲科 Corylophidae 449–450
拟天牛科 Oedemeridae 496–497
拟象绒皮甲 *Mycterus curculioides* 503
拟萤泥甲 *Cneoglossa lampyroides* 310
拟芫菁吉丁 *Agelia petelii* 272
纽约大象 *Ithycerus noveboracensis* 605

O

欧黄边青步甲 *Chlaenius circumscriptus* 87
欧氏指形叩甲 *Physodactylus oberthuri* 339
欧亚凹唇水龟虫 *Spercheus emarginatus* 117
欧肿腿拟天牛（指名亚种）*Oedemera podagrariae podagrariae* 497
欧洲颚步甲 *Siagona europaea* 78
欧洲颚甲 *Prostomis mandibularis* 495
欧洲毛郭公虫 *Trichodes apiarius* 391
欧洲鳃金龟 *Melolontha melolontha* 213
欧洲水甲 *Hygrobia hermanni* 106
欧洲蜗步甲 *Cychrus caraboides* 66
欧洲小丸甲 *Nosodendron fasciculare* 358
欧洲榆小蠹 *Scolytus multistriatus* 638

P

派克扁颈隐翅虫 *Oxypius peckorum* 170
盘甲科 Discolomatidae 443
泡形矮吉丁 *Trachys phlyctaenoides* 299
疱绿芫菁 *Lytta vesicatoria* 22, 500
皮蠹科 Dermestidae 360–362
皮坚甲科 Cerylonidae 441
皮金龟科 Trogidae 195
皮氏盾谷盗 *Peltis pippingskoeldi* 378
皮跳甲科 Propalticidae 429
琵唇宽额隐翅虫 *Metopsia clypeata* 158
瓢虫科 Coccinellidae 446–448
平扁阎甲 *Hololepta plana* 132
平翅王虎甲 *Manticora latipennis* 59
平唇水龟科 Hydraenidae 138–139
葡萄彩绘象 *Eurhinus magnificus* 622
瀑甲科 Meruidae 49, 102

Q

奇脊球棒甲 *Lenax mirandus* 416
奇丽瘤叶甲 *Fulcidax monstrosa* 562
奇异红纹吉丁 *Juniperella mirabilis* 288
奇异盘鞘象 *Camarotus singularis* 617
歧突唇阎甲 *Pachylister inaequalis* 134
千屈菜橘象（指名亚种）*Nanophyes marmoratus marmoratus* 607
强胸健苔甲 *Cephennium thoracicum* 173
锹甲科 Lucanidae 196–203
乔松木蠹象 *Pissodes strobi* 634
琴彩花金龟 *Eupoecila australasiae* 239
擎天南洋犀金龟 *Chalcosoma atlas* 6, 222
茕象隐翅虫 *Tanyrhinus singularis* 156
酋弗甲 *Phrenapates dux* 474
球棒甲科 Monotomidae 415–415
球甲科 Sphaeriusidae 43, 47
球宽带步甲 *Craspedophorus angulatus* 88
球形蠹象 *Apteroxenus globulosus* 584
球形丘甲 *Coelus globosus* 476
球形苔跳甲 *Kiskeya elyunque* 570
球蕈甲科 Leiodidae 145–150
曲纹瓢步甲 *Cyclosomus flexuosus* 89
曲缘纤颚甲 *Podabrocephalus sinuaticollis* 312
全黑花蚤（指名亚种）*Mordella holomelaena holomelaena* 462
拳甲科 Clambidae 251–252
缺翅大头粪金龟 *Lethrus apterus* 193
缺翅梣虎甲 *Picnochile fallaciosa* 61
雀达花萤 *Dasytes virens* 403

R

热萤科 Acanthocnemidae 397
日本食蜗步甲 *Damaster blaptoides* 67
日本树叩甲 *Cerophytum japonicum* 319
绒皮甲科 Mycteridae 503
绒尸小葬甲 *Ptomaphagus hirtus* 149
柔铁新象 *Rhopalotria mollis* 588
肉食亚目 Adephaga 48–111, 646
锐脊盘鞘甲 *Helea spinifer* 471, 485

S

萨维奇长角花金龟 *Mecynorhina savagei* 244
三槽蚁阎甲 *Haeterius tristriatus* 135
三角丽蝼步甲 *Pasimachus subangulatus* 71
三角龙犀金龟 *Strategus aloeus* 231
三角木蕈甲 *Cis tricornis* 457
三列甲科 Tricoleidae 43
三色波郭公虫 *Cymatodera tricolor* 386
三色角蚁形甲 *Notoxus calcaratus* 512
三色心盾叩甲 *Cardiophorus notatus* 337
三眼侏罗甲 *Sikhotealinia zhiltzovae* 33, 41
三栉牛科 Trictenotomidae 504
桑氏褐吉丁 *Julodimorpha saundersii* 287
山地钢幽甲 *Usechimorpha montanus* 467
山覆拳甲 *Calyptomerus alpestris* 251
扇角甲科 Callirhipidae 315
奢华艳叶甲 *Spilopyra sumptuosa* 576
舍费尔齿角芫菁 *Cerocoma schaefferi* 498
什氏华淘甲 *Satonius stysi* 45
圣蜣螂 *Scarabaeus sacer* 28, 208
施氏蒺藜象 *Pteracanthus smidtii* 623
施氏蓝钻象 *Eupholus schoenherrii* 630
施氏疣叩甲 *Balgus schnusei* 328
十二斑伪硬象天牛 *Doliops duodecimpunctata* 532

十字唇突隐翅虫 *Megalopinus cruciger* 172
十字胶囊花萤 *Collops balteatus* 404
十字紫草象 *Mogulones crucifer* 624
食雏凹颚甲 *Taphropiestes pullivora* 425
食菌叉角甲 *Bolitotherus cornutus* 483
嗜蚁桶腹蚁甲 *Batrisus formicarius* 163
斯氏仙人掌象 *Cactophagus spinolae* 611
瘦天牛科 Disteniidae 517
姝丧葬甲 *Necrophila formosa* 151
梳爪瀑甲 *Meru phyllisae* 102
鼠型鲎缨甲 *Cephaloplectus mus* 142
束臀柱阎甲 *Trypeticus cinctipygus* 126
树叩甲科 Cerophytidae 319
树莓小花甲 *Byturus tomentosus* 407
树皮甲科 Pythidae 505
双斑臂卷象 *Euscelus biguttatus* 590
双斑蚤叩甲 *Drapetes mordelloides* 329
双叉犀金龟 *Trypoxylus dichotomus* 232
双齿丝花萤 *Silis bidentata* 355
双带北美溪泥甲 *Dubiraphia bivittata* 303
双带大长颈步甲（宽带亚种）*Calophaena bicincta ligata* 86
双带长胫象 *Macromerus bicinctus* 628
双角扁隐翅虫 *Piestus spinosus* 168
双色艾栉甲 *Erxias bicolor* 490
双色硕黄吉丁 *Megaloxantha bicolor* 280
双色细花萤 *Prionocerus bicolor* 399
水稻铁甲 *Dicladispa armigera* 554
水龟科 Hydrophilidae 114–121
水葫芦象 *Neochetina bruchi* 615
水甲科 Hygrobiidae 49, 106
水生肉食亚目 Hydradephaga 49
水獭泥甲科 Lutrochidae 305
水缨甲科 Hydroscaphidae 43, 46
斯氏河溪泥甲 *Potamodytes schoutedeni* 302
斯坦利眼甲 *Omma stanleyi* 40
四斑叩吉丁 *Astraeus fraterculus* 268
四斑塔甲 *Tasmosalpingus quadrispilotus* 432
四斑小蕈甲 *Mycetophagus quadriguttatus* 454
四斑原伪瓢虫 *Eumorphus quadriguttatus* 445
四点阎甲（指名亚种）*Hister quadrinotatus quadrinotatus* 131
四脊柴谷盗 *Grynocharis quadrilineata* 377
四纹光露尾甲 *Lioschema xacarilla* 437
松黑木吉丁 *Melanophila acuminata* 289
松瘤象（指名亚种）*Sipalinus gigas gigas* 610
松墨天牛 *Monochamus alternatus* 535
梭形蕈隐翅虫 *Lordithon lunulatus* 165
缩头甲科 Chelonariidae 313

T

塔甲科 Tasmosalpingidae 432
塔斯类扁坚甲 *Priastichus tasmanicus* 421
太阴箭隐翅虫 *Arrowinus phaenomenalis* 184
泰氏红伪萤 *Matheteus theveneti* 352
泰坦天牛 *Titanus giganteus* 545
坦博里驴甲 *Rhinorhipus tamborinensis* 316
淘甲科 Torridincolidae 43, 45
特氏跳沼甲 *Ora troberti* 254
天蓝单爪鳃金龟 *Hoplia coerulea* 212
天龙幽象 *Gagatophorus draco* 629
天牛科 Cerambycidae 113, 518–546
天蝎钩角天牛 *Onychocerus albitarsis* 537
条斑沟腿花金龟 *Euphoria fascifera* 238
条斑卢象 *Ludovix fasciatus* 620
条纹绒叩甲 *Chalcolepidius limbatus* 325
条纹云鳃金龟 *Polyphylla decemlineata* 214
条胸长额天牛 *Aulaconotus pachypezoides* 529
铁线莲细扁谷盗 *Leptophloeus clematidis* 430
铜甲科 Chalcodryidae 469
筒蠹科 Lymexylidae 374–375
透窗龟甲 *Acromis sparsa* 552
突角叩萤 *Plastocerus angulosus* 340
土瓜达长角花金龟 *Mecynorhina torquata* 245
驼峰双弓甲 *Homocyrtus dromedarius* 486

W

蛙腿茎甲 *Sagra boqueti* 8, 575
瓦氏肖脊胸水龟虫 *Horelophus walkeri* 118
瓦希切克冥蕈甲 *Hadesia vasiceki* 147
弯角鹿花金龟 *Dicronocephalus wallichi* 236
丸甲科 Byrrhidae 300–301
网背虎隐翅虫 *Stenus cribricollis* 175
微扁甲科 Smicripidae 438
威尔逊棒角甲 *Arthropterus wilsoni* 82
威氏非扁步甲 *Platynodes westermanni* 98
威氏长阎甲 *Syntelia westwoodi* 123
微鞘甲科 Crowsoniellidae 33, 34
维氏大花蚤 *Ripiphorus vierecki* 464
维州澳拟球甲 *Periptyctus victoriensis* 449
伪郭公虫科 Derodontidae 356–357
伪花甲科 Decliniidae 249
伪吉丁科 Schizopodidae 262
伪泥甲科 Artematopodidae 317
伪瓢虫科 Endomychidae 444–445
伪薪甲科 Akalyptoischiidae 451
伪蚁形甲科 Aderidae 513
伪隐食甲科 Hobartiidae 417
伪萤科 Omethidae 351–352
蠹巢伪蚁形甲 *Megaxenus termitophilus* 513
无刺粗水甲 *Trachypachus inermis* 51
无喙象 *Brarus mystes* 579

X

西伯利亚脊胸水龟虫 *Helophorus sibiricus* 114
西部柏吉丁（指名亚种）*Trachykele blondeli blondeli* 293
西部条光萤 *Zarhipis integripennis* 346
溪泥甲科 Elmidae 302–303
细花萤科 Prionoceridae 399
细尤犀金龟 *Eupatorus gracilicornis* 225
细长柱坚甲 *Nematidium filiforme* 465
狭翅天牛 *Isthmiade braconides* 523
狭巨虎甲 *Amblycheila cylindriformis* 55
狭松粉象 *Cimberis elongata* 578
狭胸短颚步甲 *Brachygnathus angusticollis* 85
纤颚甲科 Podabrocephalidae 312
鲜红囊花萤 *Malachius aeneus* 405
陷异天牛 *Neandra brunnea* 543
香毛鬣阎甲 *Eucurtia comata* 136
象锤角粪金龟 *Elephastomus proboscideus* 191
象花天牛 *Capnolymma stygia* 518
象甲科 Curculionidae 113, 617–639
象巨胸甲 *Anomalipus elephas* 482
小丑枝象 *Copturus aurivillianus* 626
小花甲科 Byturidae 407
小粒龙虱科 Noteridae 49, 103
小丸甲科 Nosodendridae 358
小蕈甲科 Mycetophagidae 454
小蚁天牛 *Cyrtinus pygmaeus* 531
斜沟哀斑蕈甲 *Penthe obliquata* 459
薪甲科 Latridiidae 452–453
星云裸花金龟 *Gymnetis stellata* 242
匈牙利细纹吉丁 *Anthaxia hungarica* 283
胸绒蕈甲 *Camiarus thoracicus* 145
锈色棕榈象 *Rhynchophorus ferrugineus* 29, 612
旭日龙虱 *Thermonectus marmoratus* 19, 109
穴甲科 Bothrideridae 439–440

Y

芽甲科 Orsodacnidae 548
雅悦郭公虫 *Chariessa elegans* 393
烟草甲 *Lasioderma serricorne* 372
烟吉丁（指名亚种）*Capnodis miliaris miliaris* 273
岩颚天牛 *Petrognatha gigas* 539
阎甲科 Histeridae 124–137
眼斑马岛叩甲 *Lycoreus corpulentus* 326
眼甲科 Ommatidae 33, 40
腰果天牛 *Paranaleptes reticulata* 538
耀棍腿天牛 *Phymatodes nitidus* 524
耀加来叩甲 *Calais speciosus* 324
耶氏圆蕈甲 *Cyclaxyra jelineki* 433
椰心叶甲 *Brontispa longissima* 553
叶甲科 Chrysomelidae 113, 549–577
夜光萤 *Lampyris noctiluca* 349
夜光萤叩甲 *Pyrophorus noctilucus* 327
伊草天牛 *Iberodorcadion fuliginator* 533
遗微鞘甲 *Crowsoniella relicta* 33, 34
遗伪花甲 *Declinia relicta* 249
疑丽长蠹 *Psoa dubia* 365
蚁蜂郭公虫（指名亚种）*Clerus mutillarius mutillarius* 388
蚁劫郭公虫 *Thanasimus formicarius* 390
蚁形甲科 Anthicidae 509–512
异色沟叩甲 *Rivulicola variegatus* 335
异胸绮步甲 *Anthia thoracica* 84
异爪平唇水龟 *Hydraena anisonycha* 138
易容饕隐翅虫 *Leistotrophus versicolor* 187
懿长鞘隐翅虫 *Deinopteroloma spectabile* 155
银纹大水龟虫 *Hydrophilus piceus* 119
隐翅虫科 Staphylinidae 113, 153–188
隐翅鬣花甲 *Karumia staphylinus* 259
隐唇叩甲科 Eucnemidae 320–321
隐颚扁甲科 Passandridae 427
隐尖胸天牛 *Uracanthus cryptophagus* 526
隐颏象科 Dryophthoridae 608–613
隐食甲科 Cryptophagidae 418
印度长颈步甲 *Ophionea indica* 96
印尼金锹 *Lamprima adolphinae* 196
印尼长牙环锹 *Cyclommatus elaphus* 200
缨甲科 Ptiliidae 140–142
樱桃虎卷象 *Rhynchites auratus* 596
萤科 Lampyridae 348–350
萤泥甲科 Cneoglossidae 310
幽甲科 Zopheridae 465–468
羽角甲科 Rhipiceridae 260–261
玉米斑拟花萤 *Astylus atromaculatus* 401
玉米根萤叶甲 *Diabrotica virgifera* 566
芫菁科 Meloidae 498–502
原扁甲科 Protocucujidae 409
原鞘亚目 Archostemata 32–41, 646
圆斑方肩吉丁 *Acmaeodera gibbula* 267
圆切边隐翅虫 *Glypholoma rotundulum* 153
圆蕈甲科 Cyclaxyridae 433
圆锥蓟象 *Rhinocyllus conicus* 633
远东扁伪郭公虫 *Peltastica amurensis* 356
悦伪吉丁 *Schizopus laetus* 262
云纹长角象 *Anthribus nebulosus* 580

Z

杂亮短翅芫菁 *Meloe variegatus* 501
杂色端长扁甲 *Distocupes varians* 37
杂色铜甲 *Chalcodrya variegata* 469
葬甲科 Silphidae 151–152

蚤钻阎甲 *Teretrius pulex* 125
藻食亚目 Myxophaga 42–47, 646
泽甲科 Limnichidae 306–307
爪哇剑隐翅虫 *Borolinus javanicus* 169
爪哇琴步甲 *Mormolyce phyllodes* 95
沼甲科 Scirtidae 253–256
沼梭甲科 Haliplidae 49, 101
折诡隐翅虫 *Xenodusa reflexa* 166
榛叶卷象 *Apoderus coryli* 592
肢异芽甲 *Aulacoscelis appendiculata* 548
胝鞘小薪甲 *Dienerella filum* 452
栉角掣爪泥甲 *Eulichas serricornis* 314
智利伟步甲 *Ceroglossus chilensis* 65
智利伪隐食甲 *Hobartius chilensis* 417
智利幽甲 *Zopherus chilensis* 28, 468
智利原姬蕈甲 *Protosphindus chilensis* 410
智利长牙锹 *Chiasognathus grantii* 198
稚萤科 Drilidae 341
中美圆豉甲 *Dineutus sublineatus* 50
皱背优轴甲 *Upis ceramboides* 494
皱单跗甲 *Lepicerus inaequalis* 44
皱纹金卷象 *Byctiscus rugosus* 594
皱胸负泥虫 *Lilioceris cheni* 559
朱红斧须隐翅虫 *Oxyporus rufus* 171
侏罗甲科 Jurodidae 33, 41
珠光丽叩甲 *Campsosternus hebes* 328, 332
蛛甲科 Ptinidae 369–373
蛛形盔蜣螂 *Eucranium arachnoides* 204
主教赤翅甲 *Pyrochroa serraticornis* 506
蛀茎苏铁象 *Siraton internatus* 635
壮硕沼甲 *Macrohelodes crassus* 253
壮松步甲 *Geopinus incrassatus* 91
椎天牛 *Spondylis buprestoides* 546
锥象科 Brentidae 598–607
紫切唇步甲 *Dicaelus purpuratus* 90
棕榈微扁甲 *Smicrips palmicola* 438
纵纹小粒龙虱 *Neohydrocoptus subvittulus* 103
祖母绿娉吉丁 *Evides pubiventris* 277
祖尼云叩甲 *Alaus zunianus* 323

致　谢

致谢

本书很多物种的分布、生物学、分类学、文献和命名的信息来自于世界各地的同行们。在此，我们要感谢以下专家向我们提供了富有洞见的见解并分享了他们的所知：R. Anderson、M. Angel Moron、W. Barries、L. Bartolozzi、V. Bayless、C. Bellamy（已故）、L. Bocák、M. Bologna、S. Brullé、M. Buffington、J. Cayouette、C. Chaboo、D. Chandler、A. Cline、D. Curoe、A. Davies、H. Douglas、T. Durr、M. Ferro、G. Flores、F. Francisco Barbosa、M. Friedrich、R. Foottit、R. Fouquè、F. Génier、M. Gigli、B. Gill、M. Gimmel、R. Gordon、H. Goulet、V. Grebennikov、J. Hammond、G. Hanguay、L. Herman、M. Ivie、E. Jendek、I. Jenis、P. Johnson、A. Kirejtshuk、P. Lago、T. Lamb、D. Langor、S. Laplante、J. Lawrence、C.-F. Lee、L. LeSage、N. Lord、T. C. MacRae、C. Maier、C. Majka、M. Monné、P. Moretto、A. Newton、R. Oberprieler、A. Payette、S. Peck、J. Pinto、S. Policena Rosa、D. Pollock、J. Prena、B. C. Ratcliffe、C. Reid、J. M. Rowland、W. Scha-waller、G. Setliff、W. Shepard、A. Slipiński、A. Smetana、A. B. T. Smith、A. D. Smith、W. Staines, Jr.、W. Steiner、A. Sundholm、D. Telnov、M. Thayer、T. Théry、D. Thomas、A. Tishechkin、P. Wagner、C. Watts、K. Will、N. Woodley、H. Yoshitake、D. K. Young、N. Yunakov。

我们专门为本书拍摄了大量的照片。下列的机构和个人向我们提供了他们的（多是非常稀有的）标本，并为我们的访问提供方便：美国自然历史博物馆，纽约（L. Herman 和 A. D. Smith）；澳大利亚国立昆虫保藏中心，堪培拉（C. Lemann 和 A. Slipiński）；美国加州科学院，旧金山（D. Kavanaugh 和 N. Penny）；加拿大自然博物馆，渥太华（R. Anderson 和 F. Génier）；菲尔德博物馆，芝加哥（J. Boone）；佛罗里达州节肢动物保藏中心，盖恩斯维尔（P. Skelley）；堪萨斯大学生物多样性研究所，劳伦斯（C. Chaboo 和 Z. Falin）；哈佛大学比较动物学博物馆，剑桥（P. Perkins）；澳大利亚昆士兰博物馆与科学中心，布里斯班（S. Wright）；美国史密森尼学会研究所，华盛顿（T. Erwin、D. Furth、C. Micheli、E. Roberts 和 F. Shockley）；以及 A. Desjardins、M. Ivie、I. Jenis、S. Laplante、A. Smetana、A. D. Smith 和 D. Telnov。M. Saeidi 处理了书中的很多图片。A. Davies 对一些古老、稀有、微小的甲虫标本进行了不厌其烦的和外科手术式的清洁、粘贴、摄影工作，没有他的杰出工作本书是无法完成的，我们对此深表谢忱。

我们非常感激蒙特利尔昆虫馆的 René Limoges 对本书的热情。作者之一的理查德•莱申的工作，部分地得到了来自新西兰商务、创新与劳动保障部科学创新组的皇家研究机构核心基金的资助。

我们衷心地感谢常春藤出版社的同仁在本书撰写和出版过程中给予的指导和支持。本书的编辑和校对者花费了大量的时间编制目录，他们的工作极大地提高了本书的质量。作者们所在的工作单位授权我们使用一些必要的资源（如标本、照相设备、图书馆等），没有这些资源我们无法想象这本书的面世。最后，我们要把最真挚的感谢送给我们的家人，感谢他们一直以来的支持和鼓励。

图片使用鸣谢

本书要感谢下列个人和组织授权在本书中使用他们的图片。我们感谢每一位向我们提供图片的所有者，如有万一之遗漏，我们非常抱歉，请相信这绝非故意。书中旦有讹误，亦请告知为盼，以便将来重印或再版时更正。

Klaus Bolte 294、522、524、528、531、534、540、542–543、547、558、638。Jason Bond 和 Trip Lamb 479。Lech Borowiec 42–43、47、107、130、134、150、173、229、234、251、329、349、357、371、374、442、453、489、496–497、500、505、561、565、567、604、607。Karolyn Darrow © 美国史密森尼学会研究所 61–62、68–69、71–72、77、79、83。Anthony Davies © 加拿大农业部 5、11、15T、32–33、35（© 哈佛学院）、36–40、44、50–51、57、60、63、66、85（© 哈佛学院）、88–89（© 哈佛学院）、92（© 哈佛学院）、97、99–102、110–111、114、115（© 哈佛学院）、116–118、120–121、123、125–129、131、133、135、137–146、148、151–166、168–172、174–183、185–192、194–195、202–208、210–211、214、216–217、220–221、223。225–227、230–232、235、238–239、241–247、250、252–261、265、268–269、281、286–287、290、296、300–308、309（© 哈佛学院）、311、313–314、316、317（© 哈佛学院）、318、322、326、330–331、335–336、338–339、343–346、348、350–353、355、359、360（© 哈佛学院）、362–369、370（© 哈佛学院）、372–373、377、380–381、383–384、386–387、396–398、400、402（© 哈佛学院）、403、408、410–415、417–420、422–424、426–428、431–433、437、439、444、446–452、455、457–458、460–461、463–465、469–471、475、477、482、484–486、490、493、499、503–504、507–508、509（© 哈佛学院）、510、511–512（© 哈佛学院）、513–514、520–521、525、532、537、541、550、554、557、559、562、564、569–573、576、579、581–582、584–591、593–597、599–603、606、609–611、614–618、620、622–623、625–626、628–632、636–637、639。Arthur V. Evans 24T、25TR。Henri Goulet © 加拿大农业部 8L、48–49、52–55、64–65、67、70、74–76、80–82、84、86、90–91、93–94、96、104、109、149、337、358、409、416、421、425、429–430、434、436、438、440–441、443、454、459、467、483、488、491、494、516、518、578、605、608、612、621、627、634。Paul Harrison 23B。蒙特利尔昆虫馆 /Robert Beaudoin：28T；/René Limoges：19TR；/Jacques de Tonnancour：21C、26。Ivo Jennis 312。Kenji Kohiyama 6、7B、15b、478。Vitya Kubáň and Svata bílý 277、288、297。Stéphane Le Tirant 199–200、224、544–545。René Limoges 1、3、12T、13、14、197、219、222、527。Kirill Makarov 41、122、132、193、213、248–249、299、319、334、354、356、405–407、462、498、501、506、580、583、633。Cosmin Manci 485。Francisco Martinez-Clavel 212。Marcela A. MonnÉ 22B。R. Salmaso、维罗纳自然历史博物馆档案室 34。Wolfgang Schawaller 487。Udo Schmidt 73、78、

103、106、108、119、228、376、530、538、549、560、563、566、592、598、613、624。科学影像图书馆 /Pascal Goetgheluck 18BL；/ 英国自然历史博物馆：9。Shutterstock 开放素材库 /Four Oaks：20T；/Karel Gallas：18BR；/Pablo Hidalgo：29；/King Tut：28B；/Georgios Kollidas：16；/D。Kucharski、K。Kucharska：21T；/Henrik Larsson 25CR；/Morphart Creation：641；/Hein Nouwens：30–31；/stable：27CR；/think4photop：27TR；/Vblinov 23T；/Czesznak Zsolt：10。Maxim Smirnov 2、8R、95、112–113、196、198、201、209、218、233、236–237、279、289、575。Laurent Soldati 480–481、Julien Touroult 328。© 英国自然历史博物馆托管人 45–46、59、87、98、105、124、136、147、167、184、215、271、295、298、310、315、332、340、342、347、361、375、379、382、385、435、473、476、492、502、515、529、535、539、574、577、635（Harry Taylor 拍　摄）。Alex Wild 7T、12BL、12BR、19TL、20B、22T、24B。Christopher C。Wirth 56、58、240、262–264、266–267、270、272–276、278、280、282–285、291–293、320–321、323–325、327、333、341、378、388–395、399、401、404、445、456、466、468、472、474、517、519、523、526、533、536、546、548、551–553、555–556、568、619。Ginny Zeal © 常春藤出版社 17。

同样感谢英国自然历史博物馆鞘翅目馆藏的各分管馆员：Roger Booth、Beulah Garner、Michael Geiser、Malcolm Kerley、Christine Taylor、Max Barclay。

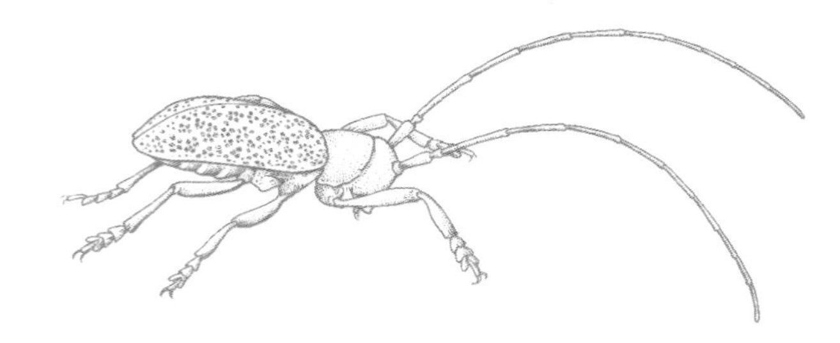

译校者介绍和贡献

杨干燕：2012 年获中国科学院动物研究所动物学博士学位，研究课题为中国郭公虫科的系统分类学研究(鞘翅目)。博士在读期间，曾获国家公派专项研究生奖学金项目的全额资助，赴法国巴黎自然历史博物馆学习一年，期间访问欧洲十多个自然历史博物馆。博士毕业后创立北京大步生物科技服务有限公司，旨在提供昆虫分类学相关的科研服务和科普服务。已发表英文分类学研究论文 7 篇，新种 8 个，系统修订郭公虫科若干属及种团。
贡献：翻译概述、原鞘亚目、藻食亚目、沼甲总科、花甲总科、吉丁总科、丸甲总科、伪郭公虫总科、长蠹总科、筒蠹总科、郭公虫总科、扁甲总科、拟步甲总科、叶甲总科、象甲总科、金龟总科部分种；并统稿及校对所有章节。

史宏亮：2013 年于中国科学院动物研究所获得动物学博士学位。现任职于北京林业大学林学院，主要讲授普通昆虫学、林学认知实习等课程。目前从事的研究主要为鞘翅目步甲科系统分类学方向，专注于壶步甲族及通缘步甲族的分类研究。已于国外知名期刊发表分类学论文 10 篇，发表步甲科昆虫新属 1 个、新亚属 2 个、新种 35 个。
贡献：翻译肉食亚目、叩甲总科、金龟总科部分种；制作索引并校对所有章节；拟定多数物种中文名。

吕亮：2014 年于中国科学院动物研究所获得理学博士学位，现在任职于河北师范大学生命科学学院，讲授“动物学”“动物生物学”“生物地理学”“普通生态学”“生态学研究方法”等课程。主要研究方向为鞘翅目隐翅虫科颈隐翅虫亚科经典分类，隐翅虫总科分子系统发育及其多样性的起源和演化，地表甲虫多样性的时空分布格局。已发表分类学论文 5 篇，描述新属 2 个，新种 16 个，发表新异名 11 个，另有生态学和进化生物学论文若干。
贡献：翻译水龟总科、隐翅虫总科、金龟总科部分种、著者介绍和贡献；并撰写译后记。

刘晔：毕业于中国科学院动物研究所，昆虫分类学专业，研究鞘翅目和琥珀昆虫，为研究跑遍全国大部分山区。发现昆虫新种十余种，另外有 3 种昆虫以他名字命名。发表英文文章十余篇。现为清华附小、北大附中、北理附中等几十所中小学课外指导老师，也是十余家出版社的特聘科普审稿专家。
贡献：翻译金龟总科部分种。

陈付强：*Zoological Systematics* 编辑部主任。2008 年获中国科学院动物研究所动物学博士学位，在国内外发表分类学研究论文 20 余篇。
贡献：审校译稿。

译后记

“上帝一定对甲虫有一种特殊的偏爱！”著名的进化生物学家霍尔丹（J. B. S. Haldane）曾如此感叹。的确，在已经发现的160余万种动物中，甲虫就有约40万种，它们在天上，在地下，在水中，在森林里，在沙漠中，在冻原内……它们无处不在；它们是捕食者，是被捕食者，是寄生者，是被寄生者，是传粉者，是分解者……它们参与生命世界的各个过程。假如有一天40万种甲虫一旦从地球上消失……单是想象一下都觉得非常凄凉，甚至是恐怖。

大量的物种意味着丰富的形态、色彩、习性，也意味着充满好奇的眼睛会应接不暇，不知所措。然而，严格来说，国内尚缺乏一部集趣味性和科学性于一体的图书，向广大读者介绍甲虫的形态、习性和趣闻轶事，引导初学者渐入深境。目前，国内关于甲虫的出版物，收录科级阶元较全的为学术性著作《昆虫分类》（郑乐怡，归鸿；1999）。其中共记述甲虫119科，但主要限于科级描述，且仅提供少量物种的黑白手绘图。《中国昆虫生态大图鉴》（张巍巍，李元胜；2011）展示了55个科甲虫的生态照片，也非常有价值。但是，这两部图书都以昆虫特别是中国的昆虫为对象，因此涉及甲虫的部分篇幅有限，不足以详尽展现这个多样性极高的类群，涵盖的鞘翅目科级阶元比较有限。普及型基础读物的匮乏，对于目前逐渐壮大的昆虫爱好者特别是甲虫爱好者群体来说不啻为一桩憾事。

当北京大学出版社邀请翻译英国常春藤出版社（Ivy Press）这本新近出版的《甲虫博物馆》（*The Book of Beetles*）时，我们着实感到惊喜和兴奋。这部书的所有章节均由当前活跃的昆虫学家撰写，是一部专业的昆虫书籍；同时本书语言平实通畅，又是一部轻松可读的书；更为难得的是，它还是一部极具欣赏价值的昆虫图鉴，作者为每个物种提供了生动的手绘图和难得一见的精美照片。

这部书与同类中文图书不同的是它的全球视野。以前，中国的生物物种一直是外国分类学家觊觎的对象，但是中国的分类学家却极少关注国外的物种。随着时代的发展和国际交流的广泛，现在中国分类学家的视野越来越广，昆虫爱好者的兴趣早已不限于海内，花鸟市场和网络商店里也经常出售各种形态怪异的热带昆虫标本。因此，市面上也亟须一些更加宏阔的昆虫类科普读物。

本书涵盖鞘翅目中的161个科（依本书采用的系统，鞘翅目共包括178个科），而且从各科撷取了或巨，或细，或典型，或怪诞，或行事诡谲，或颇多掌故的物种共600个，于研习者有参考，于爱好者可赏玩，可弥补现有甲虫中文读物的不足。

本书译者均为喜爱甲虫之人，且经历严格的昆虫分类学修习。面对如此丰富多样的甲虫世界，我们常有如独客临深谷、幽人望繁辰之感。若我们的中文译本能对中国读者有所帮助，若有更多的人因为这本书而喜欢上甲虫，则亦不枉案牍劳形之功，更有美物共享之快。

虽然我们阅读过大量相关文献，但是翻译这样一本“包罗万象”的巨著还是一项非常艰巨的工作。在翻译过程中，我们尽量秉持原著的语义文风。其个别地方有值得商榷或语焉不详者，我们在译文中予以标示改正，并在译者注中说明或补充，以帮助读者正确理解原作者希望传递给读者的信息。

本书是首次向国内读者介绍几乎完整的鞘翅目各分类阶元，其中大量阶元并不在中国分布，之前亦无对应的中文名称。因此，物种中文名的整理花费了译者相当的精力，包括科级、亚科级、属级和种级名称。

科级名称基本沿袭《昆虫分类》（郑乐怡，归鸿；1999）；该书中没有收录的科，其名称来源于近年发表的期刊论文、正式出版物、学位论文，或参照中国台湾地区的中文名称，同时也借鉴了昆虫宠物界和网络论坛中使用的一些合理称呼，并征询了相关类群专家的意见；确实缺乏已有适用中文名的科，我们在此译本中新拟定其中文名称（共33个）。亚科级、属级、种级名称亦然。

此外，某些分类单元存在多个中文名称并用，或者不同单元有相同的中文名同时流行，亦或同时存在交错混用的情况，这时我们只能以我们认为最为合理的方式做出取舍。由于参考的文献非常庞杂，新拟定的中文名或有所疏漏，敬请读者谅解。

全书600种甲虫均给出种级中文名。大部分种类在中国无分布因而缺乏已有中文名，因此大部分种类的中文名为在本书中首次拟定。在正文中还出现一些仅用于比较的种类（绝大多数目前没有中文名），由于命名工作量庞大且非该类群专家而不宜过多命名，这些种类在文中仅使用学名未拟定新的中文名。对于首次拟定的物种中文名称，我们主要依据其拉丁学名或英文俗名含义，其次使用能够指示其特定的形态特征以及地理分布的词汇，少部分采用音译，力求修饰词简短、文字优雅上口。原著还涉及了很多植物的名称，它们的中文名称主要依据《中国植物志》。

翻译过程中很多同行朋友为我们提供了协助。中国科学院动物研究所的林美英博士、王志良博士、陈付强博士，安徽大学的万霞副教授，菲尔德自然博物馆的A. 牛顿（A. Newton）教授，捷克生命科学大学的王成斌博士，上海师范大学的殷子为博士，上海的毕文烜先生，台湾地区的王宇堂先生，北京的计云先生，为本书的翻译提供了有益的建议。中国科学院动物研究所的杨星科研究员在翻译过程中给予大力支持。北京大步生物科技服务有限公司的刘博先生，帮助校对了部分文稿。北京大学出版社的邹艳霞和李淑方女士协调了本书的翻译工作，并多次校对译稿。译者衷心感谢这两位女士及北京大学出版社其他同志在排版和校稿中对本书的帮助。另外，由于我们学识有限，译文难免有疏漏之处，还望读者指正。

希望我们今天的工作有抛砖引玉之效，希望今后有更多此类优秀的甲虫学作品被翻成中文，希望有更多志同道合者加入我们，希望我国的甲虫学研究蒸蒸日上，能与我国丰富的甲虫“储量”相齐，成一世之雄。

译者

2016年11月18日

◎ 甲虫博物馆
◎ 蘑菇博物馆
◎ 贝壳博物馆
◎ 树叶博物馆
◎ 兰花博物馆
◎ 蛙类博物馆
◎ 细胞博物馆
◎ 病毒博物馆
◎ 鸟卵博物馆
◎ 种子博物馆
◎ 毛虫博物馆